2024年
农业主推技术

农业农村部科学技术司
农业农村部人力资源开发中心　中国农学会　编

中国农业科学技术出版社

图书在版编目（CIP）数据

2024 年农业主推技术 / 农业农村部科学技术司，农
业农村部人力资源开发中心，中国农学会编 . --北京：
中国农业科学技术出版社，2024. 8. --ISBN 978-7
-5116-6936-0

Ⅰ. F324. 3

中国国家版本馆 CIP 数据核字第 2024R033P1 号

责任编辑	周伟平	
责任校对	李向荣	
责任印制	姜义伟　　王思文	

出 版 者	中国农业科学技术出版社	
	北京市中关村南大街 12 号　　邮编：100081	
电　　话	（010）82106638（编辑室）　（010）82106624（发行部）	
	（010）82109709（读者服务部）	
网　　址	https://castp.caas.cn	
经 销 者	各地新华书店	
印 刷 者	北京建宏印刷有限公司	
开　　本	185 mm×260 mm　1/16	
印　　张	54. 25	
字　　数	1 350 千字	
版　　次	2024 年 8 月第 1 版　2024 年 8 月第 1 次印刷	
定　　价	298. 00 元	

《2024 年农业主推技术》
编 委 会

前　　言

为贯彻落实中央经济工作会议和中央农村工作会议精神，发挥科技对粮油等主要作物大面积单产提升的支撑作用，加快高产优质品种和先进适用技术推广应用，满足粮食和重要农产品生产需要，经基层推荐、形式审查、专家评审等环节，农业农村部组织遴选出 2024 年主推技术 150 项、农业重大引领性技术 10 项，予以推介发布。其中大豆、玉米、小麦、油菜等作物品种及单产提升技术占 40% 以上。

农业主推技术已持续推介发布 20 年，是农业科技推广标志性工作之一。在基层农技推广体系改革与建设项目的支持下，各级农技推广机构依托现代农业科技试验示范基地和科技示范户，开展示范展示、经验交流、培训指导，推动主推技术进村入户到田，极大提升了农业技术入户率到位率。

下一步，将继续利用基层农业技术推广体系、国家现代农业产业技术体系以及农业科技社会化服务组织等，对主推技术进行示范展示推广及典型案例宣传，充分发挥其对主要粮油作物大面积单产提升的科技支撑作用。

为方便各级单位和科研人员研究运用推广主推技术、农业重大引领性技术，特将 2024 年入选的技术结集出版，供广大读者参考学习。

农业农村部科学技术司

中　国　农　学　会

2024 年 8 月

目　录

粮油类

蔬菜类

水果园艺类

畜牧类

兽医类

水产类

资源环境类

贮运加工类

农业机械装备类

智慧农业类

重大引领性技术

附　录

粮 油 类

黄淮海夏大豆免耕覆秸机械化生产技术

一、技术概述

(一) 技术基本情况

黄淮海地区为我国大豆重要产区之一。该区农作以一年两熟为主，大豆的前茬作物为小麦。针对该地区大豆播种时麦秸麦茬处理困难，大豆播种质量差，雨后土壤板结严重影响大豆出苗，麦秸焚烧造成严重空气污染、土壤有机质含量持续下降、土壤肥力不断衰退，病虫害逐年加重，生产成本居高不下等问题，研究形成了农艺农机深度融合、良种良法有机配套、生产生态协调兼顾的技术体系。通过该技术，实现了小麦秸秆的全量还田，解决了播种时秸秆堵塞播种机，麦秸混入土壤后造成散墒、影响种子发芽，秸秆焚烧造成空气污染和有机质损失等长期悬而未决的难题；通过覆盖秸秆，提高了土壤水分利用效率，避免了播种苗带土壤板结；在小麦原茬地上，一次性完成"种床清理、侧深施肥、精量播种、封闭除草、秸秆覆盖"等5项作业，降低生产成本；通过侧深施肥，提高了肥料利用效率；通过化肥农药减施和品质全程监控，保证了大豆品质。

(二) 技术示范推广情况

2013年以来，该技术不断得到优化和完善，在黄淮海地区得到大面积推广应用，并在宁夏、新疆、江西等相关地区进行了初步推广，获得良好效果。2013—2022年，在中国农业科学院作物科学研究所新乡试验基地连续进行小面积展示示范，平均亩①产308kg，最高亩产336kg。2015—2019年，在安徽省宿州市进行大面积生产示范，平均亩产分别为175kg、213kg、239kg、197kg、211kg。2019年和2020年在河南省新乡市实打实收面积100亩以上，亩产连续超过300kg，为中国第一、第二例实收面积超过100亩、亩产超过300kg的高产典型。2021年，在河南省北部地区连续暴雨特殊年份条件下，位于新乡市获嘉县的千亩技术示范田平均亩产254kg，充分证明了该技术的抗逆稳产潜力。2022年，在河南省新乡市获嘉县实收164亩，平均亩产310kg，第三例创造百亩实收超过300kg的高产典型。2023年，在河南省荥阳市实收3.998亩，折算标准后亩产367.26kg，刷新河南省大豆高产纪录。

(三) 提质增效情况

和常规技术相比，应用该技术可增产大豆10%以上，水分、肥料利用效率提高10%以上，降低化肥、农药用量5%以上，亩增收节支60元以上，同时秸秆全量还田且覆盖在耕层表面，避免土壤板结，提高土壤蓄水保墒能力，土壤肥力不断提高，并有效缓解了因秸秆焚烧造成的环境污染，生产生态效益显著。

(四) 技术获奖情况

该技术入选2019年、2021年、2022年和2023年农业农村部主推技术，以该技术为核

---

① 亩为非法定计量单位，1亩=1/15公顷，下同。

心的"黄淮海麦茬夏大豆免耕覆秸栽培技术体系构建与示范"项目获得了 2019 年度北京市
科学技术进步奖一等奖。

二、技术要点

（一）高产多抗品种选择

通过国家或者省级审定的高产、中小粒品种，高产田块大面积种植能达到 200kg/亩；
抗疫霉根腐病、拟茎点茎枯病等，抗旱、耐涝，稳产性好；抗倒性好，底荚高度适中，成熟
时落叶性好，不裂荚。

（二）种子处理

精选种子，保证种子发芽率。按照每粒大豆种子黏附根瘤菌 $10^5 \sim 10^6$ 个的用量接种根瘤
菌剂，直接拌种或采用高分子复合材料包膜根瘤菌包衣技术。根瘤菌直接拌种后要尽快播种
（12h 内）；采用高分子复合材料包膜技术，可以在播前 1~2 个月将根瘤菌包衣到种子上，
适合大面积机械化播种。防治苗期土传病害用精甲霜灵 37.5g/L+咯菌腈 25g/L 悬浮种衣剂
包衣。

（三）小麦秸秆处理

综合考虑小麦收获成本及籽粒损失，建议小麦收获茬高 30cm，无须对小麦秸秆进行粉
碎、抛撒。

（四）麦茬免耕覆秸精量播种

麦收后趁墒播种，宜早不宜晚，底墒不足时造墒播种。采用麦茬地大豆免耕覆秸播种机
播种（图 1），横向抛秸、侧深施肥（药）、精量播种、封闭除草、秸秆覆盖一次完成（图
2、图 3），行距 40cm，播种深度 3~5cm。结合播种亩施复合肥（N：P：K = 15：15：
15）10kg，施肥位置在种子侧面 3~5cm，种子下面 5~8cm。每亩播种量在 3~4kg，每亩保
苗 1.5 万株。

图 1   大豆免耕覆秸精量播种

（五）病虫害综合防治

蛴螬发生较重的地区或田块，可结合侧深施肥亩施 30%毒死蜱微囊悬浮剂 0.5kg 加 200
亿孢子/g 球孢白僵菌粉剂 0.5kg，或者 200 亿孢子/g 球孢绿僵菌 0.5kg 防治蛴螬。可结合播
种实施田间封闭除草，亩施用精甲·嗪·阔复合除草剂 135g，机械喷雾每亩用量 15~20L，
防治黄淮海地区大豆田常见的杂草。

图2 大豆免耕覆秸精量播种后小麦秸秆均匀覆盖情况

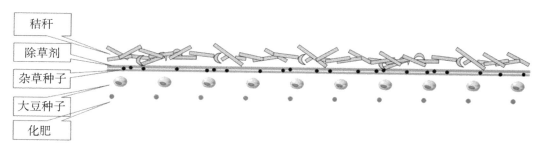

图3 大豆免耕覆秸精量播种后土壤表面及耕作层模式

幼苗期注意防治大豆根腐病、蚜虫、红蜘蛛等，花期注意防治点蜂缘蝽、蛴螬、造桥虫、豆天蛾、棉铃虫，鼓粒期注意防治豆天蛾、造桥虫等。尽量使用生物杀虫剂或高效低毒杀虫剂。防治点蜂缘蝽，可在开花期喷施吡虫啉、氰戊菊酯、氯虫·噻虫嗪等杀虫剂，隔7~10d喷1次，连喷2~3次。注意防治成株期病害，主要包括大豆根腐病、大豆溃疡病、大豆拟茎点种腐病、炭疽病等，可在开花初期及结荚期使用嘧菌酯+苯醚甲环唑进行防控。

（六）低损机械收获

联合收获最佳时期在完熟初期，此时大豆叶片全部脱落，植株呈现原有品种色泽，籽粒含水量降为18%以下。大豆联合收获机进行调整：①割台：配置扰性割台或大豆低割装置割台；②拨禾轮：转速尽量降低；③脱粒系统：配置大豆低破损脱粒滚筒，凹板筛栅条之间的有效间隙为15~18mm，脱粒滚筒与凹板筛之间的间隙为20~30mm，脱粒滚筒线速度≤13m/s，将脱粒滚筒脱粒部件除锐角、倒钝；④排草口：安装拨草装置，保持排草口顺畅；⑤调整清选系统风机转速与振动筛类型，保证清选清洁度。

三、适宜区域

适宜黄淮海麦、豆一年两熟区及相似区域。

四、注意事项

封闭除草如因天气原因造成封闭除草效果不佳，应及时采取茎叶处理。

技术依托单位

1. 中国农业科学院作物科学研究所

联系地址：北京市海淀区中关村南大街 12 号

邮政编码：100081

联 系 人：吴存祥　徐彩龙

联系电话：010-82105865　13511055456

电子邮箱：wucunxiang@ caas. cn

2. 全国农业技术推广服务中心

联系地址：北京市朝阳区麦子店街 20 号

邮政编码：100125

联 系 人：汤　松

联系电话：010-59194506　13391889111

电子邮箱：tangsong@ agri. gov. cn

大豆玉米带状复合种植技术

一、技术概述

（一）技术基本情况

针对我国大豆间作套种过程中存在的田间配置不合理、大豆倒伏严重、施肥技术不匹配和绿色防控技术缺乏等瓶颈问题，导致产量低而不稳、机具作业难、不能地内轮作，难以融入现代农业，采用大豆—玉米带状间作套种方式，通过研究出的"选配品种、扩间增光、缩株保密"核心技术和"一体化施肥、化控抗倒、绿色防控"等配套技术，实现了"作物协同高产、机具通过、分带轮作"三融合，破解了间套作高低位作物不能协调高产、绿色稳产和机械化生产的世界难题；利用研制出的密植分控播种施肥机、双系统分带喷雾机、窄幅履带式收获机，实现了农机农艺高度融合和单、双子叶作物同步化学除草；形成了"适于机械化作业、作物高产高效和分带轮作"同步融合的技术体系，成为国家大豆油料产能提升工程关键技术。

（二）技术示范推广情况

大豆—玉米带状复合种植技术研究始于2000年，历经24年的研究与示范推广，技术日臻成熟。多年多点试验示范表明，与单作玉米相比基本不减产，多收一季大豆。该技术2019年遴选为国家大豆振兴计划重点推广技术，2020年、2022年、2023年3次列入中央一号文件内容，2023年在全国推广应用2 016万亩。农业农村部2023年高产竞赛实收测产的带状复合种植的大豆平均亩产151.36kg、玉米平均亩产616.6kg，其中四川省遂宁市安居区百亩高产示范片，带状套作夏大豆机械实收亩产207.34kg、玉米机械实收亩产651.1kg。

（三）提质增效情况

应用该技术后的玉米产量与原单作产量水平相当，还新增套作大豆130~150kg/亩（图1），间作大豆100~130kg/亩（图2）；带状复合种植系统土壤有机质含量增加20%、作物固碳能力增加18.6%，年均 N_2O、CO_2 温室气体排放强度降低45.9%和15.8%；根瘤固氮量提高9.24%，农药施药量降低25%~40%，用药次数减少3~4次。与原主产作物单作相比，每亩增收节支400~600元。

图1 玉米大豆带状套作田间长势　　　　图2 玉米大豆带状间作田间长势

（四）技术获奖情况

该技术自 2008 年以来，已连续 14 年入选农业农村部和四川省农业主推技术，荣获 2017 年度中国作物学会作物科技奖、2019 年度四川省科学技术进步奖一等奖、2022 年度农业农村部全国农牧渔业丰收奖农业技术推广合作奖。

二、技术要点

（一）核心技术

1. 选配品种

大豆选用耐阴、抗倒、耐密、宜机收的高产品种，黄淮海地区要突出花荚期耐旱、鼓粒期耐涝等特点，西北地区要突出耐干旱等特点，西南及南方地区要突出耐干旱耐荚腐等特点。玉米选用株型紧凑、株高适中、熟期适宜、耐密、抗倒、宜机收的高产品种，黄淮海地区要突出耐高温、抗锈病等特点，西北地区要突出耐干旱、增产潜力大等特点，西南及南方地区要突出耐苗涝、耐伏旱等特点。

2. 扩间增光

2~6 行大豆带与 2~4 行玉米带相间复合种植，其中，各地均以大豆玉米行比 4∶2 为主导模式，搭配 6∶4 模式。西南及南方地区带状套作可选择 3∶2、2∶2 模式。所有行比配置大豆玉米间距 60~70cm，大豆行距 30~40cm（株型大，行距宜宽），玉米行距 40cm，4 行玉米中间两行玉米行距 80cm。

3. 缩株保密

大豆株距缩至 8~11cm，保证带状复合种植大豆的密度为当地净作大豆的 70%~100%；玉米株距缩至 9~15cm，保证带状复合种植的玉米密度与当地净作玉米相当（4 000~5 500 株/亩）。其中，黄淮海地区（图 3A）：玉米亩有效穗 4 000 穗以上、亩播粒数 4 500 粒以上，大豆亩有效株 6 000 株以上、亩播粒数 9 000 粒以上。西北地区（图 3B）：玉米亩有效穗 4 500 穗以上、亩播粒数 5 000 粒以上，大豆亩有效株 8 000 株以上、亩播粒数 11 000 粒以上。西南及南方地区（图 3C）：玉米亩有效穗 3 500 穗以上、亩播粒数 4 000 粒以上，大豆亩有效株 7 000 株以上、亩播粒数 10 000 粒以上。

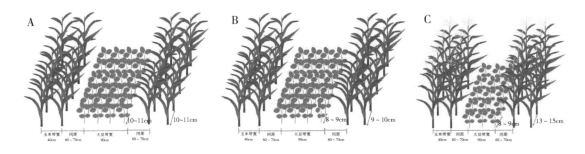

图 3　黄淮海（A）、西北（B）大豆玉米带状间作及西南（C）大豆玉米带状套作配置

（二）配套技术

1. 科学施肥

玉米按当地常年玉米产量和每产 100kg 籽粒需氮 2.5~3kg 计算施氮量，可一次性用高氮缓控释肥（含氮＞25%）作种肥施用，也可种肥+穗肥两次施用；大豆高肥力田块不施氮肥，中低肥力田块少量施用氮肥，建议亩施纯氮 2.0～2.5kg，推荐使用低氮平衡复合肥（含氮≤15%）。在大豆 3～5 片复叶、初花期与鼓粒期，结合病虫统防及调节剂处理喷施氨基酸叶面肥与 98%磷酸二氢钾，药剂按推荐剂量使用。

2. 化学调控

带状套作大豆在 3～5 片复叶、初花期，每亩用 5%的烯效唑可湿性粉剂 20～50g，或30%多唑·甲哌鎓 20～30g，兑水 30～50kg 喷施茎叶实施控旺；共生玉米用矮丰、玉黄金（胺鲜酯和乙烯利）等化控药剂控制株高，按推荐剂量使用。大豆玉米带状间作则在大豆3～5 片复叶或玉米拔节期用无人机喷施 30%多唑·甲哌鎓 20～30g/亩，个别较旺田块在大豆初花期再喷 1 次，无人机用水量 2.5～3L/亩。

3. 病虫草综合防控

杂草防除采用苗前封闭与苗后茎叶除草相结合。封闭除草：在播后芽前（2 日内）土壤墒情适宜的条件下，选用精异丙甲草胺（或二甲戊灵）+唑嘧磺草胺（或噻吩磺隆）等兑水喷雾。茎叶除草：在大豆 2～3 片复叶（玉米 3～5 叶期），选择禾豆兼用型除草剂（如噻吩磺隆、灭草松等）喷雾，可用双系统分带喷雾机隔离分带喷雾，也可用喷杆喷雾机或背负式喷雾器加装定向喷头和隔离罩分别对着大豆带或玉米带喷药；对耐同一种除草剂的大豆和玉米品种带状复合种植，可按照目标除草剂的登记剂量一起对大豆和玉米喷雾。

病虫害防治采用物理、生物与化学防治相结合。播种期：针对当地主要根部病虫害（根腐病、地下害虫等），进行种子包衣或药剂拌种处理，如 6.25%咯菌晴·精甲霜灵悬浮种衣剂+噻虫嗪等。出苗—分枝（喇叭口）期：针对叶部病虫害和粉虱、蚜虫等刺吸害虫开展病虫防治，有条件可设置智能 LED 集成波段杀虫灯、性诱捕器、释放寄生蜂等防治各类害虫。玉米大喇叭口—抽雄期和大豆结荚—鼓粒期：针对当地主要荚（穗）部病虫为害，采用广谱、高效、低毒杀虫剂和针对性杀菌剂等进行统一防治。田间施药尽可能采用机械喷药或无人机、固定翼飞机航化作业；各时期病虫害防控措施采用"杀虫剂、杀菌剂、增效剂、叶面肥、调节剂"五位一体"一喷多防"，实施规模化统防统治。

4. 全程机械化

带状套作选用 2BYFSF-2（3）型施肥播种机（图 4A），带状间作选择 2BYFSF-6 或2BYCF-6 型密植分控播种施肥机实施播种施肥（图 4B），确保苗齐苗匀。各地也可参照农业农村部农业机械化管理司印发的《大豆玉米带状复合种植配套机具应用指引》调整改造播种机，相应技术参数须达到大豆玉米带状复合种植的要求，播量可调、播深可控、肥量可调。玉米用 4YZP-2685 或 4YZ-2A 等自走式两行玉米收获机实施收穗（图 5A），大豆用GY4D-2 或 4LZ-3.0Z 等联合收获机收获脱粒和秸秆还田（图 5B），或利用当地原有的玉米

图 4　带状套作（A）与带状间作（B）播种施肥机

图 5 带状套作（A）与带状间作（B）大豆玉米收获机

或大豆收获机一前一后同时收获。

三、适宜区域

适宜长江流域多熟制地区，黄淮海夏玉米及西北、东北春玉米产区。

四、注意事项

播种前需调试播种机的开沟深度、用种量、用肥量，确保一播全苗；玉米施肥量要根据单作单株需肥量施够，如果封闭除草效果不佳，应及时采取茎叶除草，注意使用物理隔帘定向喷雾。

技术依托单位

1. 四川农业大学

联系地址：四川省成都市温江区惠民路 211 号

邮政编码：611130

联 系 人：杨文钰 雍太文 王小春 张黎骅

联系电话：13980173140

电子邮箱：yongtaiwen@sicau.edu.cn

2. 全国农业技术推广服务中心

联系地址：北京市朝阳区麦子店街 20 号楼

邮政编码：100125

联 系 人：汤 松 蒋静怡

联系电话：010-59194506

电子邮箱：1184615738@qq.com

3. 四川省农业技术推广总站

联系地址：四川省成都市武侯区武侯祠大街 4 号

邮政编码：610041

联 系 人：乔善宝 崔阔澍

联系电话：13880660767

电子邮箱：1474783579@qq.com

大豆宽台大垄匀密高产栽培技术

一、技术概述

（一）技术基本情况

针对东北地区春大豆生产中的旱涝灾害频发、肥料利用率低、群体抗逆能力弱、比较效益低等问题，研究形成的技术体系。该技术在"三垄栽培"技术基础上，实现了以"宽台大垄"为载体，提高了大豆植株抵御春季低温、夏季旱涝灾害能力，提升土壤蓄水保墒能力，推动生态系统的恢复和重续；筛选适宜"宽台大垄"密植的秆强抗倒伏、优质高效大豆品种资源，构建合理群体，增强密植大豆抗倒伏能力，提高保苗株数；基于大豆全生育期化学调控技术，提高了大豆抗旱能力，降低了密植后大豆株高，协调群体形态建成，提高植株抗倒伏能力、坐荚率和有效节数；基于营养诊断与立体施肥技术，改善植株营养状况，提高植株综合抗逆能力，优化大豆群体质量，构建了优质大豆立体诊断安全高效集约施肥技术，防止后期倒伏和落花落荚；增强生物防治作用，降低农药残留，保证大豆品质。集成与创新实现了东北春大豆产量提升，化肥和农药施用量降低，恢复了土壤生态保育能力。

（二）技术示范推广情况

"大豆宽台大垄匀密高产栽培技术"主要在黑龙江省和内蒙古自治区东部地区进行推广和应用，近5年累计推广5 000余万亩，新增经济效益30亿元以上，获得良好效果。2020年被黑龙江省农业农村厅推介为黑龙江省主推技术，2023年被农业农村部列为农业主推技术。

（三）提质增效情况

和常规技术相比，应用该技术单产增加10kg/亩以上，水分、肥料利用率提高10%以上，降低化肥、农药用量5%以上，土壤团聚体增加10%左右，种植成本降低10%，增收60元/亩以上。通过宽台大垄和垄作互卡技术，提高土壤蓄水保墒能力和生态保育能力，降低种植成本；化控技术提高群体抗逆能力；减肥减药显著改善农业生产环境，提升大豆品质；在大豆规模化生产区推广示范增产显著，提高农户种植大豆积极性，促进种植业结构调整。

（四）技术获奖情况

该技术入选2023年农业农村部农业主推技术，荣获2020年黑龙江省科学技术进步奖二等奖，2018年黑龙江省农垦总局科学技术进步奖一等奖。

二、技术要点

（一）抗旱保墒耕整地

前茬为玉米，无深松、深翻基础的地块，采用伏秋深松或深翻，松耙或翻耙结合，深松深度25cm以上，深翻深度20cm以上，耙深12~15cm；有深翻深松基础的地块，采用双轴垄沟垄台灭茬机，耙茬整地，耙深15cm以上；垄形保持较好的地块，采用原垄卡种模式。

秋起垄，垄距 110cm，垄向直、无大坷垃，百米弯曲度不大于 5cm，结合垄偏差小于 ±3cm，垄高 20cm 以上，垄面宽度在 60~70cm（图 1）。

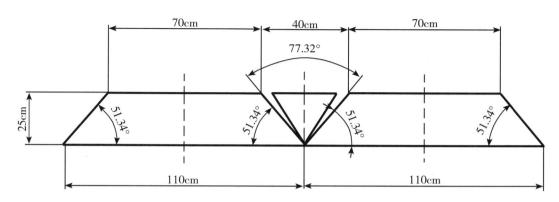

图 1　大垄外形尺寸示意

（二）优质抗性强大豆品种选择与种子处理

选择高产、优质、抗病、适应性强、耐密植、适合于机械化栽培、适合本区域种植的品种，播种前应用种衣剂拌种。

（三）大豆分层定位定量施肥

总施肥量 225~300kg/hm²，氮、磷、钾比例 1：（1.1~1.5）：（0.5~0.8）。底肥要做到分层侧深施，上层施于种下 5~7cm 处，施肥量占底肥量的 1/3；下层施于种下 10~12cm 处，施肥量占底肥量的 2/3（图 2、图 3）。积温较低冷凉地区，适当减少下层施肥比例。

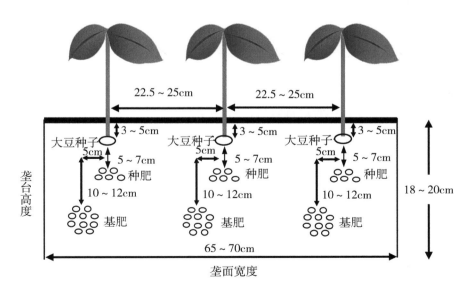

图 2　垄上 3 行施肥示意

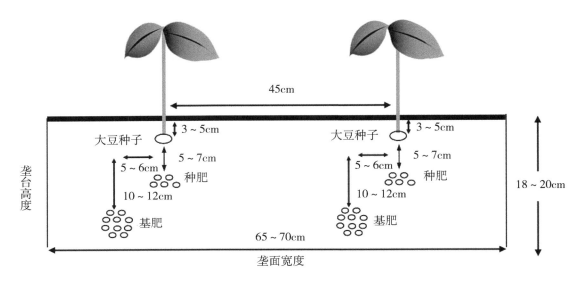

图 3　垄上 2 行施肥示意

（四）宽台大垄精量播种

一般 5cm 地温稳定通过 8℃时开始播种。垄上三行（图 2），行距 22.5～25cm，中间一行比边行降密 1/4～1/3；垄上二行（图 3），行距 45cm。保苗株数 30 万～35 万株，具体播量依据品种的耐密性、土壤肥力、施肥量、降雨及灌溉情况适当调整。

（五）田间综合管理

大豆生育期间进行 2～3 遍中耕，应在土壤墒情适宜时进行。以苗前封闭除草配合机械除草为主，必要时选择符合绿色标准的化学除草剂进行苗后茎叶除草。生长过于旺盛的大豆田，采取化控技术防止倒伏，常用化控剂有三碘苯甲酸、增产灵、多效唑等。

（六）病虫害综合治理

以农业防治、物理防治、生物防治为主，化学防治为辅，必要时选择符合绿色标准的杀虫剂和杀菌剂。

（七）机械收获

在叶片全部落净、豆粒归圆时进行收获，割茬高度以不留底荚为准，一般为 5～6cm。

三、适宜区域

适宜于东北春大豆一年一熟区。

四、注意事项

一是尽量选用地势平坦、土壤疏松、地面干净、土壤肥沃的地块。前茬作物以禾谷类或非豆科类作物为宜，忌重茬和迎茬。秋季起垄，保证垄台平整。

二是注意避免前茬药害，如前茬施用过含莠去津成分的除草剂，则后茬种植大豆有药害。

技术依托单位

黑龙江八一农垦大学

联系地址：黑龙江省大庆市高新区新风路 5 号

邮政编码：163319

联 系 人：张玉先

联系电话：0459-2673855

电子邮箱：zyx_lxy@126.com

大豆密植精准调控高产栽培技术

一、技术概述

（一）技术基本情况

大面积单产提升是当前乃至今后一段时期农业农村部的主要工作。习近平总书记2023年10月在江西考察时强调，要把粮食增产的重心放到大面积提高单产上，加强良田良种、良机良法的集成推广，发展多种形式适度规模经营和社会化服务。中央启动实施大豆和油料产能提升工程以来，在稳定粮食生产的前提下，大力实行大豆扩种面积、提高单产双轮驱动，不断提高我国大豆自给能力。2023年，全国大豆亩产132.7kg，虽然单产有所提高，但在主要粮油作物中仍处于较低水平，仍是短板。与美国、巴西等发达国家相比，我国大豆单产水平低，近十年仅增长1~2kg，且年际间波动幅度较大。农业农村部自2023年开始启动实施大豆大面积单产提升行动，通过大力推广科学轮作、提高播种质量、抗旱防涝、秸秆还田、施用有机肥、大豆种子包衣等技术，切实解决我国大豆大面积单产提升的瓶颈。

大豆密植精准调控高产栽培技术模式针对我国大豆大面积单产提升播种保苗不足、水肥供应效率不高两大制约因素，优化精量播种、并垄密植、水肥精准调控等关键技术，配套推广合理轮作、耐密品种、机械减损等技术，组装根瘤菌剂接种、秸秆腐熟还田、除草剂残留药害消减、黑土地力提升等生态技术，促进大豆大面积单产提升。该技术近年来已经在黑龙江及内蒙古东四盟（市）、西北地区大豆主产区大面积推广应用，显著提升了该地区大豆单产水平。

该技术突出解决的主要问题：一是因地制宜密植，解决光能利用率不高的问题。根据品种特性、地力条件、施肥水平及种植方式合理确定最佳种植密度。个体和群体兼顾，密度和匀度兼顾，较好地解决了密度和光能利用率之间的关系，品种和倒伏之间的关系，改善植株受光条件，实现个体与群体的合理配置、优质品种与适宜栽培密度的最佳搭配。二是看苗精准调控，解决水肥利用率低的问题。开展大豆全生育期数字化监测，根据苗情长势、养分需求、土壤墒情，开展水肥精准动态调控，较好地解决大豆苗期"促根、壮苗、控旺"、花荚期促花、保荚、鼓粒期增粒重、防早衰等大豆高产超高产生产中亟待解决的实际问题，水肥利用率提高8%以上，大豆平均亩产增加10%。三是提高土壤蓄水保墒能力，解决冻害干旱问题。将传统的65cm小垄合并成110cm或130cm的大垄，耕层深度增加7~10cm，0~10cm地温平均提高1.4℃，含水量提高2.2%；土壤蒸发量减少35.8mm，大豆平均保苗率提高8.6%，土壤蓄水保墒和生态保育能力显著提升。有效破解了长期制约东北大豆产区春季干旱或湿涝等异常因素而不能适时播种的技术难题，避免了大豆种子萌发期和苗期受早春低温冷害、秋季受早霜危害等重大技术难题。四是优化药肥绿色双减技术，破解重迎茬问题。采用复合微生物菌剂生态修复土壤长残留除草剂药害，有效解决了确保玉米、大豆科学轮作后茬安全种植的问题。选用新型种衣剂配方，采取"一次拌种多防、多控方式"，配套新型生物特种药肥，重点解决东北地区大豆迎茬、多年重茬引起的大豆根腐病，菌核病等土传性病害，同时增加根系及根瘤菌数量，疏松改良土壤环境及土壤团粒结构。一般大豆根瘤数平均增加19%，根瘤增重31%，病情指数降低5个百分点，大豆单产提高5%~8%。

专利范围及使用情况：该技术依托13项国家发明专利授权。一株高效降解氟磺胺草醚的门多萨假单胞菌菌株（ZL 201110031445.2）、一株高效降解氟磺胺草醚的福氏志贺氏菌菌株（ZL 201110047793.9），该生产菌剂已在产区开展示范，解决了氟磺胺草醚等长残留除草剂在土壤中的残留，生态修复土壤，解决了大豆茬玉米长残留药害问题。分离木质纤维素类物质高效降解菌M1、L252、L124、S1、Ⅱ5、M2、K20、L212获得11项国家发明专利授权。创制研发复合微生物菌剂，通过微生物和其他营养基最优配比，研发玉米—大豆轮作后秸秆有机肥+特种生物药肥作为底肥，重点解决玉米秸秆还田难和土传病害制约大豆产能提升的"卡脖子"技术难题，目前，全国农业技术推广服务中心、黑龙江省农业技术推广站和黑龙江大学等单位制定的农业行业标准已经通过预审。

（二）技术示范推广情况

全国农技推广中心、黑龙江省农业技术推广站、黑龙江大学共同围绕耕地保护、筛选品种，集成配套模式，以新品种+新产品+新模式+生态调控为核心，开展技术集成，组装适应全国不同生态区域的标准化、规模化、机械化大豆密植精准调控高产栽培技术模式。经过多年关键技术配套和试验示范，2020年列入黑龙江省重点农业技术推广计划，由黑龙江省农业技术推广站组织在全省大豆主产区大面积推广。实施中，以"大豆绿色高质高效行动""耕地轮作休耕补贴""基层农技推广体系改革与建设"补助等国家省部级重大项目实施为有效抓手，项目集成推广一批新品种、新模式、新技术，创建一批百亩田、千亩片、万亩方，推广模式取得突破，服务机制取得突破，2021—2023年在东北、西北地区大面积推广应用，三年累计推广面积超过500万亩，平均亩产200kg。

（三）提质增效情况

大豆密植精准调控高产栽培技术根据种植和耕种方式的改变，推广玉米秸秆腐熟有机肥+微生物菌剂组合调减化肥，集成适合不同区域化肥减量增效技术，平均减施肥8%；推广病虫草害绿色防控、封闭除草取代苗后茎叶处理等技术，增加出苗率8%以上，提高肥料利用率5%以上，节水20%以上。大豆蛋白质含量比常规喷施提高1.8个百分点，每增加1个百分点收购价增加0.05元/kg，取得显著的经济效益、社会效益、生态效益。

（四）技术获奖情况

大豆密植精准调控高产栽培的相关技术先后获得奖项，如"玉米—大豆110cm大垄全程机械化耕种新模式集成与推广"获得2015年黑龙江省科学技术进步奖二等奖，"玉米—大豆耕种新模式高产高效栽培技术集成与推广"获得2016年全国农牧渔业丰收奖一等奖，"高蛋白大豆优质高效栽培技术"获得2019年全国农牧渔业丰收奖二等奖。

二、技术要点

关键核心技术2项：一是密植匀播。采用智能化精量均匀播种机械，根据品种特性、地力条件、施肥水平及种植方式合理确定种植密度，播前大豆根瘤菌菌剂拌种处理。采用滴灌宽窄行种植方式（图1），视情况覆膜或覆土浅埋。一般窄行距20cm左右，宽行距50cm左右，滴灌带铺设在窄行距20cm之间。采用精量点播，单粒下种，粒距5~10cm，平均行距

图1 滴灌宽窄行种植

35cm。黑龙江省中南部地区亩保苗1.5万~1.7万株、东部地区亩保苗1.7万~1.9万株、西北部、北部地区亩保苗2.2万~2.5万株；内蒙古自治区灌溉区亩保苗1.5万~1.9万株，旱区亩保苗1.8万~2.5万株；适宜区域密度增加15%~20%。二是合理施肥灌溉。结合整地亩施入农家肥1.5~2t。在播种时随机器亩施入大豆专用复合肥（N：P_2O_5：K_2O = 15：20：10）20kg，或缓释肥（N：P_2O_5：K_2O = 12：18：15）15kg，或磷酸二铵15~20kg+硫酸钾或氯化钾5kg作为种肥。有条件的可以利用测土配方技术进行配方施肥。根据大豆需水规律，苗期和成熟期需水量较少，花、荚和鼓粒期需水量较大。一般全生育期共灌水8次左右，不同生育期灌水量为：播种完成后及时滴出苗水1次，亩灌水量为25~30m^3；开花结荚期滴水3次，每次灌水量为30~40m^3，可视情况在盛花期配合滴肥1次，滴肥量为尿素2~3kg、磷酸二铵2~3kg、硫酸钾1~2kg；结荚鼓粒期滴水3次，每次灌水量为40~50m^3，可视情况盛荚期配合滴肥1次，滴肥量为尿素3kg、磷酸二铵3kg、硫酸钾2kg。灌水间隔天数根据天气、植株长相、土壤质地与含水量确定，一般间隔7~10d。在花荚期、鼓粒期根据天气情况可合理缩短灌水周期，保持田间湿润，注重磷、钾肥施入，使籽粒饱满。

配套技术：

1. 合理轮作

推广米—豆—麦、米—豆—薯、米—豆—杂、米—豆—经轮作倒茬模式，在三年1次深松作业基础上，采取松翻、松耙、松旋、少耕相结合轮耕整地。

2. 精选耐密抗倒品种

选择结荚性好，抗逆性强，抗倒伏，耐密植，落叶性好，底荚位置宜机收的大豆品种。种子要饱满、纯净、无霉变、无病虫害，发芽势、发芽率95%以上，播前可用精甲霜灵·咯菌腈悬浮种衣剂+噻虫嗪悬浮剂种衣剂拌种。

3. 化学除草

以播后苗前土壤封闭除草为主，苗后茎叶处理为辅，推广封闭除草剂充分考虑禾阔叶杂草兼防，且延长持续期。常用乙·嗪·滴辛酯、乙+滴辛酯+噻吩、乙+嗪+噻吩三混制剂进行封闭处理，氟磺胺草醚+灭草松、氟磺胺草醚+异噁草松、氟磺胺草醚+灭草松+异噁草松配方进行茎叶处理。禾阔叶杂草兼防，适当延长持续期；低洼、有机质含量低地块选用异丙+异噁+唑嘧配方组合，药剂严格按照说明书要求使用。增加大豆安全性，提高灭草效果（图2）。

4. 新型药肥组合施用

推广调优配方+玉米秸秆腐熟有机肥+新型生物药肥+分层侧深施肥组合施肥方式，提高

图2　高效开展田间除草

肥料利用率。整地前利用专用抛撒机械将秸秆肥抛撒入田地，然后深松、耙、耢起大垄镇压，达到待播种状态。大豆田播种前一周，采用大型机械种下分层、定量、定位侧深施，将生物药肥、氮磷钾施肥量 2/3 施在种床下 12~14cm 处；剩余 1/3 随播种侧深施于种下 5cm 处。

5. 病虫防控

根据当地大豆主要病虫害发生情况适时防控。

6. 促控结合

于花荚、鼓粒期，视田间作物长势情况，用无人机叶面喷施磷酸二氢钾、尿素、钼酸铵、硫酸亚铁、多元微肥等，增加叶片营养，促进营养生长，起到保花、保荚、增粒重的作用。若长势过旺，有倒伏风险时，根据植株品种特性及长势，前期分多次喷施甲哌鎓，结荚期之前喷施多效唑。化控要在灌水前 3d 喷施，根据品种特性及长势进行化控，不可过多，以免影响花荚形成。

7. 机械减损收获

机械收获应在叶片基本落净、豆荚全干、豆粒满圆时进行（图3）。机械收获时尽量将割茬降低到 10cm 以下，滚筒转速不超过 300r/min，根据豆粒大小调节脱粒间隙到适宜的大小，水分在 13% 以内就可收获。破碎率、泥花脸率降到最低。

图3　机械减损收获

三、适宜区域

适宜东北四省（区）及新疆等西北地区规模化种植、机械配套区域种植。

四、注意事项

一是秋季及时整地起垄、选择半矮秆耐密植品种。

二是密植并垄时，一般垄宽110cm或130cm。垄高：110cm大垄≥22cm，130cm大垄≥18cm；垄宽：110cm大垄垄台上宽≥70cm，130cm大垄垄台上宽≥90cm。

技术依托单位

1. 全国农业技术推广服务中心

联系地址：北京市朝阳区麦子店街20号楼

邮政编码：100125

联 系 人：汤　松　蒋靖怡

联系电话：010-59194506　13391889111

电子邮箱：tangsong@agri.gov.cn

2. 黑龙江省农业技术推广站

联系地址：黑龙江省哈尔滨市香坊区珠江路21号

邮政编码：150036

联 系 人：杨　微　潘思杨　康　勋

联系电话：0451-82310590　13039997362

电子邮箱：yxwyyy@126.com

3. 内蒙古自治区农牧业技术推广中心

联系地址：内蒙古自治区呼和浩特市赛罕区尚东国际2#

邮政编码：010000

联 系 人：高　杰

联系电话：13451318601

电子邮箱：gaojieflying@163.com

4. 黑龙江大学

联系地址：黑龙江省哈尔滨市南岗区学府路74号

邮政编码：150080

联 系 人：杨峰山　刘春光　宋新宇

联系电话：13074513817

电子邮箱：yangfshan@126.com

"一包四喷"大豆主要病虫草害全程绿色防控技术

一、技术概述

（一）技术基本情况

1. 推广技术研发背景

大豆是世界重要的粮油兼用作物，是人类优质蛋白的主要来源，也是全球贸易量最大的农产品之一。世界油料产量中大豆居首位，占57%。中国85%的大豆依赖进口，也是世界第一大大豆进口国和大豆消费国。我国大豆进口量从1996年的110万t，到2021年的9 651万t，25年时间里增长近90倍，我们也遗憾地从大豆的最大出口国，成了如今的最大进口国。因此，大豆产业是关系我国国计民生的支柱产业，在国家粮食安全中占有重要地位。2022年和2023年中央一号文件及《"十四五"全国种植业发展规划》均提出"深入推进大豆产能提升工程"，到2025年，力争大豆播种面积达到1.6亿亩左右，产量达到2 300万t左右，推动提升大豆自给率。我国大豆亩产量不足150kg，巴西和阿根廷的大豆亩产量为200kg左右，美国大豆的亩产量约为225kg，我国大豆单产水平偏低。而病虫草害则是限制大豆产能提升的重要因素，每年造成15%~30%的产量损失，亟待解决。与其他几个大豆种植大国相比，我国大豆种植面积偏低，2022年我国大豆种植面积为1.54亿亩，美国种植面积在5.3亿亩以上，阿根廷种植面积为2.43亿亩，巴西的种植面积为6亿亩。与美国和巴西等国相比，目前我国大豆品质与栽培技术整体还很落后，表现在大豆品种和技术更新慢、大豆栽培技术管理粗放、新技术推广速度慢。由于我国大豆整体生产技术、种植制度和管理水平较低，加上我国地形气候复杂多样，造成病虫草害较其他主要生产国发生严重，且缺乏系统完善的病虫草害防治技术体系，导致大豆产能低下是我国大豆产业发展的瓶颈。因此，在种植面积严重受限的情况下，做好病虫草害防治技术研究与推广是增加单产和提升产能的重要举措。

基于产业背景，立足于行业需求，围绕大豆主栽区重要病虫草害演替规律不清、低温造成的苗不齐不壮、绿色防控技术不健全及用药混乱等突出问题，通过对各地主推品种的抗性评价和筛选，减少田间发病基数；通过对大豆病害的监测与调查，明确各地大豆主要病害种类及潜在防治目标；通过一包多防、一喷多促，减少农药使用次数，增加低毒高效化学药剂、生物药剂的使用频率，辅助栽培与物理措施，实现大豆病虫草害全程绿色防控技术。

该技术可概括为大豆病虫草害全程绿色防控技术，即通过国家各省植保系统病虫草害监测体系，全面调查和掌握大豆主栽区病虫草害发生现状及基数，以抗病虫品种应用为基础，以"一包四喷"为核心，辅以物理、栽培和生物防治等措施，实现大豆全生育期主要病虫草害的精准防控，显著减少大豆田化学农药施用范围、使用量及用药次数，增加低毒高效化学农药和生物农药的使用频率，实现大豆病虫草害全程绿色防控，促进大豆产业绿色可持续性高质量发展。在大豆全程机械化、健康可持续发展新形势下，针对大豆三大主栽区创新研究并推广应用大豆病虫草害全程绿色防控技术，已成为保障我国大豆种植安全、绿色与健康可持续性生产的重大战略需求。

2. 解决的主要问题

针对我国大豆主产区气候变化、种植结构及产业结构调整造成大豆病虫草害频繁暴发流行且重要病虫草害演替规律不清、监测预警、绿色防控技术不健全及用药混乱等问题突出，导致大豆产能低下，在研究明确不同大豆主栽区重要病虫草害的演替与灾变规律基础上，研发大豆主要病虫草害智能化、精准化监测技术，创新大豆病虫草害绿色防控新技术新产品，最终集成大豆病虫草害全程绿色防控技术模式并推广应用，全面提升大豆病虫草害绿色防控与专业化防治技术水平，为持续推动我国大豆产业绿色高质量发展提供重要科技支撑。该技术主要解决以下 3 个问题：

一是大豆主要病虫草害田间发生情况及基数调查。针对产业结构调整和气候变化等影响下黑龙江省大豆主栽区重要病虫草害发生种类、特征，通过对主栽区科技人员进行技术培训，充分掌握病虫草害特征及调查标准，准确掌握田间病虫草害发生情况和基数。

二是大豆病虫草害全程绿色防控技术。针对大豆疫病、根腐病优势种群、拟茎点种腐病菌、孢囊线虫、食心虫、大豆蚜及地下害虫、一年生禾本科杂草、一年生阔叶杂草和多年生杂草等主要病虫害种类及为害特点，确定用药种类、施药方法、防治时期等，制定相应的防控技术，集成以"一包四喷"为核心的大豆病虫草害全程绿色防控技术。

三是"一包四喷"大豆全程绿色防控技术的示范和推广。以"大豆绿色生产和产能提升"为核心，依托育种专家与种粮大户、合作社、农业技术推广中心和农场"五位一体"创新示范和推广模式，实现大规模推广应用，推动我国大豆病虫草害的绿色可持续治理，有效提升我国大豆产能。

3. 专利范围及使用情况

"十三五"以来，研发的"一种植物病原菌分离消毒装置、一种禾谷镰孢分生孢子快速形成方法、一种诱蛾器"等 5 项专利适用大豆主要病害的分离与鉴定，为大豆抗性品种筛选与利用提供技术支撑。研发的"一种解淀粉芽孢杆菌及其应用、一种农药喷洒机、一种苏云金芽孢杆菌 Bt20 菌株的发酵培养基、一种用于防治小地老虎的诱剂组合物、一种暗黑鳃金龟诱剂组合物及其应用和一种防治暗黑鳃金龟成虫的牛粪源引诱剂"发明专利适用于大豆病虫草害绿色防控技术的应用研究，为大豆病虫害生防产品创制提供了技术支撑。

（二）技术示范推广情况

在中国农业科学院植物保护研究所主持的"十三五"国家重点研发计划课题"大豆及花生高效安全农药新产品研发与施用技术"资助下，创建了"政府主导＋专家指导＋协同推进"推广模式，与我国三大大豆主产区县市农技推广中心、种粮大户、合作社及农场等全面对接合作，通过示范展示、集中培训、巡回指导、技术服务、线上咨询、媒体宣传等模式推广"大豆病虫草害全程绿色防控技术"。2018 年以来，累计培训农技人员 1.8 万人次，新型职业农民 32.5 万人次；在黑龙江、吉林、山东、河北、河南、安徽等省大豆主产区，累计示范应用 1 600 万亩、辐射带动 3 000 万亩，社会效益、经济效益及生态效益显著。

（三）提质增效情况

大豆病虫草害全程绿色防控技术推广应用有效控制了大豆病虫草害发生为害，综合防控效率稳定在83%以上。在技术示范区，大豆田化学农药减量20%以上，大豆增产10%以上，黑龙江示范区节本增效80元/亩以上。通过技术辐射，带动大豆三大主产区病虫草害绿色防控技术覆盖率显著提升，促进了大豆产业的绿色可持续性发展，同时助力大豆产区农药使用量自2020年起实现负增长。

（四）技术获奖情况

大豆病虫草害全程绿色防控技术的创新与推广应用获得了农业技术推广系统和广大豆农的充分肯定，也获得了主管部门和同行专家的高度评价。以该技术作为核心成果的"地下害虫绿色防控新技术研究与应用"获得2021年山西省科学技术进步奖二等奖；"大豆根腐病菌群体遗传进化分析及减施防控技术研究"2020年获得黑龙江省科学技术进步奖二等奖；"黑龙江省重要作物农业有害生物的检测及生防菌的应用基础研究"获得2022年黑龙江省植保科学技术奖科研类一等奖。发明专利对鳞翅目昆虫高毒力的Bt cry1Ah基因及其表达产物获第十八届中国专利奖、中华人民共和国国家知识产权局2016年中国专利优秀奖。

二、技术要点

根据大豆不同生育期病虫草害发生为害特点以及现阶段大豆产业绿色高质量发展要求，该技术通过构建大豆主要病虫草害鉴定体系，明确大豆三大主产区主要病虫草害种类及发生规律，以抗病虫品种应用为基础，以"一包四喷"为核心，辅以物理和生物防治等措施，实现大豆全生育期主要病虫草害的精准防控，显著减少大豆田化学农药施用范围及使用量，实现大豆病虫草害绿色持续防控，促进大豆产业绿色可持续性高质量发展。

（一）主体技术

1. 大豆主要病虫草害监测与早期诊断

依托我国大豆主产区定点监测站，实时监测大豆重要病虫草害发生分布、种群结构、密度，建立大豆主要病虫草害监测与早期诊断数据库，为大豆主产区主要病虫草害的精准防控提供支持。

虫害的调查：针对地下害虫蛴螬，在前一年大豆收获后进行越冬基数调查，按棋盘式取样方法，核查大豆田块地下害虫幼虫种群密度，为第二年播种时是否需要种子包衣提供数据支撑；大豆蚜虫调查是在植株5~7叶期进行田间踏查，确定田间蚜虫点片发生区域，对中心株进行标记。当踏查发现田间中心株率达到全田8%左右开始防治；食心虫的基数调查，在大豆结荚期每5d调查1次，在当地主栽品种未防治田中，随机各选择1 000m²，按对角线法取五点，每点1m²，调查取点内所有大豆植株，蛾量为47头可作为蛾量防治指标，卵高峰期1次性调查100个豆荚，卵量为10粒可定为卵量防治指标。

病害的调查：在大豆开花结荚期调查1次，在当地主栽品种未防治田中，随机各选择1 000m²，按对角线法取五点，每点1m²，大豆疫霉和根腐病发病率达10%以上，第二年种植时，应采取大豆种子药剂包衣措施，当年发病率在5%，即进行第一次喷雾处理；大豆结荚期每5d调查1次，在主栽品种未防治田中，随机各选择1 000m²，按对角线法取五点，每点1m²，大豆叶斑病发病株数达到5%，即进行第二次喷雾处理。

草害的调查：将每块地调查调整为9个样方，调查者到达选定地块后，沿地边向前走70步，向右转后地里走24步，开始倒置"W"点的第一点取样。第一点调查结束后，向纵深前方走70步，再向右转后向地里走24步，开始第二点取样。以同样的方法完成9点取样后，转移到另一选定的地块取样（地块较大时，可相应调整向前向右的步数以尽可能使样方在田间均匀分布）。样方面积为 0.25m²（50cm×50cm），取样时记载样方框内杂草种类、各种杂草的株数和平均高度，同时记载所调查地块的其他有关资料。为便于记载，杂草的株数以杂草茎秆数表示。

2. 我国大豆主要产区病虫草害的精准防治策略

根据调查的各项病虫草害的数据，有针对性地制定不同的防治措施。针对东北春大豆产区玉—豆轮作区，重要防治对象为大豆疫病、拟茎点种腐病、根腐、大豆孢囊线虫、蛴螬、食心虫和大豆蚜、马唐、稗草、狗尾草、反枝苋。可采用苗期种子处理的方法进行苗期病害和地下害虫的防控。针对黄淮海夏大豆产区麦—豆周年连作免耕区，重点关注大豆根部病害以及点蜂缘蝽，地下害虫等主要病虫草害。针对南方多作大豆产区间套作区，主要关注锈病，食叶害虫和豆荚螟的发生与为害。根据不同生态区的气候特点和病虫草害的发生规律变化，确定病虫草害防控主要问题，并制定针对性和动态性调整防控对策。

3. 针对大豆病虫草害重要问题，狠抓"一包四喷"技术落实

依托"一包四喷"大豆主要病虫草害全程精准防控技术，针对不同大豆主栽区病虫草害种类和发生特点，将上述筛选的产品融入该技术中，并辅以其他物理和生物防治措施，实现大豆主要病虫草害的全程精准防控，提升大豆产能，构建适合各大豆主产区主要耕作模式的病虫草害全程绿色防控技术体系。

（1）一包：种子下地前进行包衣处理。

针对大豆疫霉和根腐病前一年基数调查发病率达 10% 以上，第二年种植时，应采取大豆种子药剂包衣措施，包衣药剂应选用 62.5g/L 精甲·咯菌腈悬浮种衣剂 300~400mL/100kg 种子、2% 宁南霉素 60~80mL/亩等播前拌种或包衣。

当地下害虫前一年调查基数为中型，蛴螬每平方米 3 头或金针虫每平方米 5 头或蝼蛄每平方米 0.2 头时，应列为防治地块。

（2）"四喷"第一喷，即苗前封闭除草。

可选用乙草胺、精异丙甲草胺混配嗪草酮、异噁草松、噻吩磺隆、唑嘧磺草胺、丙炔氟草胺等药剂。具体使用方法如下：以禾本科杂草为主的地块，在播种后 3d 之内，大豆出苗前亩用 50% 乙草胺乳油 100~150mL，或 33% 二甲戊灵乳油 150~200mL，兑水 50~80kg 喷施于土壤表面。干旱条件下，要加大用水量或浅混土 2cm；以马齿苋、铁苋等阔叶杂草为主的地块，在播后苗前亩用 50% 乙草胺乳油 100mL+24% 乙氧氟草醚（二苯醚类除草剂）乳油 10~15mL 喷施土表，土壤有机质含量低、沙质土、低洼地、水分足用低剂量，反之用高剂量。在春季冷凉低洼，易涝地块，乙草胺易造成大豆药害，使用丙炔氟草胺的地块，大豆出苗后降雨，易发生迸溅触杀药害。

对于大豆玉米带状套作：大豆播种前 3d，根据草相选用草铵膦、精喹禾灵、灭草松等在田间空行进行定向喷雾，播后苗前选用精异丙甲草胺（或乙草胺）+噻吩磺隆等药剂进行土壤封闭处理。

（3）"四喷"第二喷，即苗后茎叶除草。

大豆田苗后除草一般在大豆 1~3 片复叶期、禾本科杂草 3~5 叶期、阔叶杂草 2~4 叶期，茎叶喷雾处理，达到施药适期。在保证大豆安全性的前提下，应尽早在杂草低叶心龄期进行施药。可选用烯草酮、精喹禾灵、高效氟吡甲禾灵、精吡氟禾草灵、烯禾啶等与氟磺胺草醚、灭草松、异噁草松等药剂混配使用。以禾本科杂草为主的地块，杂草幼苗期亩用5%精喹禾灵乳油50～70mL，或10.8%高效氟吡甲禾灵乳油20～40mL，兑水30kg喷施；以阔叶杂草为主的地块，在杂草基本出齐处于幼苗期时，亩用10%乙羧氟草醚乳油10～30mL，兑水30kg喷施；以禾本科和阔叶杂草混生的地块，在杂草基本出齐处于幼苗期时，亩用7.5%禾阔灵（农业农村部登记为氟羧草；喹禾灵）乳油80～100mL，或用5%精喹禾灵乳油50～75mL+25%三氟羧草醚（二苯醚类除草剂）水剂50mL，兑水30kg喷施。大豆苗弱，低温、田间干旱或低洼易涝地块慎用乙羧氟草醚、三氟羧草醚等药剂，更不宜使用助剂，以免加重药害。

对于大豆玉米带状套作：土壤封闭效果不理想需茎叶喷雾处理的，在大豆3～4片三出复叶期选用精喹禾灵（或高效氟吡甲禾灵、精吡氟禾草灵、烯草酮）+乙羧氟草醚（或灭草松）定向（大豆种植区域）茎叶喷雾。

（4）"四喷"第三喷，即苗期病害防控。

如果大豆疫霉和镰孢根腐病发病率达到10%以上，即在二节期用药，18.7%丙环·嘧菌酯悬乳剂30～60mL/亩，兑水27kg，常规喷雾即可；杀菌剂还可选择17%唑醚·氟环唑悬浮剂40～60mL/亩、250g/L嘧菌酯悬浮剂40～60mL/亩。

如果苗期低温，苗不齐不壮或连作地块、有除草剂药害等问题，添加如下：氨基酸叶面肥67mL/亩、14-羟基芸苔素甾醇6.7g/亩、磷酸二氢钾40g/亩和单元素锌16.7mL/亩，兑水27kg，常规喷雾。

大豆田蚜虫中心株率达到8%，百株蚜虫数达到1 500～3 000头以上时，在大豆苗期使用35%伏杀硫磷乳油0.13kg/亩喷雾。在蚜虫已造成大面积为害时，可选择10%溴氰菊酯乳油15mL～20mL/亩兑水600～700L进行喷雾。

注意：如无特殊情况，上述药剂和助剂可同时混合喷雾处理，对解决苗期根腐病、低温造成苗不齐不壮、提高抗病能力，增产效果显著；该时期虫害较少，个别年份会有蚜虫为害，建议少使用杀虫剂。

（5）"四喷"第四喷，即大豆生长中后期叶部病虫害防治。

针对病害：在结荚鼓粒期的叶部多种真菌性叶斑病，发病株达到15%以上，选择18.7%丙环·嘧菌酯悬乳剂30～60mL/亩+无人机助剂10mL/亩，采用无人机喷液量为2L/亩无人机喷洒；杀菌剂还可选择17%唑醚·氟环唑悬浮剂40～60mL/亩、250g/L嘧菌酯悬浮剂40～60mL/亩。

针对虫害：大豆食心虫成虫盛期100m² 有蛾47头或百荚有卵10粒；大豆蚜虫百株蚜量500头，或蚜株率30%以上；大豆开花结荚期，点蜂缘蝽羽化成虫的高峰期，每平方米可达3～5只，即进行防治；选用高效氯氟氰菊酯15mL/亩+无人机助剂10mL/亩，采用无人机喷液量为2L/亩无人机喷洒；杀菌剂还可选择1%甲氨基阿维菌素苯甲酸盐乳油（甲维盐）20～30mL/亩、4.5%高效氯氰菊酯乳油25mL/亩+50%氟啶虫胺腈水分散粒剂10g/亩等。

此时为提高大豆产能、促生长、提高抗病和抗逆能力，同时针对病虫害防治药剂，混合以下药剂和营养元素，起到"一喷多促"效果：

磷酸二氢钾40g/亩，单元素锌16.7mL/亩+钼酸铵20g/亩和硼源库30g/亩+无人机助剂10mL/亩，采用无人机喷液量为2L/亩无人机喷洒。

注意：第二喷建议不使用或减少使用促进叶面生长的叶面肥，以增加底部叶片的见光度和光合作用；优先选择旋翼式植保无人机，喷液量以 2L/亩，效果更佳。

（二）配套技术

1. 抗病品种选择

针对三大主栽区大豆主要病虫害及当地主推品种，进行选择生育期适宜，高产稳产、抗病抗倒、品质优良的主推品种。

2. 不重茬

豆类具有根瘤固氮作用，残根残叶对培养地力有良好作用，是小麦、谷子、玉米等作物的极好茬口。但是，豆类重茬，特别是多年重茬减产严重。

3. 理化诱控技术

利用植物挥发物和聚集信息素等天然产物，考虑到各自的优缺点和互补作用，采用二者结合形成对地下害虫金龟甲的食诱剂产品，顺-3-己烯基乙酸酯：乙酸十五烷酯（4∶1）、顺-3-己烯醇：顺-13-二十二烯醇（10∶0.625）、肉桂醛：顺-13-二十二烯醇（10∶0.625）3 种引诱剂诱集大豆田主要金龟甲暗黑鳃金龟雌雄成虫，每亩放置 30 个诱捕器，可显著降低当年的落卵量。

4. 生物防治技术

赤眼蜂对大豆食心虫的寄生率较高。可以在卵高峰期释放赤眼蜂，每亩释放 2 万~3 万头，可降低虫食率 43% 左右。

三、适宜区域

（1）东北地区。包括辽宁省、吉林省、黑龙江省及内蒙古自治区东四盟（市）；东北地区属北方寒地条件，大豆根腐病发生较重、连作地块较多，且苗期温度较低，苗不齐不壮是常态，建议全部包衣处理；重点关注大豆疫霉，拟茎点霉引起种腐、根腐和茎枯，镰孢根腐、大豆孢囊线虫、蛴螬、食心虫等防控。

（2）黄淮海夏大豆种植地区。包括北京市、天津市、河北省、河南省、山东省及安徽省与江苏省淮北地区、山西省与陕西省中南部地区；依据不同产区种植特色，充分利用轮作措施，减少田间病虫基数，从而减少病虫草害的发生；重点关注包括根腐病、点蜂缘蝽、大豆食心虫等大豆重要病虫害的防控。

（3）南方多作大豆产区。包括江苏省、安徽省、湖北省、湖南省大部；南方多作区和玉米大豆带状种植，利用与小麦、玉米等非大豆根腐病寄主植物轮作控制土传病虫害，依据当地病虫害发生情况，减少包衣药剂的量和种类，甚至不包衣；重点关注大豆锈病、点蜂缘蝽、根腐病、斜纹夜蛾等主要病虫害的防控。

四、注意事项

一是通过前期的调查、研究和分析，已经明确各大豆产区主要病虫草害的种类及发生特点，在技术推广应用过程中，应该加强技术人员的培训，增加技术应用的精准性和科学性，提升区域性病虫草害的精准鉴定，指导科学实施绿色防控与统防统治。

二是生产上优先选择种植抗虫、抗（耐）病大豆品种。

三是生产上优先考虑轮作的栽培措施。

四是使用喷杆喷雾机定向喷雾时，应加装保护罩，防止除草剂飘移到邻近作物，同时应注意除草剂不会径流到邻近其他作物。喷雾器械使用前应彻底清洗，以防残存药剂导致作物药害。

五是化学防治在大豆病虫草害防治中的作用仍非常重要，一方面要科学用药、减缓或控制抗药性，另一方面要用选择性药剂，避免或减轻对天敌误杀，无论是绿色防控还是农药减施，均需重点考虑、有效兼顾。

六是选用药剂按照使用说明书规定剂量使用，严格执行农药使用操作规程，避免过量使用农药，保护生态环境，遵守农药安全间隔期。

技术依托单位

1. 中国农业科学院植物保护研究所

联系地址：北京市海淀区圆明园西路 2 号

邮政编码：100193

联系人：李克斌　袁会珠

联系电话：18611577339

电子邮箱：kbli@ ippcaas. cn

2. 东北农业大学

联系地址：黑龙江省哈尔滨市香坊区长江路 600 号

邮政编码：150030

联系人：李永刚

联系电话：13304602805

电子邮箱：neaulyg@ 126. com

玉米密植精准调控高产技术

一、技术概述

（一）技术基本情况

玉米是我国最重要的粮食作物，密植是增产的主要途径。但密植造成的倒伏、整齐度差、早衰三大问题导致我国玉米种植密度增长缓慢，制约了增密增产技术的应用。玉米密植精准调控高产技术针对我国玉米种植密度偏低、生产管理粗放、水肥利用率低和玉米生产逆境频发等问题，以密植为核心，以水肥精准调控为保障，综合施策解决玉米有效提升种植密度和提高单位面积产量的关键问题。2023年被遴选为全国重大引领性技术并被确立为全国玉米单产提升工程的主体技术，在玉米主产区大面积推广应用，实现玉米大范围、大幅度的均衡增产，并协同提高水肥利用效率，增强了我国玉米生产能力。

（二）技术示范推广情况

自2009年以来，玉米密植精准调控技术在新疆维吾尔自治区、宁夏回族自治区、甘肃省河西走廊等西北灌溉玉米区率先大面积应用，并逐步推广至东北补充灌溉玉米区、黄淮海玉米区及西南玉米区，累计推广面积超过11.37亿亩，其中，2021—2023年累计推广7 631万亩。2023年，西北、东北及黄淮海主产区示范增产情况如下：

在西北灌溉玉米区，新疆维吾尔自治区组织玉米主产区10个地州全面推广，伊宁县喀什镇玉米高产示范田百亩田亩产达到1 545.94kg，察布查尔县种羊场千亩方亩产1 427.66kg，察布查尔县阔洪奇乡万亩方亩产1 300.67kg，刷新了全国百亩田、千亩方及万亩方规模大面积单产纪录。塔城市10万亩玉米实收亩产1 117.4kg，创造了全国首个10万亩集中连片玉米"吨粮田"，并且实现了区域内100%无膜化种植、100%良种覆盖、100%全程机械化、100%密植滴灌水肥一体化、100%秸秆综合利用。内蒙古自治区西部巴彦淖尔市乌拉特前旗大佘太镇南苑村60亩示范田亩产1 421.5kg，内蒙古自治区首次突破玉米亩产1 400kg大关。

在东北补充灌溉玉米区，内蒙古自治区推广面积900万亩，通辽市科左中旗花吐古拉镇南珠日河嘎查35亩示范田亩产1 439.40kg，刷新内蒙古自治区玉米高产纪录。开鲁县开鲁镇小城子村，千亩方亩产1 246.65kg；科尔沁区钱家店镇前西艾力村，万亩方亩产1 183.47kg，再次刷新了东北春玉米区千亩方和万亩方纪录。黑龙江省讷河市千亩方玉米亩产达到897.3kg，创造了东北冷凉地区玉米高产纪录，综合纯收入每亩增加990多元。辽宁省彰武县近万亩沙化耕地在每亩节水150m³、节肥5kg的条件下亩产达到1 000kg，实现了产量翻倍，结合"留高茬"可实现冬春固沙、改善耕地质量，为北方大面积风沙土低产田改造提供了范例。

在黄淮海夏播玉米区，山东省滕州市西岗镇权子园村180亩高产攻关田现场亩均实收1 218.81kg，创2023年黄淮海地区玉米最高单产纪录。河南省漯河市舞阳县姜店乡大王村

300 亩玉米亩产 1 092.81kg，为黄淮海南部夏玉米单产历史新高。河南、山东、河北、安徽等省的示范田亩产也刷新了当地产量纪录。

2023 年在农业农村部办公厅关于印发《全国粮油等主要作物大面积单产提升行动实施方案（2023—2030 年）》（农办农〔2023〕17 号）部署实施玉米单产提升工程中，10 省（区）19 个任务县实施 163 万亩。其中，黄淮海示范田单产 700kg 以上，22.2 万亩实施区较周边农户亩增产 50~200kg；东北春玉米区示范田单产 800~950kg，101.2 万亩实施区较周边农户亩增产 100~200kg；西北区示范田单产 700~1 000kg，40.6 万亩实施区较周边农户亩增产 100~150kg，示范田平均单产达到 791kg/亩，大面积高产超过欧美发达国家水平。

（三）提质增效情况

2009 以来连续 7 次创全国玉米高产纪录，将我国玉米单产纪录提高了 566.95kg/亩，最高单产达到 1 663.25kg/亩。项目实施区种植密度较当地常规种植提高 1 000~3 000株，多次创造并保持全国及新疆、甘肃、内蒙古、宁夏、陕西等主产省（区）大面积高产纪录，使得我国玉米万亩田连续突破亩产 1 100kg、1 200kg 和 1 300kg 三个台阶。2021—2023 年，在内蒙古、辽宁、吉林、黑龙江等省（区）东北补充灌溉玉米区，经实际测产采用该技术模式的 1024 户农户测产结果表明，与传统种植方式相比，亩增产 389.1~547.8kg，增幅达 48.3%~55.7%；氮肥偏生产力、灌溉水利用效率和水分生产效率分别提高了 22.8kg/kg、1.4kg/m^3 和 1.2kg/m^3。2023 年，经过农业农村部玉米专家组组织测产，在新疆、内蒙古、辽宁等省（区）125 个千亩片平均单产为 1 133.2kg/亩，41 个万亩方平均单产为 1 119.5kg/亩。增密种植与水肥一体化精准调控技术融合运用，不仅显著提高玉米生产水平，在不增加水肥投入量前提下，实现产量、效率与效益的协同提升，是灌溉和补灌溉区的节水增粮新模式。

（四）技术获奖情况

以该技术为核心的成果分别荣获新疆生产建设兵团 2016 年、新疆维吾尔自治区 2019 年度科学技术进步奖一等奖，宁夏回族自治区 2020 年度科学技术进步奖一等奖。

二、技术要点

该技术内容主要包括玉米密植增产和滴灌水肥精准调控栽培技术。

1. 铺设滴灌管道

根据水源位置和地块形状的不同，主管道铺设方法主要有独立式和复合式两种：独立式管道的铺设方法具有省工、省料、操作简便等优点，但不适合大面积作业；复合式主管道的铺设可进行大面积滴灌作业，要求水源与地块较近，田间有可供配备使用动力电源的固定场所。支管的铺设形式有直接连接法和间接连接法两种。直接连接法投入成本少但水压损失大，造成土壤湿润程度不均；间接连接法具有灵活性、可操作性强等特点，但增加了控制、连接件等部件，一次性投入成本加大。支管间距离在 50~70m 的滴灌作业速度与质量最好。

2. 精细整地，施足底肥

播种前整地，采用灭茬机灭茬翻耕或深松旋耕，耕翻深度要求 28~30cm，结合整地施足底肥，做到上虚下实，无坷垃、土块，达到待播状态。一般每亩施优质农肥 1 000~2 000kg、磷酸二铵 15~20kg、硫酸钾 5~10kg 或者用复合肥 25~30kg 作底肥施入。采用大型联合整地机一次完成整地作业，整地效果好。

3. 科学选种，合理密植

选择株型紧凑，穗位适中，抗倒抗逆性强，耐密性好，穗部性状好的中秆、中穗、增产潜力大、熟期适宜、适合机械籽粒直收的品种。合理增加种植密度，其中，西北灌溉区种植密度 6 000～7 500 株/亩，东北补充灌溉区 5 000～6 000 株/亩，黄淮海夏播区 5 000～6 000 株/亩。

4. 宽窄行配置，导航精量播种

利用带导航的拖拉机和玉米精播机将铺滴灌带、带种肥和播种等作业环节一次性完成。行距采用 40cm+70～80cm 宽窄行配置，导航精量播种，毛管铺设在窄行内，一条毛管管两行玉米，毛管铺设采用浅埋式处理，埋深 3～5cm，主要起固定毛管作用。

5. 密植群体调控

（1）滴水齐苗。播种后立即接通毛管并滴出苗水，达到出全苗、出苗整齐一致的目的。干燥土壤每亩滴水 20～30m³，墒情较好的亩滴水 10～15m³。

（2）化学调控。为防止密植植株倒伏，在 6～8 展叶期用玉米专用生长调节剂化控。

（3）综合植保。通过种子精准包衣解决土传病害和苗期病虫害；苗前苗后化学除草控制杂草；在大喇叭口期和吐丝后 15d 各进行 1 次化防，每次喷洒杀虫、杀菌剂防治玉米螟、叶斑病、茎腐病和穗粒腐病。

6. 按需分次精准灌溉与施肥

（1）精准灌溉。根据玉米需水规律进行灌溉，灌水周期和灌溉量依据不同生育时期玉米耗水强度和不同耕层最佳土壤含水量来确定。拔节期，土壤湿润深度控制在 0.4～0.5m，孕穗期土壤湿润深度控制在 0.5～0.6m。如果采用水分传感器监测进行自动化灌溉，采用小灌量、高频次灌溉，应始终把耕层土壤水分控制在田间合理持水量上下较小波动变幅内，更有利于提高产量和水分生产效率。

（2）精准施肥。优先选用滴灌专用肥或其他速效肥，根据玉米水肥需求规律，按比例将肥料装入施肥器，随水施肥，做到磷肥深施、氮肥后移、适当补钾，氮肥少量多餐分次追肥原则，基肥施入氮肥的 20%～30%；磷、钾肥的 50%～60%，其余作为追肥随水滴施；吐丝前施入氮肥的 45% 左右，吐丝至蜡熟前施入氮肥的 55%，防止玉米前期旺长、后期脱肥早衰，提高水肥利用率。

（3）灌溉与施肥建议。根据区域资源禀赋，集成了“西北灌溉区光温高效模式”“东北补充灌溉区节水增粮模式”和“黄淮海抗逆增产模式”等密植精准调控标准化高产技术模式。

其中，西北灌溉区光温高效模式（图 1），产量目标 1 200～1 400kg/亩，适宜推广种植密度 7 000～8 000 株/亩，灌溉量：320～360m³/亩，氮肥施用量（纯 N）20～24kg/亩，磷肥施用量（P_2O_5）10～12kg/亩，钾肥施用量（K_2O）12～14kg/亩，水肥调控次数 8～12 次。

东北补充灌溉区节水增粮模式（图 2），产量目标 1 000～1 200kg/亩，适宜推广种植密度 5 500～6 500 株/亩，灌溉量 180～200m³/亩，氮肥施用量（纯 N）18～20kg/亩，磷肥施用量（P_2O_5）8～10kg/亩，钾肥施用量（K_2O）10～12kg/亩，水肥调控次数 6～8 次。

黄淮海抗逆增产模式（图 3），产量目标 800～1 000kg/亩，适宜推广种植密度 5 000～6 000 株/亩，灌溉量 80～160m³/亩，氮肥施用量（纯 N）15～18kg/亩，磷肥施用量（P_2O_5）8～10kg/亩，钾肥施用量（K_2O）10～12kg/亩，水肥调控次数 4～6 次。

7. 机械收获

为使玉米充分成熟，降低籽粒水分，提高品质，应在生理成熟后（籽粒水分降至 30%

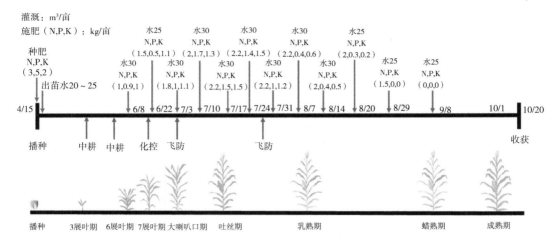

图 1　西北灌溉区光温高效模式

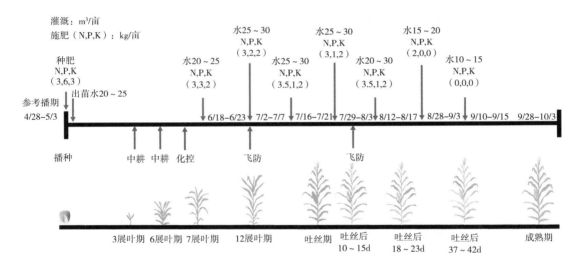

图 2　东北补充灌溉区节水增粮模式

以下）进行收获。可根据具体情况采取粒收或穗收。籽粒直收在籽粒水分含量降至 25% 以下时进行，收获质量达到以下标准：籽粒破碎率不超过 5%，产量损失率不超过 5%，杂质率不超过 3%。

8. 回收管带与秸秆处理

回收管带：收获前后，清洗过滤网、主管和支管，收回田间的支管和毛管。

秸秆处理：在回收管带作业之后，秸秆粉碎翻埋还田，达到培肥土壤，改善土壤结构的目的。翻耕前通过增施有机肥，提高土壤有机质含量。秸秆翻埋还田时，耕深不小于 28cm，耕后耙透、镇实、整平，消除因秸秆造成的土壤架空。秸秆量大的地块可将一部分秸秆打捆作饲草料。

灌溉：m³/亩
施肥（N,P,K）：kg/亩

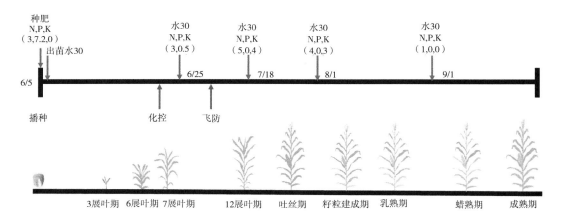

图 3　黄淮海抗逆增产模式

三、适宜区域

适宜在西北灌溉春玉米区和东北灌溉和补充灌溉春玉米区推广应用，黄淮海夏播区和西南玉米区可参照实施。

四、注意事项

一是注意增密群体的倒伏、大小苗和早衰等问题；可以通过选用耐密抗倒品种、化控、滴水出苗、水肥调控、耕层构建等关键技术综合施用，实现密植群体防倒、防衰和提高整齐度。

二是根据密植群体的生长发育和水肥需求规律，按需分次灌溉和施用肥料，避免"一炮轰"式施肥带来的前期旺长、后期倒伏和早衰，实现群体生长的精准调控。

三是每次施肥时结合灌溉，水肥一体化，应计算出每个灌溉区的用肥量，将肥料在大的容器中溶解，再将溶液倒伏施肥罐中，每次施肥前，先滴清水 2h，然后再开始滴肥，以保证施肥的均匀性。收获后，及时排空管道内积水，防止冻裂。

技术依托单位

1. 中国农业科学院作物科学研究所

联系地址：北京海淀区中关村南大街 12 号

邮政编码：100081

联　系　人：李少昆　王克如　侯　鹏

联系电话：010-82108595　18600806492

电子邮箱：lishaokun@caas.cn　wkeru01@163.com　xuejun@caas.cn

2. 全国农业技术推广服务中心粮食作物技术处

联系地址：北京市朝阳区麦子店街 20 号

邮政编码：100125

联 系 人：鄂文弟 贺 娟

联系电话：010-59194183

电子邮箱：hejuan@ agri. gov. cn

3. 安徽科技学院

联系地址：安徽省凤阳县东华路 9 号

邮政编码：233100

联 系 人：余海兵

联系电话：15855037906

电子邮箱：2870421562@ qq. com

玉米条带耕作密植增产增效技术

一、技术概述

（一）技术基本情况

我国玉米生产普遍存在着前茬秸秆还田导致播种质量差、群体结构不合理等问题，限制了玉米密植高产潜力的充分挖掘。目前东北春玉米区采用秸秆深翻与免耕深松等耕作方法，难以解决秸秆腐熟慢、地力提升慢、动力消耗大及播种质量差等问题；黄淮海夏玉米区传统免耕播种难以解决前茬秸秆量大造成播种质量差、出苗不整齐等问题。该技术采用条带耕作的方式解决上述问题，东北春玉米区采取在玉米非播种带进行秸秆条带深旋混拌、播种带进行推茬清垄免耕播种，创造的"虚实相间"耕层构造兼具免耕与深耕的优点，创造良好的播种环境；黄淮海夏玉米区采取在玉米播种带进行条带浅旋清秸播种，有利于提高播种质量和土壤保墒。同时采用缩行密植栽培，有利于构建合理群体结构和优化冠层环境，是实现玉米绿色丰产高效的有效途径。条带耕作及密植群体调控等技术及设备获国家发明专利 4 项〔玉米推茬清垄旋耕播种方法（ZL 201410326942.9）、一种抗低温干旱种子处理剂及其制备方法（ZL 201510937960.5）、玉米耕免交错秸秆带状还田栽培方法（ZL 201810746432.6）、玉米播种单体压力自动控制系统（ZL 201910627838.6）〕、实用新型专利 2 项〔条带推拌秸秆还田机构及包含其的装置（ZL 201821082338.6）、玉米推茬清垄深旋播种机（ZL 201420385351.4）〕，相关技术内容作为该技术的核心技术环节在玉米主产区进行了集成与应用。

（二）技术示范推广情况

2016—2023 年在东北区域的辽宁省铁岭市、沈阳市，吉林省公主岭市、辽源市，内蒙古自治区通辽市、赤峰市和黄淮海区的河南省新乡市、济源市，河北省石家庄市、沧州市等16 地进行较大范围的示范应用。

（三）提质增效情况

该技术在东北、黄淮海玉米主产区 16 地进行试验和示范推广，有效解决了不同生态区秸秆全量还田下精播保苗的问题，与当地传统种植方式相比，显著提高了玉米出苗率和群体质量，平均增产 7.5%~16%，节本增收 100~150 元/亩，其中，2023 年辽宁省铁岭市张庄合作社雨养百亩方平均亩产 914.5kg，河南省济源市百亩示范平均亩产达1 098.5kg，创当地夏玉米高产纪录，相比农户增产 16%~20%，推进了我国玉米绿色丰产增效与高质量发展。

（四）技术获奖情况

以该技术为核心的科技成果获得 2019 年辽宁省科学技术奖一等奖 1 项（辽宁春玉米光热肥水协同定量优化技术体系构建与应用）、2018—2019 年度神农中华农业科技奖科学研究类成果一等奖（玉米温光资源定量优化增效技术与应用）。

二、技术要点

1. 种床整备

东北春玉米区秸秆条带还田（图1），玉米机械化收获后进行秸秆灭茬，选用秸秆条带还田机将秸秆集中于非播种带，通过条带深旋刀进行条带混拌，深旋还田、条带镇压一次性完成，播种带处于自然无茬状态。改全层作业土壤耕作为平作条带耕作，并使秸秆残茬条带状均匀混拌于0~25cm土层，翌年于播种行免耕播种。黄淮海夏玉米区小麦机械化收获时秸秆均匀还田，在播种机前部或各行播种单元开沟器前方配置主动式秸秆清理装置（图2）清理秸秆，形成良好种床条件。

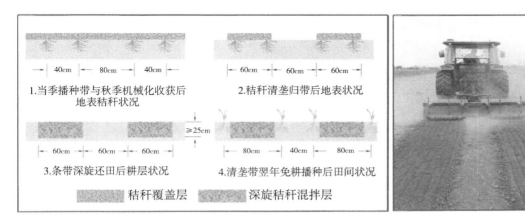

图1　东北春玉米秸秆条带还田示意（左）与田间作业现场（右）

图2　黄淮海夏玉米播种行秸秆清理装置

2. 适时播种

根据生产条件，因地制宜选用耐密抗逆品种，播前精选高质量种子，进行抗逆种衣剂包衣，以保证种子发芽率、芽势及纯度。春播区待温度适宜时抢墒播种，夏播区墒情不足时于播后浇蒙头水，实现一播全苗。

3. 缩行密植栽培

改等行距种植方式为宽窄行种植，播种行采用单行直线或缩行密植方式，构建合理群体结构、优化冠层环境。根据品种特性和地力水平确定适宜留苗密度。东北地区使用高性能免（少）耕播种机（图3），保苗密度达到4 500~5 000株/亩，黄淮海地区采用带有清秸功能的高性能指夹式、气力式精量播种机（图4），可提高出苗率5~8个百分点，保苗密度达到5 000~5 500株/亩。

图3　东北春玉米条带耕作密植播种机（左）与田间出苗效果（右）

图4　黄淮海夏玉米条带耕作密植播种机（左）与田间出苗效果（右）

4. 配方合理施肥

根据产量目标和当地地力基础，测土配方平衡施肥。施用纯氮量为180~240kg/hm^2、纯磷量（P$_2$O$_5$）80~85kg/hm^2、纯钾量（K$_2$O）95~100kg/hm^{2}的缓释复混肥，结合氮肥机械深施和缓释专用肥一次性施用，施肥深度5~8cm，侧距种子4~6cm。

5. 群体抗逆调控

拔节期若苗长势较弱、大小苗、长势不匀，叶面喷雾追施磷酸二氢钾+芸苔素内酯1~2次提苗；玉米7~9展叶期，适时适量喷施植物生长调节剂，缩节间降株高，预防后期倒伏；大喇叭口期，喷施抗旱剂、叶面喷施黄腐酸或者钙离子溶液，有效缓解高温干旱的危害。

6. 综合防治病虫害

按照"预防为主，综合防治"的原则，制订防治方案。玉米苗期重点防治蓟马、黏虫和地老虎等地下害虫；玉米大喇叭口期和抽雄期重点防治玉米螟。采用虫害天敌（如赤眼蜂等）、Bt 乳剂、白僵菌等，或采用杀虫灯、性诱剂等防治。

7. 适时机械收获

玉米成熟后，利用玉米联合收获机进行收获。当籽粒含水率≥25%时，采用玉米果穗联合收获机收获；当籽粒含水率＜25%时，可采用玉米籽粒联合收获机收获。宽窄行模式收获机割台行距应与种植行距相匹配，避免收获损失升高。

三、适宜区域

适用于东北、黄淮海及西北地势平坦的玉米主产区。

四、注意事项

技术应用过程中，注意前茬作物灭茬粉碎的秸秆长度小于 10cm，以免影响推茬清秸或免耕播种作业效果；同时田间作业时注意提前调整机械作业状态，东北区域应保证秸秆带状均匀混拌于 0~25cm 土层，以免影响播种质量。

技术依托单位

1. 中国农业科学院作物科学研究所

联系地址：北京市海淀区中关村南大街 12 号

邮政编码：100081

联系人：李从锋　周宝元

联系电话：13466314951

电子邮箱：licongfeng@caas.cn

2. 中国农业大学

联系地址：北京市海淀区清华东路 17 号

邮政编码：100083

联系人：张东兴　崔　涛

联系电话：13466716366

电子邮箱：cuitao@cau.edu.cn

3. 河北省农业技术推广总站

联系地址：河北省石家庄市裕华区兴苑街 4 号

邮政编码：050000

联系人：孟　建

联系电话：17732807209

电子邮箱：jianmeng80@126.com

夏玉米精准滴灌水肥一体化栽培技术

一、技术概述

（一）技术基本情况

针对黄淮海玉米一年两熟区干旱频繁发生、地下水超采严重、玉米生产上盲目施肥、过量施肥、养分供给与作物需求不同步、水肥利用率低等问题，经过多年研究，形成夏玉米滴灌水肥一体化高效栽培技术。通过优化麦茬玉米管网配置模式、灌溉施肥制度及配套滴灌机械机具，实现了水肥按需滴灌精量供给，减少了水肥用量，提高了水肥利用效率以及全程滴灌轻简机械化作业。面对未来资源和环境压力，坚持"资源节约、精准使用"发展方向，是解决农业水资源不足、农业生态环境污染问题、提升抗御自然灾害能力、增加粮食单产的根本途径。2023年中央一号文件明确提出要加快农业投入品减量增效技术推广应用，推进水肥一体化。针对夏玉米滴灌水肥一体化现状和生产技术需求，在国家重点研发项目、星火计划项目、山东省现代农业产业体系和山东省重点研发计划等项目资助下青岛农业大学联合山东省农业技术推广中心、青岛市农业技术推广中心经过多年技术攻关，研究提出了与滴灌水肥一体化相配套的夏玉米种植、田间管网布置模式、灌溉、施肥精量调控技术以及农机农艺相结合全程机械化技术，获得授权发明专利3项：免耕直播下的麦茬夏玉米滴灌水肥一体化栽培方法、一种水肥一体化智能灌溉系统、一种砂质潮土区玉米滴灌水肥的高效栽培方法及滴灌系统；实用新型专利3项，并建立了相关技术规程，采用HTML、CSS、JS语言，研发出夏玉米精确滴灌水肥一体化微信小程序，方便农户快捷、易于操作。在山东、河北等省进行了示范推广，夏玉米精准滴灌水肥一体化栽培技术入选2023年农业农村部农业主推技术，入选2019年，2021年和2022年山东省农业主推技术，为我国黄淮海夏玉米滴灌水肥一体化高效栽培技术的大面积推广提供了技术支撑。

（二）技术示范推广情况

自2014年以来，核心技术夏玉米精准滴灌水肥一体化栽培技术分别在山东、河北等省进行了试验示范，与安丘市长兴家庭农场、昌邑市建平家庭农场、青岛青农种子产销专业合作社、青岛高产农机专业合作社、青岛西寨农机专业合作社、莱州市金海种业有限公司、石家庄市藁城区辉涛种植专业合作社、泊头市宝存种植专业合作社等新型经营主体对接，深入基地一线指导，提高规模化种植下专业化生产水平。节水省肥省工效果明显，累计示范应用面积超过600万亩。

2023年与青岛市农业技术推广中心在平度市蓼兰镇共建国家农业技术集成创新中心"黄淮海粮油高效节水增产技术集成示范基地"，夏玉米精准滴灌水肥一体化栽培技术为主要核心技术之一。

近年来在基层农技推广人员和农创体培训班、山东省电视台农科直播间开展夏玉米滴灌水肥一体化技术培训服务讲座60多次，培训人员累计达到6 000余人。2022年，"滴灌技术变革助力种粮轻松又高效"入选全国种植业技术推广典型案例。

（三）提质增效情况

与传统灌溉施肥方式相比，夏玉米滴灌水肥一体化高效栽培技术有效解决了玉米关键生育期缺水、中后期追肥难、脱肥严重的突出问题，增产11%以上，水分利用率提高20%以上，肥料利用率提高15%以上，每亩节省劳动力2~3个，目前规模种植条件下（百亩）标准滴灌设备投入的年成本120元/亩（麦玉两茬）。在中小型农户（30~50亩）中试用的简易滴灌设备投入的年成本80元/亩（麦玉两茬），总体实现了丰产稳产、节本增效和农业生产的绿色可持续发展目标。2015年在山东昌邑市实现小面积实打验收玉米亩产1 131.07kg；2016年在青岛、潍坊、烟台等地的千亩示范田亩产量达到800kg以上。2020年玉米季遭遇多次强降雨导致土壤养分淋失严重，中后期通过滴灌及时进行补肥，青岛胶州市百亩示范方实测产量达到882.44kg/亩。2022年平度示范基地小麦、玉米实测产量分别达到823.2kg/亩和931.86kg/亩，2023年小麦、玉米实测产量分别达到837.15kg/亩和1 116.2kg/亩，实现了亩产超"吨半粮"的目标，辐射带动了周边地区粮食单产水平提升。该技术将滴灌水肥一体化应用于玉米生产，有效解决了粮食生产面临的农业水资源短缺、肥料浪费严重、劳动力不足等问题，为我国现代农业特别是粮食规模化生产提供了有力的技术支撑，具有良好的经济、社会和生态效益。

（四）技术获奖情况

该技术入选2023年农业农村部农业主推技术，以夏玉米精准滴灌水肥一体化技术为核心主要获得奖励2项（小麦玉米周年丰产肥水高效关键技术创新与应用，山东省科学技术进步奖一等奖，2020年；玉米温光资源定量优化增产增效技术与应用，神农中华农业科技奖科学研究类成果一等奖，2018—2019年度）

获得自主知识产权专利7项，发明专利3项[免耕直播下的麦茬夏玉米滴灌水肥一体化栽培方法（ZL 201710575743.5）、一种砂质潮土区玉米滴灌水肥的高效栽培方法及滴灌系统（ZL 02210359966.9）、一种水肥一体化智能灌溉系统（ZL 202010479363.3）]；实用新型专利4项[小麦、玉米浅埋式滴灌带铺设机（ZL 202123237628.8）、小麦、玉米滴灌水肥一体化智能化装置（ZL 201521035685.X）、一种玉米滴灌铺管播种一体机（ZL 201721572242.3）、一种移动式滴灌收管机（ZL 201821261475.6）]，软件著作权2项[夏玉米滴灌精准灌溉施肥管理软件V1.0（2020SR1764731）、基于云存储的小麦、玉米水肥一体化数据分析软件V1.0（2019SR0057204）]，制定团体标准2项[夏玉米滴灌水肥一体化栽培技术规程（T/SDAS 387—2022）、小麦—玉米"超吨半粮"水肥一体化生产技术规程（T/SDAS 653—2023）]。

二、技术要点

（一）品种选择与种子处理

选择通过国家或省审定的高产、耐密、抗逆性强玉米品种，种子应进行包衣。

（二）播种铺管

选用集播种、铺管、施肥等功能于一体的玉米播种机（图1）进行播种、铺管、施肥，采用60cm等行距或者小行距40cm、大行距80cm的大小行播种方式。播深3~5cm为宜，采用精量单粒播种，根据品种特性选择适宜种植密度。等行距播种方式滴灌管铺设在苗带上，滴灌管距离苗7~10cm，大小行播种方式滴灌管铺设在小行中间。滴灌带铺设长度与水压成正比，长度一般为60~85m。选用迷宫式或内镶贴片式滴灌带，滴头出水量1.8~2.0L/h，滴头距离30cm。

图1　玉米滴灌播种铺管一体化作业

（三）水肥管理

1. 水分管理

滴灌灌水次数与灌水量依据玉米需水规律、土壤墒情及降雨情况确定。在足墒播种的情况下，苗期一般不需浇水，控上促下，保证苗期—拔节期、拔节期—吐丝期、吐丝期—灌浆中期、灌浆后期各阶段田间相对含水量分别达到60%、70%、75%、60%。

2. 肥料管理

（1）施肥量。施肥量按照目标产量根据养分平衡法计算，滴灌水肥一体化条件下每生产100kg籽粒需氮（N）2.2kg，磷（P_2O_5）1.0kg，钾（K_2O）2.0kg计算。施肥量（kg/亩）=（作物单位产量养分吸收量×目标产量−土壤测定值×0.15×土壤有效养分校正系数）/（肥料养分含量×肥料利用率）。

（2）滴灌追肥方法。播种、大喇叭口期、抽雄吐丝期施肥比例：氮肥为40%：20%：40%；磷肥为35%：25%：40%；钾肥为75%：25%：0%；大喇叭口期添加硫酸锌肥1.0kg/亩和枯草芽孢杆菌、贝莱斯芽孢杆菌等液体微生物菌剂产品2.0kg/亩等菌剂，追肥应选用水溶性肥料或液体肥料。按照"清水—肥液—菌液—清水"顺序进行。大喇叭口期随滴灌施肥开始时间安排在灌水总量达到1/2后，抽雄吐丝期随滴灌施肥开始时间安排在灌水总量达到1/3后。滴灌施肥结束后，保证滴清水20~30min，将管道中残留的肥液冲净。

（四）病虫草害防治

按照"预防为主，综合防治"的原则，合理使用化学防治。

（五）收获及收管

根据玉米成熟度适时进行机械收获作业，提倡适当晚收，即籽粒乳线基本消失、基部黑层出现时收获；玉米收获前一周采用滴灌带回收机械回收滴灌带（管）。

三、适宜区域

适宜黄淮海有灌溉条件的夏玉米生产区。

四、注意事项

一是水肥一体化系统的设计、管网布局、安装和材料质量是水肥一体化的基础。

二是实施水肥一体化，最重要的是管理，科学灌溉、施肥制度是保证水肥一体化效果的关键。其次，水溶肥的质量和配方是水肥一体化产量和品质的保证。

技术依托单位

1. 青岛农业大学

联系地址：山东省青岛市城阳区长城路 700 号

邮政编码：266109

联 系 人：姜　雯　刘树堂

联系电话：0532-58957447

电子邮箱：jwen1018@163.com

2. 山东省农业技术推广中心

联系地址：山东省济南市历下区解放路 15 号

邮政编码：25000

联 系 人：韩　伟

联系电话：0531-67866302

电子邮箱：whan01@163.com

3. 青岛市农业技术推广中心

联系地址：山东省青岛市燕儿岛路 10 号凯悦中心

邮政编码：266071

联 系 人：孙旭亮　李松坚

联系电话：0532-81707510

电子邮箱：qdnjzxnjtg@qd.shandong

东北半干旱区玉米水肥一体化技术

一、技术概述

（一）技术基本情况

东北半干旱区玉米播种面积1亿多亩，该区域季节性干旱频发，土壤瘠薄、水肥利用效率低，粮食产量年际间稳定性差，单产徘徊在450~500kg/亩，是极具增产潜力的地区。吉林省农业科学院通过多年的试验研究，在滴灌条件下玉米需水需肥规律、水肥耦合机制和配套滴灌肥产品研制方面取得了突破性进展。创建的半干旱区玉米水肥一体化高产高效栽培技术在生产上应用，实现了玉米秸秆的全量深翻还田，水肥联合调控，解决了地力低和靠天吃饭的问题。通过"机收粉碎—喷施秸秆腐解剂—秸秆翻埋—碎土重镇压"等秸秆还田作业，打破犁底层，建立肥沃耕层，大幅度提高耕地质量；通过根域灌溉、水肥同步、少餐多次管理，破除了常规种植"饱和式单一灌溉土壤"水肥脱节的弊端，大幅度提高水肥利用效率和玉米产量。实现了半干旱区耕地地力提升、节水工程措施和农艺措施相结合，现代农业高质量发展与农民增收相结合。

以该技术为核心验收成果5项，发布实施吉林省地方标准1项，鉴定水肥性肥料产品1项，获得专利1件，获得吉林省农业技术推广奖一等奖2项，获得吉林省科学技术奖二等奖1项，获得神农中华农业科技奖三等奖1项。连续8年入选吉林省农业主推技术。

（二）技术示范推广情况

该项技术从2006年开始在乾安县开展试验，2010年开始在吉林省白城市、松原市、四平市、长春市推广应用，累计推广1065万亩；2013年开始在内蒙古自治区通辽市开鲁县、科尔沁左翼中旗和黑龙江省大庆市、齐齐哈尔市等地推广应用，累计推广405万亩。2016—2021年，该技术在东北半干旱地区累计推广2000万亩以上，增加玉米产量40亿kg以上，增加农民收入50亿元以上。

（三）提质增效情况

2014年在乾安县赞字乡父字村水肥一体化技术核心示范基地，组织示范户参加了农业部组织的"玉米王竞赛"活动，经农业部专家组实地测产确认，玉米单产达到1136.1kg/亩，创造了吉林省西部半干旱区玉米亩产超吨粮的新纪录。

2019年起，乾安县大遛畜牧场开始应用玉米滴灌水肥一体化技术，目前应用面积达到7万亩，玉米机收实测产量740kg/亩，平均亩增产240kg，亩增收395元。

2023年采用该技术模式参加吉林省玉米高产竞赛，百亩测产，获得了半干旱区玉米单产第一名，达到1000.45kg/亩。

通过实施该技术，耕层加深至30cm；耕层有机质（5年）含量增加0.3%；根系纵向延伸显著；平均亩增产玉米200kg，增幅超过30%，水分利用效率提高40%以上、肥料利用率提高30%以上，耕地质量明显提升，同时解决了因秸秆焚烧造成的环境污染问题，经济效益、社会效益和生态效益显著。

1. 经济效益

（1）设备投入成本。该技术模式需一次性投入 23 180 元/单元（10hm²），用于购买水泵、过滤器、水肥一体机、施肥罐、主干管、支管、管件、滴灌带等，年均投入 1 277 元/hm²。

（2）经济收益。采用水肥一体化技术玉米单产可达 12 000kg/hm²，较玉米常规种植模式可提高玉米产量 3 000kg/hm²。玉米价格按 2.0 元/kg 计算，增收 6 000 元/hm²。扣除较常规种植模式增加的滴灌设备和其他成本 2 100 元/hm²，净收入可增加 3 900 元/hm²，每亩增收 260 元左右。

2. 社会效益

显著节本增效，每亩节水 30t、节省人工 30 元、劳动生产率提高 20 倍；有效保护黑土地，耕层厚度增至 30cm；耕地地力等级提高 0.5 个等级；有效提升玉米品质，商品粮等级达国家标准二等。实现了全要素生产率提升。

3. 生态效益

应用该技术模式后，耕层能够达到 30cm 左右，耕地地力等级提高 0.5 个等级。土壤容重下降 8% 以上，氮效率增加 46.6%，氮损失减少 37.5%，碳排放减少 8.2%。该技术模式可有效利用秸秆和水肥资源，实现耕地土壤保护和农业高质量发展的目标。

（四）技术获奖情况

"半干旱区玉米水肥一体化高产高效栽培技术示范"荣获 2015 年度吉林省农业技术推广奖一等奖；"半干旱区春玉米节水高产高效栽培技术体系建立与应用"荣获 2015 年度吉林省科学技术奖二等奖；"半干旱区玉米滴灌水肥一体化高产高效栽培技术体系建立与示范"荣获 2017 年神农中华农业科技奖三等奖；"半干旱区玉米节水节肥高产高效栽培技术示范"荣获 2019 年吉林省农业技术推广奖一等奖。荣获 2022 年度全国农牧渔业丰收奖农业技术推广贡献奖。"北方旱区主要大田作物滴灌水肥一体化关键技术与集成应用"荣获 2022 年度教育部高等学校科学研究优秀成果奖（科学技术）二等奖。

二、技术要点

（一）良种选择与精密播种

按照气候适应性、丰产性、抗病性、抗倒性、水肥高效性等原则进行品种选择，选出适合本区域栽培的耐密、抗倒伏、综合性状优良的玉米品种。适宜种植密度：低肥力地块种植密度 7.0 万~7.5 万株/hm²，高肥力地块种植 7.5 万~9.0 万株/hm²。

采用浅埋滴灌宽窄行平播，一次性完成施底肥、开沟、放管、播种、覆土作业。将滴灌带铺设在窄行内，滴灌带上覆土 2~3cm。最佳行宽为窄行 40~50cm，宽行 80~90cm，播后立即接好管道，及时滴出苗水，确保苗全、苗齐、苗壮（图 1）。

（二）水肥一体化管理

依据玉米需水、需肥规律，在玉米不同生长阶段，将养分精确输送到玉米根部，实现"水肥同步，少餐多次"。

1. 水分管理

水分管理遵循自然降雨为主、补水灌溉为辅。灌水次数与灌水量依据玉米需水规律、土

图1　浅埋滴灌播种播后滴出苗水

壤墒情及降雨情况确定。实行总量控制、分期调控，保证灌水量与玉米生育期内降水量总和达到500mm以上。

2. 养分管理

养分管理采用基施与滴施相结合，有机肥及非水溶性肥料基施，水溶性肥料分次随水滴施。磷、钾肥以基施为主、滴施为辅，氮肥滴施为主、基施为辅。实行总量控制、分期调控，氮（N）220~240kg/hm²、磷（P_2O_5）70~90kg/hm²、钾（K_2O）80~100kg/hm²；追肥随水滴施3~4次。

3. 灌溉施肥制度

在生产实际中，滴灌施肥受肥料种类、地力水平、目标产量等因素影响，需要因地制宜。表1为复合肥（14：15：19）300kg、水溶肥（36：5：6）500kg的滴灌水肥一体化配施方案。

表1　滴灌水肥一体化优化配施方案

生育时期	补灌量/（t/hm²）	养分用量/（kg/hm²）			中微量元素肥料/%	有机肥/%	备注
		N	P_2O_5	K_2O			
播种前	0	42	45	57	100	100	复合肥300kg做底肥
播种后	150~250	0	0	0	—	—	滴出苗水
拔节期	200~300	54	7.5	9			水溶肥150kg滴施
大喇叭口期	350~500	72	10	12			水溶肥200kg滴施
灌浆期	300~450	54	7.5	9			水溶肥150kg滴施
合计	1 000~1 500	222	70	87	100	100	—

4. 管网设计

根据水源位置和地块形状设计铺设滴灌管道，干管长度500~600m、支管长度100~120m、支管间距100~120m、滴灌管长度50~60m。

（三）病虫草害绿色防控

采用生物防治、物理防治和科学用药相结合的防控技术，降低病虫草为害（图2），保障玉米生产绿色安全。

图 2　病虫草害防控

1. 种子包衣处理

选含有烯唑醇、三唑醇和戊唑醇等成分的高效低毒种衣剂进行种子包衣，防治地下害虫与土传病害。

2. 化学除草

苗后除草：采用烟嘧磺隆有效成分 3g/亩+硝磺草酮 6g/亩+莠去津 19g/亩+0.1%助剂，在杂草 3~4 叶期，进行喷雾防治。

3. 病虫害防治

防治玉米叶斑病：大喇叭口期、发病初期，喷施丙环·嘧菌酯、苯醚甲环唑等，隔 7~10d 喷施 1 次，连续施药 2 次。

玉米螟防治采用生物与化学药剂相结合的方式。生物防治：7 月上、中旬在一代玉米螟始见卵时开始释放赤眼蜂，每亩 20 000 头，分两次释放，第一次释放 5d 后释放第二次；或玉米芯投放球孢白僵菌颗粒进行生物防治。化学药剂防治：采用高效低毒药剂防治，可选用40%氯虫·噻虫嗪水分散粒剂或 20%氯虫苯甲酰胺悬浮剂等防治。

（四）机械收获与秸秆还田

1. 机械收获

采用玉米收获机，在玉米生理成熟后，籽粒含水量＜28%时进行收获（图 3），最佳籽粒含水率以 20%~25%为宜。田间损失率≤5%，杂质率≤3%，破碎率≤5%。

图 3　机械粒收

2. 秸秆还田

（1）机收粉碎。采用大马力①收获机收获的同时，粉碎秸秆；再用秸秆还田机进一步粉碎，粉碎长度≤20cm，均匀覆盖于地表。

（2）调碳氮比、喷施秸秆腐解剂。为促进秸秆的腐解，在粉碎的秸秆上，施入尿素120~180kg/hm²；同时，均匀喷施秸秆腐熟剂，施用量按照产品说明书进行。

（3）秸秆翻埋。采用栅栏式液压翻转犁（配套拖拉机＞140马力）进行深翻作业，翻耕深度≥30cm，将秸秆翻埋至20cm左右的土层中。

（4）碎土重镇压。采用动力驱动耙或旋耕机进行碎土、平整、重镇压作业，防止失墒和风蚀（图4）。

图4　秸秆深翻还田碎土重镇压

三、适宜区域

适于东北年降水量450mm左右的半干旱区域应用。

四、注意事项

一是半干旱区秸秆深翻还田作业适宜在秋季进行，避免春季整地土壤跑墒。

二是滴灌带铺设要随玉米播种同步进行，播种后及时滴出苗水，以提高出苗率和整齐度。

三是优先选择溶解性好、杂质含量少的滴灌专用水溶性肥料。滴灌施肥前先滴清水20min左右，待滴灌带得到充分清洗，土壤湿润后开始施肥；施肥结束后，继续滴清水20min左右，将管道中残留的肥液冲净，避免微生物繁殖和藻类生长，堵塞滴头。

---

① 马力为非法定计量单位，1马力＝0.735kW。下同。

技术依托单位

吉林省农业科学院（中国农业科技东北创新中心）

联系地址：吉林省长春市净月高新区生态大街 1363 号

邮政编码：130033

联 系 人：王立春　刘慧涛　高玉山　孙云云　刘方明　窦金刚　侯中华

联系电话：0431-87063168　0431-85859733　0431-87063162

电子邮箱：wlc1960@163.com　liuhuitao558@163.com　gys1999@163.com

秋粮一喷多促增产稳产技术

一、技术概述

（一）技术基本情况

秋粮是全年粮食生产的大头，对粮食安全和谷物基本自给意义重大。2023年农业农村部办公厅印发《全国粮油等主要作物大面积单产提升行动实施方案》，要求突出关键作物，分层次推进，前两个层次也是玉米、水稻等秋粮。但由于玉米是高秆作物，群体中后期进田困难，农事操作有限，中后期常见养分供应不足，极大阻碍了营养积累，影响灌浆效率提高和单产提升；再加上秋粮中后期正值汛期，近年高温热害、风灾倒伏、阴雨寡照、旱涝灾害等频发重发，严重影响稳产丰产。

秋粮一喷多促增产稳产技术重点针对玉米、水稻中后期水肥需求与土壤供应能力矛盾导致的植株生理活性降低、抗逆应灾能力下降的问题，通过叶面追肥、配合喷施生长调节剂、抗病防虫药剂等，达到一次作业，提升作物生理活性，提高灌浆效率，增强群体抗逆应灾能力，减轻病虫为害的多项效果，单产提升效果明显。据测算，通过一喷多促技术实施，在不发生重大灾害的情况下，能够实现大田增产3%~5%，在发生重大灾害的情况下，能够挽回损失10%以上。

一喷多促技术由全国农业技术推广服务中心牵头，联合有关单位集成创新，2022—2023年分别在南方高温干旱地区、北方和黄海海地区大面积应用，取得良好效果，平均大田增产20kg左右，虫口减退率76%~93%。

（二）技术示范推广情况

秋粮一喷多促增产稳产技术适合全国玉米、水稻等产区广泛应用。2022年面对创纪录的南方高温干旱等气象灾害，南方12省5 100万亩受高温干旱影响的玉米田使用该技术后，玉米灌浆时间平均延长5.7d，灌浆强度平均增加5.7%，百粒重平均提高0.8g，单产平均提高15.9kg。1.41亿亩水稻田据专家测算，该技术可弥补水稻因高温干旱损失13.1亿kg。湖南一喷多促对比试验效果显示，喷了叶面肥和抗旱剂的晚稻明显比不喷的抽穗快、穗子齐，灌浆期延长2~3d，平均每亩挽回损失19.5kg。2023年中央财政安排24亿元，用于支持北方及黄淮海14省（区）实施大豆玉米一喷多促作业补助，累计实施2.74亿亩次，挽回秋粮损失23亿kg，其中玉米19亿kg；据专家定点监测，一喷多促玉米灌浆强度普遍提高5%，平均百粒重33.1g、较未实施田块增加1.3g；根据8省194个监测点测产，玉米平均亩产668kg、比未实施田块增产25kg。

（三）提质增效情况

一喷多促增产稳产技术能够有效提升玉米、水稻品质，兼顾农药减量增效，增加种植收益，具有节本绿色高质高效多重效果。农药绿色减量方面，通过统一时间、统一药品开展规模化、标准化作业，防治效率、效果较一家一户作业明显提升，化学农药使用量减少。再加上各地举办多形式多角度的技术培训、指导宣传，有效提高了广大农民科学用肥和安全用药水平；农药包装废弃物及剩余药液集中妥善处置，严禁随意丢弃和倾倒，有效保护了生态环境。提质增效方面，2022年湖北开展了喷防作业的稻谷整精米率达到56%、达到国标一等水平（≥50%），比"不喷"的高8~10个百分点，售价比"不喷"的每千克高1角钱。江西、湖南、湖北等省对部分因旱受灾的中稻蓄留再生稻，并实施一喷多促，亩均纯收益300多元，实现了中稻损失再生稻补。2023年，据专家检测一喷多促项目区玉米灌浆延长3~7d，籽粒饱满度、均匀度明显提高，平均容重706.8g/L、较未实施田块提高16.2g/L，平均不完善率3.9%、减少1.8个百分点。河南南阳市项目区玉米单产、品质双提升，每千克价格要比其他田块高2分钱，农户平均亩增收70元。

（四）技术获奖情况

该技术2022年被纳入中央财政农业生产救灾资金补贴。2023年中央财政专门安排24亿元，用于支持北方及黄淮海14省（区）实施大豆玉米一喷多促作业补助，一喷多促促进作物壮苗稳长，对于秋粮稳产增产发挥了重要作用。该技术2023年9月在央视新闻直播间播报。

二、技术要点

（一）玉米

1. 适当蹲苗

苗期进行适当蹲苗，促进根系下扎，基部节间粗壮，有利于培育壮苗和提高中后期植株抗倒能力。常年多发倒伏地区，可在6~7片展开叶期，每亩叶面均匀喷施胺鲜·乙烯利、乙矮合剂等玉米专用生长调节剂，控制基部节间伸长、促进根系下扎。

2. 合理施肥

采用合理施肥技术，以地定产、以产定肥。采取缓释肥、中耕追肥、水肥一体化等技术合理运筹氮肥，维持中后期茎秆活力。具备滴灌水肥一体化条件的田块，可根据玉米生育期和轮灌周期分4~6次施用氮肥。追肥量纯氮（N）10~12kg/亩，磷（P_2O_5）4~5kg/亩，钾（K_2O）5~6kg/亩。无水肥一体化条件的田块，可结合中耕进行追肥，氮肥可采用普通尿素与包衣缓控释尿素2:1混合。按因缺补缺原则注意补施微肥，适当增施钾肥，提高茎秆机械强度和植株抗倒能力。

3. 一喷多促

（1）合理选择机械。可使用背负式喷雾器、植保无人机、农用有人驾驶直升机或固定翼飞机、自走式高杆喷雾机、大型喷灌设备等进行作业；一般优先选用植保无人机作业，大面积集中连片地区且田间无电线杆等障碍物的可因地制宜选择农用有人驾驶直升机或固定翼飞机航化作业。玉米株高不妨碍作业时应选择大型高架喷药车作业，要注意匀速行驶、避免碾压刮碰植株。中后期植株较高后采用植保无人机喷药，注意药液浓度，必要时应添加沉降剂。合理设置飞行高度和速度，规划好施药飞行线路，不漏喷、重喷；田边地头、林带周边大型植保无人机无法作业到的地方，注意人工补喷。

（2）适期优化配方。拔节期至大喇叭口作业，重点是群体调节，可使用乙烯利等玉米专用生长调节剂控株高；配套使用磷酸二氢钾等叶面肥；因地制宜使用杀虫杀菌剂防控病虫，其中东北地区重点关注玉米螟、黏虫、大小斑病、茎腐病、穗粒腐等；黄淮海地区重点关注玉米螟、黏虫、蚜虫、锈病、大小斑病等；西北地区重点关注红蜘蛛、玉米螟、黏虫、双斑萤叶甲、叶斑病等；西南地区重点关注草地贪夜蛾、玉米螟、黏虫、大小斑病等。大喇叭口期至抽雄吐丝期作业，重点是生长调节、补充穗肥，可使用芸苔素内酯等玉米专用生长调节剂；配套使用磷酸二氢钾等叶面肥，有条件的适当补充尿素等氮肥；因地制宜使用杀虫杀菌剂防控病虫，其中东北地区重点关注玉米螟、黏虫、大小斑病；黄淮海地区重点关注玉米螟、黏虫、蚜虫、锈病、大小斑病；西北地区重点关注红蜘蛛、玉米螟、黏虫、双斑萤叶甲、叶斑病等；西南地区重点关注草地贪夜蛾、玉米螟、黏虫、大小斑病等。抽雄吐丝期至灌浆乳熟期作业，重点是提高灌浆效率，增强群体抗性，可使用芸苔素内酯等玉米专用生长调节剂，灌浆中后期可使用吡唑醚菌酯等甲氧基丙烯酸酯类药剂兼顾防病和促进灌浆；配套使用磷酸二氢钾等叶面肥；因地制宜使用杀虫杀菌剂防控病虫，其中东北地区重点关注玉米螟、黏虫、大小斑病；黄淮海地区重点关注玉米螟、黏虫、蚜虫、锈病、大小斑病；西北地区重点关注红蜘蛛、玉米螟、黏虫、双斑萤叶甲、叶斑病等；西南地区重点关注草地贪夜蛾、玉米螟、黏虫、大小斑病等。蜡熟前期作业，重点是防早衰、增强群体抗性，使用吡唑醚菌酯等甲氧基丙烯酸酯类药剂兼顾防病和促进灌浆；因地制宜使用杀虫杀菌剂防控病虫，东北早霜高发地区适当增施氮肥，因地制宜使用抗冷剂、抗逆剂。

（3）科学作业时机。一般选择在无风天进行，9：00至18：00无露水时，要避开正午高温时间喷施。留意天气预报，喷后24h内遇到中到大雨，要及时补喷，以保证防治效果。

4. 适期收获

根据籽粒灌浆进程和乳线情况适时晚收，机收果穗或直收籽粒。东北地区待籽粒含水率降至25%以下，黄淮海地区在不影响下茬小麦播期情况下待籽粒含水率降至28%以下时，可选择籽粒破碎率低、秸秆粉碎均匀、动力充足、作业效率高且经广泛使用表现良好的主导机型机收籽粒，确保总损失率≤5%、破碎率≤5%、杂质率≤3%。收获后及时晾晒或烘干，以防霉变，提高产量和品质。

5. 灾后补救

对倒伏倒折和积水地块，应抢排积水防内涝并进行分类管理。对植株倾斜、未完全倒伏田块，尽量维持现状，依靠自身能力恢复生长；对完全倒伏、茎秆未折断田块，及早垫扶果穗，防止果穗贴地或相互叠压发芽霉变；对倒伏严重或茎秆折断田块，适时抢收；对因倒伏已绝产以及因干旱、高温、寡照等导致穗分化异常和严重减产地块，可根据实际情况及时抢收作青贮饲料，将损失降到最低。

（二）水稻

1. 优选品种

根据不同区域生态条件、移栽方式和种植模式，选择优质稳产、抗逆性强、熟期适宜的水稻品种。

2. 培育壮秧

采用水稻集中育秧，提高育秧效率和秧苗质量。保证耕整质量，采用机插机抛技术、提高栽插效率，保证栽插密度。适时栽插，确保在水稻高产期内高标准、高质量完成插秧。

3. 水肥管理

根据田间长势长相，确定穗肥氮肥和钾肥用量，一般在抽穗前15d左右（倒2叶抽出期）施用保花肥。如抽穗期叶片颜色淡绿，应看苗补施粒肥。插秧时田间灌薄水1.5～

2cm，返青期田间水层保持2~3cm，促进早发新根。分蘖期浅水促进分蘖和早生快发，对基本苗较多的机插、抛栽田块，要在早发基础上，提早晒田控苗。幼穗分化期保持田面水层3~5cm，如抽穗期遭遇高温，宜灌5cm左右水层缓解高温热害。灌浆期应采取间歇灌溉，蜡熟期要采取干干湿湿，以干为主的灌水方法，收割前5~7d断水。

4. 一喷多促

对症优化药剂。根据不同病虫害、不同灾情，选择适宜的生长调节剂和药肥配方。水稻中后期可喷施磷酸二氢钾、赤·吲乙·芸苔、芸苔素内酯等促进生长，同时可选用枯草芽孢杆菌、井冈·蜡芽菌、申嗪霉素、氟环唑等防治稻瘟病、稻曲病、穗腐病等病虫害。合理安排时机。一般选择在9：00至18：00无露水时，且避开正午高温时间喷施。留意天气预报，喷后24h内遇到中到大雨，要及时补喷，以保证防治效果。科学使用机械。采用植保无人机喷药时亩喷施药液量应在1.5L以上，要注意添加沉降剂，控制适当飞行高度和速度，并要规划好施药飞行线路，注意漏喷和重喷；采用大型植保机械喷药时亩喷施药液量应在15L以上，要注意匀速行驶并减少压苗。田边地头、林带周边大型植保无人机无法作业到的地方，要采用人工补喷。

5. 适时收获

适时收获是确保水稻产量、减少机收损失的重要措施，也是提高品质和整精米率的重要保证。大力推进带秸秆粉碎装置的机械化联合收脱，提高收获效率，晚稻一般在齐穗后25d左右、全穗失去绿色、颖壳90%变黄时收获，防止"割青"影响产量，确保颗粒归仓。

三、适宜区域

适合全国玉米、水稻产区广泛应用。

四、注意事项

作业时风力应在三级以内，温度不超过30℃，晴好天气喷施，避免雨前作业。最佳作业时间在拔节至吐丝期，有条件的视情况可多次作业，注意调整药肥等配方。

技术依托单位
1. 全国农业技术推广服务中心
联系地址：北京市朝阳区麦子店街20号楼
邮政编码：100125
联系人：贺 娟 张 帅 鄂文弟
联系电话：010-59194509
电子邮箱：hejuan@agri.gov.cn
2. 中国农业科学院
联系地址：北京市海淀区中关村南大街12号
邮政编码：100081
联系人：明 博
联系电话：010-82105791

电子邮箱：mingbo@ caas. cn

3. 黑龙江省农业技术推广站

联系地址：黑龙江省哈尔滨市香坊区珠江路21号

邮政编码：150090

联 系 人：程 鹏 潘思杨

联系电话：0451-82310532

电子邮箱：chip73@ qq. com

4. 中国水稻所

联系地址：浙江省杭州市富阳区水稻所路28号

邮政编码：311400

联 系 人：徐春春

联系电话：0571-63370395

电子邮箱：xuchunchun@ caas. cn

5. 内蒙古自治区农牧业技术推广中心

联系地址：内蒙古自治区呼和浩特市乌兰察布东街70号

邮政编码：010011

联 系 人：聂丽娜

联系电话：0471-6652329

电子邮箱：nmnytgnln@ 163. com

夏玉米全生育期逆境防御高产栽培技术

一、技术概述

（一）技术基本情况

近年，我国玉米种植面积在 6 亿亩以上，但平均单产只有 435.5kg/亩，相当于美国的 60%。在玉米种植面积难以扩大的情况下，提升单产是解决我国玉米供给总量的重要路径。黄淮海是我国夏玉米主产区，全生育期干旱、渍涝、热害、阴雨寡照等非生物逆境和病虫害等生物逆境高发、频发、重发，均可能造成出苗不及时、群体质量不高、生育期延迟、土壤养分淋失、植株发育迟缓、授粉质量下降、产量三因素失调、收获面积不稳定、收获困难、单产较低等不良后果，严重影响我国玉米产业的提质增效和国家的粮食安全。习近平总书记指出："保障粮食安全，要在增产和减损两端同时发力。"根据玉米生育期内主要逆境对发育及产量形成的影响机理，有针对性地提出防灾、避灾、减灾措施，以确保夏玉米抗逆减灾单产提升。

该技术核心是"四法抗旱、四法防涝、化控促壮、一喷多促、适收增重"，通过良种、良田、良法配套技术体系有效降低旱、涝、热害、寡照等逆境对玉米产生的不利影响，减少干旱时土壤中水分的流失，保持渍涝时土壤的养分，改善土壤的理化性状和空间微生态环境，为玉米提供有利的地上地下生长环境，实现良种良法配套和农机农艺融合。通过寡糖、超声波、含硅种衣剂等进行种子处理，提高萌发速率，促进根系生长，增强苗期抗逆尤其是抗旱能力，实现早出苗、出全苗、成壮苗；通过精准化控，控制合理株高，增强植株抗倒性，提高收获穗数；通过"覆盖保墒、中耕促根、磷钾抗旱、集雨补灌"等技术，有效减少土壤水分蒸发，增强玉米的根系吸水能力，促进旱季玉米的正常生长；运用"疏通沟渠、降墒种植、中耕减渍、追肥壮苗"等渍涝防御措施，促进涝期地面径流，加快排泄速度，快速降低土壤耕层的滞水量和滞水时间，改善玉米根系分布土壤的通气条件，有效避免或减轻渍涝的危害，使植株根系尽快恢复正常生长；通过增加田间湿度减轻高温热害，利用飞机扰动增加授粉机会提高穗粒数；通过喷施叶面肥，提高植株光合性能，降低阴雨寡照造成的不利影响；通过适期收获，延长玉米灌浆时间，充分发挥品种高产潜力，增加籽粒重量，提高玉米产量。通过以上措施，因地因情因灾制宜，为玉米出苗、生长、授粉和灌浆创造良好的条件，充分挖掘夏玉米的高产潜力，提高玉米单产水平，实现高产高效。

（二）技术示范推广情况

该技术近年来在山东、河北等地开展了应用推广示范，实现了较大面积的推广应用。核心技术"玉米避涝减灾"自 2010 年初进行专题试验研究并全部获得成功，于 2011 年初开始示范推广，至 2019 年累计推广避涝面积达 500 万亩，玉米保收率从避涝前（2011—2013年）平均的 61.3%上升到避涝后（2016—2019 年）平均的 96.7%。核心技术"夏玉米抗旱适水"技术在山东和河北自 2003 年实施，到 2020 年，干旱年份夏玉米产量提升 8.7%～

13.6%。2021 年"洪涝、干旱灾害防灾减灾技术"在山东、河南、河北等省进行推广应用，获得良好效果，为实现大灾之年夺丰收和玉米单产提升打下良好基础。2023 年在黄淮海主产区结合高产创建、单产提升项目等进行了大面积推广，山东省实现全省平均单产 465kg，再创历史新高，最高单产实现 1 218.81kg，创黄淮海地区夏玉米高产纪录。相关内容分别入选 2021 年、2022 年、2023 年山东省农业主推技术和 2022 年、2023 年农业农村部农业主推技术。

（三）提质增效情况

和常规技术相比，应用该技术旱季可增产 10% 以上，水分、肥料利用率提高 10% 以上，化肥、农药用量减少 5% 以上，亩增收节支 60 元以上；有效提高出苗质量，缩短出苗时间；确保授粉质量，增加粒数；确保光合面积和时间，防止早衰，增加粒重。涝季促进玉米及时恢复生长，以提高单产弥补因灾减产，减少对产量的影响，玉米保收率提高到 95% 以上，达到基本不减产的目标。应用该技术可以有效应对夏玉米生育期内发生的气象灾害，根据灾害发生时期、发生程度，因地制宜，科学做好防灾减灾工作，把因灾损失降到最低。

（四）技术获奖情况

该技术入选 2022 年、2023 年农业农村部农业主推技术，2021 年、2022 年、2023 年山东省农业主推技术。荣获 2021 年度国家科学技术进步奖二等奖，2021 年度山东省科学技术进步奖一等奖，2019 年度全国农牧渔业丰收奖二等奖，2022 年度全国农牧渔业丰收奖二等奖，2022 年度山东省农牧渔业丰收奖一等奖。

二、技术要点

（一）"良种良田"两基本御旱涝技术

1. 良种抗逆

抗逆品种（图 1）选择与地力、灌溉条件等充分结合。对于生产条件较好地区，选择增产潜力大的品种；对于一般地区，应选择抗逆能力强尤其是稳产的品种；种子包衣在常规杀虫、杀菌的基础上增加调控根冠比类化控制剂，并利用多糖、寡糖、含硅包衣剂等和超声波技术，有效提高出苗率和整齐度，缩短出苗时间，促进根系下扎，增强苗期抗逆能力，尤其是抵御黄淮海地区播种和苗期常见的干旱。

2. 良田抗逆

耕地合理耕层构建。采用秋深松和夏免耕技术，秋深松和夏免耕均可显著提高水分储量、减少蒸腾量和作物抗逆能力。明确秋深松深度为 25～30cm，频率为 2～3 年 1 次；有条件地区，可在玉米播种时实施条带旋耕，有效蓄积夏季降雨资源。增施有机肥、实施黄淮海地区秸秆"一覆盖一深埋"技术，即小麦全量秸秆覆盖还田和玉米粉碎深耕还田技术，解决该区域两季秸秆难还田的问题，提升耕层有机质，改善土壤结构，构建合理耕层（图 2）。

（二）密植化控促壮防倒技术

采用气吸式高性能播种机精量播种，播种机配备北斗导航系统，实现精准播种，做到播深一致、不漏播、不重播，提高出苗整齐度。根据品种特性确定播种密度，合理密植，充分利用光热资源（图 3）。耐密型玉米品种中低产田 4 200～4 500 株/亩，高产田 4 500～5 000 株/亩；非耐密型品种中低产田 3 800～4 000 株/亩，高产田 4 000～4 500 株/亩。大面积生产中，应根据品种特性适当增加种植密度，现有品种在推荐密度的基础上增加 500～1 000 株/

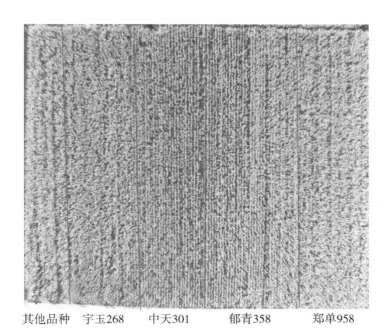

其他品种　宇玉268　中天301　郁青358　郑单958

图1　不同品种综合表现对比

图2　合理耕层构建与秸秆还田培肥地力

亩。黄淮海夏玉米区播种期间，发生干旱的概率较高，有条件的可采用喷灌、滴灌等措施，确保出苗的水分需求，打好群体基础。

玉米拔节到大喇叭口期，是黄淮海降雨集中阶段，如水肥充足或群体过大，容易造成植株旺长，增加倒伏风险，可在玉米6~9片叶片展开期化控，适度控制株高，增强抗逆能力和抗倒伏能力，有利于改善群体结构。使用化控剂要注意合理浓度配比和施用时期，以免影响施用效果。密度合理、生长正常的田块和低肥力的中低产田、缺苗补种地块不宜化控。

（三）"四法"抗旱技术

1. 覆盖保墒

冬小麦收获后秸秆粉碎并均匀抛撒于地表，不仅可以有效减少水分蒸发，还可以节约大量的人力物力，也是夏玉米种植节约水资源、提升土壤肥力的一项有效措施。

图 3　构建合理群体结构

2. 中耕促根

机械中耕一般应进行 2 次，苗期可机械浅耕 1 次，以松土、除草为主。到拔节期，再中耕 1 次，掌握"苗旁宜浅，行间要深"的原则，主要作用是松土、除草，改善土壤透气性，增加土壤微生物活动能力，减少地面水分蒸发，减少地面径流，促进降水下渗，以促进根系生长，提高玉米抗旱能力。

3. 磷钾抗旱

增施磷肥、钾肥可促进玉米根系生长，提高玉米抗逆性。改"一炮轰"施肥为分次施肥，肥力高的地块氮肥以 3∶5∶2 比例为好，即全部有机肥、70%磷钾肥和 30%氮肥作基肥，30%的磷钾肥和 50%氮肥用作穗肥，20%氮肥用作粒肥；中肥力地块氮肥以 3∶6∶1 比例为好，即全部有机肥、70%磷钾肥和 30%氮肥作基肥，30%的磷钾肥和 60%氮肥用于穗期，10%氮肥用于粒期。根据试验，旱地玉米适宜的施肥量为亩施纯 N 18~21kg，P_2O_5 5~7.5kg，K_2O 5~6kg。也可结合喷灌、滴灌等生育期内多次施肥。

4. 集雨补灌

年际间和生育期内降水时空分布不均匀，造成中低产田和旱肥地玉米单产不稳定，实现中低产田产量提升和旱肥地稳产是玉米单产提升和增加总产的重要途径，修建集雨窖（池），在夏玉米缺水期，尤其在玉米播种期和抽雄吐丝期，在气温较高，蒸腾作用旺盛，对水分的需求量较大阶段，给予玉米植株必要的水分供给，确保适期播种出苗和授粉结实。

（四）"四法"防涝技术

1. 疏通沟渠

因地制宜地搞好农田排水，提早疏通沟渠，尤其是做好区域或者流域范围内的沟渠修缮和疏通，确保雨涝发生后积水能够顺畅及时排除，避免形成渍涝（图 4）。

2. 降墒种植

容易受涝的玉米田，采用大垄双行或开挖沥水沟。一是利于耕层土壤沥水，快速降低土壤耕层的滞水量。二是提高玉米根系着生和分布高程，改善玉米根系分布土壤的通气条件。

3. 中耕减渍

渍涝发生后及早中耕松土，尤其是玉米苗期对渍涝最为敏感，中耕不仅可疏松表土、增加土壤通气性、促进表层土壤水分的散失、减轻渍涝危害，还能改善土壤水、气、热条件。

图 4　渍涝发生开挖沥水沟快速排水

土壤较湿时，可以沿玉米垄先锄划一遍，这样既可以减轻对根系的伤害，又能提高松土的效率。

4. 追肥壮苗

受涝地块容易养分流失和根系缺氧，出现渍涝要及时喷施叶面肥，排涝后应补充速效氮肥，促进玉米尽快恢复生长，减少对产量的影响。穗期渍涝追肥每亩追施尿素 15~20kg、硫酸钾 15~18kg，高产地块适当加大施肥量。渍涝发生后，也可叶面喷施寡糖、多糖等有助于恢复生长功能的调节剂或叶面肥。

（五）降温抗逆促授粉

通过种植耐/抗高温品种，及时灌溉补墒降低田间温度，以及叶面喷施微肥和抗逆剂等措施，防御高温热害。开花授粉期遇到高温热害或阴雨寡照，严重影响授粉质量，可采取无人机扰动等措施，辅助授粉（图 5），提高结实率，防止花粒，增加穗粒数。有喷灌、滴灌设施的，可少量喷水，增加空气湿度，降低冠层温度。

图 5　无人机扰动促进散粉授粉

（六）"一喷多促"防病虫、抗逆、增粒重

大喇叭口期科学组配氟苯虫酰胺、氯虫苯甲酰胺、四氯虫酰胺、氯虫·噻虫嗪、除脲·高氯氟等杀虫剂和吡唑醚菌酯、唑醚·氟环唑、丙环·嘧菌酯等杀菌剂，利用大型车载施药器械或无人机进行规模化防治，压低玉米中后期穗虫发生基数、减轻病虫害流行程度，降低病虫害造成的产量损失。病虫害防治要防治结合、统防统治、整体推进，确保防治效果。

花粒期采用无人机将 0.2% 磷酸二氢钾、1% 尿素、生长调节剂、抗逆剂、杀菌杀虫剂等一次性混合全株喷施，补充养分、防病治虫、降损减害、促粒增重，精准作业可提升单产 5%~10%。也可加入多糖、寡糖和含硅的调节剂，以增强光合作用，提高叶片强度，增加抵御病害和虫害的能力（图6）。

图6 花期"一喷多促"防病虫、增粒重

（七）适期收获提单产

在不影响小麦适时播种的前提下，适当推迟收获时间，充分利用晚秋光热资源，延长玉米灌浆时间，增加籽粒重量，改良玉米品质，提高玉米单产，充分发挥品种高产潜力（图7）；促进田间站秆脱水，选用高性能收获机械，降低机械收获、运输、仓储等环节损失，达到"减损就是增收"的目的。黄淮海北片宜10月5—10日收获，不迟于10月15日；黄淮海南片宜10月10—20日收获，不迟于10月25日。

图7 适期收获提高单产

三、适宜区域

适宜黄淮海夏玉米种植区，主要包括山东省、河南省、河北省的中南部等地区。

四、注意事项

黄淮海玉米播种和出苗期常年偏旱，应高效利用水源，确保一播全苗和及时出苗。玉米拔节后进入营养生长和生殖生长并进期，是大穗的关键时期，也是旱涝多发和容易旱涝急转的季节，此时应抗旱、防涝一起抓，做到旱能及时浇水，涝能及时排水。7月上旬常年偏旱，应结合施穗肥抓紧浇水，尽快解除旱情，确保群体生物量，保证玉米正常生长。中后期浇水更为重要，一是应重点浇好开花水，抽雄开花是玉米需水的临界期，缺水会造成小花败育，籽粒明显减少。二是浇好灌浆水，根据降雨情况，一般玉米抽雄开花到成熟应小水浇2~3水，以满足后期灌浆对水分的需求，同时要注意防洪防涝，提前做好田间排水准备。水肥一体化完善地区可采用滴灌水肥一体化方式进行合理施肥和灌水，抗逆提单产。

技术依托单位

1. 山东省农业技术推广中心

联系地址：山东省济南市历下区解放路 15 号

邮政编码：250013

联 系 人：韩 伟 刘光亚

联系电话：0531-67866302

电子邮箱：whan01@163.com

2. 山东农业大学农学院

联系地址：山东省泰安市岱宗大街 61 号

邮政编码：271018

联 系 人：任佰朝 张吉旺

联系电话：0538-8241485

电子邮箱：renbaizhao@sina.com

3. 中国农业科学院农业环境与可持续发展研究所

联系地址：北京市海淀区中关村南大街 12 号

邮政编码：100044

联 系 人：吕国华

联系电话：010-82109773

电子邮箱：liuenke@caas.cn

冬小麦播前播后双镇压精量匀播栽培技术

一、技术概述

（一）技术基本情况

1. 技术研发推广背景

山东省是我国最适宜小麦种植的区域，其小麦播种面积及总产量分别占全国小麦播种面积和总产量的 12% 及 15% 以上，做好小麦生产对确保国家粮食安全具有非常重要的意义。但目前小麦生产还存在整地播种环节烦琐（秸秆粉碎、翻耕、旋耕、起畦、播种、镇压），小麦种植成本居高不下；播种质量不高（旋耕后直接播种造成播种深浅不一），小麦缺苗断垄严重；光热资源和水肥利用效率低（行距大，群体个体关系失调；零株距籽粒集中造成个体瘦弱、群体郁闭），小麦产量低而不稳。针对存在的上述问题，山东省农业科学院联合全国农业技术推广服务中心和潍柴雷沃重工股份有限公司研究提出了冬小麦播前播后双镇压精量匀播栽培技术。该技术实现了农田翻耕后直接播种小麦，做到农田翻耕与小麦高质量播种的零衔接，锁住土壤水分，提高土壤水生产效率，一次性完成耙耢整地、播前镇压、施种肥、播种和播后镇压多个作业环节，在确保小麦播种深度深浅一致的同时实现了播前播后二次镇压和沉实土壤，提高了小麦出苗率和出苗整齐度，协调了群个体矛盾，提高了对干旱和低温冻害等逆境的综合抗性，显著提高了小麦产量，节本增效突出。

与该技术相关的小麦耙压一体精量匀播栽培技术、小麦播前播后二次镇压抗逆高效技术、黄淮海双镇压精量匀播栽培技术和小麦高性能复式精量匀播机械化技术 4 项核心技术分别于 2021 年、2020 年入选山东省农业主推技术，2022 年入选农业农村部农业主推技术，2023 年入选中国农业农村重大科技新成果新技术类成果。

2. 能够解决的主要问题

（1）该技术将传统小麦整地播种包括的秸秆粉碎、翻耕、旋耕、起畦、播种、镇压等多个烦琐环节，改为秸秆粉碎、耕翻、一体化播种三道工序，有效降低了种植成本。

（2）该技术采用播前播后二次镇压技术，能够保证小麦播种深浅一致，减少了耕作措施导致的土壤水分蒸发，提高了小麦出苗率和出苗整齐度，有效解决了小麦缺苗断垄问题。

（3）该技术采用缩行扩株、精量匀播技术，有效解决了群体个体矛盾，有利于个体健壮生长，群体合理消长，充分利用了光热资源，提高了对倒伏、病害、干热风等逆境的抵抗能力。

（4）该技术与减垄增地相结合，解决了常规生产中畦面过小、畦埂过宽造成的土地利用率不高问题，有利于增加麦田相对种植面积，提高亩穗数，显著提高产量。

3. 专利范围及使用情况

冬小麦播前播后双镇压精量匀播栽培技术于 2017 年由山东省农业科学院作物研究所联合全国农业技术推广服务中心和潍柴雷沃重工股份有限公司共同研究提出，与该技术相关的国家发明专利均由上述三家单位联合或单独完成。2021 年该技术以小麦"耙压一体"精量匀播栽培技术入选山东省农业主推技术，2022 年以黄淮海冬小麦双镇压精量匀播栽培技术入选农业农村部农业主推技术，2023 年以小麦高性能复式精量匀播机械化技术入选中国农业农村重大科技新成果新技术类成果。

（二）技术示范推广情况

该技术已在山东省及周边的河南省新乡市、郑州市和河北省邯郸市实现了规模化应用。应用主体以种粮大户、专业合作社和家庭农场等新型农业经营主体为主。2023 年秋播，该技术应用面积已突破 1 250 万亩，已经实现较大范围推广应用。

（三）提质增效情况

1. 节水效果明显

冬小麦播前播后双镇压精量匀播栽培技术充分发挥了土壤"水库"的调节功能，通过播种机具备的播前与播后双镇压，显著减少了"土壤水"的蒸发损失，全生育期节省灌溉 1~2 次，水分利用效率较传统生产提高 20% 以上。

2. 节本效果突出

该技术显著提高了小麦生产比较效益。小麦生产中由频繁的精细整地多道烦琐工序，改为一体机简化整地播种，每亩生产成本由传统技术的 160 元降低至 120 元（传统小麦播种：旋耕灭茬两遍 30 元/亩，翻耕 60 元/亩，播前旋耕破土 40 元/亩，耙平 10 元/亩，播种 20 元/亩；双镇压精量播种：旋耕灭茬两遍 30 元/亩，翻耕 60 元/亩，播种 30 元/亩），节本率为 25%，粮食生产比较效益突出。

3. 增产效果显著

经多年多点试验表明，该技术与传统种植相比，亩穗数可提高 10% 以上，千粒重提高 5% 左右，籽粒产量提高 12.3%~17.5%，增产效果显著。

（四）技术获奖情况

该技术以"小麦高性能复式精量匀播机械化技术"入选 2023 年中国农学会全国农业农村重大科技新成果新技术类成果；以"黄淮海冬小麦双镇压精量匀播栽培技术"入选 2022 年农业农村部农业主推技术；以"小麦耙压一体精量匀播栽培技术"入选 2021 年山东省农业主推技术；荣获 2021 年度国家科学技术进步奖二等奖，2020—2021 年度神农中华农业科技奖一等奖，2022 年度全国农牧渔业丰收奖二等奖和 2020 年度山东省科学技术进步奖二等奖。发明专利 7 项：基于分蘖特性的黄淮海小麦健壮群体培育栽培方法（ZL 201810872201.9）、基于土壤基础肥力的黄淮海麦区小麦氮肥高效施用方法（ZL 201410599567.5）、黄淮海麦区小麦"两深一浅"简化高效栽培方法（ZL 201510171422.X）、一种黄淮海地区小麦玉米周年氮素养分的管理方法（ZL 201610276798.1）、一种滚筒无极变速自适应控制方法、控制系统及其收获机（ZL 202011034911.8）、一种滚筒无级变速的自动控制方法及控制系统和收获机（ZL 20191002788.4）、用于农用机械的自动导航驾驶系统及方法（ZL 201910751631.X）。

二、技术要点

（一）农机农艺结合，严格掌控播种质量

冬小麦播前播后双镇压精量匀播机实现了小麦籽粒网格化均匀播种，播前由翻耕机对农田进行深翻，随即由播前播后双镇压精量匀播机播种，避免耕层土壤失水和农田坷垃的

形成。

（二）良种良法配套，选用高产潜力大的多穗型品种

冬小麦播前播后双镇压精量匀播栽培技术能够避免小麦播种环节的疙瘩苗及缺苗断垄等问题的产生（图1、图2），后期田间通风透光好，病虫为害轻，小麦抗逆性提高，因此应选用高产潜力大的多穗型品种（图3）。

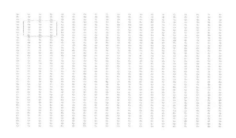

图 1　小麦籽粒农田分布状况

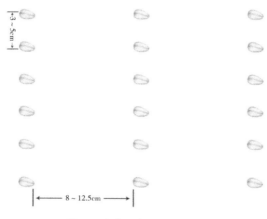

图 2　小麦籽粒局部特写

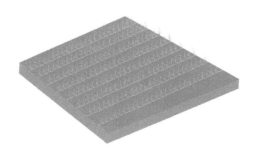

图 3　冬小麦播前播后双镇压精量匀播栽培技术示意（麦苗田间群体构建）

（三）提高机械作业质量，确保节本增效

该技术显著减少了农机作业环节和用工（图4），实现了省种、省工、节水的协同提质增效，得到农民特别是种粮大户、专业合作社和家庭农场的认可，综合计算每亩可增加效益 120 元以上，可显著提升粮食生产比较效益。

图 4　农田翻耕后直接播种

三、适宜区域

山东省小麦产量潜力水平在 500~800kg/亩的水浇地均可采用该技术。

四、注意事项

一是小麦品种选用有高产潜力、分蘖成穗率高，多穗型品种，并做好种子精选和包衣。二是加强病虫害预测预报，及时进行统防统治。

技术依托单位

1. 山东省农业科学院作物研究所

联系地址：山东省济南市历城区工业北路 23788 号

邮政编码：250100

联 系 人：李升东　张　宾　赵凯男

联系电话：0531-66658123

电子邮箱：lsd01@163.com

2. 全国农业技术推广服务中心

联系地址：北京市朝阳区麦子店街 20 号

邮政编码：100125

联 系 人：梁　健

联系电话：010-59194509

电子邮箱：liangjian@agri.gov.cn

3. 潍柴雷沃重工股份有限公司

联系地址：山东省潍坊市坊子区北海路 192 号

邮政编码：261200

联 系 人：储成高

联系电话：15263678099

电子邮箱：tiandayong@lovol.com

旱地小麦因水施肥探墒沟播抗旱栽培技术

一、技术概述

（一）技术基本情况

山西农业大学旱作栽培及生理团队针对黄土高原干旱半干旱地区一年一作旱地小麦生产上存在的干旱缺水、土壤瘠薄、产量低而不稳、水肥利用效率低等问题，在山西省小麦主产区开展技术试验示范。通过多年研究，筛选出抗旱高产旱地小麦品种晋麦 92 号、运旱 618、运旱 20410 等；研发旱地小麦休闲期耕作蓄水保墒技术、宽窄行探墒沟播技术、适水减肥绿色生产技术等单项技术，集成"旱地小麦因水施肥探墒沟播抗旱栽培技术"模式，大面积推广应用。

旱地小麦休闲期耕作蓄水保墒技术（图1），是指前茬小麦收获后，约 7 月上中旬，在休闲期较传统耕作提前进行深翻或深松，提前进行秸秆还田或覆盖，提前进行深施有机肥，集耕作、培肥与秸秆还田为一体一次性完成的休闲期蓄水保墒增产技术，配合立秋后耙耱收墒，播前精细整地，做到无土块、无根茬、无杂草，上松下实，田面平整。可有效促进秸秆腐熟，增加土壤有机碳，提升休闲期降水利用效率，提高底墒，为适期播种打下基础，实现伏雨春用。

旱地小麦宽窄行探墒沟播技术，是一种运用联合机械将耕作、沟播、施肥等多个工序融为一体的节水保墒、保温防寒、省肥高效的简化栽培技术。技术要点及优势：耙干种湿，抗旱保全苗。群体充足，个体健壮。播后镇压，促苗早发。起垄沟播，集雨抗旱防冻。宽窄行播种，通风透光。深施化肥，提高肥效。简化环节，节约成本。适应性广，操作简单。

旱地小麦适水减肥绿色生产技术是指根据夏季降水量和播前土壤墒情，应变减少化肥投入，优化水肥资源配置，强化土壤水分和养分的协同增产、优质机制，达到产量和品质同步提高，水分和养分利用效率同步提高，实现高产、优质、绿色生产。

以上 3 项单项技术集成的旱地小麦因水施肥探墒沟播抗旱栽培技术是将品种与技术结合、农机与农艺结合，集成的一套完整的高产、稳产、优质、绿色、高效技术模式，可有效解决旱地小麦生产中水肥的供需矛盾，协调了土、肥、水、根、苗五大关系，实现产量与效率同步提高，产量与品质同步提升的技术模式。技术的应用可使亩穗数提高 1.5 万~3 万穗，穗粒数提高 2~4 粒，增产 23%~30%，水分利用效率提高 10%~15%，氮肥利用效率提高 10%~15%，籽粒蛋白质含量提高 10%~15%。目前，该技术已在山西省南部小麦主产区各县市、陕西渭北旱塬及甘肃天水等旱作麦区推广应用，增产增效的效果显著，有望在黄土高原干旱半干旱区域大面积推广。

（二）技术示范推广情况

该技术自 2010 年来，经过不断优化，已实现了较大范围推广应用。具体为，以山西省为主要示范区域，辐射推广到周边的陕西、甘肃等省。其中，在山西省以技术研发区域运城

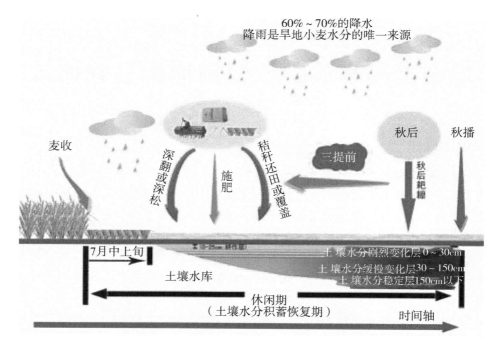

图 1　一年一作旱地小麦休闲期耕作蓄水保墒技术模式

市闻喜县为核心，依托农业专业合作社开展技术试验示范和培训，与县级农业推广部门合作进行示范推广，然后进一步依托市级、省级推广部门辐射推广到全市、全省旱作麦区。目前山西省内推广区域涉及晋南小麦主产区的运城、临汾、晋城和长治等多个市。省外区域的辐射推广主要通过山西农业大学与西北农林科技大学、甘肃省农业科学院等单位合作，再由合作单位联合当地农技推广部门进行。其中，陕西省辐射推广区域主要分布在渭北旱塬的咸阳市长武县、永寿县和渭南市的白水县、合阳县等地；甘肃省的辐射推广区域主要分布在天水市的张家川县、甘谷县和麦积区。截至目前，旱作麦区累计推广面积超过 8 800 万亩，培训农技推广人员约 63 700 人次，农户约 49 500 人次。

（三）提质增效情况

该技术近 5 年加权平均产量为 318.5kg/亩，按增产 25.5% 计算，平均增产 81.2kg，增加收益 63.3kg×2.36 元/kg = 149.39 元；节本约 60 元/亩主要由于节省了播前旋耕费用、播种机械费和化肥投入；累计节本增收约 209.39 元/亩。累计折合节本增收 209.39 元/亩 × 8 800 万亩 = 1 842 632 万元。技术的实施可有效提升籽粒品质，增加稳定时间，籽粒蛋白质及清蛋白、醇溶蛋白、谷蛋白等组分含量，平均提高 14%。可减少地表径流，在减轻黄土高原水土流失方面作用巨大；优化水肥资源配置，使水肥资源得到充分利用，提高小麦产量的同时减少因肥料施用过多造成对土壤的污染，达到产量、品质、水分利用效率和养分利用效率的同步提高，实现优质、绿色生产，改善了人民生活水平，为构建有机旱作栽培技术体系提供有力支撑，为功能农产品提供优质原粮，助力山西省特色农业发展，为我国北方粮食安全作出了巨大贡献。

（四）技术获奖情况

该技术的核心技术"旱地小麦蓄水保墒增产技术与配套机械的研发应用"荣获 2015 年

度山西省科学技术奖（科技进步类）一等奖；相关理论研究"黄土高原旱地作物根土水气系统研究与水肥高效利用机制"荣获 2019 年度山西省科学技术奖自然科学类二等奖；核心技术"旱地小麦适水减肥绿色增产技术的研发应用"荣获 2021 年度山西省科学技术奖（科技进步类）二等奖；核心技术"小麦探墒沟播适水减肥抗旱栽培技术"入选 2022 年和 2023 年农业农村部农业主推技术。

二、技术要点

（一）休闲期耕作蓄水保墒

前茬小麦收获时留高茬，入伏第一场雨后，大致在 7 月上中旬，亩撒施腐熟农家肥 2～3t 或精制有机肥 100kg，采用深翻机械深翻 25～30cm，使有机肥和秸秆同时翻入土壤深层（图 2），或者直接使用深松施肥机械与秸秆覆盖机械一次性深松土壤 30～40cm，同时施入生物有机肥 50～100kg，并将秸秆均匀覆盖（图 3）。立秋后旋耕整地，旋耕深度 12～15cm，耕后耙平地表。

图 2　深翻+深施有机肥+秸秆还田

图 3　深松+深施有机肥+秸秆覆盖

（二）因水定肥

播种时根据休闲期（7月、8月、9月）降水量应变减少氮肥和磷肥投入。休闲期降水量＜220mm施氮150kg/hm²，降水量220～440mm施氮180kg/hm²，降水量＞440mm施氮210kg/hm²。

（三）探墒沟播

播前精细整地，做到无土块、无根茬、无杂草，上松下实，田面平整。山西省南部中熟冬麦区适宜播期9月25日—10月5日，山西省中部晚熟冬麦区适宜播期9月18—28日。根据品种特性确定基本苗，一般山西省南部每公顷基本苗225万～300万株，山西省中部每公顷基本苗270万～375万株。因此，适播期内，山西省南部中熟冬麦区播种量为120～150kg/hm²，山西省中部晚熟冬麦区播种量为150～190kg/hm²。适播期后每推迟1d，播量增加7.5kg/hm²。适宜播种深度为3～5cm。

播种选用当地大面积推广应用的探墒沟播机（2BMQF-7/14型号全还田防缠绕免耕施肥播种机）进行播种，一次完成灭茬、开沟、起垄、施肥、播种、覆土、镇压等作业。开沟深度7～8cm，起垄高度3～4cm，秸秆残茬和表土分离于垄背上，化肥条施于沟底部中央，种子分别着床于沟底上方3～4cm处、沟内两侧的湿土中，形成宽行20～25cm，窄行10～12cm的宽窄行种植方式（图4）。在常规播种基础上，播期提前2～3d，播量增加0.5～1kg/亩。

图4　探墒沟播机及其播种效果

（四）冬前管理

遇雨发生板结，墒情适宜时耱划破土。播种后7～10d查苗，发现行内10cm以上无苗，应及时用同一品种的种子浸种催芽后开沟补种，适当增加用种量。小麦3～5叶期，杂草2～4叶期化学除草。

（五）春季管理

1. 早春耙耱、锄划、镇压

弱苗田轻耙耱浅锄划，旺苗田深中耕重镇压。早春镇压保墒增温效果明显，因此，各类旱地麦田早春镇压都可以增产。

2. 春季病虫害防治

返青至拔节期以防治地下害虫、麦蜘蛛、麦蚜为主，兼治白粉病、锈病；孕穗至抽穗开花期的防治重点是穗蚜、白粉病、锈病等。

3. 预防晚霜冻害

4月上中旬晚霜来临之前，提前喷施30%腐植酸水溶肥40mL/亩、植物生长调节剂羟基芸苔素甾醇10mL/亩、氨基酸微量元素水溶肥30mL/亩。

（六）后期管理

抽穗至灌浆中期，用尿素 $1.5\sim2.0kg/hm^2$ 和磷酸二氢钾 $0.15\sim0.2kg/hm^2$，兑水 $500\sim600kg$，叶面喷施2~3次。孕穗至开花期，以防治麦蚜为主，兼治白粉病、锈病等；灌浆期以防治穗蚜、白粉病、锈病为重点。采取叶面喷施微肥、杀虫剂、杀菌剂、植物生长调节剂等混合液，实现"一喷三防"，防病虫、防早衰、防干热风。

三、适宜区域

该技术适宜在山西省、陕西省和甘肃省等黄土高原干旱半干旱一年一作旱地麦区大面积推广应用。目前，该技术及其核心技术在山西省年推广面积约300万亩，主要分布在运城市闻喜县、新绛县和临汾市洪洞、翼城等县。陕西省年推广面积约140万亩，主要分布在咸阳市长武县、永寿县和渭南市白水县、合阳县等地；甘肃省年推广面积约90万亩，主要分布在天水市。

四、注意事项

一是旱区小麦结合休闲期耕作蓄水保墒技术保水效果显著，一定要配合立秋后耙糖收墒才能发挥蓄水保墒的良好效果。

二是采用宽窄行探墒沟播机，作业拖拉机不小于120马力，播种作业速度不大于 $5km/h$。

技术依托单位

1. 山西农业大学

联系地址：山西省晋中市太谷区铭贤南路1号

邮政编码：030801

联 系 人：高志强

联系电话：13834835126

电子邮箱：gaozhiqiang1964@126.com

2. 山西省农业技术推广总站

联系地址：山西省太原市迎泽大街388号

邮政编码：030001

联 系 人：韩柏岳

联系电话：13453431021

电子邮箱：beyoung529@163.com

小麦匀播节水减氮高产高效技术

一、技术概述

（一）技术基本情况

目前，小麦生产中主要存在以下问题：①常规条播或撒播播种质量较差、种子分布不够均匀、深浅不够一致等问题，致使个体发育不均衡影响群体构成。②现有播种方式分次完成施肥、旋耕、播种、镇压等作业工序，农耗时间长、散墒较重、成本偏高。③肥水投入过多及运筹不够合理，资源利用效率偏低。

针对上述问题，研发小麦立体匀播机，集"施肥、旋耕、播种、第一次镇压、覆土、第二次镇压"6道工序于一体，一次作业完成，融合微喷灌水肥一体化集成该技术体系。

应用该技术可通过集成作业，实现缩短农耗：匀播机实现多项工序联合作业，减少常规条播单独施肥、单独旋耕、单独镇压等工序，平均缩短更换机具等接茬农耗时间1~2d。通过精细覆土，实现等深种植：匀播机不仅使小麦种子相对均匀分布，将常规条播麦苗集中的一条"线"，变为麦苗相对分布均匀的一个"面"，而且通过精细覆土，使种子处于土壤同一深度（3cm）土层内。通过两次镇压，实现减少散墒：匀播机械的两次镇压工序，使种子与土壤紧密结合的同时，进一步踏实土壤，抑制散墒，减少土壤水分损失0.4~1.0个百分点。通过微喷一体化，实现水肥高效：基于匀播小麦优势蘖水肥高效利用规律，减量浇水和施肥，融合微喷灌一体化，提高了水肥资源利用效率，减少资源浪费和农田环境污染。

该技术获国际专利2项，国家发明专利1项，实用新型专利2项。

（二）技术示范推广情况

该技术连续6年在不同省市实产验收，较常规条播对照田增产3.2%~10.3%，增产效果明显。核心技术由中央电视台录制专题纪录片《小麦也可以这么种》。自2014年以来已在全国11省、自治区、直辖市（河南、河北、山东、山西、陕西、安徽、新疆、内蒙古、宁夏、北京、天津）大范围多点示范推广。

（三）提质增效情况

实现减少三个"3"：3kg种子+3kg氮肥+30m³灌水；增加两个"5"：5%产量+50元收入。

与常规条播相比，该技术每亩可减少种子用量3kg、氮素2~3kg、春季灌水30~40m³，平均提高产量5%，增加纯收入50元以上。同时分别提高水、氮、光能资源利用效率4%~10%、3%~8%、7%~14%。有效推动小麦生产由高投入低产出多污染向高产高效绿色方向转变。

选用该技术的种植大户或农民均表示小麦产量能稳定在每亩550~600kg，在增产的同时，可以节省常规条播单独施肥、整地、播种所投入的机械成本，节本增产增效明显。

（四）技术获奖情况

该技术2018年被农业农村部列为十大引领性农业技术——小麦节水保优生产技术主要

内容。

2019 年通过中国农学会成果评价：成果总体达到同类研究国际领先水平。评价号为：中农（评价）字〔2019〕第 18 号。

2022 年和 2023 年入选农业农村部农业主推技术。

二、技术要点

（一）立体匀播机播种

该技术体系核心技术为小麦立体匀播技术，采用立体等深匀播机械播种。在前茬作物收获秸秆粉碎还田的情况下，即可使用匀播机进行适墒播种（土壤含水量 12%～19%），同步完成"施肥、旋耕、播种、第一次镇压、覆土、第二次镇压"6 道作业工序，可节省用种 2～3kg/亩，实现一播全苗，苗全苗匀，奠定丰产结构（图 1）。

图 1　小麦立体匀播机播种及出苗情况

（二）微喷灌水肥一体化

匀播机完成播种后，即可根据匀播机播幅进行微喷灌带铺设，配套相应的微喷灌水肥一体化设施完成小麦生育期间水肥管理。因立体匀播小麦出苗后无行无垄，微喷灌水肥一体化技术可根据小麦群体生长需求优化水肥管理，节省了灌水和氮肥用量，同时减少后期田间操作对麦苗的损伤，最大限度地保证群体成穗数和优良群体结构（图 2）。

（三）优化水肥运筹

基于匀播与微喷灌技术优势，对该技术水肥运筹进行了科学优化。总体氮肥用量控制在 16kg/亩以内，施肥比例调整为底肥占 50%，拔节肥占 35%～40%，开花肥占 10%～15%；每亩春季灌水 50～70m³，拔节和开花期分别占 60% 和 40%。主要通过微喷灌技术进行后期实施。

该技术体系主要具有以下优势：

1. 强化均匀和等深

小麦立体匀播是以立体等深匀播为特征的新型播种技术。是通过匀播机械使小麦种子等深等距相对均匀分地布在土壤的立体空间中（株距根据不同的基本苗确定：3.8~6.6cm；深度3cm），确保麦苗单株营养面积和生长空间相对均衡，增加低位有效分蘖总量，在保持穗粒数及千粒重相对稳定或增加的基础上，提高单株和群体生产力实现增产约5%。

2. 强化节水和减氮

前茬作物收获后，采用具有分层镇压功能的匀播机械，在最适播期内趁墒实现等深匀播的同时，播前和播后两次分层镇压可以减少土壤水分散失0.4~1.0个百分点，并使种子与土壤紧密结合，促进出苗，保证了苗全、苗匀、苗壮，形成均衡健壮个体及高质量群体，提高水、氮、光的利用效率，辅以高效微喷灌水肥一体化技术可实现每亩平均减少浇水30m³，节省氮肥用量2~3kg。

**图2　小麦匀播微喷灌节水减氮
高产高效技术麦田**

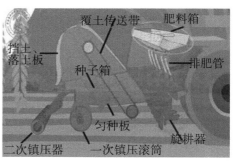

图3　小麦立体匀播机具示意

3. 强化减耗和省种

匀播机可一次性完成"施肥、旋耕、播种、第一次镇压、覆土、第二次镇压"6道作业工序，提高作业效率，减少接茬机械更换等农耗时间1~2d，降低作业成本（图3）。匀播机一播全苗，使麦苗相对均匀地分布于田间，单株长势相对均衡，可以增加低位优势分蘖总量，提高群体有效成穗数4万~6万穗/亩，相应可降低播种量2~3kg/亩。因此，高质量播种及高质量群体同步实现减少农耗和节省种子，增产节本提高每亩纯收入50元以上。

三、适宜区域

适宜应用区域包括北部冬麦区、黄淮冬麦区、新疆冬春麦区、北部春麦区、西北春麦区、东北春麦区。

四、注意事项

立体匀播机应配备100马力以上的拖拉机，且土壤含水量不宜过大或过小（壤土一般12%~19%，最适为16%~18%），避免影响覆土镇压效果。

技术依托单位

1. 中国农业科学院作物科学研究所

联系地址：北京市海淀区中关村南大街 12 号

邮政编码：100081

联 系 人：常旭虹　刘希伟

联系电话：010-82108576

电子邮箱：changxuhong@ caas. cn

2. 全国农业技术推广服务中心

联系地址：北京市朝阳区麦子店街 20 号

邮政编码：100125

联 系 人：刘阿康　梁　健　鄂文弟

联系电话：010-59194509

电子邮箱：liuakang1115@ 163. com

冬小麦贮墒晚播节水高效栽培技术

一、技术概述

（一）技术基本情况

针对华北平原水资源紧缺，冬小麦现实生产中水肥高投入导致地下水超采、温室气体排放量大、环境污染、经济效益低的突出问题，研究形成节简化绿色高产栽培技术。该技术以冬小麦（晚播）—夏玉米（晚收）种植体系为整体，采用"大群体、小株型、高效率"高产栽培途径，建立了"贮墒节灌"（三种节灌模式，足墒播种：春季不灌溉、春灌1水、春灌2水）和"集中施肥"相结合的水肥管理模式（表1），组配关键调控技术，实现了小麦水肥高效和减排高产的统一。其主要技术原理是：①发挥2m土体的水库功能，夏贮春用，高效利用周年水肥资源。小麦季充分利用土壤水，减少灌溉水，提高当季水分利用效率；麦收后腾出较大库容接纳夏季多余降水，减少夏季水氮流失，提高周年水肥利用率。②适当减少氮肥投入，集中深施，促进前期根系发育和养分吸收，提高氮素利用率，同时可减少温室气体排放。③发挥适度水分亏缺对作物的有益调控作用，构建高效低耗群体结构。拔节前水分调亏促根控叶，改善株型，减少无效生长和水氮损耗；灌浆后期上层水分亏缺，促进碳氮转运，加速灌浆，并改善籽粒品质。④发挥综合技术的协调补偿作用，补偿阶段性干旱胁迫对产量形成的不利影响。通过增加基本苗补偿晚播和前期水分亏缺对穗数的不利影响；通过肥料集中基施促进壮苗，并通过中期因墒补灌稳定粒数；通过增苗扩大种子根群和增穗扩大非叶片光合面积，发挥种子根深层吸收和非叶器官（穗、茎、鞘）光合耐逆机能，补偿后期上层供水不足、叶片功能下降对粒重的不利影响。

表1　冬小麦节水省肥高效灌溉与施肥模式

生育过程	播种—越冬	返青—拔节前	拔节—开花	灌浆—成熟
土壤水分调控目标	水分适宜 晚播增苗增穗 安全越冬	表层水分调亏 促根控叶	水分适宜 保穗稳粒	上层水分调亏 深层吸水 加快灌浆
灌溉模式	浇足底墒水	镇压保墒	调墒补灌 （0~2次水）	腾出土壤库容 接纳夏季降雨
施氮模式 （每亩总氮量10~14kg）	集中底施 （70%~100%）		因苗补氮 （0%~30%）	

该技术研发和完善期间，获得国家发明专利5项，实用新型专利4项，涉及窄行精粒匀播机、窄行线耕播种机、撒播机、锄划机、施肥镇压一体机、基于华北冬小麦—夏玉米轮作系统的轻简化节水栽培方法等，上述专利的应用为技术完善和提升奠定了基础。

（二）技术示范推广情况

该技术2015—2023年连续9年入选农业农村部农业主推技术，持续在华北地区大面积推广应用。2018 年以该技术为核心内容的"小麦节水保优技术"入选农业农村部"全国农业十大引领性技术"之一。"十三五"期间该技术与节水品种配套应用,累计推广面积 1.1 亿多亩,累计节水 40 亿 m³以上,累计节省氮肥(纯 N)约 3 亿 kg,为促进我国小麦绿色增产增效、为华北地区地下水超采治理和农业面源污染防治作出了重要贡献,2020 年被农业农村部遴选为"十三五"全国农业科技十大标志性成果之一。该技术体系所形成的机械化镇压技术在主产省广泛应用,为 2021—2023 年全国科技壮苗、抗逆增产发挥了重要作用。

(三)提质增效情况

在华北中上等肥力土壤上实施该项技术,正常年份足墒播种春浇两次水(每次灌水 60~75mm)亩产 500~600kg,春浇 1 次水亩产 450~500kg,春不浇水亩产 400kg 左右,并保优增效,比传统高产栽培方式每亩减少灌溉水 50~100m³,节省氮素 15%~20%,水分利用效率提高 15%~20%,降低温室气体 N_2O 累积排放量 20%~32%。技术措施简化,农民易掌握。

(四)技术获奖情况

该技术入选 2023 年农业农村部农业主推技术,荣获 2019 年度和 2022 年度全国农牧渔业丰收奖农业技术推广成果奖二等奖。该主体技术获中华农业科技奖一等奖(2011)。以该项技术为核心集成的"冬小麦—夏玉米贮墒旱作节简栽培技术"被农业农村部列为我国气候智慧型作物生产主体技术模式。

二、技术要点

(一)贮足底墒

播前浇足底墒水,以底墒水调整土壤储水,使麦田 2m 土体的储水量达到田间最大持水量的 85%~90%(图 1)。底墒水的灌水量由播前 2m 土体水分亏额决定,一般在常年 8 月、9 月降水量 200mm 左右条件下,小麦播前灌底墒水 75mm,降水量大时,灌水量可少于 75mm,降水量少时,灌水量应多于 75mm,使底墒充足。

图 1　播前浇足底墒水

(二)优选品种

选用早熟、耐旱、穗容量大、灌浆快的节水优质品种。熟期早可缩短后期生育时间,减少耗水量,减轻后期干热风危害程度;穗容量大利于调整亩穗数及播期;灌浆快,粒重较稳定,适合应用节水高产栽培技术。精选种子,使种子大小均匀,严格淘汰碎秕粒。

（三）集中施肥

在节水和节氮条件下，增加基肥施氮比例有利于抗旱增产和提高肥效。节水栽培以"限氮稳磷、补钾增锌、集中基施"为原则，调节施肥结构及施肥量。一般春浇1~2次水亩产400~600kg，亩用纯氮量10~14kg，全部基施；或以基肥为主，拔节期少量追施，适宜基：追比为7：3。若采用冬小麦—夏玉米贮墒旱作模式，冬小麦春季不浇水，控制全年氮肥用量为24~25kg/亩，其中，冬小麦施氮60%~70%，全部基施，夏玉米施氮30%~40%，可大幅减少全年温室气体排放。小麦基肥中稳定磷肥用量，亩施磷（P_2O_5）7~9kg，补施钾肥（K_2O）7~9kg、硫酸锌1kg。

（四）晚播增苗

适当晚播，有利于节水节肥。晚播以不晚抽穗为原则，生产上以入冬苗龄3~5叶为晚播的适宜时期。各地依此确定具体的适播日期。晚播需增加基本苗，以增苗确保足够穗数，并增加种子根数。在前述晚播适期范围内，以亩基本苗30万株为起点，每推迟1d播种，基本苗增加1.5万株，以基本苗45万株为过晚播的最高苗限。

（五）精耕匀播

为确保苗全、苗齐、苗匀和苗壮，要求：（1）精细整地。秸秆应粉碎成碎丝状（＜5cm）均匀铺撒还田（图2）。在适耕期旋耕2~3遍，旋耕深度要达13~15cm，耕后适当耙压，使耕层上虚下实，土面细平（图3）。（2）窄行匀播。播种行距12~15cm，做到播深一致（3~5cm），落籽均匀（图4）。严格调好机械、调好播量，避免下籽堵塞、漏播、跳播。地头边是死角，受机压易造成播种质量差和扎根困难，应先横播地头，再播大田中间。

图2　前茬秸秆粉碎还田

（六）镇压锄划

旋耕地播后应强力镇压一遍。应选好镇压机具，待表土现干时，均匀镇压（图5）。早春返青期应用自走式镇压机适时镇压，或镇压与锄划相结合，压土弥缝，提墒保墒，增温促苗。

（七）适期补灌

一般春浇1~2次水，春季只浇1次水的麦田，适宜浇水时期为拔节—孕穗期；春季浇两次水的麦田，第一水在拔节期浇，第二水在开花期浇。每亩每次浇水量为40~50m³。在地下水严重超采区，可应用"播前贮足底墒，生育期不再灌溉"的贮墒旱作模式，进一步减少灌溉用水。

图 3　旋耕整地要细平

图 4　提高机械播种质量确保出苗均匀

图 5　播后务必均匀镇压

三、适宜区域

华北年降水量 500~700mm 地区，适宜土壤类型为沙壤土、轻壤土及中壤土类型，不适于过黏重土及沙土地。

四、注意事项

强调"七分种、三分管",确保整地播种质量;播期与播量应配合适宜;播后务必镇压。

技术依托单位

1. 中国农业大学

联系地址:北京市海淀区圆明园西路2号

邮政编码:100193

联 系 人:张英华 王志敏 孙振才

联系电话:13811182048 13671185206 18501183966

电子邮箱:zhangyh1216@126.com cauwzm@qq.com zhencai_sun@cau.edu.cn

2. 全国农业技术推广服务中心

联系地址:北京市朝阳区麦子店街20号

邮政编码:100125

联 系 人:梁 健

联系电话:13240920099

电子邮箱:liangjian@agri.gov.cn

3. 河北省农业技术推广总站

联系地址:河北省石家庄市裕华区裕华东路212号

邮政编码:050011

联 系 人:王亚楠 曹 刚

联系电话:0311-86678024

电子邮箱:478958695@qq.com

4. 山东省农业技术推广中心

联系地址:山东省济南市历下区十亩园东街7号

邮政编码:250100

联 系 人:鞠正春

联系电话:0531-82355244

电子邮箱:juzhengchun@163.com

5. 河南省农业科学院小麦研究所

联系地址:河南省郑州市金水区花园路116号

邮政编码:450002

联 系 人:方保停

联系电话:15036011140

电子邮箱:fangbaoting@126.com

小麦—玉米周年"双晚双减"丰产增效技术

一、技术概述

（一）技术基本情况

冬小麦—夏玉米一年两熟轮作是黄淮海地区主要的种植制度，小麦、玉米丰产对保障国家粮食安全具有极其重要的作用。实际生产中，一是小麦播种偏早导致冬小麦冬前旺长，群体质量差，易遭受严重冻害和倒伏而造成减产。同时夏玉米传统收获期较早，而此时籽粒灌浆仍未停止，收获籽粒重仅为完熟时的80%左右，造成相对减产，而且小麦—玉米周年衔接性差、农耗时间长，造成大量光温资源浪费。二是普遍存在周年施肥量过多且统筹性差、施肥次数多（小麦季2~3次、玉米季1~2次）、肥料产品不匹配且施肥方式（撒肥或浅施肥）不合理等问题，导致肥料利用率低、"增肥低增产"、籽粒营养品质差与土壤质量恶化等问题也日益突出。三是当前小麦玉米秸秆两季全量还田的管理方式导致还田量过大、秸秆处理不到位，严重影响整地和播种质量，同时还一定程度上加剧农田病虫害发生和农药施用量增大，严重影响了周年高产高效。在环境与资源双重约束下，实现粮食丰产增收并减少化肥施用量是粮食绿色高产高效的迫切需求。

基于此，山东省农业科学院小麦玉米生理生态与栽培创新团队与山东省农业技术推广中心围绕"小麦—玉米双晚双减丰产增效技术"联合攻关，重点研究明确了小麦—玉米周年"双晚"（即小麦晚播和玉米晚收）高产高效栽培模式，通过选用晚播中早熟高产小麦品种和中晚熟高产玉米品种，抓好关键技术措施落实，最大限度将小麦冗余的光、热资源分配给高光效作物玉米，实现双季高产，提高周年光温利用效率；创新了小麦—玉米周年"双减"（减少肥料用量和施肥次数）增产增效技术，即通过控释氮肥在田间氮素释放特征与作物氮素吸收匹配规律研究，进行了新型肥料筛选及配方研发，在减少肥料用量同时实现小麦—玉米周年一次性基施的简化施肥技术；同时，确立了小麦—玉米周年种植秸秆与氮优化管理技术，即确定适宜的小麦玉米秸秆还田量，优化秸秆还田方式的同时匹配氮肥施用（实现减量）、新型播种方式和机械，通过秸秆与氮肥管理协同提粮食产量、资源利用率和环境效益。

通过小麦—玉米"双晚双减"丰产增效技术的应用，实现了小麦—玉米一年两熟轮作区的茬口有效衔接、肥料减量简化施用、秸秆优化管理，从而实现周年资源高效利用、粮食丰产和农民增收。基于该技术的核心内容发表高水平论文5篇，申获发明专利1项，制定山东省地方标准3项。

（二）技术示范推广情况

该技术于2014年开始研发，技术的研究完善直接落实在核心试验区和新型农业经营主体，定位试验与多点示范推广相结合，在山东省16个地市建设小麦—玉米"双晚双减"丰产增效技术百千亩示范方26处（表1），已在鲁中、鲁西南、鲁北和鲁东等区域示进行130

余处的技术展示，技术应用累计超过800万亩，有力带动了小麦、玉米大面积丰产增效。

表1 小麦—玉米"双晚双减"丰产增效技术示范情况（部分）

区域	示范地点	经纬度	示范面积/亩	承担单位
鲁中	泰安市东平县州城街道	116°34′E，35°48′N	100	禾丰合作社
	泰安市岱岳区马庄镇	116°59′E，26°0′N	105	岳洋合作社
	淄博市桓台县索镇刘茅村	118°10′E，36°57′N	1 100	山东省农业科学院
	滨州市无棣县海丰街道办事处曹庙村	117°31′E，37°41′N	1021	绿风农业集团
	泰安市东平县接山道	116°34′E，35°53′N	1 000	禾丰合作社
	淄博市高青县田镇办事处石槽村	117°47′E，37°11′N	132	强农合作社
	淄博市高青县唐坊镇王刘村	117°56′E，37°11′N	1551	强农合作社
	淄博市临淄区朱台镇徐王村	118°12′E，36°57′N	120	山东省农业科学院
	淄博市高新区闫高村	116°59′E，26°0′N	127.4	淄博市农业科学研究院
鲁东	潍坊市安丘市景芝镇	119°24′E，36°17′N	121	致富合作社
	潍坊市诸城市相州镇	119°24′E，36°8′N	1 26	天益金合作社
	烟台莱州市城港路朱旺村	119°57′E，36°7′N	107	朱旺维松合作社
	青岛市平度市田庄镇	119°74′E，36°80N	1135	西寨合作社
	青岛市胶州市洋河镇	119°91′E，36°14′N	168	金色庄园家庭农场
鲁西南	济宁市兖州区新兖镇	116°80′E，35°52′N	1 124	喜耕田合作社
	枣庄市滕州市级索镇	117°02′E，35°03′N	1 000	枣庄市农业科学研究院
	枣庄市滕州市张汪镇洛庄村	117°10′E，34°52′N	1 100	枣庄市农业科学研究院
	菏泽市鄄城县箕山镇	115°65′E，35°63′N	1 024	爱荣家庭农场
	临沂市郯城县泉源乡	118°84′E，34°74′N	1150	瑞富家庭农场
	临沂市兰陵县芦柞镇南头村	118°0′E，34°45′N	150	临沂市农业科学研究院
	临沂市兰陵县向城镇	117°56′E，34°45′N	1 268.7	临沂市农业科学研究院
鲁西北	德州市夏津县渡口驿乡三屯村	115°89′E，37°02′N	110	农家丰合作社
	德州市陵城区宋家镇东峰李村	116°52′E，37°31′N	1 120	丰泽合作社
	德州市齐河县刘桥镇焦集村	116°62′E，36°69′N	1 240	德州市农业科学研究院
	聊城市茌平区冯官屯镇祁楼村	116°19′E，36°39′N	1 110	山东省农业科学院
	聊城市茌平区韩屯镇	116°7′E，36°41′N	1 135	富农合作社

（三）提质增效情况

该技术主要通过小麦玉米品种优化配置、播期播量调整、秸秆优化管理、肥水统筹高效利用、新型肥料筛选及配方研发、玉米苗带清茬免耕播种等关键技术，实现了周年茬口有效衔接、肥料减量简化施用、玉米种肥精准同播。与常规技术相比，可减少人工投入2~3人/

亩，节约成本 50~80 元/亩，周年产量提高 17.5%，周年积温生产效率提高 14.2%，周年氮肥用量减少 20%~30%，氮肥利用效率提高 7.6%，秸秆碳利用效率增加 54.83%，节本增效 91.9~235.0 元/亩，同时农田碳排放减少 77.76%。

（四）技术获奖情况

该技术入选 2023 年农业农村部农业主推技术，入选 2020 年和 2023 年山东省农业主推技术，作为核心技术荣获 2020 年度山东省科学技术奖一等奖、2021 年度神农中华农业科技奖一等奖和 2022 年度全国农牧渔业丰收奖一等奖。

二、技术要点

（一）匹配作物品种

小麦选用单株生产力高和抗逆性强的优质高产中早熟品种；玉米选用耐密抗倒、适应性强、高产宜机收的中晚熟品种。

（二）统筹周年肥料用量

以周年控氮、小麦重磷、玉米重钾、平衡施肥为原则，实现小麦玉米周年养分协同。优化周年氮肥（N）用量为 25~28kg/亩（周年减氮 10%~20%），小麦季 55%、玉米季 45%；磷肥（P_2O_5）用量为 10~14kg/亩，小麦季 60%、玉米季 40%；钾肥（K_2O）用量为 11~13kg/亩，小麦季 45%、玉米季 55%；每隔 2 年配施硫酸锌 2~3kg/亩、商品有机肥 60~100kg/亩或农家肥 300~400kg/亩。

（三）秸秆适量还田与耕作协同

以"增碳调氮、两旋一松"为原则，实现碳氮效率与耕地质量协同提升。小麦收获的同时秸秆粉碎并均匀抛撒覆盖还田，实现土壤固碳培肥；玉米采用苗带清茬播种机种肥同播，提高秸秆利用率的同时提高玉米播种和群体质量。玉米秸秆收获离田后（饲用），小麦播前整地选用旋耕与深耕结合的耕作方式，连续两年旋耕后的第三年进行深耕，应深耕 35cm 以上，破除犁底层，促进土壤固碳的同时提高秸秆利用率，逐步加厚耕地质量（图1）。

（四）优化适宜播期和收获期

以小麦晚播玉米晚收、适当延长玉米季为原则，实现周年光温资源利用效率提高（图2）。小麦延期播种 7~10d，蜡熟末期至完熟初期及时收获，其中鲁东、鲁中、鲁北适宜播期为 10 月 1—10 日，鲁西适宜播期为 10 月 3—12 日，鲁南、鲁西南适宜播期为 10 月 5—15 日；玉米抢茬播种、延期收获 5~10d，待籽粒乳线基本消失、基部黑层形成时机械收获，待籽粒水分含量降至 26% 以下时即可籽粒直收。

（五）种肥同播节本增效

施用小麦专用控释配方肥（N：P_2O_5：K_2O＝26：11：8，含锌≥1%）50~55kg/亩，基肥一次性施用；玉米专用缓控释肥（N：P_2O_5：K_2O＝26：8：11，含锌≥1%）45~50kg/亩，种肥同播。小麦选用带有镇压装置的小麦宽幅精播机，苗带宽控制在 8cm 左右，行距控制在 22~26cm，播种深度为 3~5cm，播种机行走时速 5km/h，以保证播量准确、行距一致、不漏播、不重播、籽粒分布均匀；玉米选用带有施肥装置的单粒精播机进行种肥同播，行距 60cm，播深 3~5cm，种子与肥料水平距离 10~15cm，避免漏播、重播或镇压轮打滑。

（六）化学除草

小麦 3 叶期或返青后及时进行化学除草 1 次。阔叶杂草可用 10% 苯磺隆每亩 10~15g 或

图1 秸秆优化管理与传统双季秸秆还田方式对比

图2 小麦—玉米周年零茬口收获播种

75%苯磺隆干悬浮剂每亩1.5~2g，兑水30L喷雾防治。禾本科杂草用6.9%精噁唑禾草灵乳剂（骠马）每亩40~58mL，兑水30L喷雾。阔叶杂草和禾本科杂草混合发生的可用以上药剂混合使用。玉米出苗前防治，可在播种时同步均匀喷施40%乙·阿合剂每亩200~250mL，或33%二甲戊乐灵乳油每亩100mL或72%异丙甲草胺乳油每亩80mL兑水50L，在地表形成一层药膜。出苗后防治，可在玉米幼苗3~5叶、杂草2~5叶期喷施4%烟嘧磺隆悬浮剂每亩80mL兑水50L定向喷雾处理。

（七）病虫草综合防控

小麦季苗期地下害虫可每亩用5%辛硫磷颗粒剂2kg，兑细土30~40kg，拌匀后顺垄撒施后接着划锄覆土；起身至拔节期每亩用5%井冈霉素水剂100~150mL兑水5L喷洒小麦茎基部防治纹枯病，用20%哒螨灵乳油或1.8%阿维菌素乳油每亩10~15mL兑水2L喷雾防治麦蜘蛛；开花至灌浆期每亩用20%三唑酮乳油50mL+10%吡虫啉可湿性粉剂10g+磷酸二氢钾100g，兑水30L喷雾防治。玉米季苗期可用5%吡虫啉乳油2 000~3 000倍液或40%乐果乳油1 000~1 500倍液喷雾防治灰飞虱和蓟马；用20%氰戊菊酯乳油或50%辛硫磷1 500~

2 000液倍防治黏虫；在大喇叭口期（第11—12叶展开），用2.5%的辛硫磷颗粒剂撒于心叶丛中防治玉米螟，每株用量1~2g；用10%混合氨基酸酮200倍液，防治玉米茎腐病。用25%粉锈宁可湿性粉剂1 000~1 500倍液，或者用50%多菌灵可湿性粉剂500~1 000倍液喷雾防治锈病、小斑病、大斑病等。图3为病虫害飞防示意图。

图3　病虫害"飞防"

三、适宜区域

适宜在黄淮海冬小麦—夏玉米一年两熟地区推广应用。

四、注意事项

保肥保水能力差的沙壤土地块不宜采用该技术。

技术依托单位
1. 山东省农业科学院
联系地址：山东省济南市历城区工业北路23788号
邮政编码：250100
联 系 人：李宗新　代红翠　王　良
联系电话：18660132776
电子邮箱：sdaucliff@sina.com
2. 山东省农业技术推广中心
联系地址：山东省济南市历下区解放路15号
邮政编码：250100
联 系 人：韩　伟　吕　鹏
联系电话：0531-67866302
电子邮箱：whan01@163.com

黄淮海小麦玉米"吨半粮"高产稳产技术

一、技术概述

（一）技术基本情况

2023年中央一号文件明确指出，启动新一轮千亿斤粮食产能提升行动，要把提高单产作为今后抓粮食生产的主攻方向。黄淮海地区是我国小麦玉米一年两熟、周年轮作的重要产区，产量分别约占全国小麦、玉米总产的70%和30%，近10年来对全国粮食增产贡献率超过30%。随着全球气候变暖，目前黄淮海地区气温逐年上升、降雨增加，全年光温水热资源更加丰富，为实现粮食作物持续增产创造了条件。因此，探索小麦玉米周年"吨半粮"高产稳产技术模式，提高资源利用效率，释放作物增产潜力，是确保持续提高黄淮海粮食产能、保障国家粮食安全的有力措施。

（二）技术示范推广情况

该技术适用于黄淮海冬小麦夏玉米周年生产区，并已大面积推广应用。2021—2022年，全国农业技术推广服务中心在黄淮海区部分省份建立"吨半粮"生产示范基地，集成组装单项和综合技术；2023年初，全国农业技术推广服务中心印发《黄淮海小麦玉米"吨半粮"高产稳产技术集成示范方案》（图1），联合山东、河南、河北、安徽、江苏、陕西、陕西等省农技推广体系，开展"吨半粮"高产稳产技术大面积推广应用；2023年7月，全国农业技术推广服务中心在山东省德州市建立的黄淮海"吨半粮"技术示范基地被评定为国家农业技术集成示范基地，推广带动效果突出（图1）。

图1 印发技术方案 "吨半粮"模式在全国肥料双交会展示

（三）提质增效情况

小麦玉米"吨半粮"高产稳产技术通过水肥精确定量、精量播种、机械作业等，有效节约水肥种药，简化人工操作，在山东、河南、河北等省建立的百亩方示范区稳定实现小麦单产超过 700kg、玉米单产超过 800kg，周年亩增产超 100kg，示范区节水 10%，节肥 10%，人工成本降低 20%，节本增效效果突出（图 2）。2023 年，山东省农学会组织全国 72 人次行业专家对德州市 128 万亩"吨半粮"核心区小麦玉米周年测产，平均亩产为 1 555.7kg，102.7 万亩亩产超过 1 500kg，为黄淮海地区小麦玉米周年高产稳产提供了可复制、可推广的技术路径。

图 2　在山东、河北等地建立"吨半粮"示范基地

（四）技术获奖情况

以该技术为核心的黄淮海麦玉周年稳产防灾关键技术研发与集成应用成果，通过了由中国农学会组织的科技成果评价，被评价为"总体上达到国际先进水平，其中在两季作物周年茬口衔接减灾技术方面国际领先"。《小麦玉米"吨半粮"生产能力建设技术规范　第 1 部分：基本规范与产地环境要求》获团体标准（T/SAASS 102.1—2023）。

二、技术要点

（一）核心增产技术

1. 周年水肥精确定量调控

在充分研究小麦玉米生育期水肥需求规律和生理生化特点的基础上，依托水肥一体化设备，精确提供养分供给，调控群体结构，打造高产稳产基础。重点按照"氮肥总量适度控制、分期调控，磷、钾肥依据土壤丰缺适量补充"的原则合理配施肥料；小麦把握施足基肥、早补苗肥、春季因苗肥水、氮肥后移等要点肥水运筹，根据额定用量，将氮肥于冬前分蘖期、起身拔节期、抽穗扬花期、籽粒灌浆期分别进行水肥作业，每次亩灌水 20~25m³；玉米把握播后"蒙头水"、苗期适当蹲苗、分次施肥等，秸秆还田地块以施氮肥为主，适当增施钾肥并补施适量微肥。氮（N）、五氧化二磷（P_2O_5）和氧化钾（K_2O）用量每亩不低于20kg、5kg和8kg，另外每亩增施硫酸锌2kg。磷钾肥和微肥播种时管道一次性施入，氮肥在苗期、大喇叭口期和开花后10~15d按照3∶5∶2的比例随微喷或者滴灌施入。

2. "两晚"技术

推进玉米适当晚收，小麦适期晚播，提高周年光热资源利用效率，实现产量和品质提升。玉米根据品种特性、茬口要求、天气条件等在玉米生理成熟时适当晚收，一般延长10d左右收获，黄淮海北片可10月5—10日，黄淮海南片可延迟到10月10—20日收获。小麦综合考虑主推品种特性和当地气象条件等，以进入越冬期0℃以上积温400℃以上研判晚播播期，一般适宜播期为10月初至10月下旬，北部略早，南部略晚，半冬性品种略早，弱春性品种略晚。

3. "一喷三防"和"一喷多促"

生长期使用杀虫剂、杀菌剂、植物生长调节剂、叶面肥、微肥等混配剂喷雾，达到优化群体结构，病虫防控，防干热风，增粒增重的多重效果，实现丰年单产提升和灾年防灾稳产。小麦"一喷三防"在扬花至灌浆期实施，根据小麦穗期病虫害发生趋势选择杀虫剂、杀菌剂；玉米"一喷多促"在中后期实施，一般选用磷酸二氢钾、芸苔素内酯等促进生长并针对病虫发生情况配施杀虫剂、杀菌剂防控后期虫害以及茎腐病、穗粒腐病等。

（二）常规配套高产技术

1. 小麦亩产700kg高产稳产技术要点

（1）精细整地。前茬作物秸秆粉碎还田，3年深耕或深松1次，及时机械整平，根据土壤肥力基础，测土配方科学施用底肥。播前旋耕整地，耙实整平，机械镇压，对地下害虫达到防治指标的地块，整地前用高效低毒杀虫剂制成毒土撒施。

（2）精选良种。选用通过国家或省级审定、推广面积大且适宜本地生产条件的高产稳产小麦品种，种子纯度、净度、发芽率等符合国家标准。应用种子包衣或药剂处理，因地制宜，科学选药，最大限度减少"白籽"下地比例。对多种病虫混合重发区，要因地制宜，合理制定杀菌剂和杀虫剂混用配方，进行混合拌种，起到"一拌多效"的作用。

（3）精量播种。采用宽幅精播或精播半精播，适期、适墒、适量、适深播种，提高播种质量（图3）。一般高产攻关田块亩基本苗15万~18万株，播种深度3~5cm，选用带镇压装置的播种机械，随播随压。对于秸秆还田或土壤暄松的地块，在播种后镇压1~2遍。

图3　小麦良种精播半精播高产栽培技术

（4）精确田管。实施周年水肥精确定量调控，依托微喷、滴灌等水肥一体化设备（图4），定期定量精确开展养分供应。因苗因地因墒开展镇压，冬前镇压坚持"压干不压湿、压软不压硬"，作业时间宜选择 10：00 至 17：00 进行；早春麦田表层 0~5cm 土壤相对含水量低于 60% 时，于晴天午后机械镇压。

图 4　玉米水肥一体化高产技术

（5）防灾减灾。加强病虫草害监测预警，适时开展药剂防控和绿色防控。冬前重点加强小麦条锈病、纹枯病、茎基腐病防控，坚持杂草"春草秋治"；返青至起身期根据病虫草害发生情况适时化学除草、进行物理防治和化学防治；中后期开展"一喷三防"。做好气象灾害监测预警，因灾因苗减灾应急。

2. 玉米亩产 800kg 高产稳产技术要点

（1）优选良种，种子处理。科学选用适宜当地种植的熟期适宜、耐密抗倒、高产稳产、多抗广适、综合性状优良的玉米品种。选购经过分级和专用种衣剂包衣的高质量单粒精播种子，根据当地病虫发生情况可进行二次包衣，播前开展晾晒等种子活力提升处理。

（2）抢早播种，贴茬直播。压茬推进冬小麦收获和夏玉米播种工作，小麦收获时秸秆粉碎均匀还田，有条件的秸秆打捆离田，及早适墒贴茬直播夏玉米，选用多功能、高精度、种肥同播的玉米单粒精播机械，注意种（苗）、肥隔离，避免烧种烧苗。

（3）合理密植，优化群体。根据耐密品种特性及生产条件等确定种植密度，一般选择60cm 等行距种植，地力水平高、光照充足、灌溉条件好的地块可适当扩大行距缩小株距，播深 3~5cm，每亩保苗 5 000 株以上，确保实收穗数 4 800 穗以上。

（4）科学肥水，一喷多促。按照周年水肥精确定量调控技术供应水肥，中后期做好一喷多促，确保群体均匀、整齐、健康，打好高产基础。对种植密度偏大、生长过旺地块，以及风灾倒伏频发地区，可在拔节期至小喇叭口期喷施化控试剂，缩节壮苗，提高植株抗倒伏能力。

（5）监测预警，防灾减损。加强病虫害特别是草地贪夜蛾、玉米螟、褐斑病、茎基腐病和南方锈病等预测预报，大力推进统防统治、联防联控。绿色防控，遏制病虫暴发为害。可根据病虫发生情况，开展无人机"飞防"，适当增加沉降剂，确保"飞防"质量。做好田间杂草防控，注意区分苗前和苗后用除草剂，控制好除草剂兑水浓度和喷施时间。加强气象风险监测预警，重点防范伏旱、洪涝、高温热害和台风等灾害，采取对应防灾措施。

（6）适时晚收，高产提质。玉米生理成熟时根据田间和天气情况机收果穗或直收籽粒，在不耽误小麦播种的前提下适时晚收。籽粒含水率小于 28% 时，可视情况选择籽粒直收，收获后及时晾晒或烘干，以防霉变，提高产量和品质。

三、适宜区域

该技术适用于山东省、河南省、河北省、山西省、陕西省及江苏省、安徽省淮河以北冬小麦夏玉米周年生产区。

四、注意事项

一是小麦玉米周年"吨半粮"指两季作物每亩单产总和达到 1 500kg，各地可根据实际情况合理确定小麦和玉米单产目标。该技术按照"小麦 700kg+玉米 800kg"产量指标完成"吨半粮"目标，在实际操作过程中，实施主体也可制定"小麦 650kg+玉米 850kg""小麦 750kg+玉米 750kg"等产量指标。

二是要立足黄淮海等地区光温水资源条件和生产形势，根据当年的实际情况确定是否晚播以及晚播时间，确保播种适期、适墒、适量，切不可盲目晚播。

技术依托单位
1. 全国农业技术推广服务中心
联系地址：北京市朝阳区麦子店街 20 号
邮政编码：100125
联 系 人：鄂文弟 梁 健
联系电话：010-59194509
电子邮箱：liangjian@ agri. gov. cn
2. 德州市农业技术推广与种业中心
联系地址：山东省德州市德城区湖滨中大道 1268 号
邮政编码：253000
联 系 人：郑光辉 陈 超
联系电话：18253439289
电子邮箱：dzsnyjnjz@ dz. shandong. cn
3. 山东省农业科学院作物研究所
联系地址：山东省济南市历城区工业北路 23788 号
邮政编码：250100
联 系 人：李升东 赵凯男
联系电话：0531-66658123
电子邮箱：lsd01@ 163. com

4. 山东省农技推广中心

联系地址：山东省济南市历下区解放路 15 号

邮政编码：250014

联 系 人：鞠正春　韩　伟

联系电话：0531-67866308

电子邮箱：juzhengchun@163.com

稻茬小麦免耕带旋播种高产高效栽培技术

一、技术概述

（一）技术基本情况

1. 技术基本情况及能够解决的主要问题

稻茬小麦是我国小麦生产的重要组成部分，种植面积约占全国总面积的20%。稻茬小麦因受土壤黏重、含水量过高、前茬秸秆量过大等三重因素的叠加影响，播种质量普遍不高，产量和效益亟待提升。为了破解稻茬小麦"播不下、出不齐、长不好"的重大技术难题，四川省农业科学院作物研究所、全国农业技术推广服务中心等单位联合攻关，研究集成了"稻茬小麦免耕带旋播种高产高效栽培技术"。该技术通过抗湿播种机具的设计创新和农艺优化创新，在免耕和秸秆覆盖还田条件下一次性作业，即可实现"一播全苗"，解决了稻茬小麦长期面临的"播不下、出不齐、长不好"的重大技术难题，节本和增产均在10%以上，收益提高30%以上。

2. 知识产权及使用情况

该技术分别于2012年、2020年获得四川省科学技术进步奖一等奖。2012年四川省科学技术进步奖一等奖"西南小麦产业提升关键技术研究与应用"中，免耕带旋播种技术是成果核心内容；2020年四川省科学技术进步奖一等奖"西南麦区突破性小麦品种川麦104选育及应用"中，免耕带旋播种技术是核心配套内容，对新品种遗传潜力的发挥和大面积推广发挥了重要作用。

该技术先后获得中国专利授权12项，四川省农业科学院作物研究所作为第一单位拥有自主知识产权。

（二）技术示范推广情况

技术研发始于2005年，至2017年得到进一步升级换代，最近5年持续扩大。目前，在西南冬麦区已普遍使用；在湖北、河南、安徽、江苏、山东等省均有示范应用，尤以湖北省、河南省的稻茬麦区扩展较快。自2018年起，湖北省连续3年在襄阳市召开现场会，推进该技术在稻茬麦区的全面应用。2020年河南省信阳市引进示范，较传统栽培技术增产显著，种植大户连续3年积极扩大应用规模；受此鼓舞，2023年河南省农业农村厅和信阳市拿出专项经费全面推进示范应用。该技术的核心构件"稻茬麦播种施肥机"已入选四川省、湖北省、河南省农机购置补贴目录。2022年以来，每年秋播面积均超过200万亩。

（三）提质增效情况

1. 技术试验提质增效情况

针对不同区域、不同土壤类型、不同秸秆处理方式、不同土壤水分等环境条件，进行了大量小区试验和同田对比试验。较之旋耕或翻耕栽培模式，该技术增产5%～35%，多数增产稳定在10%～15%。举例1：四川省广汉市连山镇连续3年试验结果，免耕带旋播种增产

31.17%、节本 8.11%、增效 301.27%（表1）。举例2：扬州大学 2021 年试验结果，亩施 0~15kg 纯氮，免耕带旋播种技术增产 4.93%~31.33%。

表1　免耕带旋播种技术的增产增效情况

播种技术	施氮量/（kg/亩）	产量/（kg/亩）	生产成本/（元/亩）	纯收益/（元/亩）	新技术增产/%
免耕带旋	0	242	271	−93	42.4
	6	490	431	441	34.2
	12	587	590	553	16.9
旋耕条播	0	170	309	−333	—
	6	365	468	53	—
	12	502	629	277	—

注：纯收益已扣除生产总成本和麦季土地租金 500 元；数据为 2019—2022 年平均值。商品小麦平均价格 2.80 元/kg。旋耕条播方法是：深旋耕 1 次、浅旋耕 1 次，山东宽幅精量播种机播种，播后镇压 1 次。

2. 大面积生产应用提质增效情况

根据大面积调查和用户反馈，免耕带旋播种技术普遍增产 10%~15%，节约生产成本 10%~15%，合计增效 30%~50%。2021 年河南省淮滨县示范验收亩产 560.73kg，增产 18.98%。2017—2019 年各地开展 26 个农户同田对比试验，平均增产 14.53%、节本 10.44%、增效 84.06%。应用成效连续 4 年被中央媒体报道，中央电视台《新闻联播》3 次播出。2021 年四川省梓潼县应用该技术百亩连片实收平均亩产 511kg，最高 703.2kg；四川省广汉市 2022 年、2023 年百亩实收平均亩产均突破 600kg，最高田块 687.5kg。四川省邛崃市 2023 年连片实收平年均亩产 528.1kg，较比邻区域旋耕栽培增产 17.2%，央视新闻频道播出。

农业农村部小麦专家指导组、国家小麦产业技术体系专家多次前往四川、湖北、安徽等地考察该技术的实际应用效果，并形成田间考察书面意见，认为该技术非常成熟，节本增产增收效果显著，应大力推广。

（四）技术获奖情况

该技术入选 2021 年、2022 年、2023 年农业农村部农业主推技术，荣获 2012 年、2020 年度四川省科学技术进步奖一等奖。

二、技术要点

（一）核心技术

核心技术是免耕带旋播种施肥机（图1、图2）。该播种机能在免耕秸秆全量覆盖状态下一次性完成播种、施肥、盖种等工序；目前有不同行数的地轮驱动排种、电子排种等多个型号，也有带喷药功能的多功能型号，即一次性作业完成播种、施肥、封闭除草三道工序，既可省工，又能避免苗期低温用药面临的除草剂药害风险。

（二）配套技术

1. 秸秆处理技术

推荐采用半喂入式收割机，收割水稻时将秸秆切碎抛撒；如果采用全喂入式收割机，秸秆杂乱、成带分布，需要在小麦播种之前用灭茬机碎草1次（图3、图4）。部分沃德式收割机加载了秸秆处理装置，可以将留茬部分随收割过程而粉碎。收割机上最好加装分散装置，尽量将秸秆抛撒均衡。

2. 平衡施肥技术

免耕带旋播种技术因种肥集中，加之稻茬麦田土壤肥力较高、秸秆覆盖于土表具有保墒和抑制肥料挥发功效，氮肥利用效率显著提高。每亩纯氮施用量可从15kg左右降至10～12kg，其中60%以复合肥形式施入作底肥、40%以尿素形式作拔节追肥。

图1　小麦免耕带旋播种（履带式拖拉机驱动）

图2　免耕带旋播种的出苗质量
（左：安徽舒城县；右：四川广汉市）

图3　两种收割机的水稻秸秆状态
（左侧：全喂入式收割机，留高茬、成带分布；
右侧：半喂入式收割机，切碎抛撒水稻秸秆）

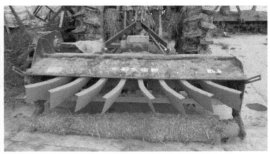

图4 灭茬作业

（左：灭茬作业；右：带分散器的灭茬机）

3. 杂草防控技术

化学除草包括播前化除、封闭除草和苗期化除三种方式。当前，水稻以直播或机械移栽为主，成熟收获较晚，秋季杂草萌发量呈大幅减少趋势。因此，优先选择封闭除草模式，可以选择带喷药功能的播种机，一次性完成播种、施肥、封闭除草工序，也可以在播完后再实施封闭除草；也可以选择苗期化除，但必须注意用药时机，避免低温造成药害。

4. 病虫防控技术

以抗病品种为基础，实施"药剂拌种+一喷多防"的简化高效防控模式。药剂拌种重点解决地下害虫和中前期的蚜虫为害，到齐穗至初花阶段，则以赤霉病预防为中心，兼顾田间其他病虫发生情况，进行混合用药。其他时期根据病虫发生情况而确定用药种类。

水稻收割、秸秆处理方式和免耕带旋播种组合模式，详见表2。

表2 水稻收割与秸秆处理方式和免耕带旋播种的组合模式

模式	水稻收割		小麦播种	
	收割机类型	水稻秸秆	播前秸秆处理	小麦播种
模式1	半喂入式收割机	切碎抛撒	—	免耕带旋播种
模式2	带灭茬装置的全喂入式收割机	高茬收割、碎草	—	免耕带旋播种
模式3	全喂入式收割机	高茬收割	灭茬1次	免耕带旋播种

三、适宜区域

全国稻茬麦区；秋播期间土壤过湿的旱地麦区。

四、注意事项

（一）加强水稻水分管理，避免土壤遭受过度破坏

水稻"够苗"晒田，不仅利于提高水稻成穗率和产量，也能让表土层"变硬"；水稻成熟后期适时开缺排水，尽量避免立水收稻。平整的土壤表面更利于实施小麦免耕栽培。

（二）优化秸秆处理方法，避免秸秆成带成垛分布

尽量选择半喂入式收割机收获水稻，切碎、匀铺秸秆。收割机尾部加装碎草和分散装

置，利于稻草粉碎和分散；灭茬机上加装分散装置，以更好地匀铺秸秆。

（三）选择性旋耕坑洼地，避免过度耕作造成积水

部分因机械碾压破坏造成土表坑洼不平的田块，可采取选择性旋耕，即对破坏严重的区域进行浅旋，填平大的水坑，而不必进行全面旋耕整地。

（四）科学选择配置机械，最大限度实现提升质量

对于常年土壤过黏过湿区域，播种机最好选择电子排种型号，即便行走轮打滑也不会停止排种，避免漏种、断垄。同时，动力尽量选择履带式拖拉机，减少进一步压实破坏。

技术依托单位

1. 四川省农业科学院作物研究所

联系地址：四川省成都市锦江区狮子山路4号

邮政编码：610066

联系人：汤永禄

联系电话：13518156838，028-84504601

电子邮箱：ttyycc88@163.com

2. 全国农业技术推广服务中心

联系地址：北京市朝阳区麦子店街20号

邮政编码：100020

联系人：梁 健

联系电话：010—59194508

电子邮箱：liangjian@agri.gov.cn

3. 四川省农业技术推广总站

联系地址：四川省成都市武侯祠大街4号

邮政编码：610041

联系人：覃海燕

联系电话：028-85505453

电子邮箱：scnj@vip.163.com

小麦赤霉病 "两控两保" 全程绿色防控技术

一、技术概述

（一）技术基本情况

小麦赤霉病是我国一类农作物病虫害，严重威胁黄淮南部和长江中下游地区小麦生产安全，易造成小麦大幅减产和籽粒品质降低，赤霉病为害后，可产生多种毒素，严重威胁人畜健康和生命安全。针对小麦赤霉病频发重发、预测预报难度大、防病控毒效果不理想、全程绿色防控技术体系不完善等问题，该技术以小麦赤霉病全程绿色防控为主线，结合调整种植结构、选用抗病品种、减少田间菌源等农业防治和收获烘干入库等物理防治措施，重点实施小麦穗期病害科学防控和施药过程质量监管，在此基础上集成创建小麦赤霉病全程绿色防控提质控害增产技术。

（二）技术示范推广情况

按照 "议事协调机构+专家组" 的组织推广模式和 "行政人员+技术人员+防治组织（龙头企业、飞防组织、合作社、家庭农场、种植大户等）" 三位一体网络化包保指导服务模式，根据形成的 "两方案谋划（技术方案、工作方案）、两资源支持（行政资源、财政资源）、两要素推进（药剂、药械）、两抓手落实（宣传、培训）、两评价总结（平台监管、防效评价）" 的工作机制，推广该技术。自 2017 年以来，该技术在安徽省及周边省份小麦生产中大范围推广集成应用，全面控制了小麦赤霉病大流行态势。2019—2023 年累计推广应用面积 2.5 亿亩，在小麦赤霉病防治中应用面积 4 亿亩次。

（三）提质增效情况

近年来，安徽省推广小麦赤霉病全程绿色防控提质控害增产技术集成应用，全面控制小麦赤霉病大流行态势，兼治其他病虫害发生，提质增效明显。2023 年，在安徽省 9 个小麦生产市开展示范，示范区小麦产量和品质较对照处理均有明显提升，小麦千粒重增加 2.39g，容重增加 24.84g/L，不完善粒降低 0.20%，病粒率降低 1.36%；化学农药使用量减少 35%，低毒、低残留农药使用率 100%，绿色防控率达 68%，病虫为害损失率控制在 1% 以下。经测算，2023 年安徽省赤霉病防控后挽回小麦产量 10.36 亿 kg，增加经济效益约 26 亿元，经济效益显著。

（四）技术获奖情况

该技术模式 2021—2022 年连续两年被列为安徽省农业主推技术。

二、技术要点

按照良法良机融合、关键技术与相关技术配套的思路，以 "精准测报+抗性品种+首选好药+无人机防控+质量监管" 为核心，配套 "调结构、优品种、减菌源、阻侵染、控为害" 的全程绿色防控措施，从小麦播种至收获烘干入库，坚持农业防治、物理防治与化学防治并举，把赤霉病防控贯穿于小麦生产全过程。

（一）切实做好农业防治措施

采取"调、优、减、阻"等技术措施，调整小麦种植结构，优化抗性品种布局，减少田间菌源基数，阻断病菌继续侵染。调结构，积极倡导沿江地区改种小麦为油菜、绿肥、马铃薯等作物。沿江有条件的地区推广"水稻—油菜""水稻—马铃薯""水稻—绿肥""水稻—蔬菜"等种植模式。优品种，沿淮河以北压缩高感品种面积，淮河以南压缩中感品种面积，全面提升主栽品种对赤霉病的抗性水平，降低病害流行风险（图1）。减菌源，淮北麦区秸秆还田地块，推行土壤深翻和秸秆粉碎深埋（20cm以下），辅以腐熟剂加快秸秆腐熟，恶化病虫生存环境，压低赤霉病菌等病虫基数，减轻赤霉病等重发潜在风险。沿淮以南稻茬麦区大力推广机条播、机开沟，改善田间环境。阻侵染，适期适墒适量适法播种，提高播种质量，培育壮苗，构建合理群体，合理运筹肥水，提高小麦抗病虫能力。

图1　小麦品种抗赤霉病鉴定试验

（二）全面推行秋播拌种

小麦赤霉病从幼苗期到抽穗期都可发生，种子药剂处理是预防和控制苗腐发生为害的关键措施，可选用含有戊唑醇、咯菌腈、苯醚甲环唑等成分的药剂拌种，减轻苗腐发生（图2）。

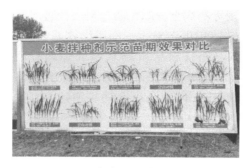

图2　小麦秋播药剂拌种

（三）重点抓好穗期防控

小麦穗期加强监测预警，实行赤霉病分区防控，全面执行"两控两保"（控流行、控毒素，保产量、保质量）防控策略（图3），坚持"见花打药，首次足量用好药"的防控技术，实施专业化统防统治和全程托管服务相结合，做好小麦赤霉病穗期应急防控。一是把"准"适期。依据会商发布的小麦赤霉病长期、中期、短期趋势预报结果，安徽全省抢抓小麦齐穗至扬花初期开展第一次防治（见花打药），淮北中部、沿淮及其以南麦区 5~7d 再防 1 次，淮北北部可视天气情况开展第二次防治。对高感品种，如天气预报扬花期有阴雨、结露和多雾天气，首次施药时间应提前至抽穗期。若小麦扬花期遇阴雨天气，选择雨停间隙或抢在雨前施药，施药后 3~6h 内遇雨，雨后应及时补治，确保防效。二是选"优"药剂。重点推广应用丙硫菌唑、氟唑菌酰羟胺、氰烯·戊唑醇、丙唑·戊唑醇、氰烯·己唑醇等一批对赤霉病防效好、毒素控制作用较强，同时兼治小麦锈病、白粉病等穗期病害的优质药剂，第一次用好药剂比例要达 50% 以上，第二次交替轮换使用不同作用机制的药剂。对苯丙咪唑类药剂抗性水平高的地区，应慎用多菌灵、甲基硫菌灵等药剂，提倡轮换用药和组合用药（图4）。三是推行"统"防。推广应用植保无人机、自走式喷杆喷雾机等现代高效植保机械，开展小麦赤霉病统防统治，实现统防统治覆盖率达 80% 以上。规范植保无人机防治作业标准，执行植保无人机防治小麦赤霉病技术参数（亩用水量为 0.8~1.5L、飞行高度为小麦冠层上方 1.8~2.2m、飞行速度小于 6m/s；新机型可适度调整，需确保作物冠层雾滴覆盖密度不低于 15 个）。推广应用植保无人机、自走式喷杆喷雾机等高效植保机械，优化并明确植保无人机防治赤霉病技术参数，开展赤霉病专业化统防统治和防治过程质量的第三方监管，确保防控效果（图5）。

图3　赤霉病毒素控制示范　　　　图4　赤霉病药剂筛选试验示范

图5　无人机开展小麦赤霉病统防统治

（四）抓好收储防侵染

加强小麦收储管理工作，适时收获，及时晾晒烘干，清除赤霉病粒，安全水分以下收储，避免感染赤霉病菌的小麦籽粒在潮湿条件下继续侵染，导致真菌毒素增加。

三、适宜区域

黄淮南部和长江中下游麦区。

四、注意事项

结合当地小麦赤霉病和穗期其他病虫害发生实际情况制定防治技术方案，赤霉病重发区域第一次防控要坚持选择好药、足量用药原则。植保无人机作业时段避开雨天及晴天中的高温时段，风力应在3级以下。作业前要充分考察作业区域养殖业及种植作物，应设置安全隔离带。植保无人机作业航线应与风向保持平衡，以免侧风影响产生飘移。

技术依托单位

1. 安徽省植物保护总站
联系地址：安徽省合肥市包河区洞庭湖路3355号
邮政编码：230601
联　系　人：何振辉　郑兆阳
联系电话：18956048013
电子邮箱：zhengzy8@163.com

2. 安徽农业大学
联系地址：安徽省合肥市蜀山区长江西路130号
邮政编码：230036
联　系　人：陈　莉　张承启
联系电话：13966679526
电子邮箱：chenli31029@163.com

3. 安徽省农业科学院植物保护与农产品质量安全研究所
联系地址：安徽省合肥市农科南路40号
邮政编码：230031
联　系　人：谷春艳
联系电话：13966785329
电子邮箱：guchunyan0408@163.com

小麦茎基腐病"种翻拌喷"四法结合防控技术

一、技术概述

（一）技术基本情况

小麦茎基腐病是由多种镰孢菌引起的一种世界性小麦土传病害。近年来，该病害在我国黄淮冬麦区普遍发生，而且呈现不断加重和蔓延趋势。据全国农业技术推广服务中心统计，2023年我国小麦茎基腐病发病面积近5 000万亩，对小麦安全生产构成严重威胁（图1）。小麦茎基腐病的优势病原菌假禾谷镰孢不仅为害茎基部，还可为害穗部，造成严重的穗腐病（赤霉病）。由河南农业大学李洪连教授提出的"小麦茎基腐病近年为什么会在我国小麦主产区暴发成灾，如何进行科学有效的防控？"入选中国科协2022年度我国十大产业技术问题。

2012年以来，河南农业大学组织相关产学研单位，对黄淮麦区小麦茎基腐病的病原学、检测技术、发病规律、成灾机理和防治关键技术等进行了长期系统研究，在此基础上制定了河南省地方标准《小麦茎基腐病综合防治技术规程》（DB41/T 2128—2021），在河南、山东、河北等地病害重发区进行了示范应用，取得了良好的防病效果以及显著的经济社会效益。随后又联合河南省植物保护检疫站、全国农业技术推广服务中心防治处、山东省农业科学院、西北农林科技大学等产学研管部门，进一步优化升级了病害防治技术，验证综合防控效果，形成了该技术。全国农业技术推广服务中心发布的2023—2024年小麦茎基腐病防控技术方案中也充分采纳和应用了该技术方案。鉴于小麦茎基腐病在我国小麦种植区普遍发生，且呈现不断蔓延加重趋势，如果该技术能够作为农业主推技术在全国范围内推广实施，必将对我国小麦茎基腐病的科学防控工作产生积极的推动作用，对小麦安全生产及国家粮食安全工作具有重要的现实意义。

（二）技术示范推广情况

河南农业大学等单位集成的"小麦茎基腐病综合防控技术"经在河南各地及周边山东、河北等省试验示范，取得了良好的防病保产效果，重病田病害平均防治效果达到75%，相对常规防治方法每亩小麦平均增产15%，农民每亩平均增收200元。2020—2023年累计在河南省建立示范区45个，累计示范、推广356.1万亩，示范区与群众自防区相比增收小麦2.5亿kg。鉴于目前小麦茎基腐病已经逐渐成为我国小麦生产中的重大病害，仅黄淮麦区河北省、山东省、河南省三省每年发病面积4 000万亩以上，如果该技术能在全国小麦茎基腐病发生区推广使用，必将对我国小麦茎基腐病科学有效防控和国家粮食安全提供重要技术支撑。

（三）提质增效情况

推广使用小麦茎基腐病综合防控技术地块，每亩平均投入30元，一般病田平均可挽回小麦产量损失50kg，按目前小麦价格可折价140元左右，每亩可增加农民净收入110元以

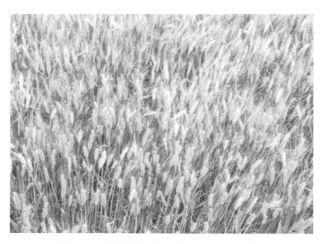

图1 小麦茎基腐病重病田（白穗症状）

上；重病田可以挽回损失100kg以上，亩增收260元左右。按照我国小麦茎基腐病5 000万亩病田推广应用1/3计算，每年可以挽回小麦损失5亿kg以上，经济社会效益十分显著。

（四）技术获奖情况

该技术作为核心的科技成果，分别荣获2022年度河南省科学技术进步奖一等奖和2020—2021年度神农中华农业科技奖二等奖。

二、技术要点

（一）核心技术

该技术的核心是"一拌一喷"，具体为"种子处理和春季返青期药剂精准喷雾"。目前种植的小麦品种普遍抗性较差，田间表现中抗以上的品种非常少，科学合理地使用化学药剂是目前生产上防控小麦茎基腐病方便有效的措施。该技术研发团队，通过多年多地田间药效试验评价，筛选出一批优异的杀菌剂，并明确了最佳的使用时期和处理方法。

1.种子包衣或拌种

选用戊唑醇（图2）、苯醚甲环唑、咯菌腈等杀菌剂或其复配剂进行种子包衣或拌种，常用药剂及使用方法见表1。

表1 种子处理防治小麦茎基腐病的常用药剂及使用方法

药剂种类	每100kg种子使用剂量/（g或mL）	处理方法
27%苯醚·咯·噻虫悬浮种衣剂	400～600	种子包衣
6%戊唑醇悬浮种衣剂	40～60	种子包衣
3%苯醚甲环唑悬浮种衣剂	300～500	种子包衣
32%戊唑·吡虫啉种衣剂	300～700	种子包衣
4.8%苯醚·咯菌腈悬浮种衣剂	200～300	种子包衣
33%咯菌腈·噻虫胺·噻呋悬浮种衣剂	200～400	种子包衣

（续表）

药剂种类	每100kg种子使用剂量/（g或mL）	处理方法
48%氰烯菌酯·戊唑醇悬浮剂	200~300	拌种
11%吡唑醚菌酯·戊菌唑悬浮剂	60~75	拌种
10%咯菌腈·嘧菌酯悬浮剂	200~250	拌种

 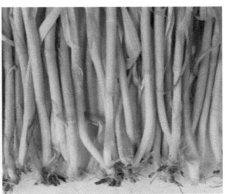

清水对照　　　　　　　　　　戊唑醇种衣剂包衣

图2　戊唑醇悬浮种衣剂包衣对小麦茎基腐病苗期防治效果

2. 春季苗期喷雾防治

返青至起身期，病株率达到5%的田块，可以采用三唑类杀菌剂及其复配制剂进行茎基部喷雾防治。提倡三唑类杀菌剂与氰烯菌酯等具有内吸性治疗性杀菌剂混用。施药时最好使用自走式喷杆喷雾机或背负式喷雾器，用水量应不低于40L/亩，重点喷施小麦茎基部。常用药剂种类见表2。

表2　茎叶喷雾防治小麦茎基腐病的常用药剂

药剂	有效成分用量/（g或mL/亩）
戊唑醇	3.75~7.5
丙硫菌唑	12~15
丙环唑	12.5~15
氰烯菌酯	20~30

（二）配套技术

"一拌一喷"的核心技术，需要配套技术，实现防治效益的最大化。具体包括根据各地小麦生产实际，种植抗（耐）病品种，采用土壤深翻、合理轮作、科学施肥、适期晚播等农业措施，生态调控及生物防治相结合的综合技术。

1. 选用抗（耐）病品种

选用对小麦茎基腐病菌具有较好抗（耐）性的丰产小麦品种，可以降低病害的为害程度。河南农业大学技术研发团队通过室内人工接种和人工病圃鉴定的方法鉴定了 260 多份我国黄淮麦区主推和新近审定的小麦品种对茎基腐病的抗性，发现 85% 以上的品种表现为感病或高感，但丰德存麦 20 号、周麦 24、开麦 18、丰德存麦 5 号、徐麦 2023、郑麦 6687、秋乐 168、洛麦 26、西农 509、中育 1702、济麦 22、淄麦 11、石优 17 等小麦品种田间发病程度较轻，表现比较稳定的成株期抗性，可以结合各地实际在重病田推广使用（图 3）。

图 3　田间病圃抗感品种的差异
（左：抗病品种；右：感病品种）

2. 农业措施

（1）合理轮作。重病田宜种植油菜并与豆类、花生、棉花、水稻、蔬菜、中草药等作物实行 2~3 年轮作。

（2）秸秆处理和土壤深翻。重病田不宜进行秸秆还田。必须还田时，收获时留茬高度不高于 10cm，并将秸秆充分粉碎。播种前土壤进行 25cm 以上的深翻，每隔 2 年深翻 1 次。

（3）科学施肥。应控制氮肥施用量，一般减少 10%~20%，适当增施磷钾肥和锌肥。盐渍化严重的地块应施用酸性肥料。

（4）适期晚播。在适播期内尽量晚播，一般可比正常播期晚播 7~10d，能够有效减少秋苗期侵染。每晚播 2~3d，播种量增加 500g/亩。

（5）合理灌水。在小麦生长中后期遇到干旱和土壤墒情较差时应及时浇水，可以减轻发病程度。

3. 生物防治和生态调控

播种期可选用芽孢杆菌、木霉菌等生物菌剂拌种，对病害具有一定的防治作用（图 4）。

小麦收获后，每亩用含有效菌 100 亿 CFU/g 以上的秸秆腐熟剂 2~3kg，均匀撒施在小麦秸秆及根茬上。整地时鼓励施用生物肥或腐熟有机肥，改善土壤微生态环境。

图4　芽孢杆菌拌种+菌肥土壤处理对小麦茎基腐病防病效果

（左：清水对照；右：芽孢杆菌拌种+菌肥土壤处理）

三、适宜区域

该技术适合在黄淮海冬小麦种植区应用。

四、注意事项

务必按照药剂的推荐使用剂量使用，不能随意减少或增加农药的使用量。春季喷雾施药时最好使用自走式喷杆喷雾机或背负式喷雾器，用水量应不低于40L/亩，重点喷施小麦茎基部。不建议使用植保无人机进行喷雾。

技术依托单位

1. 河南农业大学

联系地址：河南省郑州市郑东新区平安大道218号

邮政编码：450046

联　系　人：李洪连　孙炳剑

联系电话：0371-56552739

电子邮箱：honglianli@sina.com

2. 河南省农业科学院

联系地址：河南省郑州市花园路116号

邮政编码：450002

联　系　人：徐　飞

联系电话：0371-65738143　13623832653

电子邮箱：xufei198409@163.com

3. 全国农业技术推广服务中心

联系地址：北京市朝阳区麦子店街20号

邮政编码：100000

联 系 人：刘万才

联系电话：18910723191

电子邮箱：liuwancai@ agri. gov. cn

4. 河南省植物保护检疫站

联系地址：河南省郑州市农业路27

邮政编码：450002

联 系 人：李好海　 张国彦

联系电话：0371-65917999

电子邮箱：zbzlhh@ 163. com

小麦条锈病"一抗一拌一喷"
跨区域全周期绿色防控技术

一、技术概述

（一）技术基本情况

小麦条锈病是我国小麦生产上影响产量最严重的大区流行性气传病害，大流行年发病面积超过9 000万亩，可造成产量损失40%以上，甚至绝收。受条锈菌越夏、越冬条件和菌源关系的影响，病害流行区之间相互依存，关系密切。近年来，由于气候变化、种植结构改变，条锈病流行频率上升，为害损失加重，严重威胁小麦生产安全。为推进小麦条锈病可持续治理，切实控制病害流行，减轻为害损失，保障国家粮食安全，研发制定更加高效的绿色防控技术十分必要。为此，在充分总结提炼近年来小麦条锈病流行灾变规律和防控关键技术等最新成果的基础上，研发制定了小麦条锈病跨区域全周期绿色防控技术。所谓"跨区域全周期绿色防控"，就是对小麦条锈病实施"跨区域联防联控、全过程周期管理"，实现减药控害、绿色高效的目标，即着眼小麦条锈病全年大区发生流行规律，从全国病害流行的每一个周期，实施全过程病害管控，通过加强越夏易变区的防控，降低发病菌源基数，在不同流行区布局不同类型抗病基因品种，建立生物屏障，减轻向冬繁区和关键越冬区传播菌源的压力，推迟该区域的发病时间和程度，进而减少向春季流行区传播菌源数量，后期结合精准测报，实施以"一抗一拌一喷"为主的统防统治，最终达到减轻全国病害流行的目的。

（二）技术示范推广情况

2015年以来，基于我国小麦条锈病严重发生态势，结合我国该领域最新研究进展，全国农业技术推广服务中心组织制定了《小麦条锈病跨区域全周期绿色防控技术方案》，依托全国植保系统、农业科研院所及试验站等，分别在陕西省宝鸡市，甘肃省天水市、平凉市，四川省绵阳市，湖北省荆州市、襄阳市，河南省南阳市，青海省西宁市，宁夏回族自治区固原市等条锈病不同流行区建立示范点进行技术示范推广，集成了小麦条锈病跨区域全周期绿色防控技术体系，并由全国农业技术推广服务中心组织在全国推广应用，通过在全国植保体系开展多层次大范围技术培训，点上试验示范与面上技术推广相结合，促进了技术的快速推广普及。近3年累计应用面积300万亩，其中，2023年累计应用182.6万亩，对控制病害流行发挥了重要作用。在2020年和2021年全国条锈病连续大流行的背景下，2022—2023年，全国小麦条锈病得到有效控制，2023年发病面积不足发病高峰年份的1/10。

（三）提质增效情况

该技术在条锈病不同流行区示范后，示范区平均防病效果85%，平均单产提高5%，减少农药使用10%以上，对主产区农户科学防控病害起到了重要的带动作用。其中，河南邓州示范基地2023年现场验收结果表明，通过推广该项技术，条锈病病叶率控制在1.5%以下，较农民自防增产7.6%，比不防治对照增产21.9%，绿色防控覆盖率达68.5%、减少农药使用30.1%。从全国看，每年至少控制病害流行降低2个发生等级，发病面积减少5 000万亩，减少粮食损失50万t，减少农药用量20%以上，经济效益、社会效益和生态效益十分显著。

（四）技术获奖情况

该技术核心成果"小麦条锈病菌新毒性小种监测与抗锈基因的挖掘及其应用"获2015年度陕西省科学技术进步奖一等奖；"小麦条锈菌毒性变异与条锈病综合防治技术体系研发与应用"获2017年度陕西省科学技术进步奖一等奖。

二、技术要点

（一）抗病品种合理布局技术

在条锈病不同流行区，根据其生态区特点和条锈病流行传播路线，合理布局不同抗病基因品种，建立生物屏障，阻遏病菌跨区传播。越夏菌源基地、越冬区和冬繁区尽量种植全生育期抗病品种；春季流行区可以选择种植成株抗病品种。

（二）早期菌源控制技术

病菌数量在传播流行中起着重要的作用。通过调整越夏区种植结构，提高秋播药剂拌种比例（图1），铲除或耕翻降低自生麦苗数量，减少菌源基地初始菌源量。越冬区和冬繁区，通过加强早期诊断和监测，及时发现和控制传入菌源，开展秋冬季和早春"带药侦查"（图2），发现一点防治一片，并开展重点区域药剂防控，减少当地发病面积，降低外传菌源数量。

图1　小麦秋播拌种处理　　　　图2　春季带药侦查打点保面

（三）精准监测和预报技术

充分利用遥感技术、孢子捕捉技术和大数据技术建立条锈病自动化监测体系，完善监测预警网络，对条锈菌菌源量和田间发病情况进行实时监测。结合病原菌早期诊断技术，及时发布预报，指导开展防治工作。

（四）分区治理与跨区防控技术

根据小麦条锈病大区流行特点，在越夏区，通过调整作物结构、铲除夏秋季自生麦苗、优化抗病品种布局和强化秋播拌种等措施，压低前期菌源基数；在冬繁区和关键越冬区，通过抗病品种合理布局、药剂拌种、监测预警和春季应急防控等措施，压低菌源基数、防止菌源外传；在春季流行区，通过推广成株抗病品种、早期预警和科学防控，控制病害流行。对条锈病流行快、发生为害重的区域，采取应急防控，开展统防统治（图3）。在小麦穗期结合"一抗一拌一喷"措施应用，采用针对性的杀菌剂、杀虫剂和叶面肥等，对条锈病和其他病虫进行全面防控，提高防治效果，保障小麦生产安全。

图3 小麦中后期统防统治

（五）条锈菌毒性变异监控技术

小檗作为重要的条锈菌转主寄主，是条锈菌发生有性繁殖和产生变异的重要场所，冬孢子是条锈菌从小麦转到小檗的主要形态。通过在西北关键越夏区和越冬区遮盖小麦秸秆堆垛、春夏季铲除小麦田周边小檗或对染病小檗喷施农药等措施阻断条锈菌的有性繁殖，降低条锈菌变异概率，减缓或阻止新的毒性小种产生，从而减轻对抗病品种的压力，延长抗病品种使用年限。

三、适宜区域

该技术适宜在全国小麦主产区推广应用。已经在陕西、河南、甘肃、四川、青海、湖北、宁夏等省（区）应用。

四、注意事项

因菌源基数和气候因素影响，条锈病各年度间、各流行区发病程度差异大，应在抓好抗病品种布局和秋播拌种防治的基础上，加强病情调查，实施精准测报和防控，提高防控效果，切实控制病害为害。

技术依托单位

1. 全国农业技术推广服务中心

联系地址：北京市朝阳区麦子店街20号

邮政编码：100125

联 系 人：刘万才　李　跃

联系电话：010-59194542

电子邮箱：liyuenew@ agri. gov. cn

2. 西北农林科技大学

联系地址：陕西省咸阳市杨凌区邰城路3号

邮政编码：712100

联 系 人：王保通　王晓杰　康振生

联系电话：029-87091312　13572410050

电子邮箱：wangbt@ nwsuaf. edu. cn

3. 河南省植物保护检疫站

联系地址：河南省郑州市金水区农业路27号

邮政编码：450002

联 系 人：李好海　彭　红

联系电话：0371-65917976

电子邮箱：hnszbzcfk@ 163. com

冬小麦—夏玉米周年光温高效与减灾丰产技术

一、技术概述

（一）技术基本情况

山东省是粮食生产大省，是全国十三个粮食主产省之一，常年粮食播种面积 1.25 亿亩左右，约占全国的 7%；总产 550 亿 kg 左右，约占全国的 8%，面积和产量均在全国第三位，其中，夏玉米种植面积和总产居全国第一，冬小麦种植面积和总产居全国第二。但是，小麦—玉米周年生产过程中气象灾害频发等问题，制约着山东省粮食产业的提质增效和健康发展，亟须以冬小麦—夏玉米周年生产中的气象灾害防御和粮食生产防灾减灾等关键问题为导向，突出关键技术集成示范，创建冬小麦—夏玉米周年气象防灾减灾技术为周年粮食生产提供技术支撑。

该技术主要的核心是冬小麦—夏玉米全生育期内抗逆能力提升防灾技术、突发性特殊气象应答调控技术和积累性气象灾害动态减灾技术。该技术统筹冬小麦和夏玉米周年生产体系，在常规高产稳产技术体系（小麦宽幅精播、玉米单粒精播等）的基础上，对抗逆品种筛选、种子处理、"双晚"技术、周年施肥、深松技术及应急调控技术等进行了优化和创新，突出了气候资源高效利用和防灾减灾的目的。通过提高小麦、玉米粮食生产过程中播种、田管环节技术措施，提高两种作物抗逆能力，结合肥水运筹、耕作管理等增强对突发性气象条件的调节应答能力和对积累性气象灾害的防御缓解水平。

（二）技术示范推广情况

该技术在山东省泰安市、聊城市、德州市、滨州市等地开展了应用推广示范，同时技术合作依托单位借助粮丰工程项目，在河南、河北等省实现了较大面积的推广应用。相关内容分别入选 2021 年、2022 年、2023 年山东省农业主推技术和 2022 年、2023 年农业农村部农业主推技术。

（三）提质增效情况

通过多年综合技术的应用与示范，优化的"双晚"技术适当增加"双晚"的时间，夏玉米千粒重增加 10.7%~11.9%，产量增加 9.8%~10.7%，周年产量增加 7.5%~10.5%，增产潜力大。

不增加施肥总量，通过磷肥前移技术，冬小麦抗倒伏、抗低温能力显著增加，冬小麦产量增加 3.5%~27.6%，尤其是灾害年份，抗倒伏能力强，稳产保产能力显著增加。

深松技术增强了冬小麦的抗干旱能力，极度干旱年份，比不深松产量损失减少近 30%，有效提高了稳产保产能力，夏深松的蓄水保墒效果更优。

积极干预冬小麦晚霜冻害和干热风，通过提前干预和灾后恢复，轻度灾害不减产，中度和重度灾害与不干预相比损失减少 30% 以上。

从周年产量及不同气象年景分析，与传统耕作模式相比，可以实现冬小麦稳产或增产，夏玉米显著平均增产 10%，周年产量增加 9%。

（四）技术获奖情况

该技术入选 2023 年农业农村部农业主推技术，2021 年山东省农业主推技术。部分技术内容整理的夏玉米防灾减灾稳产栽培技术入选 2022 年、2023 年农业农村部农业主推技术，2021 年、2022 年、2023 年山东省农业主推技术。荣获 2021 年度国家科学技术进步奖二等奖，2021 年度山东省科学技术进步奖一等奖，2019 年度全国农牧渔业丰收奖二等奖，2022 年度全国农牧渔业丰收奖二等奖。

二、技术要点

技术包含冬小麦—夏玉米全生育期内抗逆能力提升防灾技术、突发性特殊气象应答调控技术和积累性气象灾害动态减灾技术。

（一）抗逆能力提升防灾技术

抗逆能力提升的防灾技术针对气象灾害防控和气候资源高效利用，对常规技术进行了优化。

1. 优选良种和种子包衣

抗逆良种选择与地力、灌溉条件等因素充分结合。对于生产条件较好地区，选择增产潜力大的品种，利用地力优势充分发挥高产潜力；对于生产条件一般地区，选择抗逆能力强、产量表现稳定的品种，发挥品种稳产特性。种子包衣在常规杀虫、杀菌的基础上增加调控根冠比类调控制剂，采用超声波等物理活化技术提高种子活力，用寡糖、多糖等进行种子处理提高苗期抗逆性，促进植株生长发育，筑牢产量基础。

2. "双晚"技术的优化

双晚时间进一步优化，根据试验结果，将玉米晚收时间推迟 10~20d，冬小麦晚播时间推迟 10~20d，可以获得较高的经济效益，同时，冬小麦播量增加弥补主茎分蘖不足的缺点。

3. 周年施肥总量不变，磷肥前移

周年施肥总量不变条件下，夏玉米季施用的磷肥前移至冬小麦季。麦玉体系下，根据土壤肥力和目标产量，确定冬小麦和夏玉米的氮肥、磷肥和钾肥周年使用总量，其中，夏玉米 50%磷肥提前到冬小麦底肥，可显著提高冬小麦抗倒伏、抗低温等能力。

4. 构建抗逆耕层结构

采用秋深松和夏深松均可显著提高周年水分储量及作物抗逆能力。明确了秋深松深度为 25~30cm，频率为 2~3 年 1 次；有条件地区，可调整秋深松为夏深松，夏深松结合玉米深松播种施肥一体机进行，可有效蓄积夏季降雨资源。夏免耕减少蒸腾量，可以提高玉米抗逆能力，提高水分利用效率，确保干旱发生时利用有限水分保耕保苗。增施有机肥、实施秸秆"一覆盖一深埋"技术，即小麦全量秸秆覆盖还田和玉米粉碎深耕还田技术，即可解决该区域两季秸秆难还田的问题，同时构建耕地合理抗逆耕层。

（二）突发性气象灾害应答调控技术

1. 晚播冬小麦"四补一促"

对因小麦适播期内发生强降水，田间积水、土壤湿度大造成播期推迟的地块，应落实"四补一促"晚播技术。以种补晚：合理选用早熟品种，弥补小麦生育期短的不足；以好补晚：晚播地块要注重精细整地，切实提高整地质量，杜绝在播种基础差的情况下抢耕抢种；

以密补晚：根据"早播少播、晚播多播"原则，视情况加大播量，一般在适播期后，每推迟一天播量增加0.5kg，确保构建合理群体；以肥补晚：积水地块容易造成养分淋失，要指导农民在播种时施足底肥，适当增施磷钾肥，促进壮苗，增强小麦抗逆能力，积水时间长的地块要进行测土配方施肥，确保小麦生长养分充足；田间管理以促为主，冬前一般不要追肥浇水，以免降低地温，影响发苗，可在墒情适宜时镇压浅锄2~3遍，以松土、保墒、增温，促进壮苗成穗。

2. 肥水运筹防冻害

冬小麦生长季内遭受冻害，一要根据小麦受冻程度，抓紧追施速效化肥，一般每亩追施尿素10kg左右；二要及时适量浇水，平衡植株水分状况，增加有效分蘖数，弥补主茎损失（图1）；三要及时喷施芸苔素内酯、复硝酚钠等植物生长调节剂，促进中小分蘖的迅速生长和潜伏芽的快发，增加小麦成穗数。

图1　肥水运筹防冻害

3. 排水散墒防渍涝

夏玉米生长季内遇强降水，一是开挖沥水沟配合抽水泵，快速排水，降低土壤耕层的滞水量；二是排水后及早中耕松土，增加土壤通气性，促进表层水分散失，减轻渍涝危害（图2）；三是及时喷施叶面肥，排涝后应及时补充速效氮肥，促进玉米及时恢复生长，减少产量影响。穗肥以氮肥为主，每亩追施尿素15~20kg、硫酸钾15~18kg，高产地块适当加大施肥量。利用机械在距植株10cm左右处开沟，10cm深施。

图2　排水散墒防渍涝

4. 辅助授粉防热害和寡照

夏玉米开花授粉期遇到高温热害或阴雨寡照，严重影响授粉质量，可采取人工辅助授粉等补救措施，提高结实率，防止花粒，增加穗粒数。有条件的地方可用小型无人机低飞辅助散粉，提高效率（图3）。结合叶面喷施微肥、寡糖、多糖、调控制剂等措施，防御高温热害和阴雨寡照等逆境。

图3　辅助授粉防热害和寡照

（三）积累性气象灾害动态减灾技术

（1）小麦生长季根据越冬及返青期气候特征，结合返青后苗情，确定灌溉和追肥，调整返青期追肥或拔节期追肥。暖冬条件下，苗势旺盛，为预防晚霜冻害，灌溉延后，反之亦然；返青后，针对一类苗，追肥适当后移，降低晚霜冻害风险；二类和三类苗，追肥适当前移，促进壮苗和调控群体密度。

（2）玉米生长季增施磷肥、钾肥促进玉米根系生长，提高玉米抗旱能力。要改"一炮轰"施肥为分次施肥，肥力高的地块氮肥以3∶5∶2比例为好，即全部有机肥、70%磷钾肥和30%氮肥作基肥，30%的磷钾肥和50%氮肥用作穗肥，20%氮肥用作粒肥；中肥力地块氮肥以3∶6∶1比例为好，即全部有机肥、70%磷钾肥和30%氮肥作基肥，30%的磷钾肥和60%氮肥用于穗期，10%氮肥用于粒期。

三、适宜区域

黄淮海适宜开展机械作业的冬小麦—夏玉米轮作种植区，主要包括山东省、河南省、河北省的中南部等地区。

四、注意事项

一是冬小麦和夏玉米播种时应适墒播种，提高播种质量，确保苗齐苗壮。

二是"双晚"技术中，根据冬小麦播期，播期与播量协同调整，优化群体结构。

三是科学防治病虫害，冬小麦和夏玉米分别推广"一喷三防"和"一防双减"。

四是确保配套技术，保障稳产高产。

技术依托单位

1. 山东农业大学农学院

联系地址：山东省泰安市岱宗大街 61 号

邮政编码：271018

联 系 人：张吉旺　任佰朝

联系电话：0538-8241485

电子邮箱：jwzhang@ sdau. edu. cn

2. 山东省农业技术推广中心

联系地址：山东省济南市历下区解放路 15 号

邮政编码：250013

联 系 人：韩　伟　刘光亚

联系电话：0531-67866302

电子邮箱：whan01@ 163. com

3. 中国农业科学院农业环境与可持续发展研究所

联系地址：北京市海淀区中关村南大街 12 号

邮政编码：100044

联 系 人：刘恩科

联系电话：010-82109773

电子邮箱：liuenke@ caas. cn

油菜适时适宜方式机械化高效低损收获技术

一、技术概述

（一）技术基本情况

我国油菜产区分布广、品种多、农艺模式复杂，油菜植株高大、分枝多、成熟度一致性差、收获时角果易裂，收获期多雨、适收期短，生产中多用谷物联合收割机兼收油菜籽，收获损失率高达20%，单一联合收获方式难以满足不同地区、品种、种植模式的差异化需求，适宜我国田块和种植模式的油菜分段收获装备缺乏。迫切需要研发和推广高效低损油菜收获装备，确保种下去的油菜能收得上、收得好，多收一斤是一斤，减损也是增产。

农业农村部南京农业机械化研究所联合国内多家农机企业成功研发了稻麦油共用底盘配套的"1+3（割晒台、捡拾台、联合收获割台）"油菜分段/联合收获装备，攻克了高大、倒伏油菜割晒、实时仿形捡拾、高效脱粒清选、模块化割台快速挂接等关键技术，解决了高产大植株移栽油菜高效割晒铺放和低损捡拾难题。我国油菜机械化高效低损收获技术日趋成熟，为保障油菜丰产丰收，提高食用植物油自给率，提供了切实可行的技术途径和机械装备。

（二）技术示范推广情况

我国年产销油菜籽联合收获机近2 000台，市场保有量1.69万台，已在油菜产区大范围推广应用。

"稻麦油共用底盘配套油菜收获专用割晒台和捡拾台的油菜分段收获机械化技术"连续多年在江苏、湖北、湖南、四川、内蒙古等省（区）试验示范，实现了北方春油菜和南方高产大植株移栽油菜的高效、优质、低损机械化收获。

（三）提质增效情况

1. 油菜联合收获机械化技术

油菜籽专用联合收获机机具作业效率6～7亩/h，收获总损失率8%以下、含杂率4%以下，比谷物联合收割机兼收油菜减损20kg/亩以上。

2. 油菜分段收获机械化技术

一是作业效率高。在联合收获机通用底盘基础上，新创制的非强制约束倾斜输送割晒台、拾送喂一体化双段齿带式地面仿形捡拾台，解决了缠绕严重、割晒输送不畅、捡拾堵塞等问题，作业效率7～10亩/h，是现有割晒、捡拾小机型作业效率的2倍。二是损失率低，效益高。采用油菜籽收获专用割晒台与捡拾台，在收获移栽油菜时，可减损4～5个百分点，按产量170kg/亩，菜籽5元/kg计算，亩节本增效30～40元；另外，分段收获菜籽品质好、含水率低，售价提高0.2元/kg，节省烘干成本0.1元/kg。以上合计，亩节本增效80～90元。

（四）技术获奖情况

"油菜联合收获机械化技术"获得2013—2015年农业农村部农牧渔业丰收奖一等奖。

"广适低损油菜分段/联合收获技术与装备"被评选为 2019 农业农村部十大新装备;"油菜分段联合收获技术与装备"获 2017 年江苏省科技成果奖二等奖和机械工业科学技术奖一等奖;"油菜生产全程机械化技术"被评为"十三五"十大农业科技标志性成果。

二、技术要点

(一)油菜联合收获

联合收获具有便捷、灵活、作业效率高的特点,适用于成熟度一致、植株高度适中、倒伏少、裂角少的油菜品种。

1. 适收期判断

联合收获时,过早收获会产生脱粒不净、青籽多、油菜籽产量和含油率降低问题;过晚收获容易造成裂角落粒、割台损失率增加。最佳收获期在黄熟期后至完熟期之间,判断的标准是,全田 90% 以上的油菜角果变成黄色和褐色,籽粒含水率降低为 25% 以下,主分支向上收拢,此后的 3~5d 即为最适宜收获期,应集中力量在此期间完成收获。

2. 机收作业要求

油菜收获时,要求割茬高度一般在 10~30cm。白菜型油菜的割茬高度一般在 10~15cm,甘蓝型油菜的割茬高度一般在 20~30cm。联合收获作业质量要达到总损失率≤8%、含杂率≤6%、破碎率≤0.5%,收割后的田块应无漏收现象(图1)。

图 1　油菜籽联合收获机作业

(二)油菜分段收获

分段收获对品种及其机械化特性要求低,适应性好、适收期长、损失率低,收获无青籽。对于规模化种植且田块较大的油菜,以及植株高大、高产的移栽油菜,宜采用分段收获方式。

1. 适收期判断

当全田油菜 70%~80% 的角果呈黄绿或淡黄色,主序角果已转黄色,分枝角果基本褪色,种皮也由绿色转为红褐色时,或经检测油菜籽粒含水率为 35%~40% 时,在风速不大于 3m/s 条件下进行割晒作业。

2. 割晒作业要求

割晒机作业时,割茬高度应选择 20~40cm,以便于割倒的油菜晾晒在割茬上(图2)。油菜晾晒 5~7d 后(遇雨可适当延长晾晒时间),籽粒变成黑色或褐色,籽粒和茎秆含水率显著下降,一般籽粒含水率下降为 15% 以下时进行捡拾作业。

3. 捡拾作业要求

割后4~7d，油菜后熟基本完成并干燥后，选用装有油菜捡拾台的联合收获机及时进行捡拾脱粒作业（图3）。作业前应按油菜籽收获要求调整脱粒滚筒转速、凹板筛脱粒间隙、清选风机风量、更换清选上筛、调整清选筛片开度等。油菜分段收获作业质量要达到总损失率≤6.5%、含杂率≤5%、破碎率≤0.5%。

图2　共用底盘油菜割晒作业　　　　　图3　共用底盘油菜捡拾作业

三、适宜区域

适宜北方春油菜和南方规模化油菜种植区域。

四、注意事项

一是正确把握适收期，在最佳的时机收获。
二是调整好收获机，在机具最佳状态下高质高效作业。
三是及时烘干，减少霉变。

技术依托单位
1. 农业农村部南京农业机械化研究所
联系地址：江苏省南京市玄武区柳营100号
邮政编码：210014
联 系 人：吴崇友
联系电话：15366092918
电子邮箱：542681935@qq.com
2. 潍柴雷沃智慧农业科技股份有限公司
联系地址：山东省潍坊市坊子区北海南路192号
邮政编码：261200
联 系 人：李丙雪
联系电话：13721973173

电子邮箱：13721973173@ 139. com

3. 泰州携创农业装备有限公司

联系地址：江苏省泰州市新能源产业园区龙凤路 818 号 8 幢 2 楼 208 室

邮政编码：225300

联 系 人：薛　臻

联系电话：13914402536

电子邮箱：13914402536@ 139. com

4. 农业农村部农业机械化总站

联系地址：北京市朝阳区东三环南路 96 号农丰大厦

邮政编码：100122

联 系 人：吴传云

联系电话：13693015974

电子邮箱：amted@ 126. com

5. 江西省农业技术推广中心

联系地址：江西省南昌市东湖区大院街道北京西路 156 号

邮政编码：330299

联 系 人：舒　娟

联系电话：15170019166

电子邮箱：15170019166@ 139. com

冬闲田油菜毯状苗高效联合移栽技术

一、技术概述

（一）技术基本情况

我国长江流域稻油轮作区水稻收获期不断推迟，导致油菜种植错过了最佳播种期，严重影响产量，油菜种植面积萎缩，致使出现大量冬闲田。油菜育苗移栽可以弥补茬口矛盾导致的生育期不足的问题，获得高产稳产。机械化高效移栽是广大农民千百年来的梦想，也是解决我国油菜全程机械化的最后一个"堡垒"。现有移栽技术装备不适应水稻秸秆全量还田、高含水率土壤的田间条件，油菜毯状苗高效联合移栽技术就是针对上述重大产业问题和需求而研发的全新技术装备。

该技术摒弃苗床低密度育苗、人工裸苗移栽的传统育苗移栽方式，通过创新育苗移栽方式，开发配套技术和完全自主知识产权的机械装备，在水稻原茬地上，一次性完成"旋耕埋秸、开沟作畦、切缝插栽、推土镇压"等多道工序，实现水稻秸秆全量还田、复杂土壤墒情条件下油菜高密度、高效率、高质量移栽，为开发冬闲田发展油菜生产，大幅度提高食用油自给率提供了切实可行的技术途径和装备。

（二）技术示范推广情况

2016年"油菜毯状苗机械移栽技术"的专利使用权受让给日本洋马株式会社，由洋马（中国）农业机械有限公司推出以插秧机底盘为动力的油菜移栽机，2022年联合移栽技术专利转让给国机重工集团常林有限公司和江苏云马农机制造有限公司，生产拖拉机配套的油菜毯状苗联合移栽机，两种机型已实现批量生产和销售。在长江上中下游的贵州、四川、湖南、湖北、江西、安徽、浙江、江苏等省开展了示范、推广，取得良好效果。该技术因其广适性，高效、高质的移栽效果得到中央电视台《新闻联播》、CCTV-1、CCTV-13、CCTV-17、新华社等中央媒体的全方位报道，受到社会广泛关注。

（三）提质增效情况

1. 移栽效率高

机械化切块取苗对缝插栽方式，移栽频率达到300株/（行·分），是世界移栽频率最高，整机作业效率每小时6~8亩（联合移栽机），是人工移栽的80倍以上。

2. 适应性强

油菜毯状苗联合移栽机在水稻茬田上直接进行移栽，耕整地与移栽一次完成，即耕即栽，土壤绝对含水率15%~35%，利用高含水率抢墒移栽，一般不需要浇水即可活棵，实现了秸秆全量还田、高含水田间条件下的高效高质量移栽，对田间条件适应性极强。该技术也适用于前茬旱作的田间条件下移栽。

3. 移栽产量高

毯状苗移栽油菜因为苗龄30d以上，弥补了因茬口推迟所造成的生育期的不足，带土移栽易活棵、缓苗期短，移栽密度达到 10 000 株/亩，具备很好的高产的条件，多地试验结果表明毯状苗移栽比同期迟播油菜增产 30% 以上。

4. 综合经济效益好

移栽机折旧成本、耗油成本、操作人员人工成本合计约 50 元/亩，育苗材料及管理成本 70 元/亩，两项合计 120 元/亩。与机械直播相比育苗材料及管理成本 70 元/亩，减掉节省用种成本 25 元/亩，实际增加育苗成本 45 元/亩，增加田间作业成本 10 元/亩，合计增加成本 55 元/亩。按照比同期直播油菜产量 130kg/亩，增产 30% 计，增加 39kg/亩，折算 195 元/亩，减掉增加的成本，每亩净增效益 140 元/亩。与人工移栽相比，产量持平，节省用工成本 200 元/亩。由此可见，该技术综合经济效益较好。

（四）技术获奖情况

该技术入选"2018 年度农业农村部十大引领技术""中国农业科学院 2018 年科技进展"以及"十三五"10 大农业标志性科技成果。技术成果获 2018—2019 年度神农中华农业科技奖三等奖、2019 年度中国农业科学院科技成果杰出科技奖、第二十一届中国专利优秀奖。2021 年制定并发布了《油菜毯状苗移栽机 作业质量》（NY/T 3887—2021）行业标准。油菜毯状苗联合移栽机入选 2022 中国农业农村重大科技新成果——新装备类。

二、技术要点

（一）培育毯状苗

1. 床土配置

床土取肥沃无病虫的表层土壤，去除土壤中的石子、砖块和杂草，每盘床土加 45% 的三元复合肥 6~8g，肥料和床土要混合均匀。床土亦可使用油菜毯状苗专用机制，或者二者混合配比使用。

2. 种子处理

播种前选晴天进行晒种，以提高种子发芽率。播种前用烯效唑、硫酸镁、氯化铁、硼酸、硫酸锌、硫酸锰混合液拌种，拌种要均匀。

3. 播种

选用规格育秧盘播种（长 58cm×宽 28cm），床土装盘前盘底铺麻地膜，然后播种、盖土和摆盘。播种量控制在 800~1 000 粒/盘，床土装盘厚度不小于 2cm。

4. 肥水管理

播种至出苗阶段要保持表土层湿润，每天浇水 2 次；出苗后适当控水，以不发生萎蔫为宜；间隔 2~3d 用营养液浇水 1 次；出苗期、1 叶 1 心期和 2 叶 1 心期分别施尿素 1g/盘；移栽前 1d 施尿素 2g/盘，水要浇足。

（二）前茬水稻机械化收获和秸秆处理

前茬水稻收获时应选用带秸秆粉碎装置的联合收获机，秸秆切碎后均匀抛撒，避免秸秆堆积，水稻收获留茬高度≤40cm。选用以插秧机底盘为动力的 2ZYG-6 型油菜移栽机，需要采用翻转埋茬旋耕机整地，畦面要平整，否则影响移栽质量。采用 2ZGK-6 型全自动联合移栽机，不需要提前整地，耕栽一体，即耕即栽。

（三）油菜毯状苗高效联合移栽

1. 秧苗条件

移栽秧苗苗龄不小于 30d，苗高 0.8~1.2cm，绿叶数 3~4 片。秧苗在苗片上直立、均布，秧苗空穴率不大于10%；苗片盘根好，双手托起时不断裂（图1）。

图1　产地化育苗情况

2. 择机移栽

水稻收获后在满足土壤墒情和天气适宜的情况下即耕即栽。土壤含水率偏高，晾田至双脚站立土壤表面不渍水，或者拖拉机能下田不打滑，即可移栽。最好在降雨前移栽，栽后不需灌水活棵。移栽时间不宜迟于11月20日。移栽密度可通过株距调节，一般16cm或18cm株距为宜，对应移栽密度13 000～12 000穴（株）/亩。移栽密度高为高产创造条件，也为机械化收获带来方便（图2、图3）。

图2　移栽机作业

（四）栽后管理

移栽时土壤绝对含水率低于25%，移栽后需要畦沟内灌水活棵。如果栽后下中雨1次或小雨多次，也能自然活棵。如果干旱严重应适当灌水，或畦沟浸水。施肥、病虫害防治、除草等，与常规油菜种植的田间管理基本相同（图4）。

图3　2ZGK-6型油菜毯状苗联合移栽机作业效果

图4　油菜毯状苗移栽1周后长势

三、适宜区域

长江流域冬油菜区以及北方部分冬油菜区。

四、注意事项

一是育苗环节严格按照相关技术规程执行，具体实施过程可与技术依托单位联系。

二是江西、湖南、湖北、四川等地部分水稻收获后气温较高，高密度育苗管理难度较大，建议9月下旬至10月初育苗播种，10月下旬至11月中旬移栽较适宜。

三是油菜高效联合移栽机配套拖拉机动力要充足，一般选用88.2千瓦（120马力）以上的四轮拖拉机作为联合移栽机配套动力较适宜。

四是移栽前茬水稻收获应选用带秸秆粉碎装置的联合收割机，保证秸秆抛撒均匀，不条铺、不堆积。

五是油菜移栽后视土壤墒情和天气情况及时灌水活棵，做好排水沟连通工作。

技术依托单位

1. 农业农村部南京农业机械化研究所

联系地址：江苏省南京市玄武区柳营100号

邮政编码：210014

联 系 人：吴崇友

联系电话：15366092918

电子邮箱：542681935@qq.com

2. 扬州大学

联系地址：江苏省扬州市邗江区文汇东路88号

邮政编码：225000

联 系 人：冷锁虎

联系电话：18912133687

电子邮箱：oilseed@yzu.edu.cn

3. 农业农村部农业机械化总站

联系地址：北京市朝阳区东三环南路96号农丰大厦

邮政编码：100122

联 系 人：李丹阳　吴传云

联系电话：010-59199193

电子邮箱：amted@126.com

花生单粒精播节本增效高产栽培技术

一、技术概述

（一）技术基本情况

花生常规种植方式一般每穴播种 2 粒或多粒，以确保收获密度。但群体与个体矛盾突出，同穴植株间存在株间竞争，易出现大小苗、早衰，单株结果数及饱果率难以提高，限制了花生产量进一步提高。单粒精播能够保障花生苗齐、苗壮，提高幼苗素质；再配套合理密度、优化肥水等措施，能够延长花生生育期，显著提高群体质量和经济系数，充分发挥高产潜力。此外，花生穴播 2 粒或多粒用种量很大，全国每年用种量占全国花生总产量的 8%～10%，约 150 万 t 荚果，单粒精播技术节约用种显著。推广应用单粒精播技术对花生提质增效具有十分重要的意义。目前授权国内外专利 10 余项，均在试验及生产中得到应用。

（二）技术示范推广情况

单粒精播技术先后作为省级地方标准和农业行业标准发布实施，并多次被列为山东省和农业农村部农业主推技术，在全国推广应用，获得良好效果；其中，据山东省农技推广部门统计，山东省累计推广 2 200 余万亩。积极挖掘该技术高产潜力，2014—2016 年连续 3 年实收超过 750kg/亩，其中，2015 年在山东省平度市实收达到 782.6kg/亩，2023 年在山东省莒南县实收突破 800kg/亩，达到 865.47kg/亩，进一步挖掘了花生单粒精播高产潜力，为我国花生实收高产典型。

（三）提质增效情况

较常规双粒或多粒播种，单粒精播技术亩节种约 20%，土壤肥力不同、增产幅度有差异，增产 8%以上，花生饱满度及品质显著提升，亩节本增效 150 元以上；显著提高生物固氮能力，实现节肥，提升地力及肥料利用率，减少肥料淋溶及环境污染。

（四）技术获奖情况

该技术入选 2011—2017 年、2019—2020 年、2022 年山东省农业主推技术，入选 2015—2019 年、2021 年、2023 年农业农村部农业主推技术，作为部分内容，荣获 2008 年度国家科学技术进步奖二等奖；随着深入研究和推广应用，作为主要内容，荣获 2018 年度山东省科学技术进步奖一等奖和山东省农牧渔业丰收奖一等奖及 2019 年度国家科学技术进步奖二等奖。

二、技术要点

（一）精选种子

精选籽粒饱满、活力高、大小均匀一致、发芽率≥98%的种子，播前药剂拌种或包衣（图 1）。

（二）平衡施肥

根据地力情况，配方施用化肥，增施有机肥和钙肥，提倡施用专用缓控释肥，确保养分

图1 花生种子药剂拌种、包衣

全面平衡供应。分层施肥时，底肥结合耕地施入，钾肥施在根系层，钙肥重点施在结果层，种肥随播种施用。

（三）深耕整地

适时深耕翻，及时旋耕整地，随耕随耙耱，清除地膜、石块等杂物，做到地平、土细、肥匀。

（四）适期足墒播种

一般5cm日平均地温稳定在15℃，高油酸花生需要地温在18℃以上，土壤含水量确保65%~70%。春花生适播期为4月下旬至5月中旬。麦套花生在麦收前10~15d套种，夏直播花生应抢时早播。

（五）单粒精播

单粒播种，大花生密度适当降低、小花生密度适当增大，一般春播亩播13 000~16 000粒，宜起垄种植，垄距85cm内，垄高10~12cm，一垄两行，行距30cm左右，穴距10~12cm（图2），裸栽播深3~5cm，覆膜压土播深约3cm。密度要根据地力、品种、耕作方式和幼苗素质等情况来确定。肥力高地块，春播晚熟品种、苗壮，或分枝多、半匍匐型品种，宜降低播种密度，反之增加播种密度。生育期较短的夏直播花生根据情况适当增加播种密度1 000~2 000粒/亩。选用成熟的播种机械，覆膜栽培时，宜采用膜上打孔覆土机械方式，膜上筑土带4cm左右（图3），引升子叶节出土，根据情况及时撤土清棵，确保侧枝出膜（图4）。

图2 单粒精播播种规格（穴距）

图 3　机械化播种作业　　　　　图 4　单粒精播田花生出苗情况

（六）肥水调控

花生生长关键时期，遇旱适时适量浇水，遇涝及时排水，确保适宜的土壤墒情。花生生长中后期，酌情化控和叶面喷肥，雨水多、肥力好的地块，宜在主茎高 28~30cm 开始化控，提倡"提早、减量、增次"化控，确保植株不旺长、不脱肥。

（七）防治病虫害

采用综合防治措施，严控病虫为害，确保不缺株、叶片不受为害（图5）。

图 5　田间病虫害无人机综合防治

三、适宜区域

适合全国花生产区。

四、注意事项

要注意精选种子。密度要重点考虑幼苗素质，苗壮、单株生产力高，降低播种密度，反之则增加播种密度；肥水条件好的高产地块宜减小播种密度，肥力较差的地块适当增加播种密度。提早化控，防止倒伏。

技术依托单位
1. 山东省农业科学院

联系地址：山东省济南市历城区工业北路 23788 号

邮政编码：250100

联 系 人：万书波　郭　峰　张佳蕾

联系电话：0531-66658127

电子邮箱：wanshubo2016@163.com

2. 山东省农业技术推广中心

联系地址：山东省济南市解放路 15 号

邮政编码：曾英松　姚　远

联 系 人：250100

联系电话：0531-67866303

电子邮箱：zengys0214@sina.com

3. 全国农业技术推广服务中心

联系地址：北京市朝阳区麦子店街 20 号

邮政编码：100125

联 系 人：蒋靖怡

联系电话：010-59194506

电子邮箱：1184615738@qq.com

酸化土壤花生"补钙降酸杀菌"施肥技术

一、技术概述

（一）技术基本情况

中国农业大学张福锁院士等长期监测表明，我国耕地质量出现两大严重问题：一是土壤养分严重失衡，氮磷养分大多数盈余，中微量元素普遍缺乏，而人们对农产品的中微量营养元素需求关注日益增多，如我国大部分人处于一般性缺钙，少数人则严重缺钙；二是大面积严重酸化，长期偏重施用化肥、高产收获带走盐基离子、酸沉降加之豆科作物固氮致酸是主要诱因。过去40多年间，全国农田土壤pH值平均下降0.5，许多原来的中、碱性土壤，现在普遍变成酸性或强酸土壤，这是其他国家没有的！酸化改变了整个土壤的化学和生物学性质，给作物生产带来系列恶果，如土壤板结、养分失衡、钙镁等盐基养分大量流失、镉铅等重金属污染元素及铝锰等毒害根系元素得以活化，还引起微生物失活及群落真菌化、作物抗逆性降低、病害加剧。

近20年来花生施肥过于重视氮磷钾肥，钙素以及有机肥却被忽视，逐渐成为限制花生产量进一步提高的主要因素之一；同时，长期大量施用氮肥严重抑制了根瘤菌的固氮作用，北方花生根系结瘤和固氮性能不断降低。

钙是植物必需的营养元素，在维持细胞膜稳定性、光合产物合成和运输及蛋白代谢等方面发挥重要调控作用。钙在土壤中最易于淋溶流失，而在植物体内最难流动转运。钙依赖植株蒸腾拉力被动吸收，干旱对其有重要影响。花生是嗜钙作物，需钙量高于磷而仅次于氮钾，约为大豆的2倍，为禾本科作物的5~7倍。我国花生多分布在瘠薄旱地，土壤大面积酸化、缺钙，造成花生土传病害多发，成熟期叶色贪青，无效花和针、空秕果、霉病果增多，产量低且品质劣，在沙质土壤、大花生区、偏施氮肥、徒长贪青的情况下尤甚。福建因土壤缺钙而绝收的花生地占栽培面积11%；华南沿海沙地严重者空荚率70%~90%；湖南、江西红壤旱地花生因酸化缺钙大面积减产，尤其引种北方的许多大花生几乎失收，这是其他养分缺乏难以看到的严重后果（图1）！

在国家和省级产业技术体系、重点研发计划和自然科学基金等项目支持下，湖南农业大学团队针对土壤缺钙造成的花生冗余生长和空壳问题开展了长达十余年的研究，提出"花生具有无限生长习性"的学术观点和花生的"五种缺钙类型"（基因型、生理型、土壤型、气候型、栽培型），创建"钙肥控冗调花增果壮籽反馈理论模型"，创制和筛选出一批耐低钙种质和新品种，建立了酸性土花生高产栽培技术规程，被遴选为省级标准和农业农村部"农业生产轻简化实用技术"；山东省农业科学院创建了以"提高抗逆性、促进荚果饱满度"为目标的"单粒精播、石灰调酸、增钙促饱、叶面追肥"的钙肥调控共性关键技术，这些成果为解决花生因缺钙引起的大面积严重减产问题提供了理论指针和技术指导，相关成果"花生抗逆高产关键技术创新与应用"与牵头单位山东省农业科学院等联合获得2019年国

　缺钙苗　富钙苗　　　耐低钙品种　缺钙敏感品种　　同一个品种施钙(左)、缺钙效应(右)

图1　缺钙与不缺钙花生生长效果

家科学技术进步奖二等奖。"酸化土壤花生绿色提质增产增效施肥技术"集成了全国花生施肥及相关栽培、育种成果，已经在全国多年多地试验示范，取得很好的经济效益与社会效益，推广前景广阔。

（二）技术示范推广情况

钙肥既是土壤调理剂，能降酸、解毒、杀菌、活土，又是补钙来源，其所能达到的既显著增产，又增强抗性，还大幅提升内外品质的全局性效果，在其他技术是少见的。2018 年国家花生产业体系在 5 个试验站开展全国性试验示范，结果表明：不同花生品种施用石灰和石膏普遍显著增产，在新疆维吾尔自治区喀什地区（盐碱地，pH 值 8.5，富钙）增产 7%～43%，在湖北省襄阳市（偏酸土，缺钙）增产 10%～14%，在湖南省邵阳市（强酸土，pH 值 4.9，极缺钙）增产 12%～30%，在弱碱土的江苏省南京市（pH 值 7.2）增产 2%～5%，在河北省唐山市（pH 值 7.4）没有效果。山东省花生研究所、湖南农业大学等研究表明，山东省烟台市强酸性土（pH 值 4.3）种植不同花生品种施用石灰、硅钙肥增产 12%～61%，盐碱土施用石膏钙肥增产 3%～30%；南方酸性缺钙土壤施钙增产率 10%～40%，甚至产量翻番。中国农业科学院油料作物研究所与湖南农业大学依托国家"双减"重点研发计划课题和国家花生产业技术体系，在江西省赣州市、宜春市及湖南省永州市、邵阳市四地示范该技术增产 17.8%～24.5%。花生也是喜硼作物，硼对花生生殖生长、碳水化合物转运和产量有重要影响，酸性土壤缺硼尤甚，钙硼配施效果好。

（三）提质增效情况

运用该技术在湖南、江西进行大规模示范，产生了显著效益。2018 年以来共示范推广 28 万亩，通过增施钙硼肥、减施氮钾肥，辅以单粒精播、起垄栽培技术，花生亩增产 44～46kg，增幅 20% 以上，亩增收 300～600 元，新增效益 42 790 万元。此外，施用钙肥能使荚果饱满度提高 10%～35%，双仁果率、出米率大幅提高，含油量提升 1～4 个百分点，蛋白质提升 1～2 个百分点，油亚比提高。

（四）技术获奖情况

该技术相关成果荣获 2019 年度国家科学技术进步奖二等奖。

二、技术要点

（一）选用良种

品种通过国家登记，抗当地主要病害。根据市场用途选用油用、食用品种。一般小、中粒品种耐酸耐瘠耐低钙能力较强，大粒品种偏弱。高钙土壤生产的种子饱满、活力强，发芽率高。

（二）适地种植

选用质地疏松、不重茬、不积水、卫生安全的土壤。宜与玉米、水稻、甘薯等作物轮作，不应与茄科、葫芦科作物接茬。降水量大、地势较高的区域、沙性瘠薄的地块更易酸化和缺钙。

（三）平衡施肥

遵循降酸改土与营养、植保、环保相结合的原则，全年轮作与当季花生联合运筹的方法进行施肥管理。总体上应有机肥与化肥结合、大中微肥结合，减氮、适磷、中钾、增钙、补硼等。中等地力建议施肥量：①亩施腐熟农家肥500~1 500kg或饼肥50~100kg，并施在耗肥量大的前茬作物上；②基肥亩施45%~51%氮磷钾等比例复合肥30~50kg，推行根瘤菌剂拌种；③氧化钙（CaO）亩用量，北方旱地10~15kg，渍涝地、盐碱地15~20kg，南方酸土25~50kg，钙肥种类酸性土采用石灰、钙镁磷肥、硅钙肥等，偏碱地施石膏；④硼砂0.5~1kg作基肥，酌情补施锌、镁肥；⑤高产或中后期脱肥地块，结荚期至饱果期叶面喷施0.1%~0.3%硝酸钙、0.2%~0.3%磷酸二氢钾、2%~3%尿素等1~2次。

（四）配套技术

辅以单粒精播、药剂拌种、地膜覆盖、起垄栽培、合理灌溉、绿色植保、农艺农机融合等高产高效防害减灾技术。

三、适宜区域

主要适宜区域为华南、长江、云贵、华北的土壤酸化花生产区，西北、东北产区及盐碱地酌情采纳。

四、注意事项

随着钙肥施用年限延长，应逐步减施，避免钙素拮抗其他养分。钙肥应施在结荚的表土层（0~10cm）区域。熟石灰优于生石灰，以免伤害种子。

技术依托单位
1. 湖南农业大学
联系地址：湖南省长沙市芙蓉区农大路1号
邮政编码：410128
联系人：刘登望
联系电话：13549678480
电子邮箱：ldwtz@163.com
2. 山东省农业科学院
联系地址：山东省济南市工业北路202号

邮政编码：250100

联系人：郭　峰

联系电话：15053173246

电子邮箱：guofeng08-08@163.com

3. 全国农业技术推广服务中心经济作物处

联系地址：北京市朝阳区麦子店街20号

邮政编码：100125

联系人：蒋靖怡

联系电话：010-59194506

电子邮箱：1184615738@qq.com

花生主要土传病害"一选二拌三垄四防五干燥"全程绿色防控技术

一、技术概述

（一）技术基本情况

花生是我国总产量和种植业产值最大的大宗油料作物，近年来，受连作面积扩大、秸秆未腐熟还田、施肥单一、气候变化加剧等因素的综合影响，花生土传病害（根腐病、茎腐病、冠腐病、果腐病、青枯病、白绢病、黄曲霉）频繁发生，尤其是白绢病和果腐病已经上升为多个产区的主要病害。土传病害引起花生产量损失严重（年经济损失上升到百亿元）、品质和质量安全显著下降，已成为花生产业优质、绿色、安全高质量发展的瓶颈。花生土传病害的病原菌存在于土壤，且可存活多年，防治难度及代价很大；加上新时期轻简免耕栽培技术的普及和秸秆禁烧、肥药"双减"等绿色化发展要求的落实，对防治技术的要求越来越高。

针对上述问题，中国农业科学院油料作物研究所等单位利用创制的发明专利一种快速鉴定病原真菌的方法，鉴定和明确了不同产区土传病害病原菌的种类和分布。在此基础上，研究建立了花生主要土传病害的综合防控技术体系，有效集成了"一选二拌三垄四防五干燥"的优化模式并在多个花生产区进行了示范，"一选"为选择抗病抗逆性强的优质高产品种，并精选种子，显著降低病害为害程度，尤其可减轻重点疫区青枯病、果腐病等毁灭性病害的发生，抗病品种的培育利用了发明专利《一种温室苗期白绢病抗性鉴定方法》和农业行业标准《花生种质资源抗青枯病鉴定技术规程》（图1）；"二拌"为在选种的基础上针对实际需要进行拌种处理，以防治苗期阶段的病虫害，提高出苗率保障基本苗数（图2）；"三垄"为实施起垄种植，减少田间渍水风险，降低白绢病和果腐病严重度（图3）；"四防"为根据产区实际需要适度喷洒杀菌剂防控叶部病害和土传病害（图4）；"五干燥"为收获后迅速将荚果水分降为10%以下，以降低黄曲霉毒素污染风险（图5）。该综合防控技术可以有效减少农药的使用，降低花生产量损失，保障质量安全和食品安全，具有绿色、节本、增效、安全的作用。

（二）技术示范推广情况

所建立的"花生主要土传病害综合防控技术"2014年以来结合国家花生产业技术体系、国家重点研发计划、中国农业科学院科技创新工程、国际合作等研发任务及推广工作，在湖北、江西、安徽、江苏、山东、河南、河北、辽宁、吉林、广东、广西、四川等省（区）花生产区进行示范和推广。一是在长江流域及其以南的花生青枯病疫区推广高抗青枯病高产系列品种，由于多数抗青枯病品种也兼具果腐病和黄曲霉抗性，所以较好地解决了青枯病疫区的主要病害问题。二是在黄淮产区针对麦茬夏播花生的苗期冠腐病、根腐病和茎腐病及后期的白绢病和果腐病，集成抗病品种、药剂拌种和起垄防渍栽培技术显著降低了上述

图1 "一选"——选用抗土传病害花生品种

图2 "二拌"——播种前采用药剂拌种

图 3 "三垄"——推荐采用起垄种植

图 4 "四防"——花生叶部和土传病害防控

图 5 "五干燥"——花生收获后及时干燥

主要病害的为害。三是在东北产区针对前期温度较低易引起苗期病害和后期局部产区果腐病严重的问题，集成的药剂拌种、起垄防渍、灌溉调控技术取得了良好的防治效果。上述综合防控技术总体上操作简便，不需要额外增加劳动力和成本，能有效降低土传病害的为害，已在全国推广3 500多万亩（图6），提高了农户收益。

图6　"一选二拌三垄四防五干燥"技术大面积示范应用

（三）提质增效情况

花生主要土传病害防控技术2014—2023年在各主产区进行了系统试验示范，并获得良好结果。在湖北襄阳示范基地采用综合防控技术，花生出苗率平均提高12.03%，荚果亩增产20.57%，平均亩增收138元；在河南开封示范基地出苗率平均提高4.5%，荚果亩增产10.51%，亩增收208元；在河南正阳和浚县荚果增产10%~19.18%，亩增收200~348元；在安徽合肥示范基地，出苗率提高20.45%，荚果亩增产24.35%，亩增收126元；在山东潍坊示范基地，出苗率提高6.5%，荚果亩增产13.8%，亩增收376元。与常规技术相比，应用该技术可增产花生10%以上，降低农药用量15%以上，亩增收节支100元以上，利用复合拌种剂可同时减轻地下害虫的为害，减少虫果率，降低荚果腐烂和黄曲霉毒素污染的风险，能同时显著提高花生的产量和品质，保障产品质量安全。

（四）技术获奖情况

该技术入选2022年和2023年农业农村部农业主推技术，与该技术相关的兼抗青枯病、果腐病和黄曲霉毒素污染的中花6号等品种获2017年度国家科学技术进步奖二等奖；"抗病高油高产花生新品种及配套生产技术"获2020年度湖北省科学技术进步奖一等奖；"花生青枯病特异抗性种质发掘与创新利用"获2021年中国农业科学院青年科技创新奖。

二、技术要点

（一）选择抗病优质高产花生新品种

根据各产区当地的生态条件，选择适宜本地种植的抗病优质高产的花生新品种。青枯病区一定要选用高抗青枯病品种，推荐选择高抗青枯病的高油酸新品种中花29、豫花76号、豫花93等；非青枯病区可以选择抗其他土传病害的品种；产量达到当地的高产品种要求；出仁率适中；抗倒伏、抗旱、耐涝。

（二）药剂拌种防治苗期病虫害

各产区均建议采用。花生播种前带壳晒种 2~3d，剥壳后挑选饱满成熟的种子（剔除出芽、病斑、虫斑和不饱满的种子）。通过多年拌种剂试验，已筛选出如下高效拌种药剂配方：①25%噻虫·咯·霜灵，300~700mL 拌种 100kg；②40%萎锈·福美双+60%吡虫啉拌种，400mL+300mL 拌种 100kg。上述两种药剂任选其一，均具有较好的防病兼防虫效果，在生产上广泛应用。花生拌种后需晾干，建议即拌即用（当天播种），不宜在拌种后长时间存放。

（三）起垄种植减少渍害和病害

各产区均建议采用。花生种植推荐采用起垄种植。各地根据种植习惯，单垄或者双垄种植。单垄垄距 50~60cm，垄高 10~12cm。双垄垄距 80~90cm，垄高 10~15cm，垄面 50~60cm，一垄双行；或者垄距 60~80cm，垄高 10~15cm，垄面 45~55cm；双行种植播种行离垄边≥10cm，行距 25~40cm。

（四）因地制宜防控中后期病害

根据当地花生生长中后期主要发生的土传病害，如青枯病、白绢病、果腐病和黄曲霉毒素污染，分别采取相应的防控措施。主要技术要点是：

（1）采用起垄栽培种植，防止田间渍害，减轻白绢病和果腐病发生；

（2）合理灌溉，在干旱胁迫下灌水是增加产量和减少黄曲霉毒素污染的有效措施，但要避免在白天温度最高的时段浇水，也要避免浇灌温度较低的地下水，否则容易增加果腐病发生风险；

（3）实施膜下滴灌时要保障土地的平整，避免局部长时间渍水，否则会增加果腐病风险；

（4）以花生专用肥为基肥，平衡营养成分，增施生物菌肥、腐熟的有机肥、土壤改良剂、改善土壤 pH 值；

（5）针对白绢病目前尚无高抗品种的情况，重病地在花生封垄前喷施 24%噻呋酰胺、25%嘧菌酯等，间隔 2 周交替喷施 1 次，防治中后期的白绢病；

（6）叶斑病或网斑病较重的产区，在播种后 70d 起可灵活实施药剂防治 1~3 次。

（五）收获后及时干燥降低黄曲霉毒素污染风险

花生应在晴天收获。收获期如遇连续降雨，要及时抢收，晾晒、风干或者烘干。少雨天气推荐采用两段式收获，花生拔起后，田间晾晒 5~7d，机械摘果后太阳下继续晒果 2~3d或者利用通风囤或者干燥设备烘干。花生荚果含水量低于 10%以下，放置通风干燥处保存。

三、适宜区域

全国花生四大主产区：华南产区、长江流域产区、黄淮产区、东北产区。

四、注意事项

一是花生药剂拌种建议即拌即用，尽量当天播种。

二是花生灌水应避免在中午高温下进行，减少烂果发生。

三是施用防控白绢病药剂建议在花生封垄前喷施，增加药剂接触茎基部及附近土壤，降低菌核的萌发率。

技术依托单位

1. 中国农业科学院油料作物研究所

联系地址：湖北省武汉市武昌区徐东二路 2 号

邮政编码：430062

联 系 人：廖伯寿　晏立英　陈玉宁

联系电话：13871149030　13545037233　13277058362

电子邮箱：lboshou@hotmail.com　yanliying@caas.cn　ynchen@126.com

2. 河南省作物分子育种研究院

联系地址：河南省郑州市花园路 116 号

邮政编码：450002

联 系 人：董文召

联系电话：13653979960

电子邮箱：dongwz@126.com

3. 山东省花生研究所

联系地址：山东省青岛市李沧区万年泉路 126 号

邮政编码：266100

联 系 人：曲明静

联系电话：13455277580

电子邮箱：mjqu2013@163.com

4. 全国农业技术推广服务中心

联系地址：北京市朝阳区麦子店街 20 号

邮政编码：100125

联 系 人：汤　松

联系电话：13891889111

电子邮箱：tangsong@agri.gov.cn

花生病虫害"耕种管护"融合配套绿色防控技术

一、技术概述

（一）技术基本情况

针对气候变暖、土壤生态环境恶化、秸秆还田和花生连作面积扩大等原因导致花生白绢病、根茎腐病、青枯病、果腐病、叶斑病和甜菜夜蛾、棉铃虫、蓟马等病虫多发、频发、重发问题，河南农业大学和河南省植物保护检疫站经多年试验研究，形成了以产出高效、产品优质、资源集约、环境友好为导向，覆盖花生生产时空全过程，集成应用农业防治、生态调控、物理防治、生物防治和科学施药等多项措施的花生病虫害全程绿色防控技术体系。通过深翻改土、增施复合微生物菌剂和土壤调理剂，提高土壤通透性和改善土壤微生物菌落结构，减少越冬病虫数量，有效减轻花生生长期病虫为害；通过合理轮作、选种抗（耐）病品种、适时播种、起垄栽培、合理密植与排灌、清洁田园等农艺、生态调控措施创造利于花生生长而不利于病虫发生的环境条件，有效降低病虫为害概率；播种前采用杀虫剂、杀菌剂处理种子，有效防治苗期根茎腐病和蚜虫、蛴螬等，确保花生齐苗、壮苗；在花生生长期科学施药，减少化学农药用量，降低农药残留，保证花生产量和品质；通过科学收获与储藏确保种子质量。实现了花生生产农机农艺融合、良种良法配套、生产生态协调。

（二）技术示范推广情况

自2019—2023年，在河南省南阳市方城县券桥乡、社旗县郝寨镇、驻马店市正阳县真阳镇、付寨乡、慎水乡、袁寨镇、兰青乡和豫东商丘民权县人和镇、双塔镇、宁陵逻岗镇建立了花生病虫害全程绿色防控技术核心示范基地5.3万亩，病虫害发生率控制在5%~8%，出苗率95%以上，成苗率96%以上，平均亩产500kg。通过辐射带动，2019—2021年，该技术在河南省南阳市、驻马店市、开封市、周口市、新乡市、安阳市、商丘市、平顶山市等地累计推广面积达1 822万亩，挽回花生损失4.81亿kg，总经济效益254 939.99万元；2022—2023年，在河南省济源市和洛阳市宜阳县、鹤壁市、濮阳市等地推广应用1 200多万亩，挽回花生损失3.25亿kg。

（三）提质增效情况

和常规技术相比，该技术的示范推广有效解决了花生病虫害防控中的突出问题，使花生田病虫害发生率控制在5%~8%，增产11%以上，减少农药施用3~5次，降低农药用量15%以上，亩增收节支50元以上，同时大大减少了花生中农药残留，提高了花生品质，提升了花生产业化水平和市场竞争力，农田生态环境亦得到有效改善。通过该技术的推广，帮助农户提高花生产量、改善花生品质、增加种植花生收入，巩固拓展脱贫攻坚成果，促进花生主产区产业振兴；农户绿色精准高效防控意识明显增强，防控的绿色化水平显著提高；植保专业化服务组织得到壮大和发展，花生重大病虫害统防统治和应急防治能力显著提升；拓展了植保社会化服务就业渠道，为产业链上的农民、服务组织、企业等用户带来效率和效益；各级党委、政府和农业农村部门在组织领导推进绿色防控方面积累了丰富经验，农业植保队伍得到锻炼、业务能力得到提升。经济效益、生态效益和社会效益均十分显著。

（四）技术获奖情况

该技术入选 2022 年农业农村部农业主推技术，2021—2023 年连续 3 年被河南省农业农村厅列为河南省农业主推技术，荣获 2019—2022 年度河南省农牧渔业丰收奖农业技术推广成果奖一等奖。

二、技术要点

（一）深翻改土

连续旋耕 2~3 年后，在花生种植前或收获后深翻 30~35cm，降低田间病虫基数。花生冠腐病、茎腐病、根腐病、青枯病、白绢病和果腐病等土传病害严重发生区，宜 1~2 年在花生收获后或种植前深翻 1 次，减少侵染源（图 1）。

根据土壤肥力，每亩施用复合肥 40~50kg；连作土壤可增施生物菌肥 1~3kg 或土壤改良剂 30~50kg。防治果腐病，宜根据土壤酸碱性在耕地前每亩撒施 20~30kg 生石灰或石膏对土壤消毒并补充钙肥；蛴螬发生较重的地区或田块，每亩施 30% 毒死蜱微囊悬浮剂 0.5kg 加 200 亿孢子/g 球孢白僵菌粉剂 0.5kg。

图 1　小麦秸秆免灭茬深耕

（二）合理轮作

小麦—花生一年两熟种植区，实施小麦—玉米或小麦—大豆等种植模式轮作倒茬。病虫轻发生地块 3~5 年轮作 1 次；重发生地块 2~3 年轮作 1 次，减少土壤中病虫基数。

（三）选种抗病虫优质高产花生品种

根据当地病虫害种类和发生特点，种植适合当地的高产、优质、抗病虫品种。如花生青枯病发生严重区，选种高抗青枯病的远杂 9102、中花 6 号等；叶斑病和根腐病严重区，可选种豫花 22 号和豫花 23 号等。

（四）杀虫杀菌一体化种子处理

精选种子，采用杀虫剂与杀菌剂混合拌种或种子包衣防治花生地下害虫和土传、种传病害以及部分苗期病虫。蛴螬发生严重地块，可用 48% 噻虫胺种子处理悬浮剂（250~500mL/

100kg 种子）进行种子包衣，或用 16%阿维·毒死蜱种子处理微囊悬浮剂(2 000~3 333mL/100kg 种子）进行拌种；花生根腐病发生严重地块，可选用 0.3%四霉素水剂（130~160mL/100kg 种子）拌种；花生根茎腐病、白绢病、蚜虫、蛴螬等混合发生严重田块，用 25%噻虫·咯·霜灵悬浮种衣剂（300~700mL/100kg 种子）、38%苯醚·咯·噻虫悬浮种衣剂（288~432g/100kg 种子）、35%噻虫·福·萎锈悬浮种衣剂（500~570mL/100kg 种子）、11%咯菌腈·噻虫胺·噻呋种子处理悬浮剂等进行种子包衣，或 30%吡·萎·福美双种子处理悬浮剂（667~1 000mL/100kg 种子）、27%精甲霜灵·噻虫胺·咪鲜胺铜盐悬浮种衣剂（1.5~2kg 药浆∶100kg 种子）进行拌种。

（五）适时播种，起垄栽培，合理密植

春播露地栽培花生适宜播期为 4 月下旬至 5 月上旬；麦垄套种花生适宜播种时间为麦收前 10~15d，高水肥地可适当晚播，旱薄地适当早播；夏直播花生应在前茬作物收获后抢时播种，宜于 6 月 20 日前播种完毕。

春播和夏直播宜采用机械起垄种植（图 2）。一垄双行，垄高 12~15cm，垄宽 75~80cm，垄面宽 45~50cm，垄上行距 25~30cm，播种行至垄面边距≥10cm。

春播每亩种植密度 9 000~11 000穴；麦垄套种每亩种植密度 11 000~12 000穴；夏直播每亩种植密度 12 000~13 000穴。每穴 2 粒，播种深度 3~5cm。

图 2　起垄栽培

（六）合理排灌

田间应沟渠配套，灌排通畅。雨后应及时排除田间积水。根据花生对水分的需求，采用喷灌、滴灌等节水措施，适时适量灌水（图 3、图 4）。

图 3　喷灌

图 4　滴灌

（七）生长期科学用药

花生生长后期注意防治褐斑病、黑斑病、网斑病等叶部病害，宜于发病初期，均匀喷施吡唑醚菌酯、戊唑醇单剂或烯肟·戊唑醇、唑醚·氟环唑、苯甲·嘧菌酯、唑醚·代森联等复配制剂进行防控，隔7~10d喷1次，连喷2~3次。防治花生白绢病，在发病初期，选用噻呋酰胺、噻呋·戊唑醇或氟胺·嘧菌等喷淋防治，隔7~10d喷1次，连喷1~2次。防治花生青枯病，选用噻菌铜、络氨铜、噻唑锌、春雷霉素等进行喷雾，每7~10d喷1次，连喷2~3次，或进行灌根处理，每株灌药液250mL，每10d灌1次，连灌2~3次。防治红蜘蛛，可喷施阿维菌素+哒螨灵（扫螨净）、唑螨酯+螺螨酯或噻螨酮防治；苗期注意防控蓟马、粉虱等，可喷施呋虫胺、噻虫胺、噻虫嗪等新烟碱类杀虫剂或乙基多杀菌素、螺虫乙酯、阿维·虱螨脲等；防治棉铃虫、斜纹夜蛾、甜菜夜蛾、造桥虫等蛾类害虫，宜在1~2龄期喷施氯虫苯甲酰胺、甲维盐、茚虫威、虫螨腈、苦皮藤素或其复配制剂等。有条件的地区，每30~50亩安装一盏杀虫灯，悬挂高度为1.2~2m，可诱杀金龟子、棉铃虫、甜菜夜蛾等害虫的成虫。在平原地区和无障碍物遮挡的空旷地带，可适当加大布灯间距，降低挂灯高度。也可在成虫羽化前，每亩悬挂3套棉铃虫、甜菜夜蛾或斜纹夜蛾性诱捕器诱杀成虫；在8月上旬至收获期，每亩悬挂1套诱捕器诱杀金龟子。诱捕器悬挂高度为1~1.5m。

当花生果针大部分入土后，若出现旺长，主茎高度超过30cm时，应及时科学喷施烯效唑、调环酸钙、多效唑或多唑·甲哌鎓等植物生长调节剂控旺，增强通风透光性，提高植株抗逆能力，降低病虫发生为害风险。

（八）清洁田园

播种前，清除花生田残留的作物秸秆、病残体及其周边的杂草等；花生生长期，及时清除田间杂草和病死株，避免病虫草扩散；病田用的农机具、工具等应及时消毒。收获后，及时清除病残体并对其周围土壤进行消毒；病虫害发生严重的地块，避免秸秆还田。

（九）科学收获与储藏

荚果成熟后适时收获，减少荚果损伤。白绢病、果腐病、根结线虫病和新黑地蛛蚧等重发田，宜就地收刨、单收单打。收获后及时晾晒，剔除破损果，待荚果水分降为10%以下时，妥善储藏，防止黄曲霉、黑曲霉菌侵染而导致花生种子霉变。

（十）秸秆合理加工利用

花生秸秆加工利用前，彻底筛除白绢病菌核，避免病菌远距离传播扩散。

三、适宜区域

全国花生种植区。

四、注意事项

花生生长期防治白绢病、青枯病等根茎部病害应注意：施药时间最好在下午花生叶片闭合时；采用喷淋的施药方式，把药液喷到茎基部或根部；药液量要有保证。

技术依托单位

1. 河南农业大学

联系地址：河南省郑州市郑东新区平安大道 218 号

邮政编码：450006

联 系 人：周　琳　张国彦

联系电话：0371-56552753　0371-65917990

电子邮箱：zhoulinhenau@163.com　zhangguoyanhns@163.com

2. 河南省植物保护检疫站

联系地址：河南省郑州市金水区农业路 27 号

3. 河南省花生产业技术体系

水稻叠盘出苗育秧技术

一、技术概述

（一）技术基本情况

水稻叠盘出苗育秧技术是针对现有水稻机插育秧方法存在的问题，根据水稻规模化生产及社会化服务的技术需求，经多年模式、装备和技术创新的一种现代化水稻机插二段育供秧新模式。该技术采用一个叠盘暗出苗为核心的育秧中心，由育秧中心集中完成育秧床土或基质准备、种子浸种消毒、催芽处理、流水线播种、温室或大棚内叠盘、保温保湿出苗等过程，而后将针状出苗秧连盘提供给用秧户，由不同育秧户在炼苗大棚或秧田等不同育秧场所完成后续育秧过程的一种"1个育秧中心+N个育秧点"的育供秧模式。在暗室叠盘，通过控温控湿，创造利于种子出苗的环境，解决传统育秧存在的出苗难题，提高种子成秧率；种子出苗后分散育秧，便于运秧和管理，方便机插作业，有利于扩大育供秧能力，降低运输成本，推动机插育秧模式转型，育秧社会化服务。

（二）技术示范推广情况

水稻叠盘出苗育秧技术的创新及应用，提升了我国水稻机插秧技术水平，近几年分别在浙江、湖南、江西、江苏、安徽等省建立了一批水稻机插工厂化叠盘育秧中心，大面积推广应用该技术模式，与全国农业技术推广服务中心合作，制定了该模式的农业行业标准，为水稻规模化生产和社会化服务提供技术，推进生产机械化发展。水稻叠盘出苗技术连续多年入选浙江省种植业主推技术，2022年该技术在浙江省杭州市、绍兴市、温州市等11个市推广应用面积为191.24万亩，在湖南、江西、江苏等省南方稻区年推广应用超1 000万亩，社会效益和经济效益显著。

（三）提质增效情况

水稻叠盘出苗育秧技术目前已在我国长江中下游稻区浙江、江西、湖南等省大面积推广应用，增产效果显著，与传统育秧及机插技术相比，具有出苗率高，秧苗素质好，机插伤秧伤根率和漏秧率低，插后返青快和促进早发等优点，据初步统计，近几年在浙江省不同地方、季节、品种试验示范，增产幅度为3%~15%，平均增产37.11kg/亩，通过节约育秧成本，节省机插漏秧补秧用工、节种和节肥，实现节本增效，累计平均每亩新增纯收益99.45元。

（四）技术获奖情况

该技术入选2019年、2021年、2022年和2023年农业农村部农业主推技术，入选2018年中国农业科学院十大科技进展、2018年浙江省种植业十大成果，以该技术为核心的科技成果"粮油产业技术团队协作推广模式的创新与实践"荣获2019年度全国农牧渔业丰收奖合作奖，及2020年浙江省农业农村厅技术进步奖一等奖。

二、技术要点

（一）品种选择

考虑当地生态条件、种植制度、种植季节、生产模式等因素，根据前后作茬口选择确保能安全齐期水稻品种，双季稻区应注意早稻与连作晚稻品种生育期合理搭配，争取双季机插高产。

（二）种子处理

种子发芽率常规稻要求 90%，杂交稻种子 85% 以上。种子处理包括选种、浸种消毒、催芽。先晒种 1~2h，以提高种子发芽势和发芽率，然后用盐水或清水选种，为防止恶苗病、干尖线虫等病虫害发生，用咪鲜胺+吡虫啉、25% 氰烯菌酯等浸种消毒 48h，清水洗净后催芽，采用适温催芽，催芽要求"快、齐、匀、壮"，温度控制在 35℃ 左右。当种子露白，摊晾后即可播种。

（三）育秧土或基质准备

可选择培肥调酸的旱地土或育秧基质育秧，旱地土育秧应选择中性偏酸、疏松通气性好、有机质含量高、无草籽、无病虫源的肥沃土壤，为防止立枯病等，需要做好土壤调酸、消毒，土壤 pH 值 5.5~6.5；建议采用水稻机插专用育秧基质育秧，确保育秧安全，培育壮苗。

（四）精量播种

适时播种，南方早稻在 3 月气温变暖播种，秧龄 25~30d，南方单季稻一般在 5 月中下旬至 6 月初播种，秧龄 15~20d，连作晚稻根据早稻收获合理安排播种期，一般秧龄在 15~20d。根据品种类型、季节和秧盘规格合理确定播种量，实现流水线精量播种，南方双季常规稻播种量，9 寸①秧盘一般 100~120g/盘，每亩 30 盘左右；杂交稻可根据品种生长特性适当减少播种量；单季杂交稻 9 寸秧盘播种量 70~100g/盘。7 寸秧盘按面积作相应的减量调整。选择叠盘暗出苗的专用秧盘，一次性完成放盘、铺土、镇压、浇水、播种、覆土等作业。流水线末端可加装叠盘机构，及配装自动上料等装备。播种前做好机械调试，调节好播种量、床土铺放量、覆土量和洒水量。

（五）叠盘暗出苗

将流水线播种后的秧盘，叠盘堆放，每 25 盘左右一叠，最上面放置一张装土而不播种的秧盘，每个托盘放 6 叠秧盘，约 150 盘，用叉车运送托盘至控温控湿的暗出苗室，温度控制在 32℃ 左右，湿度控制在 90% 以上。放置 48~72h，待种芽立针（芽长 0.5~1.0cm）时用叉车移出，供给各育秧点育秧。

（六）摆盘育秧

早稻摆放在塑料大棚内，或秧板上搭拱棚保温保湿育秧，单季稻和连作晚稻可直接摆秧田秧板育秧，有条件可放入防虫网大棚内育秧。

（七）秧苗管理

南方稻区早稻播种后即覆膜保温育秧，棚温控制在 22~25℃，最高不超过 30℃，最低不低于 10℃，注意及时通风炼苗，以防烂秧和烧苗。注意控水，采用旱育秧方法，注意做

---

① 寸为非法定计量单位，1 寸=3.33cm。下同。

好苗期病虫害防治，尤其是立枯病和恶苗病的防治。

（八）壮秧要求

秧苗应根系发达、苗高适宜、茎部粗壮、叶挺色绿、均匀整齐。南方早稻 3.1~3.5 叶，苗高 12~18cm，秧龄 25~30d；单季稻和晚稻 3.5~4.5 叶，苗高 12~20cm，秧龄 15~20d。

（九）病虫害防治

秧田期间重点防治立枯病、恶苗病、稻蓟马等。立枯病防治首先做好床土配制及调酸工作，中性或微碱性土壤，需施用壮秧剂或调酸剂进行土壤调酸处理，把 pH 值调至 6.0 以下，同时做好土壤消毒；恶苗病防治首选栽抗病品种，避免种植易感病品种，并做好种子消毒处理，建议用氰烯菌酯、咪鲜胺等药剂按量浸种。提倡带药机插。

三、适宜区域

适合在长江中下游稻区、华南稻区、西南稻区等适宜水稻机械化育插秧地区推广应用。

四、注意事项

（一）通风降温

早稻水稻种子叠盘出苗，秧盘从暗室转运出来，室内外温差不宜太大，注意转运前先让暗室通风降温 1~2h，再将出苗秧盘移出暗室。

（二）炼苗

目前南方生产上水稻秧苗较多在大棚育秧，机插前需做好炼苗，增强秧苗抗逆性。

技术依托单位

1. 中国水稻研究所

联系地址：浙江省杭州市富阳区水稻所路 28 号

邮政编码：311401

联 系 人：陈惠哲　朱德峰　张玉屏

联系电话：0571-63371376

电子邮箱：chenhuizhe@163.com

2. 浙江省农业技术推广中心

联系地址：浙江省杭州市凤起东路 29 号

邮政编码：310020

联 系 人：王岳钧　陈叶平　秦叶波

联系电话：0571-86757880

电子邮箱：qyb.leaf@163.com

机插粳稻盘育毯状中苗壮秧培育技术

一、技术概述

（一）技术基本情况

水稻是我国最主要的粮食作物，常年种植面积4.5亿亩左右，占粮食种植面积的25%左右，全国稻谷产量近2.1亿t，占粮食总产量的30%左右。全国60%以上人口以稻米为主食，且难以通过国际贸易平衡来解决。与此同时，随着人口的不断增长和城市化进程的不断加快，对稻谷的需求越来越大，千方百计稳定水稻种植面积，不断推进水稻大面积单产提升，成为保障我国粮食安全尤其是稻谷主粮安全的关键。

水稻毯苗机插栽培是我国最主要的稻作栽培方式，目前我国水稻机插秧率50%以上，东北黑龙江省与农垦等地区的水稻机插秧率90%以上，且随着社会经济的不断发展，劳动力快速向第二、三产业转移，我国水稻机械化栽培面积将不断扩大，对稳定与提高我国水稻高产优质安全生产的作用将更加突出。

但无论是南方多熟机插栽培，还是北方寒地一年一熟种植区，常常采用密播与短龄毯状小苗机插，往往表现出龄小质弱，水稻栽后秧苗抗逆性差，返青活棵慢，僵苗、超秧龄现象明显，不仅延迟了水稻生育，加剧了多熟种植矛盾，也降低了水稻群体质量，减少了温光资源利用，严重影响了机插水稻产量、品质及其安全性，制约了大面积单产提升与平衡高产优质安全生产。

针对上述突出难题，21世纪以来，扬州大学、江苏省农业技术推广总站、中国水稻研究所、黑龙江省农业技术推广站等单位依托国家粮丰工程、国家水稻产业技术体系、农业农村部水稻绿色高质高效创建、省部现代农业重大（点）攻关与示范推广等项目，以机插粳稻丰产优质绿色高效生产为目标，以适当早播培育增龄中苗壮秧提高粳稻群起地点质量与温光肥水资源利用率为突破口，在不同生态区设置核心试验示范与应用基地，采取"关键技术攻关—技术熟化示范—技术集成应用"协同推进模式，研究明确了培育秧龄比常规毯状小苗（≤3.1叶）秧龄延长5~7d、叶龄3.0~4.0叶、增龄0.5~1.0叶、株高13~18cm、苗基粗大于2.6mm、100%成毯的机插粳稻盘育毯状中苗壮秧培育技术关键，并在江苏、安徽、黑龙江等省进行了示范应用，有效解决了传统育秧秧苗龄小质弱、发苗慢等问题，水稻茎基粗、干物质重、根条数与成毯性等秧苗素质明显提高，秧苗返青活棵快，成秧率高，早发分蘖性强，大田群体质量明显提高，机插粳稻产量、品质及其安全性明显提高。关键技术先后获国家发明专利3项，发表论文10余篇，以该技术为核心的成果先后获省部级科学技术进步奖一等奖与国家科学技术进步奖二等奖。

（二）技术示范推广情况

21世纪以来，该技术以项目带动为抓手，通过与高等科研院所（校）、农机农艺推广部门与新型经营主体紧密结合，采用"关键技术攻关—技术熟化示范—技术集成应用"协同推进模式，在多熟制地区的江苏、安徽、湖北，以及一年一熟地区的黑龙江、辽宁等粳稻区开展了规模化示范应用，不仅取得了显著的增产增收效果，而且多年多地创造了当地水稻高产纪录。其中，在多熟地区的江苏东海、兴化、姜堰、海安、张家港、常熟及安徽白湖农场等地创造了亩产900kg以上的高产纪录，在一年一熟地区的北大荒集团黑龙江七星农场有限公司创造了亩产850kg以上的高产纪录。近年来，江苏年应用面积1 000万亩以上，黑龙江省年应用面积2 000万亩以上。

（三）提质增效情况

多年技术试验、示范与推广结果表明，该技术与常规机插粳稻毯状小苗育秧技术相比，省种7.6%~26.6%，秧苗充实度提高15.0%~27.9%，秧毯100%成型；漏插率控制在3%以内；栽后发根力提高20%以上；缓苗期缩短5~7d；活棵分蘖快，分蘖提早3~5d；茎蘖成穗率提高5%以上；温光资源利用率提高8%以上；肥水利用率提高10%以上；亩增产10%以上；亩增效15%以上；稻米加工与食味品质有所提高。

（四）技术获奖情况

2020年以来，该技术一直被列为江苏省农业重大技术推广计划。以该技术为核心内容的科技成果"多熟制地区水稻机插栽培关键技术创新及应用"分别于2017年、2018年获得江苏省科学技术进步奖一等奖与国家科学技术进步奖二等奖、"我国水稻主产区精确定量栽培关键技术创新与应用"于2019年获神农中华农业科技奖一等奖、"稻麦轮作新模式及其机械化丰产关键技术创建及应用"于2023年获神农中华农业科技奖一等奖。

二、技术要点

（一）核心技术

1. 中苗壮秧精准诊断技术

南方单季粳稻秧龄25d左右，北方寒地粳稻秧龄35d左右；叶龄3.0~4.0叶；株高13~18cm；苗基粗大于2.6mm；单株不定根数大于13条；地上部百株干重3.0~4.0g；叶长大于叶鞘长；叶色鲜绿、无黄叶；无病虫（图1、图2）。

图1　硬地硬盘壮秧　　　　　图2　大棚软盘壮秧

2. 机械化精量稀播匀播技术

稀播匀播利于培育壮秧与发挥壮秧抗植伤优势，促进早发足穗与大穗，挖掘机插稻产量潜力。但播种量过低，漏插率高，缺穴数多，每穴苗数少，基本苗不足，产量低。因此适量精量机械化匀播是机插中苗壮秧培育与高产栽培的关键。应根据种子大小与秧盘规格合理确定中苗壮秧培育的适宜播种量。一般 28cm×58cm（9 寸）秧盘理论最佳播种数为 4 000～4 200粒，如千粒重以 25～30g 计，每盘播种量应为 100～126g。

为确保播种出苗均匀，需采取流水线的方式全程机械化精量播种，实现装土、播种、浇水、覆土、出盘、叠盘、入箱等一条龙作业（图3、图4）。

图 3　机械化流水线播种

图 4　叠盘暗化育齐苗

3. 叠盘暗化齐苗技术

机械流水线播种喷足水后，叠盘暗化（暗室、田头）是确保一播齐苗的关键环节。一般每叠 20～25 盘，叠盘要垂直、整齐、适中。叠、堆盘过密，不透气，易造成局部高温，引起烧苗。堆毕，四周需封闭，不可有漏缝和漏洞，做到保温保湿不见光，防止盘间与盘内温湿度不一致，影响齐苗。叠盘暗化温度一般控制在 35～38℃，不低于 35℃，恒温保湿，经 48～72h 秧苗达到立针期，萌发齐芽（0.5cm）后实施炼苗与摆盘。

4. 控水旱育旱管技术

2 叶 1 心期前，以湿润管理为主，可适当增加浇水次数，确保床面湿润不发白，若天气晴好、床面发白，则需适当补水，确保秧苗不卷叶。2 叶 1 心期后，要根据秧床实际情况合理浇水，如早晚叶尖露珠小，午间心叶卷曲，床面发白、床土过干，则需及时采用雾状水浇，一次浇足浇透，以营养土（基质）充分吸水、盘底不滴水为宜。尽量减少灌水次数，并做到速灌速排，以防止造成土壤板结和肥料流失，进而影响壮秧效果（图5）。

图 5　硬地硬盘旱育壮秧

5. 精准化控技术

壮秧剂、苗壮丰等化学调控剂具有集营养、调酸、化控、消毒于体，各地可根据区域生态条件与调控剂选择类型，针对性选用营养土配制、种子浸种、拌种或茎叶处理等方法，这对提高秧苗素质、控制秧苗苗高、增加秧苗弹性、增强秧苗抗逆性、促进秧苗早生快发等均具有一定的作用。但切忌过量使用，严重影响秧苗正常生长。

（二）配套技术

1. 秧床精准选用与处理技术

要选择无污染，地势平坦，背风向阳，排灌方便，水源清洁，土质疏松肥沃，偏酸性，无农药残留的园田地或旱田地做育秧田或建育秧棚。秧床要规范，达到平、实、光、直、齐，板面无残茬杂物，沟系配套，确保秧盘摆放平齐、秧盘与底床充分接触。秧床肥沃，可于秧池耕翻做板（床）前，施适量速效肥料进行床土培肥。

2. 营养土（基质）精准配制（选用）技术

选择土质疏松肥沃、有机质含量高、杂质少、爽水透气、pH值偏酸性土壤作营养土或选用专门育秧基质。营养土需就地尽早选用速效氮、磷、钾肥进行适量培肥，熟化土壤。或选用有机肥、壮秧剂等并严格按照使用规定与过筛床土充分混拌均匀后使用。育秧基质需选用能为水稻育苗提供适宜养分、pH值与电导率、腐熟性好的合规商品水稻育秧基质。

3. 秧苗栽前精准管理技术

一是秧苗移栽前3~5d严格控水炼苗，以干为主，促进根系发育，培育旱育壮苗；二是秧苗移栽前1~2d看苗施好送嫁肥并做好带药移栽工作，以促进壮苗早发，增强秧苗抗逆性，预防水稻生育前期病虫害，提高肥药利用率，为机插水稻高产群体塑造打下坚实基础。

三、适宜区域

该技术主要适用于南方多熟制及北方一年一熟制粳稻区推广应用，其他地区也可参照执行。

四、注意事项

一是不同生态区温光资源差异明显，熟制有别，各地需根据区域自然资源生态禀赋差异与机插粳稻高产优质绿色生产要求，优化明确不同生态区最适宜的机插粳稻中苗增龄壮秧标准及其技术关键，包括核心技术与配套技术要求及参数均需具体化，以精准指导区域粳稻高产优质绿色生产。

二是该成果重点在江苏、安徽、黑龙江等地进行了粳稻中苗壮秧关键技术研发与技术集成应用，对籼稻增龄壮秧标准及其培育技术还缺乏系统研究，只能借鉴应用，不能照搬。

技术依托单位

1. 扬州大学

联系地址：江苏省扬州市文汇东路48号

邮政编码：225009

联 系 人：霍中洋

联系电话：0514-87972363　13092003512

电子邮箱：huozy69@163.com

2. 江苏省农业技术推广总站

联系地址：江苏省南京市凤凰西街 277 号

邮政编码：210036

联 系 人：荆培培

联系电话：025-86263538　18452601872

电子邮箱：jsrice@126.com

3. 中国水稻研究所

联系地址：浙江省杭州市富阳区水稻所路 28 号

邮政编码：311400

联 系 人：陈惠哲

联系电话：0571-63371376　15355460231

电子邮箱：chenhuizhe@163.com

4. 黑龙江省农业技术推广站

联系地址：黑龙江省哈尔滨市香坊区珠江路 21 号

邮政编码：150090

联 系 人：董国忠

联系电话：0451-82310589　15046082181

电子邮箱：402030951@qq.com

水稻"三控"施肥技术

一、技术概述

（一）技术基本情况

水稻"三控"施肥技术是针对我国南方水稻生产中化肥农药过量施用、环境污染严重、病虫害和倒伏等突出问题而研发的以控肥、控苗、控病虫（简称"三控"）为主要内容的高效安全施肥及配套技术体系。与传统栽培相比，该技术具有省肥省药、增产增收、操作简便的优势。主要解决3个问题：

（1）氮肥利用率低导致的化肥面源污染问题。一般节省氮肥20%，增产10%左右，氮肥利用率提高10个百分点（相对提高30%）以上，环境污染大幅减轻；

（2）病虫害多导致的农药用量大的问题。纹枯病、稻飞虱、稻纵卷叶螟等主要病虫害减少20%~60%，每季少打农药1~3次；

（3）倒伏问题。抗倒性大幅提高，稳产性好。

通过增产和节省化肥农药等成本，平均每亩增收节支180元。2020年11月27日，中国农学会组织有关专家对该技术成果进行了第三方评价，评价专家组一致认为"该技术在通过氮肥的科学运筹实现群体定量调控和高产控害抗倒的协调方面取得了重大突破，成果整体达到同类研究的国际领先水平"。2012年首次入选农业部农业主推技术，2021—2023年连续入选农业农村部农业主推技术（图1、图2）。

图1　水稻"三控"施肥技术增产增收　　图2　水稻"三控"施肥技术抗倒性强

（二）技术示范推广情况

水稻"三控"施肥技术2012年首次入选农业部农业主推技术，2010—2023年连续14年入选广东省农业主推技术，2011年和2018年入选海南省农业主推技术，2017—2023年入选江西省农业主推技术，2014—2020年入选世界银行贷款广东农业面源污染治理项目重点推广技术，2018—2022年被国家重点研发计划"华南及西南水稻化肥农药减施增效技术集成研究与示范"和"长江中下游水稻化学肥料和农药减施增效综合技术集成研究与示范"

项目用作支撑技术,在南方稻区示范推广多年,被广泛用于粮食高产创建、化肥农药减施增效、农业面源污染治理等重大项目(工程)中,节本增产增收效果显著而稳定,受到广大基层农技人员和水稻种植户的热烈欢迎,2017—2019年连续3年被评为"广东省最受欢迎的农业主推技术"。2021—2023年连续入选农业农村部农业主推技术。

(三)提质增效情况

该技术减肥减药、增产增收,较好地实现了粮食安全(高产)与生态安全的协调。与传统技术相比,该技术增产10%左右,每亩节约化肥、农药等成本30~50元,每亩增收节支180元。仅2017—2019年在广东、广西、江西、浙江、海南等5省(区)累计应用1.1亿亩,增产稻谷49.0亿kg,节约成本42.1亿元,增收节支175.2亿元。同时,由于氮肥利用率提高,减少氮肥环境损失19.0万t,氮肥用量的减少还使温室气体N_2O排放减少,环境效益显著。农药用量的减少还有利于稻米食用安全。

(四)技术获奖情况

该技术入选2012年、2021—2023年农业农村部农业主推技术,荣获2012年度广东省科学技术奖一等奖、2011年度广东省农业技术推广奖一等奖、2013—2014年度江西省农牧渔业技术改进奖一等奖、2014—2016年度全国农牧渔业丰收奖二等奖、2020—2021年度神农中华农业科技奖二等奖。荣获2014年国际植物营养奖(Norman Borlaug Award)。以该技术为核心内容之一的"水稻节水减肥低碳高产栽培技术"2017年入选国家发展改革委重点推广低碳技术目录。

二、技术要点

(一)选用良种,培育壮秧

选用株型和群体通透性好、抗病性较强的高产、优质良种。育秧方式可采用水、旱育秧或塑料软盘育秧等。大田育秧要求适当稀播,培育适龄壮秧。一般早稻秧龄为25~30d,晚稻秧龄为15~20d。

(二)合理密植,保证基本苗数

根据育秧方式不同,可采用机插秧、人工插秧、抛秧等方式,每亩栽插或抛植1.8万穴左右。杂交稻每穴插植苗数1~2条,每亩基本苗数达3万条;常规稻每穴插植苗数3~4条,每亩基本苗数达6万条。有条件的地方,推荐采用宽行窄株插植.插植规格以30cm×13.3cm为宜。

(三)氮肥总量控制

根据目标产量和不施氮空白区产量确定总施氮量。以空白区产量为基础,每增产100kg稻谷施氮5kg左右。空白区产量可通过试验确定,也可通过调查估计。目标产量根据品种、土壤和气候等条件确定。

(四)氮肥的分阶段调控

在总施氮量确定后,按照基肥占40%左右、分蘖中期(移栽后15d左右)占20%左右、幼穗分化始期占30%左右、抽穗期占5%~10%的比例,确定各阶段的施氮量,追肥前再根据叶色作适当调整。该技术的最大特点是"氮肥后移",大幅减少分蘖肥,控制无效分蘖,在保证穗数的前提下主攻大穗。

(五)磷钾肥的施用

在不施肥空白区产量基础上,每增产100kg稻谷须增施磷肥(以P_2O_5计)2~3kg,增施钾肥（以 K_2O 计）4~5kg。在缺乏空白区产量资料的情况下，可按 N : P_2O_5 : K_2O = 1.0 :（0.2~0.4）:（0.8~1.0）的比例确定磷钾肥施用量。磷肥全部作基肥，钾肥在分蘖期和穗分化始期各施一半。

（六）水分管理

寸水回青，回青后施用除草剂。浅水分蘖，当全田茎数达到目标穗数80%~90%时（早稻插秧后25d左右，晚稻插秧后20d左右）排水晒田，但不宜重晒。倒2叶抽出期（插秧后40~45d）停止晒田，此后保持水层至抽穗。抽穗后干干湿湿，养根保叶，收割前7d左右断水，不宜断水过早。

（七）病虫害防治

以防为主，按病虫测报及时防治病虫害。结合浸种做好种子处理，秧田期注意防治稻飞虱、叶蝉、稻蓟马、稻瘟病等，移栽前3d喷施送嫁药。插秧后注意防治稻瘟病、纹枯病、稻飞虱、三化螟和稻纵卷叶螟等，插秧后45d左右预防纹枯病1次。破口期防治稻瘟病、纹枯病、稻纵卷叶螟等，后期注意防治稻飞虱。采用"三控"施肥技术的水稻病虫害一般较轻，可酌情减少施药次数。

三、适宜区域

南方稻区（包括双季稻和单季稻）。

四、注意事项

一是要保证栽插密度，每亩栽插1.6万~2.2万穴，不能太稀，保证高产所需穗数。

二是保水保肥能力差的土壤，或者栽插密度和基本苗不达要求的，应在插秧后5~7d增施尿素3~5kg/亩。

三是若前作是蔬菜或绿肥，施肥量要酌情减少。

技术依托单位

1. 广东省农业科学院水稻研究所
联系地址：广东省广州市天河区金颖东一街3号
邮政编码：510640
联 系 人：钟旭华
联系电话：020-87579473　18998336766
电子邮箱：xzhong8@163.com
2. 广东省农业技术推广中心
联系地址：广东省广州市天河区柯木塱南路28号
邮政编码：510520
联 系 人：林　绿
联系电话：020-87036799　13902211113
电子邮箱：linlvok@sina.com

再生稻头茬壮秆促蘖丰产高效栽培技术

一、技术概述

（一）技术基本情况

中稻蓄留再生稻为保障粮食增产和促进农民增收发挥了重要作用。21世纪以来，随着劳动力短缺和劳动力成本快速攀升，传统再生稻头季人工收割费工费力、而头季机械收获又导致再生季产量不稳、生产效益得不到保障，全国种植面积大幅下滑。解决这一技术瓶颈只有通过头季机械收获的机收再生稻生产模式来保障丰产增效。

华中农业大学等联合国内多家单位合作，筛选了适宜机收再生稻生产的水稻品种、研发了与机收再生稻丰产高效生产相匹配的农机农艺融合技术，集成适合不同生态区的机收再生稻丰产高效栽培技术模式，大面积应用增产增效显著。获得的知识产权包括：获批再生稻机械化生产等发明专利6项，发表学术论文118篇。

（二）技术示范推广情况

集成创新的技术模式近3年（2021—2023年）在湖北、四川、湖南、江西、重庆、安徽、福建等省（市）以及河南省信阳市等地累计推广应用3 478.9万亩，比非示范区平均增产11.51%，增产稻谷327.52万t，增收节支103.97亿元。

（三）提质增效情况

大面积应用示范区与非示范区相比，头季和再生季总产量平均每亩增产稻谷94.1kg、平均增产11.51%，每亩增收节支298.8元，平均节省氮肥用量15.1%，经济效益、生态效益和社会效益显著。

（四）技术获奖情况

该技术入选2023年农业农村部农业主推技术，"机收再生稻丰产高效栽培技术创新与应用"荣获湖北省科学技术进步奖一等奖（2018），"再生稻丰产高效栽培技术集成与应用"荣获农业农村部2019—2021年度全国农牧渔业丰收奖农业技术推广成果奖一等奖。

二、技术要点

（一）品种选择

选择生育期125~135d，稻米品质达到国标三级以上、抗性优、丰产性好和再生力强，并已通过国家长江中下游区域审定或通过湖北省审定的水稻品种。

（二）适期播种

适宜播种期为3月10—20日，江汉平原和鄂中北地区不迟于3月25日，鄂东南不迟于3月31日。

（三）培育壮秧

采用工厂化育秧或人工拱棚保温育秧。秧田期注意防治稻瘟病、青枯病和立枯病；移栽前喷施浓度为1%的尿素溶液作送嫁肥，并打好送嫁药，防好稻蓟马与二化螟。肥床旱育秧还应注意封闭防除杂草。

（四）移栽增密

4月中旬开始，在前茬收获后整田并及早选择天气晴朗，连续3d气温稳定在12℃以上的天气移栽。机械插秧秧龄20d左右、叶龄3~4叶；旱育秧秧龄25d左右、叶龄4~5叶；人工栽插秧龄25~30d。杂交稻每亩插1.5万穴、3万苗以上，常规稻每亩插1.5万穴、5万苗以上。出现漂苗、漏苗，插后3d及时扶蔸补苗。

（五）施肥技术

中等肥力稻田头季移栽前施用有机肥，全生育期施氮（N）、磷（P_2O_5）和钾（K_2O）肥总量分别为每亩10~12kg、4~6kg和6~8kg；肥力水平较高的稻田适当降低肥料用量，肥力水平较低的稻田适当提高肥料用量；氮肥基肥、分蘖期追肥、晒田复水后追肥（幼穗分化期追肥）比例各占40%、30%和30%，磷肥全部作基肥，钾肥基肥和复水后追肥各50%。再生季促芽肥在头季齐穗后15~20d追施，每亩施尿素7.5~10kg、氯化钾7.5kg，追肥时保持3~5cm水层；于头季收割后及早灌水并施用提苗肥，每亩施尿素5~10kg。

（六）水分管理

头季早晒勤露，分蘖前期薄水返青、浅水分蘖，当每亩基本苗达到16万时开始晒田，晒田复水后湿润管理；头季齐穗后15~20d灌水结合施再生季的促芽肥，其后停止灌溉直至成熟；再生季全程采用干湿交替灌溉直至成熟。

（七）病害防治

重点于头季幼穗分化期和孕穗期进行化学防控防治纹枯病，于幼穗分化期和破口期进行用药防治稻瘟病。

（八）适期收获

头季水稻黄熟末期，采用联合收割机收获，应注意尽量减少碾压毁蔸，留桩高度一般在30~45cm，若收获推迟应适当提高留桩高度。再生季待大部分再生穗接近黄熟期时，抢晴收获。

三、适宜区域

长江中游温光条件种植一季稻有余、双季稻不足，或中稻休耕水稻产区，且稻田适合机械化作业、降雨和灌溉条件能满足中稻再生稻生产需求的稻田。

四、注意事项

应用推广过程中应做好水稻生育期及茬口安排，掌握肥水管理要点，严控病虫害。

技术依托单位
1. 华中农业大学
联系地址：湖北省武汉市洪山区狮子山街1号
邮政编码：430070
联系人：黄见良

联系电话：027-87284131

电子邮箱：jhuang@ mail. hzau. edu. cn

2. 湖北省农业技术推广总站

联系地址：湖北省武汉市武珞路519号

邮政编码：430064

联系人：曹 鹏 孙 阳

联系电话：027-87667157

电子邮箱：c_p_cp@ 163. com

3. 湖北省农业科学院粮食作物研究所

联系地址：湖北省武汉市洪山区南湖大道3号

邮政编码：430064

联系人：薛 莲 徐得泽

联系电话：13871543826

电子邮箱：dezexu@ 163. com

双季超级稻强源活库优米栽培技术

一、技术概述

（一）技术基本情况

双季超级稻强源活库优米栽培技术，是针对传统水稻栽培中灌浆成熟期易遇到的早季高温逼熟和晚季寒露风导致的早衰问题所提出的一种创新技术。该技术通过长期研究与试验，创制出"双季超级稻壮秧剂"，有效降低秧苗株高、增加茎基宽和单位苗高干重及抗逆性。同时，"双季超级稻专用肥"在早发速生的基础上强化了植株的"源"和"库"功能、增加了增穗增粒的效应。此外，"米质改良剂"的应用显著推迟了稻谷生长后期叶片的衰老，提高了蔗糖合成酶的活性，并降低了稻米的垩白度。该栽培技术的形成与推广，打破了常规水稻增产与品质性状提高的瓶颈，实现了源库性状的协同提升，极大地拓宽了水稻的增产潜力和品质优化的可能。

通过率先应用"双季超级稻壮秧剂"育秧、基肥与追肥时早施"超级稻专用肥"和抽穗期施用"米质改良剂"三大核心策略，实现了前期促进早发低位大分蘖和快速增长的叶面积指数，后期减缓叶绿素含量下降，维持叶片"源"功能和籽粒"库"活性，优化了稻谷的质量（图1）。使用该技术水稻年亩产可提升至1 537.78kg，同时减少了施肥次数，每亩用工节省成本超过30元。

该栽培技术挖掘了双季水稻，尤其是超级稻品种在引起叶面积指数过大引发的贪青晚熟或倒伏而减产等问题中的解决方案，实现了以提升源库质量为导向的高产稳产目标。该技术整体水平达到了国际先进水平，在物化技术成果系列化方面更是达到了国际领先地位。

该成果获授权专利30项，其中，国际发明专利（PCT）3项、国家发明专利10项、实用新型17项，制定标准2项、软件著作权2项、肥料正式登记证3项，发表论文111篇、论文总被引2 309次、平均被引20.80次、最高单篇论文被引94次。2016年早、晚季，经广东省农业农村厅组织专家组对该成果在广东省兴宁市实施的推广示范片进行测产验收，验收结果为：双季超级稻亩产1 537.78kg，创造了双季超级稻亩产超1 500kg的高产纪录。

（二）技术示范推广情况

2020—2022年在广东（主要在韶关、清远、茂名、阳江、河源、汕尾、梅州、湛江、云浮、揭阳、潮州、江门、惠州、肇庆等市）、湖南（主要在常德市、益阳市）、广西、江西等4省（区）大面积推广应用，累计推广应用总面积为7 932万亩（表1），比当地的常规高产栽培技术平均增产49.43kg/亩，节本省工，生产成本平均减少45.37元/亩，累计共增产稻谷40.76亿kg，新增经济效益111.94亿元。

在广东（主要在韶关、清远、茂名、阳江、河源、汕尾、梅州、湛江、云浮、惠州、揭阳、潮州、江门、肇庆等市）、湖南（主要在常德市、益阳市）、江西和广西等省（区），建立双季稻增抗强源活库优米栽培关键技术与集成应用示范点，累计组织了现场观摩592场次，受训人员超过35 000人次，发放双季稻增抗强源活库优米栽培关键技术与集成应用资料38 000多册。

该技术成果与东莞市富特生物技术有限公司、广州市金稻农业科技有限公司、广州市和稻丰农业科技发展有限公司等企业，实现技术物化产品和设备的生产与应用。

图1　双季超级稻强源活库优米栽培技术展示

表1　2021—2023年主要应用单位情况

序号	单位名称	应用的技术	应用规模	应用起止年份	单位联系人/电话
1	广东省农业环境与耕地质量保护中心	双季超级稻强源活库优米栽培技术	累计推广应用面积2 727万亩	2020—2022	林日强 13602808537
2	广西壮族自治区土壤肥料工作站	双季超级稻强源活库优米栽培技术	累计推广面积1 365万亩	2020—2022	刘文奇 13768316520
3	江西省农业技术推广中心种植业技术推广应用处	双季超级稻强源活库优米栽培技术	累计推广面积938万亩	2020—2022	孙明珠 15979045429
4	益阳市农业农村局	双季超级稻强源活库优米栽培技术	累计推广面积达1 478万亩	2020—2022	马腾飞 0737-4222126
5	常德市农业技术推广中心站	双季超级稻强源活库优米栽培技术	累计推广面积达1 424万亩	2020—2022	吴平安 13786646539

（三）提质增效情况

该项目通过多年的研究，针对双季稻生产中常见的高低温等自然灾害情况，开发出了一套综合栽培技术。该技术涉及使用定制的壮秧剂、专用肥料和米质改良剂，旨在增强双季稻的抗逆性，同时提升作物生长的"源"（即叶片的光合作用能力）和"库"（即籽粒的贮存能力）。这不仅改善了米质，还提高了产量，相比传统高产栽培技术平均增产达到10%，创造了单季亩产量高达1 537.78kg的纪录。项目还明确了水稻耐低温和耐低氧的主要指标，并且创新了开深沟、起大垄、抹泥盖种增抗水直播技术，这增加了成苗率至少5%。此外，混频超声波处理种子被用以增强水稻对高低温的抵抗力，这一处理显著提升了成秧率和产量，平均分别提高了6%和5%。

该项目集成创新了机械移栽与水直播增抗强源活库优米栽培技术，形成三个主要技术：双季稻超声波处理种子增抗强源活库优米移栽栽培技术、双季稻垄作抹泥盖种增抗直播栽培技术及双季稻超声波处理种子增抗直播强源活库优米栽培技术。这些技术不仅提高了产量，而且增强了抵抗自然灾害的能力，提升了双季稻生产的科技现代化水平。

在 2017 年至 2022 年，这些技术在广东省、广西壮族自治区、湖南省、江西省等地区推广。据统计，推广面积达 7 932 万亩，相比常规高产栽培技术，平均每亩增产 49.43kg，共计增产稻谷 40.76 亿 kg。经济效益提升了 80.82 亿元，而每亩生产成本减少了 45.37 元，节省了 31.12 亿元生产成本。总计两项经济效益相加，项目新增经济效益为 111.94 亿元。

（四）技术获奖情况

该成果的"双季超级稻强源活库优米栽培技术推广应用"获 2017 年度广东省农业技术推广奖一等奖，该成果的"华南双季超级稻亩产三千斤绿色高效模式攻关"获 2016 年度袁隆平农业科技奖。

二、技术要点

（一）秧田施用"超级水稻壮秧剂"

培育壮秧按每秧盘加入 10g"超级稻壮秧剂"施于塑盘底部，然后，用勺将秧床沟的泥浆泼入塑盘上，刮平泥浆后播种；秧田湿润育秧按 1m² 秧田面积施用 15g"超级稻壮秧剂"，然后，将秧床沟的泥浆扶入秧床面上、荡平后播种；播种后轻压种子入泥，覆盖，确保培育壮秧。

（二）适时、适密抛（插）秧

早稻于 3 月中、下旬抛（插）秧，晚稻 7 月中、下旬抛（插）秧，控制秧龄 4.5 叶以内。保证每亩抛（插）1.6 万～1.8 万蔸。

（三）施用"超级水稻专用肥"

第一次犁田或旋耕田时作基肥全层施用"超级稻专用肥"40～60kg/亩，耙田整平后经过一天的沉浆后才进行抛（插）秧。抛（插）秧后 5～7d 追施分蘖肥"超级稻专用肥"20kg/亩，促进早发分蘖。

（四）喷施"超级水稻米质改良剂"

在破口期结合病虫防治每亩用"超级稻米质改良剂"100g 兑水 15～20kg 喷施。

（五）节水灌溉

泥皮水抛（插）秧，抛（插）秧后前期保持浅水分蘖，够苗后排水露晒田。采取多露轻晒，控制无效分蘖，增强植株抗病、抗倒伏能力，减少病虫害发生。孕穗期至破口期保持浅湿交替，以湿为主，幼穗分化始期灌水 3～4cm，抽穗后保持浅水层以利于灌浆结实，黄熟期采取间歇灌溉，干湿交替，保持田间湿润。收获前 5～6d 断水。

三、适宜区域

适应于双季超级稻种植区。

四、注意事项

超级水稻专用肥的施用量要根据土壤肥力特点和耕作制度等适当调整，如前茬为蔬菜，超级水稻专用肥用可适当减少。

技术依托单位

1. 华南农业大学

联系地址：广东省广州市天河区五山路 483 号华南农业大学

邮政编码：510642

联 系 人：唐湘如

联系电话：13560158245

电子邮箱：tangxr@ scau. edu. cn

2. 广西壮族自治区农业科学院

联系地址：广西壮族自治区南宁市西乡塘区大学东路 174 号

邮政编码：530007

联 系 人：梁天锋

联系电话：18178630690

电子邮箱：tfliang@ 126. com

3. 广东省农业技术推广中心

联系地址：广东省广州市天河区柯木南落路 28-30 号

邮政编码：510520

联 系 人：林青山

联系电话：13318882982

电子邮箱：2841313831@ qq. com

双季优质稻"两优一增"丰产高效生产技术

一、技术概述

（一）技术基本情况

南方双季稻区是我国的重要商品粮基地。该区域水稻生产具有复种指数高，总产量高等特点，双季稻播种面积约 8 980 万亩，约占全国水稻播种面积的 20%，对稳定我国粮食播种面积，确保国家口粮安全具有重要意义。随着人民生活水平的提高和农村劳动力的大量转移，近年来，该区域双季优质稻生产发展迅猛，机械化特别是机械化育插秧技术需求剧增！

但由于缺乏配套技术，农户仍沿用传统栽培技术，造成化肥施用量过高（以江西省为例，早稻平均施氮量达 10.2kg，晚稻平均施氮量达 12.3kg）、施用技术不合理、水分管理不科学，不仅增加生产成本，而且导致水稻倒伏严重、稻米品质下降，并从一定程度上影响生态环境。同时，由于缺乏机械化生产技术，生产效率不高，水稻播种面积难以有效保障！

针对这些问题，在充分适应双季优质稻分蘖力强、茎秆细弱、后期吸肥能力弱、氮肥耐受性差等特点，研究构建了双季优质稻"两优一增（优化施肥、优化管水、增加基本苗）"丰产高效生产技术，通过构建"降总控后"优化施肥技术、"前'干'后湿"优化管水技术以及"增苗稳穗"群体优化技术等关键核心技术，并配套精量条播、暗化出苗、精准促控以及适龄浅插、减损机收等技术，实现了"两提高（提高产量和生产效益）、两减少（减少施肥量、减少水分消耗）、一防止（防止倒伏）"，经示范推广，对促进优质稻产业发展有重要意义，在南方双季稻作区有广泛的推广应用前景。

（二）技术示范推广情况

该技术自 2019 年以来连续 5 年被遴选为江西省农业主推技术。2019—2023 年在江西省上高县进行示范展示，双季亩产均超过 1 050kg，最高产量达 1 158.1kg，比非示范区亩增产 60kg 以上，近年来，在江西省、湖南省等地示范推广 2 000 余万亩，新增效益 20 多亿元。

（三）提质增效情况

与传统生产技术相比，运用该技术的示范田块，水稻产量增加 6%～10%，每亩纯收益增加 100 元以上，减少化肥施用量 20% 以上，节水 10% 以上，倒伏比例下降 10 个百分点以上，经济效益、社会效益和生态效益显著。

（四）技术获奖情况

无。

二、技术要点

（一）核心技术

1. "降总控后"优化施肥技术

针对双季优质稻耐肥性差、抗倒能力差、后期吸肥能力差的特点，构建了"降总控后"

的优化施肥技术。一是降低肥料施用总量。比传统施肥量减少20%以上，一般中等肥力田块早稻每亩宜施纯氮8kg、磷（P_2O_5）4～5kg、钾（K_2O）8kg；晚稻每亩宜施纯氮10kg、磷（P_2O_5）5～6kg、钾（K_2O）10kg。二是严格控制后期施肥量。氮肥一般按基肥：分蘖肥：穗肥为6：2：2施用，严格控制后期穗肥的施用量，穗肥在倒2叶抽出期施用，避免穗肥施用过晚，抽穗后不施粒肥，以免降低食味品质。磷肥全部作基肥施用；钾肥80%作基肥20%作穗肥施用。同时，为提高优质稻的抗倒伏能力，每亩施硅肥（SiO_2）4.0～5.0kg，锌肥（$ZnSO_4$）1.0～2.0kg，促进壮秆形成。

2. "前'干'后湿"优化管水技术

针对双季优质稻茎秆细弱、易倒伏、后期缺水易导致米质变差的问题，设计了"前'干'后湿"优化管水技术。一是前期以干控苗促根壮秆，返青够苗后及时晒田，保持土壤干燥，促进根系深扎；孕穗时保持浅水并适时通气；抽穗后保持土壤湿润，促进稻米食味品质提高（图1）。

图1 前'干'后湿，优化管水

3. "增苗稳穗"群体优化技术

针对双季优质稻着粒密度低、穗型小、后期易倒伏等特点，设计了"增苗稳穗"群体优化技术（图2），在减施肥的条件下通过增加基本苗、提高主茎比例来保证穗数并降低倒伏风险。一般选用25cm窄行距插秧机，早稻株距控制在12cm左右，杂交稻每穴栽3～4苗，常规稻每穴栽5～6苗；晚稻株距控制在14cm左右，杂交稻每穴栽2～3苗，常规稻每穴栽4～5苗。

图2 "增苗稳穗"，优化群体

（二）配套技术

1. 精量条播、暗化出苗

选用双季优质稻品种，并根据各地条件做到早稻、晚稻合理搭配，精准计算用种量，采用专用育秧基质和精量条播专用育秧流水线实现精量播种，播种前做好浸种催芽和设备调试工作，播种后采用叠盘暗化出苗，秧苗立针后及时摆放至秧田（图3）。

图3　精量播种，暗化出苗

2. 精准促控，培育壮秧

早稻采用保温育秧，播种后膜内温度保持在 15～25℃，湿度保持在 80% 左右；2 叶 1 心以后开始炼苗，盘土以干为主，做到叶不卷不浇水，促进盘根。晚稻采用露地育秧，播后保持土壤湿润，恶劣天气灌水护苗（图4）。

图4　精准促控，培育壮秧

3. 适龄移栽，精准浅插

严控秧龄，优质早稻移栽叶龄以 3 叶 1 心期为宜，秧龄控制在 20～25d，优质晚稻移栽叶龄以 4 叶 1 心期为宜，秧龄控制在 20d 左右。机插时注意控制栽插深度在 2cm 左右，防止"坐蔸"。

4. 适时收获，减损机收

早稻在成熟度 90% 左右、晚稻在 90%～95% 时及时收获。为了减少机收损失，应选择性能优良的收割机在叶面无露水或水珠时进行，以中低档位作业，留低茬，秸秆切碎进行稻草还田。

三、适宜区域

适宜南方双季稻作区。

四、注意事项

一是注意早稻落粒谷影响晚稻稻谷纯度。

二是穗肥施用做到因苗施肥，根据后期叶色变化及时调整施肥量，同时，避免施肥过晚影响稻米食味品质。

技术依托单位

1. 江西农业大学

联系地址：江西省南昌市经济技术开发区

邮政编码：330045

联 系 人：曾勇军

联系电话：13979101602

电子邮箱：zengyj2002@163.com

2. 江西省农业技术推广中心

联系地址：江西省南昌市文教路359号江西省农业检验检测综合大楼413室

邮政编码：330046

联 系 人：孙明珠

联系电话：15979045429；0791-88593418

电子邮箱：sunmingzhu518@163.com

水稻病虫害全程绿色防控技术

一、技术概述

（一）技术基本情况

以水稻为中心，从稻田生态系统出发，根据有害生物、有益生物和稻田生态环境之间的相互关系，充分发挥自然控制因素的作用，因地制宜，协调应用农业防治、物理防治、生物防治和生态控制，辅以科学、合理、安全使用药剂防治病虫害，达到有效控制水稻病虫为害，确保水稻生产安全、稻谷质量安全和农田生态环境安全，促进增产增效。

（二）技术示范推广情况

该技术成熟度高，先进适用，在四川省水稻生产上大面积推广应用，能有效控制病虫为害，提高稻米品质与生态环境安全。目前，水稻病虫害全程绿色防控技术已在四川省稻区推广1 000多万亩。

（三）提质增效情况

该项技术对水稻稻瘟病、螟虫、稻飞虱、稻曲病等重大病虫害的防效90%以上，能实现增加水稻产量10%左右，每亩可减少农药施用3~4次，减少农药使用量30%~40%，稻田生态环境得到明显改善，生产的稻谷质量安全。

（四）技术获奖情况

2018年发布四川省地方标准《水稻主要病虫害绿色防控技术规程》（DB51/T 2519—2018）。该技术连续6年入选四川省农业主推技术，2023年入选全国农业技术推广服务中心2023年百套农作物病虫害绿色防控技术模式。

二、技术要点

（一）农业防治

1. 品种选择

因地制宜，选用经过国家和四川省品种审定委员会审定的优质、高产并具有良好抗逆性的品种。

2. 稻草与种子处理

选用无病田留种，彻底处理病稻草，不用带菌稻草捆捆秧苗。浸种前晒种，并用温汤、石灰水、沼液或对路药剂浸种，预防恶苗病和稻瘟病。

3. 播种与合理稀植

床土用田园土和腐熟农家肥配制成优质营养土，均匀播撒。采用宽窄行或大垄双行稀植栽培。

4. 带药移栽

秧苗移栽前7~10d选用植物诱导免疫剂喷雾；秧苗移栽前3~5d选用三环唑或咪鲜胺加

四氯虫酰胺或氯虫苯甲酰胺混合施用，预防稻田叶瘟，防治水稻螟虫等。

（二）生态防治

田埂种植芝麻、大豆等显花植物，保护和提高蜘蛛、寄生蜂、黑肩绿盲蝽等天敌的控害能力（图1）；田边种植香根草等诱集植物，减少二化螟和大螟的种群基数。

图1　田埂种植芝麻保护利用天敌

（三）生物防治

1. 保护和利用自然天敌

保护和利用青蛙、蜘蛛等有益生物，避免使用广谱性杀虫剂，避开天敌高峰期用药；水稻分蘖期可适当放宽防治指标，发挥植株补偿功能，利于自然天敌建立良好的种群生态环境。

2. 稻田养鸭

在秧苗栽插返青时，按每亩放养10~15只雏鸭，野放田间，至水稻灌浆时收回。利用鸭子取食稻株中下部螟虫、稻飞虱、叶蝉、纹枯病菌核、福寿螺、田螺幼螺以及杂草等有害生物（图2）。

图2　稻鸭共育防控稻飞虱、福寿螺、纹枯病等病虫害

3. 人工释放赤眼蜂

于二化螟越冬代蛾高峰期和稻纵卷叶螟迁入代蛾高峰期开始释放赤眼蜂，每亩设置3~5个点位投放，每代放蜂2~3次，间隔3~5d，每次放蜂10 000头/亩（图3）。

4. 昆虫性信息素

在水稻螟虫（二化螟、三化螟、大螟）、稻纵卷叶螟等害虫越冬代成虫羽化前5~7d（小麦、油菜收获前和水稻秧田期），集中连片采用昆虫性信息素群集诱杀或交配干扰技术，采用外密内疏、上风口多的布局放置。其中，群集诱杀：平均每亩放置1套性诱捕器诱杀害

图3　人工释放赤眼蜂防控水稻螟虫

虫，放置高度在水稻分蘖期以诱捕器底边距离地面50cm为适宜，穗期诱捕器底边高出作物10~20cm；交配干扰：在田间设置迷向装置（迷向丝、迷向袋、迷向喷雾等），设置高度高出作物顶端10~20cm为宜。

5. 生物农药防治病虫害

水稻破口期喷洒枯草芽孢杆菌生物农药控制穗颈瘟、纹枯病、稻曲病等病害。选用金龟子绿僵菌、苏云金杆菌等生物农药控制二化螟、稻飞虱等害虫。

（四）物理防治

每30~50亩安装一盏频振式杀虫灯或太阳能杀虫灯诱杀趋光性害虫，灯源安装高度高出作物顶端1~1.5m为宜（图4）。从二化螟等成虫始见时开灯，至当年水稻生育期成虫终见时关灯，开灯时间设在傍晚至翌日凌晨，定期检查杀虫灯运行情况并清理诱集的成虫。

图4　水稻病虫害绿色防控技术综合应用

（五）药剂防治

根据当地病虫发生情况，科学合理安全地采用药剂防治，穗期病虫害防治提倡开展大面积统防统治和联防联控（图5）。

1. 稻瘟病

在秧田发病初期、稻田发现发病中心或叶上有急性型病斑时，每亩用2%春雷霉素水剂80~120mL或1 000亿孢子/g枯草芽孢杆菌25~30g兑水45kg喷雾防治；预防穗颈瘟掌握在破口初期，每亩用22%春雷·三环唑悬浮剂60g或10%丙硫唑70~80mL兑水45kg喷雾防治。

2. 纹枯病

当病丛率达15%~20%时，每亩用1亿活芽孢/g枯草芽孢杆菌微囊粒剂80~100g或井

图5　植保无人机统防统治

冈·蜡芽菌水剂85~100mL兑水45kg喷雾。

3. 稻曲病

在水稻破口前5~7d，每亩用47%春雷·王铜60g或30%肟菌·戊唑醇悬浮剂40mL兑水45kg喷雾防治，齐穗期再喷1次。

4. 螟虫

当二化螟枯鞘丛率达10%或枯鞘株率达5%时，亩用80亿孢子/mL金龟子绿僵菌60~90mL或1%印楝素水分散粒剂90~120g兑水45kg喷雾。

5. 稻飞虱

当百丛虫量1 500~2 000头时，亩用80亿孢子/mL金龟子绿僵菌60~90mL或1.5%苦参碱10mL兑水45kg或10%吡虫啉可湿性粉剂（褐飞虱禁用）3 000倍液喷雾。

6. 稻纵卷叶螟

在分蘖期百丛束叶尖150个，孕穗后百丛束叶尖60个时，于卵孵化始盛期至低龄幼虫高峰期，亩用80亿孢子/mL金龟子绿僵菌60~90mL兑水45kg或100亿孢子/mL短稳杆菌悬浮剂600~700倍液喷雾。

三、适宜区域

适宜西南水稻种植区。

四、注意事项

一是人工释放赤眼蜂区域应注意避免喷施具有杀卵效果的杀虫剂。

二是昆虫性信息素应大面积连片使用；1个诱捕器不能同时放置多种害虫诱芯；诱芯持效期根据当地害虫发生代数选择，发生3代或以上代次的地区建议选择持效期3~6个月的诱芯。

三是稻田养鸭区应慎重选择防治药剂，避免产生不良影响。

四是注意交替轮换用药，化学防治实行达标防治，生物农药可适当提前施用，药后遇雨应及时补施。

技术依托单位

1. 四川省农业农村厅植物保护站

联系地址：四川省成都市武侯区武侯祠大街 4 号

邮政编码：610041

联 系 人：田　卉　徐　翔　封传红

联系电话：028-85520507

电子邮箱：562861447@qq.com　　sichuanipm@163.com

2. 四川省农业科学院植物保护研究所

联系地址：四川省成都市锦江区净居寺路 20 号

邮政编码：610066

联 系 人：卢代华

联系电话：028-84590065

电子邮箱：daihualu@126.com

3. 四川农业大学

联系地址：四川省成都市温江区惠民路 211 号

邮政编码：611130

联 系 人：王学贵

联系电话：028-86290977

电子邮箱：wangxuegui@sicau.edu.cn

基于品种布局和赤眼蜂释放的水稻
重大病虫害绿色防控技术

一、技术概述

（一）技术基本情况

吉林省位于最重要的黄金水稻带，是我国重要的优质粳稻生产基地。多年来，水稻生产受到多种病虫害的威胁，主要病虫害常年发生面积800万~1 000万亩。化学防控产生的农药残留，大量流失到土壤与水体中，导致黑土区面源污染，破坏了生态平衡，降低了稻米品质和竞争力。

为应对病虫害威胁和农药残留为害，亟须对黑土区主粮作物病虫害绿色防控技术进行创新，但面临三项"卡脖子"问题：一是水稻主要病虫害致害机制和流行成因不清楚，导致流行规律不明，监测预警技术效率低，易错过最佳防治期；二是目前生产上主栽品种的抗病性与适宜栽培的地区不清，导致抗性品种布局不合理、不科学；三是防控重要害虫天敌（赤眼蜂）资源匮乏，生防产品产业化应用技术设备稀缺，生物防治效果不理想，严重制约绿色防控技术的创新与应用。该项目组通过多年技术攻关，实现了一系列理论原始创新和技术突破，发表应用基础理论与关键技术研究相关论文34篇，其中，SCI论文28篇；授权专利10项，制定吉林省地方标准3项，登记生物农药2种。近5年，集成创新并推广的水稻重大病虫害全程绿色防控技术在吉林省累计推广486万亩，新增经济效益19.7316亿元，减施化学农药约44万kg，社会效益和生态效益显著，保障了吉林省水稻的绿色生产，提升了"吉林大米"品牌的竞争力。

（二）技术示范推广情况（表1）

表1　技术在吉林省各市区应用情况

应用地区	应用面积/万亩							
	2016 年	2017 年	2018 年	2019 年	2020 年	2021 年	2022 年	总计
长春	4.5	18	39	58	60	49	30	258.5
吉林	2	6	18	10	10	11	5	62
松原	1.5	6	20	17	17	17	7	85.5
通化		8	15	20	11	7	4	65
其他		2	8	5				15
合计	8	40	100	110	98	84	46	486

（三）提质增效情况

该集成技术的核心技术之一抗性品种合理布局技术能有效利用品种自身抗性抵御病害侵

染，减少化学农药施用量，达到降低成本，减少污染的目的。

综合考虑全程绿色防控集成技术提质增效情况如下：

绿色防控技术成本：无人机释放赤眼蜂 16.8 元/亩 + 喷施生物菌剂投入 32 元/亩 = 48.8 元/亩。

化学防治技术成本：无人机喷施化学农药（甲维盐）14 元/亩 + 无人机喷施化学农药（拿敌稳+助剂）36 元/亩 = 50 元/亩。两种防治技术投入成本基本相当（表 2）。

表 2　绿色防控与化学防控成本比较

应用技术（无人机）	操作成本/（元/亩）	产品成本/（元/亩）	成本合计/元
释放赤眼蜂	1.8	15	16.8
枯草芽孢杆菌	16	16	32
甲维盐	8	6	14
拿敌稳+助剂	16	20	36

综合考虑防治成本和产出绿色大米市场价格（调研分析结果如表 3 所示），与喷施化学农药相比，每亩增加收益 406 元（表 3）。

与化学防控相比，应用全程绿色防控技术在保障产量的同时，产品质量有明显提升。绿色大米价格与普通大米相比，每千克增加 1.0 元。按累计推广 486 万亩，每亩可增加农民收益 406 元，累计增收 19.7316 亿元。

表 3　绿色防控与化学防控大米收益比较

应用技术	大米种类	大米产量/（kg/亩）	大米价格/（元/kg）	收益/元
绿色防控技术	绿色大米	406	7.0	2 842
化学农药防治	普通大米	406	6.0	2 436

注：稻谷平均产量按 580kg/亩计算，出米率按 70%折算。

（四）技术获奖情况

该技术荣获 2022 年度吉林省科学技术进步奖一等奖，入选 2024 年吉林省农业主推技术。

二、技术要点

（一）田间病虫害流行预测及品种抗性预测

在水稻种植区，对重大病虫害开展菌源种类、数量，越冬虫口密度、死亡率及幼虫、蛹发育进度调查；利用病原菌基因型鉴定、LAMP 检测技术和在田间放置性诱剂等技术监测水稻重要病害和二化螟成蛾发生情况；综合两者数据，对监测区域的重大病虫害发生流行情况进行预测。

对当地栽培的水稻品种抗稻瘟病能力进行检测，预测发病等级。利用 HRM 技术快速检测和明确当地栽培品种的抗瘟能力（抗瘟基因组成），并基于当地稻瘟病菌优势无毒基因型（该技术推广团队已基本掌握吉林省主要地区的稻瘟病菌优势无毒基因型，并可开展实时监测），分析栽培品种的抗病等级，初步预测发病概率，为精准防控提供参考。

（二）深翻深耕

目前，东北地区以秸秆还田为主要栽培技术，因此深翻深耕可有效把地表杂草，秸秆翻到土下，有利于腐化和来年耕种，同时充分利用部分病害和螟虫化蛹期抗逆性弱的特点，利用深耕晒垡，有效杀灭部分有害生物源。有条件地区可在冬闲上冻前灌深水 5~7d，或灌水过冬，杀灭有害生物源。

（三）抗性品种合理布局

推广抗性品种是防治水稻病害最经济有效的措施。该技术核心就是抗性品种合理布局，在明确吉林省各稻区优势无毒基因和品种抗瘟基因型的基础上，基于当地优势无毒基因型和生理小种，结合本地生态气候特点，合理布局含有不同抗瘟基因的抗性品种（图1），利用水稻自身抗病性提高水稻免疫力，降低病害的发生（联合当地推广或植保部门，实时发布病害预测与品种抗性信息，指导布局）。

例如：梅河口地区稻瘟病菌优势无毒基因为 *Avr-Pi3*、*Avr-Piz*、*Avr-Pikp*、*Avr-Pikm*，品种吉农大505含有的抗瘟基因为 *Pib*、*Piz*、*Pi7*、*Pikp*、*Pi1*、*Pia*、*Pi3*、*Pi20*、*Pita2*，由此可初步推断，吉农大505中含有3个可产生抗性的互作基因，吉农大505在梅河口当地种植发病概率偏低，可不防控或减药防控稻瘟病。

图1　不同水稻品种在田间的抗感病差异

（四）精准化学防治

种子处理：选种结束后，通过对种子进行处理，增强种子的抗病性。首先，选择阳光暴晒或 60℃ 温水浸种 5min，杀死种子携带的病原菌。其次，使用咯菌腈、种菌唑、甲霜灵或吡唑酮类化合物等，配合枯草芽孢杆菌生物菌剂进行包衣拌种或浸种，杀菌灭虫，促根壮苗，增强抗病虫能力。

化学除草：按常规管理喷施丁草胺和吡嘧磺隆类除草剂。

中后期化学防治：根据流行预测和品种布局情况，掌握发病时间与等级，进行有针对性和精准的生物菌剂类（苏云金杆菌、枯草芽孢杆菌或春雷霉素）药物防治病虫害，减少不必要的化学类药剂使用量。

（五）生物防治（赤眼蜂防控）技术

运用松毛虫赤眼蜂、螟黄赤眼蜂和稻螟赤眼蜂"三蜂"协同防治控制稻纵卷叶螟和二化螟（图2）。

放蜂量及次数：放蜂量每亩30 000头，分3次释放，每次间隔5~7d，每亩每次均匀投放3个放蜂器。每次每亩放10 000头，其中，松毛虫赤眼蜂5 000头，螟黄赤眼蜂3 000头，稻螟赤眼蜂2 000头。

放蜂时间：在预测的水稻螟虫发生初期第一次放蜂，第二次间隔5~7d后放，第三次放蜂与第二次间隔5~7d。

赤眼蜂的准备：根据放蜂时间将赤眼蜂加温发育至特定的龄期。每次将5 000头松毛虫赤眼蜂，3 000头螟黄赤眼蜂和2 000头稻螟赤眼蜂混合后分装在3个水田专用放蜂器内，按照放蜂时间加温，要求放蜂当天赤眼蜂羽化出蜂。

图2　"三蜂"协同防治水稻重大害虫

（左图为技术团队发明的"赤眼蜂放蜂器"；右图为被赤眼蜂寄生的二化螟卵）

三、适宜区域

吉林省大部分水稻栽培区，包括长春市、吉林市、通化市、辽源市、四平市、松原市等地。

四、注意事项

一是应急药剂防治应达标用药，生物农药可适当提前施用，确保药效。

二是避免同一种药剂在不同稻区间或同一稻区内循环、连续使用，有效延缓和治理抗药性。

三是严格执行农药使用操作规程，遵守农药安全间隔期，确保稻米质量安全。

四是第一次放蜂后，根据田间水稻螟虫实际发生情况，可将第二次放蜂时间和第三次放蜂时间进行调整，提前2~3d或者推后2~3d。若放蜂时遇到雨天也可以调整放蜂时间，避开雨天后进行放蜂。

　　五是赤眼蜂放蜂期如遇到其他暴发性害虫或者病害时，可以先进行化学农药利用防治，在喷药3~5d后再进行赤眼蜂放蜂。此外，应该尽量选择对天敌昆虫毒力较小的生物农药替代化学农药。

技术依托单位

1. 吉林农业大学

联系地址：吉林省长春市新城大街2888号

邮政编码：130118

联 系 人：孙文献

联系电话：0431-84532780

电子邮箱：wxs@cau.edu.cn

2. 吉林省农业技术推广总站

联系地址：吉林省长春市自由大路6152号

邮政编码：130021

联 系 人：陈立玲

联系电话：0431-85952582

电子邮箱：13180880799@163.com

信息素干扰交配控虫与植物免疫蛋白诱抗病害及逆境的水稻绿色防控集成技术

一、技术概述

（一）技术基本情况

该技术为水稻主要病虫害绿色防控轻简集成技术，包括水稻螟虫性信息素迷向和维大力®免疫诱抗技术。该技术能控制以水稻二化螟为主的螟虫的为害，降低病害实现增产，减少农药使用次数，提高水稻产量和品质，减少环境污染，提高种植户的经济收益。

1. 技术研发推广背景

水稻占我国粮食作物种植面积的30%左右，是重要的主粮作物。二化螟是水稻的主要害虫，抗药性强，具钻蛀性，传统农药难以防治。针对上述情况，该项目组研发了二化螟迷向技术，因其针对的是成虫，成虫在水稻植株外活动，信息素可直接起防治作用。冯学良等（2023）研究结果表明，二化螟迷向技术迷向率为93.9%~99.4%，二化螟防效为79.4%~84.0%。其中，该技术中防虫以二化螟迷向为主，可以兼容稻纵卷叶螟、大螟等其他螟虫的迷向。

纹枯病、稻瘟病是水稻常发性病害，气候变化等原因导致稻瘟病等常发，化学农药发病后再补救的方式滞后，环境污染风险大。针对上述情况，该项目组研发了维大力®免疫诱抗产品，吴明昊等（2022）研究报道，使用维大力®后，稻瘟病防效为83.02%，水稻增产12.16%，减少75%三环唑可湿性粉剂150g/hm²。

2. 技术解决的主要问题

该绿色防控轻简集成技术解决的主要问题是：二化螟抗药性强，具钻蛀性，难以防治；应对气候条件等因素引起的水稻病害和逆境胁迫，通过免疫诱抗实现提前预防。该技术亮点是在已有报道的类似产品的基础上，防虫产品延长持效期，减少亩用量；免疫诱抗产品亩用量少，使用次数少，增产显著。

该绿色防控轻简集成技术的绿色体现在：吴明昊等（2022）研究报道，使用维大力®可减少三环唑使用量，同时减轻三环唑在稻米中的残留量，又可提高防病及增产效果，维大力®可降低农药残留。江曲等（2023）研究报道，化学农药的使用使二化螟种群抗性倍数提高了3~10倍，二化螟迷向技术在防虫的同时减少农药使用。

该绿色防控轻简集成技术的轻简体现在：曾云等（2023）研究报道，二化螟袋状迷向散发器的持效期为42d，该技术可将迷向袋持效期延长至2个月，项目组将亩用量6杆降低为2杆，解决持效期短、亩用量大的问题。维大力®本身用量少，如使用1g原粉1次即可降低稻曲病发病率11%。

该绿色防控轻简集成技术的集成体现在：该技术不做简单的罗列式全程技术集成，该技术通过解决水稻主要病虫害，做解决主要问题的绿色轻简技术集成。并且，迷向技术在针对二化螟的同时可集成其他螟虫信息素进一步对稻纵卷叶螟、大螟等实现绿色防控，也与常规药剂兼容；维大力® 可以提前预防多种病害和逆境，该绿色防控轻简集成技术的集成是"绿色防控轻简+"的集成。

3. 知识产权及使用情况

该技术共授权4项发明专利。迷向技术两项专利分别是一种昆虫性信息素顺-11-十六碳烯醛类似物的应用（ZL 202111376628.8）和一种信息素膜状载体的制备及应用方法（ZL 201911179102.3）。免疫诱抗技术两项专利分别是蛋白质 VdAL 在提高植物产品品质中的应用（ZL 201510691295.6）和蛋白质 VdAL 在提高植物产量和促进植物生长中的应用（ZL 201510691515.5）。经多年技术研发和试验示范，该技术原理明确，操作简便，效果突出，已发展成为一套成熟可复制推广的水稻主要病虫害绿色防控集成技术。迷向技术专利对应的产品于2021年和2022年由该项目组在湖南省和天津市开展水稻二化螟性信息素迷向技术田间应用探索；免疫诱抗技术专利对应的产品于2018年起由该项目组联合四川古蔺县农业农村局、江西贵溪市植保站和黑龙江方正县种植研究所等开展水稻维大力® 免疫诱抗技术田间应用探索。

（二）技术示范推广情况

2023年经全国农业技术推广服务中心安排，该项目组联合当地农技推广部门分别在浙江省诸暨市、湖南省常德市鼎城区、安徽省合肥市庐江县和滁州市全椒县共4个示范点开展了二化螟迷向技术示范，合计示范迷向技术的面积在200亩以上，包含对照累计示范面积500亩以上（图1、图2）。

图1　浙江诸暨二化螟迷向袋布置　　图2　安徽全椒水稻迷向技术示范

同时，2023年利用迷向技术和免疫诱抗技术的"水稻主要病虫害绿色防控轻简集成技术"，该项目组联合湖南省郴州市农业农村局在湖南省郴州市试验示范200亩，联合四川省农业农村厅植物保护站在四川省彭州市濛阳镇开展了集成技术示范50亩（图3、图4）。

图3　湖南郴州绿色防控轻简集成技术示范　　图4　四川彭州绿色防控轻简集成技术示范

（三）提质增效情况

曾云等（2023）研究报道发现，在单季晚稻中放置含二化螟三组分信息素的缓释片可在42d持效期内实现高于95.28%的交配干扰率，对枯鞘和枯心的防效为31.03%～40.22%。基于此，该集成技术的二化螟迷向技术采用新型缓释载体，持效期2个月以上，且2023年六个地点的"水稻螟虫迷向技术防治示范"表明，该项目组的迷向技术防治二化螟效果显著，迷向率在90.22%～99.74%，防治效果相对常规防治，白穗率防治效果提高60.53%～88.76%，残虫防效提高60.94%～90.36%（表1）。

表1　2023年水稻二化螟迷向技术防治示范效果汇总

序号	地点	迷向率	白穗防效 （与常规农药处理相比）	残虫防效 （与常规农药处理相比）
1	浙江诸暨	97.92%	60.53%	60.94%
2	安徽庐江	98.50%	86.72%	79.17%
3	安徽全椒	90.22%	88.76%	90.36%
4	湖南鼎城	95.90%	64.96%	70.02%
5	湖南郴州	99.74%	86.36%	86.52%
6	四川彭州	98.50%	74.68%	74.68%

1. 可有效节约成本

2023年在四川省彭州市的示范"水稻螟虫性信息素迷向+维大力®免疫诱抗水稻主要病虫害绿色防控轻简技术集成"表明，与常规农药防治效果相当且全程减少两次用药，降低了农药成本，亩减少用药及人工成本2元，降低成本的同时，田间农事管理更加方便。

2. 可显著提高水稻的品质

2023年在湖南省郴州市的"水稻主要病虫害绿色防控轻简化技术集成"示范表明，对二化螟的防效在76%，纹枯病的发病率降低了7%，稻曲病的发病率降低了5%，有效阻隔了47%重金属镉的吸收，为水稻病虫害绿色防控技术和农药减量提供依据。

3. 示范应用后可增加农户的收益

2023年湖南省郴州市和四川省彭州市两个地点的"水稻主要病虫害绿色防控轻简化技术集成"示范表明：维大力®诱抗产品防病、增产效果显著，湖南省郴州市晚稻应用维大力®诱抗产品后水稻纹枯病、稻瘟病较常规防治发病率降低了7%，产量提高了20%～70%；四川省彭州市早稻通过现场实收测产（含水量20.6%），示范区水稻亩产769.61kg，常规处理区水稻亩产707.74kg，增产61.87kg，增产幅度8.7%。

4. 应用时能有效保护耕地和生态环境

该技术靶标性强，环境友好，可以保护天敌种群，促进生物多样性和农业可持续发展。该绿色防控轻简集成技术，为农户防控病虫害提供新手段，推动水稻农药减量目标的实现，保障农产品质量安全，具有较好的社会效益。

（四）技术获奖情况

以该技术为核心的"水稻病虫害绿色防控模式"入选全国农业技术推广服务中心2023年百套全国农作物病虫害绿色防控技术模式，并于2023年获评第十六届中国农药工业协会创新贡献奖技术创新二等奖。

二、技术要点

（一）二化螟迷向技术要点

二化螟迷向产品使用时间是移栽后的 3~5d，悬挂高度距地面 1~1.2m（水稻冠层最终高度），均匀布置在稻田田埂上，每亩布置 2 套，持效期 2~3 个月。

（二）维大力® 免疫诱抗产品技术要点

维大力® 免疫诱抗产品可在苗期施用或在移栽后随其他药剂在相应生长阶段采用无人机飞防的形式喷施，在水稻分蘖期、破口期各喷施 1 次。

三、适宜区域

该技术适宜区域为我国的主要水稻种植区，这些区域通常是二化螟等水稻螟虫常发，水稻稻瘟病、纹枯病等病害常发区。如开展示范，则建议选择交通方便的地点。示范区面积建议 200 亩以上至一两千亩，水稻品种、土壤类型、播种移栽期、种植密度、水稻长势、水肥和农事管理等条件基本一致。

四、注意事项

该技术首年防治二化螟，在早稻上采用常规高效环保药剂+迷向防治技术，之后再将虫口压低至中低虫口的晚稻上和后续年份只采用迷向防治技术即可，注意应急措施的准备。建议区域性连续应用 3 年，可有效压低虫口基数。

技术依托单位

1. 中捷四方生物科技股份有限公司
联系地址：陕西省杨凌示范区永安路001号金融大厦A座12层
邮政编码：712100
联 系 人：王　琳
联系电话：13331008762
电子邮箱：wanglin@zhongjiesifang.com

2. 全国农业技术推广服务中心病虫害防治处
联系地址：北京市朝阳区麦子店街20号
邮政编码：100125
联 系 人：卓富彦
联系电话：010-59194543
电子邮箱：zhuofuyan@agri.gov.cn

3. 湖南省植保植检站
联系地址：湖南省长沙市岳麓区枫林一路9号省农业农村厅西院

邮政编码：410006

联 系 人：朱秀秀

联系电话：0731-82566313

电子邮箱：hunanfzk@163.com

4. 浙江省诸暨市农业技术推广中心

联系地址：浙江省诸暨市暨阳路314号

邮政编码：311800

联 系 人：周宇杰

联系电话：0575-87032593

电子邮箱：zhouyujie1@126.com

长江中下游水稻病虫害防控精准减量用药技术

一、技术概述

（一）技术基本情况

针对我国江苏及其他长江中下游粳稻区域病虫害多发、频发、重发，常见病虫害 30 余种。传统防控模式下，水稻生产全程农药用量大、施用次数多，严重威胁稻米质量安全和生态安全，制约稻米产业健康发展。随着我国对农药减量施用、农业绿色发展和农产品质量安全的政策要求越来越高，如何在保障水稻病虫害高效防治的前提下实现农药减量，是优质稻米产业持续发展面临的重大需求。针对上述现状，亟须解决由于使用风险认识不足导致的盲目用药问题、缺乏高效用药技术导致的农药利用率低问题以及病虫防治缺乏全程统筹导致农药用量大问题。基于此，通过"农药使用风险评估""适应病虫害发生特点的精减高效用药"等农药选用和使用关键技术创新，支撑实现了"水稻病虫害防控农药运筹策略"的全面创新，技术应用保障了水稻农药施用量持续下降，促进优质稻米产业健康发展，取得了显著的经济效益、社会效益和生态效益。

技术研发及推广过程中，获授权国家发明专利 18 项、其中，美国专利 2 项，发表论文 205 篇，制定省地方标准 5 项、农药 MRLs 强制性国家标准 216 项，促进了农药应用科技的进步。

（二）技术示范推广情况

水稻病虫害防控精准减量用药技术自 2012 年在江苏省开展试点示范，至 2020 年和 2021 年，技术覆盖率分别达到 80.8% 和 84.5%，覆盖江苏省 13 个地市，并辐射应用至安徽、上海、浙江、湖北、江西等省（市）。技术近 2 年在江苏等 6 省（市）累计推广 8 190 万亩，减损增效 96.99 亿元，亩减少用药 2~4 次、药量减少 30% 以上，水稻农药用量持续下降。水稻病虫害防控精减用药技术单独或作为其他技术的核心内容，连续 6 年入选江苏省农业重大技术推广计划。

（三）提质增效情况

应用精准减量用药技术后，不同区域亩减少用药 2~4 次、节约人工 15~34.8 元、节约药本 15~33.79 元，亩新增纯收益 69.7~144.28 元。技术应用在有效提高病虫防效的基础上，减少了用药次数，有效缓解了农村劳动力不足的问题，同时实现了选用安全、高效农药，高效低风险农药用量占水稻农药总用量比例提高至 2021 年的 96%。稻米产品农残合格率自 2018 年以来连续 100%，稻田生态明显改善，天敌数量增加最高达 120%，有效维护了农田生态系统的平衡和稳定，促进了稻米产品质量安全和品质显著提升，助力了优质大米品牌打造，经济效益、社会效益和生态效益显著。

（四）技术获奖情况

该技术荣获 2020 年度江苏省农业技术推广奖一等奖、2019—2021 年度全国农牧渔业丰收奖一等奖、2022—2023年度神农中华农业科技奖一等奖和2021年度江苏省科学技术奖二等奖。

二、技术要点

（一）核心技术

1. 以增强吸收为关键的长防效种子处理技术

推荐用药方案为噻呋酰胺+氯虫苯甲酰胺+噻虫嗪（噻虫胺等），同时可选用氨基酸、赤霉素等具有促进农药吸收功能的生物刺激素作为促吸收助剂与农药（常量或减量25%）混合拌种。对于感稻瘟病重发品种，采用苗期送嫁药的方式喷施稻瘟酰胺、春雷霉素·稻瘟酰胺、三环唑、吡唑醚菌酯等药剂（图1）。

图1　种子种苗处理

2. 精准选药

创建年度用药"库谱"，基于农药制剂产品有效性、抗药性以及残留风险、环境安全性等，联合植物保护植物检疫站推荐可年度更新的"绿色防控推介产品"名录，水稻生长中后期病虫害防控用药优先从名录中选择。

3. 水稻病虫害防控全程精准减量用药技术模式

针对不同稻区水稻生长三阶段选用已登记农药产品，采用"X+Y+Z"全程精准减量用药技术模式。X阶段为前期（播种至移栽期），主要防治对象是恶苗病、干尖线虫病等种传病害以及前中期的纹枯病、稻纵卷叶螟和稻飞虱等，防控模式以种子处理为核心，苗期送嫁药为补充。Y阶段为中期（返青期—孕穗期），主要采取"一控二压三诱"生态调控措施，同时根据病虫害实际发生情况，因地制宜选用高效低风险化学药剂+减量增效型成膜性农药喷雾助剂达标防治，具体防治指标分别为：五（3）代稻纵卷叶螟百穴虫卵量80头（粒）；褐飞虱百穴虫量，五（2）代、六（3）代1 000头；纹枯病为病穴率5%；防治适期虫害选择卵孵–2龄幼（若）虫，不同稻区用药次数差异化，Y阶段化学防治次数控制在两次以内。Z阶段为穗期（破口期—乳熟期），采用组合防控技术+精准选药技术+基于增效助剂的高效用药技术，针对稻瘟病、稻曲病、稻纵卷叶螟等主要穗期病虫害进行1次统筹防治。

（二）配套技术

1. 中期生态调控技术

水稻生长中期（返青期—孕穗期），应用"一控二压三诱"生态调控技术控虫抑制病害。"一控"即采用生物药剂苏云金杆菌、短稳杆菌等防控水稻生长中期稻纵卷叶螟、纹枯病等,"二压"即释放赤眼蜂压低稻纵卷叶螟、螟虫和种植土壤熏蒸植物(高硫苷含量的芥菜型油菜)压低土壤病菌,"三诱"即性诱剂食诱剂诱捕鳞翅目害虫、香根草诱杀螟虫、稻田综合种养田块杀虫灯诱杀害虫(图2)。

图2 水稻生长中期田间生态调控

2. 穗期病虫组合防控技术

水稻穗期以稻瘟病防控为核心,统筹防控稻曲病和稻纵卷叶螟。推荐应用三环唑+戊唑·嘧菌酯(或苯甲·丙环唑、噻呋·嘧菌酯等),三环唑可与稻瘟酰胺、吡唑醚菌酯微囊悬浮剂交替使用。

3. 基于喷雾助剂的增效用药技术

针对药液在水稻叶面难持留以及农药喷雾在空间传递过程中的漂移和蒸发等问题,选用减量增效型成膜性农药喷雾助剂,并严格按照使用说明规范使用。

三、适宜区域

适宜长江中下游水稻种植区。

四、注意事项

重点关注水稻病虫害监测预警信息,为病虫害防控决策提供依据。根据当地推广的水稻品种,选择抗病性好、综合性状好的水稻品种。

技术依托单位

1. 江苏省农业科学院

联系地址:江苏省南京市钟灵街50号

邮政编码:210014

联 系 人:余向阳 程金金

联系电话:025-84391229

电子邮箱：yuxy@jaas.ac.cn

2. 农业农村部农药检定所

联系地址：北京市朝阳区麦子店街 22 号

邮政编码：100125

联 系 人：林荣华

联系电话：010-59194046

电子邮箱：linronghua@agri.gov.cn

3. 江苏省植物保护植物检疫站

联系地址：江苏省南京市鼓楼区凤凰西街 277 号

邮政编码：210036

联 系 人：朱 凤

联系电话：025-86263340

电子邮箱：596495764@qq.com

4. 江苏丘陵地区镇江农业科学研究所

联系地址：江苏省句容市华阳镇弘景路 1 号

邮政编码：212400

联 系 人：张 国

联系电话：0511-80978079

电子邮箱：guo871015@126.com

5. 湖北省植物保护总站

联系地址：湖北省武汉市洪山区珞狮路 521

邮政编码：432099

联 系 人：刘全科

联系电话：18062031297

6. 安徽省植物保护总站

联系地址：安徽省合肥市滨湖新区洞庭湖路 3355 号安徽农业大厦 19 层

邮政编码：230601

联 系 人：黄 超

联系电话：18956048017

长江中下游稻田化学农药减施增效技术

一、技术概述

（一）技术基本情况

针对长江中下游稻区水稻"两迁"害虫等重大病虫害呈多发、常发、重发态势，防控成本上升难度加大等问题，研究、示范、推广、集成了农业防治（种植抗性品种、灌水翻耕杀蛹、健康栽培等）、生态调控（种植显花植物、诱虫植物等）、理化诱控（隔离育秧、性信息素诱杀、灯光诱杀等）、生物防治（释放天敌赤眼蜂、稻鸭共作、生物农药防治等）、科学用药（适期用药、对口用药、合理用药等）为主要内容的全程绿色防控技术体系。通过该技术的应用，有效降低了水稻重大病虫草害的基数、缓解了病虫草害暴发为害的概率和风险，实现了水稻重大病虫害可持续控制，保障了粮食生产安全、农产品质量安全和农业生态安全。

（二）技术示范推广情况

核心技术"长江中下游水稻重大病虫害全程绿色防控技术"自 2012 年以来单独或作为其他技术的核心内容，连续 8 年被遴选为省部级主推技术，在长江中下游 6 省 1 市进行示范、推广，获得良好效果。其中，2023 年浙江省创建省级水稻病虫害绿色防控示范区 172 个，示范带动各类水稻绿色防控示范面积 100 万亩以上、推广面积 578 万亩，水稻病虫害绿色防控覆盖率达到 64.9%，病虫为害损失率总体控制在 2.16% 以下，挽回产量损失 128.2 万 t，有效保障了粮食生产安全。

（三）提质增效情况

与农户常规技术相比，应用该技术可降低化学农药使用 30% 以上，亩节本增效约 200 元，同时稻田生物多样性显著增加，病虫害抗药性有效缓解，稻米质量安全更加绿色优质，农田景观更加丰富、美丽，乡村振兴、美丽乡村得到有效促进。

（四）技术获奖情况

该技术入选 2023 年农业农村部农业主推技术，荣获 2019 年度浙江省科学技术进步奖二等奖、2020—2021 年度神农中华农业科技奖二等奖等。

二、技术要点

（一）农业防治

1. 选用抗（耐）性品种

避免种植甬优 15、中浙优 194 等高（易）感病品种，减轻恶苗病、白叶枯病、稻瘟病等。

2. 春季翻耕灌水

3 月下旬到 4 月中旬越冬代螟虫化蛹期连片翻耕冬闲田、绿肥田，并灌深水浸没稻桩

7~10d，杀灭越冬代二化螟，降低虫源基数。

3. 健身栽培

加强水肥管理，适时晒田，避免重施、偏施、迟施氮肥，适当增施磷钾肥，提高水稻抗逆性。

（二）生态调控

在田埂保留禾本科杂草；稻田机耕路两侧或田埂种植芝麻、硫华菊等显花植物（宽度50cm左右）和诱虫植物香根草（丛间距3~5m）。

（三）理化诱控

1. 隔离育秧

在水稻秧苗期，采用20~40目防虫网或15~20g/m² 无纺布隔离育秧，防止白背飞虱传播南方水稻黑条矮缩病。

2. 性信息素诱杀

自3月下旬至4月中旬起，选用持效期3个月以上的诱芯和干式飞蛾诱捕器，按每亩1套设置二化螟性信息素诱捕器，放置高度以诱捕器底端距地面50~80cm为宜，降低二化螟成虫基数，减轻二化螟为害。

3. 灯光诱杀

每2hm² 设置一盏杀虫灯，在螟虫羽化期或稻纵卷叶螟迁入高峰期，每天20：00至翌日1：00开灯诱杀害虫。

4. 性信息素干扰交配技术

每3~5亩设置性信息素智能交配干扰释放器1个，放置高度以诱捕器底端距地面50~80cm为宜，干扰二化螟、稻纵卷叶螟等鳞翅目害虫成虫交配。

（四）生物防治

1. 生物农药防治

针对不同靶标病虫，可选用甘蓝夜蛾核型多角体病毒、苏云金杆菌、金龟子绿僵菌、短稳杆菌、四霉素、井冈霉素A、申嗪霉素、春雷霉素等生物药剂。

2. 释放天敌控害

在水稻二化螟、稻纵卷叶螟成虫始盛期释放稻螟赤眼蜂或螟黄赤眼蜂，间隔3~5d放蜂2~3次，每次放蜂0.8万~1万头/亩，均匀放置5~8个点/亩，高温季节宜在傍晚放蜂，蜂卡或放置高度以分蘖期高于植株顶端5~20cm、穗期低于植株顶端5~10cm为宜。

3. 稻鸭共作

水稻分蘖初期，将15~20d的雏鸭放入稻田，每亩放鸭10~30只，水稻齐穗时收鸭。通过鸭子的取食活动，减轻纹枯病、稻飞虱、福寿螺和杂草等的为害。

（五）科学用药技术

1. 种子处理技术

采用甲霜·种菌唑、肟菌·异噻胺、咪鲜胺、氟环·咯·精甲等种子处理剂预防恶苗病；吡虫啉、噻唑锌等药剂拌种或浸种预防秧苗期蓟马、稻飞虱、白叶枯病等。

2. 带药移栽技术

减少大田前期用药。秧苗移栽前2~3d施用内吸性较强的对口药剂，带药移栽，预防白叶枯病、螟虫、稻蓟马、稻飞虱和稻叶蝉及其传播的病毒病。

3. 穗期综合防治技术

水稻孕穗末期至破口期，主攻稻飞虱、稻纵卷叶螟、二化螟、稻瘟病、纹枯病、稻曲病等穗期综合病虫害。

水稻化学农药定额施用（折纯）标准：早稻不超过 100g/亩，连晚、单季稻不超过170g/亩。

三、适宜区域

适宜长江中下游稻区。

四、注意事项

落实农药定额制施用，确保农药安全使用。

技术依托单位

1. 浙江省植保检疫与农药管理总站

联系地址：浙江省杭州市江干区秋涛北路 131 号

邮政编码：310020

联 系 人：姚晓明

联系电话：0571-86757340　18757107741

电子邮箱：xmyao7@126.com

2. 浙江省农业科学院植物保护与微生物研究所

联系地址：浙江省杭州市江干区石桥路 198 号

邮政编码：310021

联 系 人：徐红星

联系电话：0571-88045127　13588332930

电子邮箱：13588332930@163.com

南方双季稻丰产的固碳调肥提升地力关键技术

一、技术概述

（一）技术基本情况

红壤双季稻播种面积和总产分别占全国水稻播种面积和总产量的 29.2% 和 24.8%，单产水平仅为全国的 85% 左右，因此提升红壤稻田地力进而提高双季稻产能对保障我国粮食安全具有重大意义。近年来，由于生产集约化程度较高，生产者为节省成本，追求耕作施肥等管理措施的轻简化，造成土壤有机质增加缓慢、氮磷钾养分供应不均衡以及土壤酸化等问题凸显，严重制约了该区域土壤基础地力和稻田产能提升。因此，该技术的核心是通过调控影响双季稻产能提升的关键土壤肥力因子，并结合水稻土地力分级新方法［已经作为农业行业标准《水稻土地力分级与培肥改良技术规程》（NY/T 3955—2021）和地方标准《稻田土壤肥力等级划分和培肥技术规程》（DB43/T 2087—2021）发布］，创新集成南方双季稻区根据地形地貌和土壤地力进行分类培肥的技术，进而提升红壤双季稻田地力和产能。

（二）技术示范推广情况

根据土壤肥力和产量水平，采用基于土壤肥力和水稻产量比的地力分级新方法进行地力评价，结合地形地貌特征，划分 4 类典型稻田，即氮磷养分富余稻田、水网条件优越的高产田、丘陵中下部中低产田和丘陵中上部瘠薄田。以秸秆利用为核心，结合养分运筹和有机肥施用等措施，分别集成了固碳节肥保育、固碳调肥丰产、调碳增效改良和调碳增肥改土等 4 套技术。分类建成了可操作可复制的 10 余个核心示范区。共开展了 60 余期技术观摩和培训会，累计培训农技人员和农民 9 600 余人次。近 3 年在湖南、江西、广东、广西等省（区）主要红壤双季稻区累计推广 3 564 万余亩，增产粮食 18 亿余千克，节本增效 26.58 亿元。

（三）提质增效情况

1. 经济效益

双季稻以 1 年为一个轮作周期，技术推广示范过程中，通过测算每亩节本增效 150 元（表 1）。

表 1　效益分析

序号	项目	传统模式	秸秆和绿肥培肥模式
1	水稻全年产量	959kg/亩	1 010kg/亩
2	水稻全年收入	2 250 元	2 525 元
3	秸秆粉碎还田	0	25 元/亩
4	紫云英种子	0	30 元/亩
5	翻耕+旋耕	120 元/亩	180 元/亩

（续表）

序号	项目	传统模式	秸秆和绿肥培肥模式
6	开沟	0	60 元/亩
7	节肥效益	0	-50 元/亩
合计	节本增效	—	150 元/亩

2. 社会效益

根据南方双季稻田的土壤肥力要素时空变化特征，依据地形地貌特征因地制宜，针对养分富余稻田、水网条件优越的高产田、丘陵中下部的中低产田和丘陵中上部瘠薄田，分别集成了相应的综合技术模式，并进行了大面积示范推广。为国家的"藏粮于地"战略和该区域稳定双季稻面积等宏观调控提供了科学依据，也为该区域双季稻产能提升提供了技术支撑，推动了湖南、江西、广东和广西等省（区）的高标准粮田建设和中低产田改良等工作，有力推动了"耕地质量保护与提升技术模式"等国家耕地质量建设行动，对保障国家粮食安全具有重要意义。

在田间课堂的基础上，结合线上培训和咨询服务等新媒体手段，创新了技术推广新模式。以新型农业经营主体为引领，大幅提高了相关技术的覆盖面，有力保障了关键技术要点的落地和实施，显著提高了新型农业经营主体根据土壤肥力水平进行稻田分类管理的意识。

3. 生态效益

南方双季稻田地力提升关键技术明显提高了该区域稻田的固碳量和肥力水平，有效降低了氮磷流失风险。针对土壤有机碳含量未达到平衡点的稻田，通过肥力提升关键技术的应用，土壤有机碳含量每年提高约 1g/kg，可增加土壤固碳量约 906 万 t。针对氮磷养分富余田和水网条件优越的高产田，通过固碳节肥和固碳调肥等关键技术的实施，每年能够减少纯氮用量约 9 万 t，节约氮肥成本约 3.9 亿元，减少氮素损失量约 6 万 t，减少 N_2O 排放约 320t。

（四）技术获奖情况

2021 年 5 月，中国农学会组织专家对该技术的核心科技成果进行了评价，8 位专家一致认为该成果"阐明了红壤区双季稻田土壤肥力要素时空演变规律""量化了不同管理措施下双季稻田土壤有效磷的平衡点""明确了不同肥料对稻田产能的贡献率及不同种植方式下稻田产能的可持续性""明确了不同施肥措施下土壤基础地力贡献率差异和关键驱动因子""量化了秸秆还田对土壤有机碳组分的贡献和主要机制""探明了土壤有机碳平衡点和固碳效率""创建了'水稻秸秆粉碎深翻结合养分运筹的高产田保育技术'，以及"水稻秸秆还田和有机无机肥配施的中低产田固碳扩容提质培肥技术"。成果总体达同类研究国际领先水平。"红壤双季稻田地力提升机制与关键技术"获 2021 年度中国农业科学院杰出科技创新奖；"湖南省双季稻田地力提升机制与关键技术"获 2021 年度湖南省科学技术进步奖二等奖。

二、技术要点

根据土壤肥力和产量水平，采用地力分级新方法进行地力评价。结合地形地貌特征，划分 4 类典型稻田，即氮磷养分富余稻田、水网条件优越的高产田、丘陵中下部中低产田和丘陵中上部瘠薄田。

（一）地力精准评估

首先，获取土壤综合肥力指数，并划分高、中、低肥力水平；其次，根据正常年份水稻产量与该品种在省级以上区域试验中最高产量（可在网上便捷查询）的比值计算水稻产量比，确定高、中、低产量水平；最后，将土壤肥力和水稻产量比结合，在高肥力水平的情况下，根据水稻产量水平划分获得高肥高产、高肥中产、高肥低产，中、低肥力水平依此类推，将各稻区地力分为9级（图1）。

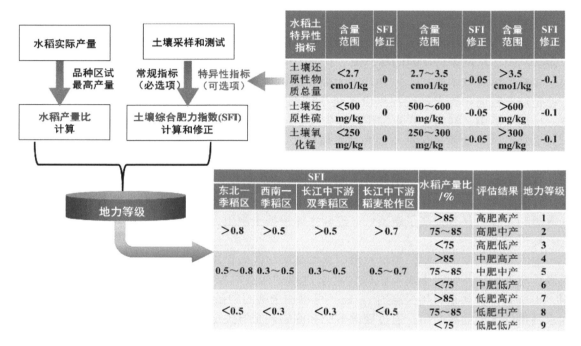

图1 水稻土地力分级操作流程

（二）针对氮磷富余稻田，采用固碳节肥保育技术

当土壤碱解氮（AN）大于150mg/kg或有效磷（AP）大于22mg/kg，即定义为氮磷养分富余稻田。根据这类稻田地力等级，分级实施水稻周年秸秆全量还田，配合氮磷减施，实现以秸秆固碳促进氮磷活化。

1. 明确氮磷肥减施水平

结合土壤初始有机碳含量（SOC_0）和双季秸秆还田的固碳量，明确秸秆还田后土壤有机碳含量（SOC_A），计算公式为$SOC_A = SOC_0 × （1+9.2\%）$。按照土壤有机碳对氮磷有效性的提升效果，计算公式为$AN = 3.1×SOC_A - 24.1$，$AP = 8.1×SOC_A - 13.9$，在维持土壤地力水平的前提下，根据目标产量明确氮磷肥的减施水平。

2. 秸秆全量还田

早稻秸秆粉碎深翻（秸秆长度3~5cm，翻压深度20~25cm）还田，晚稻秸秆条状覆盖（秸秆长度50~60cm，秸秆条带间距40~50cm）还田（图2）。

3. 早稻秸秆促腐

早稻秸秆还田后配施菌剂（3~5kg/亩）以加速早稻秸秆腐解。

图 2　早稻（左）和晚稻（右）秸秆还田作业

（三）在水网条件优越的高产田，采用固碳调肥丰产技术

在水网条件优越的高产田区域（旱能灌涝能排，土壤有机碳大于 20g/kg，双季稻单产大于 6 750kg/hm²），根据这类稻田地力等级，分级实施水稻周年秸秆全量还田，配合施用缓控释肥，实现化肥高效利用和阻控氮磷流失。

1. 秸秆全量还田

早稻秸秆粉碎深翻（秸秆长度 3~5cm，翻压深度 20~25cm）还田和晚稻秸秆条状覆盖（秸秆长度 50~60cm，秸秆条带间距 40~50cm）还田。

2. 配施缓控释肥

缓控释肥（N178~203kg/hm²）一次性基施，地力等级相对越低，用量越大。

3. 早稻秸秆促腐

早稻秸秆还田后配施菌剂（3~5kg/亩）以加速早稻秸秆腐解。

（四）在丘陵中下部的中低产田，采用调碳增效改良技术

在丘陵中下部区域的中低产田（土壤有机碳低于 20g/kg，双季稻单产低于 6 000 kg/hm²），根据这类稻田地力等级，基于有机物料对土壤碳氮磷等肥力要素的提升效果，在秸秆还田的基础上，重点在冬闲期进行培肥改良。水稻周年秸秆全量还田，结合冬季绿肥还田，实现以碳促磷进而实现土壤养分的高效利用。

1. 秸秆全量还田

早稻秸秆粉碎深翻（秸秆长度 3~5cm，翻压深度 20~25cm）还田和晚稻秸秆条状覆盖（秸秆长度 50~60cm，秸秆条带间距 40~50cm）还田。

2. 冬季绿肥适产栽培

（1）冬种紫云英。晚稻收获后冬闲期选择早花适产紫云英品种，配套根瘤菌拌种、适时播、沟相连、适时翻压等为核心的高效栽培管理技术，确保每亩还田生物产量在 1 500kg 以上。

（2）冬种肥田萝卜。晚稻收获后冬闲期选择早花适产肥田萝卜品种，配套适时播、沟相连、适时翻压等为核心的高效栽培管理技术，确保每亩还田生物产量在 1 500kg 以上。

（3）冬闲期三种绿肥混播。每亩绿肥种子用量按照紫云英 1kg、肥田萝卜 0.25kg、油菜 0.1kg 的比例混匀撒播，配套了以适时播、防好草、开好沟、适时翻压为核心的配套栽培管理技术，确保每亩还田绿肥鲜草产量在 1 500kg 以上（图 3）。

3. 冬季绿肥适时翻压还田

冬季种植绿肥于来年4月中上旬翻压，翻压深度20~30cm。

图3 三花混播绿肥（左）和翻压作业（右）

（五）在丘陵中上部的瘠薄田，采用调碳增肥改土技术

在丘陵中上部区域的瘠薄田（土壤有机碳低于15g/kg，双季稻单产低于5 250kg/hm²），根据这类稻田地力等级，以有机肥改土为核心，创建了调碳增肥改土技术。基于土壤有机碳平衡点（26g/kg）和秸秆还田的固碳效率（9.2%）确定有机肥用量，结合目标产量推荐氮磷钾肥的施用量，进而研发专用有机无机配方肥。

1. 秸秆全量还田

早稻秸秆粉碎深翻（秸秆长度3~5cm，翻压深度20~25cm）还田和晚稻秸秆条状覆盖（秸秆长度50~60cm，秸秆条带间距40~50cm）还田。

2. 有机无机肥配施

早稻和晚稻基肥均施用有机无机配方肥，用量为3 000~4 500kg/hm²，地力等级相对越低，用量越大（图4左）。

图4 施用有机肥（左）和石灰（右）

3. 配施石灰

根据土壤酸化程度撒施石灰1 500~3 000kg/hm²（图4右）。

三、适宜区域

该技术适用于湖南、江西、广东、广西等省（区）主要双季稻田。

四、注意事项

需如实掌握土壤关键肥力因素现状和产量水平，划分稻田地力等级，结合地形地貌特征，从而准确区分4类典型稻田。

技术依托单位

1. 中国农业科学院衡阳红壤实验站

   联系地址：湖南省永州市祁阳市文富市镇

   邮政编码：426182

   联系人：张会民

   联系电话：13683243536

   电子邮箱：zhanghuimin@ caas. cn

2. 江西省红壤及种质资源研究所

   联系地址：江西省南昌市进贤县张公镇

   邮政编码：331717

   联系人：柳开楼

   联系电话：15070822925

   电子邮箱：liukailou@ 163. com

3. 湖南省土壤肥料研究所

   联系地址：湖南省长沙市芙蓉区远大二路730号

   邮政编码：410125

   联系人：孙耿

   联系电话：18073106902

   电子邮箱：sungeng@ hunaas. cn

4. 江西省农业技术推广中心

   联系地址：江西省南昌市东湖区文教路359号

   邮政编码：330046

   联系人：何小林

   联系电话：17770866188

   电子邮箱：hxl0927@ 163. com

5. 湖南省土壤肥料工作站

   联系地址：湖南省长沙市岳麓区枫林一路9号省农业农村厅西院

   邮政编码：410006

   联系人：吴远帆

联系电话：15874041988

电子邮箱：Hnwyf7393@163.com

6. 衡阳市农业技术服务中心

联系地址：湖南省衡阳市蒸湘区祝融路46号

邮政编码：421099

联 系 人：王际香

联系电话：17711643160

电子邮箱：56701918@qq.com

水稻—油菜轮作秸秆还田技术

一、技术概述

(一)技术基本情况

1. 技术研发推广背景

水稻—油菜轮作是长江流域主要的种植制度之一,种植面积约 6 000 万亩。一年两熟的轮作模式秸秆产生量大,秸秆还田茬口紧张,秸秆还田与后茬作物种植的配套技术缺乏等问题普遍存在,水稻—油菜轮作绿色高效可持续发展急需相关集成技术支撑和示范推广模式创新。

2. 能够解决的主要问题

针对长江流域水稻—油菜轮作种植区秸秆产生量大、秸秆还田质量差等重大问题,华中农业大学联合农业农村部农业生态与资源保护总站等长江流域秸秆还田科研和技术推广优势单位协同攻关,建立了水稻—油菜轮作系统周年秸秆还田综合技术体系。该技术体系集成了秸秆粉碎、机械耕整、有机促腐、氮肥前移、化肥减量为核心的周年秸秆还田综合技术,建立了秸秆全量粉碎翻压还田、免耕飞播覆盖还田等新模式,为我国农业资源高效利用、保障农业绿色发展、实现区域粮油丰收提供技术支撑。

专利范围:制定农业行业标准 1 项和地方标准 1 项。

使用情况:近 3 年在农业农村部农业生态与资源保护总站的组织下,在四川、重庆、湖北、湖南、江西、安徽等省(市)长江流域水稻—油菜轮作种植区累计应用 1.5 亿亩。

(二)技术示范推广情况

通过与各区域水稻—油菜轮作生产技术融合,集成了适合长江流域不同种植模式的 3 套水稻—油菜轮作周年生产综合技术模式。在农业农村部农业生态与资源保护总站的组织下,联合政府、农技部门、新型经营主体等对水稻—油菜轮作系统周年秸秆还田综合技术进行大面积示范应用,近 3 年在长江流域水稻—油菜轮作种植区的四川、重庆、湖北、湖南、江西、安徽等省(市)累计推广面积 1.5 亿亩。

(三)提质增效情况

与传统秸秆还田相比,应用该技术:一是增加产量。与秸秆不还田相比,稻油轮作秸秆还田提高作物产量 5%~10%,稳产增产效果显著。二是化肥减量。利用秸秆腐解过程中的养分释放,每亩周年节氮(N)1.5~2.5kg、节磷(P_2O_5)1.0~1.5kg、节钾(K_2O)4.0~6.0kg。三是培肥地力。秸秆还田 5 年后,土壤有机质提升 10% 以上。水稻—油菜轮作系统周年秸秆还田综合技术,培肥了地力,减少了化肥用量,提高了秸秆资源利用率,社会效益、经济效益、生态效益显著。

(四)技术获奖情况

2017 年度湖北省科学技术进步奖二等奖(秸秆还田地力培育及化肥减量关键技术研究

与应用）。

二、技术要点

（一）油菜秸秆还田核心技术

1. 秸秆还田

油菜收获可采用分段收获和联合收获。如油菜分段收获，采用油菜割晒机收获，留茬高度≤10cm，采用油菜捡拾脱粒机进行捡拾，同时完成油菜秸秆切碎、均匀抛撒作业（秸秆切碎长度≤10cm，漏切率≤1.5%，抛撒不均匀率≤20%）。如油菜联合收获，选用全喂入式联合收割机，加装后置式秸秆粉碎抛撒还田装置。留茬高度10～30cm，收获后使用秸秆粉碎灭茬机将油菜秸秆就地粉碎，均匀抛撒（图1）。

2. 机械整地

如茬口在10d以上，采用水耕水整。在水稻种植前，先浅水泡田5～7d，保持田面水深度2～3cm。待秸秆呈撕裂状，使用65马力以上机械配置水田埋茬耕整机进行旋耕作业，旋耕深度12～15cm。如茬口紧张，采用旱耕水整。可在秸秆粉碎还田后立即使用65马力以上机械配置相应幅宽的旋耕机旋耕作业两次，旋耕深度＞15cm，秸秆旋埋作业后立即上水泡田1～2d，保持田面水深度1～2cm。采用水田耙或平地打浆机平整田面，沉田1～3d后种植水稻（图1）。

图1　油菜秸秆粉碎匀抛、浅水泡田、机械整地、种植水稻

（二）水稻秸秆还田核心技术

1. 秸秆全量粉碎翻压还田技术

水稻秸秆全量还田和有大型机械作业条件的区域采用该技术（图2）。

2. 秸秆还田

水稻选用全喂入式联合收割机，加装后置式秸秆粉碎抛撒还田装置。留茬高度≤15cm，收获后使用秸秆粉碎灭茬机将水稻秸秆就地粉碎（秸秆切碎长度≤10cm，漏切率≤1.5%），均匀抛撒（抛撒不均匀率≤20%）。

3. 机械整地

根据土壤墒情，秸秆还田后可选用65马力以上机械匹配相应幅宽的框架式或高变速箱旋耕机进行纵横向交叉旋耕作业两次，旋耕深度15cm左右。旋耕前撒施基肥。有条件的地区，每隔2~3年采用铧式犁、圆盘犁等进行秸秆深翻还田，翻埋深度≥25cm。

图2　水稻低茬收割、秸秆粉碎、2~3年深翻

（三）免耕飞播覆盖还田技术

水稻收获晚（在10月中旬后收获）、油菜种植茬口紧的区域采用该技术。

1. 秸秆还田

水稻收获前1~3d采用无人机飞播油菜种子（每亩400g种子+0.6kg硼砂+1kg尿素）。水稻选用全喂入式联合收割机，加装后置式秸秆粉碎抛撒还田装置（图3）。留茬高度40~50cm。

2. 机械整地

秸秆均匀覆盖后，撒施基肥。在土壤含水量35%~60%时，采用圆盘开沟机开沟，沟土抛撒厢面。厢宽2.0~3.0m，厢沟深25~30cm。

（四）秸秆部分离田技术

当稻草可以部分离田时采用该技术（图4）。

1. 秸秆部分离田及部分还田

根据离田稻草的用途按要求选用水稻收割机，收获后使用打捆机将稻草打捆离田。当留茬高度≥20cm时，稻草离田后用秸秆粉碎灭茬机将秸秆粉碎。

图3 油菜免耕飞播、水稻高茬收获、稻草覆盖还田、开沟覆土

2. 机械整地

稻草离田后可选用65马力以上机械匹配相应幅宽旋耕机进行旋耕作业，旋耕深度12~15cm。旋耕前撒施基肥。有条件的地区，可每隔4~5年深翻整地，翻耕深度≥25cm。

图4 稻草部分离田

（五）配套技术

1. 后茬水稻配套技术

施肥运筹。推荐采用测土配方施肥技术。秸秆还田条件下，氮磷化肥用量减少10%~15%、钾肥减少40%左右。氮肥"后肥前移"，氮肥70%~75%作基肥、其余作分蘖肥。磷、钾肥全部作基肥。目标产量500~600kg/亩时，每亩施氮（N）10~12kg，磷（P_2O_5）4~6kg，钾（K_2O）2~3kg。

栽培管理。根据播种期温度、墒情、秸秆还田整地质量等影响因素适当调节播种量。移栽水稻每亩栽插或抛秧 1.5 万~1.8 万蔸。

田间管理。水稻插秧后保持水层促进返青，分蘖期灌水 3~5cm，生育中期根据分蘖、长势及时晒田，晒田后采用浅、湿为主的间歇灌溉方法。蜡熟末期停灌，黄熟初期排干。杂草防控采用"一封一杀"策略。病虫害防控采用"预防为主，综合防治"的原则，根据当地病虫预测预报，采用高效低毒低残留农药进行防治。

适时收获。水稻95%以上籽粒变黄时，为最适收获期。

2. 后茬油菜配套技术

施肥运筹。推荐采用测土配方施肥技术。秸秆还田条件下，氮磷化肥用量减少 10%~15%、钾肥减少 40%左右。氮肥"后肥前移"，氮肥 70%~75%作基肥，其余作薹肥，其他肥料均在基肥时施用。建议根据土壤肥力水平和油菜目标产量，每亩一次基施油菜专用肥（25：7：8）50kg 左右。有条件地区，每亩可施用农家肥 100~200kg 促进秸秆腐解。

栽培管理。根据播种期温度、墒情、秸秆还田整地质量等因素适当调节播种量。直播油菜每亩用种量 300~400g。飞播油菜可适当增加播种量，保证每亩有效苗 3 万~4 万株。

田间管理。开好围沟、腰沟和厢沟防渍。在油菜 4~5 叶期根据实际情况进行茎叶除草，在初花期进行菌核病防控。如采用免耕覆盖技术，可利用秸秆覆盖抑草，封闭除草药剂可减量 30%。

适时收获。当全株 2/3 角果呈黄绿色，主轴基部角果呈枇杷色，种皮呈黑褐色时，进行分段机收，采用联合机收时推迟 5~7d 进行。

三、适宜区域。

适宜长江流域水稻—油菜轮作种植区。

四、注意事项

一是秸秆全量粉碎翻压还田技术严格控制留茬高度和秸秆粉碎度。

二是油菜免耕飞播在播种前如遇严重干旱，在水稻收获前 5~7d 灌 1 次跑马水，排干 3~5d 后飞播；如遇收获前田间水分含量过高，在收获前 10d 左右开围沟沥水。

技术依托单位

1. 华中农业大学

   联系地址：湖北省武汉市洪山区狮子山街 1 号

   邮政编码：430070

   联 系 人：鲁剑巍　丛日环

   联系电话：027-87288589　13507180216　15071322269

   电子邮箱：lunm@ mail. hzau. edu. cn

2. 农业农村部农业生态与资源保护总站

   联系地址：北京市朝阳区麦子店街 24 号

邮政编码：100125

联 系 人：徐志宇　孙仁华

联系电话：010-59196384

电子邮箱：stzzstnyc@163.com

3. 湖北省农村能源办公室

联系地址：湖北省武汉市武珞路519号湖北农业事业大厦

邮政编码：430071

联 系 人：甘小泽　李志朋

联系电话：027-87665265

电子邮箱：859451868@qq.com

盐碱地棉花轻简抗逆高效栽培技术

一、技术概述

（一）技术基本情况

我国植棉区内的盐碱地主要是盐土和不同程度的盐渍化土壤，包括滨海盐碱地和内陆盐碱地。其中，滨海盐碱地呈带状分布在天津、河北、山东和苏北沿海低平原地区；内陆盐碱地棉田则主要分布在西北内陆棉区的新疆、甘肃等。这些地区现有盐渍化及易受盐渍化影响的棉田4 000万~5 000万亩，占总棉田面积的70%~80%，尚有宜棉盐碱荒地2 000多万亩。利用棉花耐盐性强的特点，开发利用不适合种植粮食和油料作物的盐碱地植棉，并进一步提高现有盐碱地棉花的产量、品质和效益对维护我国粮棉安全、保障棉花生产可持续发展具有重大战略意义。

棉花虽然具有较强的耐盐性，但其耐盐能力也是有限的；盐碱地植棉不只存在盐害，前期低温干旱、中期风雹雨涝、后期早霜等逆境对棉花生长发育和产量形成也有显著影响，针对性地采取抗逆栽培技术措施十分重要；传统盐碱地植棉程序烦琐，存在用工多、投入大、面源污染重等突出问题，必须采取绿色轻简、节本增效、农机农艺结合的策略方能保证棉花生产可持续、高质量发展。国家发改委、工信部、财政部、农业农村部、商务部、市场监管总局、供销合作社等七部门联合印发了《关于推进棉花产业高质量发展的指导意见》，明确提出"要优化调整棉花生产布局和结构，扩展在盐碱旱地等边际土地上种植棉花，要加强耐盐碱棉花种质资源挖掘利用和高抗、耐盐碱棉花优良普品种选育"，目前正在实施的内地九省棉区棉花大县补贴政策，中央财政也加大支持力度，向盐碱地棉花种植倾斜。但是，目前盐碱地棉花栽培技术不规范，缺乏包含绿色、轻简、抗逆等重要内容的盐碱地棉花栽培技术标准，严重制约了盐碱地棉花的产量和品质的提升，不利于发展盐碱地棉花种植。

自2005年以来，山东省农业科学院等单位，针对盐碱地植棉存在成苗难、产量低、用工多等难题开展研究攻关，创建以诱导根区盐分差异分布促进棉花成苗为核心的滨海盐碱地棉花丰产栽培技术，实现含盐量0.7%以下的盐碱地一播全苗，攻克了成苗难、产量低等难题，在全国滨海盐碱地棉区大面积推广应用，为提升棉花生产能力、缓解粮棉争地矛盾作出了重要贡献；获得2013年度国家科学技术进步奖二等奖。之后又与石河子大学、新疆农垦科学院等单位联合，就西北内陆盐碱地棉花出苗保苗、水肥轻简运筹等开展研究，创建内陆盐碱地干土播种微量多次滴水出苗保苗技术和水肥高效运筹技术，获得2017年度神农中华农业科技奖一等奖。近年来，山东省农业科学院经济作物研究所（山东棉花研究中心）和石河子大学在国家重点研发计划（2020YFD1001002）的支持下，根据产业发展需要，以轻简节本、生态高效生产为导向，特别是把盐碱地多次微量滴水或凹型种植成苗保苗、凸型栽培抗涝防倒、密植化控集中成熟和脱叶催熟集中采收等新技术融合创新，集成建立了盐碱地现代植棉技术，在实现对盐碱地种养结合的同时，解决了传统植棉生产管理用工多、种植不规范、投入大效益低等突出问题，实现了经济效益和生态效益双提升。

（二）技术示范推广情况

2010—2015 年推广应用的"滨海盐碱地棉花丰产栽培技术"实现了含盐量 0.7% 以下的中、重度盐碱地棉花的一播全苗，较传统种植增产 10%～30%，在山东、河北、天津、江苏等地累计推广 5 600 多万亩；自 2015—2020 年推广应用的棉花集中成熟绿色轻简高效栽培技术较传统种植省工 40% 以上，物化投入减少 20% 以上，在新疆等内陆盐碱地推广 6 000 多万亩，在山东、河北等盐碱地累计推广 400 余万亩。2021 年以来集成建立和应用的盐碱地现代植棉技术，把抗逆栽培和轻简栽培技术融合在一起，实现了盐碱地棉花丰产优质、轻简高效，已推广 2 000 多万亩，呈现出强劲的发展势头。

（三）提质增效情况

建立的"盐碱地现代植棉技术"在西北内陆（新疆）盐碱地棉区、黄河与长江流域滨海盐碱地棉区大面积推广应用，取得显著的经济效益和生态效益。与传统植棉技术相比，平均亩省工 4.5 个，亩节约物化投入 30 元左右，亩增产皮棉 6.0kg、棉籽 8.9kg，平均亩新增利润 382 元，纤维品质平均提高 1 个品级。自 2018 年以来，依靠该技术新增经济效益 200 多亿元。

（四）技术获奖情况

"盐碱地现代植棉技术"主要由 3 个获奖成果组成：一是"滨海盐碱地棉花丰产栽培技术体系"，实现了中度、重度盐碱地棉花一播全苗，使盐碱荒地变为丰产棉田，该技术入选 2008—2012 年农业部农业主推技术，推进了我国棉花种植向盐碱地的成功转移，获得 2013 年国家科学技术进步奖二等奖；二是"棉花轻简化丰产栽培关键技术与区域化应用"，实现了"种管收"全程轻简化，该技术入选 2015 年农业部农业主推技术，获得 2016—2017 年度神农中华农业科技奖科研成果一等奖；三是"棉花集中成熟绿色高效栽培关键技术"实现了棉花的集中成熟与集中收获，促进了棉花生产由传统资源高耗型向现代绿色高效型的重大转变，该技术入选 2022 年农业农村部种植业司主推技术模式，获得 2022—2023 年度神农中华农业科技奖科学研究类成果一等奖。

二、技术要点

（一）播前准备

冬前整地。轻度和中度盐碱地前茬作物收获后，秋冬深耕晒垡，耕深 30cm 左右，每 2～3 年深耕 1 次；重度盐碱地（0～20cm 土壤含盐量 0.5%～1.0%），冬前深松，深度 30～35cm。棉田整平后，每亩用 48% 氟乐灵乳油 100～120mL，兑水 40～45kg，在地表均匀喷洒，然后通过耱地或耙耱混土。

灌水压盐。西北内陆棉区盐碱地，根据土壤盐碱变化情况，若盐分含量在 3‰ 以上，pH 值≥9 的地块可进行 1 次冬春灌，利用大水漫灌压盐碱，要求冬灌 250m³/亩，或春灌 150m³/亩。可选择春季先覆膜铺管再滴水蓄水保墒的方式。内地盐碱地整地后起垄，垄高 25～30cm、垄宽 70～90cm，两垄间距 140～180cm，垄间为沟畦，宽 70～80cm。沟中灌水 100～200m³/亩（含盐量低的按低限灌水、含盐量高的按高限灌水）压盐，将沟畦耕层含盐量压为 0.2% 以下。

（二）播种

1. 西北内陆盐碱地

播种时间。于 4 月 1—15 日播种，一膜 6 行的"63+13"cm 或"66+10"cm 宽窄行配置，株距9~10cm，每亩播种理论株数约1.7万株，实收株数1.2万~1.3万株。滴灌放置于小行间，正封土或侧封土。

滴出苗水。播种后48h内滴出苗水1次，每亩用水量10~20m³（视不同土质而定），保证每个种孔都有水，且相邻2个种孔水刚好相连即刻停水，滴水时带入腐植酸钾或黄腐酸等3~5kg。若5~6d后种孔有盐碱上返现象，再滴出苗水1次，每亩用水量10~20m³。

滴保苗水。出苗后5~7d，滴水1次，每亩水量10~20m³，滴水带入盐碱改良剂碱滴丰生物肥、腐植酸钾或黄腐酸等3~5kg，磷酸二氢钾1kg，锌肥100g。5~7d后，若出现返碱则再滴保苗水1次，每亩用水量10~20m³。可根据具体情况增加水量和次数，需滴保苗水2~4次，直到6月初接上头水（图1）。

图1 西北内陆盐碱地滴水出苗保苗

2. 滨海盐碱地

播种时间与用种量。在5cm地温稳定在15℃时，春棉于4月20—30日播种；短季棉于5月20日前后播种。轻度和中度盐碱地机械条播时每亩用种1.5kg，精量点播时每亩用种1kg左右；重度盐碱地机械条播，每亩播种量2kg左右。

种植模式。轻度盐碱地采用70~80cm等行距地膜覆盖种植，也可采用64cm+12cm大小行种植；中度、重度盐碱地采用沟畦覆膜凹型种植，利用沟中盐分低的特点，减少盐害，促进出苗和生长（图2）。

图2 滨海盐碱地沟畦覆膜种植出苗保苗

合理密植。西北内陆盐碱地棉花每亩收获密度10 000~13 000株，黄河流域棉区每亩收获密度5 000~6 000株，长江流域棉区每亩收获密度3 000~4 000株。

（三）科学施肥

依据盐碱地土壤养分特征、盐碱程度、棉花产量目标分类施肥，并与控释肥或缓释肥结合，减少施肥次数，提高肥料利用率（图3）。

图3　盐碱地棉花水肥一体化管理示意

1. 西北内陆盐碱地

轻度盐碱地目标产量为每亩籽棉400kg以上，在酌施有机肥的前提下，每亩施肥量为氮肥（纯N）20kg左右；磷肥（P_2O_5）10kg；钾肥（K_2O）10kg。磷肥全部作基肥施用，氮肥和钾肥用作基肥各占30%~40%，其余滴灌追施。

中度盐碱地目标产量为每亩籽棉350kg以上，在酌施有机肥的前提下，每亩施肥量为氮肥（纯N）18kg左右；磷肥（P_2O_5）8kg；钾肥（K_2O）10kg。磷肥全部作基肥施用，氮肥和钾肥用作基肥各占30%~40%，其余滴灌追施。

重度盐碱地目标产量为每亩籽棉300kg，在酌施有机肥的前提下，每亩施肥量为氮肥（纯N）15kg左右；磷肥（P_2O_5）6kg；钾肥（K_2O）8kg。磷肥全部作基肥施用，氮肥和钾肥用作基肥各占30%~40%，其余滴灌追施。

2. 滨海盐碱地

轻度盐碱地目标产量为每亩籽棉250~300kg，在酌施有机肥的前提下，每亩施肥量为氮肥（纯N）15kg左右；磷肥（P_2O_5）6~7kg；钾肥（K_2O）7~8kg。磷肥全部作基肥施用，氮肥和钾肥用作基肥各占40%，花铃期追肥各占60%。也可采用控释氮肥（释放期90d左右），每亩施13kg控释氮（纯N），播种前条施于土壤耕层10cm以下。钾肥和磷肥的用量不变。

中度盐碱地目标产量为每亩籽棉200~225kg，在酌施有机肥的前提下，每亩施肥量为氮肥（N）12kg，磷肥（P_2O_5）5kg，钾肥（K_2O）5~6kg。磷、钾肥全部作基肥施用，氮肥用作基肥占50%，花铃期追肥占50%。

重度盐碱地目标产量为每亩籽棉150~175kg。在酌施有机肥的前提下，每亩施肥量为氮肥（纯N）10kg；磷肥（P_2O_5）4kg；钾肥（K_2O）3kg，在土壤含钾量较高时可不施。新开垦或种植年限短的重度盐碱地，目标产量每亩籽棉125kg左右。每亩施肥量为氮肥（纯N）8kg；磷肥（P_2O_5）3.5kg，不施钾肥。

（四）田间管理

免间苗定苗。西北内陆盐碱地实现自然出苗。内地盐碱地地膜覆盖棉田齐苗后，选择无风好天的下午放苗，以后不疏苗、间苗和定苗，棉苗数量每亩控制在5 000～6 000株。

中耕培土。西北内陆盐碱地在第一或二次滴水后中耕1～2次。内地盐碱地在棉花苗期至盛蕾期中耕2～3次，可根据降雨、杂草生长情况调整中耕时间和次数，于6月上旬揭掉沟中地膜，平垄并将土培到沟中两行棉花基部，让沟成垄，垄成沟，形成"凸"字形栽培，便于雨季防涝。

简化整枝。内地轻度和中度盐碱地棉花采用粗整枝，在大部分棉株出现1～2个果枝时，将第一果枝以下的营养枝和主茎叶全部去掉（俗称"撸裤腿"）；7月15—20日人工打顶，减免其他整枝措施。西北内陆棉区盐碱地和内地重度盐碱地棉花免整枝免打顶。

科学化控。根据盐碱程度和棉花长势，以叶面积指数和封行时间与程度为依据，采用甲哌鎓进行针对性化学调控。

（五）脱叶催熟，集中收获

西北内陆盐碱地一般于9月5—20日喷施脱叶催熟剂；内地盐碱地一般于9月底至10月初喷施脱叶催熟剂。脱叶催熟剂的用量根据天气状况和棉田生长状况灵活掌握。

脱叶催熟剂喷施15d后，待棉株脱叶率95%以上，吐絮率90%以上时，进行人工集中摘拾，两周后再摘拾1次即可；西北内陆棉区盐碱地采用机械一次性收花（图4）。

图4　西北内陆盐碱地现代技术示范基地

三、适宜区域

该技术适用于全国滨海盐碱地和内陆盐碱地产棉区。

四、注意事项

在技术推广过程中要强调规模化种植，并加强与社会化托管服务新型经营主体紧密对接。

技术依托单位

1. 山东省农业科学院

联系地址：山东省济南市工业北路23788号

邮政编码：250100

联 系 人：张艳军　董合忠　代建龙　崔正鹏

联系电话：0531-66659255　13869116573　15063382802

电子邮箱：donghezhong@163.com

2. 石河子大学

联系地址：新疆维吾尔自治区石河子市北四路

邮政编码：832003

联 系 人：张旺锋　张亚黎

联系电话：13999332625

电子邮箱：wfzhang65@163.com

3. 塔里木大学

联系地址：新疆维吾尔自治区阿拉尔市虹桥南路705号

邮政编码：843300

联 系 人：万素梅

联系电话：13909970510

电子邮箱：wansumei510@163.com

4. 全国农业技术推广服务中心

联系地址：北京市朝阳区麦子店街20号

邮政编码：100125

联 系 人：陈常兵

联系电话：13621346811

电子邮箱：chencb@agri.gov.cn

"干播湿出"棉田配套栽培管理技术

一、技术概述

新疆是我国最大的优质棉基地，也是世界重要产棉区，但由于新疆水资源，特别是冬、春季水资源严重短缺，导致北疆棉区棉田普遍不能进行播前灌，南疆也有不少棉田因缺水不能正常进行播前灌，导致棉田墒情无法满足棉田出苗要求。

为解决苗期水资源紧张问题，研究人员针对新疆现有种植管理特点，提出了"干播湿出"棉田保苗技术，其主要内容是：棉花播种前既不冬灌也不春灌，而是在播种期到来时，用不带圆盘耙的大型平地整地装置替代常规的联合整地机，整好的地较常规方法更平、更碎，地表土壤更紧实。整地完成后及时落实播种作业。播完种立即安装调试滴灌设施，之后适时滴水。为防苗期雨灾危害，研发提出了种植行覆土延后技术，即播种时，种植行不覆土，待棉花出苗至2叶1心期或3叶1心期，再进行种植行覆土，该做法打破了播种时"打孔、下种、种植行覆土、镇压"的常规播种方法。除此之外，还结合棉花苗期"温墒优化"和高发芽率种子生产等技术，实现棉田欠墒播种，且在有雨灾危害时，也能实现棉花一播全苗。

随着上述技术在南疆、北疆棉区的普及，虽然实现了"一播全苗"，但由于"干播湿出"棉田棉花根系普遍位于土壤较浅层，不少棉田蕾期出现生长障碍，后期又易出现早衰现象，进而影响棉花产量和品质。针对此又研发提出了后续配套管理技术，包括出苗后头水应早，且大幅度增加单次灌溉量，从而有效解决因棉田底墒不足，导致棉花根系不能下扎的问题，棉花生长后期，其停水停肥时间适当推迟，有效延长棉花功能叶时长。

以上技术由于成熟可靠，目前已受到新疆棉农的欢迎。

该技术先后获得4项国家授权发明专利，分别是新疆南疆棉区播前未冬灌或未春灌棉区连作滴灌棉田节水保苗方法（ZL 201510397954.5）、一种膜下滴灌精量播种栽培环境下未进行播前灌棉田保苗方法（ZL 201711145621.9）、南疆绿洲滴灌连作中低产棉田土壤耕层构建方法（ZL 201611243949.X）和南疆塔里木盆地机采滴灌棉田群体构建方法（ZL 201710238984.0）。

（一）技术基本情况

"干播湿出"+"棉花播种行覆土延后"技术已在南疆、北疆大面积推广应用，其主要应用效果如下：

（1）"干播湿出"技术及其配套的整地技术彻底解决了滴灌棉田墒情不足无法播种的难题；

（2）"棉花播种行覆土延后"技术，避免常规方法造成种植行遇雨后结壳现象的发生，有效防止苗期雨灾造成棉花出苗率低，甚至绝产或不得不重播现象的发生；

（3）促使并带动相关技术的改善与进步，如种子质量的提高、种植模式的优化、耕整地质量的规范、土壤的改良、作业机具性能提高和改进，以及水肥运筹、化控技术等田管措施的完善。

（二）技术示范推广情况

虽然该方法在新疆南疆、北疆主产植棉地（州）、县（市、团场）大面积推广应用，但生产中仍存在技术应用不够规范，效果参差不齐，再加上该技术自身存在灵活性较高的特点，亟待解决技术推广应用中存在技术掌握不到位的问题。

2023年在南疆、北疆推广应用面积约1 900万亩以上，占新疆棉花种植总面积50%以上，2024年有望突破2 000万亩，因而具有广阔的推广应用前景。

（三）提质增效情况

该方法解决了棉田墒情不足无法播种的难题，以及棉花苗期雨灾导致种植行表土结壳问题，避免人工破土壳助苗顶土的难题，不仅有利于确保较高的保苗率和产量，还节约人力投入，确保新疆棉花持续发展和社会稳定。

1. 保苗率高

核心示范田平均保苗率83.5%，较周边对照棉田保苗率高6.2%，较国外精量播种棉田高10%以上。

2. 节水

由于"干播湿出"棉田不进行冬灌、春灌，只是在棉花播种后滴水1~2次，通常单次滴水量10~35m³/亩，而常规灌棉田需要通过冬灌、春灌对棉田进行蓄水保墒，兼压盐碱，冬灌、春灌用量通常高达150m³/亩以上，因而该技术较常规方法节水115m³/亩以上，对缓解新疆水资源季节性紧张作用明显。

3. 增产增收

由于正常播前灌，棉田土壤湿度大，需要待15d以上整地机械才能进地作业，而使用"干播湿出"技术，棉花达适宜播种期，即可播种。与播前常规晚灌溉的棉田相比，"干播湿出"棉田可实现早犁地、早播种、早收获。

由于"种植行覆土延后技术"，可有效防止苗期雨灾导致棉花保苗率大幅度下降的问题。采用该技术，即便受雨灾危害，其棉田保苗率仍较高，80%以上，较周边常规对照棉田高8~18个百分点，因而有利于实现"干播湿出"棉田一播全苗，进而为棉花高产优质和棉农增产增收奠定基础。

4. 减灾

为躲过早春终霜冻等灾害性天气过程对棉花的危害，"干播湿出"技术能做到按照预定的时间落实滴水补墒，从而掌握"霜前播种，霜后出苗"的主动权，因而不仅防雨灾效果好，还有利于主动预防风沙和低温灾害。

（四）技术获奖情况

该技术作为"新疆棉花棉田一播全苗系列创新技术"成果的主要内容，获得2023年度"科创中国"先导技术榜单入围技术；获得2023年度新疆创新与应用关键核心技术创造性优秀创新成果二等奖；获得第五届新疆维吾尔自治区专利奖二等奖。

二、技术要点

（一）播前棉田准备

对沙性重或常年土壤墒情差的地，可在上年棉花尾水时适当增加灌溉定额约50m³/亩，春天整地时，用不带圆盘耙的大型平地整地装置替代常规的联合整地机，较常规方法整好的地更平、更碎。由于棉田"上紧下虚"，确保播种时不陷车。

（二）铺设滴灌带和地膜

"干播湿出"棉田提倡采用"一管二"或"一管一"滴灌模式，即一条滴灌带满足两行或一行棉花生长发育用水。考虑机采棉通常采用（66+10）cm宽窄行及其衍生型行距配置方式，一般将滴灌带放置在窄行中间或窄行一侧5~7cm或单行一侧5~7cm。在采用精量播种机播种时，同时完成覆膜和铺滴管带作业。

（三）播种与安装调试滴灌设施

待膜下5cm地膜稳定达14℃时，"干播湿出"棉田即可播种，一般播种时，种植行不覆土，下种深度2.5~3.0cm，同时适当加密、加固防风压土带。播完种后，及时安装好地面管，包括安装支管，接通毛管，将所有滴灌设施全部铺设安装调试到位，调试好滴灌系统达到待启用滴水引墒状态。

（四）适时滴水

当播种后，无异常天气，棉花播种后，即可开始膜下滴水，一般滴水1~2次，单次滴水量为15~35m³/亩，确保"干播湿出"苗期出苗土壤所需墒情。当遇异常天气，可调整滴水时间。滴水期间严把滴水次数和时间，确保滴灌压力和灌溉均匀，严禁跑冒滴漏及串灌现象。

为防止棉花出苗后，根系不能深扎或过度蹲苗，以及后期早衰现象的发生，棉花出苗后，应提前约7d灌头水，且灌溉量较大，后期停水停肥时间适当推迟，从而有效延长棉花功能叶时长。

（五）不同土壤含盐量棉田配套技术

当滴灌后，土壤含盐量超过3.0g/kg，其单次最少灌溉量为25m³/亩以上。由于南疆棉田土壤含盐量较高，其单次灌溉量平均为28m³/亩，而北疆棉田，由于其土壤含盐量较低，其单次灌溉量为10~25m³/亩。

为防止雨灾危害，建议"干播湿出"棉田应同时选用"棉花播种行覆土延后"技术，打破播种时"打孔、下种、种植行覆土、镇压"的常规播种方法，即播种时，种植行不覆土，待棉花出苗至2叶1心期或3叶1心期，再进行种植行覆土，具体是用封土机从棉田接行取土，并对种植行覆土。

棉田滴水时，可随水滴施腐植酸类肥料或其他肥料。通常随水滴施磷酸一铵或磷酸脲1~2kg/亩、腐植酸1kg/亩或磷酸二氢钾500~1 000g/亩或水溶性磷酸二铵1~2kg/亩，生产中盐碱度较重棉田，随水滴施腐植酸肥料或其他土壤调理剂较为普遍。

（六）种子准备

种子除采用化学或物理方式脱绒外，明确其精选加工新工艺为：待精选种子→抛光处理→风选→重力选→色选→破籽选（磁选）→包衣称重与包装→成品种子。为防治棉花种传、土传病害，所用种衣剂应含有以下4种农药的任一种类，这些农药是多菌灵·福美双·甲基立枯磷、萎锈灵·福美双、拌种灵·福美双、乙酰甲胺磷、噻虫嗪·咯菌腈·精甲霜灵。所选种子含水率≤12%，发芽率≥88%，破损率≤2%，籽指≥11.0g。

三、适宜区域

技术适宜采用膜下滴灌播种方式的所有棉田，对其他播种方式棉田，也有较大的参考价值。

四、注意事项

一是盐碱较重棉田，不宜连续采用"干播湿出"技术，通常每隔2~3年，须选用1次播前常规大水灌溉方式，达到保墒与压盐目的。

二是技术应用棉田必须采用膜下滴灌技术，且不进行播前灌蓄墒，所在地不能是风口区，播种后应尽快滴水。

三是播种时，棉田土壤不能太干，沙性不能太重、因土壤太干的沙性土壤棉田，播种时，易发生播种机陷车而无法正常完成播种作业，此类棉田有条件的地方可在整地前灌少量水，适度提高土壤墒性。

四是南疆棉区使用该技术，宜整地、播种、滴水尽可能在短时间内完成。不同作业间，其间隔时间一般不宜超过2d。

五是尽管该技术可在盐碱较重棉田，尤其是地下水位和碳酸盐含量较高的棉田推广应用，但也应先试验示范，再大面积推广应用。

六是针对棉花出苗后，根系不能深扎或过度蹲苗，以及后期早衰现象的发生，棉花出苗后，应提前灌头水，且灌溉量较大，后期停水停肥时间适当推迟。

七是土壤含盐量较高棉田，其种植行覆土时间应适当推迟，从而防止覆盖的土壤对棉苗造成盐害。

技术依托单位
1. 新疆农业科学院经济作物研究所
联系地址：新疆维吾尔自治区乌鲁木齐市南昌路403号
邮政编码：830091
联 系 人：田立文阿里甫·艾尔西
联系电话：0991-4503119
电子邮箱：1365400936@qq.com
2. 石河子大学农学院
联系地址：新疆维吾尔自治区石河子市北四路221号
邮政编码：832003
联 系 人：罗宏海 田 雨
联系电话：0993-2057999
电子邮箱：luohonghai@shzu.edu.cn

机采棉集中成铃调控核心关键技术

一、技术概述

（一）技术基本情况

棉花是机械化生产程度最低的作物，田间管理用工多，而且主要靠人工操作。提高棉花的机械化生产水平，尤其是机械采收，是新形势下棉花生产的必然要求，对棉花可持续发展和国家棉花产业安全具有十分重要的作用。

长江流域植棉面积大幅缩减，棉花种植费工费时，采摘成本过高，习惯采用"稀植大棵、重施氮肥、人工多次采摘"等传统栽培方式，棉花个体高大、群体光合能量不足、结铃时空分散、库容量不足、吐絮不集中导致的光热肥水资源利用率低、集中采收难、效益低等科技问题，新疆南疆棉区种植密度高、根系浅、苗期温度低，结铃盛期与光温高能期不同步，新疆北疆棉区无霜期短、苗蕾期生长慢，棉铃充实速率慢等难以实现高产优质的协同。与传统的杂交棉、直播棉相比，机采棉显著的特点是要求集中成铃、集中吐絮、集中收获。传统的栽培模式很难实现一次性成熟，一次性机收。

光温富能期集中成铃是棉花机械化、现代化的核心基础，成铃高峰期与光温高能期同步，是提高棉花产量、质量和效益的根本栽培途径。通过核心关键技术的调控，可以明显促进机采棉的集中成铃特性：筛选品种与栽培技术集成配套，深松土壤扩库增容，适期播种一次成苗，苗期控氮控旺提弱，全生期养分要素盛蕾期一次施用，按主茎日增量精准化调，重施叶面肥，限高打顶，喷施催熟脱叶剂。通过机采棉集中成铃核心关键调控技术，建立以集中成铃、集中吐絮为主要内容的栽培学理论来推动棉花生产机械化和现代化，明确集中成铃的内涵、指标体系、调控因子网络和影响调控因子的核心关键技术及物化产品，光温富能期铃聚度80%以上，优质结铃数和铃重显著增加，实现了机采棉大面积生产、收获、加工全产业链示范的成功。相关成果获省部级一等奖1项、二等奖2项，制定、修订相关地方标准3项、在三大棉区推广应用，取得了显著的经济效益、社会效益和生态效益。

（二）技术示范推广情况

该技术自2014年起在主产棉区开展机采棉试验示范，在我国主产棉区建立了机采棉集中成铃新植棉模式。

（三）提质增效情况

示范点种植密度5 400株/亩，单株成铃13.4个，铃重4.0g，籽棉产量289kg/亩。非示范点种植密度5 380株/亩，单株成铃11.2个，铃重3.9g，籽棉产量234kg/亩。示范点比非示范点群体成铃每亩增加12 104个，增加20.1%，籽棉产量每亩增加55kg，增产23.5%。集中成铃、含絮力适中、吐絮畅，一次性机收采净率约94%，含杂率2.5%，棉花机采效果比较好。机采棉栽培与集中收获技术有效解决了湖北机采棉关键技术难点，比人工采摘成本降低近七成，实现了麦（油）棉连作，确保了粮棉油不争地，提高了棉花的机械化生产整体水平。机采棉集中成铃调控核心关键技术的应用，节省人工 8 个，肥料减少 15%、农药减少 15%，亩增效 500 元以上，并解决了棉花生产的最大瓶颈问题——劳动力不足，从长远看有利于实现我国棉花产业的可持续发展。集成技术的推广应用将促进棉花产业提质增效和棉农增收。

（四）技术获奖情况

该技术荣获 2016—2018 年度年全国农牧渔业丰收奖一等奖，2022 年度湖北省科学技术进步奖二等奖，2022—2023 年度神农中华农业科技奖科学研究类成果二等奖。

二、技术要点

集中成铃调控核心关键技术：评价和筛选集中机采棉品种；采用"直密早"模式直播，行距 76cm；全耕层培肥：土壤扩库增容，解决机采棉耕系浅高产难的问题；一播全苗壮苗：专用包衣种子，机械精量播种，1 穴 1 粒，出苗率 90% 左右，解决无地膜难拿苗的问题；苗期控氮，稳长早发：减少苗期氮肥，促进花芽分化，免间苗定苗，解决苗期旺长，后期株高难控的问题；水肥耦合：盛蕾期一次性施全生育养分要素专用肥，蕾后"增浓加频"重施叶面肥，解决减少施肥次数，增加营养要素的问题；精准定量化调：依主茎日生长量指标调控株高，控制在 110cm 以内，限高打项，解决常规化控不能精准化控的问题；农艺农机融合：全程机械化管理，轻简化栽培，无人机防控病虫，解决人工除草、打药费工费时的问题；化学脱叶催熟：高效脱叶催熟，集中成铃，集中吐絮，棉株脱叶率 90% 以上、吐絮率 95% 以上，解决了机采棉集中成铃，一次性收获的问题；机械采收：摘锭式采棉机收获，一次性采净率 90% 以上，含杂率 10% 以下，解决了提高收获质量的问题。

（一）一播全苗促齐苗

1. 整地要求

土壤深松后需足墒镇压，促进一播全苗、棉苗长势整齐。油菜茬一定要翻耕，翻耕后旋耕 3 次。整地具体要求："深"（翻耕深度为 25～30cm）、"透"（充分旋耕 3 次）、"实"（土壤上虚下实，上不板结，下不架空）、"平"（耕层深度一致，沟直厢平）、"足"（底墒充足，注意保墒）、"净"（不留或少留残茬，以免影响播种出苗）、"碎"（不能有大土块，确保种子接触土壤，土层表面土壤细碎）。

2. 播种要求

依靠播种量保全苗，依靠人工间苗控制密度，以确保棉花生长整齐度的传统播种方式，并不符合机械化生产的要求，精量播种技术是现代化植棉的方向。采用多功能一体播种机一次性完成旋耕、镇压、播种、覆土、镇压、喷药（喷甲基立枯磷防苗病）等作业。

内地棉区每公顷播种量为 22.5kg，播种深度为 2cm，76cm 等行距种植，株距为 8.5cm，每穴 1 粒，每公顷播 157 500 穴。播种质量要求：播深一致，播行端直，行距一致，下籽均匀，1 穴 1 粒率要 95% 以上，确保每公顷成苗 75 000 株以上，覆土碎细均匀、封土严密。

新疆棉区干播滴水出苗：

（1）土壤指标。整地时土壤含水率在 10%～20%。播种前土壤表层 5～10m 的土壤含水率低于 5%。

（2）农机作业指标。犁地深度 30m 以上，对角耙使用平土框作业，调整角度不小于 1，化学除草指标：要求封闭除草剂用水量 60kg/亩以上。

（3）播种作业指标。播种时表土层，沙土 5cm 干土层（湿度＜10%），沙土及黏土 5~8cm 干土层（湿度＜10%），采用侧封土。一膜三带 12~13 穴播种机，行距配置（63+13）m 或（66+10）m，错位＜3%，空率＜2%。长绒播种深度 2~2.5cm，陆地播种深度 1.5~2cm。

（4）中耕作业指标。耕深 12~15cm。封土后中耕，耕深 15~18cm。

（5）滴水作业指标。长绒棉膜内最低温度 12℃，陆地棉膜内最低温度 14℃，沙壤土或沙土地滴水过种穴 5~10cm，黏土地滴水过种穴 10cm，12h 后测量种穴电导值，电导率 1.5mS/cm 即可。采用 2.6L/h 以下流量滴灌带，末端压力在 0.1MPa 左右。

（6）封土作业指标。1 叶 1 心开始覆土封穴，适封土。重盐碱土地（电导率 22.5mS/cm）建议不封。

（二）破除草荒促壮苗

1. 播种前田地的准备

前茬作物收获后霜前，每亩可选用 10% 草甘膦水剂 500~800g 或 41% 农达水剂兑水 30~45L，全田喷雾。

2. 播种期的土壤处理

播种后出苗前进行封闭除草，每亩可选用 33% 二甲戊灵 150~200mL，兑水 30~45L 对土壤表面均匀喷雾后再耙匀。杂草出土后，视杂草的草龄与种类选用茎叶处理型的选择性除草剂进行防除。

3. 杂草茎叶处理

棉花幼苗期在选择除草剂种类时要注意安全性问题。田间禾本科杂草为害可在苗期解决，在现蕾前或蕾期防治阔叶杂草。混生杂草严重的棉田，采用 10% 乙羧氟草醚乳油 40mL+10.8% 精喹禾灵乳油 40mL，兑水 30~45L，进行茎叶喷雾，药后 25d 对禾本科杂草的株防效可达到 61.14%，对阔叶杂草的株防效可达到 100%。

棉花进入蕾期后，下部茎秆木质化程度较高，视田间的杂草发生情况选择合适的除草剂种类。可采用播种行施药的办法，做到"见草打草"。5% 精禾草克和 5% 精喹禾灵等可作为优先选择的除草剂。

（三）中耕

雨后适墒中耕，中耕深度为 10~14cm，宽度在 22cm 以上。通过中耕散湿，增加土壤透气性，提高地温，清除棉田杂草，以培育壮苗。棉苗 3~4 片真叶时，进行 1 次深中耕作业，促进棉苗早发、壮发。

（四）苗期管理

1. 施肥

棉苗长势较弱和晚发的棉田，每亩用尿素 150g+适量的营养型植物生长调节剂兑水后进行 2~3 次叶面喷雾，促进棉苗早发、快速生长。

棉花弱苗极易诱发棉花烂根病的流行，应提高棉苗的抗逆性。在棉苗发病前或发病初期及时防治，尤其遇低温阴雨天气时，可选用枯草芽孢杆菌、氨基寡糖素、赤·吲乙·芸苔、芸苔素内酯、霜霉威盐酸盐、多抗霉素、噁霉灵等药剂控制烂根病的发生和发展，也可辅以磷酸二氢钾、腐植酸、氨基酸、甲壳素等。

2. 防治害虫

棉花苗期重点防治蜗牛、地老虎、棉蓟马等害虫。

（五）全程化调

3叶期：主茎日增长量超过1cm时，每亩喷施甲哌鎓（98%）0.3~0.5g。6~8叶期：主茎日增长量超过1.5cm时，每亩喷施甲哌鎓0.5g。蕾期：主茎日增长量超过2cm时，每亩喷施甲哌鎓1g，间隔时间7d；一次性施用蕾肥后，每亩喷施甲哌鎓2~3g。花铃期：主茎日增长量超过2cm时，每亩喷施甲哌鎓1.5g，间隔时间7d。打顶后，每亩喷施甲哌鎓3g。

（六）蕾期管理

蕾期需保障充足的养分供应，搭好丰产架子。及时化调，做到动态监测、分类化调、适期化调。清理棉田杂草、防治虫害。

1. 及时化调塑造理想株型

以主茎日增长量为参考指标，及时化调。调控的目标是第一果枝节位高度为20~25cm，主茎节间长度在6cm左右，将棉花株高控制在110cm以下，单株果枝数为14个左右。

2. 一次性施用蕾肥

7月中下旬或盛蕾期一次性施足肥料，每亩施生物有机肥50kg+复合肥（N、P_2O_5和K_2O的质量分数均为15%）50kg+尿素（N质量分数大于46%）10kg+钾肥（K_2O质量分数大于60%）10kg。特别注意施肥前需化调，梅雨季节过后抢墒沟施，施肥深度为15cm，施后中耕培苑。重施蕾肥可以缓解根系在生长高峰期后的生长速率下降，促进土壤中下层新根的产生。

3. 蕾期虫害防治

构建病虫害绿色高效防控技术体系，推行无人机飞防和统防统治标准化防控。蕾期主要虫害包括棉蚜、棉叶螨（红蜘蛛）、盲蝽象、棉蓟马。蕾期棉蚜主要以伏蚜为主，可选用烯啶虫胺、氯噻啉、灭蚜酮等药剂轮流使用。干旱棉田易发生棉叶螨（红蜘蛛），有螨株率低于15%时挑治，超过15%时普治，选用阿维菌素、哒螨啉等药剂。盲蝽象主要为害棉株的顶芽、幼叶、花蕾和幼铃，一般早晚活动，易迁飞，防治时间为08：00前和18：00后，可选用甲氨基阿维菌素、马拉硫啉等药剂，由外向内喷雾。棉蓟马主要为害棉株上部嫩叶和花，选用啶虫脒、高含量的吡虫啉等药剂防治。

（七）花铃期管理

花铃期是棉花营养生长和生殖生长并进阶段，也是产量形成的关键时期。花铃期棉田的管理重点是保证充足的水肥供给，因地制宜，适时适量灌溉、化调，确保棉花不旺长、不早衰，为产量形成积极创造条件。

1. 化调

花铃期主茎日增长量超过2cm时，每亩喷施甲哌鎓1.5g左右，间隔时间7d喷施。实行分类指导，促控结合。对生长缓慢和株高不足60cm的棉花，以促为主，达到促弱转壮的目的。对棉株生长过旺且墒情、肥力较好的棉田，用化调等手段控制棉花营养生长。对于株高不足60cm、叶片为深绿色或灰绿色、出现"蕾包头"现象的棉田，建议使用赤霉素+胺鲜酯（芸苔素内酯）。

2. 喷施叶面肥

蕾期至盛花期是棉花水肥需求高峰期，需加大水肥投入，尤其是连续高温天气过程。喷施叶面肥磷酸二氢钾和液态中化化肥（总含氮量为422g/L），根据棉花长势确定喷施次数和单次肥料用量。注意盛花期不能施用高浓度的叶面肥。

3. 虫害防治

花铃期主要害虫包括盲蝽象、棉铃虫、斜纹夜蛾、烟粉虱。

4. 打顶

8月8—15日棉花株高在100~110cm时打顶。根据棉花长势、气候特点，机采棉应适期打顶，弱苗田和前期受灾较严重棉田可适当推迟打顶。打顶时要求打掉1叶1心，一块地一遍过，确保漏打顶率不超过1%。长势偏旺、叶枝较多的棉株，打顶时同时打去群尖顶心。打顶后7d每亩用甲哌鎓6~10g封顶，确保收获时株高在100cm左右。采用化学打顶时每亩用10g甲哌鎓兑水30kg喷施棉花顶端生长点。

（八）吐絮期管理

10月上旬至中旬，棉花自然吐絮率达到40%时，可进行脱叶催熟。要求药后5d气温稳定，日最低气温大于等于14℃，或者日最高温度大于20℃、日平均温度大于15℃。每亩用欣噻利（50%噻苯·乙烯利悬浮剂）150~180mL或噻苯隆（50%可湿性粉剂）30~50g+乙烯利（40%水剂）250~300mL均匀喷雾。也可采用无人机喷施，采用脱吐隆和乙烯利混剂脱叶2次。第一次每亩喷施脱吐隆（36%噻苯隆+18%敌草隆）10mL+乙烯利（40%水剂）40mL，第二次喷施脱吐隆5mL+乙烯利80mL。第二次施药后15~20d，脱叶率和吐絮率均大于90%。先脱叶后催熟，可避免叶片脱落时黏附在棉絮上增加杂质。烈日、大风、降雨前禁止施用脱叶催熟剂，喷药后1~2d如遇降雨则需重喷。

三、适宜区域

该技术适宜西北内陆，包括新疆、甘肃、内蒙古等省（区）；黄河流域、长江流域示范需规范种植模式配备机械设备等。

四、注意事项

在技术推广应用过程中需特别注意的是要选择集中成铃、集中吐絮的机采棉品种，要使用棉花专用的播种一体机播种，以保证做到一播全苗壮苗。精准定量化调，控制株高在1.1m以内。机采棉规模化应用强调综合技术和配套技术。

技术依托单位

1. 湖北省农业科学院经济作物研究所

联系地址：湖北省武汉市洪山区南湖大道43号

邮政编码：430072

联 系 人：别　墅　王琼珊

联系电话：13971224844

电子邮箱：bieshu02@qq.com

2. 全国农业技术推广服务中心

联系地址：北京市朝阳区麦子店街20号

邮政编码：100125

联 系 人：陈常兵

联系电话：13621346811

3.中国农业科学院棉花研究所

联系地址：河南省安阳市黄河大道38号

邮政编码：455000

联 系 人：李亚兵

联系电话：13101722982

电子邮箱：criliyabing@163.com

新疆棉花全生育期主要病害绿色防控技术

一、技术概述

（一）技术基本情况

1. 推广技术研发背景

棉花产业是关系我国国计民生的支柱产业，也是影响世界大宗农产品及下游纺织品贸易格局的战略性产业。进入 21 世纪以来，我国实施了棉花区域布局的战略性调整，棉花种植向新疆集中转移。2023 年，新疆棉花种植面积与产量分别为 3 553.95万亩和511.2 万 t，占全国棉花总种植面积及总产量的 84.98%、90.99%，对保障全国棉花产业发展、纺织业安全、新疆当地经济发展和社会稳定等方面至关重要。

在新疆，由于棉花集中大面积连作以及覆膜、滴灌、果棉套作等栽培新模式的普及，新疆棉花病害的发生规律出现了根本性演变，特别是新疆棉花连作模式，棉花苗病（立枯病、红腐病）、棉花枯黄萎病持续加重，棉花密植模式以及蓟马等害虫为害导致棉花铃病更易频发暴发。这些病害的持续加重发生和为害，已成为新疆棉花近些年安全生产的突出问题，亟须研发和推广有效预防控制和综合治理技术。

2. 解决的主要问题

一直以来，针对棉花病害的防治乱用滥用农药现象普遍，棉农单纯大量喷施或滴灌化学杀菌剂，这些措施不仅防效甚微，还严重破坏土壤微生态平衡，且造成严重生态环境污染，同时还大幅度提高种植成本。针对新疆棉花连作和"矮、密、早、膜"栽培模式下棉花苗病、枯黄萎病、铃病等主要病害持续严重发生且过度依赖化学防治的突出问题。该技术主要解决棉花病害防治技术一体化集成问题：在研究明确棉花主要病害的分布流行和发生演替规律基础上，研发棉花主要病害病原检测技术并创新抗性品种利用技术，积极发展以生物防治为主的棉花病害预防控制技术，创新化学农药科学使用的棉花病害应急防治技术，最终集成棉花主要病害全程绿色防控技术模式并推广应用，全面提升棉花病害绿色防控技术水平，为持续推动新疆棉花产业绿色高质量发展提供重要科技支撑。该技术主要解决如下 3 个问题：

一是创新棉花抗病品种利用技术。基于新疆棉花病害历史数据和发生规律，持续开展棉花主要病害（苗病、枯黄萎病、铃病等）的病原形态或分子检测，明确发生病害的种类；针对枯黄萎病病原，利用基因标记明确致病型种类。持续开展棉花主栽品种对棉花主要病害的抗性鉴定，筛选抗性品种。根据田间病原及其致病型特征，推广以"抗性品种利用"为核心的棉花病害综合防治技术体系。

二是发展以生物防治为主的棉花病害预防控制技术。筛选高效防治棉花主要病害的生防制剂、免疫诱抗剂等绿色防控产品，构建种子包衣防苗病、滴灌喷施防枯黄萎病等棉花主要病害生物防治措施，改良土壤健康状态、提高棉花植株抗性，实现对棉花主要病害的预防与控制。

三是创新农药科学使用的棉花病害防治技术。筛选高效防治棉花主要病害的杀菌剂、天然产物农药等产品，定时开展棉花主要病虫害调查，在病害发生早期及时科学用药，花铃期及时杀虫（蓟马和棉蚜）防铃病，实现对棉花病害的有效防治。

在上述技术创新的基础上，创新棉花主要病害绿色防控策略，通过核心防控产品的遴选和科学组装，构建形成适宜新疆棉花主要病害全生育期绿色防控技术。

3. 专利范围及使用情况

"十三五"以来申请获批针对棉花主要病害鉴定检测、生防菌剂及化学杀菌剂研发与利用等系列发明专利，分子标记和引物对以及检测棉花植株对黄萎病菌抗性的方法和试剂（ZL 201611129898.8）、利用特异基因鉴定高致病型大丽轮枝菌的方法及其应用（ZL 201310524788.1）、一种鉴定大丽轮枝菌弱致病型的核酸和引物对及试剂盒（ZL 201310587324.5）、改进的全生育期人工病圃棉花品种黄萎病抗性鉴定方法（ZL 201510675468.5）、利用实时定量 PCR 快速鉴定棉花黄萎病抗性的方法（ZL 201610528387.7）等 13 项发明专利，为棉花抗病品种筛选和利用提供技术支撑。防治棉花黄萎病的菌剂及其制备方法和它们的应用（ZL 201310524820.6）、一种微生物菌剂及其应用（ZL 202210894220.8）、蛋白激发子 VdSCP126 在提高植物抗病能力中的应用（ZL 201910647486.0）、一种微生物菌肥及其应用（ZL 202210995379.9）、来源于雷公藤的植物杀菌剂其制备方法和应用（ZL 201610915318.1）、棉花内生真菌 CEF-082 及其在棉花黄萎病防治中的应用（ZL 201510744233.7）、枯草芽孢杆菌 HMB28948 及其应用（ZL 201710158062.9）、具有降解无机磷和抑菌作用的解淀粉芽孢杆菌及其应用（ZL 201610876823.X）"等 11 项发明专利为适用于微生物菌剂、可湿性粉剂及种子包衣剂的开发，为棉花黄萎病生防产品创制提供了技术支撑。棉花铃期病害智能排查分析系统 V1.0（2021SR2208643）获软件著作权登记，为棉花铃病智能调查提供支撑。

（二）技术示范推广情况

在"十三五"国家重点研发计划"棉花化肥农药减施技术集成研究与示范""十四五"国家重点研发计划"新疆棉花病虫害演替规律与全程绿色防控技术体系集成示范"、公益性行业（农业）科研专项"作物黄萎病综合治理技术方案"等项目支持下，创建了"政府主导+专家指导+协同推进"推广模式，与新疆棉花主产县市和团场全面对接合作，通过示范展示、集中培训、技术服务、线上咨询、媒体宣传、微信群授课等模式推广"新疆棉花主要病害全生育期绿色防控技术"。2017 年以来，相关技术在新疆石河子、喀什、阿克苏、博乐、阿拉尔等棉区累计推广逾 1 500 万亩，社会效益、经济效益及生态效益显著。该技术作为"十三五"国家重点研发计划"棉花化肥农药减施技术集成研究与示范"项目的核心成果，获得了专家组的充分肯定和高度评价，综合绩效评价优秀。

（三）提质增效情况

新疆棉花主要病害生育期绿色防控技术推广应用有效控制了棉花苗病、黄萎病、铃病等主要病虫害的发生和为害，常年综合防控效率 60% 以上。在技术示范区，以生物防治为主的棉花黄萎病控制技术防治效果 65% 以上，最高可达 89.7%，农药减量 25.0% 以上，较传统的防治技术防效提高 30% 以上。挽回棉花产量 10% 以上，每亩增加收益 200 元以上。采用防虫控制铃病发生的防治措施，棉田农药减量 28.2%～31.5%，棉花增产 4.3%～6.2%，在兵团示范区节本增效 89.4～121.5 元/亩。通过技术辐射，有效控制近年棉花主要病虫害的发生和为害，促进了棉花产业的绿色发展。

（四）技术获奖情况

新疆棉花主要病害生育期绿色防控技术的创新与推广应用获得了农业技术推广系统和广大棉农的充分肯定，也获得了主管部门和同行专家的高度评价。《棉花黄萎病抗性鉴定技术规程》（NY/T 2952—2016）、《棉花品种枯萎病抗性鉴定技术规程》（NY/T 3427—2019）、《棉花黄萎病防治技术规程》（NY/T 3690—2020）《棉花黄萎病综合防治技术规程》（DB65/T 4314—2020）、《棉花苗病测报技术规范》（报批稿）等棉花抗性鉴定利用技术和综合防治技术通过了农业农村部和新疆维吾尔自治区农业行业标准，"棉花黄萎病生防制剂筛选鉴定及微生物肥料研制技术集成与应用"获新疆生产建设兵团科学技术奖二等奖（2020），"棉花枯、黄萎病抗性鉴定技术创新与应用"获河南省科学技术进步奖一等奖（2014），以生物防治为主的棉花病害预防控制技术入选新疆维吾尔自治区 2021 年农业主推技术并获新疆维吾尔自治区科学技术进步奖二等奖（2020）。

二、技术要点

（一）主体技术

1. 品种利用

因地制宜选用通过审定的棉花抗病高产优质品种，种子脱绒精选，发芽率 95% 以上。特别针对枯黄萎病，选种抗（耐）黄萎病、高抗枯萎病的品种，对控制棉花枯萎病为害、减轻黄萎病发生具有关键作用；有条件的地方，开展田间病原致病型检测，根据致病型选用相应抗病品种，推广抗性品种精准布局措施。

2. 生物防治

侧重提前预防，及时根据棉花主要病害发生时间规律进行生物防治，预防病害发生。

（1）利用微生物菌剂、植物免疫诱抗剂和生长调节剂等进行种子包衣处理，对立枯病、红腐病等苗期病害具有显著的防治作用，对控制枯黄萎病发生也具有一定作用。微生物菌剂需要选用通过国家农药或肥料登记的枯草芽孢杆菌或复合微生物制剂等，免疫诱抗剂可选用氨基寡糖素、激活蛋白等，生长调节剂可选用芸苔素内酯等。

（2）干播湿出棉田滴出苗水或非干播湿出棉田头水时随水滴灌生防菌剂，建议用量 0.5kg/亩，提高苗病防治效果；出苗后可选择 0.01% 芸苔素内酯水剂、8% 胺鲜酯和聚氨肽等进行喷施，健苗壮苗，增强棉苗抗性，减轻苗病发生。

（3）根据枯黄萎病发生时间规律，提前 2 周（一般在 6 月初）再次滴灌生防菌剂或复合微生物制剂，用量 1kg/亩，按随水肥在滴灌结束前 2h 施用，发病中等和重病田建议滴灌 2 次，间隔 10~15d。发病前（一般在 6 月初）或发病初期（一般在 6 月中下旬）喷施诱抗剂，可选用 400 倍氨基寡糖素或 1 000 倍激活蛋白等诱抗剂，提高棉花抗病能力，7~10d 喷施 1 次，喷施 2~3 次。

（4）在铃病发病初期（一般在 7 月中下旬），对叶面喷施 0.5% 的氨基寡糖素 400 倍液和棉萎克 1 000 倍液或激活蛋白 1 000 倍液等，能明显减轻病害的发生。

3. 科学用药

侧重应急防治，在病害发生初期，及时进行化学农药防治，减轻病害为害。

（1）种子包衣处理时添加杀菌剂，可显著控制苗病发生和为害。包衣杀菌剂可选用 25% 噻虫嗪·咯菌腈·精甲霜灵、30% 噻虫嗪·嘧菌酯·咪鲜胺、咯菌腈、萎锈·福美双、精甲霜灵等。

（2）在棉苗开始显行时，遇到阴雨、低温的天气，喷施65%代森锌800倍液，50%多菌灵或甲基硫菌灵1 000倍液可以预防和控制苗期病害发生。

（3）黄萎病潜伏期（一般6月初），可以滴灌三苯基乙酸锡结合苯醚甲环唑等杀菌剂或氯溴异氰尿酸，减轻黄萎病发生和为害。

（4）在花蕾和幼铃期（一般在7月中下旬），重点喷药预防铃病发生，可选用三乙膦酸铝、多抗霉素等药剂进行防治。发病初期（8月上中旬）喷施30%吡唑醚菌酯2 500倍液，间隔7~10d再喷施1次。

4. 治虫防病

通过防治花蕾期和幼铃期棉蚜和蓟马虫口基数可显著减轻铃病发生和为害。棉蓟马可选用苦参碱、乙基多杀菌素、吡虫啉、噻虫嗪、啶虫脒等进行防治；棉蚜可选用苦参碱、吡蚜酮、氟啶虫胺腈、啶虫脒等药剂进行防治。70%噻虫嗪种衣剂可有效防控苗期棉蚜和蓟马30~40d，降低花蕾期和幼铃期棉蚜和蓟马虫口基数。

（二）配套技术

1. 栽培技术

（1）采用干播湿出宽膜、超宽膜（4.4m宽）覆盖栽培技术，可有效减轻和降低苗期病害的发生。

（2）健身栽培，合理水肥运筹，增施有机肥，提高土壤有机质含量，促进棉株体健康生长发育。有条件的区域，可与水稻、玉米和小麦等禾谷类作物轮作，对控制枯黄萎病发生和为害作用明显。

（3）加强水肥管理，合理密植，避免棉花贪青晚熟，提高棉株抗病虫能力，可以有效减轻铃病发生。

2. 农业防治

清洁棉田及四周的残枝、落叶、烂铃和杂草，秋季深翻，有条件的棉区秋冬灌水保墒，压低病虫越冬基数。对于重病田进行棉田深翻，深翻深度60cm，破除板结层、改善土质，可将耕作层的病菌翻入耕作层以下，减轻病害发生，一般3年深翻1次。

3. "治虫防病"生态调控技术

棉田周围种植碱蓬、苦豆子等植物，给瓢虫、草蛉等天敌提供良好的栖息场所，涵养天敌，利用天敌来控制棉蚜、蓟马等害虫的数量，可减轻棉铃病害发生和为害。

三、适宜区域

适宜推广应用的主要区域为新疆棉区。

四、注意事项

一是应仔细阅读相关药剂说明书，注意微生物菌剂、免疫诱抗剂是否可与杀菌剂及肥料混合使用。

二是选用药剂按照使用说明书规定剂量使用，严格执行农药使用操作规程，避免过量使用农药，保护生态环境，遵守农药安全间隔期。

三是病害得到控制后如遇连日阴雨，容易导致病害复发，天晴后及时补充滴灌和喷施；

叶片喷施时应注意先浇水，后喷施。

技术依托单位

1. 中国农业科学院植物保护研究所

联系地址：北京市海淀区圆明园西路2号

邮政编码：100193

联 系 人：陈捷胤

联系电话：13810055311

电子邮箱：chenjieyin@ caas. cn

2. 全国农业技术推广服务中心

联系地址：北京市朝阳区麦子店街20号

邮政编码：100125

联 系 人：刘　杰

联系电话：15210979067

电子邮箱：cbliujie@ agri. gov. cn

3. 中国农业科学院棉花研究所

联系地址：河南省安阳市文峰区黄河大道38号

邮政编码：455000

联 系 人：朱荷琴

联系电话：13523725595

电子邮箱：heqinanyang@ 163. com

4. 石河子大学

联系地址：新疆维吾尔自治区石河子市北四路221号

邮政编码：832000

联 系 人：刘　政

联系电话：13779598420

电子邮箱：lzh8200@ 126. com

5. 河北省农林科学院植物保护研究所

联系地址：河北省保定市莲池区东关大街437号

邮政编码：071000

联 系 人：马　平

联系电话：13603228622

电子邮箱：pingma88@ 126. com

6. 新疆农业科学院植物保护研究所

联系地址：新疆维吾尔自治区乌鲁木齐市南昌路403号

邮政编码：830091

联 系 人：刘海洋

联系电话：15160970355

电子邮箱：liuhaiyang001@163.com

7. 新疆维吾尔自治区植物保护站

联系地址：新疆维吾尔自治区乌鲁木齐市天山区胜利路147号

邮政编码：830006

联 系 人：王惠卿

联系电话：15160886227

电子邮箱：154688997@qq.com

燕麦"双千"密植高产高效种植技术

一、技术概述

（一）基本情况

在国家实施"草牧业""粮改饲"等政策以及大食物观背景下，国内饲草需求量不断扩大，燕麦是粮饲兼用作物且是优质饲草，目前燕麦优质饲草的自给率较低，无法满足畜牧业高质量发展对优质饲草料的需求，主要依靠进口，每年燕麦草进口量 20 万 t 左右。针对上述问题，该团队以燕麦粮饲"双千"为目标，选育、审认定"蒙农大 4 号燕麦""蒙农大 5 号燕麦""蒙农大 8 号燕麦""蒙农大 9 号燕麦""白燕 7 号"等燕麦新品种 5 个。通过连续 10 余年试验研究，集成创新了年大于等于 10℃积温 2 700℃以上水浇地"一粮一草"双季种植技术、"双季饲草"种植技术、燕麦—箭筈豌豆间作等技术，构建了燕麦粮饲"双千"种植技术模式，该模式燕麦粮饲亩产可达到 1 000kg，产值 2 000 元/亩以上，解决优质燕麦饲草短缺，依赖进口的问题，带动农牧民增收，助力乡村振兴。相关技术已选育新品种 5 个、制定地方标准 5 项、授权实用新型专利 1 项、登记科技成果 6 项、登记软件著作权 2 项，获省级科技进步奖一等奖 2 项、二等奖 1 项，省级自然科学奖二等奖 1 项，第四届中国技术市场协会三农科技服务金桥奖一等奖 1 项，神农中华农业科技奖三等奖 1 项，内蒙古农牧业丰收奖一等奖 2 项。

（二）技术示范推广情况

2006 年至今，燕麦新品种、"双季"种植、燕麦—箭筈豌豆间作等技术已经在内蒙古土默川平原灌区、河套平原灌区、西辽河灌区、松嫩平原等地区以及云南进行示范推广，累计面积 200 余万亩。

（三）提质增效情况

2006 年至今，在呼和浩特市土默特左旗、包头市土默特右旗、巴彦淖尔市临河区、吉林省白城市等地开展了燕麦"双季"种植技术研究与示范。

1. 品质

"一粮一草"种植技术燕麦籽粒和秸秆产量分别为 200~300kg/亩和 450~500kg/亩，饲草干草产量 400~650kg/亩，粮饲产量 1 000kg/以上；"双季饲草"种植技术饲草产量 1 000kg/亩以上，饲草粗蛋白和粗脂肪含量 12.0% 以上（可达到一级青干草质量标准），酸性纤维含量 22%~28%，中性纤维含量 46%~56%，可溶性糖含量 8.7%~10.1%。

2. 投入成本

按照亩投入种子费 100 元、作业费 150 元，化肥费 60 元，灌溉费 200 元。

3. 经济效益

根据前期研究及示范产量结果，"一粮一草"种植技术燕麦籽粒平均产量 250kg/亩，秸秆平均产量 490kg/亩，干草产量 495kg/亩，按照燕麦籽粒价格 3.5 元/kg、秸秆价格 1 500

元/t、干草（饲草）价格 2 200 元/t 计算，亩收入 2 699 元；"双季饲草"种植技术饲草产量 1 000kg/亩以上，亩收入 2 200 元以上。与单季种植（籽粒）和单季饲草相比，亩收入增加 1 069 元和 451 元。

4. 生态效益

饲草是生态建设主力军和牧区人民生存物质基础，种植燕麦可弥补饲草短缺，缓解草原生态压力，充分发展草畜一体化、物质循环利用和有机环保理念的生态循环农业经济发展模式。同时，燕麦具有抗旱耐瘠薄特性，种植燕麦具有节水节肥减蚀作用，实现农业可持续发展，为提高区域综合生产能力和生态环境保育及耕地质量提升提供重要技术支撑。

（四）技术获奖情况

"吉林西部燕麦种植模式、水肥生理及加工利用技术理论基础研究"荣获 2014 年度吉林省科学技术进步奖一等奖、"燕麦高产优质品种选育与栽培技术集成创新与应用"荣获 2016 年度内蒙古自治区科学技术进步奖一等奖、"农牧交错风沙区农田覆被固土保水耕作技术体系"荣获 2013 年度内蒙古自治区科学技术进步奖二等奖、"饲用作物高产优质栽培生理基础研究"荣获 2010 年度国家自然科学奖二等奖、"燕麦新品种与绿色种植技术成果应用"荣获 2023 年第四届中国技术市场协会三农科技服务金桥奖一等奖、"燕麦产业化核心关键技术创新及应用"荣获 2017 年度神农中华农业科技奖科研成果三等奖、"西辽河流域优质饲用农作物种植及利用技术开发"荣获 2014 年度内蒙古自治区农牧业丰收奖一等奖、"中国—加拿大肉羊饲用作物种植技术研究与示范推广"荣获 2017 年度内蒙古自治区农牧业丰收奖一等奖。

二、技术要点

（一）核心技术

1. 品种选择

选择饲用燕麦品种（图 1），如蒙农大 4 号燕麦、蒙农大 5 号燕麦、蒙农大 8 号燕麦、蒙农大 9 号燕麦、白燕 7 号、坝燕 6 号、坝燕 7 号等高产优质粮饲兼用品种，选择饱满、均匀一致的种子。

图1 不同燕麦品种"双季"生产比较

2. 整地

秋季深翻，深度 20~25cm；第二季在第一季收获后及时旋耕整平。

3. 播种时间

第一季在 0~5cm 土层土壤温度达到 5℃ 即可播种，一般为 3 月下旬至 4 月中旬；第二季播种时间为 6 月下旬至 7 月中旬（图2）。

4. 播量

（1）"一粮一草"种植技术。第一季播种量 8~10kg/亩；第二季播种量 15~20kg/亩。

（2）"双季"饲用燕麦种植技术。两季播种量 15~20kg/亩。

5. 灌水

生育期灌水采用滴灌或喷灌高效节水灌溉方式。若遇干旱，播种后需灌水，滴灌量 15~30m³/亩；苗期到分蘖期灌溉 1 次，灌溉量 20~30m³/亩；拔节期到抽穗期灌溉 1 次，灌溉量 35~40m³/亩；抽穗期到灌浆期灌溉 1 次，灌溉量 20~25m³/亩。具体灌水视降水情况而定。

6. 收获

（1）籽粒生产。进入蜡熟期即可用稻麦联合收割机直接脱粒或用小型割晒机收获籽粒。

（2）饲草生产。进入灌浆末期收获饲草，留茬高度 5~7cm，鲜草裹包青贮或调制青干草。

（3）晾晒与贮藏。收获后及时晾晒，籽粒含水量 13% 以下即可贮藏。饲草水分含量 14%~16% 即可打捆。

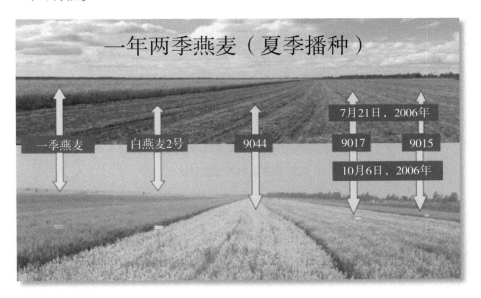

图2　燕麦"双季"生产田间示范效果

（二）配套技术

1. 燕麦与箭筈豌豆间作技术

（1）播量。选用生育期 100d 左右燕麦品种，燕麦播种量 10kg/亩、箭筈豌豆播种量 6kg/亩。

（2）种植方式。燕麦种植行距 20~25cm，带宽 3m（图3）；箭筈豌豆种植行距 20~30cm，带宽 1m，播种深度 3~5cm。

（3）收获。箭筈豌豆收割调制干草应在盛花期和结荚初期刈割；在盛花期刈割时留茬

5~6cm；结荚期刈割时，留茬3cm左右。

图3 燕麦与箭筈豌豆间作"双季"生产示范田

2. 化肥减量配施菌肥抗倒伏技术

播种时化肥减量20%~40%配施40kg/亩菌肥撒施地表，然后进行旋耕，旋耕深度10~15cm，起到防倒伏作用（图4）。

图4 化肥减量配施菌肥抗倒伏示范田

三、适宜区域

适用于内蒙古自治区土默川平原灌区、河套平原灌区、西辽河灌区，吉林省松嫩平原、云南省、新疆维吾尔自治区等地区。

四、注意事项

"粮草"双季生产时收籽粒注意品种选用中早熟品种；饲草收获时间应在灌浆末期即乳熟期收获，产量及品质最佳。

技术依托单位
1. 内蒙古农业大学
联系地址：内蒙古自治区呼和浩特市赛罕区内蒙古农业大学东区农学院

邮政编码：010019

联 系 人：米俊珍

联系电话：13238408678

电子邮箱：mijunling1206@126.com

2. 吉林省白城市农业科学院

联系地址：吉林省白城市洮北区幸福街道三合路 17 号

邮政编码：137000

联 系 人：王春龙

联系电话：13500830529

电子邮箱：13500830529@139.com

3. 中国农业大学

联系地址：北京市海淀区圆明园西路 2 号

邮政编码：100083

联 系 人：曾昭海

联系电话：13911686202

电子邮箱：zengzhaohai@cau.edu.cn

4. 呼和浩特市农牧技术推广中心

联系地址：内蒙古自治区呼和浩特市玉泉区鄂尔多斯大街迎春巷 3 号

邮政编码：010051

联 系 人：王建华

联系电话：15248160860

电子邮箱：15248160860@163.com

5. 通辽市农业技术推广中心

联系地址：内蒙古自治区通辽市科尔沁区建国路 2349 号农牧大楼 12 楼 1206 室

邮政编码：028000

联 系 人：张福胜

联系电话：15947253576

电子邮箱：tl8426706@126.com

6. 巴彦淖尔市现代农牧事业发展中心

联系地址：内蒙古自治区巴彦淖尔市临河区新华西街农牧局大楼 3 楼

邮政编码：015000

联 系 人：张 华

联系电话：13234886626

电子邮箱：13234886626@163.com

7. 土默特左旗阿勒坦农牧业发展投资有限责任公司

联系地址：内蒙古自治区土默特左旗察素齐镇全胜路西

邮政编码：010100

联 系 人：王剑锋
联系电话：18647103684
电子邮箱：18647103684@ 163. com
8. 蒙草生态环境（集团）股份有限公司
联系地址：内蒙古自治区呼和浩特市新城区生盖营村蒙草种业中心
邮政编码：010000
联 系 人：王媛媛
联系电话：15947111688
电子邮箱：wyygem@ 126. com

马铃薯全生物降解地膜覆盖绿色增效技术

一、技术概述

（一）技术基本情况

地膜覆盖技术的大规模应用使得我国农业生产方式和区域种植结构发生了革命性的变化，为我国农业生产提供了重要保障。我国每年作物地膜覆盖面积约 2.6 亿亩，地膜给农业生产带来的增收高达 1 400 亿元。地膜使用为农业增产增收提供了重要的技术支撑，为加快农业生产发展、种植结构调整优化提供了重要保障。随着覆膜年限和用量的增加，部分地区地膜残留污染问题日益凸显。使用全生物降解地膜，在起到增温、保墒、抑草等作用前提下，在自然界存在的微生物作用下，最终完全生物降解，实现生产发展与生态保护相统一。

近年来我国马铃薯种植面积一直稳定增长，已成为我国第四大粮食作物。地膜覆盖可有效促进增温、保墒、除草，提高马铃薯产量。但传统 PE 地膜在马铃薯上使用后难回收，易造成残留污染，且易与秸秆混杂在一起，难以协同处理。将全生物降解地膜替代技术与马铃薯覆盖种植技术有机结合，实现高效节水、优质高产和生态保护，对解决马铃薯种植区马铃薯高效栽培问题提供一种新思路，具有很好的发展潜力。

（二）技术示范推广情况

探索"研产推用"相结合的试验示范以及推广应用新模式，以试验示范为抓手，农业农村部农业生态与资源保护总站与中国农业科学院农业环境与可持续发展研究所、内蒙古自治区农牧业生态与资源保护中心、山东省农业生态与资源保护总站、上海弘睿生物科技有限公司等开展合作，以新型农业合作社为依托，以龙头企业创新产品为载体，联合建立马铃薯覆生物降解地膜增产增效绿色栽培技术示范区，以点带面扩大新技术、新产品的推广效果。目前已在内蒙古乌兰察布、巴彦淖尔、山东青岛示范 1 万亩以上，在核心示范区及周边累计试验示范面积 2 万亩，辐射面积 20 万亩。

（三）提质增效情况

相较于传统马铃薯栽培模式节约用水 30%、增产 10%、节本增效 200 元/亩，同时马铃薯收获后秸秆可直接用于异位堆肥，实现了马铃薯种植的绿色低碳和环境友好。

（四）技术获奖情况

全生物降解地膜替代技术曾被列入 2018 年、2019 年农业农村部十项重大引领性技术；"全生物降解地膜替代技术应用评价与示范推广"获 2016—2018 年度全国农牧渔业丰收奖合作奖；"全生物降解地膜产品研发与应用"获 2021 年北京市科学技术进步奖二等奖。获批相关专利 6 项、地方标准 2 项、发表高水平论文 20 余篇。

二、技术要点

（一）种植前准备

1. 地块选择

选择地势平坦、土层深厚、土壤理化性状良好、保水保肥能力较强的地块。

2. 整地与施肥

对农田进行翻耕，翻耕的同时施肥，然后起垄；其中，翻耕深度 20~30cm；起垄时，垄底宽 90~100cm，垄面宽 30~40cm，垄高 20~30cm。施用马铃薯专用基肥，每公顷施氮肥 180kg、磷肥 70kg、钾肥 80kg。

3. 全生物降解地膜选择

全生物降解地膜的选择应该符合《全生物降解农用地面覆盖薄膜》（GB/T 63795—2017）的相关要求，选择厚度为 0.008mm 的无色全生物降解地膜，有效使用寿命在 70d 以上，最大拉伸负荷（纵、横向）1.5N 以上，水蒸气透过量 800g/（m²·24h）以下。

（二）覆膜播种

1. 覆膜铺管

在每垄上机械覆生物降解地膜，周边用土壤覆盖，并每隔 3~5m 在地膜中间压土，防止风将地膜吹起（图1）。滴灌管沿着垄的长度方向布设于垄面中部。

图1 内蒙古自治区马铃薯全生物降解地膜覆盖栽培

2. 播种

在农田土壤含水量 18%~22%、土壤温度≥10℃时播种，播种的时间为 2 月中下旬，每垄种植两行，株距 35cm。同时喷洒除草剂。

3. 覆土

播种 20d 左右，一般 3 月中旬在地膜上覆一层 3~5cm 的土壤，实现马铃薯幼苗自动破膜出土。注意掌握好再覆土的时间，重点是观察马铃薯发芽情况，过早再覆土会影响太阳辐射进入土壤，降低地膜增温性，过晚会导致马铃薯幼苗无法自动破膜，需要增加人工掏苗，降低马铃薯出苗率。

（三）栽培管理

1. 中耕除草

在 4 月中下旬，用机械对垄间进行中耕 1 次，以对垄间进行松土和除草（图 2）。

图 2　内蒙古自治区马铃薯全生物降解地膜中耕

2. 灌溉追肥

马铃薯生育期内，应根据该地区降水量及地面水分蒸发情况，适时进行灌溉，一般生育期内灌溉 5 次，每次灌水量 20~30m³/亩。在 5 月上旬及 6 月上旬，分别进行两次追肥，两次施肥每公顷氮肥 90kg、钾肥 150kg、磷肥 80kg 和氮肥 96kg、钾肥 216kg、磷肥 80kg。

（四）果实采收

对马铃薯抢收早收，以防烂薯、绿薯，6 月底或者 7 月初收获。春马铃薯收获后不需收集残膜，生物降解膜会自动降解，减少残膜污染，节省回收地膜的成本。

（五）废弃物处理

马铃薯采收期结束后，回收滴灌带，马铃薯秧、其他植物残体和生物降解地膜全部用于异位堆肥。

三、适宜区域

适用于内蒙古、山东、河北等省（区）春播马铃薯种植区。

四、注意事项

一是该技术为集成示范技术，应用时需要因地制宜、统筹考虑气候、作物、土壤等因素，合理选择区域、作物品种、产品规格、控施肥料、灌溉等。

二是使用全生物降解地膜应"一季一买"，尽量不要储存太长时间，储存时应放置于干燥避光的环境中，减缓自然老化过程。

技术依托单位

1. 农业农村部农业生态与资源保护总站

联系地址：北京市朝阳区麦子店街 24 号楼 13 层

邮政编码：100125

联系人：习　斌　靳　拓　许丹丹　黄　磊

联系电话：010-59196397

电子邮箱：nybstzzhbc@163.com

2. 中国农业科学院农业环境与可持续发展研究所

联系地址：北京海淀区中关村南大街 12 号

邮政编码：100081

联系人：刘　勤　严昌荣

联系电话：010-82106018

电子邮箱：liuqin02@caas.cn

3. 内蒙古自治区农牧业生态与资源保护中心

联系地址：内蒙古自治区呼和浩特市赛罕区乌兰察布东街 70 号

邮政编码：010013

联系人：张　雷　傅建伟

联系电话：0471-6652337

电子邮箱：nmnyhb@163.com

4. 山东省农业生态与资源保护总站

联系地址：山东省济南市历城区工业北路 200 号

邮政编码：250100

联系人：曲召令

联系电话：0531-81608081

电子邮箱：sdnyhb@shandong.cn

西北旱区马铃薯轻简高效节肥增效技术

一、技术概述

（一）技术基本情况

西北地区属于生态环境脆弱的干旱半干旱农业区，日照充足，昼夜温差大，气候冷凉，非常适宜马铃薯生长，是我国马铃薯重要产区。然而，该区马铃薯施肥不科学，普遍存在重施化肥轻施有机肥，重施氮磷肥轻施钾肥等经验施肥模式，造成资源利用效率低、环境风险大等诸多问题。此外，依托土壤测试推荐施肥存在条件不具备、测试不及时以及成本高等问题，迫切需要科学轻简的推荐施肥技术为指导。该技术以在西北地区开展的肥料田间试验建立的农学大数据为基础，通过模型模拟获得西北地区马铃薯最佳养分吸收量，揭示了土壤养分供应及肥料农学效率与产量反应的量化关系，构建了基于产量反应和农学效率的推荐施肥模型，并研发了科学轻简的养分专家系统（Nutrient Expert，NE），能够实现科学施肥的"最后一公里"跨越。该推荐施肥技术在西北地区广泛应用，通过科学施肥指导，能够保障马铃薯增产增收，实现化肥减施增效，推动马铃薯绿色高质量发展。

（二）技术示范推广情况

该技术 2017 年以来在我国西北旱作马铃薯产区广泛应用。以 NE 系统为核心技术指导施肥作为化肥减量增效重要技术支撑，已写入农业农村部种植业司化肥减量增效工作文件，并在全国农业技术推广服务中心组织的由全国各级农技推广部门参加的全国科学施肥会议上多次就 NE 系统指导施肥做技术培训。

（三）提质增效情况

示范区应用该技术马铃薯产量、经济收益和氮素利用率分别提高了 7%～10%、7%～15% 和 10～15 个百分点，减施氮磷化肥 20%～40%，减少氮素损失 10%～30%，减少温室气体排放 10%～15%。

（四）技术获奖情况

该技术为核心的科技成果"重要经济作物化肥减施增效关键技术及应用"获 2022—2023 年度神农中华农业科技奖科学研究类成果一等奖。

二、技术要点

（一）目标产量的确定

调查地块过去 3～5 年农民习惯施肥产量水平，以农民习惯施肥水平产量的 1.1 倍确定地块马铃薯的目标产量水平。

（二）土壤养分供应等级的确定

若有测土条件，则根据土壤测试结果，对应表 1，确定地块的土壤养分供应等级。

表1   土壤测试氮磷钾临界值指标

土壤养分供应等级	有机质/%	碱解氮/（mg/kg）	有效磷/（mg/kg）	速效钾/（mg/kg）
低	≤1	≤100	≤10	≤80
中	1~3	100~180	10~25	80~150
高	≥3	≥180	≥25	≥150

注：土壤氮素供应等级根据土壤有机质和碱解氮综合考虑。当碱解氮≥180mg/kg时，有机质"低"和"中"水平分别对应土壤氮素供应"中"和"高"等级；当碱解氮≤100mg/kg，则有机质测试值的"高"水平对应土壤氮素供应"中"等级。

如果没有土壤测试结果，则NE系统根据已经输入的土壤质地、颜色、有机质含量等信息，确定土壤养分（基础）供应状况（图1）。具体原则如下：

①土壤养分供应等级低：土壤颜色微红色的/微黄色的黏质土或壤质土，或沙质土；

②土壤养分供应等级中：土壤颜色为灰色的/褐色（或有机质中等）的黏质土或壤质土；

③土壤养分供应等级高：土壤颜色为黑色，或有机质较高的黏质土或壤质土。

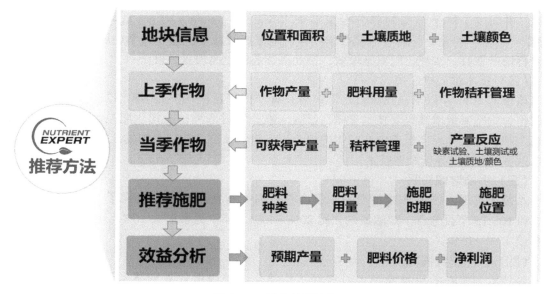

图1   NE系统使用流程

（三）养分施用总量确定

根据马铃薯目标产量和土壤养分供应等级，根据基于产量反应和农学效率的推荐施肥方法，提出马铃薯氮磷钾养分推荐量（表2）。微量元素则根据缺乏情况予以适当补充，保证土壤中量元素、大量元素、微量元素全面平衡。

（四）配合施用有机肥

建议采用化肥与有机肥配合施用（图2）。有机肥应施用腐熟的羊粪、牛粪等农家肥或商品有机肥。农家肥一般在春季播种前撒施，亩用量2~3t，撒施后耕翻整地。商品有机肥，结合播种条施，商品有机肥亩用量80~120kg。在考虑由有机肥带入的氮磷钾养分后，不足的养分需根据表 2 的养分需求量在减扣有机肥提供养分后由化肥养分来补充。注意计算有机肥带入养分要充分考虑有机肥中氮磷钾养分的当季释放率，否则可能引起减产。施肥中在考虑氮磷钾等养分有机替代的情况下，当季由畜禽有机肥提供的氮素建议不超过施氮总量的 20%。

表 2　不同目标产量和土壤养分供应等级下氮磷钾养分推荐量

目标产量/ （kg/亩）	土壤养分 供应等级	施氮量/ （kg N/亩）	施磷量/ （kg P_2O_5/亩）	施钾量/ （kg K_2O/亩）
1 000	低	9.9	2.9	4.9
	中	8.9	2.1	3.9
	高	7.7	1.5	3.2
1 500	低	11.1	4.3	7.3
	中	10	3.1	5.8
	高	8.9	2.3	4.8
2 000	低	12.1	5.8	9.7
	中	10.8	4.1	7.7
	高	9.7	3.1	6.4
2 500	低	12.9	7.3	12.1
	中	11.5	5.2	9.7
	高	10.3	3.9	8
3 000	低	13.8	8.7	14.5
	中	12.1	6.2	11.6
	高	10.9	4.7	9.6
3 500	低	14.7	10.1	17
	中	12.7	7.2	13.5
	高	11.3	5.4	11.2
4 000	低	15.7	11.6	19.4
	中	13.3	8.3	15.4
	高	11.8	6.2	12.8

注：以上氮磷钾养分为纯养分用量，实际施用时应换算成肥料实物量。

（五）肥料施用时间和位置

建议采用 4R 养分管理原则，即除了考虑肥料的最佳养分用量，还需采用最佳的肥料种类、在合适的施肥时间、施到最有利于根系吸收的合适的位置。

1. 施用时间

应考虑马铃薯不同种植体系。旱作覆膜种植体系，则建议全部氮磷钾肥一次性施用；旱作露地种植体系，考虑肥料按照马铃薯关键生育期分次施用；水肥一体化种植体系，则考虑

图 2　有机肥与化肥配合施用

肥料随着灌溉水按照马铃薯养分需求关键期进行分次追施。

当氮肥总量≥11kg/亩，分3次施用，分别在播种期、出苗期和盛花期，在高、中和低肥力土壤比例分别为40∶35∶25、50∶30∶20和60∶20∶20；氮肥总量<11kg/亩，分两次施用，分别在播种期和块茎萌发期，在高、中和低肥力土壤比例分别为50∶50、60∶40和70∶30。钾肥总量≥4kg/亩，分两次施用，比例为50∶50，分别在播种期和现蕾期，否则一次性施用。

滴灌水肥一体化种植体系，按照马铃薯关键生育期分次施用，即基肥+多次追肥。磷肥采用单质或复合肥，主要作种肥随播种机一次施用，氮钾肥除基肥外剩余氮钾肥随灌水进行水肥一体化施用，高肥力土壤采用4~5次施肥，中肥力土壤采用6~7次施肥，低肥力土壤采用8~10次施肥。

2. 肥料种类

根据以上养分推荐用量选择当地可用的肥料种类，施用控释肥则一次性施用。水肥一体化体系，种肥一般用复合肥，追肥用水溶性氮肥、钾肥或氮钾肥。

3. 施肥位置

种肥或基肥：结合播种条深施，施入种子侧或正下方5~7cm；追肥：雨养田块采用机械条施于苗侧，然后培土覆盖；水肥一体化结合灌水追肥。

（六）秸秆处理

前茬作物秋季收获后秸秆全量或部分覆盖越冬还田，当季马铃薯收获后茎叶干枯后自然还田。

（七）优化其他管理措施

西北地区春季播种时低温干旱，建议马铃薯覆膜种植，既能提高地温又能保墒蓄水。另外，建议马铃薯与禾本科或豆科作物轮作种植，以防连作障碍发生。

三、适宜区域

适用于西北（图4）海拔在2 300m以下，年日照时数大于1 800h，≥10℃积温2 000℃以上，年均降水量200~600mm的干旱和半干旱地区。包括马铃薯覆膜旱作栽培、露地旱作栽培和滴灌水肥一体化栽培体系（图3）。

图3 马铃薯不同栽培模式

（左：覆膜旱作；中：露地旱作；右：滴灌水肥一体化）

图4 马铃薯轻简施肥技术在甘肃的应用

四、注意事项

用户可按照以上操作要点进行施肥指导。也可以通过关注微信公众号"养分专家"进行使用，登录系统后按照系统提示说明或操作视频即可使用，或由技术人员进行简单培训后使用。

技术依托单位
1. 中国农业科学院农业资源与农业区划研究所
联系地址：北京市海淀区中关村南大街12号
邮政编码：100081
联系人：何 萍
联系方式：010-82108000

电子邮箱：heping02@ caas. cn

2. 内蒙古自治区农牧业科学院资源环境与可持续发展研究所

联系地址：内蒙古自治区呼和浩特市玉泉区昭君路 22 号

邮政编码：010031

联 系 人：段　玉

联系方式：13704753069

电子邮箱：duanyu63@ aliyun. com

3. 甘肃省农业科学院旱地农业研究所

联系地址：甘肃省兰州市安宁区农科院新村 1 号

邮政编码：730070

联 系 人：谭雪莲

联系方式：13919816609

电子邮箱：tanxuelian_2002@ 163. com

鲜食型"双季甘薯"高效栽培技术

一、技术概述

（一）技术基本情况

食用型甘薯富含人体必需的多种维生素、矿物质、膳食纤维，是老少皆宜的天然营养保健食品，是实现"健康中国"和实施乡村产业振兴的优势作物。甘薯属于在适宜气候条件下可以无限生长的作物，较长的生长期和足够的营养条件，会导致甘薯薯型过大，商品性差，不利于鲜薯销售。

长期以来，甘薯种植户习惯于一年种植一季的栽培方式。然而，一年一季的种植模式，对于食用型甘薯而言，存在很多缺陷：①对于早熟食用型甘薯品种而言，生育期太长最终收获的薯块薯型大，不利于销售；②收获时间集中，价格较低；③甘薯上市时间晚，甘薯市场存在空档期；④通过贮存的错季销售方式，损耗大、成本高，难以满足市场需求。

2017年四川省农业厅将一年两季甘薯高产高效种植技术列为四川省农业主推技术，2022和2023年江西省农业农村厅将优质食用甘薯一年两季绿色高效生产技术列为江西省农业主推技术。2022年8月湖北省农业科学院粮食作物研究所制定湖北省地方标准《甘薯栽培技术规程第1部分：食用型甘薯（一年两季）》发布实施，2022年9月江西省农业科学院作物研究所获得国际发明专利基于秋冬育苗甘薯一年两季栽培。江苏徐淮地区徐州农业科学研究所2019年5月申请一种黄淮海地区一年两季甘薯高效生产的栽培方法发明专利；江西省农业科学院作物研究所2021年2月申请基于秋苗越冬法的食用甘薯一年两季水平压蔓种植方法发明专利；南充市农业科学院2018年9月申请一种一年种植两季甘薯的方法发明专利。

与一年一季栽培模式相比，"一年两季"栽培技术不仅使种植的甘薯大小适中且均匀、皮色鲜艳、熟食口感佳、甘薯的商品性高，还能填补鲜食甘薯在6—7月的市场空白期，满足此时期市场对鲜食甘薯的需求，使种植户获得较高的经济效益。鲜食甘薯薯形控制和商品率提升是实现产业提质增效的关键节点问题。食用型甘薯"一年两季"栽培技术可显著提高单产、土地利用率及耕地的复种指数，进而提升整体效益。

（二）技术示范推广情况

食用型甘薯"一年两季"栽培技术于2020年开始在湖北省、江西省和四川省逐步示范推广。据初步统计，2020年至2023年，食用型甘薯"一年两季"栽培技术在上述三省的示范种植面积累计达到118.1万亩，并产生了显著的经济效益和社会效益。

（三）提质增效情况

根据多年多点试验数据，得到以下结果：一年两季种植模式下，第一季产量亩产约为1 350kg，80%以上的甘薯的单薯重在150g左右，特别适合鲜薯销售，售卖价2.5～3.6元/kg。第二季在第一季收获完进行原地种植，11月初进行收获，第二季产量亩产为1 850kg

左右，90%以上甘薯的单薯重在 200g 左右，售卖均价为 1.5 元/kg。"一年两季"种植模式下，甘薯一年一亩地纯收益为 4 500 元以上。一年一季产量亩产约为 2 700kg，售卖均价为 1.5 元/kg，纯利润为 3 328 元/亩。因此，与传统模式相比，一年两季栽培模式每亩地提高产量 19%左右，提高利润 35%左右。第二季甘薯霜降之前收获的甘薯，可作为商品薯销售之外，还可以作为种薯进行第二年薯苗繁育。

经济效益：经过试验示范验证，与常规栽培方式相比，选择早熟高产优质的品种进行一年两季栽培，可显著提高薯农的经济收入。

社会效益：填补了鲜食甘薯在 6—7 月的市场空白期，满足此时期市场对鲜食甘薯的需求。提高土地利用率，提高耕地的复种指数，一年两季种植模式已经累计示范推广 20 万亩，为精准扶贫和乡村振兴作出重要贡献。

生态效益：选择早熟优质抗病性好的食用型甘薯为栽培品种，减少农药的使用，保护环境。

（四）技术获奖情况

获得 2018 年度江西省科学技术进步奖二等奖、2017—2018 年度江西省农牧渔业技术改进奖一等奖和 2018—2019 年度南充市科技创新成果奖二等奖。

二、技术要点

（一）选用早熟优质甘薯品种

选择早熟优质抗病的食用型甘薯品种鄂薯 17、赣薯 8 号、徐薯 48 等。

（二）健康薯苗繁育

上一年 12 月至当年 1 月，需要采用温室大棚里面再搭建小拱棚的方式，用薯块进行薯苗繁育。或者采用藤蔓繁苗，在上一年的 8 月中下旬，在大田中选择健壮无病的藤蔓，移栽到温室大棚，采用平畦种植（图 1）。冬季来临时，采用双膜覆盖的方法助其越冬。

图 1　健康薯苗繁育

（三）选地整地

上一年 12 月，选择地势平坦，土层深厚，肥力中上，排灌方便的地块，深耕晒田。

（四）整地起垄

起垄前根据土壤肥力和目标产量，每亩基施生物有机肥 300~800kg，尿素 8~10kg，硫酸钾 10~15kg，过磷酸钙 4~6kg，每亩施生物菌剂 20~25kg，在施肥的同时，将地下害虫防治的药剂一同施入，每亩用 3%辛硫磷颗粒剂 4~8kg 与肥料混匀后均匀撒施。施肥施药完成，深耕整地，深耕以 25～30cm 为宜。旋耕起垄，起垄时要求垄距相等，垄形肥胖，垄沟深窄，垄直、面平。垄宽以 75～90cm 为宜，垄高以 20～35cm 为宜。

（五）第一季甘薯薯苗移栽

3月中下旬—4月中上旬，从温室大棚剪苗，剪苗时要选用壮苗，剔除弱苗，采用斜插法或平栽法均可，栽插密度为 4 500～5 000株/亩。栽插完后及时铺上地膜，薯苗完全置于地膜内，10～15d 后，地温稳定、薯苗生根返苗后，破膜露苗（图2）。

图2　第一季甘薯薯苗移栽

（六）大田管理

栽插后一周内完成查苗补苗。栽插后 40d，利用滴灌追施配方肥，以钾、磷、微量元素为主，视苗情补氮肥，视旱情补水，宜采用"肥水药一体化"模式进行肥水管理。60d 左右结合施水，追防 1 次地下害虫。地上病虫害防治宜使用无人机进行药剂喷施。

（七）第一季甘薯尽早收获上市

6月下旬—7月上旬。当亩产1 500～2 000kg 时，可分批收获上市（图3）。

图3　第一季甘薯收获

（八）第二季甘薯薯苗栽插

收获完第一季甘薯后，尽快对这一地块进行施肥，每亩施有机底肥 500kg，尿素 3～5kg，硫酸钾 8～10kg；生物菌剂 20～25kg；在施肥的同时，将防治地下害虫的药剂一同施入，每亩用3%辛硫磷颗粒剂 4～8kg 与肥料混匀后均匀撒施。完成整地，起垄。尽快完成第二季薯苗移栽，第二季甘薯种植无须覆膜，可铺滴灌带，进行水肥药一体化管理。栽插后，应浇透水，保证一次全苗。

（九）第二季甘薯田间管理

管理方法见"技术要点（六）"。

（十）第二季甘薯收获

从 10 月开始，根据气温和甘薯生长情况进行收获。霜降之前收获的甘薯可以入窖保存当作种薯，霜降之后收获的甘薯进行直接销售。

三、适宜区域

长江中下游薯区和西南薯区。

四、注意事项

一是选择早熟、优质、抗病的甘薯品种。

二是选择脱毒苗或健康种苗。

三是根据市场需求和甘薯的生长情况，适时收获。

技术依托单位

1. 湖北省农业科学院粮食作物研究所

联系地址：湖北省武汉市洪山区南湖大道 3 号

邮政编码：430064

联　系　人：杨新笋

联系电话：18971182761

电子邮箱：yangxins013@163.com

2. 江苏徐淮地区徐州农业科学研究所

联系地址：江苏省徐州市经济开发区鲲鹏路 2 号农科院

邮政编码：221131

联　系　人：唐忠厚

联系电话：13813462008

电子邮箱：zhonghoutang@sina.com

3. 江西省农业科学院作物研究所

联系地址：江西省南昌市青云谱区南莲路 602 号

邮政编码：330200

联　系　人：吴问胜

联系电话：13970993832

电子邮箱：13970993832@163.com

4. 南充市农业科学院

联系地址：四川省南充市顺庆区农科巷 137 号

邮政编码：637000

联　系　人：周全卢

联系电话：18990877716

电子邮箱：zhouquanlu@163.com

5. 湖北省农业技术推广总站

联系地址：湖北省武汉市武昌区武珞路519号

邮政编码：430064

联 系 人：羿国香

联系电话：13871142798

电子邮箱：1609823357@qq.com

6. 江西省农业技术推广中心种植业技术推广应用处

联系地址：江西省南昌市文教路359号

邮政编码：330046

联 系 人：孙明珠

联系电话：15979045429

电子邮箱：sunmingzhu518@163.com

7. 四川省农业技术推广总站

联系地址：四川省成都市武侯祠大街四号

邮政编码：610000

联 系 人：崔阔澍

联系电话：15008482218

电子邮箱：scnj@vip.163.com

丘陵山地甘薯生产绿色机械化栽培技术

一、技术概述

（一）技术基本情况

甘薯耐旱、耐瘠，适应性广，且用途广泛，可鲜食、加工，是重要的粮食及经济作物，是推进乡村振兴和实现农民增收致富的重要支柱产业。西南地区甘薯面积占全国的 1/3 以上，其中，贵州省甘薯种植面积 380 万亩、四川省 800 万亩、重庆市 600 万亩、云南省 300 万亩。针对西南地区甘薯种植区域多丘陵山地、地块破碎，加之农村劳动力缺乏，致使甘薯生产成本逐渐增高，企业生产效益差等问题，开展了系统研究和技术集成，形成了"宜机化品种+黑膜覆盖+平行栽插+农机配套"为核心，配套实施"控旺技术、平衡施肥、绿色防控"等主要技术内容的"丘陵山地甘薯轻简化栽培技术"体系。2022 年贵州省农业农村厅将"丘陵山地甘薯轻简化栽培技术"列为贵州省农业主推技术。

丘陵山地甘薯轻简化栽培技术的核心内容甘薯白绢病药剂防治方法（ZL 201310295341.1）、适合黔中地区的甘薯育苗方法（ZL 201410124832.4）、超市型甘薯单垄双行平行栽培模式（ZL 201420146901.7）等专利分别于 2013 年、2014 年授权实施；《甘薯田间肥料试验技术规程》（DB52/T 858—2013）等贵州省地方技术标准于 2013 年发布实施。

在示范推广中，该技术可提高单位面积产量 24% 以上，节省劳动力成本 60% 以上。应用该项技术解决了丘陵山地因地块破碎而机械化利用低，人工成本高等问题；应用该项技术既可提高单位面积产量，又可以提高产品品质，降低劳动力成本，实现增产增效。

（二）技术示范推广情况

丘陵山地甘薯轻简化栽培技术于 2013 年开始在贵州省大面积应用，据初步统计，2020—2023 年丘陵山地甘薯轻简化栽培技术在贵州省示范种植约 41.4 万亩，示范基地平均产量比当地传统种植增产 24%，平均节省劳动力成本 60%。该技术还可在四川、重庆、云南等省（市）推广应用。

（三）提质增效情况

1. 省工省力

高效、轻简化栽培技术程序为机械耕整地—机械起垄—机械施肥—机械覆膜—机械移栽—机械除草—机械割蔓—机械收获。≤3 亩地块，全程机械化达 80%，亩需劳动力 2~3 个，平均比传统栽培节省劳动力 8 个，≥3 亩地块，全程机械化达 100%，亩需劳动力 1~2 个，平均比传统栽培节省劳动力 10 个，大大降低了劳动强度，省工省力。

2. 品种更新换代

该技术通过筛选利用结薯较浅、短纺锤形的宜机化品种，一方面有利于机械化收获，另一方面促进甘薯品种更新换代，提高产量和品质。

3. 增产增效

（1）经覆黑膜、覆白膜、不覆膜试验研究，覆盖黑膜可以改善土壤理化性状，使土壤保持湿润松散，有利于机械化收获；同时，覆盖黑膜还可以提高产量，增产24%以上；还具有减少杂草为害，降低人工除草成本；覆盖黑膜后不用翻蔓，还可以减少人工翻蔓成本。

（2）通过推广应用单垄双行平行栽插模式，可以使薯块结薯浅、薯形整齐，便于机械化收获。

（3）通过应用吨田宝、烯效唑等化控剂调控蔓长，促进地下部薯块物质积累，提高产量，改善品质，有利于机械化割蔓。

（4）针对丘陵山地地块破碎，进行了机械选型配套研究，总结出≤3亩地块，应用微耕机或18马力手扶拖拉机耕地、起垄、施肥、覆膜、收获；≥3亩地块，用75马力拖拉机耕地、起垄、施肥、覆膜、中耕、收获。

将各项技术集成甘薯轻简化栽培技术，较传统种植技术提高产量24%以上，降低人工成本60%以上，增产增效效果明显。

推广应用甘薯轻简化栽培技术，针对西南丘陵山区不同地块，解决了丘陵山地因地块破碎不平整难以机械化操作的难题，及人工成本高、产量低等问题；推广应用该项技术即可提高单位面积产量，还可以提高产品品质，降低劳动力成本，实现增产增效。

（四）技术获奖情况

2013年通过"品种+轻简化栽培技术"示范应用，获得第三届"柳絮杯"全国甘薯高产竞赛长江中下游薯区高淀粉组冠军。

2015年通过"品种+轻简化栽培技术"示范应用，获得第五届全国甘薯"农大肥业杯"高产竞赛"丘陵薄地薯干产量倍增技术组"一等奖。

二、技术要点

（一）品种选择及壮苗培育

1. 选用宜机化甘薯品种

选择结薯浅的短纺锤形甘薯品种。高淀粉甘薯品种可以选择黔薯1号、黔薯6号、黔薯11号等；鲜食甘薯品种可以选择黔薯3号、黔薯9号、黔薯10号等。

2. 壮苗培育

利用设施大棚或者露地进行种苗繁育，选择无病虫害的健康薯块作种薯，开厢，厢面宽1.0m左右，在厢面开沟，沟深25cm，密排种薯，盖土，浇透水，覆盖地膜，并加盖小拱棚。根据出苗情况天气温度，及时揭盖地膜或拱棚，防止烧苗（图1）。

（二）整地与起垄

1. 耕整地

选择前茬为非薯蓣类作物的地块为宜。深翻、旋耕作业。耕翻深度一般在25~35cm。

2. 平衡施肥

结合耕翻将肥料一次性施入，施肥后耕翻起垄；有条件的地区可以用施肥起垄一体机，在起垄时将甘薯专用肥施入垄的中下部。

作垄前施足基肥。一般每亩施优质有机肥200kg，氮磷钾复合肥（15∶15∶15）15kg，硫酸钾15kg混合撒匀后深耕25cm。

在对不同甘薯产区土样分析的基础上，根据田间肥料试验结果，建立了土壤养分的丰缺指标及相应的氮磷钾肥料推荐量（表1）。

图1 健康种苗繁育

表1 土壤养分含量与推荐施肥量

氮		磷		钾	
土壤含量/ （mg/kg）	推荐用量/ （kgN/亩）	土壤含量/ （mg/kg）	推荐用量/ （kgP$_2$O$_5$/亩）	土壤含量/ （mg/kg）	推荐用量/ （kgK$_2$O/亩）
<55	8~10	<2.0	6~9	<44	10~15
55~118	5~9	2.0~23.6	3~6	44~131	8~12
>118	3~6	>23.6	0~3	>131	5~8

3. 起垄

选择适宜的起垄机、旋耕起垄机等机型。要求垄形规范、垄高一致，推荐采用90cm垄距。根据当地农艺要求，如需覆膜，可选择带有覆膜功能的起垄机械。使用机械起垄，一般垄距90cm左右，垄高25~30cm，垄直，面平，土松，垄心耕透无漏耕，垄截面呈半椭圆形（图2）。

图2 机械化起垄、覆膜示范

4. 黑膜覆盖技术

覆盖黑色地膜，黑膜应符合《聚乙烯吹塑农用地面覆盖薄膜》（GB 13735—2017）标准要求。

利用一小型拖拉机进行覆盖黑色地膜，地膜应拉紧，留出沟底，以利雨水下渗（图3）。

图3　黑膜覆盖示范

（三）移栽

选择适宜的移栽机，链夹式、带夹式、钳夹式移栽机皆可；若为覆膜种植，则需要选择可膜上移栽的甘薯移栽机，如钳夹式甘薯移栽机。一般机械栽插的深度应在6~10cm，漏栽苗需人工补栽（图4）。

若人工移栽，可以使用甘薯平栽移栽器，膜上洞口破坏小，后期封土少，防草更好。

图4　单垄双行平行栽插结甘薯情况

（四）田间管理

1. 及时补苗

栽后3~7d，及时进行田间查看，发现死苗或者缺窝，及时补苗。

2. 中耕除草

覆盖黑膜，可以减少很多杂草，但是垄间还会有少量杂草，在栽后30d封垄前进行除草。

3. 合理促控

苗期促生根：采用400~600倍的ABT生根粉5号药液浸薯苗3~5min，薯苗基部2个节完全没入药液，浸苗时间不宜过长或过短，结合浇窝水量100~300mL，促薯苗早发根。

中期控旺长：采用烯效唑叶面喷施控制旺长，于栽插后30~60d时用烯效唑有效成分（2.4~3.3）g/亩兑水30kg均匀喷施，每隔10d喷施1次，连喷两次。

后期缓衰老：采用胺鲜酯（DA-6）延缓叶片衰老，延长光合功能期，于收获前30d用DA-6有效成分0.24~0.45g/亩兑水30kg，每隔3d喷施1次，连喷两次。

4. 病虫害绿色防控

（1）农业防控。

选用抗病品种，与非薯蓣类作物轮作，连作不能超过 3 年。

轮作换茬，清洁田园：甘薯病虫害发生严重的地块，要实行 3 年以上的轮作换茬。甘薯生长过程中、收获后以及贮藏期，要认真清除田间地头杂草，还要清除病残株并进行集中处理。

翻耕薯地，减少虫源：冬、春季多耕耙甘薯地块，破坏其越冬环境，杀死越冬蛹，减少虫源。

（2）物理防治。

一是虫害的防治：可利用害虫的趋光性、趋化性进行诱杀或人工捕杀。如利用黑光灯或糖醋液诱杀金龟子等成虫；利用杨柳枝诱杀甜菜夜蛾成虫；利用泡桐叶诱集地老虎幼虫，然后集中捕杀；人工捕杀甘薯天蛾幼虫，耕翻时捡拾虫蛹等；利用性信息素诱杀甘薯麦蛾成虫。

二是病害的防治：利用距离苗床 3cm 的高剪苗，可防治甘薯黑斑病等；防止甘薯在贮藏期发生涝渍或冻害，可减轻软腐病的发生程度。

（3）生物防治。

主要是利用生物技术、保护和利用自然天敌生物以及生物农药防治病虫，如利用甘薯茎尖脱毒方式进行组织培养繁育种薯或薯苗，以防治病毒病并获得高产。几种常见病虫的生物药剂防治方法如下。

地下害虫：防治金针虫、地老虎、蛴螬等地下害虫时，可以选用 150 亿个孢子/g 球孢白僵菌可湿性粉剂 3 750～4 500g/hm² 拌毒土撒施，也可用 0.5% 苦参碱水剂 300～500 倍液灌根。

蚜虫、红蜘蛛：防治蚜虫时，可用 0.5% 苦参碱水剂 1 000～1 500 倍液喷防，还可兼治其他害虫和病害；防治红蜘蛛时，可用 1.8% 阿维菌素乳油 2 000～3 000 倍液喷防，也可兼治其他害虫。

甘薯天蛾、斜纹夜蛾、甘薯麦蛾：可以选用 16 000IU/mg 苏云金杆菌可湿性粉剂 1 500～2 250g/hm²，或 10 亿 PIB/g 斜纹夜蛾核型多角体病毒可湿性粉剂 750～900g/hm² 喷防，或用 25% 灭幼脲悬浮剂 1 000 倍液喷防。

甘薯茎线虫病：可以用 1.8% 阿维菌素乳油 3 000～5 000 倍液灌根防治，药液用量为 40～50mL/株。

（4）化学防治。

使用化学农药时，应严格按照国家相关标准的规定执行。不准使用禁用农药，严格控制农药使用浓度及安全间隔期。有选择性地选用高效、低风险、低残留的化学农药．尽可能减少化学农药使用次数及使用量，注意交替用药，合理混用。

地下害虫：选用 3% 辛硫磷颗粒剂 60kg/hm²，于起垄栽插时进行土壤处理。

蚜虫：可选用高效氯氰菊酯、吡虫啉等喷雾防治，具体用量可参考农药使用说明书，下同。

红蜘蛛：可选用哒螨灵防治，注意甘薯叶片背面也要均匀着药。

甘薯天蛾、甘薯麦蛾、斜纹夜蛾、甜菜夜蛾：掌握在幼虫 3 龄以前低龄期用药，选用高效低风险农药如高效氯氰菊酯、高效氯氟氰菊酯、氯虫苯甲酰胺等单剂或混配防治。

黑斑病：可以选用70%甲基硫菌灵可湿性粉剂1 600~2 000倍液浸种薯，然后育苗。栽植前将小苗捆成小捆，在70%甲基硫菌灵可湿性粉剂800~1 000倍液或50%多菌灵可湿性粉剂2 500~3 000倍液中浸秧苗基部，具有消毒防病的作用，浸苗时间分别为5min和2~3min。

（5）新型高效植保器械。

应用新型高效静电喷雾器、自走式喷雾机、无人机，选用高效、低风险、低残留农药，针对病虫种类选择药剂，注意兼治。严格按照农药安全间隔期，科学合理用药，提高防治质量、效果和效率，减小劳动强度，降低生产成本。

（五）适时收获，安全贮藏

鲜食甘薯通常以销售为主，可在生长期达到110d后，根据田间薯块生长情况及市场行情，及时收获上市（图5、图6）。

以种薯及贮藏为主时，可于10月中旬开始收获，选择晴天收获，霜降前收完。收获后适当晾晒，去除表面杂质，剔除带病、破损等薯块装筐运输，运输工具要清洁、干燥、松软。运输过程中防撞，防倾倒，防挤压，防雨淋，防污染。

贮存时贮藏窖要通风、无污染，保持窖内温度10~15℃，空气相对湿度85%~90%。

图5　机械化割蔓示范

图6　机械化收获示范

（六）农机配套

耕整地、起垄、覆膜、移栽、喷药、收获等全程机械化应用农机配套详见表2。

表2 甘薯种植收获部分专用机具推荐目录

序号	机具名称	型号	机具图片
1	黄海金马窄轮距拖拉机	YBX504	
2	单行旋耕起垄机	1GQL-1	
3	单行旋耕起垄抛土覆膜机	1GPF-1	
4	两行旋耕起垄机（配套动力90马力左右）	1GQL-2	
5	单行钳夹式甘薯移栽机	pvh1-70PB	
6	中耕除草机	单行	

序号	机具名称	型号	机具图片
7	中耕除草机	3ZX-2	
8	大疆农业无人机	T20P	
9	甘薯藤蔓粉碎还田机	1JHSM-900	
10	甘薯收获型 （动力输出轴款）	4GS-1	
11	单行甘薯收获机 （动刀款，配四轮拖拉机）	4U-90	
12	双行甘薯收获机 （动刀款，配四轮拖拉机）	4U-160	

（续表）

序号	机具名称	型号	机具图片
13	重庆威马搬运机	WM7B-320A	

三、适宜区域

适合贵州、四川、重庆、云南等省（市）丘陵山地甘薯种植区域。

四、注意事项

注意选择结薯较浅、薯形较短甘薯品种；注意栽插模式，采用单垄双行平行栽插模式，结薯浅，薯形整齐；根据不同地块选择不同的机械设备。

技术依托单位

1. 贵州省生物技术研究所

联系地址：贵州省贵阳市花溪区金农社区贵州省农科院

邮政编码：550006

联 系 人：李晓慧

联系电话：13595128163

电子邮箱：330446630@qq.com

2. 贵州省农作物技术推广总站

联系地址：贵州省贵阳市云岩区延安中路62号

邮政编码：550001

联 系 人：付 梅

联系电话：18785141667

电子邮箱：1185328578@qq.com

蔬菜类

设施主要果类蔬菜高畦宽行宜机化种植技术

一、技术概述

（一）技术基本情况

番茄、黄瓜、甜椒是设施栽培的主要果类蔬菜，但种植模式多样，标准化水平低。惯常采用平畦或小高垄，1.2~1.4m宽度栽植两行，这种栽培模式根区土壤湿度大，易板结，透气差，冬季地温提升慢；生长后期群体郁闭，通风透光差，果实生长和成熟慢，易诱发病害；人工管理和机械作业不便，生产用工多，劳动效率低。

为提升设施果菜种植标准化和机械化水平，研发出了高畦宽行宜机化种植模式。该技术模式明确了适宜番茄、黄瓜、甜椒生长的高畦规格，加厚了根区土层，改善了土壤疏松透气性，提高了增温降湿效果；增加了行间距，改善了植株通风透光条件，提高了光能利用效率，方便了田间管理和机械作业；改善了植株生长的地上和地下环境，促进根系发育、植株生长和果实成熟，减少病害发生，提高产量，并改善品质；实现了设施果类蔬菜种植标准化，有利于推行机械化作业，大幅度提高生产效率，降低用工成本。

该技术已发布团体标准1项，发表学术论文多篇，并通过专家现场测产验收。

（二）技术示范推广情况

2019年以来，该技术模式先后在山东省的德州市禹城市，潍坊市寿光市，临沂市兰陵县，泰安市泰山区，济南市莱芜区、钢城区和济阳区，以及河南省的安阳市等地设施蔬菜产区进行了示范推广，增产增效显著。

（三）提质增效情况

综合多茬次试验和生产示范结果，与传统栽培模式相比，采用高畦宽行（图1至图7）宜机化种植模式可使日光温室和塑料大棚番茄、黄瓜、甜椒增产3%~13%，开花和果实成熟时间提早1~3d，并明显改善产品品质。同时，可大幅度提高整地、作畦、覆膜、移栽以及后期田间管理便利化程度和机械化水平，减少劳动力投入，降低用工成本，提高劳动生产率，加快设施蔬菜生产现代化步伐，经济效益、社会效益和生态效益显著。

（四）技术获奖情况

该技术中的"设施番茄高畦宽行宜机化种植技术"先后入选2022年和2023年山东省农业主推技术、2023年农业农村部农业主推技术。

二、技术要点

（一）整地

整地前，彻底清理棚室，将土壤浇透，待墒情合适时，施足底肥，然后深翻土壤20~30cm，并耙细整平。

（二）作畦

按照中心间距160cm或180cm制作高畦，高畦规格见表1，要求畦面和畦沟充分整平。

作畦前，也可在畦底部位集中施用部分化肥或有机肥作底肥。

表 1   设施主要果菜适宜高畦规格

蔬菜	畦沟宽/cm	畦底宽/cm	畦顶宽/cm	畦高/cm
番茄	80~100	70~90	50~60	20~30
黄瓜	80~100	70~90	55~65	15~25
甜椒	80~100	70~90	50~60	20~30

（三）铺设地膜

选择适宜规格的滴灌管或滴灌带，按照间距 20cm 在畦面中央平行铺设，然后覆地膜，并将膜两侧压实。人工移栽也可以先定植，然后再覆盖地膜。

（四）定植

在畦面上双行定植番茄、黄瓜、甜椒幼苗，栽植密度和行株距见表 2。定植后滴灌浇水，促进缓苗。

表 2   设施主要果菜定植密度和行株距

蔬菜	大行距/cm	小行距/cm	株距/cm	定植密度/（株/亩）
番茄	120	40	35	2 400
	140	40	31	
黄瓜	120	40	23.5	3 500
	140	40	21	
甜椒	120	40	35	2 400
	140	40	31	

（五）定植后管理

定植后的棚室环境调控、水肥管理、植株管理、病虫害防控等参照惯常做法。整地、作畦、覆膜、移栽以及后期的环境、水肥、植株管理及病虫害防控等尽可能用机械作业代替人工作业。

三、适宜区域

该技术适宜在黄淮海地区日光温室和塑料大棚番茄、黄瓜、甜椒等主栽果类蔬菜生产中推广应用。

四、注意事项

一是日光温室长季节栽培或东西行向种植宜采用 1.8m 行距，种植密度可适当减少。
二是推行机械化种植和管理，宜选择在宜机化的日光温室和塑料大棚中进行。

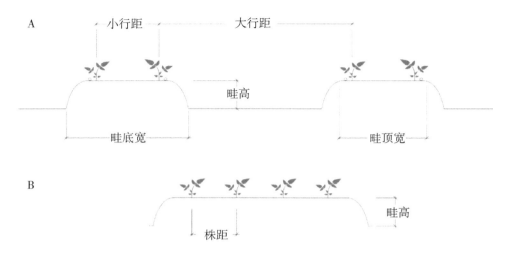

图1 果类蔬菜高畦宽行种植模式示意
（A. 切面；B. 侧面）

图2 塑料大棚南北行向宽行高畦制作　　　**图3 日光温室番茄南北行向宽行高畦种植**

图4 日光温室番茄东西行向宽行高畦种植　　　**图5 日光温室黄瓜南北行向宽行高畦种植**

图6 日光温室黄瓜东西行向宽行高畦种植 图7 塑料大棚甜椒南北行向宽行高畦种植

技术依托单位

1. 山东农业大学

联系地址：山东省泰安市岱宗大街 61 号

邮政编码：271018

联 系 人：魏 珉 张大龙 杨凤娟

联系电话：0538-8246296

电子邮箱：minwei@sdau.edu.cn zdl880626@sdau.edu.cn

2. 山东省农业技术推广中心

联系地址：山东省济南市历下区解放路 15 号

邮政编码：250014

联 系 人：高中强 丁习武

联系电话：0531-81608008

电子邮箱：zhongqianggao@163.com sddingxw@163.com

南方稻—菜（薹）轮作高效栽培技术

一、技术概述

（一）技术基本情况

1. 研发推广背景

南方粮食主产区冬季土地闲置面积巨大，"稻+薯""稻+肥""稻+油"等模式解决了一部分土地利用问题，但仍有相当面积闲置；冬季大部分农民赋闲在家，没有可持续收入来源。湖南是红菜薹和白菜薹的起源地之一，据史籍记载，唐代红菜薹就是向皇帝进贡的著名蔬菜；湘潭"九华红菜薹"和湖北"洪山菜薹"都是全国地理标志产品。菜薹营养丰富，富含钙、磷、铁、胡萝卜素、维生素C等多种营养成分，口感软嫩、甜脆，风味独特。秋冬季种植菜薹病虫害少、品质优、绿色，深受广大消费者喜爱，市场潜力巨大。目前湖南、湖北种植的菜薹大部分远销粤港澳，经济效益好。菜薹采摘期长，一季一亩采摘需要人工12个，属劳动密集型。推广此技术可以充分利用冬闲田和冬闲劳动力，不仅解决了农民家门口就业，获得较好的经济收入，而且也丰富了城乡居民的菜篮子，维护了社会和谐稳定，因此各级政府非常重视，老百姓种植积极性高。

2. 解决主要问题

针对菜薹新品种缺乏、菜薹类型偏少以及配套高效轻简栽培技术研究滞后等难题，通过针对性培育多茬口新品种，丰富不同目标市场需求品种类型，开展不同茬口配套栽培技术研究，集成并制定实施一系列技术标准，经推广应用，实现菜薹的绿色轻简高效栽培，延长供应期，从而获得较高的经济效益。

（1）现代技术与传统技术相结合，创新培育一系列新品种。通过单倍体育种、抗逆基因导入和传统杂交技术相结合，选育并推广菜薹新品种20个（图1），其中，极早熟品种有湘红1号、天成早薹一号；早熟品种有五彩黄薹1号、黄薹21号、五彩翠薹1号；早中熟品种有黄薹5号、翠薹2号、五彩黄薹2号、湘红2号、五彩红薹二号、五彩紫薹二号、五彩红薹4号、青芸1号、香薹1号；中熟品种有五彩红薹三号、五彩红薹12号；中晚熟品种有青芸2号、五彩紫薹三号、高山红。菜薹良种占有率99%以上，确保了菜薹的高产优质。

（2）多茬口、特色菜薹品种搭配种植，满足了不同市场需求。通过推广选育的白菜薹、红菜薹、油菜薹等新优品种，搭配西蓝薹、上海青薹、芥蓝薹、乌甜菜薹、增城菜薹、连州菜薹等，满足了不同区域、不同时间、不同消费需求种植需要，丰富的花色品种，可有效减少同一类型品种集中上市过剩的市场风险。

（3）配套高效轻简栽培技术研究解决不同模式下种植各环节技术问题。该技术以冬闲田菜薹生产作为研究对象，研发了"早稻—菜薹—菜薹""中稻—菜薹""早稻—晚稻/再生稻—菜薹"等不同模式，集成直播栽培、育苗移栽、宜机化改造、秸秆及尾菜高效利用、

图 1　菜薹花色品种

病虫害绿色防控技术等全技术链，做到既扛牢了"米袋子"、又提稳了"菜篮子"，还鼓起了"钱袋子"！

（4）制定并实施 7 项技术规程，实现种植有标准、丰产有保证。制定并实施湖南省地方标准《十字花科蔬菜根肿病综合防治技术规程》（DB43/T 2401—2022），《白菜薹双季栽培技术规程》（DB43/T 2681—2023），《白菜薹轻简栽培技术规程》（DB43/T 1118—2015），《菜薹雄性不育系网室繁育技术规程》（DB43/T 2716—2023）；湖南省农业技术规程《红菜薹早熟栽培技术规程》（HNZ009—2012）；湖南省湘江源团体标准《"湘江源"菜薹》（T/XJY 1103—2022）等 6 项标准。从提高良种繁育质量，规范早熟、双季、轻简、病虫害防控等技术要点，实现标准化栽培，确保种植丰产稳产。

（5）授权发明专利 3 项 ［一种芸薹属作物的留种方法（ZL 201811370375.1）、一种提高白菜薹产量的栽培方法（ZL 202010165388.6）、一种促进白菜薹提早抽薹的栽培方法（ZL 202010165250.6）］，凸显科技创新对菜薹产业可持续发展的有力支撑。从制种、栽培确保了菜薹的高效生产，这 3 项专利已在生产中大面积示范应用。

（二）技术示范推广情况

南方冬闲田菜薹绿色轻简高效栽培技术主要推荐在湖南省、湖北省及相似气候区域秋冬季推广应用（图 2）。此技术在常德市安乡县、益阳南县、永州新田县、岳阳华容县、湘潭湘潭县、武汉洪山区、荆州市江陵县等万亩展示基地示范推广，目前每年湖南省、湖北省推广面积稳定在 160 万亩以上。带动广东、广西、云南、四川、重庆、贵州、江西、江苏等省（区、市）种植生产。

图 2　南方冬闲田菜薹绿色轻简高效栽培技术示范推广

（三）提质增效情况

1. 直播技术

此技术省去移栽环节，每亩节约用工4个，可节约成本400元/亩。

2. 集约化育苗技术

撒播50g，穴盘10g，每亩节约种子40g计60元种子款，节约80%种子成本。

3. 宜机化改造利用

一是耕地机尾部加开沟犁，二是加装可调施肥量的撒肥设备。提高了菜薹种植耕地、起垄、开沟、撒肥等环节效率，每亩减少用工3个计300元，降低15%成本，此技术应用达到99%，极大地缓解用工难的问题（图3）。

图3　适合南方冬闲田土壤条件宜机化改造撒肥起垄开沟一体成型

4. 秸秆及尾菜高效利用技术

对秸秆采取先粉碎犁耕沤田，种菜前二次旋耕，促使秸秆变成有机质；对尾菜采取旋耕入泥，灌水泡田方式促使转化成绿肥，就地无害化处理，培肥土壤，改善生态环境。

5. 病虫害绿色防控技术

制定了病虫害防治时期和用药规则。采用生物农药或高效低毒低残留农药，在播种前、播种后10~15d、移栽前1d、移栽后15d、移栽后30d用药。确保了菜薹的绿色安全。

经过推广应用，种植菜薹亩收入3 000~5 000元，增收2 000~4 000元。在湖南、湖北年推广面积160万亩以上，产值70亿元。

（四）技术获奖情况

以该技术为核心的科技成果"红菜薹资源创新、杂优利用及产业化开发"荣获2009年度长沙市科学技术进步奖二等奖；"红菜薹资源研究及种质创新与杂种优势利用"荣获2010年度湖南省科学技术进步奖二等奖；"蔬菜单倍体育种技术研究与应用"荣获2010年度湖北省科学技术进步奖一等奖；"菜苔产业化生产示范与推广"荣获2019年度湖南省农业科学院科技兴农奖。2023年5月16日，由湖南省农学会对"白菜薹种质创制与应用"项目进行了成果鉴定，一致认为该成果居于国际领先水平。

二、技术要点

根据前茬水稻的收获时间分为三种模式：

（一）"早稻—菜薹—菜薹"模式

早稻收获后种植菜薹，选择早熟或早中熟耐热白菜薹品种，如五彩黄薹一号、黄薹5号等品种，采用直播轻简栽培方式，配合遮阳网、喷滴灌设施，7月中下旬播种，9月上旬采收上市，10月上中旬罢园，本茬罢园后可再移栽一茬晚熟红菜薹或白菜薹，9月下旬育苗，10月下旬移栽。

（二）"中稻—菜薹"模式

中稻收获后种植菜薹，选择早中熟、中熟、中晚熟白菜薹或红菜薹品种，白菜薹如五彩黄薹2号、青芸1号、青芸2号，红菜薹如五彩紫薹二号、五彩紫薹三号，提早于9月中下旬采用集约化育苗方式，待水稻收获后再定植于大田中，配合喷滴灌设施，11月下旬—翌年2月采收上市。

（三）"早稻—晚稻/再生稻—菜薹"模式

晚稻/再生稻收获后种植一茬菜薹，选择晚熟白菜薹或红菜薹品种，如青芸2号、五彩紫薹三号、高山红，10月15日前采用集约化育苗方式，待水稻收获后定植，配合喷滴灌设施，12月底至翌年3月采收上市（图4）。

图4　南方冬闲田菜薹绿色轻简高效栽培技术应用

三、适宜区域

南方冬闲田菜薹绿色轻简高效栽培技术适宜在湖南省、湖北省及相似气候区域秋冬季推广应用。

四、注意事项

一是根据目标市场需求，选择不同颜色、不同口感品种。

二是根据稻田收割时间不同，选择不同生育期品种。

三是关注该区域历年极寒天气发生情况，调整播种时间和选择合适生育期品种。

技术依托单位

1. 湖南省蔬菜研究所

联系地址：湖南省长沙市芙蓉区马坡岭

邮政编码：410125

联 系 人：张竹青　吴艺飞

联系电话：13974887915　13787784154

电子邮箱：cszzq@126.com

2. 常德市农林科学研究院

联系地址：湖南省常德市武陵区常桃路17号

邮政编码：415000

联 系 人：杨连勇　张忠武

联系电话：13875111195　13873652115

电子邮箱：1036817745@qq.com

3. 湖北省农业科学院经济作物研究所

联系地址：湖北省武汉市洪山区南湖大道43号

邮政编码：430063

联 系 人：严承欢

联系电话：13163381968

电子邮箱：yanch@hbaas.ac.cn

农技推广机构

1. 湖南省常德市安乡县农业农村局

联系地址：湖南省常德市安乡县深柳镇安乡大道东（政府三院）

邮政编码：415600

联 系 人：何　顺

联系电话：13647420485

2. 湖南省永州市新田县农业农村局

联系地址：湖南省永州市新田县迎宾路6号

邮政编码：425700

联 系 人：郑海波

联系电话：18974678999

3. 湖北省蔬菜协会

联系地址：湖北省武汉市洪山区南湖大道7号

邮政编码：430064

联 系 人：田　甜

联系电话：18971608903

蔬菜高效节能设施及绿色轻简生产技术

一、技术概述

（一）技术基本情况

山东省是我国设施蔬菜主产区，常年播种面积1 200多万亩，对丰富城乡"菜篮子"、实现蔬菜周年供应和持续增加农民收入等方面都具有重要作用。由于设施土壤常年连作、生产标准化程度低、农药化肥过量使用等问题，导致土壤板结和次生盐渍化，病虫害发生加重，对设施蔬菜的产量、质量和效益都造成较大影响。通过设施蔬菜绿色轻简高效生产关键技术的集成推广，加快新型棚型、专用品种、专用设备、嫁接育苗、土壤连作障碍和病虫害绿色防控等关键技术的大面积应用，可有效提高资源利用效率，改善蔬菜产品品质，促进蔬菜产业可持续健康发展。

（二）技术示范推广情况

在山东省蔬菜主产区进行了大面积推广应用，年推广面积300万亩以上。

（三）提质增效情况

推广应用该技术，可以有效减轻土壤连作障碍，减少化肥、农药用量，提高单位面积产能，提升产品品质，亩增效益15%以上。

（四）技术获奖情况

以该技术为核心的"设施蔬菜全程绿色高效生产关键技术创新集成与示范推广"，荣获2022年度全国农牧渔业丰收奖农业技术推广成果奖一等奖。

二、技术要点

1. 建造结构性能优良设施

根据当地气候条件、茬口安排和栽培蔬菜品种，因地制宜选择建造新型日光温室、大跨度拱圆大棚等结构性能优良、抗风雪灾害能力强的设施。推荐不同类型设施的主要结构参数和结构如表1、表2、图1所示。

表1　日光温室主要结构参数

棚内跨度 /m	前跨 /m	后跨 /m	脊高 /m	后墙高 /m	前屋面角 /°	后屋面仰角 /°
10	8.8~9.0	1.0~1.2	4.4~5.0	3.1~4.0	26~30	45~47
11	9.8~10.0	1.0~1.2	5.0~5.6	3.7~4.6	26~30	45~47
12	10.8~11.0	1.0~1.2	5.6~6.2	4.3~5.2	26~30	45~47

表2　大跨度外保温型拱圆塑料大棚主要结构参数

棚内跨度/m	脊高/m	肩高/m	长度/m
16.0	4.8~5.2	1.8~2.0	60~100
18.0	5.2~5.6	2.0~2.2	60~100
20.0	5.6~6.0	2.2~2.4	60~100

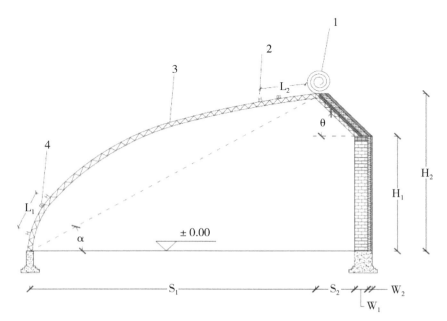

α：前屋面角；θ：后屋面仰角；S_1：前跨；S_2：后跨；H_1：后墙高度；H_2：脊高；W_1：蓄热墙体厚度；W_2：保温墙体厚度；L_1：下通风口；L_2：上通风口；1：保温被；2：卡槽；3：拱架；4：通风装置。

图1　山东VI型日光温室结构示意

2. 选用优良专用品种

通过试验示范，筛选抗病性强、品质优良、高产高效的设施蔬菜栽培专用品种。

3. 采用集约化育苗技术

应用穴盘集约化育苗技术，培育适龄壮苗。根据蔬菜种类不同，选用合适穴盘、配制专用育苗基质、选用优质适宜的嫁接砧木、改进嫁接方法和工艺、加强苗床的温度、湿度、光照等的管理，培育适龄壮苗。

4. 应用水肥一体化技术

因地制宜配套水肥一体化设备，优化不同品种蔬菜灌溉制度，实现节水节肥，提高水肥利用率。采取测土配方施肥技术，减量施用化肥、增施优质有机肥、生物菌肥、硅钙肥等，实现化肥减量增效，提高土壤有机质，恢复土壤活力，降低面源污染。

5. 应用土壤修复改良与土壤连作障碍防控技术

轮作换茬，有条件的，实行粮菜轮作或水旱轮作。高温闷棚，在7月、8月高温闲置季

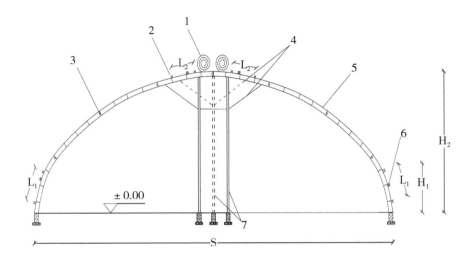

S：跨度；L₁：下通风口；L₂：上通风口；H₁：肩高；H₂：脊高；1：保温被；
2：卡槽；3：拉杆；4：撑杆；5：拱架；6：卷膜器；7：立柱。

图2　大跨度外保温型拱圆塑料大棚结构示意

节，施入未腐熟的秸秆或粪肥，与土壤混匀，灌水，密闭温室，利用高温杀灭病菌和虫卵。利用氰胺化钙或棉隆与生物制剂、辣根素与生物菌肥等方法联合进行土壤处理，消减土传病害，减轻连作障碍。因地制宜采用无土栽培技术。

6. 推广病虫害绿色防控技术

采取农业防治、物理防治、生物防治和药剂防治相结合的方法绿色防控病虫害。应用抗病品种、培育壮苗、合理轮作等农业防治方法，减少病虫害的发生；选用黄蓝板、杀虫灯等方法诱杀害虫；在设施出入口及四周通风口，铺设防虫网，防止害虫进入为害；采用丽蚜小蜂、捕食螨等天敌，以及阿司米星、浏阳霉素和苦参碱等生物药剂，防治病虫害。采用高效植保机械。严格按照规定使用符合生产要求的安全高效药剂。

三、适宜区域

山东全省。

四、注意事项

无。

技术依托单位
1. 山东省农业技术推广中心
联系地址：山东省济南市历下区解放路15号
邮政编码：250014

联 系 人：高中强

联系电话：0531-67866372

电子邮箱：zhongqianggao@163.com。

2. 山东农业大学

联系地址：山东省泰安市岱宗大街61号

邮政编码：271018

联 系 人：魏　珉

联系电话：15162875667

电子邮箱：minwei@sdau.edu.cn

3. 兰陵农业发展集团有限公司

联系地址：山东省临沂市兰陵县新时代大厦

邮政编码：277700

联 系 人：付成高

联系电话：13853959798

电子邮箱：911364594@qq.com

露地蔬菜"五化"降本增效技术

一、技术概述

（一）技术基本情况

湖北省露地蔬菜占总量的 80% 以上，生产中存在育苗粗放、用工多、机械化水平低、施肥用药盲目、产量品质和效益不稳定等问题。开展露地蔬菜"五化"降本增效技术示范，即集约化育苗、机械化生产、水肥一体化施灌、绿色化防控、采后商品化整理，可提升种苗质量、提高机械化率，减少用工量、减少化肥和化学农药用量，提高产量和品质，实现亩平节本增收 200 元以上，有效推动露地蔬菜产业向资源节约型、生态友好型、优质高效型发展。

已发布湖北省地方标准：《露地蔬菜轻简栽培技术规程第 1 部分：秋冬大白菜》（DB42/T 575.1—2023）、《萝卜周年轻简生产技术规程》（DB42/T 960—2020）、《甘蓝机械化生产作业技术规范》（DB42/T 1747—2021）、《西兰花栽培技术规程》（DB42/T 1822—2022）、《露地花椰菜周年高效栽培技术规程》（DB42/T 1870—2022）。

（二）技术示范推广情况

近两年，在湖北省咸宁市嘉鱼县、荆门市钟祥市、天门市等地示范推广该技术 20 万亩。

（三）提质增效情况

优质种苗率 90% 以上，用工量减少 15%，化肥用量减少 5%，化学农药用量减少 5%，蔬菜产品抽检合格率 97.5% 以上，亩均增产 3%，亩节本增收 200 元以上。

（四）技术获奖情况

2022 年，"湖北省蔬菜'三减三增'绿色高效生产技术示范推广"荣获全国农牧渔业丰收奖农业技术推广成果奖二等奖。

二、技术要点

（一）集约化育苗

1. 育苗设施

利用大棚或温室等设施，配备喷水设备。可选用床架穴盘育苗、漂浮育苗等方式。育苗床架南北设置，架高 0.8~1.0m，架宽 1.2m，育苗床之间留 0.6m 宽的操作道。

2. 穴盘与基质

结球甘蓝、大白菜、花椰菜等十字花科蔬菜选用 72 孔穴盘，油麦菜、生菜、芹菜等绿叶菜类选用 128 孔穴盘。选用符合要求的商品基质。

3. 播种

采用蔬菜自动化播种线自动装盘、精量播种。

4. 温湿度管理

苗期保持基质湿润均匀、温度适宜。甘蓝、花椰菜、大白菜白天 18~22℃，夜间 12~

16℃；油麦菜、生菜白天15~22℃，夜间12~16℃；芹菜白天18~22℃，夜间15~18℃。

5. 追肥

待苗长到1片真叶期，选用全水溶性三元复合肥（N：P$_2$O$_5$：K$_2$O=20：10：20）稀释至浓度50~150mg/kg，结合喷滴灌追肥。

6. 壮苗标准

长势整齐一致，无黄叶、无病虫。大白菜苗龄30~35d，5~6片叶；花菜、结球甘蓝苗龄40~45d，6~7片叶；芹菜苗龄50~60d，4~5片叶。

（二）机械化生产

1. 撒肥

有机肥与化肥配合施用，分别选择专用机械撒施。增施硼肥、锌肥1~2kg/亩，氮钾肥30%~40%基施，磷肥可全部作基肥条施或撒施。

2. 耕整

根据作业地块实际情况，在前茬作物收获后适时灭茬、耕整。露地蔬菜整平旋耕机基本上与大田作物通用，选择土壤绝对含水率在15%~25%的适耕期内进行耕整作业。宜采用普通旋耕与2年1次深翻相结合的耕作模式。

3. 起垄

根据不同蔬菜品种不同株行距，按窄垄、宽垄选用起垄机。起垄适宜后期机械化收获要求，垄形一致性≥95%。萝卜起窄垄，垄高20~25cm，垄面宽15~20cm，沟宽15~20cm。

4. 铺设滴灌带与覆膜

滴灌带铺设和覆膜同时进行，在垄面两行菜间铺设滴灌带，喷水孔朝上，进水口与主管接通。地膜宽度依行距大小而定。

5. 播种、移栽

萝卜等采用气吸式精量直播机，调整行距、粒距，播种技术配套。甘蓝、大白菜等采用自走式或拖挂式移栽机移栽，根据品种需求调整行距。

（三）水肥一体化施灌

根据土壤肥力测试结果，制定不同蔬菜品种施肥方案。采用水肥一体化设施设备，氮磷钾60%~70%按喷灌或滴灌方式分2~3次追施。

（四）绿色化防控

1. 及早预防

及时准确掌握病虫害发生情况，精准适期防治。

2. 田园清洁

及时清除并集中处理植株病残体、田边杂草及废旧农膜、农资包装袋等。

3. 病害防控

播种前做好种子、穴盘和苗床消毒，预防猝倒病、立枯病等；定植时蘸根或浇定根水时接种根际有益微生物。实行轮作，选用优良抗病品种，冬季冻垡、夏季高温晒垡。

4. 虫害防控

采用黄板、蓝板、性诱剂、杀虫灯诱杀害虫。已发生病虫害时优先使用生物农药防控。

（五）采后商品化处理

及时在标准化场地分拣车间进行分级、预冷、包装。废尾菜进行无害化处理和资源化利用。

三、适宜区域

全国露地秋冬及早春蔬菜种植基地。

四、注意事项

各地根据气候选择适宜的蔬菜品种和茬口。

技术依托单位

1. 湖北省农业科学院经济作物研究所

联系地址：湖北省武汉市洪山区南湖大道 43 号

邮政编码：430070

联系人：邱正明　严承欢　矫振彪

联系电话：13163381968

电子邮箱：qiusunmoon@163.com

2. 湖北省蔬菜办公室

联系地址：湖北省武汉市武昌区武珞路 519 号

邮政编码：430061

联系人：胡正梅　杨　蓓　曾　媛

联系电话：027-87668975

电子邮箱：1064419696@qq.com

弥粉法施药防治设施蔬菜病害技术

一、技术概述

（一）技术基本情况

1. 研发背景

近年来大面积发展的设施栽培蔬菜，由于其环境密闭，导致棚室内湿度过大，而病害的发生往往喜欢高湿的环境，因此湿度控制成为设施蔬菜生产中的关键环节。湿度控制不好常常导致病害的暴发，给农民的生产造成重大损失。现在普遍采用的喷雾法不仅劳动强度大、费工费时，还会人为地增加棚室内湿度，导致病害控制不住，越防越重，形成恶性循环，特别是阴雨天极易造成病害的迅速流行。

喷粉施药将很好地解决上述问题，但传统粉剂喷粉量较大，喷施后会在植株表面留下明显的附着物，且施药过程烦琐，施药器械落后不适于大面积应用。

2. 解决的主要问题

针对病害防治需求及传统防治方法存在的问题，中国农业科学院蔬菜花卉研究所开发了弥粉法施药防治设施蔬菜病害技术，通过精量电动弥粉机及配套研发的微粉剂，施药过程无须兑水，避免了喷雾施药增加棚室的湿度，解决了低温高湿、雨雪雾霾天气传统喷雾无法使用的问题。主要用于防治设施高湿环境下发生的蔬菜灰霉病、霜霉病、疫病、菌核病，黄瓜棒孢叶斑病、蔓枯病、番茄灰叶斑病等叶斑病，黄瓜细菌性角斑病、黄瓜细菌性茎软腐病、番茄细菌性斑点病、辣椒疮痂病等各类细菌性病害，防治效果能达到 85%。

3. 专利范围及使用情况

该技术共授权国家发明专利 2 项，包括高效低毒化学农药新配方 1 项（ZL 201210105230.5），生物农药专利 1 项（ZL 201910486419.5），施药器械实用新型专利 3 项（ZL 201520639221.3、ZL 201520821233.8、ZL 201922022248.9），相关专利技术已经在各设施蔬菜主产区推广应用 3 000 万亩，经济效益和社会效益显著。

（二）技术示范推广情况

该技术 2013 年起陆续在全国各设施蔬菜主产区推广应用，2017 年进入大面积应用，主要推广地区包括山东省、辽宁省、河北省、浙江省、北京市、天津市、山西省、江苏省、湖北省、甘肃省、陕西省等设施蔬菜主产区。近 3 年研究所所属企业中蔬生物科技（寿光）有限公司年直接推广面积超过 30 万亩，引领了弥粉法施药行业的进步，全行业弥粉法施药技术年推广面积超过 1 000 万亩，自技术推广以来累计应用面积超过 4 000 万亩，有效解决了蔬菜生产中的高湿病害问题，挽回了巨大的经济损失。

（三）提质增效情况

对设施蔬菜产量影响最大的是病害问题，控制不及时能减产 20%～50%，为害严重的甚至绝产。传统防治方法因为采用喷雾法用药，为达到理想的防治效果，需要不断增加用药量，选用进口药剂进行防治，增加了投入成本。采用弥粉法施药防治设施蔬菜病害技术，综合防治效果在85%以上，相同药剂用量条件下药剂作用效果提升20个百分点，减少化学农药使用量超过30%。有效降低设施蔬菜农药残留风险，显著提升蔬菜品质。减少了过量化学农药对设施耕地和设施栽培环境的污染，具有重要的生态环保意义。弥粉法施药改变了传统喷雾施药无法有效解决高湿病害的问题，显著提升了防控效果，每亩地可以挽回产量损失20%以上，节约用药成本100元，产量增加收入500元以上，每亩地节本增收600元。每亩地施药仅需3~5min，节省施药人工超过90%。

（四）技术获奖情况

（1）精量电动弥粉机入选2021年中国农业农村重大新装备。

（2）中国农业科学院蔬菜病害防控创新团队，以弥粉法施药防控设施蔬菜病害技术为核心，获得2023年中国农业科学院成果转化优秀团队奖。

（3）设施蔬菜高湿病害绿色防控关键技术创新与应用，获得2022—2023年度神农中华农业科技奖科学研究类成果一等奖。

二、技术要点

以手持式精量电动弥粉机为核心设备，调节喷粉量在每分钟30g（在4~5档），将定量的药剂装入喷粉机的药箱中，注意药箱内不可有水或湿气。喷粉前棚室通风口关闭，尽量确保棚室的密封效果。从棚室最里端开始，操作人员站在过道上，摇动喷粉管从植株上方喷粉，边喷边后退，进行速度为每分钟15~20m（可以根据均匀度灵活调节），施药后密闭棚室。病害发生前或发生初期，选择傍晚进行喷粉操作，喷粉结束后即可放下草帘或保温被。每亩地的喷粉量不超过100g，根据植株大小调整喷粉量（图1至图4）。可有效防控灰霉病、霜霉病、棒孢叶斑病等设施蔬菜高湿病害。

图1 弥粉法施药技术在温室番茄内应用　　图2 弥粉法施药技术在温室黄瓜棚内应用

图3　弥粉法施药技术在小拱棚韭菜内应用　　图4　弥粉法施药技术在拱棚番茄内应用

三、适宜区域

该技术适用于全国各设施蔬菜产区。

四、注意事项

施药过程中为了减少药剂损失需要关闭大棚的风口，因此弥粉法施药最佳施药时间为每天16：00—18：00，避免晴天中午施药。

技术依托单位
中国农业科学院蔬菜花卉研究所
联系地址：北京市海淀区中关村南大街12号
邮政编码：100081
联 系 人：李宝聚　谢学文
联系电话：010-62197975　13718315536；
电子邮件：libaoju@caas.cn

冬瓜减量施肥及"三护"栽培关键技术

一、技术概述

(一) 技术基本情况

冬春季是冬瓜种植最主要的季节。冬瓜苗期时常遭遇高温(海南)和低温(广东)、生长发育过程中易受低温寡照、高温高湿等不利气候影响,白粉病、疫病、蓟马等主要病虫害频发等产业问题,该项目以科技小院为主要研发示范平台,以"三护"栽培技术推动冬瓜化肥减量为核心,前期采用砧木品种选育与筛选,揭示砧穗互作增效机理,集成嫁接育苗技术,有效解决连作障碍;中后期以突破"黄叶病"这一冬瓜产业发展瓶颈为目标,重点针对性研究应用了镁素营养诊断及其调控方法,形成大量元素与中微量营养相结合的冬瓜化肥减量关键技术,有效预防了冬瓜叶片黄化和果实收腰现象,通过"护根、护叶、护果"的三护步骤实现冬瓜"高产高质高效"的三高效果;并以"优良品种、嫁接育苗、植株调整、科学施肥、生理性病害防控、防寒减灾、轻简化生产"的冬瓜高效栽培技术体系为基础,结合科技小院和"数字+农技轻骑兵"田头课、首席专家谈农技等培训活动和人才培养的创新模式,将冬瓜减量施肥及"三护"栽培关键技术在冬瓜主要产区广泛推广应用,获得了良好的社会效益、经济效益与生态效益。

该成果获得授权专利 9 项,发表论文 6 篇,制定地方标准 2 项。2019—2023 年在全国冬瓜种植区域辐射推广面积超过 50 万亩,提高冬瓜产量 12% 以上,降低化肥用量 13%~40%,减少农药用量 30%~50%,平均每亩节本增收 1 000 元,社会经济总产值 60.48 亿元,新增经济效益 5.3 亿元。该技术连续 4 年获得广东省农业主推技术,并于 2023 年入选农业农村部农业主推技术。

(二) 技术示范推广情况

该技术通过减少化肥用量,尤其是氮肥用量,结合镁肥及时供应,不仅可以防止贪青,还明显促进光合产物更多向果实转运,提高收获指数,实现增产。通过嫁接和绿色防控技术,有效降低病虫害发生频率,降低农药用量。应用水肥一体化技术,极大减少人工成本。最终实现节本增效效果。近 3 年来,该技术在全国冬瓜产区开展了大量的示范推广活动。通过建立示范基地、举办培训班、田间地头讲解、发放技术资料等多种形式,与政府农技推广部门、种苗和肥料生产与销售商紧密合作,融合物化技术示范推广。该项目累计举办田头课、直播、现场会、科普活动等各类推广活动 30 场次,发放技术资料 10 000 余份,参与人数突破 50 万人次,推广面积 50 万亩,社会经济总产值 60.48 亿元,新增经济效益 5.3 亿元,社会效益、经济效益及生态效益显著。

1. 新技术的研究与示范活动

从 2019 年起,广东省农业科学院蔬菜研究所与佛山市三水区白坭镇康喜莱蔬菜专业合作社在白坭西江农业园内打造了康喜莱农业科技园,占地面积 142 亩,建设了 1 个典型核心示范基地，在白坭冬瓜种植方式的原有基础上，引进冬瓜化肥减量关键技术进行种植示范（图1至图4）。

图1 耕地、育苗

图2 冬瓜苗移栽、定植

图3 搭架、挂蓝板

图4 研究过程中的田间采样和检测

2022 年 11 月 1 日上午，始兴县 10 个乡镇农技站代表人员、县农科所、蔬菜企业、种植大户及周边县市相关从业代表人员、蔬菜所科技人员共计 80 多人参加了蔬菜新品种新技术展示观摩会（图 5 至图 7）。观摩会示范了以冬瓜为主的 45 个新优品种，展示了蔬菜集约化育苗、轻简化栽培模式、水肥一体化调控、病虫害绿色防控等 4 项高效栽培技术。

图 5　现场观摩会、培训及北滘镇电视台报道

图 6　科技支撑始兴县蔬菜产业园

图 7　技术培训现场

2. 省市级地方院所合作推广

　　与佛山市农业科学研究所合作，大力推广该技术，为佛山市顺德区智谷生态农业有限公司在佛山市顺德区 18 亩农旅项目的冬瓜种植提供技术服务。对冬瓜种植从品种布局、茬口安排、育苗技术、绿色防控、适时用药、节本增效、景观打造等方面提供全方位技术支撑，在生产优质冬瓜产品的同时，打造"菜园"变"公园"的田园景观。服务开展过程中以"良种良法展示"为抓手，展示工厂化育苗技术、测墒自动化灌溉技术、养分智能管控技术等，立足我单位资源禀赋，聚焦冬瓜产业，坚持绿色生产，提升产品品质，注重科技支撑，引导产业绿色高质量发展，结合后期黄龙村冬瓜美食品牌建设愿景，共同打造黄龙村黑皮冬瓜乡村产业品牌。实施后取得良好的社会效益，达到弘扬黄龙冬瓜文化、宣传冬瓜文化的目的，让村民有所获、有所盼，在乡村振兴中提升获得感、幸福感。该项目受到北滘镇电视台报道（图 8 至图 14）。

图 8　黄龙冬瓜公园刚开始平整土地时场景

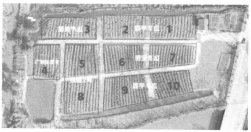

图 9　对黄龙冬瓜公园地块进行拍摄及实际种植全貌

图 10　对黄龙冬瓜公园整地起垄指导

图 11　对黄龙冬瓜公园设施育苗技术指导

图 12　对黄龙冬瓜公园测墒灌溉技术和搭棚架技术指导

图 13　大冬瓜都成熟了，种植户喜笑颜开

图 14　黄龙冬瓜公园场景

广东省农业科学院蔬菜研究所与佛山市、韶关市等多地政府、企事业单位共同合作，多次举办冬瓜王大赛、农民丰收节等活动，大力推广该技术。

3. 冬瓜产业大会

以良种、良技为抓手，集成展示了冬瓜全产业链关键技术，于 2022 年 2 月至 6 月筹备了全国第二届冬瓜产业大会。大会成功涵盖了"冬瓜"细分领域，展示品种 200 余个，涵盖大冬瓜、小冬瓜、水果冬瓜、节瓜等多种类型，还有潜力新组合进行展示。大会采用 1+N 办会模式，不断向产业链延伸扩展，以市场需求为导向，集结产学研力量，贯穿育种、栽培、流通、加工、食品等全产业链，共促行业发展。组织农技服务田头兵，深入生产一线进行田头课直播、科普小视频录制等线上线下活动，更有优秀科普视频被推送到"学习强国"广州学习平台首页推荐，活动被《南方农村报》等省级以上媒体多次报道（图 15、图 16）。

图 15　佛山市冬瓜王大赛、韶关农民丰收节等活动现场

图 16　田头课直播

4. 科技小院

通过培树典型，努力营造学习先进、弘扬典型的浓厚氛围，起到辐射带动作用。创新推广模式，联合中国农业大学，建立了广东省首家蔬菜类"科技小院"，联合各地冬瓜主产区的农技推广部门，形成"地方农业部门协调+专家指导+企业参与+示范基地搭建+技术员跟进+多途径培训+回访调研"的推广机制，加速研究成果转化应用，已在全国主菜区打造一批影响力大，有效辐射带动了该区域蔬菜以水肥一体化技术为纽带的冬瓜化肥减量关键技术的大面积推广和示范（图 17）。

图 17　农技服务田头兵技术指导现场

5. 农业主推技术方面

入选 2021—2024 年广东省农业主推技术，入选 2023 年农业农村部农业主推技术。

（三）提质增效情况

以节本增效为目标，立足华南资源禀赋，坚持绿色低碳生产，提升产品品质，注重科技支撑，促进冬瓜产业兴旺。应用该综合技术体系可提高冬瓜产量 12% 以上，降低化肥用量 13%~40%，减少农药用量 30%~50%，平均每亩节本增收 1 000 元。通过增产增收，给农民带来切实的效益；绿色栽培技术的应用，降低商品农药残留，有益于保障食品安全；减轻了农业生产过程中对自然环境的污染，环保意义重大，社会经济总产值 60.48 亿元，新增经济效益 5.3 亿元，社会效益、经济效益及生态效益显著。

1. 产量稳定，甚至增产

应用嫁接技术和植物疫苗提高冬瓜抗性，在初花期、盛果期分别喷施 5% 海岛素疫苗水剂1 000倍液。该种植方法可以明显增强冬瓜植株的防寒性能，保证冬瓜植株的生长和挂果，降低冬瓜的受冻率，有效提高产量。

2. 化肥用量显著降低，节约成本

采用测土配方、有机替代、水肥一体化、调整基追比、氮肥减施、补充中微量营养的办法，有效降低化肥用量。

3. 减少温室气体排放

采用水肥一体化追肥，养分利用率提高，科学的低氮低磷高钾配比，减轻了农业生产过程中对自然环境的污染。

4. 减少或避免冬瓜黄叶现象

首先根据冬瓜养分需求总量进行总量控制，每生产1 000kg果实，冬瓜需要 N、P、K、Ca、Mg 分别为 1.2kg、0.2kg、2.4kg、1.2kg、0.2kg。有机替代：基肥与追肥比例以 3∶7 为宜，追肥分为 3~4 次，分别是苗期、初果期、中果和膨果期。

5. 果实商品性好，贮存品质高

注意镁肥和钙肥的补充，若采用具有缓释效果的杂卤石等肥料，宜作基肥施用；若采用溶解性高的养分，则采用水肥一体化或叶面喷施方法。微量元素因缺补缺。最终可显著提高冬瓜果实大小、果皮色泽度、可溶性糖、糖酸比等产量和品质性状。

（四）技术获奖情况

该技术入选2023年农业农村部农业主推技术，2021—2023年度广东省农业主推技术，广西科学技术奖 1 项。

二、技术要点

（一）选用抗病优良品种和砧木品种

选育和筛选了抗病、高亲和力的冬瓜砧木品种，目前铁柱系列冬瓜（广东省农业科学院蔬菜研究所培育）、海砧 1 号（海南省农科院蔬菜所培育）是各地冬瓜主产区首选抗病优良品种和砧木品种。

（二）种子处理

药剂消毒：浸种 6h 后用 0.1%~0.2%高锰酸钾浸种 30min 或 25%甲霜灵 800 倍浸种 2h。

（三）嫁接育苗技术

创新集成"优良接穗+砧木品种+促萌技术+抑徒壮苗+嫁接技术+高效愈合技术"等技术要素，形成了 1 套冬瓜嫁接育苗技术规程，解决环境不适条件下嫁接壮苗率低的难题，嫁接壮苗率达 90%，成本降低 20%（图 18）。

（四）精准施肥技术

明确了冬瓜各生育期营养吸收分配利用规律及产量和品质形成规律，研发了冬瓜全生育期营养配方；构建了"化肥总量控制+有机替代+钙镁增效+缓控释肥应用+水肥一体化精量施用"的养分管理技术，化肥减量 20%，显著提高氮效率，有效预防了冬瓜黄叶病和黑心病。

（五）高效栽培技术

探明了高产冬瓜的全生育期养分需求和环境损失规律，制定了化肥减量策略；集成应用深沟高垄、摘除雌雄花等农艺措施，形成以嫁接育苗和镁肥调控为核心，优良砧木品种、嫁

图18　嫁接（左）、嫁接后薄膜覆盖（中）、愈合第四天通风透气（右）

接育苗、科学施肥、生理性病害防控、防寒减灾、轻简化生产为基础的冬瓜三护栽培技术，在此基础上，根据园区施肥条件，制定使用方案，通过"护根、护叶、护果"的三步措施，有效降低肥料用量13%~40%，提高产量12%以上（图19、图20）。

田间管理关键节点	浸种催芽	苗期	整地/基肥	定植	生长初期	抽蔓期	开花期	壮胎肥	疏果	吊瓜肥	壮瓜肥
时间/天数	1~3月 5~7d	2~4月 20~25d	3~4月 1+	2~4月 1+	2~4月 30~40d	4月 15~25d	4~5月	4~5月 "花眼"	4~5月	4~5月 果实 2.5~3.5kg	5~6月 果实 7.5~10kg
植物学形态											
	"婴幼儿阶段"先养胃再供应营养			"少儿阶段"苗壮则瓜大		"青壮年阶段"多喝水（灌溉）多吃饭（施肥）才能"多长肉，多赚钱"					
施肥措施1 常规固体肥	将15:15:15复合肥溶于水拌入育苗基质（20g/kg基质，EC值3.0mS/emC GH），在出苗前长出第二片真叶时喷施0.2%的尿素水到苗床（7d/次，共2次）。		苗施15:15:15复合肥（在移栽苗附近）40kg；腐熟有机肥300kg施垄中间。	1.移栽时：根附近施用15:15:15复合肥20g/株，灌水约500mL/株；2.6~7片叶亩道施尿素3kg。		三点式亩施13:6:21复合肥约15kg。追施硫酸镁肥5kg/亩。	初见第三四雌花时/座瓜后：亩施13:6:21复合肥，15kg/亩，施肥后立即浇水；喷施微肥：中农美硼/雅冉花果灵/有机叶面肥。硫酸镁肥料25kg/亩，果期分3次施用。			果实2.5~5kg时，亩施13:6:21复合肥25kg/亩，果期分3次施用。推荐喷施叶面肥：雅冉翠康金钾；雅冉花果灵。	
施肥措施2 水肥一体化			腐熟有机肥300kg/亩；亩施15:15:15复合肥30kg。	定植一周后开始水肥一体化。每周一次，5~6次，依据降雨和长势的情调整。N，P₂O₅,K₂O,B用量为0.7kg/亩，0.2kg/亩，0.7kg/亩，0.01kg/亩。后期施肥主要促进果实生长，N，P₂O₅，K₂O，B，Ca，Mg用量分别为0.4kg/亩，0.2kg/亩，0.7kg/亩，0.03kg/亩，0.5kg/亩，0.5kg/亩。每次滴肥前，滴清水5~10min。							
栽培措施	种子消毒：50~55℃的温水中搅拌10min，30℃水浸泡8h，搓洗。催芽：用纱布包裹置于30℃阴暗潮湿条件下，每天用清水冲洗一次；苗期搭建小拱棚，覆盖薄膜；定植前苗床日温20~30℃，夜温15~20℃；定植前一周"炼苗"；整地前翻耕，定植前耙细整平开起垄，畦宽1.5~2，高0.3mm；密度500~550株/亩为宜。			生根剂+多菌灵/多霉灵/代森锰锌/阿克泰蘸根预防病虫害。	1.移栽后，7d：烯酰吗啉+活力碳淋头杀壮苗杀病；20d：有机叶面肥+并用露娜森+阿米妙收+蜡危+活力碳。2.预防病毒病（防治蚜虫）可选吡蚜酮、氟啶虫酰胺、氟啶虫胺腈；治疗病毒病可选霉晕、吗啉胍、宁南霉素，丙吗、吗啉胍等。3.土传病害：噻菌灵或者精品恶霉灵灌施。4.瓜藤在地面充分铺开完全受光后再引瓜上架。		授粉：早上7:00~8:00时取新开放雄花粉均匀涂于雌花三个柱头上。留果：①首先要看节位，留在第28节位左右为宜，无摩擦损伤为宜；②再看果实外观；③看天气：果期晴天最好，南风为好；④最后看果实大小（可忽略）一般从第三个雌花开始留瓜，每株留2个幼果，当幼果鸡蛋大时保留一个果形周正的优质果，以上标准可依据单株结果情况择优管理。		座瓜后，中小型瓜留10片健全叶打顶，大型瓜留13片健全叶打顶。2.果实2.5~3.5kg/瓜：麻绳套住瓜柄或者网兜套住果实架至瓜架上。3.果实成熟前注意给果实遮阴：①调整瓜和藤蔓遮阴；②必要时覆盖稻草。4.收获前10~15d不浇水或少浇水。	

图19　制定的冬瓜种植方案

对照　　　　　　产量：75t/hm²

处理　　　　　　产量：97.5t/hm²+30%

图 20　广东蔬菜科技小院 20 亩冬瓜"三护"技术示范

（六）创新推广模式，推动冬瓜产业提质增效

与政府农技推广部门、种苗和肥料生产与销售商紧密合作，融合物化技术，结合"科技小院"和"数字+农技轻骑兵"田头课、首席专家谈农技等培训活动和人才培养的创新模式，在全国冬瓜主要产区广泛推广应用。该项目组专家组织农技服务田头兵，深入生产一线进行田头课直播、科普小视频录制等线上线下活动，更有优秀科普视频被推送到"学习强国"广州学习平台首页推荐，活动受到《人民日报》及《南方农村报》等省级以上媒体多次报道。该项目注重和国内外新型投入品生产企业的协同合作，研发的新型肥料产品，不仅在我国南方大面积应用，在国内外大量应用于冬瓜等其他瓜果类蔬菜上，已推广近 10 万 t，推广面积超过 600 万亩，取得喜人的增产增收效应。该项目竭力打造当地冬瓜特色历史和人文文化，促进了各地冬瓜产业向第三产业特色旅游服务业转型，为打造当地冬瓜特色品牌贡献力量，有力带动技术应用。

三、适宜区域

适用于全国冬瓜种植区域。

四、注意事项

突出重点区域，统筹考虑优势产区、经济较发达、政府有扶持、能够起到示范带动作用等诸多方面因素；推广过程中以当地需求为切入点，围绕当地农作物生产实际及当前亟待解决的问题，有针对性地提出与当地实际相吻合的主推技术，注重应用效果，确保推广质量。通过省市县三级相关政府部门的互相协调，极大改善资源共享、信息共享、技术互补状况，有效整合资源优势，加大了推广力度。同时，加强与企业经销部门的合作联系，利用企业生产和销售网络合作设立示范点，通过技术合作促进商业合作。注重发挥示范引导的作用，在宣传推广方面下功夫。

技术依托单位

1. 广东省农业科学院蔬菜研究所
联系地址：广东省广州市天河区金颖路66号
邮政编码：510640
联 系 人：陈 潇
联系电话：18102695757
电子邮箱：xchen7@126.com

2. 广东省农业技术推广中心
联系地址：广东省广州市先烈东路135号
邮政编码：510520
联 系 人：李 强
联系电话：13427549444
电子邮箱：lqtgzz@163.com

3. 海南省农业科学院
联系地址：海南省海口市兴丹路14号
邮政编码：571100
联 系 人：廖道龙
联系电话：13697543631
电子邮箱：hnaas2009@163.com

4. 海南省土壤肥料总站
联系地址：海南省海口市兴丹路16号
邮政编码：571100
联 系 人：王汀忠
联系电话：13697522280
电子邮箱：wangtingzhong2005@163.com

果木枝条替代传统木屑制作香菇和
黑木耳菌棒关键技术

一、技术概述

（一）技术基本情况

香菇和黑木耳是我国主栽的木腐型食用菌，这两个菇种的产量占全国食用菌总产量的48.42%，栽培原料以阔叶树木屑为主，由于产业的快速发展，林业禁砍禁伐，阔叶林资源短缺，亟须寻找替代传统木屑的其他栽培原料，秸秆类原料栽培香菇和黑木耳的产量和品质显著下降，不能作为替代量大的主料使用，仍需开发一些来源广、产出量大、成本低廉的其他类硬质木屑。我国林果资源丰富，每年都会有大量废弃枝条，一般用作燃料或丢弃，未能得到更好地利用。大多数果树属阔叶树，修剪的果木枝条可替代传统木屑栽培香菇和黑木耳。

随着香菇和黑木耳栽培轻简化设备及新技术的普及，专业化分工将成为生产的主要方式，集中制棒分散出菇技术模式在各香菇和黑木耳主产区逐渐普及，因此对菌棒质量的标准化要求愈发强烈。"十二五"以来，国家食用菌产业技术体系在新型基质研制和菌棒专业化生产方面取得了一系列研发成果，建立了相关技术标准，并得到推广应用，一方面解决了原料来源受限和生产成本高的问题，另一方面，解决了菌棒质量一致性差和质量不稳定的问题，同时大幅降低了菌棒后期出菇管理的难度和成本。

（二）技术示范推广情况

以山东省农业科学院、山东省农业技术推广中心等科研及推广单位为依托平台，近年来在山东省、辽宁省、河北省等地进行了较大面积的推广应用。核心技术自2008年开展技术攻关并取得突破，于2010年开始示范推广，至2023年累计推广黑木耳和香菇菌棒16亿棒以上，取得了高产、稳产、优质的应用效果，受到了应用推广单位的高度认可，核心技术入选2021年、2022年、2023年山东省农业主推技术。该技术成熟度高、实用性强，是一项值得在全国黑木耳和香菇主产区大面积推广的先进适用技术。

（三）提质增效情况

中央明确提出"培育壮大食用菌产业"，发展食用菌产业是践行大食物观、实施健康中国战略的保障，推动香菇、黑木耳等主栽食用菌持续、健康、良性发展非常重要。利用果木枝条栽培香菇和黑木耳是发展现代农业和循环经济的良好途径，既可以充分利用丰富的废弃资源，使果农、菇农增收，又可节约木材资源，降低食用菌生产成本，保护生态环境，具有显著的生态效益、经济效益和社会效益。通过该技术的推广利用，香菇和黑木耳栽培原料成本降低20%以上，菌棒良品率提高10%以上，生产能耗降低15%以上，综合效益提升显著。

（四）技术获奖情况

该技术荣获2015年度山东省科学技术进步奖一等奖、2017年度神农中华农业科技奖科研成果二等奖、2019—2021年度全国农牧渔业丰收奖农业技术推广成果奖二等奖、2022年度中国农业绿色发展研究会科学技术奖一等奖、2023 年度中国商业联合会科学技术奖全国商业科技进步奖一等奖。该技术入选 2021 年、2022 年、2023 年山东省农业主推技术。

二、技术要点

（一）果木枝条的选择和处理

可用于香菇和黑木耳栽培的果木枝条包括苹果树、梨树、桃树、板栗树、核桃树、枣树等阔叶树的枝条。树龄 5~10 年，树径以直径 5~30cm 为佳，树根去除，树木应无腐烂、空心，不夹杂石块、铁钉类等杂物，无油污等化学污染。

将枝条加工粉碎成片径 0.5~1.2cm，厚 0.2~0.5cm 的木屑（图 1），使用时提前 3~5d 预湿，将木屑放置晾晒场平摊 50cm 左右厚度，喷 12~15h 后，建成长形堆，充分预湿，预湿后木屑的含水量控制在 55%~60%。

（二）果木枝条生产黑木耳菌棒关键技术

1. 菌种制备

选择出耳转潮快、抗逆性强、高产优质的优良菌株，栽培种采用固体菌种或液体菌种。

2. 原料配制

配方选择果木木屑 68%、棉籽壳 20%、麦麸 10%、石灰 1%、石膏 1% 或果木木屑 86%，款皮 10%，豆粉 2%，石膏 1%，石灰 1%（以干重计），可根据原料种类和生产需求进行调整。按照现配现用原则，根据配方和原料含水量计算出添加量。搅拌锅启动前，各原料喷洒足够清水，以免锅内有干料。搅拌 10min 之后自动加水，再搅拌 30min，将原料混合均匀，含水量控制在 60% 左右，pH 值调为 7.5 左右。

3. 装袋灭菌

选用（16~17）cm×（33~36）cm 的聚乙烯或聚丙烯折角袋。用装袋机装袋，每袋装湿料 1.1~1.3kg，装袋后用窝口机窝口，窝口处与料面贴合紧实平整，褶皱均匀，用长 12~16cm 塑料棒封口，检查菌棒有无破损、微孔。装袋结束之后，清理设备卫生，用抹布擦拭设备表面和内部，要求设备表面无油污，内部无积攒原料。灭菌可采用常压灭菌或高压蒸汽灭菌，灭菌前地面应干净无杂物、无积尘、进排气口通畅；灭菌锅运行无异常提示、温度压力探头准确（使用标准的水银温度计）；压力表正常（未开启之前指针在 0Mpa）；将锅门处硅胶密封条擦拭干净并确保胶条在凹槽内，确保锅门密封，门齿到位；关门限位指示灯亮起；检查好灭菌参数，确认好后再启动。灭菌后的菌棒移入冷却室，冷却至 28℃ 以下（图 2）。

图 1　果木枝条粉碎后的木屑　　　　图 2　果木枝条生产的黑木耳菌棒

4. 接种和菌棒培育

使用全自动接种机或人工接种，每棒接种液体菌种 15~25mL，或固体菌种 20~30g，接种后立即使用无菌海绵块封口。接种后的菌棒移入培养室暗光培养，每天对车间菌棒温度进行测量并记录，观察菌丝生长情况，发现异常情况及时处理。前 10d 适宜温度为 25~28℃，10d 以后适宜温度为 23~25℃，空气湿度 50%~60%，每天通风 30~60min。从第七天开始，每隔 5~7d 检查一遍菌棒，及时处理污染菌棒。经过 40~50d 培养菌丝长满菌棒，继续培养 8~10d 达到生理成熟。

（三）果木枝条生产香菇菌棒关键技术

1. 菌种制备

选择出菇转潮快、抗逆性强、高产优质的优良菌株，菌种逐级扩繁，母种—原种—栽培种，栽培种为固体菌种，栽培种生产可使用固体菌种或液体菌种接种。

液体菌种配方：水 1L、豆粕粉 10g、玉米粉 2g、蛋白胨 0.3g、葡萄糖 6g、白糖 18g、酵母浸膏 0.6g。

固体栽培种配方：果木木屑 50%、杨木屑 30%、麸皮 17%、石膏 2%、石灰 1%，含水量 55%~60%。

2. 原料配制

配方选择果木木屑 80%、麦麸 18%、石灰 0.5%、石膏 1.5%（以干重计），可根据原料种类和生产需求进行调整。按照现配现用原则，根据配方和原料含水量计算出添加量。搅拌锅启动前各原料喷洒足够清水，以免锅内有干料。搅拌 10min 之后自动加水，再搅拌 30min，将原料混合均匀，含水量控制在 55%~60%，pH 值调为 6.5 左右。

3. 装袋灭菌

选用 15cm×55cm 或 17cm×58cm 的聚乙烯折角袋，采用装袋机装袋（图3），培养料紧贴袋壁，装料高度分别为 40cm 和 42cm 左右，每袋装湿料重分别为 2.0~2.2kg 和 2.6~2.8kg，使用卡扣机封口。菌棒（图4）两端不能偏软、无微孔，扎口不得扎住料、不能漏气和破口等。在距袋底 4~5cm 处刺直径 0.5cm 圆形口防止胀袋，封贴透气胶布。装袋结束之后，清理设备卫生，用抹布擦拭设备表面和内部，要求设备表面无油污，内部无积攒原料。灭菌可采用常灭菌或高压蒸汽灭菌，灭菌前地面应干净无杂物、无积尘、进排气口通畅；灭菌锅运行无异常提示、温度压力探头准确（使用标准的水银温度计）；压力表正常

图3　以果木枝条为主料的香菇培养料装袋　　　图4　果木枝条制备的香菇菌棒

（未开启之前指针在 0MPa）；将锅门处硅胶密封条擦拭干净并确保胶条在凹槽内，确保锅门密封，门齿到位；关门限位指示灯亮起；检查好灭菌参数，确认好后再启动。灭菌后的菌棒移入冷却室，冷却至 28℃ 以下（图 4）。

4. 接种和菌棒培育

接种前用无菌棉签拭子对接种车间取样进行平板检测，百级净化要求平板沉降菌数量≤1 个，车间温度保持 20~22℃，空气湿度控制在 50% 以下，新风换气次数不低于 30 次，新风压差≥10Pa。

采用单面 4 点打孔接种，打孔直径 1.5~2.0cm，深 2cm，孔间距 10~11cm，两侧接种口距袋边 4~5cm。菌种单体重量 9.5~10.5g，菌种接入后料面平整无漏缝，高出部分小于 0.3cm，菌种与培养料紧贴无空隙。

接种后再封套聚乙烯外袋或使用透明胶带封住接种口，送入发菌室，发菌室温度控制在 21~24℃，菌棒料内中心温度不超过 26℃，空气湿度 60%~70%，二氧化碳浓度控制在 0.3%~0.35%，暗光培养。每天对车间菌棒温度进行测量并记录，观察菌丝生长情况，发现异常情况及时处理。接种点菌丝圈直径 6~8cm 时，脱去外套袋或撕掉透明胶带，将菌棒转至层架上"井"字码放或放到网格架上进行培养。发菌期间刺孔两次，刺孔前对菌棒、刺孔机器、周边环境进行全方位消毒。接种点菌丝圈直径达 10~15cm 时进行第一次刺孔，在菌丝外沿向内 2~3cm 围绕接种点刺 6~10 个孔，孔深 1~2cm。菌丝满袋后 5~10d 进行第二次刺孔，每棒刺孔 6~12 排，每排 6~8 个，孔深 3~5cm，发菌室温度控制 21~22℃。

5. 转色管理

菌棒二次刺孔后，需提供光照促进菌棒转色，光强 50~200lx，每天光照不少于 12h。菌棒发热期注意测温，菌棒温度控制在 24~27℃，大于 27℃ 以上时间不超 24h，发热期后菌棒温度控制在 23~25℃。后熟培养天数以 42~43d 为宜，转色程度以棕褐色为佳，转色面积大于 85%。

三、适宜区域

适用于全国香菇、黑木耳主产区。

四、注意事项

果树枝条根据需要粉碎成适宜的颗粒度，使用前要充分预湿，避免装袋时扎破菌袋或出现灭菌不彻底的情况。

技术依托单位
1. 山东省农业科学院
联系地址：山东省济南市历城区工业北路 23788 号
邮政编码：250100
联 系 人：宫志远 韩建东
联系电话：0531-66659236
电子邮箱：sdgzy2656@163.com

2. 山东省农业技术推广中心

联系地址：山东省济南市历下区解放路 15 号

邮政编码：250014

联 系 人：高　霞

联系电话：0531-81608006

电子邮箱：chuchugao@163.com

3. 山东艾泽福吉生物科技有限公司

联系地址：山东省青岛市莱西市院上镇毛家埠工业园强武路 6 号

邮政编码：266611

联 系 人：侯国正　张　宁

联系电话：13792536751

电子邮箱：exoticfungi@exoticfungi.cn

香菇集中制棒、分散出菇技术

一、技术概述

（一）技术基本情况

香菇是我国生产量和消费量最大的食用菌，据中国食用菌协会统计，2022 年我国香菇总产量达 1 295.48 万 t，占全国食用菌总产 30.68%，占世界香菇产量的 90% 以上。香菇生产投资少、见效快，产业规模达千亿元，在我国实施"精准扶贫"和乡村振兴战略中作用巨大。传统香菇生产主要采用家庭小作坊式生产，费时费工，损耗严重，难以实现标准化、规模化及绿色生产。该技术针对香菇产业发展面临的规模迅速扩张与技术转型升级双重挑战，集成了原料统一采购、菌棒自动化制作、环境控制发菌、生态化出菇为基础的"集中制棒，分散出菇"的新型香菇生产技术体系。香菇菌棒生产和培养阶段实现统一的集约化制棒，后期出菇阶段结合各地生态环境和设施设备条件进行因地制宜的低成本分散出菇，从而降低生产成本，提升菌棒生产质量，促进香菇产业转型升级。

核心技术知识产权支撑具体如表 1 所示。

表 1　核心技术知识产权支撑列表

序号	知识产权名称	编号	权利人	主要内容	使用情况
1	农业行业标准：香菇菌棒集约化生产技术规程	NY/T 3627—2020	上海市农业科学院，山东御苑生物科技有限公司，山东七河生物科技股份有限公司，辽宁三友农业生物科技有限公司	规范了香菇"集中制棒、分散出菇"模式中菌棒集中制棒的操作规范。	适用于全国菌棒集中生产企业。
2	发明专利：一种适于香菇工厂化栽培菌种沪 F2 及其指纹图谱以及栽培方法	ZL 201410421601.X	上海市农业科学院，上海炎地农业科技有限公司	开发了适合于集中制棒的沪 F2 的菌种真实性快速鉴定技术及其菌包工厂化生产方法。	在全国香菇主产区都可以应用。
3	发明专利：一种香菇工厂化高效生产培养料及其制备方法	ZL 201710114070.3	上海市农业科学院	提供了一种香菇工厂化高效生产培养料及其制备方法，优化了香菇工厂化生产配方中木屑的配比，缩短了工厂化生产的周期，提高了香菇产量和品质。	在全国香菇集约化制棒企业都可以应用。

（续表）

序号	知识产权名称	编号	权利人	主要内容	使用情况
4	发明专利：一种香菇申香215菌种的SSR标记指纹图谱及其构建方法与应用	ZL 201710067842.2	上海市农业科学院	开发了申香215菌种的SSR标记指纹图谱及其构建方法与应用，与常规形态学检测、拮抗试验、出菇试验相比，具有检测时间短、准确性高、可重复性好的优点。	广泛应用于国内香菇申香215菌种的快速鉴定。
5	发明专利：一种香菇CV105菌种的InDel标记指纹图谱及其构建方法	ZL 202011568639.1	上海市农业科学院	提供了适合于工厂化生产企业应用的菌种快速检测技术，以防止在生产过程中因菌种错用而导致生产问题。	在全国食用菌生产企业都可以应用。
6	发明专利：一种香菇菌株及其工厂化栽培方法	ZL 202010551496.7	上海市农业科学院	获得了高多糖菌株申香1504菌株及其在生产过程中多糖提高的方法。	在全国香菇菌棒集约化生产企业广泛应用。
7	发明专利：香菇液体原种的生产方法及香菇液体原种	ZL 202110274781.3	上海市农业科学院	公布了一种适合于集约化生产的香菇液体原种配方及其生产和接种方法。	在全国香菇菌棒集约化生产企业广泛应用。
8	发明专利：快速检测香菇菌棒成熟度的方法	ZL 201711460945.1	山东七河生物科技股份有限公司	公布了一种快速、准确检测香菇菌棒成熟度的方法。	在全国香菇菌棒集约化生产企业广泛应用。
9	发明专利：一种防止积水的食用菌栽培棚	ZL 201910180457.8	山东七河生物科技股份有限公司	公布了一种适合于冬季生产用的食用菌栽培棚。	在全国香菇菌棒集约化生产企业广泛应用。
10	发明专利：香菇接种孔喷胶密封装置	ZL 202010443297.4	山东七河生物科技股份有限公司	公布了一种菌棒接种口快速封口的方法。	在全国香菇菌棒集约化生产企业广泛应用。
11	发明专利：一种遮光位置可调的食用菌栽培棚	ZL 2020108743493	山东七河生物科技股份有限公司	公布了一种遮光位置可以调节的食用菌栽培棚。	在全国香菇菌棒集约化生产企业广泛应用。
12	品种：沪香F7	沪农品食用菌2020第007号	上海市农业科学院	选育了适合于"集中制棒、分散出菇"模式的香菇专用品种，具有适合工厂化条件养菌，菌龄短、耐高温的特点。	在全国香菇菌棒集约化生产企业广泛应用。
13	国家植物新品种权：沪香F2	CNA20172949.7	上海市农业科学院，上海炎地农业科技有限公司	选育了我国第一个适合于集约化生产的香菇专用品种，具有需氧量低、菌龄短、易出菇的特点。	在全国香菇菌棒集约化生产企业广泛应用。
14	软件著作权：香菇菌棒工厂化养菌环境监控系统	2021SR0417100	上海市农业科学院	提供了香菇"集中制棒、分散出菇"模式中菌棒工厂化培养过程中环境自动监测系统。	全国香菇集约化制棒企业可以应用。

（续表）

序号	知识产权名称	编号	权利人	主要内容	使用情况
15	文章：复合氮源对香菇生长及产量的影响分析	上海农业学报，2016，32（3）：63-66.	上海市农业科学院	公开发表了不同氮源对香菇生长的影响，优化了香菇配方中氮源的使用，提高了经济效益。	在全国范围内广泛应用。
16	文章：Corncobasa Substrate for the Cultivation of *Lentinulaedodes*	Waste and Biomass Valorizatio https://doi.org/10.1007/s12649-021-01575-y	上海市农业科学院	公开发表了以玉米芯为主要原料生产香菇的最优配方，降低生产成本，提高生产效益。	在云南、湖北、山东等地广泛应用。
17	文章：Chromosomal genome and population genetic analyses to reveal genetic architecture, breeding history and genes related to cadmium accumulation in *Lentinula edodes*	BMC Genomics（2022）23：120	上海市农业科学院，吉林农业大学	公开发表了世界上第一个染色体水平的香菇基因组，从全基因组层面理清了我国香菇种质资源的遗传关系、现有栽培品种的育种历史，为种质资源评价及新品种选育的亲本选择提供了依据。	全球可用。
18	文章：香菇菌棒集约化生产技术规程	上海农业学报，2023，39（3）：100-108.	上海市农业科学院	公开发表了香菇菌棒集约化制棒的关键技术及规程。	全国香菇集约化制棒企业可以应用。

（二）技术示范推广情况

该模式已经成为目前香菇生产主要模式，近3年该模式在河南、山东、湖北、贵州、甘肃、内蒙古等省（区）新老产区持续推广，累计推广30亿棒以上。促进了产业提质增效，持续为各地脱贫和乡村振兴发挥重要作用，经济效益和社会效益显著。

（三）提质增效情况

香菇"集中制棒，分散出菇"生产模式，耦合了品种、技术、设备和人工等生产要素，与传统模式相比人均产出提高50%，成本降10%，网格培养设施较传统摆地方式培养密度提高3倍，解决香菇菌棒规模化培养的不均一问题，大大提高了香菇菌棒一致性和质量，降低后期出菇管理成本，成为目前香菇生产主要模式。该模式促进了产业提质增效，经济效益和社会效益显著。

（四）技术获奖情况

核心成果在2018年10月19日，中国农学会组织的成果鉴定中，获得了包括中国工程院三位院士在内的7位专家较高评价，该技术得分达到94.04分，达到国际先进水平。2023年2月9日，中国菌物学会组织的成果鉴定中，获得了包括中国工程院专家在内的7位专家较高评价，创建的香菇"集中制棒，分散出菇"生产模式，显著提高了生产效率。该成果分别通过中国农学会和中国菌物学会组织的专家鉴定，获得2018—2019年度神农中华农业科技奖科研成果一等奖；获得2020年度上海市科学技术进步奖一等奖。2022年入选山东省农业主推技术，2023年入选农业农村部农业主推技术。

二、技术要点

（一）以原辅材料统一采购和加工为基础的原材料标准化制备技术

以木屑质地、颗粒度标准化、pH 值，辅料新鲜度，配方 pH、C/N、含水量等指标为主要控制点的培养料复配和制备技术，提高了原料的标准化程度，为菌棒的标准化生产奠定了基础（图1）。

图 1　木屑预处理

（二）自动化制棒及环境控制立体养菌技术

以菌棒制备的重量、长度、松紧度为关键控制点（图2），结合可控环境下菌棒培养的温光水气等参数控制，明确菌棒培养的刺孔标准、成熟度指标，实现了菌棒的标准化培养（图3）。为后期出菇的一致性奠定基础。

图 2　菌棒自动化制备　　　　　　图 3　菌棒网格化环控立体培养

（三）基于品种、环境条件及专用设施大棚的低成本分散出菇管理技术

免割保水内套袋技术，菌棒有效保水时间延长 30%，省工 61%，优质菇率提高 15%，是干燥气候下香菇生产的关键技术，全国菌棒应用比例超六成；明确了品种和出菇环境调控对香菇子实体发育及产量水平的影响，综合考虑不同区域温度、湿度差异对香菇生长影响，形成了有针对性的脱袋、催蕾、控芽等关键环节环境控制策略，实现了低成本的分散出菇管理与提质增效目标（图4、图5）。

图 4　香菇菌棒设施化层架出菇　　　　图 5　香菇菌棒摆地出菇

三、适宜区域

适用于全国香菇产区进行推广示范。

四、注意事项

（一）主要原料预处理

香菇生产的主要原料为木屑，新鲜木屑可及时使用，但新鲜木屑较硬，持水性差，装袋时菌棒微孔率高，后期菌棒污染率高，易对养菌环境造成破坏，进而导致交叉污染。一般可采用木屑预湿堆置来解决上述问题，木屑预湿堆置一方面，可以促使木屑软化，提高木屑持水性，另一方面，木屑经过堆置和翻堆，各项理化性质更加均匀一致。木屑预湿堆置可大幅降低料棒在制作过程中破袋和微孔的发生率，同时提高菌棒后期发菌、出菇的一致性。

（二）栽培基质彻底灭菌是食用菌稳定生产的核心

集中制棒模式由于生产量大，灭菌环节是关键，灭菌时间过短或温度过低会导致灭菌不彻底，接种后会出现大批量污染；灭菌时间过长或温度过高会导致栽培基质碳化、pH 值过低，不仅造成能源浪费而且会造成培养料营养损失严重。目前，香菇菌袋一般采用聚乙烯材料，可耐受 118～120℃ 高温；如果使用保水膜，一般灭菌温度控制在 112～116℃。灭菌过程中要注意调整进气和排气比例，灭菌锅升温阶段加大排气量可有利于锅内冷空气排出；灭菌阶段适当减少排气量可有利于节省能耗。要注意灭菌锅内的料棒升温速度相对于灭菌锅内空气升温具有滞后性，因此在实际操作中一般锅内温度上升为 100～105℃ 时要保持 60～90min，以使料棒温度和锅内温度趋于一致，从而保障灭菌效果。灭菌技术的改进不仅可提高灭菌效果，降低培养基养分损失，有利于后期菌丝生长，还可大幅节省能源消耗，控制灭菌成本，并且可以有效降低灭菌过程中产生的水袋、胀袋比例。

（三）菌棒培养期间要适时增氧

香菇是好氧型真菌，要根据生产用种特性和菌棒瘤状物的状态，选择合适的时机进行刺孔增氧处理，刺孔的方式和数目不仅直接影响菌丝的氧气供应而且对菌棒后期转色、瘤状物的发生和出菇的蕾数控制至关重要。一般短菌龄易暴出的品种，可采取早刺孔，多刺孔的方法来控制瘤状物的发生；长菌龄不易出菇的品种，可采取晚刺孔，少刺孔的方法来刺激瘤状物的发生。

技术依托单位

1. 上海市农业科学院

联系地址：上海市奉贤区金齐路100号

邮政编码：201403

联 系 人：于海龙　谭　琦　尚晓冬

联系电话：021-52235465　18918162447

电子邮箱：yuhailong@ saas. sh. cn

2. 全国农业技术推广服务中心

联系地址：北京市朝阳区麦子店街20号

邮政编码：100125

联 系 人：尚怀国　郑宇豪

联系电话：010-59194502

电子邮箱：njzxyyc@ 163. com

3. 山东七河生物科技股份有限公司

联系地址：山东省淄博市淄川经济开发区松龄西路496号

邮政编码：276200

联 系 人：章炉军

联系电话：0533-2275001

电子邮箱：qihe@ qihebiotech. com

毛木耳出耳全程轻简化精准调控技术

一、技术概述

（一）技术基本情况

1. 技术研发与推广背景

四川省自 1981 年从台湾地区引进毛木耳菌株以来，在金堂县等地区便率先采用棉籽壳和杂木屑等替代传统段木，进行毛木耳的塑料袋式栽培。这一技术的成功应用迅速推动了毛木耳产业在四川省乃至全国的发展。然而，随着近十年来原料成本和劳动力成本的显著上涨，毛木耳的生产效益面临严峻挑战。为应对这一挑战，各级党委政府、国家食用菌产业技术体系、地方食用菌创新团队以及农业推广部门展开了联合研发和推广工作。经过不懈努力，形成了兼具广泛适应性和区域特色的毛木耳优质高产栽培技术。

2. 解决的主要问题

针对毛木耳生产中单产低、效率低、环境污染及病害严重等突出问题，国家食用菌产业技术体系毛木耳和药用菌栽培岗位与四川、山东、福建等省农业推广部门联合开展了系列研发与推广工作，形成了广适性的毛木耳优质高产栽培技术。这项技术涵盖了新型基质配制、机械装袋、新型料袋、环保型燃气高效灭菌、集中制种制袋、新型接种装置、微喷水分管理以及病虫害综合防控等关键环节，有效解决了生产中的技术瓶颈问题，实现了产业的提质增效和高质量发展。

3. 知识产权及使用情况

毛木耳优质高产栽培技术的研发内容均为技术依托单位自主研发，知识产权归属明确，无任何权属纠纷。该技术已在四川、山东、福建等省主产区连续多年大面积应用，增产增收效果显著，深受种植户的欢迎。据中国食用菌协会最新统计数据显示，毛木耳已跃升为我国第四大人工主栽食用菌品种，2023 年全国鲜品产量达到 223.07 万 t。其中，四川省、山东省、福建省三大主产区的产量分别达到 93.69 万 t、52.09 万 t 和 33.70 万 t，占全国总产量的 80.46%，形成了具有鲜明区域特色的产业品牌。

（二）技术示范推广情况

由四川省食用菌研究所、四川省园艺作物技术推广总站及全国农业技术推广服务中心等技术权威单位联合攻关，经过十余年的深入研究与示范推广，毛木耳优质高产栽培技术已在多个主产区取得显著成效。具体而言，这一技术在四川省的德阳市、彭州市、绵阳市、宜宾市，山东省的济宁市、菏泽市、枣庄市，以及福建省的漳州市、南平市、泉州市等地均得到了广泛应用。其中，四川省什邡市毛木耳万亩示范区，2023 年无棉壳新型基质高效利用技术应用 5 000余万袋，提高栽培利润 0.08~0.10 元/袋，新增总利润 400 万~500 万元；新型料袋应用技术4 500余万袋，增加产值 900 余万元；扣盖（木粒）菌种应用技术 3 500万袋，节本增效约 150万元。据四川省食用菌协会数据，2023 年应用毛木耳优质高产栽培技术，生产 2.3 亿袋，产量

27.1 万 t，产值 12 亿元，与 2022 年相比，稳定了生产规模，产量增加了 2 000 余吨，产值提高了 1 200 余万元。2018 年该项技术作为农业农村部食用菌重大技术协同推广的主要技术之一，2019—2020 年、2022—2024 年该技术入选四川省农业主推技术，在全省大面积推广。山东郓城县毛木耳基地示范种植近 1 000 个大棚，种植面积 1 000 余亩，年产干木耳 5 000 多吨，年产值 1.2 亿元左右。在福建漳州南靖全国白背毛木耳生产示范基地应用约 1.5 亿袋/年，以毛木耳专业村草前村为重点，开展科技示范，辐射带动 200 余户种植户。

（三）提质增效情况

毛木耳优质高产栽培技术，经大面积示范推广验证，可显著提升生产效率，降低劳动强度，实现节工、节电、节水，达到显著的节本增效效果。

在降低成本方面，通过优化毛木耳优质高产栽培基质配方，成功以低价位的栽培原料替代了高价位的原料，稳定了产品品质，降低了栽培基质的综合成本。节约成本超过 0.08 元/袋，为种植户带来了较好的经济效益。此外，户用型拌料装袋机及其配套技术的引入，使得生产效率提高了 42.55%，劳动强度降低了 50% 以上，进一步实现了节工、节电的目标。

在提升品质方面，采用了环保型燃气灶及其高效灭菌基质技术，综合成本较煤炭灭菌料袋降低了 58.93%。同时，木粒或扣盖菌种接种方法的创新，使得接种过程更加安全高效，操作简便，模具制作成本低至 0.05 元/套，接种成本更是降低了 200% 以上。

在增加效益方面，新型耳棚的设计解决了传统平顶耳棚易流耳、烂耳的问题，畸形耳降低了 20% 以上，使得综合效益提高了近 1 元/袋。同时，微喷灌设施及出耳水分管理技术的运用，提高了工作效率，降低了劳动强度和水资源消耗，节电、节水效果显著。新型料袋技术则解决了出耳期菌丝曝光等问题，实现了增产 10% 以上的目标。

在保护耕地与生态环保方面，集中制袋灭菌技术实现了种植户制袋过程的集中管理，避免了生产用工集中导致的效率低和燃煤污染环境问题。同时，"物理为主、化学为辅、综合预防"的技术策略有效减少了杂菌害虫的为害，大大降低了畸形耳、干死耳等的发生概率，不仅提升了产品品质，也保护了生态环境。

（四）技术获奖情况

以该技术为核心的科技成果荣获 2013 年度四川省科学技术进步奖二等奖、2014 年度四川省科学技术进步奖一等奖、2015 年度福建省科学技术进步奖三等奖、2020 年度山东省科学技术进步奖二等奖、2021 年度中华全国工商业联合会科学技术进步奖一等奖、2021 年度中国农业绿色发展研究会科学技术奖一等奖。

二、技术要点

（一）品种选择

选用高产、优质、抗逆性强、商品性好，具有品种权或省级以上种子部门审（认）定或登记的品种，经有菌种生产资质的供种单位提供。

（二）栽培基质配方

根据原料来源选择相应栽培基质配方：

配方 1：棉籽壳 30%、杂木屑（颗粒度≤2.0mm，下同）30%、玉米芯 30%、麦麸 5%、石膏 1%、石灰 4%。

配方 2：棉籽壳 10%、杂木屑 33%、玉米芯 30%、米糠 20%、玉米粉 2%、石膏 1%、石灰 4%。

配方 3：玉米芯 30%、木屑 50%、米糠 14%、石灰 3%、玉米粉 2%、石膏 1%。

配方 4：杂木屑 10%、桑枝屑 30%、玉米芯 30%、米糠 20%、麸皮 3%、玉米粉 2%、石灰 4%、石膏 1%。

配方 5：棉籽壳 10%、杂木屑 20%、烘干酒糟 20%、玉米芯 42%、玉米粉 3%、石灰 4%、石膏 1%。

配方 6：阔叶树木屑 71%，棉籽壳 15%，麸皮（米糠）10%，糖 1%，石膏 1%，石灰 2%。

配方 7：玉米芯 60%，木屑 29%，麦麸 5%，玉米面 2%，石灰 2%，过磷酸钙 1%，石膏 1%。

（三）机械化拌料装袋

自走式新型拌料机和装袋机进行拌料装袋。四川省、重庆市、贵州省等西南地区生产料袋规格（折径×长度）为 22cm×44cm 或 20cm×48cm，厚度 0.003cm。装袋基质重量：干料约 1.1kg/袋，湿料约 2.4kg/袋。山东省、江苏省、福建省、江西省等华东地区生产料袋规格（折径×长度）为 17cm×43cm 或者 17cm×38cm，厚度 0.003~0.004cm，装湿料约 1.2kg/袋，松紧均匀。料袋材质可为聚乙烯或聚丙烯塑料。

（四）料袋灭菌

常压灭菌：培养基装袋后应在 4h 内进锅灭菌，3h 内锅内温度达到 100℃，并保持 10~12h。

高压灭菌：使用的灭菌器应符合 GH/T 1417 的规定。排尽锅内冷空气后，当压力上升到 0.15MPa 时，保持恒压 3~4h，待压力表自然归零后，排尽余气，开锅出袋。

（五）接种作业

固体接种：手套、种瓶（袋）外壁用 75% 乙醇或消毒剂消毒；用经火焰灭菌冷却后的接种工具去掉表层及上层老化菌种，按无菌操作将栽培种接入待接袋口，适当压实，迅速封好袋口。用种量为一瓶栽培种（750mL 菌种瓶）接大袋料袋 8~10 袋。

液体接种：液体接种机在无菌接种室内进行料袋接种。接种量 15~30mL/袋。接种完成后用透气膜或棉塞封口（图 1）。

图 1　液体菌种设备

（六）发菌管理

接种后的菌袋应立即运入已消毒的培养室内，发菌过程温度控制"前高后低"，即发菌前一周温度28~30℃，中期22~24℃，后期20~22℃。空气相对湿度控制在60%~70%，培养室应加强通风，保持空气新鲜，遮光培养。发菌期间翻堆1~2次，及时处理污染料袋。

（七）耳棚搭建

四川省、重庆市、贵州省等西南地区宜选择钢架"人"字形出耳棚（图2）。棚宽10~15m，中部高4.0~5.5m，边高2.0~3.5m。耳棚棚顶距耳架上层不低于1m，耳棚顶部应有热空气交换设施，下部四周应具备良好的通风条件，有条件的可设置专门通风设施。棚外由下至上，设置可遮盖1层遮光率95%的黑色遮阳网和1层遮光率7%的绿色遮阳网，或1层遮光率95%的黑色遮阳网和1层黑白膜，或2层遮光率75%的黑色遮阳网和1层遮光率75%的绿色遮阳网。棚内应有生产用水源，宜安装微喷灌设施。山东省、江苏省、福建省等华东地区及河南省、湖北省、湖南省等华中地区耳棚可采用竹竿或木杆做支架建造，四周和顶棚用草帘或秸秆围成（也可利用空闲屋及蔬菜大棚）。宽8.0m、棚边高2~2.5m、中心高3~3.5m、长度50m左右。耳畦下铺一立砖（高10cm），排袋10层以下，耳畦间距80~100cm，中间走道1~1.2m。

图2　四川新型出耳大棚

（"人"形出耳大棚，四周采用黑白膜覆盖，棚顶为绿色遮阳网并配备无动力扇）

（八）催芽和出耳管理

四川省、重庆市、贵州省等西南地区，菌丝满袋后熟15d以上，当气温稳定在15℃以上时，即可进行排袋出耳管理。层架式出耳时菌棒横向整齐摆放在出耳架上，横向间距2~5cm。或者采取墙式排袋出耳。出耳菌棒可在袋身下侧开1~2个"一"字形出耳孔，利用两端袋口和下侧孔出耳。山东省、江苏省、福建省等华东地区及河南省、湖北省、湖南省等华中地区当棚内温度稳定在15℃以上时可开袋"诱耳"。具体做法是两头袋口各用小刀割4个分布均匀的"一"字形小口，口长1.5cm左右。割口的菌袋在前期要保温保湿，以向空间和地面喷水为主，相对湿度保持在90%左右。一般割口后5~7d菌袋两头出现大量耳芽。当耳芽长到米粒大小时，可向耳袋头喷水。

保持耳棚内温度18~30℃，最适温度24~28℃，温度低于15℃，耳片生长缓慢，温度超过35℃，耳片生长受到抑制，严重时会出现耳片停止生长或出现流耳。使用微喷设施喷水（图3），在耳片形成原基至耳片开片以前，空气相对湿度85%~90%，耳片开片至八分时，空气相对湿度90%~95%，采摘前1~2d停止喷水。喷水管理应少量多次，水滴呈雾状，不能大水浇灌。达到耳片不缺水，耳片上无积水。一般晴天每天喷水2~3次；阴天和雨天少喷水或不喷水。子实体生长发育期间需要散射光照，一般10~800lx。加强通风换气，保持耳棚内空气新鲜。若通风不良，CO_2浓度增高后，则耳片分化受到抑制，长成"鸡爪状""拳耳"等畸形耳。

图3　微喷灌水分管理
（层架式出耳时在耳架顶部安装微喷设备，提
供棚内出耳用水）

（九）采收和转潮管理

耳片充分展开，开始卷边时即可采收（图4）。采前停止喷水或少喷。手握耳片基部，将整簇耳片摘下，不留耳基和小耳片。分级装框上市或加工。盛装器具应清洁卫生，防止二次污染。采后清除出耳口残耳，停水养菌2~3d，加强通风。待出耳口菌丝恢复生长后，提高空气相对湿度。一般可采收2~3潮。

图4　层架式出耳
（待采收的成熟子实体）

（十）病虫害绿色防控

以"预防为主、化学防控为辅"，采取"农业、物理、生物、生态"的综合防控措施，

耳棚增设防虫网，挂置杀虫灯和黄板（图5）。耳棚及环境消毒使用化学药品应符合 NY/T 2375 的规定。应严格执行农药安全间隔期，出耳期不使用化学农药。应选用在食用菌生产上允许使用的登记农药。

图5 害虫绿色防控

（采用黄板和防虫灯对出耳期菌蝇、菌蚊等害虫进行诱杀）

三、适宜区域

适宜全国毛木耳大棚设施栽培区域。

四、注意事项

需注意极端天气的发生，做好高温热害及干旱防灾减灾工作，如冰雹、狂风，高温和干旱等。

一是通过关注天气信息，做好预防工作。

二是在生产期间遭遇极端天气，须采取紧急应对措施，最大程度减小经济损失。

三是出耳期需加强管理，通过调节棚内温度、光照、水分、通气量等环境因子，营造适宜毛木耳生长发育的条件，从而满足高产和优质的要求。

技术依托单位

1. 四川省食用菌研究所

联系地址：四川省成都市锦江区静平路 666 号

邮政编码：610066

联 系 人：李小林

联系电话：028-84504227

电子邮箱：kerrylee_tw@ sina. com

2. 四川省园艺作物技术推广总站

联系地址：四川省成都市武侯大街 4 号

邮政编码：610041

联 系 人：吴传秀

联系电话：028-85505088　85505020

电子邮箱：scsyyzz@ 163. com

3. 全国农业技术推广服务中心

联系地址：北京市朝阳区麦子店街 20 号

邮政编码：100125

联 系 人：冷 杨　尚怀国

联系电话：010—59194502

电子邮箱：21272914@ qq. com

4. 山东省农业技术推广中心

联系地址：山东省济南市闵子骞路 21 号

邮政编码：250100

联 系 人：高 霞

联系电话：0531—81608006

电子邮箱：chuchugao@ 163. com

5. 漳州市农业科学研究所

联系地址：福建省漳州市龙文区朝阳镇街道

邮政编码：363005

联 系 人：袁 滨

联系电话：18006949458

电子邮箱：yuanbin07031@ 163. com

水果园艺类

抗香蕉枯萎病品种关键栽培技术

一、技术概述

（一）技术基本情况

香蕉生产在我国热区脱贫攻坚和乡村振兴中具有极其重要的社会意义和经济效益。针对我国香蕉种植区枯萎病不断蔓延、蕉园土壤有机质含量及 pH 值持续下降、生产成本居高不下、果实品质差、生产效益低等问题，研究形成该技术。该技术的实施有效解决了香蕉枯萎病发病率高、经济收益低等难题，提高了香蕉产业经济效益。该技术以我国主要的抗香蕉枯萎病品种"宝岛蕉"为对象，明确了基于抗香蕉枯萎病品种生育期长的特点的定植技术，建立了肥料供应与作物养分需求同步的养分同步供应技术，形成了以"抗香蕉枯萎病品种"为核心、"土壤改良+灭线虫+少动土+平衡施肥"为辅的枯萎病综合防控技术，发明了克服香蕉长期定植的露头的定向低位留芽技术。该技术实现了在香蕉生产中良种配良法、生产生态协调发展。

（二）技术示范推广情况

选育并科学利用抗（耐）枯萎病香蕉品种是有效控制枯萎病的可持续策略。"宝岛蕉"作为我国第一个国审抗香蕉枯萎病品种，入选"十三五"期间第一批热带南亚热带作物主导品种及 2023 年农业农村部主导品种，成为我国香蕉枯萎病病区巴西蕉的最佳替代品种之一。以"宝岛蕉"为代表的抗香蕉枯萎病品种关键栽培技术自 2013 年以来在海南、广西、云南、广东等省（区）香蕉主栽区域进行示范、推广，获得良好效果。2013—2022 年，该技术在海南省昌江黎族自治县、临高县、乐东黎族自治县、东方市等地建立"宝岛蕉"优质高效生产技术示范点 10 个，累计推广应用 10 万亩，平均亩产 4 970kg；在广西、云南、广东等省（区）香蕉产区建立示范点 10 个，推广面积 20 万亩以上，平均亩产 4 550kg，经济效益显著。目前该技术的社会认可度逐年提升，正在我国香蕉主要种植区进行大规模推广应用。

（三）提质增效情况

在海南、广西、云南、广东等省（区）推广效果表明，和常规技术相比，该技术能有效地控制香蕉枯萎病发病率在 10% 以下，每亩香蕉减少成本 400 元、增产 300kg，提高香蕉品质，从而提高香蕉售价 0.30~0.60 元/kg，每亩节本增效 1 300~2 200 元，增加香蕉种植的经济效益，实现香蕉产业提质增效。同时，该技术能有效改善蕉园土壤环境，提高土壤肥力，缓解因肥料淋失造成的环境压力。通过优质高产抗香蕉枯萎病新品种应用及推广，实现化肥、农药减施，提高香蕉品质及国际竞争力。

（四）技术获奖情况

以抗香蕉枯萎病品种宝岛蕉关键栽培技术为核心的成果"香蕉种质资源的收集、评价与创新利用研究"获 2015 年度海南省科学技术进步奖二等奖，"抗香蕉枯萎病品种宝岛蕉认定及配套生产技术研发"获 2020 年度中国热带农业科学院科技创新奖三等奖。

二、技术要点

（一）核心技术

1. 抗香蕉枯萎病品种定植时间安排

抗枯萎病品种生育期较非抗病品种长 20～35d，兼顾收获期及市场价格，选择合适的种植时间。在新植蕉园，挖穴前要充分犁耙，捡净杂物及恶性杂草，对土壤进行除虫及消毒。海南省 4—7 月种植，广西壮族自治区、云南省 6—10 月种植；根据光照强弱每亩定植 130～190 株，以海南种植密度最大。采用机械挖穴（面宽 50cm，穴深 50cm，底宽 40cm），每穴施 3～6kg 有机肥和 200～300g 磷肥（钙镁磷肥或过磷酸钙）作基肥。回穴时将基肥与表土充分混匀后填入植穴，选择阴凉天气或晴天 16：00 后进行定植。

2. 抗香蕉枯萎病品种养分同步供应

常规施肥技术养分供应与宝岛蕉养分需求不同步导致生育期长、品质差、产量低，因此根据宝岛蕉营养规律，形成养分同步供应技术。定植后抽生 1 片新叶施提苗肥，每次亩施复合肥（15：15：15）5～8kg/亩，每长 2 片新叶施 1 次，施用 3 次。大田苗期每次亩施尿素 2.5kg、复合肥（15：15：15）7.0kg、氯化钾（硫酸钾）4.0kg，每长 2 片新叶施 1 次，施用 3 次。旺盛生长期每次亩施尿素 5.0kg、复合肥（15：15：15）10kg、氯化钾（硫酸钾）10.0kg，每长 2 片新叶施 1 次，施用 4～5 次。花芽分化期每株施有机肥 1.5～2.5kg、钙镁磷肥 0.5kg、复合肥（15：5：30）400g。孕蕾期每株施复合肥（10：5：35）0.5kg。抽蕾后至果实发育期阶段，每亩施用尿素 1.5kg、复合肥（15：15：15）7kg、氯化钾（或硫酸钾）10kg，施肥 10d/次，果实采收前 20d 停止供肥。该技术以叶片作为施肥衡量，整个生育期尿素、复合肥、钾肥均以水肥一体化技术施用，实现养分供应与蕉株养分需求同步，提高水肥利用效率（图 1）。

图 1　抗香蕉枯萎病品种水肥一体化技术

图 2　枯萎病综合防控技术

3. 香蕉枯萎病综合防控技术

在香蕉整个生育期，增施有机肥 3～6kg、追施 4～8 次生物菌肥，提高土壤墒值，降低枯萎菌浓度，延长土地植蕉周期。基于镰刀菌易侵入根部伤口及长势弱植株的特性，要防好线虫，少动土伤根，及时排涝防旱，少用或不用灭生性除草剂，采用生物有机肥替代部分化肥，提高植株抵抗力。形成以"抗香蕉枯萎病品种"为核心、"土壤改良+灭线虫+少动土+平衡施肥"为辅的枯萎病综合防控技术，实现香蕉枯萎病可防可控，有效地遏制香蕉枯萎病的蔓延（图2）。

4. 定向低位二次留芽

抗香蕉枯萎病品种宿根栽培较常规品种易露头，导致生长不良，影响种植效益。在宿根蕉园，进行定向低位二次留芽。根据计划采收时间选择香蕉留芽期，留取离香蕉母株10~20cm、着生深度8cm以下的一个吸芽作为一级芽，除去其余的全部吸芽，并破坏生长点；待一级芽生长至高度≥1m后，在芽头两边对称并与前后香蕉植株成行的位置平土处理；喷施促芽剂，待一级芽周边新吸芽长出后，选取平土位置上离一级芽10~20cm，着生深度8cm以下的一个二级吸芽作为结果株。该技术极大降低露头比例，克服现有香蕉留芽技术的吸芽容易露头，生长位置和生育期不整齐的问题，实现简单、便捷、稳定的高质量香蕉留芽栽培方法（图3）。

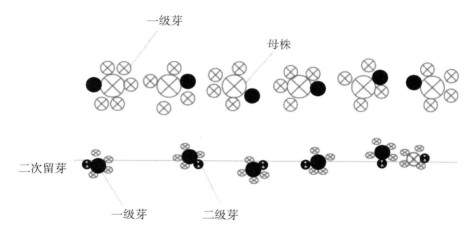

图3　定向低位二次留芽技术示意图

（●为第一次留芽时所留取的一级芽；⊕为第二次留芽时从一级芽周边留取的二级芽，也是最终将作为下一造结果母株，最终留取的芽尽量保持在同一直线上）

（二）配套技术

1. 选择健壮假植苗

选择苗株健壮、无病虫害、无变异，5~8片叶，假茎粗≥0.9cm，叶片宽≥6.8cm，叶色浓绿，大小一致的优质香蕉假植苗移栽大田。

2. 园地选择

选择正常年份无霜冻、避风条件好、阳光及水资源充足、坡度20°以下的低海拔地方建园。土壤要求土层深厚、有机质含量丰富、肥力高的沙壤土或壤土，pH值5.5~6.5。

3. 蕉园管理

定植后前3个月进行人工除草，假茎高1.2m以上采用化学除草剂或人工除草。宿根蕉园通常在早春气温回升后至发根前，进行中耕或深耕松土，挖出旧蕉头。当蕉头（球茎）部分露出地面，及时培土。

4. 树体管理

蕉株抽蕾前及时除芽，抽蕾后开始留芽。蕉株上叶片黄化或干枯占叶片面积2/3以上或病斑严重时，及时割叶清除。当采收3个月后，及时清除残留蕉株假茎。

5. 花果护理

当香蕉抽蕾时，用注射蕾苞方法防治香蕉蓟马；及时校蕾、抹花、断蕾。每穗果保留7~9梳，疏花疏果。在断蕾10d内进行套袋，套袋前对果穗喷施一次防治香蕉黑星病的杀菌剂和防香蕉蓟马的杀虫剂。调整果穗轴方向使其与地面垂直，用坚硬竹子在抽蕾前进行立桩。

6. 病虫害综合防控

优先采用农业防治、生物防治和物理防治措施，科学合理化学防治。严格执行国家规定的农药使用准则及掌握用药安全间隔期，对香蕉主要病虫害进行综合防治。

7. 果实采收

果实成熟度为七成至七成半时，进行无伤采收和采后商品化处理。在搬运过程中应做到果穗不着地，轻拿轻放，严格避免蕉果发生机械损伤和晒伤。

三、适宜区域

抗香蕉枯萎病品种关键栽培技术适宜在我国海南、广东、广西、云南等省（区）香蕉主产地区进行推广应用。

四、注意事项

采用该技术种植抗香蕉枯萎病品种时，应尽量避免冬季低温抽蕾或夏季高温抽蕾。

技术依托单位
中国热带农业科学院热带作物品种资源研究所
联系地址：海南省海口市龙华区学院路4号
邮政编号：571101
联系人：黄丽娜　魏守兴　程世敏　魏军亚
联系电话：0898-66961353　15008924030　13976005040　13005053837　13697502065
电子邮箱：linahuang2015@163.com　shouxingwei@163.com　867944012@qq.com
*　　　　58766306@qq.cm*

抗病品种配套调土增菌的香蕉枯萎病防控技术

一、技术概述

（一）技术基本情况

香蕉为果粮兼用作物、世界第二大水果，是全球约 20 亿人口碳水化合物的重要来源。我国是世界第二大香蕉生产国和消费国，年消费量约 1 400 万 t。海南省、广东省、广西壮族自治区、云南省、福建省及贵州省的黔西南是我国香蕉的主产区，种植面积约 500 万亩，年产值约 400 亿元，是热带高效农业的重要支撑产业，在乡村振兴中发挥着重要作用。香蕉枯萎病是由尖孢镰刀菌古巴专化型（*Fusariumoxysporum* f. sp. *cubense*，Foc）引起的毁灭性土传病害，特别是 4 号生理小种（Foc4）可侵染几乎所有的栽培种，其防控是世界性难题，目前尚无彻底的根治方法，造成我国香蕉种植面积一度锐减 40%。

针对这一产业难题，创建了以"抗病品种应用为核心、病原菌快速检测为指导、土壤调理为基础、有益微生物添加为补充、少耕免耕栽培为配套"的综合防控技术体系（图 1），形成国家农业行业标准《香蕉枯萎病防治技术规范》（NY/T 4235—2022）。通过良种良法配套，显著提高蕉园土壤微生物多样性和 pH 值，降低了土壤中枯萎病菌的孢子浓度，重病区枯萎病发病率为 10% 以下、中轻病区发病率为 3% 以下，增产 13%~35%，实现了香蕉枯萎病可防可控。该技术入选 2023 年农业农村部十大热带作物重大技术，近 2 年累计推广 303 万亩，有力支撑了我国香蕉产业全面复苏。技术相关授权发明 23 项，相关技术已形成国家农业行业标准《香蕉枯萎病防治技术规范》（NY/T 4235—2022）。

（二）技术示范推广情况

香蕉枯萎病综合防控技术已覆盖香蕉主产区，技术覆盖 40% 以上。近两年在海南、广东、广西、云南、福建、贵州等省（区）推广 303 万亩，有效遏制了香蕉枯萎病的蔓延，带动上下游相关产业发展，有力支撑了我国香蕉产业的全面复苏和乡村振兴。同时，该技术也推广至柬埔寨、老挝等"一带一路"共建国家，为相关国家的香蕉产业发展提供了技术支撑。

图 1　香蕉枯萎病综合防控技术体系

（三）提质增效情况

该技术解决了香蕉枯萎病为害的世界性难题，创建了以"抗病品种应用为核心、病原菌快速检测为指导、土壤调理为基础、有益微生物添加为补充、少耕免耕栽培为配套"的综合防控技术体系，使重病区枯萎病发病率降为10%以下、中轻病区发病率降为3%以下，增产13%~35%，实现了香蕉枯萎病可防可控。该技术的实施对恢复蕉农的植蕉信心，香蕉产业的复苏及可持续健康发展具有重要意义，同时该技术以有益微生物菌肥作为土壤调理的重要支撑，对化肥农药减施和保护生态环境也具有重要的生态效益。

（四）技术获奖情况

该技术入选2023年农业农村部十大热带作物重大技术，荣获2019—2021年度全国农牧渔业丰收奖农业技术推广成果奖一等奖（主要热带果树化肥农药减施关键技术示范与应用）。

二、技术要点

（一）田间监测

田间监测分为种植前土壤监测和生育期植株发病监测。

种植前土壤监测：土壤中N、P、K、有机质、pH值、微量元素、病原菌的监测。何欣等（2010）的研究发现，致病菌孢子悬浮液浓度为10^3CFU/g是香蕉枯萎病发病的临界浓度，因此在种植前对土壤进行监测可有针对性地制定防控策略（图2）。

生育期田间病株监测：对田间发病的可疑病株进行解剖检查，并进行病菌分离培养和鉴定可以做到及早清除病株，防止病害进一步扩散蔓延。具体可参见标准《香蕉枯萎病菌4号小种检疫检测与鉴定》（GB/T 29397—2012）。

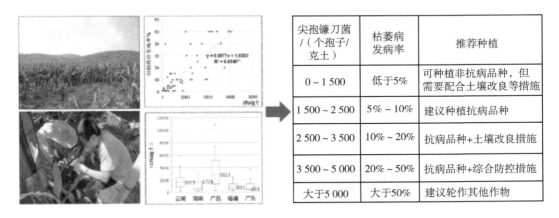

尖孢镰刀菌/（个孢子/克土）	枯萎病发病率	推荐种植
0~1 500	低于5%	可种植非抗病品种，但需要配合土壤改良等措施
1 500~2 500	5%~10%	建议种植抗病品种
2 500~3 500	10%~20%	抗病品种+土壤改良措施
3 500~5 000	20%~50%	抗病品种+综合防控措施
大于5 000	大于50%	建议轮作其他作物

图2　田间监测及防控措施选择

（二）品种选择

利用抗病品种防治香蕉枯萎病害是最经济、最有效的途径，合理使用抗病品种，使"良种"与"良法"配套是香蕉枯萎病防控的重要措施。李华平等（2019）采用苗期抗性评价法对我国当前的18个香蕉主栽品种（系）进行了Foc4抗性测定，结果表明现有香蕉品种（系）不存在免疫的品种（系），在Foc4（1×10^6/mL）的接种条件下，发病率均可高于50%；但在Foc4（1×10^5/mL）或低于该标准，很多香蕉品种（系）表现出良好的抗性，如佳丽蕉、海贡蕉、中蕉 9 号、中热 1 号对 Foc4 表现为高抗，中热 2 号、南天黄、宝岛蕉、桂蕉 2 号和粉杂 1 号表现出中度偏强的抗性，粤科 1 号和农科 1 号表现出中度抗性。

目前生产推广种植的香蕉抗（耐）病优质品种主要有宝岛蕉、中热 1 号、桂蕉 9 号、南天黄、粉杂 1 号等品种。为实施香蕉枯萎病的有效防控，根据各香蕉产区自然气候条件和耕作制度要求，应选择符合国家级、省级香蕉品种管理要求、具有较强抗（耐）枯萎病能力的品种作为主导品种（图 3）。

| 宝岛蕉 | 中热1号 | 桂蕉9号 | 粉杂1号 |

图 3　推荐种植的抗病品种

（三）土壤调理

研究表明，提高土壤的 pH 值及 Ca、Mg 含量可减少尖孢镰刀菌数量与发病率。田间试验证实：增施土壤调理剂（如钙镁粉、草木灰）、有机/无机肥（6∶4）合理施用等措施，能有效抑制香蕉枯萎病发生。因此，建议在定苗前，施用钙镁粉、草木灰等土壤调理剂进行土壤调理（图 4）。

图 4　土壤调理技术

（四）补充有益微生物

通过将发酵的拮抗菌添加到有机肥中制成的生物有机菌肥，可在香蕉栽种前直接施用于土壤，或在香蕉生长季节通过追肥的方式施用于田间，是目前应用最广、效果较为显著的一种防控方法。施用含微生物的有机肥可以改变土壤的微生物区系结构，刺激有益微生物的大量富集，显著提高细菌多样性和降低 Foc 丰度，从而有效抑制香蕉枯萎病的发生。综合现有的研究和田间实际应用效果来看，生物拮抗菌的应用，不仅可以直接抑制病菌的生长蔓延，而且可以促进香蕉植株的生长，更重要的是能改变土壤中的微生物种类、结构和数量，因此生物拮抗菌是香蕉枯萎病一个十分重要的防控措施。

具体施用方法为：液体微生物菌剂在香蕉移栽当天施用 1 次，营养生长期每隔 14d 施用 1 次，抽蕾后每一个月施用 1 次，全生育期用量超过 0.5kg 时，防效较佳。固体微生物菌肥在移栽当天塘施，可拌塘土施用或浇施，也可与有机肥或腐熟农家肥混合。

（五）少耕免耕栽培

少耕免耕栽培作为一项农作物技术，能够有效提高农作物产量，通过少耕、不耕的形式，在地表中填充根茬、秸秆，进而提高土壤的抗风蚀与水蚀能力，加强土壤中作物所需营养，并具有保湿效果，提高作物的抗旱性能。在香蕉种植管理中，采用少耕免耕栽培主要是减少动土伤根，尽量降低土壤中的病原菌通过伤根侵染。在香蕉栽培过程中，采用水肥一体化、茎秆直接还田、覆草栽培、间套种等少耕免耕栽培方式，可以有效较少动土，避免伤根导致的病原菌侵染（图5）。

科学管理水肥条件，对控制香蕉枯萎病的发生有一定的作用。深沟高畦栽培，小水勤浇，避免大水漫灌，推广滴灌技术；合理密植，改善作物通风透光条件，降低地面湿度；避免偏施氮肥，适当增施磷、钾肥，提高香蕉抗病性。通过改善栽培措施，可有效预防香蕉枯萎病的发生。

图 5　少耕免耕技术

三、适宜区域

该技术适合在海南、广东、广西、福建、云南、贵州等省（区）香蕉主产区推广应用。

四、注意事项

一是根据土壤中香蕉枯萎病菌的浓度选择适宜抗病品种及防控方法。

二是微生物制剂不应和杀菌剂等农药混合施用。

技术依托单位

中国热带农业科学院热带生物技术研究所

联系地址：海南省海口市龙华区学院路 4 号

邮政编码：571101

联 系 人：谢江辉

联系电话：18189880529

电子邮箱：2453880045@ qq. com

特色小型西瓜 "两蔓一绳高密度" 栽培技术

一、技术概述

（一）技术基本情况

我国是全球西瓜生产与消费第一大国，据国家西甜瓜产业技术体系不完全统计，目前全国西瓜种植面积 153.3 万～166.7 万 hm²（2 300 万～2 500万亩）。其中，小型西瓜因其具有含糖量高、糖度梯度小、品质优良的优点，同时兼具便于近距离运输、短时间储藏，适合小家庭食用的特点，深受广大市民的喜爱。据统计，2023 年北京地区小型西瓜种植面积占西瓜产业栽培面积的 74%，远高于全国 2.12%平均水平，平均亩纯收入比中型西瓜高 1.5 倍。

针对北京地区小型西瓜种植过程中存在的种植品种单一、标准化程度低、商品果率不高和比较效益下降等问题，研究形成的精品特色小型西瓜优质高效栽培技术（图 1），解决了种植过程中品种单一、品质不稳定、商品果产量和商品果率低等问题。一是通过推广应用自育 "炫彩" 系列特色品种，满足了市场对多类型、高品质、宜采摘和耐储运特色西瓜品种的需求，完成了品种的换代升级。二是针对品种开展适宜茬口、种植密度、栽培模式和环境调控等关键配套技术试验，集成标准化的种植体系，保证了品质的稳定和商品果率。三是示范推广 "集约化育苗" "水肥一体化" 和 "蜜蜂授粉" 等轻简化栽培技术，提升了种苗标准化生产程度、降低了劳动强度，实现了规模化生产。四是同时与区级农技推广部门共同协助种植园区开展制定生产计划、技术指导培训和产品分级等技术服务，积极搭建产销合作平台，共同促进特色西瓜产业链条融合发展。

图 1　精品特色小型西瓜优质高效栽培技术

（二）技术示范推广情况

1. 北京地区推广情况

2019—2023 年，在北京市大兴、顺义、昌平、海淀、密云、平谷、延庆、房山、通州等 9 个区推广精品特色小型西瓜优质高效栽培技术超过 2 000亩，建立示范点 100 个，大部分通过采摘、装箱等高端渠道销售。

2. 外省市推广情况

国内多地科研单位及种植户通过媒体宣传联系试种"炫彩"系列西瓜品种，目前已累计在辽宁、山东、河北、河南、江苏、江西、四川、陕西、海南等省推广精品特色小型西瓜优质高效栽培技术4 000余亩。

（三）提质增效情况

采用该技术小型西瓜商品果实收亩产4 000kg以上，亩产值2.5万元以上，亩效益1.25万元以上。较常规生产亩产量增加6.25%，亩效益增加15%以上。通过该技术的示范与推广，延长了采收期和满足了物流运输的需求，降低了劳动强度，改善了土壤的菌群结构、提高了水肥应用效率，改善了植株生长环境和提高了商品果的品质、产量及效益，进而促进整个小型西瓜产业升级发展。

（四）技术获奖情况

获得北京市农业技术推广奖二等奖1项、三等奖1项；该技术入选2022年农业农村部种植业技术推广典型案例，入选2023年北京市主推技术推荐目录。

二、技术要点

（一）特色小型西瓜品种的选择

根据需求选择特色品种，如：炫彩1号（花皮彩虹肉）、炫彩2号（花皮橙黄肉）、炫彩3号（花皮黄肉）、炫彩5号（深绿皮橙肉）、炫彩6号（黑皮橙黄肉）、炫彩8号（黄皮红肉）、炫彩9号（黑皮红肉）、京彩1号（花皮橙肉）、京彩3号（花皮彩虹肉），砧木品种宜选择与西瓜亲和性好的砧木品种，例如京欣砧2号、京欣砧优和甬砧3号等。

（二）集约化育苗

1. 育苗与播种

选用穴盘育苗或营养钵育苗（图2）。营养土宜使用未种过葫芦科作物的无污染园田土和优质腐熟有机肥配制，两者比例宜为3:1，加磷酸二铵1.0kg/m³、50%多菌灵可湿性粉剂25g/m³，充分拌匀放置2~3d后待用；基质宜为无污染草炭、蛭石和珍珠岩的混合物，加氮磷钾平衡复合肥1.2kg/m³、50%多菌灵可湿性粉剂25g/m³。处理后的西瓜种子浸泡4~6h，破壳西瓜种子浸泡时间不应超过1.5h，南瓜砧木种子浸泡6~8h，葫芦砧木种子浸泡24h后，沥干，于28~30℃恒温下催芽，待70%~80%种子露白即可播种。

图2　集约化育苗技术

2. 嫁接与定植

选用贴接或顶插接。贴接接穗子叶出土时播种砧木种子；顶插接砧木子叶展平时播种接穗种子。播种前一天，将营养土或基质浇透，出苗前白天温度宜为 28~32℃、夜间温度宜为17~20℃。子叶出土后应撤除地膜，并开始通风，白天温度宜为 25~28℃、夜间温度宜为15~18℃。保持营养土或基质相对湿度 60%~80%。嫁接后前 3d 苗床应密闭、遮阴，保持空气相对湿度 95% 以上，白天温度宜为 25~28℃、夜间温度宜为 18~20℃；3d 后早晚见光、适当通风；嫁接后 8~10d 恢复正常管理。及时除去砧木萌芽。定植前 3~5d 进行炼苗。

（三）蜜蜂授粉

授粉蜂群量应选择 2~3 张标准尺寸蜂脾，蜂量在 3 000~5 000 只，每个设施大棚内配置2 箱授粉蜂群。在坐果雌花开放前 1~2d 晚上将两箱蜂箱分别放置在棚南和棚北的 1/3 处，栽培管理期间杜绝施用缓释片，授粉前 15d 严禁施用药剂，及时整枝打杈，开花坐果前浇小水。春大棚授粉时间头茬瓜宜在 4 月中旬至 4 月底，二茬瓜宜在 5 月中下旬（图 3）。

（四）"两蔓一绳" 高密度种植

每亩施用商品有机肥 1 000~2 000kg，复合肥 40kg，有机鱼肥或微生物菌肥 10~20kg。整枝方式改三蔓整枝为两蔓整枝，选择主蔓结瓜、侧蔓供养整枝方式，密度从 1 400 株/亩增加为 2 000~2 300 株/亩，选择单行种植（图 4）。主蔓第二、三雌花坐果，保留功能叶片数35 片左右。采用膜下微喷水肥一体化灌溉技术，水肥管理遵循"前控、中促、后保"原则。分别于定植期、缓苗期、伸蔓期各灌水 1 次，每次灌水量 8~10m³/亩。果实膨大期灌水 3~4次，每次灌水量 15~20m³/亩。采收前 5~7d 停止灌溉。果实膨大期随灌水追施低氮高钾水溶肥，每次 5~8kg/亩。

图 3　蜜蜂授粉技术　　　　图 4　"两蔓一绳" 高密度栽培技术

（五）二茬瓜连茬坐果

二茬瓜结果侧蔓结瓜为主。当头茬瓜 8~9 成熟时，开始留二茬瓜，采用人工辅助授粉或蜜蜂授粉，水肥管理与头茬瓜一致。

（六）病虫害防治

遵循"预防为主、综合防治"的原则。苗期主要病害有立枯病、猝倒病和枯萎病等。后期主要病害有蔓枯病、枯萎病、病毒病和白粉病等；主要虫害有红蜘蛛、蚜虫和粉虱等。病害可选用 75% 百菌清可湿性粉剂 600 倍液，50% 甲基硫菌灵（甲基托布津）可湿性粉剂600 倍液，15% 三唑酮（粉锈宁）可湿性粉剂 200 倍液，10% 苯醚甲环唑（世高）水分散粒剂 1 000 倍液，50%醚菌酯（翠贝）干悬浮剂 600 倍液和甲霜灵等药剂综合防治；蚜虫和粉虱的防治可施用"一特片"缓释药剂、喷施 50%吡虫啉（避蚜雾）可湿性粉剂 2 000 倍液倍，并同时悬挂黄板、蓝板；红蜘蛛防治可喷施 20%阿维菌素（扫螨净）可湿性粉剂 1 500 倍液。

三、适宜区域

适用于京津冀地区。

四、注意事项

秋季种植时，由于植株长势较弱，应适当降低种植密度，以 1 600～1 800株/亩为宜。

技术依托单位
北京市农业技术推广站
联系地址：北京市朝阳区惠新里甲十号推广站
邮政编码：100029
联 系 人：徐 进
联系电话：010-84616551 13466573882
电子邮箱：cnrxu@126.com

设施西瓜甜瓜集约化节肥减药增效生产技术

一、技术概述

（一）技术基本情况

长江流域、黄淮海西瓜甜瓜主产区均是我国西瓜甜瓜五大优势产区之一，面积与产量占全国总量的 1/3 左右。该项技术针对长江流域及黄淮海设施西瓜甜瓜生产中上市产品品质良莠不齐、集约化育苗水平偏弱、配套轻简化栽培技术缺乏、肥水一体化技术滞后、病虫害及连作障碍严重等影响西瓜甜瓜稳产及高品质的主要限制因素，集成示范推广健康嫁接苗集约化生产、水肥一体化追肥滴灌、连作障碍生态防控、蜜蜂（熊蜂）授粉、设施机械化耕作、病虫害绿色防治和产品质量管控等技术为主的高品质设施西瓜甜瓜绿色轻简化生产技术，形成长江流域及黄淮海设施西瓜甜瓜优质高效绿色简约生产技术体系。技术主要内容被列为2017 年、2018 年农业农村部农业主推技术、2023 年农业农村部农业主推技术、2017—2023年江苏省农业重大技术推广计划、2019 年中国十大农业农村重大新技术。该项技术的推广将进一步促进长江流域及黄淮海地区西瓜甜瓜产业提档升级与绿色高质量发展。

（二）技术示范推广情况

2019—2023 年，该项技术在长江流域及黄淮海地区累计推广 955.99 万亩，覆盖率62.43%，新增纯收益 107.61 亿元。该技术提升了西瓜甜瓜质量品质和区域优势特色品牌竞争力，实现了西瓜甜瓜周年均衡供应，促进了西瓜甜瓜产业高质量发展，带动当地农业农村经济发展和农民增收。

（三）提质增效情况

该技术平均亩节约成本 383.95 元，亩新增纯收益 1 834.32 元。化学农药和肥料分别降低 23.69%、22.48%，农膜回收率增加 11.25%，标准商品瓜产量提高 16.24%，提高了工作效率，有效保护了农业生态环境，而且有助于增加土壤有机质含量，育土培肥，节约水资源，有利于推进西瓜甜瓜产业全程绿色生产发展。

（四）技术获奖情况

该技术入选 2017 年、2018 年、2023 年农业农村部农业主推技术，荣获 2019 年度河北省科学技术进步奖一等奖、2019—2021 年度全国农牧渔业丰收奖农业技术推广成果奖二等奖、2022 年全国商业科技进步奖一等奖、2022 年度江苏省科学技术奖三等奖、2022 年度河北省农业技术推广奖二等奖。

二、技术要点

（一）核心技术

1. 健康嫁接苗集约化生产技术

在集约化育苗场示范推广苏蜜 8 号、苏蜜 518 号、京嘉 301、苏梦 6 号、浙蜜 8 号、迁丽 4 号、雪峰早蜜、红大西瓜，苏甜 4 号、苏甜碧玉、海蜜 10 号、镇甜二号甜瓜，西瓜嫁接砧木新品种京欣砧壮、甬砧 5 号、苏砧 1 号、苏砧 2 号，甜瓜嫁接砧木新品种思壮 8 号、甬砧 9 号等优质抗逆设施专用新品种，砧穗种子 BFB/CGMMV 快速检测与处理技术、健康基质、LED 补光、苗床电热线加薄膜覆盖节本嫁接换根育苗技术。实现主产核心区优质健康种苗直供。推广双断根嫁接技术，利用砧木品种强大的根系吸收能力和抗性，有效克服设施西瓜甜瓜连作障碍，提高西瓜甜瓜抗性和丰产性。降低能耗 10%，减少人工 20%，降低育苗成本 10%（图 1）。

图 1 健康嫁接苗集约化生产技术

2. 水肥一体化追肥滴灌技术

针对设施土壤养分含量及西瓜甜瓜需肥特性，依据多元营养平衡配方施肥原则，示范推广专用配方速溶肥料和精准滴灌技术。全层全量施足基肥。每亩施腐熟农家肥 2 000kg 或煮熟豆饼 100~150kg 或 800~1 000kg 商品有机肥+硫基复合肥（15∶15∶15）30kg+硫酸钾 10kg+磷酸二铵 25kg 全畦混施，施后机耕旋翻。铺设带文丘里施肥器软管滴灌系统，西瓜甜瓜果实 70% 长到鸡蛋大时浇膨瓜水并每亩随水追施高钾高水溶性冲施肥 10~15kg（对于易裂果品种，增施高水溶性钙肥），之后每隔 12~15d 灌溉 15~20m³，随水施冲施肥 10~15kg，成熟前 1 周停止浇水施肥。在提高西瓜甜瓜产量、改善果实品质的前提下，降低大棚内部的空气湿度和大棚土壤的盐分积累，达到设施西瓜甜瓜的高产优质栽培。减少化肥和水的用量 20% 左右，同时降低了设施西瓜甜瓜病虫害发生，提高设施西瓜甜瓜产品产量、品质和安全性（图 2）。

图 2 水肥一体化追肥滴灌技术

3. 连作障碍生态防控技术

（1）高温闷棚技术。西瓜甜瓜大棚 7—8 月闲置季节，在棚内开沟，铺施轧碎的作物秸秆，撒施氰胺化钙（俗称石灰氮）或尿素 30kg，起垄灌水，用地膜覆盖地面，上面盖严大棚膜，闷棚 15~20d，提温杀菌。或在大棚内每亩回铺 500kg 碎秸秆，浇施 3t 沼液肥，覆土盖膜堆闷发酵半个月，然后耕耖、晾干、整畦，打孔定植秋季瓜苗（图 3）。

图 3　连作障碍生态防控技术——高温闷棚

（2）水（湿）旱轮作技术。针对西瓜甜瓜易发生连作障碍的问题，利用芋、蕹菜、湿栽水芹、豆瓣菜和水稻、叶用甘薯等适宜湿润栽培的水生作物与西瓜甜瓜进行轮作，水生作物生长过程中保持畦沟有水、畦面土表充分湿润，水生作物吸收富余养分并避免土壤盐分向土表积聚。主要茬口模式有：西瓜甜瓜（3 月中下旬至 5 月下旬、6 月上旬）—水稻、蕹菜（6 月上中旬至 11 月中下旬）—湿栽水芹、豆瓣菜（12 月至翌年 2 月底、3 月上旬）等。

4. 蜜蜂（熊蜂）授粉技术

每棚放置蜜蜂一箱（约 6 000 只）。在西瓜和甜瓜第二雌花开花前 1~2d 的傍晚将蜂箱放入，蜂箱置于设施中央支架上，支架距地面 30~50cm，置于垄间，巢门向南，蜂箱上搭 1 层遮阴物，待蜂群稳定后将巢门打开。在蜂箱巢门附近放置装有清洁水的容器，每两天换 1 次水，在水面上放置少许干净的漂浮物，防止蜜蜂饮水时溺亡。上午 10：30 之前设施内温度宜控制在 22~28℃，湿度宜控制在 50%~80%，确保蜜蜂正常工作。禁止使用对蜜蜂有毒有害的农药。定植时禁止使用含有吡虫啉成分的缓释剂，在授粉前 1 周及授粉期间应不用或谨慎选择使用各种农药。坐果后及时将蜂箱从棚内移除。该项技术可以有效解决设施西瓜甜瓜授粉难、坐果率低的问题，用蜜蜂（熊蜂）授粉代人工授粉、"座瓜灵"坐果，每棚可节省人工 3.5 个，减去蜜蜂租金，每棚节省费用 350 元左右。同时蜜蜂（熊蜂）授粉的西瓜坐果率可达到 98%，果形圆整，畸形果减少。（图 4）

（二）配套技术

1. 设施机械化耕作技术

耕整地作业是设施内生产的重要环节，也是劳动强度最大的环节。设施内可采用 35~60 马力大棚王拖拉机配套深松机、小型铧式犁、旋耕机等耕整地机械，进行深松、深翻、旋耕等作业，以使土壤平整、疏松、细碎，之后可根据栽培方式选用不同参数的开沟、起垄、覆膜机完成后续的耕整地作业。对于空间狭小的单跨大棚或温室，则可采用多功能田园管理机进行旋耕、开沟、起垄、覆膜等作业，满足设施西瓜甜瓜耕整地要求（图 5）。

图4 蜜蜂（熊蜂）授粉技术

图5 设施机械化耕作技术

2. 地膜减量替代技术

推广应用全生物降解地膜、高耐候易回收地膜替代普通塑料地膜，减少示范区"白色污染"，减少地膜回收人工成本，提高西瓜甜瓜绿色生产水平，同时示范与推广"一膜两用、多用"及茬口优化技术研究与集成推广。

3. 病虫害绿色防治技术

病虫害防治采取预防为主，综合防治的措施。集成示范设施西瓜甜瓜农业防治、物理防治、生物防治、化学防治等病虫害综合防治技术，在病虫害发生早期用高效、低毒、低残留农药，交替、连续用药。降低农药成本，保护生态环境。春大棚西瓜甜瓜生产期间病虫发生较轻，在病虫防治上要按照绿色防控的要求，重点防治红蜘蛛和蚜虫。在蔓枯病、炭疽病和疫病等发病初期用烟雾剂烟熏防治，做到早防早治，防烂瓜烂蔓，实现控病保产。

4. 产品质量管控技术

采前进行自检或委托检测，实施农产品合格证制度；授粉当日做标记，根据果实发育期及标记日期，推算成熟度，当果实达到九成熟时及时采收；做到卫生采摘、分级、包装；推广便捷、优质、高标准的"电商+微商"营销新模式（图6）。

图6　产品质量管控技术——产品质量安全溯源

三、适宜区域

适用于长江流域及黄淮海地区设施西瓜甜瓜规模化生产区（占全国面积的38%）。

四、注意事项

基地应尽量集中连片，注重农机与核心技术和配套技术的融合，以利于规模化效应的发挥。注重典型带动，推广先进经验，充分利用多媒体和培训、观摩、论坛等多途径宣传推广高品质设施西瓜甜瓜绿色轻简化生产技术，扩大社会影响。

技术依托单位
1. 江苏省农业科学院蔬菜研究所
联系地址：江苏省南京市玄武区钟灵街50号
邮政编码：210014
联系人：刘　广
联系电话：13770585607

电子邮箱：liuguang_gj@163.com

2. 河北省农林科学院经济作物研究所

联系地址：河北省石家庄市新华区和平西路598号

邮政编码：050051

联 系 人：武彦荣

联系电话：13582016756

电子邮箱：Wuyanrong-68@163.com

3. 农业农村部南京农业机械化研究所

联系地址：江苏省南京市玄武区柳营10号

邮政编码：210008

联 系 人：龚 艳

联系电话：15366093017

电子邮箱：nnnGongyan@qq.com

4. 邵阳市农业科学研究院

联系地址：湖南省邵阳市双清区经济开发区旁阳光馨苑

邮政编码：422001

联 系 人：邓大成

联系电话：13337399871

电子邮箱：dengdac68@163.com

农技推广机构

1. 盐城市蔬菜技术指导站

联系地址：江苏省盐城市亭湖区瑞鹤路268号

邮政编码：224002

联 系 人：尤 春

联系电话：18961999262

电子邮箱：38724322@qq.com

2. 江苏省农业技术推广总站

联系地址：江苏省南京市鼓楼区凤凰西街277号

邮政编码：210036

联 系 人：曾晓萍

联系电话：18013908618

电子邮箱：176581875@qq.com

3. 河北省农业特色产业技术指导总站

联系地址：河北省石家庄市富强大街6号

邮政编码：050011

联 系 人：郗东翔

联系电话：13231134553

电子邮箱：nyttcc@163.com

4. 祁阳市农业综合服务中心

联系地址：湖南省永州市祁阳市浯溪街道金龙街76号对面

邮政编码：426100

联 系 人：刘 菲

联系电话：13874361070

电子邮箱：liuf11111@163.com

设施西瓜甜瓜"三改三提"
优质高效生产技术

一、技术概述

（一）技术基本情况

全国西瓜栽培面积约 2 200 万亩，甜瓜栽培面积约 600 万亩，目前西瓜和甜瓜设施栽培比例均超过 60%，已成为全国西瓜甜瓜栽培的主要方式。设施西瓜甜瓜生产中存在宜机化棚型不足、生产管理和人工授粉劳动强度大、土壤连作障碍突出、水肥管理粗放导致果实产量、品质有待提升等突出问题，研发了适合设施西瓜甜瓜宜机化生产的棚型结构，研发出单子叶断根贴接、蜜蜂授粉、早熟整枝留瓜、高品质生产的配方肥和水肥精准调控技术、土壤连作障碍防控技术，通过"三改"（改棚型结构、改授粉技术、改水肥管理）技术创新和配套技术应用，实现了设施西瓜甜瓜"三提"（提早上市、提高产量、提高品质），该技术有效减少设施生产中化学肥料和化学农药的施用和人工投入，实现了设施西瓜甜瓜优质高效生产，促进我国西瓜甜瓜产业健康绿色发展。

（二）技术示范推广情况

2012—2022 年在全国设施西瓜甜瓜主产区推广应用，主要依托国家西甜瓜产业技术体系综合试验站示范推广，先后在北京、山东、河北、河南、黑龙江、吉林、辽宁、上海、江苏、浙江、安徽、湖北、湖南、广西、海南、陕西、新疆、宁夏等省（区、市）设施西瓜甜瓜主产区的示范县和所在省（区、市）集约化育苗场建立了示范基地，2012—2015 年重点推广了单子叶断根贴接、水肥一体化技术、设施环境调控技术和蜜蜂授粉技术，2016—2022 年除推广上述技术外，还示范推广宜机化大棚生产技术、整枝留瓜技术、配方施肥技术、连作障碍防控技术和病虫害绿色防控技术，集成设施西瓜甜瓜"三改三提"优质轻简化生产技术并在全国主产区大面积推广应用，先后在全国设施西瓜甜瓜主产区举办培训班、现场观摩会等 600 余场次，累计培训瓜农和农技人员 6 万余人，累计生产优质嫁接苗 96 亿株，示范推广面积 1 320 万亩，新增销售额 188.9 亿元。

（三）提质增效情况

在上述示范点应用后，西瓜甜瓜壮苗率提高 20% 以上，设施西瓜甜瓜应用蜜蜂授粉技术后，短季节西瓜栽培亩节省授粉用工 3~5 个，在北京市开展的中果型西瓜蜜蜂授粉多年试验表明，蜜蜂授粉较人工授粉的西瓜单瓜重高出 6.84%，果实心糖含量平均高出 4.1%；而在浙江金华连续多年开展的设施长季节西瓜栽培试验表明，亩节省授粉用工 13~15 个，蜜蜂授粉的亩产量较人工授粉提高 9.6%，中心糖含量提高 4.35%，实现了优质和省力化栽培。在湖北荆门采用西甜瓜配方施肥后的测产表明，采用专用肥应用后较常规施肥增产 14%。通过抗性砧木嫁接、西瓜甜瓜专用配方肥和西瓜—水稻轮作技术的综合应用，化学农药和化学肥料能减少 30% 以上，商品优质瓜产量提高 10% 以上，每亩增收节支 1 000 元以上。在山东地区采用新型大跨度保温大拱棚，提高了设施保温性能，较普通大棚提前20~25d上市，每亩收入增加6 000多元；通过小型西瓜高密度栽培技术应用，产量可增加15%，已在山东省等地示范推广80万亩。通过上述技术的集成与示范应用，实现了设施西瓜甜瓜的简约化栽培和优质生产。2023年5月17日全国农技推广服务中心在湖北荆门举办了"全国西甜瓜科学施肥培训班"，来自27个省（区、市）的代表观摩了设施西甜瓜"三改三提"优质轻简化生产基地，《农民日报》3次报道了提质增效的效果和宜机化大棚西瓜—水稻轮作模式。

（四）技术获奖情况

该技术部分内容入选2019年农业农村部农业主推技术；

"西甜瓜嫁接育苗与设施栽培关键技术研究与应用"2018年获得中国园艺学会华耐园艺科技奖；

"西瓜甜瓜健康种苗集约化生产技术研发与示范推广"荣获2015年度湖北省科技进步奖二等奖；

"优质设施西瓜甜瓜系列新品种选育及高效栽培技术"荣获2017年度山东省科学技术进步奖二等奖；

"三项技术助力设施西甜瓜产业发展"荣获首届全国绿色园艺"三新"最具推广价值短视频（2021）；

"蜜蜂授粉增产技术集成与示范"2017年5月通过农业部科教司组织的专家验收。

二、技术要点

（一）西瓜甜瓜宜机化大棚建设

1. 宜机化外保温大拱棚

采用热浸镀锌全钢骨架。跨度16~24m，脊高宜5~7m，长度不低于80m，大棚内距离两侧底脚线0.5m处的骨架高度大于1.8m，室内可设置立柱，但应以不妨碍机械化作业为原则。两侧和顶部各设置通风口，通风口应安装防虫网。南北走向应采用对称结构，东西走向宜采用非对称结构。宜选用长效流滴、消雾多功能棚膜，有效使用寿命3年以上，合理配备保温、通风、遮阳、补光、加湿、加温等环境调控装备，实现种植过程可宜机化操作、省工、省时（图1）。

2. 宜机化单栋塑料大棚

采用热浸镀锌全钢骨架。跨度宜7.5~10m，长度不低于60m，脊高3.5~4.5m，大棚内距离两侧底脚0.5m处的骨架高度不低于1.8m，棚内无立柱。宜选用长效流滴性好的多功能棚膜，大棚两侧及顶部设置通风口，通风口安装防虫网。棚门高度为2.2~2.5m，棚门宽度为3~6m，大棚适合机械化操作（图2）。

图1　宜机化大跨度外保温大棚　　**图2　宜机化单栋塑料大棚**

（二）西瓜甜瓜机械化耕作技术

采用60马力大棚王拖拉机（雷沃公司604L-E、东风农机公司的DF604-15等）配套液压翻转犁进行深耕，耕翻深度不小于25cm。采用禾田TKT-S600C-1型履带式撒肥机，或筑水SD500型履带式撒肥机撒施有机肥。施肥后采用50马力的大棚王拖拉机配套旋耕机耕整土地，旋耕深度不小于8cm。采用旋耕起垄复式作业机，垄面呈弧状，垄高15~25cm，采用手扶式（或小型乘坐式）起垄铺管铺膜机进行起垄、铺管、覆膜等作业。

（三）西瓜甜瓜单子叶断根贴接技术

应选择对土传病害抗性强、与接穗嫁接亲和性高和对品质影响小的品种作为砧木。西瓜可用葫芦和南瓜作为砧木，葫芦砧木品种有京欣砧壮、京欣砧胜、亲抗水瓜等，南瓜砧木品种有京欣砧9号、丰乐金甲等。甜瓜以南瓜作为砧木，品种有思壮8号、斯巴达等。接穗应根据当地市场需求选择适宜品种。砧木和接穗种子在嫁接前要经过种子健康检测不含检疫性病害，利用轻型基质作为育苗基质，通过精量播种机播种后移入催芽室，催芽后再转入育苗温室。采用单子叶断根贴接能提高西瓜甜瓜嫁接苗对低温的适应性，幼苗生长健壮、不徒长，定植后缓苗快，适合早春设施栽培。采用单子叶断根贴接方法嫁接，嫁接用具用75%的乙醇消毒，嫁接后通过温度—光照—湿度梯度管理提高嫁接成活率，光照不足时用采用LED育苗专用补光灯，育苗过程参照DB42/T 367—2021管理，嫁接苗2叶到3叶1心时定植，茎粗0.3cm以上，根系发达，根坨紧实，无病虫害（图3）。

图3 西瓜单子叶断根贴接苗LED补光灯育苗场应用

（四）西瓜甜瓜配方施肥技术

整地时每亩施入300~500kg商品有机肥和40~50kg西瓜甜瓜配方肥［针对连作土壤的配方为氮磷钾（18：8：16）］作为底肥，蔓长为0.5m左右时每亩可用氮磷钾（18：18：18）或水溶（20：20：20）肥5kg提苗，在西瓜甜瓜坐果后7~10d时每亩用氮磷钾（18：18：18）或水溶肥（20：20：20）5kg作为第一次膨果肥，适当追施1次钙镁肥1kg，10d后用第二次膨果肥，采用高钾水溶肥5kg如氮磷钾（12：8：40）或氮磷钾（15：5：25）（图4）。

（五）西瓜甜瓜水肥一体化技术

整地作畦后每畦铺设1~2条滴灌带，滴灌带末端密封，另一端与畦头灌溉主管道用三通阀门连接，灌溉主管道进水口处一端与文丘里施肥器、抽水泵出水口相接。铺设滴灌管网后，进行地膜覆盖。注意地膜与滴灌带重合处，压紧压实地膜，使地膜尽量贴近滴灌带。根据当地的水质情况在灌溉水源首部安装砂石过滤器或叠片式过滤器，定植后浇透水1次，伸

图 4　西瓜甜瓜专用肥田间应用测产照片

蔓期后一般滴灌 2~3 次，伸蔓期 1~2 次，授粉前 1 次，坐果后视土壤墒情灌溉，保持土壤含水量不低于 60%，采收前 7~10d 停止浇水。水溶性肥料也根据施肥时期随水滴灌施肥。采用水肥一体化技术可节约水肥施用 20% 以上，同时降低设施内湿度，有利于提高设施西甜瓜果实产量和品质（图 5）。

图 5　西瓜水肥一体化甜瓜水肥一体化设施

（六）设施环境调控技术

早春栽培设施内采用小拱棚等多层覆盖保温，瓜苗定植后的缓苗期内一般不通风，坐果前棚内温度保持在 25~30℃，夜间 15℃ 以上。在果实膨大阶段，棚内白天温度控制在 28~30℃，夜间 18℃ 以上，棚温超过 30℃ 时可由内到外逐步撤去内层棚膜，后期开大棚围裙膜通风降温降湿，保持棚温不超过 35℃。秋季栽培时西瓜伸蔓期、结果期控制棚温在 32℃ 左右，不宜超过 35℃。

（七）早熟栽培整枝留瓜技术

1. 薄皮吊秧整枝留瓜早熟技术

甜瓜定植后，在植株达到 4 叶 1 心时摘心。摘心后，长出 4 条子蔓，将其中的 1 条子蔓吊起，其余的 3 条子蔓长出孙蔓，当孙蔓上出第一朵雌花开放时，授粉留瓜，3 条子蔓共留 3 个瓜；保留子蔓的第 10—12 节处长出的孙蔓，孙蔓第一朵雌花开放时，授粉留瓜，选择 2 个瓜留下。子蔓达到 24~26 片叶时摘心，第 22—23 节处的孙蔓保留，孙蔓上长出的第一朵雌花开放时，授粉留1瓜。

2. 厚皮甜瓜分层持续留瓜技术

厚皮甜瓜定植后，在植株主蔓的第11—13节留第一层瓜；第一层瓜迅速膨大期结束后，在植株主蔓的第19—21节留第二瓜，并根据瓜的生长情况，留1个瓜。植株主蔓打顶后，在顶部以下2~3节会萌发出侧枝，其上的雌花开放时，及时授粉，留瓜。在第三瓜坐住且基本膨大完毕后，在植株仍然生长旺盛，没有病虫害发生的情况下，可以利用萌发的侧枝在植株的底部、中部、上部继续留瓜（图6）。

3. 小果型西瓜高密度栽培技术

设施小果型西瓜栽培方式可采用单蔓单瓜栽培。按小行距60~70cm，大行距80~90cm做成龟背形垄，垄高15~25cm，垄上安装滴灌或者微喷灌带，定植前两天，垄上覆盖黑色地膜或白色地膜，在地膜上开穴，每垄定植2行，株距30~40cm，在垄两边距离10cm处开穴，定植密度2 000~2 600株/亩。采用单蔓吊蔓整枝，当果实鸡蛋大小时，选留果形周正，符合品种特征的幼瓜（图7）。

图6　厚皮甜瓜分层留瓜　　　　　　　图7　小果型西瓜高密度栽培

（八）蜜蜂（熊蜂）授粉技术

设施西瓜用蜜蜂授粉，设施甜瓜用蜜蜂或熊蜂授粉。授粉蜂群运输时间应选择在傍晚进行。授粉蜂群应放置在设施的中央，避免震动，不可斜放或倒置。在西瓜和甜瓜第二雌花开花前1~2d的傍晚将蜂群放入，蜂箱置于设施中央支架上，支架距地面0.3~0.5m，在蜂箱上方0.4m处加上遮阳网。巢门向南，待蜂群稳定后将巢门打开，每亩大棚配置1个标准授粉蜂群。在蜂箱巢门附近放置装有清洁水的容器，每天更换清水，水上放置一些漂浮物，以便蜜蜂饮水。10：30之前设施内温度宜控制在22~28℃，湿度宜控制在50%~80%，确保蜜蜂正常工作。禁止使用对蜜蜂有毒有害的农药。定植时禁止使用含有吡虫啉成分的缓释剂，在授粉前1周及授粉期间应不用或谨慎选择使用各种农药。坐果后及时将蜂箱从棚内移除（图8、图9）。

图 8 甜瓜蜜蜂授粉

图 9 西瓜蜜蜂授粉

（九）连作障碍防控技术

通过抗性砧木嫁接（图 10）、施用生物有机肥、高温闷棚或西瓜（甜瓜）—水稻水旱轮作方式（图 11）治理土壤连作障碍。在春季西瓜和甜瓜收获后，在设施内开沟，铺设碎的作物秸秆，每亩施用 30~40kg 氰胺化钙，起垄后灌水，用地膜盖严，上面再盖严大棚薄膜，采用高温闷棚 15~20d 进行土壤消毒后，将薄膜揭开晾晒 2~3d，再进行整地施肥工作。有条件的地区采用水旱轮作，在春季大棚西瓜或甜瓜收获后，再种植一季水稻，通过西瓜（甜瓜）—水稻水旱轮作方式能有效减轻连作障碍。

图 10 西瓜嫁接栽培

图 11 西瓜—水稻轮作栽培

（十）病虫害绿色防控技术

选用抗病品种。采用高垄栽培、嫁接栽培、地膜覆盖和植株调整等农艺措施，改善根部和地上部微环境，适时通风换气，降温排湿，减少病害发生。采用防虫网、杀虫灯、粘虫板（黄板、蓝板）等物理措施防控害虫发生。对于设施微小害虫（蚜虫、粉虱、叶螨等），可采用释放异色瓢虫、丽蚜小蜂、智利小植绥螨等天敌昆虫进行生物防治。同时，可应用苏云金芽孢杆菌 Bt、昆虫病毒制剂等微生物农药和环境友好型化学农药进行调控和防治（图 12）。

三、适宜区域

适合全国设施西瓜甜瓜主产区。

图 12　病虫害绿色防控技术

四、注意事项

一是设施西瓜甜瓜栽培品种应根据当地市场选择，抗性砧木应根据当地主要土传病害的种类选取。

二是蜜蜂授粉期间遭遇气温低、连续阴雨天气，蜜蜂不出巢工作，应辅助其他坐果技术。

技术依托单位

1. 华中农业大学

联系地址：湖北省武汉市洪山区狮子山街 1 号

邮政编码：430070

联 系 人：别之龙　黄　远

联系电话：13667263529　13277050480

电子邮箱：biezl@ mail. hzau. edu. cn

2. 山东省农业科学院蔬菜研究所

联系地址：山东省济南市历城区工业北路 23788 号

邮政编码：250100

联 系 人：孙建磊　高　超

联系电话：18553101462　17686611290

电子邮箱：sunjianlei06@ 163. com

3. 河南省农业科学院园艺研究所

联系地址：河南省郑州市花园路 116 号

邮政编码：450002

联 系 人：赵卫星

联系电话：13526790578

电子邮箱：wxzhao2008@ 163. com

荔枝高接换种提质增效技术

一、技术概述

（一）技术基本情况

荔枝是最具岭南特色的水果，我国是世界第一荔枝生产大国，种植面积稳定在800多万亩，年总产量250万~300万t，面积和产量均占全球总量的70%以上。早期重规模、轻品质的盲目发展，导致非优品种比例过高，黑叶、怀枝、双肩玉荷包等低效品种比例过大，品种结构同质化严重，熟期过于集中。因此，产业效益低下，"果贱伤农"事件时有发生，严重损害了果农利益。品种结构调整成为我国荔枝产业转型升级的关键，优化品种结构和品种布局是推进荔枝产业高质量发展的迫切需要。

高接换种是荔枝品种结构调整、低产果园改造的常用技术。传统高接换种以重修剪后长出的小枝进行嫁接，耗时长，树冠形成慢，且存在嫁接不亲和风险，严重影响了果农高接换种的积极性。因此，该团队建立了低位大枝嫁接为关键的高接换种技术体系，与传统的小枝嫁接相比，有效克服了嫁接亲和性差的问题，接穗生长势旺、抗风力强、树冠形成提早1~2年，显著提高了高接换种和品种更新的效率。通过制定《荔枝高接换种技术规程》（NY/T 4228—2022）农业行业标准，规范了荔枝高接换种技术，推动荔枝品种结构调整，助力荔枝产业转型升级。

（二）技术示范推广情况

自2009年，在国家荔枝龙眼产业技术体系综合试验站的配合下，在全国荔枝主产区建立低效品种高接换种标准示范园15个，开展荔枝高接换种提质增效技术培训及现场观摩600余场，培训和指导果农、农技人员4万余人次，发放宣传资料1万余册，构建了"高校+科研院所+专业合作社（行业协会）+社（会）员"高效推广模式和微信公众号、"数字+轻骑兵"田头课等多元化服务平台，高接换种技术推广超过50万亩，优质品种覆盖率从2009年的40%提高到目前的47.5%，促进了荔枝品种结构调整、产业升级和科技进步。

（三）提质增效情况

推广荔枝高接换种提质增效技术，加上通过专家宣传与培训，普及高接换种和安全高效配套栽培技术，可以减少化肥农药使用，提高荔枝果品质量和安全性，由此带来的经济效益、社会效益和生态效益不可低估。

1. 经济效益

新品种上市后，若每千克售价比市场上荔枝高4元，按亩产量1 000kg计算，则可新增经济效益4 000元/亩。

2. 社会效益

推动我国荔枝产业可持续健康发展，有利于荔枝产区经济发展，促进社会主义新农村建设，社会效益显著。

3. 生态效益

荔枝主要种植在山地，不会破坏生态环境，更不会污染环境，对改善生态环境有积极的作用。

（四）技术获奖情况

"不同熟期优质荔枝系列新品种选育和高接换种技术创新及应用"荣获 2019 年度广东省科学技术进步奖一等奖。

"荔枝高接换种提质增效技术研发与推广"荣获 2020 年度广东省农业技术推广奖一等奖。

二、技术要点

（一）砧木切削

如采用切接法，在枝干锯口下方侧面平滑处，用嫁接刀从锯口处向下纵切一刀，长度 2.0~3.0cm，切口深度带少量的木质层。

（二）削接穗

将接穗剪成含 1~2 个芽的长 5~8cm 的小段，从芽体下方 0.5~1.0cm 处起刀向下平整地削去皮层，切削深度以刚达木质部为宜，之后切削面的背向削成 45°斜面。

（三）安装接穗

将削好的接穗插入砧木切口中，使一侧皮层对齐吻合，使砧木和接穗的形成层组织最大程度接触。

（四）绑扎

用塑料薄膜条在砧木切口下方 2.0cm 处由下而上交叉缠绕将接穗和砧木密封和固定，整个过程保持塑料薄膜打开，固定住接穗后再由下而上将接穗全部包严。最后在接穗的最上面的芽的上方打结固定薄膜。

三、适宜区域

适用于我国所有荔枝产区。

四、注意事项

回缩嫁接后，用草料或枝叶等覆盖，防止暴晒；嫁接成活，砧木应及时抹芽；接穗新梢萌发后，应防治卷叶蛾、尺蠖、蜡象等害虫；嫁接后新芽萌发前及时喷洒杀虫药防止蚂蚁咬破薄膜；对成活的接穗进行固定，防止风吹断。

技术依托单位
1. 华南农业大学
联系地址：广东省广州市天河区五山路 483 号
邮政编码：510642
联系人：胡桂兵
联系电话：13503074695

电子邮箱：guibing@ scau. edu. cn

2. 中国热带农业科学院南亚热带作物研究所

联系地址：广东省湛江市湖秀路 1 号

邮政编码：524091

联 系 人：李伟才

联系电话：13702724619

电子邮箱：Lwc-619@ 163. com

3. 广东省阳西县荔枝龙眼协会

联系地址：广东省阳江市阳西县明珠西路 18 号

邮政编码：529800

联 系 人：补建华

联系电话：13709673737

电子邮箱：389161809@ qq. com

葡萄三膜覆盖设施促早栽培技术

一、技术概述

（一）技术基本情况

葡萄是我国果树生产上的重要树种，在农业产业结构调整和农民增收致富中发挥了重要作用。随着葡萄设施栽培技术的推广应用，葡萄产业成为近年来南方地区生产效益最好的高效优势树种之一。随着南方葡萄栽培面积不断扩大，葡萄产业品种结构性过剩问题日益凸显，主栽品种以巨峰、阳光玫瑰、红地球等中晚熟葡萄为主，上市时间集中，8月、9月上市品种占70%，经济效益下降，一些种植户为追求早熟上市以达到效益目的，无视葡萄植株、果实生长发育的时间和品质形成的规律，盲目使用乙烯利等植物生长调节剂进行果实催熟，品质较差，并带来安全性问题。同时面临早春低温冻害和沿海地区台风危害。

针对上述问题，国家葡萄产业技术体系研发了"葡萄三膜覆盖设施促早栽培技术"，该技术以常规葡萄大棚早熟栽培方法为基础，采用三膜促早栽培方式和枝蔓果等配套管理技术，即大棚覆盖双膜（外天膜、内天膜）+地膜，充分利用早春光热资源，提早结束葡萄的自然休眠期，提前发芽、开花和成熟上市。研发期间授权专利4项（早中熟葡萄特早熟优质避灾的栽培方法、一种可用外部动力驱动的电动卷膜器、一种葡萄连栋大棚的卷膜机构、一种轻便型葡萄新梢打梢机），制定地方标准1项《葡萄三膜覆盖设施促早栽培技术规程》（DB33/T 2468—2022），发表论文7篇，出版著作5部，技术模式1套。该技术已在浙江大面积推广应用并辐射南方省外地区，巨峰、阳光玫瑰、藤稔等葡萄应用后比单天膜大棚提早15~20d，比露地栽培提早30~45d，较普通大棚栽培葡萄售价提高2~3.5元/kg，增效显著，且该技术在东南沿海地区应用还能避免早春冷害和葡萄成熟期台风危害，该技术的推广得到多地农业行业主管部门的高度认可。

（二）技术示范推广情况

南方葡萄三膜覆盖设施促早栽培技术示范展示基地包括金华市婺南省级现代农业综合区、金华市浦江县盆地省级现代综合区、台州市路桥区省级现代农业综合区、台州市温岭市东部现代农业综合区、台州市玉环市清港葡萄精品园、湖州市长兴县雉城葡萄产业示范区、宁波市象山县晓塘葡萄精品园、嘉兴市嘉善县天凝葡萄精品园、嘉兴市海宁市海昌葡萄精品园、云南省建水县葡萄农业标准化示范园、江苏省常熟市现代农业产业示范园等。目前，该技术已推广至浙江省台州市、嘉兴市、宁波市、长兴县、上虞区、温岭市以及江苏、安徽、湖南、福建、云南等省的葡萄产区。2012年浙江省葡萄种植面积为38.265万亩，经过10年的发展，2022年栽培面积达46.2万亩，其中，三膜促早栽培技术的推广面积12.74万亩，近3年新增收益23.04亿元，在脱贫攻坚和乡村振兴战略中发挥了积极作用。

（三）提质增效情况

1. 提高了葡萄品质，保证了食品安全，降低了劳动力成本

葡萄三膜促早栽培充分利用了浙江省等南方葡萄产区的地域优势，丰富了设施栽培的类型。在该背景技术下研发了"一"字飞鸟形叶幕架，确定了其在缓和树势、结果枝绑缚、提前成熟期、提高糖度和着色上的优势；研发了卷膜机构、电动卷膜器、打梢器等配套设备，管理省工，大幅降低了劳动力成本；利用薄膜增温保温促进成熟，来代替乙烯利等催熟，确保了食品安全，避免了未生理成熟造成的品质差；集成了枝蔓管理、果穗管理、肥水管理、病虫害防治等提质增效关键技术体系，在全省范围内广泛应用。

2. 降低了由早春低温冻害、熟期台风危害带来的经济损失

南方葡萄设施促早栽培面临着早春低温冻害问题，东南沿海葡萄产区成熟期还易遭台风危害，创制的葡萄三膜促早栽培技术充分利用了南方地区早春的光热资源，起到了良好的增温、保湿作用，可有效预防葡萄早春的低温冻害，同时提早成熟期，避开东南沿海七八月台风多发时期的严重危害，为国内首创。如 2010 年 3 月浙江省遭受寒潮袭击，普通大棚葡萄正处在萌芽期，冻害十分严重，产量损失 20%~30%，而三膜促早栽培保温效果明显，葡萄未受冻害影响，且成熟季节提早至 6 月下旬，抢占早熟葡萄市场的同时，又避开了八月的台风危害。配套阶段性加温，该技术应用抵御了 2016 年浙江省 1 月下旬 30 年一遇的-10℃以下极寒天气考验。因此，该技术在南方同类型生态地区具有重要的推广应用价值。

3. 提早了葡萄上市供应期，提高了经济效益

葡萄三膜促早栽培技术为葡萄生长发育创造了适宜条件，促进了果实转色和糖分积累，提早了浆果成熟期，应用于巨峰、阳光玫瑰、金手指、藤稔等多个品种。技术的应用使得浙江主栽品种夏黑与藤稔 4 月至 5 月中旬、巨峰 6 月中旬、阳光玫瑰 7 月上中旬上市（表 1），缓解了葡萄集中上市的矛盾，较葡萄大棚栽培售价提高 2~3.5 元/kg，经济效益增加 27.1%。与传统大棚促早栽培相比，该技术真正做到了上市时期与经济效益的双赢，丰富了浙江省乃至全国的早熟葡萄市场，延长了主栽品种的市场供应期，促进了葡萄产业的可持续健康发展，并带来了显著的经济效益（表 2）。

表 1　阳光玫瑰在不同栽培条件下的物候期表现（月-日）

栽培方式	萌芽期	展叶期	始花期	盛花期	软果期	成熟期
三膜促早	02-05	02-10	03-12	03-17	06-22	07-12
大棚促早	02-22	03-02	04-07	04-12	07-20	08-10
避雨栽培	03-18	03-22	05-01	05-05	08-11	09-06

表 2　2020—2022 年在浙江 5 个地区推广应用效益统计

地点	推广面积/亩	平均亩产量/kg	新增亩收益/元	新增利润/万元
台州	50 001	1 480	6 512	30 735.6
	50 008	1 480	6 364	29 999.8
	50 010	1 490	6 258	29 470.9
	—	—	—	90 206.3
嘉兴	25 157.6	1 605	7 704	18 123.5
	26 599.3	1 723	8 787.3	22 043.6
	29 507.4	1 701	8 845.3	24 624.5
	—	—	—	64 791.7

（续表）

地点	推广面积/亩	平均亩产量/kg	新增亩收益/元	新增利润/万元
宁波	32 000	1 503	5 562.3	17 799.4
	37 000	1 515	5 914.5	21 883.6
	41 000	1 525	5 805	23 800.5
	—			63 483.5
长兴	5 890	1 580	5 688	2 879.0
	5 950	1 560	5 928	3 051.2
	6 002	1 540	8 008	4 326.2
	—			10 256.4
上虞	810	1 480	7 400	518.4
	880	1 490	7 450	567.6
	930	1 480	7 104	567.67
	—	—	—	1 653.67

（四）技术获奖情况

该技术是 2019 年浙江省科技进步奖"葡萄新品种选育与节本增效关键技术及应用"成果的重要组成部分，2018 年 1 月 27 日，由西北农林科技大学王跃进教授等多名国家葡萄产业技术体系岗位科学家组成的鉴定委员会认为，围绕葡萄节本增效栽培目标，该成果总体达到国内同类研究领先水平。入选"2018 年浙江省十大农业科技成果"。2023 年，该技术荣获浙江省农业科学院成果推广奖一等奖。

二、技术要点

（一）打破休眠

封膜前用 15%~20% 氰胺化钙浸出液、1.5%~2.0% 单氰胺涂或喷结果母枝（中长梢修剪的剪口 2 芽不涂）。

（二）双膜设施及覆膜时间的选择

外天膜选择 0.05~0.08mm 的长寿无滴膜，内天膜选择 0.03mm 的长寿无滴膜（图1）。外天膜于 12 月中旬至翌年 1 月上旬覆盖，7~15d 后盖内天膜，内天膜覆盖方法依据葡萄栽培架式的不同因地制宜，飞鸟形与"V"形栽培的，先在横梁中间拉一条拉丝，两张膜用竹夹夹在拉丝上，分别向两边拉至畦面，形成封闭的内天膜；平棚架栽培的，架设内棚或在棚中间立柱上拉一条拉丝，将内天膜用竹夹夹在拉丝上，分别向两边拉至架面，形成封闭的内天膜，内外棚膜间距 40~60cm。萌芽后盖地膜。新梢长至内天膜顶或坐果后揭除内天膜，外天膜与地膜在葡萄采后揭除。

（三）棚内温湿度的调控

1. 温度管理

萌芽前：以增温为主，温度慢慢上升，盖外天膜后 1 周控制在 15~20℃，逐渐上升到 28~30℃，如遇晴天棚内升温过快，即将达到 30℃ 时要分批揭高围膜，下午当棚温开始下降，分批放下围膜，使内棚温度保持在 26~30℃。萌芽期—开花前：齐芽后防 35℃ 以上高

图1　葡萄膜覆盖设施

温，夜间保持15～18℃，晴天时白天注意通风降温不超过28℃，阴天时在保证温度的情况下注意通风降温。开花期：开花期白天28℃，夜间15℃，防14℃以下及35℃以上高温，温度低可在园内挂灯光、熏烟、加热。果实发育期：开花坐果至果实成熟，为促进幼果迅速膨大，白天棚内气温控制在28～30℃，夜间仍维持18～20℃，在棚外气温稳定在25℃时揭除四周围膜，成熟期日夜温差在10℃以上。

2. 湿度管理

湿度的调控按先高、中间平、后低的原则，即萌芽期湿度80%～90%、新梢生长期70%、开花期60%、果实膨大期70%～80%，着色至成熟60%～70%。

(四)　枝蔓果管理

芽长至3～4cm时分批抹除多余的芽；见花序或5叶1心期后陆续抹除多余的梢；新梢长至40cm时，飞鸟形架和"V"形架选花穗大的梢按15～25cm等距离定梢绑缚在钢丝上；平棚架每平方米5～6条新梢；花前一周在花序上部留5～6叶摘心，初花前去除副梢，以后视枝蔓生长情况，对强梢再摘心1～2次；果实转熟期对主干进行环剥处理，环剥宽度为主干粗度的1/5，以改变光合产物流向，促进着色。

每一结果枝留一穗，弱枝不留果穗，将搁在架上、蔓上果穗小心整理成下垂状。花前3～5d除副穗，保留花序穗尖8～10cm。坐果后及时疏果，疏去瘦小、畸形、果柄细弱、朝内、朝上生长的果，整成圆柱形，留穗原则为每亩产量控制在1 250kg，留果原则为大粒品种每果穗留40～60粒，小粒品种每果穗留70～100粒。用葡萄专用纸袋防止各种虫、鸟等危害，并能减轻果穗受药物污染和残留积蓄。

(五)　病虫害防治

葡萄三膜覆盖设施栽培主要病虫害有灰霉病、穗轴褐枯病、白腐病、霜霉病、透翅蛾、金龟子和吸果夜蛾等。重点抓农业防治和物理防治，减少农药使用。

三、适宜区域

三膜覆盖设施促早栽培技术（图2），适宜在长江以南地区推广，尤其易受早春低温冻害、台风危害的沿海地区。且可被广泛应用于其他果树树种，给生产中同领域不同果树的种植拓宽了思路。

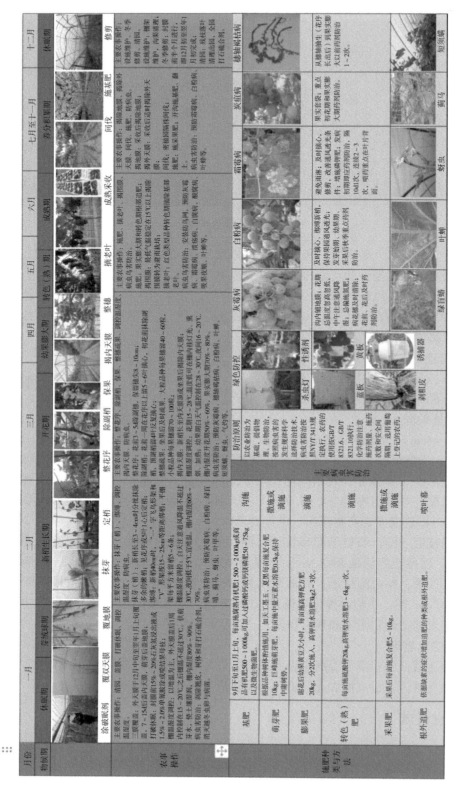

图 2　葡萄三膜覆盖设施促早栽培标准化模式

四、注意事项

（一）注意温湿度的控制

注意温湿度的控制，尤其是从封膜后到萌芽期，温度要慢慢上升，当棚温超过28℃时，要及时通风降温，夜间做好保温。花期防14℃以下及35℃以上高温以利于授粉，提高坐果率，湿度过高时要注意棚内通风，即使在3—4月的低温阴雨天，也要开棚降低湿度，注意温度监测，防止烂穗、发生病害。

（二）关注天气预报，面对极端天气及时采取措施

虽然葡萄三膜促早栽培技术最大程度上避免了早春冻害，但仍需注意早春雨雪天气，视棚体承载能力及时加固和除雪作业，有条件的地区在棚体安装微喷带，利用地下水实施喷淋除雪，还可采用园内熏烟、加热等阶段性加温措施进行保温。

技术依托单位

1. 浙江省农业科学院

联系地址：浙江省杭州市上城区德胜中路298号

邮政编码：310021

联 系 人：魏灵珠

联系电话：13989811390

电子邮箱：weilingzhu@zaas.ac.cn

2. 台州市农业技术推广中心

联系地址：浙江省台州市椒江区康平路15号

邮政编码：318000

联 系 人：何风杰

联系电话：13957671587

电子邮箱：408788654@qq.com

3. 宁波市农业技术推广总站

联系地址：浙江省宁波市海曙区宝善路220号

邮政编码：315012

联 系 人：樊树雷

联系电话：0574-89385861

电子邮箱：nbltkj@126.com

4. 嘉兴市农渔技术推广站

联系地址：浙江省嘉兴市花园路758号

邮政编码：314050

联 系 人：李 斌

联系电话：0573-82872583

电子邮箱：dguali@qq.com

果园"三定一稳两调两保"
节肥提质增效技术

一、技术概述

（一）技术基本情况

我国是世界第一大水果生产国和消费国，目前，全国果园面积1.7亿亩，年产量2亿吨左右，果树产业在我国乡村振兴中发挥重要作用。近年来，农业农村部大力开展有机肥替代化肥行动，但果树生产对化肥的依赖度还比较高。调查研究表明，我国果园化肥投入量在40~200kg/亩，远远超出国际果园化肥用量（10~15kg/亩）。化肥用量过多破坏了土壤生态环境，降低果实的风味品质，导致水体污染等环境安全问题，不符合绿色低碳高质量发展的要求。

为此，结合多年生产实践，该研究团队总结出一套适合我国果树产区养分高效管理的技术措施——果园"三定一稳两调两保"节肥提质增效技术。"三定"是指在果树树干两侧定时、定点、定量施用袋控缓释肥等稳态肥料；"一稳"是指保持根区土壤养分低浓度稳定供应；"两调"一是根据树相诊断和土壤营养诊断结果使用中微量元素调节土壤养分平衡，二是使用生物刺激素或微生物肥调节土壤微生态；"两保"是指保证果园行间生草和保证有机肥的施用。

利用该技术造成的养分在根际营养空间非均衡分布，局域富集养分能够优化根系构型，构建密集型根系结构，延缓根系衰老；接近自然的低浓度养分供应可激活果树根系自身吸收功能，激活根系高亲和转运系统，同时减少对土壤微生物的干扰，固氮菌和解磷解钾菌群在果树根际富集，实现养分高效利用、优质丰产和节本增效。

该技术可以解决我国果园化肥投入量大，优质果率低等产业问题；对提高果园肥料利用效率、节约肥料资源、保护果园生态环境、果园提质增效具有重要意义，可为果树产业绿色低碳高质量发展提供技术支撑。

（二）技术示范推广情况

该技术依托国家重点研发计划项目、国家桃产业技术体系项目和山东省乡村振兴科技创新提振行动计划项目，已在我国果树产区大范围推广应用。近3年，在山东、北京、甘肃、云南、河北等省（市）71个果树产业示范县累计推广应用该技术30余万亩。

示范果园优质丰产效果显著提升。应用该技术后，与传统施肥模式相比，苹果果实含糖量从13%左右提高到15%以上，桃果实含糖量从10%左右提高到13%以上，优质果率和商品果率显著提高，实现了亩节本增效1 000余元。

（三）提质增效情况

针对果树生产中养分投入量大，化肥利用率低，土壤养分含量波动大、不均衡，土壤微生物群落结构不合理、果实优质率低等问题，提出的一种果园"三定一稳两调两保"节肥提质增效技术可有效地促进果树密集型根系形成，提高养分吸收利用效率，减少化肥投入量，能够保证果园土壤养分稳定和均衡供应，改善土壤微生物群落结构，延缓叶片衰老和提高果实品质，达到提质增效的目的。

示范应用该技术后，可实现果园减少化肥投入 60%～80%，显著降低温室气体排放，节约成本 31.2%，增产 8.1%，优质果率提高 20 个百分点，累计新增经济效益 6 亿多元，有力推动了果树产业转型升级与提质增效，取得了显著的经济效益、社会效益和生态效益。

（四）技术获奖情况

该技术荣获 2010 年度山东省科学技术进步奖三等奖，2011 年度山东省科学技术进步奖二等奖，该技术作为配套栽培技术的科技成果获得 2015 年度国家科学技术进步奖二等奖，授权国家发明专利 4 项，国际发明专利 2 项，实用新型专利 1 项；制定山东省团体标准 3 项。以该技术为核心的桃优质轻简高效栽培技术入选 2023 年山东省农业主推技术。

二、技术要点

（一）定时定点定量施用袋控缓释肥等稳态肥料

每年秋季或春季在果树树干两侧树冠投影边缘沿行向，机械开沟，施入袋控缓释肥等稳态肥料，保证养分的稳定供应（图 1），施肥量控制在 10～15kg/亩。

图 1　树干两侧机械开沟施用袋控缓释肥

（二）土壤中微量元素和微生物菌群调节

1. 配方水溶肥的使用

根据树相诊断、土壤营养诊断结果，可在果树发育期中后期施用含钙、硼、锌、铁、钼、硅、硒等元素以及生化黄腐酸钾、蛋氨酸、月桂酸等的配方水溶肥 2 次，每次 1～2kg/亩。

2. 微生物菌肥的施用

大量使用化肥的果园，土壤微生物群落结构遭到破坏，可连续2~3年使用EM菌剂等微生物菌肥，调节土壤微生物群落结构。

（三）保证有机肥的施用

每年秋季，在树干两侧距离主干60~100cm，施入优质农家肥（施用量为2~3m³/亩）或商品有机肥（施用量为400~600kg/亩）（图2）。

图2 树干两侧施用有机肥　　　　图3 果树行间进行自然生草

（四）保证果园行间生草

1. 草种选择

自然生草的果园（图3），可选留当地季节性矮生的优势草种，如春季可选伏地菜、益母草等，夏季可选留牛筋草、马唐、虮子草、狗尾草、虎尾草、地锦草等。应去除不利于果树生长的曼陀罗、苘麻、反枝苋、藜、灰菜等恶性草（在结籽前）。人工生草的果园可选用黑麦草、二月兰、毛叶苕子、紫花苜蓿、鼠茅草、油菜等。

2. 生草管理

夏季当草长至40cm左右时用割草机或秸秆还田机定期刈割，留茬高度5~8cm，控制杂草高度。秋季在果园行间旋耕，促进越冬草的萌发生长，形成秋冬季的优势草种，至翌年6月行间不再耕作。利用季节性变化和人工辅助播种，增加季节性优势草种的种类和密度。

三、适宜区域

适宜我国果树产区。

四、注意事项

新建果园可按此技术要点操作；传统养分管理的果园，袋控缓释肥等稳态肥料的施用量需逐年降低为10~15kg/亩，然后连年保持稳定供应。

技术依托单位
1. 山东农业大学

联系地址：山东省泰安市岱宗大街 61 号

邮政编码：271018

联 系 人：彭福田　肖元松

联系电话：0538-8246216

电子邮箱：pft@ sdau. edu. cn

2. 山东省农业技术推广中心

联系地址：山东省济南市历下区解放路 15 号

邮政编码：250014

联 系 人：于国合

联系电话：0531-67866233

电子邮箱：sdsgcz@ shandong. cn

果茶园绿肥周年套作高效利用技术

一、技术概述

（一）技术基本情况

目前全国果园面积1.84亿亩、茶园4 896.1万亩。长期以来，果茶园施肥粗放，化肥用量不断增加，果茶农习惯采用清耕法管理，导致果茶园土壤退化严重，土层变薄、肥力下降，影响了水果、茶叶品质。利用果茶园行间种植绿肥是治理果茶园土壤退化的有效技术措施。一是提升果茶园土壤有机质含量及土壤肥力。我国果茶园大多数建立在山坡、丘陵、沙荒、河滩、海涂，乃至戈壁滩上，因此果茶园土壤的共同问题是土质瘠薄、结构不良、肥力低下。具体是土壤有机质含量低或极低，土壤质地过黏或过沙、无结构、土层浅薄、pH值偏高或偏低等问题，果茶树生长表现为生长弱、生长慢、结果晚、产量低、品质差，有时甚至成为"小老树"。因此，通过果茶园套种绿肥加以补充，改良土壤，为以后的高产优质创造良好的条件。二是防止果茶园水土流失。我国果茶园多分布在山坡或丘陵缓坡上，幼龄果茶园由于覆盖度小，果茶农清除生草等管理，使得土壤冲刷和水土流失极为严重，果茶园套种绿肥可减少土壤冲刷和水土流失。三是增加果茶园生物多样性。果茶园套种绿肥能有效地提高果茶园生物多样性，减少果茶园虫害、杂草的发生，从而提高果茶园的经济效益和生态效益。该技术模式是在10月中旬至11月中旬在果园种植冬绿肥，翌年冬绿肥长至盛花期或始荚期（4月中旬至5月中旬）进行埋青或覆盖利用；接茬6月中上旬至6月底种植夏绿肥，夏绿肥长至株高90~100cm时可进行刈割，刈割后采用埋青、覆盖等方式利用。当年9月埋青再接茬种植冬绿肥，形成果园周年套作模式。此技术模式不仅能提高果茶园土壤肥力，促进果树、茶树生长，为以后高产优质创造良好条件，还能形成生态覆盖，防止水土流失，增色果园景观。

（二）技术示范推广情况

该技术已在福建省武夷山、顺昌、平和、上杭等20个绿肥重点县（市）开展试点试验示范，累计核心示范面积超过1万亩，在全省示范推广面积超过31.7万亩。此技术还在广西、甘肃、江西、云南、浙江、湖南等省（区）应用推广，面积超500万亩。此技术模式可在全国果茶园应用推广。

（三）提质增效情况

（1）在福建省顺昌柑橘（图1）、葡萄（图2）、蜜柚等果园应用该技术模式，冬季套种绿肥紫云英，苕子，夏套种硬皮豆、大豆等。试验结果表明（表1），在果园周年套种绿肥，能明显提高土壤肥力，在绿肥作物的种植区，测定的园区土壤全氮、全磷、全钾、有机质含量和土壤孔隙度均比未种绿肥前明显提高，而土壤容重却相应下降，且果园地表基本被绿肥覆盖，杂草明显被抑制。这表明种植绿肥不仅可以改善土壤养分条件，而且可以改善土壤的结构，使其变得比较疏松、通气，从而有利于果树根系的生长。每亩可提供纯氮7.17~

7.38kg，理论上可替代 25.6%～26.7% 氮肥，还能够提高果园土壤有机质 5.1%～5.6%。每亩可减少人工除草成本 100～120 元。

图 1　柑橘园套作紫云英　　　　　　图 2　葡萄园套作紫云英

表 1　间作绿肥对果园土壤理化性状的影响

作物	处理	年份	有机质/ (g/kg)	全 N/ (g/kg)	全 P/ (g/kg)	全 K/ (g/kg)	容重/ (g/cm³)	孔隙度/ %
柑橘	清耕	2019	18.7	0.98	1.58	24.21	1.32	53.8
		2020	19.2	1.05	1.03	25.08	1.33	52.5
	种植绿肥	2019	18.7	0.98	1.58	24.21	1.32	53.8
		2020	23.4	1.37	1.76	27.62	1.23	55.4
葡萄	清耕	2017	20.8	1.20	1.87	28.6	1.28	48.3
		2018	21.4	1.18	1.80	30.1	1.29	47.5
	种植绿肥	2017	20.8	1.20	1.87	28.6	1.28	48.3
		2018	25.4	1.43	2.06	33.4	1.17	52.4
蜜柚	清耕	2019	13.08	0.72	1.18	22.48	1.35	53.6
		2020	14.04	0.70	0.96	22.52	1.36	53.2
	种植绿肥	2019	13.08	0.72	1.18	22.48	1.35	53.6
		2020	16.27	1.06	1.33	24.67	1.23	55.0

（2）在福建省武夷山茶园应用该技术（图3、图4），核心示范面积530亩，引种冬绿肥苕子品种"云光早苕"、箭筈豌豆品种"兰箭2号"、紫云英品种"闽紫6号"长势良好。经专家测产，苕子亩产鲜草 1 120.0kg，箭筈豌豆亩产鲜草 1 166.7kg，紫云英亩产鲜草 1 426.7kg；绿肥覆盖的果茶园土壤中全氮、有效磷、碱解氮和有机质含量分别提高 5.29%～14.31%、0.71%～33.98%、2.71%～13.07% 和 9.82%～16.91%。茶园种植绿肥增加了果园覆盖和土壤微生物活性，有效防止水土流失，调节了土壤水，减少了除草等劳动力成本。

图 3　茶园套作箭筈豌豆　　　　　图 4　茶园套作油菜

（四）技术获奖情况

该技术作为"紫云英种质资源创新与生产利用关键技术"的核心技术，于 2015 年获福建省科学技术进步奖三等奖；作为"福建省化肥减量增效技术模式集成与推广"的重要减肥技术，于 2019 年荣获全国农牧渔业丰收奖三等奖；作为"福建特色果茶绿色高效施肥技术集成与推广"于 2022 年获全国农牧渔业丰收奖二等奖，该技术模式被列入 2023 年福建省农业主推技术，在全省推广应用。

二、技术要点

（一）种植模式

成龄果茶园一般选择冬绿肥覆盖免耕压草模式，幼龄果茶园宜选择冬—夏绿肥周年覆盖模式。

（二）品种选择

冬季绿肥品种选择豆科绿肥，包括箭筈豌豆、光叶苕子、毛叶苕子、野豌豆、紫云英、豌豆等；选择非豆科绿肥，包括肥田萝卜、油菜、黑麦草等。夏季绿肥宜选择绿豆、拉巴豆、硬皮豆、大豆、印度豇豆、猪屎豆、圆叶决明等。绿肥品种可选择一个品种单播，也可选择豆科与非豆科或矮生型与高秆型品种混播。

（三）种子处理

播种前绿肥种子应选择晴天晒种 1~2d，以提高种子的发芽率。

（四）播前准备

播种前清理果茶园内明显的石块、大段树枝、高大的杂树杂草等。在果园中距果树主干 30~50cm 处翻耕，翻耕深度 10~15cm，整平，打碎土块。整园时可先施用氮肥和磷肥等基肥，推荐量为氮肥 2~3kg/亩（折纯）、磷肥 3~5kg/亩（折纯），肥力较高的地块可不施基肥。

（五）播种量

参考当地稻田的绿肥播种量，在首次播种的果茶园可增加播种量。紫云英种子推荐量为 1.5~2kg/亩，苕子、箭筈豌豆、三叶草等种子推荐量为 3~5kg/亩，油菜、肥田萝卜、黑麦草等种子推荐量为 0.5~1.5kg/亩，猪屎豆、田菁、圆叶决明等种子推荐量为 1.5~2.0kg/亩，大豆、绿豆、印度豇豆、拉巴豆等种子推荐量为 2.0~2.5kg/亩。

（六）适时播种

根据当地自然条件，一般选用优质高产，耐阴、耐旱、耐践踏且与果树没有共同主要病虫害的绿肥品种。冬季绿肥适宜播种期为 9 月中下旬至 10 月下旬，尽量早播使越冬前绿肥能够较多地覆盖地面，既能促进绿肥高产，又能对果茶树起到保温保湿的作用，减小地温变化幅度，促进果茶树生长。夏播绿肥适宜播种期为 5 月中旬至 6 月底。

（七）适量施肥

在果茶园套作绿肥时，特别是在新垦或瘠薄的果茶园，适量施用肥料，尤其是磷肥，以促进绿肥生长，提高绿肥鲜草产量和品质，达到以磷增氮、以小肥养大肥的作用。施肥时间可在整地前后或结合果茶园施基肥时施入，以磷肥、钾肥为主，少量氮肥。一般每亩施钙镁磷肥或过磷酸钙 10~20kg、硫酸钾 5.0~10.0kg。

（八）播种方式

果茶园冬季绿肥的播种方式有条播、穴播或撒播。一般 2 年以下果茶园采用条播或穴播，每条果茶行中种植 2~3 行绿肥，其中，条播的行距 20cm 左右，穴播的穴距 10cm 左右，每穴 3~5 粒种子。如果土壤湿润，可将土壤耙松整平后撒播，播种后耙动表土将种子覆盖，有利于种子发芽和出苗，也能节省绿肥用工。绿肥播种深度一般为 4cm 左右，不要太深，播种后表面覆细土，以不见种子为宜，不要厚盖。

（九）田间管理

出现旱情时应及时灌溉，种植绿肥的果茶园，每 5 年左右应结合秋耕深翻 1 次。冬季绿肥与果茶树竞争小，但一些攀缘或半攀缘绿肥在开春后生长迅速，其藤蔓如果攀缘到茶树上时要及时刈割清理，以免影响树体生长。

（十）埋青或覆盖

在紫云英、苕子、箭筈豌豆等绿肥生长到初花至盛花期或油菜、肥田萝卜等生长到始荚期时，及时刈割，刈割后采用埋青、覆盖等方式。在冬绿肥长至盛花期或始荚期可进行埋青或覆盖利用；夏绿肥株高 90~100cm 时可进行第一次刈割，留茬 30~40cm，刈割后采用埋青、覆盖等方式利用。夏绿肥刈割后及时亩追施 3~5kg 尿素，促进再分枝，约 2 个月后可再次刈割。埋青沟应远离果树树干，距离以 40~50cm 为宜。覆盖是将刈割绿肥平铺于果园果树行间，覆盖全园土壤，覆盖厚度以 3~5cm 为宜。

三、适宜区域

该技术可在全国果园、茶园应用推广。

四、注意事项

该技术主要应用于新垦的幼龄果茶园、改植换种的老茶园、光照条件好的成龄果茶园，封行的垄作茶园不适合；果茶园套种冬季绿肥种类包括紫云英、箭筈豌豆、苕子、肥田萝卜、豌豆等，紫云英推荐在喷灌条件好的果茶园或者雨量充沛的冬季种植，箭筈豌豆推荐在幼龄垄作茶园、果园种植，苕子推荐在高（老）枞茶园、果园种植。夏季绿肥种类包括豇豆、绿豆、黄豆、猪屎豆、木豆、爬地木兰等。夏季绿肥植株普遍比较高大，生长迅速，应及时刈割，适时翻埋，否则会使结肥长得过高过老，影响茶树生长，绿肥木质化影响品质。

技术依托单位

1. 福建省农业科学院资源环境与土壤肥料研究所

联系地址：福建省福州市晋安区新店镇埔党 100 号

邮政编码：350013

联 系 人：何春梅

联系电话：13685006120

电子邮箱：34212241@ qq. com

2. 福建省农田建设与土壤肥料技术总站

联系地址：福建省福州市冶山路 24 号

邮政编码：350003

联 系 人：张世昌　廖丽莉

联系电话：18659191557

电子邮箱：18659191557@ 163. com

生态低碳茶生产集成技术

一、技术概述

（一）技术基本情况

2021年，习近平总书记在福建武夷山市星村镇燕子窠察看生态茶园时指出，要把茶文化、茶产业、茶科技统筹起来，过去茶产业是你们这里脱贫攻坚的支柱产业，今后要成为乡村振兴的支柱产业。2022年，全国茶园面积达333.03万 hm²，年产干毛茶318.10万 t，干毛茶产值达3 180.68亿元。

茶产业是富民产业、文化产业，更是生态产业和健康产业。推动茶产业绿色低碳发展是践行国家"双碳"战略、促进乡村全面振兴和共同富裕的内在要求，也是贯彻落实"两山"理念和"三茶统筹"的重要举措。党的二十大报告指出，推动经济社会发展绿色化、低碳化是实现高质量发展的关键环节；完善支持绿色发展的财税、金融、投资、价格政策和标准体系，发展绿色低碳产业，健全资源环境要素市场化配置体系，加快节能降碳先进技术研发和推广应用，倡导绿色消费，推动形成绿色低碳的生产方式和生活方式。当前，茶产业面临产能过剩、劳动力成本高、可持续发展能力不强等突出问题，尤其在绿色发展方面，保护利用生态环境的技术体系不完善、绿色生产技术不系统、生态价值实现机制不完善严重阻碍茶产业高质量发展。针对以上问题，全国农业技术推广服务中心联合中国农业科学院茶叶研究所（杭州中农质量认证中心）、湖北农业科学院茶叶研究所、安徽农业大学等单位集成创新一套生态低碳茶技术，该技术一方面能够提升茶园生态建设水平、绿色技术系统化水平和茶园减排固碳能力，另一方面通过应用认证工具实现生态价值转化，同时为推动茶园碳汇交易打下基础。

全国农业技术推广服务中心组织相关单位共同制定颁布了农业行业标准《生态茶园建设指南》（NY/T 3934—2021）和中国茶叶学会团体标准《生态低碳茶生产技术规程》（T/CTSS 64—2023），为生态低碳茶生产提供了技术遵循；组织梳理各地生态茶园模式材料50余套，研制1套《茶叶绿色高质高效生产模式系列挂图》，研发有机肥施用、绿肥种植（以草抑草）、高效节能加工等关键技术，为生态建园和绿色低碳生产提供了可借鉴模板。还研制起草了《茶叶生产全程碳排放核算方法》等标准草案，为茶园碳资产核定和推进碳汇交易提供方法。同时，经国家认监委备案，组织第三方认证机构杭州中农质量认证中心创设一个生态低碳茶叶认证项目，制定《生态低碳茶认证实施规则》（OTRDC-ELCT-01—2021），为生态低碳茶认证提供了遵循。

（二）技术示范推广情况

该技术是全国农技中心茶叶领域重点推广技术，通过国家级项目和平台，组织各省推广体系和科研单位在全国主要茶区示范推广。一是在国家农业技术集成创新中心建设框架下，在福建武夷山建成华南地区生态低碳茶技术集成示范基地，在西藏林芝建成西藏高原生态低碳茶技术集成示范基地，在华南地区和西藏高原起到重要引领作用。二是依托国家重点研发计划茶叶提质增效项目和国家茶产业技术体系重点项目，在大别山区、武陵山区、秦巴山区、四川及西藏茶区等地建立8处核心示范区。三是组织各省推广部门大力开展省级生态茶园示范推广。浙江省2018—2020年创建178个省级生态示范茶园合计10.56万亩；广东省截至2023年底认定168家生态茶园合计12.8万亩，示范带动40余万亩；2017年以来，在湖北省五大优势茶区示范面积15余万亩等。四是推进生态低碳茶认证，在16个省认证51家生态低碳茶生产企业，合计茶园面积超过3万亩。

2023年12月，该技术进入由点及面推广阶段，中国茶产业联盟（秘书处设在全国农业技术推广服务中心），启动生态低碳茶整建制推进工作，浙江省安吉县、长兴县、德清县，湖北省十堰市、宜昌市五峰土家族自治县，湖南省会同县，四川省宜宾市翠屏区、乐山市夹江县，贵州省雷山县，云南省勐海县等10个县（市、区）被列为首批试点县。

（三）提质增效情况

一是节本增收突出。和常规技术相比，应用该技术肥料利用率提高10%以上，降低化肥用量30%以上、减少化学农药用量50%以上，茶叶农残100%符合食品安全国家标准，亩节本增效600元以上，综合经济效益比传统生产模式增长15%~30%。据不完全统计，生态低碳茶认证企业2023年销售额15.3亿元，利润2.3亿元，销售额同比2022年增加13.6%，利润同比增长16.7%。

二是减排效果突出。2023年全国农业技术推广服务中心和中国农业科学院茶叶研究所对全国18个省36个县240家茶企茶园及51家生态低碳茶认证企业茶园管理环节碳排放情况进行了调查，结果显示，常规茶园单位面积年碳排放为$9.9 \sim 19.88 t / hm^2$，而生态低碳茶认证茶园年碳排放约为$2.7 t/hm^2$，降幅达到72%以上。

三是生态优化明显。生态建园、生物覆盖、绿肥间作及一系列化学投入品减施增效技术，避免土壤板结，提高土壤蓄水保墒能力，土壤肥力不断提高，水土流失减少，可有效避免因化学投入品滥施造成的面源污染。

（四）技术获奖情况

该技术部分内容为核心的"茶叶绿色生产关键技术集成推广"成果获2019—2021年度全国农牧渔业丰收奖农业技术推广成果奖二等奖。

二、技术要点

该集成技术由5项关键技术和相关配套技术组成。

（一）生态建园技术

1. 茶树——次要植物"块状复合"模式

茶树——次要植物"块状复合"模式指茶树和次要植物各自形成不同规模的种植带或种植区块，组合成以茶树区块为主，间杂次要植物区块的茶园生态系统，次要植物种植面积最低不少于茶园总面积的10%，次要植物可根据功能选用多种植物混合种植。

建设布局。坡地茶园一般在山顶、山脚以及山腰坡度大于30度的不宜植茶地块种植次要植物，宜茶地块种植茶树作为生产区块（图1、图2）；平地茶园一般将地势低洼、排水不良地块作为次要植物区块；同时，可根据防风、防冻及病虫害防治需要，增加次要植物区块（图3）。

次要植物选择。江北茶区可选择马尾松、樱桃、桂花、樱花、紫薇、玉兰、侧柏、桧柏等，江南茶区可选择桂花、香樟、油茶、大叶冬青、紫玉兰、银杏、楝树、紫薇等，华南茶区可选择苦丁茶、沉香、花梨木、槟榔、山柚油树、辣木、龙眼、荔枝等，西南茶区可选择紫薇、桂花、楝树、香樟、白玉兰、合欢、榉树、紫玉兰等。

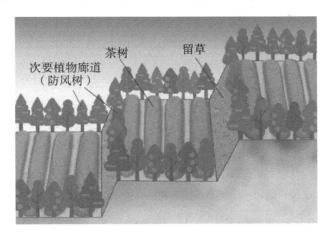

图1　梯级生态茶园茶树——次要植物"块状复合"模式

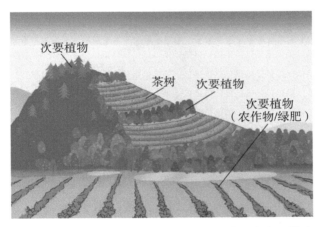

图2　山地生态茶园茶树——次要植物"块状复合"模式

2. 茶树——次要植物"立体复合"模式

茶树——次要植物"立体复合"模式指根据"主次结合、互利共生、挖掘空间、提升效益"原则，构建茶树与次要植物立体栽培的茶园生态系统（图4）。

建设布局。一是在茶园内部和四周间作树冠高于茶树的经济林木，构建"上—中"双层结构模式，实现茶树—林木共生以改善茶园小气候。在光照强烈季节，为茶树遮阴，增加茶园散射光，提升茶叶品质；在冬天或者台风季节，有效减少冻害和风害，有利茶树越冬，缓解台风导致的损伤。此外，间作的经济林木可增加收入，提高综合效益。二是在茶园行间间作低于茶树的草本植物和食药用菌等，构建"中—下"双层结构模式，起到遮阴固水、提高光能利用率、改善土壤肥力、资源循环利用、增加综合收入等作用。三是构建"上—中—下"三层结构模式。

次要植物选择。上层可选择油茶、合欢、蓝花楹、山苍子、香樟、马尾松、榉树、香椿等乔木或灌木，以及油柑、柿树等果树；下层可选择三叶草、鼠茅草、圆叶决明、大豆、苕

图3 缓坡丘陵和平地生态茶园茶树——次要植物"块状复合"模式

子、紫云英、紫花苜蓿、爬地兰等草本植物，以及榆黄蘑、大球盖菇、竹荪、灵芝等菌类。

图4 生态茶园茶树—次要植物"立体复合"模式

3. 茶树——次要植物"综合复合"模式

茶树——次要植物"综合复合"模式指模拟自然森林群落的高中低生态位错落，依势依地依需选配乔、灌、草等多种作物，合理搭配块状复合和立体复合，组成综合立体茶园生态系统。此模式因地制宜发挥前述两种复合模式的优势，综合效益更加优越（图5）。

（二）绿肥培肥抑草固碳技术

1. 套种绿肥

（1）绿肥选择。可选择圆叶决明、白三叶草、鼠茅草、紫云英等绿肥（图6），并在其初花期或盛花期进行刈割覆盖或结合茶园施肥进行翻压还园，翻压深度以 15~20cm 为宜，翻压位置以茶行中间 50~60cm 为宜。

（2）适时播种。根据需要选择适宜的播种时机种植相应的绿肥，播种时机通常以春播或秋播两个季节较为适宜（表1）。

图 5 生态茶园茶树——次要植物"综合复合"模式

图 6 茶园间作绿肥效果

表 1 不同茶区绿肥播种期

茶区	冬季绿肥播种期	夏季绿肥播种期
江北茶区	9 月 5—25 日	4 月 15 日—5 月 20 日
江南茶区	9 月 10 日—10 月 5 日	3 月 25 日—4 月 25 日
西南茶区	9 月 5 日—10 月 15 日	3 月 15 日—5 月 15 日
华南茶区	9 月 25 日—11 月 10 日	2 月 15 日—3 月 15 日

（3）合理密植。绿肥与茶树之间应保持适当距离，尽量减少与茶树之间的竞争。绿肥间适当密植，以充分利用空间，提高产量。

（4）适时施肥。以磷、钾等作基肥；苗期追肥促进生长，夏季绿肥出苗后半个月可施 1 次稀薄人粪尿，一个月后追施少量化学氮肥；冬季绿肥翌年返青后也要追施少量氮肥。

（5）及时刈青、利用。在绿肥生物量和养分含量达到最高时及时刈割，一般在盛花期；可以就地利用，在离根颈 40~50cm 处翻埋直接埋青，翻埋点应离开茶树根系一定距离，以防烧苗；也可刈青后单独或与厩肥、塘泥、人粪尿等一起堆制，制成堆肥或沤肥后到其他茶园中施用。

2. 生物覆盖

应利用稻草、秸秆、杂草等进行茶园地表覆盖；覆盖前先耕锄一次，提高土壤保水力；覆盖要均匀，8~10cm厚度，每亩1 000kg左右；坡地茶园应将铺草横着坡向铺放，抑制径流水，防止杂草下滑堆积下层；严禁将杂草已成熟的种子带入茶园，以免增加杂草生长量。

3. 行间覆盖

幼龄茶园选择使用寿命3年以上，PE80、PE90或PP85材质黑色防草布。防草布宽度根据茶园行距而定，一般为1.5m，行间全部覆盖。畦面适当整平、清除杂物后铺设。先把防草布一端在地头用地钉固定，然后沿着茶树行间展开铺设，防草布两侧每隔2m使用1个地钉固定。每年5—8月，定期组织人员对茶园进行巡查，防止防草布掀开。及时人工拔除茶树基部、株间以及防草布破损处滋生的杂草。施基肥结合深耕进行，将防草布两侧地钉拔起，掀开即可；第二年春季杂草发生前再次覆盖固定。

（三）化学肥料减施技术

1. 养分优化管理

以测土配方施肥为基础，基肥、追肥结合，有机肥与化肥配合施用，多施有机肥，严格控制化肥用量，按需补充中微量元素；总施肥量满足茶园生产需求，施肥比例符合茶树需肥规律，氮肥用量（折合纯氮）有不少于25%来自有机肥。

2. 有机肥安全使用

（1）幼龄茶园有机肥施用。宜选择厩肥、堆肥等农家肥500~600kg/亩，或畜禽粪肥200~300kg/亩，或饼肥施100~200kg/亩，在秋冬季基肥时施用，在离茶苗根茎20~35cm处的行间进行深度25~30cm开沟，将有机肥混合施入。

（2）成龄茶园有机肥施用。有机肥宜与化肥配合施用，适宜比例为全年养分用量（以氮素用量计）的20%~50%，其中，动物源有机肥等含氮量较低的有机肥每亩施用200~400kg；植物源有机肥等含氮量较高的有机肥每亩施用100~200kg；厩肥、堆肥等农家肥每亩施用1 000~2 000kg。

（四）化学农药减施技术

建立生态为根、周年防控、技术联动的绿色防控技术体系。首先，建设生物多样性丰富的生态茶园，创造不利于病虫草害繁衍的环境。其次，针对主要害虫实施秋季防控和冬季封园压低虫口基数。同时，应用智能测报技术与杀虫灯联动、理化诱控与农艺措施配合、生物药剂与化学药剂协同的防治技术。

1. 害虫理化诱控技术

于成虫羽化前，在茶园内均匀悬挂性诱剂诱芯，诱捕器高于茶树蓬面25cm，每亩安装2~4组；以色板和诱虫灯诱控小绿叶蝉，于春茶采摘修剪后悬挂色板，色板底部高于茶树蓬面20cm，每亩安装20~25张，每15~20亩安装1台杀虫灯，灯管高于茶树蓬面40~60cm。

2. 生物农药防治技术

以每年第一、二代害虫为防治重点、1龄幼虫为防治适期，使用茶尺蠖核形多角体病毒制剂100~150mL/亩防治茶尺蠖和灰茶尺蠖。在害虫发生初期，使用6.0%鱼藤酮微乳剂100mL/亩防治茶小绿叶蝉、0.3%印楝素可溶性液剂150mL/亩防治茶跗线螨和0.6%苦参碱水剂 100mL/亩防治茶尺蠖。必要时，协同矿物油和化学农药防治技术，如 0.3% 印棟素可溶性液剂 150mL/亩和 99% 矿物油 300mL/亩混用防治茶橙瘿螨，6.0% 鱼藤酮微乳剂 100mL/亩和 10 亿/g 金龟子绿僵菌颗粒剂 2kg/亩混用防治茶丽纹象甲。

3. 智能测报与防控技术

有条件的茶园建设智能测报与防控装备体系，综合应用智能虫情测报灯、杀虫灯、防蛾灯等装备及防控管理系统。一般每 100~200 亩安装一台智能虫情测报灯，每 15~20 亩安装 1 台杀虫灯或每亩安装 1 台防蛾灯。在系统中设置好防治阈值，害虫监测数量达到阈值时防控设备自动运行，在害虫夜间活跃时间打开杀虫灯和防蛾灯。

（五）高效节能加工技术

1. 摊青槽鲜叶预处理技术

采用可吹风处理的摊青槽进行摊青作业，加快鲜叶失水速率，提高生产效率，破解传统自然摊青效率低下的问题。

2. 电热式滚筒杀青技术

采用电磁感应加热、缠绕式电热管加热或微波加热等新技术提供热源，融合传统滚筒杀青模式，提高生产效率和能源利用效率。

3. 生物颗粒干燥技术

以生物颗粒为燃料，融合传统烘干或炒干模式，在保证干燥叶感官品质的基础上，能充分发挥生物颗粒能耗利用率高，成本较低的特点，达到高效节能目的。

4. 电磁滚烘干燥技术

采用电磁感应加热，实现了热对流和热传导两种传热方式的耦合，相比传统电热管模式，热能利用率可提高 20% 以上，且显著提升茶叶品质。

配套技术主要包括种植相对耐贫瘠的茶树新品种、茶叶简化包装技术和生态低碳茶认证技术等。一是推荐种植中茗 7 号等耐贫瘠品种。二是依据《限制商品过度包装要求　食品和化妆品》（GB 23350—2021）要求控制包装重量、价格和空隙率，应用轻简、环保、可循环利用材料或可降解材料制成的茶叶包装。三是依据《生态茶园建设指南》《生态低碳茶生产技术规范》和《生态低碳茶认证实施规则》，结合产地环境风险评估和土壤、用水、茶叶等抽样品检测，重点审核生态用地、清洁能源、环保包装等要素环节是否合规，经过主体申请、现场检查、样品检测、综合审查、认证决议、颁发证书等流程，完成生态低碳茶认证并监督产品贴标销售。

三、适宜区域

适用于全国茶区。

四、注意事项

应用生态低碳茶技术的有机茶园、出口茶园必须遵循相关的技术标准要求，如有机茶园必须遵守有机茶标准，实现化学农药残留零检出，出口茶园必须遵循出口目的国对农药残留等的相关规定。

技术依托单位

1. 全国农业技术推广服务中心

联系地址：北京市朝阳区麦子店街20号

邮政编码：100125

联 系 人：冷　杨　刘霞婷

联系电话：010-59194507　18501259153

电子邮箱：lengyang@ agri. gov. cn

2. 中国农业科学院茶叶研究所

联系地址：浙江省杭州市西湖区梅灵南路9号

邮政编码：310008

联 系 人：石元值　胡　强　袁海波　李　鑫

联系电话：13376812344

电子邮箱：shiyz@ tricaas. com

3. 湖北省农业科学院果树茶叶研究所

联系地址：湖北省武汉市洪山区南湖大道10号

邮政编码：430064

联 系 人：陈　勋

联系电话：027-87770625　13407126079

电子邮箱：chenxun2021@ hbaas. com

4. 安徽农业大学

联系地址：安徽省合肥市长江西路130号

邮政编码：230036

联 系 人：李叶云　杨云秋

联系电话：18949816004

电子邮箱：lyy@ ahau. edu. cn

茶园更新改造提质增效关键技术

一、技术概述

（一）技术基本情况

我国是茶业大国，茶树发源地和茶文化的发祥地。目前，全国有 18 个主要产茶省（区），茶园面积达到 4 995.4 万亩，产量 318.1 万 t，产值 3 180.7 亿元。茶产业已成为我国助农增收的金钥匙和乡村振兴的重要载体。但是，农村青壮年劳动力外流、茶园用工矛盾日益突出、鲜叶下树率低、采收成本高等问题，已严重制约了我国茶产业发展及茶园经济效益提升。

从 2010 年起，依托国家茶叶产业技术体系成都综合实验站、四川省园艺作物技术推广总站，充分利用国家重点研发计划项目 "茶叶、木耳扶贫产业链提质增效技术集成与示范"、农业农村部重大技术协同推广项目 "四川省茶叶优质高效关键集成技术与应用" 等项目，积极探索 "茶园优质丰产更新改造技术" "茶园名优茶采摘立体树冠培育技术" "茶园机采树冠培育技术" "茶树营养丰缺精准施肥技术" 和 "茶园病虫害绿色防控技术" 等关键技术，形成了 "茶园高质高产高效栽培管理技术"。该技术在云南、贵州、四川、重庆等省（市）茶区推广 600 余万亩。茶农、茶企通过实施改植换种、树势改造复壮、蓬面养护、精准肥培等标准化生产技术，应用春季手采单芽、一芽一叶初展等名茶原料 2~3 轮，夏秋季机采一芽二、三叶及以上名优茶及大宗茶原料 3~4 轮的 "手采+机采" 高效生产模式，实现名茶产量提高 10~20kg/亩，生产成本降低 30% 以上，亩均净收益增加 600 元以上。

（二）技术示范推广情况

该技术先进、成熟、适用，综合性、系统性、可操作性强，符合资源环境安全、绿色高产高效高质量发展需求。从 2010 年起，依托国家茶叶产业技术体系成都综合实验站、四川省园艺作物技术推广总站，充分利用国家重点研发计划项目 "茶叶、木耳扶贫产业链提质增效技术集成与示范"、农业农村部重大技术协同推广项目 "四川省茶叶优质高效关键集成技术与应用" 等项目，在云南、贵州、四川、重庆等省（市）主产茶区推广应用，据统计推广面积 600 余万亩。为四川省广元、雅安、宜宾、乐山等 10 余个省市县三级现代农业（茶叶）产业园区升星建设和 100 余家现代农业科技示范农场建设提供技术支撑。

（三）提质增效情况

一是经济效益。该技术不仅保证了茶园春季单芽及一芽一、二叶名优茶鲜叶原料产出，还有效降低了鲜叶采摘人工成本。据统计春季单芽、一芽一叶初展等名茶原料产量亩均增加 10~20kg/亩、产值增加 1 000~2 000 元/亩；全年采工成本节 2 000~3 000 元/亩，生产成本降低 30% 以上，亩均净收益增加 600 元以上。

二是生态效益。通过茶园改造复壮、树势调控和夏秋季养树控采、绿色防控，降低肥料投入 10% 左右，减少病虫防治用药次数 2 次以上，对低碳生态茶园建设具有积极的促进作用。

三是社会效益。该技术具有高效、省工、优质等特点，有效缓解了茶园劳动力紧缺矛盾，有利于茶农持续增收，企业持续增效，符合当前农业绿色高产高效要求，为我国茶产业高质量发展夯实了基础。

（四）技术获奖情况

2021年，《川茶优质安全高效关键技术创新与应用》荣获四川省科学技术进步奖三等奖。

2020年，省领导联系指导精制川茶产业机制办公室向四川省主产茶区印发了《四川省低产低效茶园改造实施方案（2021—2025年）》。

2022—2024年连续3年被四川省农业农村厅列为省农业主推技术。

2023年《低产低效茶园改造与复壮技术规程》作为四川省地方标准颁布实施。

2022年和2023年，一种用于茶树精准施氮肥的方法及其应用（ZL 202011009266.4）和一种以测树诊断为依据的茶园施钾肥的方法及其应用（ZL 202011011475.2）获国家发明专利授权。

二、技术要点

（一）改植换种

对茶园树势老化、品种不适宜机采、低产低效的茶园，采取改植换种的方式进行标准化改造。

1. 茶树品种

选择适宜当地气候、环境条件，适制当地主导茶叶产品，抗性强，且通过经国家登记的无性系品种，苗木质量符合GB 11767的规定。早、中、晚生品种合理搭配。

2. 种植时间

一般在9月下旬至11月上旬进行秋栽，在2月下旬至3月中旬进行春栽或补苗。

3. 种植规格

采用单行条栽，行距1.5~1.8m，丛距0.4m，每丛2株，种植密度3 000~4 000株/亩；或采用双行条栽，大行距1.8~2.0m，小行距0.4m，丛距0.25m，每丛1株，种植密度3 000~4 000株/亩。

4. 定型修剪

茶苗定植后立即进行第一次定型修剪，用整枝剪离地面15~20cm处开剪，在第二年和第三年9月下旬至10月下旬分别进行第二次和第三次定型修剪，在上次剪口位置提高10~15cm开剪。修剪时只剪主枝，不剪侧枝，剪口向内侧倾斜，且要光滑平整。

（二）改造复壮与蓬面养护

根据茶树长势，采取轻修剪、深修剪、重修剪等措施，提高其生理机能，培壮树势。

1. 轻修剪

对主干枝、骨干枝及生产枝健壮，蓬面不适宜机采的茶树，采取轻修剪复壮树势。在4月上旬至5月上旬或9月下旬至10月下旬时，剪去蓬面下方5~10cm枝叶，同时，按照留壮去弱、留高去低、留稀去密的原则进行疏枝，用整枝剪或弹簧剪将底层生长细弱的枝条全部剪去。

轻修剪茶树留养以当季为主，在80%以上新梢长度达到10~15cm时，对蓬面进行打顶采摘，以加速新梢木质化形成立体丰产树冠。

2. 深修剪

对生长势较好，主干和骨干枝健壮，但生产枝上"鸡爪枝"丛生的茶树，采取深修剪复壮树势。在4月下旬至5月下旬，剪去蓬面下方10~15cm，同时剪去树冠内部和下部的病虫枝、徒长枝、枯老枝等，疏去密集的丛生枝。

深修剪茶树夏季留养一季，剪后萌发新梢长度30cm以上时，要进行打顶。秋初打顶采摘或机采1轮，多留少采。

3. 重修剪

对主枝和一、二级分枝健壮，分枝能力较强，处于半衰老或未老先衰的茶树进行重修剪复壮树势。在4月中旬至5月中旬，剪去树高1/2或离地面30~40cm以上的枝条，仅保留部分骨干枝；对于个别枝条衰老的茶树，还可采用抽刈的方法，将衰老枝条剪去，宜早不宜晚。

重修剪茶树改造当年"以养为主、以采为辅"，剪后萌发新梢长度40cm以上并已木质化时，在重修剪位置提高20~25cm进行定剪。秋末茶树高度达到80cm可打顶采摘1次，第二年正常采摘。

4. 台刈

对主干健壮、种子直播的群体种茶园可采用台刈复壮树势。在4月下旬至5月上旬时，灌木型茶树离地5~10cm、小乔木型茶树离地10~15cm剪去全部枝干，仅保留主干枝。注意剪口整齐平滑、切忌破损，宜早不宜晚。

经台刈改造后的茶园，当年夏秋季以养树为主，剪后萌发新梢长度60cm以上时，在上次剪口上提高12~15cm进行第一次定型修剪；秋末可打顶采摘，第二年5月上旬至5月下旬在上次剪口上提高12~15cm进行第二次定型修剪，夏季养树，秋季茶树高度达到80cm打顶采摘1次，后转为常规茶园采摘。

（三）精准施肥

通过土壤勤耕、精准施肥及重施有机肥等技术措施，进行茶园土壤改良与养分管理，保障茶树优质丰产更新改造期间的养分供应。

1. 生产茶园施肥

按照上年鲜叶产量及修剪水平等确定施肥量，并以有机肥和茶树专用肥为主，辅助以速效氮肥。10月上旬至11月上旬施基肥，按每亩商品有机肥或腐熟农家肥200~300kg、茶树专用肥30~40kg；茶树萌发前、5月中旬以及每次机采或修剪后分别施追肥1次，施速效氮肥为主，辅以茶树专用肥或复合肥，根据采剪情况每次按尿素8~20kg、茶树专用肥（复混肥）5~15kg追肥。机械撒施后，用旋耕机翻土10~20cm，或开施肥沟10~15cm，施后覆土。

2. 改植换种茶园施肥

定植前1个月左右，开深40cm、宽40cm施肥沟，按照每亩商品有机肥或腐熟农家肥1 500kg、配施茶树专用肥60kg施入底肥，施后覆土。定植后至投产前，每年9月下旬至10月下旬，在树冠垂直下方挖深20~30cm施肥沟，按照每亩施用有机肥或腐熟农家肥300kg、配施茶树专用肥30kg施基肥，施后覆土。

定植后 2~3 个月，茶苗长出新芽时，进行第一次追肥，采用 1g/kg 浓度的尿素溶液根部淋施，浇匀浇透；一龄茶园可照此方法每月追肥 1 次；二龄茶园采用 3g/kg 浓度的尿素溶液根部淋施，全年施追肥 3~5 次；三龄茶园于 3 月上旬、7 月中旬，在树冠滴水线处挖深 10~15cm 施肥沟，按照每亩施用尿素 8kg、配施茶树专用肥 10kg，各施追肥 1 次，施后覆土。

3. 改造复壮茶园施肥

（1）深修剪茶园。修剪前按照每亩尿素 8kg、茶树专用肥 15kg，挖深 15cm 施肥沟施追肥，施后覆土。

（2）重修剪茶园。改造前一年的 9 月下旬至 10 月下旬，挖深 20~30cm 施肥沟，按照每亩商品有机肥或腐熟农家肥 300kg、茶树专用肥 40kg 施基肥，施后覆土；改造前或改造后，每亩追施 1 次液体有机肥 40kg 或茶树专用肥 20kg。改造当年 6 月中旬，挖深 15cm 施肥沟，按照每亩尿素 8kg、茶树专用肥 20kg 施追肥，施后覆土；改造当年 9 月下旬至 10 月下旬，挖深 20~30cm 施肥沟，每亩按商品有机肥（或腐熟农家肥）300kg、茶树专用肥 30kg 施基肥，施后覆土。

（3）台刈茶园。改造前一年的 9 月下旬至 10 月下旬，挖深 20~30cm 施肥沟，每亩按商品有机肥（或腐熟农家肥）500kg、茶树专用肥 50kg 施基肥，施后覆土；改造前或改造后，每亩追施 1 次液体有机肥 60kg 或茶树专用肥 30kg。改造当年 6 月中旬，挖深 15cm 施肥沟，每亩按尿素 15kg、茶树专用肥 30kg 施追肥，施后覆土；改造当年 9 月下旬至 10 月下旬，挖深 20~30cm 施肥沟，每亩按商品有机肥（或腐熟农家肥）300kg、茶树专用肥 30kg 施基肥，施后覆土。

4. 土壤耕作

结合养分管理进行浅耕或中耕，耕作深度 5~15cm，采用中耕机或旋耕机作业；每年 10 月上旬至 11 月上旬，结合茶园冬管进行深耕，耕作深度 25~30cm，采用深耕机作业。

（四）病虫害绿色防控

预防为主，采用农业防治、生物防治、物理防治、化学防治和生态调控等绿色防控技术，开展茶树病虫测报，实施精准防控。

（五）鲜叶采摘

1. 手采

根据适制产品，采摘单芽、一芽一叶初展等标准的鲜叶原料。手采茶园树冠高度以 80~100cm 为宜，茶蓬面呈水平型、弧型或立体树冠（图 1），按照树冠面标准鲜叶（图 2）达到 10% 即可开采，要求应采尽采。人工采摘实心芽原料 2~3 轮，待出现空心芽停止采摘。

图 1　手采茶园

图 2　手采鲜叶

手采结束后，进行1次掸剪，为机采做好准备。

2. 机采

根据适制产品类型，采摘一芽二、三叶或一芽三、四叶的名优茶原料或大宗茶原料。机采茶园树冠高度以70~90cm为宜，茶蓬面呈水平型或弧型（图3）；以树冠面标准鲜叶（图4）60%~80%时开采，间隔期15~25d，全年采摘3~4轮。机采结束后的8月下旬或9月上旬开始留养，形成立体树冠（图5），为第二年早期多采名优芽茶原料做准备。

每次机采结束后进行1次茶园蓬面、行间的树冠整理。

图3　机采茶园　　　　　　　　　图4　机采鲜叶

图5　生产茶园秋冬季留养情况

三、适宜区域

适宜以"单芽、一芽一叶初展"等鲜叶原料为主的名优茶产区，以及以黑茶、工夫红茶、出口茶为主的茶叶产区，如西南茶区、江南茶区、江北茶区。

四、注意事项

一是采用技术措施更新树冠时应特别注意时间节点，为防止夏季气温陡升、日光强烈灼伤新梢，台刈或重修剪不宜晚于5月中旬，高海拔地区或偏北地区可提前至4月下旬，宜早不宜晚。

二是选用抗性强、生长势旺、发芽早而整齐、适制芽形名茶且适宜机采的茶树品种。

三是茶树改造复壮时，应补施足量的肥料尤其是有机肥，加强病虫草害防治，确保树势尽快恢复和形成完整的三级分支树型。

四是不同茶区应根据气候特点，适当提前或延后手采转机采及优质高产树冠更新改造复壮的时间节点。

技术依托单位

1. 四川省农业科学院茶叶研究所

联系地址：四川省成都市锦江区静居寺路20号

邮政编码：610066

联 系 人：罗 凡 刘东娜 龚雪蛟 张翔

联系电话：18116666002 15756394618 15983534571

电子邮箱：361114727@qq.com 247186413@qq.com 136565247@qq.com

2. 全国农业技术推广服务中心

联系地址：北京市朝阳区麦子店街20号

邮政编码：100125

联 系 人：冷 杨

联系电话：18501259153

电子邮箱：njzxyyc@163.com

3. 四川省园艺作物技术推广总站

联系地址：四川省成都市武侯祠大街4号

邮政编码：610000

联 系 人：张冬川 贺军花 李欢欢

联系电话：13608045585 19993960010 15102398316

电子邮箱：594887980@qq.com 350016314@qq.com 1241815941@qq.com

茶园生态优质高效建设及加工提质集成技术

一、技术概述

（一）技术基本情况

该技术充分运用一系列可持续农业技术，将茶园与生物以及生物与环境间的物质循环和能量转化相关联，集成茶园病虫绿色防控、高效精准施肥、生态优化、树冠培养、茶园生产机械化、茶叶清洁化标准化加工等关键技术，科学合理构建稳定的茶园生态系统，具有轻简高效、资源节约、环境友好、产量持续稳定、产品安全优质的优势特色，可为促进茶叶发展方式转变，茶产业提质增效和茶农增收提供技术支撑。

（二）技术示范推广情况

已在全省五大茶区实现较大范围推广应用，累计示范推广面积 300 万亩以上。

（三）提质增效情况

该技术在前期推广过程中，化肥农药减幅15%以上，茶叶产品质量安全100%符合食品安全国家标准，亩提质节本增收330元左右。

（四）技术获奖情况

该技术荣获 2022 年度全国农牧渔业丰收奖农业技术推广成果奖二等奖 2 项，获 2020 年度湖北省科学技术进步奖二等奖 1 项。

二、技术要点

1. 茶园生态优化

加强茶园道路、沟渠、周边生态、茶旅融合等配套基础建设。注重茶园次要植物的配置，生态用地面积不少于10%；推广茶林间作模式，茶园四周种植桂花、银杏、樱花、合欢等行道树；园内套种亩植桂花树、杉树等15株左右，行间间作鼠茅草、三叶草等草本植物，构建"林—灌—草"立体复合式茶园；适宜园地推行鸡茶共生模式，增加生物多样性。

2. 病虫绿色防控

遵循"预防为主、综合防治"的方针，突出统防统治，以生态调控为基础，密切监测病虫害发生动态，病虫害主害期 6 月和 8 月，重点做好茶小绿叶蝉、茶尺蠖、茶网蝽、茶饼病等主要病虫害的绿色防控。以 LED 杀虫灯、诱虫色板、性诱剂和生物农药等绿色植保技术为主要防控手段，加强生物碱、苏云杆菌、石硫合剂等植物源、生物源及矿物源农药的规范化使用，11 月底做好冬季清园消毒。

3. 高效精准施肥

注重基肥和追肥的合理搭配施用，集成推广绿色高效精准施肥技术，基肥以茶树专用肥、饼肥、蚯蚓肥、草原羊粪等有机肥为主，亩施200kg以上，11月中旬前施入；推广间作绿肥、测土配方施肥、水肥一体化、猪—沼—茶循环等模式。

4. 丰产树冠培养

幼龄茶园 3 月做好定型修剪，剪口光滑平整。第一次离地 15cm 打顶剪，以后每年提升 10cm 进行 1 次修剪，通过 3 次修剪达到培养丰产树冠目的。成龄茶园树冠改造包括轻修剪、深修剪、重修剪和台刈，剪后加强肥培管理。

5. 茶园生产机械化

加强农机农艺结合，选配合理适用的茶园作业机型，推广茶园机剪、机采、机耕、机防等茶园生产机械化技术，提高工效，提高夏秋茶资源利用率。

6. 加工清洁化标准化

示范推广优质绿茶、青砖茶、花香红茶清洁化标准化加工及"煤（柴）改电（气）"集成技术，落实有关加工标准，提高出口茶质量，提升国内外市场竞争力。

三、适宜区域

该技术适宜在湖北省五大优势茶区推广应用。

2024 年主要示范点：湖北省五峰土家族自治县、夷陵区、宜都市、鹤峰县、恩施市、竹山县、竹溪县、保康县、谷城县、大悟县、赤壁市、咸安区、英山县、红安县、黄陂区等地。

四、注意事项

一是主推技术要明确专人和责任，加强培训指导，跟踪服务，并结合省科技服务茶叶链"515"行动和省茶叶体系工作开展推广。

二是发挥专业化社会化服务组织的作用，加强统防统治，优选合格的农资产品。

三是注意加强对茶园低温冻害、洪涝灾害、高温干旱等自然灾害的防御与应对。

四是根据生产实际，各示范区依托本地的技术力量积极开展病虫害绿色防控试验和有机肥料肥效试验，为该地区示范推广提供更加准确的科学数据。

技术依托单位

1. 湖北省果茶办公室
联系地址：湖北省武汉市武珞路 519 号
邮政编码：430070
联 系 人：曾维超　匡　胜
联系电话：13707103710
电子邮箱：36490562@qq.com
2. 湖北省农业科学院果树茶叶研究所
联系地址：湖北省武汉市洪山区南湖大道 10 号
邮政编码：430070
联 系 人：高士伟　刘艳丽
联系电话：13476061062

3. 湖北省生物农药工程研究中心

联系地址：湖北省武汉市洪山区南湖大道 8 号

邮政编码：430070

联 系 人：曹春霞

联系电话：13971093916

4. 华中农业大学

联系地址：湖北省武汉市洪山区狮子山街 1 号

邮政编码：430070

联 系 人：黄友谊

联系电话：13871413052

蝴蝶兰促花序顶芽分化花朵增多技术

一、技术概述

（一）技术基本情况

1. 研发推广背景

近几年，随着我国经济的发展和人民生活水平的提高，蝴蝶兰（图1至图3）逐渐成为市民节日庆典的新宠，蝴蝶兰产业也在我国各大中城市中蓬勃发展起来。蝴蝶兰花序为总状花序，属无限花序，在通常情况下，当季开花的蝴蝶兰花序上的花朵数是有限的，而花序上花朵数是蝴蝶兰开花株商品质量的重要指标之一。一般情况下大花系蝴蝶兰单株花梗有1~2枝，单梗花序上花朵数为7~9朵，部分蜡质花单梗花朵数更少。根据汕头市农业科学研究所制定实施的省级标准《蝴蝶兰盆花质量》（DB44/T 347—2006）的规定，大花系蝴蝶兰单梗花A级为8朵以上，B级为6~7朵，C级为4~5朵，而在栽培实践中兰株受个体、苗龄以及栽培条件等因素的综合影响，往往会出现成品花A级率不理想的情况。此外，随着人们对花朵厚实程度较高等品种类型的追求，蜡质、半蜡质花蝴蝶兰更为市民青睐，但这些品种类型的成品花A级率往往偏低，从而较大程度影响了其商品价值。

植物生长调节剂在植物生产中的应用技术，是未来农业五大新技术（植物化学调控技术）之一。在蝴蝶兰成品花生产中，合理使用植物生长促进剂，可以弥补育种与栽培工作中的不足，快速有效地促进蝴蝶兰成品花花朵数增加，提高蝴蝶兰成品花的商品质量和商品价值，对提高我国蝴蝶兰产业的国内外市场竞争力、促进我国蝴蝶兰产业的可持续发展，对服务当地现代效益农业和促进农业增效、农民增收等均具有深远的历史意义和重要的现实意义。

蝴蝶兰自20世纪90年代末经台湾传入大陆进行规模化生产以来，大陆蝴蝶兰产业得到了飞速发展，其间蝴蝶兰的栽培技术也获得几次飞跃性的进步，大陆业界在台湾商人或专家的指引下，大胆探索适合当地的栽培技术方法，现已掌握较为完整的蝴蝶兰栽培技术方法，制定了栽培技术标准《蝴蝶兰栽培技术规程》（GB/T 28683—2012），并在汕头市农业科学研究所建成了国家级蝴蝶兰栽培标准化示范区。

在台湾"花蕾多"的启发下，2007年起汕头市农业科学研究所开展了以植物生长促进剂等处理以增加蝴蝶兰花朵数的应用研究，取得了良好成效。在试验示范的基础上，研制出蝴蝶兰花朵增多配方制剂，并通过研究总结制剂在处理蝴蝶兰成品花花序后敏感期的环境需求和栽培技术要点，总结形成蝴蝶兰花朵增多技术。目前汕头市农业科学研究所配制的蝴蝶兰花朵增多技术广为当地及国内业界认可接受，10多年来已累计应用于蝴蝶兰成品花3 102.25万株以上，应用效果良好，具有较大的推广应用价值。

2. 解决的主要问题

该技术主要针对在栽培实践中兰株受个体、苗龄、品种特性以及栽培条件等因素的综合影响，而出现成品花 A 级率不理想的情况。应用本技术可以弥补育种与栽培工作的不足，快速有效地促进蝴蝶兰成品花花朵数增加，提高蝴蝶兰成品花的商品质量和商品价值。

（二）技术示范推广情况

该技术研究成果推广应用以来，得到了花农的充分肯定和赞许，应用范围以汕头周边地区及广东省内为主，同时也逐步在福建、浙江、安徽、海南等省推广应用，截至目前已累计推广应用 3 102.25 万株以上，并且应用范围正在逐步扩大。如该成果在全国其他省市较全面应用，社会经济效益将极其显著。

（三）提质增效情况

应用该技术可增加蝴蝶兰开花株单株花朵数 2 朵以上，让蝴蝶兰开花株提高一个商品等级，能及时弥补前期低温不足或其他栽培原因所造成的不足，目前已得到广泛应用，年应用数量 600 万株以上，按每提高一个商品等级每株增加 3～5 元计，年可新增社会经济效益 1 800 万～3 000万元，社会经济效益将极其显著。蝴蝶兰生产为设施栽培，可利用荒地，不占用农田，同时蝴蝶兰具有美化、绿化和净化空气的作用，具有良好的生态效益，在建设美丽中国和打造绿色发展中占据重要的产业优势地位。

（四）技术获奖情况

由该技术总结的"花序调控提高蝴蝶兰开花品质的应用研究" 2016 年获汕头市科学技术奖二等奖、"蝴蝶兰花朵增多技术的研究与示范推广" 2017 年获汕头市科学技术推广奖二等奖、"蝴蝶兰花朵增多技术的研究与示范推广" 2018 年获广东省科学技术推广奖二等奖、2019 年及 2021—2023 年入选广东省农业主推技术、2023 年入选农业农村部农业主推技术。

二、技术要点

1. 处理剂量

（1）一般品种。采用制剂原液顶芽涂抹的方式，用小号描笔点抹顶芽，每芽涂一笔，每蘸 1 次药剂可涂抹 4～5 株，每升处理 30 000株。

（2）蜡质、半蜡质品种。采用制剂原液顶芽涂抹的方式，用小号描笔点抹顶芽，应适当增加使用剂量，分别于顶芽上下两面各涂 1 笔，每蘸一次药剂可涂抹 2～3 株，每升处理 15 000～20 000株。

（3）白花品种等。采用制剂原液顶芽涂抹的方式，用小号描笔点抹顶芽，应适当减少使用剂量，每蘸 1 次药剂可涂抹 5～6 株，每升处理 30 000～40 000株。

2. 涂抹时机

（1）一般品种（含白花品种）。涂抹最适时机为现蕾 5～6h。

（2）蜡质、半蜡质品种。涂抹最适时机为现蕾 3～4h。

（3）其他情况。如顶芽已明显休眠老化，应涂抹顶芽两笔，上下各 1 笔，增加剂量以加快顶芽萌动。

3. 处理次数

一般每株兰苗处理 1 次，因品种特性或生产实际，需多次处理以增加更多花朵数的，如第一次处理后顶芽未见明显停滞的，处理间隔期在 15～20d；如因花序顶芽已深度休眠而第一次处理在 7～10d 后未见萌动的，应及时进行第二次处理以加快顶芽萌动。

图1　汕农珊瑚

图2　汕农红皇后

图3　汕农拉菲

三、适宜区域

该技术应用于蝴蝶兰设施栽培，可不受地理区域限制，在具备蝴蝶兰盆花生产设施设备条件下的蝴蝶兰栽培均可适用。

四、注意事项

1. 处理方法

涂抹顶芽时应注意避免药剂直接涂在花苞上，同时避免用药量过多使药剂如水滴般停留在顶芽及附近小花苞处，切记以水膜涂抹方式为宜。

2. 田间管理及环境条件

（1）田间作业。涂抹顶芽一周内应避免大批量搬运等有可能导致根部受伤的相关田间操作。

（2）气候环境。涂抹后应避免环境急剧变化、长时间温度过高或过低、空气湿度过低等逆境胁迫情况发生，一般控制日夜温度 $28 \sim 18℃$，相对湿度 $75\% \sim 85\%$，光照强度 15 000~25 000lx为宜，并保持良好通风以保证花梗株有适宜的外部生长环境。

（3）基质水分。涂抹后应防止基质水分缺失或过度干旱以及长时间湿透，使兰株根系有良好的呼吸和吸收环境，对过于干燥的单株应及时补水以免影响处理效果。

技术依托单位

汕头市农业科学研究所

联系地址：广东省汕头市中山路146号

邮政编码：515041

联 系 人：洪生标

联系电话：0754-88101302　13509886061

电子邮箱：13509886061@139.com

基于"拟境栽培"的中药材生态种植技术

一、技术概述

（一）技术基本情况

1. 技术研发推广背景

中药材产业是我国中医药事业发展的基础，也是我国农业产业的重要组成部分。虽然近年来中药材产业发展取得长足进步，但仍存在药材盲目引种造成道地性消失，连作障碍突出造成生产不可持续等问题，尤其是采用化学农业种植模式盲目追求产量，生产中大肥大水、大量使用农药，造成环境污染、土壤质量退化、中药材生产中病虫害失控、连作障碍严重以及中药材外源污染物超标等问题，严重威胁临床用药安全。

生态农业是全球最先进和富有前景的农业模式，目前在欧美等发达国家方兴未艾。中药生态农业起步较晚，相关理论和实践研究主要集中在国内。该项目研究团队牵头的科技部"中药生态农业创新团队"和农业农村部"全国中药材产业技术体系"是中药生态农业的领军及核心团队。该项目研究团队首次提出"中药资源生态学""中药生态农业""中药材生态种植"的概念并建立了相关标准。全国19家单位参与的"十一五"科技支撑计划"有效恢复中药材生产立地条件与土壤微生态环境修复技术"项目，及全国30家单位共同参与的"十三五"科技重点研发计划"中药材生态种植技术研究及应用"项目极大地促进了中药材生态种植理论技术及方法的提升，并形成了良好的示范推广效果。2022年，该项目研究团队出版了国内外首部系统阐述中药生态农业理论与实践的学术专著《中药生态农业》，代表了中药生态农业的最新进展。2019年，中共中央、国务院《关于促进中医药传承创新发展的意见》指出："推行中药材生态种植、野生抚育和仿生栽培"。2022年，中共中央、国务院《"十四五"中医药发展规划》和2023年《中医药振兴发展重大工程实施方案》中都强调了"推行中药材生态种植"，表明中药生态农业已成为我国中药农业的国家战略。

2. 解决的主要问题

基于"拟境栽培"中药材生态种植技术体系从根本上改变了中药材模仿化学农业的种植模式，对实现中药材优质和安全生产，解决中药材栽培土壤连作障碍和环境污染，确保中药材临床质量和疗效，保障中药产业可持续发展具有巨大意义。

（1）提升药材品质，服务健康中国战略。近年来，药材品质良莠不齐不稳定问题困扰着中医药发展。推进道地药材生态种植，利用药材"顺境出产量、逆境出品质"的效应，最大程度模拟药用植物原始生境，是从源头着手，整体提升药材品质的关键一招，不仅惠及广大患者，也将惠及以中医药养生健体的亿万人民。

（2）防止耕地非粮化，全面推进乡村振兴。开展中药材生态种植技术，从生产端看，通过林下、荒坡地等非耕地种植，和粮食、果树间作套作等生态种植模式，实现不用或少用耕地，变"粮药争地"为"粮药协同"。从消费端看，促进药材产业从扩规模向提质量、增效益转变，避免过量种植，有利于稳定药材价格，提高药农收入。推进生态种植为脱贫地区药材产业保持健康发展提供新思路、新模式，助力全面推进乡村振兴。

（3）践行人与自然和谐共生理念，促进绿色低碳发展。基于"拟境栽培"中药材生态种植技术充分利用生物多样性原理，有效实现化肥农药减施增效，部分模式和配套技术还能实现化肥农药零投入，有效控制药材中的有害物质残留，减少施用投入品带来的碳排放，实现高品质药材生产与生态环境保护协同推进，是人与自然和谐共生的生动体现。同时，该技术还能保护和丰富药材产区的植被多样性，既防止水土流失，又提升生态系统碳汇能力，有助于美丽乡村和美丽中国建设。

3. 知识产权及使用情况

（1）一种苍术试管苗及其培养方法与一种移栽苍术试管苗的方法［P］；2022年；发明专利；CN 115362937A；2022.11.22（已授权）。

（2）一种启动培养基与一种茅苍术试管苗及其培育方法［P］. 2022年；发明专利；CN 115316274A；2022.11.11（已授权）。

（3）一种采用智能温室大棚的霍山石斛幼苗培养方法［P］. 安徽省：CN 106954536B，2020-02-07.（已授权）。

（4）一种以艾粉为原料的天然抑草剂及其制备方法［P］. ZL 201910285149.1，2021-03-06.（已授权）。

（5）一种以艾叶挥发油为原料的除草剂及其制备方法与应用［P］. ZL 202210467838.6，2023-08-11.（已授权）。

（6）一种有效防治菊花根腐病的天然抑制剂及其制备方法［P］. ZL 201910175666.3，2020-12-25.（已授权）。

（7）一种高效防治棉花黄萎病的抑菌剂及其制备方法与应用［P］. ZL 202010015449.0，2021-08-31（已授权）。

（二）技术示范推广情况

该技术在河北、安徽、贵州、山东、湖北、河南、福建等全国20多个省份进行示范推广，推广示范面积200万余亩，带动生态种植1 000万亩以上。如在云南文山等地示范推广三七林下种植、三七减肥增效种植等生态种植30万亩；在吉林等地示范推广人参生态种植2.37万亩，在内蒙古等地示范推广甘草仿野生种植4.15万亩；在河北、内蒙古等地示范推广赤芍农田平原立体种植模式和赤芍—玉米间作生态种植2万亩等。通过建立核心示范基地、开展模式集成、召开示范现场会和技术培训等方式，收集并整理100余种中药材生态种植模式和配套技术，线上线下培训农民和技术员1 800多万人次，为贫困地区农民脱贫致富和发展县域经济发挥了重要作用，具有良好的经济效益、社会效益和生态效益。

（三）提质增效情况

该技术以绿色高质高效为目标，从以下四个方面实现提质增效：

1. 生态位最佳利用提升产量

以栝楼—黄豆立体生态种植为代表的模式可使栝楼产量增加150kg/亩，黄豆增收100kg/亩，亩增加效益约30%。

2. 拟境效应提升药材品质

如基于拟境效应开展霍山石斛的栽培（图1），实现了生态种植模式产出霍山石斛药材比设施栽培总多糖、总生物碱和总黄酮含量分别提升44%、154%和76%。

3. 生态系统稳态增加农业系统可持续性

以菊花为代表的"一种二改三调"种植模式，分别减少化肥农药用量40%和50%，根腐病发病率比传统低10%~50%。

4. 土壤正反馈提高土壤质量

以苍术—玉米间套作为代表的中药材种植模式，相比单作种植模式，土壤肥力提高20%，促进酸杆菌门、绿弯菌门和芽单胞菌门等根际促生菌的富集，土壤微生物多样性提高了30%。相关研究结果为深入挖掘和推广各类中药生态农业种植模式和技术方法提供了理论支撑。相关成果被《学习时报》《人民日报》《中国中医药报》等央媒在头版宣传报道。

（四）技术获奖情况

该技术入选2023年中华中医药学会"科创中国"中医药领域典型案例先导技术和《新时代中医药标志性科技成果（2012—2022）》。荣获2023年北京市科学技术进步奖一等奖和2023年中华中医药学会科技进步奖一等奖，并成功提名为国家科学技术进步奖。

二、技术要点

（一）拟境栽培技术

模拟中药材自然生境的栽培方式，核心技术包括确定适宜生境、筛选优良种源、开展种植抚育、选择最佳采收时间等。即遵循自然的本来面貌，不采用化肥农药，不刻意除虫除草，节约人力物力，充分利用林地、丘陵、草原等资源因地制宜进行仿野生抚育，节约土地成本。"人种天养"与人工育苗、活树附生栽培、腐熟杂草还地、科学肥水管理、病虫害综合治理等现代农业技术相结合，能最大限度提升中药材质量。在人参、连翘、霍山石斛、唐古拉大黄等应用广泛。

图1 霍山石斛拟境栽培种植技术

（二）资源循环利用生态种植技术

应用废弃菌材利用技术，实现中药材种植过程中资源的循环利用及废弃物的资源化。如利用天麻种植后的废弃菌材种植冬荪，或将其粉碎后用于食用菌的菌种生产，种植适宜食用菌，减轻了蜜环菌对林业和对土壤微生物生态的威胁，有效地保护了森林资源、土壤生态。

（三）病虫草害绿色防控减药增效技术

贯彻"预防为主，综合防治"的植保方针，选用农业防治、物理防治和生物防治等方法，结合秸秆覆盖等技术，避免使用化学农药防治。

1. 农业综合防控技术

增加田间生物多样性，采用间套作等生态种植模式，有效阻隔中药材病虫害的互相接触和传染，并且增加天敌的种类及丰富度，使病虫害总体为害水平显著降低。采用秸秆覆盖防草技术，通过水稻、玉米等秸秆还田，增加土壤湿度，有效抑制杂草生长。同时采取选用抗病虫品种、繁育无病虫壮苗、有机肥充分腐熟、植株间通风透光、及时清除病害植株、注意排水降湿、科学水肥管理等措施，达到化学农药使用的减量。

2. 物理防控应用技术

使用粘虫板实现对蚜虫等害虫的有效防控；放置太阳频振式杀虫灯等设备，能有效防治桃小食心虫等害虫（图2）；铺设捕鼠夹、诱饵陷阱、无线电波驱鼠装置等防治东北鼢鼠、花鼠等鼠类；用生石灰对绿霉进行防治。根据不同防治对象选择专用类型的性诱剂，在害虫发生早期、虫口密度较低时开始使用。

图2　物理防控技术

3. 生物防控应用技术

利用放线菌、木霉菌等拮抗微生物防治中药材植物病原菌。针对中药材上高发的害虫，应用天敌及生物农药防控技术，如在蚜虫及木虱发生初期释放瓢虫、利用苏云金芽孢杆菌及绿僵菌防治蛴螬等。

（四）化肥减施增效技术

针对化肥长期使用造成土壤板结、农业面源污染的问题，选用有机肥替代化肥技术、测土配方施肥技术、秸秆还田技术、水肥一体化等技术，增施有机肥，减少化肥施用。

1. 有机肥替代化肥技术

采用"有机肥+化肥"技术模式，在中药材种植前期，采用沟施或者穴施的方法施足基肥，适度翻耕，将肥料与土壤充分混匀。基肥施肥类型主要包括有机肥、土壤改良剂、中微肥和复合肥。

2. 测土配方施肥技术

以土壤检测和作物生长需肥规律为基础，把控施肥时期、肥料种类、施肥比例、施肥量等环节，解决作物生长需肥和土壤供肥之间的矛盾，提高作物产量，减少化肥施用量。

3. 秸秆还田技术

应用秸秆还田技术，秸秆腐烂后形成腐殖质，以草养田，提高土壤肥力，维持土壤有机质的平衡，增加土壤养分，改善土壤团粒结构，增加微生物多样性和优化农田生态环境，改良后的土壤更加适合中药材生长。

4. 水肥一体化技术

水肥一体化技术适用于有井、水库或者蓄水池等固定且水源充足、水质良好的地方。按照土壤养分含量和作物需肥规律，选择液态或者可溶性好的固态肥料，与灌溉水混合，搅拌成液肥，有效解决肥效发挥慢的问题，提高肥料利用率。

（五）基于生态农业的田间管理技术

主要包括间作、套作、轮作等种植技术，运用生态系统的多样性和稳定性原理，达到节本增收、提质增效。相较于传统中药材单作模式，间、套、轮作农作物等提供遮阳、保湿、调温、抑草、控虫等多种作用，促进中药材生长，提高产量和挥发油含量。

中药材间套作种植技术：主要包括药粮、药药、药蔬、药牧等间套作生态种植技术（图3）。首先，根据不同中药材品种的特性，运用生态位、互惠共生、生物与环境适应与协同进化等原理，选择合理的农作物或中药材等进行组合，实现各层次时空生态位对光、气、热、肥资源的充分利用，构成复合群体，如鱼腥草—玉米、黄柏—芍药、药用牡丹—朝天椒、当归—牧草。其次，根据生育期等生物学要素，确定采用间作、套作中的何种模式及实施细节。

图3　栝楼—黄豆/小麦间套作生态种植技术

中药材轮作种植技术：主要包括药粮、药牧轮作种植模式。采用茬口选择、适时移栽、稻草还田、保护性耕作等技术，能够有效改善土壤物理性质、消除次生潜育化、减少病虫草害、减少土壤中有毒物质积累，消减中药材连作障碍。

（六）全程生态种植集成技术

以生产高品质道地药材为目标，将上述关键技术与中药材精细农业耕作、产地绿色初加工和储运技术等生态种植技术集成，开展全链条质量追溯，形成中药材生态种植模式及配套技术，在示范区进行示范，实现全程生态化。

三、适宜区域

在全国范围内适生地区示范推广。

四、注意事项

各地须立足当地资源禀赋，选择合适的种植品种及合理安排茬口，确定适宜的栽培生产技术路线和技术方案。

技术依托单位

1. 中国中医科学院中药研究所

联系地址：北京市东城区东直门内南小街 16 号

联 系 人：郭兰萍

联系电话：13501210236

电子邮箱：glp01@ 126. com

2. 中国中医科学院中药资源中心

联系地址：北京市东城区东直门内南小街 16 号

联 系 人：康传志

联系电话：18810628089

电子邮箱：kangchuanzhi1103@ 163. com

3. 全国农业技术推广服务中心

联系地址：北京市朝阳区麦子店街 20 号

联 系 人：冷 杨

联系电话：010-59194502

电子邮箱：njzxyyc@ 163. com

4. 福建农林大学

联系地址：福建省福州市仓山区上下店路 15 号

联 系 人：张重义

联系电话：18305910999

电子邮箱：hauzzy@ 163. com

5. 中国农业科学院蔬菜花卉研究所

联系地址：北京市海淀区中关村南大街 12 号

联 系 人：张秀新

联系电话：13671090378

电子邮箱：zhangxiuxin@ caas. cn

畜牧类

基因组选择提升瘦肉型猪育种效率关键技术

一、技术概述

（一）技术基本情况

近些年来，我国生猪产业转型升级，取得了明显的进步，但与发达国家相比，我国生猪产业效率依然偏低，在群体遗传水平和生产性能方面仍有巨大差距。种猪是生猪产业的"芯片"，种猪性能差，是导致产业生产效率低的一个关键原因。21世纪以来，基于基因组高密度标记信息的基因组选择技术成为畜禽育种领域的热点。该技术可实现早期准确选择，加快群体遗传进展，显著降低育种成本。国际种猪育种公司早已全面应用此技术，并取得了巨大的经济效益。由于缺乏有效可用的基因组育种技术的痛点难题，我国种猪企业在该技术的应用上显著落后于国外。

该主推技术"猪基因组选择高效分子育种技术"，彻底解决了我国猪育种产业缺乏自主研发的高效遗传评估模型、分子芯片和育种应用平台的难题，有效加快了基因组选择技术在我国猪育种中的应用，显著加快了不同性状的遗传进展，种猪产仔数大幅增加，出栏日龄显著缩短。该技术具有巨大的市场推广前景。

（二）技术示范推广情况

基于该技术，团队与全国畜牧总站、北京畜牧总站等农业技术推广机构合作建立了该技术的推广体系"猪基因组选择分子育种技术体系"（图1），并在3家猪育种企业北京中育种猪有限责任公司（图2）、深圳市金新农科技股份有限公司、赤峰家育种猪生态科技集团有限公司（图3）和全国猪遗传评估中心成功全面应用。针对3家企业的育种场，制定了个性化的育种技术方案，每个方案流程清晰、任务明确。三家企业具体实施的8个育种场，根据育种方案开展种猪性能测定、耳组织样品采集，芯片检测机构负责芯片检测，中国农业大学团队育种计算中心负责基因组选择遗传评估和制定各个育种场的育种措施（包括选留、选配和淘汰计划等）。当前，3家企业累计芯片检测种猪13.24万头，该中心每周为每个场进行8~12次遗传评估，每年提供育种措施50次以上，育种场的选种准确度和育种效率显著提升。

基于该技术，中国农业大学与全国畜牧总站联合研发了"全国种猪基因组遗传评估系统"（图4），并在国家猪遗传评估中心成功部署，为全国猪核心场提供了便捷、易操作的基因组育种技术平台。系统的上线部署，大幅提升了国家猪评估中心的育种技术服务功能，增强了我国猪种业的自主创新育种能力，缩短了与国际同行的技术代差。农业农村部种业管理司选定本系统为全国生猪基因组选择计划的应用平台。基因组系统目前已累计收集了40多家国家核心育种场的超过6.9万头种猪基因组芯片数据，累计完成评估种猪的基因组评估约280万头，深受育种企业的欢迎，极大地促进了我国猪种业的自立自强。

（三）提质增效情况

该技术推广已经覆盖3家应用育种企业8个育种场的5万头生产母猪，年完成基因组芯

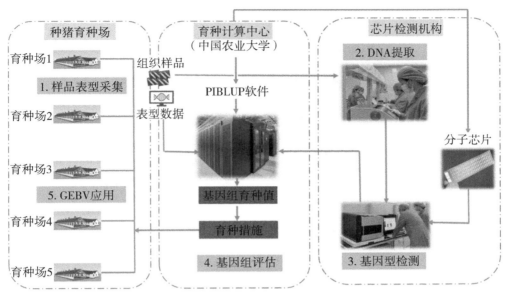

图 1　"猪基因组选择分子育种技术体系"示意

图 2　示范单位北京中育平谷育种场大白母猪产仔情况

片检测超过 3 万张，3 家企业杜洛克、长白猪、大白猪 13 个育种群不同性状的年遗传进展增加了 40%~80%，核心群的总产仔数（大白猪和长白猪）和达 100kg 校正日龄（大白猪、长白猪和杜洛克猪）分别平均提升了 0.7 头和 6.5d，饲料转化效率显著降低，大幅增加了企业的优秀种猪出栏量和市场竞争力，实现了降本增效，据测算累计增加 3 家企业的经济收入约 6.5 亿元，节约成本约 2.6 亿元。

（四）技术获奖情况

该技术成果已获得国家发明专利 3 项、软件著作权 10 项、学术论文 20 篇和省部级科技奖 2 项，其中，1 项发明专利和 1 项软件著作权在 2021 年实现成果转化，成果转化金额 200 万元。

图3　示范单位赤峰家育原种猪一场开展种猪性能测定

图4　"全国种猪基因组遗传评估系统"网站页面

二、技术要点

针对基因组育种技术在我国猪育种实际应用上的各种理论和技术难题，该团队历经10余年系统深入的研究，取得了以下关键技术突破。

（一）研发了基因型选择新模型和高效计算软件

创新研发了贝叶斯多性状反依赖性基因组选择新模型，实现了对全基因组标记的非加性效应的遗传估计；基于随机回归模型，创新性构建了适合于猪纵向表型数据的基因组选择新模型，首次实现了在基因组评估中对纵向数据的直接利用，最大程度地利用了育种表型数据。基于自主开发的基因组育种新模型，独立开发了适合于猪大规模基因组育种计算的高性能计算软件PIBLUP。PIBLUP软件是国内首款自主研发的基因组选择软件，能够应用最前沿的基因组选择一步法算法。具有多个优点：①一次性评估所有个体；②使用间接迭代法，内存消耗小；③实现并行计算，大幅提升计算效率，计算时间比同类软件缩短1倍以上。PIBLUP的遗传评估准确性和计算效率，达到了国际同类软件同等水平，弥补了同类软件无法使用纵向育种数据的缺陷，并在混合模型方程组迭代求解计算速度上具有1倍以上的优势。

（二）自主开发了多款高效分子育种芯片

专门化 SNP 芯片是应用基因组选择的必备条件之一。为了降低基因组选择芯片检测的成本，团队利用已发掘的重要性状功能基因及分子标记，结合各类数据库中的重要性状相关基因位点信息，研制了一款猪基因组育种专门化芯片（CAU50K），于 2017 年在国内率先发布，并获授权国际发明专利 1 项。该款芯片具有以下优点：①SNP 位点分布均匀，全基因组覆盖率高；②筛选 SNP 兼顾了中外猪种的通用性和专用性；③重点挑选调控区 SNP 位点，大幅提高了功能区位点的代表性；④加入具有自主知识产权的抗病、繁殖、生长和肉质等性状的功能位点，提高了芯片的育种灵敏性。同时，该团队基于特征相似度机器学习算法和多目标局部优化策略，完成了标记数为 1K、3K 和 5K 的 3 款低密度分子育种芯片设计研发（图 5），成功开发了低密度育种芯片"当康芯禾"系列，降低了当前猪基因组选择的芯片检测成本约 50%，低密度芯片进行高密度填充的准确性达到了 95%，可在实际育种中大规模替代 50K 中密度芯片。

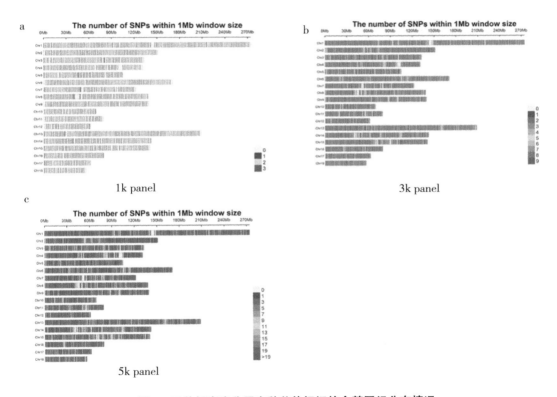

图 5　三款低密度分子育种芯片标记的全基因组分布情况

集成上述研发的新模型、计算软件和分子芯片，构建了"猪基因组选择分子育种技术体系"，该技术体系实现了基因组选择技术的落地应用，打通从技术研发到产业应用的"最后一公里"。

三、适宜区域

目前该技术已在北京市、内蒙古赤峰市、黑龙江铁力市、福建南平市、湖北武汉市和广东韶关市等 6 个省市 8 个生猪育种场成功推广应用。该技术不受区域环境条件限制，适用于我国所有规模化生猪育种场。

四、注意事项

（一）构建高质量的基因组选择参考群

基因组选择中育种值估计的准确性与参考群大小、芯片密度和性状的遗传力等因素有关，参考群规模越大、性状遗传力越高，基因组选择的准确性越高。种猪育种企业在应用基因组选择技术时，首先，需要构建高质量的基因组选择参考群，大白、长白和杜洛克单个品种的参考群规模建议不低于 1 000 头。其次，所有参考群个体要有准确的系谱、主要选育性状的表型和全基因组芯片数据，且参考群与后续候选群具有较高的遗传关联。原则上参考群需要包括所有的生产公猪和母猪。

（二）科学合理育种方案的指导

猪育种周期长、见效慢。该技术需要结合科学合理的育种方案在实际育种中推广应用。育种企业需要根据本企业的育种群性能现有水平和目标定位制定本企业的育种方案。育种方案需要包括明确的育种目标、选育的性状、表型测定方案、芯片检测方案、遗传评估模型和选留与选配方案等。

技术依托单位

1. 中国农业大学

联系地址：北京市海淀区圆明园西路 2 号中国农业大学西区

邮政编码：100193

联 系 人：朱晓丽

联系电话：010-62731042

电子邮箱：zhuxl@cau.edu.cn

2. 全国畜牧总站

联系地址：北京市朝阳区麦子店街 20 号农业农村部北办公区农牧大楼

邮政编码：100125

联 系 人：邱小田

联系电话：010-59194608

电子邮箱：qxt-nahs@agri.gov.cn

3. 北京市畜牧总站

联系地址：北京市朝阳区北苑路甲 15 号

邮政编码：100107

联 系 人：唐韶青

联系电话：010-84929014

电子邮箱：lzk20130701@126.com

高效、精准猪育种新技术——
"中芯一号"育种芯片

一、技术概述

（一）技术基本情况

随着家猪基因组研究深入和芯片技术发展，应用全基因组芯片开展猪育种已成为国内外猪育种的常规技术。"中芯一号"猪育种基因芯片由江西农业大学牵头，结合中国农业大学、华中农业大学等12家高校、科研院所最新科研成果，由江西农业大学独立自主设计，参与单位对所提供基因位点的育种效果负责并与应用企业协商应用。芯片2018年6月上市，该芯片集先进性、兼容性、实用性、自主性一体，涵盖家猪七大类201个重要经济性状的29个因果突变位点及1 642个紧密关联位点，共51 368个位点，技术参数见图1。"中芯一号"芯片位点转化率99.29%，检出率为99.9%，重复性为99.99%，基因组育种值准确性比当前主流芯片提升7%~22%，性能参数达国际领先水平，打破了此前育种芯片由欧美设计制造的技术壁垒。

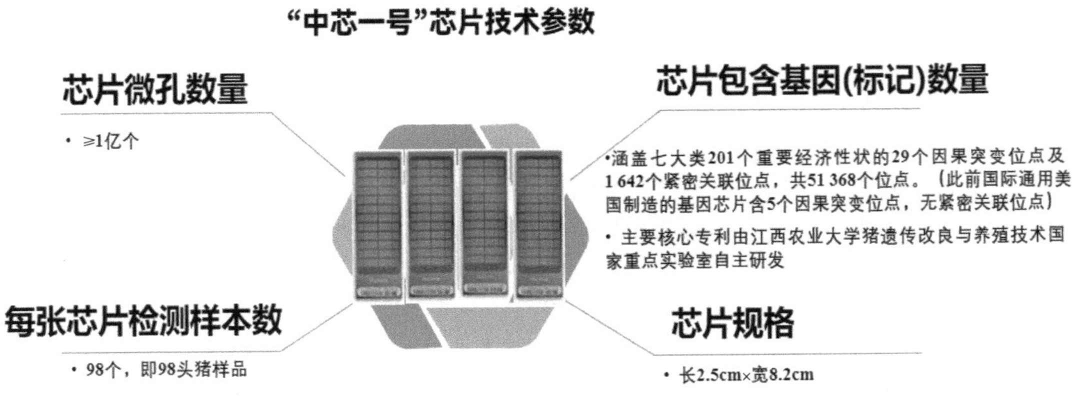

"中芯一号"芯片技术参数

芯片微孔数量
· ≥1亿个

芯片包含基因(标记)数量
·涵盖七大类201个重要经济性状的29个因果突变位点及1 642个紧密关联位点，共51 368个位点。（此前国际通用美国制造的基因芯片含5个因果突变位点，无紧密关联位点）
·主要核心专利由江西农业大学猪遗传改良与养殖技术国家重点实验室自主研发

每张芯片检测样本数
·98个，即98头猪样品

芯片规格
·长2.5cm×宽8.2cm

图1 "中芯一号"芯片技术参数

"中芯一号"猪育种基因芯片在全国猪育种科研与应用领域产生了良好影响，相继入选为改革开放40年高等学校科技创新重大成就（2018年，重大科学前沿创新类）、江西省十大科技成果（2021年）、"奋进新时代"主题成就（2022年），2023年被国家博物馆收藏（图2）。

"中芯一号"芯片应用范围广泛，不仅可用于核心群种猪基因组育种值评估、因果基因标记辅助选择育种，还可用于全基因组关联分析（GWAS）、全基因组连锁分析（QTL）、种质资源鉴定、亲缘关系及血缘比例分析、经济性状评估等科研和种猪育种实践。

国博捐赠 2023 第 037 号（总第 000231 号）

猪全基因组育种芯片"中芯一号"

捐 赠 证 书

江西农业大学：

您捐赠的"猪全基因组育种芯片'中芯一号'"
实物1件（套），已被我馆收藏。

特颁此证！

中国国家博物馆

2023 年 5 月 16 日

图 2 "中芯一号"猪育种芯片被国家博物馆收藏

（二）技术示范推广情况

"中芯一号"芯片上市以来，在新希望集团、金新农集团、正邦集团、四川巨星农牧、铁骑力士，广东壹号土猪、内蒙古赤峰家育、福建傲农、北京中育、河南新大等 56 家大型种猪育种企业推广，对公司基因组育种提供技术支持。在南京农业大学、山东农业大学、山东省农业科学院、中国农业大学、中国农业科学院北京畜牧兽医研究所、四川农业大学、华中农业大学、黑龙江省农业科学院、西北农林科技大学等 20 多家科研院所和高校开展基础研究工作。截至 2023 年 12 月 31 日，累计完成 411 978 头猪的芯片检测工作，为种猪遗传评估提供了准确、高效的评估技术。

以赤峰家育种猪生态科技集团有限公司为例，公司 2018 年开始，应用"中芯一号"基因芯片开展三阶段基因组育种，持续开展检测选种选配，2019—2023 年，累计完成大白猪样品检测 38 633 头，大白母猪平均窝总产仔数由 2018 年 12 月 13.65 头提高至 15.21 头，年均提高 0.31 头，大白母猪年提供断奶仔猪头数提高了 0.65 头。通过提前选留、减少常规测定数量，增加公猪销售收入，节约了饲料成本，有效协调了育种与销售矛盾，经济效益和社会效益显著。在支撑猪新品种培育方面，"中芯一号"芯片技术支持育成川乡黑猪、山下长黑、乡下黑猪、天府黑猪等国家畜禽遗传资源委员会审定家猪新品种 4 个。

（三）提质增效情况

以 2 000 头（大白∶长白∶杜洛克设为 1 200∶500∶300）规模核心群企业为例，如未进行芯片检测，按照国家常规测定标准，常规测定量应不低于 10 000 头。

开展基因组选择三阶段选留，在保育阶段即可进行准确的早期选择，降低常规测定数量，长白、大白公猪常规测定约 1 000 头，杜洛克公猪常规测定约 300 头；长白、大白母猪常规测定约 2 300 头，杜洛克母猪常规测定约 300 头，合计常规测定 3 900 头，即能够达到比常规选育更好的选育效果。

1. 芯片检测新增成本

小公猪检测（2 000×50%×2+2 000×50%×1）×2 窝/年 = 6 000；长白、大白小母猪检测（1 700×50%×2）×2 窝/年 = 3 400；杜洛克小母猪检测（300×50%×1）×2 窝/年 = 300；合

计每年共需检9 700个样本的芯片，检测成本约9 700×135 元/头≈131 万元。

2. 育种应用节约成本

（1）因果位点直接选育新增收益："中芯一号"育种芯片包含江西农业大学自主研发的增加肋骨、体长、抗仔猪腹泻、降低酸肉及滴水损失等专利基因技术13项，可根据芯片检测分析提供的有利基因型进行选种选配，选育多肋骨、长体长、优质肉等优势特色种猪新品系。以多肋基因为例，经标记辅助选择纯和后的优质纯种猪1头可辐射商品猪2 000头。该有利基因型可增加肋骨1对，体长增加1.5cm，商品猪屠宰增加1kg带排骨优质肉，每头猪售价新增30元，经济效益极显著（图3）。

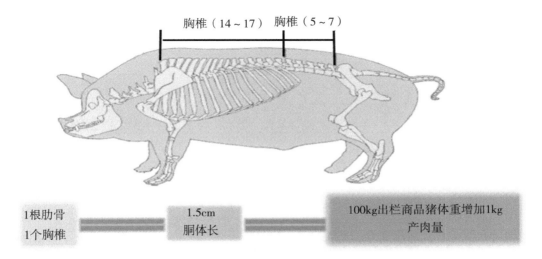

家猪多肋性状及其影响胴体长和经济效益关系示意图

胸椎（14～17）   胸椎（5～7）

1根肋骨
1个胸椎

1.5cm
胴体长

100kg出栏商品猪体重增加1kg
产肉量

图3　多肋基因影响家猪体长及商品猪产肉量示意

（2）提升遗传进展新增收益：与基于系谱的常规BLUP相比，基因组选择能提升综合育种指数35%，每头猪每世代提升净经济价值12.8 元（PIC公布资料），通过提升遗传进展，核心场每年新增收益2 000（核心群数量）×12.8（元）×2 世代/年=5.12 万元/年；由核心种猪生产的商品猪效益提升极显著，且这些遗传进展会逐年递增累加。

（3）基因组选育实现生产成本降低。饲料成本方面：通过早期基因组选择可实现节约饲料成本，按60kg销售，比常规100kg测定后销售约节省饲料50kg，每千克饲料2.5 元计算。即（9 700－1 000－300－2 300－300）×50×2.5＝72.5 万元。

小公猪销售收入方面：在国内一般销售未经阉割的公猪会降低收入，按照每头约150元，通过提前选留、减少常规测定，可增加公猪销售收入（6 000－1 000－300）×150＝70.5万元。

综上，忽略人工、猪只损失及厂房折旧等，通过基因组育种即可节约饲养成本72.5＋70.5＝143 万元。

（四）技术获奖情况

"中芯一号"包含的因果位点中，"多肋骨因果位点 *VRTN*"获 2022 年度江西省科学技术进步奖一等奖、"抗仔猪腹泻因果位点 *MUC*13"获 2010 年度江西省技术发明奖一等奖和 2011 年度国家技术发明奖二等奖。

二、技术要点

（一）三阶段基因组育种

"中芯一号"三阶段基因组育种流程如图 4 所示。

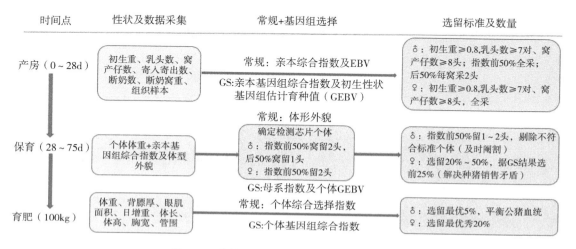

图 4　"中芯一号"三阶段基因组育种流程

第一阶段：在仔猪出生 0~28 日龄内，小公猪符合初生重、乳头数等指标，依据前期估算的综合指数全采集或采前 50% 个体，小母猪符合指标个体全采。

第二阶段：在仔猪生长至 28~75 日龄阶段，依据体型外貌及健康状况，选留个体利用"中芯一号"检测基因型，通过"中芯一号"已有因果位点进行标记辅助育种，淘汰基因型不利个体。同时进行第一次育种值评估，依据选择指数及时阉割小公猪并选留前 25% 种猪进行测定。

第三阶段：在选留生长至 100kg 时，对选留种猪进行终测，获得终测表型数据，同时再一次进行基因组育种评估，依据评估结果结合血缘选留最优秀的种猪。

（二）样品采集与编号

开展猪基因组育种可采集血液样本，组织样本和精液样本。推荐样本编号规则如下："公司简称首字母（大写）+采样日期（年/月/日）+个体品种（D/L/Y/P：杜/长/大/皮）+猪性别（M/F）+日龄+个体编号"。

（三）样本送测

根据育种公司品种、数量、育种方案，制定寄（送）样本方案，并提供送样个体的系谱数据、环境效益因子（场次、季节、胎次等）、表型测定数据等。确保选留前得到猪只的 GEBV，指导留种和（或）选配。

（四）"中芯一号"分型

样本 DNA 提取技术标准为：260/280 在 1.7~2.1；单个样品浓度＞50ng/μL；单个样品总量＞1μg；样品无大分子污染，无降解。按照"中心一号"芯片操作手册流程，3 个工作日内完成芯片检测工作，获得芯片基因组分型结果及样本的质检结果。

（五）GEBV 评估及应用

根据送测样本的原始芯片数据、SNP 分型结果，估算 GEBV 值和综合指数并排序，以便企业开展选育工作。育种企业也可根据选育方向制定指数，制定目标性状 GEBV 评估模型。三阶段选育方案详细执行细节由育种企业和指导的育种专家协商制定执行。

三、适宜区域

适用于全国范围内杜洛克、长白、大白育种核心群的选种和选配；适用于全国范围地方猪遗传多样性评估及种资源鉴别，可用于种猪新品种培育。

四、注意事项

无。

技术依托单位

1. 江西农业大学
联系地址：江西省南昌市庐山中大道 888 号
邮政编码：330045
联 系 人：肖石军
联系电话：13979108992
电子邮箱：shjx_jxau@ hotmail. com

2. 江西省农业技术推广中心
联系地址：江西省南昌市东湖区大院街道北京西路 156 号
邮政编码：330006
联 系 人：张国生
联系电话：13970820113

母猪节料增效精准饲养技术

一、技术概述

（一）技术基本情况

母猪每年提供的断奶仔猪数少是制约我国生猪产业提质增效的关键问题之一。母猪营养供给不精准，导致妊娠期饲料消耗多，母猪体况肥，产弱仔多、奶水少和断奶后 7d 发情率低是导致繁殖性能低的主要原因。由华中农业大学牵头的研发团队，建立了种猪生产大数据分析平台（图 1），实现了母猪性能和膘情诊断；建立了母猪动态营养需要估计模型，突破了准确估计母猪营养需要的技术瓶颈；建立了母猪精准饲喂工程化技术，形成了可显著节约妊娠期饲料投入，提高母猪繁殖效率，实现节本增效的全套饲养方案。

该技术方案效果稳定，已在全国较大范围推广应用，取得了显著的社会效益和经济效益，为提升母猪繁殖效率提供了标准化技术范本。

（二）技术示范推广情况

该技术已在湖北、四川、广西、海南、陕西等省（区）较大范围推广应用，包括温氏食品集团股份有限公司、大北农集团、广西扬翔股份有限公司、四川德康农牧食品集团股份有限公司等龙头企业，2023 年技术应用规模超过 170 万头母猪。

（三）提质增效情况

应用该技术每头母猪每胎节约妊娠期饲料 25~70kg，节本 62~175 元；每头母猪每胎多提供断奶仔猪 0.5 头以上，仔猪断奶窝重提高 5kg 以上。

（四）技术获奖情况

该技术获得 2020—2021 年度神农中华农业科技奖科学研究类成果一等奖、第十一届大北农科技奖动物营养奖、2017 年度湖北省科学技术进步奖一等奖；制定湖北省地方标准 1 项；入选 2022 年、2023 年湖北省农业主推技术。

二、技术要点

（一）日粮配方优化

在妊娠母猪日粮中添加 0.8%~1.5% 功能性纤维。根据母猪的胎次和性能水平确定适宜的营养水平。母猪预期产仔数小于 12 头，饲料 SID 蛋氨酸：赖氨酸为 0.27；母猪预期产仔数不小于 13 头时，饲料 SID 赖氨酸：蛋氨酸为 0.37。当初产母猪带仔数不小于 13 头时，饲料 SID 赖氨酸水平为 1.14%，当 2 胎母猪带仔数不小于 13 头时，饲料 SID 赖氨酸水平为 0.94%。

（二）性能和膘情诊断

利用自主研发的种猪大数据分析平台，通过对产仔性能、断奶性能和分娩率等关键生产指标的对标分析，明确制约生产效益的主要性能指标。测定猪群背膘，分析背膘达标率，美系、加系、丹系、法系母猪妊娠期的最佳背膘范围分别为 18～20mm、16～19mm、15～18mm、16～18mm。

图1　种猪生产大数据分析平台

（三）动态营养需要估计

在研发的动态营养需要量估计程序中输入母猪的配种体重、背膘、目标背膘、品种、胎次信息，程序反馈对应阶段的营养需要量。再次设定饲料的营养水平后，输出推荐采食量。

（四）精准营养供给

在配种后 4d、30d、60d 和上产床对每头妊娠母猪进行测膘，依据动态营养需要量估计程序反馈的饲喂量，调整饲喂器的下料量；并通过下料量校准使得下料偏差小于 5%。

三、适宜区域

该技术适合全国规模猪场应用推广。

四、注意事项

（一）功能性纤维的指标要求

使用的功能性纤维要求水结合力≥20g/g；吸水膨胀性≥20mL/g；达 1/2 最大产气量时间≤12h，8h 产酸量≥20mmol/L。

（二）背膘测定

须配备 A 超或 B 超测定设备，准确测定 P2 点背膘。技术要点中的背膘标准为 A 超测定值。

技术依托单位
1. 华中农业大学
联系地址：湖北省武汉市洪山区狮子山 1 号
邮政编码：430070

联系人：彭　健　魏宏逵　周远飞

联系电话：027-87282091　13507142492　18627867186　13477044616

电子邮箱：pengjian@ mail. hzau. edu. cn　weihongkui@ mail. hzau. edu. cn

　　　　　zhouyuanfei@ mail. hzau. edu. cn

2. 湖北省畜牧技术推广总站

联系地址：湖北省武汉市武昌区雄楚大街69号

邮政编码：430064

联系人：黄京书　蔡传鹏

联系电话：027-87272219

3. 湖北省农业科学院畜牧兽医研究所

联系地址：湖北省武汉市洪山区南湖瑶苑4号

邮政编码：430070

联系人：彭先文

联系电话：13797087492

母猪深部输精批次化生产技术

一、技术概述

（一）技术基本情况

1. 技术研发推广背景

母猪繁殖力的高低决定着生猪养殖业的经济效益。母猪繁殖力性状是我国生猪遗传改良的三大核心性状之一，《全国生猪遗传改良计划（2021—2035 年）》提出瘦肉型猪核心育种群母猪年产断奶仔猪数（即母猪年生产力）要达到 32 头以上。河南省是生猪养殖大省，常年养殖量约占全国的 1/10，养猪业是河南农业经济发展、农民增收的重要来源。尽管河南省种猪场数量和规模优势明显，但核心种猪来源长期依赖进口，普遍存在选育力度不足、选育技术水平低、选育手段单一等问题，导致种猪性能退化严重，质量参差不齐，进而引起商品场的繁殖性能和生长性能参差不齐，最后直接影响猪场的经济效益。

另外，母猪生产水平低。首先，母猪发情和受胎率低，规模化猪场母猪发情率比国际水平低 15%~20%；其次，母猪胚胎存活率低，母猪年提供仔猪数比养猪发达国家少 6 头以上；最后，母猪利用效率低、淘汰率高，规模化猪场母猪非正常淘汰比例高达 30%，其中，繁殖性疾病和子宫炎淘汰率最高。其原因主要为：空怀和妊娠母猪精细管理不足，母猪缺乏生殖保健，发情鉴定和配种技术不过关等。

为此结合河南省的实际情况，在开展种猪选育的基础上，系统地开展了母猪定时输精、深部输精、母猪及仔猪保健和生殖疾病快速诊治等一系列种猪繁殖关键技术研究，建立起一套完整的种猪选育和高效繁育新技术体系。

2. 能够解决的主要问题

（1）基于种猪表型测定数据和基因组信息，应用基因组选育技术，结合转录组及蛋白组研究建立多性状种猪早期精准选育技术体系，提高选育准确率，降低选育成本。

（2）冷冻精液技术解决的主要问题：一是能够解决精液长期保存的难题；二是扩大高育种值公猪精液的覆盖范围，快速提高育种水平；三是可降低种公猪的引种数量。

（3）通过使用冷冻精液配合深部输精技术进行配种，提高了优良种猪的使用价值，节约了精液用量，减少了公猪饲养数量，降低了劳动强度和生产成本。

（4）通过应用定时输精技术，使规模养猪真正实现了"全进全出"，既提高了繁殖效率，又减少了疫病交叉感染风险，大幅提高了猪场生产效率和经济效益。

（5）通过对围产期母猪进行生殖保健，结合 B 超快速检测法对母猪卵泡囊肿进行诊断并开展治疗，显著提高了母猪的繁殖力。

3. 知识产权及使用情况

（1）一种母猪去势用固定装置（202121595543.4），实用新型专利，主要完成人：王献伟、李新建、张家庆、徐泽君、李凯、邵建伟。

（2）一种仔猪种优选用体重测定装置（201910187272.X），发明专利，主要发明人：张家庆，邢宝松，王献伟，苗鹏，王志花，宋文静，任巧玲，陈俊峰，高彬文，牛刚。

（3）一种处理母猪子宫炎的冲洗装置（201910537951.5），发明专利，主要发明人：张家庆，邢宝松，陈俊峰，任巧玲，王献伟，岳草子，王靖楠，高彬文，牛刚。

（4）一种提高超期不发情后备母猪入群效率的处理方法（202111030946.9），发明专利，主要发明人：张家庆，卢清侠，陈俊峰，邢宝松，任巧玲，吕玲燕，申明，孙少琛，王献伟，高彬文，赵云翔，王璟，闫祥洲。

（5）河南省地方标准《猪冷冻精液生产技术规范》（DB41/T 2371—2022），主要起草人：邢宝松张家庆、王献伟、卢清侠、原黎伟、葛位西、胡波、徐泽君、李彦朋、吕玲燕、蒋凡、申明、和小娥、高彬文、蒋立云、任巧玲、陈俊峰、王璟、马强、牛刚。

（6）任巧玲，张家庆，王璟，陈俊峰，马强，高彬文，邢宝松．乏情和发情初产母猪下丘脑-垂体轴中miRNA表达谱比较分析．中国畜牧兽医，2023，50（11）：4491-4503.

（7）邢宝松，张家庆，任巧玲，吕玲燕，王献伟，陈俊峰．原花青素B2对猪颗粒细胞氧化损伤的保护作用及机制研究．河南农业科学，2022，51（1）：146-153.

（8）王献伟，张家庆，徐泽君，茹宝瑞，王晓锋，吴亚权．河南省种猪生产性能测定数据的分析与应用．饲料研究，2019，42（8）：116-119.

（9）王献伟，岳草子，商一星，王晓锋．种猪选择关键技术．猪业科学，2018，35（7）：110-111.

（10）张家庆，陈东峰，王献伟，王璟，陈俊峰，蔺萍．羧甲基纤维素钠对猪精液常温保存效果的影响．家畜生态学报，2017，38（2）：33-38.

（11）张家庆，高彬文，王献伟，马强，高原，任巧玲．猪卵泡期中等卵泡发育和闭锁的相关基因表达及激素水平分析．河南农业科学，2016，45（11）：110-115.

（二）技术示范推广情况

示范推广的主要技术成果，一是根据种猪引进地域表遗传特性及营养需求，结合本地饲料来源进行种猪日粮的最佳契合设计，从而最大限度发挥种质遗传优势；基于种猪表型测定数据和基因组信息，应用基因组选育技术，提高了选育准确率，降低选育成本。二是通过建设示范基地、组织技术培训等方式，已在河南省及周边省份上百家不同规模生猪养殖企业推广应用定时输精技术，有效提升了猪场管理效率和工作效率，后备母猪利用率、经产母猪发情率、繁殖障碍母猪利用率和PSY水平等重要生产指标都有了不同程度的提高，并且真正做到"全进全出"，极大地提升了猪场的综合效益。三是通过引进母猪围产期健康及仔猪保健方面的技术进行示范指导，示范区母猪健康水平显著改善，难产率下降，泌乳力提高，发情率与示范前相比提高4.8%，仔猪腹泻、死亡率降低，断奶体重显著提高，均达到了预期的效果。

（三）提质增效情况

1. 提高后备母猪利用率

传统连续式生产中，后备母猪自然发情后配种入群，许多后备母猪由于不能自然发情被淘汰，其8月龄利用率仅为70%~80%或更低。实施批次化生产管理可以按生产计划分批次进行后备母猪引种、留种。后备母猪集中发情配种，实现流水线式操作，保障配种效率和质量，8月龄母猪入群利用率可提高85%~95%。

2. 提高经产母猪发情率

传统连续式生产中，多数规模场母猪断奶 7d 发情率为 80%～85%。实施批次化生产管理后，母猪断奶 7d 发情率可达 90%～98%。

3. 提高母猪利用效率

传统连续生产模式下，繁殖猪群中长期存在各种类型的繁殖障碍母猪，包括乏情母猪、空怀母猪和流产母猪等，这些繁殖障碍母猪大幅增加了猪场的非生产天数和饲养管理成本。实施批次化生产管理后，繁殖障碍母猪静立配种率达到 80% 左右，利用率达 70% 以上，通过对处理后仍不能利用的问题母猪主动淘汰，降低猪场非生产天数，节约饲养管理成本，提高猪场生产效率。

4. 提高经济效益和社会效益

与传统的连续生产方式相比，批次化生产技术可提高母猪利用率和周转率，降低了生物安全风险，母猪 PSY 可提高 2.35 头以上，20kg 仔猪成本降低 25 元/头以上，经济效益和社会效益显著。与常规输精技术相比，深部输精技术的产仔数可提高 1～1.5 头/窝，母猪受孕率可从常规输精的 85%～90% 提高到 92%。

（四）技术获奖情况

主推核心技术之一"母猪定时输精技术"作为科研成果"猪高效健康繁殖关键技术创新与应用"主要组成部分，获得 2020 年度河南省科学技术进步奖二等奖。主推核心技术之二《猪冷冻精液生产技术规范》（DB41/T 2371—2022）作为河南省地方标准被河南省市场监督管理局正式发布实施。主推核心技术之三"一种提高超期不发情后备母猪入群效率的处理方法"2022 年 9 月 2 日获得中国发明专利授权证书。

二、技术要点

（一）定时输精技术

包括性周期同步化（同期发情）、卵泡发育同步化、排卵同步化和配种同步化（图 1）。

1. 性周期同步化

后备母猪开始饲喂烯丙孕素的时间为 210～230 日龄，通过口服烯丙孕素或混饲料内服，每天剂量为 20mg/头，连用 18d，并在哺乳母猪计划断奶日前 1d 下午 3h 停止饲喂。经产母猪通过仔猪同时断奶实现性周期同步化。

2. 卵泡发育同步化

后备母猪停喂烯丙孕素后 42h，注射孕马血清促性腺激素（PMSG）1 000IU 或 PG600（PMSG400IU 和 HCG200IU），促进卵泡同步发育。经产母猪在断奶后 24h 注射 PMSG 1 000IU 或 PG600（PMSG400IU 和 HCG200IU），促进卵泡同步发育。

3. 排卵同步化

后备母猪在注射 PMSG 后 80h 使用促排药物（GnRH），剂量为 100μg/头，促进卵泡排卵。经产母猪在注射 PMSG 后 72h 注射促排药物（GnRH），剂量为 100μg/头，促进卵泡排卵。

4. 配种同步化

所有参繁母猪在注射 GnRH 后的 24h 后进行第一次输精，再过 16h 后再输精 1 次；第二次输精后 24h 母猪如仍出现静立反应，需要再输精 1 次。

图1　批次化处理定时输精

（二）同期分娩技术

根据本场母猪的平均妊娠期制定母猪分娩同步方案。经产母猪一般在妊娠 113d 时注射 PGF2α，后备母猪则是在妊娠 114d 注射。95% 的母猪在注射 PGF2α 的 36h 内开始分娩，为使母猪尽量在白天分娩，应于 8：00 前注射。

（三）批次生产管理

根据在群母猪的详细信息，推算母猪批次生产的调整方案。通过养殖场各猪舍排布及数量、栏位、饲养量等数据，计算猪场合理的批次生产天数。根据猪场历史数据及猪场规模，推算批次配种、分娩及出栏头数。最后制定每周及每天的工作内容，完善批次生产计划（图2）。

（四）猪冷冻精液技术

猪冷冻精液的制作过程一般包括稀释液的配制，精液稀释与平衡，分装和解冻等。

1. 稀释液配制

按照说明书配制即可。

2. 精液稀释

根据精液温度调节稀释液温度，精液与稀释液温差不得超过 1℃，添加时沿杯壁缓慢加入，混合均匀。

3. 降温、平衡

涉及降温的均应按照工艺规定的控制时间，采取水浴方式可以减缓降温速度。按工艺流程实施降温处理的精液平衡时，温度稳定在 3~5℃。

4. 封装、冷冻

封装也有称灌装，使用细管分装一体机，一次完成细管分装、封口和印刷标志的一体化操作。冷冻箱提前预冷，用程序冷冻仪进行冷冻。冷冻完成后，置入液氮罐长期保存。

5. 解冻、输精

采用 50℃ 水浴解冻 15~16s，解冻精液后检测精子活力。符合标准的解冻精液分装到输精瓶，按照人工授精技术操作规范输精即可。

（五）深部输精技术

1. 发情鉴定

发现母猪静立反射的第一时间，确定首次配种时间，赶至输精栏，在配种前 45min 以内不能再见公猪。

2. 准备工作

准备输精器具、精液、清洗母猪后驱、擦干后躯待配。

3. 输精器械安装

取出输精管，将大管插入、确定锁定（不需要涂抹润滑油，深部输精的输精管海绵头上自带润滑油），输精管包装袋暂不去掉，等待 15s 左右；去除包装袋，插进小管：以 2cm 左右为间隔逐渐推进，内管完全推进后用自带的卡扣卡紧内管；如遇阻力可调整大管的角度、回拉或稍等 1min 左右再次推进小管确定完全推进后，将大管上锁扣锁定小管不再移动，即可连接精液。

4. 人工输精

每份精液分 4~5 次 30~60s 轻轻挤进子宫内（如遇阻力不可强行挤入）（图3），当输精管内无精液时，折叠输精管尾端，轻轻拔出输精管，观察小管是否有血液或大管上有无炎症分泌物；第一次输精后，每间隔 8~12h 再次输精 1~2 次。

图2　批次化生产仔猪　　　　　　　　图3　深部输精

5. 输精后管理

输精后 15s，观察精液是否有回流现象，若有倒流，再次将其输入，做好配种相关记录。

三、适宜区域

该技术适宜于在河南省乃至全国规模化生猪养殖场推广。

四、注意事项

一是光照时间和温度。母猪停喂烯丙孕素后在母猪上方圈舍内进行 16h 的光照，以刺激促性腺激素分泌，同时根据季节和天气变化提供母猪适宜的环境温度。

二是短期优饲与配种后限饲。每头母猪在断奶后至配种前进行优饲，以提高卵泡发育数量和质量，配种后（当天开始）进行限饲。

三是诱情发情。母猪停喂烯丙孕素后，使用公猪诱情两次，如果疫情压力大，用公猪气味剂代替。

四是深部输精时不可用蛮力插入，以免损伤子宫黏膜与子宫壁，给母猪造成不可逆转的伤害。

技术依托单位
1. 河南省畜牧技术推广总站
联系地址：河南省郑州市经三路 91 号
邮政编码：450008
联 系 人：王献伟　徐　曼　吴亚权　商一星
联系电话：15137148117
电子邮箱：380365735@qq.com
2. 河南省农业科学院畜牧研究所
联系地址：河南省郑州市金水区花园路 16 号
邮政编码：450002
联 系 人：张家庆
联系电话：18203997912
电子邮箱：625617738@qq.com

规模化奶牛场核心群选育及扩群技术

一、技术概述

（一）技术基本情况

种业是农业的"芯片"，奶牛核心群是自主培育种公牛的种源基础和根本前提。奶业发达国家奶牛种业的发展历程表明，核心群不仅是自主培育优秀种公牛的前提，更是奶牛群体遗传及生产水平不断获得提升的原动力和"火车头"。为此，国务院办公厅出台《关于推进奶业振兴保障乳品质量安全的意见》（国办发〔2018〕43号）文件，其中明确提出"打造高产奶牛核心育种群，建设一批国家核心育种场"。农业农村部发布的《全国奶牛遗传改良计划（2021—2035）年》明确规定到2035年全国建设50个奶牛核心育种场，以从根本上提升我国种公牛自主培育能力和奶牛种质自主创新力。

目前，我国已从国家层面遴选出20个奶牛核心育种场，但还没有较成熟的技术指导奶牛场如何开展核心群选育工作，导致生产一线技术人员对如何具体选育本场奶牛核心群较为迷茫，严重制约了我国奶牛核心群选育工作及牛群遗传质量的不断提高。因此，研制并发布规模化奶牛场核心群选育及扩群技术不仅是解决我国奶牛核心群选育工作之所需，更是落实我国奶牛种业振兴的重要举措。

该技术是在获得"DHI采样信息化系统及应用""Impact of the Order of Legend rePolyno-mialsin Random Regression Modelon Genetic Evaluation for Milk Yield in Dairy Cattle Population""基于电子耳标和条码识别的DHI奶样采集信息化系统V1.0"（2019SR1415746）等论文、标准及软件著作权共19项知识产权的基础上，结合我国有关行业标准，进一步优化、集成的。

该技术在山东、河北、河南、宁夏、黑龙江等省（区）技术推广单位进行了推广应用，并在泰安金兰奶牛养殖有限公司和山东视界牧业有限公司等多个规模化奶牛场进行了3年以上的应用，结果表明，该技术可显著提高牧场育种工作的规范性，可提高奶牛场核心群选育能力，使多个牧场获得"国家奶牛核心育种场"，培育出一批优秀后备种公牛，能显著提高我国奶牛种质创新能力，推动我国奶牛种业振兴工作。

（二）技术示范推广情况

该技术在山东、河北、河南、宁夏、黑龙江等省（区）奶牛养殖主产区从省到市、县级技术推广部门进行了推广应用，并入选2022年山东省农业主推技术。同时在东营神州澳亚现代牧场有限公司、泰安金兰奶牛养殖有限公司及山东视界牧业有限公司等牧场示范展示应用，覆盖牛头数20万头以上。

（三）提质增效情况

该技术在山东省多个牧场推广应用，显著提高了牛群的遗传和生产水平及牛奶质量，其中，东营神州澳亚现代牧场有限公司母牛遗传及生产水平不断获得提高及体细胞数维持在

15 万个/mL 左右的水平，有效节约了饲料和兽药成本、提升了牛奶品质、显著增加了经济效益，详见表1。

表1 应用单位牛只生产性能情况

年份	泌乳牛头数/个	测定日产奶量/kg	乳脂率/%	蛋白率/%	体细胞数/（万个/mL）	305d 产奶量/kg
2018	7 289	40.5	3.79	3.39	15.0	11 356.4
2019	8 163	40.7	3.81	3.35	14.7	12 075.1
2020	8 050	40.2	3.83	3.38	14.8	11 984.8
2021	8 356	40.3	3.90	3.42	15.5	12 052.1
2022	8 422	39.8	3.88	3.37	15.6	11 698.4
2023	8 375	41.2	3.87	3.34	14.8	11 916.5

东营神州澳亚现代牧场有限公司、泰安金兰奶牛养殖有限公司、山东视界牧业有限公司通过应用该技术显著提高了种质创新能力，获得"国家奶牛核心育种场"这一重要资质，培育出一批优秀种公牛，显著提高山东省乳用种公牛自主培育能力。

（四）技术获奖情况

该技术入选 2022 年山东省农业主推技术，荣获 2004 年度和 2022 年度山东省科学技术进步奖一等奖、2022 年度山东省农业科学院科学技术奖一等奖。

二、技术要点

（一）系统规范的品种登记技术

登记内容包括个体号、品种、出生日期、父号、母号、祖父号、祖母号、外祖父号、外祖母号等三代系谱信息。具体可参照《中国荷斯坦牛》（GB/T 3157）。

（二）持续的生产性能测定技术

奶牛生产性能测定（Dairy Herd Improvement，DHI）是对泌乳牛产奶量、乳成分、乳中体细胞等指标进行测定的记录体系，是奶牛育种的基础工作（图1）。奶样采样方法采用信息化方式采集。按国家有关规定测定牛只个体的产奶量、乳脂率、乳蛋白率、体细胞数等指标。具体可参照《中国荷斯坦牛生产性能测定技术规范》（NY/T 1450）。

图1 DHI 测定采样

图2 奶牛体型鉴定

（三）规范的奶牛体型线性鉴定技术

青年母牛产犊（头胎牛）后的30~180d内对其进行体型线性鉴定，获得20个体型性状分值。该项工作可邀请具有资质的体型鉴定员完成，一般每年鉴定两次可实现全部头胎的鉴定（图2）。具体鉴定方法可参照《中国荷斯坦牛体型鉴定技术规程》（GB/T 35568）。

（四）定期的遗传评估和基因组选择技术

将上述的系谱数据、产量数据及体型数据等进行整理汇总，建立数据库，利用遗传评估软件如DMU等配合一定的数学模型进行遗传评估，该项工作可以依托有关大学或科研单位完成；对于后备母牛可以应用基因组选择技术进行评估。获得所有个体各性状的遗传评估值，然后计算个体综合选择指数，获得综合选择指数值。按指数进行排队，选择前10%或不少于200头个体作为初步的核心群。

（五）科学的选种选配技术

对于初选的核心群母牛，选择优秀的种公牛进行选配，选配时主要考虑当前核心群母牛缺陷性状，对其进行改良。后代近交系数控制在7%以下，综合选择指数及主要性状育种值一般要高于母亲。按牛场正常繁殖程序进行配种，做好配种、妊检及产犊等繁殖记录，确保年繁殖率85%以上。

（六）有针对性的快速扩繁技术

为使核心群个体获得更多的后代，以提高选择强度，可以使用性控冻精配种。对于极优秀个体可以使用超数排卵—胚胎移植（MOET）或活体采卵—体外受精技术（OPU—IVF）进行快速扩繁。MOET和OPU—IVF技术使优秀个体获得10个以上后代，还极大增加优秀个体后代，进而用于自主培育后备种公牛（图3、图4）。

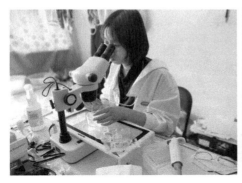

图3　胚胎采集　　　　　　　　　图4　胚胎移植

（七）对后代的优选技术

对于上述繁育出的核心群后代，应用常规遗传评估或基因组评估技术，获得遗传评估成绩，即个体育种值，进一步进行优选，使核心群持续获得提升，不断提高遗传和生产水平。

（八）相关的配套技术

配套技术主要是牛场日常管理的必需技术，主要包括饲养管理技术、疾病防控技术、机械挤奶技术及计算机软件应用技术等。

三、适宜区域

该技术适宜于全国北方奶牛主产区规模化奶牛场。

四、注意事项

一是牧场确保长期开展品种登记等基础工作，并保证其准确性和规范性。

二是 DHI 采样及日常记录要规范，包括系谱、奶量、繁殖等记录，并长期坚持，实施信息化采样，必要时或经常性地组织或参加育种技术培训。

三是牧场有长期做好育种工作的目标，并日常坚持开展相关工作。

四是牧场有与牛群相适应的育种技术人员队伍及软件记录系统。

技术依托单位

1. 山东省农业科学院畜牧兽医研究所

联系地址：山东省济南市历城区工业北路 23788 号

邮政编码：250100

联 系 人：李建斌

联系电话：18678659769

电子邮箱：msdljb@163.com

2. 全国畜牧总站

联系地址：北京市朝阳区麦子店街 20 号

邮政编码：100025

联 系 人：李 姣

联系电话：010-59194728　15810722830

电子邮箱：15810722830@163.com

3. 山东省畜牧总站

联系地址：山东省济南市历城区唐冶西路 4566 号

邮政编码：250102

联 系 人：胡智胜

联系电话：0531-51788718　13953116096

电子邮箱：sngy_2002@163.com

犊牛早期粗饲料综合利用与配套技术

一、技术概述

（一）技术基本情况

1. 研发背景

奶业是我国战略支柱产业，是满足国民美好生活需要的代表性产业。虽然我国奶业近10年规模化水平大幅提升，该团队通过全国近百万头后备奶牛数据调研发现，我国仍面临着犊牛成活率低、发病率高，犊牛生理阶段养殖技术标准化程度低的产业问题。营养调控是改善犊牛生产健康的关键手段，作为反刍动物主要的营养源，是否在犊牛阶段使用粗饲料以及如何利用目前在业界没有明确结论。

根据我国后备牛培育现状调研报告显示，2016年仅有3.6%的牧场选择在犊牛哺乳期补饲粗饲料，这一数值在2019年提升至22.0%，而美国2014年幼龄犊牛补饲粗饲料的牧场比例达到43.3%（图1）。

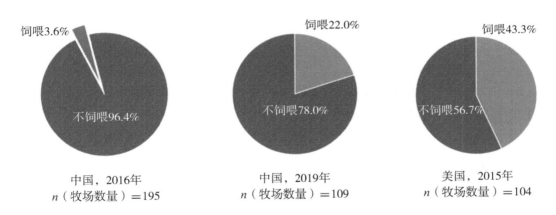

图1 中美哺乳犊牛粗饲料补饲的牧场比例

针对犊牛哺乳期是否补饲粗饲料的第一个研究早在1897年就已出现，至今仍存在争议，粗饲料的补饲效果受粗饲料饲喂比例、饲喂时间等诸多因素的影响。这一百年争议问题已成为牧场最为关心的生产实际问题，影响着牧场管理的标准化进程。中国农业大学秉承"问题来自生产，成果应用于产业"的研发理念，2013—2023年从粗饲料的品种选择、饲喂方式、切割长度、饲喂时间等角度持续开展理论研究和产业应用，全面阐述了犊牛早期是否饲喂粗饲料以及如何合理补饲粗饲料的科学问题。

2. 知识产权

中国农业大学动物科学技术学院为该技术的第一完成单位。该团队累计发表14篇高水平论文，出版后备牛中英文专刊2册，制作彩色挂图2幅，核心内容入选《后备奶牛饲养技术规范》（GB/T 37116—2018）。

（二）技术示范推广情况

"犊牛早期粗饲料优化利用关键技术"在首农畜牧、光明牧业、现代牧业等多家牧业集团使用，示范近 35 万头荷斯坦后备牛，使得哺乳犊牛成活率提升 2~7 个百分点，腹泻率降低为 20% 以下。

（三）提质增效情况

该技术在首农畜牧、光明牧业、现代牧业等多家牧业集团推广，示范近 35 万头荷斯坦后备牛。经测算，在示范牧场中，因减少犊牛死亡淘汰数量和降低发病率，年均减少经济损失 2 900 万元。

（四）技术获奖情况

犊牛早期粗饲料优化利用关键技术作为核心科技成果，支撑团队获得 2019 年度教育部高等学校科学研究优秀成果奖（科学技术）科学技术进步奖一等奖、2016—2018 年度全国农牧渔业丰收奖一等奖和 2022—2023 年度神农中华农业科技奖优秀创新团队（等同于一等奖）。

二、技术要点

该技术以提升犊牛健康和生长水平为目标，核心技术要点包括犊牛早期粗饲料品种选择、饲喂方式、配套饲养方案等 3 方面（图 2）。

（一）粗饲料的品种选择

（1）使用含有一定物理有效中性洗涤纤维（peNDF）的粗饲料，例如干草类粗饲料，能更好地引入犊牛反刍和瘤胃壁的研磨，而大豆皮、麦麸等虽然含有 NDF，但 peNDF 含量低，对瘤胃 pH 值调控作用有限。

（2）针对尚未完全发育的瘤胃，推荐使用燕麦或苜蓿干草等优质粗饲料作为犊牛粗饲料补饲的饲料来源，以选用一级及以上苜蓿干草（干物质基础粗蛋白≥20%、相对饲喂价值 RFV≥170）或一级及以上燕麦干草（干物质基础粗蛋白≥12% 或干物质基础水溶性碳水化合物含量≥25%）为宜，可将苜蓿或燕麦干草作为唯一粗饲料来源，也可将两者混合后使用，使用苜蓿干草时注意防止叶片过碎。若在没有优质干草供应的情况下，可少量使用低级别干草或秸秆饲料。

（3）优质的全株玉米青贮（干物质≥30%，干物质基础上淀粉≥30%）是犊牛粗饲料的可靠来源，但犊牛粗饲料采食量低，青贮类饲料不易保存，存在二次发酵的风险，一般不推荐使用。

（二）粗饲料的饲喂方式

（1）新生犊牛不建议补饲粗饲料，粗饲料的起饲时间在 2 周龄为宜。

（2）粗饲料扎切更有利于犊牛的采食与消化，推荐切割长度 2~3cm。

（3）早期粗饲料饲喂量不宜过高，尤其针对处于断奶过渡期以及刚断奶的犊牛控制在 5%~10%，之后再逐渐提高用量，以防止奶量摄入减少后，营养浓度摄入降低。一般 3~4 月龄内粗饲料饲喂量不超过 10%。

（4）针对哺乳犊牛，精饲料和粗饲料建议分开饲喂，不建议将粗饲料和精饲料预先混合后再饲喂，这样可以避免因粗饲料饲喂比例较大造成的挑食发生，断奶前在犊牛岛建议安装两个料桶分别投放精饲料和粗饲料，断奶后犊牛由犊牛岛饲喂转为群饲后，可采用分开饲喂或叠层饲喂模式，叠层饲喂是指即在精饲料上铺撒上粗饲料。

（三）配套饲养方案

（1）麦秸是良好的垫料资源，若以麦秸等干草作垫料，无论日粮中是否添加粗饲料，犊牛都会采食垫草。建议垫草 1 周更换 1 次保证犊牛岛或者犊牛栏干净卫生。在冬季，垫草厚度推荐高于 15cm。

（2）犊牛初乳饲喂量须达到初生体重的 10%，即出生 1h 内饲喂 4L 优质初乳以保证被动免疫的成功。

（3）哺乳犊牛 3 日龄后，开始自由饮水。每天至少更换两次饮水。冬季应提供温水。

（4）哺乳犊牛 3 日龄后，应提供开食料，2 周龄左右提供粗饲料，每天清理并更换开食料及粗饲料，若使用口感化开食料，则在哺乳期可不额外添加粗饲料，口感化开食料是指添加有未加工或低加工的整粒谷物，以提供足够的研磨性来防止瘤胃上皮角蛋白积聚。

（5）牛奶的饲喂量会影响开食料和粗饲料的采食量，在高奶量（每日牛奶饲喂约初生重的 20%）饲喂体系下，补饲燕麦干草等优质粗饲料不会影响犊牛的生长，且对犊牛缓解腹泻发生，减少死亡淘汰有积极作用。在低奶量（每日牛奶饲喂量约为初生重的 10%）饲喂体系需特别注意粗饲料供给量，建议控制在 5% 以内，防止粗饲料摄入过多而导致的蛋白或能量摄入减少。

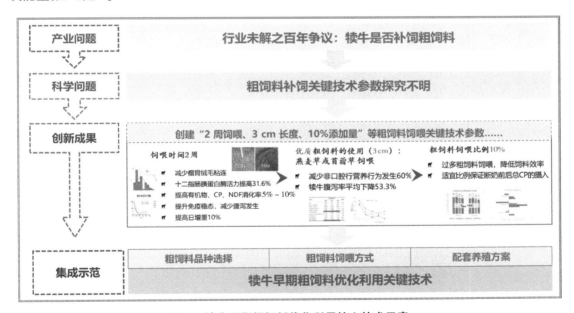

图 2　犊牛早期粗饲料优化利用核心技术示意

三、适宜区域

原则上，该技术适用于全国范围内奶牛养殖场和肉牛养殖场。

四、注意事项

定期开展粗饲料质量指标和安全卫生指标监测，排除霉菌毒素污染等风险。

技术依托单位

1. 中国农业大学

联系地址：北京市海淀区圆明园西路2号

邮政编码：100193

联 系 人：曹志军　李胜利

联系电话：010-62733746

电子邮箱：caozhijun@ cau. edu. cn

2. 四川农业大学

联系地址：四川省成都市温江区惠民路211号

邮政编码：611130

联 系 人：肖鉴鑫　王之盛

联系电话：15101129792

电子邮箱：xiaojianxin@ sicau. edu. cn

3. 全国畜牧总站

联系地址：北京市朝阳区麦子店街20号楼

邮政编码：100125

联 系 人：李竞前　闫奎友　黄萌萌

联系电话：13601198312

电子邮箱：85148766@ qq. com

奶牛高湿玉米制作及利用技术

一、技术概述

（一）技术基本情况

玉米是我国主要的粮食作物，同时是奶牛等畜禽的主要能量饲料来源。玉米中含有蛋白质和较多的可溶性糖，吸湿性强，收获时水分较高，不易保存。收获后的高水分玉米，在适宜的温度下，极易发生霉变，不仅营养成分损失严重，同时产生的霉菌毒素会引发奶牛中毒，造成奶牛肝脏损伤，甚至对奶牛的机体免疫系统造成毒害。为防止玉米贮存过程发霉变质，制备高湿玉米是一种有效的方式。高湿玉米即高水分玉米青贮，是指玉米籽实水分含量在 24%~40% 时收获，经过粉碎加工、压实密封和贮存发酵形成的高淀粉能量饲料。高湿玉米的湿贮种类有籽粒湿贮（High Moisture Corn，HMC）、果穗湿贮（玉米芯+籽粒，High Moisture Ear Corn，HMEC）、全果穗湿贮（苞叶+玉米芯+籽粒，Snaplage）。湿贮方式同全株玉米青贮，有窖贮、拉伸裹包膜贮存、灌肠式贮存。高湿玉米具备以下优点：可以降低成本；可以减少玉米籽粒在收获过程中的烘干、运输以及籽粒的损失；籽粒经过粉碎发酵后，提高了玉米籽粒中淀粉的消化率，高湿玉米淀粉的利用率比干玉米提高 20%~30%；高湿玉米可以有效保持营养成分，减少浪费，提高过瘤胃蛋白质含量，提高奶牛的生产水平及牧场经济效益。综上，在玉米等能量饲料价格上涨的情况下，使用高湿玉米是一种有效的节本增效手段。

使用该项技术发表论文 5 篇（2 篇 SCI），制定团体标准 1 项。

（二）技术示范推广情况

美国有 40% 的奶农使用高湿玉米，而我国伊利、原生态牧业、现代牧业、君乐宝、完达山、辉山乳业等大型奶企也在牧场使用了高湿玉米，效果显著，示范奶牛 10 万头次。

（三）提质增效情况

将高湿玉米代替压片玉米（按干物质等量替代）饲喂奶牛 2 个月后，每头泌乳奶牛日单产提高 1.5kg，牛群的饲喂成本降低 0.11 元/kg。长期饲喂高湿玉米帮助牧场降本增效 25%~30%，显著提高牧场效益。

（四）技术获奖情况

无。

二、技术要点

（一）籽粒高湿玉米制作流程（以窖贮为例）

1. 收割

收获标准：玉米籽粒生长到乳线消失出现黑层，籽粒水分含量在 27%~33%。

2. 粉碎

使用传送带粉碎设备（辊筒磨、锤片式粉碎机或滚筒式粉碎机）将籽实进行粉碎。

标准：完整的玉米籽粒＜5%，同时避免过度加工。如果碾压处理，要求每粒籽粒被破碎至 4~6 片。粉碎粒度通过谷物筛进行评定，谷物筛筛分孔径（从上到下）：第一层 4.75mm，第二层 1.18mm，第三层 0.6mm，底层无孔（图1）；粉碎粒度标准为：第一层＜50%，第三层+底层 25%，底层＜20%。全果穗玉米湿贮时，玉米芯和苞叶要粉碎到 1~1.2cm（图2）。

图1　高湿玉米粉碎度分级筛　　　　图2　高湿玉米制作过程

3. 压窖

使用大型拖拉机/装载机进行封窖，速度要快。压窖方式同全株玉米青贮。

标准：湿贮窖具有平整的水泥地面和侧墙。窖宽，至少两个拖拉机宽；窖高，至少 2.5m。或直接使用青贮窖。压窖密度 800~1 000kg/m³。

压窖中使用湿贮添加剂，第一类为促发酵剂：标准乳酸菌菌剂（植物乳杆菌，同型发酵，产乳酸）。第二类为抑制开窖后酵母菌繁殖：布氏乳杆菌（异型发酵，产乳酸和乙酸）。减少开窖后的发热，保持湿贮的有氧稳定性。第三类为降 pH 值：丙酸或丙酸混合物（丙酸、乙酸、苯），给乳酸菌发酵创造适宜环境。发酵良好的高湿玉米 pH 值一般会下降为 4.0~4.3。

4. 封窖

第一层覆盖透明塑料膜/黑白膜，第二层覆盖黑白青贮膜（墙侧也要铺设，边封边把玉米包裹进去）轮胎压覆，两张膜接缝处、窖墙边缘用砾石袋压覆。

5. 开窖

开窖时间因地制宜，一般发酵 2 个月以上。寒冷地区可以当年秋季制作，第二年春季使用，保证发酵完全（图3）。

图3　高湿玉米取样

（二）果穗高湿玉米制作流程（以裹包为例）

1. 收割

收获标准：收获时玉米处于完熟期，使用玉米穗收获机摘穗去除大部分外苞和茎后，运输到制作现场，玉米棒上允许保留 2~3 片苞叶，水分控制在 35%~45% 为宜。

2. 粉碎

使用传送带粉碎设备（辊筒磨、锤片式粉碎机或滚筒式粉碎机）将去除苞叶后的带轴籽粒进行粉碎。

粉碎标准：同"（一）2."。

3. 裹包

制作高湿玉米时，需要尽快粉碎裹包（图 4）。使用 14 层膜裹包，其中，里面 6 层膜用于定型，外面 8 层膜用于防止漏气和加固。理想的压实密度为 750kg/m³ 以上。

裹包中使用湿贮添加剂同"（一）33."。

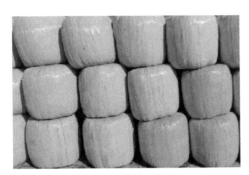

图 4　裹包高湿玉米

4. 保存

裹包完成后，做好记录，贴上二维码标签，堆放在防鸟防鼠的地方。

5. 开封使用

湿贮玉米经过 60d 发酵后营养基本稳定，可以开始饲喂。为了提高淀粉的消化率，更好地保证瘤胃能氮平衡和控制霉菌毒素的产生，可以按干物质重量等量替换干贮玉米（粉碎或碾压）或压片玉米。

（三）高湿玉米质量标准

1. 感官评定（图 5、图 6，表 1）

图 5　籽粒高湿玉米外观性状

图6 裹包果穗高湿玉米开包后外观性状

表1 高湿玉米感官评价

品质等级	颜色	气味	质地
优质	淡黄色，有光泽，接近原色	浓郁酒香味	松散、柔软、易分离
中等	黄褐色	刺鼻味	水分稍多、略带黏性
低质	暗褐色、黑色	腐臭味、霉味	腐烂污泥状、黏结成块

2. 营养指标（表2）

表2 高湿玉米的营养价值 单位：%

高湿玉米种类	全果穗湿贮	果穗湿贮	玉米粒湿贮	干玉米粒
干物质	40~55	50~59	60~75	85~88
淀粉	43~55	55~63	65~72	70~72
中性洗涤纤维	25~30	13~22	8~10	8~10
酸性洗涤纤维	12~18	8~12	3~4	3~4
粗蛋白	8.0~8.5	8.5~8.8	8.5~9.0	8.5~9.0
价格/（元/t，鲜重）	1 000	1 500	1 800	2 200

3. 高湿玉米饲喂技术

高产奶牛每天的用量以不超过 5~6kg/d 为宜（具体配制时根据高湿玉米的类型进行调整）。考虑瘤胃健康，新产牛不建议使用高湿玉米；后备牛和干奶牛能量需求较低，避免出现后备牛体况过高、干奶牛难产，同样不建议使用高湿玉米。

三、适宜区域

该技术可在全国奶牛养殖区域进行推广。

四、注意事项

一是夏季使用时，随取随用，断面要直，防止发霉，防止二次发酵。裹包高湿玉米开包后尽量当天用完。要特别注意鼠患引发窖面破损进水，从而造成高湿玉米发霉变质。北方地区应该在第二年天气回暖时再开窖使用，防止上冻板结。

二是高湿玉米使用时要综合考虑牧场饲料状况以及成本。如果牧场有质量和价格合适的青贮玉米、玉米粉、压片玉米等原料供给，或者高湿玉米制作技术不成熟时，高湿玉米都不是最优选。

三是使用高湿玉米时要特别关注配方设计。高湿玉米淀粉消化率高，要达到适宜的能氮平衡，同时须在配方中补充快速降解的蛋白；如果粗饲料质量不好，容易能氮失衡影响生产性能。

四是使用高湿玉米时，要监控牛奶质量指标，及时调整配方。

技术依托单位

1. 中国农业大学

联系地址：北京市海淀区圆明园西路 2 号

邮政编码：100193

联 系 人：李胜利　曹志军　王　蔚　杨红建　姚　琨

联系电话：010-62731254

电子邮箱：lishenglicau@163.com

2. 北京农学院

联系地址：北京市昌平区史各庄街道北农路 7 号

邮政编码：100096

联 系 人：郭凯军

联系电话：18710133105

电子邮箱：kjguo126@126.com

奶牛健康管理生牛乳中体细胞数控制技术

一、技术概述

（一）技术基本情况

随着生活水平的提高，人们对乳品质量安全越来越重视。优质生牛乳是保证乳品质量安全的前提，而体细胞数是衡量奶牛乳腺感染和生牛乳品质的重要指标之一。生牛乳中体细胞通常由巨噬细胞、淋巴细胞、中性粒细胞和少量乳腺组织上皮细胞等组成。国际奶业协会、美国国家乳腺炎委员会及大多数文献都建议健康奶牛乳中体细胞数一般在20万个/mL以内。当生牛乳中体细胞数超过20万个/mL时，奶牛乳房疑似受到细菌感染；而当体细胞数超过50万个/mL时，奶牛乳腺炎的发病率将会大大增加。研究显示，生牛乳中体细胞数与奶产量呈显著负相关，随生牛乳中体细胞数逐渐增加，当体细胞数超过100万个/mL，奶牛产奶量损失显著增加，甚至损失2kg以上。同时，研究表明体细胞数还与生牛乳品质相关，随着体细胞数的增加，生牛乳中乳糖、酪蛋白、乳脂肪等含量相应下降，而酪蛋白水解产物、乳清蛋白、急性期蛋白、氯离子和丙二醛含量增加，乳制品货架期缩短、风味发生改变，不仅牛乳营养价值降低，而且危害消费者利益。

目前，我国奶牛养殖水平参差不齐，许多养殖场（户）往往只关心奶牛临床型乳腺炎，而忽略了隐性乳腺炎也是造成体细胞数高的原因之一。一般我国乳品加工企业收购生牛乳时，将体细胞数列为一项重要的衡量指标，体细胞数很多都限制在40万个/mL，超过70万个/mL或100万个/mL时就会拒收。生牛乳中体细胞数不仅与奶牛养殖场的经济收益密切相关，而且与消费者的利益密切相关。该技术通过在饲料营养、泌乳牛管理、牛体健康和环境卫生等生产环节对生牛乳中体细胞数进行控制，体细胞数均值低于30万个/mL，从而保障生牛乳质量。该技术已经在全国25省（区、市）400余个规模化奶牛场实现大规模应用。

（二）技术示范推广情况

该技术已被全国畜牧总站联合国家奶业科技创新联盟优质乳工程团队在河北、山东、安徽等25省（区、市）400余个规模化奶牛场示范应用。技术应用后，生牛乳中体细胞数得到有效控制，同时乳品质量有所提升，符合该技术形成的行业标准《生牛乳中体细胞数控制技术规范》（NY/T 4292—2023）要求，生牛乳中体细胞数低于30万个/mL。

（三）提质增效情况

该技术服务政府监管重大需求，取得了显著社会效益。形成的行业标准《生牛乳中体细胞数控制技术规范》在全国25省（区、市）400余个规模化奶牛场实现应用，有效控制了生牛乳中的体细胞数，提高了奶牛健康水平，提升了原料乳品质，在保障我国乳品质量安全中发挥了重大的技术支撑作用。

（四）技术获奖情况

该技术作为奶及奶产品安全控制与质量提升关键技术，荣获国家科学技术进步奖二等奖

1项。

二、技术要点

（一）饲养管理

奶牛预产期前约60d宜逐渐停止挤奶，停奶当天最后一次挤净牛乳后，应采取措施预防乳腺感染，包括但不限于每个乳区灌注兽用抗菌药物和乳头封闭剂。泌乳期奶牛宜每月进行1次乳中体细胞数的测定，若群体中有25%的奶牛体细胞数得分大于5，应对干奶期和产后奶牛进行乳腺炎防控措施检查，及时淘汰久治不愈的奶牛。

干奶期和泌乳期奶牛总维生素E摄入量宜不低于1 000IU/d，总硒元素以干物质计为0.35～0.40mg/kg。

（二）挤奶环节管理

挤奶系统应定期检查及维护，每半年应检测1次脉动频率。挤奶前应药浴1次奶牛乳头，应用干净、消毒毛巾或一次性纸巾擦干。应挤弃前3把奶，前3把奶异常的奶牛应分开挤奶。接触异常奶的人员，双手应清洗消毒，再对其他牛只进行挤奶操作。挤奶过程中应巡杯，避免漏气，掉杯后应冲洗干净重新上杯。挤奶结束后应药浴1次奶牛乳头，应选择形成保护膜的药浴液。

（三）牛体健康管理

泌乳牛乳头末端和乳头孔角质层应无明显的皲裂，其评分宜在3分及3分以内（图1）。泌乳牛乳房表面应无大面积粪污斑块，其清洁度评分宜在3分及3分以内（图2）。泌乳牛后肢飞节及以下应无大量结块的粪污斑块，其清洁度评分宜在3分及3分以内（图3）。

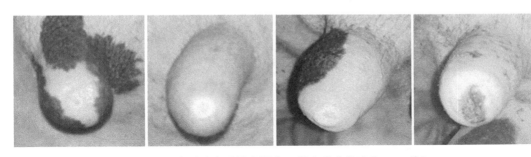

图1 奶牛乳头末端健康评分（从左往右依次为1～4分）

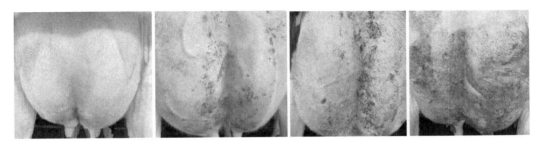

图2 奶牛乳房清洁度（从左往右依次为1～4分）

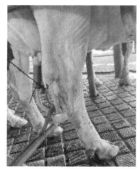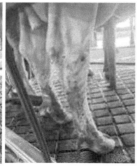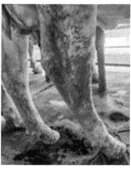

图3 奶牛肢蹄清洁度（从左往右依次为1~4分）

（四）环境管理

牛床垫料应充足、干燥和松软，无明显可见粪污、积水或石块，宜采用包含但不限于沙子、稻壳、发酵后的干牛粪（图4）。当牛舍温度低于0℃时，宜采用保温措施，包含但不限于挂卷帘和设挡风屏障。当牛舍温湿指数大于68时，宜采用措施缓解热应激，包含但不限于遮阳、开风机通风、喷雾和喷淋。

图4 牛舍牛床

三、适宜区域

该技术实用性强，适用范围广，全国范围内的大中小型牧场均可推广应用。

四、注意事项

一是注意牛体、环境卫生。
二是挤奶应按规定操作进行。
三是每月定期检测群体及个体牛乳中体细胞数。

技术依托单位

1. 全国畜牧总站

联系地址：北京市朝阳区麦子店街 20 号

邮政编码：100125

联 系 人：黄萌萌　闫奎友

联系电话：010-59194037

电子邮箱：xmzznyc@163.com

2. 中国农业科学院北京畜牧兽医研究所

联系地址：北京市海淀区圆明园西路 2 号

邮政编码：100193

联 系 人：张养东　王加启

联系电话：010-62816069，15011523561

电子邮箱：zhangyangdong@caas.cn

3. 青岛农业大学

联系地址：山东省青岛市城阳区长城路 700 号

邮政编码：266109

联 系 人：杨永新

联系电话：13739279363

电子邮箱：qauyang@qau.edu.cn

4. 安徽省农业科学院畜牧兽医研究所

联系地址：安徽省合肥市庐阳区农科南路 40 号

邮政编码：230031

联 系 人：赵小伟

联系电话：0551-65146065

电子邮箱：xiaowei1986mm@163.com

肉羊多元化非粮饲料利用和玉米
豆粕减量替代技术

一、技术概述

（一）技术基本情况

2023 年，我国羊存栏量超 3.26 亿只，羊肉产量 524.53 万 t，居世界首位。饲粮精粗比如按 5∶5 计算，平均每只羊每天采食 1kg 饲粮，则需精料补充料接近 6 000 万 t/年，其中，玉米、豆粕等主要的能量、蛋白质饲料原料年需求量达到 3 000 万 t。作为反刍动物，肉羊特有的复胃结构决定其具有可利用包括杂粮、秸秆、非常规粗饲料等饲料资源的功能。该技术有利于在现代养殖模式下充分发挥上述饲料资源的营养价值，通过精准营养供给，降低玉米在肉羊育肥期的使用比例，使用杂粮替代豆粕，同时保证育肥效率，实现节本增效。

（二）技术示范推广情况

近年来，中国农业科学院饲料研究所与内蒙古富川养殖科技股份有限公司、内蒙古华翔农林牧科技发展有限公司、安徽安欣（涡阳）牧业发展有限公司、山东德邦食品有限公司等肉羊养殖企业深入合作，示范推广该技术。与玉米豆粕型饲粮相比，在肉羊生产性能与产品品质不发生变化的情况下，显著降低了养殖成本，增加了经济效益。

基于对肉羊多元化非粮饲料利用和玉米豆粕减量替代技术的信任，内蒙古华翔农林牧科技发展有限公司与中国农业科学院饲料研究所签订长期合作协议。

（三）提质增效情况

（1）建立了育肥肉羊饲粮最佳氨基酸模式，为优化饲粮蛋白质结构和降低蛋白质水平提供理论依据。在氨基酸水平和比例适宜的情况下，可将精料粗蛋白质水平从 19% 降低到 15%，该成果为提高非大豆来源蛋白质的品质提供了理论依据。

（2）以棉粕、菜籽饼、葵花籽仁饼及混合饼粕（棉粕+菜籽饼+葵花籽仁饼）等杂粮等氮替代肉羊饲粮中的豆粕，对肉羊生长性能、屠宰性能及肉品质无负面影响，养殖效益提高；筛选出能够降解杂粮抗营养因子的菌株和适用发酵条件，饲养试验验证，通过筛选的特定菌株对杂粮进行发酵处理能够进一步提高杂粮型饲粮的饲养效果。

（3）筛选特定菌株和酶制剂组合，在玉米、小麦、水稻秸秆菌酶协同联用复合发酵技术方面取得突破，形成菌酶协同发酵制剂，已注册专利一种用于秸秆青/黄贮饲料发酵的酶菌复合添加剂（ZL 201510811156.2），在提高肉羊生产性能上效果显著，可提高羔羊日增重 23%，改善饲料转化率 20%。针对桑树、构树、辣木，以及甘薯藤、甘蔗梢等经济作物副产物开展营养价值评价工作，建立了非粮饲料资源营养成分表以及饲养实用技术。

（4）研究非蛋白氮在肉羊饲粮中的应用。试验验证了非蛋白氮在肉羊饲粮中的最佳添加比例，以尿素为例，可以代替肉羊育肥期饲粮中 10% 左右的粗蛋白质来源，动物生产性能与畜产品品质并不受影响。产品规格在牵头制定的国家标准《饲料添加剂　第6部分：非

蛋白氮 尿素》（GB 7300.601—2020）中进行了明确规定。

（5）该技术取得了显著经济效益。截至 2023 年，示范项目覆盖出栏肉羊 1 000 万只以上，饲料利用率提高 15%~20%，肉羊日增重 250~300g，育肥期末多增重 6~8kg，提前至少 1 个月出栏，每只羊新增经济效益 50~80 元，累计为养殖场户增收 5~8 亿元。

（四）技术获奖情况

该技术荣获 2022 年度北京市科学技术奖二等奖（肉羊健康养殖营养调控技术创新及应用）。

二、技术要点

主要技术内容包括：基于氨基酸平衡的杂粕精料配制、非常规粗饲料营养指标及饲粮配制、非蛋白氮饲料添加剂的安全使用、秸秆综合利用典型配方等。配套技术如下。

（一）基于氨基酸平衡的杂粕精料配制

以平均体重为 20kg 的肉羊作为试验动物，随机分为 5 组，分别以豆粕组、棉粕组、菜籽饼组、葵花籽饼组以及混合饼粕为主要蛋白饲料，依据《肉羊营养需要量》（NY/T 816—2021），按照等能等氮原则配制精粗比为 65：35 的全混合颗粒饲粮，试验饲粮组成及营养水平见表 1。

表 1　不同蛋白源饲粮组成及营养水平　　　　　　　单位：干物质基础,%

项目	组别				
	豆粕组	棉粕组	菜籽饼组	葵花籽仁饼组	混合饼粕组
原料					
葵花皮	10.00	10.00	10.00	10.00	10.00
苜蓿草颗粒	15.00	15.00	15.00	15.00	15.00
豆粕	10.00				
棉粕		10.00			4.00
菜籽饼			12.00		4.00
葵仁饼				15.50	4.50
玉米	42.00	45.50	41.50	38.00	43.50
胚芽粕	5.00	5.00	7.00	6.00	4.00
玉米秸秆	7.00	5.00	4.00	3.00	5.00
干酒糟及其可溶物	8.50	7.00	8.00	10.00	7.50
食盐	0.50	0.50	0.50	0.50	0.50
石粉	1.00	1.00	1.00	1.00	1.00
预混料[①]	1.00	1.00	1.00	1.00	1.00
合计	100.00	100.00	100.00	100.00	100.00
营养水平[②]					
代谢能/（MJ/kg）	13.65	13.65	13.64	13.64	13.64
干物质/%	91.52	91.41	91.70	92.39	93.06

（续表）

项目	组别				
	豆粕组	棉粕组	菜籽饼组	葵花籽仁饼组	混合饼粕组
粗蛋白质/%	13.91	14.19	13.97	13.54	13.73
粗脂肪/%	3.06	2.93	3.33	3.37	3.26
中性洗涤纤维/%	29.49	28.73	31.05	33.38	32.75
酸性洗涤纤维/%	15.24	14.59	16.85	18.38	17.32
钙/%	0.74	0.72	0.78	0.74	0.74
磷/%	0.36	0.40	0.48	0.44	0.40

① 预混料为每千克饲粮提供 VA 15 000IU、VD 2 200IU、VE50IU、Fe55mg、Cu12.5mg、Mn47mg、Zn24mg、Se0.5mg、I0.5mg、Co0.1mg。

②营养水平除代谢能为计算值外其他均为实测值。

（二）非常规粗饲料营养指标及饲粮配制

以秸秆和茎叶类副产物作为主要的粗饲料替代来源以及饼粕和糟渣类作为精饲料补充部分发挥着重要作用。经济作物副产物由于加工过程和利用部位不同，导致其副产物营养物质组成存在较大差异，其中，粗蛋白质（CP）水平和纤维含量是影响副产物在牛羊饲粮中应用主要因素。表2中所显示的经济作物副产物中以葵花粕 CP 含量（30.70%~33.60%）最高，其他副产物 CP 含量超过 10% 的依次有桑叶（18.26%~24.75%）、木薯茎叶（17.70%~27.90%）、甜菜茎叶（17.30%~18.14%）、棕榈仁粕（14.86%~16.32%）、花生秧（11.17%~14.55%）等，这些副产物可以作为饲料蛋白质供给来源发挥着重要作用。

饲粮配方制作上，研究发现将油菜秸秆以不同比例（0%、25%、50%、75%、100%）与象草进行组合，发现油菜秸秆以 75% 的比例与象草组合在体外发酵试验中产生正组合效应，并改善了发酵模式。采用同样试验方法，将油菜秸秆与玉米、豆粕以 3:3:4 进行组合，发酵产物中 NH_3-N 浓度和 pH 值显著下降，而以 5.5:3:1.5 比例组合时，瘤胃发酵效率最高，能氮比最优。

（三）非蛋白氮饲料添加剂的安全使用

常用的非蛋白氮类饲料添加剂主要有尿素、铵盐、液氨等，这类添加剂可作为部分蛋白质饲料的替代物，为瘤胃微生物提供菌体蛋白合成所需的氮素，减少饲料中蛋白质在瘤胃中的分解，从而让饲料中的蛋白质更好地发挥作用。其中最常使用的非蛋白氮类饲料添加剂为尿素。试验结果表明，当饲粮中尿素的添加水平达到 1.5% 时，对肉羊生长性能和肉品质不产生明显的影响，为有效安全水平；当尿素添加水平达到 2.5% 时，肉羊采食量下降，并显著降低日增重，降低肉色红度值，显著增高羊肉 pH 值，不利于肉羊生产；此外，磷酸脲可替代部分豆粕用于肉羊饲粮中，当饲粮中磷酸脲替代比例为 1% 时，羔羊达到最佳生长性能和屠宰性能；当替代比例达到 4% 时，极显著降低羔羊的日增重、胴体重，增加肌肉的亮度；当磷酸脲替代比例为 2% 时，为有效安全水平，对羔羊生长性能、屠宰性能和肉品质除肌肉黄度外无显著影响，因此，肉羊饲粮中磷酸脲替代豆粕的水平应不超过 2%。

表 2 我国常见具有饲用价值的经济作物副产物营养成分含量

单位：干物质基础,%

种类	干物质	粗蛋白质	粗脂肪	中性洗涤纤维	酸性洗涤纤维	WSC	Ash	Ca	P
大豆秸秆	86.79~94.62	3.45~7.28	0.65~0.70	61.50~72.79	40.36~56.01	1.65~3.81	3.90~4.34	0.60~0.73	0.02~0.18
木薯茎叶	16.00~32.20	17.70~27.90	5.07~6.87	14.30~33.40	14.10~28.10	6.04~10.62	6.20~8.00	0.69~1.18	0.41~1.02
油菜秸秆	91.20~96.39	3.37~5.79	2.51~6.82	67.87~79.70	55.52~58.87	0.93~1.59	5.52~7.58	1.01~1.08	0.09~0.13
花生秧	90.17~93.92	11.17~14.55	2.07~2.60	40.16~49.17	30.73~40.80	21.31~31.68	11.06~14.14	1.25~1.82	0.13~0.34
甘蔗梢叶	90.40~92.65	5.65~7.26	1.23~2.06	67.22~68.15	34.54~38.79	12.69~32.12	7.02~7.20	0.52	0.14
甜菜茎叶	87.80~89.80	17.30~18.14	1.04~2.10	26.75~29.90	9.52~21.50	7.40~8.80	17.55~20.10	0.97	0.17
楮花秸秆	93.85~94.44	6.37~7.45	3.97	72.10	56.80	11.62	5.49~10.47	0.79~1.14	0.08~0.17
香蕉茎叶	93.39~95.21	4.02~4.71	2.31~7.57	63.42~67.35	42.51~44.68	4.86~11.35	9.70~15.80	0.19~2.68	0.10~0.18
桑叶	87.98~91.70	18.26~24.75	3.90~5.06	47.44~50.55	17.45~19.64	10.82~17.78	12.27~13.09	2.16~2.45	0.24~0.25

（四）秸秆综合利用典型配方

利用大豆秸秆替代玉米秸秆（0%、50%、100%）饲喂西门塔尔母牛，尽管降低了母牛产前饲粮的干物质（DM）和中性洗涤纤维（NDF）表观消化率，但对产后 DM、粗蛋白质（CP）、粗脂肪（EE）、NDF、酸性洗涤纤维（ADF）、Ca、P 等营养物质消化率无显著影响，综合各项指标，大豆秸秆以 50% 比例替代玉米秸秆饲喂西门塔尔牛为宜。

发酵鲜食大豆秸秆饲喂母羊不仅有助于增加母乳中乳脂、乳蛋白、乳糖、乳总固形物和非乳脂固形物的含量，而且还可提高羔羊初生重和母羊 DM、CP、EE、OM 的表观消化率以及降低母羊血清尿素氮含量。

与大豆秸秆相反，油菜秸秆显著降低了羔羊 DM、OM、NDF、ADF 和氮的表观消化率及氮存留率，最终影响了羔羊末重和平均日增重。但是，饲喂微生物发酵后油菜秸秆可改善肉牛生长性能，提高 CP 和 NDF 的表观消化率，并且未影响肉牛健康。

在全价颗粒饲粮中添加不同比例（0%～40%）棉花秸秆，未影响育肥绵羊采食量并且可使平均日增重维持在 200g；对于生产母羊，棉花秸秆添加比例控制在 20%～50% 并未影响母羊生长性能、繁殖性能和羔羊初生重。

三、适宜区域

根据可利用的非粮饲料资源的种类因地制宜地推广应用该技术成果。

四、注意事项

非蛋白氮类饲料添加剂在使用时要注意添加量不能高于安全限量，避免对肉羊健康造成影响。

技术依托单位

1. 全国畜牧总站
联系地址：北京市朝阳区麦子店街 20 号
邮政编码：100125
联 系 人：单丽燕
联系电话：010-59194594
电子邮箱：xmzzslc@ agri. gov. cn
2. 中国农业科学院饲料研究所
联系地址：北京市海淀区中关村南大街 12 号
邮政编码：100081
联 系 人：马 涛
联系电话：15210968695
电子邮箱：matao@ caas. cn

绒肉兼用型绒山羊选育扩繁及
精准化营养调控技术

一、技术概述

(一) 技术基本情况

1. 技术研发推广背景

辽宁绒山羊是我国独特的畜禽品种资源,产绒量世界第一,被誉为"中华国宝",辽宁绒山羊产业是辽宁省最具特色的畜牧产业之一。2010 年,辽宁省全面实施封山禁牧,绒山羊生产面临重重困境:一是肉用性能选育开发滞后;二是没有舍饲规模化养殖配套技术体系;三是饲料和人工成本增加;四是舍饲养羊饲草资源匮乏,秸秆饲料化利用水平低;五是养羊场户标准化生产水平低。

为解决辽宁绒山羊舍饲出现的上述问题,该项目单位(原辽宁省畜牧科学研究院)以国家绒毛用羊产业技术体系和辽宁省羊产业科技创新团队为依托,组建了"体系、高校、科研和生产"深度融合的产业技术研发团队,自 2014 年起,选育出了绒肉兼用型辽宁绒山羊、建立了舍饲配套的高效繁殖技术体系、创新了草畜平衡动态估测模型及秸秆饲料轻简化技术体系,研发了精准营养调控新技术,研制了一系列标准化生产技术规程,并将绒肉兼用型辽宁绒山羊选育扩繁及改良技术、舍饲高效养殖关键技术进行熟化、集成和推广,破解了绒山羊舍饲生产的技术瓶颈,实现了科技成果的高效转化和辽宁绒山羊产业转型升级,为全国发展生态高效养羊生产提供了可借鉴的示范模式。

2. 能够解决的主要问题

(1) 能够解决绒山羊肉用性能选育开发滞后的问题。面对全国性羊肉涨价、羊绒降价的市场行情,养殖户急需产绒性能好,同时肉用性能突出的种羊进行改良生产,推广的绒肉兼用型辽宁绒山羊能够满足生产的需要。

(2) 能够解决绒山羊舍饲规模化养殖技术水平低、生产效率低的问题。通过技术应用,舍饲生产各关键环节技术实现标准化、系统化,舍饲生产羊只疾病发生率和死亡率下降,出栏比例提高,出栏羊质量提高。

(3) 能够解决舍饲养羊饲料和人工成本增加,生产效益降低的问题。通过绒山羊 TMR 日粮、秸秆饲料化、营养调控等技术的应用,可以解决饲草资源匮乏的问题,提高秸秆饲料化利用水平,通过机械剪绒等技术应用,可以显著降低人工成本,提高生产效益。

3. 专利范围及使用情况

成果获辽宁省科学技术进步奖一等奖 1 项、二等奖 1 项,获授权发明专利 3 项、实用专利 4 项,制定国家标准 1 项、行业标准 2 项、地方标准 12 项。

发明专利 1:一种能提高种公羊繁殖性能的中草药添加剂,可以调节种公羊繁殖性能,提高公羊性欲、增加采精频率、提高精液质量等,已在部分养殖场户使用。

发明专利 2：一种绒、毛、肉用羊全混合颗粒饲料及加工方法，通过专利技术进行精粗混合加工同时饲喂，节省人工成本、提高饲喂效率、扩大饲料来源等，已在部分养殖场户使用。

发明专利 3：一种制粒专用粗饲料复合防霉剂及制备方法，解决了传统制粒工艺中容易因含水量高而出现发霉、变质的难题，已在部分饲料厂和养殖场户使用。

实用新型专利 1：羔羊哺乳器，解决了母羊母性不强、母乳量少、羔羊过多而导致的羔羊哺乳困难问题，已在部分养殖场户使用。

实用新型专利 2：羊用恒温饮水器（图 1），解决了冬季饮水时水温容易快速降低而影响生产的问题，已在部分养殖场户使用。

实用型新型专利 3：用于组装成可移动通道式羊运动场的片网组件，适用于羊养殖场户在注射疫苗、药浴、生产性能测定等操作时圈羊固定羊，已在部分养殖场户使用。

图 1　绒山羊恒温饮水系统

实用新型专利 4：简易的可移动升降羊保定床，适用于羊养殖场户进行羊保定，已在部分养殖场户使用。

（二）技术示范推广情况

过去 9 年，在省内累计繁育推广优良种公羊 9 725 只，改良羊只 770 多万只，舍饲高效养殖技术在辽宁省内绒山羊养殖区均有部分场户应用；良种羊推广到内蒙古、陕西、新疆等 17 个省（区），部分舍饲高效养殖技术也被部分绒山羊主产区引入，年种羊省外销售近 10 万只。2020—2021 年实现新增效益 25.22 亿元。

（三）提质增效情况

拟推广的绒肉兼用型辽宁绒山羊，公羊平均体重、产绒量和屠宰率达到 89.0kg、1 507.4g、53.6%，比选育前提高 8.50kg、122.9g 和 4.8 个百分点；母羊平均体重、产绒量和屠宰率达到 57.6kg、986.6g 和 45.9%，比选育前提高 4.1kg、71.4g 和 3.4 个百分点。通过推广的合饲高效养殖技术，种羊选留比例达 33% 以上，比常规技术条件下提高近 10 个百分点；羊成活率提高到 95.62%，提高 4.58 个百分点；年繁殖成活率提高到 210%，提高 45 个百分点。采绒效率由 5 只／（d·人）提高到 50 只／（d·人），提高了 9 倍。鲜精有效稀释倍数由 5 倍提高到 30 倍，低温保存期由 2d 延长至 6d，配种效率比常规输精提高 10 倍以上。以使用疫病防治技术提高羊只成活率为例，每百只规模提高收益约 13 000 元；以开展机械剪绒技术提高效率节省人工费用为例，每百只规模节省费用约 3 000 元；以使用秸秆轻简化高效利用技术节约饲料成本为例，每百只规模节省费用约 11 300 元。

（四）技术获奖情况

1. 省部级一等奖 1 项、二等奖 1 项

2016 年，"种草养畜关键技术集成与产业化示范"成果获得辽宁省科学技术进步奖一等奖。

2020 年，"辽宁绒山羊舍饲生态高效养殖技术研究与示范"成果获得辽宁省科学技术进步奖二等奖。

2. 市厅级一等奖 6 项、二等奖 4 项

2019 年 "'绒肉兼用'型辽宁绒山羊选育扩繁及示范"成果获得辽宁农业科技贡献奖一等奖。

2018 年 "辽东地区辽宁绒山羊改良"成果获得辽宁省畜牧业科技贡献奖一等奖。

2017 年 "优质高产绒山羊饲养管理技术推广"成果获得辽宁省畜牧业科技贡献奖一等奖。

2017 年 "绒山羊产业五化技术及现代交易服务体系建设"成果获得辽宁省畜牧业科技贡献奖一等奖。

2016 年 "中国绒山羊饲养标准"成果获得辽宁省畜牧兽医科技贡献奖一等奖。

2016 年 "辽宁绒山羊肉用性能研究"成果获得辽宁省畜牧兽医科技贡献奖一等奖。

2019 年 "舍饲绒山羊常见营养代谢病的调控技术研究与示范应用"成果获得辽宁农业科技贡献奖二等奖。

2019 年 "绒山羊副结核防控技术研究与应用"成果获得辽宁农业科技贡献奖二等奖。

2019 年 "秸秆饲料轻简化高效利用技术推广"成果获得辽宁农业科技贡献奖二等奖。

2017 年 "绒山羊现代繁育技术研究与示范"成果获得辽宁省畜牧业科技贡献奖二等奖。

二、技术要点

(一)优质种源的选择

绒山羊舍饲高效养殖技术的关键是选择优质种源。该技术推荐选择的种源是绒肉兼用型辽宁绒山羊,公羊(图 2)平均体重、产绒量和屠宰率达到 89.0kg、1 507.4g、53.6%,母羊平均体重、产绒量和屠宰率达到 57.6kg、986.6g 和 45.9%。同国内外公布的绒山羊品种资源生产性能比较,其综合生产性达到国际领先水平。经测定,遗传性能稳定,绒肉等主要性状遗传力均达到 0.4 以上。经推广应用,改良中低产绒山羊增绒、增重效果非常显著。

图 2 绒肉兼用型辽宁绒山羊成年公羊

(二)绒山羊高效扩繁技术体系

1. 绒山羊精液大倍稀释、鲜精低温长期保存技术,显著提高优良种公羊利用效率

以柠檬酸钠葡萄糖和卵黄为主的稀释液基础配方,辅以 Tris 和 EDTA 稳定剂、乳糖维持渗透压,达到抑制精子滚动、减少体外耗能、降低对精子的物理性冲击的作用,从而实现了大倍稀释下精子高活力、低畸形率,应用该配方对鲜精大倍稀释(30 倍)后配合子宫角深部输精技术实现受胎率达 88.5%，与原有低倍稀释（5 倍）的受胎率相当；鲜精低温保存技术，使鲜精在 0~4℃条件下保存期可由 2d 延长至 6d，鲜精配种利用率比项目前提高了 10~20 倍。

2. 应用中草药添加剂调整种公羊繁殖性能

可以提高公羊性欲、增加采精频率、改善精液质量等，主要应用于进行种公羊人工或自然采精的绒山羊养殖场户。

3. 过瘤胃葡萄糖调整母羊体况技术

在待产母羊的产前 1 个月和产后 1 个月，每天每只羊补饲定量过瘤胃葡萄糖，可以提高机体糖代谢、氮代谢、脂代谢的效率，稳定繁殖激素水平，提高泌乳量，提高母羊产羔数量和羔羊生长性能，对防控舍饲母羊繁殖障碍起到了显著的效果。

4. 舍饲诱导集中自然发情技术

在配种期前一个月，对羊群的体况进行精准调整；在配种期前 13d 肌内注射维生素 A、维生素 D、维生素 E 复合制剂、亚硒酸钠维生素 E（补硒），进一步改善母羊营养状况；配种前 10d，将试情公羊放入母羊圈中，刺激母羊快速并集中发情；选择在秋分后配种，效果更好。

5. 两年三产技术

综合应用种公母中草药调控、过瘤胃葡萄糖调控等高效饲养管理技术、双羔诱导、舍饲诱导集中自然发情技术、人工授精技术、受精 22h 妊娠早期诊断技术、羔羊早期断奶技术、哺乳母羊催情技术等，形成的第一年 8 月配种，第二年 7 月产羔；第二年 3 月配种，8 月产羔；第二年 10 月配种，第三年 3 月产羔，整顿羊群，于 8 月配种，进入第二个两年三产的循环。

（三）绒山羊精准营养调控技术体系

1. 行业标准《绒山羊营养需要量》的应用

该技术首次应用比较屠宰法、限饲法等多种技术手段系统研究了能量、蛋白质、矿物质的需要量，建立数学析因模型 33 个，测算各类参数 3 172 个，开展了 52 种常用饲料营养价值评定，制定出《绒山羊营养需要量》，结束了世界上无绒山羊营养标准的历史，丰富了我国畜禽营养需要标准类别，可以指导绒山羊饲粮的配制工作。

2. 绒山羊过瘤胃营养调控技术

包括过瘤胃葡萄糖、过瘤胃蛋氨酸、过瘤胃赖氨酸、过瘤胃胆碱、过瘤胃维生素（维生素 A、维生素 D、维生素 E）、过瘤胃酵母硒/蛋氨酸锰、过瘤胃生物素调和过瘤胃蛋氨酸锌等 8 项精准营养调控技术，实现了精准、正向营养调控。通过过瘤胃营养素精准介入，纠正了母羊产后能量负平衡、加速体质恢复和繁殖激素稳衡分泌，提升了繁殖效率；应用有机微量元素、过瘤胃维生素、离子/矿物质平衡、氮平衡技术，调控营养代谢过程和方向、提高抗氧化能力、防控营养代谢病，使双羔率增加 12.43 个百分点，种公羊尿结石发病率降低 2 个百分点，肢蹄病降低 13.01%。

3. 其他营养调控技术

应用角质细胞生长因子等精准调控次级毛囊发育水平，实现羊绒细度降低 0.77μm、长度增加 0.22cm；应用茵陈蒿调控羊肉品质，羊肉中鲜味氨基酸总量提高了 66.7%、不饱和脂肪酸总量增加了 1 倍。

4. 草畜平衡动态估测模型技术

该技术依据规模化羊场生产水平，选择 8 个不同年龄、性别、生理阶段的绒山羊类群建立动态变化线性公式，并构建线性数学模型用以动态测算羊群结构；结合 TMR 日粮配方测算饲草（秸秆）需求量；根据饲草（秸秆）生产水平（产量、营养品质）规划设计牧草/作物品种、种植比例和面积，制定饲草种植（供给）方案，为规模场户科学构建粗饲料种植计划，实现了"以羊定草、以草定田、草畜平衡"，提高了规模化羊场智能化管理水平和饲草利用水平及效率。

5. 秸秆饲料轻简化高效利用技术体系

研究集成了秸秆机械收割揉丝、机械压缩打包、塑包青黄贮、蛋白化微贮、塑包青黄贮日光暖棚（窖）贮存仓建设、塑包青黄贮饲料防鼠、秸秆型 TMR 日粮、TMR 颗粒复合防霉、全株青贮饲喂、玉米蜡熟期和完熟期适时利用等技术，形成秸秆饲料轻简化高效利用技术体系，实现秸秆饲料"收、贮、用"技术整合提升，解决了秸秆开发利用技术水平低、冬季冻结无法使用、易发生鼠害及霉变等实际问题。

（四）绒山羊"五化"生产技术标准体系

1. "五化"生产技术标准体系

围绕品种良种化、养殖设施化、生产规范化、防疫制度化、粪污处理无害化等"五化"技术需求，制定和集成生产技术标准 25 项，形成绒山羊舍饲养殖"五化"生产技术标准体系，其中，新制定国标 1 项、行标 2 项、地标 12 项，规范了饲养、防疫、粪污处理等技术环节。

2. 行业标准《绒山羊饲养管理技术规范》的应用

该规范规定了绒山羊饲养管理基本要求、各类羊群管理等技术内容，建立并改进了机械剪绒技术（图 3），建立了副结核、肢蹄病等舍饲常见病防控技术，并同绒山羊选育、优繁快繁、秸秆轻简化利用、TMR 饲喂、育肥生产等舍饲关键技术进行集成熟化，按"五化"技术要求进行组装，创建了绒山羊舍饲高效养殖技术模式。

图 3　绒山羊机械剪绒技术

三、适宜区域

该技术适合在全国范围所有绒山羊产区进行推广应用，特别是生态环境对绒山羊养殖高的区域更加适宜。

四、注意事项

在其他绒山羊产区，应用舍饲高效养殖技术中的 TMR 日粮制作及饲喂技术时，要根据当地粗饲料营养成分进行 TMR 日粮配方调整；应用机械剪绒技术时，要根据当地气候条件进行时间上的调整；应用育肥生产时，要根据不同品种营养需要进行饲喂量的调整。

技术依托单位

1. 辽宁省现代农业生产基地建设工程中心（2018 年，原"辽宁省畜牧科学研究院"并入该中心）

联系地址：辽宁省沈阳市皇姑区陵园街 7-1 号

邮政编码：110033

联 系 人：韩 迪

联系电话：1552414550

电子邮箱：handi790302@163.com

2. 辽宁省辽宁绒山羊原种场有限公司

联系地址：辽宁省辽阳市太子河区南驻路 11 号

邮政编码：111000

联 系 人：豆兴堂

联系电话：15904206520

电子邮箱：lnrsy@sina.com

3. 辽宁农业职业技术学院

联系地址：辽宁省营口市鲅鱼圈区熊岳镇育才里 76-0 号

邮政编码：115009

联 系 人：孙亚波

联系电话：1514040505

电子邮箱：sun-yabo@163.com

南方农区肉羊全舍饲集约化生产技术

一、技术概述

（一）技术基本情况

近年来，我国消费者对羊肉低脂肪、高蛋白、绿色健康等优点的认知度和认可度不断提高，购买意愿不断增强，羊肉已成为我国居民不可或缺的肉食品。国家《乡村振兴战略规划》鲜明提出了"优化畜牧业生产结构，大力发展草食畜牧业"的战略目标。农业农村部于2021年印发《推进肉牛肉羊生产发展五年行动方案》，方案指出我国肉羊产业基础较差、生产周期长、养殖方式落后，生产发展不能满足消费快速增长的需要，方案明确指出了要扩大基础母畜产能、推进良种繁育体系建设、发展适度规模标准化养殖等重点任务。

2017年以来，受市场消费等因素影响，我国羊肉市场快速拉升，肉羊产业发展迎来新机遇，养羊场（户）生产积极性迅速提高，肉羊产业的供给能力逐步增强，但国内政策和消费环境以及国际贸易情况发生较大变化给肉羊产业发展带来新的挑战，也放大了产业发展过程中生产效率低、规模效益不高、产品品质待提高的问题，产业进入了转型升级的关键时期。

该技术针对江苏省肉羊产业转型升级中存在的主要问题，围绕"降本、提质、增效"，通过肉羊高效繁育技术、分阶段发酵全混日粮（FTMR）研制等核心技术应用，提高肉羊规模化生产的繁殖效率，提高母子健康水平，减少了代谢病发生，从源头上为肉羊生产提供技术保障；通过规模化羊场设施工程、秸秆糟渣资源混合微贮、生物安全防控等配套技术应用，实现羊场环境与生产的最优管控，提升生产效率，降低了人力成本，缓解饲草短缺，降低饲料成本，减少疫病的发生和药品的投入，从而为肉羊产业的健康可持续发展保驾护航。

该技术拥有一种基于微贮稻草的肉羊育肥FTMR及制备方法（ZL 201811600272.X）、一种促进瘤胃发育的羔羊开口料及制备方法（ZL 201711304469.4）、一种适用于牧草青贮的乳酸菌菌剂及其应用（ZL 201610818343.8）、大规模羊场集约化饲喂系统（ZL 201820300288.8）等专利7项，其中，微贮稻草、羔羊开口料、青贮乳酸菌剂均已转化为产品，并实现工业化生产，为肉羊产业高质量、可持续发展提供支撑。同时配套研发了规模化羊场管理系统 V1.0—2021（登记号：2021SR0911669）和羊智能称重系统 V1.0—2018（登记号：2018SR1091168），提升了肉羊规模化养殖效率。此外，该技术还针对南方农区肉羊舍饲规模化养殖技术关键环节，制定了《规模化育肥羊场建设规范》（DB32/T 2564—2013）、《羊人工授精技术规程》（DB32/T 4503—2023）、《羔羊舍饲育肥技术规程》（DB32/T 3449—2018）、《稻草裹包微贮饲料制作技术规程》（DB32/T 3446—2018）、《山羊副流感病毒3型检测技术规程》（DB32/T 3686—2019）等系列地方标准。

（二）技术示范推广情况

该技术已应用于江苏、安徽、浙江、山东等省农区肉羊舍饲规模化养殖，以江苏、浙江、安徽、山东为主要示范展示区，可以推广应用于河南省、河北省及南方各省农区。

（三）提质增效情况

围绕肉羊养殖过程的提质增效，在肉羊繁育、羔羊培育、饲料营养、设施工程等方面开展了大量的研发工作，部分试验进展、应用示范如下：

在舍饲肉羊高效繁育方面，一是开展了羔羊早期断奶技术的研发，揭示了羔羊消化代谢及瘤胃和肠道发育特点，确定了断奶羔羊代乳品适宜饲喂技术参数，提出了羔羊早期断奶饲喂技术方案：羔羊初生至14日龄随母哺乳，于14日龄开始训练采食颗粒开口料；15~17日龄逐步从母乳过渡到饲喂代乳品；到18日龄羔羊断奶，饲喂代乳品量为羔羊体重的2%；在开口料采食量连续三天300g以上时停止饲喂代乳品，完全用开口料饲养。采用此技术方案，在不影响羔羊生长的前提下，母羊哺乳期由60~90d，缩短到17d，繁殖周期缩短40d以上，提高了母羊繁殖效率。二是开展羔羊开口料的研发，研究确定了开口料适宜的蛋白质、代谢能和NDF水平为20%、10.6MJ/kg和20%。依此研发了促进羔羊生长和瘤胃发育的开口料专利产品（羔羊乐2101），日增重在1~90日龄、31~60日龄、61~90日龄分别提高了22.2%、24.6%、43.4%，达到217.33g、265.03g、271.53g。通过舍饲肉羊高效繁育技术的推广应用，示范基地母羊繁殖性能得到显著提高，羔羊断奶成活率提高10%以上，生长速度提高20%以上。

在肉羊全混日粮（TMR）的研制开发方面，一是充分利用农区秸秆、豆腐渣、木薯渣等非粮饲料资源，降低肉羊养殖成本，缓解了农区饲料资源的不足。首创基于微贮稻草、豆腐渣为主要原料的肉羊育肥前期FTMR饲料（产品代号F201-1）、育肥后期FTMR饲料（产品代号F201-2），饲料成本降低18%，实现了工厂化生产，推广应用13.7万t，在江苏苏州太仓建立了"一根草、一头羊、一袋肥、一粒米"的种养循环"东林模式"（图1），该模式被农业农村部推介为全国首批51个农业绿色发展典型案例。二是研制开发了肉羊育肥系列颗粒饲料产

图1　"四个一"太仓东林模式示意

品，建立了"1+3"阶段式精准育肥技术模式，在国内甘肃中盛等一些大型羊场应用取得显著效果，实现了肉羊（湖羊）育肥全期平均日增重达300g，育肥周期由185d缩短至155d，效益提升20%~25%。

在肉羊规模化舍饲设施工程方面，提出了南方农区规模化羊场建设方案，推动了标准化创建；研发的羊舍自动化设施装备，保障了羊舍环境和动物福利；研制了的肉羊高效智能饲喂系统，提高了饲喂效率；研究了规模羊场数字化管控系统，集成整合自动饲喂、智能称重、空气净化等设施装备，形成了羊场智能化管理控制平台，实现了羊场选种选配、体重健康监测、TMR饲喂、环境控制、经营决策的智能化，减轻了工作强度，减少了劳动力使用，生产效率提高25%以上。

（四）技术获奖情况

该技术部分组成内容获得奖项3项，入选2018—2019年度和2022—2023年度江苏省农业重大技术推广计划。获得的奖项如下：

（1）"幼龄牛羊健康培育技术体系的创建"成果获得 2018 年中国发明协会发明创业成果奖一等奖（中国农业科学院饲料研究所）；

（2）"山羊副流感病毒 3 型病原学与防控技术研究"获 2021 年江苏省农学会科技奖技术创新奖一等奖（江苏省农业科学院）；

（3）"稻草饲料化关键技术研究与应用"成果获得 2019 年江苏省农业科学院研究创新奖二等奖（江苏省农业科学院）。

二、技术要点

（一）核心技术

1. 舍饲肉羊高效繁育关键技术

结合农区规模化舍饲养羊的设施环境与生产工艺流程的特点，重点针对繁殖体系规划、同期发情、人工授精、羔羊补饲、早期断奶等方面进行优化和改进，强化母羊围产期精细化管理，形成并执行一套科学、高效、操作简便的适合规模化、集约化生产条件的高效繁育技术规程，从而提高羔羊断奶成活率，提升母羊繁殖效率，缩短产羔间隔，最终实现三年五产（图 2）。

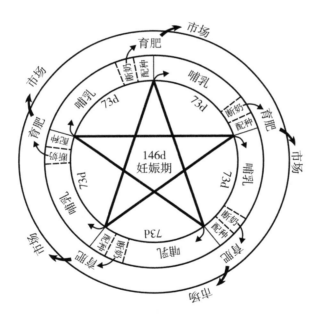

图 2　肉羊三年五产生产流程

2. 肉羊全混日粮（TMR）配制与饲喂技术

FTMR 配饲技术：根据不同品种繁殖羊，包括种公羊、母羊生长期、配种前期、妊娠期、哺乳期等各生理阶段的营养需要，配制相应基于秸秆微贮、糟渣等非常规饲料资源的肉羊分阶段 TMR 配方，并通过复合微生物发酵处理，提升日粮中对机体有益的营养素及微生物，从而提高日粮的营养价值，增强肉羊生产性能和健康水平。配套应用 TMR 撒料车，可大幅度提升投喂效率，降低劳动强度。

颗粒化 TMR 配饲技术：根据不同品种育肥羊各生理阶段营养需要，充分利用当地可利用非常规饲料资源，检测营养成分，精准设计日粮配方，并通过搅拌机的原料混合调制、颗粒机的制粒、风机的冷却等工艺，加工成长度2~3cm，直径为3~4mm的颗粒。其优点是提高了采食量，避免挑食减少浪费，生产流程更加简化，育肥效果可靠，生产效率高，可以使育肥羊生产不受自然饲料、牧草资源条件限制，可根据市场需求及时调整生产规模。配合自主研发的肉羊颗粒饲料智能饲喂系统（图3），可实现无人化饲养。

图3　肉羊颗粒饲料智能饲喂系统

图4　全舍饲规模化羊场设计示例——山东单县青山羊繁育基地

（二）配套技术

1. 规模化养羊设施工程技术

提供适合农区气候与环境特点的大、中、小型规模化羊场及农户改进型简易羊舍规划设计方案（图4）；集成整合自动饲喂、智能称重、空气净化、自动清粪、自动饮水、自动羊舍门等设施装备，形成了羊场智能化管理控制平台，实现羊场选种选配、体重健康监测、TMR自动配料、环境控制、经营决策的智能化，在为肉羊创造最佳生长环境的同时，达到省工、省力、精准、高效的目标。

2. 秸秆、糟渣资源混合微贮技术

通过对当地不同秸秆及农副产品资源，如稻草、玉米秸、油菜秸、豆腐渣、酒糟等，通过粉碎、配比混合、喷菌、裹包等工艺发酵处理（图5），提升废弃资源的营养价值和经济价值，缓解饲草料资源的缺乏。同时结合主要霉菌毒素及农药残留量的监测，确保其在肉羊生产中应用的安全性。

3. 生物安全防控技术

通过制定并执行《规模化羊场疫病防控技术规程》，重点对生产中亟待解决的免疫程序、消毒方法、疾病防治等关键问题，提供解决方案，从而减少疫病的发生和药品的投入。

三、适宜区域

该技术主要适合于我国以种植业为主，土地资源紧缺，饲草料资源又相对缺乏，但农作物秸秆、农副产品、工业糟渣等非粮饲料资源较为丰富的地区，其中，以华中、华东地区最为适宜。

四、注意事项

从事肉羊规模化养殖的企业和农户，在选择所饲养的肉羊品种时，应特别注意选择对当

图 5　江苏太仓东林稻草混合微贮工厂化生产基地

地气候环境和舍饲饲养环境的有较强适应性的品种。

技术依托单位

1. 江苏省农业科学院

联系地址：江苏省南京市孝陵卫钟灵街 50 号

邮政编码：210014

联 系 人：钱　勇　刘茂军

联系电话：025-84391322　13851504317　025-84391152　13951628146

电子邮箱：jaasqy@163.com　maojunliu@163.com

2. 中国农业科学院饲料研究所

联系地址：北京市中关村南大街 12 号

邮政编码：100081

联 系 人：张乃锋

联系电话：010-82106053　13811105508

电子邮箱：zhangnaifeng@caas.cn

3. 江苏省畜牧总站

联系地址：江苏省南京市建邺区南湖路 97 号

邮政编码：210017

联 系 人：侯庆永

联系电话：025-86263360　13851578728

电子邮箱：278886704@qq.com

北方地区舍饲肉羊高效繁育技术

一、技术概述

（一）技术基本情况

1. 技术研发推广背景

我国既是世界羊肉生产大国，也是羊肉消费大国。2022年，全国山羊绵羊存栏量超过3.3亿只，羊肉产量为525万t。肉羊产业在促进畜牧业发展、带动乡村振兴和加快区域经济发展中发挥了重要作用。但随着环境保护政策的积极推进和封山禁牧措施的严格落实，养羊方式由传统放牧强制向舍饲养殖方式转变。养羊的饲养模式由"小规模大群体"的农户养殖向适度规模集约化养殖转型，随之面临的问题是圈舍投入加大，养殖基础投入提升，人工成本、饲料成本增加，单胎产仔率低，集约化程度低，产业链不健全等问题，倒逼肉羊养殖提高繁殖效率。

技术是产业发展的支撑，关键技术更是产业提质增效的"稳定器"。围绕华北、西北肉羊主产区制约肉羊繁殖性能的关键技术问题，开展了肉羊的两年三胎生产模式和种羊的快速扩繁技术研发。目前舍饲肉羊高效繁育技术已取得很大的进展，多年多点区域试验数据显示，绒山羊平均每只母羊年产羔数为2.35只，比对照组每只母羊新增产羔数1.15只，年产羔数增产率为96.15%；滩羊平均每只母羊年产羔数2.25只，年产羔数增加为1.20只，增产率为114.29%。舍饲肉羊高效繁育技术是集约化高效养羊的关键技术，成功控制母羊的繁殖周期和每胎次的产羔数，从而达到母羊的高效繁殖与高效益养羊生产有机结合的目标。

2. 能够解决的主要问题

舍饲条件下，陕北白绒山羊和滩羊的繁殖生物学特性发生了较大变化，由季节性繁殖向繁殖季节不明显的常年发情过渡。通过研究营养、激素对繁殖母羊发情排卵的影响，解析母羊发情、卵泡发育与配种受孕率及产羔数的影响机制，建立了舍饲条件下促进母羊常年发情高效繁殖的激素控制与营养调控技术方案。通过集成整合基因组早期选择技术（选择具有多羔遗传基础的母羊羔留种）、繁殖母羊常年均衡营养技术（保持良好体况保障常年发情）、哺乳期母子一体化营养管理技术（根据母羊体况和产羔数调整日粮，确保母羊泌乳营养需要）、哺乳后期短期优饲（断奶前3周日粮营养提高10%，保证发情期卵巢卵泡募集动员发育营养需要，促进多个卵泡成熟排卵）、哺乳羔羊早期补饲（及早训练羔羊采食植物性饲料，刺激胃肠道发育，缩短哺乳时间，实现早期断奶）等技术形成了肉羊两年三胎、一胎多羔的高效繁殖技术体系，实现了绒山羊和滩羊"235"高效繁殖生产，使肉羊母羊繁殖效率显著提高。

3. 知识产权及使用情况

（1）地方标准：《陕北白绒山羊两年三胎繁殖技术规程》（DB61/T 1600—2022）、《陕北白绒山羊营养需要量》（DB61/T 1601—2022）；

（2）专利：一种利用 qPCR 技术检测绵羊 FecB 基因多态性的引物组及其方法．中国发明专利，CN 113373237A。

（二）技术示范推广情况

肉羊高效繁育技术在陕西榆林市、延安市和宁夏吴忠市等肉羊主产区累计推广应用 500 万只，已成为该地区肉羊舍饲养殖的主推技术，特别是陕北白绒山羊舍饲养殖中，家庭羊场使用"两年三胎"高效繁育技术占有率超过 80%，并制定形成了陕西省地方标准《陕北白绒山羊两年三胎繁殖技术规程》（DB61/T 1600—2022）。

（三）提质增效情况

在陕西和宁夏肉羊主产区的多年生产示范试验中，肉羊二年三胎一胎多羔高效繁殖技术体系，实现了繁殖母羊两年产三胎。陕北白绒山羊、滩羊示范群体双羔率 70%，达到"235"（1 只母羊 2 年生 3 胎产 5 只羔羊）繁殖指标。每只绒山羊和滩羊母羊年产羔数增加 1.2 只，新增年纯收益 500 余元。因此，舍饲肉羊高效繁育技术大大提升了肉羊产业的提质增效。

（四）技术获奖情况

以羊两年三胎高效繁育技术为核心的科技成果"陕北白绒山羊种质创新与高效健康养殖关键技术研究与应用"荣获 2021 年度陕西省科学技术进步奖一等奖。

二、技术要点

（一）两年三胎技术

两年三胎高效繁殖技术体系是指通过系统研究影响绒山羊、滩羊母羊发情的营养、环境等因素的作用与母羊体内激素水平变化规律，以及产羔率的遗传规律等，研发出"一调整六集成"的技术。一调整即将过去同一只适繁母羊 1 年 1 次的自然配种调整为 2 年 3 次有计划地批次配种；六集成即集成陕北白绒山羊、滩羊选种选配技术、环境控制技术、营养调控技术、同期发情与诱导发情技术、精准配种技术和羔羊早期断奶技术 6 个主要的关键技术，发挥了配套技术的综合作用，形成了陕北白绒山羊、滩羊适繁母羊 2 年产 3 胎，成活 5 只断奶羔羊的高效繁殖技术体系。

1. 繁殖制度

要实现两年三胎高效繁殖技术就要制定严格的配种和产羔计划，配种和产羔计划应在 2 月前制定，给执行计划留出充分的准备时间。第一轮生产在当年 5 月第一次配种，到 10 月第一次产羔；第二年的 1 月第二次配种，6 月第二次产羔；第二年的 9 月第三次配种，到第 3 年的 2 月第三次产羔（图 1）。为了达到规模养殖场全年均衡产羔，方便饲养管理的目的，在生产实践中可根据羊场规模大小按照 8 个月产羔间隔分成若干生产批次实施，一般推荐 4 个批次配种产羔，最大限度地利用饲养设施设备，降低成本，调节劳动强度。对在本批次内妊娠失败的母羊要及时调整参加下一批次配种。按照第一轮回的规律，以此类推，不断循环，进行轮回的生产。同时根据羊只利用年限，生产性能和选种育种工作等做好每一批次羊只的淘汰和增补。在做好生产计划的同时，还要做好配种、接产等生产记录和分析工作，发现问题后及时调整。

2. 选种选配

提高产羔率是提高繁殖率的关键手段。通过调查研究，陕北白绒山羊、滩羊的产羔率既

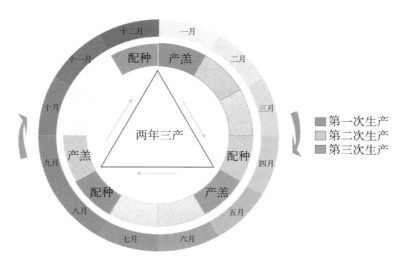

图 1　肉羊两年三胎生产中配种和产羔计划

与饲料营养水平有关，也与遗传性能有关。选择生产双羔的适繁母羊和具有生产双羔潜能的公羊配种是提高产羔率的关键。在选种上，要严格按照《陕北白绒山羊》（NY/T 2833—2015）行业标准和《滩羊鉴定技术规程》（QB64/TY 001—2021）企业标准开展品种鉴定和等级评定，组建选育群体，建立系谱档案。在选择母羊个体时，留用产双羔的适繁母羊，从产双羔母羊所产的母羔中选留培育后备母羊，特别是注意留用连续两胎产双羔母羊所产的女儿。在公羊个体选择中，选择后代双羔率高的公羊作为配种公羊。有条件的养殖场尽可能通过种公羊后裔测定选择配种公羊。在选配上要求繁殖母羊二级以上，种公羊一级以上，配种公羊等级不低于母羊等级。同时查阅档案资料，避免近亲繁殖。

3. 环境控制

羊的适配环境温度在 14～22℃，适宜的空气相对湿度为 60%～75%。当气温高时会影响公羊的精液品质、母羊的发情、受胎率和妊娠。研究表明，当气温在 11～13℃时母羊发情表现明显，受胎率高。当气温在 7.2～8.9℃时，公羊精液品质显著提高；气温高于 26.7℃时，精液品质开始下降。美国畜牧专家的研究结果表明，春季将光照缩短为 8h，母羊可以很快发情。陕北绒山羊、滩羊主产区日照时间长，夏季白天气温炎热，直接影响着绒山羊的正常发情，因此要在圈舍使用保温层，安装风机，加运动场遮阳棚，白天加遮光窗帘，窑洞圈养等措施，重点做好降温防暑和遮阴避光工作，保证种羊能正常发情。冬春季气候寒冷，昼夜温差变化大，也会影响羊的发情，还会导致羔羊感冒，甚至引起继发性肺炎致死等情况，因此要重点做好取暖保温工作，从而提高羔羊成活率。同时要保持圈舍干燥干净，做好通风换气，环境消毒和防疫等工作，控制疾病发生。

4. 营养调控

营养水平直接影响母羊能否正常发情排卵，胎儿能否正常发育以及羔羊的生长发育。重点要做好适繁母羊和种公羊的营养调控，保持营养均衡以及羊群的体况良好。饲养上需按照《陕北白绒山羊营养需要量》（DB61/T 1601—2022）和《肉羊营养需要量》（NY/T 816—2021）设置日粮营养水平，搭配精粗饲料。精粗饲料分别占饲料的 20%～30%和 80%～70%。种公羊要单独饲养，加强运动，保证优质干草自由采食。非配种期日喂混合精饲料 0.3～

0.5kg；配种期日喂混合精饲料 1.0~1.5kg，并补喂鸡蛋 2~3 枚，常年保持中上等膘情，精力充沛，性欲旺盛。空怀母羊每日饲喂混合精饲料 0.2~0.3kg，青干草 0.5~0.7kg，青贮 0.6~1.0kg，秸秆自由采食。摄入消化能 8MJ，粗蛋白质 70g 以上。怀孕期母羊每日饲喂混合精饲料 0.3~0.5kg，青干草和青贮喂量与空怀母羊一致。随着怀孕天数增加，精料量逐渐增加，保证母羊怀孕前期每日摄入消化能 12MJ，粗蛋白质 100g 以上。母羊怀孕后期每日摄入消化能 15MJ，粗蛋白质 130g 以上。母羊产后 30d 开始至断奶期间，将日粮能量和蛋白质含量在标准基础水平上提高 10%进行短期优饲，促进发情、排卵。同时在哺乳期对产双羔的母羊适当提高营养水平。

5. 同期发情与诱导发情

对空怀经产母羊和初配青年母羊，采用孕激素联合前列腺素并配合促性腺激素处理法控制并调整正常发情母羊的发情周期，使受处理母羊在预定的时间内发情和排卵同步化，便于高效繁育计划的合理组织和实施。绒山羊同期发情处理简易程序为，给母羊放置孕激素阴道栓预处理至 15d，在孕激素预处理结束前 48h 注射 PMSG500 单位（采用该剂量可提高绒山羊单胎产羔率为 160%~180%），预处理结束撤除孕激素阴道栓的同时注射氯前列醇钠 0.1mg，撤除阴道栓后 12h 开始每天上、下午各试情 1 次，大多数受处理动物在撤除孕激素阴道栓后 24~48h 发情，发情后（或第一次配种时）注射 LRH-$A_3$12.5g。滩羊同期发情处理简易程序为，给母羊放置孕激素阴道栓预处理至 12~13d，促性腺激素和前列腺素制剂使用时机与山羊相同，PMSG 剂量为 500 单位（采用该剂量可提高滩羊单胎产羔率至 150%~180%），撤除孕激素阴道栓的同时注射氯前列烯醇或氯前列醇钠 0.1mg，氯前列烯醇或氯前列醇钠剂量为 0.1~0.2mg，其他处理与山羊同期发情程序相同。采用上述程序，秋冬季处理时同期发情有效率为 95%以上，春季处理时同期发情有效率为 90%以上。

对早期断奶母羊，可采用上述同期发情的类似处理程序进行诱导发情处理，在给母羊放置孕激素阴道栓的同时，注射促乳素抑制剂长效制剂、降低外周血促乳素水平。秋冬季处理时早期断奶母羊诱导发情有效率为 90%以上，春季处理时诱导发情有效率为 85%以上。

6. 适时精准配种

适时精准配种是保证卵子受精，提高受胎率的关键。配种员要熟悉绒山羊、滩羊生理特性和发情规律，及时掌握羊只发情状况，适时进行配种。采用本交方式配种的羊只，按照每 20~25 只母羊投放 1 只种公羊的比例投放公羊，使发情母羊能及时配种。采用子宫颈口人工授精的羊群，在母羊开始发情后 12~18h 进行第一次配种，再过 12h 复配 1 次；采用腹腔镜辅助子宫角输精的羊群，可在同期发情处理结束后的 48h 进行腹腔镜输精，同时在腹腔镜输精过程中观察卵泡发育情况，如果未排卵，可推迟输精。建议规模羊场采用人工授精技术，充分利用具有双胎基因种公羊的遗传潜能。

7. 羔羊早期断奶

母羊在哺乳期间消耗大量营养，造成母羊体况恢复缓慢，同时促乳素分泌水平较高，抑制促性腺激素产生与释放，延迟发情时间。对羔羊实施早期断奶，有利于母羊体况和生理机能恢复，提早进入下一发情周期。可采用羔羊一次断奶法进行断奶，即在羔羊 7~10 日龄开始教槽，饲喂少量优质羔羊补饲料，随着日龄增加，逐渐加大每天投料量，促进羔羊胃肠道发育，提高采食消化植物性饲料的功能（图 2）。在羔羊 45~60 日龄，体重达到初生重 4 倍以上时将羔羊与母羊完全分开，全部饲喂羔羊补充饲料 2~3d，逐渐过渡到断奶羔羊全价饲料，并开始训练其采食优质青干草。断奶后的羔羊注意做好分群保暖和环境卫生等工作。

图 2　羔羊补饲混合补饲料

（A：添加混合补饲料羔羊补饲围栏；B：补饲槽的混合补饲料；C：羔
羊补饲围栏；D：羔羊采食补饲料）

（二）种羊快繁技术

优秀种母羊采用超数排卵与胚胎移植技术快速扩繁。主要技术包括供体母羊的超数排卵技术和胚胎回收技术，受体母羊的同期发情技术和胚胎移植技术。

1. 超数排卵

对绒山羊进行超数排卵处理时，在繁殖季节的任意一天给母羊放置孕激素阴道栓，并以当天为 0d，从第 15 天上午开始采用减量法多次注射国产促卵泡激素（FSH）进行超数排卵处理，共注射 7~8 次（超数排卵程序安排减量法注射 FSH7 次，如果最后一次注射促性腺激素后 12h 母羊仍未发情，可按照第七次的注射剂量，再注射 1 次促性腺激素即第八次、进一步促进卵泡发育和母羊发情），FSH 总剂量 300/325 单位；在 FSH 或 HMG 第六次注射的同时注射一次氯前列醇钠、并在第六次注射的同时撤除孕激素阴道栓。

对滩羊采用这一程序进行超数排卵处理时，从孕激素阴道栓处理的第 12d 或 13d 上午开始采用减量法多次注射 FSH，总剂量 325/350 单位，其他处理操作与山羊的超排处理程序相同。

超数排卵母羊在孕激素阴道栓撤除后 36h 首次本交配种，第一次配种同时注射 LHRH-$A_3$12.5g，间隔 12h 进行第二次配种。如果采用腹腔镜辅助子宫角输精，可在阴道栓撤除后 40h 进行输精，同时注射 LHRH-$A_3$12.5g。

2. 胚胎回收

超数排卵母羊，在配种结束后 5~6d 采用胚胎手术回收法在母羊子宫角进行胚胎回收（图 3）。绒山羊胚胎回收总数为 10.10 枚，可移植胚胎数为 8.95 枚；滩羊胚胎回收总数为 13.97 枚，可移植胚胎数为 12.48 枚。

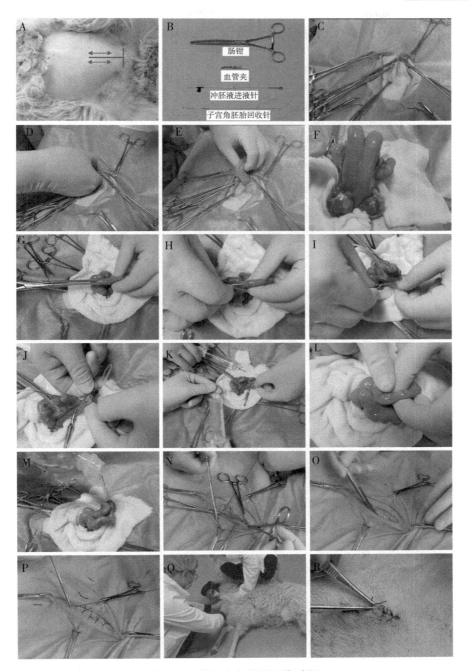

图3 手术子宫角胚胎回收过程

（A：手术切口位置；B：子宫角胚胎回收专用器械；C：皮肤切口钳夹止血；
D：探查子宫角；E：牵引子宫角；F：检查卵巢反应；G：肠钳夹持子宫角基部
与大弯之间；H：插入子宫角胚胎回收针；I：血管夹夹持宫管接合部；J：插入
冲胚液进液针；K：子宫角胚胎回收冲胚；L：检查针孔是否出血；M：生理盐水
冲洗；N：腹膜和腹部肌肉腱膜连续缝合；O：缝合后伤口处理；P：结节缝合皮
肤；Q：手术羊解除麻醉；R：拆线与皮肤外科处理）

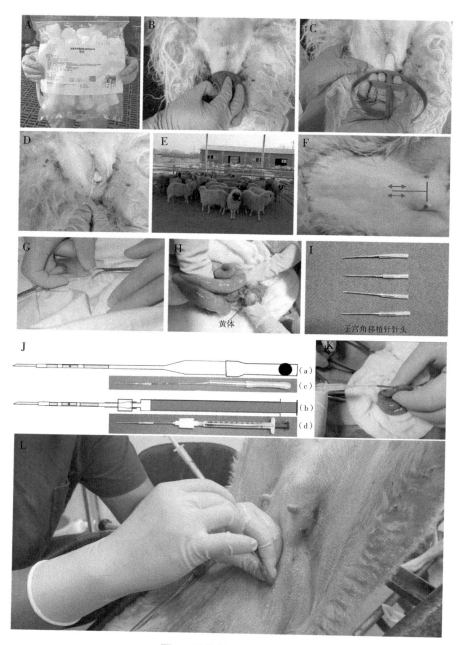

图4　受体羊处理及移植

（A-D：羊用醋酸氟孕酮阴道海绵产品，及其置入与撤除；E：胚胎移植候选受体饥饿；F：手术切口位置，双箭头位置，受体羊切口较小；G：单指伸入腹壁切口探查和引出子宫角；H：检查卵巢反应；I-J：子宫角胚胎移植针示意图，其中，（a）自制胚胎吸管，（b）商品化胚胎吸管和（c）、（d）实物图；K-L：羊子宫角胚胎移植，其中K手术法子宫角胚胎移植，L腹腔镜辅助子宫角胚胎移植）

3. 同期发情

胚胎移植受体羊的同期发情，可参考前述同期发情技术程序，其中 PMSG 使用剂量可降至 250 单位。

4. 胚胎移植

与超数排卵供体母羊发情同步的受体母羊为胚胎移植候选母羊。采用胚胎手术移植法或腹腔镜辅助移植法将合格的胚胎移植至子宫角（图 4）。移植 1 枚胚胎的受体母羊妊娠率 65% 以上；移植 2 枚胚胎的受体母羊妊娠率 70% 以上。

三、适宜区域

适宜华北、西北肉羊主产区。

四、注意事项

繁殖调控时要根据品种和羊的体况考虑药物用量和使用时间。

技术依托单位
西北农林科技大学
联系地址：陕西省杨凌示范区西农路 22 号
邮政编码：712100
联 系 人：王小龙
联系电话：18740418856
电子邮箱：xiaolongwang@ nwafu. edu. cn

蛋鸭无水面生态饲养集成技术

一、技术概述

（一）技术基本情况

中国水禽饲养和消费量占世界80%以上，以蛋鸭肉鸭为主的水禽产业是我国畜牧业传统优势特色产业，历史悠久的传统水面放养或水面圈养方式深入人心。随着规模养殖的不断发展，放养水禽造成水域污染并成为包括高致病性禽流感在内的传染病最顺畅的传播途径。近年来，全国各地整治畜禽养殖水域污染，2015年4月《国务院关于印发水污染防治行动计划的通知》国发〔2015〕17号（俗称"水十条"）出台后，禁止水面饲养水禽的地方政策纷纷出台，水禽水面饲养已走到了尽头。"赶鸭子上岸"，"赶鸭子上架"成为现代水禽生态养殖的必由之路。水禽需要依赖水分刺激尾脂腺的分泌来梳理羽毛，而长时间旱养导致羽毛板结断裂脱落。肉鸭饲养期短，直接采用不加喷淋的无水面舍内地面平养、网上平养、笼养等方式不影响生产性能，羽毛质量变化不大。而蛋鸭饲养周期长达一年以上，淘汰鸭的售值在蛋鸭产值中占30%，旱养导致羽毛板结断裂脱落，淘汰鸭价值下降30%~50%，严重影响养殖效益。

福建省从2006年研究集成出获得发明专利的"结合间歇喷淋的蛋鸭无水面旱地圈养"技术以来，不断与时俱进，近年来进一步研发出2021年获得实用新型专利的"结合间歇喷淋的无水面网上平养"和"结合间歇喷淋的无水面笼养"等不同投资档次的无水面养殖技术模式供养殖户选用，三种模式均不设置提供饮水、洗浴和活动的水槽、水盆、水池等，采用乳头式饮水器提供饮水，用喷淋水提供洗浴并通过格栅下的排水沟或鸭笼下的传送带统一收集，无害化处理，彻底实现饮污分离，在保证蛋鸭生产性能和繁殖性能的同时，实现了饮水采食无公害控制，粪污统一收集无害化处理，同时保证蛋鸭淘汰时的羽毛质量和淘汰鸭价值，为实现水禽养殖规模化、生态化转型升级提供了技术支撑，保障蛋鸭生产的安全、节水、生态、高效。

（二）技术示范推广情况

该技术发布以来，吸引了全国水禽主产省的关注，结合间歇喷淋的圈养模式已被黑龙江、江苏、浙江、四川、广西、广东、湖北等省（区）应用于包括蛋鸭、肉鸭和肉鹅等在内的水禽饲养。2018—2023年连续6年入选福建省农业主推技术。2023年12月入选农业农村部农业生态与资源保护总站在全国征集基础上遴选出的33项《农业面源污染综合治理关键技术》并以文件《农业农村部农业生态与资源保护总站关于推介农业面源污染综合治理关键技术的通知》（农生态（环）〔2023〕108号）向全国发布推介。该技术模式与传统水面饲养相比，蛋鸭产蛋量提高、饲料消耗降低、死淘率降低、减少了用药、提高鸭粪的资源化利用价值、生产的无公害净蛋售价提高。该技术实现了蛋鸭采食饮水质量安全控制，粪污集中收集无害化处理，控制了蛋鸭水面饲养造成的水面污染、疫病传播，经济效益、社会效益和生态效益十分显著，已在福建省龙岩市、福州市、宁德市、泉州市、漳州市等地区示范推广。

（三）提质增效情况

采用该技术用于福建省龙岩市新罗区的龙岩山麻鸭的保种、选育和蛋鸭生产，示范存栏蛋鸭2万只。采用这一技术模式，每只鸭节省饲料5%~6%，每只鸭产蛋量提高7%。节省饲料、节约用水，还显著降低死淘率，保证淘汰鸭价值。每只蛋鸭比目前采用无喷淋的笼养或平养模式，或传统的水面放养模式，增加收入20元以上。该技术不仅实现蛋鸭无公害生产、有效防控水禽禽流感等烈性传染病通过水源的传播，还保护生态环境，节约了水资源。经济效益、社会效益和生态效益十分显著。

（四）技术获奖情况

以该技术模式中地面平养结合间歇喷淋模式为核心技术的成果《蛋鸭无水面旱养与无公害饲养配套技术研究》获得2007年度福建省科学技术进步奖三等奖。以旱地圈养结合间歇喷淋模式为核心技术集成制定的福建省地方标准《蛋鸭无公害旱养技术》（DB35/T 690—2006）经过实施成效显著，获得2010年度福建省标准贡献奖二等奖。在此基础上结合近年研发的蛋鸭无水面一种无水面网上平养结合间歇喷淋蛋鸭饲养系统（ZL 202022900693.6）和一种无水面结合间歇喷淋的蛋鸭笼养系统（ZL 202022901378.2）于2020年获得实用新型专利授权，集成制定的福建省地方标准《鸭无水面饲养技术规范》（DB35/T 690—2022）于2022年4月25日发布。

二、技术要点

蛋鸭育雏阶段（0~28日龄）可采用无喷淋的平养或笼养模式。育成阶段（29~80日龄）以及产蛋阶段（81~500日龄）宜采用无水面结合间歇喷淋饲养模式。主要分三种：

（一）旱地圈养结合间歇喷淋模式

鸭舍设置舍内产蛋间和旱地运动场（图1、图2）。可按照长不超过100m，宽12~14m，屋檐高2.0~2.2m尺寸建造鸭舍，可根据建设地址的地形和小气候条件进行调整。棚舍可用钢架结构，屋顶宜选用彩钢瓦结合聚氨酯等材料保温隔热。舍内产蛋间设置铝合金推拉窗户并加装防鸟网，可以根据四季气温变化调整窗户的开关。也可以在产蛋间两端墙安装纵向通风扇。设舍内产蛋间和旱地运动场，产蛋间用谷壳或木屑作垫料，适当距离做一个横向垂直隔断，将鸭群分成100~500只一群。鸭舍每一隔间有门与旱地运动场相通。旱地运动场顶棚设雨遮，地面水泥硬化、光滑不产生积水并向外侧倾斜，倾斜坡度为2%~3%；四周加防鸟网防止飞鸟进入。旱地运动场与舍内产蛋间的面积比例为（1.0~1.5）:1。在旱地运动场外缘平行于鸭舍纵向铺设宽度80~100cm宽的排水沟，排水沟内径500mm，平行于鸭舍方向的斜度为0.5%，沟上盖活动漏缝格栅，格栅网眼以鸭掌不陷落为宜。排水沟格栅上方80~100cm高度平行于网床面纵向铺设直径1.5cm间歇喷淋管，喷淋管朝屋顶一侧每隔15~20cm安装孔径1mm的喷水孔，保持喷淋管内约0.3MPa（3个大气压）的水压，使喷淋水形成带水珠的水花。由定时开关控制喷淋管开关。每天在中午时段喷淋1次，喷淋时间5min。在旱地运动场靠近鸭舍一侧设置料槽（或料桶），在喷淋区与喷淋管平行方向设置乳头式饮水器，每4~5只鸭一个饮水乳头。地面鸭粪和喷淋水集中收集无害化处理。

图1 蛋鸭旱地圈养结合间歇喷淋
（旱地运动场和喷淋区）

图2 蛋鸭旱地圈养结合间歇喷淋（产蛋间）

（二）网上平养结合间歇喷淋模式

可按照长不超过100m，宽12~14m，屋檐高3.2~4.0m尺寸建造鸭舍，宜根据建设地址的地形和小气候条件进行调整。结合实际气候和通风条件，可采用纵向通风结合湿帘降温系统的全密闭鸭舍，亦可采用卷帘或铝合金窗辅以纵向通风的半开放鸭舍。棚舍宜用钢架结构，屋顶宜选用彩钢瓦结合聚氨酯等材料保温隔热。沿鸭舍纵向设置单列或双列网床，网床之间设置走道，走道宽1.0~1.2m。沿鸭舍纵向设置单列或双列网床，两侧网床下建集粪坑道，安装自动刮粪机，从靠窗一侧向中央走道纵向分为喷淋区、活动区和产蛋区（图3）。喷淋区宽0.8m，产蛋区0.5m，中间为活动区。在网床下喷淋区与活动区分界处垂直砌砖水泥抹面，形成专门收集喷淋水的专用沟，与活动区下方的刮粪道分开。排水沟与刮粪道向纵向端墙的粪污收集口倾斜0.2%~0.3%。网床上沿走道的一侧纵向设置高度15~20cm的蛋巢，每4~5只蛋鸭一个蛋巢。在喷淋区中部离网面80~100cm高度平行于网床面纵向铺设直径1.5cm间歇喷淋管，喷淋管朝屋顶一侧每隔15~20cm安装孔径1mm的喷水孔，保持喷淋管内约0.3MPa（3个大气压）的水压，使喷淋水形成带水珠的水花。育成鸭每15~20只设置一个喷水孔；产蛋鸭每10~12只设置1个喷水孔。由定时开关控制喷淋管开关。每天在中午时段喷淋1次，喷淋时间5min。沿网床纵向在活动区设置料槽（或料桶），在喷淋区

图3 蛋鸭网上平养结合间歇喷淋

与喷淋管平行方向设置乳头式饮水器。

（三）层叠式笼养结合间歇喷淋模式

鸭舍建造尺寸宜根据建设地址的地形进行调整。可建造成长 80~100m，宽 18~20m，顶高 5.0~5.5m，屋檐高 4.0~4.5m，宜根据建设地址的地形和小气候条件进行调整。棚舍宜用钢架结构，屋顶宜选用彩钢瓦结合聚氨酯等材料保温隔热。结合实际气候和通风条件，可采用纵向通风结合湿帘降温系统的全密闭鸭舍，亦可采用卷帘或铝合金窗辅以纵向通风的半开放鸭舍（图4）。

图4 蛋鸭层叠式笼养结合间歇喷淋鸭舍

层叠式蛋鸭笼，每列由背靠背的两排鸭笼组成。建议小笼饲养，每笼饲养蛋鸭2只，每只产蛋鸭占有网底面积不少于 $800cm^2$；笼顶网平行地面，底网由后向前（走道蛋槽侧）形成 7°~8° 斜度；底网宜用直径 2mm 热镀锌铁丝，网眼 2.0~2.5cm 见方；笼前侧（走道蛋槽侧）设置料槽，集粪传送带两侧设置挡粪板，以防鸭粪溅出。笼后侧网（与另一侧笼架后侧网背对背相连）向内 5cm 的笼顶网处纵向安装乳头式饮水器，每笼1个乳头（图5）。在每层笼距笼后网边缘 1/3、笼顶网下方 5cm 处纵向铺设直径 1.5cm 间歇喷淋管，在每个笼位中部位置的喷淋管上设孔径 1mm 的喷水孔，喷水孔朝上，保持喷淋管内约 0.3MPa（约3个大气压）的水压，使喷淋水形成带水珠的水花。最高一层鸭笼喷淋管水花喷起直接回落到鸭子背部，在下面各层的笼顶位于喷淋管正上方位置纵向架设一根直径 2cm 纵剖倒扣的

图5 蛋鸭层叠式笼养结合间歇喷淋鸭笼上的
乳头式饮水器和喷淋管

图6 蛋鸭层叠式笼养传送带末端辊轴导出喷淋水集中收集装置

PVC 管作为喷淋水挡板，使该层的喷淋水花喷起时遇喷淋水挡板反弹向下滴落到鸭子背部。每天在中午时段集粪传送带刚完成一次集粪后喷淋 1 次，喷淋时间 5min。每层鸭笼下方安装传送带式输粪带，输粪带两侧稍上卷，防止鸭粪和喷淋水外流。每层传送带两侧设置挡粪板，避免鸭粪溅出污染蛋槽和料槽。通过减速电机带动输粪带将粪便传输到尾端横向输粪系统收集。底层传送带尾端的辊轴上调到高于传送带水平位置 10cm 的位置上，将传送带末端顶起，使辊轴前段传送带形成低洼，汇集鸭粪中沥出的水分和喷淋水汇入下接的污水管道（图 6）。在辊轴后的传送带上方设置垂直于传送带的压辊，将传送带压回到正常水平位，使粪便正常传输到尾端横向输粪系统，每天集粪 1~2 次。

三、适宜区域

适用于蛋鸭和蛋种鸭集约化规模饲养，可根据土地、资金、技术等条件选择以上适合的无水面饲养模式。

四、注意事项

笼养和网上平养蛋鸭 1 日龄出雏时对除内侧第一趾以外的其余三趾都应断爪。根据实际需要在 1 日龄对笼养和网上平养的蛋鸭进行断喙。鸭舍照明可采用 LED 灯或节能灯替代传统白炽灯。建议光照程序：1~3d 雏鸭舍内宜采用 23h 光照（40~60lx），第一周 22h（40~60lx），后每周递减，到第四周 16h（5~10lx）；后每周减少 2h，并根据日照时间长短制定恒定的光照时间保持总照明时间 12h（5~10lx）；产蛋前期约 16 周龄开始，每周增加半小时直至 16~17h（10~20lx）。在保证鸭舍环境温度要求的同时，通过通风换气，保证鸭舍内空气质量。鸭舍内温度、湿度与通风按照 NY/T 5038 的规定执行。蛋鸭（包括蛋种鸭）各阶段饲养密度见表 1。粪便和污水按 GB/T 36195 的规定无害化处理，按照《畜禽粪污土地承载力测算指南》（农办牧〔2018〕1 号）规定开展种养结合资源化利用。按照当地兽医建议做好鸭场卫生消毒和免疫。

表 1　蛋鸭（包括蛋种鸭）不同模式和阶段饲养密度

饲养阶段	结合间歇喷淋的地面平养（产蛋间面积）/（只/m²）	结合间歇喷淋的网上平养（网上活动区）/（只/m²）	结合间歇喷淋的笼养（笼底网面积）/（cm²/只）
1～14d	25～35	≤50	≥200
15～28d	15～25	25～30	300～400
29d～开产50%前2周	8～10	8～10	600～700
开产前2周～淘汰	6～7	6～7	≥800（每笼2只）

技术依托单位

1. 福建省畜牧总站

联 系 人：江宵兵　杨敏馨　邱家凌

联系电话：0591-87711703　13960752743　18050289951　17326089201

电子邮箱：fzjxb@163.com

2. 龙岩市龙盛市场管理集团有限公司

联 系 人：林如龙　陈红萍

联系电话：0597-2771928　13950804131　13950804463

肉鸭精准饲料配方技术

一、技术概述

（一）技术基本情况

我国是世界肉鸭养殖与鸭肉消费第一大国，约占全世界80%。近年来，我国肉鸭年出栏量超过43亿只，鸭肉产量近1 000万 t，饲料消耗量超过3 000万 t。针对我国肉鸭营养需要量参数、鸭饲料原料营养价值缺乏的现状以及肉鸭饲料配制技术需求，基于我国肉鸭主要类型（北京鸭、肉蛋兼用型鸭、番鸭及半番鸭），规定了肉鸭各生长阶段能量、粗蛋白质、必需氨基酸、矿物元素、维生素等30多种营养素的需要量，并建构了52种鸭常用饲料原料的营养价值数据库，集成了肉鸭饲料精准配制技术体系。该技术为肉鸭饲料精准配制提供科学技术参数，对充分发挥肉鸭品种的遗传潜能，实现精准配方，精细饲喂，提高饲料利用率、节约饲料资源，减少 N、P、Cu 等矿物元素排放，降本增效，保障肉鸭健康和食品安全，以推动我国肉鸭产业向安全、高效、环保方向发展。

（二）技术示范推广情况

"肉鸭饲料精准配制技术"已广泛应用于各大鸭饲料生产企业、养殖户等，包括新希望六和股份有限公司、广东海大集团股份有限公司、四川铁骑力士实业有限公司、内蒙古塞飞亚农业科技发展股份有限公司、山东荣达农业开发有限责任公司、河北东风养殖有限公司等肉鸭饲料企业或肉鸭养殖企业，每年依据该技术配制的肉鸭饲料超过1 000万 t。

（三）提质增效情况

核心技术"肉鸭饲料精准配制技术"已广泛应用于我国肉鸭饲料企业及肉鸭养殖企业，在山东、四川、广东、安徽、河北、内蒙古等省（区）肉鸭主产区推广应用，经济效益显著。采用本技术后，肉鸭饲料成本下降14 元/t 以上，肉鸭饲养全程料重比下降0.15；种鸭饲料成本下降20 元/t 以上，种鸭全程产蛋率提升2.14%，在降低成本、提升养殖效率、改善鸭肉品质等方面的成效显著，肉鸭养殖效益显著提升。

（四）技术获奖情况

无。

二、技术要点

肉鸭饲料精准配制技术包括北京鸭饲料精准配制技术、番鸭及半番鸭饲料精准配制技术、肉蛋兼用型肉鸭饲料精准配制技术等配套技术。

（一）北京鸭饲料精准配制技术

技术规定了商品代北京鸭营养需要量和北京鸭种鸭营养需要量。商品代北京鸭划分为育雏期（0~2 周龄）、生长期（3~5 周龄）和育肥期（6 周龄）三个阶段；北京鸭种鸭划分为育雏期（0~3 周龄）、育成前期（4~8 周龄）、育成后期（9~22 周龄）、产蛋前期（23 ~26

周龄)、产蛋中期（27~45 周龄）和产蛋后期（46~75 周龄）六个阶段。营养素包括能量、粗蛋白质、6 种必需氨基酸、11 种矿物元素、13 种维生素。商品代北京鸭饲粮表观代谢能、酶水解物能值、粗蛋白质和氨基酸需要量见表1。

表1　商品代北京鸭饲粮表观代谢能、酶水解物能值、粗蛋白质和氨基酸需要量
（自由采食，以 88%干物质为计算基础）

项目	周龄			
	育雏期 0~2 周龄	生长期 3~5 周龄	育肥期 6 周龄	
			自由采食	填饲
表观代谢能/（MJ/kg）	11.93（2 850）	12.14（2 900）	12.35（2 950）	12.56（3 000）
酶水解物能值ᵃ/（MJ/kg）	12.35（2 950）	12.56（3 000）	12.77（3 050）	12.98（3 100）
粗蛋白质/%	19.5	17.5	16.0	13.0
粗蛋白质/表观代谢能/（g/MJ）	16.3（68.4）	14.4（60.3）	13.0（54.2）	10.4（43.3）
赖氨酸/表观代谢能/（g/MJ）	0.92（3.86）	0.70（2.93）	0.57（2.37）	0.48（2.00）
总氨基酸				
赖氨酸/%	1.10	0.85	0.70	0.60
蛋氨酸/%	0.45	0.40	0.35	0.30
蛋氨酸+胱氨酸/%	0.82	0.72	0.65	0.55
苏氨酸/%	0.72	0.60	0.55	0.47
色氨酸/%	0.20	0.18	0.16	0.14
异亮氨酸/%	0.72	0.57	0.45	0.40
精氨酸/%	1.0	0.85	0.70	0.60
真可利用氨基酸ᵇ				
真可利用赖氨酸/%	0.98	0.76	0.60	0.53
真可利用蛋氨酸/%	0.42	0.37	0.32	0.28
真可利用蛋氨酸+胱氨酸/%	0.72	0.64	0.58	0.49
真可利用苏氨酸/%	0.62	0.52	0.48	0.40
真可利用色氨酸/%	0.19	0.17	0.15	0.13
真可利用异亮氨酸/%	0.65	0.50	0.39	0.34
真可利用精氨酸/%	0.95	0.80	0.66	0.57

ᵃ玉米—豆粕型饲粮的酶水解物能值含量。
ᵇ玉米—豆粕型饲粮的真可利用氨基酸含量。

（二）番鸭饲料精准配制技术

技术规定了商品代番鸭营养需要量和番鸭种鸭营养需要量。商品代番鸭划分为育雏期（0~3 周龄）、生长期（4~7 周龄）和育肥期（8 周龄~出栏）三个阶段；番鸭种鸭划分为育雏期（0~3 周龄）、育成前期（4~7 周龄）、育成后期（9~26 周龄）、产蛋期（27~65 周龄）四个阶段。营养素包括能量、粗蛋白质、6 种必需氨基酸、11 种矿物元素、13 种维生素。商品代番鸭饲粮表观代谢能、酶水解物能值、粗蛋白质和氨基酸需要量见表 2。

表 2　商品代番鸭饲粮表观代谢能、酶水解物能值、粗蛋白质和氨基酸需要量

（自由采食，以 88% 干物质为计算基础）

项目	周龄		
	育雏期 0~3 周龄	生长期 4~7 周龄	育肥期 8 周龄~出栏
表观代谢能/（MJ/kg）	11.93（2 850）	11.72（2 800）	11.72（2 800）
酶水解物能值[a]/（MJ/kg）	12.35（2 950）	12.14（2 900）	12.14（2 900）
粗蛋白质/%	19.0	16.5	14.5
粗蛋白质/表观代谢能/（g/MJ）	15.9（66.7）	14.1（58.9）	12.4（51.8）
赖氨酸/表观代谢能/（g/MJ）	0.88（3.68）	0.68（2.86）	0.55（2.32）
总氨基酸			
赖氨酸/%	1.05	0.80	0.65
蛋氨酸/%	0.45	0.40	0.35
蛋氨酸+胱氨酸/%	0.80	0.75	0.60
苏氨酸/%	0.75	0.60	0.45
色氨酸/%	0.20	0.18	0.16
异亮氨酸/%	0.70	0.55	0.50
精氨酸/%	0.90	0.80	0.65
真可利用氨基酸[b]			
真可利用赖氨酸/%	0.94	0.71	0.57
真可利用蛋氨酸/%	0.42	0.37	0.32
真可利用蛋氨酸+胱氨酸/%	0.71	0.67	0.55
真可利用苏氨酸/%	0.65	0.52	0.39
真可利用色氨酸/%	0.19	0.17	0.15
真可利用异亮氨酸/%	0.61	0.48	0.43
真可利用精氨酸/%	0.85	0.75	0.61

[a] 玉米—豆粕型饲粮的酶水解物能值含量。

[b] 玉米—豆粕型饲粮的真可利用氨基酸含量。

（三）肉蛋兼用型肉鸭饲料精准配制技术

技术规定了肉蛋兼用型肉鸭营养需要量和肉蛋兼用型肉种鸭营养需要量。商品代肉蛋兼用型肉鸭划分为育雏期（0~3 周龄）、生长期（4~7 周龄）和育肥期（8 周龄~出栏）三个阶段；肉蛋兼用型肉种鸭划分为育雏期（0~3 周龄）、育成前期（4~7 周龄）、育成后期（8~18 周龄）、产蛋前期（19~22 周龄）、产蛋中期（23~45 周龄）和产蛋后期（46~72 周龄）六个阶段。营养素包括能量、粗蛋白质、6 种必需氨基酸、11 种矿物元素、13 种维生素。商品代肉蛋兼用型肉鸭饲粮表观代谢能、酶水解物能值、粗蛋白质和氨基酸需要量见表 3。

表 3　商品代肉蛋兼用型肉鸭饲粮表观代谢能、酶水解物能值、粗蛋白质和氨基酸需要量

（自由采食，以 88% 干物质为计算基础）

项目	周龄		
	育雏期 0~3 周龄	生长期 4~7 周龄	育肥期 8 周龄~出栏
表观代谢能/（MJ/kg）	11.72（2 800）	11.30（2 700）	11.30（2 700）
酶水解物能值[a]/（MJ/kg）	12.14（2 900）	11.72（2 800）	11.72（2 800）
粗蛋白质/%	19.0	17.0	14.0
粗蛋白质/表观代谢能/（g/MJ）	16.2（67.9）	15.0（63.0）	12.4（51.9）
赖氨酸/表观代谢能/（g/MJ）	0.90（3.75）	0.75（3.15）	0.58（2.41）
总氨基酸			
赖氨酸/%	1.05	0.85	0.65
蛋氨酸/%	0.40	0.38	0.35
蛋氨酸+胱氨酸/%	0.78	0.70	0.60
苏氨酸/%	0.75	0.60	0.50
色氨酸/%	0.18	0.16	0.14
异亮氨酸/%	0.70	0.55	0.50
精氨酸/%	0.90	0.80	0.70
真可利用氨基酸[b]			
真可利用赖氨酸/%	0.93	0.75	0.57
真可利用蛋氨酸/%	0.37	0.35	0.32
真可利用蛋氨酸+胱氨酸/%	0.69	0.62	0.55
真可利用苏氨酸/%	0.65	0.52	0.43
真可利用色氨酸/%	0.17	0.15	0.13
真可利用异亮氨酸/%	0.61	0.47	0.43
真可利用精氨酸/%	0.85	0.76	0.66

[a] 玉米—豆粕型饲粮的酶水解物能值含量。

[b] 玉米—豆粕型饲粮的真可利用氨基酸含量。

三、适宜区域

全国肉鸭（包括北京鸭、番鸭及半番鸭、肉蛋兼用型肉鸭）养殖区域均适用。

四、注意事项

该技术在推广应用过程中要根据不同季节及环境条件，适当调整饲料营养水平。

技术依托单位

中国农业科学院北京畜牧兽医研究所

联系地址：北京市海淀区圆明园西路2号

邮政编码：100193

联 系 人：侯水生

联系电话：010-62815832

电子邮箱：houss@263.net

密闭式畜禽舍排出空气除臭控氨技术

一、技术概述

（一）技术基本情况

规模化畜禽养殖场由于养殖密度大，粪污产生量大，导致粪污在畜舍收集和贮存处理过程中产生了大量的臭气和氨气，并通过排风风机排出舍外，成为农村居民周边环境臭气污染的主要来源；据不完全统计，全国畜禽场 80% 以上的环保投诉都是由于养殖场排放的臭气影响周边居民生活而引起；畜牧业也是最主要的氨排放源，氨气也是造成大气雾霾中二次颗粒物形成的唯一碱性气体，控制畜牧业氨排放对改善大气环境也具有重要的意义。2023 年 11 月 30 日，国务院印发《空气质量持续改善行动计划》，明确提出稳步推进大气氨污染防控，开展京津冀及周边地区大气氨排放控制试点。研究畜禽养殖场氨气等臭气治理措施，鼓励生猪、鸡等圈舍封闭管理，支持粪污输送、存储及处理设施封闭，加强废气收集和处理。

该主推技术为"密闭式畜禽舍排出空气除臭控氨技术"可有效解决养殖场密闭畜舍排出臭气污染问题，运用该技术可实现养殖舍排出臭气达标，氨气减排 55% 以上；该技术成果已获得国家授权发明专利 1 项，实用新型专利 2 项，技术已经在全国 100 多个县推广应用。该技术为落实国务院印发的《空气质量持续改善行动计划》等重大行动提供了可靠的技术支撑，促进畜牧业绿色低碳和高质量发展。

（二）技术示范推广情况

"密闭式畜禽舍排出空气除臭控氨技术"于 2021 年在中央电视台科教频道的《创新进行时》栏目组进行了科普宣传；全国畜牧总站发布了《规范畜禽粪污处理降低养分损失技术指导意见》，该技术也是指导意见中关键技术之一，为全国畜禽规模养殖场选择适宜技术提供了技术支撑；河南省农业农村厅和生态环境厅联合推荐该技术在河南省全域的规模化畜禽场中推广应用。

目前，该技术已经在牧原食品股份有限公司、河南省诸美种猪育种集团有限公司、北京德青源科技股份有限公司、安徽安泰农业开发有限责任公司等规模化生猪养殖场、蛋鸡养殖场中推广应用，累计推广应用的畜禽养殖量达到 8 000 万头猪当量。

（三）提质增效情况

该技术试验结果表明：对排出空气的氨气减排效率可达 80% 以上，对细菌气溶胶和真菌气溶胶的灭活效率分别为 50% 和 90% 左右；该技术在牧原食品股份有限公司的规模化猪舍示范应用效果表明：实现排出空气氨气浓度降低 55% 以上，排出的粉尘、氨气和臭气浓度达到环境标准要求，场界监测满足国家法律法规对养殖场废气排放要求，该技术实现了运维成本低于其他养殖场同等效果的除臭措施，有效遏止了养殖场的臭气传播，改善了周边环境，养殖场因臭味问题投诉显著降低，具有显著的环境效益、生态效益和社会效益。

（四）技术获奖情况

该技术作为关键技术内容之一写入全国畜牧总站印发的《规范畜禽粪污处理降低养分

损失技术指导意见》（牧站（绿）〔2021〕71号）中，指导畜禽养殖场规范畜禽粪污处理，协同推进氨气等臭气减排；该技术也作为关键核心技术内容之一的成果《农畜牧业氨排放污染高效控制技术》入选2021年度中国生态环境十大科技进展。

二、技术要点

该技术主要原理是密闭畜禽舍排出的污浊空气统一通过疏松多孔填料构成的过滤床进行过滤，而多孔填料顶部循环喷淋弱酸性或具有氧化性能的除臭洗涤液体，当臭气通过疏松多孔填料的湿表面、过滤床材料后，空气中的粉尘、氨气和各种臭气等经过吸收固定、生物转化和分解等过程实现减排，而除臭后的净化空气从填料外端排出到大气环境中。

（一）过滤床填料材料

过滤床的填料可采用不同的材料和设计，可根据不同的污染物去除目的，选择一级或多级过滤填料，如一级用于除尘，另一级用于氨气和臭气去除。但过滤材料必须是多孔的，可以是填充墙，也可以是由合成聚合物纤维或惰性塑料衬垫制成；多孔填料比表面积一般大于$320m^2/m^3$，单级过滤床的厚度一般0.15m。由于过滤床表面积较大，在过滤床面保证均匀稳定的气流至关重要。

（二）除臭洗涤液

一般选择pH值低于6的弱酸洗涤液，或采用次氯酸钠等氧化剂的液体作为除臭洗涤液；除臭洗涤液可循环使用，应从过滤床的顶部或正前方均匀喷淋在过滤填料上，确保填料各个位置都是湿润状态，循环水泵应设置过滤装置，防止循环液堵塞喷淋系统，同时循环液系统应安装除臭洗涤液浓度探头，通过自动控制实现定期添加新的除臭洗涤液，确保该系统除臭控氨效果的稳定。

（三）过滤空气停留时间

被过滤的空气在填料中停留时间决定了空气污染物与过滤料表面中微生物或酸碱物质的反应时间，随着停留时间的增加，去除效率也会增加，但停留时间过长会造成风压损失而抑制舍内通风速率，进而引起舍内热应激或空气质量问题。停留时间的长短主要取决于填充过滤床的厚度、密度和通过气流的风压，该技术推荐的停留时间应不大于2s。

（四）洗涤液循环利用与处理

除臭洗涤液进行循环利用，当洗涤液中各种组分达到一定浓度时应进行处理或利用；一般情况下，由于吸收液吸收以氨气为主的臭气成分，可作为液体肥料进行养分循环利用。

三、适宜区域

全国范围内规模化畜禽养殖场，以生猪、蛋鸡和肉鸡的规模化养殖场为主。

四、注意事项

一是畜舍排出空气的除臭系统应安装在排风风机的尾端，除臭系统应密闭，确保所有被处理的空气全部通过疏松多孔填料后排出。

二是除臭系统的安装会增加排风的阻力，为防止影响畜舍通风换气量，新建养殖场的除臭系统建议排风风机采用中压轴流风机；改建养殖场的畜禽舍除臭系统，需要评估和测试除臭系统对通风风机性能的影响，必要时更换畜舍的排风风机。

三是除臭喷淋系统要安装保温设施，当环境温度低于 0℃ 时，应停止喷淋系统的工作，防止填料系统结冰后堵塞畜舍的正常通风换气。

技术依托单位

1. 中国农业科学院农业环境与可持续发展研究所

联系地址：北京市海淀区中关村南大街 12 号中国农科院环发所

邮政编码：100081

联 系 人：董红敏　朱志平

联系电话：010-82109979

电子邮箱：zhuzhiping@ caas. cn

2. 牧原食品股份有限公司

联系地址：河南省南阳市卧龙区王村乡牧原集团

邮政编码：474263

联 系 人：胡小山

联系电话：15737718132

电子邮箱：huxiaoshan@ muyuanfoods. com

兽医类

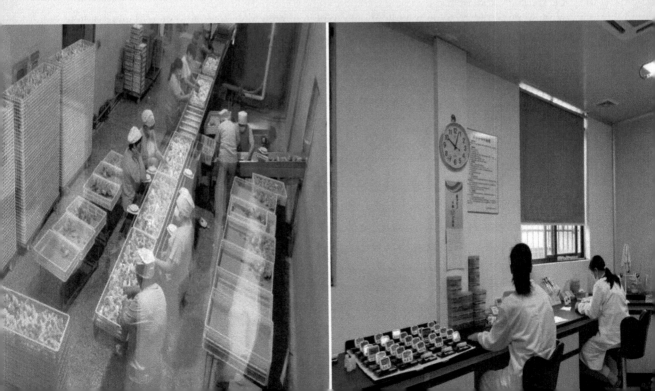

猪场生物安全体系建设与疫病防控技术

一、技术概述

（一）技术基本情况

非洲猪瘟、高致病性蓝耳病等由于缺乏安全有效的疫苗和药物，或疫苗效果不佳，不能满足免疫防控的需求，生物安全防控技术是防控非洲猪瘟、高致病性蓝耳病等重大疫病最有效和最经济的路径。以猪场生物安全体系建设为核心的猪场生物安全综合防控技术，在做好非洲猪瘟防控的同时，也为猪场其他重大疫病防控提供了新的防控技术模式，能够解决一项技术同时防控猪场多种重大疫病的问题，实现猪场重大疫病防控节本增效。

（二）技术示范推广情况

2019—2023 年，在江苏省推广覆盖生猪 1.2 亿头。重点推广到全省 10 个地级市的 21 个县（市、区）：南京市（浦口区）、徐州市（睢宁县）、常州市（武进区）、南通市（海门区）、连云港市（赣榆区、东海县、灌云县、灌南县）、淮安市（涟水县、淮安区、淮阴区、盱眙县、金湖县）、盐城市（滨海县、射阳县、响水县、阜宁县、建湖县）、扬州市（江都区）、镇江市（京口区）、泰州市（泰兴市）。

（三）提质增效情况

核心技术在江苏省全省范围内推广应用，使得全省规模猪场非洲猪瘟成功复产率提高 30%以上，猪场呼吸道病发病率平均下降了 10.5%。

（四）技术获奖情况

该技术获全国农牧渔业丰收奖农业技术推广一等奖、江苏省畜牧兽医学会科技奖推广一等奖；出版专著 3 部：《猪场生物安全体系建设与非洲猪瘟防控》《生猪重要疫病综合防控技术》《江苏省畜禽标准化养殖场建设规范》；通过省级成果鉴定 2 项，整体技术水平国内领先。核心技术先后被列为 2020—2021 年江苏省农业重大技术协同推广计划（省主推技术）、2022—2023 年江苏省农业重大技术协同推广计划（省主推技术）。

二、技术要点

（一）核心技术

1. 生物安全体系建设与非洲猪瘟防控技术

猪场生物安全防控技术：对车流、猪流、人流、物流以及生物媒介等实施严格隔离、消毒，猪场合理布局，实施猪场生物安全体系硬件和软件建设全面提升优化。猪场精准消杀技术：根据猪场的主流病原微生物群精选消毒剂，确保消杀针对性强，高效、安全、用量精准、消杀产物不污染环境。过硫酸氢钾复合盐、含氯制剂、戊二醛等高效安全消毒剂使用规范。重大动物疫病病原和抗体检测技术：开展重大动物疫病病毒核酸和抗体检测，制定合理检测监测方案，早发现、早确诊、早清除病原和带毒猪。病死猪无害化处理技术：猪场自建病死猪无害化处理中心的建设规范和生物安全管控技术，高温发酵和高温化制等无害化处理方式选择；交由公共病死猪无害化处理中心的猪场病死猪转运、暂存过程中的生物安全管控技术（图1）。

图1 猪场生物安全防控关键技术流程

2. 猪场呼吸道疾病生物安全防控技术

阻断高致病性蓝耳病病毒等病原进场的生物安全措施：在做好基本隔离、消毒、物资管控、猪只管控的基础上，增加空气过滤技术防控病原经空气传播。场内的生物安全措施：在做好猪群全进全出、人员入舍前洗消、猪场消毒技术的基础上，增加推荐的高效疫苗免疫接种和推荐的药物保健治疗。

（二）配套技术

1. 生猪标准化养殖场建设

聚焦科学选址、合理规划布局与设施设备选择等技术，推广《江苏省畜禽标准化养殖场建设规范》技术体系，指导新改扩建规模猪场，指导重大动物疫病无疫小区示范场建设。

2. 猪群体免疫力提升

集成环境优化以及日粮禁抗背景下发酵饲料、复合植物提取物、膨化预消化等提质增效为目标的替抗组合技术，提升猪群免疫力和健康度。

3. 猪群精细化智能管理

集成优化智能化温湿度及有害气体环境控制（图2）、自动饲喂系统（图3）、母猪分娩预警系统及育肥猪自动分栏系统（图4）、仔猪酸奶与教槽料结合过渡饲喂等技术方案。

三、适宜区域

全国所有生猪养殖县（市、区）。

图2 猪舍温湿度智能调控系统模拟

（A）电子饲喂站

（B）猪用粥料机

（C）自动料线

（D）干湿料槽

图3 自动喂料设备

四、注意事项

该技术在使用过程中，需要规模猪场严格按要求执行以及政府相关政策的支持。

 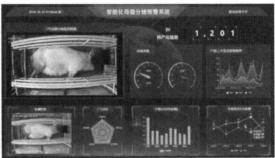

图 4　母猪分娩预警系统示意图和界面

技术依托单位

1. 江苏省农业科学院

联系地址：江苏省南京市玄武区钟灵街 50 号

邮政编码：210014

联 系 人：何孔旺　肖　琦

联系电话：13951030491　13913383507

电子邮箱：kwh2003@ 263. net　xiaoqi_2122@ 163. com

2. 南京农业大学

联系地址：江苏省南京市玄武区卫岗 1 号

邮政编码：210095

联 系 人：黄瑞华

联系电话：13814540789

电子邮箱：rhhuang@ njau. edu. cn

3. 江苏省动物疫病预防控制中心

联系地址：江苏省南京市鼓楼区草场门大街 124 号

邮政编码：210036

联 系 人：董永毅

联系电话：13951005507

电子邮箱：9381740@qq.com

4. 江苏省畜牧总站

联系地址：江苏省南京市鼓楼区草场门大街124号

邮政编码：210036

联 系 人：潘雨来

联系电话：13951683979

电子邮箱：549237080@qq.com

非洲猪瘟无疫小区生物安全防控关键技术

一、技术概述

（一）技术基本情况

非洲猪瘟自 2018 年传入我国以来，在各地迅速蔓延并定殖，成为我国养猪业的"头号杀手"，严重威胁养猪业的健康发展。非洲猪瘟病毒污染范围广、传播途径多、病毒情况复杂，在尚无有效的疫苗和针对性药物的情况下，生物安全管理已成为非洲猪瘟防控的必由之路，无疫小区（无疫生物安全隔离区）则是深入运用生物安全理念防控非洲猪瘟等重大动物疫病的有效手段。

该技术面向规模化生猪养殖企业及其饲料加工、屠宰、无害化处理、洗消等辅助单元、省市县各级畜牧兽医部门，以提高企业生物安全水平和非洲猪瘟防控能力为目标，基于国内区域化管理实践和经验，建立以养殖场为核心的全链条非洲猪瘟防控技术、以风险评估为核心的非洲猪瘟生物安全管理体系，集成了非洲猪瘟生物安全关键技术措施。

该技术主要解决了我国生猪养殖企业养殖、生产等措施落实不到位，企业动物疫病防控措施不科学，风险管理理念不先进及内部管理链条不规范等问题。通过打通养殖及辅助环节全链条、构建统一的生物安全管理体系，集成生物安全关键技术措施等，对于系统提升养殖企业的生物安全水平，提高生产管理效率，降低生猪发病率和死亡率，减少消毒剂、兽药和其他生物制品的滥用，规范洗消用水收集处理、生猪养殖环节粪污和病死猪无害化处理等具有重要示范作用和实践意义，能够有效提升养殖产业经济效益、社会效益和生态效益。

（二）技术示范推广情况

该技术 2019 年被农业农村部采纳，并正式发布《无规定动物疫病小区评估管理办法》（农业农村部公告第 242 号）、《无规定动物疫病小区管理技术规范》（农办牧〔2019〕86号），全面构建完成了我国非洲猪瘟无疫小区建设、评估技术体系和标准体系，为建设和评估工作提供了清晰的程序和技术指引。

该技术自 2020 年以来，在全国各地生猪养殖企业和官方畜牧兽医机构推广应用，其中，28 省 216 个应用此技术的生猪养殖企业通过国家评估验收，正式建成非洲猪瘟无疫小区，无疫小区所在地畜牧兽医机构也进一步健全了监测监管体系。目前，全国在建非洲猪瘟无疫小区的养殖企业近 200 家，该技术已成为养殖企业提升生物安全管理水平和非洲猪瘟防控能力的主要技术。

（三）提质增效情况

建立全链条的生物安全管理体系。企业集成应用以风险评估为核心，隔离、清洗、消毒、监测等为基础的多学科技术支持体系，形成了养殖、屠宰、饲料、无害化处理、洗消等多单元于一体的非洲猪瘟无疫小区建设模式，打造了生物安全闭环运行体系，提升了生猪养殖企业的生物安全水平，提高了应对非洲猪瘟等外部风险传入的能力，成为非洲猪瘟常态化防控的主要举措和重要创新。同时，有效降低了其他动物疫病的发生率和生猪死亡率，减少了兽药等生物制品使用成本，为养殖企业创造了较高的经济效益。

推进生猪养殖产业转型升级。企业以无疫小区为切入点，创新使用数字化饲喂、智能猪只盘点、猪只异动智能报警等一批行之有效、经济适用、方便可行的技术手段，且效果显著。无疫小区建设模式有机融合了养殖、饲料、屠宰加工和物流等上下游产业，打造一二三产业融合互促、全产业链协同发展的格局，在促进养殖产业升级的同时，极大推动了运输、饲料、屠宰等产业提质升级，发挥了"保安全"和"促发展"的积极叠加作用，具有显著的社会效益。

（四）技术获奖情况

无。

二、技术要点

（一）以养殖场为核心的全链条非洲猪瘟防控技术

在建设模式上，建立以养殖场为核心多单元组成的无疫小区建设模式，养殖场可以是"种猪场""商品猪场"或"种猪场+商品猪场"三种模式，可配套符合条件的屠宰场、无害化处理场、饲料厂、检测实验室、生猪中转站、人员物资隔离中心等辅助生产单元，也可按要求委托进行饲料生产、无害化处理等。建立明确的养殖单元与辅助单元关系后，结合各单元/环节间的布局联系，科学规划无疫小区专用洗消中心，配置不同环节专用运输车辆，基于风险开展单元间运输路线规划和交接前后的清洗消毒，连接不同单元的同时，降低非洲猪瘟病毒的传入和传播风险。

围绕养殖场，前端对饲料、猪只、疫苗药品、入场车辆、人员等所有可能带入非洲猪瘟病毒的关键点采取隔离、清洗、消毒等措施，降低病毒传入可能性（图1）。猪场内实行净、污区分区管理，不同区域间车辆人员减少交叉，加强场地各区域清洗消毒，降低病毒在场内传播的可能性（图2）。后端重点加强病死猪无害化处理、出猪环节的车辆和交接管理，做好各类车辆清洗消毒，开展基于风险的监测，及时发现非洲猪瘟病毒并处理，有效降低病毒由此环节传入可能性。

从多样化的建设模式、各类生产单元的连接和重点环节有效的隔离、清洗、消毒等生物安全措施的应用，科学降低非洲猪瘟病毒传入、传播风险，集成构建覆盖养殖、饲料、洗消、运输、人员、物品等环节全链条的非洲猪瘟防控技术。

（二）以风险评估为核心的非洲猪瘟生物安全管理体系创建技术

基于风险评估技术，结合我国生猪养殖现状和非洲猪瘟流行特点，识别影响非洲猪瘟病毒传入传播的风险因素，构建封闭运行的、统一的生物安全管理体系，辅助建立完善的屏障体系、监测和监管体系，是养殖企业建设非洲猪瘟无疫小区、有效防控非洲猪瘟的可行手段。

创新优化风险评估技术，构建统一的生物安全管理体系。风险评估覆盖面包括无疫小区所有生产单元和环节，风险评估技术应用到生物安全体系建立和运行的全过程，对各生产单元的周边环境、选址布局、设施设备、防疫管理、人员管理、投入品管理、运输管理等各种潜在因素进行系统性评估。根据风险评估结果，确定非洲猪瘟传入并在无疫小区内传播、扩散的各项风险因素及其风险等级（高、中、低、可忽略），基于风险管理和关键点控制原

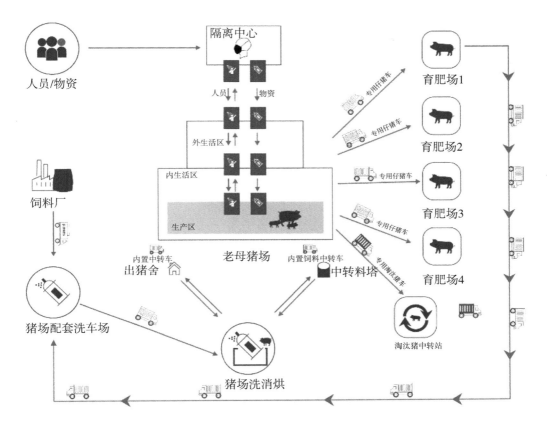

图1 猪场人员、车辆、物资流向及消毒示意

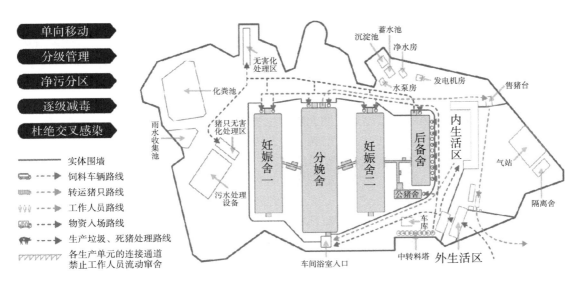

图2 养殖场分区管理

则，确定其潜在传播途径及关键控制点。构建统一的生物安全管理体系，是企业遵循全过程风险管理的原则，参照危害分析和关键控制点控制的基本原则所建立，涵盖养殖、饲料、洗消、无害化处理、运输等所有环节，内容包括组织管理、生物安全计划、屏障设施、生物安全措施落实、标识追溯、监测监管和应急处置等（图3）。企业成立生物安全管理小组，负责制定生物安全计划，并督促落实，定期进行审核和维护。

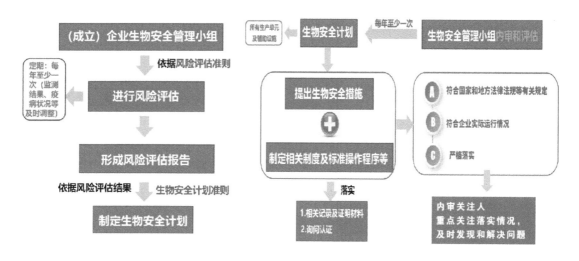

图3 生物安全管理体系构建

建立生物安全屏障体系。屏障体系由物理屏障、生物安全措施屏障和意识屏障组成。物理屏障包括无疫小区各生产单元外部屏障，通过设置围墙、防疫沟等，与外界形成有效隔离，成为相对封闭运行区域；生产单元内部屏障，通过合理规划生产区（养殖区）与生活区、污区与净区，设置必要的围墙、隔断、栅栏等形成；当养殖场周边存在其他易感动物（含野生动物），具有较高的非洲猪瘟传播风险时，沿养殖场物理屏障向外设立3km的缓冲屏障。生物安全措施屏障是基于生物安全管理理念细化具体的生物安全措施所构建的屏障，包括但不限于隔离、清洗、消毒措施。生物安全意识屏障是通过宣传、培训等手段强化生产和管理人员的生物安全意识，培训内容主要是生物安全相关的规章制度、理论知识和操作技能等。

建立无疫小区监测体系。监测是证明无疫和生物安全体系是否有效维持的关键手段，无疫小区监测主体是养殖企业和官方兽医机构，监测方案中明确监测范围、监测方式、监测频率和监测方法等，非洲猪瘟监测方式包括日常监测、证明无疫的监测和被动监测，监测范围覆盖养殖、饲料、屠宰、洗消、无害化处理等所有环节，对猪只、车辆、环境、物资、人员等科学采样和检测。

运行官方兽医机构监管体系。遵循过程监管、风险控制和可追溯管理的基本原则，制定完善的监管制度和程序，对无疫小区进行有效监管。监管内容包括对无疫小区内养殖场、屠宰加工厂、运输环节、从业人员、防疫条件、生物安全措施制定及落实的监管，以及对无疫小区缓冲区及周边区域的监管等。

（三）以生物安全为核心的关键技术措施集成

立足生物安全管理体系运行特点和非洲猪瘟病毒传播特性，集成了适用于非洲猪瘟无疫小区生物安全管理体系的外源风险管控技术、内部风险管控技术和及时发现风险应急处置技术（图4）。

外源风险管控技术包括缓冲区创建监管技术、引种隔离检疫技术、外来人员物资管控技术、车辆洗消烘干技术等。对养殖场周边疫病传入风险进行评估，根据评估结果，可在养殖场周边3km设置缓冲区，采取定期监测、洗消等生物安全措施，降低养殖场周边的风险。制定严格的引种制度，规划和控制引种引精来源，科学实施外引种猪隔离检疫、抽检等措施，保证种猪和精液的来源安全。严格限制外来人员、车辆入场，确有必要进入的执行隔离、洗消等生物安全措施，工作人员返场在中转、隔离区完成隔离、检测合格后方可进入养殖场。对饲料和物资实行中转运输管理，有效杀灭非洲猪瘟病毒后方可转入场内。此外，配置专用清洗消毒（烘干）中心和必要的清洗消毒点，对内部和外来车辆实行严格的洗消和分区管理，降低非洲猪瘟病毒经外来车辆传入场内的风险。

内部风险管控技术主要包括净污区分区管理技术、车辆运输管控技术、内部审核及纠错技术等。养殖场等各组成单元应具备良好的防疫条件，科学布局、分区管理、净污道分设，单元内不同功能区间可建设围墙、栅栏等隔离屏障，区域间人员物品移动需进行清洗消毒。各类车辆专车专用，内部运输车辆不出单元，单元间运输车辆按规定路线行驶，并做好清洗消毒。无害化处理区域设置在养殖场内部的，应配置符合要求的无害化处理设施设备、洗消设施设备、视频监控设备等，合理规划病死猪运输路线，降低运输环节生物安全风险；委托外部无害化处理的，应合理规划运输路线并做好车辆清洗消毒管理工作。出猪环节为降低拉猪车辆疫病传入风险，应建设单向流动的出猪通道和猪只中转站等，防控猪只交接环节的生物安全风险。

及时发现风险应急处置技术是基于科学敏感的监测、管理系统，及时发现非洲猪瘟病毒并有效处置。对缓冲区易感动物和环境、外来的人员、车辆、物资、种猪和精液等全面监测，及时发现风险并处理，可以有效防范病毒传入养殖场内。制定养殖环节基于风险的非洲猪瘟监测计划，及时发现养殖场内风险并处理，可以有效防范病毒在养殖场内传播。建立无疫小区非洲猪瘟疫情报告和应急预案，储备应急物资，定期开展应急演练和人员培训，有效应对突发疫情。

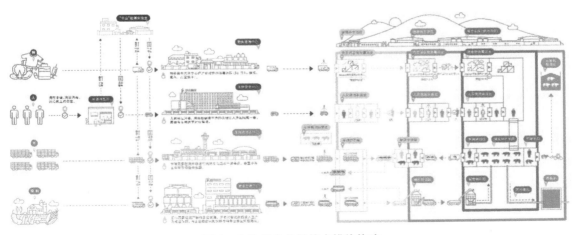

图4　生物安全关键技术措施构建

三、适宜区域

适用于全国范围内规模生猪养殖企业和配套的车辆洗消中心、饲料厂、无害化处理厂、屠宰场等场所，及地方各级兽医主管部门、动物疫病预防控制机构和动物卫生检疫监管机构等非洲猪瘟无疫小区官方监测监管机构。

四、注意事项

无。

技术依托单位
中国动物卫生与流行病学中心
联系地址：山东省青岛市南京路 369 号
邮政编码：266032
联 系 人：范钦磊
联系电话：18678456322
电子邮箱：fanqinlei@ cahec. cn

牛结核病细胞免疫防控与净化技术

一、技术概述

（一）技术基本情况

1. 技术研发推广背景

牛结核病主要是由牛分枝杆菌等引起的一种牛慢性消耗性人畜共患传染病，我国将其列为二类动物疫病，被世界动物卫生组织（WOAH）列为需通报的动物疫病。该病一年四季均可发生，呈世界流行性，在流行严重的地区，感染率可达60%。据统计，2022年全国牛存栏10 216万头，其中，奶牛存栏640万头。全球每年有5 000万头牛感染结核，造成的直接经济损失每年30多亿美元。同时，牛结核病对人类健康也构成了严重威胁。世界卫生组织专家委员会第七次会议报告指出："除非扑灭牛结核病，否则人类结核病的控制是不会成功的"。因此，无论从畜牧业还是从公共卫生角度，加大对牛结核病的控制和净化研究都有着迫切而深远的意义。

根除牛结核病是人类一个世纪来的梦想，美国是第一个实行根除牛结核病的国家，澳大利亚、新西兰等国家也在20世纪70年代起开始净化牛结核病，但至今尚无任何国家获得WOAH"无结核"认可。亚洲和非洲是牛结核病和人类结核病的高发区，随着我国人民生活水平的不断提高，带动了养牛业的迅猛发展，但牛结核病的疫情也随之攀升。目前我国已采取严格的"检疫—扑杀"措施，然而，我国不同地区养牛场的饲养管理水平差异大，牛群疾病相当复杂，同时，副结核（禽结核）等分枝杆菌也普遍流行，给结核病的准确诊断带来了巨大麻烦。因此，生产实践中急需快速、敏感、特异的牛结核病早期诊断试剂和技术。

快速、准确、敏感、特异以及简便的诊断方法是有效控制牛结核病蔓延的关键。目前用于检测牛结核病的检验方法可分三类：细菌学检测、分子生物学检测和免疫学检测。目前国内外用于检测牛结核病的检验方法主要是细胞免疫学检测，如皮内变态反应（TST）。目前TST是OIE认可的诊断方法，但耗费大量的人力劳动，烦琐费时，检出灵敏度不够，结果判定上主观性强且不易标准化，并存在不同程度的假阳性或假阴性，已不能满足现代临床诊断和日常检疫的要求。

因此，在牛结核病检疫方法中，除了常规皮内变态反应，最有应用价值和前景的方法之一是牛结核外周血γ-干扰素检测试验（简称"牛γ-干扰素法"）。与皮内变态反应相比，牛γ-干扰素法不仅简单、快速，灵敏度和特异性高，而且由于减少了前者试验中操作和解释上的主观性，使结果更为客观、可靠。目前，发达国家以该方法辅助进行牛结核病根除计划，有逐步取代皮内变态反应的趋势。我国从2013年"国家动物疫病监测与流行病学调查计划"开始，"牛γ-干扰素法"均被列为检测目录，用于牛结核病检测，并被列入《动物结核病诊断技术》（GB/T 18645—2020）中。当前，在世界范围内牛结核γ-干扰素检测试剂盒主要为 Bovigam 产品，并且已在几十个国家获准销售，但价格昂贵。由于该产品能够代替常规费时费事的牛皮内变态反应试验，市场前景极为广阔。因此，我国生产实践中急需市场化的、快速敏感、物美价廉、具有自主知识产权的"牛 γ-干扰素法"诊断技术和产品。

2. 解决的主要问题

该技术前期通过制备出高亲和力、高效价抗牛 γ 干扰素的单克隆抗体，建立了检测牛 γ-干扰素夹心 ELISA 方法和 ELISPOT 方法，并成功研制出可以应用于临床实践、检测牛结核病的试剂盒。其中，牛结核 γ-干扰素夹心 ELISA 检测试剂盒适用于牛场结核病的筛查，牛结核 γ-干扰素 ELISPOT 检测试剂盒适用于牛场结核病的净化。牛结核 γ-干扰素夹心 ELISA 检测试剂盒敏感性高，特异性强，重复性好，具有快速和高通量检测特点，可以实现牛结核感染早期检出，适用于奶牛、水牛、黄牛、牦牛等。该试剂盒敏感度和特异性分别达到 98.1% 和 97.2%，与国外同类产品相当，价格成本却只有国外同类产品的 1/3。牛结核 γ-干扰素 ELISPOT 检测试剂盒实现了单细胞水平的检测，特异性好，且具有更高的灵敏度（比进口 ELISA 试剂盒的灵敏度高出 50 倍），显著优于国标方法，可作为检测假阴性样品、牛场净化根除的重要方法，解决了牛结核病检疫净化中传统方法特异性差、灵敏度低的问题。

针对我国不同地区牛结核病的复杂性，根据牛场不同感染水平，形成牛结核病检疫淘汰和净化策略：在中、高阳性率牛场，严格隔离新生犊牛，培育健康群，对小牛进行皮试、IFN-γELISA 法或 ELISPOT 法检疫，每 3 月检疫 1 次，淘汰阳性牛；在低阳性率牛场，皮试检测阳性牛全部进行 IFN-γELISA 法验证，淘汰 ELISA 验证阳性牛；在很低阳性率牛场，淘汰皮试阳性牛，皮试阴性牛全部进行 IFN-γELISA 法或 ELISPOT 法检测验证，淘汰全部阳性牛。解决了不同场景、不同感染水平牛场的牛结核病防控净化问题。

3. 知识产权及使用情况

牛结核 γ-干扰素夹心 ELISA 检测试剂盒具有自主知识产权，授权专利 3 项，研制过程中起草并发布了江苏省地方标准《牛结核病诊断技术（γ-干扰素体外 ELISA 法）》（DB32/T 4000—2021），产品于 2022 年 6 月获国家新兽药注册证书（〔2022〕新兽药证字 27 号），禾旭（郑州）生物技术有限公司于 2023 年 4 月取得兽药产品批准文号（兽药生字 163848915）。

（二）技术示范推广情况

该项目团队 2012 年入选农业农村部农业科研创新团队——"人兽共患病防制新技术及其免疫机理研究"，长期从事动物结核病防控与净化研究，具有高水平专业人才队伍。多年来，项目实施单位与江苏、上海等省（市）各级动物疫病预防控制中心（畜牧兽医站）、各级农科院建立了良好的合作关系，在各省市农委的支持下，该技术的牛结核病防治技术在各省市级兽医系统实验室、大型规模化牛养殖企业、代表性牛养殖小区（协会）推广应用。本团队通过研制的具有自主知识产权的"牛结核 γ-干扰素夹心 ELISA 检测试剂盒"，2006—2023 年，对我国江苏、山东、河北、新疆、上海、天津等 20 余省（区、市）68 个牛场进行推广应用，共检测 162 470 头牛，累计节支数亿元。通过与临床样品进行同步检测，进口试剂盒和研制的牛结核 γ-干扰素夹心 ELISA 检测试剂盒均表现出良好的敏感性和特异性，两种试剂盒阳性符合率和阴性符合率均达到 90% 以上，达到了同类进口商品化试剂盒水平，完全可以替代进口产品。

（三）提质增效情况

目前商品化的牛结核 IFN-γ 检测试剂盒主要来自 Bovigam 的 ELISA 检测试剂盒。按目前的市场价计算，该试剂盒检测 1 头牛的试剂盒成本费为 130 元。而一般 ELISA 试剂盒的实际成本应该在 10 元/头左右。考虑到在本方法中，所有样品均需进行 3 份处理，因此实际成本也应该在 30 元左右。该试剂盒不仅本身具有相对较高的研发难度，而且还需要提供较高纯度和效价的结核菌素刺激原作为配套试剂，双重因素使得 Bovigam 独享了牛结核 IFN-γ 检测试剂盒所带来的丰厚利润。该技术通过自主知识产权的牛结核 γ-干扰素夹心 ELISA 检测试剂盒，有望改变 Bovigam 公司在牛结核 IFN-γ 检测方法上的垄断地位，为我国牛结核杆菌病的控制与净化提供一种高效优质、价廉物美的诊断试剂和产品。

目前我国牛存栏量大约为 1 亿头，按照国家法律法规要求，每年须对所有牛进行结核病检疫，这就需要大量的检测试剂，进口试剂盒价格昂贵，且未在我国进行注册。因此，简便、敏感、特异的试剂盒在临床上有广泛的应用前景。鉴于我国牛结核病数量的上升，每年有大量的阳性奶牛需淘汰处理，还有大量的可疑反应牛和假阴性患牛难以处理而造成巨大损失。另外，从公共安全角度来看，结核病防控涉及面广，工作量大，常规方法耗时费力，已不能完全满足实际需求。

在现有皮试方法特异性、敏感性均不令人完全满意的情况下，采取"检疫—扑杀"措施必须更加严谨，才能尽量减少由于"误杀"和"漏杀"而导致的损失。该技术可广泛应用于生产实践，提供出入境检验检疫、动物疫控和兽医部门快速检测方法，通过对牛群结核病的检测，最早发现和淘汰患病牛只，保证食品安全和人类健康，因此具有广泛的应用前景，经济效益、社会效益显著。

牛结核病作为一种重要的人兽共患病，通过对牛结核病的防控与净化措施，对促进我国养牛业的健康发展、农业增效、农民增收等发挥重要作用，同时对保障食品安全有着重要的意义。

（四）技术获奖情况

以"牛结核 γ-干扰素夹心 ELISA 检测试剂盒""牛结核 γ-干扰素夹心 ELISPOT 检测试剂盒"为核心的牛结核病免疫防控技术荣获 2019 年度江苏省科学技术奖一等奖。

二、技术要点

（一）牛结核 γ-干扰素夹心 ELISA 诊断试剂盒

分别以具有捕获和检测天然牛 IFN-γ 能力的单抗作为包被抗体和检测抗体，建立了牛 IFN-γ 双抗体夹心 ELISA 检测方法。通过结合牛结核特异性刺激抗原，研制出具有自主知识产权的"牛结核 γ-干扰素夹心 ELISA 检测试剂盒"，通过与临床奶牛血浆样品进行同步检测，进口试剂盒和团队研制的牛结核 γ-干扰素夹心 ELISA 检测试剂盒均表现出良好的敏感性和特异性，阳性符合率和阴性符合率均达到 90% 以上，达到了同类进口商品化试剂盒水平。

（二）牛结核 γ-干扰素 ELISPOT 诊断试剂盒

分别以具有捕获和检测天然牛 IFN-γ 能力的单抗作为包被抗体和检测抗体，建立了牛 IFN-γELISPOT 检测方法，通过结合牛结核特异性刺激抗原，研制出具有自主知识产权的

"牛结核 γ-干扰素 ELISPOT 检测试剂盒",实现了单细胞水平的检测,特异性好,且具有更高的灵敏度(比进口 ELISA 试剂盒的灵敏度高出 50 倍),解决了不同感染水平牛结核病检疫净化中的问题,显著优于国标方法,可作为检测假阴性样品、牛场净化根除的重要方法之一。

(三)牛结核病防控与净化措施

推进牛结核病防控与净化工作,是保障养牛业健康持续发展和乳品质量安全,提升公共卫生安全的一项重要举措,也是"健康中国"行动计划一部分。目前国际上控制结核病的通行做法是"检疫—扑杀"措施,我国也和其他国家一样,采取严格的阳性淘汰制度。

针对牛结核病,需要坚持"预防为主"的方针,加强饲养管理,改善卫生条件,同时采取监测、检疫、扑杀、消毒和无害化处理相结合的综合性防疫技术措施。在健康牛场,要坚持长期有效的监测检疫制度,保持牛场内环境卫生,按时定期进行预防性消毒、免疫、驱虫等,还要严格的饲养安全管理,并坚持自繁自养原则。阳性牛场在检疫后,需要及时分群隔离,扑杀阳性牛,对场地进行消毒及动物尸体排泄物等无害化处理措施等。

系统推进牛结核病净化场建设。牛结核病净化场标准为奶牛群抽检,牛结核菌素 TST 反应(或 γ-干扰素体外检测法)阴性《动物疫病净化场评估技术规范(2021 版)》,控制标准为连续 2 年个体阳性率小于 3%《国家奶牛结核病防治指导意见(2017—2020 年)》。

三、适宜区域

在《全国畜间人兽共患病防治规划(2022—2030 年)》中,提到牛结核病在 2025 年达到 25% 以上的规模奶牛养殖场达到净化或无疫标准。到 2030 年,50% 以上的规模奶牛养殖场达到净化或无疫标准。基于国内对牛结核病的研究现状和临床检测需要,在全国开展牛结核病细胞免疫防控与净化技术的推广,将对我国牛结核病的有效控制和净化具有十分重要的意义。

四、注意事项

(一)加大诊断检测新技术产品的推广和使用

对于"牛结核 γ-干扰素夹心 ELISA 检测试剂盒""牛结核 γ-干扰素 ELISPOT 检测试剂盒"等具有自主知识产权、特异性和敏感性良好的牛结核病细胞免疫防控与净化技术,定期发布推荐试剂目录,推动基层疫病防控部门使用。

(二)加强技术人员培训

核心技术产品"牛结核 γ-干扰素夹心 ELISA 检测试剂盒""牛结核 γ-干扰素 ELISPOT 检测试剂盒"等为细胞免疫检测方法,不同于血清学检测方法,需要对牛全血进行孵育培养,技术操作水平要求较高,需要对基层检测人员加强技术培训。

(三)制定根除规划

通过法律法规确保牛结核病控制和根除规划的顺利实施,推动奶牛(电子)溯源系统,完善"检疫、扑杀、监测、移动控制"控制策略,动态调整奶牛扑杀补偿机制,坚决实施与动态评估牛结核病控制和根除计划的实施效果。

技术依托单位

1. 扬州大学
联系地址：江苏省扬州市文汇东路48号
邮政编码：225009
联 系 人：焦新安　陈　祥　徐正中
联系电话：13815805570
电子邮箱：chenxiang@ yzu. edu. cn

2. 江苏省动物疫病预防控制中心
联系地址：江苏省南京市草场门大街124号
邮政编码：210036
联 系 人：董永毅
联系电话：025-86263662
电子邮箱：9381740@ qq. com

3. 新疆农垦科学院畜牧兽医研究所
联系地址：新疆维吾尔自治区石河子市老街街道乌伊公路221号
邮政编码：832000
联 系 人：韩猛立
联系电话：13519932980
电子邮箱：605249596@ qq. com

围产期奶牛代谢健康监测及群体保健技术

一、技术概述

（一）技术基本情况

1. 技术研发推广背景

近三十年来，我国奶业进入了快速发展阶段，集约化养殖已达 70%，规模化牧场平均单产已接近 9.2t。然而，我国泌乳奶牛死淘率仍高达 25%，且主要为被动淘汰，平均胎次只有 2.6，明显低于奶业发达国家，奶牛健康养殖压力巨大。围产期奶牛疾病约占整个泌乳期的 70% 以上，主要表现在以围产期能量代谢（酮病、脂肪肝等）、矿物质代谢（低钙血症等）、酸碱代谢（瘤胃酸中毒等）和炎性（乳房炎、子宫炎等）等代谢健康"四维度"稳态失衡为主的奶牛疾病发病率居高不下，是造成奶牛淘汰和使用年限缩短的主要原因，已成为我国奶牛生产性疾病防控的瓶颈难题。目前围产期奶牛疾病防控难点主要体现在：一是规模化养殖场缺乏有效针对围产期奶牛的群体健康监测措施，导致围产期奶牛代谢健康"四维度"稳态失衡现状不明，群体监测难；二是缺乏针对各个养殖场围产期奶牛代谢健康"四维度"稳态失衡特征的配套的保健技术方案，多少牧场存在盲目保健现象，疾病群防群控保健难；三是缺少标准化代谢健康监测方案和保健技术，牧场没有统一的规范，标准化操作执行难。

2. 解决的主要问题

据此，该主推技术依托"十三五"国家重点研发计划、"十二五"国家科技支撑计划、国家星火计划、农业农村部农业行业标准制定等项目，历时 10 年研发，建立了围产期奶牛能量、离子、酸碱、炎症等代谢健康"四维度"稳态失衡疾病（酮病、低钙血症、瘤胃酸中毒、乳房炎等）监测技术体系，制定了围产期奶牛代谢健康"四维度"稳态保健技术标准规范，解决了集约化牧场围产期奶牛代谢疾病监测及群体保健缺少标准化操作规范的难题。

3. 知识产权

该主推技术拥有授权发明专利 7 项，软件著作权 10 项，饲料添加剂产品 3 个，农业农村部行业标准 2 项，获得省部级奖励 4 项。

4. 使用情况

该主推技术于 10 个规模化奶牛养殖场、1 个市级奶业主产区，累计应用覆盖奶牛 50 余万头次。

（二）技术示范推广情况

该主推技术近年来在北京、天津、黑龙江、安徽、甘肃、宁夏等省（区、市）推广示范，示范牧场涉及现代牧业（集团）有限公司、北京首农畜牧发展有限公司、天津嘉立荷牧业集团有限公司、黑龙江省爱牛畜牧业有限公司、林甸县绿源畜牧业有限公司、黑龙江省九三农垦麒源奶牛养殖专业合作社、甘肃德联牧业有限公司、甘肃前进牧业科技有限责任公司、宁夏合牧农业科技有限公司、宁夏鑫金元乳业有限公司，累计示范奶牛 51.45 万头次。该主推技术由黑龙江省大庆市农业农村社会事业服务中心主推于全市推广示范奶牛 7.6 万头次。

（三）提质增效情况

该主推技术示范推广期间有效提高奶牛单产 110~290kg，产后 60d 淘汰率降低 1%~6%，每年疾病治疗及防控成本降低 55~75 元/头，解决了集约化牧场疾病群防群控企业操作难的问题。

（四）技术获奖情况

该技术荣获 2022—2023 年度神农中华农业科技奖科学研究类成果一等奖，2018 年度黑龙江省科学技术奖二等奖、2016 年度全国农牧渔业丰收奖农业技术推广成果奖二等奖、2016 年度黑龙江省科学技术奖二等奖。

二、技术要点

围产期奶牛代谢健康监测及群体保健技术主要包括围产期奶牛代谢健康监测技术体系和围产期奶牛代谢健康保健技术规范两部分，其中，监测技术体系包括围产期奶牛代谢健康诊断标准和围产期奶牛代谢健康群体监测标准；保健技术规范包括通用保健方案和各代谢病保健方案。

（一）围产期奶牛代谢健康监测技术体系

1. 围产期奶牛代谢健康诊断标准

酮病：临床型酮病：奶牛血液 BHBA 浓度≥3.0mmol/L，GLU 含量在 2.8mmol/L 以下，并出现明显临床症状；亚临床酮病：患病奶牛血液 BHBA 浓度在 1.2~3.0mmol/L，但无明显症状。

低钙血症：临床型低钙血症（产后瘫痪）：血清总钙＜2.05mmol/L 或血液离子钙浓度＜1.06mmol/L，并且表现出肌肉僵硬、震颤、步态不稳或者卧地不起等典型临床症状；亚临床低血钙：奶牛血清总钙＜2.05mmol/L 或血液离子钙浓度＜1.06mmol/L，但无明显的临床表现。

低钾血症：一般出现在产后 15d 内，患病奶牛血清或血浆钾浓度降低至 3.9mmol/L 以下，患牛食欲正常，精神状态良好，瘤胃蠕动正常，产奶量没有明显下降，后躯臀部和后肢肌肉松弛、不能站立出现爬卧。

亚急性瘤胃酸中毒：高精饲料更换初期，当瘤胃 pH 值下降至 5.0~5.5 并持续 3~5h/d 时，称为亚急性瘤胃酸中毒。

产后子宫炎：发生于产后 10d 内的子宫感染，直肠检查子宫异常扩大，伴随恶臭、红棕色或水样子宫颈口分泌物，可能会出现全身症状，如发热（体温＞39.5℃）、食欲不振、精神沉郁等。

子宫内膜炎：奶牛在产后 21d 阴道分泌物脓性成分＞50.0%，子宫颈＞7.5cm；或产后 26d，阴道分泌物黏液脓性。

乳房炎：奶牛干奶及泌乳初期高发，加州乳房炎测试 CMT 法检测奶牛乳房炎，检测托盘摇动时见物质不均匀，倾斜时混合物有明显絮状，乳中体细胞数 50~150 万/mL，判定为隐性乳房炎；摇动时反应物呈黏稠挂底，乳中体细胞数 150~500 万/mL，判定为临床型乳房炎。

2. 围产期奶牛代谢健康群体监测标准（图1）

酮病：评估频率为每月1次，每月产犊50头的牧场，随机选择12头泌乳期5~50d的奶牛进行检测，其中，泌乳期5~14d奶牛6头，16~50d奶牛6头；规模化牛场，可按比例降低评估牛头数，如每月产犊500头的牧场，可随机选择60~90头牛进行评估，其中，泌乳期5~14d奶牛30~45头，16~50d奶牛30~45头。

样品采集及指标检测：

采集饲喂前的尾静脉血液5mL，于肝素抗凝离心收集血浆，血浆于-20℃保存14d内检测。利用全自动生化分析仪检测血浆β羟丁酸（BHBA）水平。

结果判定：风险评估以检测的个体奶牛亚临床酮病（≥1.2mmol/L以上）作为标准，以12头检测牛为例，0/12判定为风险阴性牧场；1/12、2/12判定为风险临界牛场；＞2/12判定为风险阳性牧场。规模化牧场可参考该比例进行判定。阴性牧场和临界牧场继续监测，暂不采取措施；阳性牧场进一步分析群发性酮病的影响因素。

阳性牛场酮病风险因素分析：首先，排除酮病阳性牛的特定性风险因素，如子宫炎、蹄病、胎衣不下高发等，子宫内膜炎高发牧场，调整接产、胎衣不下、子宫内膜炎控制方案；蹄病高发牧场，调整产前修蹄、浴蹄及运动场舒适度控制方案。其次，将阳性牛场按照风险评估时的阳性牛比例权重，划分为饥饿型酮病（产后16~50d奶牛发病为主）、脂肪肝酮病（产后5~14d奶牛发病为主）和富丁酸青贮型酮病（产后5~14d奶牛发病和产后16~50d奶牛发病比例相当），最终确定牧场控制方案。

牧场酮病发病数据风险评估：按照兽医统计的酮病发病牛记录，亚临床酮病发病率≥30%或临床酮病发病率≥4%，同样判定为酮病高风险牧场，按照发病牛比例权重，划分为饥饿型酮病（产后16~50d奶牛发病为主）、脂肪肝酮病（产后5~14d奶牛发病为主）和富丁酸青贮型酮病（产后5~14d奶牛发病和产后16~50d奶牛发病比例相当），最终确定牧场酮病的预防控制方案。

低钙血症：产后0h，采血检测新产牛血钙，使用生化分析仪（血清总钙）或血气分析仪（血液离子钙）检测，血清总钙＜2.05mmol/L或血液离子钙浓度＜1.06mmol/L为标准，确定亚临床低血钙奶牛比例。荷斯坦奶牛产后0h亚临床低血钙比例大于50%，判定为产后低血钙高风险牧场。产后3d，确定为低血钙造成的奶牛产后瘫痪发病率≥4%，判定为产后低血钙高风险牧场。

低血钾：产后0h，采血检测新产牛血钾，使用生化分析仪（血清钾）或血气分析仪（血液钾）检测，血钾＜3.9mmol/L为标准，确定低血钾奶牛比例。荷斯坦奶牛产后低血钾比例＞10%，判定为产后低血钾高风险牧场。

亚急性瘤胃酸中毒：可通过以下方法确定亚急性瘤胃酸中毒高风险牛群，一是可选择部分新产牛，通过投置瘤胃传感器进行无线连续在线监测瘤胃pH值，当瘤胃pH值下降至5.0~5.5并持续3~5h/d时，可判定为亚急性瘤胃酸中毒。二是选择10头新产牛，在全混合日粮投料饲喂后的5~8h，穿刺法取瘤胃液测定pH值，如30%以上的牛瘤胃pH值低于5.5，可判定为亚急性瘤胃酸中毒高风险群。三是产后60d内的新产牛，大罐奶样品乳脂/乳蛋白＜1.10时，可判定为亚急性瘤胃酸中毒高风险群。四是产后7d的新产牛，利用全自动生化分析仪检测血浆谷丙转氨酶（ALT），L-乳酸（LAC），当30%以上奶牛ALT＜16U/L

且血 LAC＞0.37mmol/L 时，可判定为亚急性瘤胃酸中毒高风险群。

产后子宫炎：产后子宫炎发病率≥10%判定为产后子宫炎高风险牧场。产后子宫炎的风险因素分析包括疾病因素，如难产、胎衣不下、流产、真胃变位、酮病、产后低血钙、牛传染性脓疱性外阴阴道炎等；非疾病因素，如围产期饲养管理、双胎、胎次及产犊季节等。如产后子宫炎发病率高，应综合分析上述因素的影响，确定风险关键点。

子宫内膜炎：产后 21~28d 子宫内膜炎发病率≥20%判定为子宫内膜炎高风险牧场。应综合分析难产、双胎、产道撕裂、胎衣不下、产后子宫炎等相关疾病的发病数据，确定风险关键点。

乳房炎：CMT 法检测产后 3d 奶牛隐性乳房炎发病率≥40%判定为乳房炎高风险牧场。

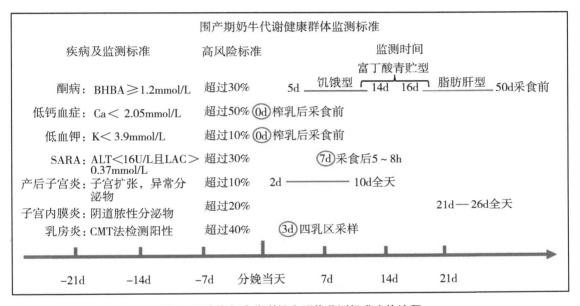

图 1　围产期奶牛代谢健康群体监测标准实施流程

（二）围产期奶牛代谢健康保健技术规范

1. 围产期奶牛代谢健康通用保健方案

产前 21d：低钙或阴离子盐饲喂，建议 0.46% Ca 和 -13mEq/kg DCAD 组合；饲料添加过瘤胃胆碱 80g/d 至产后 30d；注射科特壮、亚硒酸钠、维生素 E。

分娩当天：灌服产后保健包；注射葡萄糖酸钙 500mL 或投服钙棒；注射科特壮；注射维生素 ADE；灌服益母生化散。

产后 21d：注射科特壮，注射维生素 ADE。

2. 围产期奶牛代谢病保健技术方案（图 2）

酮病，饥饿型酮病：因饲养密度造成采食量不足的饥饿型酮病牧场，评估新产牛密度、TMR 制作工艺、推料、二次发酵等并相应调整。新产牛密度控制在 100% 以内。脂肪肝酮病：脂肪肝酮病高发牧场，评估干奶、围产牛 BCS，采用围产期营养调控方案。控制关键点如下，营养调控方案视牧场情况可单独使用或组合使用。干奶围产牛 BCS 保持在 3.25~3.5，≥3.75 的奶牛比例不超过 10%；干奶牛密度控制在 80% 以内。围产期日粮中添加过瘤胃烟酸（产前 21d 至产后 21d，20g/头日）或过瘤胃胆碱（产前 21d 至产前 0d，25%过瘤胃胆碱60g/头日或50%过瘤胃胆碱20g/头日）。围产期日粮中添加莫能菌素（产前21d至产前0d，1.5~2.0g/头日）或固体丙二醇（产前21d至产前0d，含量60%~66%，200g/头日）。围产期奶牛产前21d、产前14d注射科特壮，25~30mL/头次，新产牛产后注射科特壮，30mL/头次。围产期日粮中添加过瘤胃葡萄糖（产后0d至产后30d，50%过瘤胃葡萄糖40~60g/头日）。产后3~7d，每头牛每日灌服丙二醇360~600g。富丁酸青贮型酮病：富丁酸青贮型酮病牧场，检测青贮丁酸浓度，视情况调整青贮使用量或更换青贮，降低青贮中过量丁酸直接产生BHBA诱发酮病的作用。调整青贮使用量及下年青贮制作工艺，确保青贮丁酸湿重含量在0.1%左右，每日青贮使用量的丁酸含量<50g。

低钙血症：降低产后瘫痪风险，目标是将产后瘫痪发病率控制在1%~1.5%。产后补钙：荷斯坦头胎牛一般不需要产后补钙，经产牛产后立即经口补钙；娟姗牛头胎牛和经产牛产后均需要口服补钙。钙源及剂量：可使用丙酸钙为钙源的产后灌服包，或者氯化钙/硫酸钙为主成分的钙棒，根据不同钙源计算，每日补钙总量50~125g。经口补钙超量，奶牛会关闭PTH调节通道并启动降钙素，影响钙调节稳定性从而造成延迟性产后瘫痪。阴离子盐日粮：通过在围产前期日粮中添加阴离子盐，调解日粮阴阳离子差，从而达到酸化尿液、活化甲状旁腺素、降低产后瘫痪发病风险的目的，荷斯坦头胎牛不需要调控，经产牛产前21d至产犊使用阴离子盐日粮；娟姗牛头胎牛和经产牛均在产前21d至产犊使用阴离子盐日粮。围产前期提供中、高钙基础日粮；日粮阴阳离子差降至-5~15mEq/100g DM范围；围产牛尿液监测pH值6.0~7.0（符合率60%~80%）；不影响采食量。

低血钾：产后低血钾高风险牧场，或因低钾血症出现爬卧牛的牧场，可在新产牛产后通过灌服的方式补充KCl 120g，可选用含有KCl的产后灌服包或使用KCl单独灌服。

亚急性瘤胃酸中毒：亚急性瘤胃酸中毒主要发病原因是围产期应激、干物质采食量过高、日粮配制差及采食模式变化过大等。围产期奶牛经历分娩、启动泌乳和饲料、生理及代谢变化等应激，处于能量负平衡状态，从而导致体况变化、免疫抑制等，产后易发生亚急性

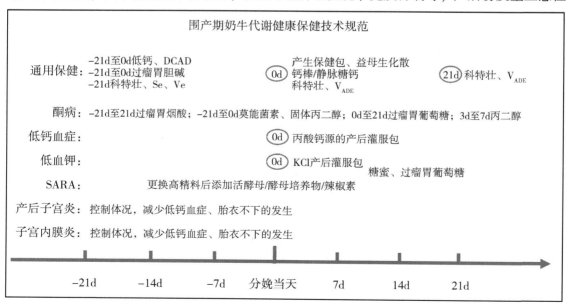

图2 围产期奶牛代谢健康保健技术规范流程

瘤胃酸中毒。通过合理的围产期日粮配置，保证产后奶牛瘤胃黏膜适应从干奶期日粮转向泌乳期日粮的变化，从而适应新的瘤胃发酵模式，维持吸收短链脂肪酸的能力。添加碳酸盐、氧化酶等增强瘤胃缓冲能力；适当增加饲草长度，每天饲喂 5~7cm 的饲草 1.5kg 左右，增加唾液分泌作用；添加活酵母或酵母培养物，维持正常的瘤胃 pH 值；可适当添加辣椒素。

产后子宫炎：胎衣不下牛、头胎牛和母牛产死胎为产后子宫炎个体发病风险因素。包括助产级别高和发生产道撕裂的牛，积极治疗原发病，并在产后 10d 内每天监测体温，重点关注产后子宫炎的发病情况。

子宫内膜炎：母牛产死胎，产后子宫炎，产犊时过瘦牛或过肥牛（BCS＜3.25 或 BCS＞3.75）为母牛子宫内膜炎个体发病风险因素。高风险奶牛积极监控和治疗原发病。所有产后牛均建议在产后 21d 至 28d 时进行产后检查确认是否存在子宫内膜炎。

三、适宜区域

该主推技术适用于我国养殖规模 300 头以上的规模化奶牛养殖场。

四、注意事项

一是监测指标所需生化检测试剂盒应适用于全自动生化分析仪。

二是监测指标的阈值以及发病牛比例，可根据牧场奶牛单产适当调整。

技术依托单位

1. 中国农业大学

联系地址：北京市海淀区圆明园西路 2 号

邮政编码：100193

联 系 人：徐　闯

联系电话：13936967175

电子邮箱：xuchuang7175@163.com

2. 黑龙江八一农垦大学

联系地址：黑龙江省大庆市高新区新风路 5 号

邮政编码：163319

联 系 人：杨　威

联系电话：15164564227

电子邮箱：yangwei416@126.com

3. 大庆市农业农村社会事业服务中心

联系地址：黑龙江省大庆市萨尔图区育才路 36 号

邮政编码：163319

联 系 人：王洪海

联系电话：15504594599

电子邮箱：280724740@qq.com

动物疫病检测用国家标准样品和
标准物质研制技术

一、技术概述

（一）技术基本情况

当前，我国动物疫病种类多，流行地域范围广，非洲猪瘟、口蹄疫、高致病性禽流感等重大动物疫病造成的直接和间接经济损失巨大，动物疫病防控形势严峻，防控压力大。

动物疫病防控涉及诊断、检测、监测、免疫、生物安全管理、应急处置等多个环节。其中，动物疫病诊断检测是动物疫病防控的重要一环，早期准确诊断，对及早发现和消灭病原、防止病原蔓延扩散传播进而达到有效防控至关重要。但是，当前实际情况是，我国动物疫病检测用标准样品和标准物质十分匮乏，导致一系列问题：一是严重影响兽医相关实验室检测质量控制，导致检测过程和结果缺乏科学性、可靠性、一致性和可比性；二是难以开展室内和室间检测能力验证、比对和测评工作；三是阻碍了文字标准（国标/行标）的有效实施和应用。

针对上述现状、问题和现实需求，中国动物疫病预防控制中心组织广州邦德盛生物科技有限公司等国内多家单位和重大动物疫病 WOAH/国家参考实验室及专业实验室，在国内率先开展了动物及动物产品质量安全检测用标准样品和标准物质研制工作。获得的工作进展和成效主要包括：一是成功制备了猪病、禽病、人畜共患病等动物病原微生物核酸、抗原、血清等检测用标准物质共 73 种，建立和完善了标准物质研制技术平台，获得具有独立自主知识产权的国家二级标准物质证书 6 项（表 1）；二是单独和联合相关单位分批申报国家标准样品研复制计划并获批立项共 62 项，申报并已获得国家标准样品证书 14 项（表 1）；三是研制了与兽医食品安全有关的食源性病原微生物核酸检测用标准物质 11 种（表 2），并进行初步试用；四是申报国家专利 5 项（已授权 3 项）、制定行业标准 1 项以及团体标准 6 项、发表相关文章 8 篇；五是申报获批成立全国标准样品技术委员会动物防疫标准样品专业工作组（编号：SAC/TC118WG15），分批次组织开展了国家标准样品立项审查和管理工作，共评审 107 项国家标准样品申报项目，其中，34 项已通过国家标准化管理委员会终审，获得正式立项。

上述标准样品和标准物质研制技术体系平台的建立、完善和应用，其重要意义主要体现在：一是所开展的工作具有开创性和先进性，突破性解决了我国动物疫病诊断检测实物标准严重匮乏的瓶颈问题，以及一些质控品依赖进口的"卡脖子"问题，为动物疫病诊断检测和净化等工作提供了强有力技术支撑；二是成功搭建了动物疫病检测用国家标准品研制技术平台，填补了多项文字和实物标准空白，抢占到制高点，奠定了中国动物疫病预防控制中心在该领域的技术权威性；三是所研制的标准样品/标准物质多次用于海关系统和省级动物疫控机构实验室检测能力比对等工作，发挥了重要作用；四是所研制的标准样品/标准物质已转化成商品化产品并得到实际应用，获得良好行业口碑；五是组织开展多次由国内外相关领域人员参加的有关标准样品/标准物质研制技术培训，培养了一大批国家标准品研制相关技术人员，大幅度提高本行业人员的认知水平。

表 1　获得的国家二级标准物质/国家标准样品证书汇总表

类别	序号	标准物质/标准样品名称	证书编号	研制单位
标准物质	1	非洲猪瘟病毒 B646L 基因质粒标准物质	GBW（E）091034	中国动物疫病预防控制中心 广州邦德盛生物科技有限公司
	2	猪繁殖与呼吸综合征病毒欧洲株（PRRSVLV）核酸标准物质	GBW（E）090928	
	3	猪繁殖与呼吸综合征病毒美洲变异株（PRRSVJXA1）核酸标准物质	GBW（E）090929	
	4	猪繁殖与呼吸综合征病毒美洲经典株（PRRSVVR2332）核酸标准物质	GBW（E）090930	
	5	猪圆环病毒 1 型（PCV1）质粒标准物质	GBW（E）091245	
	6	猪圆环病毒 2 型（PCV2）质粒标准物质	GBW（E）091246	
标准样品	7	4-氯-2-甲基苯胺标准样品	GSB5-3827—2021	中国动物疫病预防控制中心
	8	禽流感病毒核酸检测用定性标准样品	GSB11-3849—2011	
	9	鸭肠炎病毒核酸检测用定性标准样品	GSB11-3848—2011	
	10	J 亚群禽白血病病毒核酸检测用定性标准样品	GSB11—3846-2011	
	11	猪繁殖与呼吸综合征病毒核酸分型定性标准样品	GSB11-3850—2011	
	12	猪圆环病毒 Ⅰ 型和 Ⅱ 型核酸定性标准样品	GSB11-3841—2011	
	13	H5 亚型禽流感病毒 Re-6 株血凝抑制试验阳性血清定性标准样品	GSB11-3843-2011	中国农业科学院哈尔滨兽医研究所、中国动物疫病预防控制中心
	14	H5 亚型禽流感病毒 Re-6 株血凝抑制试验抗原定性标准样品	GSB11-3842—2011	中国农业科学院哈尔滨兽医研究所、中国动物疫病预防控制中心
	15	J 亚群禽白血病阳性血清定性标准样品	GSB1-3852—2011	扬州大学、中国动物疫病预防控制中心
	16	鸡马立克氏病阳性血清定性标准样品	GSB11-3853—2011	扬州大学、中国动物疫病预防控制中心
	17	A 亚群禽白血病阳性血清定性标准样品	GSB11-3851—2011	扬州大学、中国动物疫病预防控制中心

（续表）

类别	序号	标准物质/标准样品名称	证书编号	研制单位
标准样品	18	GⅡ型诺如病毒装甲 RNA 定性标准样品	GSB11-3844—2011	中国水产科学研究院黄海水产研究所、中国动物疫病预防控制中心
	19	O 型口蹄疫病毒核酸检测用定性标准样品	GSB11-3845—2011	中国农业科学院兰州兽医研究所、中国动物疫病预防控制中心
	20	A 型口蹄疫病毒核酸检测用定性标准样品	GSB11-3847—2011	中国农业科学院兰州兽医研究所、中国动物疫病预防控制中心

表2 食源性病原微生物标准物质清单

序号	标准物质名称	研制单位
1	大肠杆菌（含 O157 质粒）标准物质	
2	副溶血性弧菌标准物质	
3	肠炎沙门氏菌标准物质	
4	鸡白痢沙门氏菌标准物质	
5	鼠伤寒沙门氏菌标准物质	
6	李斯特氏菌标准物质	中国动物疫病预防控制中心
7	金黄色葡萄球菌标准物质	
8	阪崎克罗诺杆菌标准物质	
9	轮状病毒标准物质	
10	福氏志贺菌标准物质	
11	诺如病毒（假病毒）标准物质	

（二）技术示范推广情况

自 2019 年至 2023 年 12 月，上述研制的系列标准样品和标准物质已在黑龙江省动物疫病预防控制中心、上海市动物疫病预防控制中心、北京市动物疫病预防控制中心、浙江省动物疫病预防控制中心等全国多个省动物疫病预防控制机构、养殖企业、第三方检测机构、海关系统、高校、科研院所等单位进行了推广和应用。所研制的非洲猪瘟 B636L 基因质粒标准物质、猪繁殖与呼吸综合征病毒美洲变异株（PRRSVJXA1）核酸标准物质、猪繁殖与呼吸综合征病毒欧洲株（PRRSVLV）核酸标准物质、猪繁殖与呼吸综合征病毒美洲经典株（PRRSVVR2332）核酸标准物质、猪圆环病毒 1 型（PCV1）质粒标准物质、猪圆环病毒 2

型（PCV2）质粒标准物质、禽流感病毒核酸检测用标准样品、J 亚群禽白血病病毒阳性血清标准样品、布鲁氏菌阳性血清标准样品等十余种标准物质和标准。

样品已用于全国省级兽医实验室能力比对等工作。

自获得上述国家二级标准物质证书开始，该系列标准物质产品已销售至中国农业大学、广东省科学院测试分析研究所、江苏省农业科学院、广东粤港澳大湾区国家纳米科技创新研究院、广州达安基因股份有限公司、哈尔滨元亨生物药业有限公司、广州华医测检测科技有限公司、省市级动物疫病预防控制机构等 400 余家单位，终端使用客户超过 2 000 家。

（三）提质增效情况

标准样品和标准物质的广泛使用，可提高实验和检测方案的科学性，使实验结果更准确和精确，进而提供更合理、准确、可靠的检测结果，为动物疫病诊断、监测、检测、诊疗、净化等工作提供可靠依据，最大程度保证检测实验室工作的可靠性。此外，标准样品和标准物质的应用，可以有效监测和控制实验室工作的精密度，提高常规工作中批内、批间样本检验的一致性，以确定测定结果是否可靠；消除了不同试剂不同人员操作间的差异，在有溯源性的基础上，可保证不同地区、不同试剂、不同时期测量结果的一致性和可比性，最终达到各级各类检测实验室结果的一致性和互通性，极大地减少因为重复检测带来的经济负担。

（四）技术获奖情况

无。

二、技术要点

标准样品和标准物质具有均匀、稳定、可保存、可溯源、可量化生产和大量供应的特点，可用于检测实验室人员、仪器、试剂、方法、环境等验证和评价。此外，标准物质还具有量值传递的作用。

（一）突破性建立标准样品/标准物质研制核心技术

主要包括：微滴式和芯片式数字 PCR 等精确定值和绝对定值技术、经冻干配方和工艺优化而建立的标准品稳定保存技术、病毒装甲 RNA 和假病毒包装技术、标准品分析测试技术等。

（二）实验室检测质量控制技术

主要包括：标准品用于检测的质控技术、标准品用于能力验证和比对评价技术等。

（三）标准样品/标准物质的量值溯源和生物学统计分析技术

主要包括：原料和标准值/特性值的精准溯源技术、显著性和不确定度分析等生物学统计分析技术等。

三、适宜区域

国家标准样品和标准物质的应用推广范围十分广泛，可在全国各省（区、市）和各地区的动物疫病预防控制机构实验室、不同类型和规模的养殖和屠宰及加工企业实验室、第三方检测机构实验室、海关系统实验室、高校和科研院所实验室等相关单位实验室进行现场推广和应用，其推广和应用不受地域范围限制。

四、注意事项

在推广和应用国家标准样品和标准物质时，要注意标准样品和标准物质的适用范围，不超范围应用。在标样/标物使用说明书中的适用范围内进行应用，严格按标样/标物使用说明书使用，避免使用过期样品。

技术依托单位

1. 中国动物疫病预防控制中心

联系地址：北京市大兴区生物医药基地天贵大街 17 号

邮政编码：102618

联 系 人：刘玉良

联系电话：010-59198898

电子邮箱：ylliu0905@163.com

2. 广州邦德盛生物科技有限公司

联系地址：广东省广州市黄埔区开源大道 11 号科技企业加速器 B8 栋 501

邮政编码：510530

联 系 人：高旭年

联系电话：020-32201806

电子邮箱：gaoxunian@126.com

3. 黑龙江省动物疫病预防与控制中心

联系地址：黑龙江省哈尔滨市香坊区哈平路 243 号

邮政编码：150069

联 系 人：张智杰

联系电话：0451-86383500

电子邮箱：hljyk0451@126.com

4. 上海市动物疫病预防控制中心

联系地址：上海市长宁区虹井路 855 弄 30 号

邮政编码：201103

联 系 人：王　建

联系电话：021-52127622

电子邮箱：scadcbgs@163.com

禽白血病快速鉴别检测与净化关键技术

一、技术概述

（一）技术基本情况

禽白血病是由禽白血病病毒（Avian leukosis virus，ALV）引起的肿瘤性疾病，可在禽类中广泛传播，是严重影响国内外禽业安全生产的重要疾病之一。该病毒是目前已知的唯一拥有外源性和内源性两种状态的反转录病毒，其基因组可以整合到宿主鸡或鸟类的基因组上。禽白血病内源性病毒（非致病）的存在，对致病的外源性病毒的鉴别诊断和检测提出了严重挑战。

禽白血病分型诊断对于准确判断鸡群感染情况具有重要意义。目前发现的禽白血病病毒共有 A～K 等 11 个亚群，可自然感染鸡群的禽白血病病毒仅限于 A、B、C、D、E、J 和 K 等 7 个亚群。不同亚群致病力和感染对象也不同，其中，J 亚群致病力和传播性最强，对各类鸡群尤其是肉鸡的为害也最为严重，K 亚群致病力虽然偏弱，但对地方品种黄鸡或原种土鸡却更易感，A 亚群则对蛋鸡感染最为普遍。禽白血病传播方式多样，包括水平传播（健康禽经消化道、呼吸道、可视黏膜感染）、垂直传播（带毒母禽经卵清将病毒传递给雏禽，或通过基因整合将病毒传给后代）、孵化器内传播和污染的疫苗传播等。种鸡感染禽白血病后，会通过垂直传播方式传给下一代鸡群，即数量巨大的商品代雏鸡，同时，又存在孵化期横向传播给其他出壳雏鸡的风险。根据家禽繁育理论数据估算，一套曾祖代鸡产能为 24 万只商品鸡，而一套祖代鸡产能约为 5 万只商品代，这就意味着如果一套曾祖代种鸡/祖代鸡感染禽白血病，会造成数万只乃至数十万只商品鸡感染，从而出现免疫抑制、产蛋下降、高死淘率、生长缓慢和饲料转化率降低等情况，造成重大经济损失。据不完全统计，在该病发病高峰期，我国每年至少有 6 千万只商品代鸡死亡，涉及国内 2/3 种鸡公司的后代，年损失约 45 亿元。目前，禽白血病没有有效的、特异性的疫苗和治疗药物用于临床防控，因此，控制本病唯一有效且可靠的方法是对种鸡群进行检测和净化，采取的是检测后淘汰带毒病鸡的方式。根据《农业农村部关于推进动物疫病净化工作的意见》（农牧发〔2021〕29 号）要求，2021 年禽白血病继续被我国列为《国家动物疫病监测与流行病学调查计划（2021—2025 年）》中需要防范的主要禽病之一。国内的禽白血病净化工作起步较晚、难度大、费用高，截至 2023 年仅有 32 家种禽场通过禽白血病净化示范场评估。该疫病种源的净化是工作的重中之重，而净化的关键是培育无外源性禽白血病的核心种群以及有效控制禽白血病的垂直传播与水平传播。在此过程中，创新、快速、有效的检测技术就成为禽白血病净化及防控的有效手段。

针对禽白血病病毒缺乏外源性和内源性感染鉴别区分、亚群多、净化世代长等现状，该技术开发团队开展了禽白血病快速净化关键技术研究。经过多年持续对自然禽白血病感染病例进行跟踪溯源，同时结合针对该病毒感染的流行病学分析和病毒基因组的生物信息学相关研究，创制了禽白血病快速鉴别检测与净化关键技术。首先，开发了禽白血荧光 PCR 系列检测方法和试剂盒（图 1），能快速鉴别外源性和内源性病毒。包括禽白血病病毒 JAB/K 亚群荧光 RT-PCR、禽白血病病毒 A 亚群荧光 RT-PCR、禽白血病病毒 B 亚群荧光 RT-PCR、禽白血病病毒 J 亚群荧光 RT-PCR、禽白血病病毒 K 亚群荧光 RT-PCR 等检测技术和试剂盒。其中，创新研制的禽白血病病毒 JAB/K 亚群荧光 RT-PCR 检测技术填补了禽白血病外源性和内源性快速鉴别检测的国内外空白。其次，研制了禽白血病核酸标准品并取得国标标准样品证书，标准样品在禽白血病净化检测和质量控制中发挥了重要作用。最后，建立了科学高效的禽白血病净化技术体系，可减少鸡群应激、降低净化成本、缩短净化时间。依托此项成果制定了《禽白血病净化技术规范》团体标准（T/CVMA-1—2018），为国内禽群的种源净化提供了有力的技术支撑。

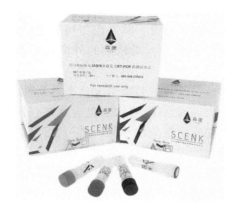

图 1　禽白血病病毒 ABJ/K 亚群荧光 RT-PCR 检测方法配套试剂盒

（二）技术示范推广情况

基于禽白血荧光 RT-PCR 系列检测方法（图 2）的禽白血病快速检测净化关键技术在山东益生种畜禽股份有限公司、广西凤翔集团股份有限公司、广西金陵农牧集团有限公司、河北康裕家禽育种有限公司、山东龙盛食品股份有限公司和招远市水悦种禽有限公司等养殖企业/养殖场进行了试验验证与推广应用。全国累计推广蛋种鸡/肉种鸡检测约 30 000 套，累计新增销售额约 300 万元。

图 2　种鸡场内的 1 日龄雏鸡胎粪采集、检测

（三）提质增效情况

近两年来，研发团队与山东益生种畜禽股份有限公司、海阳市鼎立种鸡有限责任公司、广西凤翔集团股份有限公司、广西金陵农牧集团有限公司、河北康裕家禽育种有限公司、山东龙盛食品股份有限公司和招远水悦种禽有限公司等合作，对种鸡群进行禽白血病净化。种源净化为养殖企业带来了显著的经济效益、社会效益和生态效益。

1. 经济效益

通过禽白血病快速精准检测技术的应用，平均种鸡群产蛋周期内，产蛋率提高 3% ~ 5%，死淘率由原来的 15% ~ 20% 降低为 5% ~ 10%。家禽实施禽白血净化后，保障了机体对疫苗的应答能力，显著减少了因禽白血感染引发免疫抑制造成的继发感染和混合感染，各示范推广单位累计推广蛋种鸡/肉种鸡检测约 30 000 套，销售额约 300 万元，为家禽养殖的提质增效发挥了重要作用。

2. 社会效益

禽白血快速净化技术的应用，为我国家禽的禽白血科学高效防控，提供了重要的关键技术支撑，同时减少了因禽白血感染后禽用抗菌药的疫病防治、提高了养殖效益、保障畜禽产品有效供给，有助于推动禽用抗菌药使用减量化、提高畜产品质量安全，可有力推动家禽产业的健康发展。

3. 生态效益

实施禽白血快速净化，控制了疫病感染和蔓延，保护了养殖环境的安全，保护了种源安全、减少了抗生素类药物使用对环境的污染，生态效益显著。

（四）技术获奖情况

禽白血病病毒 ABJ/K 亚群荧光 RT-PCR 检测试剂盒产品入选中国兽医协会 2023 年兽医新产品奖。

二、技术要点

（一）禽白血病外源性和内源性快速鉴别检测技术

禽白血病快速鉴别检测与净化的核心技术在于，禽白血病病毒 ABJ/K 亚群荧光 RT-PCR 检测方法可鉴别外源性和内源性禽白血病，其基于禽白血病 J、A、B、K 等 4 种亚型相关特异性抗原的基因序列设计引物、探针，通过优化反应条件，一次检测即可筛查 J、A、B、K 等 4 种禽白血病病毒亚群，快速精准识别外源性禽白血病病毒感染。其核心技术与传统 ELISA 方法相比，首先，检测性能好。灵敏度高，可区分内外源性病毒。其次，鸡群净化达标时间短。传统方法需要 4 个世代以上，而基于禽白血病快速鉴别检测技术的净化流程可将净化时间缩短到 1 个世代以内。最后，净化费用降低。由于净化世代短，整体净化费用可降低 50% ~ 70%。

（二）禽白血病病毒荧光 RT-PCR 系列快速检测技术

除了基于禽白血病病毒 ABJ/K 亚群荧光 RT-PCR 检测方法的禽白血病快速鉴别检测与净化技术，还开发了一系列基于单一病毒亚群的荧光 RT-PCR 检测方法及配套试剂盒，作为配套技术辅助禽白血病检测和净化，进一步提升对禽白血病的检测准确性。系列检测方法包括禽白血病病毒 A 亚群荧光 RT-PCR、禽白血病病毒 B 亚群荧光 RT-PCR、禽白血病病毒 J 亚群荧光 RT-PCR、禽白血病病毒 K 亚群荧光 RT-PCR 等，其分别优选禽白血病 J、A、

B、K 等 4 种亚型各自的特异性抗原基因序列，设计引物、探针，通过优化反应条件分别建立了针对检测 J、A、B、K 亚型禽白血病毒的方法，为鉴别 J、A、B、K 亚群禽白血病病毒感染提供多种选择。

（三）创制国家标准样品用于检测质量控制

为了更好地应用禽白血病快速鉴别检测技术，该团队还开发了 J 亚群禽白血病病毒核酸检测定性标准样品并获得国家标准样品证书，在禽白血病净化中发挥了重要作用。首先，此项标准样品填补了禽白血病国家标准样品的空白。其次，标准样品在禽白血病检测技术的开发中发挥了重要作用，促进了一系列禽白血病相关产品的开发。最后，标准样品在禽白血病检测技术的应用中发挥了重要作用，用于检测质量控制，提高种鸡的检测准确率。

（四）基于禽白血病快速鉴别检测与净化技术的净化方案

团队基于当前核心技术，开发了禽白血病快速鉴别检测与净化技术的净化方案，应用于养殖场禽白血病净化实践。应用该技术进行净化可选择从净化周期的任一阶段开始，不受日龄限制，针对不同日龄可优选不同的检测样本，具体如下：①1 日龄雏鸡胎粪检测，逐只采胎粪同袋鸡胎粪混阳性淘汰同袋鸡。②6~10 周龄育成鸡检测，逐只采集泄殖腔拭子，每笼鸡混样，淘汰阳性同笼鸡。③18~20 周龄开产初期检测，3 个蛋清混样，公鸡逐只检测。④22~24 周龄至留种，每 2 周检测 1 次，公鸡采集精液和泄殖腔拭子逐只检测；母鸡逐只采集泄殖腔拭子，每笼鸡混样，淘汰阳性同笼鸡，直至检测为阴性或达到净化效果。⑤留种继代前（43~55 周龄）检测，采集 3 个种鸡蛋，公鸡精液或每只鸡蛋清混样，公鸡精液逐只检测。根据多年的技术积累，禽白血病净化方案已经汇总并制定了团体标准《禽白血病净化技术规范》（T/CVMA-1—2018），为国内禽群种源净化的标准化提供了有力的技术支撑。

三、适宜区域

全国各省（区、市）范围内的祖代及父母代种鸡场、地方鸡品种基因库。

四、注意事项

该技术需要在规范的实验室内进行病毒核酸检测，并用配套的标准样品做好检测质量控制，以便用准确的检测结果指导种鸡场进行禽白血病净化。

技术依托单位
1. 中国动物疫病预防控制中心（农业农村部屠宰技术中心）
联系地址：北京市大兴区生物医药基地天贵大街 17 号
邮政编码：100260
联 系 人：刘颖昳
联系电话：13269116689
电子邮箱：yingyihjk@163.com

2. 山东省动物疫病预防与控制中心（山东省人畜共患病流调监测中心）

联系地址：山东省济南市历城区唐冶西路4566号

邮政编码：250100

联 系 人：张　栋

联系电话：0531-51788796，13515315172

电子邮箱：sdsykzx@126.com

3. 广西壮族自治区动物疫病预防控制中心

联系地址：广西壮族自治区南宁市西乡塘区友爱北路51号

邮政编码：530001

联 系 人：施开创

联系电话：13471031379

电子邮箱：shikaichuang@126.com

4. 北京森康生物技术开发有限公司

联系地址：北京市怀柔区凤翔科技开发区1园23号院

邮政编码：101499

联 系 人：张　丽

联系电话：13701246691

电子邮箱：zhangli1901@126.com

家蚕微粒子病全程防控技术

一、技术概述

（一）技术基本情况

1. 技术研发推广背景

蚕桑业是我国的传统优势产业，我国是世界上最大的蚕茧和生丝生产国，蚕茧和生丝产量常年占全球总产量的80%以上，在助推乡村振兴、助力脱贫攻坚中发挥了重要作用。蚕种生产是蚕桑业稳定发展的根基。家蚕微粒子病是蚕种生产上的毁灭性疫病，具有食下和胚种两种传染方式，被世界各蚕业生产国列为法定检疫对象。广东、广西等华南亚热带蚕区是我国最大的蚕区，蚕茧产量占全国总产量的六成以上，常年高温多湿的气候条件以及养蚕批次交叉重叠的生产特点导致各种蚕病更容易发生，家蚕微粒子病的防控形势也更为严峻。

然而，生产上一直沿用传统的"镜检母蛾淘汰有毒蚕种"、以预防为主的被动防治策略，治疗药物和技术极度缺乏。20世纪90年代"原蚕区养蚕+蚕种场制种"开始成为蚕种生产新常态，养蚕环境更为复杂，镜检母蛾时不断发现新型微孢子虫，其来源、传染与发病规律不明，如何处理无所适从。另外，蚕粪（沙）是传染性蚕病病原的重要载体，劳动密集型蚕桑生产造成千家万户蚕沙产地就地处理难度大，未有相关技术研究，成为家蚕微粒子病防控中的薄弱环节。因此，围绕蚕种生产新常态下家蚕微粒子病新病原来源、理化治疗和蚕区环境消毒净化技术开展系统性创新研究，研发家蚕微粒子病防控新技术新产品，构建完善的家蚕微粒子病全程防控技术体系并进行推广应用，对保障蚕种生产和大面积蚕茧生产安全、维护蚕桑业的稳定健康发展具有重要意义。

2. 能够解决的主要问题

（1）针对家蚕微粒子病无药可治、治疗产品与技术缺乏的问题，先后研发出家蚕微粒子病治疗药物"多菌灵粉（蚕用）"（图1）和一种以阿苯达唑为主剂的药物组合物，创制阻遏病原垂直传播的二化性蚕种高温处理新技术，使家蚕微粒子病从原来"单一预防"发展到"预防与治疗相结合"的新技术体系。制定"喷施桑树桑叶、采摘药桑饲蚕"的便捷用药方案（图1），解决了药物直接添食导致蚕座湿度过大和蚕体水分过多的弊端，节约工效80%以上。

（2）针对广东省蚕种生产新常态下家蚕微粒子病新型病原来源、传染与发病规律不明的问题，系统开展了广东省规模最大的昆虫微孢子虫普查、生理病理和分类研究，揭示野外昆虫微孢子虫对家蚕的交叉感染是导致家蚕微粒子病流行蔓延的重要原因，提出防控桑园害虫和桑叶消毒等控制家蚕疫病交叉感染的关键技术措施。

（3）针对传统消毒剂消毒效果难以保证，而且无法满足生活办公区消毒需求的问题，创制了适于蚕室蚕具消毒的有机氯消毒剂"三氯异氰脲酸粉（蚕用）"（图2）、适于家居办公场所消毒的低腐蚀性消毒剂"戊二醛癸甲溴铵溶液"（图2）和桑树叶面专用消毒剂

图1 治疗药物"多菌灵粉（蚕用）"（左）和喷施桑树作业现场（右）

"消微灵"，构建了全场景一体化养蚕环境消毒净化技术体系。

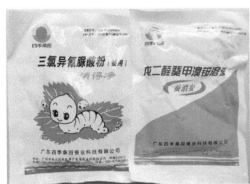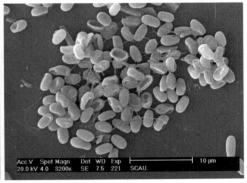

图2 消毒药物（左）和戊二醛癸甲溴铵溶液对微孢子虫的影响（右）

（4）针对蚕沙无害化处理这一微粒子病防治的薄弱环节，率先开展蚕沙无害化与肥料化技术研发，发明蚕沙消毒堆肥一体化技术（图3），针对生产实际建立了静态好氧堆肥、小型设施好氧堆肥、规模化好氧堆肥等蚕沙堆肥模式，研制出蚕沙静态好氧堆肥池和可拆卸式蚕沙堆肥装置等4套堆肥设施装置，实现药物消毒结合高温灭菌的双重措施有效杀灭家蚕病原菌，净化了原蚕区环境。研发系列蚕沙生物肥用于原蚕桑园，提高桑叶品质和原蚕抗病能力。

图3 蚕沙消毒堆肥一体化技术

3. 专利范围及使用情况

授权发明专利 6 项，实用新型专利 2 项。其中，一种桑叶中阿苯达唑持留量的测定方法（ZL 201410229278.6）和利用超快速液相色谱-串联三重四级杆质谱测定家蚕血淋巴中阿苯达唑及代谢物含量的方法（ZL 201310317195.8）建立了一种检测家蚕血淋巴中阿苯达唑及其代谢物含量的方法和一种桑叶中阿苯达唑持留量的测定方法，为微粒子病治疗药物用药方案的制定提供了科学依据；一种针对家蚕双交原种微粒子病胚种垂直传播的防治方法（ZL 201710462792.8）、针对四元杂交种家蚕微粒子病胚种垂直传播的防治方法（ZL 201710462723.7）和一种靶向热处理蚕种治疗家蚕微粒子病的方法（ZL 201910225294.0）建立了通过蚕种高温处理阻遏家蚕微粒子病胚种传染的绿色防治方法，已在广东四季桑园蚕业科技有限公司、广东省丝源集团有限公司阳山分公司等有关蚕种生产企业示范应用；一种蚕沙无害化静态好氧堆肥处理方法"（ZL 201210338974.1）、一种可拆卸式蚕沙无害化好氧静态堆肥装置（ZL 201120523309.0）和一种蚕沙好氧静态发酵处理池（ZL 201120523277.4）建立了蚕沙无害化处理与肥料化利用技术，开发出相关堆肥装置，已在广东、广西等蚕区推广应用。

（二）技术示范推广情况

目前，该技术在广东省内蚕区推广覆盖率已达到 100%。自 2010 年起，该技术成果又推广应用到山东广通蚕种有限公司、兴业县华盛蚕业科技有限责任公司、河池市蚕种场、姚安天硕蚕种有限公司等 20 多个省市蚕区的主要蚕种生产单位，在全国范围内得到大面积推广应用。

（三）提质增效情况

应用该技术后，广东省原蚕区蚕农 2023 年户均增产蚕茧 135kg，按照 2023 年种茧平均价格 70 元/kg 计算，户均增收 9 450 元。同时，蚕种生产单位有效控制了家蚕微粒子病的发生，取得了显著的经济效益。以山东广通蚕种有限公司为例，该成果自 2010 年在该公司推广应用后，有效保障了蚕种产能和质量，年产蚕种超 200 万张，蚕种畅销国内各地和乌兹别克斯坦、越南、泰国等共建"一带一路"蚕桑生产国，2010—2023 年累计新增销售额 15.1 亿元，助力该司发展成为我国规模最大的蚕种生产企业。

据统计，家蚕微粒子病全程防控技术已应用到广东省所有蚕种生产企业，系列消毒药物及其规范使用技术、桑叶消毒技术、蚕沙无害化处理技术等技术在省内蚕区大面积推广应用。此外，该技术成果还推广到 20 多个省（区、市）蚕区，有效减少了因微粒子病淘汰蚕种的巨大损失，并保障了蚕种供应，稳定了蚕桑生产，为蚕区脱贫攻坚提质增效和乡村振兴作出重要贡献，经济效益、社会效益和生态效益显著。

（四）技术获奖情况

该技术入选 2023 年农业农村部农业主推技术，连续入选 2020 年、2021 年、2022 年和 2023 年广东省农业主推技术，荣获 2020—2021 年度神农中华农业科技奖科学研究类成果二等奖、2020 年度广东省农业技术推广奖一等奖。

二、技术要点

（一）核心技术主要内容

1. 改革消毒药物，彻底杀灭病原

创制适于蚕室蚕具消毒的有机氯消毒剂"蚕用三氯异氰脲酸粉"、适于家居办公场所消毒的低腐蚀性消毒剂"蚕用戊二醛癸甲溴铵溶液"和桑树叶面专用消毒剂"消微灵",构建一体化养蚕环境消毒净化技术体系。为确保消毒质量,由蚕种场组织消毒专业队进行地毯式的强化消毒,既保证消毒效果又提高工效。

2. 扑杀桑园昆虫,减少交叉感染

将防虫杀虫、防止野外昆虫微孢子虫对家蚕交叉感染作为净化环境的一条重要措施落实。桑园冬期剪枝或夏刈时做好清园,每亩撒施生石灰100kg消毒土壤。桑树生长期常检查虫害,及时喷药杀虫。采叶时,选除虫口叶与泥脚叶。

3. 小蚕桑叶消毒,防止食下传染

消毒剂可选用0.3%有效氯制剂,也可用210mg/L表面活性剂戊二醛癸甲溴铵溶液。一般在1~3龄期使用消毒液浸消桑叶5~8min,用清水漂洗除去残留在桑叶表面的消毒液,再经脱水、晾干后喂蚕。

4. 大蚕药物治疗,控制病原增殖

将"消微灵"喷施在桑树叶片上让其迅速内吸,在7d有效期间内采桑养蚕能有效防治大蚕期食下感染病原微孢子虫引起的家蚕微粒子病。

5. 蚕沙无害化处理,切断病原扩散

养蚕结束后把病死蚕捡出用消毒液浸泡处理,然后以0.4%有效氯的"蚕用三氯异氰脲酸粉"对蚕座蚕沙进行消毒(以每张原种20kg液为宜),湿润1h后把桑枝条取出集中处理,蚕沙搬运至蚕沙池进行静态好氧堆肥处理或运至有机肥厂进行好氧堆制,经过好氧堆肥5d高温处理,就能彻底杀灭微孢子虫病原。

6. 蚕种高温处理,阻断垂直传播

即浸蚕种采用高温即时浸酸法处理,最适条件为:卵龄18~22h,浸酸温度47.5~48℃,浸酸时间6~7min。冷藏蚕种采用高温湿热法处理,最适工艺参数为:卵龄12~16h,温度46℃,湿度>85%,时间60~80min。

(二)配套技术主要内容

该技术还包括前人在家蚕微粒子病防控中积累的宝贵技术经验,主要包括:①净化原蚕区域,防治关口前移。②全面普查病原,确定消毒重点。③集中镜检母蛾,淘汰有毒蚕种。④实行分户制种,重点防范病户。

对上述技术成果进行整合,构建了家蚕微粒子病全程防控技术体系(图4),有效保障了蚕种生产和大面积蚕茧生产安全。

三、适宜区域

适宜我国蚕桑各主产区。

四、注意事项

家蚕微粒子病发生流行原因和发生规律极为复杂,防治环节很多,往往疏忽了某一环节就会导致前功尽弃。因此,在实际生产应用中要将家蚕微粒子病全程防控技术认真落实,做到层层把关,全程覆盖,防治结合,立体防控。

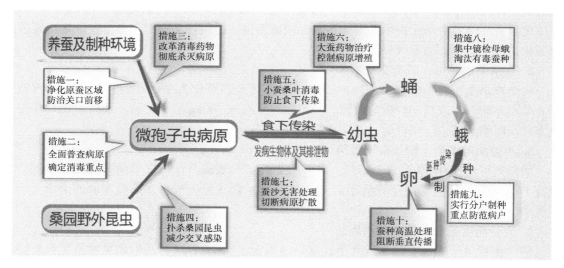

图4 家蚕微粒子病全程防控技术体系

技术依托单位

广东省农业科学院蚕业与农产品加工研究所

联系地址：广东省广州市天河区东莞庄一横路133号

邮政编码：510610

联 系 人：邢东旭

联系电话：020-37227141

电子邮箱：dongxuxing@126.com

农技推广机构

1. 广东省蚕业技术推广中心

联系地址：广东省广州市天河区科华街73号

邮政编码：510640

联 系 人：王先燕

联系电话：020-87592880

电子邮箱：yanzi_758@163.com

2. 广西壮族自治区蚕业技术推广站

联系地址：广西壮族自治区南宁市西乡塘区下均路10号

邮政编码：530007

联 系 人：黄旭华

联系电话：0771-3231135

电子邮箱：hgjsoil@163.com

水产类

稻渔生态种养提质增效关键技术

一、技术概述

（一）技术基本情况

水稻和水产品作为重要的食物来源，对于确保国家粮食安全、应对各类风险挑战和促进经济社会持续健康发展至关重要。该技术针对传统稻田养鱼模式技术粗放、资源综合利用效率不高、产品品质无保障等问题，突破了系统优化、茬口衔接、高效栽培、群落配置、生态养殖、高效调控、协同施肥、生态防控、智能管控、敌害防治10大关键技术，研发了适宜不同地区的稻—鱼、稻—鳖、稻—虾、稻—蟹、稻—蛙、稻鳅、稻—鱼—鸭、稻螺等8大模式，创新了院政企+农户一体化的示范推广方式，引领了我国稻渔生态种养产业转型升级和健康可持续发展。

（二）技术示范推广情况

自2012年以来，通过技术服务、培训和建立核心示范基地等形式进行应用推广，建立涵盖各级农业和水产技术推广的人才队伍，共同支撑建设了国家级稻渔生态综合种养示范区10个，先后在四川、云南、安徽、江苏、辽宁、湖北、湖南、广西等10多个省（区）累计示范推广面积超过600万亩。

（三）提质增效情况

（1）化肥施用量平均降低22.1%，农药施用量平均降低51.5%，既降低了面源污染，又降低化肥和农药支出成本每亩80元以上。

（2）水产品养殖技术和产量实现精准管控技术，水产品产量达100~150kg/亩。

（3）通过边沟密植等水稻栽培技术，水稻总产量平均比单作增加2.9%，提升了稻米和水产品品质。

（4）构建了以"生物控制、立体防控"为要点的绿色防控技术体系，稻飞虱和纹枯病发病率分别降低了45.0%和70.0%，杂草的去除率达37.2%。

（5）近3年累计新增产值近179.08亿元，新增经济效益近40.62亿元。

（6）改变了千百年来山区丘陵稻田只种单季稻、效益低下的耕作模式，实现了哈尼梯田等文化遗产的保护。

（四）技术获奖情况

该技术先后荣获2020年度中国水产学会范蠡科学技术奖一等奖、2020—2021年度神农中华农业科技奖科学研究类成果一等奖、2019—2021年度全国农牧渔业丰收奖农业技术推广成果奖二等奖。

二、技术要点

（一）配套田间工程设施关键技术

田间工程设计的基本原则：一是不能破坏稻田的耕作层和犁底层；二是稻田开沟不得超

过总面积的 10%。稻—鱼、稻—虾、稻—蟹、稻—鳖、稻螺等模式，因地制宜地进行环沟、边沟、鱼凼等田间工程，一般沟坑面积占比在 5%～10%。通过合理优化田埂、鱼沟的大小、深度，利用宽窄行、边际加密的插秧技术，保证水稻产量不减，同时稻—虾、稻—鳖、稻—蟹、稻—蛙模式需配套防逃设施。

田埂：丘陵地区的田埂应高出稻田平面 40～50cm（图 1），平原地区的田埂应高出稻田平面 50～60cm（图 2），冬闲水田和湖区低洼稻田的田埂应高出稻田平面 80cm 以上。田埂截面呈梯形，埂底宽 80～100cm，顶部宽 40～60cm。

图 1　山区型冬闲田稻渔生态种养田间工程（云南）

鱼沟：主沟位于稻田中央，宽 30～60cm，深 30～40cm；稻田面积 0.3hm² 以下的呈"十"字形或"井"字形，面积 0.3hm² 以上呈"井"字形或"目""囲"字形。围沟开在稻田四周，距离田埂 50～100cm，宽 100～200cm，深 70～80cm。另外，部分地区开展稻虾养殖不挖沟或开挖 1～2 条浅边沟（图 3）。

图 2　平原型稻渔生态种养田间工程（江苏）

防逃设施：防逃墙材料采用尼龙薄膜，将薄膜埋入土中 10～15cm，剩余部分高出地面 60cm，其上端用草绳或尼龙绳作内衬，将薄膜裹缚其上，然后每隔 40～50cm 用竹竿作桩，将尼龙绳、防逃布拉紧，固定在竹竿上端，接头部位避开拐角处，拐角处做成弧形。进、排水口设在对角处，进、排水管长出坝面 30cm，设置 60～80 目防逃网。稻—蛙模式还需增加柱体，在四周及顶部架设防逃网（图 4）。

进排水：进、排水口设在稻田相对两角田埂上，用砖、石砌成或埋设涵管，宽度一般为

图3 无环沟稻虾生态种养田间工程（安徽）

图4 稻渔生态种养防逃设施

40~60cm，排水口一端田埂上开设1~3个溢洪口，以利控制水位。

（二）配套水稻高效栽培关键技术

水稻应选择抗倒伏、抗病力强、高产优质水稻品种，通过"合理密植、环沟加密"，改常规模式30cm行距为20cm—40cm—20cm行距，利用边行优势密插、环沟沟边加密，弥补工程占地减少的穴数。

（三）配套协同施肥关键技术

按"基肥为主，追肥为辅"的思路，肥料以发酵腐热的有机肥为主，无机肥以尿素、钙磷镁肥为主。基肥：一般每公顷施厩肥2 250~3 750kg、钙镁磷肥750kg，硝酸钾120~150kg。追肥：施追肥量每公顷、每次为尿素112.5~150kg。施化肥分两次进行，每次施半块田，间隔10~15d施肥1次。不得直接撒在鱼沟内。

（四）配套水产品生态养殖关键技术

1. 鱼沟消毒

放养前，可用生石灰10~15kg/亩，对鱼沟进行消毒，隔天灌水入沟，使水位达到40cm。

2. 放养密度

鱼苗放养规格为3~5cm，密度控制在400尾/亩以下；鳖苗放养规格为0.4~0.5kg/只，密度控制在200尾/亩以下；虾苗放养规格2~4cm，密度控制在5 000~8 000只/亩；鳅苗放养规格3~5cm，密度控制在30 000尾/亩以下；蟹苗放养规格为120~160g/只，密度控制在

400~600 只/亩；幼螺放养规格为 1~2g，密度控制在 20 000~60 000只/亩；鸭苗放养规格 700g 以上，约 50 日龄，密度控制在 15 只/亩以下。

3. 苗种消毒

上述水产品种放养前要用 15~20mg/L 的高锰酸钾溶液浸浴 10~20min，或用 1.5%浓度食盐水浸浴 10min。

4. 茬口衔接

鱼苗一般在秧苗返青后即可放养；鳖苗一般在 7 月中上旬放养；虾苗一般在每年 8—10 月或翌年的 3 月底，即水稻种植前后 1~2 个月内放养；鳅苗一般在秧苗返青后即可放养；蟹苗一般在插秧后 15d 后；鸭苗一般在鱼苗投放 1 个月后放养；幼螺一般在水稻秧苗分蘖结束后放养。

5. 水质调控

主要利用益生菌（枯草芽孢杆菌等）和益生藻（小球藻等）的微生态调控措施，菌—藻协同改善稻田环境，调优外部生长环境，防控病害的发生。同时，还需视水质状况进行定期消毒及改底。收割稻穗后，田水保持水质清新，水深在 50cm 以上，定期疏通鱼沟，保证水流通。有条件的情况下可在鱼沟中安装增氧设备。

6. 投喂管理

观察投喂，根据天气、水温、水质状况、饵料品种确定。日常定点投喂，在鱼沟内选择相对固定的位置，每天上午、下午各投喂 1 次，配合饲料按水产品的总体重的 2%~4%投喂。饲料以全价配合饲料为主，辅以豆粕、玉米、豆渣等。配合饲料应符合相关标准；粗饲料应清洁、卫生、无毒、无害。另外，虾、蟹还可在鱼沟内种植水草作为补充饵料。

7. 病害防治

采用"预防为主，防治结合"的原则，苗种入稻田前须严格消毒，在鱼病多发季节，可定期在饲料中添加维生素 C 进行预防，并定期对水体进行消杀处理。

8. 日常管理

经常检查防逃设施、田埂有无漏洞，加强雨期的巡查，及时排洪、捞渣。

9. 捕捞方式

由于养殖品种不同，且稻田水深较浅，环境也较池塘复杂，捕捞时采用网拉、排水干田、地笼诱捕，配合光照、堆草、流水迫聚等辅助手段，提高水产品起捕率、成活率（图5）。

图5 稻虾综合种养模式浅水分批捕捞场景

10. 质量管控

利用传感网络、可视化监控网络、RFID 电子标签等手段，建立稻渔生态种养产业链全时空监控和质量安全动态追溯系统，对生产过程及产品质量进行全程管控。

（五）配套病虫害生态防控技术

以生态防控为主、降低农药使用量，应选用高效、低毒、低残留农药防治水稻病虫害，或通过基于地理信息的物理精准诱控系统、智能 LED 单波段太阳能杀虫灯、CMYK 调色降解诱虫板等新型设备防控水稻虫害。

三、适宜区域

全国水稻种植区均适宜推广该模式。可根据各地区的水产养殖和消费特点选择适宜的水产品种。

四、注意事项

一是稻种宜选用抗病、防虫品种，以减少农药使用；水稻施药前，先疏通鱼沟，加深田水至 10cm 以上。

二是养殖品种病害防治采用"预防为主，防治结合"的原则。

三是及时清除水蛇、水老鼠等敌害生物，驱赶鸟类，或加设防天敌网。

四是在养殖品种生长季节要加强投喂。

五是做好进、排水设施构建，提高防洪抗旱能力。

六是水稻种植期间田间管理主要围绕水稻生长生育开展，以确保稻、虾茬口合理衔接，保障水稻稳产。

技术依托单位

中国水产科学研究院淡水渔业研究中心（农业农村部稻渔综合种养生态重点实验室）

联系地址：江苏省无锡市滨湖区山水东路9号

邮政编码：214081

联 系 人：李　冰　贾　睿　侯诒然　朱　健　徐钢春

联系电话：0510—85550414　13400003030

电子邮箱：libing@ffrc.cn

技术推广单位

1. 四川省水产技术推广总站
2. 云南省水产技术推广站
3. 安徽省水产技术推广总站
4. 江苏省渔业技术推广中心
5. 辽宁省水产技术推广总站
6. 湖北省水产技术推广总站
7. 广西壮族自治区水产技术推广站

鱼菜共生生态种养循环技术

一、技术概述

（一）基本情况

鱼菜共生生态种养循环技术基于鱼菜共生原理，涉及鱼类与植物的营养生理、环境、理化等学科的生态型可持续发展农业新技术，包括池塘鱼菜共生和工厂化鱼菜共生两个典型应用场景。池塘鱼菜共生就是在鱼类养殖池塘种植植物，利用鱼类与植物的共生互补，池塘水面进行无土栽培，将渔业和种植业有机结合，进行池塘"鱼—水生植物"生态系统内物质循环，实现传统池塘养殖的生态化、休闲化和景观化三化融合，互惠互利；工厂化鱼菜共生是指在设施条件下，运用信息化、大数据和人工智能等手段，多学科交叉融合，以工业化管理方式开展立体种植和循环水养殖，实现鱼菜周年生产，构建高产、高效、优质、安全的绿色复合生产模式。

（二）技术示范推广情况

该技术以"鱼—菜（水生植物）"共生为基础，经历了10年试验研究和示范推广，形成了较为成熟的推广模式，建成了全国首个鱼菜共生数字工厂。近5年项目在璧山、巴南、涪陵、潼南、梁平、合川等38个区县累计推广面积为40多万亩，水产品总产量累计50多万吨、蔬菜35多万吨，总产值70多亿元，新增总纯收益11亿元，带动2万多养殖户实现增收。

（三）提质增效情况

与传统的养殖和种植模式相比，池塘鱼菜共生综合种养模式有着更高的效益。首先，以最普遍的浮床式的"鱼菜共生"模式来说，该模式成本低，利用池塘的上层空间和水中的氮磷元素，提高了系统的空间利用率和饲料利用率。在重庆市推行鱼菜共生综合种养模式中，适宜的蔬菜品种亩产量750kg以上，在一定程度上该模式还提高水产品的产量和质量，亩产水产品1 000kg以上，亩纯效益4 000元以上。其次，由于"鱼菜共生"模式中蔬菜的净水增氧作用，减少传统养殖模式的用电量和换水频率，可节约水电成本约30%，日补水量节约45%。工厂化鱼菜共生模式通过水质传感器精准监测预警、自动投饵等，实现了补水、投饵、供氧、温控、尾水处理等各环节智能化操作，较传统池塘密度提高10~15倍，饵料系数降低20%，养鱼日换水量≤5%。通过智能管理云平台，实现设备系统协同交互作业、24h连续标准作业，节约劳动力80%以上。运用鱼菜共生耦合技术，将养殖尾水高效转化为水溶性肥，实现了种养循环、种植氮肥零添加、养殖粪污零排放，结合温室环境控制系统，可实现年产叶菜8~10茬。

（四）技术获奖情况

鱼菜共生技术被列入全国"十三五"渔业发展规划重点工程和水产养殖节能减排首选技术和《农业农村固碳减排实施方案》中的渔业减排增汇生态健康养殖模式，以及重庆市

"十三五"渔业发展规划重点工程和重庆百亿级生态渔产业链建设主推项目，以该技术为重要内容曾获全国农牧渔业丰收奖农业技术推广成果奖二等奖、国家科学技术进步奖三等奖、中国水产协会范蠡科学技术奖一等奖等重要奖项，该技术重要成果内容荣获2022—2023年度神农中华农业科技奖科学研究类成果一等奖，"鱼菜共生智能工厂关键技术装备与产业化"，入选2022年重庆市农业引领技术和2019年、2023年重庆市农业主推技术。制定了地方标准《鱼菜共生综合种养技术规范》和企业标准《鱼菜共生工厂设计规范》。

二、技术要点

（一）池塘鱼菜共生技术

1. 浮床制作

主要浮床包括PVC管浮床、竹子浮床、集装箱式浮床等，如废旧轮胎、XPS塑板、泡沫板、塑料筐、HDPE高密度聚乙烯材质生态浮板及其他成品材料等。

（1）平面浮床制作。

①PVC管浮床制作方法。通过PVC管（50~90管）制作浮床，上下两层各有疏、密两种聚乙烯网片分别隔断草食性鱼类和控制茎叶生长方向，管径和长短依据浮床的大小而定，用PVC管弯头和粘胶将其首尾相连，形成密闭、具有一定浮力的框架（图1）。综合考虑浮力、成本和浮床牢固性的原则，以75管为最好。此种制作方法成功解决了草食性、杂食性鱼类与蔬菜共生的问题，适合于任何养鱼池塘。

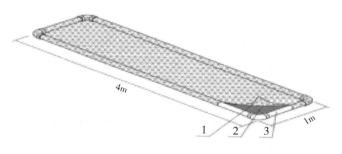

1. 表层疏网：用2~4cm聚乙烯网片制作；
2. 底层密网：用<0.5cm的聚乙烯网片制作；
3. PVC管框架：直径50~90mm的PVC管。

图1　PVC管浮床制作方法

②竹子浮床制作方法。选用直径在5cm以上的竹子，管径和长短依据浮床的大小而定，将竹管两端锯成槽状，相互上下卡在一起，首尾相连，用聚乙烯绳或其他不易锈蚀材料的绳索固定。具体形状可根据池塘条件、材料大小、操作方便灵活而定（图2）。

③其他材料浮床。凡是能浮在水面的、无毒的材料都可以用来制作浮床，如废旧轮胎、XPS塑板、泡沫板、塑料筐、HDPE高密度聚乙烯材质生态浮板及其他成品材料等，可根据经济、取材方便的原则选择合适浮床。

（2）立体式浮床。

①拱形浮床。在PVC管浮床（图1）的基础上，在其长边和宽边的垂直方向分别留2个和1个以上中空接头，用PPR管或竹子等具有一定韧性的材料搭建成拱形的立体框架，

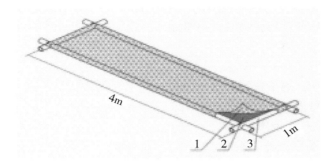

1. 表层疏网：用 2~4cm 聚乙烯网片制作；
2. 底层密网：用＜0.5cm 聚乙烯网片制作；
3. 竹子框架：直径 50~70mm 的竹子。

图 2　竹子浮床

如图 3 所示。

②三角形浮床。在 PVC 管浮床（图 1）的基础上，在其长边和宽边的 45°方向分别留 2 个和 1 个以上中空接头，用 PVC 管或竹子等具有一定硬度的材料搭建成三角形立体框架，如图 4 所示。

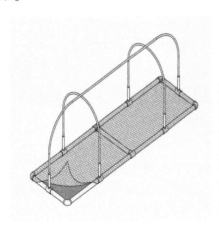

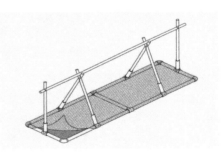

图 3　拱形浮床　　　　　**图 4　三角形浮床**

2. 栽培植物种类选择

栽培植物种类应选择适宜水生、根系发达植物，一般夏季种植绿叶类植物有蕹菜、水稻、花卉等，藤蔓类植物有丝瓜、苦瓜等；冬季种植植物有黑麦草、西洋菜等。

3. 栽培时间

根据生长季节和适宜生长温度栽种，重庆市气候温暖，鱼池冬季不结冰，可实现周年栽培。

4. 种植比例

根据池塘水体肥瘦程度可适当的增减种植比例，种植面积控制在 5%~15%较为适宜。

5. 植物栽培技术方法

可采用扦插、种苗泥团和营养钵移植等方法进行无土种植。

6. 浮床清理及保存

在收获完或需要换季种植植物时，要将浮床清理加固，堆放于阴凉处，切不可在室外雨淋日晒。

7. 捕捞

一般使用抬网捕捞，捕捞位置固定，而鱼菜共生浮床对捕捞没有影响。如拉网式捕捞，可将浮床适当移动，对捕捞影响也不大。

（二）工厂化鱼菜共生技术

1. 淡水鱼工厂化高密度养殖系统

循环水养鱼系统由养殖系统、水处理系统、恒温系统、水质智能监测系统、供氧系统和智能控制管理系统组成，可将环境工程、现代生物、电子信息等学科领域的先进技术集于一体（图5）。利用物理过滤、生化作用等水处理技术将净化后的水体重新输入养殖池，以去除养殖水体中氨氮、亚硝酸盐氮等有害污染物，达到净化养殖环境的目的。供氧系统采用液氧，代替了传统的制氧机，提高增氧效率。通过传感器实时监测养殖过程中的环境因子，如溶氧、液位和水温等，当参数低于阈值时可预警。经生产实践，养殖密度达到 $80kg/m^3$，日换水量小于5%。

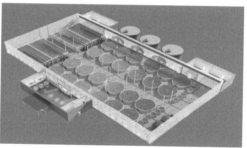

图5　工厂化循环水养殖系统

2. 蔬菜智能化栽培技术及智能装备

蔬菜智能化栽培技术通过开发应用潮汐式物流育苗系统、温室作业机器人、蔬菜移栽定植线、分光式立体栽培系统、NFT物流栽培系统、蔬菜智能收割线、温室智能物流系统等一系列数字化装备，实现了从"一粒种子到一棵菜"的全流程自动化作业（图6）。通过智能管理云平台，这些设备系统能够协同交互作业，确保24h连续的标准作业，蔬菜生产实现了全流程自动化，一年可生产8~10茬叶类蔬菜。

图6　蔬菜智能化栽培系统

3. 鱼粪水资源化处理利用技术及装备

针对养殖水体分类分级利用方式模糊、鱼粪收集转化效率低等问题，构建了以流化床、蔬菜、浓缩机等为核心，以硝态氮累积浓度为界限的养鱼尾水"一主两辅"梯级多元双循环处理与利用系统。该系统由主循环路线、第一辅线和第二辅线组成。主循环路线包括微滤机、流化床、高级氧化等单元，第一辅线由蔬菜栽培系统和过滤器等单元组成，第二辅线由竖流沉淀器、鱼粪收集池、鱼粪浓缩机、厌氧发酵池、好氧发酵池、菌藻共生系统等组成，硝态氮转化利用效率提高 50% 以上，氨氮小于 0.5mg/L，亚硝态氮的浓度小于 0.2mg/L，保证了养殖水体的安全回用和系统附加值的提升（图 7）。

图 7　部分尾水设备

（左：菌藻系统，右：尾水浓缩机）

4. 病虫害绿色防控安全技术

通过加强苗种检疫和病毒检测，运用紫外线、臭氧和光催化等物理技术和益生菌、免疫调节剂增强鱼类免疫力等生态技术防控养殖鱼病；优选捕食性瓢虫、寄生蜂等天敌昆虫资源，综合开展害虫理化防控与生物防治，减少化学农药使用 95% 以上，实现害虫零暴发和蔬菜绿色生产（图 8）。

图 8　种养环节物理和生物防控

5. 智能化管控技术

智能协同管控平台应用人工智能、物联网等现代技术构建智能投饵系统、环境管控系统、设备监测诊断系统，基于 PLC/IPC+DTU+B/S 的物联网测控和全生产链数字孪生平台，对各个生产环节进行智能化管控，实现水质在线监测、投饵机、循环水泵、湿帘风机设备远程自动控制、生产数据监测预警，满足了鱼菜共生关键环境因子精准调控的需求。智能协同管控平台有效降低了劳动力成本，可以实现一个管理人员管理全部设备的目的（图9）。

图9 鱼菜共生智能管控平台

三、适宜区域

广泛适用于精养池塘，可用于富营养化水体环境治理和休闲观光渔业，还可根据产业需要在平原、山区等不同地理条件地区应用。

四、注意事项

一是上下两层网片要绷紧，形成一定间距，控制植物向上生长和避免倒伏。

二是浮架带状布局，可以整体移动，以便变换水域和采摘。

三是加强对水质变化的观察和监测，了解实施效果。

四是注重多模式融合，耦合集装箱循环水养殖模式、池塘工程化循环水养殖、底排污生态化技术改造等，可实现养殖尾水循环使用或达标排放。

五是结合休闲渔业基地建设，注重景观、休闲化工程打造，种植品种多样化，搭配多种植物造型，就地消化利用，提升景观、休闲化水平和经济效益。

六是注重产品打造和绿色健康养殖生产方式宣传，提升植物产出品经济价值，从而提高池塘综合生产效益。

七是建设工厂化鱼菜共生须配备备用电源，确保供电稳定，防止断电影响系统运行以及养殖生物安全，定期开展设备保养与维护，确保设备工况良好。注意协调鱼菜收补时间节点，保障运行效果持续稳定。

技术依托单位

1. 重庆市水产技术推广总站

联系地址：重庆市渝北区黄山大道 186 号 13 楼

邮政编码：401120

联 系 人：薛　洋

联系电话：023-86716361

2. 重庆市农业科学院农业工程研究所

联系地址：重庆市九龙坡区白市驿农科大道

邮政编码：401329

联 系 人：蒲德成

联系电话：023-65717197

罗非鱼低蛋白低豆粕多元型饲料配制技术

一、技术概述

（一）技术基本情况

罗非鱼原产于非洲，养殖遍布 140 余个国家和地区，是全球第二大养殖鱼类，2022 年中国养殖总产量为 171 万 t，约占世界总产量的 1/4，是我国主要的出口水产品品种之一。当前市场上罗非鱼饲料蛋白质水平普遍偏高。2023 年，我们抽检了 165 份鱼苗配合饲料，其粗蛋白质含量为 27.8%~37.3%；鱼种配合饲料 123 份，粗蛋白质含量为 25.1%~36.5%；成鱼配合饲料 466 份，粗蛋白质含量为 24.10%~40.30%。近年来饲料原料价格上涨幅度较大，2022 年罗非鱼饲料价格上涨近 1 000 元/t，2023 以来罗非鱼饲料价格虽然有所回落，但仍比 2021 年高 500 元/t 以上，养殖成本压力较大；罗非鱼市场行情持续低迷，养殖户投料积极性不高，导致饲料报酬偏低。

在饲料原料价格上涨、高蛋白以及罗非鱼养殖比较收益下降的多重压力下，部分饲料企业采用高蛋白低价格的竞争策略，而实际上使用劣质高蛋白饲料原料，导致饲料系数较高，养殖效益较差，阻碍了优质高效饲料的覆盖率。针对罗非鱼饲料配制和养殖过程中存在的上述问题，围绕罗非鱼精准营养需求、罗非鱼饲料原料消化率，新饲料原料开发及饲料高效利用、罗非鱼绿色饲料添加剂与功能饲料研发等开展了系统研究，建立了适应绿色养殖的罗非鱼低蛋白低豆粕多元型饲料配制技术，该技术可显著提高罗非鱼饲料的蛋白质利用效率，控制豆粕的使用量，扩展罗非鱼饲料原料来源，降低蛋白质饲料资源消耗，提高罗非鱼饲料效率和罗非鱼养殖比较效益。该技术成果是国家标准《水产配合饲料第 10 部分：罗非鱼配合饲料》的技术基础。

（二）技术示范推广情况

该技术集成研制的新技术及新产品，构建了罗非鱼精准营养调控与低蛋白低豆粕多元型饲料高效利用的核心技术体系，建立养殖、动保产品和饲料生产基地。成果陆续通过福建大北农水产科技有限公司、深圳市澳华集团股份有限公司、湖北战友生物科技有限公司、北京桑普生物化学技术有限公司、佛山市信豚生物科技有限公司、广西百跃农发展有限公司、内江诺亚生物科技有限公司等企业在罗非鱼主产区进行推广应用。

（三）提质增效情况

该技术的经济效益主要来源于罗非鱼饲料和饲料添加剂生产销售。近年来，该成果综合应用在福建大北农水产科技有限公司、深圳市澳华集团股份有限公司和湖北战友生物科技有限公司，三家饲料企业生产销售罗非鱼饲料 132 901 万元，产生利润 12 385 万元；北京桑普生物化学技术有限公司、佛山市信豚生物科技有限公司、广西百跃农发展有限公司和内江诺亚生物科技有限公司生产罗非鱼功能饲料添加剂 3 030.8 万元，产生利润 433.2 万元。合计新增 135 931.8 万元，新增利润 12 818.2 万元。

该技术产品在罗非鱼实际养殖过程中，20~50g 的养殖阶段，饲料系数为 0.6；在 20~250g 的养殖阶段，饲料系数为 0.8；20~600g 养殖阶段，饲料系数为 1.1~1.2；饲料蛋白质保留率可达 50%。国内外同期的罗非鱼饲料的饲料系数一般在 1.3~1.6，蛋白质保留率为 30%~40%。饲料系数至少降低了 0.2，蛋白质保留率提高了 10%。如果我国罗非鱼 160 万 t 产量中，大约有 130 万 t 是使用饲料所生产，饲料系数按 1.3 计算，约需要 169 万 t 饲料；如果全部采用该技术成果，生产同样数量的罗非鱼，则只需要 143 万 t 饲料，每年可节约 26 万 t 饲料，以 5 000 元/t 饲料计算，可节约饲料成本 13 亿元；减少了大量的固形物排放和氮磷等养殖废物排放，具有巨大的环境保护作用。

（四）技术获奖情况

该技术部分内容入选 2023 年农业农村部农业主推技术，特色淡水鱼饲料鱼粉豆粕替代技术，荣获中国水产学会范蠡科学技术奖二等奖，湖北省科学技术进步奖三等奖（2020）。

二、技术要点

（一）罗非鱼精准营养需求和精准饲料原料消化率

系统研究确定了不同养殖阶段和不同养殖条件下罗非鱼的精准营养需求参数及揭示了营养素的营养代谢特征，为罗非鱼低蛋白低豆粕多元型饲料配制技术提供了理论依据。系统评估饲料现有蛋白源和新型非粮蛋白源的消化率。

（二）提供不同养殖条件下饲料配方技术

建立了罗非鱼饲料原料及饲料高效利用技术，研发了不同养殖阶段和环境下的罗非鱼饲料配方技术，为保证罗非鱼低蛋白低豆粕多元型饲料研制提供了关键饲料技术支撑。创新了增强罗非鱼"健康"和改善"抗低温、抗氧化和抗链球菌"能力的动态和精准饲料添加剂调控技术。突破国内外主要以生产性能为营养技术目标的模式，研制出两种罗非鱼新饲料添加剂，筛选出 12 种绿色饲料添加剂，开发出抗低温、抗氧化和抗链球菌的罗非鱼绿色功能性饲料。

（三）提供低蛋白低豆粕饲料配制技术

系统研究了罗非鱼植物蛋白基础饲料配制技术瓶颈，通过胆汁酸、胆固醇、碘等营养强化消减植物蛋白抗营养因子引起的罗非鱼健康和生长抑制问题。系统研发饲料原料发酵技术并评估发酵原料替代豆粕的应用效果；通过氨基酸平衡、蛋白酶等改善蛋白原料的蛋白品质，提高蛋白质消化率，降低饲料蛋白质水平；通过修复新型蛋白源抗营养因子导致的负面影响的添加剂，提出替代豆粕的添加剂技术。

三、适宜区域

适宜罗非鱼养殖区域。

四、注意事项

一是该技术可以直接指导罗非鱼饲料生产及使用，但是由于受饲料原料供求关系的影响，饲料原料的价格变异较大，饲料配方也需要根据饲料价格的变化而进行动态调整。

二是在罗非鱼养殖实践生产中，各地的养殖模式受养殖水体的水质（如氨氮、温度）以及养殖密度等的影响，其营养需求参数可能存在动态变化。应根据具体的实际情况，对饲料配方和投喂进行适当调整。

技术依托单位

1. 中国水产科学研究院长江水产研究所

联系地址：湖北省武汉市东湖新技术开发区武大园一路8号

邮政编码：430223

联 系 人：文　华

联系电话：15107182166

电子邮箱：wenhua@ yfi. ac. cn

2. 百洋产业投资集团股份有限公司

联系地址：广西壮族自治区南宁市高新区高新四路九号

邮政编码：530000

联 系 人：高开进

联系电话：13707818536

电子邮箱：284389881@ qq. com

3. 惠州市渔业研究推广中心

联系地址：广东省惠州市仲恺高新区东江科技园兴安路1号

邮政编码：516300

联 系 人：朱德兴

联系电话：0752-2523703

电子邮箱：nyncjyyytzx@ huizhou. gov. cn

4. 深圳市澳华集团股份有限公司

联系地址：深圳市南山区南海大道海王大厦 A 座 10E

邮政编码：518054

联 系 人：刘阿朋

联系电话：13826157280

电子邮箱：apengliu@ 163. com

鲟鱼"池塘+网箱"高效健康养殖技术

一、技术概述

（一）技术基本情况

针对鲟鱼产业"苗种依赖度高、关键技术缺失、产业链不完整、效益降低"等突出问题，为保障鲟鱼产业的健康可持续发展，该项目组对不同鲟鱼的苗种培育、成鱼养殖和精深加工等技术进行了系统研究。构建了西部地区种类最全、规模最大的鲟鱼亲本库和鲟鱼良繁体系；集成创新了"营养调控、保温培育、极化筛选、产前停食、减光降温、低温刺激"的鲟鱼性腺调控技术，实现同一地区鲟鱼全年人工繁殖技术突破；构建了鲟鱼高效养殖和主要致病菌早期诊断及无抗防控技术体系；创立了西南地区首家具有自主知识产权的世界知名鱼子酱品牌，实现全产业链覆盖；创新性提出"1432"产业推广模式，为西南地区和全国鲟鱼产业的持续健康发展奠定了理论基础和关键技术支撑。

（二）技术示范推广情况

该技术成果已在四川、重庆、贵州、云南、湖北、广西、山西、甘肃、新疆等 10 余省（区、市）规模化应用。项目实施以来，引领养殖、加工、餐饮、饲料、乡村旅游等相关产业发展，先后带动养殖户 3 000 户，创造就业岗位 10 000 个以上，养殖鲟鱼 18.7 万 t，生产出口鱼子酱 200 余吨，鱼肉、鱼皮等副产品约 1 000t，新增产值 209.3 亿元。

（三）提质增效情况

形成了"无残麻醉、无创测量、图形分析、参数测定、高效诊断"超声波性别鉴定技术，提升了鉴定鲟鱼性别和成熟期的准确率和效率，日检效率提升 8 倍，准确率 99% 以上。集成创新了"营养控制、保温培育、极化筛选、产前停食、减光降温、低温刺激"的鲟鱼性腺调控技术，实现同一地区鲟鱼全年人工繁殖技术突破。创新鲟鱼"微创取卵、精准配比、科学脱黏、规模孵化"繁殖技术，打破四川省鲟鱼苗种依赖外购的束缚，实现鲟鱼苗种 100% 自给的同时返销至全国各地。构建了鲟鱼成鱼高效养殖和主要致病菌早期诊断及无抗防控技术体系，饵料系数降低 19.08%～25.19%。

（四）技术获奖情况

该技术入选 2022 年、2023 年四川省农业主推技术，已获授权实用新型专利 19 项；制定四川省地方标准 2 项，企业技术规范 3 项。以该技术为重要支撑完成的科技成果"鲟鱼高效健康养殖及鱼子酱加工技术创新与应用"获 2020 年度四川省科学技术进步奖二等奖。

二、技术要点

（一）鲟鱼流水池塘高效养殖

鲟鱼流水养殖宜采用大长宽比的生态流水池设计，采用"高密、高频、高氧、高产"养殖要点，即高密度放养、高频率投喂、高溶度氧气保障，实现流水池塘的高效养殖，达到高产的目的（图1）。

图1　鲟流水池塘养殖

主要技术要点包括：

（1）入池准备。鱼种入池前5~7d，清除池中杂质和污泥，用200kg/亩生石灰或0.01‰的强氯精消毒；在放鱼前一天，清洗鱼池并将池水注满。

（2）苗种质量。鱼体形正常，鳍条与骨板完整，体无损伤，已具成鱼特征。体表有黏液，色泽正常，游动活泼。无病，镜检无寄生虫。规格以≥10g为宜。

（3）放养密度。流水池的放养密度主要取决于池水的交换量。在2~3h交换1次时，根据鱼种及成鱼的规格，其参考放养密度如表1所示。

表1　流水池塘放养密度

规格/（g/尾）	放养密度/（尾/m²）
20~50	50~70
50~150	40~50
150~500	30~40
500~1 000	20~30

（4）投喂。日投饲率根据鱼体大小、水温、溶解氧含量以及天气变化情况等确定。在20℃左右时，不同规格的鲟鱼投饵率参考表2。

表2　投喂率

重量/g	投饵率/%	投喂次数/d
10~20	4~5	6~8
20~50	3.5~4	6~8
50~100	2.5~3.5	5~6
100~250	2~2.5	5~6
250~1 000	1.5~2.0	4

以投喂半小时后检查是否有剩余为准，随时加以调整，同时通过观察鱼体吃食的变化情况，及时发现鱼是否正常，以便采取相应的管理措施。

根据鲟鱼摄食调控机制研究的结果，调整投喂时间及投喂频率，针对鲟鱼白天少食，晚上多食的特点，增加晚上投喂量和投喂频率，减少白天投喂量。

一般水温升高 1℃，投喂量应增加 0.1%~0.2%，超过适温范围后要减量甚至停止投喂。

（二）鲟鱼网箱高效养殖

根据现场试验结果，鲟鱼网箱高效养殖宜采用"外密、内稀"的生态网箱，外层设计网箱规格按照 7m×7m×3.8m 设计，内层网箱规格按 6m×6m×3m 设置（图2）。

图 2　鲟网箱养殖

养殖密度、投喂频率、日常管理等技术指标如下：
（1）放养规格与密度（表3）。

表 3　鲟鱼网箱高效养殖放养规格与密度

规格/g	放养尾数/箱	放养重量/（kg/箱）
10~50	4 500~6 500	
50~150	3 500~4 500	
150~250	2 500~3 500	
250~500	2 000~2 500	
500~1 000	1 000~2 000	1 000
1 000~2 000	750~1 000	1 000~1 500
2 000~3 000	400~750	1 200~1 500
3 000~7 500	200~400	1 200~1 500
7 500~10 000	150~200	1 500
10 000 以上	120~150	1 200~1 500

（2）鱼规格和对应投喂饲料规格（表4）。

表 4　鱼规格和对应投喂饲料规格表

鱼规格/g	饲料规格/mm
10~50	0.8~1.5
50~250	1.5~3.0
250~500	3.0~4.0
500~2 500	4.0~6.0
3 000~6 000	6.0
6 000~10 000	6.0~8.0
10 000~15 000	8.0
>15 000	8.0~10.0

（3）日投喂量（表5）。

表 5　不同年龄鱼的日投喂量（水温 20℃）

年龄	日投喂量	投喂次数
当年鱼苗	3%~5%	6
1 龄鱼	2%~2.5%	4
2 龄鱼	1.2%~2%	4
3 龄鱼	0.8%~1.2%	4
4 龄鱼	0.5%~0.7%	4
5 龄鱼	0.3%~0.4%	3
6 龄鱼	0.30%	3
7 龄鱼	0.30%	2

（4）入箱管理。

①入网箱的鱼苗视其情况决定是否要药浴处理，当需要处理时，用彩条布兜起网箱留约 1m 深的水，约合 36m³，用 80~100mg/L 的甲醛和 0.5% 的食盐或者 20mg/L 的聚维酮碘浸泡 30min。

②鱼苗在放入固定箱后 6h 就可以开始诱食。具体方法是：在食台上撒上适口饲料的同时，在全网箱也撒少量饲料；投喂遵循少量多次的原则，诱食要 3~7d 的时间。投喂量从 1%逐渐增加到 2.5%，遵循技术员的指导进行投喂。

③发霉饲料坚决不喂；按照鱼的规格投喂相应规格的饲料；定期投喂药饵；少量多次；喂至 8 分饱即可。

（三）鲟鱼性别及性腺成熟期鉴定

鲟鱼超声波性别鉴定方法，采用超声波检测仪，其特征是当鲟鱼性腺发育至 Ⅱ 期才利用超声波来鉴定性别；超声波检查前，鲟鱼经过 2 个月的低温养殖时期，用以消耗鱼体内积累的脂肪，鲟鱼检查前停止投喂两周；超声波检查时，鱼体腹部对向操作者，操作者将探头沿鱼体纵轴方向紧贴在体侧靠近侧骨板上方，腹鳍前 3~4 侧骨板处，前后移动探头以便找到清晰的超声波检测图像，当观察到较清晰和典型的性腺超声波检查图像时，按仪器上的"图像冻结"按钮，冻结并保存当前检查图像；用保存的当前检查图像与不同发育时期精巢和卵巢的超声波图像特征进行比对来鉴别鲟鱼的雌雄性别。

精巢和卵巢的超声波图像有着显著的不同，精巢的超声波图像一般有如下特点，结构均匀致密、颜色有些发暗、边缘较光滑、清晰。卵巢的超声波图像则呈不规则形状，有球状、棒状、折叠状或层状等，颜色明亮度较精巢要高一些，且边缘较模糊。

（四）鲟鱼无抗疾病防控

鲟鱼致病菌对多种药物耐受，如阿莫西林、恩诺沙星、红霉素和头孢氨苄等，对四环素、新霉素中度敏感，对氟苯尼考、链霉素和氨苄西林高度敏感。在使用氟苯尼考做治疗药物时，要避免与喹诺酮类、磺胺类及四环素类药物合并使用，一般采用拌饵投喂的方式，根据每千克体重 10~15mg 的量每天使用 1 次，连用 4~6d，防止耐药性产生。同时在使用过程中要注意混拌后的药饵不宜久置，不宜高剂量长期使用，否则会对造血器官产生一定的抑制作用。在只用多西环素的过程中，通过采用拌饵投喂的方式，每千克体重 5mg，每天 1 次并连用 4~6d，保证对病原菌有足够的杀灭作用，但长期使用会引起二重感染和肝脏损伤等情况。

为了预防抗生素产生耐药性和药物残留的问题，实现鲟鱼无抗疾病防控技术，需要在药物研发、药物使用和抗生素知识科普方面采取合理的措施（图3），解决这些问题对于养殖效率的提高和人类健康饮食具有重要的作用。

首先，开发抗生素的替代品，如在养殖过程中使用酶制剂、微生态制剂或中草药制剂，采用预防而不是治疗的方式对鲟鱼疾病进行控制。①酶制剂主要通过降解饲料中各营养成分的分子链或改变动物消化道内酶系的组成，促进消化吸收，从而大幅度提高饲料利用率，促进动物健康生长。②微生态制剂是动物有益菌经工业化厌氧发酵生产出的菌剂，这种制剂加入饲料中，在动物消化道内生长，形成优势的有益菌群，抑制病原菌的生长与繁殖，提高动物健康水平，促进生长。③中草药天然绿色植物，是我国特有的中医理论与实践的产物，是一类兼有营养和药用双重作用，具备直接杀灭或抑制细菌和增强免疫能力的功能，且能促进营养物质消化吸收的无残留、无耐药性的天然药物。④化学益生素，是指既不能被动物机体自身吸收和利用，又不能被肠道大部分有害菌利用，只能唯一被肠道有益菌选择吸收并促使增殖的一类物质，包括异麦芽糖、果寡三糖、果寡四糖、半乳寡糖、甘乳糖等。⑤酸化剂，酸化剂应用于饲料中，以提高饲料的利用率，促进生长，常用的酸化剂有柠檬酸、延胡索酸、乳酸、异位酸等。

其次，科学合理使用抗生素，减少抗生素的耐药性和残留量。主要包括以下几个方面：①根据抗生素在水产动物体内的药代动力学规律，针对不同的药物品种，不同的动物品种及不同的给药途径，确定适宜的给药剂量和合理的停药期。②轮换用药，为避免长期使用一种抗生素产生耐药性，应根据常见致病菌的药敏实验，采取轮换用药。同时，也应注意细菌对某种药物产生耐药性后，不会在短期内恢复敏感状态。③联合用药，合理的药物配伍可产生协同作用，能提高药物的疗效，防止或延缓耐药性产生和减少药物用量，从而减少毒性和残留。④避免使用易产生耐药性和药残品种，耐药性常常带有地区性，一地区耐药性的品种在另一地区不一定出现耐药性，这是细菌选择性抑制的结果，因此，同一药物在不同报道中出

图3　鲟鱼无抗疾病防控措施体系

现不同的结果不足为奇。但是，不是所有的品种都具有同等程度的耐药性，这是由药物性质决定的。

最后，对水产动物食品安全性进行科普，完善我国鱼药残留的监控体系。具体可以开展以下措施：①建立和完善水产品的安全保障体系，依法开展水产品无公害临界控制的检疫工作。制定出台水产饲料和水产品安全标准，从药物的使用、残留指标控制到违规的处罚制定出一套完整的法律监控体系，做到有法可依，有法可循；②加强药物残留的方法和标准建设，在标准制定中要突出水产品安全卫生标准、质量标准、渔药使用规范、药物残留限量及相应的检测技术和检测方法的制定。③加大国家级、部级及省地级药物残留检测机构的建立和建设，使之形成从中央到地方完善的药物残留检测网络机构，便于开展水产品中药物残留的常规检测，加强药物残留的监控力度；④不定期地对养殖户水产品加工厂进行药物残留的实际监控检测工作。

三、适宜区域

适用于全国水产养殖区域。

四、注意事项

部分养殖企业位于地质灾害频发地区，存在一定的地质风险。应注意水产养殖设施的标准化改造和完善、加强防灾抗灾能力建设。

技术依托单位

1. 四川省农业科学院水产研究所

联系地址：四川省成都市高新西区西源大道 1611 号

邮政编码：611731

联系人：赖见生　龚　全　周　波　陈叶雨　刘　亚　吴晓雲　宋明江　李飞扬

联系电话：028-86106576

电子邮箱：laijiansheng@126.com

2. 四川农业大学

联系地址：四川省成都市温江区惠民路 211 号

邮政编码：611134

联系人：陈德芳　张　鑫

联系电话：18190916953

电子邮箱：chendefang2011@qq.com

3. 四川润兆渔业有限公司

联系地址：四川省彭州市金彭东路 176 号

邮政编码：611930

联系人：李军

联系电话：028-83752651

4. 四川省水产局

联系地址：四川省成都市武侯祠大街 17 号

邮政编码：610041

联系人：杨雪松

联系电话：028-87735716

水产绿色高效池塘圈养技术

一、技术概述

（一）技术基本情况

当前池塘养殖普遍采用高密度放养、大量投饲散养模式，面临着养殖水环境劣化、病害频发、养殖效率不高、产品质量安全隐患多等诸多问题，严重制约了池塘养殖业可持续发展。传统养殖模式转型升级已刻不容缓。在池塘养殖模式转型时，应大力发展具有集排污功能的新模式。华中农业大学基于"能实时打扫卫生"的理念，创新性地提出了池塘绿色高效圈养模式（图1），目前已在全国17个省（区、市）池塘推广应用了3 000多个圈养桶，取得了良好的示范带头作用。水库等大水面退出施肥投饵、"三网"养殖后，也存在如何发展保水型生态渔业的同时，如何构建低污染的绿色精养模式。圈养因具有高效率集排污和尾水处理效果，若应用于水库等大水面，并合理结合生态渔业手段，可大幅提升水库等大水面的渔业经济效益。

该模式将养殖对象圈养在圈养桶内，通过圈养桶下部锥形集污装置高效率收集残饵、粪便等固物，再经吸污泵抽排进入尾水分离塔；固废沉淀分离、收集后资源化再利用；去除固废的尾水经人工湿地脱氮除磷后再回流池塘重复使用（图2）。

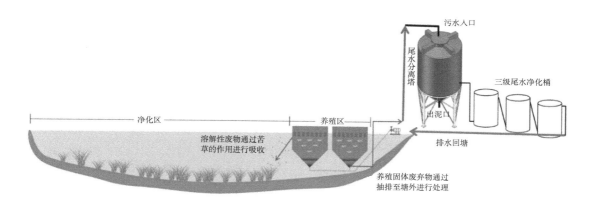

图1　池塘"零排放"圈养模式原理

（二）技术示范推广情况

已经实现较大范围推广应用，截至2023年底，已在全国17个省（区、市）推广应用3 242个圈养桶（设施养殖水体7.17万 m³）（图3）。

（三）提质增效情况

单产3 000~5 000kg/亩，产值9万~16万元/亩，纯利润2万~8万元/亩；池塘养殖容量提升3倍；综合效益提高50%以上，产品品质得到显著提升；发病率降低一半以上、养殖

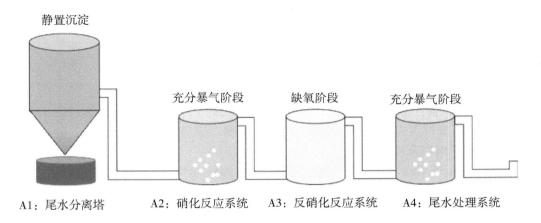

图 2　圈养模式尾水净化处理原理

湖北宜昌当阳市池塘圈养系统照
（80个圈养桶）

湖北宜昌枝江阳市池塘圈养系统照
（60个圈养桶）

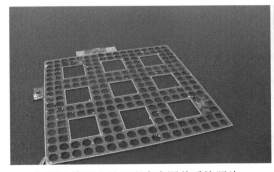

江西上饶玉山县王宅水库圈养系统照片
（208个圈养桶）

圈养系统尾水净化处理系统照片

图 3　圈养模式实物示例

尾水可实现 100% 回用；养殖用工节约 30% 以上，水资源节约 50% 以上。

（四）技术获奖情况

水产绿色圈养技术入选农业农村部 2019 年度和 2020 年度重大引领性农业技术，以及

2023 年农业主推技术，排名全国渔业新技术 2022 年度优秀科技成果名单榜首；入选湖北省 2020 年、2021 年、2022 年、2023 年农业主推技术和 2023 年力推技术，圈养设施进入湖北省农机购置补贴名录；入选 2023 年江西省农业主推技术。

二、技术要点

（一）圈养强度

池塘：1 组/亩；水库等大水面：每 10 亩水面配备 1 组。1 组圈养系统包括 4 个圈养桶（直径 4m）+1 套尾水处理系统；或者 1~2 个圈养桶（直径 6m）+1 套尾水处理系统。

（二）水环境提升措施

池塘：种植苦草或轮叶黑藻，种植面积为池塘面积 30% 左右；挂生物刷 1 000 个/亩；放养鲢鳙 100~150 尾/亩。水库：按照圈养强度计算未排出的氮、磷数量，以此为依据，按照一定利用比例设计增殖放流鱼类数量，将圈养排放到水体的氮、磷充分转化为鱼产品，保障水库水环境维持不变。

（三）适宜圈养对象

出塘体重不超过 1.5kg 的商品鱼或规格鱼种，如鲈、鳜、鲇、鲌、鳢等名优鱼类，以及草鱼、鳙等大宗鱼类。可多品种单养。

（四）放养密度

不同养殖对象适宜密度不同，一般情况下，圈养产量为 25~50kg/m³。以加州鲈为例，成鱼阶段圈养密度为 1 300~1 500 尾/圈养桶，上市规格越大，圈养密度越低。

（五）饲喂管理

同散养池塘。

（六）排污

每天排污 1~2 次，每次 1h，黑水入尾水分离塔，清水入养殖池塘。入塔尾水静止 3h 后排出上清液，入三级尾水处理桶降氮除磷后回池重复使用；固废每 4d 排出 1 次，资源化再利用。

（七）收获

采用专用捕捞网即可快速起捕，捕捞时其他圈养桶正常饲喂。

（八）保持水位稳定

当蒸发或渗漏等引起池塘水位下降时，及时补充新水至正常水位。

三、适宜区域

适用于全国所有水产养殖主养区。

四、注意事项

一是除圈养桶内投饵外，圈养池塘禁止投饵施肥。若水体透明度不足 60cm，可泼洒微生态制剂等改善水质。

二是若停电，应及时开启备用电源或纯氧增氧以防缺氧。

三是科学预防疾病，忌用抗生素。

技术依托单位

1. 华中农业大学

联 系 人：何绪刚　侯　杰　张　敏

联系电话：15827118986　13517245007　13545208981

2. 湖北省水产科学研究所

联 系 人：温周瑞

联系电话：18086422095

3. 全国水产技术推广总站

联 系 人：张　龙

联系电话：18515431016

大水面鱼类协同增殖技术

一、技术概述

（一）技术基本情况

1. 技术背景

习近平总书记多次强调，要树立大食物观，在保护好生态环境的前提下，宜渔则渔，向江河湖海要食物。渔业是农业农村经济的重要组成部分。我国湖泊、水库等大水面资源丰富，是重要的淡水渔业基地和水生生物种质资源库，对保障优质水产品供给和生态文明建设意义重大。为贯彻落实大食物观，亟须谋划大水面生态渔业发展与水生态环境保护协调统一的出路，关键在于构建大水面生态渔业保护与利用技术体系，发挥大水面生态渔业的生产、净水与资源养护等功能。过去我国大水面渔业片面追求产量和经济效益，在放养环节以单一放养经济水生动物为主，缺乏对水域资源环境承载力综合评估，水生生物资源利用率低、水生生物多样性受损等问题日益凸显。对此，中国科学院水生生物研究所大水面渔业研究团队基于四十余年研究基础，通过理论研究和技术研发，提出大水面生态增殖技术，即在开展大水面资源环境调查评估基础上，协同放养鱼食性、滤食性、碎屑食性和杂食性等不同生态类型鱼类，充分利用大水面渔业资源，发展大水面生态渔业，实现生态效益和经济效益的协调发展。

2. 技术能够解决的主要问题

《中国大水面渔业发展报告》提出，当前我国大水面渔业面临三大主要问题，包括渔业发展与环境保护不协调、支撑大水面渔业发展的理论技术体系不足及渔业水域管理政策不够协调。在大水面渔业资源衰退和水域富营养化加剧背景下，大水面生态系统服务功能减弱、渔业资源保护与利用不协调等问题仍较突出，产业发展空间大幅萎缩，大水面增养殖和水生态环境保护协调共生面临前所未有的压力，严重制约了大水面渔业对于粮食安全的贡献。大水面生态增殖技术通过融合大水面生态承载力评估、多营养层次水生生物组合放养和生态环境效应评估等方法，科学回答了大水面生态渔业放什么、放多少、如何放等产业共性难题，能够解决大水面生态渔业产业发展与生态环境保护不协调的问题。

3. 知识产权及使用情况

近十年，研究团队主持编制了系列与大水面生态增殖相关的技术标准，如国家水产行业标准《大水面增养殖容量计算方法》（SC/T 1149—2020）和《水生生物增殖放流技术规范 鳜》（SC/T 9430—2019），地方标准《湖泊鳜放养技术规范》（DB42/T 1174—2016）、《湖泊中华绒螯蟹放养技术规范》（DB42/T 1175—2016）、《湖泊黄尾鲴放养技术规范》（DB42/T 1176—2016）、《湖泊鲂放养技术规范》（DB42/T 1177—2016）和《湖泊蒙古鲌放养技术规范》（DB42/T 1178—2016）等。这些技术广泛推广应用于我国各地区大水面生态渔业基地，技术示范面积超过 120 万亩，应用推广面积超过 400 万亩。

（二）技术示范推广情况

该技术入选了全国水产技术推广总站 2024 年重点推广水产养殖技术，实现了较大范围推广应用，在我国华东、华南、华中和西南等地区典型湖泊和水库开展示范和推广应用，以下为典型应用案例：

1. 深水湖泊生态增殖示范推广

千岛湖位于浙皖交界、浙江省西部淳安县境内，是杭州市和农夫山泉等的重要水源地，水质保护至关重要，发展净水渔业成为实现渔业生态和经济效益的必然选择。对此，中国科学院水生生物研究所长期开展千岛湖水环境和水生生物调查监测，逐年评估鱼类资源量和增殖容量，实施鲢、鳙、翘嘴鲌、蒙古鲌、鳜和黄尾鲴等鱼类协同放养，综合发挥滤食性鱼类控藻、鱼食性鱼类辅助控藻和碎屑食性鱼类提升营养转化率等多重功能。目前，千岛湖水质维持Ⅰ至Ⅱ类，鲢鳙年捕捞量超过 6 000t，其他鱼类年捕捞量超过 2 000t，实现了水环境保护与增殖生产协调发展。目前，千岛湖生态增殖技术和模式已成功推广应用于我国华东和华南地区深水湖泊，鱼类协同放养逐步替代了鲢鳙单一放养，推动了深水湖泊渔业模式转型升级。

2. 浅水湖泊生态增殖示范推广

梁子湖群是典型的长江中下游浅水湖泊，中国科学院水生生物研究所基于几十年的资源环境监测数据，总结了鱼类、浮游生物、水草与水环境耦合变化规律，创造性提出转型梁子湖群生态增殖模式，由单一放养鲢鳙或河蟹等经济鱼类，转型为协同增殖鲢、鳙、鳜、中华鳖、黄尾鲴等不同生态类型水生生物，综合实施定向捕捞调控、人工鱼巢布设和软体动物放养的管护措施。从技术应用效果看，协同增殖技术有效提高了梁子湖群水生植物覆盖率，恢复了水生生物多样性，维护了湖泊生态系统健康。目前，该技术和模式已在武湖、鲁湖、保安湖、龙感湖、傀儡湖等长江中下游浅水湖泊推广应用。

（三）提质增效情况

1. 典型浅水湖泊生态增殖调控试验

长江中下游浅水湖泊因水体较浅，水质和水生生物群落结构波动较大，发展渔业需要统筹考虑。2007—2015 年，中国科学院水生生物研究所在江苏傀儡湖开展了生态增殖调控试验。傀儡湖是江苏昆山饮用水水源地，由养殖性湖泊经过退渔、清淤、加深改造形成，水生态系统结构和功能简单，成熟度和稳定性差。管理处自 2007 年起开展鱼类放养，2007—2012 年以单一放养鲢鳙为主，这些措施对水质改善和藻类控制取得了一定效果，但鱼类群落结构不合理的现象没有根本转变，表现为底层扰动性鱼类生物量偏高，高营养级食鱼性鱼类生物量偏低，沉水植物几乎全部消亡，湖泊水质时空波动较大，生态系统稳定性差。对此，中国科学院水生生物研究所提出了鱼类协同放养调控方案：①调整鲢、鳙放养数量、比例和规格；②增加食鱼性鱼类放养比例，包括底层食鱼性鱼类鳜、乌鳢、鲇和黄颡鱼，以及中上层鱼食性鱼类翘嘴鲌和蒙古鲌；③增加碎屑食性鱼类黄尾鲴放养量，增加食物链长度；④增加底层扰动性鱼类鲤和鲫，草食性的草鱼和团头鲂的捕捞量。综合施策后，食鱼性鱼类相对生物量明显提升，鳘等浮游动物食性小型鱼类相对生物量由 2012 年的 42% 下降到 2015 年的 8%，底层扰动性鱼类相对生物量由 19% 下降到 14%；沉水植物种类数由 6 种上升至 12 种，覆盖度由低于 20% 上升至 73%；水体透明度由 50.75cm 增加至 115.75cm；增殖渔业产量提升 6%，经济效益提升 15%。此技术已广泛推广应用于常熟长江水库、武湖等湖泊水域。

2. 典型深水湖泊生态增殖调控试验

水库因水体较深，加之外源物质汇入量较大，具有重要渔业价值，2022年，我国水库增养殖产量占大水面增养殖总产量的69%。但近些年我国许多水库出现春夏季藻类密度高、水华风险高、水质恶化等生态问题，如何兼顾渔业和水环境保护是管理部门和经营主体面临的突出问题。2019—2023年，中国科学院水生生物研究所在福建山美水库开展了生态增殖调控试验。山美水库坐落在泉州市西北部，是一座大Ⅰ型水库，是泉州地区和金门地区水源地，具有重要战略意义。近十年来，山美水库春夏季pH值偏高、局部藻类密度偏高等问题凸显。自2019年以来，中国科学院水生生物研究所持续监测山美水库资源环境，结合渔业生产历史，针对春夏季pH值高、外来鱼类多、小型鱼类优势度高等特征，革新鱼类协同放养和定向捕捞策略，逐年评估滤食性、鱼食性和碎屑食性鱼类增殖容量，提供滤食性、鱼食性和碎屑食性鱼类放养和捕捞方案，2019—2023年放养鱼类种类由过去的3种增加为8种，2019—2023年山美水库鱼类多样性提高12%，春夏季藻类密度降低9.5%，夏季pH值峰值和超标时长平均降低20%，水体透明度峰值由不足2m提高至超过3m，鱼类年捕捞产量提升37%，增殖渔业经济效益提高30%（图1）。

图1　湖泊生态增殖调控效果

（A、B：调控前现场；C、D：调控后现场）

（四）技术获奖情况

中国科学院水生生物研究所围绕该技术持续开展理论研究和技术创新，获得系列科技奖项，包括：

（1）"长江中下游湖群渔业资源调控及高效优质模式"获得 2018 年改革开放 40 周年渔业科技 50 项标志性成果；

（2）"淡水水生生物资源增殖放流及生态修复技术研究"获得 2015 年中国水产科学研究院科技进步奖一等奖；

（3）"长江中下游湖群渔业资源调控及高效优质模式"获得国家科学技术进步奖二等奖。该技术也成功入选全国水产技术推广总站、中国水产学会 2024 年重点推广水产养殖技术。

二、技术要点

（一）核心技术内容

1. 大水面生态承载力协同评估技术

大水面增殖渔业面临的共性技术难题之一是如何精准评估不同放养种类的增殖容量及放养量，核心在于确定增殖对象在生活史周期不同阶段需要吃多少饵料，以及水里有多少饵料可以利用且不影响其可持续的生产力。由中国科学院水生生物研究所编制发布的水产行业标准《大水面增养殖容量计算方法》（SC/T 1149—2020）规定了不同生态类型鱼类增殖容量评估技术，明确了如何开展渔业资源与环境调查，如何计算各营养生态类型增殖容量的方法。

2. 多营养层次鱼类组合放养技术

鱼类的栖息水层、摄食方式、食性等多种多样，处于食物网不同位置，发挥不同生态功能。为更好发挥不同营养类型鱼类的调控功能，多营养层次鱼类组合放养技术基于资源环境本底情况和增殖容量评估结果，组合放养不同栖息水层（底层、表层等）、食性（鱼食性、滤食性和杂食性等）和摄食方式（追击型、伏击型等）鱼类，发挥不同鱼类控藻、优化水生生物群落结构、改善水质等生态功能，提升生物操纵效率，解决增殖渔业放多少和如何放的技术问题（图 2、图 3）。

（二）配套技术内容

1. 鱼类生境营造与资源恢复技术

湖泊、水库鱼类群落中包含许多可自然繁殖种类，如鲤、鲫等，这类鱼类只要具备产卵条件即可天然繁殖，实现种群的可持续。当前，许多浅水湖泊水生植物消退，水库一般无沉水植物分布，消落带植被覆盖度低或季节性淹没，导致这类可自然产卵鱼类种群资源衰退。保护和恢复这些鱼类的关键是生境营造与产卵场修复，逐步恢复鱼类的种群繁衍功能，配合人工增殖放流措施，恢复大水面鱼类多样性。

2. 增殖渔业资源精准利用技术

鱼类资源现存量若超过水域生态承载量会引起水质下降、水草减少和鱼类群落结构突变等湖库生态风险。增殖渔业资源精准利用指为维持大水面水生态系统平衡，对超过生态容量的增殖渔业资源开展精准捕捞利用的方式。中国科学院水生生物研究所研发了基于资源量和增殖容量评估和食物网关系的增殖渔业资源利用技术，科学利用增殖资源，带出氮磷等营养物，配合鱼类协同放养，共同实现渔业资源养护与科学利用的协调统一，解决了增殖渔业如何科学利用的问题。

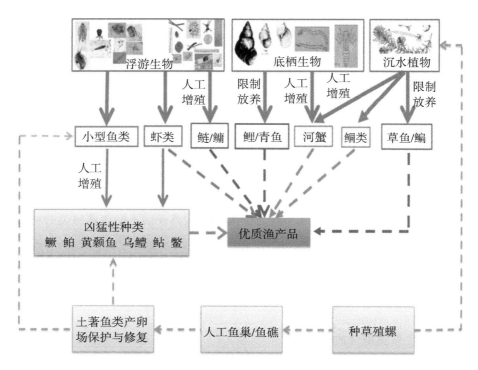

图 2　大水面生态增殖技术原理

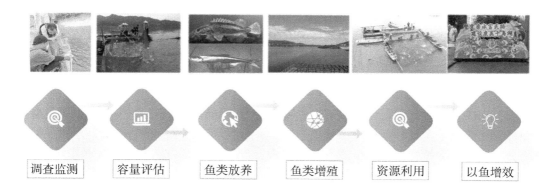

图 3　大水面生态增殖渔业技术与模式

三、适宜区域

我国湖泊、水库等大水面资源丰富，分布广泛，不同水体存在地理位置、气候条件、水文状况、营养水平、饵料丰度等方面差异，渔业方式也有所不同。该技术考虑了不同水体间生态条件的共性与特性，适宜且已经推广应用于不同地理区域（华南、西南、长江中下游和东北）和不同生态类型（浅水、深水；天然、人工；草型、藻型）水体。

四、注意事项

（一）增殖容量精准评估是应用该技术的前提

大水面生态增殖核心问题在于明确水体中有多少本底资源、有多少饵料资源、能支撑多少水生生物。放养鱼类过少不利于天然饵料资源利用效率，放养鱼类过多不利于饵料资源的可持续，亦会导致鱼类生长缓慢，降低渔业生产效率。因此，推广应用大水面生态增殖技术的前提在于科学调查水体环境和水生生物资源，据此精准评估不同生态类群鱼类的适宜增殖容量。

（二）科学放养是应用该技术的核心

科学放养是实现该技术效益的核心，应遵守以下原则：①放养种类应为本地种，放养水体现有或曾有种类自然分布记录，防止种质污染；②选择放养对象不能仅考虑经济效益，应基于增殖容量评估结果，制定科学的鱼类协同放养方案，充分发挥不同类型鱼类的净水、控藻、固碳、调控等生态功能，提高生态渔业的生态效益。

（三）增殖渔业资源科学利用是应用该技术的关键

科学利用增殖渔业资源是贯彻大食物观，保障优质水产品稳定供给的重要手段。只放养不利用会导致鱼类资源量超过环境承载量，造成增殖资源浪费；只利用不放养则会破坏鱼类资源可持续性，影响水生态系统结构和功能平衡。在科学开展鱼类组合放养，合理开展渔业资源管护的基础上，科学开展增殖渔业资源利用才能实现大水面生态渔业经济效益和生态效益的协调统一。

技术依托单位

1. *中国科学院水生生物研究所*
联系地址：湖北省武汉市武昌区东湖南路7号
邮政编码：430072
联 系 人：刘家寿　郭传波
联系电话：15926208108　15972179598
电子邮箱：jsliu@ihb.ac.cn、guocb@ihb.ac.cn
2. *全国水产技术推广总站*
联系地址：北京市朝阳区麦子店街18号
邮政编码：100125
联 系 人：李明爽
联系电话：15001314719
电子邮箱：sfc200909@163.com

低能耗循环水养殖关键技术

一、技术概述

（一）技术基本情况

我国是水产养殖大国，2022年养殖产量达5 565万t，已连续30多年保持世界第一，但仍面临生产模式粗放、资源利用率低等行业痛点问题。陆基工厂化循环水养殖凭借集约化程度高、环境可控等优点，已成为推动渔业强国建设和助力乡村振兴的重要引擎。近年来，随着《"十四五"全国渔业发展规划》《全国现代设施农业建设规划（2023—2030年）》等文件出台，以生物技术和信息技术为特征的新一轮渔业科技革命深入推进，绿色、智能化养殖已成为实现水产养殖高质量发展的重要方向。

该技术针对工厂化水处理设施设备成本高、耦合性差，养殖系统运行能耗高、稳定性差，净水、管控装备智能化程度低，对虾、海参循环水养殖模式缺乏等制约我国循环水养殖技术发展的突出问题，在国家科技支撑计划课题"节能环保型循环水养殖工程装备与关键技术研究"（2011BAD13B04）、国家重点研发计划项目"工厂化智能净水装备与高效养殖模式"（2019YFD0900500）、"陆基工厂化养殖关键技术与智能化装备"（2023YFD2400400）、国家重点研发计划课题"虾参循环水养殖工艺研究与清洁生产系统构建"（2019YFD0900505）、"循环水养殖清洁生产和绿色产品保障技术集成应用"（2020YFD0900603）和"对虾智能清洁养殖模式构建与应用示范"（2023YFD2400403）等支持下，该项目组历经20余年自主研发、联合攻关与集成创新，突破了循环水养殖关键技术瓶颈，研制出系列循环水处理关键工程装备，构建了鱼类循环水高效养殖技术体系，实现了海水循环水养殖技术产业化，创建了对虾、海参循环水高效清洁养殖模式，有力支撑了工厂化养殖的绿色发展。经中国农学会成果评价，成果总体处于国际先进水平，其中在循环水处理关键装备研制和循环水养殖系统构建方面处于国际领先水平。

支持该项技术的知识产权包括发明专利、标准、专著、学术论文等，其中，发明专利包括：工厂化循环水养鱼水处理方法（ZL 200310114410.0）、养鱼池循环水模块式紫外杀菌装置（ZL 200810014131.X）、养鱼池循环水高效溶氧器（ZL 200810014132.4）、海水鱼类工厂化循环水养殖系统多功能回水装置（ZL 201210091105.3）、一种海水工厂化全封闭循环水养殖系统（ZL 201410629575.X）、一种利用双循环亲虾培育的水处理系统进行养殖的方法（ZL 201710422289.X）、电子微生物生长传感器检测配套装置（ZL 202110053888.5）、一种基于ST-GCN的鱼群摄食强度预测方法（ZL 202310009858.3）、美国PCT专利：Device and Method for Automated Antibiotic Susceptibility Testing of Gram-Negative Bacteria（087405-00001USPT）等20余项，已实现专利转让5项；团体标准《水质耐热大肠菌群的测定高效微生物生长分析仪法》（TQDAS 122—2023）、地方标准包括：《黄条鰤工厂化循环水养殖技术规范》（DB21_T 3881—2023）、《凡纳滨对虾工厂化循环水养殖技术规范》（DBYY3702/T

0002—2022）；出版《海水工厂化高效养殖体系构建工程技术》《封闭循环水养殖—新概念新技术新方法》《海水工厂化循环水工程化技术与高效养殖》《工厂化循环水养殖关键工艺与技术》《海水工厂化高效养殖体系构建工程技术（修订版）》等专著，发表学术论文 100 余篇。

（二）技术示范推广情况

该项目组深入贯彻落实农业农村部等十部委印发《关于加快推进水产养殖业绿色发展的若干意见》文件精神，以水产绿色健康养殖技术推广"五大行动"为抓手，积极推广示范工厂化循环水养殖技术。目前，该技术已广泛应用于大规格苗种培育、海水和淡水近 40 种循环水养殖。近年来，在全国建立推广基地 30 余家，推广面积 80 余万平方米，累计新增销售额 10 亿余元，新增利润超 3 亿元。应用项目成果企业数占全国循环水养殖企业总数的 1/6，建设面积的 1/3，运行面积的 1/2，引领了我国循环水养殖的技术进步和发展。

（三）提质增效情况

采用自主研发设施设备，构建的循环水高效清洁养殖系统具有造价低、运行能耗低、运行平稳等显著特点，水质指标达到：$DO \geq 6mg/L$，$NH_4^+-N \leq 0.15mg/L$，$NO_2^--N < 0.02mg/L$，$COD < 2mg/L$；水循环利用率 95%，养殖鱼类单产 $40kg/m^3$，养殖成活率 96%；运行能耗仅为国内同类产品的 1/2，国外同类产品的 2/5。该项技术提高了循环水养殖系统稳定性，降低了系统建设和运行成本，充分发挥了循环水养殖系统在高效、节水、节能方面的技术优势。构建的系统具有养殖密度高、生长速度快、饲料利用率高等显著特点，与传统流水养殖相比较，单位养殖产量提高了 3 倍以上、节地 66%、控温能耗降低 47%、可实现 95% 的养殖用水循环利用，经济效益总体提高 30% 以上，同时养殖水产品免药物使用、绿色无公害，有力推动了水产养殖的绿色发展。

（四）技术获奖情况

该技术入选农业农村部 2023 年农业主推技术，入选全国水产技术推广总站、中国水产学会 2023 年度和 2024 年度重点推广水产养殖技术，入选山东省 2022 年农业主推技术。相关成果荣获 2010 年度国家海洋局海洋创新成果奖一等奖，2018—2019 年度神农中华农业科技奖科学研究类成果二等奖，2015 年度中国产学研合作创新成果奖二等奖，2018 年度青岛市科学技术进步奖二等奖，2017 年度山东省海洋与渔业科学技术奖一等奖，中国水产科学研究院大渔创新奖，第十六届中国国际高新技术成果交易会优秀产品奖和全国水产技术推广总站、中国水产学会渔业新技术新产品新装备 2023 年度优秀科技成果等。

二、技术要点

（一）水处理车间设计

1. 结构设计

水处理车间为单层结构，低拱形透光屋顶，屋梁下沿设计 PVC 扣板吊顶，并开 4 个采光中旋窗，屋顶和 PVC 吊顶之间留有一定的空气层。该屋顶结构具有抗风能力强、夏天隔热、冬天保温的优点。

2. 高程设计

系统工程水循环设计为一级提水，水泵将低位储水池的水经高效过滤器输送到高位生物滤池，生物滤池的水自流进水温调节池、紫外线消毒池、高效溶氧罐，溶氧后自流进养殖池，循环量的变化用开启水泵台数及阀门调节。该水循环系统节约能源，便于操作、管理与维护。

3. 工程设计参数

设计养鱼水面 1 000m²，养鱼池水深 0.8m，有效水体 800m³，最大水循环量 400m³/h，单位时间的流量可调，循环水利用率 95% 以上。

（二）水处理系统设计与运行

由固体颗粒物分离、生物净化池、消毒杀菌、脱气、增氧和控温 5 部分组成。固体颗粒物分离由弧形筛（过滤 ≥70μm 的固体颗粒物）、气浮池（分离 ≤20μm 的固体颗粒物和水中的黏性物质）和生物净化池（去除沉淀 ≥20μm 的固体颗粒物和溶解性有机物）3 部分组成。固定床生物净化池以立体弹性填料为附着基。消毒杀菌采用紫外消毒与臭氧消毒协同作用。脱气由气浮、生物净化池曝气、微孔曝气池和增氧池 4 部分共同完成。增氧采用气水对流增氧，氧源为液态氧。控温由保温车间、水源热泵和余热回收装置共同完成。通过对蛋白质泡沫分离器、高效溶氧器与脱气塔等主要水处理设备的设施化改造，以弧形筛替代微滤机、以气浮泵替代蛋白质泡沫分离器、以纳米增氧板替代高效溶氧器，优化了生物滤池结构，强化了生物滤池排污功能，增设了脱气池，不但大幅降低了系统造价与运行能耗，而且有效地提高了水处理能力和系统运行的平稳性、可操作性，具有造价低、运行能耗低、功能完善、操作管理简单、运行平稳等显著特点（图 1）。

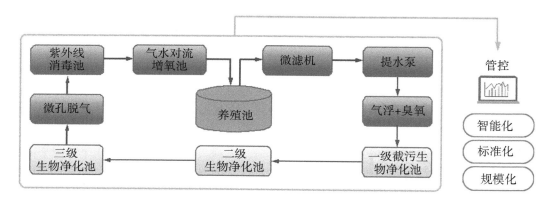

图 1　技术工艺原理

（三）管控系统

根据生产需要，集成水质在线监测系统、室内视频监控系统、自动投饵系统、水处理设备管控系统和绿色产品质量追溯系统，一方面，可节省人力，减少人员操作污染，另一方面，可提升企业自动化、智能化管理水平。

三、适宜区域

该技术适用区域范围广，根据养殖品种环境需求和区域差异，可设计适应于不同养殖品种、不同养殖阶段的陆基工厂化循环水养殖系统工艺，从北方黑龙江到南方海南，从东部辽宁到西部西藏具有循环水养殖的成功应用案例，养殖品种包括鲆鲽类、鲑鳟类、石斑鱼、大口黑鲈、鳜、墨瑞鳕、星康吉鳗、许氏平鲉、红鳍东方鲀、美国红鱼、珍珠龙胆、黄姑鱼、南美白对虾、海参、海马等近 40 种。

四、注意事项

（一）双循环养殖系统

对于育种、育苗等水质要求较高的循环水系统（图 2）可采用内、外双循环的系统工艺。养殖车间内循环系统包含固体颗粒物去除、生物净化、增氧、脱气、消毒杀菌和温度调控等水处理要素；外循环系统包含快速沉淀、生物修复、蛋白分离等水处理手段。经过双循环处理后综合利用率达到 99.5% 以上，节约养殖用水和控温能耗的同时，可有效减少外源水中病原菌的侵害风险，为高效健康养殖保障。

图 2 工厂化循环水处理装备

（二）鱼类高效智能养殖模式

根据不同鱼类品种（图 3）、环境需求、生长阶段（图 4）、养殖规模不同，循环水高效养殖工艺及智能化配套装备会有差异，养殖系统工艺设计、构建应聘请专业人员技术指导。

图 3 工厂化循环水养殖红鳍东方鲀

图 4 工厂化循环水育苗

（三）对虾高效清洁养殖模式

对虾高效清洁养殖模式需采用专用回水装置、虾壳与死虾快速去除装置 2 项新技术以防止虾壳和死虾阻塞水处理系统。

（四）海参高效清洁养殖模式

海参高效清洁养殖模式使用了一种海参工厂化循环水养殖自清洁附着装置可实现海参粪便的自动清洗功能。

技术依托单位

1. 中国水产科学研究院黄海水产研究所

联系地址：山东省青岛市市南区南京路 106 号

邮政编码：266071

联 系 人：曲克明

联系电话：0532-85813271　13608967599

电子邮箱：qukm@ ysfri. ac. cn

2. 全国水产技术推广总站

联系地址：北京市朝阳区麦子店街 18 号楼

邮政编码：100125

联 系 人：张　龙

联系电话：010-59194433

电子邮箱：sfc200909@ 163. com

淡水池塘绿色养殖尾水治理技术

一、技术概述

（一）技术基本情况

2022年我国人均水产品占有量已达47.36kg，是世界平均水平的1倍。其中，淡水池塘养殖生产了近70%的淡水鱼类，成为新中国成立70年来我国发展最快的水产方式，为保障国家食物安全作出了突出贡献。目前，我国水产品产量已超过猪肉产量，成为城乡居民主要的动物蛋白，据FAO预测，至2030世界水产品产量再增长14%以上，其中，水产养殖将发挥主要作用。但是，由于淡水池塘养殖方式粗放，池水恶化、尾水污染、土腥味重等"水问题"成为池塘养殖可持续发展的最大瓶颈。该技术围绕"好水养好鱼"，集中突破了养殖水质精准调控、池塘尾水生态治理、池塘生态工程化绿色养殖新模式构建等关键技术，形成了完整的技术体系，整体技术水平评价国际领先，可解决我国池塘养殖绿色发展中的关键"水问题"。该技术制定行业标准4项，获发明专利94项，软件著作权17项（表1），论文230篇，专著16部，生态、经济、社会效益显著。

（二）技术示范推广情况

截至2020年12月31日，应用该技术成果改造养殖场超过1 000余家800多万亩，技术辐射全国30%以上的池塘。其中，池塘循环水模式，在江苏、河南、广东等地应用150万亩以上；池塘多级复合模式在太湖、微山湖、珠江口等区域推广超过500余万亩；池塘湿地渔业模式在黄河、淮河等河滩区推广100万余亩；以渔治碱模式在甘肃、陕西、河南等应用超过50万亩。技术成果先进，为全国编制20余项发展规划，多项技术产品打入国际市场，并写入十部委《关于加快推进水产养殖业绿色发展的意见》等重要文件，符合2023年中央一号文件和农业农村部一号文件精神，可在全国淡水池塘养殖区推广应用。

（三）提质增效情况

该技术已辐射全国1 200万亩（占全国淡水池塘1/3）及东南亚地区，年增收超200亿元，年节水54亿 m^3、减排COD 2.7万t。其中，①创建的水质关系模型，首次实现池塘养殖水质量化评判，准确率超80%；创立池塘"水质—底质"原位精准调控技术，以及对应开发"太阳能底质改良机"等专用调控设备，使养殖水质全程达标，池塘养殖的周期换水率从300%下降到60%之内，增产超15%。②该技术中的"生态坡预处理—生态沟渠沉淀—生态塘吸收—复合湿地净化"池塘尾水生态工程化处理技术，以及对应创新"池塘复合人工湿地""模块净化设施"等5种高效尾水处理设施系统，可实现养殖尾水达标排放或循环利用，比传统尾水处理方式节水50%，减排60%。③该技术中集成创新的池塘养殖"智能增氧、精准投喂"和"异味防控"等提质增效技术及装备，以及创建的"池塘循环水、多级复合、湿地渔业、以渔治碱"4种覆盖"主产区"的生态工程化示范模式，可大面积应用，催生了黄浦江大闸蟹等5个优质水产品的规模化生产，综合增效20%以上，生态效益、经济效益、社会效益显著。

表1 主要专利、软著列举

知识产权类别	知识产权具体名称	国家（地区）	授权号	授权日期	证书编号	权利人	发明人	发明专利有效状态
发明	一种池塘复合养殖水质调整方法及调控系统	中国	ZL 200910194931.9	2011/08/17	824932	中国水产科学研究院渔业机械仪器研究所	刘兴国、徐皓、顾兆俊、吴凡、陈子国	有效
发明	一种抑制蓝藻门微囊藻属水华的方法	中国	ZL 201410366191.3	2016/08/17	2187696	中国水产科学研究院渔业机械仪器研究所	王小冬、刘兴国、吴宗凡、顾兆俊、朱浩、车轩	有效
发明	氨氧化古菌及浓水池塘的氨氧化古菌富集培养方法	中国	ZL 201911022048.1	2021/03/26	4323845	中国水产科学研究院渔业机械仪器研究所	陆诗敏、刘㼆、刘兴国、周润锋、沈泓烨	有效
发明	一种太阳能水质改良机	中国	ZL 201210249913.8	2013/09/18	1274619	中国水产科学研究院渔业机械仪器研究所	刘兴国、徐皓、张拥军、邹海生、虞宗勇、徐国昌	有效
发明	一种机械式水质改良装置	中国	ZL 201410241238.3	2015/04/08	1625792	中国水产科学研究院渔业机械仪器研究所	车轩、刘兴国、田昌凤、朱林、顾兆俊、杨家明	有效
发明	一种提高能效的养殖池塘系统	中国	ZL 201410415815.6	2017/01/25	2362902	中国水产科学研究院渔业机械仪器研究所	刘兴国、朱浩、顾兆俊、徐皓	有效
发明	一种集约化池塘内循环水养殖系统	中国	CN 109984078A	20190709	4408420	中国水产科学研究院渔业机械仪器研究所	程果锋、刘兴国、陆诗敏、顾兆俊、沈泓烨	有效
软件著作权	淡水池塘水质分类评价系统 V1.0	中国	2021SR 0029480	2021/01/07	07183751	中国水产科学研究院渔业机械仪器研究所	中国水产科学研究院渔业机械仪器研究所	有效

（四）技术获奖情况

该技术荣获 2013 年度全国农牧渔业丰收奖农业技术推广成果奖一等奖、2015 年度中华农业科技奖一等奖、2019 年度中国水产科学研究院大渔创新奖一等奖、2020 年度广东省科学技术奖技术发明奖一等奖，以及 2021 年中国产学研合作创新与促进奖，第一完成人刘兴国荣获 2022 年度全国农牧渔业丰收奖贡献奖（表 2）。

表 2　主要获奖情况列举

成果名称	获奖时间	奖项名称	奖励等级	所有获奖人（本成果完成人姓名后加"*"）	授奖单位	获奖类别
淡水池塘规范化改造和产业升级技术集成示范推广	2013	全国农牧渔业丰收奖农业技术推广成果奖	一等奖	徐皓，刘兴国*，谢骏，吴凡，张根玉，郁蔚文*，杨菁，倪琦，郭焱，王健，朱浩*，王广军，程国锋*，谷坚，陈琳，赵治国，顾兆俊*，车轩*，时旭，周寅*，王小冬*，韩永峰，青格勒	农业部	科技进步奖
淡水池塘养殖生态调控关键技术与应用	2015	中华农业科技奖	一等奖	徐皓、刘兴国*、谢骏、吴凡、张根玉、郁蔚文、杨菁、吴旭东、倪琦、郭焱、王建、朱浩*、王广军、程果锋*、谷坚、顾兆俊*、黄薇、车轩*、田昌凤*、王小冬*	农业部	科技进步奖
池塘生态养殖水质调控关键技术及设施设备	2019	中国水产科学研究院大渔创新奖	一等奖	刘兴国*，车轩*，徐国昌，田昌凤*，郭益顿，顾兆俊*，徐皓，程果锋*，张拥军，邹海生，朱浩*，曾宪磊，王小冬*，唐荣，陆诗敏*	中国水产科学研究院	科技进步奖
淡水池塘环境生态工程调控与尾水减排关键技术及应用	2020	广东省科学技术奖技术发明奖	一等奖	谢骏、刘兴国*、程香菊、李志斐、王广军、郁二蒙、余德光、张凯、刘汉生、龚望宝、潘厚军、符云、蒋天宝、夏耘、桑朝炯	广东省人民政府	技术发明奖
池塘养殖水质调控与尾水治理	2021	中国产学研合作创新与促进奖	一等奖	刘兴国*，车轩*，郁蔚文*，朱浩*，陆诗敏*，王小冬*，朱林*，陈晓龙*	中国产学研促进会	科技进步奖
刘兴国	2022	全国农牧渔业丰收奖	贡献奖	刘兴国*	农业农村部	贡献奖

第三方机构评价：

2020 年，"池塘养殖水质调控与尾水生态治理关键技术"被中国农学会评为"2020 中国农业农村十大新技术"。

2018 年，FAO 以年度进展 *Proceedings of the Special Sessionon Advancing Integrated Agriculture* 推荐了该技术。

2014 年 8 月 27 日，中国农学会组织院士等对"淡水池塘养殖生态调控关键技术研究与应用"进行评价，认为"从池塘设施规范化、养殖生态化、管理信息化方面进行了研究与应用，总体达到国际领先水平"。

2017 年，中国工程院《水产养殖绿色发展咨询研究报告》，将"池塘生态工程化养殖"写入新生产模式案例。

2017 年 4 月，科技部农村科技司对项目主持的"十二五"国家科技支撑计划"淡水养殖池塘生态工程化调控技术研究"验收，认为"提出了池塘养殖生态调控新理论，建立了生态工程化调控方法，构建了草鱼高品质养殖技术，单位产量提高了 137.7%，养殖效益提升 111.0%"。

2018 年 4 月 8 日，上海市海洋湖沼学会组织院士等对"池塘生态养殖工程技术及模式创建与应用"评价，认为"成果攻克了池塘养殖生态工程关键技术，研发了养殖池塘生态工程调控设施设备，形成了适合我国特点的池塘生态养殖模式，总体技术水平国际领先"。

查新报告：

2018 年 4 月中国农业科学院科技文献信息中心对"池塘生态养殖工程技术及模式创建与应用"进行查新，认为"在阐明池塘生态养殖与工程理论关系、建立池塘养殖生态工程技术和模式等方面未见报道，具有新颖性"。

二、技术要点

（一）池塘"水质—底质"原位精准调控技术

我国淡水池塘主要分布在华中、华东、华南、西北"四大产区"，主要养殖鱼、虾、蟹"3 大类"约 40 个品种。水质是池塘养殖的首要条件。该项目实施前，养殖生产采取"肥、活、爽、嫩"的经验方法判断水质，养殖过程中依靠大量换水改善水质，养殖周期换水率 300% 以上，养殖风险高，水资源浪费很大。该项目实施后，围绕"水质恶化机制—水质量化评判—水质精准调控"开展了系统研究，创建了"水质—底质"原位精准调控技术（图1），解决了水质恶化问题。

1. 池塘养殖水质量化评价技术

（1）阐释水质恶化机制。在对全国"四大产区、三大类"池塘养殖容量、结构、方式，以及水质变化、换水、排放、品质等长期研究基础上，探明了养殖水质恶化的直接原因是水体碳（C）、氮（N）、磷（P）失衡，而引起 C、N、P 失衡的主要因素有养殖结构、容量、环境、气象等养殖与环境因素；尤其是揭示了当水体中 C/N＞30 或≤10，N/P＞10 或≤3 时出现"氮淤积"，而当"淤积"超出水体自净能力 300% 以上时，池塘养殖系统出现"功能衰退或丧失"，是水质恶化的起因，为水质量化评判和精准调控提供了依据。

（2）创立量化评判技术。针对水质依靠经验判断的缺陷，通过分析揭示养殖水体 DO、pH 值、N、P、C 等与浮游生物、微生物和养殖生产性能的关系，建立了池塘"水质多因子关系模型""水质与水色模型""水质与气象因子关系模型"等多因子关系模型，分别开发了淡水池塘养殖水质分类评价系统（2021SR0029480）等 5 套评判软件，首次实现养殖水质快速量化评判，准确率达 80% 以上，远超人工经验判断，结束了几千年依靠经验判断水质的历史，奠定了池塘养殖水质精准调控的基础（图1）。

图1　池塘养殖水质量化评价模型

2. 池塘养殖"水质—底质"原位调控技术

长期以来，由于忽视池塘水质—底质协同影响研究，池塘养殖水质调控效果不好。该技术从水质"微生物调控—蓝藻控制—高效增氧"和底质"碳缓释—磷释放—有机质氧化"调控关键技术进行攻关：①在水质调控方面，创建了"生物基"微生物调控技术，解决了养殖水体C、N、P比例动态调控的难题，取得一种水产养殖用生物絮团的培养方法（ZL 201110341362.3）等5项专利技术；发明了通过控制水体N、C、P比例抑制蓝藻暴发技术，蓝藻水华发生率从80%下降到不足20%，获一种抑制蓝藻门微囊藻属水华的方法（ZL 201410366191.3）等3项专利技术；开创性地将"机械增氧与光合增氧结合，水层交换与移动增氧结合"，创立了池塘养殖复合增氧技术，提高增氧效率40%，解决了传统增氧效率低，溶氧不足的难题；②在底质调控方面，根据研究掌握的池塘底质C、N、P赋存与迁移特征，创立了池塘底质"间歇硝化—反硝化"调控、底泥扰动释磷、臭氧处理3项关键技术，底质氮磷降低50%以上，初级生产力提升30%，底质恶化现象减少，"泛塘死鱼"情况不再发生；应用"水质—底质"原位调控技术后，养殖周期换水率从过去的300%下降到60%之内，增产超过15%。

3. 高效专用水质调控设备

对应"水质—底质"原位调控技术，研发了6类高效专用水质调控设备，实现了精准调控。其中，①发明生物基调控微生物技术，优化了水体中菌群结构，水体TN、TP和CODMn稳定在3mg/L、0.8mg/L和10.0mg/L之内。②发明的复合生物浮床具有过滤、生化、植物吸收等功能，应用后蓝藻水华发生率从80%以上下降到20%以内。③发明的"涌浪机"比叶轮增氧机提高辐射半径30m，增氧效率提高了50%，成为国际著名水产养殖机械。④首创的"太阳能移动增氧机"，移动范围80%，增氧效率达2.59kg/（kW·h），获上海市高新技术转化项目；⑤发明的太阳能底质改良机，可在水深0.5～2.0m池塘中自主运行，提高水体初级生产力20%以上，被国外媒体评价为"一台小机器解决池塘养殖大问题"；⑥发明的太阳能移动臭氧改良机，臭氧产量随光照变化，有效解决了臭氧残留危害问题，通过了农机部门的产品鉴定（图2）。

（二）池塘尾水生态工程化治理新设施

尾水污染是池塘养殖的最大问题之一。在一些地区，尾水污染已成为重要面源污染，被

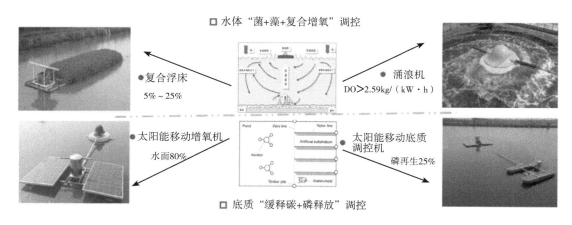

图 2 部分高效专用水质调控设备

列入环保重点关注对象。2017 年全国水产养殖年排放 TN 8.21 万 t，TP 1.56 万 t，COD 55.83 万 t，环保压力很大。2000 年以来，虽采取了一定的措施，但因技术设施研发不足，存在效率低、成本高等问题。对此，该项目围绕尾水"污染特征–治理技术–处理设施"开展了系统研究，实现了尾水达标排放或循环利用。

1. 池塘尾水处理行业标准

（1）查明尾水排放污染特征。在对全国池塘养殖尾水调查研究基础上，查明了"四大区、三大类"池塘养殖尾水具有"富营养化、中低浓度、面源化、时空间双重不确定性"特征，探明了尾水污染物的输出通量依次为 COD、TN、NH_4^+-N、NO_3^--N、TP 和 NO_2^--N，创建了全国首个"主要淡水养殖品种的综合排放系数"，提出了尾水治理的对象和目标。

（2）制定尾水治理技术标准。根据"四大区、三大类"的排放强度，提出了全国池塘养殖尾水的控制性排污系数（>100g/kg），为生态环境部《淡水生物水质基准推导技术指南》（CHJ 831—2022）提供了技术支撑，制定了《淡水池塘养殖小区建设通用要求》（SC/T 6101—2020）等 3 项包含尾水处理技术要求的行业标准。

2. 尾水生态工程化高效处理设施

对应尾水处理要求，开发了 5 种池塘尾水工程化处理设施。其中，①发明的生态坡由取水、布水、立体植被网、水生植物组成，对总氮、总磷、COD 的净化效率达 0.27g/（h·m²）、0.015g/（h·m²）和 0.94g/（h·m²）。②发明的复合生态沟渠，由植物区、滤杂食性鱼类区、生化区组成，对尾水中 TSS、TN、TP、COD 的去除率分别达 58.3%、15%、30% 和 43.1%，显著高于传统生态沟渠。③创新的生态净化塘，通过底形结构控制植物生物量和种类，通过导流结构调节水流态并减少死角，通过植物浮床吸附颗粒物，对水体中 TN、TP、CODMn 去除率分别可达 15%、30% 和 43.1%，成为国内水产养殖尾水处理的主要组成部分。④创建的池塘复合湿地对应养殖尾水特点，由生态池、潜流湿地、复氧池等组成，具有特殊的水力停留时间、孔隙率、植物布局，比传统潜流人工湿地净化效率高 30%。⑤创新研发的模块化净化设施，由特定结构、体积、比重、结构孔、空隙率、栽培孔构成，可根据尾水特点投放碳源、配置水生植物，比传统潜流湿地的水力效率高 15.6%。

3. 池塘尾水生态工程化处理系统

结合池塘养殖尾水特征及设施特点，创建了"生态坡预处理—生态沟渠沉淀—生态塘吸收—复合湿地净化"一体化尾水生态工程化处理系统，制定了《水产养殖池塘水质人工湿地调控技术规范》等技术规范，对尾水中 COD、总氮、总磷的去除率超 80%，处理后达到排放标准或循环利用要求（图3）。

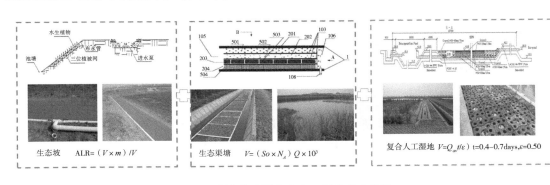

图3　池塘养殖尾水生态工程化处理系统

（三）池塘生态工程化绿色养殖模式

我国多数池塘"因地制宜，因陋就简、因水而建"，不符合绿色高效发展要求。该技术围绕"提质增效，绿色发展"目标要求，开展了"提质增效、智能增氧、精准投喂、系统构建"技术集成创新，创建了池塘生态工程化养殖示范模式，为全国池塘绿色高质量提供了引领性模式。

1. 提质增效技术

（1）针对淡水池塘养殖"异味"等导致品质下降问题，查明了造成池塘养殖水产品"异味"的物质是土臭素（GSM）和2-甲基异莰醇（2-MIB），产生"异味"的根源是颤藻、鱼腥藻等蓝藻和部分放线菌，而氮、磷等营养素失衡（N：P＞7：1）则是诱发以上微生物暴发的起因；对此，建立了利用芽孢杆菌、底泥扰动、曝气增氧、碱度调控等改善水质并抑制放线菌、蓝藻水华技术，应用后水体中C、N、P比例达到最优态的50：12：3，水产品"异味"消除，品质提升，催生了黄浦江大闸蟹、光明鱼、脆肉鲩、黄河谷大鲤鱼等优质水产品牌。

（2）针对养殖效率低的问题，创建了池塘养殖水质、溶氧、投喂等的数学模型，对应开发了水质预警、智能增氧、精准投喂等数字化管控系统，建立了国内首个池塘养殖数字化管控平台，获5项专利技术及6项软件著作权，提高生产效率50%，节约饲料15%（图4）。

2. 池塘生态工程化模式

基于以上研究，在国内首先提出了池塘养殖生态工程，出版了《池塘养殖生态工程》等16部专著，制定了《淡水池塘养殖设施要求》等3项行业标准；建立了符合全国池塘需求的4种生态工程化示范模式：

（1）在华东、华中等水质性缺水地区，创建了"池塘+复合人工湿地+生态沟渠"的池塘循环水养殖模式，池塘水体中 N、P、COD 等控制在 GB/T 18407.4 要求范围之内，换水减少 60%，减排 50%，增效 25% 以上，推广应用 150 余万亩。

（2）在太湖、微山湖等湖滨区，创建了"蟹+虾+鱼+水生植物"的池塘多级复合模式，

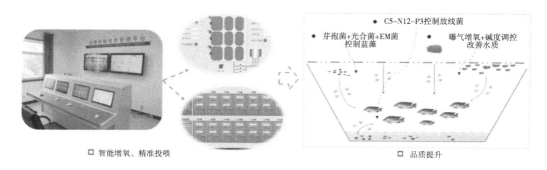

图4 池塘养殖尾水生态工程化处理系统

实现了"污染零排放",解决了水产养殖对湖泊的污染问题,推广300余万亩;在珠江口、长江口等经济发达区,创建了"生物膜+底部改良+轮捕轮放"的池塘多级复合模式,池塘养殖3年污染"零排放",保障了脆肉鲩等的规模化生产,增效20%以上,推广200余万亩。

(3)在黄河、淮河等河滩区,创建了"生物浮床+生态沟渠+生态塘(藕或有机稻)"的池塘湿地渔业模式,减少换水60%以上,保护了生态环境,发展了渔业,培育了"黄河谷"大鲤鱼等品牌,推广100万余亩。

(4)在西北、华中等盐碱地区,创建了"水系分隔+渗水排碱+养殖降碱"的池塘"以渔治碱"模式,降盐排碱80%,增效60%,推广50余万亩,成为精准扶贫和盐碱治理的典范(图5)。

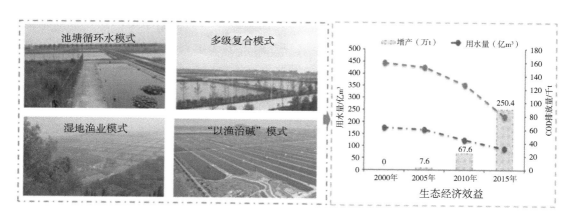

图5 池塘生态工程示范模式及经济生态效果

三、适宜区域

适用于全国淡水池塘。

四、注意事项

冬季气温较低时,尾水系统水质净化效果下降,可采取延长水力停留时间,强化微生物制剂泼洒方式，提高净化效果。

技术依托单位

1. 中国水产科学研究院渔业机械仪器研究所

联系地址：上海市杨浦区赤峰路63号

邮政编码：200092

联 系 人：刘兴国

联系电话：021-55128360　13301856629

电子邮箱：liuxingguo@fmiri.ac.cn

2. 中国水产科学研究院珠江水产研究所

联系地址：广东省广州市荔湾区白鹤洞西塱兴渔路1号

邮政编码：510380

联 系 人：谢　骏

联系电话：020-81616178　18688903880

电子邮箱：xj@prfri.ac.cn

3. 江苏省渔业技术推广中心

联系地址：江苏省南京市汉中门大街302号

邮政编码：210036

联 系 人：邹宏海

联系电话：025-86903021　13813828777

电子邮箱：82538726@qq.com

4. 宁夏回族自治区水产技术推广站

联系地址：宁夏回族自治区银川市兴庆区北京东路水产巷3号楼

邮政编码：750001

联 系 人：李　斌

联系电话：0951-6716343　13995193188

电子邮箱：nxscz@163.com

"以渔降盐治碱" 盐碱地渔业综合利用技术

一、技术概述

（一）技术基本情况

我国盐碱水土资源分布广泛，遍及西北、华北、东北以及华东等地区的 19 个省（区、市）。盐碱水质类型繁多，具有典型地域特征。虽然近年来盐碱分布的各省（区、市）均有不同程度的盐碱水土渔业开发利用，仍存在盲动性、不合理、发展不均衡，缺乏适合我国不同区域盐碱水土特点而建立的技术支撑体系，瓶颈主要聚焦在如何选择合适的养殖品种，拓展水产养殖空间提供优质蛋白；如何提高盐碱水养殖成功率，推进规模化和规范化发展，提高盐碱水土资源的利用率。盐碱生境生态脆弱，农用土地次生盐碱化情况严重，经常出现减产退耕情况，盐碱危害区严重影响了农民生产生活。

实践证明科学有序开展盐碱水土的渔业综合利用，不仅可以增效，还能有效降低周边土壤的盐碱程度，使退耕或荒置的盐碱地重焕生机。"以渔降盐治碱"渔业综合利用技术，针对不同区域的区位资源和物候条件，集成盐碱质综合改良调控、苗种盐碱水质驯养、盐碱水绿色养殖以及"挖塘降盐、以渔降碱"渔业综合利用等关键技术，构建区域性、特色性养殖生产模式，促进盐碱水土资源的科学综合利用，推进盐碱地渔业综合开发利用高质量发展。

（二）技术示范推广情况

"以渔降盐治碱"盐碱地渔业综合利用技术在甘肃、宁夏、内蒙古、新疆、天津、河北、江苏、山东、黑龙江、吉林等 10 余个省（区、市）建立了 30 多个不同类型的盐碱地水产养殖示范区，累计示范推广面积达到 200 余万亩，开拓了盐碱水土资源的利用途径，为乡村振兴和改善盐碱土壤生态环境起到了积极的作用。

（三）提质增效情况

近年来"以渔降盐治碱"盐碱地渔业综合利用技术在全国范围开展示范推广，针对不同区域的水质特点和物候条件，分别建立了东北、西北、华北及华东 4 个区域性示范基地，示范推广累计总产值 410.63 亿元，累计总收益 103.11 亿元。经济效益提高 20.2%～55.2%，综合效益提高 35.0%～66.4%，水环境质量保持在渔业水质标准及以上，水产品达到绿色食品标准，打造了盐碱绿洲渔业新业态，为拓展水产养殖空间、践行大食物观、综合开发盐碱水土资源提供有效途径。

（四）技术获奖情况

"以渔降盐治碱"盐碱地渔业综合利用技术核心科技成果获得全国农牧渔业丰收奖农业技术推广成果奖二等奖。2023 年入选农业农村部农业主推技术。

二、技术要点

（一）盐碱水质综合改良调控技术

针对盐碱水质 pH 值高、碳酸盐碱度高、缓冲能力差等制约因子，通过生石灰化学降碱、复合增氧物理稳碱、培菌抑藻生物控碱等方法，使养殖用盐碱水质 pH 值稳定在 9.0 以下。

（二）苗种盐碱水质驯养技术

通过盐度驯化、离子驯化、水质驯化三步法，提高主养品种的苗种入塘成活率。以凡纳滨对虾为例，第一步进行盐度驯化，使暂养水质与养殖水质盐度相近；第二步比较暂养水质与养殖水质的离子浓度，变化幅度较大的进行离子适应性驯化；第三步利用池塘盐碱水进行 3~5d 的水质驯化，大幅提高了虾苗入塘成活率。

（三）盐碱水绿色养殖技术

根据不同盐碱水质类型，在滨海盐碱地、内陆盐碱地和次生盐碱地因地制宜地进行种类结构的优化组合，开展盐碱池塘多生态位养殖、棚塘接力盐碱水增效养殖、盐碱水域增殖养殖等模式应用示范。

（四）"以渔降盐、以渔降碱"渔业综合利用技术

1. 盐碱地池塘—稻田工艺

结合盐碱地农业种植区域的浸泡洗盐压盐，基于水盐平衡和物质能量循环原理，通过田塘尺度和土柱水盐运动规律研究，定向迁移浸泡稻田的废弃盐碱水进入池塘，构建盐碱地池塘—稻田综合利用模式。池塘与稻田通过排水渠进行连接，稻田面积：池塘面积以（3：1）~（8：1）为宜。稻田一般高于池塘底部 1.5~2.0m，依据地下水临界深度进行调整，盐碱池塘所养生物量根据当地气候、养殖种类、模式以及养殖技术确定，对保障盐碱地区的农业生产安全具有积极意义。

2. 盐碱地池塘—抬田降盐工艺

结合盐碱地治理，根据土质和地下水埋深等情况，合理配置抬田高度，使抬田种植与池塘养殖有机结合起来。池塘与抬田比例以 1：1.5 为宜。根据养殖对象和养殖方式的不同，主要以大宗淡水鱼类和对虾为主的养殖模式，为盐碱地洗盐排碱水的出路问题提供一种解决途径。

三、适宜区域

适宜推广应用的区域包括我国西北、华北、东北内陆盐碱地分布区域以及华东滨海盐碱地分布区域。

四、注意事项

一是开展盐碱水养殖前，必须进行水质检测，掌握盐碱水质水化学组成，确定盐碱水质类型，依照标准，选择适宜的养殖品种。

二是根据盐碱土壤成因、地下水埋深和物候条件，选择合适的渔业生态修复模式。淡水资源充足的盐碱地区可选择池塘—稻田综合利用模式，地下水埋深浅的盐碱地区可选择池塘—抬田降盐模式。

技术依托单位

中国水产科学研究院东海水产研究所

联系地址：上海市杨浦区军工路 300 号

邮政编码：200090

联 系 人：来琦芳

联系电话：021-65684655

电子邮箱：laiqf@ ecsf. ac. cn

深远海网箱安全高效养殖技术

一、技术概述

（一）技术基本情况

深远海水域远离陆地，与沿海和近海养殖相比，具有空间广阔、水质优良、环境容纳量大、病害影响小等优越的养殖生产条件，发展深远海养殖对于拓展水产养殖空间、确保优质水产品安全有效供给意义重大。然而，深远海海域海况复杂、远离岸线、台风影响大，研发推广深远海网箱安全高效养殖技术需求迫切，可以解决开放海域设施化养殖安全及工程化高效管理的问题，已在南海三省（区）实现了技术推广应用，累计获得发明专利授权21项，制定标准4项，有效支撑了深远海养殖产业的高质量发展，加速推进了深远海网箱养殖现代化建设进程。

（二）技术示范推广情况

累计推广各规格深远海重力式网箱8 000多套、深远海桁架网箱5套，在广东省、海南省、广西壮族自治区和香港特别行政区等地区支撑企业建立深远海网箱养殖示范基地20个，建立了深海网箱养殖省级现代农业产业园2个，海洋养殖区域已拓展至离岸10km以外，水深30m以内深海域，主导养殖鱼类品种成活率大大提升，深远海养殖产量逐年递增。

（三）提质增效情况

通过该技术的实施，可以充分利用深远海优越的水质条件，使养殖鱼类生境接近自然状态，单位水体产量是近岸网箱的2倍以上，相同海域面积鱼类产量是近岸网箱的3倍以上，成活率通常比近岸网箱高20%以上，单位养殖水体网箱造价成本节省15%，抗台风能力相比近岸网箱提升4个等级，最大可抗17级台风。相比近岸网箱的手工操作，深远海网箱养殖能够实现全程机械化养殖管理。

（四）技术获奖情况

该技术入选2023年农业农村部农业主推技术，入选2021年广东省农业主推技术，分别荣获2021年度海洋科学技术奖一等奖、2021年度广东省科学技术奖科技进步奖二等奖、2019年度广东省农业技术推广奖一等奖。

二、技术要点

（一）海域选址

养殖海域基本开放，水体交换好，有岛礁屏障为佳，水质条件二类以上，必须具备满足养殖鱼类需求的温度、盐度、溶氧量等环境条件，海流流速在1.0m/s以内为宜。考虑深远海网箱的设置，水深要求以最低潮位计网箱底部距离海底大于5m为宜，海域底质为泥或沙泥底质。应根据企业养殖规模、海域环境条件、养殖品种特性等综合确定拟申请的海域面积。

（二）网箱安全设计

深远海网箱主要包括重力式网箱和桁架类网箱两种类型，重力式网箱材质一般为高密度聚乙烯（HDPE），当前主要有 HDPEC60-C120 不同规格的网箱型号（图1），网箱设计海况按养殖海域的 50 年一遇海况等级设计，要求网箱整体抗台风级别达到 14 级，网箱系泊长度与海域水深之比要求大于 4.0，网箱周长大小与锚的数量之比要求小于 10，网衣底端配重总重量一般要求大于周长的 10 倍为宜。

图1　高密度聚乙烯深远海重力式网箱　　　　　　　图2　深远海桁架类网箱

深远海桁架类网箱应依据养殖海域百年一遇的海况环境条件进行结构安全设计，根据养殖生产需求设计网箱功能布局，确定具体作业方式。单个网箱养殖水体要求大于 1 万 m³，网箱整体抗台风能力达到 17 级，强流条件下系缚的网衣不与桁架结构发生接触摩擦，适应 20~100m 水深海域区间养殖（图2）。

（三）鱼类健康养殖

苗种放养规格与商品鱼的养殖、产量及效益有着直接的关系，尽量选择适宜于当地水域条件生长快、经济价值高、养殖周期短、养殖技术成熟、病害少的品种为养殖对象。深远海网箱养殖尽量选择大规格、全程人工颗粒饲料投喂、可人工繁育、游动性强的鱼类苗种进行放养，有助于提升鱼类的应激能力缩短养殖周期，保证健康苗种供应充足，能够充分利用大型网箱的养殖水体空间使得养殖效益最大化。通常深远海网箱的鱼类苗种放养密度为 3~5kg/m³，最终养殖密度 15~20kg/m³ 较为适宜，养成期间日投喂量约为鱼体重的 2%，为防止饲料的流失，一般应在潮流较缓时进行投喂。从鱼苗养到成鱼，根据苗类生长情况需分箱疏苗，以保证养殖密度合理，规格平均。养殖过程中，要加强对网箱设施各部件、网衣破损的日常检查，及时消除网箱设施安全风险。

（四）工程化养殖管理

1. 工程化养殖投喂

工程化养殖投喂方式采用船载式自动投饵（图3）或平台固定式多路自动投饵系统装备进行养殖自动化智能化方式投喂，具备定时定量远程投喂功能。采用船载式投喂方式时，颗粒饲料一般放于船舱内，工作船行驶靠近网箱时，通过真空吸力加气力喷射方式进行投喂，一般每日投饵 1~3 次，投喂能力达到 3t/h 以上。在投喂方法上，掌握"慢、快、慢"三字要领：开始应少投、慢投以诱集鱼类上游摄食，等鱼纷纷游向上层争食时，则多投快投，当部分鱼已吃饱散开时，则减慢投喂速度。

2. 网衣自动化清洗

在养殖过程中，网箱网衣置于海水中一段时间后，极易被一些生物所附着，不仅大幅增

图3 船载式自动投饵装备

加了网衣自重，而且阻碍了网箱内外水体的交换，影响鱼类的正常生长，对附着于网箱网衣的污损生物应及时清除。工程化养殖过程中网衣的清洗利用，对于重力式网箱可采用清洗水下高压空化清洗装备对网衣进行机械化清洗，无须起换网即可完成网衣清洗操作，清洗频率1~2次/月。对于深远海桁架类网箱，则可借助水下清洗机器人，实现对大型网衣的常态化清洗，同时通过机器人搭载视频摄像，还能起到监测网衣破损的目的。

3. 渔获高效起捕

目前深远海网箱养殖鱼产量单箱一般在20t以上，鱼类起捕操作应快速完成以避免鱼类挤压擦伤损耗过多，图4为深远海网箱养殖卵形鲳鲹渔获起捕。首先，通过成串的浮子在网衣外侧沿着网箱圆周方向不断收拢，迫使鱼群逐渐聚集到浮子围成的小区域，其次，通过船载式吊机加大抄网的方式快速起捕鱼类，大抄网一次起捕鱼重量通常大于500kg，也可通过船载式吸鱼泵的方式进行连续式起捕，能够大大缩短渔获时间，减少鱼类的起捕损耗。

图4 深远海网箱养殖卵形鲳鲹渔获起捕

4. 养殖信息监测

因单箱养殖鱼类产量较高，经济价值高，为降低养殖风险，应安装监控监测设备对养殖网箱、养殖鱼类及水质环境等进行信息采集。如在深远海桁架式网箱上，应搭载水面监控设备了解养殖鱼类喂食及活动情况，在水下利用桁架结构安装监测设备，可实时了解鱼类个体或鱼群的行为状态，在鱼类发生病害时可第一时间掌握并采取措施，降低养殖风险。对于深远海重力式网箱鱼类养殖，可以利用网箱浮架设施进行视频监控设备安装，并集成太阳能供电系统，对网箱养殖进行常态化监控。在网箱养殖区应安装夜间警示灯，以利船舶安全航行。

三、适宜区域

适宜沿海省份推广应用。

四、注意事项

我国南、北海域环境差异性较大，通常情况下南方海域受台风影响大，北方海域受台风影响小，在开展深远海网箱安全设计时应充分考虑当地海域环境和海况条件，结合筛选的养殖鱼类品种进行综合设计，工程化养殖管理主要根据采用的养殖设施类型和实际养殖情况进行适宜性确定。

技术依托单位

1. 中国水产科学研究院南海水产研究所

联系地址：广东省广州市海珠区新港西路 231 号

邮政编码：510300

联 系 人：胡 昱

联系电话：020-84458419

电子邮箱：scshuyu@163.com

2. 广东省农业技术推广中心

联系地址：广东省广州市柯木塱南路 28—30 号

邮政编码：510520

联 系 人：杨宇晴

联系电话：18003056325

电子邮箱：qingmaggie@163.com

资源环境类

东北黑土区耕地增碳培肥技术

一、技术概述

（一）技术基本情况

我国东北黑土区总耕地面积约 5.38 亿亩，占国家耕地面积的 1/5，粮食产量占国家粮食总产的 1/4，是国家粮食安全的"压舱石"和粮食市场的"稳压器"。但由于重用轻养，缺乏有机物质归还，区域内耕地土壤有机碳含量下降高达 20%~50%，因此，亟须采用适宜的技术快速提升地力、稳定产能。东北黑土区农业有机废弃物秸秆年生产量约 2 亿 t，秸秆焚烧和随意处置带来环境污染问题和大量的资源浪费；另外，随着我国养殖业的"南养北上"，东北黑土区养殖业发展迅猛，每年粪污资源总量折合约 1.7 亿头猪当量，畜禽粪污资源循环对东北黑土区的地力提升作用和化肥替代潜力巨大。然而，由于种养分离，以及畜禽养殖废弃物处理和资源化利用技术落后，不仅造成养分循环链条断裂，更导致土壤健康风险不断加大。因此，充分利用秸秆和粪肥资源，构建循环利用的综合集成技术体系，既可迅速提升耕地土壤质量，保障粮食产能，同时也可解决粪污资源随意处置带来的环境污染问题和秸秆资源浪费问题。基于此背景，中国科学院沈阳应用生态研究所联合辽宁省农业科学院和农业农村部农业生态与资源保护总站，研发出适用于东北全域的东北黑土区耕地增碳培肥技术。

东北黑土区耕地增碳培肥技术是以好氧发酵有机粪肥对化肥替代技术、农业有机废弃物田间近地覆膜腐殖强化技术为核心；并根据不同区域气候和土壤特点开发配套技术，包括雨养农业区配套保护性耕作升级版综合技术、风沙干旱区配套有机—无机培肥与高效精准施用技术和农田立体防风抗蚀保墒增效技术、平原稻作区配套稻秸全量原位还田技术。

（二）技术示范推广情况

该技术已在黑龙江省鸡西市、佳木斯市、大庆市；吉林省白城市；辽宁省沈阳市、铁岭县、阜新市、朝阳市等地累计推广应用面积 913 万亩，应用结果显示，耕地土壤地力水平和作物产量均显著提升，极大推动了东北地区黑土地保护与产能提升，实现了"藏粮于地、藏粮于技"。

（三）提质增效情况

东北黑土区耕地增碳培肥技术利用秸秆和有机粪肥进行耕地增碳培肥，在黑龙江省绥化市、哈尔滨市方正县、黑河市嫩江市、双鸭山市、黑河市、北安市、佳木斯市；吉林省公主岭市、长春市、四平市、榆树市、伊通满族自治县、松原市；辽宁省本溪市、辽中区、开原市、铁岭市、辽阳市、鞍山市、瓦房店市、盘锦市、丹东市进行了相关田间试验。监测结果表明，秸秆和有机肥腐殖化系数平均为 0.31 和 0.41，具有较好的转化效率，旱田土壤有机质含量可在 5 年内增加 0.2%，同时改善土壤物理结构，增强贮水能力。结合保护性耕作、大（小）二比空种植等措施，可使玉米亩产达到 850kg 以上，最高可实现吨粮田（亩产

1 000kg 以上）。稻田经过 9 年稻秸全量还田后，各层土壤有机质均有所提升，其中，表层土壤有机质增幅达 0.6%，实施稻秸全量还田后，水稻产量增加 7.2%~9.5%。

（四）技术获奖情况

（1）北方旱地农田抗旱适水种植技术及应用获国家科学技术进步奖二等奖；

（2）东北地区旱地耕作制度关键技术研究与应用获国家科学技术进步奖二等奖；

（3）旱作农田防蚀增效关键技术研究与集成应用获辽宁省科学技术奖一等奖；

（4）东北玉米保护性耕作"梨树模式"研发与应用团队获中国科学院科技促进发展奖；

（5）旱地资源高效型复合种植模式构建与集成应用获辽宁农业科技贡献奖一等奖；

（6）辽宁黑土地保护利用技术创新集成与示范获辽宁农业科技贡献奖一等奖；

（7）土壤微生物碳泵概念体系构建与应用获辽宁省自然科学学术成果奖一等奖；

（8）基于高塔熔体造粒关键技术的生产体系构建与新型肥料产品创制获国家技术发明奖二等奖；

（9）水稻专用沃土增效肥料（黑土地 1 号）获辽宁省科技新成果奖；

（10）新型碳氮耦合型水稻专用肥获辽宁省科技新成果奖；

（11）辽宁黑土地保护利用技术创新集成与示范获辽宁农业科技贡献奖一等奖。

二、技术要点

东北黑土区耕地快速增碳培肥技术的核心技术是好氧发酵有机粪肥对化肥替代技术和农业有机废弃物田间近地覆膜腐殖强化技术，配套技术包括保护性耕作升级版综合技术，有机—无机培肥与高效精准施用技术，农田立体防风抗蚀保墒增效技术和稻秸全量原位还田技术。

（一）好氧发酵有机粪肥对化肥替代技术

采用好氧罐式发酵技术对粪污进行资源化处理，该技术是将固体粪污或其与秸秆等农业废弃物按照比例混合，经过短期高温好氧发酵实现物料的充分腐熟，与常规露天堆沤发酵相比，好氧罐式发酵技术具有操作简单、能耗低、周期短、效率高等优点，对环境污染小且不受季节影响，适合有一定规模的养殖场或农业合作社使用（图 1）。以有机肥替代 50% 和 75% 化肥的收益较好，均可增收节支 7% 以上。

（二）农业有机废弃物田间近地覆膜腐殖强化技术

针对集中式堆肥处理作物秸秆投资门槛高，运行成本大的问题，以专用有机肥发酵膜为技术载体，通过工程技术创新，研制形成拆装式分散田间近地覆膜发酵堆体，实现了秸秆的近地可控堆肥，减少了运、储环节，降低还田应用成本。发酵过程通过施用生物菌剂、通气量与水分科学调控，减少了发酵过程物质的气态损失，提高了物料腐殖化率，进而实现还田物料腐殖质含量的提升，提高有机质还田转化效率。以尿素、牛粪和鸡粪作为氮源，玉米秸秆作为堆肥材料，腐植酸浓度较堆肥初期增加了 10.83~26.35g/kg，胡敏素浓度增加了 13.1~82.6g/kg。

（三）保护性耕作升级版综合技术

通过集成机械收获与秸秆覆盖、耐密品种应用、高效养分综合管理、病虫草害精准防治、休耕轮作等技术，创建了保护性耕作综合技术体系，此技术可有效减轻土壤风蚀水蚀，增加土壤肥力和保墒抗旱能力，提高农业生态和经济效益。根据不同区域的光温特点，在原有保护性耕作措施基础上以秸秆覆盖还田、条耕、条带种植隔年互换等技术为核心，集成免耕播种、减少化肥施用量、增加土壤有机质、改良土壤结构等技术，取得了快速提升耕地土壤质量，显著提高作物产能的效果，该技术的应用，在辽北创造了吨粮田，大二比空免耕、小二比空免耕、小二比空条耕模式产量均超过 850kg/亩（图2）。

图1　好氧罐式发酵罐

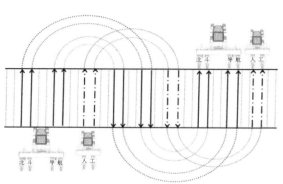

图2　采用北斗导航精准控制二比空行距播种作业示意

（四）有机—无机培肥与高效精准施用技术

该技术具有培肥土壤和提高作物产量，改善土地退化及缺水干旱等功能，有机培肥剂结合保水型稳定性肥料，利用其中的氮肥增效剂、磷素活化剂、保水剂等功能性有效组分，提升耕层保水保肥能力，实现一次性底施免追肥，延长肥效期，增加和更新土壤有机质，加深耕层厚度，改善土壤的理化性质，促进团聚体形成（图3）。培肥产品施用增加了玉米产量 3.5%～12.1%，农民增收 3.4%～14.8%。

图3　有机—无机培肥与高效精准施用技术在玉米苗期应用效果

（五）农田立体防风抗蚀保墒增效技术

针对干旱半干旱地区农田风蚀沙化、水土流失严重、资源利用效率不高的问题，通过系统研究探明了农田风蚀、水蚀发生规律，提出了农田立体防蚀理念，构建了地上、地表、地下（耕层）立体防风抗蚀增效技术，基于机械沙障防蚀原理，创建农田防蚀微地形模型，确定垄高、垄底宽、沟垄比等技术参数；首创了秋夏年际交替间隔深松技术，量化外源秸秆碳、氮与水互作效应，优化了秸秆深还田、条带还田等技术，实现了地力保育与防蚀增效同步（图4）。技术应用显示，农田风蚀平均降低43%，水蚀降低36%，光能利用效率提高35%，降水利用率提高5.5%，作物水分利用效率提高0.18kg/（mm·亩），氮肥利用率提高6.4%，作物产量提高12%。

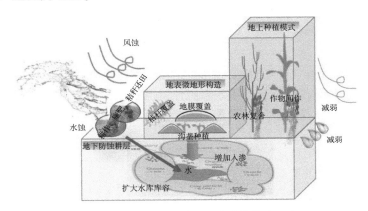

图4　农田立体防风抗蚀保墒增效技术示意

（六）稻秸全量原位还田技术

针对稻田土壤有机质消蓄悬殊、稻秸全量还田难的问题，面向种植面积大或机械化程度高的规模农业经营户，根据不同气候、土壤等区域差异，集成以秋季秸秆高速打浆全量还田、春季翻旋打浆、配施秸秆促腐剂、激光平地以及直接进水泡田插秧的耕整地技术，并优化包括适宜品种的选择、氮肥运筹、减施化肥和农药以及壮苗微生物菌剂等技术核心，以提高稻田土壤有机质等养分含量、增加水稻产量和质量的同时，减少氮肥和农药的施用量，形成可复制、可推广的水稻绿色生产模式。稻秸全量原位还田技术（图5）与常规施肥田块相比水稻产量增加7.2%~9.5%。

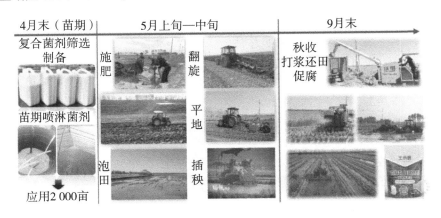

图5　稻秸全量原位还田技术实施过程

三、适宜区域

东北黑土区耕地增碳培肥技术适合东北全域。目前已在黑龙江省鸡西市、佳木斯市、大庆市；吉林省白城市；辽宁省沈阳市、铁岭县、阜新市、朝阳市推广应用。技术成果被省、市、县级地方政府接受和采纳。结合黑土地保护相关示范推广工程，2026年底前预计在东北适宜区域辐射推广3 500万亩，并取得规模化示范效果。

四、注意事项

堆肥要经过高温发酵，可使粪料彻底熟化，使有益微生物增殖更多，肥效更高，灭杀虫卵。堆肥营养全面，与无机肥配合使用效果更佳，但不宜与速溶性化肥掺混使用。堆肥的土壤改良效果较慢，如果土壤障碍问题严重，建议结合其他方法改良。

技术依托单位

1. 中国科学院沈阳应用生态研究所
联系地址：辽宁省沈阳市沈河区文化路72号
邮政编码：110016
联 系 人：张丽莉
联系电话：13940066843
电子邮箱：llzhang@iae.ac.cn

2. 辽宁省农业科学院耕作栽培研究所
联系地址：辽宁省沈阳市沈河区东陵路84号
邮政编码：110136
联 系 人：白　伟
联系电话：13080721101
电子邮箱：libai200008@126.com

3. 农业农村部农业生态与资源保护总站
联系地址：北京市朝阳区麦子店街24号
邮政编码：100125
联 系 人：薛颖昊　杜美琪
联系电话：010-59196363
电子邮箱：xueyinghao@agri.gov.cn

4. 辽宁省农业发展服务中心
联系地址：辽宁省沈阳市皇姑区香炉山路5号
邮政编码：110034
联 系 人：赵爱雪
联系电话：024-86268119
电子邮箱：linjf777@163.com

瘠薄黑土地心土改良培肥地力提升技术

一、技术概述

（一）技术基本情况

黑土地是地球上最宝贵的土壤资源之一，以土壤肥沃、质量优良著称，为全球的粮食生产作出重要贡献。全世界黑土地总面积 423 万 km²，其中，东北平原黑土地面积为 103 万 km²，约占世界黑土地的 1/4。黑龙江省黑土地面积占东北总黑土地面积的 56.11%，2022 年粮食总产超过 750 亿 kg，为保障国家粮食安全作出重要贡献。近年来在自然因素和人为管理综合影响下，黑土地土壤有机质持续下降、耕层变浅变瘦，团聚体减少、结构变差，紧实度增加等，导致土壤产能下降，产量波动性增加。因此，保护、改良和培肥黑土地，对于推动国家农业可持续发展具有重要作用。尤其是在世界政治格局面临巨大变革、全球粮食安全受到严重威胁的后疫情时代，提高我国耕地质量，保障口粮基本自给自足，显得尤为重要。瘠薄黑土地主要特征是黑土层薄、有效养分少、水肥库容浅，作物产量与邻近的优质典型黑土比产量低 10% 以上，尤其在水热失调年份，产量差异更大。据 2019 年《全国耕地质量等级情况公报》数据，东北地区中低等耕地面积占比达到了 72%；黑龙江省中低等耕地面积占耕地面积 67.0%，其中，瘠薄黑土地耕地约占 50%，面积达到 676.08 万 hm²。按照改良培肥后增产 10% 计算，每年可增产玉米 50 亿 kg。

心土改良培肥技术瞄准土壤存在的薄、瘦、硬问题，通过专用机械打破障碍土层，改良心土层，增加有效土层深度，是集改良土壤不良物理性质和不良化学性质于一体的综合改土技术，具有后效持久、增产效果明显的特点，可以显著提升黑土地地力。

该技术有坚实的理论基础、完整的应用技术体系和可靠的改土机械支撑，技术研发团队具有不断提升技术的能力，为技术应用提供保障。该技术配套机械（图1）已获得国家授权专利 1 项，正在申报国家发明专利 1 项。

图 1　研发机械

（二）技术示范推广情况

该技术从 2013 年开始在三江白浆土、松嫩平原瘠薄黑土上进行大面积示范，总示范面积达到 19.6 万 hm²，取得明显成效；2020 年采用改造升级的改土机械在三江平原白浆土上开展大面积示范，2022 年示范面积 3 000 亩，2023 年示范面积 9 430 亩（图 2）。

图 2　瘠薄黑土心土培肥机械田间作业现场

（三）提质增效情况

该技术基于东北三江平原地区白浆土存在障碍土层白浆层、土壤肥力低、土壤表旱表涝严重，导致作物产量低而不稳等问题。白浆土心土培肥技术既可打破白浆层，又可以培肥白浆层，能够实现白浆层及其理化性质同时改良的目标。应用白浆土心土培肥技术后，白浆层硬度降低 50% 以上，通气透水性提高 1~2 个数量级，土壤肥力有效磷含量提高一个数量级；每年增产 15%~20%，改土后效 5 年以上，是目前消减白浆土障碍最有效技术；该技术在瘠薄黑土地上连续 3 年试验示范，年平均增产 10%。实践证明，心土培肥技术适合所有的黑土层薄的瘠薄土壤。

该技术每亩一次性投入 155 元，后效 5 年以上，按大豆可每亩增产 15% 计算，亩增收135 元，净收益 104 元，投入产出比 1∶4.35，是一项工省效宏的黑土地保护与地力提升技术。

应用该技术有利于黑土地地力水平提升，有利于资源的可持续利用。

（四）技术获奖情况

该技术获得奖励 4 项，第一项是"黑土区耕地土壤快速培肥关键技术创新与应用"于 2020 年获得黑龙江省科学技术进步奖一等奖，瘠薄黑土心土培肥技术是其中一项核心技术内容；第二项是"东北农田黑土有机质提升关键技术与示范"于 2019 年获得中国土壤学会科学技术奖；第三项是"低产土壤改良技术与配套机械研究示范"于 2017 年获得黑龙江省科学技术进步奖三等奖；第四项是"心土培肥改良白浆土效果及机理的研究"于 2011 获得中华农业科技奖三等奖。出版《低产土壤心土改良与利用》专著 1 部。该技术于 2022 年被评为黑龙江省科技农业典型。也是"十四五"国家重点研发专项"三江平原区白浆土障碍消减与产能提升关键技术与示范"中的示范推广核心技术。2022 年入选农业典型案例，2023 年入选农业农村部农业主推技术和黑龙江省农业主推技术（图 3）。

图 3　媒体报道土壤改良技术

二、技术要点

该技术采用瘠薄黑土专用心土培肥机械实施田间培肥作业，作业宽幅 2.6m，表层翻耕，心土层破碎培肥，即在保证黑土层位置不变的前提下，机械打破黑土层下的坚硬土层（白浆层或犁底层）的同时加入培肥物料，心土培肥的有效作业深度为 40cm，培肥物料根据心土层土壤肥力水平分级培肥，按照白浆层有机质＞1.5%或全磷＞0.1%、有机质 1.0% ~ 1.5%或全磷 0.05% ~ 0.1%、有机质＜1.0%或全磷含量＜0.05%水平分为高、中、低三个水平，高等水平可以不培肥或培肥 90 ~ 120kg/hm²，中等水平培肥纯磷 120 ~ 150kg/hm²，低等水平培肥纯磷 150 ~ 180kg/hm²。

三、适宜区域

该技术在长期的研究基础上已经成熟，并研发配套的不同机械的改土培肥机械，从 2000 年的第一代改土机械到现在的第三代改土机械，在性能、精准性和作业速度上有了质的飞跃，能够在生产中经得起考验，2013 年开始在松嫩平原地区的薄层黑土上大面积示范应用，2021 年到 2023 年，在三江平原进行示范推广，在曙光农场和八五二农场分别建立了千亩示范区，通过示范带动，推进技术推广与应用，全面覆盖黑龙江省的黑土地，为黑龙江省瘠薄黑土地力产能提升提供技术支撑，该技术适合所有瘠薄的黑土地。

四、注意事项

该技术在黑土层薄，贫瘠，心土层肥力低的土壤上效果显著，在黑土层厚，土壤有机质超过 5%的土壤上增产效果不明显，建议用于有机质含量低于 5%的土壤上。该技术 1 次作业后效 5 年以上，不需要年年处理，每 3 ~ 5 年改土培肥作业 1 次。

技术依托单位
1. 黑龙江省黑土保护利用研究院
联系地址：黑龙江省哈尔滨市南岗区学府路 368 号
邮政编码：150086
联 系 人：王秋菊 刘 杰
联系电话：0451-87505295 13945151855
电子邮箱：bqjwang@ 126. com
2. 黑龙江省农业环境与耕地保护站
联系地址：黑龙江省哈尔滨市南岗区珠江路 21 号
邮政编码：150036
联 系 人：马云桥 马宝斌
联系电话：0451-8233112 15904618828
电子邮箱：qiaoyun228@ 163. com
3. 北大荒集团黑龙江八五二农场有限公司
联系地址：黑龙江省双鸭山市宝清县八五二农场
邮政编码：155608
联 系 人：韩东来 王洪志
联系电话：0469-5308479 18088767666
电子邮箱：hdl_23@ 163. com

东北黑土区有机物料深混还田
构建肥沃耕层技术

一、技术概述

（一）技术基本情况

针对东北黑土地由于过度垦殖和用养失调导致土壤有机质下降，黑土层变薄，耕作层变浅、犁底层上移增厚限制土壤中水、热、气传导和作物根系生长，土壤水养库容降低影响作物的水分和养分吸收利用及产量等问题，经系统研究形成了技术体系。通过该技术实现了玉米秸秆全量还田，通过加深秸秆还田深度，解决了秸秆浅混还田土壤跑墒、影响下季作物播种质量导致缺苗和苗弱的问题；通过秸秆和有机肥深混还田，增加耕作层厚度，提高全耕作层土壤有机质及养分含量，构建肥沃耕层，增加土壤储水量能力及作物水分利用效率。在白浆土上，通过一次性增施秸秆、有机肥和化肥，改良白浆层，实现白浆土快速培肥；通过化肥农药减施保证了作物品质、提高肥料利用效率。在技术研发与应用过程中授权发明专利1项、实用新型专利2项，发布行业标准1项、地方标准2项，构建了以"肥沃耕层构建"为核心的黑土地保护利用标准化技术体系，实现了东北黑土地保护利用的农机农艺融合，提高了秸秆和畜禽粪污等的综合利用，减少秸秆焚烧、畜禽粪随处堆放对环境造成的污染，实现了生态环境协调发展。

（二）技术示范推广情况

核心技术"肥沃耕层构建技术"作为其他技术的核心内容，2017年、2021—2023年被遴选为农业农村部农业主推技术。2015年以来作为东北黑土地保护利用试点项目的主推技术被广泛应用；同时在辽宁省、吉林省和内蒙古自治区东四盟（市）等地区多地也进行示范、推广，获得良好效果。2015—2019年，在黑龙江黑河的暗棕壤、海伦的中厚黑土、双城薄层黑土、富锦白浆土、龙江黑钙土，吉林公主岭草甸土，辽宁铁岭和大连的棕壤、阜蒙的褐土开展试验示范，采用该技术耕层土壤有机质、速效氮、速效磷和速效钾含量的增加量平均增加了1.85g/kg，20.16mg/kg，1.56mg/kg和17.20mg/kg，亚耕层较耕层进一步增加了2.09g/kg，12.06mg/kg，2.18mg/kg和3.84mg/kg。2021年在黑龙江省海伦市万亩级核心示范区研究表明采用该项技术土壤硬度减少了25.79%，耕作层厚度增加15~17cm，显著增加了土壤总孔隙度，特别是通气孔隙增加了24.31%~43.43%，土壤饱和导水率提高了13.35%~26.71%，饱和持水量增加了9.84%~21.12%，促进了大气降水的入渗，增加了黑土持水能力，减少了地表径流发生的风险。2022—2023年在黑龙江省双城区、海伦市、克山县、牡丹江市、爱辉区、北林区、富锦市、八五二农场等地建立了技术示范展示基地，取得了显著的引领带动作用，目前该技术正在东北黑土地保护利用项目县（市）推广应用。

（三）提质增效情况

和常规技术相比，应用该技术土壤有机质含量提高5.6%以上，耕层厚度增加30cm以上，耕地地力等级提高0.5～1个等级，增产大豆和玉米11.5%以上，水分利用效率提高18.2%，节约化肥、农药用量5.5%以上，肥料利用率提高4.3个百分点，亩增收节支65元以上；同时秸秆和有机肥还田在培肥土壤的同时，还可杜绝因秸秆焚烧和畜禽粪污随意堆放造成的环境污染。通过黑土肥沃耕层构建、提升耕地地力后减肥、减药，提高作物品质。

（四）技术获奖情况

该技术入选2021—2023年农业农村部农业主推技术，荣获2022年度全国农牧渔业丰收奖农业技术推广成果奖一等奖、2020年度黑龙江省科学技术进步奖一等奖。

二、技术要点

（一）玉米收获

玉米进入完熟期，适时采用带有秸秆粉碎装置的联合机械收获，将秸秆自然抛撒在田块上，玉米留茬15cm以下。

（二）秸秆处理

利用秸秆粉碎机对秸秆进行二次破碎（图1），使长度＜10cm秸秆较为均匀地分布在田块上。

（三）有机肥抛撒

秋季收获后利用有机肥抛撒机（图2），将有机肥均匀抛撒在田面上，有机肥施用量为22.5m³/hm²以上。

（四）构建肥沃耕层

利用螺旋式犁壁犁在平铺秸秆或秸秆和有机肥的田块上进行土层翻转作业，土层翻转60°～120°，作业深度为32.5cm±2.5cm（图3）；然后利用圆盘耙对地块进行秸秆深混和碎土平整作业。

（五）整地

使用联合整地机械进行起垄或平作、镇压作业，使土壤达到待播种状态。

图1　黑土地肥沃耕层构建技术——玉米秸秆粉碎

三、适宜区域

东北黑土区黑土、黑钙土、草甸土、暗棕壤、白浆土、棕壤及其他具有相似性质的土壤

图 2　黑土地肥沃耕层构建技术——有机肥抛撒

图 3　黑土地肥沃耕层构建技术——秸秆深混还田

类型。

四、注意事项

一是黑土层≥30cm 的旱地土壤，宜采用玉米秸秆全量一次性深混还田技术，以达到扩容耕层，构建肥沃耕层的目的。

二是黑土层<30cm 的旱地土壤，肥力较低，物理性质较差的耕作土壤，宜采用秸秆配施有机肥深混还田构建肥沃耕层技术和有机肥深混还田构建肥沃耕层技术，以补充因熟土层和新土层混合后导致的土壤肥力下降。

三是白浆土，在采用秸秆配施有机肥深混还田构建肥沃耕层技术的同时，应适当施用石灰调节土壤酸度，适当增施磷肥，以达到一次性改造白浆土白浆层的目的。

四是位于缓坡区的旱地肥沃耕层构建应同时采取水土保持措施。

五是肥沃耕层构建机械作业时间宜在秋季作物收获后，土壤封冻前，土壤含水量为20%左右实施。

技术依托单位

1. 中国科学院东北地理与农业生态研究所

联系地址：黑龙江省哈尔滨市哈平路 138 号

邮政编码：150081

联 系 人：韩晓增　邹文秀

联系电话：0451-86602940　15004625506

电子邮箱：zouwenxiu@ iga. ac. cn

2. 农业农村部耕地质量监测保护中心

联系地址：北京市朝阳区麦子店 24 号楼

邮政编码：100125

联 系 人：杨　帆　贾　伟

联系电话：010-59196339

电子邮箱：jiawei711@ 126. com

3. 黑龙江省农业环境与耕地保护站

联系地址：黑龙江省哈尔滨市珠江路 21 号

邮政编码：150090

联 系 人：马云桥　王云龙

联系电话：0451-82310527　13945087840

电子邮箱：82310527@ 163. com

4. 黑龙江省农业技术推广站

联系地址：黑龙江省哈尔滨市珠江路 21 号

邮政编码：150090

联 系 人：杨　微

联系电话：0451-82310532

电子邮箱：yxwyyy@ 126. com

5. 哈尔滨市农业技术推广总站

联系地址：黑龙江省哈尔滨市松北区创新二路

邮政编码：150028

联 系 人：王崇生

联系电话：0451-58622106

电子邮箱：yaweiren@ 163. com

红壤旱地耕层"增厚增肥+控蚀控酸"合理构建技术

一、技术概述

（一）技术基本情况

习近平总书记强调"耕地是粮食生产的命根子"。2018年中央经济工作会议提出，"要坚持农业农村优先发展，切实抓好农业特别是粮食生产，推动'藏粮于地、藏粮于技'落实落地"，并于2021年中央一号文件明确提出要实施"藏粮于地、藏粮于技"战略。江西省是粮食主产区，是新中国成立以来不间断调出粮食的两个省份之一，且红壤占比面积大，是保障我国粮食安全的重要战场。同时，区域丰富的光热水资源为丰富的经济粮果茶等多种粮食生产提供了保障，是贯彻落实习近平总书记提出的"大食物观"的重要阵地。但人均耕地面积少、耕地质量不高等问题制约着粮食产能提升，特别是红壤旱地水土流失严重、耕层浅薄贫瘠的问题十分突出。

该团队在国家科技支撑计划、公益性行业专项（农业、水利）和江西省重点研发计划等项目资助下，历经近十年攻关系统研究了江西红壤旱地深松耕作、控蚀增厚、增碳降酸、全耕层均衡培肥、秸秆快速腐熟还田、作物优化配置、土壤结构改良等单项技术，创新集成了红壤旱地肥沃耕层构建技术体系。技术研发过程中，授权发明专利2项、实用新型专利2项、颁布地方标准3项、发表论文38篇。

该技术体系重点解决了红壤旱地耕层浅、结构差、肥力低、生物活性弱等问题，实现了厚沃耕层构建、土壤肥力改善、生物功能增强、养分利用率提高、农田生产力提升的多重目标，可为江西红壤改良与利用等重大行动提供决策咨询，有效促进了江西省农业绿色发展和耕地质量提升。

（二）技术示范推广情况

针对红壤旱地耕层浅薄、水土流失严重等问题，根据地形和坡度等因素，组装集成了以"机械深松耕作、深根系作物生物耕作、植物篱配置和秸秆覆盖控蚀"为主要内容的耕层增厚控蚀的肥沃耕层构建技术模式。通过机械深松和生物耕作可加速耕层增厚，促进土壤水养分运行通畅，同时秸秆还田和植物篱措施年均可以减少表层3mm土壤流失。2015年以来，累计推广623.10万亩，增产9.46万t，新增效益6.32亿元。

针对红壤旱地酸化加剧、肥力低下、生物活性弱等问题，组装集成了以"有机物料机械深埋、增施有机肥、施用生物黑炭、微生物菌肥、作物优化配置"为主要内容的全耕层均衡培肥的肥沃耕层构建技术模式。通过该技术，可以加速0~35cm土层肥力提升，提高土壤微生物活性。2015年以来，累计推广242.14万亩，增产4.73万t，新增效益1.87亿元。

针对红壤旱地土壤结构差、作物产量低而不稳等问题，组装集成了"生物黑炭高剂量施用、低剂量生物黑炭与过氧化钙配施、水保措施"为主要内容的耕层结构改良与控蚀控酸的肥沃耕层构建技术模式。2015 年以来，累计推广 382.63 万亩，增产 5.49 万 t，新增效益 3.02 亿元。

（三）提质增效情况

红壤旱地耕层增厚控蚀的肥沃耕层构建技术模式增加了耕层厚度，保障了作物根系生长所需的水分、养分，模式应用区土壤有机质提升、水养库扩容、降水集流控蚀，养分利用率提高，作物平均增产 16.8%。同时，植物篱和秸秆覆盖等措施防止了降水对表层土的溅蚀和冲刷，减少了地表径流的养分浓度，以氮磷为例，与对照（无植物篱和秸秆覆盖）相比，植物篱和秸秆覆盖措施处理地表径流中总氮降低了 67.38%、总磷降低了 86.42%，具有显著的生态环保效益。

红壤旱地全耕层均衡培肥的肥沃耕层构建技术模式在江西得到了广泛应用，模式应用区耕层土壤肥力提升，以最小数据集计算的耕层土壤质量指数年均提高 0.05，化肥减施 25%，土壤有机质年提升 0.2~0.4g/kg，作物平均增产 18.92%。

红壤旱地耕层结构改良与控蚀控酸的肥沃耕层构建技术模式得到了较好应用，模式应用区耕层土壤大团聚体含量提高，防治了土壤酸化与板结，土壤容重控制在旱地作物所需的 1.10~1.25g/cm³，作物平均增产 15.5%。

2015 年以来，红壤旱地肥沃耕层构建技术体系累计推广 1 247.87 万亩，增产 19.68 万 t，新增效益 11.21 亿元。

（四）技术获奖情况

以该技术为核心的科研成果，先后获得 2013—2014 年度江西省农牧渔业技术改进奖二等奖、2015 年度江西省科学技术进步奖二等奖、2017 年度江西省科学技术进步奖三等奖、2018 年度中国水土保持学会科技进步奖三等奖、2018 年度赣鄱水利科学技术奖一等奖、2019 年度江西省科学技术进步奖一等奖和二等奖、2017—2019 年度全国农牧渔业丰收奖农业技术推广成果奖二等奖。

二、技术要点

该技术由红壤旱地肥沃耕层构建 6 套单项技术和 3 套集成技术模式组成。

（一）红壤旱地深松耕作耕层增厚技术

该技术根据土壤板结状况可选择机械深松或生物耕作。

1. 机械深松

作业时期选择作物播种前或收获后；拖拉机须达到 50 马力以上；深松方式为全方位深松，深松间距范围根据农艺需求判定；深松深度为 30~40cm；根据土壤条件和机械耕作强度，每 2~4 年深松 1 次；深松后应旋耕 1~2 次，旋耕深度为 10cm 左右，确保耕地平整。

2. 生物耕作

整地后，选择深根系作物（如山药、粉葛、肥田萝卜等）作为复种轮作品种，通过作物块茎下扎可加厚耕层。种植山药或粉葛时，如采用粉垄耕作效果更佳，粉垄深度为 80cm 左右，宽度为 120cm。

（二）红壤旱地水土保持型耕层增厚技术

采用香根草篱或黄花菜作为植物篱构建品种（图 1）。以香根草篱为例，选择无性繁殖直立型、分蘖强的香根草品种。香根草种苗连根挖出，并截去根基部上方 20cm 以上的茎叶和 10cm 以下的根系，并按春季种植每丛 2~3 株，秋季种植每丛 4~5 株进行分株。香根草在春季（3—4 月）和秋季（9—10 月）均可移栽，种植时间在作物播栽前 15d 左右。在建篱的位置沿等高线开行距为 25~30cm 的双行种植沟，沟形为"V"形，沟深 15~20cm、宽 15cm。香根草篱间距根据坡度确定，坡度越大篱间距越小（表 1）。香根草丛距 10~15cm，按"品"字形排列，使根系自然向下伸展，填土压实，浇足定根水。香根草篱与农作物的间距为 50~70cm，高度控制 50~60cm，宽度控制 40~50cm。

图 1　黄花菜篱间距优化配置技术试验基地

表 1　不同坡度的香根草篱间距

坡度	篱间距/m
＜8°	15~20
8°~15°	10~15
15°~25°	5~10

（三）红壤旱地有机物料深埋全耕层均衡培肥技术

1. 有机物料选择

有机物料可选择腐熟猪粪、绿肥、稻草秸秆等。

2. 有机物料用量

不同有机物料用量不一致，其中，腐熟猪粪为 300~500kg/亩，绿肥（肥田萝卜、紫云英、油菜等）为鲜草 2 000~3 000kg/亩，稻草秸秆为 300~500kg/亩，其他有机物料需根据其水分状况确定用量。

3. 时期选择

应在作物收获后进行，可以选择秋季或冬季作物收获后进行，以秋冬季到春播前的时间换取绿肥或稻秆腐解成效，以减少有机物料对下季作物的毒害作用。

4. 操作方法

结合秋冬季翻耕进行，对不易影响翻耕操作的有机物料（猪粪、绿肥等），均匀撒在耕地表面翻埋或直接翻埋；对易影响翻耕质量的有机物料（如稻草秸秆等），应切碎 20cm 左右后再均匀撒在耕地表面，然后进行翻埋。翻埋的深度为 30cm 左右（图 2）。

图2　有机物料翻埋前均匀撒播后耕地前照片

（四）红壤旱地水稻秸秆覆盖促腐还田培肥技术

红壤旱地水稻秸秆覆盖量每亩150kg左右，将2kg秸秆腐解菌剂兑水15kg均匀喷施在覆盖的水稻秸秆上，宜选择在光照不强的天气进行。

（五）红壤旱地酸化阻控和结构改良技术

1. 高剂量生物黑炭一次性施用

整地前，每亩施用生物黑炭0.5t左右，生物黑炭和土壤均匀混合后，即可播种或移栽旱地农作物，结构改良和酸化阻控效果可以维持3~5年，之后再次施用。

2. 低剂量生物黑炭和过氧化钙配套施用技术

每年整地前，每亩施用生物黑炭25~50kg、过氧化钙6kg。

（六）红壤旱地作物配置优化技术

1. 木薯花生间作

每种植9行花生，间作种植1行木薯，木薯花生间距控制在60cm以上（图3）。

图3　木薯花生间套作优化配置技术

2. 深浅根系作物起垄间作技术

两种作物应具有相同的播栽期，浅根系和深根系作物各选1种。在作物种植前，施入基肥后对耕地进行翻耕作业，以便于起垄；根据作物种植的行间距和行数确定垄面宽和垄沟宽。耕整后进行起垄，起垄的高度为20cm。由于垄面耕层较厚，而垄沟耕层较薄且养分含量相对较低。一般而言，垄面以种植深根作物为主（如玉米等），垄沟种植浅根作物、适用贫瘠土壤的作物为主（如花生等）；种植比例可灵活选择（垄沟2行：垄面2行或垄沟2行：垄面4行）（图4）。

图4　深浅根作物起垄间作技术试验基地

（七）红壤旱地耕层增厚控蚀的肥沃耕层构建技术模式

该技术模式根据地形坡度、土壤板结程度等，以耕层增厚为主要目的，选择机械深松（图5）、生物耕作、植物篱等技术组装集成，构建了"耕层增厚、集流固土"的肥沃耕层构建技术模式，可实现耕层增厚培肥、水土流失阻控等多重目标。

图5　机械深松轮休技术试验基地

（八）红壤旱地全耕层均衡培肥的肥沃耕层构建技术模式

该技术应用于＜5°红壤缓坡旱地，以"有机物料机械深埋、增施有机肥、施用生物黑炭、微生物菌肥、作物优化配置"为主要技术，组装集成了"均衡培肥、资源高效利用"为核心的肥沃耕层构建技术模式，可实现有机质提升、水热光等资源高效利用（图6）。

图6 有机物料深埋全耕层均衡培肥技术试验基地

（九）红壤旱地耕层结构改良与控蚀控酸的肥沃耕层构建技术模式

该技术以"生物黑炭高剂量施用、低剂量生物黑炭与过氧化钙配施、水保措施"为主，构建了"结构改良、控酸控蚀"为核心的肥沃耕层构建模式，促进了耕层土壤结构改良，加速大团聚体形成与稳定。

三、适宜区域

江西省红壤旱地。

四、注意事项

（一）肥料施用规范

腐熟猪粪的使用过程中应限量施用，避免环境风险，加强田间水分管理，避免氮磷养分流失。同时，合理确定化肥用量，优化氮肥运筹。

（二）秸秆还田过程中要注意增施氮肥

做好碳氮比的调节，秸秆由于碳氮比较高，会造成微生物与作物竞争氮素，因此在秸秆还田接种腐解菌后，每亩应增施4kg左右尿素，以调节合适的碳氮比。

（三）作物优化配置过程中要注意不同作物之间生态位竞争

如木薯与花生以9行花生和1行木薯、木薯与花生间距大于60cm为宜。

技术依托单位

1. 江西省红壤及种质资源研究所

联系地址：江西省南昌市高新区高新五路 689 号

邮政编码：330029

联 系 人：钟义军

联系电话：13767126535

电子邮箱：zyjwl2004@163.com

2. 江西省农业技术推广中心

联系地址：江西省南昌市东湖区文教路 359 号

邮政编码：330046

联 系 人：汪 咏

联系电话：15879418506

电子邮箱：jxtufei@163.com

3. 江西省农业科学院土壤肥料与资源环境研究所

联系地址：江西省南昌市南莲路 602 号

邮政编码：330200

联 系 人：刘 佳

联系电话：15070036205

电子邮箱：liujia422@126.com

华南三熟区酸化耕地土壤改良与培肥技术

一、技术概述

（一）技术基本情况

1. 技术研发推广背景

耕地是重要的农业生产资源。耕地质量直接影响到粮食稳定生产、农产品有效供给和农产品质量安全等。华南三熟区高温多雨，风化淋溶作用强，自然状态下盐基阳离子损失严重，本身相对较易形成酸性土壤。同时，近30年来，由于偏施滥施化学肥料，尤其是化学氮肥，导致土壤酸化进一步加剧。该区域酸化面积11 268万亩，其中，pH 值＞5.5 的酸化耕地面积为4 477万亩，pH 值＜5.5 的酸化耕地面积为6 791万亩，土壤酸化已成为华南三熟区耕地质量退化的突出问题。该区域耕地土壤类型多样、酸化特征各异、脱硅富铝化作用强烈，土壤中的酸多以交换性铝（潜性酸）的形式存在，不断通过水解过程产酸，单纯以石灰或碱性调理剂为物质载体的改良方式虽能短期内提升土壤pH值，但连年施用会导致出现耕层结构破坏、养分有效性下降、土壤酶及微生物活性降低等次生问题，而停止施用又出现返酸，难以有效治理。因此，采用多元化、高针对性、可持续化的酸性土壤综合改良技术（图1），分类施策、

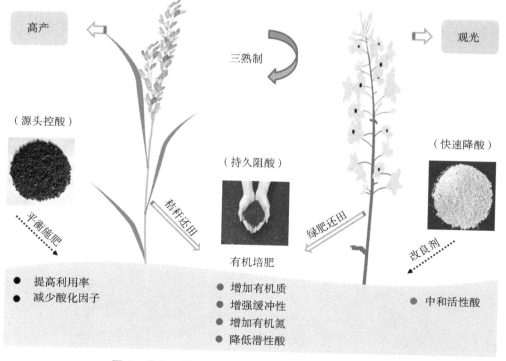

图1 华南三熟区酸化耕地土壤改良与培肥技术模式

精准防控，进而全面有效推动华南三熟区耕地质量提升，是落实国家"藏粮于地、藏粮于技"粮食安全战略的重要举措。

2. 能够解决的主要问题

针对华南三熟区耕地存在的酸化、铝毒、板结、有机质含量下降、养分有效性降低和微生物活性下降等退化问题，该技术基于分类施策原则，pH 值＞5.5 以防为主（阻潜性酸、控酸化因子），pH 值＜5.5 以治为主（降活性酸、阻潜性酸、控酸化因子），通过基于"降酸、阻酸、控酸"为核心的酸性土壤综合治理方法，包含基于碱性物料中和活性酸，快速将土壤 pH 值提升至适宜作物生长范围之内的"降酸"过程；结合投入有机物料实现土壤增碳（秸秆还田/绿肥还田）减缓潜性酸（交换性酸、水解性酸）释放，稳定土壤 pH 值的"阻酸"过程；在氮肥科学运筹层面，减轻化学氮肥持续造成土壤酸化因子产生的源头"控酸"过程，进而实现酸化耕地土壤改良与培肥，促进耕地永续利用。

3. 知识产权

（1）专利（表1）。

表1 专利明细

专利名称	发明人	专利授权号
减轻反酸田酸害的水分管理方法	黄巧义，唐拴虎，黄旭等	ZL 201710190106.6
反酸田的改良方法	黄巧义，唐拴虎，黄旭等	ZL 201710212895.9
一种生长调控型柑橘园酸性土壤专用调理剂、制备方法及应用	张木，唐拴虎，逢玉万等	ZL 201910872456.X
Agrowth - regulating special conditioner for acid soil in citrus orchards, apreparation method and application thereof	张木，唐拴虎，逢玉万等	AU 2020104320
A special synergistic selenium - enriched fertilizer for acid soil and its preparation method	张木，唐拴虎，徐培智等.	AU 2020104319
酸性硫酸盐土壤改良剂及其制备方法	唐拴虎，易琼，黄旭等	ZL 201210445625.X

（2）文章。

Huang Q, Tang S, Huang X, et al., 2017. Influence of rice cultivation on the abundance and fractionation of Fe, Mn, Zn, Cu, andAl in acid sulfate paddy soils in the Pearl River Delta [J]. Chemical Geology, 448 (5): 93-99

Huang Q, Tang S, Huang X, et al., 2016. Characteristics of the acidity and sulphate fractions in acid sulphate soils and their relationship with rice yield [J]. The Journal of Agricultural Science, 1 (8): 1-11.

Zhang M, Tang S, Yang S, et al., 2015. Genotypic differences in the antioxidant and carbon-nitrogen metabolism of acid-tolerant and acid-sensitive rice (OryzasativaL.) cultivars under acid stress [J]. Soil Science&PlantNutrition，61（5）：808-820.

黄巧义，唐拴虎，黄旭，等，2016. 广东省酸性硫酸盐水稻土作物产量的主要限制因子分析 [J]. 植物营养与肥料学报（1）：180-191.

黄巧义，唐拴虎，卢瑛，等，2014. 酸性硫酸盐土的形成、特性及其生态环境效应 [J]. 植物营养与肥料学报（6）：1534-1544.

黄巧义，杨少海，唐拴虎，等，2016. 稻作对酸性硫酸盐土酸分布及迁移的影响 [J]. 植物营养与肥料学报（2）：353-361.

黄巧义，蓝华生，唐拴虎，等，2020. 施用碱性物料对稻-稻-菜三熟耕作土壤肥力和作物产量的影响 [J]. 广东农业科学（7）：79-87.

Huang J F，Pang Y W＊，Cheng G，et al.，2023. Biofertilizer made from a mixed microbial community can enhance the suppression of fusarium wilt of banana when combined with acid soil ameliorant. European Journal of PlantPathology，165（2）：333-348.

黄旭，唐拴虎，黄巧义，等，2019. 酸性硫酸盐土壤水稻轻简化施肥技术研究 [J]. 中国农学通报（14）：13-17.

黄建凤，张发宝，逄玉万，等，2017. 酸性土壤改良剂与生防制剂协同防控香蕉枯萎病的效果 [J]. 热带作物学报（3）：545-550.

黄旭，唐拴虎，杨少海，等，2015. 酸性硫酸盐土壤改良对不同品种水稻生育性状的影响 [J]. 中国土壤与肥料（6）：48-56.

黄旭，唐拴虎，杨少海，等，2014. 酸性硫酸盐土壤水稻氮磷钾肥推荐用量指标研究 [J]. 热带作物学报（3）：503-508.

易琼，杨少海，黄巧义，等，2014. 改良剂对反酸田土壤性质与水稻产量的影响 [J]. 土壤学报（1）：176-183.

易琼，唐拴虎，黄巧义，等，2013. 有机、无机添加剂改良反酸田水稻生长效果研究 [J]. 中国土壤与肥料（3）：31-36.

（3）奖励。

南方低产水稻土改良与地力提升关键技术，国家科学技术进步奖二等奖（2016-J-25101-2-03-D03），2016年；

南方红壤区旱地的肥力演变、调控技术及产品应用，国家科学技术进步奖二等奖（2009-J-251-2-08-D06），2009年；

酸化耕地土壤改良与产量提升技术研究与应用，广东省土壤学会科技奖二等奖（K0022021-02），2021年；

我国主要粮食作物一次性施肥关键技术与应用，山东省科技进步奖一等奖（JB2018-1-5-D05），2019年；

华南双季稻一次性施肥技术研究与集成应用，广东省科学技术进步奖三等奖（B011-3-05-D01），2018年；

水稻释肥及其一次性施肥技术研究与应用，广东省科学技术进步奖二等奖（B01-2-03-D01），2007年；

水稻一次性施肥技术研究集成与推广应用，2019—2021年度全国农牧渔业丰收奖成果奖二等奖（FCG-2022-2-241-01D），2022年。

（4）标准（表2）。

表2　标准明细

起草单位	标准类别	标准名称	标准编号	归口单位	起草人	发布日期
广东省农业科学院农业资源与环境研究所	团标	水稻秸秆高效腐熟还田技术规程	T/GDFL 001—2022	广东省肥料协会	黄巧义，饶国良，黄建凤等	2022/11/16
广东省农业科学院农业资源与环境研究所	团标	广东省高标准农田建设土壤改良技术规范	T/GDMA 48—2022	广东省市场协会	解开治，徐培智，黄巧义等	2022/7/13

（二）技术示范推广情况

从2014年至2023年开始在广东省乐昌市、仁化县、曲江区、南雄市、英德市、阳山县、连州市、惠城区、龙门县、五华县、增城区、台山市、开平市、廉江市、遂溪县、雷州市等地进行技术示范展示。

2019—2023年，在台山市、增城区和白云区建立核心试验区3个，面积100亩；在南雄市、台山市、廉江市、雷州市等10个地级市建设酸化耕地治理技术示范基地10个，示范面积4 000亩；结合酸化耕地治理项工作，在广东省酸化耕地治理示范县开展技术示范面积达56万亩，技术辐射推广覆盖面积1 000多万亩。酸化耕地治理项目区土壤有机质增加超0.3g/kg、土壤pH值提高超0.2个单位、速效钾提升超30mg/kg，实现增产10%以上。

（三）提质增效情况

1. 节本增效

在华南双季稻区酸性土壤推广应用结果表明，该技术的周年耕种成本每亩约增加80元（表3）。但从周年收益来看，该技术模技术周年经济收益相对较高为1 696元，与传统种植相比每亩增收176元（表4）。

表3　周年耕种成本投入分析

项目	耕种成本/（元/亩）	
	传统种植	该技术
	早稻	早稻
翻耕	120	120
肥料及施用	230	160
插秧	60	60
收割及秸秆粉碎	90	110
	晚稻	晚稻
翻耕	120	120
肥料及施用	230	160
插秧	60	60

（续表）

项目	耕种成本/（元/亩）	
	传统种植	该技术
收割及秸秆粉碎	90	110
	绿肥	绿肥
种子及播撒	—	50
翻耕还田	—	130
总计	1 000	1 080

注：该模式中水稻收割机械加装粉碎装置，收割成本约高于普通收割 20 元/亩。

表4　周年收益分析

项目	种植效益/（元/亩）	
	传统种植	该技术
双季稻年产出	2 520	2 772
耕种成本	1 000	1 080
年收益	1 520	1 696
年增收	—	176

注：本地区广泛种植的丝苗米稻谷单价约为 3.6 元/kg、传统模式稻谷产量约为 700kg、该技术模式下约增产 10% 为 770kg。

同时，该技术模式主要基于农机农艺融合实现酸化耕地治理，一方面，有效缓解农村剩余劳动力不足的问题。另一方面，该技术有助于促进耕地质量提升，增加粮食产量，保障国家粮食安全。该技术有效促进农民增收、农业增效，助力乡村振兴，巩固脱贫攻坚成果。

2. 保护耕地

该技术通过施用碱性物料，改良土壤酸化，降低重金属活力，提高土壤安全利用性能；通过秸秆还田和冬种绿肥还田，提高土壤有机质和微生物活性，促进团聚体结构形成，推动耕地质量提升；通过科学施肥，减少化肥施用总量，提高肥料施用效率，减少农业面源污染。该技术模式的实施可进一步推动华南地区酸化红壤保护和质量提升工作，提高各级政府、基层农技人员、农民、种粮大户和新型农业经营主体耕地保护意识，实现耕地永续利用。

3. 生态环保

该技术模式生态效益突出。首先，推动了秸秆还田工作，解决了秸秆还田难的问题，杜绝秸秆焚烧带来的环境污染问题。其次，提升了肥料利用效率，降低了化学肥料用量，减少氮、磷流失带来的面源污染。最后，通过秸秆及绿肥还田、土壤固氮，提升了土壤有机质及有机氮含量，有助于构建健康的土壤养分环境。通过实施酸化土壤改良与培肥技术模式，华南三熟区土壤有机质、pH 值及速效钾含量均得到显著提高，有效改良并培肥了酸化土壤，促进了农业产业的可持续发展。

（四）技术获奖情况

该技术入选 2018 年、2021 年、2022 年和 2023 年广东省农业主推技术，荣获 2009 年度国家科学技术进步奖二等奖、2016 年度国家科学技术进步奖二等奖、2021 年度广东省土壤学会科技奖二等奖。控酸化因子产生的化肥高效运筹配套技术，荣获 2007 年度（二等奖）、2018 年度（三等奖）、2019 年度（一等奖）广东省科学技术进步奖，获 2022 年全国农牧渔业丰收奖农业技术推广成果奖二等奖。

二、技术要点

（一）增施碱性改良剂

为快速改良耕地土壤酸化问题，采用增施碱性物料的改良措施。碱性物料采用含钙镁氧化物、氢氧化物、碳酸盐和硅酸盐等碱性改良剂。针对土壤酸化程度确定土壤改良剂用量，其中：①极强酸性土壤（pH 值≤4.5）推荐施用碱性改良剂 100～150kg/亩；②强酸性土壤（4.5＜pH 值≤5.5）推荐施用碱性改良剂 75～100kg/亩。③弱酸性土壤（5.5＜pH 值≤6.5）推荐施用碱性改良剂 50～75kg/亩。碱性改良剂可在早稻或者晚稻栽培前备田阶段施用，机械翻耕犁田时将酸性土壤改良剂撒施入土壤（图 2），而后灌水耙田，使改良剂充分混于土层之中。有条件的地方，亦可以结合秸秆还田或绿肥翻压还田时同步撒施改良剂，使改良剂充分混于土层之中。

图 2　机械撒施碱性改良剂

（二）秸秆全量翻压还田

水稻成熟收获季节，采用加装了秸秆粉碎抛撒装置的水稻收割机进行收割，实现秸秆粉碎和均匀抛撒，留茬高度≤15cm，稻秆切碎长度≤8cm，抛撒均匀度≥80%，合格率≥95%。同时，选用高度适应华南气候条件和土壤环境（尤其是酸性条件），且富含枯草芽孢杆菌等有益微生物的高效秸秆腐熟剂，配合 5kg/亩尿素，采用人工撒施或者无人机撒施方式施用；然后，采用大马力旋耕机进行旋耕整地作业，粉碎稻茬，并使秸秆与土壤充分混合，旋耕深度≥15cm，稻茬粉碎率≥95%，埋茬深度≥10cm（图 3）。

（三）冬种绿肥还田

选用纯度不低于 94%、净度不低于 93%、发芽率不低于 80%、水分不高于 10%、植株高大、产量高、抗旱抗寒抗病性能力强的绿肥品种。在晚稻收获前 10～15d 采用无人机直接播撒绿肥种子，充分利用田间墒情，促进绿肥种子萌发；或者晚稻收获秸秆还田之后，对土地进行简单平整，然后再播种绿肥种子。播种后保持土壤适宜的水分，既要防止积水泡坏种子，又要避免土壤干旱，让种子有更好的发芽、生长条件。水稻收割后及时开好围沟、腰沟，确保绿肥生长期间旱能灌、涝能排。根据土壤肥力和绿肥长势，进行合理的水肥管理，

图3 秸秆全量翻压还田

施肥应以磷钾肥为主，作基肥或种肥，促进根系发育，提高植株抗逆性。在绿肥盛花期进行翻耕还田，采用大型机械进行粉碎翻压还田，使秸秆长度保持在 10cm 以下。通过翻耕犁田，与土壤充分混匀（图4）。

图4 冬种绿肥还田

（四）科学施肥

水稻生长过程中采用水稻配方肥、专用肥、控释肥等高效肥料，并通过化肥深施提高肥料利用效率。华南地区广泛种植的常规稻品种（丝苗），每亩氮（N）投入量 8~10kg、磷（P_2O_5）投入量 2.5~3kg、钾（K_2O）投入量 7~9kg。高产杂交稻品种，可根据目标产量及地力水平稍做调整。肥料施用过程中可结合机械施肥插秧一体化设备进行侧深施肥，通过对肥料进行深施，以提升肥料利用效率。

三、适宜区域

该技术适用于华南地区土壤 pH 值小于 6.5 的弱酸性、酸性和强酸性土壤的改良。

四、注意事项

一是碱性改良剂不可与化学肥料同时施用以免造成肥料的挥发损失，在施用上最好要间隔 7d 以上。

二是双季稻轻简栽培时，肥料施用后 3~5d，不可排水，避免养分流失，且中期晒田不宜过干。沙质田由于其保肥保水能力较差，化学肥料避免一次性施用。

三是秸秆还田过程中需选用质量好、灭茬效果高的旋耕机，保证秸秆翻压还田的效果。

四是绿肥生长对水的要求比较高，需要保持田间湿润。冬季如遇到干旱，应及时灌跑马水抗旱。秋冬季或开春后，如遇到大雨和连续降水，要及时疏通沟渠，清沟排渍。紫云英翻压后应避免田间排水，防止养分流失。

技术依托单位

1. 广东省农业科学院农业资源与环境研究所
联系地址：广东省广州市天河区金颖路 66 号
邮政编码：510640
联 系 人：张 木 黄巧义
联系电话：18676898068
电子邮箱：zhangmu@ gdaas. cn
2. 广东省农业环境与耕地质量保护中心（广东省农业农村投资中心）
联系地址：广东省广州市先烈东路 135 号
邮政编码：510599
联 系 人：戴文举 叶 芳 曾招兵
联系电话：18126797470
电子邮箱：414194573@ qq. com

东北半干旱风沙区生物耕作防蚀增碳培肥技术

一、技术概述

（一）技术基本情况

东北半干旱风沙区位于辽宁省和吉林省西部、内蒙古自治区东部的部分地区。区域耕地面积8 045万亩，占东北地区耕地总面积的15%左右，土壤有机质含量0.2%~1.9%，年降水量为245~500mm，年平均风速达3m/s，是我国重要的粮食生产区，也是科尔沁沙地歼灭战的主战场。国际上聚焦于采用保护性耕作解决农田风蚀和培肥的问题，其在抑制风蚀，提高表层土壤有机碳、改善土壤结构和微生物功能等方面发挥了重要作用。但是，国内外均有研究发现单纯的保护性耕作在半干旱区存在秸秆全量还田难、有机碳固持困难等问题。因此，如何控制土壤风蚀损失和培肥土壤，持续提高农田生产力是区域农业生产急需的技术。

针对半干旱风沙区水资源短缺、风蚀严重、作物产量低而不稳和用养不协调等突出问题，辽宁省农业科学院北方旱地耕作制度创新团队，通过多年研究发现，区域农田风蚀主要发生在春季和冬秋休闲期，为此以"固土培肥与抗旱丰产"为目标，探索出通过休闲期种草生物覆盖防治农田风蚀的技术途径，发明了"半干旱风沙区生物耕作防蚀增碳培肥技术"，并经过多年研究选育和筛选了适宜北方地区农田休闲期种植的生物覆盖专用牧草品种，形成了较为成熟的生物耕作技术方案。据《辽宁日报》等媒体报道，该技术在辽宁省大面积应用使农田风蚀降低53%，春季土壤含水量提高2.6个百分点，土壤有机质提高0.22个百分点，作物产量提高13%，为半干旱风沙区耕地保护和粮食持续丰产提供了有力科技支撑。

（二）技术示范推广情况

目前，辽宁省农业科学院北方旱地耕作制度创新团队已选育生态修复草品种3个，获得相关专利权13项，研发土壤防蚀剂、改良剂、免耕播种机等配套产品和机具11个，制定了"农田休闲期种草生物覆盖技术规程"等辽宁省地方标准，据相关媒体报道，该技术在阜新市、铁岭市、朝阳市等半干旱风沙区推广应用20万亩以上。

（三）提质增效情况

据国家农业环境彰武实验站2019—2023年的研究结果，生物覆盖较传统模式农田总风蚀量减少37.5%，春播前1m土深贮水量增加23mm，春季播种玉米后产量提高13.5%，年均土壤有机质增加0.09g/kg。

（四）技术获奖情况

该技术成果获科技奖励8项，其中，国家科学技术进步奖二等奖1项、辽宁省科学技术进步奖一等奖2项、神农中华农业科技奖优秀创新团队奖1项、梁希林业科学技术进步奖二等奖1项、全国农业节水科技奖一等奖1项、全国农牧渔业丰收奖农业技术推广成果奖三等奖1项，辽宁农业科技贡献奖1项。

（1）北方旱地农田抗旱适水种植技术及应用，国家科学技术进步奖二等奖（2020-J-251-2-03-D02），2021年；

（2）多样化种植提升土壤生态健康关键技术，辽宁省科学技术进步奖一等奖（2022-J-1-02-D01），2023年；

（3）风沙区林草生态种植增效技术研究与应用，梁希林业科学技术进步奖二等奖（2020-KJJ-2-14-R01），2020年；

（4）旱作农田防蚀增效关键技术研究与集成应用，辽宁省科学技术进步奖一等奖（2018-J-1-01-D01），2019年；

（5）辽宁省农业科学院旱地耕作制度创新团队，神农中华农业科技奖优秀创新团队奖（2019-TD06-1-D01），2019年；

（6）旱地主要作物农艺节水关键技术研究与应用，全国农业节水科技奖一等奖（NYJS2020-2021-Y10-W01），2021年；

（7）辽宁黑土保育提效关键技术研究与应用，全国农牧渔业丰收奖农业技术推广成果奖三等奖（FGG-2022-3-61-02D），2022年；

（8）旱田地力提升与作物丰产增效关键技术研究与应用，辽宁农业科技贡献奖（2018年2023-01-08-02），2023年。

二、技术要点

（一）秋整地与播种

9月中下旬前茬作物收获后进行及时整地，翻耕深度为10~15cm，整地后及时镇压。选择适宜秋季种植、抗寒和抗旱能力强的小黑麦品种，采用条播播种方式，播种的深度为2.5~3.0cm，行距25cm，每亩播种量为15~20kg，保证播种深度一致。有灌溉条件的地块，可在播种后或越冬前灌水1次。结合播种每亩施入三元复合肥10~15kg，结合整地和播种施入适宜的有机肥、保水剂和地表防蚀剂。

（二）春季处理

春播期测定土壤墒情，如4月下旬至5月中旬土壤墒情较好，根据土壤地温，在小黑麦条带进行浅旋镇压后种植玉米等作物，种植行距为50cm；如5月中下旬土壤墒情较好，刈割小黑麦，免耕种植花生、谷子等作物，种植行距为50cm；如土壤墒情较差，无法保证春季作物发芽出苗，则春季不刈割小黑麦，待6月下旬至7月上旬小黑麦籽粒成熟时收获，再免耕播种向日葵等作物，种植行距为50cm。

三、适宜区域

该技术适宜在东北半干旱风沙区及同类型地区推广，能够通过生物覆盖减少秋冬季及早春农田风蚀，春季根据土壤水分条件选择适宜的播种时期和作物，能够促进土壤有机质积累，培肥地力，并显著增加农业应对气候变化的韧性。

四、注意事项

该技术在应用中应注意秋季前茬作物的及时收获和小黑麦及时抢播，春季需要根据土壤墒情准备判定适宜的春季处理措施，选择适宜的作物和播种时期。

技术依托单位

辽宁省农业科学院

联系地址：辽宁省沈阳市沈河区东陵路84号

邮政编码：110161

联 系 人：孙占祥　冯良山

联系电话：13940405732

电子邮箱：fenglsh@163.com

木霉菌联合秸秆还田土壤高效培肥技术

一、技术概述

（一）技术基本情况

秸秆具有大量纤维形成的刚性物理结构，再加上低温、干旱、淹水等导致秸秆腐解速度慢，目前缺乏有效的微生物菌剂，导致还田秸秆得不到有效降解。不仅秸秆自身的养分不能得到有效释放，微生物在分解秸秆的同时出现与作物争氮的现象，体现不出秸秆还田的促生效果（图1）。另外，由于降解慢，直接还田对土壤碳库固碳增汇效果差，且存在影响下茬作物生长、诱发病虫害等诸多弊端。另外，目前市场上的秸秆降解菌均存在功能单一，且效果不稳定等现象，降解菌的主要功能在于分解秸秆，而不具有其他功能，且无法将秸秆中的碳有效地转化为土壤有机质。

图1　还田秸秆积于表层降解慢作物长势弱

该技术中的木霉菌株4742，生物量大、根表定殖能力强、次生代谢产物种类多和含量高，具有优异的促生和生防效果，且其效果比目前市场上的微生物肥料中主流菌株芽孢杆菌更显著。在水培和土培条件下，木霉菌株4742在所试验的多种作物上使植株地下和地上部生物量增加30%以上，生防效果比国际模式木霉菌（CBS）更优。另外，该菌株具有丰富的木质纤维素分解酶系，能够在资源贫乏的环境中通过高效分解秸秆以获得更多的营养。因此，木霉菌剂能够分解还田秸秆释放养分、合成生长素（IAA）促进植物生长、分泌的 Tg-SWO 蛋白能显著促进植物侧根发生、通过分泌中性金属肽酶和通过细胞内 Nox 系统介导活性氧来捕食病原菌，现有田间试验结果表明，秸秆还田的同时添加 10kg 固体木霉菌剂，能够显著促进水稻生产、提供水稻产量和稳步培肥土壤。除水稻外，木霉生物肥料在二十多种作物上进行了广泛使用，与等养分化肥处理相比，平均增产19.9%（图2）。

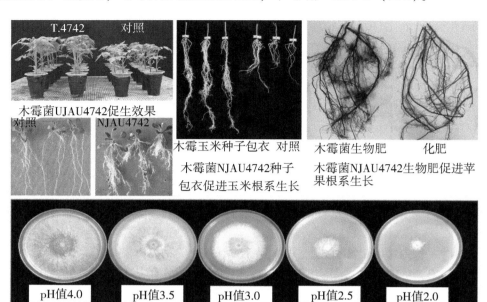

木霉菌UJAU4742促生效果

木霉玉米种子包衣 对照

木霉菌NJAU4742种子包衣促进玉米根系生长

木霉菌生物肥 化肥

木霉菌NJAU4742生物肥促进苹果根系生长

pH值4.0　pH值3.5　pH值3.0　pH值2.5　pH值2.0

拥有耐酸新基因asr 1的木霉

木霉固体菌种敞开式大规模发酵

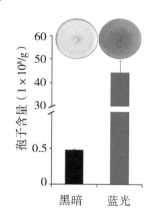

450nm波长照射提高产孢量

图2　木霉菌的促生机制

（二）技术示范推广情况

水稻木霉菌联合秸秆还田土壤高效培肥技术已经在江苏南京浦口区进行了百亩示范，在江苏南京江宁区稻麦轮作体系、江西鹰潭双季稻体系和江西鹰潭稻油体系小范围示范展示。

（三）提质增效情况

在南京浦口区兰花塘示范田进行技术示范，与对照组水稻相比，使用哈茨木霉菌后，稻田根系发达、植株健壮（图3）、穗粒密集且饱满、稻谷颜色金黄、单位体积的稻谷重量更重，这是因为木霉菌促进了根系生长，增强了根系活力，提升了根系吸收养分的能力，持续保证了水稻灌浆，避免了水稻早衰，促进了水稻产量的提高。测产数据显示，试验田内的水稻株高比对照组水稻高出 5~10cm，穗头长 2~3cm，每穗穗粒数多 20~30 粒。对照组南粳 46 的平均亩产在 650kg，应用哈茨木霉生物制剂种植模式让亩产提高了 150kg，亩产高达 801.9kg。

图 3　木霉处理与对照处理水稻现场对比

在江西鹰潭双季稻大田试验中，相比秸秆深旋还田处理，每亩额外添加 2kg 木霉菌种产量提升 15.1%，每亩额外添加 2kg 木霉菌种和 170kg 秸秆堆肥产量提升 41.5%。

在江西鹰潭稻油轮作大田试验中，相比秸秆深旋还田处理，每亩额外添加 2kg 木霉菌种产量提升 17.3%，每亩额外添加 2kg 木霉菌种和 170kg 秸秆堆肥产量提升 32.7%。

在江苏南京江宁区的大田试验中，基于常规施用复合肥作基肥（N : P : K = 19 : 6 : 1）630kg/亩，尿素追肥 10kg/亩的施肥方案上，全量秸秆还田减少了 50% 复合肥的施用。常规化肥每亩产量为 401.1kg，全量秸秆直接还田（复合肥减少 50%）每亩产量为 487.5kg，增加了 21.54%；在此基础上，每亩额外添加 2kg 哈茨木霉菌后，水稻根系更加发达，同时提高单位体积的稻谷重量，并使水稻穗粒更加饱满。秸秆直接还田的水稻株高约为 78.4cm，添加哈茨木霉菌后，水稻株高提高约 6.9%，且每株生物量增加 43.4%。秸秆直接还田处理南粳 6108 水稻的平均亩产为 487.5kg，应用哈茨木霉生物制剂种植模式让亩产提高了 117.3kg，亩产高达 604.8kg。

（四）技术获奖情况

该技术获 2018 年教育部高等学校科学研究优秀成果奖（科学技术）技术发明奖一等奖、2017 年大北农科技奖和 2019 年绿色技术应用十佳案例（绿色技术银行），两个核心专利分别获中国专利优秀奖。

二、技术要点

针对土壤有机质含量大于 2% 的土壤，技术模式为秸秆还田加 5~10kg 固体木霉菌剂。

针对土壤有机质含量低于 2% 的土壤，技术模式为秸秆还田+亩施 200kg 植物源有机肥加

5kg 固体木霉菌剂。

三、适宜区域

适用于全国稻麦轮作区域和稻稻及稻稻油区域。

四、注意事项

木霉菌剂不与杀菌剂同时使用。

技术依托单位
南京农业大学
联系地址：江苏省南京市玄武区童卫路6号
邮政编码：210095
联 系 人：沈其荣　李　荣
联系电话：13951843404
电子邮箱：lirong@njau.edu.cn

农业有机固废酶解高效腐熟关键技术

一、技术概述

（一）技术基本情况

1. 技术研发推广背景

我国是世界上有机固废产出量最大的国家。近年来，我国农业有机废弃物呈现量大、面广、资源化利用率低等特征。据统计，全国畜禽粪污年产量 30.5 亿 t、农作物秸秆 7.97 亿 t、农村生活垃圾 2.67 亿 t，农业固废处理和资源化利用压力大，有机固废转化效率低，面源污染潜在风险高。目前农业有机固废以开放或半开放式基于微生物好氧发酵为主流工艺，例如自然堆沤、条垛式发酵、槽式发酵等，普遍存在降解周期长、生产效率低、占地面积大，氨气和二氧化碳排放量高等技术缺陷。发酵过程对物料的碳氮比〔（25～35）：1〕和含水率（50%～60%）等参数要求也比较严苛，调配不当会延长发酵周期、降低发酵效率，甚至导致发酵失败或"死床"等问题发生。

2. 能够解决的主要问题

该技术突破传统微生物发酵法的不足和弊端，全程采用封闭式酶法发酵，采用复合酶制剂直接作用于物料，完成高温高速水解，对物料碳氮比没有限制性要求，含水率扩大到 40%～70% 都可直接发酵，整个发酵周期由传统微生物法的 20d 甚至数月缩短至 2～4h，生产效率提升 80%～99%；配套设备占地面积不到传统工艺的 1%，自动化程度高，操作简单，设备运输转移方便，不仅适用平原农业密集区的有机固废处理，更能满足交通不便的山区丘陵地带有机固废的就地处理和源头减量。

3. 知识产权及使用情况

2020 年 5 月 30 日，天津市科学技术评价中心组织专家对该技术进行鉴定，意见如下：研发出有机固废高温酶解快速腐熟工艺及装备，创建了高效腐熟生产生物有机肥的新工艺，与常规生物有机肥发酵工艺相比，腐熟时间由 15d 缩短到 3h，发酵原料受碳氮比影响小、适应范围广，工艺装备自动化程度高，占地面积小；优化了有机固废高温酶解快速腐熟工艺参数，温度 80℃，酶解 2～3h，有效去除病原微生物，显著降低多种抗生素残留。该技术经示范应用，经济效益、社会效益、生态效益显著。综合评价达到同类研究国际先进水平。

该技术在农业有机固废快速腐熟发酵方面，授权一种有机肥快速发酵系统、畜禽粪污制备有机肥用病原体高温灭菌装备等专利 11 项；授权有机肥高温发酵工艺数据管理与计算分析系统、好氧发酵抗生素降解数据管理与计算分析系统等软件著作权 2 项。部分知识产权已完成技术转让许可，各示范基地的建立和技术应用已经为该技术单位带来了成果转化收益。

（二）技术示范推广情况

该技术自 2015 年以来，已在北京、天津、河北、山东、河南等 10 个省（市）21 家企业，围绕畜禽粪污、作物秸秆、枯枝落叶等有机固废处理方面实现大范围示范应用，年处理有机固废达 120 万 t 以上，肥料应用覆盖 200 万亩农田和设施大棚，取得了显著的经济效益、社会效益和环境效益。

（三）提质增效情况

农业有机固废酶解高效腐熟关键技术应用推广过程中，突破了好氧发酵对碳氮比的约束性要求，提高了物料的含氮量，肥料有机质含量显著提升，提高了产品附加值。通过该技术工艺应用，现已实现年处理固废约 120 万 t，生产有机肥约 100 万 t，施用于周边大田种植、设施农业等，替代化肥 5 万 t，年节约采购化肥成本 1.5 亿元，提高土壤有机质含量 1% 以上，实现农业绿色高质量发展。

技术应用后，年处理固废约 120 万 t，实现了肥料的有效替代，减少 COD 排放 30.67 万 t/年，TN 排放 1.29 万 t/年，TP 排放 0.18 万 t/年。高温酶解快速腐熟关键技术在生产环节比传统堆肥吨原料减少碳排放 108.12kg，解决了传统发酵工艺的环境污染问题，提高了碳氮资源转化效率和综合利用率，生态环境效益显著。

（四）技术获奖情况

该技术作为核心技术入选了生态环境部 2023 年度（固体废物和土壤污染防治领域）《国家先进污染防治技术目录》，入选技术名称为"农业有机固废酶解腐熟技术"；同时也入选了 2023 年天津市农业主推技术，入选技术名称为"碳重生农林废弃物智能处理技术"。先后也荣获了全国农牧渔业丰收奖、神农中华农业科技奖、中国农业绿色发展研究会科学技术奖、第六届全国农村创业创新项目创意大赛、天津市创新创业大赛等省部级和行业科技奖励（表1），支撑了行业发展。

表 1　核心技术所获奖项

序号	项目名称	奖项类别	奖励等级	获奖单位 （第一完成单位）	获奖时间
1	规模化养殖场粪污治理技术示范与推广	全国农牧渔业丰收奖	农业技术推广合作奖	农业农村部环境保护科研监测所	2019 年 12 月
2	农业农村部环境保护科研监测所养殖业污染防治创新团队	神农中华农业科技奖	优秀创新团队奖	农业农村部环境保护科研监测所	2019 年 12 月
3	集约化猪舍智能化粪污收运技术和装备	中国农业绿色发展研究会科学技术奖	三等奖	农业农村部环境保护科研监测所	2022 年 6 月
4	碳重生农林废弃物智能处理新模式	第六届全国农村创业创新项目创意大赛	二等奖	天津福盈农业科技有限公司	2023 年 3 月
5	碳重生农林废弃物智能处理新模式	天津市创新创业大赛	二等奖	天津福盈农业科技有限公司	2023 年 12 月

二、技术要点

"农业有机固废酶解腐熟技术"是一种基于生物酶促降解快速发酵的新技术方法。该技术方法以农业有机固废为原料，物料经过粉碎预处理后（粒径＜1cm），通过传送装置进入高温快速发酵设备，添加物料重量 2% 的酶制剂，加水调节湿度为 40%～70%，混匀物料快速发酵，3h 发酵完成（图1）。

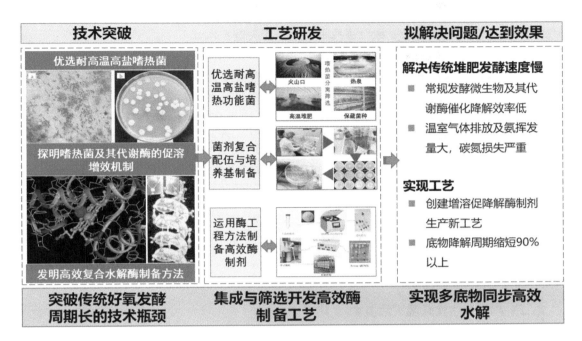

图1 农业有机固废酶解高效酶解原理

通过该技术工艺,将农业有机固废进行高温酶解,产品达到《有机肥料》(NY/T 525—2021)标准要求,可将传统的条垛式或槽式发酵20d缩短至3h、减少物料氮损失30%以上、杀灭病原微生物99%以上、提升肥料有机质含量10%~30%、减少发酵工程占地99%以上(图2)。该技术有效解决了传统好氧发酵工艺存在的降解效率低、发酵周期长、设施设备占地面积大、温室气体和恶臭产排量大、氮素损失严重、工艺适应性差等行业瓶颈问题,适合

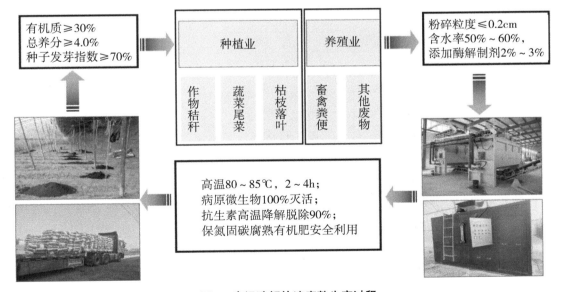

图2 高温酶解快速腐熟生产过程

畜禽粪污、秸秆、菌渣菌棒和尾菜等单一或混合农业有机固废的高效转化，为农业绿色高质量发展和乡村振兴提供技术支撑。该技术工艺包含关键技术如下。

（一）固废高温快速酶解发酵技术

以畜禽粪便、农作物秸秆和设施尾菜等农业机废弃物为原料，以实现废弃物高效高质转化为目标，采用全封闭式一体化高温（80~85℃）快速有机肥发酵装备，结合复合酶解制剂将生产时间缩短到2~4h，降低占地面积、人工成本，提高生产效率。

以尾菜为例，经酶解高效腐熟后，有机质和总养分符合国标要求（表2）。

表2 尾菜高温酶解处理前后检测数据

物料组成	MC/%	TS/%	VS/%	VS/TS/%	pH值	SCOD	TVFAs
尾菜原料	95.64	4.36	3.68	84.41	5.58	5 700	3 311
处理前	93.89	6.11	4.74	77.70	5.39	12 700	2 673
处理后	79.74	20.26	14.18	69.98	6.49	60 300	1 219

（二）病原微生物高温灭活技术

选取原料中的粪大肠杆菌群落指数和蛔虫卵死亡率为指标，在高温酶解快速腐熟工艺中，对原料中病原微生物实现100%杀灭效果（表3），监测酶解与高温灭活的动态关系，并对灭活效果进行连续监测评估，实现病原微生物灭活的最低温度和最低发酵时间之间的优化组合。

表3 高温酶解快速腐熟智能设备有机肥成品检测

取样日期	样品名称	类大肠菌群/（CFU/g）	沙门氏菌	蛔虫卵
2019.5.26	发酵原料	350 000	阳性	未检出
2019.5.26	发酵出料	80	阴性	未检出
	去除率（%）	99.9	100	—
2019.5.27	发酵原料	24 000	阳性	未检出
2019.5.27	发酵出料	50	阴性	未检出
	去除率（%）	99.7	100	—
2019.5.28	发酵原料	78 000	阳性	未检出
2019.5.28	发酵出料	0	阴性	未检出
	去除率（%）	100	100	—

（三）抗生素高温降解脱除技术

选取原料中动物粪便中所携带的四环素、土霉素、氧氟沙星、环丙沙星、磺胺二甲嘧啶、磺胺索嘧啶、磺胺嘧啶、磺胺噻唑、磺胺吡啶、磺胺甲基嘧啶、依诺沙星、诺氟沙星、氟罗沙星等多种兽用抗生素的残留量为指标，通过高温酶解降解和脱除，实现不同抗生素在高温条件下的残留转化率60%~100%（表4）。

表 4　常规发酵抗生素去除率

序号	抗生素类型	去除率
1	四环素	60%~93%
2	土霉素	62%~100%
3	金霉素	72%~92%
4	多西环素	>85%
5	磺胺类	>80%
6	大环内酯类	>70%
7	喹诺酮类	60%~78%

（四）保氮固碳腐熟新工艺构建

农业有机固废酶解高效腐熟关键技术，集复合酶制剂，以及配套全封闭式高温（80~85℃）快速发酵装备于一体，密闭发酵减少腐熟过程向环境中碳排放、通过酶解腐熟工艺规避微生物发酵过程呼吸作用导致的碳氮排放，减少二氧化碳排放 80%，减少氨气排放 90%，无甲烷形成，构建保氮固碳腐熟技术新工艺和技术规程（图 3）。

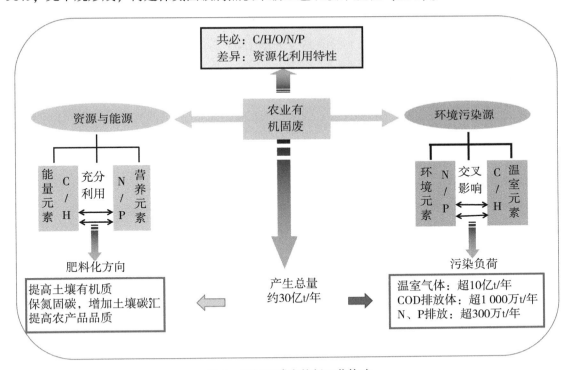

图 3　保氮固碳腐熟新工艺构建

三、适宜区域

该技术适应于各类农业有机固废产排区域。所指的农业有机固废主要包括：畜禽养殖废弃物、农作物秸秆、农村生活有机垃圾、厕所粪污、菌渣菌棒、枯枝落叶和蔬菜尾菜等；该技术适合在我国全域推广，不受外界气候，温度制约；可根据应用场景需求，满足规模化经营的同时，也可以量身定做小型化装备，在山地丘陵地带实现移动生产。

四、注意事项

该技术各类有机固废发酵物料含水率需控制在 40%~70%，添加酶制剂量不低于物料重量 2%，发酵时间不超过 4h，粉碎粒度控制在 1cm 以内，提高物料比表面积，以达到酶促反应快速高效的目的。

技术依托单位

1. 农业农村部环境保护科研监测所

联系地址：天津市南开区复康路 31 号

邮政编码：300191

联系人：杨 鹏

联系电话：022-23616651 13602043982

电子邮箱：yangpeng02@ caas. cn

2. 天津福盈农业科技有限公司

联系地址：天津市南开区天津科技广场 3 号楼 1803 室

邮政编码：300192

联系人：王 宽

联系电话：022-27261798 13512200603

电子邮箱：wuangwide@ aliyun. com

3. 天津市农业科学院

联系地址：天津市西青区津静公路 17 千米处

邮政编码：300381

联系人：张 蕾

联系电话：022-83726967 13920831016

电子邮箱：Zl_apple@ 126. com

盐碱地水田"三良一体化"丰产改良技术

一、技术概述

（一）技术基本情况

1. 技术背景

党中央高度重视耕地保护和盐碱地综合利用。近年来，习近平总书记多次对加强盐碱地综合利用作出重要指示。2021年10月，习近平总书记在山东考察时指出开展盐碱地综合利用对保障国家粮食安全、端牢中国饭碗具有重要战略意义。2023年5月，习近平总书记在沧州考察时指出开展盐碱地综合利用，是一个战略问题，必须摆上重要位置。2023年11月，习近平总书记再次强调切实加强耕地保护，抓好盐碱地综合改造利用。我国有大量未利用盐碱地尚未得到根本治理和高效开发利用，是宝贵的耕地后备资源。其中，东北苏打盐碱地（碱地）改良难度大，治理周期更长、见效更慢。实践表明，在水利配套条件下，以稻治碱是实现盐碱地综合利用的最佳选择，对保障国家粮食安全和生态安全均具有重要意义。

2. 作用与效果

该技术是在吉林省农业主推技术和吉林省十大重点主推技术"盐碱地以稻治碱改土增粮关键技术"的基础上凝练提升出来的一种创新技术。该技术重点围绕东北苏打盐碱地亟待破解的技术难题，创建了多种快速高效的土壤改良技术，推广耐盐碱水稻品种及其配套高产栽培技术，形成了低成本、可复制、易推广的"良田+良种+良法"一体化盐碱地水田高效治理和综合利用大安模式，有利于加速盐碱地变良田进程，快速实现盐碱地水稻高产稳产。

（二）技术示范推广情况

东北是我国苏打盐碱地典型集中分布区，土壤贫瘠、碱性强，荒漠化严重，加剧了该区域的生态贫困和经济贫困。苏打盐碱地以稻治碱改土增粮关键技术多年被推选为吉林省主推技术并大面积推广应用，选育的耐盐碱超高产系列抗逆水稻新品种东稻4号等被列入吉林省盐碱地区主导品种，并在松嫩平原西部建立了苏打盐碱地水田核心技术示范区。此外，通过集中培训，印发技术资料，田间现场指导等多种形式培训农民，企业技术人员和乡镇技术骨干。上述技术成果的大面积应用，产生了显著的社会效益、经济效益和生态效益，具有广阔的应用前景。

（三）提质增效情况

（1）创建了苏打盐碱地物理化学同步快速改良技术，克服了苏打盐碱地高 pH 值土壤理化障碍，解决了新垦重度盐碱地有水也无法成功种稻的技术难题，实现了苏打盐碱地当年治理，当年见效的治理目标。使 pH 值 $9.5 \sim 10.5$ 的重度盐碱地在开垦当年水稻产量从 $0 \sim 100kg$/亩提高到 $400kg$/亩以上，第3年高达 $533kg$/亩，土壤 pH 值由 10.5 降到 8.5 以下，比传统水洗改良法缩短改良时间 $3 \sim 5$ 年。

（2）利用生态聚合抗逆育种理论，历经 16 年育成的耐盐碱超高产水稻新品种东稻 4 号，打破了吉林省超高产历史纪录，实现了抗盐碱品种的更新换代。通过研发水稻抗逆栽培配套关键技术和高产模式，根据苏打盐碱地轻度、中度、重度的差异，建立了集盐碱地治理、壮苗培育、旱育密植、节水灌溉等关键技术体系，实现了盐碱地均衡增产与节本增效。

（四）技术获奖情况

该技术入选 2023 年农业农村部农业主推技术，2024 年吉林省十大重点主推技术，已 8 年入选吉林省农业主推技术；荣获 2015 年度国家科学技术进步奖二等奖，中国科学院科技促进发展奖一等奖；盐碱地高效治理与综合利用"三良一体化""大安模式"入选《退化耕地治理技术模式》（2023 年农业农村部农田建设管理司和农业农村部耕地质量监测保护中心编著）；制定吉林省地方标准《苏打盐碱地水田改土培肥增产技术规程》（DB22/T 3526—2023）和《苏打盐碱地水稻化肥减施增效技术规范》（DB22/T 3303—2021）。

（1）"苏打盐碱地大规模以稻治碱改土增粮关键技术创新及应用" 2015 年获国家科学技术进步奖二等奖；

（2）"超高产耐盐碱优质水稻新品种东稻 4 的选育及应用团队" 2015 年获中国科学院科技促进发展奖一等奖；

（3）"盐碱地水稻育苗过程中床土酸碱度的监测与调控方法" 2012 年获国家发明专利（ZL 201010535824.0）；

（4）"一种苏打盐碱地水稻窄行密植插秧方法" 2013 年获国家发明专利（ZL 201210405420.9）；

（5）"盐碱地水稻快速旱育苗方法" 2014 年获国家发明专利（ZL 201310090185.5）；

（6）"一种苏打盐碱地水稻本田施肥的方法" 2016 年获国家发明专利（ZL 201610877208.0）。

二、技术要点

（一）核心技术

1. 重度盐碱地土壤快速改良技术

对于轻度苏打盐碱地可以采用传统"以水洗盐"的方法种稻，但对于中度和重度苏打盐碱地种稻必须实施"改土"技术才能缩短土壤改良年限，达到节本增效的目的。以下列举的土壤改良方法在生产实践中既可以单独使用，又可以组合使用。具体操作要点如下：

（1）以沙压碱物理改良法：需根据盐碱轻重确定使用量，一般风沙土用量 50～150m³/亩，在平整田面上均匀施用后旋耕入土 15～18cm，进入泡田洗盐排碱作业。

（2）以钙治碱化学改良法：需根据盐碱轻重确定使用量，酸性磷石膏用量一般为 0.5～2m³/亩，在平整田面上均匀施用后旋耕入土 15～18cm，进入泡田洗盐排碱作业。

（3）理化同步+有机肥改良法：需根据盐碱轻重确定使用量，风沙土 30～50m³/亩+酸性磷石膏 0.5～1m³/亩+腐熟有机肥 1～3t/亩，在平整田面上均匀施用旋耕入土 15～18cm，即可进入泡田洗盐排碱作业。

2. 种植耐盐碱水稻品种

选用耐盐碱高产水稻品种是提高盐碱地水稻产量的前提。目前适合吉林西部种植的主要耐盐碱中早熟品种有"东稻系列"和"长白系列"等耐盐碱优良水稻品种。

（二）辅助配套技术

1. 土地平整技术

在改土操作之前，为了使土壤改良剂能够均匀地施入新垦重度盐碱地水田，要严格整平土地后再采用上述三种土壤改良法，建议种稻当年、最好是种稻前一年先旱整地，然后再水整地均匀找平。田面高差最好控制在 5cm 以内，如果整地不平就急于施用改良剂，将导致改良剂分布不均，高处得不到改良，而低洼处改良剂过多可能造成局部盐碱危害。

2. 排盐降碱技术

在实施完土壤改良作业后，要放水泡田 3~5d 后将水排干，连续 2~3 次洗盐降碱。洗盐后再施用底肥可减少显著养分流失。生产上难以操作时也可以结合水整地施用底肥后一起进行泡田洗盐 2~3 次，沉降 5~7d 开始插秧。

3. 精准施肥技术

新垦重度苏打盐碱地建议施肥量：①施肥总量：纯 N 160 ~ 170kg/hm^2，P$_2$O$_5$ 80 ~ 90kg/hm^2，K$_2$O 80 ~ 100kg/hm^2；②磷钾肥以 100% 作基肥施用；③氮肥分期调控，基肥 40%，追肥 60% 分 2~3 次施用。

4. 旱育密植技术

培育壮苗是确保新垦盐碱地水田秧苗返青成活率和分蘖率的关键。合理的插秧密度需要根据土壤改良状况和地力决定。针对改良后的高产田块可以采用旱育稀植的方法，但对于吉林西部新垦重度盐碱地水田，由于前期盐分危害较大，严重抑制水稻分蘖导致基本穗数不足而减产，生产初期不宜采用传统的"旱育稀植"技术，建议采用"旱育密植"高产栽培技术，即采用行株距 30cm×10cm，基本苗数为 5~7 株/穴，新垦重度盐碱地最大可增加到 8~10 株/穴。

5. 水分调控技术

盐碱地稻田水分科学管理非常重要，兼有调控盐碱和预防早衰的双重作用。①全生育期需保持水层，勤换水，不宜晒田，防止返盐返碱；②返青与分蘖初期保持 2~3cm 浅水分蘖，分蘖末期至抽穗前期深灌（5~8cm）；③抽穗后期至开花期浅灌（3~4cm）；④蜡熟前深灌（5~8cm），蜡熟后浅灌（3~4cm）；⑤收获前 7~10d 断水，断水不宜过早，以防早衰倒伏。

6. 适时收获技术

盐碱地种稻要把握好收获时期才能保证稻米的品质，收获过早籽粒灌浆不充分，稻谷水分过高不宜储藏，断水过早或收获过晚，随着叶片的迅速失水，土壤中的盐碱成分会沿着茎秆向籽粒中倒流，严重影响米质。

三、适宜区域

该技术主要适宜推广区域为东北松嫩平原西部苏打盐碱地及部分滨海盐碱稻作区。

四、注意事项

一是该技术在有水利设施配套的轻度、中度和重度盐碱地改良种稻上加以推广应用。

二是对于 pH 值 9.5 以上的重度盐碱地，必须在改土的基础上种稻。对于土壤 pH 值大于 10.5 以上的极重度盐碱地改良成本较大，改良剂用量应因地制宜并加强洗盐排碱作业。

技术依托单位

1. 中国科学院东北地理与农业生态研究所

联系地址：吉林省长春市高新北区盛北大街4888号

邮政编码：130102

联 系 人：梁正伟　刘　淼　王明明

联系电话：0431-85542347

电子邮箱：liangzw@iga.ac.cn

2. 吉林省农业科学院

联系地址：吉林省长春市生态大街1363号

邮政编码：130033

联 系 人：侯立刚　刘　亮

联系电话：0431-87063262

电子邮箱：houligang888@163.com

3. 吉林农业大学

联系地址：吉林省长春市新城大街2888号

邮政编码：130118

联 系 人：邵玺文　武志海

联系电话：0431-84533047

电子邮箱：shaoxiwen@126.com

4. 吉林省农业技术推广总站

联系地址：吉林省长春市自由大路6152号

邮政编码：130022

联 系 人：赵英奎

联系电话：0431-85953337

电子邮箱：cebaokejilin@aliyun.com

盐碱耕地耕层控水培肥适种综合治理技术

一、技术概述

（一）技术基本情况

1. 技术背景

受自然因素以及土地开发、盲目施肥、不合理灌溉、生态移民等人为因素影响，甘肃省土壤退化比较严重。其中，土壤盐渍化已造成部分区域土壤生产能力减退，盐碱地区粮食产量不足当地产量的60%；据测算，因土地盐渍化损失的粮食每年超过10万t。随着全省耕地土壤利用强度加大、水资源过度开发和不合理利用、不合理施肥等人为因素，土壤发生盐渍化以及伴生荒漠化和沙漠化等生态问题日益突出，一定程度制约了甘肃省国民经济和社会发展。

为了切实解决甘肃省盐碱耕地面积广、类型多、发生程度不一导致的粮食及特色农产品产量和品质下降、耕层土壤质量恶化、弃耕撂荒等突出问题，自2020年起，甘肃省耕地质量建设保护总站通过在全省范围内开展试验示范，探索出轻度盐碱耕地"培肥控盐"、中度盐碱耕地"节水阻盐"、重度盐碱耕地"灌水降盐"、中重度盐碱耕地"适种抗盐"等盐碱耕地综合治理利用技术，取得了粮食增产、农产品品质提升、耕地质量明显提升、农民收入稳定增加的良好效果。

2. 能够解决的主要问题

通过对工程、化学、农艺、生物等措施的有机结合，有效解决了甘肃省盐碱耕地改良难、效率低、措施单一的问题，解决了盐碱耕地综合治理和利用的瓶颈，有效提升了盐碱耕地综合生产能力，提高作物产量，提升农民收入，减少因弃耕撂荒所导致的环境风险，对农业绿色高质量发展和可持续发展起到了很大的促进作用。

（二）技术示范推广情况

2020—2022年，甘肃省耕地质量建设保护总站依托农业农村部退化耕地质量等项目支撑，在瓜州县、玉门市、甘州区（仅2020年）、临泽县、高台县（2021年、2022年）、景泰县等6个县（市、区）开展盐碱耕地治理试点，结合高标准农田建设、化肥减量增效、绿色种养循环农业、耕地轮作休耕等项目实施，集成展示了轻度盐碱耕地"培肥控盐"、中度盐碱耕地"节水阻盐"、重度盐碱耕地"灌水降盐"、中重度盐碱耕地"适种抗盐"等盐碱耕地综合治理利用技术，因地制宜试验总结盐碱耕地综合治理技术模式，3年累计开展盐碱耕地治理31.76万亩次。同时，3年试点开展了耐盐碱作物种植示范6 000多亩，实现"有盐无害""适种抗碱"的目标。

（三）提质增效情况

1. 增产增效情况

（1）轻度盐碱耕地。主要种植小麦、玉米、蔬菜等粮经作物，较正常耕地平均减产

5%～10%，通过增施有机肥+施用土壤改良剂等措施，可达到有盐无害的目的，连年改良作物产量可恢复正常水平。其中，小麦平均亩增产 25kg，亩均增收 60 元；玉米平均亩增产 60kg，亩均增收 150 元。如临泽县在轻度盐碱地上，每亩施用腐熟农家肥 1t、土壤调理剂 2kg，每亩每年投入 200 元，玉米亩均产量达 947.68kg，亩均增产 77.12kg、增幅 8.86%、增收 215 元；蔬菜亩均产量达 3 254.5kg，亩均增产 356kg、增幅 12.28%、增收 530 元。

（2）中度盐碱耕地。主要种植油葵、棉花、枸杞、蜜瓜、绿肥等经济作物，较非盐碱地减产 20%～30%，通过农田高效节水（膜下滴灌水肥一体化）+增施生物有机肥+施用土壤改良剂+绿肥种植等措施，可达到有盐无害的目的，连年改良作物产量增产 10%～20%，可恢复到正常水平的 80%～90%。如玉门市每亩增施生物有机肥 120kg、土壤调理剂 2kg，配套水肥一体化技术和绿肥种植翻压还田，每亩每年投入 300 元，对中度盐碱地进行改良，油葵平均亩增产 30kg，亩均增收 180 元；棉花平均亩增产 50kg，亩增收 350 元；枸杞平均亩增产 20kg（干重），亩均增收 460 元；蜜瓜平均亩增产 300kg，亩增收 400 元左右。

（3）重度盐碱耕地。大部分重度盐碱地主要种植油葵、棉花、枸杞等耐盐碱作物，较非盐碱地减产 40%～50%，种植粮食作物基本绝收，通过灌排措施和农艺改良相结合，每年采取灌水洗盐、机械深翻、掺沙压碱、增施有机肥、土壤调理剂等综合技术措施，在一次性亩工程投资 2 000 元的基础上，每年每亩培肥投入 300 元左右，产量可恢复到正常的 70%～80%，粮食作物产量可恢复到正常的 50% 左右。如瓜州县广至乡采取该措施改良后，玉米等粮食作物平均单产达 440kg，棉花平均皮棉达 120kg，瓜类平均单产达 2 000kg。

2. 耕地质量提升情况

通过 3 年试验示范，该项目区耕地质量等级平均提升 0.32 等，其中：土壤 pH 值由 8.57 降至 8.49，下降 0.08 个单位；土壤含盐量由 0.26% 降至 0.23%，降幅 11.53%；土壤有机质含量由 13.98g/kg 提升至 14.40g/kg，增加 0.42g/kg，增幅 3%。

3. 农民群众对技术模式接受情况

通过政策宣贯、材料发放、抓点示范、技术培训、现场示范、亲自教学等手段，该项目区农户普遍接受了增施有机肥、施用土壤调理剂、耐盐碱作物种植等盐碱地改良集成技术，有不少农户主动咨询基层技术人员相关产品的购买方式以及相应的技术要点。同时，通过联合有关教学、科研、企业等开展技术托管服务，一定程度上也解决了部分治理措施投入多、场地大、设备多所导致的推动难问题，进一步扩大了技术推广面积、摊薄了技术推广成本，让农民用得起、愿意用。

（四）技术获奖情况

2023 年获甘肃省科学技术进步奖一等奖。

二、技术要点

甘肃省盐碱耕地主要分布在河西及沿黄灌区，大部分地区年均降水量在 200mm 以下且自东向西减少。日照时间长强度高，土壤蒸发量大，干旱少雨，水资源短缺是导致耕地土壤盐碱化的重要原因。存在的突出问题是灌排系统和灌溉方式有待优化、土壤盐碱化和肥力水平低并存。针对突出问题，应着力加强节水改造，提升田间基础设施条件，提高耕地质量改良盐碱。

（一）主要措施

一是完善灌排系统。加快节水设施改造，建设明沟、暗管等工程，加强洗盐排盐。大力推广高效节水灌溉和水肥一体化，提高水肥利用率。二是调整种植结构。轻中度盐碱耕地种植小麦、玉米、马铃薯等耐盐品种，重度盐碱耕地种植油葵、棉花、甜菜等耐盐品种。三是提升耕地肥力。推广保护性耕作、合理轮作倒茬、种植绿肥、秸秆还田、地膜覆盖、机械深翻等农艺措施，提升土壤有机质含量，培肥土壤，控制盐碱危害。

（二）核心技术

1. 培肥"控"盐技术模式

在轻度盐碱耕地上主要采取"增施有机肥+施用土壤改良剂"等综合技术，土壤改良剂每亩用量1kg，腐熟农家肥1 000kg，配套合理轮作倒茬、种植绿肥、秸秆还田、地膜覆盖、垄膜沟灌（水肥一体化）、机械深翻等技术措施，提升土壤有机质含量，培肥土壤，控制盐碱危害。种植小麦、玉米、马铃薯、蔬菜等粮经作物，连续改良3年作物产量可恢复正常水平。

2. 节水"阻"盐技术模式

在中度盐碱耕地上主要采取"农田高效节水（膜下滴灌水肥一体化）+地膜覆盖+增施有机肥+施用土壤改良剂+种植耐盐碱作物"等综合技术，土壤改良剂每亩用量1kg，腐熟农家肥1 500kg，配套种植绿肥、秸秆还田、机械深翻等技术措施，阻断水盐运移，改善土壤理化性状，抑制盐害发生。主要种植小麦、玉米、油葵、棉花、蜜瓜等粮经作物，连续改良4年，增产20%以上。

3. 灌水"降"盐技术模式

在重度盐碱耕地上主要采取"冬泡地+农田高效节水（膜下滴灌水肥一体化）+增施有机肥+施用土壤改良剂+种植耐盐碱作物"等综合技术，灌水洗盐，第一年和第三年分别灌水1次，每亩每次灌水量200m³；土壤改良剂每亩用量2kg，腐熟农家肥2 000kg，配套客土、暗管排碱、挖沟排碱、表土排盐、掺沙压碱等工程措施，淋洗表层含盐量，优化土壤结构，减轻盐害发生。主要种植油葵、棉花、蜜瓜、枸杞、甜菜等经济作物，连续改良5年，增产30%以上。

4. 适种"抗盐"技术模式

发展耐盐作物种植，加强耐盐碱作物种质资源收集保护、鉴定和选育推广耐盐碱作物，由"改土适种"向"以种适地""以地适种"转变，针对轻、中度盐碱地，重点开展小麦、玉米、油菜、大豆、苜蓿等作物的耐盐碱种质筛选，培育耐盐碱、高产、优质新品种。针对重度盐碱地，宜开展土著原生境植物耐盐碱能力、经济价值评价，筛选一批如盐地碱蓬、盐角草、高碱蓬、野榆钱菠菜、油菜、甜高粱、苏丹草、田菁等耐盐碱性好、经济价值高的特色耐盐碱植物，宜草则草、宜果则果、宜林则林。同时，在无法耕种的重度盐碱耕地，示范工厂化现代农业示范园区建设工程，大力发展戈壁设施农业，培育盐碱地绿色生态产业；水资源充沛的区域，进一步探索盐碱水集中地区"挖塘降水、抬土造田、渔农并重、修复生态"的盐碱地治理新模式。

（三）配套技术内容

1. 建立盐碱地监测管护体系

实行谁承包谁管护、谁使用谁管护，分区建立统一的盐碱地监测体系，完善土壤盐碱化、水盐动态变化等监测网络，加强盐碱化趋势监测。开展土壤盐碱化评估和预警，确保盐碱耕地质量等级只升不降。

2. 建立耕地盐碱化防治体系

在易盐碱化区域，优化灌溉、施肥、耕作等措施，加强农田基础设施建设，保障灌排配套、合理灌溉，推广滴灌、喷灌等节水灌溉技术和水肥一体化技术，控制地下水位和耕层盐分，推广保护性耕作技术，防止耕地次生盐碱化。实施测土配方施肥、种植绿肥、增施有机肥、施用土壤改良剂、秸秆还田等措施培肥土壤，有效遏制耕地盐碱化。

3. 建立生态环境风险评估体系

分区分类开展盐碱地综合利用决策生态环境影响分析，防范重大生态环境风险。盐碱耕地综合治理应当控制水资源开发利用强度，禁止使用具有污染性的化学改良剂，控制化肥、有机肥、功能性肥料等投入品的过量使用，防止产生生态环境问题。

三、适宜区域

甘肃省酒泉、嘉峪关、张掖、金昌、武威、白银及兰州等市盐碱耕地区域。

四、注意事项

（一）严把产品质量关

对土壤调理剂、耐盐碱菌剂、有机肥、绿肥等改良盐碱耕地产品严把质量关，防止假冒伪劣产品流入市场，从源头上严厉打击。

（二）筛选耐盐碱作物

"以种适地"同"以地适种"相结合，加快筛选耐盐碱特色品种，大力推广盐地碱蓬、红叶藜、野榆钱菠菜、田菁、甜高粱、地麻、棉花、向日葵、枸杞、饲草、甜菜、大麦等已有耐盐碱作物品种，提升中度、重度盐碱耕地种植经济效益。

（三）灌溉用水水质监测

要关注灌溉用水来源和水处理技术，对灌溉用水水质进行监测。部分地区灌溉水质含盐含碱量大，不加以处理直接用于灌溉极易造成次生盐渍化现象发生，故应注意灌溉用水水质，减少灌水带入盐碱。

技术依托单位

甘肃省耕地质量建设保护总站

联系地址：甘肃省兰州市嘉峪关西路 708 号农业大厦

邮政编码：730020

联 系 人：郭世乾

联系电话：0931-8653677

电子邮箱：58719422@qq.com

旱作农田拦提蓄补"四位一体"集雨补灌技术

一、技术概述

（一）技术基本情况

我国旱区涉及 16 个省（区、市），面积约占全国的 56%、耕地约占全国的 52%，在水资源仅有 19% 的情况下生产了全国 58% 以上的粮食，对保障我国粮食安全和重要农产品有效供给至关重要。干旱缺水、水资源短缺是该区农业生产发展的瓶颈性难题，充分利用雨水资源是破解该难题、保障该区农业可持续发展的有效途径。

为此，针对旱区降雨时空分配不均、农田水分供应不足和降水利用效率不高等粮食、果业产能提升的瓶颈性难题，该团队历时 15 年，开发出"沟道坝拦水（拦）+光伏发电提水（提）+水窖高位蓄水（蓄）+节水灌溉补水（补）"的"四位一体"集雨补灌技术（后文简称"四位一体"集雨补灌技术），显著提升粮食作物和经济林果产量与水分利用效率，有效缓解了干旱缺水这一旱作农田产能提升的瓶颈性难题。

该技术近 3 年累计示范应用 56.85 万亩，较旱作作物增产 24.0%~159.8%；申请国际发明专利 3 项、国家发明专利 15 项、授权 11 项，授权实用新型专利 8 项、软件著作权 5 项；出版学术专著 2 部，发表学术论文 88 篇；制定国家标准 1 项、行业标准 1 项、地方标准 3 项，获省部级科研奖励 3 项。

（二）技术示范推广情况

"四位一体"集雨补灌技术先后在榆林国家农业科技园区、杨凌国家农业科技园区、榆林国家现代农业科技示范园（子洲旱作农业示范园）等进行示范应用，2021 年、2022 年和 2023 年分别在第二十八届、第二十九届和第三十届中国杨凌农业高新科技成果博览会进行展示。技术熟化后，近 3 年在陕西、内蒙古、甘肃等省（区）累计推广应用 56.85 万亩。2022 年该技术被列入《陕西省"十四五"农业节水行动方案》和《榆林市发展高效旱作节水农业五年行动方案》，并制定形成了国家标准《旱区农业　术语与分区》（GB/T 41684—2022）、行业标准《旱作农业　术语与定义》（NY/T 4177—2022）、陕西省地方标准《黄土高原苹果园光伏提水集雨微灌技术规范》（DB61/T 1791—2023），推动该技术进一步标准化和规范化，为今后大面积推广应用奠定了良好的基础。

（三）提质增效情况

在陕西、甘肃和内蒙古等地多年定位试验示范表明，"四位一体"集雨补灌技术亩均投资约 2 400 元（包括光伏系统、蓄水池、田间管网等），在使用寿命相当的情况下较普通滴灌亩均投资降低约 40%。

该技术应用后谷子亩产 278kg，大田传统种植亩产 107kg，亩均增产 171kg，增产率 159.8%，谷子价格 6 元/kg，亩均增收 1 026 元。

该技术应用后玉米亩产 720kg，大田传统种植亩产 440kg，亩均增产 280kg，增产率 63.6%，玉米价格 2 元/kg，亩均增收 560 元。

该技术应用后榆林市苹果亩产 2 130kg，滴灌亩产 1 930kg，亩均增产 200kg，增产率 10.4%，苹果价格 10 元/kg，亩均增收 2 000元；延安市苹果亩产 2 480kg，大田传统种植亩产 2 000kg，亩均增产 480kg，增产率 24.0%，苹果价格 10 元/kg，亩均增收 4 800 元。

在旱情较为严重的年份该技术的效果发挥更为明显，不仅解决了旱区电力缺乏地区旱作农田"卡脖旱""救命水"等农田产能提升的瓶颈性问题，同时采用清洁能源提水加压，也有效减少化石能源消化，降低了碳排放。该技术操作简单、仅需简单培训即可投入使用，运维成本低，对于减轻农业从业者劳动强度，提高工作效率也有积极的作用。

（四）技术获奖情况

该技术先后荣获 2019 年大北农科技奖环境工程奖、2021 年中国水土保持学会科学技术奖一等奖、2019—2022 年度全国农牧渔业丰收奖农业技术推广成果奖一等奖。

二、技术要点

（一）技术组成

"四位一体"集雨补灌技术主要由沟道坝拦水（拦）、光伏发电提水（提）、水窖高位蓄水（蓄）、节水灌溉补水（补）4 部分组成（图1）。分别利用沟道坝、截潜流等方式拦蓄雨洪资源（拦），采用太阳能光伏发电提水（提），使用防蒸发土工膜蓄水池和装配式蓄水池等进行高位蓄水（蓄），采用膜下滴灌、微孔陶瓷根灌、涌泉根灌等技术进行补灌（补），多途径协同实现雨水资源高效利用（图1）。

（二）核心技术

1. 沟道坝拦水技术

采用沟道坝、截潜流等方式，最大程度拦蓄雨洪资源。沟道坝可利用沟道中现有的淤地坝、滚水坝和塘坝等设施。若新建，则需进行防洪、稳定等安全设计、校核程序。截潜流一般由截水墙、集水洞、集水井组成，截水墙应视当地材料和引水量大小及施工技术经济条件而定，多用黏土夯实而成，也可用浆砌块石或混凝土修建。截水墙应修建在基岩或不透水层上，厚度由水头大小决定，底部及顶部应大于 1m。截潜流的集水量可按照河床有无地表径流进行计算。

2. 光伏发电提水技术

基于旱区光热资源丰富特点，研制出光伏水泵专用逆变器，集成光伏板、控制系统、光伏水泵、提水管网等形成光伏发电提水模块（图2）。光伏水泵逆变器将光伏板产生的直流电转化为交流电，根据提水动能需要，配置若干光伏板，组成光伏阵列，驱动光伏水泵工作，逆变器内微处理器持续监测光伏电能水平，调节光伏水泵频率，实现无输配电地区零电费提水。光伏逆变器需满足光伏提水机组动能需要，防止击穿。光伏发电提水系统布设位置全年日照时数应不小于 1 600h，全年太阳总辐射量应不小于 1 000kW·h/（m²·a）；具备承受 50 年一遇最大风速的能力。

3. 水窖高位蓄水技术

针对集雨补灌工程蓄水设施建设普遍缺乏砂石料的难题，研发出敞口式防蒸发土工膜蓄水池（图2）、PE 装配式可扩容蓄水池等轻简化蓄水设施，建造成本约为混凝土蓄水池的

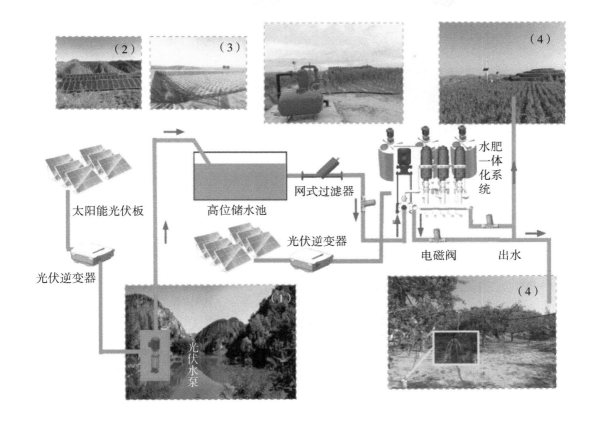

图1　旱作农田拦提蓄补"四位一体"集雨补灌技术示意

40%左右。大型敞口式防蒸发蓄水池防渗系统采用工厂化定制热熔高分子织物内胆进行防渗，蓄水容积大、施工快捷。为防止水体蒸发，采用整装浮降式防蒸发系统，防蒸发装置膜布上呈梅花形开孔，开孔孔径及密度根据当地降水量确定，最大孔径不大于50mm。蓄水池一般坐落在原状土基础上，基础为中、强湿陷性黄土时，采取浸水预沉等措施处理。PE装配式可扩容蓄水池采用成品PE储水罐组合而成，埋设于冻土层以下，与迷宫式一体化集雨沉砂池结合使用，实现了一体成型，高效沉砂。

4. 节水灌溉补水技术

根据作物种类的不同，选择不同的节水灌溉方式。对于玉米、小杂粮等大田作物，采用膜下滴灌技术。对于苹果、梨等经济林果采用地下灌溉方式（微孔陶瓷根灌、涌泉根灌等）（图3）。

（1）膜下滴灌。采用膜下滴灌、滴灌等成熟技术，配套铺管覆膜播种一体机等农机装备，实现农机农艺相结合。灌水次数、灌水定额和灌溉定额根据当地大田作物的需水规律试验资料确定，重点关注"卡脖水"和"救命水"。例如谷子，在干旱年补灌2~3次，播种期灌水定额为3~5m³/亩（5月上旬）；孕穗水10m³/亩（7月中旬）；水量富足时可补灌灌浆水（8月）10m³/亩。

（2）地下灌溉。采用微孔陶瓷灌水器、涌泉根灌灌水器、果树专用大流量灌水器等新

图 2　光伏发电提水、敞口式防蒸发土工膜蓄水池

图 3　谷子膜下滴灌和苹果微孔陶瓷根灌

型灌水装置。干管的末端或低点设置冲洗排水阀，每条干支管的最高处应安装进排气阀。将灌溉管网中支管、毛管、灌水器均埋置于地下，管道埋深根据冻土层确定。灌水装置埋深根据果树根系分布确定，例如矮化密植苹果园，适宜埋深为20cm；乔化苹果园，适宜埋深35cm。灌水次数、灌水定额和灌溉定额根据当地果树的需水规律试验资料进行确定，在无试验资料时，对于苹果可按照萌芽期1次、果实膨大期1~3次，每次0.05m³/株进行补灌。

（三）配套技术

针对"四位一体"集雨补灌技术智能化程度不高的问题，耦合集雨补灌智能控制决策平台、LoRa无线传输、水肥一体化等，形成智能集雨补灌系统，自动监测土壤墒情、气象要素、蓄水池水位、水质等信息，根据作物的需水规律自主决策制订补灌计划，实现降水利用效率和水分利用效率双提升（图4）。

三、适宜区域

降水量在300~650mm，缺乏输配电设施且太阳能资源丰富的旱作农田，在西南地区季节性干旱农田也可适用。

四、注意事项

（一）不同区域和作物灌溉定额

旱作农业区不同区域和作物需水量差异较大，采用"四位一体"集雨补灌技术并不能

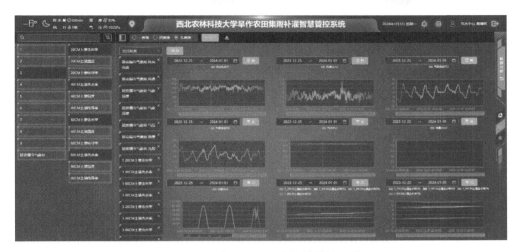

图4　旱作农田集雨补灌智慧管控系统

完全满足作物整个生育期的需水要求，因此在推广应用中应当明确采用该技术的出发点为努力破解"卡脖旱"，确保浇上"救命水"，保障作物关键生育期应急补灌，防止因盲目扩大拦水规模，造成其他行业的用水问题。

（二）高位蓄水池施工质量

高位蓄水池一般容积较大，防渗、防蒸发系统所用的高分子织物布接缝多，对高分子织物布质量、施工规范程度等要求较高。因此在推广应用中应当注意：①对高分子织物采购时加强质量检测，选取国家标准推荐值之上的材料；②减少膜布开孔、留有余量；③加强施工时质量监督，对存有隐患的位置要早发现、早处理。

技术依托单位

1. 西北农林科技大学

联系地址：陕西省咸阳市杨凌区西农路22号

邮政编码：712100

联　系　人：赵西宁

联系电话：13319241600

电子邮箱：zxn@ nwafu. edu. cn

2. 陕西崇仁水利工程有限公司

联系地址：陕西省西安市未央区旭辉荣华公园大道4号楼

邮政编码：710014

联　系　人：任利宇

联系电话：13700270638

电子邮箱：1084008160@ qq. com

设施蔬菜残体原位还田+
高温闷棚土壤处理技术

一、技术概述

（一）技术基本情况

1. 政策依据

2023 年中央一号文件指出，推进农业绿色发展。加快农业投入品减量增效技术推广应用，建立健全残体、农膜、农药包装废弃物、畜禽粪污等农业废弃物收集利用处理体系。

2. 研究背景

随着河南省设施农业的不断推广和发展，以土传病原菌和土壤退化为主的连作障碍问题日益突出。番茄、黄瓜、辣椒、西瓜、甜瓜等作物均出现了以土传病害频发为主的连作障碍问题。土传病害在高投入和高产出的设施种植中更为严重，而且还常伴随土壤酸化、次生盐渍化和养分失调成因的连作障碍，严重地威胁着我国农业生产的可持续发展。同时蔬菜残体等废弃物乱堆乱放现象，大多数达不到利用和处理，面源污染比较严重，造成重要的病虫害传播来源，成为亟待解决的突出问题。在推进农业绿色发展的时代背景下，蔬菜残体原位还田是循环农业的重要尝试，既为困扰菜农的蔬菜残体处理难问题打开了一条新路子，又能有效防控设施蔬菜连作障碍。

3. 可行性分析

截至 2022 年，河南省设施蔬菜种植面积 395.7 万亩，残体资源丰富，在大力发展循环农业的时代背景下，残体资源作为重要的生物质能源之一，对其进行合理开发利用得到了人们的重视。

残体原位还田省时省力，残体腐解后又能有效增加土壤有机质含量，培肥地力，农忙季节人手严重不足且严禁残体焚烧，所以通过残体原位还田技术，有效解决了设施蔬菜生产中存在的残体处理困难、土传病害严重、化肥农药过量、商品果率低、机械化程度低、用工成本高等关键问题。

（二）技术示范推广情况

2020 年在新乡市牧野区、获嘉县推广应用，对根结线虫的杀灭效果达到 98.73%，番茄茎基腐病发病率降低 37.4%，番茄病毒病发病率降低 7.42%，化肥减施 54.7%，杀虫剂减施 26.1%，杀菌剂减施 40.2%，产量提高 42.6%，产值增加 20.2%。

2021 年在原阳县示范推广，有效防治了土传性病虫害，番茄根结线虫的防控效果达到 100%，番茄茎基腐病的防控效果 98% 以上，优质果率 90% 以上，单果重在 250g 以上。

2022 年在滑县慈周寨镇推广，土壤碱解氮增加 6.87%，土壤速效磷增加 3.26%，土壤有机质增加 1.12%，单株果穗数增加 43.67%，单果重增加 11.33%，根结线虫病发病率是零，做到土传病害防治农药零使用。劳动生产效率提高了 25% 以上，极大地降低了劳动成本。

2023 年在滑县高平镇推广，秋延后黄瓜生产过程中根结线虫病发病率是零，产量提高 10%，优质果率 85% 以上。

（三）提质增效情况

与传统方法比较，对根结线虫的杀灭效果达到 98.73%，番茄茎基腐病的防控效果 98% 以上，优质果率 90% 以上，单果重在 250g 以上，产量提高 42.6%，产值增加 20.2%。劳动生产效率提高了 25% 以上，极大地降低了劳动成本。

（四）技术获奖情况

（1）河南科技学院主持的"蔬菜作物连作障碍快速消减机制与技术创新应用"2023 年荣获河南省科学技术进步奖二等奖。其中"设施蔬菜残体原位还田+高温闷棚技术"是"蔬菜作物连作障碍快速消减机制与技术创新应用"的主要技术。

（2）"设施蔬菜残体原位还田+高温闷棚技术"获得了 2023 年新乡市农业地方标准立项建设。

二、技术要点

（一）残体原位还田

1. 前置处理

蔬菜收获完毕，按以下顺序进行前置处理操作：撤离滴灌带，揭除覆盖在地表的地膜（生物可降解膜除外）及其他不能降解的杂物，去掉吊蔓绳，将蔬菜植株平铺于地面（图1）。

图 1　前置处理

2. 残体粉碎处理

用秸秆粉碎还田机将蔬菜残体切碎、灭茬，残体长度应在 3~5cm，切碎后的残体均匀铺撒在土壤表面，铺撒不均匀率应小于 20%（图2）。

3. 撒施秸秆腐熟菌剂

将秸秆腐熟菌剂均匀撒施在粉碎的残体上，每亩撒施秸秆腐熟菌剂 2kg，注意撒后 1h 内耕翻，避免阳光长时间直射。秸秆腐熟菌剂至少应包括分解残体纤维素、半纤维素和木质素的菌种（图3）。

4. 土壤耕翻

撒施秸秆腐熟菌剂后，立即用旋耕机翻耕土壤30cm以上，使蔬菜残体、秸秆腐熟菌剂与土壤充分混匀。

图2　蔬菜残体粉碎处理　　　　　　　图3　撒施秸秆腐熟菌剂

（二）高温闷棚土壤处理

1. 铺设滴灌带，覆盖地膜

铺设滴灌带，保证出水顺畅；在地面铺设厚0.02mm以上的白色地膜，四周用土全部压实，立柱下接口用夹子夹紧，使整个地面全部密封（图4、图5）。

图4　铺设滴灌带　　　　　　　图5　覆盖地膜

2. 滴灌

打开滴灌阀门连续滴灌6h，保证土壤15cm深的土层充满水分（图6）。

3. 高温闷棚

将棚膜全部覆盖，保证密闭状态，保证棚温要高于55℃的天气在7d以上，密封大棚15~20d（图7）。

图 6　连续滴灌 6h

图 7　高温闷棚

（三）闷棚后处理

1. 揭棚通风

高温闷棚土壤处理结束后，揭去地膜和大棚棚膜进行通风，棚室放风 2~3d。

2. 再次旋耕

通风后土壤水分为 70%~80% 时，进行再次土壤旋耕。

三、适宜区域

该技术适用于北方地区设施中的茄果类、瓜类和豆类蔬菜生产。日光设施应具备适宜农机装备进出和作业的条件。

四、注意事项

该技术残体原位还田环节要特别注意气温必须在 25℃ 以上，灌水深度一定在 15cm 以上，土壤温度在 55℃ 以上至少 7d。

技术依托单位

1. 河南科技学院

    联系地址：河南省新乡市华兰大道东段

    邮政编码：453003

    联 系 人：陈碧华

    联系电话：13781931408

    电子邮箱：183363468@qq.com

2. 河南省植物保护检疫站

    联系地址：河南省郑州市农业路 27 号

    邮政编码：450008

    联 系 人：关祥斌　刘　一

    联系电话：13526520117　15890689016

    电子邮箱：75220963@qq.com　liyizhibao@126.com

3. 河南省大宗蔬菜产业技术体系

    联系地址：河南省新乡市华兰大道东段

    邮政编码：453003

    联 系 人：李新峥

    联系电话：13837313983

    电子邮箱：lxz2283@126.com

"控—减—用"设施菜地面源污染防控技术

一、技术概述

（一）技术基本情况

现阶段，我国设施蔬菜主产区肥料过量投入，引起的面源污染问题突出，严重威胁流域水体生态安全。农业面源污染的隐蔽性、累积性及分散性，使其防控治理难度大。从污染发生源头、扩散过程、归趋末端等环节，构建全程防控技术体系，是农业面源污染防治的基本策略。为此，在"十三五"国家重点研发计划项目资助下，以控制施肥量，减少灌水定额，转化利用废弃物为核心，集成"控—减—用"菜地面源污染防控技术模式，有效削减氮磷养分投入，控制氮磷水体流失，实现蔬菜清洁生产（图1）。

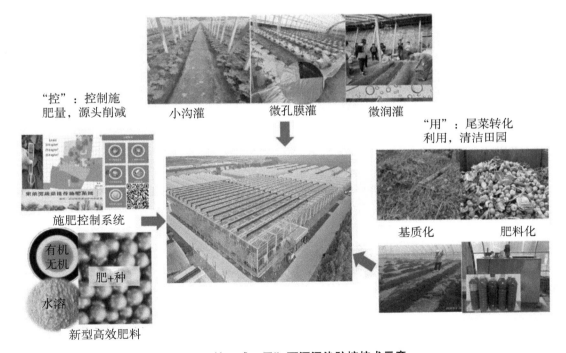

"控"：控制施肥量，源头削减
小沟灌　　微孔膜灌　　微润灌
"用"：尾菜转化利用，清洁田园
施肥控制系统
基质化　　肥料化
有机 无机　肥+种
水溶
新型高效肥料

图1　"控—减—用"面源污染防控技术示意

该技术模式已获得国家发明专利菜地专用炭基缓释氮肥及其制备方法（ZL 201310281761.4）等6项、发达国家专利（US11618700B1）等3项、软件著作权（2016SR362704、2019SR1369375、2022SR0573294）等6项，并制定技术标准5项，发表论文50余篇。且该技术模式已在北京、天津、河北、山东及河南等蔬菜主要产区推广应用，成为区域菜地面源污染防治的主导技术。

（二）技术示范推广情况

该技术 2020—2021 年在北京、天津、河北、山东及河南等蔬菜主产区累计推广应用近 150 万亩。其中，北京市延庆区农业综合技术服务中心累计示范 10.5 万亩，蔬菜增产 2 304.7~2 513.5kg/hm²。天津市农业生态环境监测与农产品质量检测中心累计示范 7.5 万亩，蔬菜增产 2 237.4~2 331.6kg/hm²。河北省石家庄市土壤肥料站累计示范 34.5 万亩，蔬菜增产 2 346.5~2 513.7kg/hm²。山东省临沂市农业技术推广中心累计示范 37.5 万亩，蔬菜增产 2 135.3~2 401.5kg/hm²。河南省中牟县土壤肥料站累计示范 33.0 万亩，蔬菜增产 2 415.2~2 617.2kg/hm²。河南省杞县农业农村局累计示范 24.7 万亩，蔬菜增产 2 368.2~2 495.6kg/hm²。共培训农民及技术人员 11 160 余人次，取得显著的生态效益、经济效益和社会效益。

（三）提质增效情况

技术试验示范区，菜地氮、磷养分投入量分别减少 37.5%、49.6%，土壤氮、磷残留累积量分别降低 36.7%、38.4%，氮、磷流失量削减 42.9%、37.5%，废弃物消纳利用率 95% 以上。蔬菜增产 2 301.7~2 617.2kg/hm²，增收节支 297.3~384.6 元/hm²。

1. 河北藁城试验示范区

菜地氮磷肥用量减少 21.9%~35.2%，番茄产量增产率为 10.1%~25.8%。菜地全年总氮、总磷淋洗削减率为 61.0%、40.8%，第一茬、第二茬土壤氮淋失量削减 80% 以上，磷削减率分别为 21.8%、77.0%。大棚茄子—菠菜种植模式中，全年总氮、总磷削减率为 24.9%、36.7%，其中茄子季削减氮磷分别为 47.0%、24.4%，第二茬菠菜削减总磷为 54.4%。

2. 山东兰陵试验示范区

通过尾菜基质化栽培就地转化废弃物。通过尾菜基质栽培，设施番茄季，有机肥和化肥用量减少 55%。两茬番茄种植结束后，与常规相比，土壤无机氮含量降低了 50.1%，无机氮的淋洗量显著降低 37.5%。有效磷含量降低了 49.7%，显著（$P<0.05$）增加产量。

3. 京郊试验示范区

番茄—叶菜轮作体系，蔬菜增产 50~85kg/亩，氮磷肥料用量减少 30% 以上。土壤氮、磷积累量降低 30% 以上。一个轮作周期氮磷淋失量减少 20%~30%。

4. 津郊试验示范区

番茄—芹菜轮作体系，有机肥和化肥用量降低 30%。与常规相比，不减产，番茄季土壤硝态氮降低了 31.40%，有效磷降低了 37.78%。淋溶水体总氮、总磷含量分别降低 33.46%，38.10%，铵态氮、硝态氮分别降低为 5.95%，34.08%，可溶性氮、磷分别降低为 37.88%，35%。芹菜季土壤硝态氮降低了 33.08%，速效磷降低了 31.97%。淋溶水体总氮含量降低 77.48%，硝态氮和可溶性磷淋洗率分别降低 92.35%，77.44%。

5. 河南中牟试验示范区

与常规相比，黄瓜季氮磷肥投入量减少 30% 以上，平均增产 9.05%，土壤速效氮、速效磷残留累积量分别下降 37.67%、43.04%，总氮、总磷、硝态氮淋失分别降低 56.90%、59.67%、78.68%。

6. 河南杞县试验示范区

设施番茄、辣椒种植氮磷肥投入量分别减少 38.9%，43.5%，土壤速效氮、速效磷残留累积量分别降低 44.3%，38.6%，总氮、总磷、硝氮淋失分别降低 40.8%，35.6%，

58.77%，尾菜秸秆资源化利用率达 96%。

（四）技术获奖情况

黄淮海集约农区氮磷面源污染防控关键技术与应用以该技术为核心，荣获 2019 年度山东省科学技术进步奖一等奖。该技术 2023 年通过第三方科技评价，达到国际先进水平。

二、技术要点

（一）"控"：养分投入总量控制技术

基于区域多年蔬菜产量、氮肥投入量，结合水体硝酸盐浓度变化，进行区域菜地氮素输入输出表观平衡与水体硝酸盐浓度时空关联分析，兼顾生态、经济及社会效益，制定区域氮素养分安全盈余控制指标（表1），确定蔬菜主产区表观氮盈余量占投入总量的 30%~50% 为区域水环境安全的氮素投入阈值。通过多场景多点试验，找到土壤磷（Olsen-p）淋失"拐点"，界定土壤有效磷安全累积阈值（沙土≤60mg/kg，黏土≤100mg/kg）。

结合蔬菜作物目标产量与菜地土壤肥力水平，确定区域菜地氮磷养分投入限量（含有机肥），制订区域主栽设施蔬菜（番茄、黄瓜）氮磷肥总量控制表（表2、表3）。如低肥力菜地氮磷肥投入控制在 45~60.5N kg/亩，41.4~51.5 P_2O_5 kg/亩，中肥力菜地氮磷肥投入控制在 23.1~38.6N kg/亩，20~30.3 P_2O_5 kg/亩，高肥力菜地氮磷肥投入控制在 12.3~26.8 N kg/亩，10~16.9P_2O_5kg/亩。利用区域专家推荐施肥系统，指导农户施肥，源头控制污染物。

表 1　区域氮素表观盈余控制指标

N 素盈余分级	氮素盈余率/%	级别描述	环境影响
I 级	<10	不足	投入量可适当增加，以提高产量，环境友好
II 级	10~30	合理	平衡量在合理范围内，环境友好
III 级	30~50	轻度过量	平衡量在可以接受范围内，地下水可以饮用
IV 级	50~70	中度过量	区域地下水需经过处理方可饮用
V 级	>70	重度过量	地下水不建议饮用

表 2　区域设施番茄氮磷肥总量控制表　　　　　单位：kg/（亩·茬）

目标产量/（t/亩）	土壤肥力等级	有机肥 N	有机肥 P_2O_5	化肥 N	化肥 P_2O_5	推荐施 N 量	推荐施 P_2O_5 量
6~8	低肥力	40	40	9~12	1.35~1.8	49~52	41.35~41.8
	中肥力	20	20	7.1~10.1	0	26.2~29.2	20
	高肥力	10	10	5.3~8.3	0	13.4~16.4	10

注：有机肥用量标准为低肥力 2~4t/亩，中肥力 1t/亩，高肥力 0.5t/亩。

表 3　区域设施黄瓜番茄氮磷肥总量控制表　　　　　单位：kg/（亩·茬）

目标产量/（t/亩）	土壤肥力等级	有机肥 N	有机肥 P_2O_5	化肥 N	化肥 P_2O_5	推荐施 N 量	推荐施 P_2O_5 量
5	低肥力	40	40	20.5	11.5	60.5	51.5

（续表）

目标产量／（t/亩）	土壤肥力等级	有机肥 N	有机肥 P_2O_5	化肥 N	化肥 P_2O_5	推荐施 N 量	推荐施 P_2O_5 量
6~9	中肥力	20	20	10.4~16.6	0~3.5	30.4~36.6	20~23.5
	高肥力	10	10	8.6~14.7	0	18.6~24.7	10
10~15	中肥力	20	20	18.6~28.9	4.6~10.4	38.6~48.9	24.6~30.4
	高肥力	10	10	16.8~27	1.2~6.9	26.8~37	11.2~16.9

注：有机肥用量标准为低肥力 2~4t/亩，中肥力 1t/亩，高肥力 0.5t/亩。

（二）"减"：灌水定额减量技术

发展节水灌溉技术，减少灌水定额，满足根层水分供应充足的情况下，避免水分过多下淋，阻控因水分下移带动的氮磷淋失。基于原位淋溶试验，确定安全灌水定额，黏土和沙土区，菜地单次灌水量 20m³/亩以下，可有效控制氮磷淋失，同时保证蔬菜正常生长需水量。采用小沟灌、微孔膜灌、低压微润灌技术，提高水资源利用率。

1. 小沟灌

蔬菜定植后，沿定植行，距离植株约 20cm 处，利用开沟机，开挖一条宽 20~25cm，深 15~20cm 的沟，边坡底整平，沟内灌水，灌水量可控制在 15m³/（亩·次）以下。

2. 微孔膜灌

将聚乙烯膜通过金刚砂滚轮生成均匀分布的微孔（孔距 2mm），铺设在地面，水肥由管道送入田间，经过膜上微孔渗入根区。无须压力，无顾虑堵塞，成本低，易操作可控制灌水量在 12~15m³（亩·次）（图2）。

图 2　菜地微孔膜灌溉

3. 微润灌

基本设计参数为首部水源高度 2.0m 左右，微润管理深为 25~30cm，采用矩形布置、高压冲洗微孔压力 0.10~0.15MPa。可控制灌水量在 10m³/（亩·次）（图3）。经过连续两茬种植，设施黄瓜平均根长、根表面积、根体积及根平均直径比传统沟灌分别提高了 20.9%、31.9%、35.8% 和 10.8%，水分利用率提高 56.4%~72.4%。

（三）用：废弃物多层级转化利用技术

转化利用尾菜残果等，多层级利用末端废弃物，实现清洁生产。采用废弃物基质化和肥料化技术，提高蔬菜废弃物利用效率。

图3 低压微润灌田间布设

1. 基质化

尾菜秸秆与废弃菌糠、牛粪按照1∶3∶3（体积）混合堆腐发酵，调整物料水分含量为50%~60%，堆体pH值为6.0~8.0，碳氮比为25~35，电导率不超过1.5mS/cm，腐熟菌剂添加量为堆体重量的0.2%~0.5%。发酵30~35d，添加2%珍珠岩，制成栽培基质。

菜地开沟（宽30cm、深40cm），沟内填铺制备的基质，定植蔬菜，配置滴管系统，形成尾菜基质化土槽栽培模式（图4）。连续定植3~5茬后可将基质还田，增加土壤有机质。

图4 尾菜基质化土槽栽培模式

2. 肥料化

针对残余茄果、瓜及根茎等高水分含量的尾菜废弃物，采用密闭发酵制备液体肥料。具体操作为残余果蔬∶红糖∶水=3∶1∶10，接种辅助菌剂，在密闭发酵容器中避光封闭保存3~5个月，温度控制在25℃左右，初期每2d搅拌1次，30d左右检测物料pH值为3~4，表明发酵完成。施肥时，随清水滴灌到菜地（图5）。

三、适宜区域

该技术主要适宜于黄淮海地区及其他蔬菜主产区。

图5 尾菜密闭发酵肥料化模式

四、注意事项

尾菜基质化制备过程中，应注意充分腐熟，以消除致病菌、虫卵等有害物的残留。

技术依托单位

1. 农业农村部环境保护科研监测所

联系地址：天津市南开区复康路31号

邮政编码：300191

联 系 人：张贵龙

联系电话：022-23611819

电子邮箱：zhangguilong@ caas. cn

2. 农业农村部农业生态与资源保护总站

联系地址：北京市朝阳区麦子店街24号楼

邮政编码：100125

联 系 人：习 斌 李旭冉 代碌碌

联系电话：010-59196369

电子邮箱：xxiibbiinn@ 163. com

3. 山东省农业科学院

联系地址：山东省济南市历城区工业北路23788号

邮政编码：250100

联 系 人：薄录吉

联系电话：0531-66658575

电子邮箱：boluji@ 126. com

4. 山东省农业生态与资源保护总站

联系地址：山东省济南市历城区工业北路200号

邮政编码：250100

联 系 人：曲召令

联系电话：0531-81608081

电子邮箱：sdnyhb@ shandong. cn

南方镉铅污染农田生物炭基改良技术

一、技术概述

（一）技术基本情况

我国南方农田土壤镉/铅（Cd/Pb）污染比较严重，且常伴随酸化、有机质含量低、养分不平衡等诸多障碍，不仅降低生产力，而且加剧Cd/Pb危害。现有的治理技术主要着力于"治标"，即降低土壤Cd/Pb活性。但是，受复杂多样的土壤类型与障碍因素的综合影响，这种"外科手术"式的技术措施常常效果不稳定，也缺乏持久性。重要原因之一是缺乏来源丰富、环保高效、多功能的修复材料，另外缺乏针对土壤理化性质差异的重金属污染的靶向修复技术。生物炭以其独特的结构和理化特性、丰富的来源与广泛的应用价值引起了土壤学和环境科学领域研究者的关注，并以"黑色黄金"之美誉为学界认可。生物炭对环境污染物具有超强的吸附能力，同时还可有效提高土壤质量，其作为新兴的环境功能材料，有望在我国土壤多种问题的综合解决方案中扮演重要角色。然而，关于生物炭—重金属—土壤三者的相互作用是如何影响生物炭修复效果，以及如何在不同理化性质的重金属污染土壤上利用生物炭基改良材料技术等依然不明确。这些理论难题和技术瓶颈问题的解决是生物炭基材料应用于重金属污染土壤修复的关键。

该技术以"标本兼治"为指导思想，以实现降低土壤Cd/Pb污染危害、协同提升耕地生产力为目标，选择生物炭为基础材料，在"生物炭—Cd/Pb—土壤"互作机制取得突破的基础上，基于土壤障碍因素不同，研发出降酸协同Cd/Pb钝化、有机质强化Cd/Pb钝化、矿质养分辅助Cd/Pb钝化3项新技术，通过技术集成，形成了南方镉铅污染农田生物炭基改良技术，创制了基于土壤障碍差异的生物炭基土壤调理剂配置技术，可实现降污—抑酸—固碳—增肥多重效益。该技术获授权发明专利6项，实用新型专利10项，相关专利和广东省农业主推技术转让给两家企业作为生产的核心技术，合作期间（2020—2022年）相关营业收入累计提高了54 563万元，利润累计增加4 243万元。

（二）技术示范推广情况

针对农田Cd/Pb污染成因多样、土壤障碍因素区域特征明显等复杂情况，创建了"土壤医生"诊断改良模式和"六位一体"的推广应用模式。在广东、湖南和广西大面积推广应用，与各地政府部门签订相关技术支撑协议，获得各个县区政府的成果转化和技术服务经费超过1.4亿元，经过修复后稻米中Cd/Pb元素90%以上低于《食品安全国家标准　食品中污染物限量》（GB 2762—2017）标准限值，蔬菜全部达标。技术物化给3家企业，大幅度提升企业核心竞争力。近3年应用面积累计超110万亩，该项目区土壤pH值提高0.2~1.4，作物增产5%~16%，农产品Cd/Pb含量平均降低49%，新增销售额42 402万元，新增利润5 437万元；合作企业近3年营业收入累计提高54 563万元，利润累计增加4 243万元(图1)。

图 1 示范现场

（三）提质增效情况

针对 Cd/Pb 活性与土壤酸化"同恶相济"问题，以高 Lewis 酸缓冲容量生物炭复配强碱性矿物材料，可快速提升并长效保持土壤 pH 值，并提升 Cd/Pb 钝化效率 24%~81%；针对低有机质含量 Cd/Pb 污染土壤因有机络合态 Cd/Pb 占比低而生物有效性高的问题，开发了基于碳库稳定性调控为主的有机肥料科学配伍技术，可提高 Cd/Pb 钝化效率 5%~35%。针对矿质养分缺乏 Cd/Pb 污染土壤，利用补充钙镁钾等矿质养分增强矿质养分离子与Cd/Pb之间的竞争性吸附/吸收作用，可提升阻抑作物吸收富集 Cd/Pb 效率 15%~65%。

试验证明：①采用生物炭基改良技术可同时降低稻米中镉、铅含量。通过多地验证，南方酸性土壤区稻米镉、铅含量分别平均降低 53.28% 和 71.88%。②生物炭基改良剂技术对稻米镉降低效果是市售其他改良剂的 1.14~2.26 倍，成本是市售改良剂的 1/3~2/3。

（四）技术获奖情况

该技术连续 3 年入选 2021—2023 年广东省农业主推技术，荣获 2022 年度广东省农业技术推广奖二等奖，参与获得 2022 年中国产学研合作创新与促进奖一等奖，2022 年度广东省环境技术进步奖一等奖。

二、技术要点

（一）生物炭界面形成磷酸镉（铅）复合体是钝化 Cd/Pb 的关键机制

生物炭钝化 Cd/Pb 的过程复杂、途径多样，明确其主导机制是支撑生物炭材料定向制备的关键。研究发现该技术所采用的生物炭钝化机理主要是重金属与矿物共沉淀作用，特别是 Cd/Pb 容易与磷酸根发生化学反应，导致生物炭表面磷元素（P）结合能发生了偏移（图 2A），进而在生物炭颗粒表面形成 $Cd_m(H)_x(PO_4)n$ 复合体（图 2B）。生物炭颗粒表面分布的矿物质对 Cd/Pb 钝化的贡献率分别为：磷酸盐 3.2%~20.2%、硫酸盐 3.4%~15.9%、碳酸盐 1.1%~9.4%、硫化物 1.3%~6.8%，磷酸盐的作用尤为突出。

（二）建立关键指标集可用于准确而快速地筛选出适用生物炭

该技术选择 33 种本地区典型生物质制备生物炭，基础理化性状分析与特异性状挖掘结合，试验研究与机器学习 PLS 算法结合，从获得的 13 个性状44 616个数据中甄别出关键的指标，并形成指标集 {P，H，A，T}（表 1）。根据关键指标集，对原生物炭进行改性，优化关键指标，提高生物炭含磷量，从而提高 Cd/Pb 吸附量。利用关键指标集，能够精准而快速地确定适用的原材料用于制备生物炭，生物炭的综合指数值达到 2.72 时，对土壤

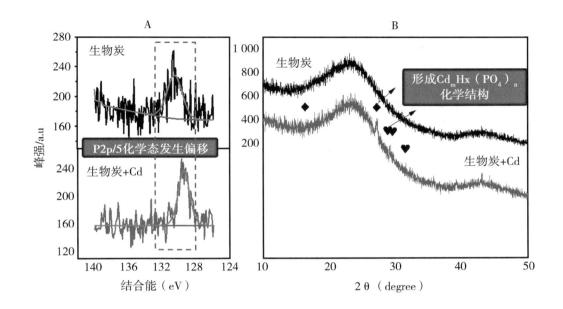

图 2　生物炭表面形成的磷酸镉复合体及发生的 P2p/5 位移

Cd/Pb 的钝化作用最强，Cd 和 Pb 最大吸附量分别为 5.5g/kg 和 149.7g/kg，相对未进行综合指数筛选的生物炭 Cd 和 Pb 吸附量分别提高了 12.4 倍和 5.5 倍，适宜用作钝化剂。

表 1　甄选的生物炭关键指标及参数

指标	参数范围	重要性指数（VIP）
总磷（P）	1.20~3.56g/kg	1.54
pH 值（H）	＞9.50	1.23
灰分（A）	15.4%~35.8%	1.37
总有机碳（T）	35.9%~70.0%	1.26
综合值（I_{sum}）	≥2.72	

$I_{sum} = \sum_i VIP$［（指标）/（指标平均值）］

（三）该技术根据 Cd/Pb 与酸根物质、有机质及矿质养分之间的作用原理，研发降酸协同 Cd/Pb 钝化、有机质强化 Cd/Pb 钝化、矿质养分辅助 Cd/Pb 钝化等 3 项技术

针对 Cd/Pb 污染伴随酸化农田，开发降酸协同 Cd/Pb 钝化新技术：南方特别是广东省 Cd/Pb 污染农田土壤酸化严重，pH 值＜5.50 的农田占 56%，Cd/Pb 污染与铝离子毒害并存，"同恶相济"，危害大、修复难度大。为此，筛选出具备高 Lewis 酸缓冲容量（500~1 600mmol/kg）的生物炭材料，与强碱性矿质材料科学配伍，开发降酸协同 Cd/Pb 钝化新技术。一方面，充分发挥了生物炭界面离子复合沉淀反应作用，Cd/Pb 钝化效率提高 24%~81%；另一方面，快速降低了土壤活性酸度，土壤 pH 值提高 0.5~1.4。更重要的是，土壤缓冲容量增强，提高了 10%~30%，3 年内土壤 pH 值没有发生显著降低。实现了 Cd/Pb 污染和 Al 毒害的协同消减，并可长期阻止土壤酸化。

针对 Cd/Pb 污染伴随低有机质含量农田，开发有机质强化 Cd/Pb 钝化新技术：南方 Cd/Pb 污染农田土壤有机质含量较低，土壤有机质含量＜15g/kg 的农田约占 60%。此类土壤中，有机结合态 Cd/Pb 不到 8%，高活度的酸溶态 Cd/Pb 高达 35%~45%。为此，该技术将生物炭与有机肥料科学配伍，充分发挥活性有机碳与惰性有机质之间的互补作用，更加有效地钝化 Cd/Pb。发现在多孔结构的生物炭表面，形成了更多更稳定的 Cd/Pb 有机复合体，土壤 Cd/Pb 的活性降低程度分别比单施生物炭或单施有机肥料提高了 20%~35% 和 5%~11%。该技术为 Cd/Pb 污染贫瘠土壤长效修复与安全利用，提供了技术解决方案。

针对 Cd/Pb 污染伴随养分贫瘠/失衡农田，开发矿质养分辅助 Cd/Pb 钝化新技术：南方 Cd/Pb 污染农田近一半同时存在钙镁等矿质营养元素缺乏（钙镁含量低于推荐值 20%~45%），生产上常见的"重氮重磷轻钾"的做法，加剧了农田养分失衡。矿质养分缺乏会导致土壤 Cd/Pb 离子因缺乏土壤界面竞争吸附以及作物竞争吸收作用而更易被作物吸收，其生物有效性比钙镁充足的土壤高 10%~22%，施用常规钝化剂的钝化效果则低 5%~12%。为此，该技术创新性地创制将生物炭与钙镁质材料科学复配，促进生物炭表面形成更多的生物炭—Cd/Pb—钙镁复合物，使土壤 DTPA 提取态 Cd/Pb 含量降低了 15%~28%；结合氮磷钾肥科学管理，作物 Cd/Pb 吸收量也显著地降低了 15%~65%。矿质养分辅助钝化土壤 Cd/Pb 技术，为解决养分障碍型 Cd/Pb 污染农田安全利用难题，提供了切实可行的技术方案。

三、适宜区域

该技术适用于南方中轻度镉铅污染农田土壤治理，尤其是重金属污染伴随着土壤酸化、有机质低、矿质营养缺乏或失衡等一种和多种土壤障碍的土壤上，在稻米/蔬菜重金属含量存在超标风险的污染土壤上使用该技术，可以生产出合格的农产品，同时达到耦合降酸—有机质提升—矿质养分平衡供给的目的。

四、注意事项

一是改良前需了解土壤基本理化性质，特别是土壤 pH 值、有机质、有效磷和速效钾含量，以便选择辅料，确定配方；

二是生物炭基改良剂在整理地时施用，与土壤充分混合；施用后至少需要平衡 3d，再播种或者移栽作物。

三是生物炭基材料需要在干燥的地方保存，但是在施用前需要喷施一定量的水以利于施用。

技术依托单位

1. 广东省农业科学院农业资源与环境研究所

联系地址：广东省广州市天河区五山金颖路 66 号

邮政编码：510640

联 系 人：刘忠珍　魏　岚

联系电话：13527790364

电子邮箱：lzzgz2001@163.com

2. 农业农村部农业生态与资源保护总站

联系地址：北京市朝阳区麦子店街 24 号

邮政编码：100125

联 系 人：郑顺安

联系电话：13301072930

电子邮箱：zhengshunan1234@163.com

3. 佛山大学

联系地址：广东省佛山市南海区狮山镇广云路 33 号

邮政编码：528000

联 系 人：王海龙

联系电话：18606539138

电子邮箱：hailong.wang@fosu.edu.cn

4. 广东省农业环境与耕地质量保护中心（广东省农业农村投资中心）

联系地址：广东省广州市天河区先烈东路 135 号

邮政编码：510000

联 系 人：叶　芳

联系电话：15011662006

电子邮箱：305424258@qq.com

寒旱区农村改厕及粪污资源化利用技术

一、技术概述

（一）技术基本情况

我国寒旱地区涉及 16 个省（区、市），8 000 多万人使用旱厕，卫生厕所普及率较低，粪污处理利用难。针对我国寒旱区卫生厕所节水防冻能力差、臭味控制难、粪污资源化利用水平低等难题，研发了雨水回用、太阳能耦合厕屋/粪池供暖等节水防冻技术，高效生物、物理除臭防臭技术，研制了双坑交替和粪尿分集两种改造升级厕所、免水冲堆肥式卫生旱厕和循环水冲两种新型厕所。技术获授权专利 18 项，软件著作权 2 项，出版科普作品 2 套，制定、修订标准 5 项。技术成果在青海、新疆、吉林、山西、甘肃等 11 个省（区、市）推广应用（图 1、图 2），提升了农村人居环境和农民幸福感，社会经济效益显著。

（二）技术示范推广情况

该项目成果在青海（图 1）、新疆、甘肃、辽宁、山西（图 2）、河北、北京、吉林、黑龙江等 11 个省（区、市）推广应用，大力推动了我国寒旱区农村改厕的质量及成效。

图 1　免水冲堆肥式卫生旱厕（青海互助示范点）

在传统厕所升级改造技术产品应用推广方面，在新疆维吾尔自治区昌吉市、奇台县，青海省海东市、互助县，山西省襄汾县、长子县，吉林省洮南市等推广了节水、防冻、除臭等技术及装备，提升了原有厕所的卫生水平。

在新型厕所技术产品应用推广方面，在青海省互助县、新疆维吾尔自治区伊宁市、中印边境、满洲里、黑河部队哨所等，推广应用了免水冲堆肥式旱厕，解决了在缺水和严寒并存情况下的卫生如厕难题；在北京市朝阳区和房山区、河北省雄安新区、辽宁省盘锦市、山西省兴县等地推广了循环水冲式厕所技术产品，解决了缺水和管网覆盖不到的地区建立水冲厕所的难题。

图 2　循环水冲式厕所（山西兴县示范点）

（三）提质增效情况

通过该技术成果的示范推广应用，有效减少了厕所粪污传染性疾病传播和蚊蝇滋生，大幅度节约水资源，示范点较水冲式厕所年节水 700 万 t；彻底解决粪污暴露问题，有效控制臭气产生，提升了如厕环境，提高了农户生活品质，改善了农村人居环境；推动了厕所粪污等农业农村有机废弃物的资源化利用，年处理粪污等有机废弃物 182.95 万 t，年产有机肥130.82 万 t，年经济效益达到 1.90 亿元。

（四）技术获奖情况

该技术成果荣获 2019—2021 年度全国农牧渔业丰收奖农业技术推广成果奖一等奖、2022—2023 年度神农中华农业科技奖科学普及奖。

二、技术要点

（一）寒旱区厕所节水防冻除臭技术

1. 研发了洗手水（雨水）收集净化利用、微水冲、粪水土壤渗滤循环水冲等节水技术

针对便器清洗用水量大、水资源回收利用难等问题，综合经济性和抗黏附性，筛选出超高分子量聚乙烯（UPE）作为便器材料，粪污黏附率小于 17.24%，提高了便器的清洁度，减少了用水量；创新研发了洗手水和雨水收集—净化—利用技术，利用活性炭等多介质过滤和消毒技术，净化水达到《城市污水再生利用　城市杂用水水质》（GB/T 18920—2020）标准，可用于厕室和便器清洁；构建了砾石—沸石—生物炭+土壤混合—砾石为基质的新型多介质粪水土壤渗滤循环水冲系统，出水水质可达 ISO 30500 标准，尾水可用于冲厕使用，水资源回收率 90% 以上，极大提高了农村厕所的节水性能。

2. 开发了太阳能主动式和被动式供暖等节能防冻技术

针对冬季低温条件下导热介质易结冰胀破管件、弱光或无光条件下耗电量高等关键技术难题，开展了厕屋与太阳能耦合设计和优化研究，筛选出油汀和防冻液为导热介质，优化了太阳能供热保温工艺，同时耦合被动式阳光门廊、受益窗吸热技术，开发了基于太阳能集热蓄热的厕屋供热调控技术，实现了厕屋的低碳节能、高效保温，日间厕屋平均温度较室外提高 15.3℃，夜间平均温度提高 12.2℃，较电能供热节能 55%。

3. 研发了自动封堵、除臭菌剂等防臭除臭技术

针对厕屋、厕具结构不合理、卫生旱厕臭味大等问题，创新开发了重力封堵技术和自动

控制封堵技术，可以实现使用者离开后，便器自动闭合，阻隔臭味逸散，可满足厕室臭气强度低于 2 级的要求，采用高通量测序技术，探明了厕所粪污腐熟过程中微生物群落结构演替规律，筛选出以芽孢杆菌为主要菌属的微生物降解除臭菌剂，臭气去除率可达 53%。

（二）寒旱区新型资源循环厕所产品

1. 研发了传统厕所改造升级产品

集成研发了粪尿分集式厕所提升技术，重点攻克了自动实现粪尿分集的隔板和分层式堆肥结构，集成了粪污堆肥以及菌剂除臭技术，提高了粪尿分集效率和粪便无害化速率，粪便无害化时间从 2 个月以上缩短至 1 个月以内；集成研发了双坑交替式厕所提升技术，重点攻克了手动覆料螺旋装置等关键部件，集成了太阳能供热、菌剂除臭等技术，提高了如厕后覆料的便捷化，室内臭味程度从 4 级降至 2 级（感觉出气味阈值），粪便无害化时间从 6 个月缩短至 3 个月。

2. 创新研发了免水冲堆肥式户厕产品

重点攻克了双螺旋搅拌和控温伴温技术好氧堆肥技术装备，优化了厕所粪污好氧发酵工艺，集成了大口径落粪口自动封堵式源分集便器、太阳能供暖工艺、微生物降解除臭菌剂，实现 14d 内粪污腐熟，腐熟效率提高 30% 以上，年运行成本约 125 元。

3. 创制了粪水净化循环回用水厕

重点研发了基于生物化学深度处理的粪水回用技术装备，集成粪水土壤渗滤循环水冲技术，厕所粪污经收集、生物降解、土壤渗滤净化、杀菌处理后，由循环泵提升经过过滤器后储存在位于集装箱顶部的高位水箱用于回用冲厕，处理后回用水水质达到国际 ISO 30500 标准，水资源回收率 90% 以上。根据全生命周期经济评价法分析得出，与传统管网厕所相比，循环回用水厕总经济净现值提高了 31%～44%。

三、适宜区域

节水防冻除臭技术、传统厕所改造升级产品、免水冲堆肥式户厕产品适用于我国干旱寒冷地区以及丘陵山地等使用旱厕的地区；粪水净化循环回用水厕适用于水资源短缺、下水管网施工建设难度大投入大的地区。

四、注意事项

一是因地制宜选择技术模式。在技术推广应用中，应依照改厕当地的地理气候环境、农户经济水平、农户如厕习惯等因地制宜合理选择改厕技术模式，在干旱且不具备上下水管网的地区可优先选择堆肥式厕所、循环水冲式厕所等，寒冷地区建设时要重点选用节水防冻除臭等技术。

二是积极开展宣传培训。在改厕技术推进过程中，应通过发放小册子、制作相关视频、入户现场示范、张贴明白纸等多种方式，开展新型改厕所技术产品使用流程、使用注意事项等相关宣传培训工作，倡导农户积极、规范使用厕所，避免因不用、不正确使用造成的厕所损坏、粪污无害化效果不达标等问题。

三是建立长效管护机制。推广厕所技术不能只关注厕所建设，还要注重后端运维管护。要加强对厕所运维管护配套设备设施、人员、机制和粪污无害化处理利用等方面的机制建设，将改厕日常管理落到实处，使厕所设施设备维护维修及时到位。

技术依托单位

1. 农业农村部规划设计研究院

联系地址：北京市朝阳区麦子店街41号

邮政编码：100125

联 系 人：沈玉君

联系电话：15901213895

电子邮箱：shenyj09b@163.com

2. 青海省海东市互助土族自治县畜牧兽医站

联系地址：青海省海东市互助县威远镇西街30号

邮政编码：810599

联 系 人：赵青山

联系电话：13997023601

电子邮箱：649446662@qq.com

3. 宜兴艾科森生态环卫设备有限公司

联系地址：江苏省宜兴市环科园中节能产业园6栋

邮政编码：214200

联 系 人：周小康

联系电话：13901531926

电子邮箱：zhouxiaokang@hotmail.com

贮运加工类

玉米和杂粮健康食品加工与品质提升关键技术

一、技术概述

（一）技术基本情况

我国是粮食生产大国，2023年玉米产量达2.77亿t，小米、高粱、燕麦和荞麦等杂粮产量超过3 000万t。玉米和杂粮在主要组分、加工特性和食用品质等方面具有相似性，被统称为"粗粮"，除提供蛋白质、淀粉、维生素等营养外，还富含膳食纤维、多酚、类胡萝卜素和花色苷等多种功能因子，是改善居民均衡膳食和营养健康的优势资源，在我国大健康产业发展中占有举足轻重的地位。近年来，由于营养失衡导致的慢性代谢性疾病呈高发趋势，成为影响人民生命健康的主要因素，亟待通过调整膳食结构，增加玉米和杂粮食品摄入量，对提高我国居民营养健康水平具有十分重要的意义。因此，玉米和杂粮健康食品受到国内外消费者和食品行业的高度关注。

但是我国玉米和杂粮食品加工研究起步晚，玉米、杂粮产品营养不均衡、食用品质差、初级产品多、精深加工产品少，加工关键技术及装备研发滞后、标准化和产业化程度低，无法满足不同人群对玉米杂粮健康食品的需求。

该技术团队在国家"863"计划、"十二五"国家科技支撑计划、"十三五"国家重点研发计划、国家玉米产业技术体系加工专项等国家和地方重大科技攻关计划支持下，鉴选了健康食品开发专用品种，阐明了玉米、杂粮营养和食用品质特性；系统挖掘了玉米和杂粮中重要功能成分的健康效应及作用机理，揭示了玉米杂粮组分对食用品质的影响机制；突破了多级变温挤出质构重组、场辅助生物修饰及老化控制、多重营养组配和协同增效等关键技术，攻克了玉米、杂粮面团成型难、产品口感差、易老化等难题，创制了健康食品及配料19个，研发核心装备12台（套），并在全国主食化加工示范企业和粮食加工重点企业进行应用，引领了产业技术升级。获得授权国家发明专利5项，制定标准5项，在食品领域国内外权威期刊发表SCI/EI论文43篇。经第三方机构成果评价，多重营养组配与协同增效、多级变温挤出质构重组、场辅助复合抗老化与微波热风耦合干燥等关键核心技术达到了国际领先水平。

（二）技术示范推广情况

目前，该技术已在吉林省长春市国家农业高新技术产业示范区进行示范推广，相关成果在黑龙江省北大荒绿色健康食品有限责任公司、长春中之杰食品有限公司、黑龙江北纯农产品开发有限公司等多家粮食加工重点企业进行了转化应用。实现较大范围推广应用，取得了显著的经济社会效益。

（三）提质增效情况

该技术相关成果在合作企业建立了玉米杂粮主食专用粉、杂粮馒头、杂粮重组米、杂粮非油炸即食面等示范生产线8条，开发了全营养重组米、非油炸即食面、多谷物冲调粥及系列主食专用粉等健康食品和配料 19 个。该技术成果自 2015 年应用以来，技术在示范企业黑龙江省北大荒绿色健康食品有限责任公司、长春中之杰食品有限公司、黑龙江北纯农产品开发有限公司累计新增销售收入 17.42 亿元。通过技术转化应用，提升了合作企业的核心竞争力，提高了企业的创新能力和品牌知名度，长春中之杰食品有限公司被评为全国主食加工示范企业。该技术成果的推广应用对改善我国居民膳食结构，满足国民营养健康需求，推动大健康产业发展，实现粮食增值、农业增效、农民增收，确保高质量国家粮食安全具有重要战略意义。

（四）技术获奖情况

该技术成果入选"首批中国食品科学十大进展"、吉林省 2024 年农业主推技术。该技术核心科技成果荣获国家科学技术进步奖二等奖（玉米精深加工关键技术创新与应用），吉林省科学技术进步奖一等奖 2 项（玉米主食工业化生产关键技术研发与产业化示范；杂粮健康食品加工关键技术与应用），中国食品科学技术学会科技创新奖技术进步奖一等奖 1 项（玉米食用品质提升关键技术与应用）。

二、技术要点

（一）玉米和杂粮主食专用粉改性关键技术

1. 微波辅助生物修饰技术

将玉米粉加水调浆并搅拌均匀后，按干玉米粉质量的 0.1%~0.5% 添加中性蛋白酶，通过搅拌将中性蛋白酶均匀地混合到玉米浆中，在 50~60℃ 温度条件下酶解 2~6h；将酶解后的玉米浆放入微波场中，在微波功率为 4 000~6 000W 的条件下，加热 5~10min；处理结束后经烘干、粉碎得到改性玉米粉。该技术可以缩短酶解时间，提高蛋白质的消化率，并增强玉米面团的黏度和拉伸性能，为玉米和杂粮面制产品的开发提供了技术支撑。

2. 多级变温挤出质构重组技术

为了提高玉米和杂粮食用品质，该技术团队在前期玉米和杂粮组分对食用品质的影响机制研究基础上，攻克了多级变温挤出质构重组技术。该技术设计采用多级变温连续挤出模式，自主研发多级变温挤出质构重组装备（图 1），具体参数为：机筒温度温区 1 为 50~70℃，温区 2 为 110~130℃，温区 3 为 130~150℃，温区 4 为 110~130℃，温区 5 为 100~120℃，水分添加量为 15%~25%，螺杆转速为 160~200r/min，经挤出后可显著改善玉米和杂粮粉的质构特性，为玉米和杂粮健康食品开发奠定了基础。

（二）玉米和杂粮产品加工关键技术

1. 组合式双螺杆挤出和匀化脱水技术

分别以玉米和杂粮混合粉为原料，进行双螺杆挤压处理，挤压膨化温度为 140~160℃，加水量为 20%~30%，螺杆转速为 140~160r/min，喂料速度 15kg/h，切割机转速 600r/min，完成产品造粒。流化床 I 区温度设置为 200℃、II 区温度 130℃，流化床干燥风速为 8m/s，传送带速度 0.30m/s（图 2）。创制了多谷物即食杂粮粥，与国内外同类技术相比，多谷物即食粥复水时间缩短了 35.7%。

2. 微波热风耦合干燥技术

针对玉米和杂粮即食面复水性差，重组米整米率低等问题，技术团队突破了微波热风耦合干燥技术，与设备厂家联合攻关研制了微波热风耦合干燥装备（图 3），对玉米和杂粮即

图1 多级变温挤出质构重组装备

图2 匀化脱水设备

食面进行微波热风联合干燥（图4），干燥条件为：物料厚度2cm、微波时间6min、微波功率1 800W、热风风速1m/s、热风温度40℃、热风时间15min。干燥后物料含水量≤12%，面条复水时间缩短至3.5min。重组米干燥条件为：微波功率1 800W、热风温度40℃、物料厚度6mm、微波时间6min、热风时间15min和热风风速1m/s。同时，该技术有效降低了生产能耗。

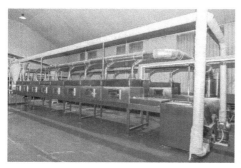

图3 微波热风耦合干燥装备

图4 多谷物全营养即食面生产设备

（三）玉米和杂粮健康食品老化控制关键技术

1. 微波辅助酶与多糖复合抗老化技术

首先在200~400W微波条件下对玉米和杂粮粉处理5~10min。随后添加酶与多糖复合抗老化剂：α-淀粉酶7U/g、羧甲基纤维素0.2%、卡拉胶0.5%，即得抗老化改性玉米粉。该技术制备的专用粉糊化热焓值低，使淀粉重结晶有序化程度显著降低，与普通杂粮面制品相比，结晶度和回生值分别降低了31.5%和74.6%。

2. 乳酸菌协同酵母发酵技术

优选出保加利亚乳杆菌：嗜热链球菌＝1：1作为杂粮发酵面制品专用乳酸菌菌株，每克菌粉含菌落总数约为10^8CFU/g，与普通发酵杂粮面制品相比，贮藏72h后，热焓值降低了18.4%，延缓了发酵杂粮面制品的老化速度。此外，突破了乳酸菌协同酵母发酵技术，植酸降低了87.8%，同时提升了杂粮发酵面制品的口感风味。解决了玉米和杂粮食用品质和连食性差等难题。

（四）应用示范情况

应用项目研发的关键技术，配套研制了核心装备12台（套），创制了玉米和杂粮健康食品及配料 19 个,并在黑龙江省北大荒绿色健康食品有限责任公司、长春中之杰食品有限公司、黑龙江北纯农产品开发有限公司等多家粮食加工重点企业进行了示范推广,创造了显著的经济社会效益(图5)。

图 5   玉米和杂粮健康食品

三、适宜区域

该技术适宜于我国粮食主产区大中型粮食加工企业。

四、注意事项

由于玉米和杂粮等食品原料的种类和组分存在差异,需要根据不同原料种类和产品类别进行技术参数调整优化。

技术依托单位
吉林农业大学   农业农村部玉米加工及综合利用技术集成科研基地
联系地址:吉林省长春市新城大街 2888 号
邮政编码:130118
联系人:张 羽
联系电话:0431-84532966
电子邮箱:zhangyu@jlau.edu.cn

玉米花生烘储真菌毒素防控与
分级利用关键技术

一、技术概述

（一）技术基本情况

1. 技术研发推广背景

粮食安全是"国之大者"，党的十八大以来，以习近平同志为核心的党中央始终把粮食安全作为治国理政的头等大事。然而，我国粮食每年产后损失高达350亿kg，相当于"天府粮仓"四川省一年的粮食总产量。玉米是我国第一大粮食作物，约占粮食总量的40%，因其粮饲两用，成为保障粮食安全的重要基石。花生是我国最重要的油料作物之一，我国是世界上最大的花生生产、消费和出口大国。

但是，玉米和花生在种植和收储阶段易受到禾谷镰刀菌、串珠镰刀菌和黄曲霉等多种真菌的侵染，导致减产和品质下降，严重威胁粮食安全；更为严重的是，真菌产生具有强毒性和致癌性的真菌毒素：呕吐毒素、玉米赤霉烯酮和黄曲霉毒素等，严重威胁食品和饲料安全，为害人畜健康。每年真菌毒素污染的玉米花生总量超过144亿kg，相当于7 200万人一年的口粮，造成的直接经济损失超过400亿元。玉米、花生及制品的黄曲霉毒素污染超标问题普遍且严重，2010—2020年花生及其制品黄曲霉毒素超标占我国食品出口欧盟总违例事件的22.7%，每年因黄曲霉毒素污染造成经济损失超过100亿元。因此，研发玉米和花生烘储真菌毒素防控与分级利用关键技术，对保障我国粮食安全和食品安全，具有特别重要的意义。

玉米和花生收获后，要经历干燥、储藏、利用3个环节，目前我国粮油产业在这3个环节均存在问题导致产后霉菌毒素发生严重。干燥环节存在的主要问题是干燥设备进风口和出风口区间的热量不均衡，导致干燥不均匀、能耗较高；储藏环节是霉菌发生的高峰期，干燥不彻底、环境不适宜均导致霉菌发生，而目前还缺少高效绿色的防控策略与技术；对于被毒素污染的玉米和花生，尚不能高效地分级分选，将污染与洁净的籽粒区分开，实现高值化利用。

2. 本技术解决的主要问题

（1）针对干燥环节，研发玉米和花生快速、低成本干燥技术及装备，实现快速、精准将水分降到安全水分，防控真菌及毒素污染。

（2）针对储藏环节，研发玉米和花生储藏真菌毒素绿色防控技术和真菌污染快速可视化检测技术，解决储藏真菌毒素污染问题。

（3）针对毒素污染原料，研发玉米和花生无损检测和智能分选技术和装备，创新玉米、花生及其制品真菌毒素安全脱毒技术，实现毒素污染玉米、花生及其副产物的分级合理利用。基于技术创新，构建玉米和花生烘储真菌毒素防控与分级利用关键技术体系，实现玉米和花生产后减损、分级合理利用、加工副产物的高值化安全利用，保障粮食安全并推动玉米和花生产业高质量发展。

3. 专利范围及使用情况

自 2007 年以来，在国家重点基础研究发展计划项目、国家重点研发计划项目、公益性行业科研专项等项目支持下，历经 15 年，中国农业科学院农产品加工研究所突破了粮油产后霉菌防控减损保质技术，技术成果和产品已推广到全国 12 个省（区、市），覆盖我国粮食主产区，建立了 2 条生产线，获授权发明专利 10 项（表 1），技术使用成熟、稳定、可靠。

表 1　主要知识产权目录

知识产权类别	知识产权名称	国家	授权号	授权日期	权利人
发明专利	复合植物提取物及其在粮食储藏防霉中的应用	中国	ZL 201711230734.9	2021.12.03	中国农业科学院农产品加工研究所
发明专利	一种耐酸性玉米赤霉烯酮解毒酶及其编码基因与应用	中国	ZL 201710322734.5	2020.08.25	中国农业科学院农产品加工研究所
发明专利	一株甲基营养型芽孢杆菌及其在降解玉米赤霉烯酮中的应用	中国	ZL 201410202975.2	2016.08	中国农业科学院农产品加工研究所
发明专利	一种应用激光快速检测并分选霉变谷粒的方法	中国	ZL 201210289311.5	2014.03.12	中国农业科学院农产品加工研究所
发明专利	同时降解 AFB_1 和 ZEN 的医院不动杆菌 Y1 及其应用	中国	ZL 202210319116.6	2023.11	中国农业科学院农产品加工研究所
发明专利	抑制粮食中黄曲霉生长及毒素产生的方法	中国	ZL 201911031450.6	2022.04.12	中国农业科学院农产品加工研究所
发明专利	一种模块化换向通风干燥机	中国	ZL 201711224634.5	2019.07.23	农业农村部南京农业机械化研究所
发明专利	一种箱式换向通风干燥机的余热回收装置及方法	中国	ZL 201510117871.6	2017.08.25	农业农村部南京农业机械化研究所
发明专利	一种易翻转物料不饱满度分选装置及算法	中国	ZL 201910610765.X	2019.07.08	安徽中科光电色选机械有限公司
发明专利	一种可换向通风的箱式干燥机及对粮油作物干燥的方法	中国	ZL 201210532111.8	2014.09	农业农村部南京农业机械化研究所

（二）技术示范推广情况

项目创新的关键技术、产品与装备已经在山东鲁花集团有限公司、青岛天祥食品集团有限公司、安徽中科光电色选机械有限公司、长寿花食品股份有限公司、江苏奥迈生物科技有限公司、山东益昊生物科技有限公司、珠海市自然之旅生物技术有限公司、诸城兴贸玉米开发有限公司、山东名肽生物科技有限公司、山东玉皇粮油食品有限公司、无锡市高德机械制造有限公司、遂平县智远农机专业合作社 12 家企业推广应用，形成了技术开发和应用相结合、"龙头企业+基地+农户"的转化和应用模式，推动了企业标准化、规模化、品牌化发展，带动了农民增收和就业。

（三）提质增效情况

创新科技成果，实现产后减损 3%。该技术围绕玉米和花生产业链，在干燥、分选、存储、加工等多个环节研发相应的技术和装备，通过科技创新推进粮食绿色减损，保障国家粮食供给。

提高了粮食质量安全水平，保障了人民群众身体健康。该技术实现了玉米和花生收储加工全程损失控制，在粮食加工企业的推广应用，减少了玉米和花生产品因霉菌及毒素污染对企业造成的损失和对消费者产生的危害，为保障食品安全提供了关键技术支撑，有利于人民群众身体健康。

提升了产品国际竞争力，促进了出口贸易。有效打破了粮油产品贸易技术壁垒，促进了国际贸易，如山东鲁花集团、青岛天祥食品集团在花生储藏和加工过程中，采用该技术显著降低了因黄曲霉毒素等超标导致的损失，促进了出口贸易，增加了粮食加工产品的国际竞争力，提高了粮食加工企业的经济效益。

促进了农民增收、带动了农民就业。通过示范企业带动，推广粮食霉菌防控干燥、分选、储藏和加工技术，增加了约 3 000 个就业机会，5 年累计增加农民收入约 2.1 亿元。

2023 年 01 月 18 日，成果完成单位委托中国农学会组织专家对科技成果"玉米花生烘储真菌毒素防控与分级利用关键技术创新及应用"。会上根据成果完成人汇报与专家质询情况，形成专家综合评价结论。专家组认为该成果针对我国玉米、花生产后烘储加工产业链中长期存在的干燥不均匀易霉变、真菌毒素防控技术装备缺乏、毒素污染原料未能高效分级利用等难点问题，在产后智能干燥、仓储毒素绿色防控、智能分级分选及生物脱毒等方面取得了突破，成果整体达到国际先进水平。

（四）技术获奖情况

（1）玉米收储真菌毒素防控与分级利用关键技术创新及应用，2022 年获中国农业科学院杰出科技创新奖。

（2）花生加工黄曲霉毒素全程绿色防控技术及应用，2016 年获中国农业科学院杰出科技创新奖。

（3）花生黄曲霉毒素绿色防控技术及应用，2022 年获山东省科学技术进步奖二等奖。

（4）花生储藏加工黄曲霉毒素绿色精准防控技术及应用，2022 年获中国粮油学会科学技术奖。

（5）5H-1.5A 型换向通风干燥机，2018 年获江苏省机械工业专利奖金奖。

二、技术要点

（一）发明了精准换向通风、无堵滞高效通风排湿和余热智能回收技术，创制了系列箱式和塔式通风干燥装备，解决了玉米和花生收后干燥不均匀、易霉变的难题

基于"能量均衡原理"，研发的换向通风技术与装备采用空气源热泵加热，并融合了多级导风板自适应匀风、模块化组拼、液压辅助卸料等新技术。针对单向通风能量供应不平衡、形成沿通风方向上水分梯度、干燥不均匀的问题，采用周期性改变通风方向的方式，改变箱式干燥物料床厚度方向上的通风均匀性，使得料床不同空间区域内的物料获得更均匀的能量输入，显著提高干燥均匀性。创新设计了余热智能回收装置，在干燥机的出风口安装在线温湿度传感器，根据测得的气流温度和湿度值，自动调节气流回收方式。基于电阻式测量原理的连续单粒式谷物水分在线检测仪，具有自动修正由物料温度和品种差异引起的测量误差功能，拥有物料取样机构、碾压采样机构和高精度小信号采样电路等专利技术，能够精准、快速检测烘干过程中玉米含水率变化。

综合以上理论突破和技术创新，发明精准换向通风技术，通过自适应控制，解决了传统设备干燥不均匀、能量浪费严重难题，创制箱式换向通风干燥系列装备（图1），不均匀度由4%~6%降到1.5%~2.5%，降低60%；耗能降低75%~85%；创制了塔式混流通风干燥机；大幅提高干燥效率、均匀性和能效，干燥不均匀度由2%~3%降到1%~1.5%，降低50%；耗能降低75%~80%，极大降低了玉米和花生储藏期霉菌和真菌毒素发生的可能性；采用燃气炉替代燃油炉，确保烘干后粮食的清洁卫生和无异味，解决了玉米和花生收后干燥不均匀易霉变的难题。

图1 系列换向通风干燥技术与装备

（A）MCMD-100型连续单粒式谷物水分在线检测仪；（B）玉米专用系列塔式混流通风干燥装备；（C）花生专用箱式精准换向通风干燥装备。

（二）研发了玉米花生储藏真菌毒素绿色精准防控技术和真菌污染快速可视化检测技术，解决了玉米和花生仓储真菌毒素防控难题

挖掘了大量绿色防控资源，揭示了肉桂醛、丁香酚、茉莉酸甲酯和异硫氰酸酯通过全局调控和氧化应激调控因子，抑制曲霉生长和毒素合成的分子调控途径；筛选到副干酪乳杆菌L54、短乳杆菌8-2B，对玉米和花生上多发黄曲霉、镰刀菌等真菌抑制率均达90%，诠释了活性产物白灰制菌素合成途径，超表达簇内转录因子提高活性因子产量，实现生防菌株的活性提升；挖掘warA、laeA等潜在霉菌防控分子靶标4个，为玉米和花生储藏过程中霉菌和毒素的精准防控提供了靶点。

发明了玉米和花生储藏真菌毒素绿色防控技术和真菌污染快速可视化检测技术。从植物、微生物中挖掘多种天然活性化合物：肉桂醛、丁香酚、柠檬醛和茉莉酸甲酯、2-壬酮、脂肽等，创制了复合植物提取物防霉剂，2kg可处理10t粮食，对霉菌和毒素污染抑制率达90%以上，可替代常用化学防霉剂，配套研发液态型复合防霉剂专用雾化熏蒸设备。耦合低温和气调储粮技术，发明了玉米和花生储藏真菌毒素绿色防控技术（图2），降低玉米呼吸作用，使玉米水分减量由以前的平均1.5%降至0.5%，减损1%，化学虫霉抑制剂用量下降近70%，储藏一年后仍保持新粮的品质。发明了黄曲霉和镰刀菌孢子核酸高效快速富集提

取方法和真菌污染高灵敏、快速、可视化检测技术，检测时间由 12h 降到 30min 内，检测限降低 1 个数量级，实现了玉米和花生真菌污染的快速监测，为精准防控提供支撑。

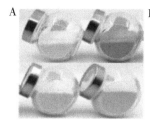

图 2　玉米和花生储藏真菌毒素绿色防控和品质保持技术

（三）研发了玉米和花生无损检测技术，创制了智能色选分选装备和黄曲霉毒素激光分选装备；创新了原料及副产物化学和生物降解脱毒技术，实现了毒素污染玉米和花生的高效分级利用

针对玉米和花生中主要真菌毒素，应用激光扫描、光谱成像等技术，提取毒素污染籽粒二维图像特征，结合机器学习和大数据分析，获得污染物料荧光特征波长，分光技术获取全部特征光谱信息，确保污染粮食被准确识别，建立了毒素污染粮食的定性分级模型和定量检测模型，发明了玉米和花生真菌毒素无损检测技术。创新复合光谱成像系统、图像处理算法、大数据实时传输和处理方法、软着陆出料系统、精准定位和气动剔除等技术。发明了激光诱导荧光、荧光检测技术，融合多光谱探测、高灵敏度传感技术，创制了智能激光分选机，一次选净率达 97%，实现了对毒素污染玉米和花生的精准识别和高效分级分选，与同类技术相比剔除准确率提高 50%，实现了真菌毒素污染原粮的在线分级分选处理（图 3）。

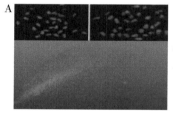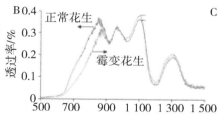

图 3　污染粮食分选技术与装备

发明了真菌毒素污染玉米和花生的安全脱毒技术，创制了脱毒酶/菌制剂，实现了毒素污染玉米和花生的高效合理分级利用。发明了花生加工臭氧、玉米亚硫酸安全脱毒技术，对黄曲霉毒素和玉米赤霉烯酮的脱除率超过 90%；获得玉米赤霉烯酮、呕吐毒素和黄曲霉毒素的高效降解菌 16 株，均在食品或饲料添加剂目录内，创制了脱毒酶制剂 1 种、菌制剂 3 种，毒素脱除率高于 90%，降解产物安全无毒。通过多拷贝、密码子优化等技术，实现脱毒酶的高效表达，酶表达量提高 4 倍，创制了玉米赤霉烯酮高效脱毒酶制剂。获得多效芽孢杆菌 1 株，可产生抗菌脂肽 Surfactin 有效抑制霉菌生长，同时分泌内酯水解酶和还原酶分别破坏香豆素内酯环和双呋喃环，实现玉米和花生多发黄曲霉毒素的高效脱毒。发明了多层链板传送自动化固态好氧发酵装置，建立了全过程自动化发酵系统，以毒素污染的玉米、花生或加工副产物作为培养基，芽孢杆菌、乳酸菌等益生菌作为发酵菌种，发酵物料随链板一起缓慢传送，与氧气充分接触，降低毒素含量，全程无人自动化洁净空间操作，避免杂菌污染，节约发酵时间保证发酵产品（饲用微生物制剂、微生态制剂）品质，发酵后产品黄曲霉降解率达到 97.8%，酸溶蛋白含量提高、小肽含量增加、氨基酸组成平衡，一次性实现毒素消除、产品增值和替代抗生素三重效果，填补国际空白。

三、适宜区域

我国粮油产区农户、合作社及粮油加工流通企业应用。

四、注意事项

该技术可根据农户、合作社、粮油加工流通企业和粮库的规模、产品消费对象和储藏周期的不同，选择不同的粮油收储防霉减损保质技术。

技术依托单位

1. 中国农业科学院农产品加工研究所

联系地址：北京市海淀区圆明园西路 2 号院

邮政编码：100193

联 系 人：邢福国

联系电话：15801607126

电子邮箱：xingfuguo@ caas. cn

2. 农业农村部南京农业机械化研究所

联系地址：江苏省南京市玄武区中山门外柳营 100 号

邮政编码：210014

联 系 人：谢焕雄

联系电话：13913912593

电子邮箱：xiehuanxiong@ caas. cn

3. 安徽中科光电色选机械有限公司

联系地址：安徽省合肥市高新技术产业开发区柏堰科技园玉兰大道 43 号

邮政编码：230093

联 系 人：章 余

联系电话：18356095702

电子邮箱：sales@ cn-amd. com

柑橘采后清洁高效商品化处理技术

一、技术概述

（一）技术基本情况

柑橘是我国第一大水果，年产量突破 6 000 万 t。柑橘产业是我国南方革命老区、欠发达山区、重点库区和边境民族地区政府主抓的农业支柱产业，在巩固脱贫攻坚成果、实现乡村振兴和落实大食物观等国家重大需求中发挥着重要作用。我国柑橘 95% 以上以鲜果销售和鲜食消费，果实保鲜和商品化生产是柑橘产业的核心竞争力。加入 WTO 以来，以绿色保鲜、节能贮藏和精准分选为核心的绿色高效保鲜与商品化处理关键技术缺乏，严重制约我国柑橘产业高质量发展。成熟柑橘果实采后腐烂损耗率高，市场终端以统货销售的大宗果实过剩，优质商品果缺乏；季节性或区域性产能过剩，销售压力大，以及应对低温或高温等极端天气能力不足；产业链和供应链脆弱等问题十分突出。针对上述问题进行联合攻关，形成了柑橘绿色高效保鲜与分选关键技术，制定了行业标准，并以保鲜产品、贮藏设施和分选装备为载体，实现成果的产业化应用。

该技术能有效解决我国柑橘采后保鲜与商品化处理中面临的以下三个突出问题：

（1）针对柑橘保鲜生产过度依赖化学保鲜剂，果实采后腐烂损耗率高的问题，研发了以调控果面蜡质为手段的绿色保鲜技术。

（2）针对我国柑橘高效节能贮藏设施缺乏，区域性或季节性卖果难，产业抵御极端天气能力弱的问题，研发出适合我国柑橘特性的节能高效贮藏技术和贮藏设施，成功解决了大批冷库保鲜效果不佳、运行能耗高和冷库闲置率高等问题。

（3）针对我国柑橘未经清洗和分选处理，统货销售导致的果实卖相差，产业效益低的问题，建立了优质柑橘保鲜分选指标体系及分选标准化流程，研发出宜机化的配套关键技术并集成在分选线上，显著提升了果实和装备的市场竞争力。

理论研究成果在 *Plant Cell*、*New Phytologist*、*Plant Physiology* 及《中国农业科学》等国内外知名刊物发表学术论文 120 余篇，授权发明专利 30 项，制定行业和地方标准 2 项。2018—2023 年分别邀请相关院士专家通过中国柑橘学会、中国园艺学会以及中国农业工程学会对该技术进行评价，专家们认为核心成果在同类技术中居国际领先或国际先进水平，技术创新性和实用性强，充分肯定了该技术对提高鲜果产品市场竞争力、实现柑橘产业高质量发展具有特别重要的意义。应用技术以赣南湘南革命老区、三峡和丹江口重点库区、滇西边境民族地区为重点，在我国 12 个柑橘主产省（区、市）得到产业化推广，使我国柑橘采后损耗率由 30% 以上下降到 15% 以内，合作示范点下降到 5% 以内，柑橘精准分级率由 20% 上升到 70% 以上，成套技术与装备占国内近 5 年新增市场 80% 左右，并出口到美国、西班牙等 32 个国家和地区。

（二）技术示范推广情况

该技术在湖北、江西、广西等我国 12 个柑橘主产省（区、市）、90% 以上的核心企业大范围广泛应用。依托国家现代农业柑橘产业技术体系平台、国家柑橘保鲜技术研发专业中心、湖北省科技服务水果产业链"515"平台和校地合作的专家团队工作站，创建了学、研、产、用全面协同的技术应用推广机制。与江西绿萌科技和四川国光等重点企业建立了成果熟化和产品开发的协同创新平台；先后培植了江西橙皇果业、云南褚橙、广西正欣农业公司、宜昌洋红柑橘专业合作社、枝江市桔缘柑桔专业合作社等一批国内知名甚至具有国际影响力的柑橘采后生产企业，所有新技术均先在这些企业内进行示范和熟化，经国内同行观摩学习，进一步推广应用。目前这些企业已成为我国柑橘采后生产的新技术展示和成果体验基地，在业内真正起到了引领示范和带动作用。

统一编写了《柑橘采后生产关键技术》培训教材以及培训课件，通过各参与单位或分散或集中，常态化组织了各类培训会议或现场讲座 1 000 余场次，受众超过 9 万人次。主编的全国高等学校规划教材《园艺产品贮藏运销学》被评为 2014 年度全国农业教育优秀教材，先后培养研究生 50 余人，有效改善和优化了基层专业队伍，助推技术的应用。基于该技术形成的《柑橘商品化处理技术规程》和《柑橘储藏》行业标准在全国各大柑橘主产区得到快速推广和广泛应用，直接受益企业近 800 家，约占我国柑橘采后生产龙头企业的 90%，提升柑橘产业发展水平。

（三）提质增效情况

近 20 年来，该技术团队一直坚持边研发，边示范，边推广的思路，成果相继在全国 12 个柑橘主产省（区、市）应用，大幅提高了我国鲜食柑橘进军国际市场的竞争力。通过技术示范和推广，我国柑橘采后腐烂损耗率由过去的 30% 以上总体下降到 15% 以内，核心示范企业的年损耗率可控制在 5% 以内，商品化处理的能力由过去不足 20% 上升到 70% 以上。示范企业的化学保鲜剂使用量减少 62% 以上，含杀菌剂的废水排放量减少 64% 以上，高强度劳动力的投入减少 83%。柑橘鲜果的食用安全等级显著提升，达到欧盟和北美等发达国家的安全标准，国产鲜食柑橘出口到欧美等全球 40 余个国家和地区。集成的优质高效保鲜分选成套技术随同分选装备出口到美国、西班牙、新西兰等 32 个国家和地区，产生良好的经济效益。技术以三峡和丹江口重点库区、赣南—湘南—百色革命老区、滇西边境民族地区为重点实施地，带动近 70 万户农村人口脱贫致富，产生了重要的社会效益和生态效益。

（四）技术获奖情况

以该技术为核心的科研成果先后获省部级科学技术进步奖一等奖 5 项，分别为：2017 年湖北省科学技术进步奖一等奖；2016—2018 年度全国农牧渔业丰收奖农业技术推广成果奖一等奖；2018—2019 年度神农中华农业科技奖一等奖；2022 年度广西科学技术进步奖一等奖；2023 年度江西省科学技术进步奖一等奖。

二、技术要点

经过近 20 年的研究，该技术团队提出"采后问题采前防，采后重在控损伤"的柑橘绿色保鲜理念，以及"先清洗，后保鲜；先分级，后贮藏"的柑橘保鲜和商品化处理流程。涉及的核心技术有采前清园和科学采收技术、果实预处理和预分选技术、柑橘节能贮藏技术、采后生产园区建设及综合管理技术。

（一）采前清园和科学采收技术

1. 采前清园

采前 1 个月开始定期（每星期 1 次）清园，及时清除果园内裂果、烂果、着色异常果，以及地面落果，进行彻底清理和无害化处理。采前 10d 果园严禁灌水，对排水不良或连阴雨天气，可通过覆膜避雨或开沟排水，创造适度干旱环境，促进果面蜡质合成，提高果实耐贮藏性能。根据目标市场需求规定采收标准，严格以内在品质为参照判断产品成熟度，不能早采；作为鲜果销售的优质商品果必须达到《柑橘商品化处理技术规程》（NY/T 2721—2015）和《柑橘储藏》（NY/T 1189—2016）规定的基本成熟度。通常要求果实出汁率≥45%，可滴定酸含量 0.4%~1.0%；总可溶性固形物含量≥10%，早熟品种果面转色面积≥50%，中晚熟品种果面自然转色，开始采收为宜。

2. 科学采收

采收和采后处理过程中造成的微创伤是采后病原微生物入侵的门户，"带病上路"的果实后期腐烂率很高。技术关键点：对采摘和采后生产人员进行培训，做到无损伤地科学采收；做好采前准备工作，用具大小适中，防止果实相互挤压；用具消毒衬垫，采果袋（框）、手套保持清洁；采果人员健康状况良好，专业采果队伍统一着工作服帽，修好指甲，戴好手套；采摘时做到"一果两剪"，剪口平齐，保护好果蒂。生产中常见的"带叶采收"是造成果面损伤和采后腐烂率高的最主要原因，因此，规模化采后生产企业严禁带叶采收和贮运。做到轻采、轻拿、轻放、小心转移和倒筐，严禁粗暴采摘和远距离投掷；及时剔除病果、虫果和残次果；雨天或清晨露水未干时不宜采收。

（二）果实预处理和预分选技术

1. 果实预处理

果实采收时从田间带回大量的灰尘、农药残留、昆虫或虫卵以及微生物等，清洗不仅可以将它们除去，提高果实的食用安全性能，而且可减少防腐保鲜药剂的用量，降低生产成本。本环节的技术关键点：严禁烂果特别是大量产孢的病果混入洗果池和分选线；清洗要求用专用的清洗液，而不是用自来水或可能受到污染的地表水直接洗涤。在化学杀菌剂保鲜处理前，采用 $0.15~2.0g/L$ ClO_2 溶液或 $0.2g/L$ 的二氯异氰脲酸钠浸泡果实处理 $2~3min$，之后用自来水充分清洗，降低果面微生物基数，再及时剔除不适合鲜销的果实，确保仅对清洗干净的优质商品果进行后续的保鲜等商品化处理。防腐保鲜处理要把握好时机，应在采后 24h 内完成；建议同时使用 2 种杀菌剂，每种的浓度不宜过高，以防病原菌产生抗药性。

2. 果实预分选

商品化处理是指果实在生产线上进行清洗、烘干、打蜡和分级等过程的总称。该过程的处理效果与设备的性能有很大的关系。大多数情况下，滚筒式分级机因果实在整个过程中均在移动，绝对空间位移大，果实受损伤的概率增加；而托盘式的光电分级设备果盘移动，所有果实发生绝对空间位移的距离很小，受损伤的概率大大降低，而且分级精度高，生产效率高。通过"先清洗、后保鲜；先分级、后贮藏"的程序，依照"上料—杀菌—清洗—级外果剔除—防腐保鲜"的采后处理标准化流程进行生产（图1）。果实经过充分清洗和初选之后再进行防腐保鲜与热处理（宽皮类柑橘 30~35℃，橙类柑橘 45~52℃）（图2），杀菌剂可实现循环利用，且保鲜池干净，中途只用向池内补充而不用重新加入杀菌剂，从而减少了保鲜剂的使用量和排放量。

（三）柑橘节能贮藏技术

1. 节能贮藏

我国柑橘超过总产量的 70% 都集中在 10—12 月成熟，集中上市销售压力很大，而且区

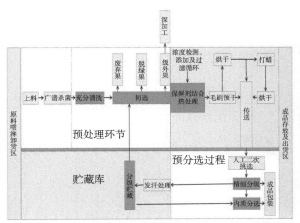

图1 采后预处理的方法流程及果实经过充分清洗后的保鲜池

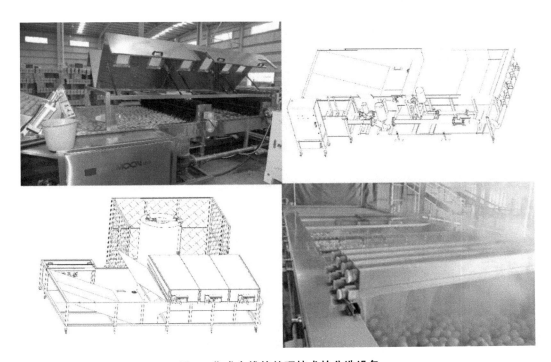

图2 集成在线热处理技术的分选设备

域性或周期性的低温冷害等自然灾害风险依然存在，因此，需要配备相应的贮藏设施。研究发现，柑橘适宜的贮藏温度比较宽泛，12℃是品质保持的临界高温。针对长江柑橘带的中晚熟柑橘，绝大部分具备环境温度低于12℃的自然条件，宜优先采用室温通风库贮藏和常温运输，湿度控制是重点。我国长江柑橘带80%的柑橘主产区不用建设冷库来贮藏柑橘，不仅节省了大量的建库成本，而且几乎不用机械制冷和降温，节省了大量的贮藏能耗。采收和贮运环境温度高于12℃的特晚熟柑橘或珠江水系及云南等低纬度柑橘产区宜采用冷库贮藏和全程冷链，异味和霉味防控是重点。对新建冷库要改进通风换气功能，对已建成的老旧冷库可采用生物炭吸附有效控制冷库异味和霉味的新方法，提高柑橘保鲜效果（图3）。

图3　柑橘保鲜冷库示范样板

2. 低能耗、智能化贮藏库

长江柑橘带的中晚熟柑橘成熟季节大多具备利用自然冷源实现贮藏保鲜的环境条件，通风库是最为经济实用的贮藏设施。用于柑橘贮藏的通风库通风系统主要由通风窗、进气孔、通风道及机械排风设备组成。进气孔安置在库的底部，能使冷空气顺利进入库内。通风窗安置在南北两面，便于热空气顺利排出。机械排风设备主要为排气扇，安置在南北两面墙，用于自然通风达不到贮藏要求时进行人工通风。通风道由建在地表面以上的三个果品存放平台之间自然形成，使房间内气流分布更为均匀（图4）。

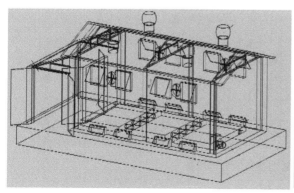

图4　优化通风库结构透视图及产区主推的常温贮藏库

（四）采后生产园区建设及综合管理技术

1. 采后生产园区建设

柑橘采后园区建设应将原料区、保鲜分选区和成品果包装存放区的空间布局进行统筹规划，各区域之间采用物理隔断，实现果实和人流的单向流动；实施废弃物无害化处理，采取清洁化规范化管理，强化园区人员安全和卫生监管。针对各个环节制定具体的操作程序，尽量减少和避免由于环境因素所造成的污染，从而保证柑橘生产洁净安全。生产厂区布局应将原料卸载区、清洗生产区和成品存放区进行物理隔断，果实进入厂区后单向通行，烂果必须在第一时间剔除，用密封的容器盛装后及时运出，不得在厂区过夜；与当地的环境保护部门联系，对烂果集中统一处理；酸腐病高发期要定期杀灭厂房内部的果蝇、蟑螂等害虫；定期对生产区的微生物种群及抗药性进行监测；注意厂房及设备和消毒（图5）。

图5　宜昌枝江柑橘产供销一体化工程效果

2. 综合管理

只有果实自身健康充满活力，环境洁净，微生物种群密度低，设备先进对果实损伤小，人员到位技术熟练，防腐保鲜处理得当，才能有效降低腐烂率。本环节的技术关键点：腐烂控制应从预防、杀灭和阻止三方面着手。预防需要从田间抓起，采果前30d开始，定期清除果园落果，进行无害化处理；收购果实应进行损伤抽检，采收粗放、果面伤害率高的果实不宜贮藏；定期对生产区的微生物种群及抗药性进行监测；注意厂房及设备的消毒；及时剔除烂果。杀灭是对产品进行防腐处理，用药剂直接杀死大多数病原微生物。阻止是指对商品化处理的果实在随后的贮运管理中尽量创造不利于病原微生物生长的环境条件，主要是较低的温度，良好的通风换气以及减少倒筐、振动及人为翻动等可能对产品产生刺激的操作。

三、适宜区域

全国12个柑橘主产省各大柑橘主产区的技术用户。

四、注意事项

柑橘绿色高效保鲜与商品化处理技术是一项跨越时间和空间领域的系统工作，每一个细微的环节都直接影响到整个生产目标的实现，需要全体从业人员共同努力，而不能简单地寄希望于某一个环节、某一种设备或某一种药剂单方面来发挥主导作用。

技术依托单位

1. 华中农业大学

联系地址：湖北省武汉市洪山区狮子山街1号华中农业大学

邮政编码：430070

联 系 人：程运江

联系电话：13545905299

电子邮箱：yjcheng@ mail. hzau. edu. cn

2. 广西特色作物研究院

联系地址：广西壮族自治区桂林市七星区普陀路40号

邮政编码：541004

联 系 人：邓崇岭

联系电话：15878392198

电子邮箱：Cldeng88168@ 126. com

3. 绿萌科技股份有限公司

联系地址：江西省赣州市信丰高新技术产业园区诚信大道30号

邮政编码：341600

联 系 人：朱 壹

联系电话：18879730016

电子邮箱：ceo@ reemoon. com. cn

果品商品化高效处理与贮藏物流精准管控技术

一、技术概述

（一）技术基本情况

食物多样化供给和供应链安全保障是构建国家大食物安全观的根本要求。果实等生鲜农产品是大食物安全观的重要组成。但果实采后是一个高度协调的复杂生命体，易变质、易腐烂、不抗压、不耐震，并易受环境影响，常导致商品性下降，损耗严重，是产业界的痛点卡点。据统计，目前我国水果采后损失率在 15%～20%，年损失产值近千亿元。不仅导致优质多样供给难以保障，影响食物有效供给；也相当于浪费了大量果园土地和其他生产资源。

果品商品化高效处理与贮藏物流精准管控技术的研发应用，可有效减少果实采后劣变损耗，提升商品性和市场竞争力。技术依托单位按照从源头创新到产业应用的创新链条开展了果实贮藏物流减损技术研发，重点围绕桃、苹果、柑橘、杨梅、枇杷等我国大宗和特色果品，揭示了冷链控温贮藏物流对果实质地和芳香风味品质调控的新认知，提出了不以牺牲果实品质为代价选育耐贮运果实新品种的新策略新方案；进一步基于采后生物学的新发现，突破了采后品质劣变控制技术瓶颈，研发了预冷预贮、防腐清洗、检测分选、减振包装等产地商品化处理技术以及绿色保鲜、高效物流、冷链监控、防伪追溯等贮藏物流技术，构建了"适时采收+产地处理+高效保鲜+功能包装+精准贮藏+冷链流通"的一体化产业模式并应用，解决了果实采后品质劣变及其调控机制不明，品质劣变无法精准控制，绿色防病保鲜技术产品缺乏，预冷处理能耗高效率低、供应链信息不透明智能化程度弱、果品供给半径小损耗高成本高等一系列技术和产业难题。围绕研究成果牵头制定、修订国家标准 4 项、行业标准 30 余项、授权国家发明专利 50 余项，并在全国水果主产区进行示范推广，建立了 10 余个成果示范推广基地，实现了果品采后保质减损增效，获得了显著的经济效益、社会效益和生态效益。技术整体处于部分国际先进（并跑），并已达到国际领先（领跑）的水平（图 1至图 6）。

（二）技术示范推广情况

推荐技术的一部分入选 2023 年农业农村部农业主推技术、浙江省 2023 年农业主推技术和山东省 2023 年农业主推技术，已在国内大宗和特色果实主产区和消费区实现较大范围的推广应用，包括山东、浙江、新疆、江苏、广东、四川、福建等省（区），覆盖黄淮海和环渤海、长江中下游、西南等水果优势产区以及长三角、京津冀、珠三角等城市群，服务全国20 余家大型龙头企业，累计经济效益数百亿元。

（三）提质增效情况

成果应用后显著提升了果实采后供应链减损增效科技水平，有效保障了优质果品的优质多样安全供给，有力支撑了果农增收、果业增效：采用新建产地商品化处理作业，实现了20%～50%的果实错季销售增值，商品率提高 15%～20%，能耗降低 10%；采用精准贮藏物流技术，减少果实采后腐烂损失 10%~15%；以某合作社为例，应用相关成果后，销售价格增加 50%，果农人均收入增加 50%，出口比例增加 90%，出口价格增加 80%；自主创制装备规模化应用，部分实现进口替代，如研发的多层级压差预冷装备，比常规风冷装备节能12%，效率提升 35%。此外，通过减少果实采后供给环节的腐烂损耗，还相当于节约了大量耕地和其他生产资源。因此，该技术的经济效益、社会效益和生态效益显著。

（四）技术获奖情况

以该技术为核心的科技成果已先后获得国家科学技术进步奖二等奖 2 项、教育部高等学校科学研究优秀成果奖（科学技术）自然科学奖一等奖 2 项、浙江省科学技术进步奖一等奖 3 项、山东省科学技术进步奖一等奖 1 项。

二、技术要点

（一）果品商品化处理技术

通过蒸发冷却式预冷、多层级压差预冷、等离子流态冰预冷等系列产地处理装备快速降低果实田间热，通过程序降温等预贮技术、热激清洗和间接大气等离子体杀菌等物理处理技术以及化学防腐技术提高果实贮藏性，通过无损快速分选、防伪溯源包装等实现果品优质优价，通过柔性减振包装技术减少果品机械伤，并形成综合技术体系，提高果品采后商品性。

（二）果品精准贮藏保鲜技术

通过应用物理杀菌—化学杀菌剂联用、无机防腐剂—有机防腐剂联用、防腐剂—保鲜剂联用等处理技术，结合定量熏蒸、气调包装、功能性保鲜材料、纳米控释包装、贮藏微环境精准监控等技术，减少果实腐烂损耗，延长果品贮藏期和货架期，同时实现减药增效，减少环境污染。

（三）果品冷链物流技术

通过超导管蓄冷保温箱、纳米流体蓄冷剂、多功能微型冷库等系列控温产品保障果实从采收到货架均处于适宜的温度环境，构建冷库贮藏、冷藏车运输、保温配送、低温销售的全程冷链技术体系，有效维持果实品质和商品价值。同时，配以温湿气振等物流微环境参数实时监测和区块链溯源技术，监控冷链物流果实商品质量。

形成了系统解决方案，物流半径延伸至全国及世界各大洲，减损增效明显，有效支撑了杨梅枇杷（图 1）产业健康发展，获 2013 年度国家科学技术进步奖二等奖。

形成了"产地高效预冷+精准气调贮藏+控温物流"的综合冷链流通体系（图 2），牵头制定了《苹果冷链流通技术操作规程》《桃果冷链流通技术操作规程》等国家标准。相关成果获得 2013 年度国家科学技术进步奖二等奖。

研发了贮藏物流损耗控制、提质减损增效技术装备，形成了防腐保鲜剂减量增效综合方案（图 3、图 4），适温物流果实损耗降低 20% 左右，物流节能近 50%，果实销售半径由江西、浙江、上海、北京、山东等延伸至全国各省（区、市）。获 2017 年度浙江省科学技术进步奖一等奖。

研创了果实采后快速预冷减轻物流机械伤腐烂新技术，明晰了果实冷害发生机制并发明了冷害精准防控新技术，创制了基于物流环境控制与包装定制的缓冲减振技术，研发了物流微环境可视化监测云平台，构建了"采后快速预冷+缓冲减振包装+冷害精准防控+物流可视

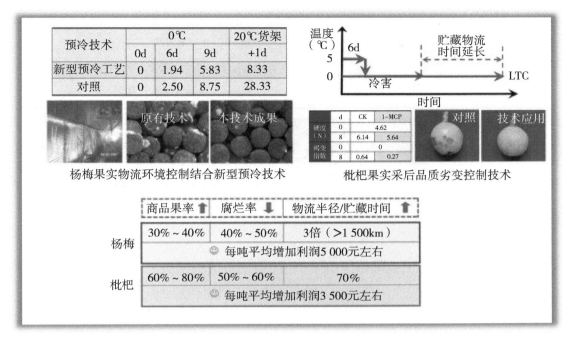

预冷技术	0℃			20℃货架
	0d	6d	9d	+1d
新型预冷工艺	0	1.94	5.83	8.33
对照	0	2.50	8.75	28.33

杨梅果实物流环境控制结合新型预冷技术

d	CK	1-MCP
硬度(N)	0		4.62
	8	6.14	5.64
褐变指数	0		0
	8	0.64	0.27

枇杷果实采后品质劣变控制技术

	商品果率 ⬆	腐烂率 ⬇	物流半径/贮藏时间 ⬆
杨梅	30%~40%	40%~50%	3倍（＞1 500km）
	每吨平均增加利润5 000元左右		
枇杷	60%~80%	50%~60%	70%
	每吨平均增加利润3 500元左右		

图1　杨梅枇杷果实贮藏物流核心技术研发及其集成应用

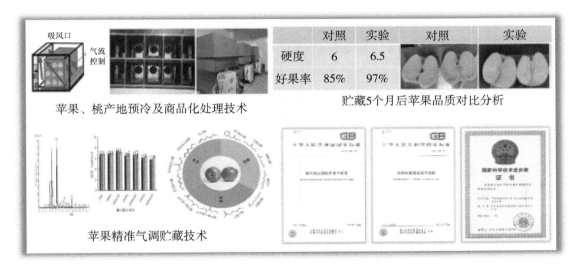

	对照	实验
硬度	6	6.5
好果率	85%	97%

苹果、桃产地预冷及商品化处理技术　　贮藏5个月后苹果品质对比分析

苹果精准气调贮藏技术

图2　苹果、桃等大宗果品贮藏物流核心技术研发及集成应用

化管控"技术体系。获2022年度浙江省科学技术进步奖一等奖。

通过区块链、互联网+、云计算、物联网、智能传感、大数据等新一代信息技术与保鲜物流技术的融合创新，可实现物流全程监测与高效管理，提高冷链物流透明度，并降低运行成本（图5）。

可提供基于CFD仿真的果实最佳预冷参数确定服务；创新的蒸发式冷凝和多层级压差预冷技术，比常规风冷节能10%，效率提升30%；创新的机械制冷和相变蓄冷一体化处理

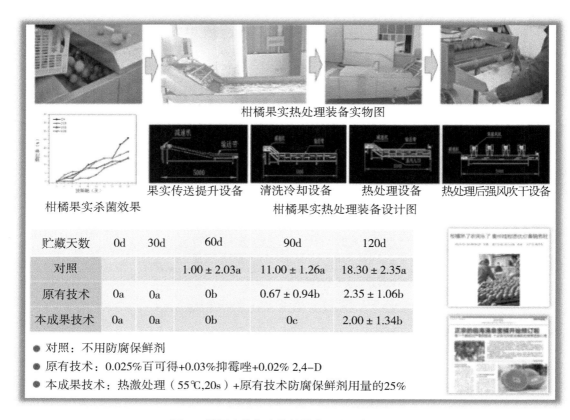

贮藏天数	0d	30d	60d	90d	120d
对照			1.00 ± 2.03a	11.00 ± 1.26a	18.30 ± 2.35a
原有技术	0a	0a	0b	0.67 ± 0.94b	2.35 ± 1.06b
本成果技术	0a	0a	0b	0c	2.00 ± 1.34b

- 对照：不用防腐保鲜剂
- 原有技术：0.025%百可得+0.03%抑霉唑+0.02% 2,4-D
- 本成果技术：热激处理（55℃,20s）+原有技术防腐保鲜剂用量的25%

图3 柑橘贮藏物流关键技术研究及推广应用

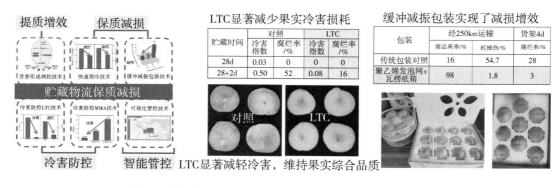

图4 水蜜桃果实采后贮藏物流保质减损技术研究及应用

技术，可节约能耗30%；研发的专用蓄冷装置和多温区蓄冷剂，蓄冷保温运输时间5d以上，温度波动<±2℃，且不会导致产品冻伤（图6）。

三、适宜区域

推荐技术适应推广应用的主要区域包括山东、浙江、新疆、江苏、广东、四川、福建等省（区、市），覆盖黄淮海和环渤海、长江中下游、西南、西南等水果优势产区以及长三

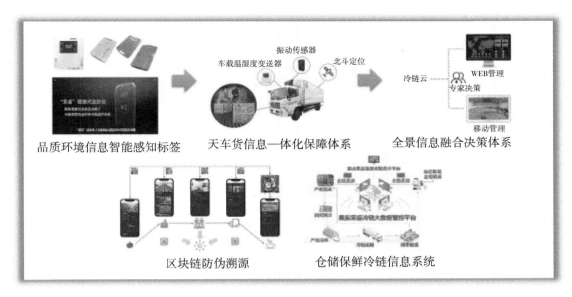

图5 果实采后智慧透明供应链技术体系

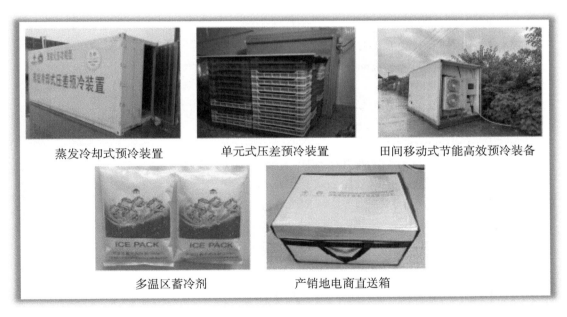

图6 果实产地预冷及冷链物流技术装备

角、京津冀、珠三角等城市群。

四、注意事项

该技术适用于国内大部分果品的产地商品化处理和贮藏物流产业，但由于果品种类多，生理特性差别大，产业化应用时需注意根据不同果品品类、生产环境和销售需求，个性化选择最佳技术参数和操作工艺流程。

技术依托单位

1. 浙江大学

联系地址：浙江省杭州市余杭塘路 866 号

邮政编码：310058

联 系 人：吴　迪　石艳娜

联系电话：15888810695　15158091494

电子邮箱：di_wu@zju.edu.cn　shiyanna@zju.edu.cn

2. 中华全国供销合作总社济南果品研究所

联系地址：山东省济南市章丘区经十东路 16001 号

邮政编码：250220

联 系 人：杨相政

联系电话：15865277717　0531-88632632

电子邮箱：jnbxzx@163.com

3. 浙江省农业技术推广中心

联系地址：浙江省杭州市凤起东路 29 号

邮政编码：310020

联 系 人：周慧芬

联系电话：13958179190　0571-86757895

电子邮箱：12355694@qq.com

4. 浙江大学中原研究院

联系地址：河南省郑州市国家高新技术产业开发区西美大厦 B 座 1902 室

邮政编码：450001

联 系 人：董亚非

联系电话：17796669538

电子邮箱：2539294015@qq.com

生猪智能化屠宰和猪肉保鲜减损关键技术

一、技术概述

（一）技术基本情况

我国肉类工业产值 1.1 万亿元，占食品工业产值的 12%，是保障民生，落实"国民营养计划"和乡村振兴等国家战略的重要产业。2023 年，我国肉类总产量 9 641 万 t，其中，猪肉 5 794 万 t、禽肉 2 563 万 t、牛肉 753 万 t、羊肉 531 万 t。近年来，以营养、安全、色香味形俱佳为特征的高品质猪肉越来越受到消费者的青睐。然而，由于动物宰前应激严重，加工工艺粗放，导致加工中肉品品质损失严重，难以满足消费者对优质、美味、营养的肉品需求，增产不增效问题突出，其中，最为突出的问题是 PSE 肉发生率高、冷却损耗大、贮藏过程中温度波动大，产品货架期短，尤其是生鲜肉在冰点以下贮藏存在过冷态极不稳定、产品易冻结，肉品品质下降等问题。

针对上述产业瓶颈问题，该技术成果研发出蛋白乙酰化抑制技术、自动驱赶和控温控湿静养系统、自动化卸载和静养一体化系统等宰前应激控制技术，显著降低宰前应激水平，在此基础上，研发出双轨道烫毛工艺和装置，解决了由于过度烫毛导致的 PSE 肉发生率上升问题；进一步研发出雾化喷淋冷却工艺，实现降低干耗和加速胴体降温、减轻 PSE 肉发生的双重效果；研发出智能分割工艺，有效解决了传统卧式电锯切断导致的"黑边"问题；最后研发出静磁场辅助−3℃贮藏生鲜肉超冰温智能保鲜技术，打破常规冷链物流装备单纯靠低温保鲜模式，实现全空间生鲜肉低温不结冰晶，大幅度提升了生鲜肉的储藏品质和时间，让高品质生鲜肉走进千家万户。

技术成果主要知识产权：

（1）李春保，闫静，周光宏，徐幸莲．一种应用蛋白乙酰化抑制剂来改善生猪应激和肉品品质的方法。（发明专利，ZL 202110005493.8）。

（2）李春保，邹波，周光宏，徐幸莲，何广捷．一种生猪宰前静养系统。（发明专利，ZL 202010139664.1）。

（3）李春保，邹波，何广捷，周光宏，徐幸莲，俞克权．一种新型生猪宰前驱赶装置。（发明专利，ZL 201810966736.2）。

（4）李春保，邹波，周光宏，徐幸莲，何广捷．一种自动化宰前管理系统。（发明专利，ZL 201811071955.0）。

（5）ChunbaoLi；GuanghongZhou；BoZou；XinglianXu；GuangjieHe．Automaticpre−slaughterhandlingsystem。（发明专利，英国授权，GB 2589975）。

（6）李春保，何广捷，邹波，周光宏，徐幸莲，俞克权．一种新型生猪浸烫系统。（发明专利，ZL 201810966737.7）。

（7）ChunbaoLi；GuanghongZhou；GuangjieHe；BoZou；XinglianXu；KequanYu．Pigbodyscaldingsystem。（发明专利，美国授权，US 11357235）。

（8）李春保，高廷轩，陈玉仑，张淼，邹厚勇，糜长雨，赵迪，周光宏．一种猪半胴体智能化自动分割方法。（发明专利，ZL 202210447022.7）。

（9）李春保，高廷轩，陈玉仑，邹厚勇，糜长雨，张淼，赵迪，周光宏．一种猪半胴体智能分割方法。（发明专利，ZL 202210043173.6）。

（10）李春保，周光宏，庄昕波，黄子信，徐幸莲．一种猪肉宰后冷却过程中水分迁移检测方法。（发明专利，ZL 201611214976.4）。

（11）周光宏，李春保，车海栋，陈玉仑，徐幸莲，张楠，朱良齐．一种猪胴体雾化喷淋冷却系统及雾化喷淋冷却方法。（发明专利，ZL 201610570161）。

（二）技术示范推广情况

在南京溧水国家农业高新技术园区建立了农业农村部生鲜猪肉加工集成示范基地，集成该技术成果的关键技术，在行业中起到很好的示范推动作用。

生鲜肉静磁场智能保鲜技术已搭载至海尔冰箱产品，并建立产品生产总装流水线和检测站，产品已上市。同时该技术将在肉品加工行业或冷链物流过程中的冷藏运输车、商用销售柜、大型冷库等制冷设备中进行推广应用。

（三）提质增效情况

该技术已在江苏省食品集团有限公司、温氏食品集团股份有限公司等企业进行整体转化应用，实现了产业的提质增效。通过工厂大规模应用实验表明，宰前应激控制技术结合双轨道烫毛工艺、雾化喷淋工艺，可使 PSE 肉发生率降低 67%，由 30% 降低至 10%；干耗损失降低 60% 以上，其中，冷却肉由 2.47% 降低至 1.0%，热鲜肉由 0.5% 降至 0.2%；胴体表面水痕发生率由 4% 降为 1%；同时，与传统工艺相比，胴体温度（以后腿半膜肌中心温度）下降速率明显提升，肉的保水性、色泽稳定性得到改善。该技术的雾化喷淋用水量减少 96%，以容量 200 头胴体的冷库为例，每次喷淋用水为 14.4L，而传统方法喷淋 1 次耗水 339L。通过节本降耗，实现增收 1 000 余万元。

搭载静磁场智能保鲜技术的制冷设备，大幅度提升了生鲜肉的贮藏品质和时间，产品从 2023 年 3 月上市至今已累计销售 3 427 台，销售额 6 854 万元。

（四）技术获奖情况

该技术入选 2021 年度江苏省科学技术奖一等奖。

二、技术要点

（一）生猪宰前应激控制技术

为了降低生猪宰前应激，可根据企业生产实际情况，选择下列一种方法实施应用。

1. 蛋白乙酰化抑制技术（适合于各种类型的屠宰企业）

在宰前 30min，通过宰前腹腔注射或在饮水中添加适量蛋白乙酰化抑制剂（如姜黄素，溶于二甲亚砜，配成浓度为 80mg/mL 的母液），按照 20mg/kg 体重的剂量腹腔注射，总量 30mL；或配制成水溶液（2 000~3 000mg/L），供饮水用，可使生猪血液中应激标志物肌酸激酶活性由 900U/L 降至 600U/L，乳酸脱氢酶活性、皮质醇和热休克蛋白浓度等也有不同程度下降。之后对生猪实施电击晕或二氧化碳致昏、放血等屠宰工艺操作，肉品品质可得到显著改善。

2. 自动驱赶和控温控湿静养系统（适合于大中规模的屠宰企业）

采用独特设计的驱赶通道和静养系统，实现驱赶、静养的无人化操作，降低动物应激，改善肉品品质。生猪卸载后进入称重区域，通过自动控制移动门推到称重台并完成称重，之后打开控制开关门，生猪进入驱赶通道，驱赶通道起始端的自动控制移动门推进生猪前行至静养圈。在每个静养圈进口设置有自动控制移动门，生猪静养完成后，打开自动开关门，后端的自动控制移动门将生猪从静养圈驱赶到中间的驱赶通道中，自动控制移动门上都安装有声音设备，以播放驱赶生猪的声音，起到驱赶作用，避免人工驱赶造成的应激。此外，待宰区为自动控温控湿的密闭空间，通过水帘和风机能够在夏季静养的过程中大大降低屠宰场的温度，保持密闭空间内的空气新鲜，通过粪便排污系统有效治理屠宰场的卫生环境，降低生猪在静养过程中的应激。

3. 自动化卸载和静养一体化系统（适合于种、养、宰、加一体化的龙头企业）

采用独特设计的集装箱结构以及自动化的装卸轨道、清洗系统等，实现生猪装卸载、静养、转运、冲洗、击晕等环节的有效连接。在养殖场，将育肥猪赶入特制的集装箱体结构中，通过吊柜将集装箱移动至运输车上，到达屠宰场后，通过计算机操控智能吊挂机，将装有生猪的集装箱移动到静养区（生猪在集装箱内完成静养过程）；静养结束后智能吊挂机将运输框移到举重台处，生猪顺势滑落到气体致晕室进行。生猪在整个宰前管理过程中一直处于休息和静养的状态，没有任何拍打和电击，极大地降低了生猪宰前应激，提高了动物福利（图1）。

（二）双轨道烫毛和雾化喷淋冷却技术

1. 双轨道自动烫毛工艺及系统

采用自动化控制系统，将红外测温系统、压力传感器和独特的不同线速度双轨道传输系统耦合，实现不同体温和重量的屠体自动分拣入不同线速度的传输轨道进入烫毛池，显著改善了打毛效果和肉品品质（图2）。具体地：经刺杀放血后的屠体由运输轨道吊挂运送至浸烫池前部，由红外测温探头测量屠体表面的温度，同时，轨道上的压力传感器测定屠体重量，由计算机通过体表温度以及屠体重量来判断屠体应当进入快速或慢速移动轨道。温度较高、体重轻的屠体进入快速浸烫轨道（60℃，3.0min），浸烫时间较短，较大程度地减少了浸烫对肉质带来的影响。而体表温度和重量正常的屠体，则接受正常速度的浸烫（60℃，3.5min），从而避免过度烫毛或烫毛不足所导致的肉品品质下降的问题。

2. 自动化胴体雾化喷淋降耗提质新技术和系统

采用湿度传感器感应冷库湿度动态变化，反馈至采用可编程序控制系统，驱动雾化喷淋装置和旋转摆动装置，实现自动化的雾化喷淋作业（图3）。雾化喷淋装置中，喷管通过轴承安装在台架上，其一端与电磁阀通过塑料软管连接，可实现在较小阻力下、无障碍、小幅往复旋转；旋转摆动装置中，喷管上装有齿轮或链轮，在步进电机驱动下，两相邻喷管通过齿轮副传动，喷管组间通过链轮传动，可实现同步转动；控制系统中，湿度传感器将采集到的实时环境参数通过信号线传递给可编程序控制器，可编程序控制器再通过将其与设定参数进行比较，从而实现根据试验需要，单独打开电磁阀进行雾化喷淋，或在打开电磁阀的同时，驱动步进电机工作，实现设定角度或旋转摆动雾化喷淋。该技术不仅能降低冷却干耗（冷却肉由2.47%降低至1.0%，热鲜肉由0.5%降至0.2%），降低传统喷淋存在的胴体表面水痕问题，而且能加快胴体温度的降低，改善肉的保水性、色泽稳定等，PSE肉发生率由

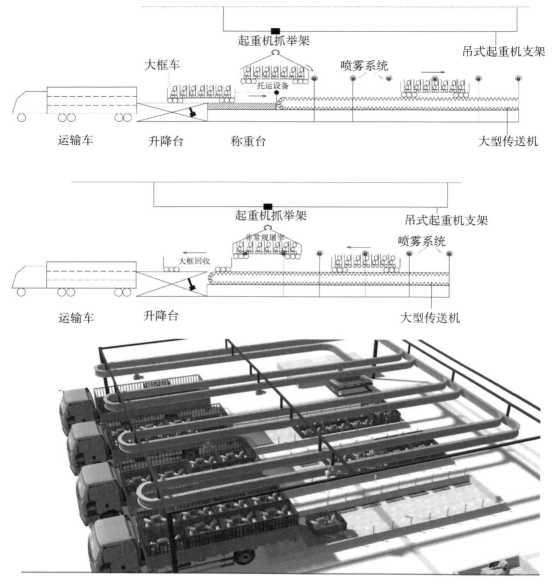

图1 生猪宰前自动化卸载和静养一体化系统

30%降低至10%。

3. 猪胴体智能化分割技术及系统

采用的自动分割系统集成了PLC控制系统、胴体固定装置、图像采集及数据分析装置、五花肉切割装置、胴体三段分割装置及分割肉输送装置，能够实现猪半胴体的自动定位，采用机器视觉技术实现了切割轨迹的自动规划、智能化猪半胴体五花肉分割及三段分割，无须任何人工辅助；采用的集成式分割工作站切割精准、功能全面、占地面积小等优点，已在苏食、牧原进行了试验，效果良好。

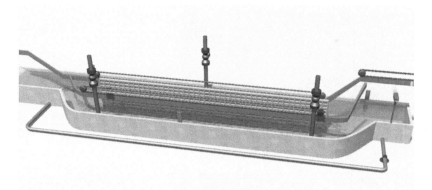

图 2　双轨道烫毛系统

（三）生鲜猪肉智能化保鲜技术

采用 4mT 静磁场辅助生鲜猪肉-3℃超冰温贮藏智能保鲜技术，实现生鲜肉在-3℃贮藏保持 7~10d 的过冷态；通过调控冰晶形成及生长、全间室磁场和温度均匀性控制等技术研制了能够在制冷设备中使用的低成本、高可靠性的微型磁场发生装置，解决了磁场均匀性和稳定性难以控制等问题，结合精准温度控制。采用 8mT 静磁场结合分阶段降温（-3℃ 12h 后降温至-4℃）的智能化保鲜技术，使生鲜猪肉-4℃贮藏 48h 的过冷率提高 83.33%；采用初始温度-1.5℃、每 0.5℃降温间隔时间 6h、最低温度-3.5℃的逐步降温循环智能调控程序，使生鲜猪肉贮藏 12d 的过冷率达到 100%，避免了冻结—解冻导致的生鲜肉品质的下降，且低温更有效维持生鲜肉的新鲜度，实现生鲜肉品质的高效保持。

三、适宜区域

全国标准化的生猪屠宰加工企业。

 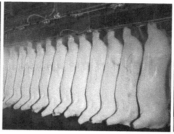 

雾化喷淋系统控制室　　　　旋转喷雾装置　　　　　　系统控制界面

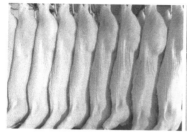 

喷雾增湿前　　　　　　　喷雾增湿中　　　　　　　喷雾增湿后

图3　雾化喷淋工艺和系统

四、注意事项

一是生猪宰前应激控制技术应根据企业生产规模选择适合的方法，其中后两种方法对硬件设施的要求相对较高，适合于大中型企业，中小企业建议选择第一种方法。

二是双轨道烫毛工艺应根据企业屠宰生猪的大小差异和季节适时调整双轨道运行的线速度，烫毛池水温也应根据不同地区、不同季节进行适时调整，建议冬季时水温高2℃左右。

三是雾化喷淋工艺应根据产品类别（热鲜肉、冷却肉）和库容大小选择合适马力的驱动装置和旋转装置。

技术依托单位
南京农业大学
联系地址：江苏省南京市玄武区卫岗1号
邮政编码：210095
联系人：李春保
联系电话：18260036225
电子邮箱：chunbao. li@ njau. edu. cn

大宗淡水鱼提质保鲜与鱼糜制品
高质化加工技术

一、技术概述

（一）技术基本情况

我国大宗淡水鱼养殖产量高，2022 年养殖产品超过 2 000 万 t，约占据全国淡水鱼养殖产量的 75%。近年来，我国大宗淡水鱼加工量、加工产品、加工装备、加工技术等方面都在持续提升，但从总体水平而言，仍面临加工率低、加工产品少、加工增值程度小及规模化加工企业少等产业突出问题。规模化加工利用是实现淡水渔业提质增效和推动产业持续健康发展的重要途径。随着城乡居民消费结构快速升级和家庭餐饮社会化发展，人们对美味、方便、营养、安全的水产食品的需求将持续增加，我国水产预制菜产业的快速兴起，促进了大宗淡水鱼消费模式从传统单一的鲜活销售向多元化方向发展，生鲜鱼片、调理鱼段、鲜嫩鱼丸、冷鲜鱼滑等新形式产品在线上、线下平台销售日益普及，为大宗淡水鱼加工产业高质量发展带来契机。因此，围绕淡水渔业加工提质增效和美味方便安全食品供给，针对大宗淡水鱼宰后易腐败质变、冻藏后品质劣化严重、冷鲜产品货架期短等技术问题及淡水鱼糜制品品质提升与新产品创制的消费需求，推广适用于鲢鱼、鳙鱼、草鱼等大宗淡水鱼的提质保鲜与安全加工技术和适合于鲢鱼加工的冷冻鱼糜节水生产及鱼糜制品高质化加工技术，以提升我国淡水鱼加工产业技术水平和扩大产业规模。

相关技术成果获得教育部高等学校科学研究优秀成果奖（科学技术）科学技术进步奖二等奖 1 项，授权国家发明专利 8 项。

（二）技术示范推广情况

技术成果已在江苏、湖北、广东等 5 家加工企业进行小范围示范应用，形成了以草鱼、鲢鱼、鳙鱼为主要原料的适合餐饮配送、家庭烹饪的分割鱼制品、调制鱼制品及嫩鱼丸等系列水产预制食品。

（三）提质增效情况

通过加工工艺改进和新技术应用提升了技术应用企业加工工业化、规模化水平和产品品质，提质增效和对产业发展的带动作用显著。以白鲢鱼糜加工为例，每处理 10 000 t 白鲢，可加工出 3 000 t 冷冻鱼糜、500 t 鱼尾鱼鳔、200 t 鱼油和 1 000 t 鱼粉，可增值 1 000 余万元；通过溶胶态鱼糜制品低温稳质加工技术创新与嫩鱼丸、低汤汁损失包馅类鱼糜制品、鱼滑等产品开发，实现技术应用企业鱼糜制品产值增加 20% 以上，鱼糜及鱼糜制品的规模化加工带动产业链上游鲢鱼原料价格大幅上涨约 30%（从 2018 年鲢鱼塘口均价约 4.4 元/kg 增加至 2023 年的 5.8 元/kg），起到良好的加工带动养殖的示范效应；以鳙鱼分割加工为例，经分割处理可加工出调理鱼头、鱼尾、鱼块、鱼泡等产品，每加工 1 000 t 鲜活鳙鱼，可创产值 2 000 余万元。

（四）技术获奖情况

"淡水鱼虾蟹美味方便食品加工关键技术体系创建与应用"获 2017 年教育部高等学校科学研究优秀成果奖（科学技术）科学技术进步奖二等奖。

二、技术要点

针对大宗淡水鱼宰后品质易劣化、消费者可接受度较低等问题，综合采用提质保鲜、质构调控、重组配方等技术开发系列方便、营养、安全的淡水鱼加工制品及配套生产技术，以满足新消费、新餐饮、新零售快速发展的需要。具体技术要点如下。

（一）生鲜鱼制品提质保鲜与调理加工技术

以草鱼、鲢鱼、鳙鱼等大宗淡水鱼为加工对象，采用分割（三去、切分、切片、清洗、减菌）、调制（腌制、浆制、调味、油炸）、冷藏保鲜、快速冻结等技术开发适合餐饮配送、家庭烹饪、快餐饮食的系列淡水鱼方便食品，结合加工、贮运流通过程中危害物检测、消减、产品溯源及标准化管理等控制措施保障产品安全，解决生鲜、调制淡水鱼方便食品保质保鲜、安全控制与货架期延长问题。

（二）冷冻鱼糜及鱼糜制品高质化加工技术

以鲢鱼、鳙鱼为主要加工对象，采用原料鱼先经分割加工、再采肉生产冷冻鱼糜的工艺技术，对原料鱼按照规格大小和品种进行分类加工实现效益最大化，对于鳙鱼和较大规格白鲢鱼进行先分割取头处理，实现鱼头价值提升，去头鱼体进行分切用于鱼糜生产，同时对鱼鳔、鱼尾、鱼鳍及鱼内脏进行分类增值供给餐饮和饲料企业。先经分割加工、再采肉生产冷冻鱼糜的工艺技术可以减少漂洗废水，同时实现副产物的增值利用。以鱼糜为原料，集成微乳液添加、多糖和蛋白复合质构调控、适度 TG 酶交联及磷酸盐解离保水调控等技术，生产具有滑嫩口感的嫩鱼丸、低汤汁损失的包馅类鱼糜制品及适合火锅、餐饮等消费需求的溶胶态鱼糜制品，丰富淡水鱼糜制品产品品系，扩大鲢鱼加工产业规模，提升产业效益。

三、适宜区域

适合在大宗淡水鱼养殖产量大、有一定加工基础的省份和地区进行推广应用，通过技术推广和规模化加工推动大宗淡水鱼加工产业的发展。

四、注意事项

一是根据技术应用单位所在区域的淡水鱼资源情况、社会经济发展水平、市场消费水平等因地制宜，选用适用的技术进行稳步推进；

二是跟技术依托单位无缝衔接、有效沟通，及时解决企业实际加工生产过程中的技术问题，保障推广技术的顺利实施。

技术依托单位

江南大学

联系地址：江苏省无锡市蠡湖大道 1800 号

邮政编码：214122

联 系 人：许艳顺

联系电话：13861462459

电子邮箱：xuys@ jiangnan. edu. cn

农业机械装备类

玉米膜侧播种艺机一体化技术

一、技术概述

（一）技术基本情况

1. 技术研发推广背景

地膜以其增温、保墒等特性在我国华北干旱、半干旱地区玉米生产中发挥了重要作用，其抗旱保墒的作用至今仍无法用其他技术取代。当前覆膜栽培方式主要以开沟铺膜、膜上打孔穴播为主，在生产中逐渐凸显出诸多弊端：

一是播种后降雨或露水使膜上打孔处的覆土板结而影响出苗，严重影响出苗率，每年播种后的抠苗、放苗、补种成为覆膜种植农民的必备功课，放出来的苗也多为弱苗，投工大、效果差，覆膜种植区农民苦不堪言。

二是鸭嘴式打孔穴播的模式，播种深度和镇压强度有限，造成出苗时间不一致，整齐度差，影响产量。

三是受播种机械结构限制，作业行进速度不能太快，每天只能播种 15～25 亩，使得播种成本居高不下。

四是地膜开沟铺设、膜上打孔穴播，地膜埋入土中量大，根系易将地膜牢牢锁住，残膜难以全量回收，且难以分离利用，只能填埋或集中焚烧，累积性的白色污染越来越严重。

五是覆膜虽然可以降低土壤水分蒸发量，但也阻隔了土壤对降水的集纳，在单次降水量较小的春季，降雨以膜上径流为主，不利于根系土壤水分的及时补给。

六是打孔种植增加了作物整个生长期的地温，阻隔了耕层土壤气体交流，容易引起早衰造成减产。

七是传统膜上打孔种植整个生育期根系所在的土壤紧实度较低，根系支持性较差，遇强对流天气容易倒伏。

八是因其排种结构的限制，每个滚筒只能装 6 个或 8 个鸭嘴，调节两种株距，无法满足不同品种适宜的种植密度。

针对上述传统覆膜种植中存在的诸多问题，山西农业大学（山西省农业科学院）玉米研究所从 2012 年起提出了玉米地膜不开沟微拱形铺设、膜侧条带沟播的种植模式（图 1），通过多年的不同覆膜种植模式试验，验证了该模式在大田生产中的可行性，集成了以地膜不开沟微拱形铺设、膜侧精量条带沟播为主要内容的玉米膜侧播种艺机一体化技术，并开始了配套的专利播种机械的研发，经过 5 年六代产品的改进升级，成功克服了地膜不开沟拱形铺设和膜侧精量播种的技术难点、逐个解决了根茬堵塞、膜面褶皱、膜上覆土不匀等问题，自主研制出我国第一台玉米膜侧精播机。于 2017 年开始量产示范推广。

2. 能够解决的主要问题

一是通过膜侧种植，解决了抠苗放苗问题，因为播种在地膜两侧，不存在覆土板结的问

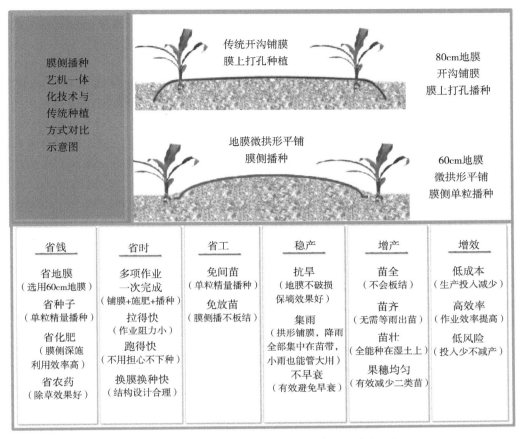

图1 膜侧播种艺机一体化技术与传统种植对比示意

题，因此无须抠苗放苗，每亩至少减少投工1个，解决了困扰农民多年的难题。

二是变滚筒打孔穴播为开沟探墒条播，显著提高了出苗率、长势整齐一致，果穗大小均匀，亩收获果穗数显著高于传统膜上打孔种植。同时播深调节简单，可实现探墒抗旱播种，对因春旱无法按时播种区域意义重大。

三是覆膜播种作业效率比常规膜上打孔种植快1~2倍，每天可播种50~60亩，有效降低了生产成本。

四是地膜不打孔，不漏风，增温、保墒、耐旱、除草效果好。

五是地膜采用微拱形铺设，利于膜上雨水集纳到苗带，降雨利用率高，可有效延长作物对干旱的耐受时间，降低季节性干旱对玉米生长发育的影响。

六是根系透气性好，可以有效缓解打孔穴播造成的早衰问题，显著提高了玉米产量。

七是播种后苗带可以进行镇压，有利于根系下扎，抗倒性显著增强。

八是条播可以选用多种形式的排种器，不仅株距易于调节，还可通过更换排种盘，实现大田玉米、糯玉米、高粱、谷子、糜子、大豆、绿豆、藜麦、花生、葵花等多种作物的单粒精量播种，实现了一机多能，为种植户节约了播种机购买投入。此外，在谷子等小籽粒作物播种时，播后镇压强度高，利于小籽粒种子出苗扎根，出苗率和保苗数显著高于传统膜上打孔穴播，增产效果更为突出。

九是采用60cm地膜不开沟铺设，在不影响采光面宽度的情况下，相比传统80cm地膜开沟铺设，地膜用量减少了25%，且地膜不打孔、没有破损，不被根茬固定，易于回收和分离利用，有效降低白色污染，节约环保，为地膜回收利用提供有利条件。

3. 知识产权及使用情况

配套播种机械2016年授权发明专利1项——一种玉米地膜垄铺侧种播种机（ZL 201410013009.6），实用新型专利2项。2017年，为加大该项技术及配套机械的推广力度和普及速度，专利持有人山西农业大学玉米研究所采用科企合作的模式，与繁峙县裕农机械制造有限公司（现忻州市裕农机械制造有限公司）联合签订了《玉米地膜垄铺侧种播种机专利技术合作协议》，由繁峙县裕农机械制造有限公司（现忻州市裕农机械制造有限公司）注资量产专用播种机械，山西农业大学玉米研究所提供全部技术支持，2018年完成了单膜两行机型的稳定性检测试验，定型为2MBFC-1/2型膜侧精量联合播种机（图2），并通过了山西省农业机械质量监督管理站推广鉴定检验，取得推广鉴定证书，同时列入2018年山西省农机购置补贴目录。2019—2023年又陆续研发了双膜4行和三膜6行玉米膜侧播种机、4行螺旋平地型膜侧播种机、4行旋播一体机型膜侧播种机等，增加了滴灌带浅埋铺设组件、液压裁膜组件等，极大地丰富了应用场景，满足了不同区域和不同作业模式下的技术要求，为地膜的进一步推广提供了替代性的产品，也为现代农业发展中解放生产力，引领农民脱贫致富提供了强有力的技术支撑和机械保障。

图2　自主研发的2MBFC-1/2型膜侧精量联合播种机

（二）技术示范推广情况

该项一体化技术从2017年专用种植机械量产并大面积推广示范以来，受到农民的广泛认可和好评，推广应用面积逐年翻倍增长，2019—2023年连续5年被遴选为山西省农业生产主推技术，技术研发单位山西农业大学玉米研究所于2023年4月17日与中国农业大学联合发布山西省地方标准《春玉米膜侧沟播技术规程》（DB14/T 2740—2023），制定了详细的技术指标和作业参数指标，并录制了标准宣传视频，为技术的进一步推广奠定了良好的基础。截至目前，该项技术已在山西省40余个市县及内蒙古自治区、河北省、陕西省等地累计应用面积600余万亩，相关农机企业生产销售膜侧精量联合播种机械5 000余台，取得了良好的经济效益和社会效益。

（三）提质增效情况

该项一体化技术在试验和示范推广过程中，显示出很强的实用性，能够广泛用于大田玉米、鲜食玉米、高粱、谷子、糜子、黍子、豆类、葵花等多种作物的覆膜种植，农民仅需购买一台播种机，即可分时段进行多种作物的播种。与传统种植方式相比，每亩减少放苗投工1个，地膜用量减少25%，减少水肥投入15%，作业速度提高1倍，每亩可节约生产成本120元以上。以玉米生产为例，依据测产比较数据，平均亩增产75kg，按玉米收购价1.8元/kg计算，每亩增收135元以上，亩节本增效255元。此外鲜食玉米生产中，亩增加有效穗400穗，按单穗收购价0.6元，每亩可增收约240元；青贮玉米与常规种植相比较，每亩可增产500kg以上，按吨价420计，亩增收210元。

2023年度，在山西省朔州市应县开展了以"玉米膜侧播种艺机一体化技术"为主要内容的单产提升高产创建活动，现场实打实收面积为4.299亩，亩产达到1 230.34kg（按14%水分计）。对照田实打实收面积3.51亩，亩产950.12kg（按14%水分计）。示范田（图3）较对照田亩均增产280.22kg，增产幅度29.49%，创造了山西实收测产新纪录，《山西日报》《山西农民报》等多家媒体进行了相关报道。

此外，通过该项技术的应用，不仅减少了地膜用量，而且地膜从铺设到收获没有破损，不与根茬缠绕，易于残膜全量揭取回收，回收率可达到90%以上，可有效减少残膜对耕层土壤和环境的污染，对保护耕地与生态环保有着积极的贡献。

膜侧种植示范田   膜上种植CK（未进行放苗）

图3　膜侧种植与膜上种植试验对比

（四）技术获奖情况

该技术入选2019年、2020年、2021年、2022年、2023年山西省农业主推技术，2023年选入"农业农村部农业面源污染综合治理关键技术"。技术和配套专利机械2016年获山西省忻州市科学技术奖二等奖；2018年获山西省"五小"竞赛优秀成果二等奖、农业类一等奖，获"创客中国"山西省创新创业大赛三等奖和科技工作者双创大赛银奖；2020年获山西农业大学"绿荣杯"创新创业大赛一等奖。

二、技术要点

（一）播前准备

地块应相对平坦、土层深厚、便于机械化作业。前茬作物收获后要进行深耕，深度大于18cm。播种前浅旋，旋耕深度不超过10cm。施足底肥，采取有机肥与复合肥相结合，每亩施有机肥2 000kg以上，在深耕前撒于地表。水地亩施配比合理、总含量≥45%的三元复合肥 60kg 以上，旱地亩施 40kg 以上。优选良种，选用在国家或山西有关部门审（认）定适宜在本地区种植的新优品种，选用包衣种或者自行拌种。

（二）铺膜播种

当土壤表层 5cm 处地温稳定在 10℃ 以上时采用专用膜侧播种机进行铺膜播种，杂粮作物可根据生育期和适应性适当推迟。采用 60cm 宽国标地膜，膜带行距 65cm，膜间行距 45cm，播种株距可根据种植区域、作物种类和品种适宜种植密度计算调整。

（三）田间管理和病虫害防治

田间除草可根据实际情况选择喷施苗前或苗后除草剂，根据田间杂草为害程度和土壤含水量适时中耕除草。在生长关键时期追施尿素或使用缓释氮肥。有灌溉条件的田块抽雄前灌溉 1 次，灌浆期如遇干旱再灌溉 1 次。地下害虫防治可采用杀虫剂拌种、撒毒土、灌心或采用高效低毒农药叶面喷施等方式，大喇叭口期到抽雄期叶面喷施杀菌剂防治病害。

（四）收获

玉米成熟标识出现后及时收获，最好采用大中型收获机械。

（五）地膜回收

收获后用机械或人工方法进行残膜回收，也可在玉米生长中、后期回收地膜。回收地膜应科学处理利用。

三、适宜区域

年降水量≥400mm、春旱发生频率较高的春播玉米区及丘陵雨养旱作区。

四、注意事项

一是注意耕翻整地质量，播种时地表不能有太多秸秆，以免影响铺膜播种效果。
二是播种结束后要检查铺膜质量，地头地尾需人工补覆。
三是种肥同播应注意调整种肥间距，防止烧苗。

技术依托单位

1. 山西农业大学（山西省农业科学院）玉米研究所
联系地址：山西省忻州市忻府区新建北路 14 号
邮政编码：034000
联 系 人：张中东　郭正宇
联系电话：18635008018　18603509122
电子邮箱：zzdyms@163.com

2. 山西省农业技术推广服务中心
联系地址：山西省太原市新建路 59 号
邮政编码：034000
联 系 人：宋长水
联系电话：13753184048
电子邮箱：sxtgzz@126.com

玉米局部定向调控机械化施肥技术

一、技术概述

（一）技术基本情况

1. 技术研发推广背景

作物高产高效绿色可持续生产是当前我国粮食安全的重大需求，由于当前我国社会经济变革导致农村劳动力转移，农民施肥普遍存在盲目性，一方面，劳动力不足，农民不愿花更多的劳力把肥料深埋在土壤里，普遍选择简单的"一炮轰"施肥；另一方面，缺少相应的肥料剂型、施肥机械和高效机械化施肥技术，迫使农民在玉米生长后期不再进行追肥。这些不合理的施肥方式常常造成早期烧苗、养分大量损失到大气和地下水中，而后期养分供应不足不能满足高产玉米的需求，常常导致早衰，这样势必会影响玉米产量乃至收益。解决问题的根本，必须突破传统施肥习惯，创新施肥技术，以新型专用肥料剂型、高地隙追肥机械等为载体，研发并推广玉米高效机械化施肥技术。在农业农村部公益性行业（农业）科研专项、948引进国际先进农业科学技术重点项目、国家自然科学基金杰出青年基金、重点项目和面上项目、国家科技支撑计划沃土工程等十多个项目或课题支持下历时18年完成，逐渐形成了以根际局部调控技术与农业机械操作有机结合的玉米局部定向调控机械化施肥技术，为解决当前我国玉米生产中存在的上述问题提供了一个有效途径。玉米局部定向调控机械化施肥技术通过改变养分投入总量、形态组合以及施用方式等定向调控根系特征和根际过程以最大化根系生物学潜力是提高养分利用效率和促进高产的关键。

2. 能够解决的主要问题

该技术主要解决我国玉米生产中施肥存在较大盲目性，尤其对肥料的种类、养分组合和施用方法（重基肥轻追肥或重追轻基）上存在不科学的地方，造成烧苗、缺苗、断垄，肥料利用率低，污染环境，最终导致产量降低的问题，该技术将种肥（启动肥）和追肥相结合进行全程调控，通过控制根层土壤氮、磷浓度和磷铵（过磷酸钙和硫酸铵）局部施用调控玉米根系形态特征和根际过程激发玉米高效获取土壤养分的根系生物学潜力，达到集约化玉米体系节肥增效的目的。尤其随着农业机械化的普及，将种肥技术与农机相结合，将具有更广的实际应用价值，并且农艺与农机相结合是现代化农业的发展方向，在国际上已得到普及，该项技术在我国玉米生产上将具有广阔的市场前景。

3. 知识产权及使用情况

该技术作为核心内容发表高水平SCI论文10篇，获批国家发明专利2项，获得国家自然科学奖二等奖1项、国家科学技术进步奖二等奖1项。

（二）技术示范推广情况

在多年玉米专用肥料及局部调控技术研发的基础上，配以当前的玉米施肥播种机及高地隙追肥机，将局部调控施肥技术与农机相结合，该项技术已逐渐趋于成熟，该项技术对实现玉米机械化、规模化和轻简化生产具有重要的意义，在当前农业劳动力短缺、生产成本越来越高的农业生产状况下具有重要的推广价值。该技术已在黑龙江、吉林、河北等玉米种植区进行了较大面积的推广应用，累计推广面积 1 250 多万亩。

（三）提质增效情况

通过十余年的田间定位试验和示范推广发现，该技术可最大化玉米根系的生物学潜力，增加总根长和细根比例，强化根分泌物释放，高效获取土壤中的磷、氮、铁和锌等养分；在钙质土壤中，磷和铵态氮局部施用能显著增加玉米侧根的数量，刺激根系增生和质子释放，诱导强烈的根际酸化效应，根际 pH 值可降低 2 个单位，提高玉米对土壤磷及微量元素铁和锌的活化利用。综合分析发现运用该技术可平均节肥 22.8%，增产 9.9%~19.4%、平均增产 10.2%，增收 22.3%~35.1%、平均增收 26.7%，兼具节本增收和保护生态环境的优点。

（四）技术获奖情况

该项技术作为主要创新内容之一获得国家自然科学奖二等奖和国家科学技术进步奖二等奖各 1 项。

二、技术要点

根据玉米的生长特性以及当地气候特征和土壤条件，以玉米目标产量为基础，按配方施肥理论和局部定向调控施肥技术，将玉米生育期所需养分在播种时和拔节期进行两次局部调控施肥（图 1 至图 3），解决生产中基肥（启动肥）与拔节期追肥不能同时兼顾导致肥料利用率低、产量不高的施肥问题。在播种时利用播种施肥机将玉米专用种肥（含磷和铵的启动肥）条施在播种行的一侧，启动肥与播种行水平距离为 5~6cm，与种子的垂直距离为 5~6cm，玉米种子播种深度在 3~5cm；在玉米 6~7 叶时，将玉米专用追肥利用高地隙追肥机局部条施在植株行的一侧（与所述启动肥相对的一侧），追肥与种植行的水平距离为 10~12cm，与地面的垂直距离为 12~15cm。

图 1　玉米专用种肥（启动肥）

图 2　玉米启动肥与播种施肥一体化技术田间应用效果（黑龙江望奎县）

（一）肥料类型

该技术选用玉米专用种肥（启动肥）和玉米专用追肥，启动肥、追肥均由氮肥和磷肥组成，氮肥为硫酸铵，磷肥为过磷酸钙，也可选用磷酸一铵，启动肥、追肥分别按照一定比例科学配比后进行局部条施，根据各地区土壤理化特性，在基肥中可施适量钾肥（硫酸钾或氯化钾）和/或锌肥（硫酸锌）。肥料均为规则或不规则颗粒状，直径 2~4mm，颗粒硬度大于 30N，利于农业机械施肥。

（二）施肥机械

春玉米区通常播前进行旋耕作业，夏玉米区采用免耕播种。平整土地后，选择适宜的播种施肥机（应能调节播种量、播种深度、行距、株距，播肥量、播肥深度，肥料与种子之间的距离）在平整田块上操作，玉米播种施肥机设计有开沟器、镇压轮、齿轮、链条、旋钮等装置，玉米播种施肥机种子和肥料装置及传输装置均分开。作业的时候，播种机前进，通过齿轮和链条带动排种器和排肥器转动，种子和肥料顺势落下，通过设置适宜的种子和肥料距离，安全有效地将种子和肥料播入土壤。播种时设置开沟排肥器适宜的深度，肥料排出后，周围土壤回落覆盖。相对错开的开沟下种器开出沟的深度一般为 3~5cm，种子落在施肥后回落的土壤沟上，随即覆土再由镇压轮进行镇压盖种。追肥时高地隙追肥机，将肥料局部条施在适宜的位置（追肥与种植行的水平距离为 10~12cm，与地面的垂直距离为 12~15cm）。

图 3　梨树县高地隙追肥机进行田间局部施肥作业

（三）肥料用量

1. 目标产量 750kg/亩以上

目标产量 ≥750kg/亩的高肥力土壤上，推荐施用氮肥（N）14~18kg/亩，磷肥（P_2O_5）9~12kg/亩，钾肥（K_2O）10~14kg/亩，另外可根据土壤缺素状况配施部分中微量元素。

2. 目标产量 600~750kg/亩

目标产量 600~750kg/亩的中高肥力土壤上，推荐施用氮肥（N）12~14kg/亩，磷肥（P_2O_5）6~9kg/亩，钾肥（K_2O）8~10kg/亩，另外可根据土壤缺素状况配施部分中微量元素。

3. 目标产量 600kg/亩以下

目标产量 400~600kg/亩的中低肥力土壤上，推荐施用氮肥（N）11~13kg/亩，磷肥（P_2O_5）4~6kg/亩，钾肥（K_2O）5~8kg/亩，另外可根据土壤缺素状况配施部分中微量元素。

三、适宜区域

机械化程度较高的东北、西北、华北春玉米主产区和华北夏玉米主产区。

四、注意事项

播种前将地块平整，玉米播种施肥机的牵引机械动力要匹配，需根据地力或目标产量定施肥量，不同养分掺混的肥料外观形状应基本一致，保证肥料顺利输送到土壤适宜位置。

技术依托单位

1. 中国农业大学

联系地址：北京市海淀区圆明园西路 2 号

邮政编码：100193

联 系 人：申建波　张福锁　米国华

联系电话：010-62732406　13910008792

电子邮箱：jbshen@ cau. edu. cn

2. 东北农业大学

联系地址：黑龙江省哈尔滨市香坊区长江路 600 号

邮政编码：150030

联 系 人：姜佰文

联系电话：0451-55191175

电子邮箱：jbwneau@ 163. com

3. 吉林农业大学

联系地址：吉林省长春市新城大街 2888 号

邮政编码：130118

联 系 人：高　强

联系电话：13134457702

电子邮箱：gyt199962@ 163. com

4. 全国农业技术推广服务中心

联系地址：北京市朝阳区麦子店街 20 号

邮政编码：100125

联 系 人：杜　森

联系电话：010-59194534

电子邮箱：natesc_fei@ agri. gov. cn

玉米机械籽粒收获高效生产技术

一、技术概述

（一）技术基本情况

玉米机械籽粒直收（机械粒收）是利用联合收获机进行摘穗、脱粒一次完成的收获方式，是现代玉米生产的重要技术特征。我国玉米收获机械化率已达78%，但仍以机械穗收方式为主，机械粒收比例占比较低，已经成为玉米生产机械化发展的瓶颈。玉米机械籽粒收获技术通过品种筛选、合理密植、抗倒防病保健栽培、适期收获、农机农艺融合以及烘干存储等关键技术环节，降低生产成本，改善玉米品质，是我国玉米生产转方式、增效益和提升竞争力的主要技术途径。

（二）技术示范推广情况

"玉米籽粒机收新品种及配套技术体系集成应用"被评选为"十三五"农业十大科技成果，"玉米机械籽粒收获高效生产技术"入选2020年中国农业农村重大新技术；"玉米籽粒低破碎机械收获技术"入选2019年全国农业十大引领技术。该技术体系近年在新疆生产建设兵团和新疆维吾尔自治区、黑龙江农垦、内蒙古东四盟（市）等北方春播玉米区已大面积推广应用，并在河南、河北、山东、安徽等黄淮海夏播玉米区进行了技术示范，增产增效显著。

（三）提质增效情况

收获是玉米生产中最繁重的体力劳动环节，占整个玉米种植过程人工投入的50%~60%。玉米机械粒收不仅可以大大降低劳动强度、节约成本，而且还会避免晾晒、脱粒过程中的籽粒霉烂与损失。多年多地试验示范表明，玉米籽粒机收比果穗机收节约成本15%，降低粮损6%左右，提升品质等级1级以上，亩节本增效150元左右，相当于每千克降低成本0.2~0.3元。同时，将秸秆直接粉碎还田，有利于培肥地力，避免秸秆集中焚烧引发严重雾霾，减少碳排放，具有巨大的生态价值。2019年，宁夏探索玉米籽粒直收免烘干技术，创建试验基地5个，实现玉米亩产1 000kg，生产成本降低10%，效益提高10%。

（四）技术获奖情况

"西北灌区玉米密植机械粒收关键技术研究与应用"获2019年新疆维吾尔自治区科技进步奖一等奖；"玉米机械粒收关键技术研究及应用"获2019年度中国作物学会作物科技奖；"黄淮海夏玉米机械粒收关键技术研究与应用"获2020—2021年度神农中华农业科技奖科学研究类成果二等奖。

二、技术要点

（一）科学选种，合理密植

根据当地自然条件，选择经国家或省审定、在当地已种植并表现优良的耐密、抗倒、适宜籽粒机械收获的品种。种植密度比当前大田生产增加500～1 000株/亩（图1）。根据收获机具作业方式配置种植模式，尽量满足对行收获。

（二）精细管理，提高群体整齐度

采用机械精量单粒播种，保障播种质量；根据田间杂草发生情况，选用苗前或苗后化学除草；根据产量目标和地力水平进行配方施肥，提高肥料利用效率；通过精品种子、精细整地、高质量播种和田间管理，提高群体整齐度。

图1　大田密植高质量玉米群体　　　　图2　机械籽粒收获现场

（三）保健栽培，抗逆管理

种子精准包衣防控苗期病虫害，中后期重点防治茎腐病、玉米螟和穗粒腐病，兼顾防治当地常发的病虫害；在玉米6～8展叶期，喷施玉米专用化控药剂，控制基部节间长度，增强茎秆强度，预防倒伏。

（四）适时收获，提高收获质量

收获时期一般在生理成熟（籽粒乳线完全消失）后2～4周进行（春玉米区籽粒含水率应降至25%，夏玉米籽粒含水率应降至28%以下）。根据种植行距及作业质量要求选择合适的收获机械，根据玉米生长情况和籽粒水分状况调整机具工作参数，保障作业质量（图2）。田间落粒与落穗合计总损失率不超过5%，籽粒破碎率不高于5%，杂质率不高于3%。收获玉米籽粒及时烘干。

（五）秸秆还田，培肥地力

玉米秸秆可采用联合收获机自带粉碎装置粉碎，或收获后采用秸秆粉碎还田机粉碎还田。玉米茎秆粉碎还田，茎秆切碎长度≤100mm，切碎长度合格率≥85%，抛撒均匀。用综合整地机械进行秸秆碎粉还田或翻转犁将秸秆翻地（深度30～40cm）或下年采取免耕播种。

三、适宜区域

东北玉米区、西北玉米区、黄淮海玉米区等能够进行机械作业的地区，其他区域可参照执行。

四、注意事项

玉米机械化生产要抓好播种与收获2个关键环节，玉米密植后要抓好群体整齐度、植株抗倒伏和减少后期早衰3个关键问题。机械收粒时间应适当推迟，保证收获质量。

技术依托单位

1. 中国农业科学院作物科学研究所

联系地址：北京市海淀区中关村南大街 12 号

邮政编码：100081

联 系 人：李少昆　明　博　薛　军

联系电话：010-82108891

电子邮箱：lishaokun@caas.cn

2. 中国农业大学

联系地址：北京市海淀区清华东路 17 号

邮政编码：100083

联 系 人：张东兴　崔　涛

联系电话：010-62737765

电子邮箱：zhangdx@cau.edu.cn

3. 宁夏农林科学院农作物研究所

联系地址：宁夏回族自治区银川市金凤区黄河东路 590 号

邮政编码：750002

联 系 人：王永宏　赵如浪

联系电话：0951-3808534

电子邮箱：wyhnx2002-3@163.com

小麦无人机追施肥减量增效技术

一、技术概述

（一）技术基本情况

小麦是我国主粮作物，种植面积占粮食作物总面积的 20%。小麦生育期根外追肥不仅能及时弥补基肥不足，满足作物中后期养分需求，还能实现减肥增效和增产提质。例如，小麦越冬和早春适时喷施氮磷肥，能增加小麦抗寒能力，促进受冻麦苗尽早复壮，实现稳产增产；小麦花后叶面喷施磷钾肥，能促进小麦灌浆、增加粒重，降低干热风对小麦的危害。在小麦抽穗至灌浆初期喷施锌硒肥，籽粒锌硒含量大幅提升，营养品质得到改善。

无人机在我国农业生产中使用越来越普遍。2022 年，我国投入农用无人机 20 万台，作业面积 18 亿亩次，农业无人机市场规模达到 45.5 亿元。随着我国农地流转日趋活跃，农业经营规模化，农村劳动力减少，无人机服务农业的需求越来越多。采用无人机进行叶面追肥能够提高喷施溶液在作物茎叶沉积，促进作物吸收，减少养分流失，达到肥料减量增效、作物增产提质目的。同时，实现人机分离作业，减小劳动强度，提高作业效率。通过无人机叶面追施肥能提高肥料利用率，增强小麦抗逆抗病能力，实现小麦增产提质，受到社会广泛重视。

然而，在小麦无人机追施肥过程中还存在一些问题，主要是肥料用量不合理，喷施浓度与用水量不匹配，使用方式不规范无法保证肥效，难以实现增产提质增效的目的。针对上述问题，在国家小麦产业技术体系和全国农业技术推广服务中心的支持协作下，团队研究并推广了小麦无人机追施肥减量增效技术。在各地小麦主产区开展了多点试验，研究并示范了小麦无人机叶面追施氮磷钾锌硒硼钼肥料的使用方法，明确了各地小麦生产中出现缺肥弱苗、早春冻害、微量营养元素缺乏、干热风等问题时，无人机叶面追肥的肥料量、肥液浓度和用水量，提出了科学使用无人机进行叶面喷施的指导意见，促进苗情转壮，实现增产提质增效生产。

（二）技术示范推广情况

该技术的相关研究始于 2008 年，先后进行了小麦氮、磷、钾、锌、硒、硼、钼肥不同肥料用量、喷施浓度、喷施水量和喷施时间的田间试验，确定了小麦无人机喷施氮、磷、钾、锌、硒、硼、钼肥的最佳时间及利用效率，明确了各地小麦无人机叶面追肥的肥料量、肥液浓度和用水量，提出了使用无人机进行叶面科学追施肥的指导意见。

先后在我国主要麦区开展小麦无人机追肥促增产技术试验示范，覆盖我国河北、河南、山东、江苏、安徽、四川、陕西、甘肃、内蒙古、新疆等 10 个省（区）的小麦主要产区，累计推广应用面积超过 1.5 亿亩次。

（三）提质增效情况

在我国小麦主产区开展的多点示范研究表明：采用无人机叶面追施肥技术，喷施氮磷钾肥的小麦增产 5.0%~8.7%，喷施硼肥的增产 3.8%~8.6%，喷施钼肥的增产 3.5%~5.0%，增产效果显著。喷施锌肥的小麦籽粒锌含量从低于 40mg/kg 提升到 40~50mg/kg，喷施硒肥的小麦籽粒硒含量从低于 150μg/kg 提升到 150~300μg/kg，达到了人体健康需求的营养推荐含量。采用无人机叶面追肥，作业费用较人工降低 5~10 元/（亩·次），作业效率提高 40~80 倍。氮肥与微量营养元素肥料一起喷施，肥效相同，作业费用较单独喷施氮肥和微肥更低，有效降低了额外的无人机作业费用，同时实现了节肥增效、增产提质和节本增收。

（四）技术获奖情况

该技术获得国家发明专利授权 1 项，入选 2023 年全国化肥减量化"三新"集成配套典型技术模式，获得 2021 年国际锌协会和中国植物营养与肥料学会中国锌肥研究与推广杰出贡献奖，研究工作被推荐为国家小麦产业技术体系"十二五"优秀成果。

二、技术要点

（一）机械选择

选择当地农业生产中普遍使用的农用无人机。

（二）肥料选用

1. 肥料品种

适用于无人机追肥的肥料品种应具有较好的溶解性，氮肥可采用尿素，磷肥可采用磷酸二氢钾，镁肥、锌肥、硒肥、硼肥和钼肥可分别采用硫酸镁、硫酸锌、亚硒酸钠、硼酸和钼酸铵。

2. 肥料要求

尿素应符合 GB/T 2440—2017 标准，磷酸二氢钾应符合 HG/T 2321—2016 标准，硫酸镁应符合 GB/T 26568—2011 标准，硫酸锌应符合 CNS 12025—2003 标准，硼酸应符合 GB/T 538—2018 标准，钼酸铵应符合 GB/T 3460—2017 标准。符合相关标准，达到养分含量要求的腐植酸型、氨基酸型等水溶性肥料也可以使用。

3. 肥料用量（表1）

表1 各麦区不同肥料叶面喷施的用量　　　　　　　　单位：g/亩

麦区	尿素	磷酸二氢钾	七水硫酸镁	七水硫酸锌	亚硒酸钠	硼酸	钼酸铵
春麦区	200~300	100~120	90~100	100~110	0.5~1.0		30~40
旱作区	300~400	100~130	90~100	100~120	0.5~1.0		30~50
麦玉区	400~500	100~150	100~120	120~150	1.0~1.5		40~50
西南麦区	300~400	100~120	100~120	90~100	0.5~1.0	50~70	
长江中下游麦区	300~500	100~150	120~150	90~100	0.5~1.0	50~80	

注：每亩用水量不少于 3~5L，取肥料用量上限时，用水量不少 5L；喷施肥液的尿素浓度不超过 10%，磷酸二氢钾不超过 3%，七水硫酸镁和七水硫酸锌不超 3%，亚硒酸钠不超过 0.03%；硼酸不超过 2%、钼酸铵不超过 1%。

4. 肥料运筹

（1）早春因天气等原因影响，不能通过土施或随灌溉追肥时，可先在返青和拔节期叶面喷施适量的氮肥和磷肥1~2次，缓减养分缺乏对小麦生长造成的不良影响。

（2）早春受冻麦田，在冻害发生后，须及时喷施适量氮肥，对缺磷田块应氮肥和磷肥结合喷施1~2次，促进苗情较快恢复，尽早复壮。

（3）晚播弱苗麦田，在早春或返青后，喷施氮肥和磷肥1~2次，促进分蘖迅速生长；在拔节期和扬花至灌浆前期，可根据苗情再喷施氮肥和磷肥1~2次，增加穗粒数，提高粒重和产量。

（4）干热风多发地区，在小麦孕穗至灌浆期中期，喷施磷酸二氢钾1~2次，补充叶片生长所需磷钾；或根据天气预报，在干热风来临前7d，结合小麦一喷三防，喷施磷酸二氢钾1次，促进小麦灌浆、增加粒重，降低干热风对小麦的危害。

（5）我国不同麦区土壤微量元素缺乏存在差异，北方土壤易缺锌、硒和钼元素，南方土壤易缺硼。建议对缺锌或硒元素的小麦，在拔节孕穗期或灌浆初期喷施锌肥2~3次、喷施硒肥1~2次；对缺钼的小麦，在返青期和拔节期喷施钼肥1~2次；对缺硼的小麦，在孕穗期喷施钼肥1~2次。

（三）作业程序

（1）田间作业时，按照建议的肥料浓度用清水溶解肥料，等肥料全部溶解后，静置5min，取清液喷施。

（2）喷施前应根据作业区的地理情况，设置无人机的飞行高度、速度、喷幅、航线方向、喷洒量、雾化颗粒大小等参数，并对无人机进行试飞，试飞正常后方可进行飞行作业。

（3）所有肥液的喷施应在风力小于3级的阴天或晴天傍晚进行，防止灼伤麦苗，确保肥效。

（4）喷施结束后应记录无人机作业情况，若喷后遇雨，应重新喷施。

（5）喷施作业结束后，通过观察小麦长势，决定是否再次喷施，前后两次喷施至少间隔7~10d，不可盲目喷施，以免造成毒害。

三、适宜区域

适用于我国春麦区、旱作区、麦玉区、长江中下游麦区和西南麦区，春麦区主要包括新疆维吾尔自治区、青海省、甘肃省河西走廊、宁夏回族自治区、内蒙古自治区东部和黑龙江省等地，旱作麦区主要包括甘肃省东部、陕西省、山西省和河北省北部等地，麦玉区主要包括河南省、河北省、山东省等地，长江中下游麦区主要包括湖北省、江苏省、安徽省南部和浙江省等地，西南麦区主要包括云南省、贵州省、四川省、重庆市等地。

四、注意事项

一是喷施过程中无人机操控人员应持证上岗、做好防护措施。无人机转运时，禁止触摸并远离。

二是在各种肥液混合喷施时，应以肥料品种特性和使用说明为准则进行混配，以确保肥效。

技术依托单位

1. 西北农林科技大学

联系地址：陕西省咸阳市杨凌区邰城路 3 号

邮政编码：712100

联 系 人：王朝辉

联系电话：13008401712

电子邮箱：w-zhaohui@263.net

2. 全国农业技术推广服务中心

联系地址：北京市朝阳区麦子店街 20 号

邮政编码：100125

联 系 人：傅国海

联系电话：010-59194535　13126532021

电子邮箱：natesc_fei@agri.gov.cn

冬小麦机械化镇压抗逆防灾技术

一、技术概述

（一）技术基本情况

我国冬小麦主产区普遍采用旋耕整地后播种方式，由于前茬秸秆还田量大、旋耕后耕层过于疏松或悬松，常导致播种过深、种—土不密接，出苗质量差；播后土壤透风失墒快、苗群抗性弱，易遭致旱害、冻害和倒春寒危害。为避免这些影响，农民常常加大播种量，这在气候变化背景下又极易引发旺长倒伏风险。农田镇压是小麦抗逆防灾稳产增产的重要措施，通过压土踏实土壤、破除坷垃、弥合裂缝、保墒提墒、提高播种出苗质量并促根壮苗，通过压苗控制旺长、增强抗性、保障群体安全稳健生长，可有效解决上述生产突出问题。但长期以来由于缺乏高效实用的镇压机械，镇压技术的推广受到限制。

针对上述大面积生产问题和技术需求，中国农业大学研制了作业高效、镇压均匀的新型自走式镇压机和镇压—锄划一体机，并与全国农技推广中心及北京、河北、山东等多省（市）农技推广部门合作研发配套机械化镇压技术，迅速在小麦主产区得到推广应用，成为近年来全国小麦生产应对气候剧变、科技壮苗、抗逆防灾的关键性技术，为保障国家小麦持续增产作出了重要贡献。

该技术研发和完善期间，形成国家专利6项（涉及镇压机、镇压装置、锄划机及镇压技术应用等），在北京、河北和山东等省（市）制定和颁布了机械化镇压技术规范或标准，并已申报国家农业行业标准。

（二）技术示范推广情况

小麦机械化镇压技术近年来持续在全国冬小麦产区推广应用，全国农业技术推广服务中心和农业农村部小麦专家指导组在每年的小麦秋冬种和春季管理技术指导意见中均把镇压技术作为关键技术加以强调推行；河北省将"麦田自走式均匀镇压机及应用技术"列为全省农田节水主推技术，并每年举办机械镇压现场观摩培会；山东省农技推广站连续多年在全省开展示范推广，北京市年年发布小麦镇压技术指导意见并强力实施。黄淮海冬麦区近3年相继出现雨涝过晚播种、断崖式降温冻害和气温偏高旺长等极端异常天气，机械化镇压技术成为各地科技壮苗、抗逆防灾减害的重要技术抓手。鉴于机械镇压在小麦生产中的特殊重要作用，农业农村部农机化司2023年专门发布了"关于更有力推进小麦镇压机具购置和应用补贴工作的通知"（农机政2023-183号），要求各地尽快将小麦镇压机纳入国家补贴，并加快推广应用。

（三）提质增效情况

该技术将现代镇压机具与配套镇压技术应用于小麦栽培管理过程，在播种前后、冬前和春季因土因苗适时镇压，起到了踏实土壤、促进出苗、保墒节水、抗旱防寒、控旺防倒等多重作用。根据示范测定，在秸秆还田和旋耕播种条件下，播后采用自走式镇压机镇压，与不镇压相比，0~10cm 土层容重增加 0.19~0.22g/cm³，土壤含水率增加 5%~8%，提早出苗 1~2d，出苗率增加 8%~12%，越冬枯叶率减少 12%~18%，常年增产 4%~9%（干旱和冻害年份增加更多）。早春镇压可提墒增温，促早返青，确保春季第一次肥水后移，减灌增效，一般可提高水分利用效率 10% 以上。镇压技术措施简化，机械作业高效，易于推广应用。

（四）技术获奖情况

该技术作为小麦节水技术应用推广的重要内容获神农中华农业科技奖一等奖（2011年）、全国农牧渔业丰收奖农业技术推广成果奖二等奖（2019 年）和推广贡献奖（2022年）、北京市农业技术推广奖一等奖（2016 年）和二等奖（2022 年）。

二、技术要点

（一）镇压机具选择

根据农田条件和镇压要求，选用适宜的镇压机或镇压器类型。自走式镇压机自带动力，其行走轮即为镇压器，由多胶轮组合，行走机动灵活，作业效率高，受力均匀，镇压效果好，且机后配装铁链，可浅划表土、合墒保墒。但缺点是镇压重力固定，不可随调。牵引式镇压机需有拖拉机牵引镇压器作业，其镇压器可更换，但缺点是镇压均匀度比自走式差，牵引的机组较长，行走较慢且转弯不便，作业效率较低。一般麦田在播后、冬前和春季镇压应尽可能选用自走式镇压机。选用牵引式镇压机，应注意镇压器辊轮压力与拖拉机行走轮压力的匹配性，避免拖拉机行走轮压出两条明显低沟。

在土壤墒情适宜镇压的条件下，小麦对镇压器镇压强度的要求是 0.2~1.0kg/cm³，在此范围内，可结合土质、墒情、苗情确定适宜镇压强度。

（二）镇压作业要求

1. 播种前后镇压

秸秆还田和旋耕整地的麦田，为避免土壤过于悬松不实影响播种和出苗质量，应在播前结合整地适度镇压，可在旋耕犁后加挂镇压器镇压。采用圆盘播种机播种的麦田播前可轻度或中度镇压，但不宜重度镇压；采用锄铲式播种机播种的麦田，可中度或重度镇压。

一般麦田，播种后 1~3d 当 0~2cm 表土现干时应适当镇压 1 遍，以踏实土壤，促进种—土密接。播后镇压宜采用自走式镇压机，镇压器后可配挂铁链划土装置，轻划表土形成暄薄土层覆盖保墒（图1）。播种过深、表土水分偏多（相对含水量＞80%）的麦田，播后不宜镇压或推迟到冬前镇压。

2. 冬前苗期镇压

对于整地质量差、秸秆还田耕层土壤过于虚松、播后未镇压的麦田，应在 3 叶期后至入冬前适时镇压 1 次，以利保墒抗旱防寒、安全越冬。冬前未镇压但浇过越冬水的麦田，可在入冬初期（最高气温超过 5℃）地表经过冻融变得干酥时，对坷垃多、裂缝多、表土秸秆多和播种偏浅的麦田进行镇压，以压碎坷垃、弥合裂缝、保墒保温，保障安全过冬。

对于播种过早、播量过大、温度偏高生长过快、有明显旺长趋势的麦田，应提早进行苗期镇压，且需实施中度或重度镇压（图2）。无水浇条件的旱地麦田，应普遍实施冬前镇压。

冬前苗期镇压宜采用自走式镇压机或平滑轮镇压器。

图 1　播后镇压

图 2　苗期镇压控旺

3. 春季镇压

早春土壤化冻之后至返青期，对播后镇压或冬前镇压不到位、土壤表层疏松有 3cm 以上干土层的田块，以及没有水浇条件的旱地麦田，要选择在气温稳定回升后且无霜冻的晴天中午前后及时镇压，促进土壤下层水分上移。一般可将镇压和锄划相结合，先压后锄，以达到上松下实、增温提墒、消除杂草和枯叶，促进春季麦苗生长（图 3）。

图 3　春季镇压

对于水肥条件好、群体过大（每亩总茎蘖数在 120 万以上）、旺长趋势明显发展的麦田，要在返青期至起身期及时中度或重度镇压，镇压 1~2 遍，抑制春季分蘖过多滋生和基部节间过长，以预防"倒春寒"和后期倒伏。

对早春严重干旱、干土层 6cm 以上、需要浇水保苗的麦田，可在浇水后要适时锄划，破除板结。

三、适宜区域

主要适用区域为黄淮海冬麦区、北部冬麦区和西北旱地冬麦区。

四、注意事项

麦田镇压要注意"压干不压湿"：即对土壤墒情适宜和表层干旱的地块做好镇压，过湿的地块不宜镇压；"压软不压硬"：即土壤封冻、麦苗受冻未解的地块不宜镇压，防止压断麦苗；"压旺不压弱"：过晚播弱小苗不宜镇压或不宜重压，避免出现机械损伤；一天之中，有露水、冰冻时不能镇压，否则会使茎叶与土黏合，影响小麦生长；清晨叶片结霜时和寒流天气即将来临前勿镇压，否则易受冻害。需要重复镇压的麦田，两次压麦行走方向要一致，否则会加重伤苗。

技术依托单位

1. 北京市农业技术推广站

联系地址：北京市朝阳区惠新里甲 10 号

邮政编码：100029

联 系 人：孟范玉　周吉红

联系电话：18710027168　13641376653

电子邮箱：mengfanyu. 1985@ 163. com,

2. 中国农业大学

联系地址：北京市海淀区圆明园西路 2 号

邮政编码：100193

联 系 人：王志敏　张英华

联系电话：13671185206　13811182048

电子邮箱：cauwzm@ qq. com　zhangyh1216@ 126. com

3. 全国农业技术推广服务中心

联系地址：北京市朝阳区麦子店街 20 号

邮政编码：100125

联 系 人：梁　健

联系电话：13240920099

电子邮箱：liangjian@ agri. gov. cn

4. 河北省农业技术推广总站

联系地址：河北省石家庄市裕华区裕华东路 212 号

邮政编码：050011

联 系 人：王亚楠

联系电话：0311-86678024

电子邮箱：478958695@ qq. com

5. 山东省农业技术推广中心

联系地址：山东省济南市历下区十亩园东街 7 号

邮政编码：250100

联 系 人：鞠正春

联系电话：0531-82355244

电子邮箱：juzhengchun@ 163. com

小麦高性能复式精量匀播技术

一、技术概述

（一）技术基本情况

小麦是我国重要口粮作物，小麦生产对保障国家粮食安全具有重要意义。黄淮海地区是我国小麦主产区，小麦播种面积及总产量分别占全国的 45% 及 48% 以上。目前该区域小麦播种主要以小型条播机为主，作业工序复杂、劳动力投入大，作业效率低，播种质量不高，播深不一致、缺苗断垄等问题严重影响小麦产量。推广应用高质、高效、复式作业播种技术，可有效提高播种质量，挖掘小麦单产潜力，提高小麦总产量。

小麦高性能复式精量匀播技术采用驱动耙复式播种机，将整地、播前镇压、播种、播后镇压技术整合为一体，减少进地次数，降低劳动力使用，解决了传统作业成本高、效率低的问题；通过高质量整地、均匀播种、播前播后二次镇压，提高小麦出苗率和出苗整齐度，解决了播深不一致、缺苗断垄等问题，使小麦生长均匀，光热资源和水肥资源利用合理，小麦个体生产健壮，增加对病虫害和自然灾害的抵抗能力，实现产量提高。

（二）技术示范推广情况

该技术已在山东省、河南省、安徽省等黄淮海地区种粮大户、专业合作社和家庭农场等新型农业经营主体开展试验示范，取得了良好试验示范效果。目前已开展试验示范的地区有，山东省潍坊市、青岛市、聊城市、济南市、德州市、菏泽市、东营市、滨州市、淄博市；河北省保定市、邯郸市；河南省驻马店市、南阳市、平顶山市、开封市、新乡市；安徽省灵璧县等地，特别是在山东省，受到农民群众和经营主体的普遍欢迎，列入小麦大面积提单产的主推技术。

（三）提质增效情况

1. 减少人力、物力消耗

与传统小麦播种撒肥+犁翻+旋耕+播种+镇压农艺相比，采用驱动耙复式播种机作业，可在犁翻后直接下地作业，一次下地完成整地+播前镇压+播种+播后镇压四道工序，减少拖拉机、农机具、人工需求量，提高工作效率，降低作业成本，每亩生产成本由传统技术的 160 元降低至 120 元（传统小麦播种：旋耕灭茬两遍 30 元/亩，翻耕 60 元/亩，播前旋耕破土 40 元/亩，耙平 10 元/亩，播种 20 元/亩；驱动耙复式播种机：旋耕灭茬两遍 30 元/亩，翻耕 60 元/亩，播种 30 元/亩），另外该技术比传统播种技术节种 5%~10%，综合节本率达 25%。

2. 保护耕地、节水

该技术打破传统耕作整地模式，在水平方向旋转碎土，可保证上下土层不相混，不破坏土壤层次，有效保水保墒，作业后土壤结构合理。同时能有效压碎土块，弥合土缝，增加土壤紧实度，提高土壤保墒、保湿、保肥、保温能力，从而形成良好的种床环境；减少水分蒸发，全生育期节省灌溉 1~2 次，水分利用效率较传统生产提高 20% 以上，能够控制地上部分蘖的生长和促进根系下扎、促进低位分蘖发育，保证麦苗安全越冬，实现早发壮苗。

3. 增产增收明显

通过该技术进行整地作业后，可使苗床平整，上实下松，有效保墒，配合独立仿形播种单体，可保证播种均匀、播深一致，种子出苗齐，有利于作物根系生长，综合增产效果明显。全国试验示范平均数据显示，与传统播种农艺比较，耙压一体小麦精量匀播技术可使亩穗数提高 10% 以上，千粒重提高 5% 左右，籽粒产量提高 12.3%~17.5%，增产效果显著。综合节本增收 100~200 元/亩，效果显著。

（四）技术获奖情况

以该技术为核心的科技成果入选 2023 年中国农业农村重大科技新成果。

二、技术要点

播种前先对作业地块进行深翻，然后选用适于黄淮海地区的动力耙与条播机组合作业的驱动耙复式播种机播种（图 1），使横向碎土、土壤整平、播前镇压、均匀播种、播后镇压技术融合为一体，播前播后双镇压，实现高质量播种。

图 1 驱动耙复式播种机作业

（一）深翻整地

深翻打破犁底层，促进根系下扎，增加深层土壤根量，奠定丰收基础，而且由于驱动耙复式播种机工作时是对土壤的线切，如果不深翻，作业效率低，也达不到理想的作业效果，所以播种作业前，应先对作业地块进行深翻，将秸秆和根茬翻埋到土壤下面，把土壤下部的硬土层翻到上边，既翻埋秸秆、也形成上实下虚的苗床，增加土壤的蓄墒能力，便于驱动耙复式播种机后续作业。

（二）种子处理

根据生产条件和驱动耙复式播种机精量播种特点，选择丰产潜力大、抗倒伏性强的品种，针对当地各种病虫害实际发生的程度，选择相应防治药剂进行种子包衣、药剂拌种等处理，可有效防治或减轻小麦茎基腐病、根腐病、纹枯病等病害发生，控制苗期地下害虫为害。

（三）适期播种

小麦播种时，地块不能太湿，否则驱动耙部件容易黏土，耕层的适宜墒情为土壤相对含水量 75% 左右。如遇阴雨天气，要及时排除田间积水进行散墒；墒情不足时要提前浇水造墒，有条件的地方可推广测墒补灌、水肥一体化等技术，实现节水灌溉。结合主推品种生育特性和气象条件，因地制宜地确定不同地区的适宜播期。播量与播期、墒情、地力水平等关系密切，采用该技术比传统播种技术用种量可减少 5%~10%。

（四）横向碎土

播种作业时，驱动耙复式播种机采用 12 组耙刀，相邻两组耙刀转向相反，通过不同方向反复切割进行碎土，每组各有两把耙刀，增加土块切割频率，使土块可以切割松碎，土渣细小，表面疏松通气不板结，且横向碎土可使土层扰动减小，上层干土与下层湿土不相混，从而达到保水保墒目的。

（五）土壤整平

驱动耙复式播种机采用条形刮土杠，使细碎土壤从刮土杠下方漏过，体积较大的土块则被刮土板阻挡，堆积到耙刀处进行二次切碎，保证土壤细实，碎土效果好，同时当种床高低不平时，刮土杠可将高耸处土壤刮走，低洼处土壤填实，使作业过后形成平整地面，为后期播种形成良好种床环境。

（六）播前镇压

整地后土壤较为松软，如整地后不镇压直接播种容易造成种子播深不一致，土壤内有空洞、蜂穴等，造成跑肥跑墒，种子发育不良等问题。驱动耙复式播种机采用合适程度的播前镇压，可进一步压碎土块，提高土壤紧实度，提高土壤保肥、保温、保墒的能力，形成良好的种床环境。衡量镇压是否合适标准：正常人站在镇压后苗床上，略微用力踩下去（或抬起一只脚把体重放在另一只脚上），鞋入土的深度 1cm 左右，则镇压合适。

（七）均匀播种

均匀播种主要是指播量均匀与播深均匀。驱动耙复式播种机，一方面，通过高精度排种器，使播种量根据作业速度实时变化，单位面积播种量误差不超过 5%，实现播量均匀；另一方面，在地形起伏不平时，可通过独立仿形播种单体使播种深度保持基本恒定，误差预定播深±0.5cm、合格率不低于 80%，实现播深均匀（图2）。

图 2　均匀播种

（八）播后镇压

已被镇压好的种床在播种作业时被犁刀或播种圆盘切开，覆土后土壤变得松散，因此需要进行播后镇压；驱动耙复式播种机采用单苗带镇压机构，使每一条苗带均能很好的镇压，播后镇压使种子与土壤充分接触，使种子能够良好吸收水分与肥料，提高地温，促进种子发芽生长，保证出苗全、齐、壮，增加成活苗株数，实现增产目的。

三、适宜区域

适用于黄淮海地区小麦主产区。

四、注意事项

播种作业前应先进行深翻整地，但是不应采用旋耕作业。在田间作业时，注意提前检视、调整机械作业状态。应注意加强宣传培训，提高机手作业技能水平；加强技术应用指导，标准化规范作业，确保技术装备应用到位；强化作业主体培育，提升区域整体农机作业服务质量。

技术依托单位

1. 潍柴雷沃智慧农业科技股份有限公司

联系地址：山东省诸城市密州东路6789号

邮政编码：262200

联 系 人：张崇勤

联系电话：13506464397

电子邮箱：zhangchongqin@lovol.com

2. 农业农村部农业机械化总站

联系地址：北京市朝阳区东三环南路96号

邮政编码：100122

联 系 人：徐 峰 程晓磊

联系电话：010-59199056

电子邮箱：zzlzjxc@163.com

江淮稻—油周年机械化绿色丰产增效技术

一、技术概述

（一）技术基本情况

粮油安全问题一直是牵动我国经济发展和社会稳定的重大问题。江淮地区是安徽粮油生产的主产区，也是优势产区，水稻常年种植面积 3 400 万亩左右，油菜常年种植面积 900 多万亩，稻—油轮作是安徽江淮中南部地区的主要种植制度之一，对保障国家口粮和油料安全作出了重要贡献。

然而传统稻—油周年种植模式普遍存在机械化轻简化程度不高（特别是种植环节，油菜的播种和收获环节机械化程度均不足 50%）、农机农艺不配套、抗逆性差、周年肥水药投入量大、利用率低、茬口衔接存在一定矛盾等问题，导致稻油丰产增效抗逆难以兼顾，严重影响区域粮油增产潜力发挥和农民增收。为解决上述突出难题，以"丰产增效"为目标，以"机械化轻简化"为突破口，在江淮不同亚区选择代表性市县，采取"关键技术攻关—区域技术集成—示范推广应用"协同推进模式。经过多年研究集成江淮稻—油周年机械化绿色丰产增效技术。该技术创建了江淮稻—油周年机械化轻简化栽培技术，提高了劳动生产效率；建立了肥料、农药机械化精准减量化施用技术，提高了肥药利用效率；实现稻油周年丰产与增效的协同。

（二）技术示范推广情况

2018 年以来，江淮稻—油周年丰产增效技术在安徽省（六安市、合肥市、安庆市、池州市、铜陵市、芜湖市、马鞍山市、宣城市）等地 6 年累计推广应用面积超过 2 500 万亩。

（三）提质增效情况

与常规稻—油生产技术相比，周年产量增加 5%，水稻亩省工 2~3 个，油菜亩省工 3~4 个，单位面积作业成本降低 20%，机械化程度提高 20% 以上，化肥和农药成本降低 10%~15%，氮肥利用率提高 1~3 个百分点；自然灾害和病虫为害损失率降低 12%；亩收入增加 80 元以上。

（四）技术获奖情况

该技术荣获 2013 年度全国农牧渔业丰收奖农业技术推广成果奖三等奖。

二、技术要点

（一）优化品种选择

水稻：根据不同生态区和当地主要种植模式，选用株型紧凑、分蘖力中等、适应性强、肥水利用率高、耐高温、抗倒且对稻瘟病、纹枯病等主要病害中抗以上、生育期 135~150 d 的中迟熟杂交中籼稻或者生育期 145~160 d 的中偏迟熟优质粳稻。

油菜：选择抗病和抗冻性强、抗裂解、千粒重大、适宜机收的双低型品种。

（二）培育标准壮秧（水稻）/机械化精量直播（油菜）

1. 水稻壮秧标准

硬盘育秧：移栽秧龄 18d±2d，叶龄 3.0~4.0，苗高 12~20cm，百株干重 2.0~2.5g，单株白根数≥10 条，盘根成型良好。

钵盘育秧：移栽秧龄 30d±2d，叶龄 4.5~5.5 叶，苗高 15~20cm，单株带蘖 0.3~0.5 个，单株白根数≥12 条，百株干重 8.0g 以上。

2. 旱育化控培育壮秧（水稻）

精量均匀稀播：硬盘育秧（秧盘规格 30cm×60cm）播种量为 60~80g/盘（杂交稻）或 90~110/盘（常规稻）；钵盘育秧（秧盘规格 61.8cm×31.5cm×2.5cm，每盘 448 孔）播种量分别为 1~3 粒/孔（杂交稻）或 2~4 粒/孔（常规稻）。

旱育化控：依据叶龄控水精准旱育旱管，在秧苗 2 叶 1 心期前后叶面喷施 150~200mg/kg 烯效唑进行二次化控防徒长。

3. 扩行适株稀植，构建高产优质群体

（1）水稻。毯苗机插行距株：穗数型品种 25cm×（12~14）cm，穗粒兼顾型品种 30cm×（12~14）cm，大穗型品种 30cm×（14~16）cm。杂交稻 1.4 万~1.8 万穴/亩，约 2 苗/穴，常规稻 1.8 万~2.0 万穴/亩，3~4 苗/穴；漏插率＜5%，均匀度＞85%。钵苗机插行距 33cm 等行距或者宽窄行（27~33cm），株距 12~20cm（穗型越大，株距越大），杂交稻亩 1.2 万~1.6 万穴/亩，约 2 苗/穴，常规稻 1.4 万~1.8 万穴/亩，3~4 苗/穴。

（2）油菜。推荐使用油菜精量联合直播（机条播）技术，实现旋耕灭茬、开沟、精量减量化播种和减量精准施肥一体化作业；也可以采用传统机条播或者无人机飞播，播种量 250g/亩。

（三）周年生产肥水耦合，提高肥水利用效率

水稻季：育秧流水线匀播（漏播率＜5%，均匀度＞90%）、稀播（杂交稻毯苗 70~90g/盘，钵苗 1~2 粒/孔；常规稻毯苗 90~120g/盘，钵苗 3~4 粒/孔）。采用毯苗或钵苗插秧机适期栽插，建立合理的群体起点。本田期，中籼稻纯氮用量为 13~15kg/亩，基肥：蘖肥：穗肥=5：3：2；P_2O_5 用量为 5~7kg/亩，K_2O 用量为 8~10kg/亩。中粳稻纯氮用量为 15~18kg/亩，基肥：蘖肥：穗肥=5：2：3；P_2O_5 用量为 6~8kg/亩，K_2O 用量为 9~11kg/亩。磷肥作基肥一次性施用，钾肥分基肥与穗肥两次等量施用。推荐选用专用控释肥机插同步侧深一次性施肥（籼稻）、1 基+1 追（粳稻）的施肥方式，肥料总用量较常规施肥方式减少 15% 左右。水分管理采取"浅露烤湿"精确定量管理模式。

油菜季：用开沟机开好厢沟、围沟、腰沟。厢宽 2m，沟宽 20~25cm，沟深 15~20cm，做到"三沟"通畅。苗肥：腊肥：薹肥=（40~50）：（30~35）：（20~25）；其中，底肥采用复合肥和尿素，腊肥用尿素，薹肥施用尿素和复合肥；硼肥作为基肥施用，一般为 1kg/亩。

（四）病虫草害机械化绿色防控

病虫害防治坚持预防为主，综合防治原则。推广绿色防控技术，优先采用农业防控、理化诱控、生态调控、生物防控，结合总体开展化学防控；草害防治围绕绿色发展和农药减量控害目标要求，因时因地制宜，分类分区政策，优先采用农业防控、生态生物防控、机械物理防控，科学开展化学防控，着力提高杂草防控技术到位率；药剂选择方面，优先使用生物源农药控制病虫害,推荐结合新型助剂和增效药剂以及植保(无人机、大型植保机械等),实现药械联用,降低农药用量,提高药效。

水稻季采取"预防秧苗期,放宽分蘗期,保护成穗期"防控策略,重点防控三病(稻瘟病、稻曲病、纹枯病)三虫(螟虫、稻飞虱、稻纵卷叶螟);稻田杂草以土壤封闭和芽前除草(3叶前)为主。

油菜季采取"关口前移,治早治小"的防控策略,重点防控菌核病、根肿病、立枯病(根腐病)、霜霉病、白粉病、黑胫病、病毒病和蚜虫、菜青虫、小菜蛾、跳甲、猿叶甲等病虫。

三、适宜区域

安徽省以及生态类型相似的稻油轮作区。

四、注意事项

一是不同生态亚区要选择适宜的品种和播期搭配。
二是根据不同种植模式选择适宜机械类型及机播/育秧机插。
三是采用无人机飞防时,用足水量,添加沉降剂,确保防效。

技术依托单位
1. 安徽省农业科学院水稻研究所
联系地址:安徽省合肥市庐阳区农科南路40号
邮政编码:230031
联 系 人:吴文革
联系电话:13955176826
电子邮箱:aaaswwg@ahau.edu.cn
2. 安徽省农业技术推广总站
联系地址:安徽省合肥市洞庭湖路3355号
邮政编码:230001
联 系 人:孔令娟
联系电话:0551-62625566
电子邮箱:kljahnjz@163.com

水稻钵苗机插优质高产技术

一、技术概述

（一）技术基本情况

自 2010 年以来，扬州大学联合农业农村部农业机械化总站、常州亚美柯机械设备有限公司与江苏省内外 30 多个单位合作，联合研发建立了水稻钵苗机插优质高产新技术，可实现精量穴盘播种，培育长秧龄壮秧，将水稻生长季向前延伸，无植伤机械化移栽，发苗快，水稻生长发育充分，有利于优质高产的协同，同步侧深施肥，实现肥料绿色低耗高效利用，在多地创造高产典型的同时获得了较大面积的推广应用。2017 年和 2018 年，以该技术为核心内容的"多熟制地区水稻机插栽培关键技术创新及应用"等成果分别获江苏省科学技术进步奖一等奖和国家科学技术进步奖二等奖，2022 年水稻钵苗机插优质丰产栽培技术入选农业农村部农业主推技术。近年来，围绕提高水稻单产，保障粮食安全的国家战略，针对优质稻、杂交稻再增产高产难、双季稻和一年三季种植茬口衔接不上、丘陵地区适合水稻机插高产机械少，中高端优质稻小苗机插与直播条件下生育不充分从而制约品质产量、虾田稻及东北深翻地泥脚深机插难和生产风险大等问题，该项目组开展联合攻关，研发了适于丘陵地区小地块作业的 2ZB-6B（RX-60B）单人乘水稻钵苗移栽机产品。研发了适合中高端优质稻、双季稻、寒地水稻等生产的 2ZB-6AK（RXA-60TK）型、2ZB-6AKD（RXA-60TKD）加强型双人宽窄行水稻钵苗移栽机及其成套装备，不仅可以宽窄行（33cm/23cm）作业，增加栽插穴数（0.84 万~2.05 万穴），优化秧苗在田间的布局，增强水稻后期的通风透光性，提高群体质量，而且可同时配置侧深施肥装置，减少了施肥用工和提高了肥料利用效率。新机型还加大了前后轮直径，增强了动力，六轮驱动无级变速，大幅提高稻虾田及深泥脚地块作业质量与效率，其穴距可调范围也进一步扩大，最高可栽 2.05 万穴/亩，满足稻虾田水稻高密度栽插需求。该技术先进适用，不仅有效解决了小苗机插与直播等轻简栽培条件下生育不充分，品质不优，产量不丰等突出问题，也有利于生育期长的中高端优质稻扩大种植范围，还解决了综合种养水稻难以机插、水稻群体质量不高、产量不高的技术难题。

（二）技术示范推广情况

水稻钵苗机插优质高产技术经过十多年的改进完善和试验推广，机械产品和技术日趋成熟，在全国十多个水稻种植主产区进行了推广示范应用，成效十分显著。

江苏稻区每年水稻钵苗机插优质高产技术推广面积 30 万亩左右，主要分布在黄海农场、响水、海安、射阳、盱眙、阜宁等，2021 年，该技术大面积水稻产量平均 720kg/亩，同比毯苗亩增产 100kg 左右。

浙江东南稻区从 2017 年开始，台州地区温岭、义乌、慈溪等地累计推广钵苗插秧机 100 台，依托钵苗机插优质高产技术实现种植模式创新：原先以早稻—西兰花为主的一年二季种植，改为一年三季为主的创新种植模式。主要有早稻—晚稻—大麦，早稻—晚稻—蔬菜，提高了单位面积产出。该技术得到了浙江省农业农村厅和浙江省农业科学院的认可，2021年试验点早晚双季稻亩产突破1 400kg，单季晚稻亩产突破800kg。

东北稻区以黑龙江垦区、哈尔滨地区和辽宁盘锦地区为主，积极采用超早育苗和钵苗机插相结合的农机农艺融合方案，实现寒地水稻优质品种跨积温带种植，达到提质增效和优质高产双重效益。截至目前，东北水稻钵苗机插技术应用已达一百多台（套）。2020年和2021年两年试验表明，种植盐丰47，增产10%，达到770kg/亩，亩增效236元，种植越光亩产450kg/亩，亩增效250元/亩。

南方稻区以江西和广东为主，在广东兴宁实现了双季稻产量突破1 500kg/亩，达1 536kg/亩，并广泛应用在优质稻品种丝苗米种植上，核心解决双季稻区域晚稻生产茬口紧张及生长期短等生产难点并实现高产栽培技术。

（三）提质增效情况

该技术每亩节省育苗用种40%以上，每亩节省育苗用土近50%，每亩节省补苗成本近50元，每亩节省分蘖肥投入近20元，氮肥利用率提高5%～10%，稻米品质提高0.5～1.0个等级，亩产优质稻谷550~650kg，粮食增产达8%～20%。该技术可通过延长秧龄提高光温利用率，通风透光性好，有害生物影响低，抗逆性强，病情指数降低67.0%左右，早期上水可实现以水抑草、生态控草，减少化肥农药使用量实现水稻绿色生产，具有较大的经济效益、社会效益和生态效益。

（四）技术获奖情况

2017年和2018年，以钵苗机插优质高产技术为核心内容的"多熟制地区水稻机插栽培关键技术创新及应用"等成果分别荣获江苏省科学技术进步奖一等奖和国家科学技术进步奖二等奖。2019年，以钵苗机插技术为重要支撑内容的"水稻优质绿色机械化栽培关键技术集成与推广"项目荣获全国农牧渔业丰收奖农业技术推广成果奖一等奖。2021年，由扬州大学牵头起草的农业行业标准《水稻钵苗机插栽培技术规程》（NY/T 3839—2021）正式颁布并实施。

二、技术要点

（一）全自动精量播种育秧技术

1. 精确播种

水稻钵苗播种机2BD-600/400（LSPE-600/400）是我国首创的水稻田钵苗播式、定量精确全自动播种设备，从秧盘供给、床土、压实、播种、覆土、淋水所有工艺均全自动精确播种作业（图1）。采用448穴专用钵苗穴盘，可实现每穴3～5粒、5～7粒定量精确播种，如采用杂交稻专用滚轮也可实现2~4粒精确播种。

2. 节省种子

常规粳稻每亩用种3.0～3.5kg。杂交粳稻每亩用种1.5～2.0kg。常规籼稻每亩用种2.0~2.5kg。杂交籼稻每亩用种1.0~1.5kg。比较传统育苗方式钵苗播种可节省种子40%，节省育苗用土50%。

3. 培育标准化壮秧

壮秧指标：秧龄25～35d，叶龄3.0～5.5，苗高15～20cm，单株茎基宽0.30～0.50cm，

单株绿叶数≥4.0；单株带蘖0.3~0.5个。根系发达，单株白根数13~16条，单株发根力

图1　精确定量播种　　　　　　　　　　图2　工厂化育苗

5~10条；百株干重8.0g以上，秧根盘结好，孔内根土成钵完整。成苗钵孔率，常规稻≥95%，杂交稻≥90%；平均钵孔成苗数，常规粳稻3~4苗，杂交粳稻2~3苗，常规籼稻2苗，杂交籼稻1~2苗。秧苗带蘖率，常规稻≥30%，杂交稻≥50%。秧盘间、孔穴间的苗数、苗高以及粗壮度整齐一致。

通过采取钵苗育秧的农艺水肥管理措施，育出的钵体秧苗素质好、发芽齐，成苗率高，根系发达，可达到"齐、匀、壮"的标准化壮秧（图2）。

（二）全自动带钵无植伤移栽技术

水稻钵苗移栽机采用"五步法精准作业，带钵无植伤移栽"等核心技术，通过"推、接、落、送、插"5个步骤精确配合，将钵体秧苗无植伤均匀有序移栽于大田，实现了钵苗机械化、有序化、精准化栽插，不伤苗不伤根、立苗快、不漂秧、无返青期、存活率高、分蘖快、根茎壮，发根力提高30%以上，分蘖提早3~5d，稻米品质提高0.5个等级以上。同时，钵体大苗移栽还有利于水稻前中期建立水层，有效抑制杂草生长，实现水层生态控草；并可在综合种养稻虾田30~45cm深泥脚条件下高质量移栽作业（图3）。

图3　根部独立钵体、无植伤移栽

（三）宽窄行栽植技术

移栽机配套"23cm+33cm"宽窄行栽植技术，株距调整范围为11.6~25.2cm，基本苗

密度调节范围为0.9万~2.05万穴/亩，可根据水稻不同品种大田适宜密度，实现稀植或密植移栽。宽窄行技术具有通风透光性好，光能利用率高，枝梗数、每穗总粒数多，单穗稻谷重，实现"足穗、大穗、大粒"水稻机械化种植增产高产（增产5%~15%）（图4）。

图4　水稻钵苗宽窄行栽植

中、小穗型常规粳稻一般采用穴距12.4cm或13.2cm，每亩插1.92万穴或1.80万穴，每穴4~5苗，基本苗7万~9万/亩。

大穗型常规粳稻一般采用穴距13.8cm或14.1cm，每亩插1.73万穴或1.69万穴，每穴3~4苗，基本苗5万~7万/亩。

杂交粳稻一般采用穴距16.5cm或16.8cm，每亩插1.44万穴或1.42万穴，每穴2~3苗，基本苗3万~4万/亩。

常规籼稻一般采用穴距15.7cm或16.5cm，每亩插1.52万穴或1.44万穴，每穴3~4苗，基本苗4万~5万/亩。

杂交籼稻一般采用穴距17.9cm，每亩插1.33万穴，每穴1~3苗，基本苗3万/亩左右。

栽插时，调整并控制好栽插深度，一般1.5~2.5cm；根据田块形状、面积大小，合理规划作业行走路线，栽插时，直线匀速行走，接行准确。

（四）同步侧深定量施肥技术

移栽机采用独创的"软轴传动+沟槽式输出滚轮"机械式排肥机构设计，搭载在水稻钵苗移栽机上同步作业，实现秧苗侧位"点穴式"施肥，在农艺要求根深、根侧距离10mm范围内定量精准施肥，肥力见效快、有效期长、利用率高，减少化肥用量15%~30%，降低水质土质污染，实现化肥减量增效（图5）。

三、适宜区域

适宜我国水稻各主产区。

四、注意事项

该技术示范推广过程中，要结合当地农艺要求，建立健全标准化育秧技术规程，掌握机插钵苗标准化壮秧培育方法，特别是控种（苗数）、控水、化控，可提高钵孔成苗率。摆盘前铺设细孔纱布（切根网），方便起盘。播种盖土时清理好孔间土，秧田期水不能漫过秧盘

图 5 实现无植伤移栽、同步侧深施肥

面，防止孔间秧苗串根而影响机插秧质量。

技术依托单位

1. 扬州大学

联系地址：江苏省扬州市文汇东路 48 号

邮政编码：225009

联 系 人：张洪程　魏海燕

联系电话：0514-87974509

电子邮箱：hczhang@ yzu. edu. cn

2. 农业农村部农业机械化总站

联系地址：北京市朝阳区东三环南路 96 号农丰大厦

邮政编码：100122

联 系 人：徐　峰　王韵弘

联系电话：010-59199056

电子邮箱：moralzjxc@ 163. com

3. 常州亚美柯机械设备有限公司

联系地址：江苏省常州市钟楼经济开发区樱花路 19 号

邮政编码：213023

联 系 人：徐小林

联系电话：0519-83282338

电子邮箱：czamec@ 126. com

整盘气吸式水稻精量对穴育秧播种技术

一、技术概述

（一）技术基本情况

水稻工厂化育秧技术可以培育优质水稻秧苗，缩短育秧周期，提高育秧成活率和质量。2023年中央一号文件也明确提出"实施设施农业现代化提升行动，加快发展水稻集中育秧中心和蔬菜集约化育苗中心"。水稻精量育秧播种技术装备是实现水稻工厂化育秧的最关键一步，当前育秧播种装备以机械式排种方式为主，难以实现精量播种，具有均匀性差、效率低、伤种率高且种子浪费严重等缺点。整盘气吸式水稻精量对穴育秧播种技术就是针对上述重大产业问题和需求而研发的全新技术装备。

该技术摒弃机械式排种方式，通过分析气室和吸种板吸针（孔）关键参数对气流场特性的影响，揭示复杂播种作业条件下振动激励和气力对水稻种子的作用机理、变质量系统种群运动规律，创新整盘气吸式水稻精量对穴育秧播种原理，开发配套技术和装备，一次性自动化完成"送盘、铺底土、压穴、播种、洒水、覆土、叠盘、码垛"等多道工序，实现对穴整盘精量对穴播种，通过更换吸种板实现秧盘类型和单穴播种量匹配，实现2粒/穴、3粒/穴、4粒/穴精量播种，工作效率≥2 000盘/h，合格率≥85%，空穴率≤1%。为加快发展水稻集中育秧中心提供了切实可行的技术途径和装备。

该技术授权日本、英国、瑞士国际发明专利3项、中国发明专利15项、实用新型专利20项，发表SCI/EI论文21篇，编制企业标准2项。中国机械工业联合会组织院士专家对项目进行了评价，总体技术处于国际先进水平，其中，整盘气吸式水稻精量吸/排种和双工位高效播种具有独创性，达到国际领先水平。该项目成果在常州市风雷精密机械有限公司实现了产业化，近3年销售产品1 023台，新增收入9 219万元，累计应用面积超过519万亩，种植户增收10.9亿元。

（二）技术示范推广情况

相关技术成果江苏大学具有全部自主知识产权，授权常州市风雷精密机械有限公司研制了2BYLQ-750型、2BYLQ-2000型整盘气吸式水稻精量对穴育秧播种流水线并进行推广应用，其突破了传统育秧播种装备播种精度差、效率低、伤种率高和通用性差的四大技术难题，首创整盘气吸式播种实现与水稻分蘖能力相对应的穴播量，提高了秧苗素质和秧龄，长秧龄有效解决接茬口的难题，同时有助于降低移栽过程秧苗损伤，促进水稻有效分蘖，配合合理的田间管理，提高水稻亩产，保证水稻稳产增产意义显著，对于保障我国粮食丰产丰收具有重大意义。

该产品及技术自2020年以来在江苏省南京市国家现代农业产业科技创新示范园区、江西省袁州区国家现代农业科技示范展示基地、江苏省句容市省级现代农业产业示范园、江苏省武进区省级现代农业产业园区及全国水稻主产区江西、贵州、湖南、福建、云南、广西、浙江等省（区）进行示范、推广，2020 年以来已累计推广面积 500 万亩以上。该产品应用推广先后受到 CCTV-13、南昌电视台、常州电视台等媒体的正面宣传报道，受到社会广泛关注。2BYLQ-750 型、2BYLQ-2000 型整盘气吸式水稻精量对穴育秧播种流水线整机实物图如图 1、图 2 所示。

图 1　2BYLQ-2000 型整盘气吸式水稻精量对穴育秧播种流水线整机实物

图 2　2BYLQ-750 型整盘气吸式水稻精量对穴育秧播种流水线整机实物

（三）提质增效情况

1. 播种效率高

首创了整盘气吸式精量对穴育秧播种方法，颠覆了机械式排种的播种方式，创新性提出横向进盘方式，结合双工位高效播种、多工位洒水、自动加营养土、自动加种、自动叠盘实现整盘气吸式播种过程自动化，工作效率达到 2 073 盘/h。双工位高效播种装置如图 3 所示。

2. 适应性强

发明了吸种板+吸针阵列可变的气吸种盘，突破了育秧播种流水线一机多用关键技术，通过更换吸种板及 2/3/4 吸针型阵列，实现多种秧盘类型匹配和 2 粒/穴、3 粒/穴、4 粒/穴精量播种，合格率≥92%，空穴率≤1%，种子破损率≤0.5%。该技术还可以实现对油菜、蔬菜、花卉的精密育苗播种。

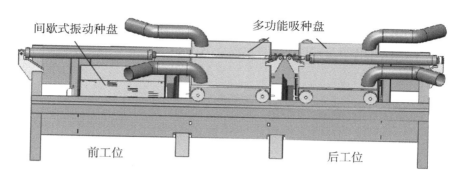

间歇式振动种盘　　　　多功能吸种盘

前工位　　　　　　　　后工位

图3　双工位高效播种装置

3. 产量高

该技术能够实现整盘精量播种，确保水稻种子的均匀分布和良好的生长环境，大大提高了水稻秧苗的秧龄，促进水稻分蘖，多地试验结果表明整盘气吸式播种方式比同期机械式排种方式增产10%以上。

4. 综合经济效益好

2BYLQ-750型、2BYLQ-2000型整盘气吸式水稻精量对穴育秧播种流水线销售价格分别为7.8万元和69.8万元。2021—2023年，累计新增销售2BYLQ-750型1 003台、2BYLQ-2000型20台，累计新增销售额9 219.4万元，新增利润2 304.85万元，新增税收460.97万元。该机的批量生产，带动相关配套厂家和其他产业的发展，同时新增就业岗位112个，直接经济效益显著！

按照2BYLQ-750型、2BYLQ-2000型各一台，每天工作10h，则每个育秧周期可服务水稻10 348亩。按照水稻亩均产量600kg，精量播种方式促进水稻分蘖亩均增产10%，产品获得推广面积为全国水稻种植面积（4.6亿亩）的1/4即1.15亿亩，该产品每亩可节约种子0.495kg，按照杂交水稻种子价格60元/kg，则节约种子成本34.16亿元，水稻增产6 900万t，按照水稻销售价格为3元/kg，则水稻种植用户增产收益为2 070亿元，间接经济和社会效益十分显著！

（四）技术获奖情况

无。

二、技术要点

（一）秧前准备

1. 物资准备

开展水稻工厂化育秧工作前，需要购置好水稻工厂化育秧播种专用基质、育秧盘、通过审定并适合当地种植的优质、高产、稳产、抗性好的优良品种、消毒药剂等物资。

2. 秧床准备

播种前7d精作秧床，两床之间留宽30～60cm作为操作通道，秧床外围开宽20cm、深20cm排水沟；床面要实、平、光、直；按秧田∶大田＝1∶（100～120）确定秧床面积；摆盘前，用敌磺钠进行床土消毒。

（二）育秧作业

1. 浸种催芽

在种子催芽器中，调试温度为32℃，将种子用25%咪鲜胺2 000~3 000倍液浸泡消毒20h，中间翻动1~2次；取出种子清洗后，换水催芽；32℃催芽24~36h，种子露白即可播种。

2. 精量播种

根据品种生育期长短、秧龄和计划栽植期以及当地安全齐穗期确定播种日期。南方稻油轮作区5月20—30日播种为宜；南方双季稻区，早稻3月15—30日播种为宜；晚稻6月20—30日播种为宜（具体播种时间按当地农艺部门要求执行），也可按插秧日期，倒推25~30d，为播种期。

播前室温晾芽，以种皮不显湿、不沾手为准；使用整盘气吸式精量对穴育秧播种流水线播种，应做好机器的调试工作，确保送盘、铺底土、压穴、整盘气吸式播种、洒水、覆表土和叠盘等环节符合水稻育秧播种的农艺要求，具体要求如下：（1）盘内底土厚度2.0~2.5cm，覆土厚度0.3~0.5cm；（2）多工位均匀洒水；（3）播种量根据不同水稻播种农艺要求选择2粒/穴型、3粒/穴型、4粒/穴型，多功能整盘式气吸种盘如图4所示。

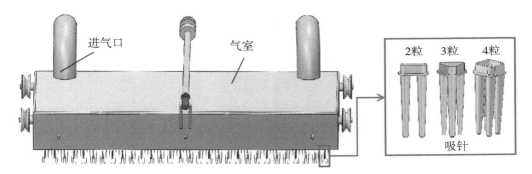

图4　多功能整盘式气吸种盘

3. 叠盘暗化

机械臂将播完种的秧盘自动码垛，每叠25~30盘，最上层用两张苗盘中间夹一层塑料薄膜盖顶。两列苗盘之间保持5~10cm距离。叠好的苗盘不能置于阳光下和风口处，因苗盘内需保持充足的水分使种子发芽。时刻观察出苗情况，以便及时摆盘。

4. 摆盘

叠盘暗化催芽时间为36~48h，待种芽立针（芽长0.5~1.0cm）时及时将秧盘摆出。秧盘需摆放在通风、光照良好的地方，且需摆放整齐、不留空隙、紧贴床面。通风、光照不足会影响秧苗在自给养阶段的发育。

（三）苗期管理

1. 水分管理

旱管喷灌为主，秧苗叶尖早晨正常吐水，则不宜补水，反之及时补水。秧苗见青前，基质要有充足水分；见青后，适当控制水分，保持基质湿润即可，即含水量在65%~70%；移栽前5~7d控水炼苗。

2. 温度管理

大棚温度白天不高于35℃、夜间不低于15℃。秧苗见青前，大棚棚膜关闭，白天棚内温度保持 30~35℃，夜间不低于 15℃；见青后，视天气情况，棚温高于 35℃，及时掀棚，防止高温烧苗；夜间只要不低于 15℃，尽量不闭棚，以防秧苗徒长。田间自然生长时室外气候条件需适宜，温度和湿度适中。

3. 肥料管理

视苗情施肥，叶色浓绿且叶片下披秧苗，切勿施肥；叶色褪淡的秧苗，适当追肥。1 叶 1 心期用 1% 尿素溶液追施断奶肥 1 次，施后用清水洗苗，防止烧苗；2~3 叶期或移栽前 3~4d，采用同样方法追肥 1 次。

4. 光照管理

适温、适度水分下，尽可能让秧苗多见光。中晚稻避免暴晒，必要时采用遮阳网遮光。

5. 病虫防治

出苗前注意防治蝼蛄、田鼠、麻雀等；出苗后注意预防青枯病、立枯病，防治稻蓟马、稻飞虱。

（四）起秧运苗

早稻为秧龄 18~24d、叶龄 3.1~3.6、苗高 14~17cm、白根数 9 条以上（根系盘结不散落）、成苗率 75% 以上；中晚稻为秧龄 18~21d、叶龄 3.5~4.5、苗高 15~18cm、白根数 13 条以上（根系盘结不散落）、成苗率 80% 以上。秧苗生长状态如图 5 所示。

图 5　秧苗生长状态

（五）机械化插秧

机器适合栽插中、大秧苗，最佳栽植秧苗高度为 20cm，一般适应苗高为 15~25cm。个别情况，秧苗在 30cm 也可进行插秧作业。栽植作业前应考虑好行走路线和转移地块的进出路线，尽量减少空行程和人工补苗区。

（六）田间管理技术

完成机械化栽植作业后，立即进行查苗补苗，对机械作业无法到达的地头转弯处、由于机械作业操作失误造成的长距离断垄，要进行人工补苗，保证每亩的基本苗数。水层管理：整盘气吸式精量播种的平盘和穴盘秧苗根系发达，带土带肥移栽，在插秧后，一般无返青期，其相应时期称为立苗期，此时以保持田面湿润为主；分蘖期浅水勤灌，在有效分蘖临界叶龄期或其前 1 叶龄期烤田控苗，提高分蘖成穗率；孕穗期必须保持一定的水层；抽穗扬花期浅水灌溉；灌浆结实期要间歇灌溉，成熟期适当断水。追肥管理：应适时早追分蘖肥，一般基肥与分蘖肥量占全生育期的 60%～70%，在有效分蘖临界叶龄期或其前 1 叶龄期控肥，抑制无效分蘖；巧施穗肥，提高结实率和千粒重。化学除草：栽插立苗后，可进行化学除草。防治病虫害：注意预防纹枯病、稻飞虱、条纹叶枯病、白叶枯病、穗颈稻瘟病、稻曲病、二化螟、稻蝗、鼠害等。

三、适宜区域

全国适宜水稻种植的全部区域。

四、注意事项

一是水稻精量育秧播种环节严格按照相关技术规程执行，具体实施过程可与技术依托单位联系。

二是叠好的苗盘不能置于阳光下和风口处，因秧盘内需保持充足的水分使种子发芽。时刻观察秧苗生长情况，以便及时摆盘。

三是移栽前 1d 切勿补水，防止因床土过潮导致秧盘易碎，不利机插；每盘秧卷起根系向外叠放运输，装载高度不宜超过 6 层，当天起秧当天插完，不插隔夜秧。

四是驾驶员要熟悉机具性能，按预定作业路线行走，尽量走直。转弯时要及时分离栽植离合器，目测转向距离，使接垄位置正确，转弯后及时接合栽植离合器。

技术依托单位

1. 江苏大学

联系地址：江苏省镇江市京口区学府路 301 号

邮政编码：212013

联 系 人：李耀明

联系电话：13805283656

电子邮箱：ymli@ujs.edu.cn

2. 农业农村部农业机械化总站

联系地址：北京市朝阳区东三环南路 96 号

邮政编码：100122

联 系 人：徐 峰 程晓磊

联系电话：010-59199056

电子邮箱：moralzjxc@163.com

3. 常州市风雷精密机械有限公司

联系地址：江苏省常州市武进区湖塘镇沟南工业区

邮政编码：213161

联 系 人：李风雷

联系电话：13196768880

电子邮箱：123716485@qq.com

设施瓜类蔬菜轻简宜机化生产集成技术

一、技术概述

（一）技术基本情况

设施瓜类蔬菜包括黄瓜、西瓜、甜瓜等作物，具有种植范围广、单位规模产值高等特点，在保障食物供应、促进农民增收等方面发挥了重要作用。受传统设施结构、农艺栽培及专用设备较少等因素制约，种植中存在机械化水平低，生产环节多、用工多，劳动效率低、强度大等情况，严重制约了产业高质量发展。为此，经过持续攻关与试验示范，集成了设施宜机化设计与建设、宽沟窄垄宜机化栽培模式、关键环节机械化生产和自动化环境调控技术，构建了设施瓜类蔬菜全程机械化解决方案，通过"农艺、农机和设施"深度融合，有效解决传统设施瓜菜"门难进、边难耕、效难高"等问题，实现耕整地、撒施肥、移栽、田间管理、环境调控、运输、产后加工、废弃物处理等环节的机械化生产作业，应用该技术，最终实现了塑料大棚和日光温室瓜类蔬菜生产的农艺农机设施深度融合、水肥药减施节本增效、轻简省力提质增效，为促进我国设施种植产业提档升级和高质量发展提供了支撑。

（二）技术示范推广情况

设施瓜类蔬菜机械化生产技术主要应用于日光温室和塑料大棚两种设施类型，包括黄瓜、西瓜、甜瓜等主栽瓜类作物（图1至图5），自2019年以来，在国家大宗蔬菜产业技术体系建设专项、国家重点研发计划"设施蔬菜优质轻简高效生产技术集成与示范"课题及北京市特色作物创新团队建设专项的支持下，在北京、辽宁、山东、河北、宁夏、内蒙古、新疆等省（区、市）设施瓜类蔬菜优势栽培地区进行示范应用，获得良好效果。2019—2023年在辽宁省朝阳市北票市、大连市瓦房店市和铁岭市依农科技园区，2019—2023年在北京市大兴区庞各庄镇，2019—2023年在山东省济南市章丘区和临沂市沂南县，2020—2024年河北省唐山市，2021—2023年在新疆维吾尔自治区和田地区和喀什地区等日光温室

图1 塑料大棚黄瓜宽沟窄垄宜机化栽培

图2 塑料大棚西瓜宽沟窄垄宜机化、一蔓三夹轻简化栽培

图3　日光温室黄瓜东西垄宜机化栽培

图4　日光温室甜瓜东西垄宜机化栽培　　　　**图5　日光温室西瓜东西垄宜机化栽培**

和塑料大棚生产基地进行示范应用，生产用工减少20%以上，主要环节平均作业效率提升50%，综合机械化水平提升到60%以上，示范中实现黄瓜、西瓜和甜瓜产量提高5%～10%，果实商品率提高10%～20%。

（三）提质增效情况

应用该技术后，施肥、耕整地、移栽、植保、环境调控、水肥一体化灌溉等关键环节均可实现机械化或轻简化作业，综合机械化水平可提升60%以上，作业效率大幅度提高。总体用工减少20%以上，劳动强度降低，人工成本减少，其中，仅撒肥、旋耕、起垄、移栽环节可减少用工70%以上，节省人工成本约1 200元/亩。日光温室和塑料大棚黄瓜、西瓜和甜瓜等产量可提高5%～10%；宜机化的大垄距栽培方式改善了植株的光温和通风环境，果实的商品率提高10%～20%，增加农户收益10%以上，经济效益显著提高。该技术成功解决了我国日光温室和塑料大棚瓜类生产机械化中遇到的瓶颈问题，可在我国日光温室和塑料大棚瓜类蔬菜产区推广，具有巨大的应用潜力。

（四）技术获奖情况

2020年和2022年"塑料大棚蔬菜高效生产机械化技术""日光温室蔬菜生产机械化技术"分别入选北京市农业主推技术。技术核心内容"日光温室黄瓜东西垄轻简化生产技术"短视频入选2022年全国农业技术推广服务中心最具推广价值短视频。围绕技术形成《日光温室黄瓜优质轻简高效生产技术规程》《日光温室西瓜优质轻简高效生产技术规程》《塑料大棚黄瓜优质轻简高效生产技术规程》《塑料大棚甜瓜优质轻简高效生产技术规程》等文章，先后在温室园艺、中国蔬菜等杂志发表。目前，正在编制《设施结构宜机化技术规范》行业标准。

二、技术要点

（一）设施宜机化设计与建设

日光温室：建议跨度≥8.5m；温室内距前屋面底脚0.5m处的骨架下沿高度应≥1.5m，1.0m处的骨架下沿高度应≥1.8m；室内无立柱；落蔓固定拉绳高度应≥1.8m；在保证结构强度、保温等功能不受影响的前提下，在前屋面东西两端靠近山墙位置，设置高度≥2.0m、宽度≥1.8m的机具进出口。

塑料大棚：在塑料大棚的南北两端，留出宽、高为2~2.5m的农机进出通道；塑料大棚的东西两侧肩高适当增高（大于1.5m），满足农机具的操作要求；大棚跨度按照宜机化种植参数进行优化，充分满足农艺和农机的需求。跨度大于10m塑料大棚除了东西两侧，顶部再增加一套自动放风器，实现塑料大棚东西两侧和顶部的自动化放风降温。

（二）宽沟窄垄宜机化栽培

黄瓜单秆整枝每亩定植2 500~3 000株，西瓜吊秧栽培每亩定植2 000~2 300株，甜瓜吊秧栽培单秆整枝每亩定植2 000~2 200株、双秆整枝每亩定植1 600~1800株。可根据当地气候、地理位置、日光温室和塑料大棚条件，选用以下模式的参数：垄底宽+垄沟宽，分别为：1.8m（0.6m+1.2m）、1.6m（0.8m+0.8m）或交错式宽沟窄垄栽培（图6）。

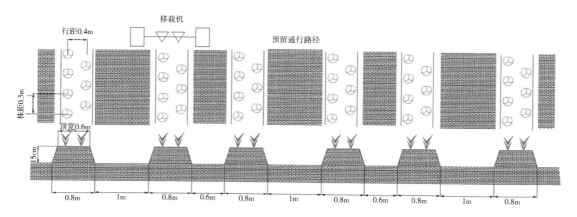

图6　在北京市大兴区示范的交错式宽沟窄垄机械化种植

（三）机械化撒施肥

使用撒肥机进行机械施底肥，撒肥机作业时，与操作机器无关者要远离撒肥机，撒肥区域内不能有旁观者，撒肥装置转动时严禁操作者接近转动装置。撒施颗粒肥料时，抛撒幅宽不应大于温室跨度，以免破损塑料棚膜；肥料撒施要均匀，变异系数应≤30%；撒肥量按照农艺种植要求视情况确定，如西瓜一般可亩施有机肥2~4t。

（四）机械化耕整地

1. 深耕作业

每2年宜选择深耕机进行1轮深耕作业，作业深度应＞30cm，打破犁底层，改善土壤团粒结构，增加透气透水性（图7）。

图7　深耕作业

2. 旋耕起垄铺膜铺滴灌带一体作业

日光温室采用东西向起垄；塑料大棚采用南北向起垄。相邻两垄之间的中心距一般为1.8m，垄底宽80cm、垄顶宽60cm、垄沟宽100cm，垄高15~20cm。8.5~10m跨度设施，可起4条垄，10~12m跨度设施，可起5条垄，垄底宽、垄高等参数要与所用移栽机械相匹配，滴灌带（管）应铺设位置准确，膜应平整、压实，无明显折叠（图8）。

图8　机械化耕整地

（五）机械化移栽

宜选择15cm左右全株高（含苗坨高度）瓜类穴盘秧苗进行移栽，植株紧凑，整齐一致，无病虫害。移栽合格率≥90%，株距合格率≥90%。对于不覆膜移栽，定植深度以封掩时苗坨上表面低于地面1cm以内为宜；对于覆膜移栽，膜面开口合格率≥95%，定植深度以苗坨上表面低于膜面1cm左右为宜；移栽深度合格率≥80%，且对于西瓜等瓜类常见嫁接秧苗，移栽作业时嫁接点避免触土，瓜类蔬菜定植后应浇灌缓苗水（图9）。

（六）田间管理

植保方面，采用弥雾机、弥粉机和烟雾机等新型高效植保装备，实现大棚的植株、地面和棚膜等空间病虫害的整体性消杀。灌溉方面，在规模化园区，使用小型自动控制灌溉机，滴灌带选用1L/h的低流量滴灌带，可保证140m长滴灌带滴水均匀，实现水肥一体化灌溉，

图9　机械化移栽

提高肥水利用效率和劳动效益 20% 以上。

（七）环境调控

一是日光温室顶部应设置自动放风器，底角处设置机械或自动放风器，塑料大棚根据要求，设置放风器，实现设施环境自动化放风降温。二是日光温室后坡设置反光膜等光照反射装置，提高冬季日光温室北侧的光照环境。三是可以选择安装主动通风换气装置，通过控制通风效率控制室内热量降低效率，实现主动通风控制。

（八）运输

采用收获辅助平台进行，瓜果人工采摘、机械运输，还可利用平台进行物料运输、植株管理、喷施农药等作业。

（九）产后处理

1. 产后废弃物处理

采用拖拉机配套灭茬/秸秆还田机，通过混伴菌剂，直接将残秧还田利用（图10）。原位还田应减少"授粉标记纸""塑料嫁接夹"等耗材使用或提前人工清出，确保混伴菌剂后充足的闷棚消毒时间和温湿度。采用专用粉碎机进行定点集中粉碎，需人工配合运输车实现残秧离棚集中，粉碎时应按照说明书要求安全操作，避免残秧混入铁器、石块等杂物，禁止在机器运转时排除故障。

图10　西瓜残秧原位还田机械化作业

2. 产后初加工

采用分级设备进行西瓜样品分级，一般多为重量或大小分级（图11）。也可采用传送带配套秤、塑封设备、贴标设备等，形成分级包装流水线，针对市场供应产品等级划分，分级包装上市。

图11　西瓜机械化分选

三、适宜区域

我国日光温室和塑料大棚瓜类蔬菜主产区。

四、注意事项

一是对于老旧日光温室和塑料大棚的宜机化改造，要统筹考虑农机具和农艺栽培的设施内空间充分使用。

二是对于新建日光温室和塑料大棚，要统筹考虑地区光照、农机通行、农艺栽培和水电等附属设施的综合布局。

三是宜机化栽培应选择长势中等、叶片大小适中、植株冠幅小、抗病和抗逆性强的优良品种。

技术依托单位

1. 沈阳农业大学

联系地址：辽宁省沈阳市沈河区东陵路120号

邮政编码：110866

联　系　人：孙周平

联系电话：024-88487231

电子邮箱：sunzp@syau.edu.cn

2. 农业农村部农业机械化总站

联系地址：北京市朝阳区东三环南路96号农丰大厦

邮政编码：100122

联 系 人：何丽虹

联系方式：010-59199186

3. 北京市农业机械试验鉴定推广站

联系地址：北京市丰台区南方庄甲60号

邮政编码：100079

联 系 人：赵景文

联系电话：010-59198678

电子邮箱：beijingshucai2000@163.com

4. 中国农业大学

联系地址：北京市海淀区圆明园西路2号

邮政编码：100079

联 系 人：高丽红

联系电话：13601350829

电子邮箱：gaolh@cau.edu.cn

5. 全国农业技术推广服务中心

联系地址：北京市朝阳区麦子店街20号

邮政编码：100125

联 系 人：冷 杨

联系电话：18501259153

电子邮箱：21272914@qq.com

辣椒机械化移栽和采收关键技术

一、技术概述

（一）技术基本情况

西北地区具有得天独厚的自然资源、地势平坦、地域广袤、气候条件和较好的产业基础，非常适合发展辣椒产业，所产辣椒色泽鲜艳、干物质积累高，辣椒红素含量较其他地区高 5%~10%。人工成本高是阻碍辣椒产业快速发展的瓶颈问题。辣椒定植适期固定且短暂，人工移栽和采摘劳动强度大、需求人力多、效率低，使得辣椒传统的种植模式种植成本逐年上升，利润逐渐降低。对于内蒙古、甘肃、新疆等西北辣椒产业的快速发展、劳动力短缺、人工成本增加等现状，机械化种植和收获是辣椒产业发展的最终指向。

（二）技术示范推广情况

该技术从 2017 年起开始在内蒙古巴彦淖尔等地区进行试验示范，取得显著效果后开始大面积推广应用。从 2019 年开始推广，陆续在内蒙古自治区巴彦淖尔、鄂尔多斯、包头、呼和浩特、乌兰察布、通辽开鲁县，新疆巴音郭楞蒙古自治州等地 5 年累计推广 60 余万亩。

（三）提质增效情况

通过项目引进筛选出适合机械化种植的品种博辣、艳椒等系列辣椒品种，集成了工厂化育苗、机械化移栽、水肥药一体化、机械化收获等关键技术，实现了辣椒生产全程机械化，利用当地资源研发出辣椒育苗专用基质，集成了辣椒育苗温湿度自动调控系统、自动补光系统、水肥一体化管理系统、病虫害综合防控技术、机械化穴盘育苗技术，建立了辣椒全自动高效育苗技术体系。全自动装盘、点播机效率为 1 000 盘/（台·d），较半自动点播机可提高种子点播效率 10 倍。集约化育苗技术可缩短育苗时间 7~10d，适宜机械化移栽苗达 99%以上。创新了机械化移栽作业技术，较人工移栽效率提高 20 倍，亩均节约移栽成本 155 元。每台机械 8h 可移栽 20 亩，移栽成活率达 98%以上。

与传统栽培相比，减少化肥农药使用量 10%左右，亩节约成本 50~100 元，单位面积节约成本 220 元以上，该集成技术解决了西北地区移栽窗口期短、制约产业发展的难题，在西北及内蒙古地区 3 年累计推广 60 余万亩，新增社会经济效益 1.2 亿元以上，缩短了移栽和收获的时间，提高了作业效率，为西北地区加工辣椒产业提供了新的种植模式。该技术的集成、示范、推广、应用，极大带动了辣椒产业的发展，提高了科技对农业生产的贡献率，助推辣椒产业绿色高质高效发展。

（四）技术获奖情况

该技术入选 2023 年内蒙古自治区农业主推技术。

二、技术要点

（一）宜机收品种

为解决辣椒采收过程中人工成本过高的问题，要围绕辣椒生产劳动用工量大的环节，开展农机与农艺融合创新，大力培育推广适宜机械化生产的辣椒品种。如博辣系列、艳椒系列、遵辣系列品种（图1至图3）。

图1 博辣系列朝天椒品种

图2 博辣天骄60

图3 艳椒系列朝天椒品种

（二）育苗集约化

以草炭、蛭石等轻基质材料作育苗基质，采用机械精量播种标准化穴盘育苗，一次成苗的现代化育苗技术、该技术具有省工省力机械化生产效率高，节省能源，节约种子和育苗场地，便于规范化管理，出苗整齐，生长健壮，全根定植，没有缓苗期，适宜远距离运输等优点，在内蒙古西部地区得到广泛应用，是辣椒生产向规模化、集约化、产业化发展的重要环节，符合我国现代农业发展的迫切需求（图4至图10）。

图4 全自动装盘点播机

图5 简易式集约化育苗

图 6　温室集约化育苗

图 7　自动喷淋系统

图 8　大型机械化移栽现场

图 9　辣椒起垄覆膜施肥移栽一体机

图 10　辣椒移栽打药一体机

（三）水肥一体化

1. 膜下滴灌技术

该技术可以节省种植工序，减少病害发生，节省用水量，提高肥料利用率，减少了辣椒除草剂用量，可极大地提高工效、降低劳动强度，能有效提高西北地区辣椒产业发展，使辣椒产业进一步做大做强（图 11 至图 14）。

图 11　膜下滴灌设备

图 12　智能化水肥一体机

图 13　水肥一体化设备

图 14　膜下滴灌种植

2. 应用自动加肥站

根据土壤和水质的检测情况和作物长势需求，因地因时设计和调整辣椒追肥配方，并通过自动化施肥系统精准施入田间，通过施肥技术与灌溉设施相互加成，实现节水、节肥、省工、增产、增效。

（四）环控防控智能化

1. 综合防治技术

秉持"预防为主、综合防治"的植保方针，根据辣椒不同生长时期的发病规律，主要针对辣椒疫病、细菌性叶斑病、烟青虫、蚜虫采用综合防控技术，确保辣椒高品质和高产量。

2. 高效植保药械的应用

西北地区辣椒种植规模化易于使用植保无人机进行防控作业，同时结合防漂移喷头的应用。精准靶向用药，不仅有超高的工作效率，减少对人员生命安全威胁，同时能够大量节省劳动力，节约农业投入成本（图15至图17）。

图 15 打药机

图 16 植保无人机

图 17 自走式喷杆喷雾机

（五）采收机械化

种植早熟、宜机收的品种如博辣、艳椒系列，解决了西北地区加工辣椒全程机械化的品种短缺的"瓶颈"难题。选用采摘先进落椒率≤30%的高效率辣椒一次性秸秆辣椒分离的采收机械（图18）。

图 18　辣椒收获一体机

三、适宜区域

适用于内蒙古、新疆、甘肃等省（区），尤其是大面积种植的平原地区。

四、注意事项

该技术在推广过程中，需要特别注意当地的霜期，根据无霜期长短选择适宜的辣椒品种，确保迅速转红，便于机收，且辣椒必须选择集中转红的品种。

技术依托单位

1. 湖南农业大学

联系地址：湖南省长沙市芙蓉区马坡岭农大 1 路行政楼

邮政编码：410125

联 系 人：邹学校

联系电话：13807481788

电子邮箱：zouxuexiao428@163.com

2. 重庆市农业科学院

联系地址：重庆市九龙坡区白市驿农科大道

邮政编码：401329

联 系 人：黄任中

联系电话：13308341399

电子邮箱：634839154@qq.com

3. 包头市农牧科学研究所

联系地址：内蒙古自治区包头市昆都仑区青年路 7 号粮贸大厦 2001

邮政编码：014010

联 系 人：王亮明

联系电话：0472-5256188　13947259492

电子邮箱：Wlm115725@163.com

4. 新疆农业科学院

联系地址：新疆维吾尔自治区乌鲁木齐市南昌路 403 号

邮政编码：830091

联 系 人：杨生保

联系电话：13579972660

电子邮箱：ysb.jack@163.com

5. 内蒙古自治区农业技术推广站

联系地址：内蒙古自治区呼和浩特市赛罕区鄂尔多斯东街尚东国际 2 号楼 1212 室

邮政编码：015000

联 系 人：李志平

联系电话：13614710009

电子邮箱：634839154@qq.com

6. 新疆巴音郭楞蒙古自治州农业技术推广中心

联系地址：新疆维吾尔自治区库尔勒市兰干路 18 号吉恒大厦

邮政编码：015000

联 系 人：张傲群

联系电话：1999981199

电子邮箱：1594360005@qq.com

苹果生产宜机化建园与机械化配套关键技术

一、技术概述

（一）技术基本情况

1. 技术研发推广背景

苹果产业是我国苹果产区农村经济的重要组成部分，习近平总书记考察陕西苹果产业时指出"发展苹果种植业，天时地利人和，这是最好的最合适的产业，大有前途"。随着国家对耕地保护政策的严格实施，苹果"上山上坡"将不可逆转，平原老龄低效果园砍树挖园进度加速，丘陵山区、西南冷凉高地及新疆等特色产区种植面积逐年调增。目前，苹果新建园70%以上采用了矮砧密植栽培模式，但劳动力短缺和成本上升一直是苹果产业高质量发展的瓶颈，各产区的果园机械化配套应用很不平衡，需要进一步研发推广降低成本、省力高效、绿色农艺农机配套的新技术。该技术补齐了苹果生产管理短板环节关键机具，对苹果产业绿色高效高质量发展具有重要意义。

2. 能够解决的主要问题

（1）解决苹果矮化率较低的问题。我国苹果种植小农户有598.06万户，占各类苹果生产主体的97%，苹果种植以乔化为主，近年来随着矮化品种的推广，矮化率有所提升但仍不超过20%，乔化果园行间郁闭难以发挥机械效用。该技术将加速苹果品种结构变化和矮砧密植栽培制度变革，提高苹果矮化率和产业经营集中度，实现苹果生产机械化、省力化、高效化。

（2）解决果园"有机难用"的问题。我国苹果产区丘陵山区果园占比为60.6%，田块细碎分散，地面高差大，道路崎岖难行，机耕道路缺乏，导致机械进园难、作业难。部分已建果园未能达到宜机化要求，缺少机械掉头通道，设施架材、灌溉管道等妨碍机械通行。该技术可以改善果园机械作业条件，使现有多数机具可进园作业。

（3）解决果园劳动力短缺的问题。我国农村劳动力短缺问题日益严重，许多果园到农忙季节找不到园工。该技术可提供苹果生产管理产前、产中和产后全程机械装备，能够大大减少果园用工，减轻劳动强度，提高生产效率，从而解决果园劳动力日趋短缺问题。

（4）解决机械应用不均衡的问题。我国不同苹果产区机械使用情况差异明显，苹果生产综合机械化率不足30%。环渤海湾和黄河故道产区以平原为主，机械使用面积近750万亩，占比62.72%；黄土高原产区地势起伏大、地块较分散，机械使用面积约300万亩，占比26.88%；新疆产区新建矮砧密植果园基本配备成套机械；西南冷凉产区因地处高原坡地机械配备不全。该技术可使不同产区机械应用更加均衡，提高苹果生产综合机械化水平。

（5）解决苹果生产标准化低的问题。我国苹果生产的疏花疏果、割草、修剪、采运、枝条粉碎等环节耗时耗力，需要大量人工劳作。人工劳作随意性大，缺乏统一标准和规范，导致果品质量不稳定，国际市场竞争力缺乏。该技术可实现苹果生产过程的标准化，提高果品质量和一致性，促进苹果产业绿色高效高质量发展。

3. 知识产权及使用情况

该技术在国家现代农业（苹果）产业技术体系专项基金（CARS-27）和河北省现代农业产业技术体系苹果产业创新团队资助下完成，集成了河北农业大学 16 年研究成果，研发出 4 大类 20 余种果园关键机具，其中，8 种机型通过鉴定，合作企业已批量生产；制定技术规程、地方和企业标准等 9 项，全部发布实施；获批授权专利 53 项，其中，发明专利 13 项、实用新型专利 40 项，专利已转化使用 42 项。

（二）技术示范推广情况

1. 技术示范展示范围

该技术是一套绿色农艺农机配套融合的新技术，针对果园立地条件和产业发展态势，开展平原、丘陵和山地宜机化高标准果园建设，制定了苹果生产机械化技术规程，研发出适合不同果园规模的系列机械，填补了短板，形成了可复制的机械化生产模式。技术示范展示范围覆盖辽宁、北京、河北、山东、陕西、山西、河南、江苏、甘肃、宁夏、新疆、四川、云南等全国 13 个省（区、市）的苹果主产区。

2. 技术示范推广情况

在农业农村部农业机械化总站、河北省农业项目规划中心、河北省农机化技术推广总站，以及各示范县农业推广机构的指导下，在国家苹果产业技术体系综合试验站配合下，在全国建立 12 处机械化示范园 17.48 万亩，示范园机械化应用率超过 85%。其中，在河北省阜平县、顺平县、曲阳县等示范推广果园机械新产品 8 台（套），入选中国农业机械流通协会 2020 年度"扶贫攻坚·农机答卷——农机行业优秀扶贫案例集"；河北省阜平县、顺平县、陕西省千阳县、山东省荣成市 4 个示范县（市），入选农业农村部 2022 年度第二批、2023 年度第三批"特色经济作物适宜品种全程机械化生产模式与典型案例"。

（三）提质增效情况

实施苹果生产宜机化建园与机械化配套关键技术，能够提高苹果生产效率、品质和效益，同时可改善和保护果园生态环境。

1. 节约成本提高效率

通过该技术推广应用，可大幅降低苹果生产用工成本，提高作业效率。使用开沟施肥回填机，每天可实现有机肥深施 40~60 亩，减少用工 30 人；使用果园风送喷雾机，每天可喷药 150~200 亩，减少用工 40 人，每百亩节药 2~3t；使用多功能果园作业平台可同时容纳 6~8 人登高作业，比使用普通梯架工作效率提高 5~10 倍。

2. 提升品质增加效益

通过该技术推广应用，实现了从种植、割草、施肥、灌溉、植保、收获等各环节标准化作业，科学的种植和现代化的管理能精准控制果树生长，提高苹果品质和一致性，从而增加苹果售价和销售量，进而增加果农的收益。全国 12 处示范园统计数据显示，技术实施 3 年新增利润共计 10.73 亿元，经济效益显著。

3. 改善果园生态环境

通过该技术推广应用，注重滩涂、丘陵、山地等贫瘠土地合理开发，减少了对耕地良田的破坏和对环境的污染，通过发展苹果矮砧密植栽培模式，推行水肥一体化、果园生草刈割还田、风送高效喷雾等技术，蓄水沃土肥田，减少化学污染，改善了果园土壤和生态环境。

（四）技术获奖情况

该技术的核心科技成果评价为"国际先进水平"，"北方果园机械化关键技术装备与应用"获河北省科学技术进步奖二等奖，入选2019年、2020年河北省农业主推技术，入选2022年河北省农业科技推广项目计划。

二、技术要点

（一）苹果种植宜机化建园

苹果种植选址遵循"上山、上坡、下滩"基本原则，主要涉及平原滩涂、丘陵坡地、山地梯田等三类地形，建园规划便于机械作业。

1. 平原滩涂宜机化建园

平原滩涂区域受生产力制约因素较少，重点开展老龄低效果园更新和地块合理连片规划。通过园区道路设计使各种植区联通，主路一般在果园中间部位，也可设计在园区周边。有南北向和东西向主路和支路，主路宽4~6m，支路宽3~5m，支路与主路垂直。预留4~6m机组转弯地头，地头道路与果园田间地表应平整。果园划分为若干小区，小区面积以20亩左右为宜，小区长宽比为1.5:1或2:1。小区之间用道路间隔，道路中间设置有果品转运会车区。根据地块规划合理布局灌排沟渠，不能影响机械通行。安排适宜的苹果品种和比例，采用矮化砧木苹果苗木，栽植株行距（1~1.5）m×（3.5~4）m，每亩167~210株，同一树种采用统一栽植密度，平作不铺设地布；若起垄栽培，沿树行垄宽1.4~1.8m，垄高10~30cm，垄面呈中间略高、两侧略低的拱形，垄上铺设地布，行间预留1.8~2m机械作业通道。水肥主管道应埋入地下40cm，灌水器（喷头、滴头）架设在树干距地面50cm左右处，或放在树行两侧地布下，避免机械作业触碰。地头支撑立柱配有地锚拉线或内斜撑杆，不能影响机械转弯。

2. 丘陵坡地宜机化建园

浅山丘陵地区一般地形复杂，道路不便，梯田多、地块小，不适宜大型机械的应用。为做到适度规模经营，以农业机械进入地块作业为目标，对15°以下具备耕作条件的浅山丘陵，包括已有原始梯田，通过开挖回填、削凸填沟、消除死角等综合整治，实施"梯改坡"宜机化连片改造。将种植面深度30cm内的砾石、碎石等进行捡拾后转运就近填埋，田间道路最大坡度应≤15%，地头道路坡度应≤10%，预留机具转弯空间6~8m。为实现坡地雨季排涝，根据地块坡向合理布局排水沟，排涝水位以低于田面0.2~0.3m为宜。较大地块区按南北成行规划定植小区，使主路、支路、作业路两旁留出足够的机械化作业空间。采用矮化砧木苹果苗木，果树栽植株行距密度、水肥管道和灌水器布置，以及地头立柱固定等参照平地果园。

3. 山地梯田宜机化建园

山地宜机化改造首选适宜机械进入的地块，对坡度≤25°的未利用土地进行开发整理。对坡度在10°~25°的陡坡，分段沿等高线修建阶梯式梯田，单条梯田面宽度≥6m、最小面积≥1亩；对于坡度≤10°的缓坡，实施小并大、短并长等综合整治，对尖角、月牙弯、凸岗、浅沟等异形地块，进行开挖回填、削凸填沟、裁弯取直，延长机械作业行走距离≥50m，减少折弯频次。将梯田种植面表层土壤深度30cm内的砾石、碎石等进行捡拾后转运就近填埋，埋置深度≥100cm，果树种植行要深翻活土层80cm。修建山地道路最大坡度≤

15%，硬化道路贯穿园区，主路宽度为 3～3.5m，间隔 200m 左右设置会车区。地头道路坡度≤10%，并预留机械转弯空间 6～8m。需修建排水沟、蓄水池等，配套水肥一体化节水灌溉系统，水利设施和灌溉系统等布置规划应充分考虑机械通行。采用矮化中间砧苹果苗木，参照平地果园株行距密度栽植，最窄梯田面至少种植 2 行果树，若单行种植须保证靠近梯坡侧有≥2m 机械作业通道。

（二）苹果生产管理机械化配套

1. 适度规模果园面积规划分类

为充分发挥机械作业效率，推荐果园面积规划至少大于 3.3hm²（50 亩），面积在 3.3～6.7hm²（50～100 亩）为小型果园；面积在 6.7～33.3hm²（100～500 亩）为中小型果园；面积在 33.3～66.7hm²（500～1 000 亩）为中型果园；面积在 66.7～333.3hm²（1 000～5 000 亩）为大型果园；面积超过 333.3hm²（5 000 亩）为超大型果园。

2. 苹果生产管理全程机械装备

苹果生产管理产前、产中和产后全程机械装备类型如图 1 所示，按功用分为动力机械、耕整地机械、苗圃机械、建园机械、土壤管理机械、树体管理机械、植保机械、灌溉施肥设备、防灾减灾设备、采运分选储藏设备等，其中虚线框内为作业机械，作业机械中有很多机型为自走式、遥控式、无人式（智能导航）等机型。苗木移栽（定植）、疏花疏果、果树切根、树下割草等环节所需机具可定制生产（已补齐短板）。灌溉施肥、采运分选贮藏、防灾减灾等设备均实现国产化。

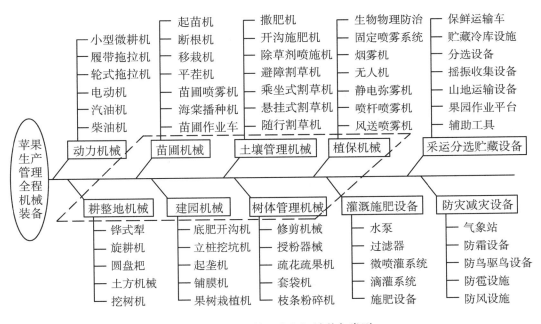

图 1　苹果生产管理全程机械装备类型

苹果生产管理机械化短板环节新机具产品照片如图 2 至图 5 所示。

图2　苹果矮化自根砧嫁接苗移栽机　　　图3　矮砧密植苹果电液自动控制疏花机

图4　矮砧密植苹果园双侧可调切根机　　　图5　果园自主导航兼遥控割草机

3. 苹果生产管理机械配置原则

根据果园总面积和机械作业效率确定机械配置数量，确保整个园区耕整、割草、施肥、植保等在2d内完成一次作业循环为基本原则。按果园面积配置作业机械，面积为3.3～6.7hm²（50～100亩）的果园可配置1套机械；面积为6.7～33.3hm²（100～500亩）的中小型果园可配置1～3套机械；面积超过33.3hm²（500亩）以上的中大型果园，可按每13.3hm²（200亩）配置1套机械计算，整个园区可配置多套作业机械。对于面积低于3.3hm²（50亩）的个体农户果园，配齐全套机械成本偏高，宜采用农机租赁等社会化服务模式。

平原、坡地、梯田果园均可优先采用"动力机械+作业机械"模式进行机械选型配置。平原、坡地等基础条件较好的高标准果园可选择智能机械打造"智慧果园"。山地梯田可选择中小型自走式、遥控式机型，如乘坐式和遥控式割草机、自走式喷雾机、植保无人机等，根据山地特征还可以配置专用山地轨道运输系统。

果园机械作业季节性较强，需合理布局机具存放和维修的专用场地、机库、维修车间等设施。专用场地用于在作业季暂时保养、维护、存放机械。机库用于在非作业季长期存放机械，其面积根据果园规模和配套机械数量规划。维修车间用于机械维修、保养、工具存放，配备台钻、焊机等常用维修设备、易损配件和工具等。

三、适宜区域

该技术适宜推广应用的主要区域覆盖全国苹果主产区，可细分为分平原滩涂、丘陵坡地和山地梯田 3 大类适宜区域。

（一）平原滩涂区域

平原地区发展果树产业需在土壤比较贫瘠、不宜发展大田作物种植的滩涂区域。如黄河故道产区、黄土高原的"塬上"平地、环渤海湾部分产区、新疆维吾尔自治区特色产区等区域。

（二）丘陵坡地区域

低缓丘陵坡地土壤相对更加贫瘠且规模不一，经过坡地改造后可实现较大规模机械化操作。如环渤海湾产区的胶东半岛、燕山—太行山浅山区域、陕北丘陵、西南冷凉高地等区域。

（三）山地梯田区域

山地具备耕作条件但不易进行改坡的土地，经荒山改造整治，便于中小型机械通行作业。如黄土高原外扩区（陕北、天水）、燕山—太行山（内蒙古自治区、辽宁省、北京市、天津市、河北省、山西省、河南省）、云贵和川西高原等区域。

四、注意事项

由于该技术推广应用涉及土地流转、土方整治、园区规划、水利施工、品种选择、动力配套、机械购置等多项内容，为确保该技术能够落地实施，建议采取如下措施。

（一）建立技术推广领导小组

技术实施开始时，建议成立由国家农技推广机构负责人牵头的技术推广领导小组，并安排正式的技术人员按各专业合理搭配，分配到各有关示范县乡镇开展工作。领导小组依据总体推广方案，统一制定实施计划，规范技术措施。同时采取不定期巡回检查技术进展情况，随时召开研讨会，及时发现和解决在推广过程中出现的问题。

（二）注重核心示范园区建设

该技术前期研发推广经验证明，宜机化建园之前要对现有苹果示范园进行调查和评比，充分考虑基础条件，对应技术要点确定建园方案。针对已建果园选配机械装备，最好选择百亩以上高标准示范作为该技术核心示范园。并以核心示范园为阵地，以点带面辐射周边普通农户，统一标准，形成苹果专业合作社、家庭农场等经营主体。

（三）加大技术宣传培训力度

依托核心示范园开展苹果生产机械化技术培训，由国家农技推广机构牵头组织，联合科研、推广、企业和各级果业管理部门、技术骨干、果农等，利用电视台、新媒体等开设栏目作专题培训，开展机械观摩演示活动，编印技术资料，推进苹果生产管理机械化水平。

技术依托单位

1. 河北农业大学

联系地址：河北省保定市灵雨寺街 289 号

邮政编码：071000

联系人：杨　欣

联系电话：15933459619

电子邮箱：yangxin@hebau.edu.cn

2. 农业农村部农业机械化总站

联系地址：北京市朝阳区东三环南路96号农丰大厦

邮政编码：100122

联系人：吴传云

联系电话：13693015974

电子邮箱：amted@126.com

3. 河北省农业项目规划中心

联系地址：河北省石家庄市富强大街92号

邮政编码：050011

联系人：刘志刚

联系电话：0311-86256732

电子邮箱：nytjcc@126.com

4. 河北省农机化技术推广总站

联系地址：河北省石家庄市富强大街6号

邮政编码：050011

联系人：王建合

联系电话：18631112388

电子邮箱：tgztgk@126.com

山地果园自走式电动单轨智能运送装备与应用技术

一、技术概述

（一）技术基本情况

水果业是促进我国农业增效、农民增收、农村发展的重要产业。柑橘、荔枝等南方特色水果大多种植在丘陵山地，果园坡度跨距大，行株距狭窄，不具备大、中型机械作业的农艺条件，缺少适用的农机装备。果园物品运送主要依靠人工作业，生产条件差、劳动强度大、生产效率低、安全隐患大，成为山地果园现代化发展进程的瓶颈和难点。研究山地果园轨道运送技术与装备能够有效提升南方特色水果生产的机械化和信息化水平，加快解决山地果园生产中存在的问题，对推动我国丘陵山地农业的可持续发展和乡村振兴战略实施具有重要意义。

自 2009 年开始，在国家公益性行业（农业）科研专项、国家现代农业（柑橘）产业技术体系建设专项、国家自然科学基金和广东省科技计划等项目的支持下，团队以山地果园单轨运送为核心，以高效稳定、精准安全、协同智能为目标，在机械结构、电动控制、运送模式等领域创新了系列关键技术，研发了适合山地果园作业的自走式电动单轨运送装备，形成全新的运送作业模式。

该技术已获授权发明专利 11 项，授权实用新型专利和软件著作权等知识产权 8 项，发表论文 16 篇，出版专著 1 部，发布企业标准 1 项，受理日本 PCT 专利 1 项。

（二）技术示范推广情况

山地果园自走式电动单轨运送装备先后经历了 6 次技术迭代更新（图 1），其中，第二代至第四代为 7ZDGS-250 型，第五代为 7ZDGS-300 型，第六代为 7ZDGS-400 型。2013 年，该技术在广东振声智能装备有限公司实施成果转化。2014 年，华南农业大学和广东振声智能装备有限公司共同制定和颁布了《山地果园蓄电驱动自走式单轨运输机企业标准》。2018 年至今，华南农业大学共计将 3 项发明专利许可给广东振声智能装备有限公司，用于山地果园自走式电动单轨运送装备的产业化生产。2013 年至今，已在全国 10 个省（区、市）的山地果园、茶园等进行推广应用。2019 年，自走式电动单轨运送装备被列入广东省农机补贴目录；2021 年，7ZDGS-250 型单轨运送装备获得了农业机械试验鉴定证书。

该项目团队充分利用国家和省农机学会、农机推广等部门的相关平台，推动运送装备的推广应用。2017 年，山地果园自走式电动单轨运送装备在广州国际农业机械、节水灌溉暨农业信息化展会上展出。2015 年以来，该项目团队配合各级农业和农机主管部门，在广东梅州、江西万安等地举办了多场试验示范和技术培训现场会，向地市农业农村局、市农业科学院主要领导，市县农机、植保管理部门人员，农机大户，种植大户等演示单轨运送装备技术成果。

（A）第一代原型机   （B）测试样机

（C）第二代定型推广机型   （D）第三代定型推广机型

（E）第四代定型推广机型   （F）第五代样机

（G）运送装备搭载植保喷雾机   （H）第六代样机

图1 山地果园自走式电动单轨运送装备发展历程

（三）提质增效情况

1. 降低成本，增加效益

（1）装备生产经济效益（企业）。2013 年以来，广东振声智能装备有限公司累计生产和销售系列山地果园自走式电动单轨运送装备 1 000 余台（套），配套销售轨道总长度超过 50 万 m。其中，近 3 年销售自走式山地果园电动单轨运送装备 368 台（套），配套销售轨道

16.4 万 m，新增销售额 8 168 万元，新增利税 733 万元，获得了较好的经济效益。

（2）装备使用经济效益（用户）。1 台运送装备的工作效率是 1 个工人的 13 倍以上，相当于减少了至少 12 个工人；目前徒步运果的人工工资一般在 150～200 元/d，相当于每天可节约人工成本 2 400 元，显著降低了作业成本。

2. 节能减排，生态友好

与汽油机/柴油机等内燃机驱动的单轨运送装备相比，电动单轨运送装备具有大气污染物零排放，节能减排、降噪环保等优势，有助于保护环境和实现碳中和目标，具有很高的生态效益。

在山地果园和茶园中，依据山势搭建单轨运送装备，代替了修建硬底化道路，可以在降低山地果园运送的基建成本的同时，减少占用缓坡地资源，并减少水土流失。

山地果园电动单轨运送装备，配合其定点到达功能，果农可以更加高效地将有机肥运送到施用地点，增加有机肥的使用，既能补充植物养分，还能维持和提高土壤肥力，符合我国农业可持续发展和绿色食品生产的方向。

山地果园电动单轨运送装备搭载植保喷雾机械，运送装备和植保装备根据轨道坡度、行驶速度、小环境参量及果树表型等多维度参数，以最优化的喷雾策略进行协同作业，可在达到植保效果的前提下进一步减少农药施用量，有效降低环境污染的风险。

3. 助力乡村振兴，促进产业可持续发展

自走式电动单轨运送装备安装简单，适应性强，其推广应用可大大减轻劳动强度和人工运送的风险，提高劳动生产效率，提高果品质量，增加果农收入。另外，带动农业经济发展，拓展了脱贫成果，为精准脱贫和乡村振兴创造了可靠条件。

山地果园自走式电动单轨运送装备的研发与应用，引领和推动了我国山地果园运输机械化进程。有利于引导更多从事水果产业的人士认识到新型农机的重要性，使农艺与农机融合，走一条新型的水果产业环保发展道路。

（四）技术获奖情况

该技术获广东省农业技术推广奖二等奖，获广东省测量控制与仪器仪表科学技术奖一等奖，获神农中华农业科技奖二等奖，获教育部高等学校科学研究优秀成果奖（科学技术）一等奖。

二、技术要点

（一）融合电力驱动创新了单轨运送装备机械结构设计。研究解决了装备整机结构、自动变挡机构、双链路传动、轮轨减振优化等关键技术问题，突破了山地果园大坡度运送和高运载量的技术瓶颈

1. 运送装备主要包括运输机、货运拖车和轨道等关键部件

轨道沿果园山坡铺设，运输机和货运拖车均骑跨在轨道上方；运送装备电机通过蜗轮蜗杆减速器输出动力，以链传动形式传递给主驱动轮，主驱动轮与轨道下方齿条啮合，带动运输机行走。经 6 次技术迭代更新后，7ZDGS-400 型单轨运送装备最大载重 400kg，行驶速度 0.94m/s，最大爬坡角度 40°（图 2）。

2. 创新了单轨运送装备换挡变速控制模式

发明了自动变挡机（图 3），结构紧凑且拆装方便。自动变挡机主要包括换挡杆、电推杆、接近开关、倾角传感器等关键部件，可根据运送装备爬坡工况变化，利用倾角传感器结合多个接近开关实现自动换挡变速，优化工作电机输出动力，控制其始终在最合理转矩内运行，降低了运送装备能源损耗。

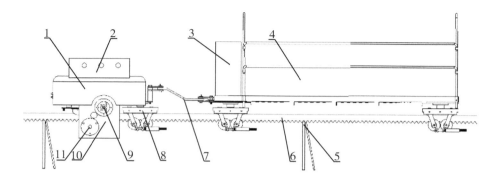

1. 运输机机头；2. 控制箱；3. 电池箱；4. 车架；5. 轨道支撑架；6. 轨道；
7. 连接结构；8. 防侧翻装置；9. 防侧翻装置；10. 齿轮箱；11. 失电刹车制动器。

图2　山地果园自走式电动单轨运送装备整机结构

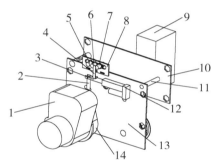

1. 差速变挡直流电动机；2. 换挡杆；3. 推杆；4. 移动；5，6，7，8. 接近开关及安装块；
9. 电控箱；10. 第一支撑板；11. 支撑横梁；12. 电推杆；13. 第二支撑板；14. 变速箱。

图3　单轨运送装备自动变挡机构

3. 创新了单轨运送装备机械传动模式

发明了基于蜗轮蜗杆的双链路传动系统（图4），融合了链传动的高效性与蜗轮蜗杆传动的自锁优势。根据运输机的运动状态变化运用内嵌控制程序对电磁离合器状态进行切换，提升了运送装备机械效率。

4. 创新解析了单轨运送装备驱动轮与轨道齿条的啮合机理

构建了运送装备行驶位移、瞬时速度模型和啮合冲击振动动力学模型（图5）。以运送装备的振动加速度平均最大振幅和振动衰减时间为评价指标开展了多因素正交试验，并基于轮轨啮合减振思路优化了轨道齿条，降低了运送装备因轮轨啮合产生的振动和摩擦，提升了作业稳定性。

（二）融合信息技术创新了单轨运送装备电动控制系统。研究解决了联动控制模式、安全制动与避障、在轨精准定位、状态智能感知等关键技术问题，实现单轨运送装备的多模态精准控制和安全可靠作业

1. 创新了单轨运送装备三级联动控制模式

发明了基于嵌入式系统的车载控制和遥控装置（图6），具有自动控制、远程遥控和手

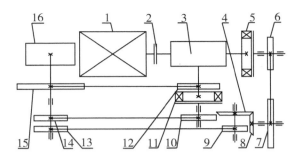

1. 电动机；2. 联轴器；3. 蜗轮蜗杆减速器；4, 8. 锥齿轮；5, 11. 电磁离合器；6, 7, 9, 10, 13, 14, 15. 链轮；12. 内嵌超越离合器的链；16. 运输机驱动轮。

图 4 单轨运送装备双链路传动系统

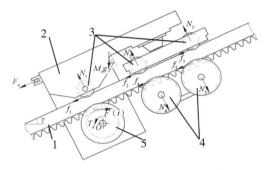

1. 轨道齿条；2. 机架；3. 导向轮；4. 压紧轮；5. 驱动轮。
图 5 单轨运送装备轮齿啮合机理解析

控等多种控制模式（图 7），可实现运送装备的柔性启停、速度控制、限位停车等功能。创制了基于物联网的运送装备远程遥控系统，运输机、路由中继节点和遥控器组成 Ad-hoc 无

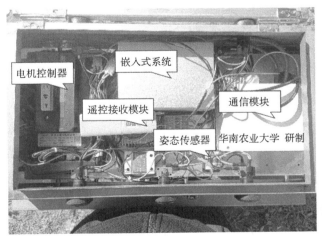

图 6 单轨运送装备核心控制装置

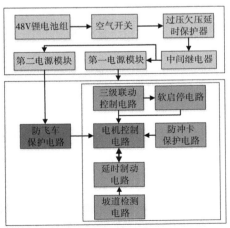

图 7 单轨运送装备控制系统架构

线通信网络，解决山地果园远距离强遮挡时遥控器无法直接与运输机实现点对点通信的问题，并通过云端服务器接收上位机控制指令。

2. 创新了单轨运送装备安全制动与自主避障技术

发明了基于机械离心开关和继电器的制动限速装置，实现运送装备多级安全制动。融合超声波和深度视觉信息处理技术，发明了运送装备避障系统（图8），轨道周边障碍物识别率达到100%。

3. 创新了单轨运送装备在轨精准定位技术

探明了射频识别（RFID）通信特性影响对运送装备在轨定位精度的规律，构建了基于超高频RFID双天线双标签的能量传输定位模型（图9），明确了超高频RFID最优定位模型参数，实现运送装备自主到达轨道指定方位的功能。发明了基于高频RFID的运送装备在轨定位系统，实现运送装备定点定位功能，运送装备在不同行驶速度下对高频RFID信息的读取成功率均达到100%。

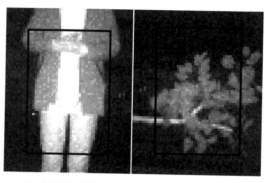

（A）人形障碍物　　　（B）树枝障碍物

图8　单轨运送装备自主避障系统

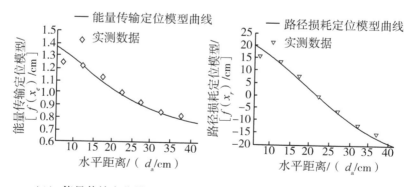

（A）能量传输定位模型　　　（B）路径损耗定位模型

图9　单轨运送装备超高频RFID定位模型

4. 创新了单轨运送装备作业状态智能感知技术

发明了基于高频RFID的混合测速定位方法（图10），融合了电磁波定位方法与测速定位方法优势，创制了运送装备在轨作业状态精准感知系统（图11），通过提取LoRa通信数据包来远程解析并获取运送装备的实时行驶速度、任意在轨位置以及轨道路况变化等作业状态数据。自主设计了多模态控制网关系统（图12），建立了"单轨运输机–网关系统–移动客户端"通信链路，实现远程获取设备作业状态和多机安全调度。融合了基于2D—3D视觉技术的空间高度测量模型和改进的YOLOv5s监测模型，发明了运送装备的运载状态监测系统（图13），实现自然光环境下多类型运载货物运载情况分析及装备运载作业调度。

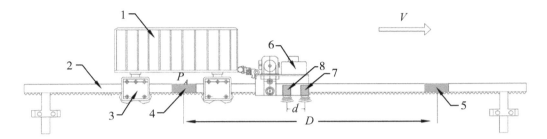

1. 运输机机箱；2. 单轨轨道；3. 防侧翻轮；4. 标签A；5. 标签B；6. 运输机机头；7. 阅读器1；8. 阅读器2。

图10　单轨运送装备高频RFID测速定位方法

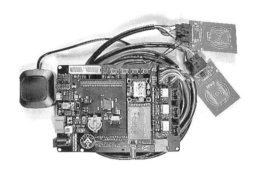

图11　单轨运送装备在轨作业状态精准感知系统

（三）融合果园应用需求创新了单轨运送装备运送作业模式。研究解决了作业智能规划、协同搭载作业、多机智能管控等关键技术问题，形成全新的运送模式，提升了装备的适用性和智能化水平

1. 创新了单轨运送装备轨道自动切换与作业规划机制，提出了基于Y型轨道结构的多分支自动切换运送作业模式

创制了单轨多分支自动变轨装置及其控制系统（图14），结合车载嵌入式控制系统和无线通信网络，设计了面向多分支装卸点的轨道快速安全切换与作业智能规划系统，解决了运输机只能在单一轨道行驶的问题，极大拓展了运输机作业覆盖区域，突破从"｜"到"∞"的单轨运送新理念。

2. 创新了单轨运送装备协同搭载与施药技术，提出了"一机多用"的运送作业模式

创制了可搭载在单轨运送装备的风送植保喷雾机，融合了果园轨道运送和风送喷雾的协同作业优势；应用LiDAR检测构建基于叶墙面积的果树冠层特征参数检测模型、施药变量计算模型和多喷头流量模型，解决了山地果园难以实现大面积机械化施药的问题，提升果园

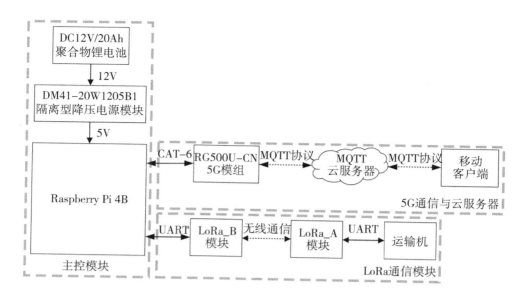

图12 多模态控制网关系统架构

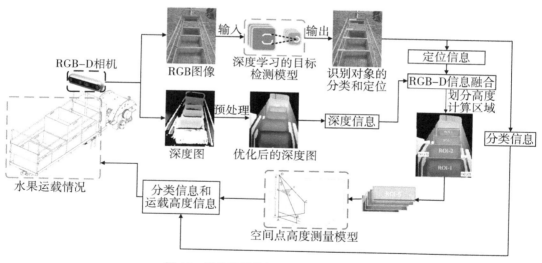

图13 单轨运送装备运载状态监测系统

喷雾施药的作业效率。

3. 创新了单轨运送装备多机智能管控机制，提出了"多机同轨"与"多机共享"的运送作业模式

结合 Ad-hoc 无线通信网络、RFID 作业状态感知系统与多模态控制网关系统等多源信息，优化分支轨道快速切换策略，设计多机智能调度与安全避让作业方案（图15），实现多机同轨自主高效智能作业新模式。

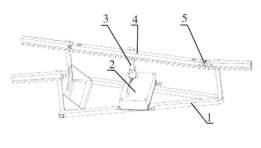

1. 变轨支架；2. 控制箱；3. 转换支撑立柱；4. 转换轨道；5. 轨道切换接头。

图 14　单轨运送装备多分支自动变轨装置

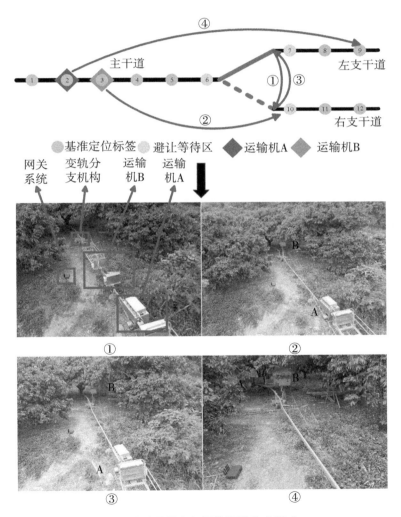

图 15　山地果园多机同轨运送作业模式

三、适宜区域

电动单轨运送装备具有轨道转弯半径小、轨道修建简单、可遥控和组网控制等特点，特别适用于地形崎岖、修建硬底化道路成本较高和难度较大的山地果园和茶园中的运输作业。

四、注意事项

一是针对不同地形，电动单轨运送装备安装前需进行现场考察和规划，根据实际情况安装轨道、单轨车和支撑结构。在使用过程中，操作人员需要经过专业培训并遵守使用规则，设备需定期维护保养。

二是融合多种方式进行推广，采用现场演示会、技术培训会的宣传手段，采用说服引导、签订技术承包、培育新型农业专业合作组织等的服务推广模式，使农民更能接受和使用农业装备。

技术依托单位

1. 华南农业大学

联系地址：广东省广州市天河区五山路483号华南农业大学

邮政编码：510642

联 系 人：李　震

联系电话：13610189829

电子邮箱：lizhen@ scau. edu

2. 广东省农业技术推广中心

联系地址：广东省广州市天河区柯木塱南路30号

邮政编码：510520

联 系 人：林叙彬

联系电话：13760628022

电子邮箱：214152642@ qq. com

果园农药精准喷施技术与装备

一、技术概述

（一）技术基本情况

我国是世界最大的水果生产和消费国，水果种植面积和产量均居世界首位。农药喷施是果园管理工作主要内容，在果园生产管理过程中，果树施药作业工作繁重，占总工作量的25%~30%，且其作业效果直接影响水果的产量和品质。化学防治是我国果园病虫草害防治的主要手段，现阶段我国大部分的果园施药作业以手动器械为主，由于施药技术和装备的落后，导致农药利用率低、农药流失和环境污染等问题非常突出。目前，我国果园植保作业农药利用率为20%~30%，机械化率约为30%，药液浪费、水土污染和果品农残高现象普遍，严重影响产业发展和果农增产创收。

十余年来，现代密植果园种植模式在我国快速发展，适用于密植宜机化果园的农药高效喷施技术和精准施药装备的需求越来越迫切，植保施药技术与装备关系到农药使用强度和利用率，关系到农药残留和环境保护，而落后的植保机械不仅浪费了劳动力，还增加了施药成本，降低了生产效率，并给环境和人员带来了污染和安全隐患。因此，有效提高现代果园植保作业的机械化、智能化水平，以及发展高效喷施技术和装备，是我国现代果园发展的重要课题之一。

针对现代密植果园种植模式对农药精准喷施作业的需求，项目组研究了适用于该模式的农药精准喷施技术体系，通过气力辅助静电施药、多通道仿形风送、果树冠层信息探测、高通过性底盘和智能变量喷雾系统集成创制等技术的创新，解决了典型密植果园长期存在的农药过量施用、果品农残大、环境污染严重和作业效率低等问题，实现了葡萄、梨和苹果等果园的农药精准喷施和病虫害高效防治。

该技术体系的核心技术领域均具备自主知识产权，核心专利包括国内、外发明专利授权共24项，其中，国内发明专利16项，国外发明专利8项，范围包括各项关键部件和装备集成技术；技术体系完成成果鉴定4项，关键技术和装备均具备国际领先或国际先进水平；完成核心装备或产品的第三方检验检测报告9项。该体系在关键技术、知识产权和核心装备领域取得一系列成果，为体系的推广应用奠定了坚实基础。

该体系通过气力辅助静电喷头、多通道仿形风送机构、密植果树冠层信息探测系统等关键部件以及智能喷雾装备系统集成技术，达到了农药精细雾化、高效穿透、靶向智能变量和高效作业等目标，研制的系列化果园精准施药装备具有远程操控、低量静电喷施、靶标精准探测、高通过性和自主变量作业功能，农药利用率在55%以上，作业效率提高5倍以上，显著提高了现有果园的农药利用率水平和作业效率，大大减少了人工作业强度。

2017年来，项目组和国内科研院所、企业和种植大户进行了技术体系的试验示范和推广，尤其是在我国宁夏回族自治区贺兰山东麓的酿酒葡萄种植产区进行了大量的试验示范和推广，促进了当地植保技术和装备的提升，对现有果园植保作业展现出显著的应用成效和广阔的应用前景，为我国现代林果业发展起到了技术引领和促进的作用。

（二）技术示范推广情况

2017年以来，该技术体系"果园农药精准喷施技术与装备"中的关键技术和装备单独或作为其他技术的核心内容，在宁夏回族自治区贺兰山东麓的酿酒葡萄产区、长江下游江苏省镇江市、扬州市和常州市的桃、梨和鲜食葡萄等产区得到广泛的示范和推广，取得了显著的经济、社会和环境效益。迄今为止，该项目组联合多家单位在宁夏回族自治区银川市、吴忠市、石嘴山市、江苏省句容市、丹阳市、仪征市等基地重点开展了酿酒葡萄园、梨树等果园的合作和试验示范工作，示范推广总面积超过3万亩，作业模式和技术辐射面积超过100万亩。在试验示范期间，减少农药使用量36%~39%，提高农药利用率水平约15%，大大缓解了劳动力工作强度，实现了葡萄等现代宜机化密植果园的智能化高工效植保作业，经济效益和社会效益显著。

该技术体系的试验示范工作得到了宁夏回族自治区和江苏省等地政府、农机推广站和农户的高度认可和广泛赞誉，并作为中西合作典范被《宁夏日报》、"学习强国"平台、人民网和《潇湘晨报》等媒体广泛报道。目前，该技术体系在宁夏回族自治区贺兰山东麓的酿酒葡萄产区和长江中下游的桃梨产区进行进一步的推广应用。

（三）提质增效情况

截至目前，通过6年多在宁夏、江苏等地的大面积试验示范和推广应用，和常规技术和装备相比，该技术体系可实现减少农药使用量约35%，提高农药利用率水平约15%，由此减少农药过量施用造成的果品农残过量、农村面源污染和人工劳动强度过大等一系列问题，亩增加综合效益200元以上，减少了酿酒葡萄、梨和苹果等果园的管理生产所需劳动力，提高了管理效率，实现了现代果园提质增效，提高了果园的生产品质。通过该技术体系的示范推广和应用，近些年来，在宁夏、江苏等省（区）推广示范面积超过3万亩，减少农药使用量约1000t，提高综合效益2000多万元，经济和环境效益显著。

（四）技术获奖情况

近3年来，江苏大学联合宁夏大学、中国农业机械化科学研究院集团有限公司、农业农村部南京农业机械化研究所、山东五征集团有限公司等科研院所和重点企业进行了技术合作、示范和推广应用，以该技术为核心的先进农药施用成果得到业内的广泛认可，获得农业科技领域重要科技奖2项，具体内容如下。

（1）农药精量高效施用关键技术与装备（202101014），农业机械科学技术奖一等奖，2021年。

（2）农药减量增效喷施关键技术及装备（2021-C-26），大北农科技奖创新奖，2021年（第十二届）。

二、技术要点

（一）低量气力辅助静电喷头（具备自主知识产权）

针对现代果园管理过程中的农药过量喷施和病虫害严重难题，项目组创新性将横向射流雾化方法引入气力辅助静电喷头设计中，研发了一种适用于现代密植果园冠层的低容量风送静电雾化喷头。其具有雾化精细、结构可靠、功耗低、射程远和不易堵塞等特点，可用于悬浮剂、粉剂、乳油等各类农药剂型，通过气力辅助雾化和静电吸附功能，可实现低容量喷施精细雾滴（Dv0.5≤80μm）在果树叶片正、反面的均匀沉积，提高了药液雾滴的覆盖率、沉积密度和穿透性能，实现了病虫害的高效防治。该技术指标超过国内、外同类技术和产品，并取得国内、外发明专利6件，具备自主知识产权（图1）。

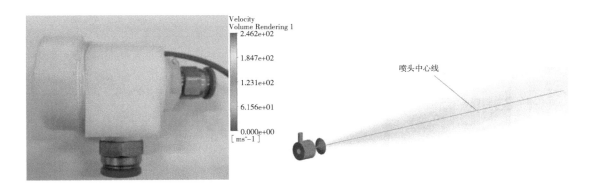

图1 喷头结构和外流场示意

（二）多通道仿形风送技术（具备自主知识产权）

目前，现代密植宜机化果园大多采用棚架、篱架或Y形种植模式，针对酿酒葡萄、梨树、桃树和苹果等典型果树种植模式的冠层特征，该项目组研发了具备面向冠层高效风送功能的核心技术——多通道仿形风送技术。其具有动力消耗低、风力损失小、药液和风力分布均匀等特点，适用于各种现代种植模式的宜机化密植果园，通过多通道和仿形结构设计，实现了冠层内部的均匀风送喷雾，提高了药液雾滴的分布均匀性和穿透性，均匀作业宽幅为6~12m，完全满足各类现代密植果园种植要求。该项技术取得国内发明专利4项，具备自主知识产权（图2）。

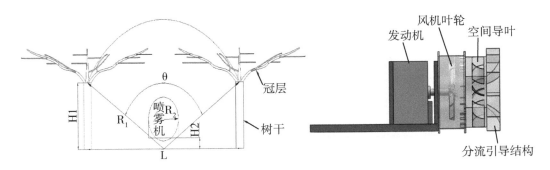

图2 多通道仿形风送系统示意

（三）果树冠层靶标精准探测技术（具备自主知识产权）

在果园农药精准喷施体系中，果树冠层靶标的探测和靶向喷施是有效减少农药过量喷施的关键技术，该项目组在传统果树冠层靶标探测技术基础上，基于超声波探测方法研发了一种果树冠层多维靶标信息探测技术，突破了传统超声波探测技术的功能，并具备作业距离、冠层厚度和叶面积指数3个参数的多维实时探测功能，技术适用范围为：作业距离0.3~

2m，冠层厚度0.3～0.6m，叶面积指数1.5～5.0，其满足于现代常见密植果园的各种种植模式，尤其是适用于桃、梨、葡萄和苹果等多种作物的典型高产种植模式，具有实时探测和参数精准等功能，实现了果树冠层多维信息的实时探测，为施药系统的快速决策响应提供了技术支撑。该项技术具有独创性，并取得国内、外发明专利3项，具备自主知识产权（图3）。

（四）变量精准施药系统和装备集成（具备自主知识产权）

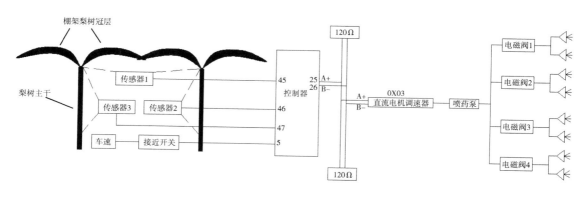

图3　对靶变量精准施药系统控制实现原理

围绕现代密植果园管理智能化和精准喷施要求，项目组研发了一种基于直流电泵和PWM调速技术的对靶变量精准施药系统（图4、图5），该系统由超声波传感器、控制器、电机调速器、直流电泵、转速传感器和电磁阀等组成，系统通过电机调速器和直流电泵（喷药泵）直接控制喷头流量，通过电机调速器实现0到100%的流量精准控制，精度达到

图4　宁夏回族自治区贺兰山东麓酿酒葡萄园对靶精准施药装备试验示范

图5 江苏地区梨桃果园对靶变量精准施药装备试验示范

0.1%。通过与靶标精准探测技术的融合集成，该系统具有调节精度高、可靠性好和移植性强等特点。进一步与高通过性履带底盘系统的集成创制，该项目组研发了具备自主作业和行走操控功能的系列化果园精准施药装备，具有通过性好、沉积均匀、穿透性强和作业效率高等特点，经过广泛试验和推广证明，完全满足宁夏回族自治区贺兰山东麓酿酒葡萄产区和长江中下游桃梨产区的果园农药精准喷施和病虫害高效防治要求。在系统集成技术和装备开发方面，该技术体系取得国内、外发明专利5项，同样具备自主知识产权。

三、适宜区域

包括宁夏、甘肃等省（区）的西北地区酿酒葡萄、枸杞等经济作物产区，长江中下游地区桃、梨和葡萄产区，尤其适用于宁夏回族自治区贺兰山东麓地区的酿酒葡萄和枸杞等作物，以及长江中下游地区的篱架式梨、桃等宜机化密植果园。

四、注意事项

如果因为气候和环境等发生严重病虫害暴发情况，应根据植保站等专业机构指导要求，适当采取调整施药系统的作业速度，以及增大农药喷施量、增加农药喷施次数等措施。

技术依托单位
江苏大学
联系地址：江苏省镇江市京口区学府路301号
邮政编码：212013
联 系 人：贾卫东
联系电话：15996801800
电子邮箱：jiaweidong@ujs.edu.cn

茶园全程电动化生产管理技术

一、技术概述

（一）技术基本情况

茶园电动化生产管理技术是在茶园全程机械化管理技术的基础上朝着电动化和无人化方向发展而来的，其核心技术是茶园电动化生产技术、茶园全程机械化生产技术规范（NY/T 4253—2022）、茶园机械化生产和茶叶采摘技术（2023年农业农村部农业主推技术）、茶园化肥减施增效生产技术（2021年农业农村部农业主推技术）、茶园机械化管理技术（2017—2019年农业农村部农业主推技术）。茶叶属多年生叶用作物，具有较高的经济效益，在脱贫攻坚和乡村振兴过程中起到了重要的积极作用。茶叶生产从耕作、施肥、修剪、除草、植保、转运等关键环节中均需大量的劳动力投入，属劳动密集型产业，面临着人工依赖性强、生产效率低、劳动强度大、生产成本高等问题。茶园机械化生产在很大程度上还缓解了劳动力紧缺和生产效率低的问题，但随着从业人员老龄化问题的加剧，传统燃油茶园管理装备振动噪声大、维修保养门槛高和劳动强度大等问题越发突出。茶园装备电动化是茶产业持续高效发展的必然趋势。

该技术以机械化生产技术为基础，电动化作业装备为驱动，耕作、施肥、修剪、除草、植保、转运等环节为载体，实现了茶园电动化生产管理全程覆盖，系统集成了针式仿生耕作、螺旋施肥、双侧边修剪和全电驱智能仿形采摘等原创技术，创制了基于遥控电驱底盘的系列化茶园电动生产管理装备。形成了分别以60V直流蓄电池和60V直流发电模块为驱动电源，直流电驱作业部件为机具，茶园全程机械化生产技术规范为参照的茶园电动化生产管理技术体系，为降低茶园生产管理操作门槛（无须复杂的内燃机维修保养经验），改善茶园电动化生产管理工作条件（将传统手扶/乘驾型操作模式改变为远程遥控作业），从而吸引年轻劳动力回归茶产业奠定了良好的技术基础。

（二）技术示范推广情况

"茶园电动化生产管理技术"是国家茶产业技术体系茶园生产管理机械化岗位围绕茶产业"卡脖子"关键核心问题，在前期数十年科研攻关成果茶园机械化生产和茶叶采摘技术（2023年农业农村部农业主推技术）、"茶园机械化管理技术（2017—2019年农业农村部农业主推技术）"和"茶园化肥减施增效生产技术（2021年农业农村部农业主推技术）"等大面积推广的基础上进行电动化技术升级形成的关键技术。

该技术已在云南、江苏、四川、浙江、湖南等全国多个茶叶主产省份推广应用达115万亩次，累计节本增效4.43亿元，经济效益、社会效益和生态效益十分显著。

（三）提质增效情况

该技术同人工作业相比：修剪效率较传统人工作业提高10~20倍，修剪成本降低30%；耕作、除草效率较传统人工作业提高8~10倍；施肥效率提高5~10倍，肥料利用率提高50%；采摘效率提高6~8倍，完整率≥84%，漏采率≤1%，损失率≤1%，且70%以上为高品质茶原料（单芽、一芽一叶、一芽二叶、一芽三叶），采摘质量明显优于国外最新进口同类机具，采摘效率≥600kg/h；每亩新增纯收益高达350元/亩，每亩平均能耗成本降低100元。此外，茶园电动化生产较早期燃油机械化生产有效减少了茶叶的油气污染和尾气排放，有利于茶园的生态低碳高质量发展。

（四）技术获奖情况

（1）"茶园无人化生产管理关键技术装备研发"荣获2023年中国技术市场协会金桥奖一等奖；

（2）"山地茶园作业机电一体化技术与装备研究及应用"荣获2022年广东省电子信息行业科学技术奖一等奖；

（3）"茶园生产机械化关键技术集成应用"荣获2019年全国农牧渔丰收奖一等奖；

（4）"茶园全程机械化关键技术装备及应用"荣获2018年度江苏省科学技术奖三等奖。

二、技术要点

（一）电动化修剪技术

电动化修剪技术包括电动化侧边修剪技术和电动化茶蓬修剪技术。

1. 电动化侧边修剪技术

茶园电动化生产管理适宜1.5~1.8m茶树种植行距。由于茶树呈"Y"形生长，茶树距离地面0~10cm处基本呈竖直状态，随着高度增加至40cm处时角度陡然增加，甚至导致封行现象。因此，针对不同种植茶园种植行距，茶树电动化侧边修剪作业宽度在35~60cm任意可调，修剪刀与地面角度在0°~60°任意可调；侧边修剪后茶行间可满足宽度80cm以下的作业装备顺利通行作业。

2. 电动化茶蓬修剪技术

每年机采后选择性剪去采摘面上突出枝叶；机采茶园树高应维持在60~80cm，每2年留养1次，夏茶不采；机采茶园每次机采切口比上次切口提高1~2cm，每年比上一年提高约5cm，连续机采4~5年后进行重修剪（离地40~50cm处剪去）。因此，针对不同蓬面修剪作业需求，茶树电动蓬面修剪作业高度在40~100cm任意可调，修剪刀与水平面夹角在±15°之间任意可调，以确保修剪作业满足不同时期茶树生长管理需求。

3. 适用机械

双人电动修剪机、茶园遥控修剪采摘一体机、茶园遥控多功能管理机等（图1、图2）。

图1　茶园遥控修剪采摘一体机　　　　　图2　茶园遥控多功能管理机

（二）电动化耕作技术

电动化耕作技术包括浅耕、中耕和深耕。

1. 浅耕

浅耕宜在 2—7 月结合追肥、除草等作业进行。深度 8~15cm，每年耕作 2~3 次。浅耕宜选用电动微耕机、电动旋耕机、茶园遥控多功能管理机配套旋耕等机具进行作业。

2. 中耕

一般在春季茶芽萌发前进行，早于施催芽肥的时间，耕深 10~15cm。

3. 深耕

深耕宜在 8—10 月或秋茶采摘结束后进行，深度 20~30cm，宽度不超过 50cm，茶行中间深、两边浅。作业时应松碎土块，平整地面，不能压伤茶树。深耕可结合施用基肥如复合肥、有机肥等。深耕宜选用增程式电动深耕机、茶园遥控多功能管理机配套齿式深松、深耕或螺旋式耕作等机具进行作业。

4. 适用机械

电动微耕机、增程式电动深耕机、茶园遥控多功能管理机配套中耕除草机、旋耕机等（图3）。

（三）电动化施肥技术

电动化施肥技术分为施基肥和追肥，根据"茶园化肥减施增效生产技术"生产模式，对茶园进行配方施肥。

1. 施基肥

将有机肥和专用肥拌匀后，装入茶园专用电动施肥机械，机具前进速度调至 0.15~0.5m/s，施肥量按照生产需要调至 0.4~1.0m/s，将肥料施在茶行中间，用茶园螺旋施肥技术进行耕作、施肥、填土一体化作业，深度 20~30cm，土肥充分混合，均匀分布在垂直土层上，可提高肥效 50%。

2. 追肥

包括催芽肥、春茶后追肥、夏茶后追肥。由于追肥深度较浅，主要采用人工或自走式电动撒肥机进行地表撒肥。撒肥后使用茶园电动翻耕机/旋耕机将肥料与土壤混合均匀，耕深 5~10cm，可满足追肥技术需求。

3. 适用机械

电动螺旋施肥机、自走式电动撒肥机和茶园电动耕作装备等（图4至图6）。

图 3　牵引式耕作机具

图 4　单螺旋施肥机具

图5　双螺旋机具　　　　　图6　液体肥喷施机具

（四）电动化除草技术

电动化除草技术分为留茬割草和旋耕除草。

1. 留茬割草

根据杂草长势和水土保持需求，调节电动割草机刀盘高度后进行作业。割草宜选用电动割草机、遥控式割草机（图7）和茶园遥控多功能管理机等进行作业。

2. 旋耕除草

旋耕除草一般在4—10月结合耕作作业进行，除草耕作深度为10~15cm，将草根翻至土表。旋耕除草宜选用电动旋耕机和茶园遥控多功能管理机等进行作业（图8）。

图7　茶园遥控割草机（割草）　　　图8　茶园遥控多功能管理机（除草）

（五）电动化转运技术

根据茶园生产管理需要及时进行肥料和采收鲜叶等农资的田间即时转运，电动化转运宜采用履带式装备以确保其田间通过性能和爬坡性能，转运装备行走速度应满足1~5km/h的速度调节需求。田间转运宜选用遥控式电动履带运输车和茶园遥控多功能管理机等进行作业（图9、图10）。

图9 遥控式电动履带运输车

图10 茶园遥控多功能管理机（转运）

（六）茶园电动化采摘技术

根据茶叶切割式采摘的模式，采用全电驱动智能仿形采摘技术，具有绿色新能源、能耗低、结构简单可靠、采摘质量好、自动导航作业、价格低廉、刀具国产替代的优点。

采摘时机宜选标准新梢达到60%~80%，批次应根据茶树品种、茶类、茶季确定，春茶采1~2次，夏茶采1次，秋茶采1~2次。收集袋容量80kg，机具前进速度0.5~0.8m/s，适应非标准茶园和不同长势的茶叶，采摘质量优于双人/单人、进口采茶机的采摘，提质增效效果明显。

适用机械：全电驱动智能仿形采摘修剪机（图11）。

图11 全电驱动智能仿形采摘修剪机

三、适宜区域

适宜平地、15°以下缓坡，横向坡度小于8°，规划机耕道、机械掉头区域等机械化作业条件的茶园。

四、注意事项

一是茶行两端应留有 1.5~2.5m 的地头，供茶园机械顺利转向或调头作业。

二是机具操作人员必须经过岗前培训，具有较强的安全意识，熟练掌握操作技术并严格按照机具使用说明书和安全操作规程进行调整、作业和维护。

三是施肥机作业不得后退，必须后退时，应将施肥机排肥器暂时关闭。

四是茶叶耕作、施肥技术须与修剪技术联合开展，解决成龄茶树因封行导致机械无法进入作业的问题。

技术依托单位

1. 农业农村部南京农业机械化研究所

联系地址：江苏省南京市玄武区中山门外柳营 100 号

邮政编码：210014

联 系 人：宋志禹

联系电话：15366093037

电子邮箱：songzy1984@163.com

2. 浙江理工大学

联系地址：浙江省杭州市钱塘区下沙高教园区 2 号大街 928 号

邮政编码：310018

联 系 人：武传宇

联系电话：13666698922

电子邮箱：cywu@zstu.edu.cn

3. 无锡鼎君机械科技有限公司

联系地址：江苏省无锡市惠山区洛社镇红明村

邮政编码：214188

联 系 人：鲍 君

联系电话：13606196282

电子邮箱：13606196282@163.com

农技推广机构

1. 浙江省农业技术推广中心

联系地址：浙江省杭州市凤起东路 29 号

邮政编码：310020

联 系 人：陆德彪

联系电话：0571-86757916

电子邮箱：976643272@qq.com

2. 溧阳市农业综合技术推广中心

联系地址：江苏省溧阳市溧城街道燕山路 98 号溧阳市农业农村局

邮政编码：213300

联 系 人：魏继燕

联系电话：13861205553

电子邮箱：405301876@qq.com

3. 安化县农机事务中心

联系地址：湖南省安化县县城南区雅阁花苑

邮政编码：413500

联 系 人：王宇超

联系电话：15907376646

电子邮箱：364253727@qq.com

黑土地保护性耕作机械化技术

一、技术概述

（一）技术基本情况

我国是世界主要干旱国家之一，干旱、半干旱及半湿润偏旱地区的面积占全国土地面积的 52.5%，雨养农业面积比重大。旱区农业发展的主要问题在于：一是降水少、气温低、土壤贫瘠、自然条件恶劣、产量低而不稳。二是水土流失和风蚀沙化严重，导致土壤肥力下降，耕地被侵蚀导致旱区沙尘暴频发。有效防止水土流失，增加土壤蓄水能力，提高雨水利用率，是旱区农业维系发展的技术关键。与此同时，东北黑土地宝贵资源的长期掠夺式开垦耕作，也给我国粮食安全带来重大隐患，为此国家颁布了全球第一部针对黑土区黑土地资源利用与保护的国家法律，农业农村部、财政部出台了《东北黑土地保护性耕作行动计划（2020—2025 年）》和《东北黑土地保护性耕作行动计划实施指导意见》，在东北四省（区）全面推广应用保护性耕作并贯穿于整个"十四五"时期。

所谓保护性耕作，是指对农田实行免耕、少耕，用作物秸秆、残茬覆盖地表，用化学药物控制杂草和病虫害，从而达到减少土壤风蚀、水蚀，提高土壤肥力和抗旱能力，实现农业可持续发展的一项先进的农业耕作技术。相对于翻耙压传统耕作模式而言，保护性耕作对土壤扰动极少，利于保水保土，故称为保护性耕作。长期实践表明，保护性耕作既可实现蓄水保墒和提高土壤水利用率的目的，又可以增加土壤有机质含量、改善土壤结构，是发展旱地农业、保护黑土地、保障粮食安全和生态安全的最经济、最有效、最现实的技术路径。

（二）技术示范推广情况

辽宁省耕地总面积 7 473 万亩，其中，玉米种植面积 3 900 万亩，生产规模位于全国第七位。由于春季播种时气温低、墒情差、风沙大，严重影响农业生产，对此，辽宁省于 20 世纪 80 年代末开始引进保护性耕作技术，并把保护性耕作作为实施耕地保护的一项重要农耕措施。2015 年以来，采取作业补助等政策措施，选择基础条件较好的适宜耕作区域推广应用保护性耕作，为全面推广保护性耕作奠定了基础。随着《东北黑土地保护性耕作行动计划（2020—2025 年）》在辽宁省的深入实施，保护性耕作得到大面积应用。截至 2023 年底，辽宁全省已推广保护性耕作面积 1 300 万亩，分区域建设 74 个县级高标准保护性耕作应用基地及数量较多的乡级、村级高标准保护性耕作基地，力求以重点突破实现整体推进，力争 2025 年完成保护性耕作面积 2 000 万亩的目标。

（三）提质增效情况

通过多年保护性耕作实践探索和技术积累，辽宁全省适宜保护性耕作的免耕播种机等装备技术基本完备，技术应用模式和田间作业流程日趋完善，保护性耕作推广应用成效逐渐显现。

1. 有效提高土壤肥力

以秸秆覆盖地表和免少耕播种为技术核心的保护性耕作，可使表土侵蚀量减少 80% 以上，土壤有机质年平均增加 0.02%，提高养分利用率达到 15% 以上。留茬少耕或免耕覆盖可实现用地养地并行，对降低土壤板结度、改善土壤结构和理化性质、提高土壤生物性状等方面具有明显效果。

2. 利于土壤蓄水保墒

秸秆残茬覆盖地表能增加土壤贮水能力，年降水量 500~600mm 地区可使旱地土壤亩增 40~80m³ 水量，土壤自然降水保蓄率由传统耕法的 25%~35% 提高 50%~65%。土壤出现旱情时，全量秸秆覆盖的地块较常规播种地块可以延长 5~7d 显现旱情。

3. 有效降低生产成本

春耕亩省工 4 个，节本 180 元。秋收直接将秸秆旋耕铺地，亩节本 40 元。保护性耕作可使每年春耕缩短 10d，减少 2~4 道作业程序，生产率提高 45% 左右。亩增产 5% 左右，增收节支 40~60 元，利于节本增效、增产增收。

4. 利于实现稳产增产

保护性耕作地块春季土壤保墒效果好，可增加耕层土壤温度 0.5~1.0℃，播前提高土壤含水量 3~4 个百分点，1m 土体内土壤储水量提高 20% 以上。在无补充灌溉条件下，秸秆覆盖量 200kg/亩以上时玉米出苗率在 80% 以上；秸秆覆盖量 400kg/亩时达到玉米丰产与耕地保护最佳契合点，出苗率达 90% 以上。阜新、朝阳等干旱地区连续实施保护性耕作 3 年以上的地块，玉米抗旱抗涝抗倒伏能力提高，亩增产 5%~10%，严重伏旱情况下玉米丰产效果凸显。

5. 促进农业绿色发展

以少耕免耕为核心的保护性耕作最大程度地降低了土壤风蚀，减少了尘扬及沙尘暴隐患，保护了富含养分的土壤表土，可实现化肥减量施用，符合农业绿色发展要求。据测定：降雨在 50mm/h 时保护性耕作地块不产生径流；80mm/h 时地表径流比传统对照田减少 70%，土壤流失减少 80% 左右；秸秆全量覆盖地表下，秋收至春播前土壤风蚀率为零；无秸秆覆盖免耕地块土壤风蚀率较传统耕作降低 80% 以上。秸秆全量还田免耕种植还可每年每公顷减排 CO_2 4 958kg，较传统种植减少 43.72%，实现了农田土壤 CO_2 排放由源向汇的转变。此外，秸秆还田为秸秆资源化利用提供了有效途径，避免了秸秆焚烧带来的环境污染，起到改善生态和保护环境的作用。

（四）技术获奖情况（表1）

表1　技术获奖情况

序号	名称	奖项等级	获奖年度
1	抗旱免耕精量播种机的研制与示范	辽宁农业科技贡献奖一等奖	2006
2	节能型玉米精量播种机具研制及应用	辽宁农业科技贡献奖二等奖	2011
3	深松整地技术及配套机具研究与示范	辽宁农业科技贡献奖一等奖	2012
4	免耕播种施肥机的研究与推广应用	辽宁农业科技贡献奖二等奖	2016

（续表）

序号	名称	奖项等级	获奖年度
5	秸秆还田深松联合整地技术研究与应用	辽宁农业科技贡献奖一等奖	2016
6	东北玉米垄作少免耕播种与垄台修复技术及装备	神农中华农业科技奖一等奖	2017
7	北方玉米少免耕高速精量播种关键技术与装备	国家科学技术进步奖二等奖	2019
8	秸秆综合利用技术及装备研究与应用	辽宁农业科技贡献奖三等奖	2021
9	少免耕保护性耕作技术及机具研究与应用	辽宁农业科技贡献奖一等奖	2022
10	深松免耕模式构建及配套技术研究与示范	辽宁农业科技贡献奖二等奖	2022
11	丘陵区玉米机械化丰产增效技术集成及装备创制与应用	辽宁农业科技贡献奖一等奖	2023

二、技术要点

保护性耕作是一个技术体系，主要由秸秆覆盖、免耕播种、以松代翻、化学除草、作物轮作五部分组成。

（一）技术路线

机械化收获→秸秆及残茬还田覆盖→深松整地→免（少）耕播种施肥→病虫草害防治。

（二）主要技术

1. 秸秆及残茬覆盖技术

秸秆还田覆盖方式分为三种：一是粉碎还田覆盖，即收获后或收获时将秸秆粉碎后均匀铺撒田间覆盖，分为联合收割机自带粉碎机和秸秆粉碎机作业两种方式。二是整秆还田覆盖。人工收获后秸秆直立于田间，机械播种时将秸秆撞倒或人工踩倒，适于冬季风大地区。三是留茬覆盖。在风蚀严重且秸秆需综合利用的地区，可采用留高茬+免耕播种或留高茬+粉碎浅旋播种复式作业。保护性耕作提倡少动土、多覆盖，但实际作业中秸秆过长或覆盖量过多均会造成播种机堵塞，且秸秆堆积或地表不平还会影响播种均匀度，因此，为保证免少耕播种质量，需进行秸秆粉碎、撒匀、平地等配套作业。

2. 免少耕播种施肥技术

免耕播种是收获后未经任何耕作直接播种，少耕播种是指播前进行了耙地、松地或平地等表土作业，再用免耕播种机进行施肥播种，以提高播种质量。无论哪种方式，都具有减少机具进地次数、省种省工及稳产增产的作用。免耕是指收获后未经任何耕作直接播种；少耕是指播种前进行耙地、松地或平地等表土作业后再用免耕播种机进行播种，要求动土面积低于50%，动土深度不超过10cm。与铧式犁翻耕相比，免少耕不动土或少动土，不翻动土层，利于减少水分蒸发和水土流失，提高土壤蓄水保墒能力，同时，减少耕作次数和机具对土壤结构破坏，改善耕层土壤结构。

3. 病虫草害防治技术

病虫害防控主要采用种子药剂处理和田间化学药剂喷施两种方式。草害防控是保护性耕作能否成功实施的关键，喷除草剂是较为理想的除草方式，也可采用成本低、无污染的机械浅松除草方式。

4. 深松整地技术

保护性耕作主要依靠作物根系和蚯蚓等生物松土，但若有犁底层存在则确有松土必要，以形成虚实并存、利于作物生长的土壤结构。适宜土壤为沙壤土、壤土、黏壤土，适宜土壤绝对含水率为12%~25%，耕作层下不能为沙层。可选用全方位深松或间隔深松，以松代翻，2~3年深松1次，秋季作业为宜，深松深度≥25cm，无漏耕和重耕现象。

5. 作物轮作

轮作方式在国内应用很少，但在国外却应用较广。长期单一作物重茬栽培极不利于作物生长和耕地保护，建议有条件的地区采用轮作方式以防连作障碍。

（三）主要模式与技术要点

1. 秸秆大量覆盖还田免耕播种技术模式

前茬作物收获时，秸秆粉碎后直接还田均匀覆盖地表越冬，不进行任何整地作业，春季直接进行免耕播种，解决春季风沙大、墒情不足等问题，保土、保水、增肥效果明显，但低洼、冷凉地块不宜采用。

技术流程：机械收获+秸秆大量覆盖还田→免耕播种→病虫草害防治

技术要点：①秋季玉米机收时秸秆粉碎大量还田并均匀覆盖地表越冬，秸秆覆盖率在播种前应大于60%，秸秆切碎长度≤10cm，合格率应≥85%，均匀抛撒。可采取秸秆粉碎还田和留高茬粉碎还田方式，高留茬还田留茬高度应≥30cm。②采取均匀行、宽窄行或比空种植方式，高性能免耕播种机直接作业。5~10cm耕层地温稳定在10℃以上且土壤含水率在10%~25%时适宜播种，种子播深3~5cm，化肥深施8~12cm，种肥分施距离5cm以上，要求不漏播、不重播、播深一致、覆土良好、镇压严实。③药剂除草原则上应根据杂草种类和数量选择除草剂和用量，建议苗期除草，晴天喷施除草剂。施药时期宜在玉米苗3~5叶时，防止过早或过晚喷施除草剂，以免产生药害，要求不重喷、不漏喷。

2. 秸秆大量覆盖还田归行免耕播种技术模式

前茬作物收获时，秸秆粉碎后直接还田均匀覆盖地表越冬，不进行任何整地作业。春季播种前秸秆归行，将秸秆集中在播种行之间，在不归行的播种带上进行免耕播种，解决秸秆量大易拖堆、架种、地温回升慢等问题，适于春季降雨比较充足的湿润、半湿润和低温冷凉气候条件的地区。

技术流程：机械收获+秸秆大量覆盖还田→秸秆归行+免耕播种→病虫草害防治

技术要点：①秋季玉米机收时秸秆大量粉碎还田，均匀覆盖地表越冬，秸秆覆盖率在播种前应大于60%，秸秆切碎长度≤10cm，合格率应≥85%，均匀抛撒。可采取秸秆粉碎还田和留高茬粉碎还田方式，高留茬还田留茬高度应≥30cm。②将秸秆从播种带上清理到非播种带，高留茬秸秆覆盖还田地块在归行前要进行根茬秸秆粉碎处理，可在播前单独归行，也可与播种作业同时进行。③提倡宽窄行种植方式，即宽行为休闲带、窄行为播种带，宽行70~80cm、窄行约40cm。采用高性能免耕播种机在秸秆归行后的播种带上进行免耕播种作业，5~10cm耕层地温稳定在10℃以上且土壤含水率在10%~25%时适宜播种，种子播深

3~5cm，化肥深施8~12cm，种肥分施距离5cm以上，要求不漏播、不重播、播深一致、覆土良好、镇压严实。④药剂除草原则上应根据杂草种类和数量选择除草剂和用量，建议苗期除草，晴天喷施除草剂。施药时期宜在玉米苗3~5叶时，防止过早或过晚喷施除草剂，以免产生药害，要求不重喷、不漏喷。

3. 秸秆大量覆盖还田少耕播种技术模式

少耕作业可在秋季玉米收获后进行，也可以在春季进行。春季作业可先整地后播种，也可采用少耕播种作业同时进行。苗带整地可建立良好的种床，解决地温低、土壤黏重等问题。

技术流程：机械收获+秸秆大量覆盖还田→苗带耕整地→少耕播种→病虫草害防治

技术要点：①秋季玉米机收时秸秆大量粉碎还田，均匀覆盖地表越冬，秸秆覆盖率在播种前应大于60%，秸秆切碎长度≤10cm，合格率应≥85%，均匀抛撒。可采取秸秆粉碎还田和留高茬粉碎还田方式，高留茬还田留茬高度应≥30cm。②秋季或春季使用条带整地机清理种植带，种植条带宽20cm或40cm以内基本无秸秆，动土率≤50%，动土深度≤10cm，整地同时压实土壤。③提倡宽窄行种植方式，即宽行为休闲带、窄行为播种带，宽行70~80cm、窄行约40cm，采用免耕播种机或精量播种机在苗带播种施肥作业。对于不进行任何整地作业的地块，可采用免耕播种机一次完成苗带耕整地、施肥、播种、覆土及镇压等少耕播种作业。可采取均匀行、宽窄行、比空等种植方式。5~10cm耕层地温稳定在10℃以上且土壤含水率在10%~25%时适宜播种，种子播深3~5cm，化肥深施8~12cm，种肥分施距离5cm以上，要求不漏播、不重播、播深一致、覆土良好、镇压严实。④药剂除草原则上应根据杂草种类和数量选择除草剂和用量，建议苗期除草，晴天喷施除草剂。施药时期宜在玉米苗3~5叶时，防止过早或过晚喷施除草剂，以免产生药害，要求不重喷、不漏喷。

4. 秸秆部分覆盖还田免耕播种技术模式

前茬作物收获时，秸秆粉碎后直接还田覆盖地表，秋季或春季将秸秆部分离田处理，保留根茬和部分秸秆还田，均匀覆盖地表越冬。

技术流程：机械收获+秸秆覆盖还田→秸秆离田处理→免耕播种→病虫草害防治

技术要点：①秋季玉米机收同时秸秆还田，保留根茬高度应≥25cm，秸秆切碎长度≤10cm，合格率应≥85%，均匀抛撒。②秸秆离田，保留部分秸秆，播种前秸秆覆盖率应满足30%~60%。③直接在秸秆部分覆盖还田的地表上进行免耕播种作业，可采用均匀行、宽窄行、比空种植方式。5~10cm耕层地温稳定在10℃以上且土壤含水率在10%~25%时适宜播种，种子播深3~5cm，化肥深施8~12cm，种肥分施距离5cm以上，要求不漏播、不重播、播深一致、覆土良好、镇压严实。④药剂除草原则上应根据杂草种类和数量选择除草剂和用量，建议苗期除草，晴天喷施除草剂。施药时期宜在玉米苗3~5叶时，防止过早或过晚喷施除草剂，以免产生药害，要求不重喷、不漏喷。

5. 丘陵坡耕地秸秆部分覆盖还田免耕播种技术模式

前茬作物收获时，秸秆粉碎后直接还田，地表覆盖部分秸秆或整秆覆盖地表越冬。春季秸秆部分离田处理，不进行任何耕整地作业，直接使用免耕播种机作业，亦可采用手提式玉米播种器或播种镐等直接免耕播种。该模式针对丘陵坡耕地，重点解决地温回升慢、易产生径流等问题。

技术流程：机械收获+秸秆覆盖还田→秸秆离田处理→免耕播种→病虫草害防治

技术要点：①秋季玉米机收或人工收割同时实现秸秆还田。②秸秆离田作业，保留少量秸秆，播种前秸秆覆盖率应满足 30%~60%。③直接在秸秆部分覆盖还田的地表上一次进地完成免耕播种、施肥、覆土、镇压等作业。可采用均匀行、宽窄行、比空种植方式。5~10cm 耕层地温稳定在 10℃ 以上且土壤含水率在 10%~25% 时适宜播种，种子播深 3~5cm，化肥深施 8~12cm，种肥分施距离 5cm 以上，要求不漏播、不重播、播深一致、覆土良好、镇压严实。④药剂除草原则上应根据杂草种类和数量选择除草剂和用量，建议苗期除草，晴天喷施除草剂。施药时期宜在玉米苗 3~5 叶时，防止过早或过晚喷施除草剂，以免产生药害，要求不重喷、不漏喷。

6. 秸秆部分覆盖还田少耕播种技术模式

前茬作物收获时，秸秆粉碎后直接还田覆盖地表，将秸秆离田处理，保留根茬和部分秸秆还田均匀覆盖地表越冬，重点解决地温回升慢的问题，适于春季降雨比较充足的湿润、半湿润和低温冷凉气候条件的地区。

技术流程：机械收获+秸秆大量覆盖还田→秸秆部分离田处理→少耕播种→病虫草害防治

技术要点：①秋季玉米机收的同时实现秸秆还田，保留根茬高度应≥25cm，秸秆切碎长度≤10cm，合格率应≥85%，均匀抛撒。②秸秆离田作业，保留足够秸秆覆盖量，播种前秸秆覆盖率在应满足 30%~60%。③均匀行或宽窄行种植，宽窄行种植时，一般宽行为休闲带，窄行为播种带，宽行 70~80cm，窄行约 40cm；秋季或春季使用条带整地机清理种植带，动土率≤50%，动土深度≤10cm，条带宽 20cm 或 40cm 以内基本无秸秆。④苗带整地后的地块可采用免耕播种机或精量播种机进行少耕播种施肥作业，对不进行任何整地作业的地块可采用免耕播种机一次完成苗带耕整地、播种、施肥、覆土、镇压等少耕播种作业。可采用均匀行、宽窄行、比空等种植方式。5~10cm 耕层地温稳定在 10℃ 以上且土壤含水率在 10%~25% 时适宜播种，种子播深 3~5cm，化肥深施 8~12cm，种肥分施距离 5cm 以上，要求不漏播、不重播、播深一致、覆土良好、镇压严实。⑤药剂除草原则上应根据杂草种类和数量选择除草剂和用量，建议苗期除草，晴天喷施除草剂。施药时期宜在玉米苗 3~5 叶时，防止过早或过晚喷施除草剂，以免产生药害，要求不重喷、不漏喷。

7. 丘陵坡耕地秸秆部分覆盖还田少耕播种技术模式

前茬作物收获时，秸秆粉碎后直接还田，地表覆盖部分秸秆，或整秆覆盖地表越冬。春季秸秆部分离田，使用免耕播种机或手推轮式播种机进行少耕播种作业。该模式针对丘陵坡耕地，解决地温回升慢、易产生径流等问题。

技术流程：机收或人工收获+秸秆大量覆盖还田→秸秆全部或部分离田处理→少耕播种→病虫草害防治

技术要点：①秋季玉米机收或人工收获的同时秸秆还田。②采用机械或人工方式进行秸秆离田作业，保留秸秆覆盖量，播种前秸秆覆盖率应满足 30%~60%。③均匀行或宽窄行种植，宽窄行种植时，一般宽行为休闲带，窄行为播种带，宽行 70~80cm，窄行约 40cm；秋季或春季使用条带整地机清理种植带，动土率≤50%，动土深度≤10cm，条带宽 20cm 或 40cm 以内基本无秸秆。④苗带整地后的地块可采用免耕播种机或精量播种机进行少耕播种施肥作业，也可用人力播种机进行播种施肥作业；对不进行任何整地作业的地块可进行一次性苗带耕整地、播种、施肥、覆土、镇压等少耕播种作业。可采用均匀行、宽窄行、比空等种植方式。5~10cm 耕层地温稳定在 10℃以上且土壤含水率在 10%~25%时适宜播种，种子播深 3~5cm，化肥深施 8~12cm，种肥分施距离 5cm 以上，要求不漏播、不重播、播深一致、覆土良好、镇压严实。⑤药剂除草原则上应根据杂草种类和数量选择除草剂和用量，建议苗期除草，晴天喷施除草剂。施药时期宜在玉米苗 3~5 叶时，防止过早或过晚喷施除草剂，以免产生药害，要求不重喷、不漏喷。

8. 秸秆少量覆盖还田免耕播种技术模式

前茬作物收获时，秸秆粉碎后直接还田覆盖地表，秋季或春季将秸秆离田处理，保留根茬和少量秸秆，均匀覆盖地表。

技术流程：机械收获+秸秆覆盖还田→秸秆离田处理→免耕播种→病虫草害防治

技术要点：①秋季玉米机收同时秸秆还田，秸秆切碎长度≤10cm，合格率应≥85%，均匀抛撒。②秸秆离田作业，保留少量秸秆或保留根茬，播种前秸秆覆盖率应≤30%。③可采用均匀行、宽窄行或比空种植方式，直接免耕播种作业。5~10cm 耕层地温稳定在 10℃以上且土壤含水率在 10%~25%时适宜播种，种子播深 3~5cm，化肥深施 8~12cm，种肥分施距离 5cm 以上，要求不漏播、不重播、播深一致、覆土良好、镇压严实。④药剂除草原则上应根据杂草种类和数量选择除草剂和用量，建议苗期除草，晴天喷施除草剂。施药时期宜在玉米苗 3~5 叶时，防止过早或过晚喷施除草剂，以免产生药害，要求不重喷、不漏喷。

9. 丘陵坡耕地秸秆少量覆盖还田免耕播种技术模式

前茬作物收获时，秸秆粉碎后直接还田，地表覆盖少量秸秆或根茬，或整秆覆盖地表越冬。春季秸秆部分离田，不进行任何耕整地作业，使用免耕播种机或手提式玉米播种器、播种镐等直接进行免耕播种作业。该模式针对丘陵坡耕地，解决地温回升慢、易产生径流等问题。

技术流程：机械收获+秸秆覆盖还田→秸秆离田处理→免耕播种→病虫草害防治

技术要点：①秋季玉米机收或人工收割同时秸秆还田。②秸秆离田作业，保留少量秸秆，播种前秸秆覆盖率应≤30%。③采用免耕播种机或人力播种机进行播种施肥作业。可采用均匀行、宽窄行、比空等种植方式。5~10cm 耕层地温稳定在 10℃以上且土壤含水率在 10%~25%时适宜播种，种子播深 3~5cm，化肥深施 8~12cm，种肥分施距离 5cm 以上，要求不漏播、不重播、播深一致、覆土良好、镇压严实。④药剂除草原则上应根据杂草种类和数量选择除草剂和用量，建议苗期除草，晴天喷施除草剂。施药时期宜在玉米苗 3~5 叶时，防止过早或过晚喷施除草剂，以免产生药害，要求不重喷、不漏喷。

10. 秸秆少量覆盖还田少耕播种技术模式

前茬作物收获时，秸秆粉碎后直接还田覆盖地表。秋季或春季秸秆离田处理，保留根茬和少量秸秆还田均匀覆盖地表。

技术流程：机械收获+秸秆覆盖还田→秸秆部分离田处理→少耕播种→病虫草害防治

技术要点：①秋季玉米机收同时秸秆还田，秸秆切碎长度≤10cm，合格率应≥85%，均匀抛撒。②秸秆离田作业，保留少量秸秆或保留根茬，播种前秸秆覆盖率应≤30%。③均匀行或宽窄行种植，宽窄行种植时，一般宽行为休闲带，窄行为播种带，宽行 70~80cm，窄行约 40cm；秋季或春季使用条带整地机清理种植带，动土率≤50%，动土深度≤10cm，条带宽 20cm 或 40cm 以内基本无秸秆。④苗带整地后的地块可采用免耕播种机或精量播种机进行少耕播种施肥作业；对不进行任何整地作业的地块可进行一次性苗带耕整地、播种、施肥、覆土、镇压等少耕播种作业。5～10cm耕层地温稳定在10℃以上且土壤含水率在10%～25%时适宜播种，种子播深3～5cm，化肥深施8～12cm，种肥分施距离5cm以上，要求不漏播、不重播、播深一致、覆土良好、镇压严实。⑤药剂除草原则上应根据杂草种类和数量选择除草剂和用量，建议苗期除草，晴天喷施除草剂。施药时期宜在玉米苗3～5叶时，防止过早或过晚喷施除草剂，以免产生药害，要求不重喷、不漏喷。

11. 丘陵坡耕地秸秆少量覆盖还田少耕播种技术模式

前茬作物收获时，秸秆粉碎后直接还田，地表覆盖少量秸秆或根茬，或整秆覆盖地表越冬。春季秸秆部分离田，使用免耕播种机或手推轮式播种机进行少耕播种作业。该模式针对丘陵坡耕地，解决地温回升慢、易产生径流等问题。

技术流程：机械收获或人工收获+秸秆大量覆盖还田→秸秆全部或部分离田处理→少耕播种→病虫草害防治

技术要点：①秋季玉米机收或人工收获同时秸秆还田。②采用秸秆捡拾打捆机或人工离田作业，保留秸秆覆盖量或仅根茬覆盖，播种前秸秆覆盖率应≤30%。③苗带整地后的地块可采用免耕播种机或精量播种机进行少耕播种施肥作业；对不进行任何整地作业的地块可进行一次性苗带耕整地、播种、施肥、覆土、镇压等少耕播种作业，也可用人力播种机进行播种施肥作业。可采用均匀行、宽窄行、比空等种植方式。5～10cm耕层地温稳定在10℃以上且土壤含水率在10%～25%时适宜播种，种子播深3～5cm，化肥深施8～12cm，种肥分施距离5cm以上，要求不漏播、不重播、播深一致、覆土良好、镇压严实。④药剂除草原则上应根据杂草种类和数量选择除草剂和用量，建议苗期除草，晴天喷施除草剂。施药时期宜在玉米苗3～5叶时，防止过早或过晚喷施除草剂，以免产生药害，要求不重喷、不漏喷。

三、适宜区域

保护性耕作适用于干旱、半干旱地区的玉米、小麦、豆类及牧草等作物种植地块。

四、注意事项

保护性耕作核心要求是在保障粮食稳产丰产前提下，尽量增加秸秆覆盖还田比例，尽量减少耕作次数、降低耕作强度，尽量减少土壤扰动，提高保护性耕作质量，并结合土壤、水分、积温、种植制度、经营规模等实际情况，因地制宜选择和推广保护性耕作模式，不搞"一刀切"，重点注意以下事项：

（一）模式选择要点

一是干旱半干旱区建议在秸秆全覆盖条件下进行免耕播种；二是冬春季强风沙地区建议留高茬25cm以上并保留秸秆或整秆覆盖，再进行免耕播种；三是高纬度冷凉地区、黏重土区和丘陵半山区域可在秸秆全覆盖条件下通过条耕、苗期深松、秸秆归行等措施提高地温，但耕作后的秸秆覆盖率应符合要求；四是在秸秆量过大区域可对秸秆部分离田或归行处理后再进行免耕播种；五是对于农牧交错带等秸秆饲用需求大的区域，可进行秸秆打捆离田作业，但应尽量采取留高茬（茬高25cm以上）并保留少量秸秆方式，再进行免耕播种。

（二）深松作业要求

根据土壤等情况，可进行必要的深松作业，一般秋季、隔年深松1次，深度应≥25cm，无漏耕和重耕现象。

（三）免耕作业要求

一是精量播种，严控播量；二是播种过浅则覆盖不严，播种过深则影响出苗，一般播深3~5cm；三是选用颗粒均匀一致、流动性好的肥料，种侧深施，深度8~12cm；四是种肥间距过大则降低肥效，距离过小则易烧种，一般种肥分施间距5cm以上。与传统耕作不同，保护性耕作的种子和肥料要播施到有秸秆覆盖的地里，故必须使用特殊的免耕播种机。

（四）草害控制要求

保护性耕作条件下杂草容易生长，须随时观察，发现问题及时处理。一般一年喷1次除草剂，加上机械或人工除草1次即可。喷药时应注意以下几点：一是适期择时喷药。适期就是选择杂草对除草剂最敏感和作物对除草剂抗耐力最强的生长期进行施药。适于播前处理土壤的应在播前使用，适于播后苗前使用的需播后苗前使用，适于茎叶处理的则要避开作物敏感期。择时就是要避开高温、高湿或大风、降温天气，以防产生药害或降低药效。一般选择晴朗无风的天气、17：00以后用药较为安全。二是对症适量施药。根据杂草种群、作物品种和不同用药期选用与之相对应的除草剂，并考虑相邻作物及下茬作物安全。药剂用量严格按照使用说明书要求，喷量准确、喷洒均匀，不重喷、不漏喷。单一除草剂按照安全有效剂量及作物实际面积计算用药量，两种及以上药剂混用时每种除草剂用量应为其常规用量的1/3~1/2。三是科学搭配混用。混用两种或两种以上除草剂须选用杀草谱不同且适用作物、作用时期和施用方法相吻合的除草剂；可湿性粉与乳油混用时须先将可湿性粉溶在少量水中制成母液再加入乳油。

技术依托单位

辽宁省农业机械化研究所

联系地址：辽宁省沈阳市沈河区东陵路90号

邮政编码：110168

联 系 人：高希君

联系电话：13224255855

电子邮箱：njhsgao@163.com

草本化杂交桑机械收获与多批次连续化养蚕技术

一、技术概述

（一）技术基本情况

蚕桑产业是一个劳动密集型的传统产业。生产经营分散、规模化程度低、生产方式传统、比较效益不高，难以适应现代蚕业发展要求。加快技术创新，改变传统生产方式，实现产业转型升级，是传统蚕区走出困境的必由之路。"桑蚕机械化种养技术"，主要解决大蚕期人工采摘桑叶用工多、劳动强度大和蚕房紧张难以规模化生产问题，该技术实现了生产方式的有效突破。已授权11项专利、发布2项地方标准。

（二）技术示范推广情况

"桑蚕机械化种养技术"已在浙江、江西、安徽、广西、新疆等省（区）蚕区的规模生产主体推广应用并建立了示范基地5 000亩以上，应用前景广阔。

（三）提质增效情况

"桑蚕机械化种养技术"比传统桑叶人工采摘功效提高10倍以上。每张蚕种节省用工7.5工，计750元。按照每亩饲养3张蚕种计，亩增效益2 250元。同时单位面积蚕室的饲养量可提高5倍，很好地解决了养蚕场地紧张与利用率低的问题，可实现适度规模生产。

（四）技术获奖情况

该技术通过浙江省农业农村厅组织的专家验收认证，入选2022—2023年浙江省农业主推技术。

二、技术要点

（一）桑树草本化栽培技术

1. 桑园布局

桑园宜集中连片、地势平坦，具备良好的排灌条件；土层深厚。桑树种植前平整、全面深耕30~40cm，土壤耕细耙平。按栽植行距开沟，亩施有机肥2t以上。

2. 品种选择

选栽发条能力强、生长势旺、枝条细直、耐剪伐，适宜当地气候条件的杂交桑品种。如广西壮族自治区、广东省现行推广的和浙江省农业科学院蚕桑研究所最新育成的杂交桑新品种，浙桑杂1号、浙桑杂2号、桂桑优62、桂桑优12、粤桑11等。

3. 合理密植

种植数量每亩4 400~5 500株，种植标准为等行距：60cm（行）×（20~25）cm（株）；宽窄行距：80cm（宽）~40cm（窄）×（20~25）cm（株）。适当深栽，以埋没苗干青黄交界处以上2~3cm为宜。定植后及时浇足定根水。种植数量每亩4 400~5 500株，种植标准为等行距：60cm（行）×（20~25）cm（株）；宽窄行距：80cm（宽）~40cm（窄）×（20~25）cm（株），后者更有利适合于机械化采收杂交桑条桑叶的田间操作，适应农机农艺的融合需要，也便于使用机械收割时可一同收割2行杂交桑条桑叶（图1）。

图1　杂交桑宽窄行株行距栽培

4. 剪伐次数

在正常气候条件下的4—10月的桑树生长期内剪伐3~4次，每次剪伐确保杂交桑有效生长期50~70d，桑枝条生长至1.0~1.4m，使杂交桑保持"草本化"特性。否则桑叶叶质偏嫩或生长发育时间过长导致桑叶老化脱落都会直接影响养蚕成绩。

5. 栽培管理

每次剪伐后要立即施足化肥和有机肥，每亩至少施用尿素40kg，复合肥30kg，春肥（4月上旬）每亩施用尿素60kg，复合肥50kg，并确保桑园水分供应充足。春季发芽前松土保墒，防治桑尺蠖、桑毛虫、桑象虫等食芽害虫；收获后结合施肥酌情中耕除草；落叶后结合施冬肥进行冬耕，翻土深度10cm左右。

（二）机械化收获技术

桑叶机械化收获技术主要是解决收获机械采收与养蚕的合理布局。结合各地气候和生产条件实际等因素，按照连续化多批次养蚕的布局，确定一年剪伐4次的杂交桑收获模式。杂交桑生长比常规桑树品种快，各叶位桑叶成熟比较接近，以浙江为例第一次剪伐时间在5月10—30日，可分3批剪伐养蚕；第二次剪伐时间在6月30日—7月20日，对应分3批剪伐养蚕；第三次剪伐时间在8月10—30日，对应分3批剪伐养蚕；第四次剪伐时间在9月20日—10月10日，对应剪伐视桑叶生长情况养1~2批蚕，每批蚕间隔10~15d为宜（图2）。

（三）大蚕机械化养蚕技术

1. 品种选择

选用抗病、优质和好养的家蚕品种为宜。

2. 大蚕龄期

4龄起蚕移到饲育机上，用蚕网连叶带蚕间隔1个空框放置（留5龄第3d扩座用），保持蚕座蚕体分布均匀。1张蚕种4龄放16框，5龄第3d扩座为32框（图3）。

3. 条桑切断

为了方便给桑与除砂，采用条桑切断机进行切断处理，一般切断标准为长度5~8cm

图 2　杂交桑机械化收获

图 3　大蚕机械化饲养

为宜。

4. 技术模式

采用大蚕 1 日 3 回育技术，详见模式表（表 1）。

表1　大蚕1日3回育饲养模式表

龄期	饲养日顺序/d	龄期天数/d	温度/℃	相对湿度/%	每日回数	时间	用桑量/kg	面积/m²	蚕框/只	技术处理
4龄	12	1	24	83	3	5：00，12：00，20：00	16	8	6	片叶，蚕体消毒
	13	2	24	83	3	5：00，12：00，20：00	45	8	6	蚕体消毒，灭蚕蝇体喷
	14	3	24	83	3	5：00，12：00，20：00	52	8	6	蚕体消毒
	15	4	24	83	3	5：00，12：00，20：00	38	15	6	蚕体消毒
	16	5	24	83	止桑	5：00	4	15	6	片叶，加网提青，撒新鲜石灰粉
			23	79						保持安静
					眠中，4龄用桑量155kg（其中片叶16kg）					
5龄	17	1	24	75	1	20：00	10	15	6	片叶，蚕体消毒
	18	2	24	75	3	5：00，12：00，20：00	83	15	6	片叶，饲食，蚕体消毒
	19	3	24	75	3	5：00，12：00，20：00	135	30	12	匀座，加除沙网，撒新鲜石灰粉
	20	4	24	75	3	5：00，12：00，20：00	158			分匾，除沙，撒新鲜石灰粉
	21	5	24	75	3	5：00，12：00，20：00	180			匀座，灭蚕蝇体喷，撒新鲜石灰粉
	22	6	24	75	3	5：00，12：00，20：00	180			匀座，撒新鲜石灰粉
	23	7	24	75	3	5：00，12：00，20：00	158			匀座，灭蚕蝇体喷，撒新鲜石灰粉
	24	8	24	75	3	5：00，12：00，20：00	113			匀座，撒新鲜石灰粉
	25	9	24	75	2	5：00，12：00	35			灭蚕蝇体喷，撒新鲜石灰粉；片叶，蚕体消毒，适熟上蔟
			24	75		5龄用桑量1 052kg（其中片叶45kg）				

表中数据为1盒标准蚕种（28 000粒）用量。

5. 上蔟管理

采用机上塑料折蔟上蔟法，掌握适熟上蔟适期，一般春蚕期或晚秋蚕期气温相对较低时，出现10%熟蚕，夏秋期气温较高时，出现5%的熟蚕时就可上蔟。蔟中管理要特别注意通风换气和除湿等技术环节。一般上蔟第5~6d采茧。

三、适宜区域

适宜地势平坦的广大蚕区。

四、注意事项

（一）种植模式与农机的结合

根据农机与农艺相结合的要求，选择适合本地实际的杂交桑种植模式（等行距或宽窄行距）。

（二）剪伐次数与养蚕布局

1年剪伐4次收获与多批次养蚕布局的合理衔接，每次剪伐分3批养蚕，每批蚕之间间隔12~15d，第一批蚕比面上常规收获时间提早10d为宜，最后一次（第四次）剪伐视桑叶生长情况饲养2批蚕为宜。这样可实现全年饲养11批蚕，桑叶、蚕房、机械得到充分合理的利用。

技术依托单位

湖州市农业科学研究院（湖州市农业科技发展中心）

联系地址：浙江省湖州市吴兴区陆王路768号

邮政编码：313000

联 系 人：钱文春

联系电话：0572-2821826　13757262668

电子邮箱：cbb2068003@sina.com

智慧农业类

长江流域稻麦"侧深机施+无人机诊断"全程精准施肥技术

一、技术概述

（一）技术基本情况

针对长江流域稻麦生产上肥料表施、多次施肥人工消耗大、劳动力成本高、肥料利用效率较低、施肥技术复杂难以掌握，以及施肥量高和施肥盲目性大等问题，以"一次轻简施肥、一生精准供肥"为目标，在测土配方施肥技术基础上，采用水稻侧深施肥技术和小麦种肥同播技术，优选区域主推配方肥或环保型缓控释（混）肥，满足作物生长需肥规律；针对不同种植区稻麦施肥与作物养分需求不匹配、施肥处方决策难、精准施肥作业同步性差等实际问题，建立了氮素为主要养分智能诊断、因田因苗追肥决策等创新技术，构建了集智能诊断、精准调控、变量作业等功能于一体的稻麦精准施肥技术体系，配合穗肥精确诊断，重点推广水稻"机插侧深施肥+专用缓混肥"技术模式。

（二）技术示范推广情况

核心技术"水稻机插秧侧深施肥技术"，2018年被列为农业农村部重大引领技术之一，各地逐渐加大了对水稻机插秧侧深施肥技术的研究与集成推广。2022年，农业农村部印发了《水稻侧深施肥技术指导意见》，水稻侧深施肥技术作为农业农村部化肥减量增效行动"三新"技术集成示范的重要内容，在全国大面积推广应用。同年，全国农技中心在江苏、安徽等省开展大面积水稻侧深施肥技术集成创新推广。到2023年底，全国水稻侧深施肥技术推广应用面积达2 000万亩。相较于常规施肥，应用该技术在稳产增产的基础上，亩节肥15%~30%、减少施肥次数1~3次、亩均节本增收100元。

（三）提质增效情况

和常规技术相比，应用该技术可减少1~2次追肥，保证作物生育期的养分供应，水稻穗大且灌浆快，在稻麦稳产优质基础上，减少化肥用量15%以上，提高施肥作业效率20%以上，节省人工劳动力70%，有较强的实用性、较高的经济效益和生态效益。

（四）技术获奖情况

无。

二、技术要点

（一）核心技术

1. 侧深施肥技术

依据品种、目标产量、地力水平等因素制定施肥方案，确定施肥总量、施肥次数、养分配比和运筹比例。一般采用一次性施肥或一基一追方式。侧深施肥的氮肥投入量可比常规施肥减少10%~30%，减肥数量根据当地土壤肥力、施肥水平等实际情况确定。根据区域主推肥料配方，选择氮磷钾配比合理、圆粒型、粒径 2～5mm、颗粒均匀、密度一致、理化性状稳定、硬度宜大于 20N 的肥料，肥料应为手捏不易碎、不易吸湿、不黏、不结块，以防肥料通道堵塞。采用一次性施肥时，充分考虑氮素释放期等因素，选用含有一定比例缓控释养分的专用肥料，一次施肥满足水稻整个生育期的养分需求；采用一基一追配合施肥时，可选用普通配方肥或复合肥料，氮肥基蘖肥占 50%～70%，追肥占 30%～50%，可根据实际情况进行调整；磷肥在土壤中的移动性较差，可一次性施用；钾肥可根据土壤质地和供肥状况，选择一次性施用或适当追肥。一般选用气吹式或螺旋杆输送式侧深施肥插秧机，在机插秧的同时，把肥料均匀、定量地施入秧苗根侧 3～5cm、深度 4～6cm 的位置，并覆盖于泥浆中，避免肥料漂移，促进秧苗根系对养分的吸收。依据当地气候条件和水稻品种熟期合理确定插秧时期，适时早插。插秧时要求日平均温度稳定通过 12℃，避开降雨以及大风天气。薄水插秧，水深 1～2cm。侧深施肥栽培密度一般应比常规施肥栽培密度减少 10%，低产或稻草还田、排水不良、冷水灌溉等地块栽培密度与常规施肥一致。机插秧苗应稳、直、不下沉，漏插率≤5%，伤秧率≤5%，相对均匀度合格率≥85%。

2. 无人机精准施肥决策技术

（1）处方决策。应用知识表示与推理、信息检索与抽取等技术，建立基于专家经验的稻麦施肥知识图谱，利用遥感诊断稻麦养分数据对知识图谱进行动态演化，构建适用于低空无人机、基于养分平衡和产量最优的稻麦精准施肥智能决策模型；利用养分盈亏遥感诊断结果，融合测土施肥大数据，以各不同分区为计算单元，结合稻麦目标产量、需肥规律、总肥基追比及养分配比，构建稻麦追肥期因苗施肥决策方法，生成无人机施肥作业数字化处方图，为田块尺度适时、按需、变量精准施肥提供技术支撑。

施肥决策模型：$PNU = AGB \times PNC$，$PNUc = AGB \times Nc$，$PNUm = PNUc - PNU$，$Nd = PNUm \times (DAYT - DAYN) / DAYN$（$PNU$：地上植株氮浓度，$PNUc$：地上植株氮浓度，$AGB$：地上干生物量，$Nc$：临界植株氮浓度，$Nd$：推荐施氮量，$DAYT$：该小麦品种生育期天数，$DAYN$：从播种到监测天数）

（2）精准作业。将施肥作业数字化处方图存入储存卡，然后将储存卡安装到施肥无人机遥控器卡槽中，遥控器识别到处方图后，可直接调用，以提供施肥无人机进行精准、高效、按需施肥（图 1）。

图 1　无人机精准施肥作业数字化处方

（二）配套技术

1. 培育壮秧

根据机插秧要求选用规格化毯状带土秧苗，一般秧苗叶龄 2~3.5 叶，秧龄 15~25d，苗高 10~20cm。秧苗应敦实稳健，有弹性，叶色绿而不浓，叶片不披不垂，茎基部扁圆，须根多，充实度高，无病虫害。盘根带土厚度 2~2.3cm，起运苗时，秧块不变形、不断裂，秧苗不受损伤。

2. 秸秆还田

前茬作物秸秆切碎均匀抛撒还田，联合收割机收割留茬≤15cm，秸秆切碎长度≤10cm，秸秆切碎合格率≥90%，抛撒均匀度≥80%。高留茬和粗大秸秆应用秸秆粉碎还田机进行粉碎后再耕整田块。前茬是绿肥时，要适时耕翻上水沤至腐烂。

3. 整地

采用犁翻整地的，秸秆残茬埋覆深度 15~25cm，漂浮率≤5%；采用旋耕整地的，秸秆残茬混埋深度 6~18cm，漂浮率≤10%。耕整后地表平整，无残茬、杂草等，田块内高低落差≤3cm，无大块田面露出。

4. 泥浆沉实

沉实时间根据土壤性状和气候条件确定，一般北方一季稻区沙土泥浆沉实 1~2d，壤土沉实 3~5d，黏土沉实 5~7d；南方稻麦、稻油轮作区沙土泥浆沉实 1d 左右，壤土沉实 2~3d，黏土沉实 3~4d。沉实程度达到手指划沟可缓慢恢复状态即可，或采用下落式锥形穿透计测定土壤坚实度，锥尖陷深为 5~10cm，泥脚深度≤30cm。

5. 养分遥感监测技术

（1）模型构建。于稻麦追肥期，利用无人机多光谱图像传感器，获取田间稻麦氮素、叶绿素等养分信息，建立稻麦养分无人机遥感监测模型，并利用当地数据进行测试评价，提高稻麦养分无人机遥感监测技术在不同种植区的可靠性和实用性，使稻麦养分数据的获取效率更高、应用性更强，实现了大规模稻麦养分信息精确、高效及低成本获取。

稻麦养分无人机遥感监测模型：

水稻 $y = 12.111e^{2.6839x}$ （y：叶片含氮量，x：GRVI）

小麦 $y = 0.4771x + 1.9547$ （y：叶片含氮量，x：RVI）

（2）盈亏诊断。结合稻麦遥感特征信息与农学知识，构建适合于不同种植区、不同种植品种、不同管理措施下多种生产目标需求的稻麦追肥期养分盈亏智能诊断模型，实现稻麦主要追肥期养分动态提取与智能诊断，为稻麦养分智能决策精准管理提供技术支撑，克服传统技术在多地点、高频率、大规模数据获取上的局限。

模型：$Nc = 3.4AGB - 0.25$ （AGB：地上干生物量，Nc：稻麦临界氮浓度）

$NNI = Nt/Nc$ （NNI：稻麦叶片氮营养指数，Nt：无人机遥感监测稻麦叶片含氮量，Nc：稻麦临界氮浓度）

6. 高效水分管理

插秧后保持水层促进返青，分蘖期灌水 3~5cm，生育中期根据分蘖、长势及时晒田，晒田后采用浅、湿为主的间歇灌溉方法。蜡熟末期停灌，黄熟初期排干。

7. 病虫草害绿色防控

以选用抗（耐）病虫品种、建立良好农田生态系统、培育健康稻麦为基础，采用生态调控和农艺措施，增强农田自然控害能力。优先应用绿色防控措施，降低病虫发生基数，合理安全应用高效低风险农药预防和应急防治。

三、适宜区域

主要适宜在江苏、安徽等稻麦轮作区域进行大面积推广应用。

四、注意事项

如果因为天气原因造成秧苗淹水，应及时采取抗逆措施促进秧苗恢复，并酌情确定是否追肥。

技术依托单位

1. 全国农业技术推广服务中心

联系地址：北京市朝阳区麦子店街 20 号

邮政编码：100125

联系人：杜 森 徐 洋 周 璇

联系电话：010-59194535

电子邮箱：natesc_fei@ agri. gov. cn

2. 扬州大学

联系地址：江苏省扬州市大学南路 88 号

邮政编码：225009

联 系 人：谭昌伟

联系电话：13270592018

电子邮箱：cwtan@ yzu. edu. cn

3. 江苏省耕地质量与农业环境保护站

联系地址：江苏省南京市鼓楼区凤凰西街 277 号

邮政编码：210095

联 系 人：仇美华

联系电话：18114021206

电子邮箱：meihua1206@ 163. com

温室精准水肥一体化技术

一、技术概述

（一）技术基本情况

我国设施种植面积达到4 000万亩左右，总产量超过2.3亿t，年产值突破万亿元。设施农业在促进乡村振兴，保障"菜篮子"供应等方面发挥着重要作用，由于比较效益较高，种植户化肥、水资源投入积极性大。但设施园艺生产中灌溉配肥不精准，导致施肥在时间空间上不均匀，肥料利用效率低，过去使用的肥料导致土壤盐分含量逐年升高、硝态氮和速效磷大量积累、重金属逐渐积累，给农产品质量安全和产业的可持续发展带来极大挑战。为此，开展温室精准水肥一体化精准配施肥技术研究，形成了系列化温室水肥一体化配施肥装备，采用 EC、pH 值在线检测、闭环控制方法，创新研发记忆整定 PID 控制算法，EC 调整误差＜0.1mS/cm，pH 值调整误差＜0.05。技术获授权专利 12 项，软件著作权 4 项，制定、修订行业标准 2 项，团体标准 1 项。技术成果在贵州、河北、山东、新疆、山西等 10 个省（区）推广应用，为设施水肥高效利用提供了重要技术与装备支撑。

（二）技术示范推广情况

以"精准施肥、均衡施肥、总量控肥"为原则，从工程装备体系、灌溉施肥方式、组织实施方面优化、创新，形成精准、高效、节能的水肥一体化技术推广模式。

针对连栋温室椰糠岩棉、盆栽栽培模式，以"精准施肥、均衡施肥、总量控肥"为原则，以实现"水肥高效利用、作物增产优质、作业轻简省力"为推广目标。推广压力补偿式滴头精准灌溉、营养液循环利用模式，节水 30%~50%，节肥 30%以上。

针对大型设施种植园区运营模式，结合"改土基肥+营养型追肥+功能型追肥"套餐施肥模式，采用了互联网+物联网网络通信技术，形成了互联网+物联网集群式精准灌溉模式，实现了灌溉的集约化、网络化远程监测及控制，达到了无人值守自动化运行，降低运行成本、劳动强度。该模式设备投资亩均降低 15%以上。

针对弱盐碱土壤温室种植地区，滴灌易返碱，推广精准灌溉施肥膜下微喷，结合专用配方肥模式，节肥 15%以上。

针对个体经营小面积土壤栽培模式，重点推广轻简式水肥机、比例注肥泵、低压薄壁管等成果，结合适合华南酸性土壤、华北石灰性土壤、西北盐碱性土壤等区域配方水溶肥产品进行大面积推广。

通过该技术示范和模式推广，种植者对节约用水、用肥，科学用水、用肥有了较充分的认识，转变了传统的灌溉施肥观念，改变了过量施肥灌溉的习惯。解放劳动力，节本增效。该灌溉施肥技术模式，节省劳动力，降低生产成本，提高蔬菜水果的产量和品质，增强市场蔬菜竞争力，提升了种植者发展农业的信心，推动地方农业发展。提供公益服务，提升专业能力。

（三）提质增效情况

通过推广整套技术与装备体系，实现了水肥的高效利用，将传统的多量少次漫灌施肥模式，转变为少量多次微喷或滴灌微量灌溉模式，减少灌溉用水和肥料使用，对土壤结构起到保护作用，防止了土壤次生盐渍化发生和地下水资源污染，可以明显改善设施农业内的微生态环境，降低病虫害发生概率和农药使用，有效减缓环境污染，推动传统设施生产模式向高效、绿色化转变。技术成果在贵州、河北、山东、新疆、山西等 10 个省（区）推广应用，为设施水肥高效利用提供了重要技术与装备支撑，有效推动了我国设施农业水肥的利用效率以及农户对精准灌溉应用管理水平。

（四）技术获奖情况

该技术成果荣获 2022—2023 年度农业节水科技奖二等奖。

二、技术要点

（一）基于 EC、pH 值在线检测闭环控制技术

在控制精度上，对标国外先进设备，提出了 EC 波动范围小于 $\pm 0.1 \mathrm{mS/cm}$、pH 值波动小于 0.05 的设计目标；在控制方式上，选用文丘里多通道吸肥，形成以 EC/pH 为调控参数的闭环设计方案；在流量参数上，结合我国温室生产的主要类型和面积、栽培方式、灌溉模式、作物种类等不同情况，得出温室自动水肥一体机的输出流量在 $5\sim40\mathrm{m}^3/\mathrm{h}$，最大输出压力不低于 30m；在适用工况上，根据我国设施农业生产小面积、多种类和水源经常波动的特点，温室自动水肥一体机应具有分区轮灌功能并保证分区面积要尽量相等。

设备主要包含控制系统和管路系统。控制系统主要由控制程序和电控组件组成，控制程序包括模拟量转换通信模块、液位检测稳定模块、PID+PMW 算法模块、肥料比例调整模块、轮灌制度模块；管路系统包括水源供给、压力输出、吸肥管路和检测反馈管路，水源通过供给管路流入混液装置中，压力输出部分的动力泵抽取混液装置中液体一路输出灌溉管网，一路通过稳压过滤进入吸肥管路和检测反馈管路；检测反馈管路主要包括传感器、调节阀、压力表等，传感器实时监测系统内肥料液 EC 和 pH 值，通过 PID 和 PWM 算法逐步调整吸肥路电磁阀的占空比，从而调整周期内吸入系统肥料的量，使 EC 和 pH 值接近目标值。

（二）记忆整定 PID 精准调控算法

重点解决输出流量与管径的匹配关系、不同水源条件的处理方式以及混液装置的设计。管径设计。首先使用 PIPENET 管网流体仿真软件，进行系统仿真，以出入端流量压力需求作为边界条件并结合水泵性能参数，计算并优化出管路的布置结构、管径等基本尺寸。水源处理。当水源压力和流量较为稳定时，在进水管路入口增加球阀，把流量和压力调节到设备需要的状态，减少设备投资；在水源的压力和流量变动时，增加储水罐、增压泵和相应的控制节点，把波动水源转化成稳定水源。供液管路。设备的吸肥动力为文丘里吸肥器，该装置靠出入口压差实现肥料吸取，为保证装置能持续的吸收肥料，进水流量应保证和输出流量近似相等。吸肥管路。国内小型 PVC 文丘里管无法满足设备精度需求，为此开展文丘里管的改进研究，通过二次加工，提升文丘里管的标准化程度，实现文丘里管的稳定吸肥。

以 EC/pH 为调控目标的营养液浓度监控与调控技术研究，优化水肥机的水肥混合装置、混合方式以及 EC/pH 检测监控反馈装置。以 EC/pH 为调控参数的闭环控制研究。根据温室自动水肥一体机应用场景和要求，提出基于 PLC 的自动控制系统，采用 PID 算法对肥料液

EC/pH 进行自动调控。研发组进一步针对我国灌溉种类多样、每次灌溉时间相对较短的情况，优化国外常用的单通道顺次排列周期的 PWM 算法，保证了 5s 周期条件下，装置达到稳定时间小于 150s，设备在设施果菜水肥常用 EC 条件（1 500μS/cm）下稳定后的波动小于 ±8%，pH 值波动小于 ±0.05，达到国内领先水平。

进一步优化记忆整定 PID 水肥机 EC/pH 精准调控算法，采用记忆整定 PID 结合 PWM 脉宽调制、EC/pH 在线检测与传感技术、混液桶预混技术相结合的控制算法，解决了一套算法参数难以适应复杂多变的水肥配比情况，可实现 pH 值调控误差≤±0.05 响应时间≤3s，EC 调控误差≤±0.1mS/cm 响应时间≤30s，

三、适宜区域

水肥一体化技术装备适合连栋温室、日光温室、塑料大棚等各种类型的温室结构形式，该技术形成的精准水肥一体机、大流量水肥一体机、轻简式施肥一体机等系列化设备适合不同规模品类设施园艺生产水肥管理使用。集成创新了设施蔬菜 4 种施肥技术模式，针对设施大型园区运营模式，制定集群式精准滴灌模式；针对弱盐碱土壤种植地区，制定设施膜下微喷精准灌溉模式；针对连栋温室岩棉椰糠栽培、水培等栽培模式，制定压力补偿式滴头精准灌溉与营养液循环利用模式；针对个体经营小面积土壤栽培模式，制定轻简式水肥机、低压薄壁管成套水肥一体化模式。

四、注意事项

一是选择合适的装备与技术模式。设施土壤栽培、基质栽培、水培等不同模式配施肥原理差异大，针对土壤栽培应当使用旁路式大流量水肥一体机，针对无土栽培应当选择在线式水肥一体机，针对营养液循环模式的无土栽培及适配模式，配合营养液消毒复配的精准施肥一体机。选择合适的配施肥装备才能充分发挥技术装备的作用，合理化设施设备投资，保证长期稳定运行。

二是及时开展装备技术培训。水肥一体化技术是融合机械、自动控制、传感器、物联网等多方面技术的集成设备，需要融合农机与农艺，有专业的人员进行管理和使用。尤其是对设备参数的调整和设置，需要专业的生产管理人员进行管理，及时开展针对装备和技术的培训，才能保证设备有效运行，起到节水节肥的作用。

三是注重装备的定期维护保养。水肥一体化设备一般安装在首部泵房或水肥设备间，环境相对潮湿，内部通过的肥料溶液 EC 变化结晶富集情况频繁出现，需要对设备管管路、阀门、传感器等进行定期校准、维修维护，尤其是 pH 传感器需要每半年进行校准甚至更换，才能保证算法精准运行，最大限度地保证水肥溶液配方精准、浓度稳定，从而起到节水节肥的效果。

技术依托单位
1. 农业农村部规划设计研究院
联系地址：北京市朝阳区麦子店街 41 号

邮政编码：100125

联系人：李恺

联系电话：18801478741

电子邮箱：will25505177@163.com

2. 北京华农农业工程技术有限公司

联系地址：北京市朝阳区农展馆南路12号

邮政编码：100026

联系人：刘毅

联系电话：13911239907

电子邮箱：79825986@qq.com

3. 重庆星联云科科技发展有限公司

联系地址：重庆市南岸区玉马路8号B栋

邮政编码：401336

联系人：韩非

联系电话：18509226166

电子邮箱：xlyk123@qq.com

肉鸡数智化环控立体高效养殖技术

一、技术概述

（一）技术基本情况

2022 年全国肉鸡出栏 118.5 亿只，其中，白羽肉鸡占比 51.4%，黄羽肉鸡和小型白羽肉鸡占比 48.6%。据统计，85% 以上的白羽肉鸡养殖场采用立体养殖模式，黄羽肉鸡和小型白羽肉鸡的生产仍以传统网上平养模式为主。

2023 年 6 月，农业农村部联合国家发展改革委、财政部、自然资源部制定印发《全国现代设施农业建设规划（2023—2030 年）》，明确提出要推进家禽立体化设施养殖建设。推广肉鸡立体高效养殖技术，对于整体推进我国肉鸡立体养殖，加快构建高质高效的现代肉鸡养殖体系，实现资源集约高效利用、全行业增产增效和缓解国家粮食安全具有重要意义。

该技术面向肉鸡集约化养殖，以养殖环境精准控制的肉鸡立体高效养殖技术为核心技术，辅以绿色高效饲料配制和精准饲喂、立体笼养数智化管控和高效生物安全防控等配套技术，实现肉鸡全行业立体高效养殖目标。

（二）技术示范推广情况

2015 年以来，通过举办全国性大型技术培训会和各类现场技术培训及宣传，该技术在山西锦绣大象农牧股份有限公司、禾丰食品股份有限公司、新希望六和股份有限公司、山东亚太中慧集团、河南大用实业有限公司等几十家大型农牧企业进行示范和推广。禾丰食品股份有限公司、双汇集团等一批企业采用立体养殖模式后来居上，2022 年出栏量分别达 7.2 亿只、1.2 亿只，一举成为头部企业。由于养殖成活率、耗料增重比、劳动生产力和能耗指标都显著改善，各大龙头企业纷纷改造原有的平面养殖，发展立体养殖。2017 年占比约 35%，截至 2022 年，该技术已辐射我国 85% 以上的白羽肉鸡生产（约 52 亿只），形成的成套设备工艺已出口到东南亚、日本、俄罗斯等 60 多个国家和地区，广泛占领国际市场。鉴于技术成熟、有较强的实用性、一定的推广应用规模、较高的经济效益和生态效益，符合高质量发展要求，该技术在我国黄羽肉鸡和小型白羽肉鸡生产中推广应用潜力巨大，已在温氏食品集团有限公司、江苏立华牧业股份有限公司以及华东、华南、西南等地进行小规模示范应用，在节地、节能、节粮、节省人工等方面取得显著经济、社会和环境效益。

（三）提质增效情况

生产数据分析表明，立体高效养殖白羽肉鸡耗料增重比 1.38~1.50，成活率 96% 以上，欧洲综合效益指数 400 以上，高的达 600，远超欧美 350 左右的先进水平；黄羽肉鸡屠宰率和肉品质变化不显著，养殖周期缩短 7~10d，成活率提高 1.1%~1.8%，节省饲料 3.4%~4.7%。与传统地面或网上平养相比，肉鸡立体高效养殖技术可节约土地 50%~60%，降低人工成本 50%~80%，降低能耗 30%~60%，节约用水 30%~50%，降低养殖场药费 50%~70%，提高饲料转化利用率 3.0%~8.0%，每只鸡最终可节支增收 1.5~2.0 元。

（四）技术获奖情况

无。

二、技术要点

（一）核心技术

1. 高效立体笼养设施设备

随着养殖场规划、笼体结构和辅助设施设计不断优化，立体笼养设施工艺也已基本完善（图1）。笼体结构从目前的以3~4层为主向4~5层甚至6层发展。环控装备通过优化供暖、通风设计，解决舍内温差大、通风不均衡等技术难题。以4层笼养为例（图1），设计标准鸡舍总长90~100m，宽15~17m；过道0.9~1.5m，鸡舍前后端与笼具距离各3~4m；立体养殖笼具每层标准养殖高度为0.45m。鸡笼宽度为0.7~0.9m，列间设置0.35~0.5m的通风道，保证鸡舍通风效果。

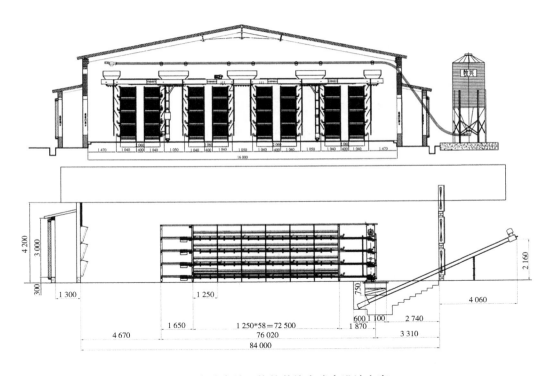

图1　肉鸡高效立体笼养技术鸡舍设计方案

（4层笼养；上：横截面，下：纵剖面；图中数字单位为mm）

建立适宜密度控制及舒适采食、饮水系统。每只成鸡的占位面积不低于0.05m²，保证直至出栏前的适宜空间需求；根据肉鸡不同生长期体型变化，设计了可调式加料漏斗和分料漏斗、笼具采食口、饮水器等，增加采食、饮水的舒适性，避免饲料飞溅浪费，减少粉尘，提高采食均匀度，避免采食时发生卡头；通过改进饮水倾角提高舒适度，避免细菌和藻类滋生（图2）。

优化自动高效出粪系统，以纵向和横向输粪机组合构成清粪系统，配套稳定、耐用传送带装置，实现高效及时清理粪尿，防止粪便滑落。根据肉鸡日龄，清粪频率由两天1次逐渐增加至每天两次甚至多次，减少舍内有害气体和粉尘。清除粪便集中进行无害化处理（图2）。

图2　肉鸡立体笼养设备体系和清粪系统

2. 肉鸡舍内环境控制和生产管理工艺

通风效率和气流、温湿度控制方面，根据基础研究及前人成果、企业生产应用效果，有针对性地系统研究制定了肉鸡高密度立体笼养下的温度、相对湿度、光照环境条件控制曲线及空气质量控制参数，为立体笼养技术提供了环境精准控制参考（表1）。

表1　白羽肉鸡健康高效生产舍内空气质量控制参数

环境因子	常规气体		有害气体/（≤,‰）		空气颗粒物/（≤,μg/m³）		
	氧气/（≥,%）	二氧化碳/（≤,%）	氨气	硫化氢	PM2.5	PM10	TSP
数值	19.5	0.35	0.01	0.0005	500	750	2 500

对"鸡舍布局、通风保温、笼具设计、饮水投料、粪污清理"等关键工艺和技术环节进行了优化和重新设计，创新形成高效适用的立体笼养工艺设备及成套技术体系。鸡舍全舍进行负压通风，纵向通风布局19～20台风机，改进拢风筒风机，侧墙每隔1～1.3m设计一个通风小窗，取消横向风机，在提高通风量的同时保证舍内气流稳定；创新地暖或者暖风机均匀供热方式；发明多排联控保温门，配置雾化加湿系统，解决"通风、保温、湿度"三者之间的矛盾，避免通风扬尘，防止温度波动（图3）。

（二）配套技术

1. 绿色高效饲料配制和精准饲喂技术

通过集成高效中草药功能成分提取工艺，形成肉鸡全程绿色饲料添加剂替抗技术方案，达到提高免疫力、降低炎症反应、抗菌抑菌的目的。在饲料营养价值评价和精准饲喂方面，创新肉鸡饲料原料养分含量、代谢能及氨基酸消化率精准评价技术，实现肉鸡代谢能值的快速估测。合理运用黄芪多糖、黄芩苷、绿原酸、姜黄素等植物提取物，枯草芽孢杆菌、地衣芽孢杆菌、丁酸梭菌、纳豆杆菌等益生菌，淀粉酶、蛋白酶、脂肪酶等酶制剂，创新出"饲料添加、环境喷洒"结合的益生菌—酶制剂优化组合，推广具有针对性的肉鸡绿色替抗成套技术方案，应用示范肉鸡饲料绿色高效配制技术，达到提升肠道健康，提高免疫力，减

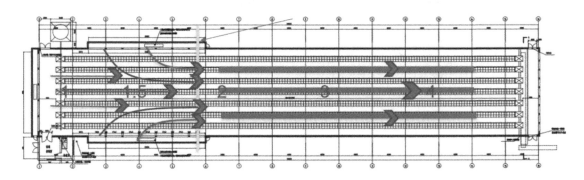

图 3　通风控制方案

少饲料浪费的目标。

建立在营养价值快速精准评价基础上的精确饲喂技术，遵循"精准高效，节粮安全"的原则，根据肉鸡品种和饲养阶段，实现营养供给与采食量、环境参数适应，保障饲料配方的适宜性、准确性和饲喂的精准性。总体提高肉鸡"玉米—豆粕型""玉米—杂粕型""小麦—豆粕型"等多种类型饲粮代谢能 3.0% ~ 8.0%，提高蛋白质、脂肪代谢率 5.9% ~ 6.3% 和 6.9% ~ 7.6%，降低肉鸡粪便排出量 15% ~ 25%，减少有害气体排放量 30% 以上。

2. 高效立体笼养数智化管控技术

通过鸡舍全自动环境控制系统、在线高效信息化管理系统、肉鸡生产全程与产品质量追溯管理系统，集成自动化智能化立体笼养模式，在"单舍控制—全场管理—全链条监控"三个维度上对肉鸡立体笼养实现"自动化、信息化和智能化"技术升级。

以物联网、4/5G、NB-IOT 技术为支撑的肉鸡养殖环境远程监测物联网设备具有统一接口和网络协议标准，能实现鸡舍环境因子数据的实时传输。全自动环境控制系统内嵌肉鸡不同生长时期的标准环境参数曲线，可通过实时监控饲料量、水量，室内外温度、电压、湿度、压力、风速、舍内 CO_2、H_2S、NH_3 浓度等。通过该系统全程自动控制鸡舍的投料饮水、通风、保温以及清粪系统。实时自动收集环境数据，统计分析各个场、幢的饲养情况和生产成绩数据；汇总全部数据以便开展管理分析，实现数据化、精准化高效管理，减少人工成本（图4）。

建立生产监测与产品质量可追溯平台，包含企业管理、政府管理、追溯管理 3 个子平台的追溯与监管。运用云平台和大数据技术，对饲料、用药、疫苗、死淘数、屠宰、加工、储运、销售等信息全程进行追溯与监管，实现肉鸡疫情预警与质量安全预警，做到来源可查、去向可追、责任可究的全过程生产监测与质量安全管理与风险控制。

3. 高效养殖生物安全防控技术

针对肉鸡立体笼养设备、种蛋孵化设备、免疫接种设备等生产设备的消毒技术规范，推广立体笼养养殖舍空气、饮用水和饲料的消毒、检验和管理技术规范，以及肉鸡立体笼养养殖场"人流、物流、车流"消毒技术规范。应用高密度消毒、免疫的新型产品和自动化设施、设备，和疫病精确诊断技术，从而实现禽免疫抑制病快速、精确鉴别诊断。推广立体笼养条件下肉种鸡和商品肉鸡大肠杆菌病、鸡球虫病等细菌和寄生虫病的诊断和防控技术；优化立体笼养条件下父母代肉种鸡和商品代肉鸡免疫程序，推广适于商品肉鸡早期出壳免疫、便于笼内免疫、减少免疫次数的一免多防的免疫防控技术。推广应用立体笼养条件下垂直传

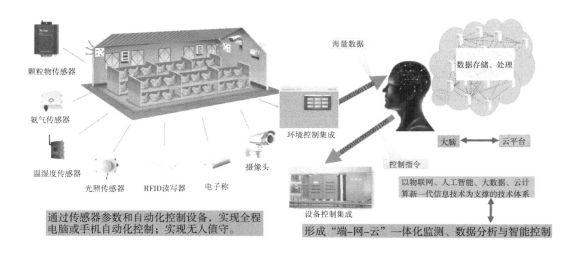

颗粒物传感器

氨气传感器

温湿度传感器   光照传感器   RFID读写器   电子称   摄像头

海量数据

数据存储、处理

环境控制集成

大脑   云平台

控制指令

设备控制集成

以物联网、人工智能、大数据、云计算新一代信息技术为支撑的技术体系

通过传感器参数和自动化控制设备，实现全程电脑或手机自动化控制；实现无人值守。

形成"端-网-云"一体化监测、数据分析与智能控制

图4　全自动环境控制和智能化信息管理

播疫病防控综合净化技术体系，实现禽重要免疫抑制病防控与净化，以及种源性疫病（AL）的精准净化，严格保障立体笼养高密度养殖模式下的生物安全。依托鸡群健康诊断和预警管理技术平台，为大型鸡场生物安全和疫情防控提供基础，保障"生产安全"。

三、适宜区域

白羽肉鸡集中养殖区域主要在我国北方地区和福建省，当前肉鸡立体高效养殖技术已覆盖85%以上养殖量，适宜在上述主要养殖区域更新使用先进的生产设施设备，配套自动化、智能化养殖信息控制系统，推广高效养殖生物安全防控技术，并开展肉鸡健康养殖相关科普宣传工作。

该技术在小型白羽肉鸡养殖中适宜推广的区域：山东、河南、安徽和湖北等省；在黄羽肉鸡养殖中适宜推广的区域：广东、广西、云南、贵州、四川、重庆等省（区、市），华中、华东地区相关省，以及新疆维吾尔自治区等区域。以上区域重点加快新建立体高效设施养殖场，加快立体养殖技术模式普及，提升养殖场设施现代化水平。

四、注意事项

一是养殖场和鸡舍的建设、选取的设施设备以及采取的养殖管理工艺需要有良好的配套性。

二是高海拔地区加强鸡舍通风和保温的同时，尽量采用或改造为正压通风方式。

三是尽可能采用绿色洁净的新能源技术（如光伏或燃气热泵等）和节能减排新技术（如热循环和热收集等技术）。

四是鸡场选址需要满足生物安全防控要求，同时做好种源疫病净化和保障鸡苗健康的工作。

技术依托单位

1. 全国畜牧总站

联系地址：北京市朝阳区麦子店街 20 号

邮政编码：100125

联 系 人：赵俊金

联系电话：010-59194643　13501139920

电子邮箱：mysczdc@163.com

2. 中国农业科学院北京畜牧兽医研究所

联系地址：北京市圆明园西路 2 号

邮政编码：100193

联 系 人：张宏福

联系电话：010-62818910　13901112643

电子邮箱：zhanghongfu@caas.cn

3. 安徽农业大学

联系地址：安徽省合肥市长江西路 130 号

邮政编码：230036

联 系 人：姜润深

联系电话：15956913210

电子邮箱：jiangrunshen@ahau.edu.cn

4. 天津农学院

联系地址：天津市西青区津静路 22 号

邮政编码：300384

联 系 人：陈长喜

联系电话：15302138777

电子邮箱：changxichen@163.com

5. 青岛大牧人机械股份有限公司

联系地址：山东省青岛市城阳区流亭街道空港工业园月河路

邮政编码：266108

联 系 人：冷建卫

联系电话：15964918883

电子邮箱：dmr@bigherdsman.com

规模蛋鸡场数字化智能养殖技术

一、技术概述

（一）技术基本情况

1. 技术研发推广背景

我国是鸡蛋生产和消费大国，经过自改革开放以来的多年发展，我国蛋鸡产业已从数量增长型阶段转变为高质量发展阶段。2017年一号文件《中共中央、国务院关于深入推进农业供给侧结构性改革加快培育农业农村发展新动能的若干意见》和《农业农村部办公厅关于做好2018年数字化农业建设试点项目前期工作的通知》均提出畜禽养殖数字农业的相关建设要求，加快构建养殖环境监控、个体监测、精准饲喂等方面的数字化智能养殖应用体系。

规模化蛋鸡养殖场饲养密度大，对鸡舍环境控制、疫病防控、饲喂管理、鸡蛋收集等工作要求高，养殖风险较大，因此，规模化蛋鸡养殖场除了管理者要有高度的责任心、专业的知识、科学的管理，还必须借助更高效的技术手段，提高管理效率、降低养殖风险、提高养殖效益。信息技术的更迭和数字化进程的推进，为畜禽养殖提质增效提供了新的动力。规模蛋鸡场数字化智能养殖技术通过数字化手段，应用大数据分析，实现蛋鸡养殖的精准环境调控、精细饲喂管理、智能监控生理状态与生产性能、产品质量溯源管理，降低养殖风险，提高养殖效率，减少资源消耗，保证蛋产品安全。

2. 技术解决的主要问题

（1）鸡舍环境监控精准度不够。规模化蛋鸡舍单栋面积均超1 000m²，高度4~12m，精准控制鸡舍内每一区域的温度，使整个鸡群处于适宜且稳定的环境之中对于鸡群健康十分重要。该技术可以通过收集布置在不同区域的温湿度、二氧化碳、氨气等传感器的实时数据，运用相关分析模型，计精准算出风机启停、通风窗开关等相应阈值，并反馈给环控设备做出恰当且及时的反应，将同时间不同位置的鸡舍环境温差控制在3℃以下。

（2）饲料浪费多，料蛋比高。养殖规模较大时，鸡群中的绝产鸡、低产鸡、病弱鸡等靠人工难以及时发现，就会出现饲料浪费等情况，另外每天饲料投喂量和产蛋情况等如果不能及时分析，也难以及时分析原因，调整投喂方案，造成饲料浪费。通过数字化技术，应用巡舍机器人可以及时发现绝产鸡、低产鸡，指导工人及时剔除，可大大减少饲料浪费。

（3）用工多，人工成本高。鸡舍巡查、防疫、集蛋等环节是规模化蛋鸡场用工的重点。通过巡舍机器人、环境自动控制系统、大数据管理平台等，实现多源数据的融合、挖掘与智能决策，实现鸡舍环境和蛋鸡体温的无死角的实时监测、死鸡/病鸡/绝产鸡/低产鸡的有效实时甄别与定位、鸡舍环境完全闭环的自动精准控制，大幅降低养殖人员的劳动负担，提高管理效率和养殖效益。

3. 知识产权及使用情况

该技术拥有"基于LSTM-Kalman模型的蛋鸡产蛋率预测软件"（2021SR0484422）、"基于 VAR 模型的蛋鸡产蛋性能分析软件"（2021SR0501871）等软件著作权 2 项，《蛋鸡规模场健康生产技术规范》地方标准 1 项。

（二）技术示范推广情况

该技术在南京市、南通市、连云港市、泰州市和盐城市等蛋鸡主产区规模化蛋鸡养殖场进行广泛应用，其中，江苏天成科技集团有限公司蛋鸡养殖场获评国家农业信息化示范基地（2023 年度获评）、江苏省数字农业农村基地（2023 年获评）、江苏省智慧畜牧产业园。

（三）提质增效情况

蛋鸡数字化智能养殖技术实现了对蛋鸡养殖环境、蛋鸡个体、饲养管理等指标数据的实时收集与分析应用，其主要经济成效体现在三个方面：一是减少饲料成本，能够准确筛选挑出 3%绝产鸡，使得 10 万羽规模蛋鸡场年实现节约饲料价值 12.78 万元，间接提高产蛋率 2.7%。二是延长产蛋高峰，对鸡舍环境均匀度控制的精度提高，鸡舍温度日夜温差从平均 7.4℃降到 5.5℃；鸡舍同时间温度均匀度由 92%提升至 94.5%；鸡群健康状况改善，减少死淘率，产蛋高峰期延长 30d 以上。三是节约用工成本，极大降低了饲养劳动力的支出，用工数量降低，饲养员管理效率提高 50%以上，劳动强度减少 50%以上，10 万规模每年可节约人工成本 6 万元以上。

（四）技术获奖情况

该技术荣获 2020 年度江苏省农业技术推广奖三等奖，入选 2020—2021 年江苏省农业重大技术推广计划。

二、技术要点

（一）核心技术

1. 基于物联网技术的蛋鸡养殖环境泛在信息及数据管理平台应用

通过 LORA/NB-IOT 技术构建鸡舍物联网环境监控系统（图 1）和集成传感器的巡舍机器人，实现对蛋鸡生长环境和生理状况的全方位监测。结合生产信息化管理系统（图 2），对鸡舍内的环境温度、湿度、CO_2、产蛋率、饮水率、饲喂量等蛋鸡养殖信息进行采集、存

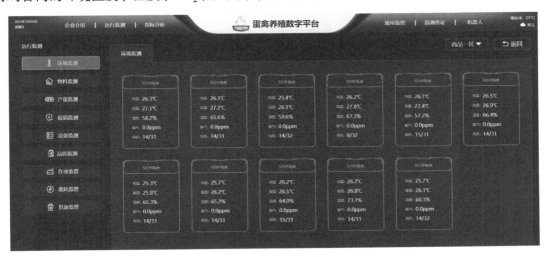

图 1　蛋鸡数字化平台

储与分析，实现对鸡舍环控终端设备的智能动态联动控制，动态化调控构建蛋鸡生长的适宜环境。

图2　生产过程信息化管理系统

2. 巡舍机器人

利用巡舍机器人（图3）获得视频图像数据，应用 HOG 特征描述方法提取鸡只特征，训练混合 SVM 模型计算鸡只的实时位置，根据实时获取到的鸡只在笼舍内的活动状况，结合深度学习算法，及时研判鸡只的生理状态；再结合鸡只的生活习性，进而可以将其作为鸡只福利和健康养殖状况评估的依据。

图3　巡舍机器人

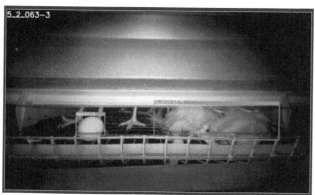

图4　巡检死鸡识别

利用巡舍机器人获取蛋鸡个体体温以及鸡舍内任何位置的环境温度，结合蛋鸡的采食、饮水、排泄、蛋重、产蛋时间进行连续监测，及时了解蛋鸡的生长健康状况（死鸡识别，图4），实现在无人为干扰的情况下对鸡只健康状况、生产性能作出动态记录和客观评价，为蛋鸡的营养水平确定和防治疾病提供精确、稳定、连续的数据记录，为鸡舍优化设施配套及饲养管理综合配套技术提供依据。

（二）配套技术

蛋鸡养殖全程可追溯的质量安全控制模式。

依据规模设施蛋鸡养殖过程的特点，从严格的养殖过程管理体制和蛋鸡养殖全流程的精准管控技术出发，建立种鸡、苗鸡孵化、饲料生产、蛋鸡养殖、蛋品加工销售等全环节可追溯的质量安全控制模式（图5）。

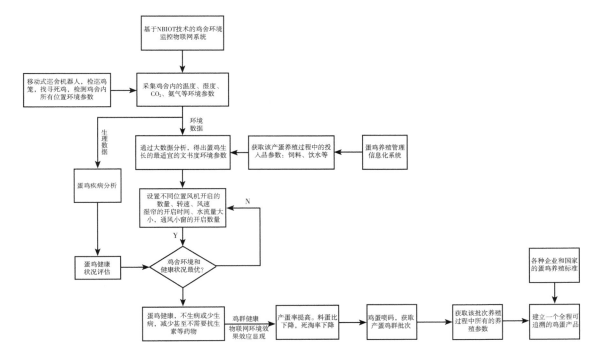

图5　蛋鸡养殖全程可追溯的质量安全控制模式

1. 蛋产品养殖生产环境数据追溯

通过核心技术一的应用，实时获取该环境监控模式的实施。通过处理平台分析当前环境参数与蛋鸡健康生长环境标准参数的差异，自动调整环境设备运行参数，维持蛋鸡健康生长的环境需求，并储存其数据。

2. 鸡群生理健康数据追溯

通过机器人的巡舍，获取鸡只的体温、声音、鸡冠状态和颜色等蛋鸡的生理状态参数，依据设备储备的大数据模型筛选外观异常的蛋鸡。结合其他的诊断技术和措施，确定异常鸡只的病因，指导养殖管理人员将其剔除，并采取措施切断疾病的传播途径，确保整体鸡群的健康。

3. 鸡蛋全程质量追溯

通过在鸡蛋包装环节，将鸡蛋及其外包装上喷码。通过喷码，运用 ERP 和物联网系统，能够追溯到每枚鸡蛋的产蛋日期和产蛋鸡的禽群批号，进而追溯到该批次鸡的投入品情况，包括饲料、水和鸡舍当时的环境参数。综合上述追溯数据，最终形成全程可追溯的蛋鸡养殖质量安全控制模式。根据生产日期和地点，再通过环境监控物联网系统和养殖管理信息化系统，就可知道该鸡蛋生产时的投入品情况以及当天该鸡舍的环境数据情况，结果如图6所示。

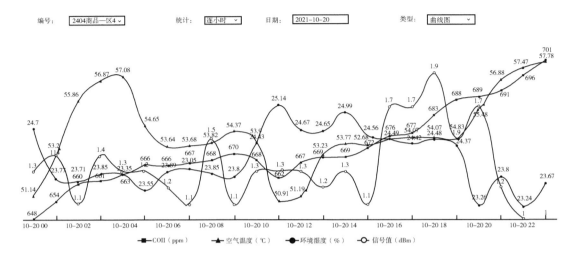

图6 鸡舍环境数据曲线

三、适宜区域

适宜在长三角地区、珠三角地区、华中地区推广。

四、注意事项

根据养殖场专业技术人员配备情况和资金投入情况进行取舍。

技术依托单位

1. 江苏省家禽科学研究所

联系地址：江苏省扬州市邗江区仓颉路58号

邮政编码：225125

联系人：童海兵 王 强

联系电话：0514-85599080

电子邮箱：tonghb@163.com yzwangq117@163.com

2. 江苏天成科技集团有限公司

联系地址：江苏省海安市开发区长江东路28号

邮政编码：226601

联系人：陈 敏

联系电话：0513-88912788

电子邮箱：13615220018@163.com

3. 江南大学

联系地址：江苏省无锡市蠡湖大道1800号

邮政编码：214122

联 系 人：吉训生

联系电话：13912369866

电子邮箱：jixunsheng@163.com

蛋鸡叠层养殖数字化巡检与绿色低碳环控技术

一、技术概述

（一）技术基本情况

蛋鸡立体高效养殖技术面向蛋鸡集约化养殖，围绕"健康高效"设施养殖这一主线，以立体化、设施化、数智化为核心，以保障鸡蛋产品有效供给为目标，集成蛋鸡全密闭式设施、蛋鸡高效立体养殖设备（8~12层）、全自动化环控、营养与疾病防控和数字化管控等关键技术。

该技术有效解决了蛋鸡传统养殖模式占地面积多、土地产出效率和劳动生产率低、过度依赖药物防控等问题，与传统平养、阶梯笼养相比：①单位面积饲养量，每平方米饲养量为30~90羽，节约土地面积可达30%以上，单位面积产出效率提高2倍以上；②人均劳动效率高，人均蛋鸡饲养量可达5万~8万羽，单栋饲养量可达10万~20万羽，人均劳动生产率提高3倍以上；③自动化程度高，采用密闭式设施养殖，蛋鸡舍内环境可控，能够实现蛋鸡自动饲喂、清粪、集蛋等饲养流程；④细菌病防控效果明显，节约用药成本1元/只，蛋鸡死淘率降低1~3个百分点。

相关研究成果授权国家专利14项，获省部级（含社会力量设奖）科技进步奖或技术推广一等奖5项。技术成果的应用（以8叠层笼养主流模式为例）可实现1年产蛋0.96t/m²，保障了食品安全和鸡蛋稳定供应，推进了蛋鸡立体高效标准化设施生产和现代养鸡产业提质增效，取得了重大经济效益、社会效益和生态效益。

（二）技术示范推广情况

蛋鸡立体高效养殖技术支撑创建了747个国家级蛋鸡标准化示范场，依托全国畜牧总站、广州广兴牧业设备集团有限公司、青岛大牧人机械股份有限公司、山东恒基农牧机械有限公司等技术推广和设施设备研发单位，在北京德青源农业科技股份有限公司、北京市华都峪口禽业有限责任公司、四川圣迪乐村生态食品股份有限公司等国内大型养殖企业进行示范应用，技术推广覆盖全国32个省（区、市），核心装备出口至日本、俄罗斯等30个国家和地区。

（三）提质增效情况

蛋鸡设施立体高效养殖饲养密度增加可减少占地30%~40%，设备价格降低35%左右；降低鸡舍运行能耗15%以上，鸡只能耗成本节约0.1~0.2元/只；改善舍内环境，减少鸡舍环境应激、避免使用抗生素，提升了鸡蛋产品品质；产蛋率提高3%以上，死淘率降低1~3个百分点，增加养殖效益6~10元/只。充分利用非耕地资源发展蛋鸡设施立体高效养殖可在确保粮食供应的同时，保障鸡蛋产品的有效供给，经济效益、社会效益和生态效益巨大。

（四）技术获奖情况

该技术荣获2019—2021年度全国农牧渔业丰收奖农业技术推广贡献奖。以该技术为核心的科技成果"立体高效健康养鸡环境控制技术及成套装备研发应用"获 2022 年产学研合作创新奖一等奖；以该技术为核心的科技成果"规模化养鸡环境控制关键技术创新及其设备研发与应用"获教育部高等学校科学研究优秀成果奖（科学技术）科技进步奖一等奖；以该技术为重要内容的成果"规模化养鸡环境控制关键技术创新及其设备研发与应用"获 2015 年神农中华农业科技奖一等奖；以该技术为重要内容的成果"蛋鸡细菌病防控系统创新与安全蛋品生产关键技术"获 2019 年度四川省科学技术进步奖一等奖；以该技术为重要内容的成果"规模化养鸡环境精准控制技术体系建立与应用"获 2022 年度四川省科学技术进步奖二等奖。

二、技术要点

（一）蛋鸡全密闭式设施

蛋鸡舍横向为门式刚架结构，纵向为刚架柱+柱间支撑+柱顶连系梁组合成的连续刚架结构体系，支撑体系包括屋盖支撑体系与柱间支撑体系。屋盖体系为轻型屋面板有檩体系，自上而下为彩钢夹芯屋面板+屋面檩条+屋面支撑体系+门式钢架梁。墙体结构分为上下两部分：上部为装配式保温墙体，由彩钢夹芯墙面板+墙面檩条+柱间支撑+刚架柱/抗风柱组成，墙体荷载由檩条传递至门式刚架柱；下部砖墙外加保温层，墙体荷载由基础梁承重并传递至门式刚架柱下独立基础。钢材强度等级不低于：门式钢架、钢柱、钢屋架、钢支撑、拉条、隅撑等为 Q235B，檩条 Q345；混凝土强度等级不低于：基础垫层 C15，独立基础 C25，短柱、基础梁等为 C25；钢筋强度等级不低于：箍筋 HPB300，纵筋与主要受力钢筋 HRB400。安全等级为二级，基础混凝土部分设计使用年限 50 年，钢结构部分设计使用年限为 25 年。抗震设防分类为丙类建筑，基础设计为丙级，耐火等级为二级，钢构件耐火极限 1.5h，屋面檩条与屋面板等耐火极限 1h。

围护结构材料选用防火保温性能好的彩钢夹心板。屋面及墙面厚度不低于 150mm，屋脊屋顶板缝隙不大于 50mm，里外做双层脊瓦，中间空隙采用聚氨酯发泡剂做密封填充处理。冬季鸡舍内最小通风量和维持舍内正常生产气温需求条件下，不同气候地区不同饲养密度下禽舍建筑设计时外围护结构需满足的热阻值如表 1 所示。

表 1　不同气候地区禽舍不同饲养密度与外围护结构热阻的关系

计算温度/℃	不同饲养密度下围护结构热阻/［（m²·℃）/W］				
	16 只/m²	22 只/m²	28 只/m²	48 只/m²	60 只/m²
	墙体屋顶	墙体屋顶	墙体屋顶	墙体屋顶	墙体屋顶
0	0.991 23	0.700 88	0.550 68	0.310 39	0.250 31
−1	1.211 52	0.790 99	0.610 77	0.350 44	0.280 35
−2	1.361 70	0.881 11	0.690 86	0.390 49	0.310 39
−3	1.531 91	0.991 23	0.760 95	0.440 54	0.350 43
−4	1.702 13	1.101 37	0.851 06	0.480 60	0.380 48
−5	1.902 38	1.221 53	0.941 18	0.540 67	0.420 53
−6	2.132 66	1.361 70	1.051 31	0.590 74	0.470 59

（续表）

计算温度/℃	不同饲养密度下围护结构热阻/［（m²·℃）/W］				
	16只/m²	22只/m²	28只/m²	48只/m²	60只/m²
	墙体屋顶	墙体屋顶	墙体屋顶	墙体屋顶	墙体屋顶
−7	2.372 97	1.511 89	1.161 45	0.650 82	0.520 65
−8	2.663 32	1.682 11	1.291 61	0.720 91	0.570 72
−9	2.983 70	1.882 35	1.431 79	0.801 00	0.630 79
−10	3.354 18	2.102 62	1.601 99	0.891 11	0.700 88
−11	3.784 72	2.352 94	1.782 23	0.991 23	0.780 97
−12	4.285 35	2.643 30	1.992 49	1.101 37	0.861 08
−13	4.886 11	2.983 73	2.242 80	1.221 53	0.961 20
−14	5.627 02	3.394 43	2.533 16	1.371 71	1.071 34
−15	—	3.884 85	2.873 59	1.541 93	1.211 51
−16	—	4.485 61	3.294 12	1.752 18	1.361 70
−17	—	5.256 56	3.814 76	1.992 49	1.551 94
−18	—	—	4.475 59	2.302 87	1.782 22
−19	—	—	5.336 66	2.683 35	2.062 58
−20	—	—	—	3.173 96	2.423 03
−21	—	—	—	3.844 80	2.913 64
−22	—	—	—	4.795 99	3.584 48
−23	—	—	—	—	4.595 73
−24	—	—	—	—	—

（二）蛋鸡高效立体养殖设备（8~12层）

蛋鸡高效立体养殖宜采用8~12层叠层笼养（表2，图1），立体养殖设备应包括自动饲喂系统、自动饮水系统、自动清粪系统和自动集蛋系统，实现各生产环节全程机械化，保证单位面积饲养量≥60只/m²，节约土地面积30%以上，单栋饲养量10万只以上，每平方米年产蛋量0.96t以上。以600mm×600mm×590mm的笼具为例，每笼饲养8只蛋鸡，饲养密度为450cm²/只。

表2 主要饲养工艺及生产性能

主要饲养工艺	单位饲养量/（只/m²）	单栋饲养量/万只	单位年产蛋量/（t/m²）
8~12层叠层	60~90	10~20	0.96~1.44

（三）全自动化环控技术

鸡舍采用纵向通风湿帘降温系统，配备环控器，湿帘、卷帘、风机、小窗、导流板等环控设备，通过布置温湿度、二氧化碳、氨气、压差等传感器，实现舍内环境可控。全自动环控系统可实现对鸡舍不同位置的鸡群所在环境进行均匀性和稳定性调控，保证笼内风速能够

图1 叠层笼养笼具

维持在 $0.5 \sim 1.5 m/s$，整舍最大局部温差小于 $3℃$，温度日波动小于 $3℃$。另外，全自动环控系统可将有害气体浓度控制在较低水平，保证鸡舍 NH_3 浓度保持在 $20mg/m^3$ 以下，CO_2 浓度保持在 $1\,500mg/m^3$ 以下，H_2S 浓度保持在 $10mg/L$ 以下（图2）。

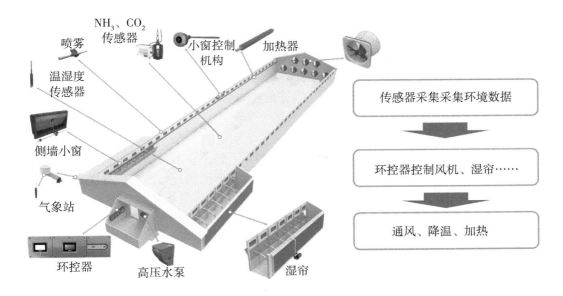

图2 鸡舍全自动环控系统

（四）营养与疾病防控技术

应提供充足全价配合饲料，保障蛋鸡采食量需求和营养物质的摄入，满足蛋鸡生长发育及产蛋阶段的能量、蛋白质、矿物质和维生素等需要。合理采用玉米、豆粕减量替代饲料，形成资源高效利用技术，推广蛋鸡低蛋白日粮精准配制方案并应用精准饲养技术，达到节粮增效的目标，充分发挥高产品种产蛋多、饲料转化率高等遗传潜力。保证鸡只充足饮水，饮水水质应达到畜禽饮用水质量要求（表3）。

表3 畜禽饮用水质量（NY/T 388—1999）

序号	项目	单位	自备井	地面水	自来水
1	大肠菌群	个/L	3	3	
2	细菌总数	个/L	100	200	
3	pH 值	—	5.5~8.5		
4	总硬度	mg/L	600		
5	溶解性总固体	mg/L	2 000		
6	铅	mg/L	Ⅳ类地下水标准	Ⅳ类地下水标准	饮用水标准
7	铬（六价）	mg/L	Ⅳ类地下水标准	Ⅳ类地下水标准	饮用水标准

注：甘肃省、青海省、新疆维吾尔自治区和沿海、岛屿地区自备井溶解性总固体可放宽到3 000mg/L。

养殖过程中需要通过工程隔离、合理分区、有效的消毒手段等，阻止其他动物进入场区，防止交叉感染，创造有利于防疫和净化场区环境卫生的工程技术：①规范场区布局，遵从鸡舍按主导风向布置的原则进行分区；②构建完整的生物安全防控体系，建立养殖场来往"人流、物流、车流"消毒技术与规范，做好防鼠、防鸟、防蝇虫等工作，切断外界病原微生物传播途径。定期进行鸡舍内外环境卫生消毒工作，包括湿帘循环水净化消毒、带鸡空气消毒、设施设备（墙壁、地面、笼具、料槽等）表面清洁和鸡舍排出空气过滤与净化等，保障鸡舍及场区环境洁净卫生，净化舍内颗粒物和氨气平均去除率需≥70%，鸡舍排出空气颗粒物和氨气平均去除率需≥70%。

（五）数字化管控技术

蛋鸡立体高效养殖应具备智能化、信息化特点，实现鸡场数字化管控，提高养殖管理效率。

1. 机器人智能巡检

蛋鸡舍智能巡检机器人通过集成人工智能技术、传感技术、图像识别技术、远程管控技术等多种前沿科学技术，可对规模化、集约化的蛋鸡养殖场进行按时、按需或全天候自主巡检，监测鸡舍不同位置各层笼具内的温度、相对湿度、光照强度和有害气体浓度等环境数据，智能识别各层鸡只状态、定位死鸡分布点，并上传数据至蛋鸡养殖数字化平台，减少捡死鸡等高强度、低效率工作的人工投入。死鸡检出率应大于95%，鸡场记录无纸化程度提高50%，巡检定位精度应≤25mm，巡检速度达1m/s。

2. 物联网管控平台

鸡场宜建设物联网管控平台，对鸡舍不同来源的数据互联互通，实现环境与生产过程数据的数字化采集，基于采集数据的大数据分析与实时反馈，全面自动感知与表征家禽复杂场景人机工情况、生理与健康状态以及动态行为等信息，通过环境调控、智能装备与健康感知的有机融合，集成物联网技术、嵌入式系统以及大数据挖掘，实现对家禽生产全程的整体或局部精准控制、行为的自动识别，对投入品的按需动态供给、计量与溯源，以及异常生产过程或常见疾病的预警/报警，通过实施智慧管理，保障家禽健康状况、产出效率及产品品质，辅助管理人员智能化决策。

三、适宜区域

结合大型鸡舍气流场与温度场高效耦合及均匀调控技术，突破了长江以南高温高湿地区规模化养鸡降温难以及北方低温季节不加温生产的关键难题，使得蛋鸡立体高效养殖技术与装备适用于我国绝大部分地区的蛋鸡养殖。

四、注意事项

一是该技术应当结合高产品种基础特征考虑设备参数。

二是针对不同规模，家庭农场应优先考虑装备成本，规模化养殖场应优先考虑机械化和自动化水平。

三是应加快制定蛋鸡立体高效养殖设备设计研发、生产管理及运营安装等相关标准。

技术依托单位
1. 全国畜牧总站
联系地址：北京市朝阳区麦子店街 20 号
邮政编码：100125
联 系 人：赵俊金
联系电话：010-59194643   13501139920
电子邮箱：mysczdc@ 163. com
2. 中国农业大学
联系地址：北京市海淀区清华东路 17 号 67 信箱
邮政编码：100083
联 系 人：李保明   郑炜超
联系电话：13811997928   18618321961
电子邮箱：libm@ cau. edu. cn   weichaozheng@ cau. eud. cn
3. 广州广兴牧业设备集团有限公司
联系地址：广东省广州市白云区太和镇沙亭广兴路 2 号
邮政编码：510540
联 系 人：黄杏彪
联系电话：13826157648
电子邮箱：13826157648@ 163. com
4. 福州木鸡郎智能科技有限公司
联系地址：福建省福州市晋安区福兴大道 7 号数字内容产业园
邮政编码：350000
联 系 人：廖新炜
联系电话：18650079877
电子邮箱：569569875@ qq. com

生猪生理生长信息智能感知技术

一、技术概述

（一）技术基本情况

我国现代畜牧养殖正在快速向设施化迈进，但设施养殖方式也不断出现新的问题及需求，体现在传统的生猪养殖方式主要依赖经验和人工观察，缺乏科学、精准的监测和管理手段，无法准确监测生猪的运动量、行为特征、体温、体重等对于生猪养殖至关重要的生长与健康信息，从而缺乏对生猪生长与健康状况进行实时监测和预警的能力。现代感知技术普遍利用到传感器、深度学习、大数据分析等人工智能新技术，但是由于猪场环境的复杂性导致数据采集的精度低、场景适应性差，至今为止持续自动获得生猪生长与健康信息还存在相当大的困难。

研发新型的、高精度且环境适应性强的生猪生长与健康智能感知装备并利用所采集的数据实现生猪健康监测预警，是当前生猪养殖业亟待解决的"卡脖子"关键核心问题。

为此，近年来该团队研发了生猪生长与健康智能装备，包含生猪健康监测仪、盘点仪、估重仪、巡检机器人及智能监测预警平台等。该技术在温氏食品集团等7个养殖基地进行小规模的示范应用中取得了明显的成效，并获得了2023年广东省农业推广奖一等奖。接下来拟在国家重点研发计划项目课题、广东省重点领域研发项目的支持下进行中大规模的熟化应用示范，希冀促进我国生猪养殖的提质增效，为建设农业强国作出一定的贡献。

（二）技术示范推广情况

该技术累计推广了广东省内5个地市，在7个养殖场建立了示范点，并在另外2个装备企业进行了推广应用。这些小规模的初步示范结果表明，新增销售额66 587.96万元，新增利润6 683.95万元，节约成本3 330.04万元。

该技术在养殖场小规模示范应用统计情况如表1所示。

表1　该技术的小规模示范应用统计情况

单位名称	推广规模 /万头	新增销售额 /万元	新增利润 /万元	节约成本 /万元
温氏食品集团股份有限公司	1 150	58 650	5 865	2 932.5
中山市白石猪场有限公司	24.7	1 259.7	125.97	62.99
阳江市阳东区宝骏畜禽养殖有限公司	57	2 907	290.70	145.35
从化达南农业发展有限公司	1	51	5.10	2.55
汕头市新广大畜牧科技有限公司	25	1 359.00	135.9	67.95

（续表）

单位名称	推广规模/万头	新增销售额/万元	新增利润/万元	节约成本/万元
东瑞食品集团股份有限公司致富猪场	24.7	1 259.70	151.16	75.58
饶平县千秋绿农牧有限公司	3.3	177.56	17.72	8.80

该技术在装备企业推广应用情况如表2所示。

表2　该技术在装备企业的推广应用统计情况

单位名称	推广规模/台	新增销售额/万元	新增利润/万元	节约成本/万元
广州华农大智慧农业科技有限公司	220	330	33	16.5
广东广兴牧业机械设备有限公司	853	594	59.4	17.82

表1和表2中，"推广规模"按应用了该技术的养殖猪只总头数计算；"新增销售额"的计算依据为应用了技术后的养殖猪只总头数×每头出栏体重（kg）×销售单价（元/kg）×3%；"新增利润"的计算依据为应用了该项目相关的技术及装备后的新增销售额扣除相关的成本、费用和税金后的余额，约占新增销售额的10%；"节约成本"的计算依据为应用了该技术后在养殖过程中降低了死淘率、减少了人工等节约的费用，约占新增利润的50%。

（三）提质增效情况

该技术的应用改善了猪只的健康水平与福利，减少了死淘率，降低了人工成本，提高了猪肉产品的品质，对促进我国现代设施养殖的健康发展提供了强有力的技术与装备支撑。该技术带来的经济效益、成本节约等由表1和表2所示，由此可知该技术对成本的节约相当可观。

该技术的社会效益主要体现为：

1. 保障猪只养殖健康，提升养殖效率

可7×24h在养殖场进行环境、猪只健康监测，进行实现健康状况评估和预警，大幅提高了管理人员工作效率，保证了饲养环境和猪只健康。

2. 增加养殖户收入，降低损失，促进农村经济发展

该技术通过提高生猪养殖效率、降低人工成本，且通过提高猪只健康率而降低养猪户的损失，因此可以促进农村养猪产业的发展和推动乡村振兴进步。

3. 降低猪只疫病暴发风险，保障动物和人类健康

通过相对有效的养殖环境和生猪健康长期监测，可降低猪只疫病暴发的风险，因此有利于保障人类食品安全，并降低人畜共患病暴发的风险。

4. 带动周边地区技术发展，形成技术辐射效益

该技术的推广可以带动示范场、示范地区养猪业科技的快速发展，并可带动周边地区其他畜禽养殖业技术发展，形成技术辐射效益。

5. 促进产学研合作发展

该技术的主要完成单位包括高校、企业、基层农技推广站等单位，可以促进高校知识成果的转化和推广应用，助推科技发展；让基层企业和农户接触到前沿的技术，提高企业、农户的科技含量。

（四）技术获奖情况

该技术荣获 2022 年度广东省农业技术推广奖一等奖。

二、技术要点

为解决当前养殖产业亟须解决的盘点、估重、健康诊断问题，该项目自主研发了猪只健康监测仪、盘点仪、估重仪三种新型猪只生长与健康信息智能感知边缘设备。此外，为了提高养殖场巡检效率，减轻人工巡检负担，降低疫病感染风险，保证数据采集的规范性和可用性，该技术研发搭载上述边缘设备的多指标协同采集的畜禽健康巡检机器人，包括轨道式和地面行走式两款健康巡检机器人，为生猪健康监测提供装备支撑。为综合利用和管理该技术研发的新型感知技术及装备，获得生猪养殖生长与健康等信息，实现不同阶段（育肥、后备、妊娠、哺乳）、不同养殖模式（群养、独立饲养）下的生理、生长及生态数据的传输、存储与处理，开发了生猪健康养殖智能化监测预警平台。下面对该技术包括的猪只健康监测仪、猪只盘点仪、猪只估重仪、轨道式猪只健康巡检机器人、地面行走式猪只健康巡检机器人和生猪健康养殖智能化监测预警平台进行简要的介绍。

（一）猪只健康监测仪

针对规模化养殖场猪只健康监测需求，构建了基于前端 AI 计算盒子，并融合 RGB、热红外及 3D 视觉采集模组的猪只健康监测仪，如图 1 所示。该健康监测仪可根据实际场景，模块化接入声音采集器、环境采集器等。设备整体实现功能高度模块化，对各类组件可根据实际需求场景进行选配组装，所有采集设备实现即插即用，并可通过物联网平台进行设备状态配置管理及传感器数据自动采集。

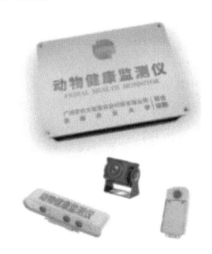

图 1　猪只健康监测仪

对于所采集的数据，通过双光融合算法，并结合 YOLOv4 的生猪目标检测算法，实现猪只个体、热图像区域温度测定，同时可对猪只进行行为监测、运动量分析等。基于这些感知分析，可以推断猪只的健康状态，从而寻找出异常猪只。目前算法定位准确率为 97.6%，测温误差±2%。

（二）猪只盘点仪

猪只盘点仪由彩色摄像头及智能盘点算法组成，如图 2 所示。通过设备中的彩色摄像头获取猪只视频数据，设计目标跟踪算法对视频中的猪只进行跟踪和点数。该方法克服了类似方法测定区域限制、处理图像速度慢等缺点。在猪只行走速度低于 0.5m/s 的视频计数准确率达 98.9%。

（三）猪只估重仪

猪只估重仪克服了估重区域限制、处理图像速度慢、估重精度低等缺点，实现便携式、无接触及图像快速处理的 3D 视觉体重估测，如图 3 所示。侦测装置包括三维点云信息采集装置、前端运算站及控制装备。通过该装备重量指标变化的快速监测有助于反映猪只发育速率、体态、料肉比和饮食情况，通过这些指标评估有助于猪只品质鉴定、育种、精准饲喂及交易，同时也可预估屠宰后肉量及其品质。猪只估重的准确率可达到 95%。

图 2　猪只盘点仪　　　　　图 3　猪只估重仪

（四）轨道式猪只健康巡检机器人

该技术创建了适应于不同养殖场景的猪只健康巡检机器人，如图 4 所示。该机器人提供了彩色、红外和深度视频数据，温湿度、声音和二氧化碳等多传感器协同采集的方法和策略，采用了图像处理算法、深度学习算法、路径规划等多项先进的算法技术来实现其功能。利用这些算法，实时监控猪舍内部环境和设施，可准确地检测猪只的健康情况和走、喝、睡和吃等行为状态，可实现±2.5mm 的路径规划精度。

（五）地面行走式猪只健康巡检机器人

该技术研发的地面行走式猪只健康巡检机器人，如图 5 所示。该机器人可全面准确地采集畜禽养殖场的彩色/红外/深度视频数据、温湿度、声音和二氧化碳浓度数据，为畜禽健康监测提供大量的数据支持。与轨道式巡检机器人相比，该机器人灵活性更强，更简单易用和节省成本。

（六）生猪健康养殖智能化监测预警平台

该平台是基于物联网、云计算、大数据等技术的智能化管理平台，如图 6 所示。该平台通过自主研发的新型边缘智能感知设备、猪只健康巡检机器人对生猪的生理、生长、环境等多方面进行实时监测，并结合数据分析、人工智能等技术，提供精准的预警和建议，帮助养殖户及时发现问题并采取措施，从而避免疾病的传播和发生，提高生猪的生产效益和市场竞争力。

图 4　轨道式猪只健康巡检机器人　　　图 5　地面行走式猪只健康巡检机器人

 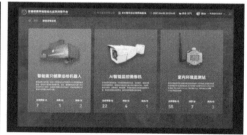

图 6　生猪健康养殖智能化监测预警平台

三、适宜区域

该技术适宜推广的区域包括全国各地的规模化养殖场以及家庭农场。

四、注意事项

一是该技术主要推广的内容为生猪生理生长信息感知装备，实现养殖场生产场景智能监测、预警，对猪只运动、体温等生理指标进行监测，根据大数据进行健康预警。在技术推广过程中，存在因为基层养殖场基础设施差、网络覆盖低等问题，也存在由于产业性质导致的基层工作人员对项目接受度较差、学习积极性不高等问题，需要项目组和有关参与单位共同去面对和克服。

二是养殖行业是一个传统行业，多年来一直依靠较多的人力，养殖场企业和许多基层饲养管理员对智能设备的了解程度不足，对养殖信息化有诸多顾虑及不信任，导致在技术推广过程出现种种问题。这些都需要我们对技术不断地进行推广，并且用效果来说服养殖企业和饲养管理人员，需要重复的演示和培训让他们相信该技术能切实帮助他们解决生产上的问题。

技术依托单位

华南农业大学

联系地址：广东省广州市天河区五山街道五山路483号

邮政编码：510642

联　系　人：肖德琴

联系电话：13794412658

电子邮箱：deqinx@ scau. edu. cn

农业 AI 大模型人机融合问答机器人服务技术

一、技术概述

（一）技术基本情况

国家《数字乡村发展战略纲要》指出，利用人工智能等新一代信息技术，建设农业科技信息服务平台，鼓励技术专家在线为农民解决农业生产难题。

针对"互联网+"环境下农业生产技术咨询需求大而专家资源不足，以及单纯人工智能问答无法面对复杂农业生产问题的难题，开展创新性研究，构建了农业 AI 大模型人机融合问答技术及服务机器人系统平台。通过类人类语言交互的方式，针对常规咨询问题提升机器人回答智能性，针对难点问题适时无缝接入专家指导，高效解决大量农业用户的生产实际问题，实现农业科技及专家资源与生产需求的智能、全面、有效对接。

相关技术获全国农牧渔业丰收奖一等奖、神农中华农业科技奖、梁希林业科学技术奖等省部级奖励 3 项，获得发明等专利 16 项，发表论文 16 篇，出版咨询书籍 10 部，获软件著作权 15 项、商标 1 项。经农业农村部科技成果评价机构评价，技术达到国内领先、国际先进水平。2020 年入选北京市农业主推技术。

该技术以农业技术知识咨询问答机器人硬件及软件平台的形式，以北京 80 多个园区基地专业村示范应用为核心，面向全国 10 多个省（区、市）推广。相关技术专利转化等经过北京市技术市场登记认定相关合同 34 项，转化金额 1 200 多万元。

（二）技术示范推广情况

该技术以"农科小智"为品牌（图 1、图 2），根据不同应用场景特点和需求，进行技术资源定制和专家定制，以农业信息智能咨询服务硬件机器人和软件机器人两大类形式进行应用推广，提供技术咨询及专家指导 600 多万人次，实实在在解决农业生产实际问题 2 万多个，缓解了农业专家供需矛盾，为农业高质量发展提供了科技支撑（图 3 至图 6）。

1. 技术系统在京郊 80 多个农业园区基地专业村等提供全天候、一对一、智能化技术咨询和专家指导，入选北京市农业主推技术进行推广

目前已经在北京市平谷区、大兴区、密云区、顺义区、房山区等 80 多个蔬菜、果树、特色农产品生产基地应用，如大兴区贾尚精品果园、门头沟区益农缘生态合作社、延庆区北京茂源广发蔬菜合作社等。开展培训 1 000 多人次，推广传播农业品种、技术、产品 150 多项，通过技术成果应用示范和周边带动，促进了果树、蔬菜等新品种、轻简化、减量化生产新方法等先进农业科技成果的生产应用落地，成效明显。2020 年入选北京市农业主推技术进行推广。

2. 技术系统在 10 多个省（区、市）应用，获得全国农牧业渔业丰收奖一等奖

技术系统通过全国 12316 "三农"服务平台、中国银联乡村振兴卡、百度问答等大型平台进行了应用推广，并为西藏、云南、新疆等 10 多个省（区、市）农户提供技术咨询服

图1 "农科小智"桌面机器人　　　图2 "农科小智"人形机器人

务。众多农业用户在机器人系统长期咨询互动辅助下，已成为当地的土专家，并走上生产致富道路。如北京房山香椿种植户史德忠通过技术咨询并对接香椿古树鉴定专家，树立了乡村特色品牌；四川桃树种植户李代伟成为当地种植能手等。全国多地用户通过发朋友圈、留言、点赞转发等方式对系统给予肯定并口碑相传。被《农民日报》、首都之窗、中国农业科技新闻网等全国及省市媒体网络关注报道。如首都之窗报道"农业智能咨询机器人推动农业信息化向智能信息化方向发展"，《三秦都市报》报道"'农科小智'问啥都知道"等，促进了首都农业科技服务品牌影响力提升。2022年，获得全国农牧业渔业丰收奖农业技术推广成果奖一等奖。

（三）提质增效情况

1. 通过定制化技术及专家服务，解决田间技术问题能力明显提升

该机器人系统通过技术定制化服务，并利用 AI 大模型融合专家服务优势，全天候提供日常管理技术咨询的同时，根据需要实时视频连线专家解决生产难题，实实在在解决了生产中各类问题，问题解决率较一般信息服系统提升了 3 倍，用户反馈调查满意率达 96.5%。

2. 将智能问答服务和专家指导送到田间地头，节本减损作用明显

该机器人系统成本在 2 000 元左右。通过 AI 大模型人机融合问答，能为园区节省技术人员至少 1 名，年均降低劳务成本 10 万左右。尤其在减少生产损失方面效益明显。如帮助陕西企业解决 300 万袋白灵菇畸形问题，增加效益 150 多万元；为河南大户解决 200 亩小麦赤霉病问题，挽回损失 10 多万元；帮助黑龙江基地解决 60 个大棚病害问题，挽回损失 30 多万元等。

3. 注重绿色高效技术集成和推广，应用园区基地效益提升明显

该机器人系统围绕当前园区基地高质量发展需求，注重绿肥循环利用、病虫害绿色防控技术、高效轻简化果蔬栽培、高效果园建设、水培蔬菜技术等绿色高效安全生产技术的应用和推广。如在门头沟区妙峰山镇大沟村果园，京白梨种植面积较大，但由于疏于管理、病虫害严重，产量、品质下降明显，市场果品竞争力弱。对此，给予了果树技术咨询和专家指导。即对大树、衰老树以恢复树势，复壮枝组，延长结果年限为目标进行修剪技术指导；对

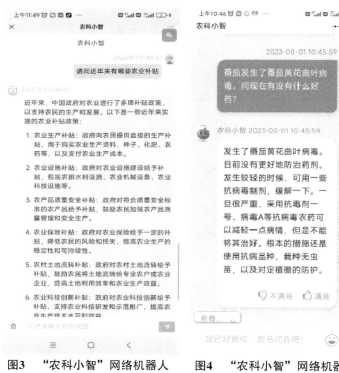

图3 "农科小智"网络机器人
AI大模型咨询应答

图4 "农科小智"网络机器人
常见专业技术问答

图5 "农科小智"网络机器人
难点问题与专家音视频通话咨询

图6 根据不同产业类型的技术需求进行资源定制（部分）

幼树，以整好形，培养好骨架，促发分枝，扩冠促枝早结果为宗旨进行示范修剪技术指导。同时提供梨树病虫害周年绿色防控，以及有机质培肥、绿肥循环利用等技术指导。促进了京白梨品质及外观明显改善，增产 150 余千克，第二年增收 154 万元。

该机器人系统注重资源节约型生产技术集成，保护资源和生态环境。顺应农业可持续发展需求，推广农业集约化、工厂化、水肥一体化等资源节约型技术，促进节水、节肥、节药技术应用。推广的蔬菜集约化育苗、工厂化番茄生产技术，平均年产量增加 1.6 倍，水肥利用率显著提高，肥料投入成本降低了 38%；推广的水肥一体化技术亩节水 80~120m³，节肥 20% 以上，增产 15%~24%；推广病虫害生物防治、绿色防控技术，减少施药次数和施药量达 50%，有效降低了农业面源污染。

（四）技术获奖情况

该技术荣获 2022 年全国农牧渔业丰收奖农业技术推广成果奖一等奖，2020—2021 年度神农中华农业科技奖科学研究类成果三等奖 1 项，以及 2020 年梁希林业科学技术奖三等奖 1 项。入选 2020 年北京市农业主推技术。

二、技术要点

利用大语言模型及农业领域词林知识库训练，同时应用人机融合技术，针对通用聊天对话实现类人类交互应答，针对常见农业生产问题实现专业、智能回答，针对难点问题实现了一键找专家远程视频咨询，解决了单纯人工智能技术无法解决复杂生产实际问题，以及农业专家资源产业服务供给不足的问题（图 7）。

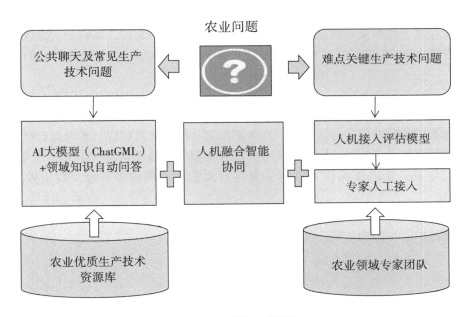

图 7　总体技术框架

（一）基于大语言模型的机器人通用聊天对话，实现类人类思考应答

该机器人的人机对话包括通用聊天模式和专业咨询模式。在通用聊天模式，应用大语言模型，使得机器人实现了此前的语言模型难以实现的功能，包括可以结合上下文进行咨询意图理解，多轮对话拟人交谈，谈论主题预测推理和内容生成等，人机对话更接近人类反应。

（二）基于农业词林及知识库训练的机器人专业技术问答，保障技术服务的专业性和智能性

该机器人的专业咨询模式的咨询功能是在大语言模型结合领域语料词库和知识库训练实现。通过构建农业技术会话语义词林，形成农业对象本体 128 个，农业领域词 6.9 万个，语义关系 33.7 万组，为机器人能读懂农业语言提供了重要的语义环境基础；对 43 万组问答案例与专家知识进行重构复现与训练，实现问答准确率达到 91.2%，可解决用户 90% 的常规问题。

（三）基于人机融合的机器人一键找专家，提升机器人的实用性及解决问题的有效性

该机器人应用了人机融合技术，针对通用聊天、田间常见问题提供系统自动应答，针对系统无法回答的难点问题，提供一键找专家功能，帮助用户与专家进行远程视频咨询交流，获取专家人工指导。系统集成领域专家资源 200 余名，覆盖蔬菜、果树、花卉、作物、农产品加工、农业经济等领域，形成"系统智能问答+专家咨询指导"的服务模式，解决生产实际问题的用户满意率达 96.5%。

三、适宜区域

适宜于以蔬菜、果树及家畜家禽为种植养殖对象的园区基地合作社及专业村。机器人系统底层具有 100 多个种植养殖对象技术体系知识集、200 多个领域专家资源，能覆盖大多数种植对象技术需求。

适宜于农业科普场馆及乡村旅游园区访客互动和农业知识科普。该机器人系统集成了大量农业科普视频及知识，通过 AI 大模型智趣对话，农业专业技术及知识传播趣味性明显增强。

四、注意事项

一是技术系统使用时可进行技术定制和专家定制，应用效果最好。系统具有强大的定制功能。为了提供更加具有针对性的技术服务，最好根据应用场景主导产业类型，进行个性化的技术和专家定制。这样能提供更具有针对性的成套技术和指导专家，应用效果也更加明显。

二是技术系统的使用需要具备无线网络条件。连接环境 Wi-Fi，或者是个人手机热点，都可以进行功能正常访问和使用。

技术依托单位
1. 北京市农林科学院数据科学与农业经济研究所
联系地址：北京市海淀区板井曙光花园中路 9 号
邮政编码：100097
联 系 人：罗长寿
联系电话：13683248103
电子邮箱：luochangshou@163.com

2. 北京智农天地网络技术有限公司

联系地址：北京市海淀区板井曙光花园中路9号

邮政编码：100097

联 系 人：李　刚

联系电话：15910700151

电子邮箱：lig@ agri. ac. cn

3. 河北省白洋淀国家农业科技园区

联系地址：河北省雄安新区安新县安新镇刘庄村

邮政编码：070001

联 系 人：赵振杰

联系电话：15512261666

电子邮箱：zhaozhenjie@ 163. com

4. 西藏自治区昌都市农业技术推广总站

联系地址：西藏自治区昌都市卡若区昌都西路邦达街社区325号

邮政编码：854000

联 系 人：泽仁顿珠

联系电话：13908959588

重大引领性技术

大豆苗期病虫害种衣剂拌种防控技术

一、技术概述

（一）基本情况

培育健苗是大豆高产稳产的基础，然而大豆苗期普遍受到以根腐病为主的多种土传种传病害，以及地下害虫、蓟马和叶蝉等害虫的为害，导致出现出苗率低、幼苗死亡、植株早衰等问题，限制品种的潜力表现，制约大豆单产水平的提升。该技术采用防治主要病原卵菌（疫霉、腐霉等）与真菌（镰孢菌、丝核菌、拟茎点霉等）以及苗期害虫的复合悬浮种衣剂，配套不加水、快速简便的"干式拌种法"（图1），可提前拌好或随拌随播，适宜各种播种方式，成本低，安全性高，不影响种子出芽率和出芽时间，促进苗齐、苗全、苗壮（图2），同时降低了中后期农药的施用量与施用次数。

图1　经悬浮种衣剂不加水拌种的大豆　　　图2　拌种的大豆出苗整齐、长势良好

（二）示范情况

该技术依托国家大豆产业技术体系、农业农村部大豆病虫害防控重点实验室、国家重点研发计划等平台或项目，近年来在东北春大豆区的黑龙江、内蒙古、吉林等省（区），黄淮海夏大豆区的江苏、安徽、山东、河南、河北等省，南方多作大豆产区的四川、广西、云南、江西、福建、海南等省（区），以及西北旱作大豆产区的新疆、宁夏、甘肃等省（区）进行了大面积示范推广，促进了大豆绿色增产、农民增收。

（三）提质增效情况

与"白籽下地"的常规播种方式相比，大豆苗期有效株数提高30%以上，根腐病等病虫害发生率下降60%以上，农药施用量降低20%以上，增产10%以上。近5年在安徽省宿州市等地开展的以种衣剂拌种为核心的大豆病虫害综合防控试验中，示范区比周边农户自防区大豆增产32%～45%，2023年在30个百亩以上示范田（共计7 414亩）实现平均亩产220kg，为安徽省平均亩产的两倍。2023年，技术支持黑龙江省对28个发生大豆根腐病的主要县（市、区）统一实施种衣剂拌种（503万亩），病害发生面积比2022年下降了

76.3%，发病程度大幅度减轻，每亩增产大豆15kg以上。

相关技术成果曾获第十届大北农植物保护奖（2017年）、黑龙江省科学技术进步奖二等奖（2017年）、江苏省农业重大科技进展（2021年）、福建省科学技术进步奖一等奖（2022年）、神农中华农业科技奖一等奖（2023年）等科技奖励，入选农业农村部农业主推技术（2022年和2023年）、山东省农业主推技术（2022年）、安徽省农业主推技术（2023年）、"十三五"国家重点研发计划农业重点专项推介成果（2021年）等。

二、技术要点

（一）种子筛选

做好品种抗性鉴定，选择抗耐疫霉和镰孢根腐病、拟茎点种腐病等病（虫）害的大豆品种。做好种子的清选、精选及带菌检测（疫），严格选用未见病斑和霉腐的优质种子。

（二）种衣剂选择

选用含精甲霜灵·咯菌腈等成分的悬浮种衣剂兼防卵菌和真菌复合侵染引起的大豆根腐病等病害。地下害虫、蓟马和叶蝉等害虫发生严重的地区，可添加含噻虫嗪等成分的悬浮种衣剂一起拌种。选用在大豆上取得国家农药登记的正规产品。

（三）拌种方法

严格按照药剂说明书，足量（但不过量）用药。以6.25%精甲霜灵·咯菌腈悬浮种衣剂为例，每千克种子拌3~4mL药剂；防虫可再添加30%或48%噻虫嗪悬浮种衣剂2~3mL。种衣剂不必加水稀释，每千克种子使用悬浮种衣剂的总剂量控制在4~8mL。根据播种量使用拌种机（图3）、干净容器或塑料袋（膜）进行拌种；拌种过程控制在1min内，避免种皮潮湿膨胀后由于过度机械搅拌而受损。可按需提前拌好或随拌随播，拌好的种子在阴凉处摊开晾干后装入透气的袋子中备用（图4）。

图3 使用拌种机对种子进行"干拌"　　图4 拌好的种子在阴凉处摊平晾干

（四）播种方式

拌种后的大豆种子可使用播种机（器）或人工等播种方式进行播种。机播时注意种子与排种器的适配情况，可酌情使用滑石粉等促进排种。

（五）全程管理

大豆生长期及时监测病虫害的发生情况，初花期前后和结荚鼓粒期可酌情喷施含吡唑醚菌酯、苯醚甲环唑、嘧菌酯等成分的杀菌剂和含噻虫嗪、氯虫苯甲酰胺、高效氯氟氰菊酯等成分的杀虫剂，结合叶面肥进行"一喷多防"，预防中后期病虫害引起的大豆早衰等问题。

宜利用高杆喷雾机或植保无人机进行防治。

三、技术研发单位

1. 南京农业大学

联系地址：江苏省南京市玄武区卫岗 1 号（210095）

联 系 人：王源超　叶文武

联系电话：13815882576　13770681681

电子邮箱：yeww@ njau.edu.cn

2. 黑龙江省植检植保站

联系地址：黑龙江省哈尔滨市香坊区珠江路 21 号（150036）

联 系 人：焦晓丹

联系电话：15045070211

电子邮箱：15045070211@ 163.com

3. 安徽省农业科学院植物保护与农产品质量安全研究所

联系地址：安徽省合肥市庐阳区农科南路 40 号（230001）

联 系 人：赵　伟

联系电话：17755107511

电子邮箱：bioplay@ sina.com

四、技术集成示范单位

1. 南京农业大学

2. 安徽省农业科学院

3. 山东省农业科学院

4. 海南大学

5. 四川农业大学

6. 全国农业技术推广服务中心

7. 黑龙江省植检植保站

8. 内蒙古自治区农牧业技术推广中心

9. 安徽省植物保护总站

10. 四川省农业技术推广总站

11. 河南省植物保护检疫站

12. 江苏省植物保护植物检疫站

13. 山东省农业技术推广中心

14. 福建省植保植检总站

五、示范工作计划

2024 年该技术将继续依托国家大豆产业技术体系、农业农村部大豆病虫害防控重点实验室等平台，以及主持实施的国家重点研发计划"重大病虫害防控综合技术研发与示范"重点专项的"大豆重要病虫害演替规律与全程绿色防控技术体系集成示范"等项目，在农业农村部等有关部门的指导下，联合各级农技推广部门和参加项目的有关科研单位与龙头企业等，以大豆苗期病虫害种衣剂拌种防控技术为核心，因地制宜集成示范北方春大豆全程绿色防控技术体系、黄淮海夏大豆全程绿色防控技术体系、南方多作大豆全程绿色防控技术体系，保障我国实施大豆大面积单产提升工程。

玉米（大豆）电驱智能高速精量播种技术

一、技术概述

（一）基本情况

1. 技术研发推广背景

俗话说"七分种，三分管"。优质高效单粒精量播种是实现大豆和玉米苗齐、苗全、稳产、高产的重要保证。传统地轮驱动式播种机在高速作业时存在因地轮打滑、链条跳动等造成漏播率急剧增加、粒距均匀性显著变差，以及播深不一致、"大小苗"等问题，严重影响大豆、玉米单产水平。

该技术成果创新气力式高速精量排种技术、基于电机直驱的排种器新型驱动方法、播种作业速度实时检测技术、排种器转速自适应调控算法、播种质量参数精准监测技术、预充种技术、播种自动导航技术等，研发了播种机智能控制系统，创制了智能化电驱动精量播种装备，集成了玉米（大豆）精量播种农机农艺技术，通过编码器、雷达、卫星等先进测速技术获取播种机前进速度，通过人机交互终端快速设置目标粒距，并基于随速控制模型控制电机转动实现粒距的准确控制，实现了播种质量和作业效率的协同提升。同时作业参数可实时监测、执行机构可在线调控，实现了播种作业效果的可视可控可调，为大豆、玉米大面积单产提升提供了先进实用技术和高端智能装备支撑。

2. 解决的主要问题

该技术解决了传统播种机利用塔轮调节粒距难、粒距范围覆盖不全；解决了传统地轮驱动播种机因传动轮滑移造成粒距一致性差的问题；解决了传统地轮驱动播种机速度慢、效率低的问题。该技术大大提高了播种效率和质量，改善了现有播种机无法满足用户高质高效、便捷操作需求的矛盾。

（二）示范情况

该技术在东北春大豆、春玉米一熟区的黑龙江、吉林、辽宁、内蒙古，以及黄淮海夏大豆夏玉米两熟区的山东、河北、河南等省（区）的种粮大户、专业合作社、家庭农场等新型农业经营主体开展了示范推广，取得了明显成效。

（三）提质增效情况

前期应用示范结果表明，该技术的应用将大幅提升东北和黄淮海地区玉米（大豆）智能化作业水平，提高播种作业质量和效率，减少人工劳动力成本投入，对玉米（大豆）大面积提高产量有积极作用。具体提质增效表现如下：

1. 降低操作难度

传统地轮驱动大豆玉米播种机通过安装在播种机上的塔轮进行粒距调节，该过程机手需停车，离开驾驶位，手动进行粒距调节，费时费力，且无法实现精准调节。玉米（大豆）智能电驱动高速精量播种技术通过智能人机交互终端进行输入设置调节粒距，不受塔轮机械传动比限制，粒距可实现快速无级调节，简化粒距调节过程，降低了调节过程人力和时间成本。同时极大简化播种机操作步骤，改善机手操作环境，优化播种操控流程，降低推广应用难度，提高玉米（大豆）电驱动精量播种技术的用户接受度。

2. 提高作业效率

该技术突破传统播种机 8km/h 的速度限制，可在 12km/h 以上速度实现高质量播种作业，作业效率提升 50% 以上，单位面积燃油消耗减少 20%，能够有效减少作业时长，争抢农时，保证适期播种，为提高产量打下坚实的基础，同时也有效降低拖拉机尾气排放对环境的污染。

3. 实现增产增收

与常规播种机相比，玉米（大豆）电驱动精量播种技术避免了地轮打滑、机械振动等对播种粒距一致性的影响，精准控制播种粒距，防止重播、漏播，播种粒距合格率可提高 7~10 个百分点，显著提升了大豆、玉米出苗整齐度和群体分布均匀性；预充种功能可在作业前将排种器充上种子，下地即可正常播种，避免地头漏播，进一步提高播种质量；可实现亩增产 10% 以上。

4. 促进产业升级

智能控制以及电驱技术可提高播种机整机性能，显著增加播种机附加值，促进播种机行业产品迭代升级，为企业创造可观的经济效益，为大豆、玉米产业发展提供高端播种装备。同时加快黑龙江垦区等地区高端智能播种机国产化替代，减少对国外农机化技术装备的依赖，促进我国农机装备产业链条自主安全可控。

二、技术要点

玉米（大豆）电驱智能高速精量播种技术使用电驱动气力式精量播种机，融合了启动时补偿预充种、气力电驱动排种、粒距随速控制、播种作业监测、人机交互、自动导航等技术，以及农机农艺融合技术，实现播种粒距、智能监测和人机交互，实现高质高效播种。

1. 品种选择与处理

选择经国家或地方审定的适宜当地气候条件的耐密抗逆、稳产高产品种。电驱气力式高速精量播种重漏播少，单粒率高达 95% 以上，为使播下的每粒种子都能够最终成苗结穗，需要对种子进行精加工处理，包括包衣、分选和分级，以保障种子的净度和纯度，发芽率在 95% 以上并具有较强的发芽势。

2. 人机交互智能操作

配套高清触控终端，显示清晰，触控灵敏，抗震抗尘，适合复杂农田环境使用；智能电驱动专用控制软件，主界面具有单行播种状态显示、播量动态显示、作业面积统计、一键快速预充种等关键状态显示和操作功能；还具有播种量智能无级调节、作业参数快速设置、播种量查询等功能。播种时，先根据当地种植模式调整种植行距，再在人机交互显示屏幕上设置株距，作业过程中排种速度与播种机作业速度精准匹配，实现播种粒距的无级精准调控来满足播种密度的需求。

3. 启动时预充种

针对播种作业地头启动阶段因排种器未充种和测速延迟，易造成作业启动段断苗缺种、粒距不一致的问题，采用启动补偿控制技术，在地头起步阶段由电机驱动排种盘按照设定的排种数量目标匀速转动一定的角度，实现种子在种盘上的预吸附，在达到种子脱离排种盘的临界点时停止转动，实现预充种功能，保证起步阶段粒距均匀，避免地头起步阶段的漏播。

4. 电驱动气力式高速排种

采用小功率直流无刷电机和齿轮齿圈减速机构沿周向驱动种盘，降低对电机扭矩和功率需求，提高排种盘瞬间加、减速运行平稳性以及高速运转稳定性，提升高速作业条件下排种粒距均匀性，同时为各播种单体独立调控奠定基础。采用机械促充、多点位清种、同点位投种相结合的方法，在充种区由机械拨指扰动种群，有效提高充种性能，降低漏播；在清种区采用双侧多点位清种机构精准清种，减少重播；在投种区采用直线推种机构使落种点保持一致，提升落种均匀性；实现在高速作业条件下单粒精量排种（图1）。

5. 粒距随速自适应调控

电驱智能精量播种机构建了排种器驱动电机转速与播种机前进速度的动态匹配数学模型与PID闭环控制方法（图2），实现排种器转速和播种机前进速度的实时精准匹配，保证播种粒距的均匀一致。在东北春播时前茬秸秆已经腐烂，适宜的播种速度为10~12km/h，在黄淮海地区由于存在大量的小麦秸秆根茬，作业速度应控制在8~10km/h为宜。大豆播种深度为3~4cm，玉米播种深度为5~8cm，具体要依据播种作业时的土壤墒情来进行调整。

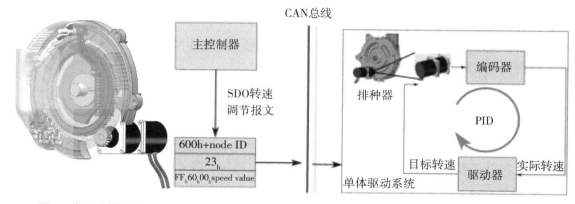

图1　电驱式排种器　　　　　　图2　排种器转速自适应调控方法

6. 播种质量参数精准监测

采用编码器、GNSS接收器、毫米波雷达相结合的方式获取播种机前进速度，低速时采用编码器测速，高速时自动切换至GNSS或毫米波雷达测速，实现任意作业速度的实时在线精准检测。同时，采用激光或微波雷达监测方法，利用激光较强的穿透性及微波较强的抗灰尘能力，对落入导种管内的种子进行准确识别；采用定时器输入捕获的信号采集方法，实现对合格指数、漏播指数、重播指数和变异系数等参数的在线精准监测。播种量统计误差≤0.2%，电机故障识别准确率≥99%。

7. 自动导航播种

构建基于北斗和GNSS精准定位的自动导航系统，通过高精度实时定位实现直线播种，采用线控底盘实现导航控制，从而按照规划的最优路径播种和转弯，提高土地利用率，并为后续田间管理和收获作业提供了便利条件（图3至图5）。

图3　玉米（大豆）电驱智能高速精量播种技术集成

图4　适宜东北地区的大型电驱智能
高速精量播种机

图5　适宜黄淮海区的免耕电驱智能
高速精量播种机

8. 播后田间管理

播种后应适时喷洒除草剂进行防控草，如果封闭效果欠佳，则在出苗后的2~3叶期要再次及时喷施除草剂。干旱条件下还应及时浇水补墒，以保障出苗率和整齐度。

三、技术研发单位

1. 中国农业大学
2. 北京市农林科学院智能装备技术研究中心
3. 潍柴雷沃智慧农业科技股份有限公司

四、技术集成示范单位

1. 农业农村部农业机械化总站
2. 中国农业大学
3. 北京市农林科学院智能装备技术研究中心
4. 潍柴雷沃智慧农业科技股份有限公司

五、示范工作计划

2024 年技术集成示范活动的初步计划安排如下：

（一）建立集成示范基地

拟在东北黑龙江、内蒙古，以及黄淮海山东、河南等地总计建立 15 个高标准示范基地，每个示范基地示范面积不少于 200 亩，合计示范面积不少于 3 000 亩。

（二）开展对比试验

开展玉米（大豆）传统精量播种技术与电驱智能高速精量播种技术对比试验，测定不同技术下的播种粒距合格指数、重播指数、漏播指数、变异系数，并进行实收测产，验证该技术及配套机具的经济性、可靠性、作业质量等指标。

开展技术集成熟化，结合当地农艺，与种肥药精准播施技术配套，结合当地农业生产条件，加快技术集成应用，形成玉米（大豆）电驱智能高速精量播种全程机械化生产模式和作业技术规范。

（三）组织集成示范活动

拟在内蒙古、山东分别举办 2 期较大规模的玉米（大豆）电驱智能高速精量播种技术集成示范活动，组织东北地区、黄淮海地区玉米（大豆）生产省份和重点县农机管理、推广等部门技术人员，以及当地种植大户参加，现场电驱高速免耕播种技术作业演示，培训操作技术要点，实地查看作业质量和出苗效果，宣传技术成效，促进技术应用。

小麦条锈病分区域综合防治技术

一、技术概述

（一）基本情况

小麦条锈病是小麦生产上的重大病害，发生范围广、流行成灾频率高，对小麦生产具有毁灭性为害（图1）。病菌可借高空气流进行远距离传播，其有效防控是长期的国际难题。中国是世界上小麦条锈病发生面积最大、为害损失最重的国家。新中国成立以来，小麦条锈病每年都有不同程度的发生，重发年份发病面积超过8 000万亩、损失小麦20亿kg以上，特别是1950年、1964年、1990年、2002年、2009年、2017年和2020年发生7次全国性病害大流行，共计损失小麦140亿kg以上。

图1 小麦苗期（左）和成株期（右）条锈病为害示例

党和政府历来高度重视小麦条锈病的防控工作，早在1964年周恩来总理就对条锈病研究与防治工作作出重要指示。经过全国农业科技工作者的长期协同攻关，1986年完成了"中国小麦条锈病的流行体系"研究，初步揭示了病害越冬、越夏和菌源传播的大区流行规律，在一定时期内对指导病害的防控发挥了重要作用。然而，小麦条锈病的发生具有长期性、复杂性、流行性和变异性等特点，受当时研究条件和技术手段的限制，有许多科技问题仍需深入研究解决。一是病菌核心菌源基地的范围与作用尚不清楚；二是小麦品种抗锈性和病菌毒性变异规律知之甚少；三是小麦条锈病区域性综合防治技术体系不健全。其结果是自20世纪90年代以来，小麦条锈病在我国发生5次全国性大流行，如1990年病害发生面积9 850万亩，防治后仍造成26.5亿kg的小麦损失，相当于1 500万人一年的口粮。21世纪初，时任的国务院总理和副总理多次对条锈病防控工作作了重要批示，强调"要采取综合治理措施，寻求治本之策，实施小麦条锈病长效治理战略"。

针对我国小麦条锈病频繁流行成灾的严峻形势以及上述悬而未决的三大科学问题，全国有关科研、教学和推广单位开展大协作，在国家行业科研专项、重点研发计划项目、小麦产业技术体系项目等一系列国家重大科技计划支持下，对我国小麦条锈病综合防治技术进行了长期系统研究，取得了重大创新与突破：

（1）查明了中国小麦条锈病菌源基地的精确范围、关键作用及其区间菌源传播关系，建立了病害大区流行异地测报技术。

（2）揭示了菌源基地病菌毒性和品种抗病性变异规律与成因，提出应对策略与措施。

（3）制定了中国小麦条锈病区域治理策略，创建了综合防治技术体系。

（二）示范情况

采取边研究、边示范、边改良、边推广的方式进行技术集成与示范应用。2003—2008年重点是试验示范单项防病技术；2009年开始集成小麦条锈病菌源基地综合治理技术体系并进行较大规模的试验示范；2015年开始在我国甘肃省、四川省等小麦条锈病菌源基地大面积推广应用；2021年开始试验示范病害区域性综合防治技术体系。

1. 主要措施

（1）建立试验示范基地，展示菌源基地综合治理技术的防病保产效果。

（2）举办多种形式的防控现场会和技术培训班，提高农户认知水平和接受程度。

（3）采取政府主导、行政推动的运行机制，扩大技术应用规模。

（4）在病害发生防治关键时期，组织专家深入田间地头指导农民科学防控。

（5）利用多种媒体和途径进行技术宣传，提高技术普及率。

2. 应用效果

（1）小麦条锈病菌源基地综合治理技术体系推广应用，平均防病效果90%，保产效果十分显著。例如，2015—2017年在甘肃省、四川省两省推广应用8 869万亩，挽回小麦损失19.32亿kg，新增利润38.63亿元。

（2）据全国农业技术推广服务中心统计测算，在病害一般发生年份，全国小麦条锈病防控植保贡献率在3.5%以上，每年挽回小麦损失45亿kg以上。

（三）提质增效情况

1. 经济效益巨大

小麦条锈病菌源基地综合治理技术体系的推广应用，有效压低了菌源数量，显著降低了黄淮海主产麦区病害流行频率和为害程度，每年多挽回小麦产量损失20亿kg以上、增收节支30亿元以上，有力地促进了小麦生产稳定发展，为保障国家粮食安全作出了重要贡献。

2. 社会效益突出

（1）该项目已出版著作8部、发表论文300多篇，他引频次2 175次，其理论与技术创新促进了植物病理学科发展，为国内外研究和防治其他植物气传病害提供了科学典范。

（2）农业农村部种植业管理司应用证明。该项目为农业农村部制定和发布《小麦条锈病中长期治理指导意见》《加强小麦条锈病越夏区综合治理》《小麦条锈病菌源区精准勘界工作方案》等文件提供了重要的决策依据和科技支撑。

（3）国家农作物品种审定委员会和全国农业技术推广服务中心应用证明。该项目制定的《小麦抗条锈病评价技术规范》（NY/T 1443.1—2007）、《小麦区域试验品种抗条锈病鉴定技术规程》（NY/T 2953—2016）农业行业标准，为国家小麦区域试验品种抗条锈病鉴定评价提供了规范化和标准化技术手段，对小麦抗条锈病育种发挥了积极的推动作用，大大提高了抗病育种效率，为保障国家小麦生产安全和粮食安全作出了重要贡献。

（4）项目印发《小麦锈病发生与防治彩色图说》《小麦病虫防治技术彩色挂图》《小麦条锈病综合治理挂图》等 5.8 万份（册）以及技术资料和明白纸 18.2 万份，组织防控现场会 143 次，举办防控技术培训班 138 次，培训技术人员和高素质农民 11.62 万人次；同时，该技术主要研制人员在 CCTV、《人民日报》、新华网等多种媒体上宣传相关技术，提高了广大农民的防病技术水平和操作技能，促进了科学技术的普及，提高了农户的种粮积极性。

3. 生态效益显著

小麦条锈病菌源基地主要集中在西部贫困山区，抗病高产品种、高效替代作物等关键防病技术的推广应用，既解决了这些地区粮食供给问题，又保护了西部地区自然生态环境，减少了化学农药用量和农业面源污染，保障了农田生态安全。

二、技术要点

采取"以综合治理西部高寒越夏易变区为关键、持续控制中西部低山盆地冬季繁殖区为重点和全面预防黄淮海平原春季流行区为保证"的小麦条锈病区域治理策略。

（一）核心技术

在查明小麦条锈病区间菌源关系和生态病理学特点的基础上，成功研制出抗病品种、退麦改种、适期晚种、作物间作套种、自生麦苗清除、秋播药剂拌种、春季带药侦查、打点保面和穗期达标统防等关键技术，按区域进行集成、组装和配套，创建了以生物多样性利用为核心的小麦条锈病区域性综合防治技术体系。

1. 越夏易变区综合防治技术

越夏易变区是全国小麦条锈病综合防治的重中之重，主要包括甘肃省陇南市、天水市、定西市、临夏回族自治州、平凉市、庆阳市、甘南藏族自治州，宁夏回族自治区固原市，青海省海东市、西宁市、海南省农区，陕西省宝鸡市，新疆维吾尔自治区伊犁哈萨克自治州、阿克苏地区、喀什地区，云南省昆明市、玉溪市、曲靖市、大理市、丽江市，贵州省毕节市、六盘水市、遵义市，四川省甘孜藏族自治州、阿坝藏族羌族自治州、凉山彝族自治州、攀枝花市等地，小麦常年种植面积约 2 000 万亩。主要技术措施是"两种（zhǒng）两种（zhòng）"技术体系（图2）。"两种（zhǒng）"是指抗锈良种和药剂拌种，即在小麦条锈病菌源基地山上（越夏区）、山下（越冬区）有意识地种植具有不同抗条锈病基因的中梁系、天选系、兰天系、中植系小麦品种，构筑条锈菌侵染循环的双重遗传屏障，抑制病菌变异，对于苗期感病、成株期抗病的小麦品种如中梁 26 号、兰天 17 号、兰天 21 号等，小麦秋播时选用 30% 戊唑醇悬浮剂、3% 苯醚甲环唑可湿性粉剂、12.5% 烯唑醇可湿性粉剂等高效内吸性杀菌剂进行药剂拌种（或包衣），压低菌源数量。"两种（zhòng）"指退麦改种和适期晚种，即在小麦条锈病核心菌源区（陇中南海拔 1 500~1 800m 地区）扩种地膜玉米、地膜马铃薯、喜凉蔬菜等高经济效益作物，压缩小麦种植面积，并在小麦播种适期范围内尽量晚播、避免早播。实践证明，该技术措施可有效控制小麦条锈病菌源基地的秋季菌源数量，具有明显的"控点保面、控西保东"的作用。

2. 冬季繁殖区综合防治技术

冬季繁殖区是降低全国小麦条锈病大面积流行强度的关键防治区域，主要包括四川盆地，湖北省江汉流域，陕西省汉中市、安康市，河南省信阳市以及南阳市、驻马店市部分地区，云贵低山、河谷、山坝和平原地区，小麦常年种植面积约 3 000 万亩。主要技术措施是

图2　小麦条锈病越夏易变区综合防治技术

"两种一喷"技术体系（图3）。一是选用抗病品种，如绵麦系、川麦系、川农系、西科系、鄂麦系、云麦系、黔麦系、豫保1号、周麦17、皖麦53等；二是药剂拌种，秋播时采用30%戊唑醇悬浮剂、3%苯醚甲环唑可湿性粉剂等高效内吸性杀菌剂进行全面药剂拌种；三是系统监测、实时预防，早春采取"带药侦查、打点保面"措施，发现一点、控制一片，发现一片、控制全田，防止病害扩散蔓延，达到"压前控后、控南保北"的目的。

图3　小麦条锈病冬季繁殖区综合防治技术

3. 春季流行区综合防治技术

春季流行区是春、夏季小麦条锈病防控的重点，主要包括黄淮海平原、关中平原以及长江中下游大部分冬小麦种植区，面积约2亿亩。主要技术措施是"品种+监测+统防"技术体系（图4）：一是因地制宜地选用成株抗性品种和慢锈品种，如豫麦69、新麦19、皖麦19

等成株抗病品种和百农 4199、丰德存麦 23、中麦 578 等慢条锈病品种；二是实行病害中短期监测预报和达标统防统治，在小麦拔节期明显见病（病叶率 0.5%~1.0%）或孕穗至抽穗期病叶率达 5%~10% 时，采用 5% 烯唑醇微乳剂、20% 丙环唑微乳剂、6% 戊唑醇悬浮剂、15% 三唑醇可湿性粉剂、25% 腈菌唑乳油等高效杀菌剂喷雾防治，各地可根据药源情况选用，如病情重、持续时间长，15d 后再施药 1 次。

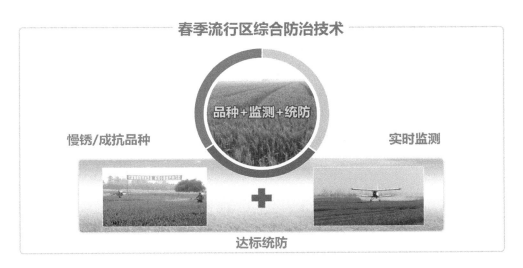

图 4　小麦条锈病春季流行区综合防治技术

（二）配套技术

1. 病害异地测报技术

根据陇南、陇中等小麦条锈病核心菌源基地的秋季菌源数量，结合全国小麦品种布局情况和气候发生趋势，预测翌年全国小麦条锈病发生面积和流行程度（表 1）。

表 1　小麦条锈病中长期发生趋势异地测报技术指标

核心菌源区秋季菌源量		全国小麦条锈病发生程度	
病田率/%	病叶率/%	流行程度	发病面积/万亩
>90.0	>5.0	大流行	>6 000
70.0~90.0	2.0~5.0	中度偏重流行	4 000~6 000
40.0~69.0	0.5~1.9	中度偏轻流行	2 000~4 000
<40.0	<0.5	轻度流行或不流行	<2 000

2. 自生麦苗防除技术

在夏季小麦收获后至秋播小麦出苗前，自生麦苗是小麦条锈菌赖以生存的越夏寄主，也是小麦条锈菌从晚熟冬、春麦向秋播麦苗转移繁衍的"绿色桥梁"，在小麦条锈菌的周年循环中起着至关重要的作用。麦收后 1 个月或休闲地自生麦苗产生菌源的关键时期（9 月中旬至 10 月下旬）进行机械翻耕耙糖，或人工深翻两次以上。

3. 作物间作套种技术

小麦不同抗病类型品种间种或混种对条锈病具有一定的防病增产作用。搭配品种要求综合农艺性状相近、生态适应性相似、抗病性差异较大。在陇南地区，兰天 6 号与兰天 13 号（3：1）、兰天 6 号与 95-108（1：3）间种，以及咸农 4 号+洮 157+863-13 或洮 157+天 94-3+咸农 4 号等比例混种，均具有较好的防病增产效果。小麦分别与蚕豆（2：6）、玉米（60cm：60cm）、马铃薯（60cm：60cm）等作物条带间套作，对小麦条锈病有一定的防控效果。

4. 小麦抗病品种（或基因）合理布局技术

筛选和培育不同抗病类型或携带不同抗病基因的小麦品种，在条锈病不同流行区有计划地进行差异化布局，可延缓病菌优势小种的产生与发展，切断病菌周年侵染循环和大区菌源传播链，对控制全国小麦条锈病发生流行具有重要作用（表2）。

表 2　小麦抗条锈病品种（或基因）布局方案

适种区域		小麦品种（抗条锈病基因）
秋季菌源基地	山区	中梁 24 号（$Yr15$）、中梁 25 号（$Yr3$）、中梁 26 号（$YrSu$）、中梁 29 号（$Yr24/26$）、中梁 32 号（$Yr+$）、天选 48 号（$Yr+$）、天选 49 号（$YrZh22$）、天选 65 号（$Yr+$）、陇鉴 9811（$Yr+$）、兰天 21 号（$Yr1, Yr9$）、兰天 33 号（$Yr+$）、兰天 36 号（$Yr+$）等
	川区	中植 2 号（$Yr5, Yr10, Yr67$）、中植 6 号（$Yr9, Yr67$）、中植 7 号（$Yr9, Yr24, Yr67$）、中植 16 号（$Yr9, Yr67+$）、陇鉴 9343（$Yr10$）、兰天 23 号（$Yr+$）、兰天 30 号（$Yr+$）、兰天 33 号（$Yr+$）、兰天 34 号（$Yr+$）、兰天 35 号（$Yr+$）、兰天 36 号（$Yr+$）等
春季菌源基地		绵麦 37（$Yr5$）、绵麦 45（$Yr+$）、绵麦 51（$Yr5, Yr26$）、绵麦 1501（$Yr78, Yr81+$）、绵麦 903（$Yr78, Yr80+$）、绵麦 1618（$Yr+$）、绵麦 285（$Yr+$）、绵麦 112（$Yr+$）、川农 30（$Yr+$）、川农 32（$Yr+$）、川辐麦 14（$Yr+$）、云麦 56（$Yr17$）、云麦 112（$Yr5, Yr9$）、滇麦 7 号（$Yr17, Yr24/26$）、鄂麦 DH16（$Yr+$）、郑麦 9023（$Yr+$）、豫保 1 号（$Yr3b, Yr4b$）等
春季流行区		成株抗病品种：豫麦 69、新麦 19、皖麦 19、百农 207、郑麦 16、郑麦 1860、郑麦 379、郑麦 1860、豫麦 34、豫麦 49、平安 658、中麦 875、中麦 895、中育 1428、西农 235、禾丰 3 号等
		慢条锈品种：百农 4199、丰德存麦 23、中麦 578、陕农 354、陕农 757、小偃 22、小偃 54、小偃 503、西农 2611、西农 979、西农 2000、鲁麦 23、晋麦 54 等

5. 小麦穗期"一喷三防"技术

喷药防治是大面积控制条锈病流行为害的应急防治手段，同时也是品种防治和栽培防治措施的必要补充。在小麦抽穗扬花期，若条锈病、赤霉病、白粉病、蚜虫等多种病虫混合发生且达到防治指标时，采取杀菌剂+杀虫剂+植物生长调节剂+叶面肥"一枪药"进行统防统治，发挥防病治虫、防早衰作用。推荐每亩用 40%丙硫菌唑·戊唑醇悬浮剂 40mL（或 48%氰烯菌酯·戊唑醇悬浮剂 50mL 或 20%氟唑菌酰羟胺悬浮剂 50～60mL）+ 2%阿维菌素 30mL（或 7.5%氯氰·吡虫啉 50mL）+磷酸二氢钾 100g+5%氨基寡糖素 750 倍液（或 0.01%芸苔素内酯 1 500～2 000 倍液）兑水 10～15L，采用电动喷雾器、植保无人机等进行统防统治。

三、技术研发单位

1. 中国农业科学院植物保护研究所

联系人：陈万权　刘太国　徐世昌

2. 西北农林科技大学

联系人：康振生　王保通

3. 中国农业大学

联系人：马占鸿　张忠军

4. 全国农业技术推广服务中心

联系人：姜玉英　赵中华　张跃进

5. 甘肃省农业科学院植物保护研究所

联系人：金社林

6. 四川省农业科学院植物保护研究所

联系人：彭云良

7. 天水市农业科学研究所

联系人：宋建荣　张耀辉

8. 甘肃省植保植检站

联系人：蒲崇建

9. 四川省农业农村厅植物保护站

联系人：沈　丽

10. 甘肃省农业科学院小麦研究所

联系人：周祥春　鲁清林

11. 云南农业大学

联系人：李成云

12. 绵阳市农业科学院

联系人：李生荣　任　勇

四、技术集成示范单位

1. 全国农业技术推广服务中心

联系人：刘万才　李　跃

2. 陕西省植物保护工作总站

联系人：冯小军

3. 甘肃省植保植检站

联系人：刘卫红

4. 青海省农业技术推广总站

联系人：张　剑

5. 四川省农业农村厅植物保护站

联系人：封传红

6. 云南省植保植检站

联系人：刘云援

7. 贵州省植保植检站

联系人：雷　强

8. 湖北省植物保护总站

联系人：郭子平

9. 河南省植物保护检疫站

联系人：李好海

五、示范工作计划

该项目创建的小麦条锈病菌源基地综合治理技术体系已在我国西北、西南菌源基地大规模推广应用 10 余年，防病保产效果十分显著，在引领我国小麦产业高质量发展中发挥了不可替代的作用。但随着全球气候变化、病菌致病性变异和作物种植结构调整，该技术体系仍需不断优化和完善，抗病品种、高效杀菌剂等核心技术已进行必要的改进和革新，以适应新时代病害绿色防控需求。与此同时，小麦条锈病其他流行区特别是春季流行区的综合防治技术亦需进一步集成熟化和示范展示，以全面落实我国小麦条锈病区域治理策略，确保该项技术的先进性和引领性。

2024 年在我国小麦条锈病不同流行区建立核心示范基地，因地制宜地示范应用区域性综合防治技术体系，并进行效益评估和优化调整，以充分发挥其防病保产效果。在甘肃、青海等省示范应用越夏易变区综合防治技术；在四川、湖北、云南、贵州等省示范应用冬季繁殖区综合防治技术；在陕西、河南等省示范应用春季流行区综合防治技术。有关经费拟从国家重点研发计划、小麦产业技术体系等项目中列支。

ARC 功能微生物菌剂诱导花生高效结瘤固氮提质增产一体化技术

一、技术概述

（一）基本情况

大豆、花生是我国重要的豆科粮油作物。该技术重点针对大豆、花生生产上两大世界性共性难题——一是在自然条件下，结瘤固氮少、固氮活性差；二是易受剧毒强致癌黄曲霉毒素污染，以绿色低碳优质优产为核心目标，将大豆、花生提质固氮耦合 ARC 功能微生物菌剂及其绿色增产核心技术与良田良种应用、良机施肥与播种、良法管理、良机收获、良法评价与分类储用等关键技术集成配套，建立了大豆、花生诱导促进高效结瘤固氮提质增产一体化技术体系。该项技术原创性与引领性强，我国独家拥有，通过使用非根瘤菌协同激活的新途径，实现了黄曲霉毒素源头绿色阻控与诱导促进高效结瘤固氮的耦合（图 1），处于国内外领先地位，显著提升大豆、花生单产和质量水平，且适用范围广，应用性强，易操作、易推广，对我国大豆油料提单产、保供给具有重要意义。

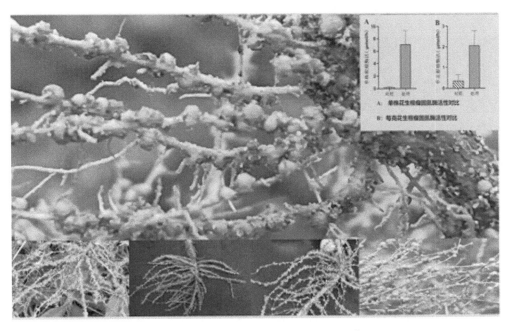

图 1　示范区花生根系超级结瘤固氮现象

（二）示范情况

大豆花生诱导促进高效结瘤固氮提质增产一体化技术已试验示范应用 4 年，在一定区域示范应用中已取得明显成效。在南起海南崖州湾、北至黑龙江黑河、东起江苏赣榆、西至新疆沙湾共22省（区、市）建立了324个大田示范应用基地，示范应用面积57 600亩，涉及大豆品种84个、花生品种176个。示范点普遍实现了诱导促进大豆、花生高效结瘤固氮与提质增产，结瘤数与固氮酶活性呈数倍增加，甚至表现出超级结瘤固氮现象，且结瘤时间提早，结瘤及固氮时间延长（图2至图4），示范点普遍显著增产并提升质量。

其中，花生在2020—2021年试验示范基础上，2022—2023年示范应用结果：平均增产分别达19.67%（16省40个点）、20.62%（17省/市175个点），显著提升了单产；花生果黄曲霉产毒菌丰度降低了60%以上，花生仁储藏半年后黄曲霉毒素比对照下降了80%，显著降低了污染风险，提升了质量安全水平，同时提高了花生蛋白质、谷氨酸、精氨酸、白藜芦醇等营养品质含量。

大豆2022—2023年试验示范应用取得了与花生类似的诱导促进高效结瘤固氮提质增产效果：2022年对全国大豆16省28个示范点进行现场测产，平均增产17.93%。2023年对全国大豆12省52个示范点进行现场测产，平均增产15.26%，对34个示范点进行实打实收测产验收，平均增产14.95%；大豆携带黄曲霉产毒菌丰度平均降低68.96%，并且显著提升了大豆异黄酮、蛋白质、谷氨酸、精氨酸含量。

全国农业技术推广服务中心组织的现场观摩与机械化实打实收现场验收专家组一致认为，大豆花生诱导促进高效结瘤固氮提质增产一体化技术及ARC多功能微生物菌剂具有"两固"（固氮、固碳）、"三增"（增产、增效、增安全）、"五减"（减毒、减损、减肥、减本、减碳）的巨大潜力，应用前景广阔，对贯彻落实习近平总书记"藏粮于地、藏粮于技"指示精神，落实落细中央一号文件决策部署，加快推动大豆、花生等粮油产业绿色高质量发展，保障粮食安全与食品安全均具有重要意义。

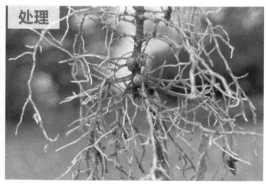

图2　江苏泗阳苗期ARC诱导促进花生提早结瘤

（2022年7月9日，花生播种后13d，出苗后9d）

（三）提质增效情况

目前，该项技术在全国范围内开展示范推广，取得了显著成效。主要表现为"三增三减"，即增单产，减损失；增收入，减成本；增效率，减碳排。

1. 增单产，减损失

该技术既能有效诱导大豆、花生根部产生超级结瘤现象，在花生饱果期、大豆鼓粒期仍能促进新生根瘤产生，延长结瘤固氮时间，增强固氮酶活，有效起到防脱肥早衰作用，显著提升单产。同时从生产源头显著降低黄曲霉产毒菌丰度，有效降低黄曲霉毒素污染水平，显

图3 河南正阳黄磊家庭农场 ARC 花生饱果期根系超级结瘤、
花生果外观品相俱佳

（2023 年 9 月 13 日）

图4 黑龙江哈尔滨道外区 ARC 诱导促进大豆根系结瘤

（2022 年 7 月 23 日）

著提升了大豆、花生质量，降低大豆、花生损失，对保障粮油稳定供给，保护食品安全和人民生命健康具有重要意义。

2. 增收入，减成本

以 2022—2023 年全国示范点大豆、花生应用效果为例，大豆平均每亩增产 26kg，花生每亩增产 43kg 以上，该项技术不仅可以通过提升单产，有效增加农民收入；而且籽粒饱满，外观品相俱佳，提升大豆、花生品质，提高售卖单价。农民种植大豆每亩增收近 100 元，花生每亩增收 300 元，增收作用显著。同时，应用该技术每亩地至少可以减施氮肥 3kg，有效降低病虫害发生，减少农药使用，实现节本增效。

3. 增效率，减碳排

该项技术减少氮肥使用，有效避免氮肥施用造成的氨挥发和径流、淋洗等养分流失，提升化肥利用率，减少温室气体排放。诱导促进结瘤与固氮，在增加大豆、花生产量的同时，根系面积也显著增加，残茬可进一步提高土壤有机质含量，起到固碳培肥的作用，改善土壤环境。从源头有效阻控黄曲霉毒素产毒真菌和有害病菌产生，降低农药使用量，有效保护农业生态环境。

二、技术要点

（一）核心技术

大豆花生提质固氮耦合 ARC 功能微生物菌剂及其绿色增产技术。

1. 主要内容

通过与良田、良种、良机、良法集成，科学施用大豆、花生提质固氮耦合 ARC 功能微生物菌剂，促进提早约 20d 结瘤固氮，成倍提高结瘤固氮效率，延长结瘤固氮时间直至收获期，有效防止脱肥早衰，增加花生有效饱果数与大豆荚数、粒数，减少瘪荚率，降低黄曲霉产毒菌丰度与黄曲霉毒素污染风险，提高大豆、花生单产与品质。

施用适期、用量与方式：ARC 功能微生物菌剂在大豆、花生播种期施用，大豆生产用量 4kg/亩，花生生产用量 3kg/亩，与底肥混匀后一起均匀施用于土壤。根据当地生产习惯，可采用无人机施、机播、滴灌（采用液态 ARC 功能微生物菌剂）、撒施或穴施等方式施用。大豆低产区可于初花期补施菌剂 2kg/亩于大豆根际；长江流域及南方等花生黄曲霉毒素高风险区及低产区可于开花下针初期及时补施菌剂 2kg/亩，单施或随肥撒施于花生根际。

2. 注意事项

ARC 功能微生物菌剂不可与杀菌剂同时施用；ARC 功能微生物菌剂施用后，田间土壤持水量以 60%～80% 为宜，田间严重干旱或者洪涝灾害都不利于该技术发挥作用。

（二）配套技术

1. 产前良田与良种选择

地块宜选用排灌良好、疏松的沙壤土或壤土，透气性、保水性好，地块平整、沟渠配套、肥力均匀。因地制宜选择优质、高产、抗病、抗黄曲霉品种，优先选用经国家或省级审定，且在当地已推广种植的品种，例如大豆品种长江流域及南方产区福豆 234、中豆 63、中豆 57、天隆一号等，黄淮海产区中黄 13、郑 1307、齐黄 34 等，东北产区黑农 87、黑农 531、蒙豆 33 号等。花生品种南方产区闽花 6 号、桂花 37、泉花 27、湛油 75 等，长江流域产区中花 6 号、中花 16、白沙 1016、鄂花 6 号、皖花 4 号、粤油 256、天府 9 号等，黄淮海产区豫花 37、远杂 9102、濮花 68、开农 308、冀花 4 号、花育 25 号等，东北产区四粒红、花育 23 号、吉花 16、阜花 17 号、白沙 308 等。

2. 底肥种肥科学施肥与 ARC 微生物菌剂应用

可选用农家堆肥作为底肥提高地力。采用相应产区大豆/花生专用肥作为种肥，按照每亩地使用说明的用量与 ARC 微生物菌剂混匀，通过无人机或播种机等方式均匀施进土壤。在西北等缺少土著根瘤菌的产区，建议将 ARC 功能微生物菌剂与适应相应产区的优良根瘤菌剂同步施用。

3. 良机施肥与播种

选择与当地生产规模、生产模式、地形地势相适应、低能耗、高精度的起垄机、农用无人机、播种机等，优先选用播种、施肥等一体化作业的农机，提高作业质量与效率。花生采用单粒精播，13 000～15 000 穴，垄上行距 30～35cm，穴距 10～12cm。播种深度 2～3cm，或免耕覆秸精播技术等；大豆采用机械垄上双行等距精量播种，双行间小行距 10~12cm；窄行平播，行距 30~45cm，做到播种起垄、镇压连续作业；等距穴播，一般穴距 18~24cm，每穴 2~3 粒。播种前可对种子进行精准包衣处理，阴干后立即播种。宜选用含咯菌腈+精甲霜灵和噻虫嗪成分的种衣剂防治大豆苗期病虫害；用福美双、咯菌腈、吡虫啉、噻虫嗪等种衣剂对花生进行包衣处理或药剂拌种、药土盖种等，降低花生种苗期发病率。

4. 产中良法管理

大豆、花生播种与 ARC 功能微生物菌剂施用后，土壤持水量保持在 60%~80%，利于有益菌繁殖，如遇高温干旱天气，根据土壤墒情及时进行灌溉，推荐喷灌、滴灌等灌溉方式；如遇强降雨天气，及时排水降低田间湿度。病虫害绿色防控：通过清理残茬、深翻、合理轮作等方式减少初侵染源，采用灯诱、色诱、性诱等绿色方法防控虫害，辅以低毒药剂防治病虫害。花生选用吡唑醚菌酯类、噻呋酰胺类等喷雾防治叶斑病、白绢病等病害，选用吡虫啉、阿维菌素等喷雾防治蚜虫等虫害。大豆选用苯醚甲环唑、唑醚·烯酰吗啉等防治根腐病、霜霉病等病害，选用氯虫苯甲酰胺、哒螨灵等防治食心虫、红蜘蛛等虫害。

5. 收获期良机良法

选择与当地生产规模、生产模式、地形地势相适应、破损率低、能耗低、效率高、智能程度高的联合收获或分段式收获机，提高作业质量与效率。其中，花生良机收获配套采用《花生收获机 作业质量》（NY/T 502—2016）等，联合收获机收获花生损失率≤5%，含杂率≤5%，破碎率≤2%。大豆良机收获配套采用《大豆联合收割机 作业质量》（NY/T 738—2020）等，联合收获机收获大豆的损失率≤5%，含杂率≤3%，破碎率≤5%。

6. 产后良法评价与分类储用

收获后，采用黄曲霉毒素产毒菌标识分子 ELISA 或免疫荧光法测定花生果携带产毒菌丰度；采用《粮油作物产品中黄曲霉鉴定技术规程》（NY/T 3691—2020）鉴定产毒黄曲霉；采用《植物性农产品中黄曲霉毒素现场筛查技术规程》（NY/T 2545—2014）测定大豆、花生黄曲霉毒素含量，进而评价产后大豆、花生质量安全水平与黄曲霉毒素污染风险等级，指导分类储存与利用。

三、技术研发单位

中国农业科学院油料作物研究所

四、技术集成示范单位

全国农业技术推广服务中心

五、示范工作计划

2024 年在全国花生产区 18 个省布置 100 个示范应用点，应用总规模 50 万亩以上。以常规栽培为试验对照，详细调查在苗期、花期、饱果期/鼓粒期、收获期等关键时期，大豆、花生根瘤数、固氮酶活力、瘤重、长势、荚数、百果重、亩产等，收获后取样测定评价蛋白质、氨基酸、花生白藜芦醇、大豆异黄酮等主要营养品质指标，从经济、社会、生态等多方面进行系统分析评价，明确该项技术应用对大豆、花生的提质效应与单产提升水平。

染色体片段缺失型镉低积累水稻
智能设计育种技术

一、技术概述

（一）基本情况

水稻容易富集镉，造成稻米镉超标，严重威胁我国粮食安全。选育镉低积累水稻品种是降低稻米镉超标风险最经济有效的措施。该技术针对国家重大需求，以镉低积累种质资源发掘为突破口，在国际上首次发现适合在中重度镉污染田种植的镉低积累种质，建立了稻米镉积累精准分型技术体系，创立水稻镉低积累精准设计快速育种技术体系，选育出"西子系列"镉低积累水稻新品系，率先在湖南开展大面积试验示范，实现了土壤镉超标稻田生产出放心大米，研发出全球第一个通过国家审定的镉低积累水稻品种"西子3号"，为有效解决我国稻米镉超标的重大难题提供了开创性解决方案。

该技术获授权国家发明专利2项；审定品种1个；发表论文3篇；通过农业农村部等组织的成果鉴定3项、现场评议12项，专家组认为该成果实现了从0到1的突破，整体居同类研究国际领先水平；入选"湖南十大科技新闻"；"西子3号"入选"湖南省农作物十大优异种质资源"；2项发明专利和"西子3号"独占开发权以初始转让费1 000万元的底价实施许可。

（二）示范情况

"西子3号"镉低积累水稻于2023年通过品种审定，目前还没有大面积推广应用，但试验示范效果显著。西子系列镉低积累水稻新品系2021年在湖南省湘阴县镉污染稻田率先开展试验示范，示范面积160亩；2022年在湖南省湘潭县、赫山区、湘阴县等15个县区开展较大面积示范；2023年在湖南省内外13个县区开展示范，总面积600亩。

"西子系列"品系在各示范点均表现出极显著的降镉效果；"西子3号""西子4号""西子5号""西子11号""西两优2号""西两优4号"的稻谷镉含量分别为0.021mg/kg、0.047mg/kg、0.039mg/kg、0.007mg/kg、0.023mg/kg、0.044mg/kg，大幅低于国家限量标准值0.20mg/kg，与对照相比降镉幅度达到95%以上；同时在镉低积累的基础上，"西子4号"等表现出了米质优的特点，"西两优2号"等表现出了高产特性（表1）。"西子3号"在湖南省衡南县车江镇示范种植30亩，示范田土壤镉含量0.53mg/kg，稻谷镉含量测定结果表明，"西子3号"稻谷镉含量为0.072mg/kg，普通对照品种稻谷镉含量为0.477mg/kg；现场机收测产，"西子3号"平均亩产为695.4kg。此外，"西子3号"在湖南省湘阴县石塘镇示范种植10亩，为直播种植（7月7日播种），示范田土壤镉含量0.84mg/kg；稻谷镉含量测定结果表明，"西子3号"稻谷镉含量为0.012mg/kg。

该成果通过农业农村部科技发展中心组织的成果评价2项，专家组认为"该技术对于低镉水稻新品种培育具有重要意义，成果居同类研究的国际领先水平"。

表 1　试验示范中西子系列水稻及对照的性状指标对比

品种	示范点	土壤全镉含量 / （mg/kg）	示范面积 /亩	生育期 /d	亩产 /kg	米质	稻谷镉含量 / （mg/kg）
西子 3 号	湘潭	2.26	30	114	567.9	部标 2 级	0.021
西子 4 号	禄口	0.78	20	113	534.3	部标 1 级	0.047
西子 5 号	赫山	1.65	25	116	559.2	部标 2 级	0.039
西子 11 号	望城	0.56	12	113	546.3	部标 2 级	0.007
西两优 2 号	湘阴	1.29	12	127	621.8	普通	0.023
西两优 4 号	湘阴	1.29	10	129	634.7	普通	0.044
五优 308（对照）	湘潭	2.26	10	115	551.7	普通	0.892
丰两优 4 号（对照）	湘阴	1.29	12	131	619.8	普通	1.647

（三）提质增效情况

该技术围绕杂交水稻学科发展前沿，特别是在镉低积累水稻品种的选育方面取得了突破，审定通过全球首个镉低积累水稻品种"西子 3 号"，实现了水稻重大品种选育的种质创新，统筹实现了社会效益、生态效益和国家安全效益，引领南方镉污染稻区走上绿色优质、增产增效之路，为粮食丰产、农业增效、农民增收、产业兴旺提供了重要技术支撑，是我国水稻产业发展史上的一次重大突破。首先，项目成果社会效益突出。通过种质创新及其推广运用，助力南方镉污染稻区的生产属性的有效修复，改善了区域内农业产业结构，提高了农户收入，为共同富裕开辟了新路径。其次，项目成果生态效益巨大。镉低积累水稻的广泛种植，将进一步推动土地—水稻—人类的生态循环，提升镉污染稻区的生态系统性，为生态系统的可持续改善提供了现实途径。最后，项目成果国家安全效益持久。镉低积累水稻的广泛种植，实现了镉污染稻田的安全利用，实现了种子安全、粮食安全、耕地安全和生态安全，为保障国家粮食安全和食品安全提供了湖南方案。相关研究成果多次得到国务院和湖南省有关领导同志的高度肯定，研究成果入选湖南"十大科技进展新闻"。

相关技术水稻镉积累分子标记及其在改良水稻籽粒镉积累上的应用（ZL 202010919701.0）、一种水稻育种方法（ZL 201910183421.5）和低镉品种"西子 3 号"以初始转让费 1 000 万元的底价转让给中种农业科技（广州）有限公司。2024 年预计推广 100 万亩，生产 65 000 万 kg 镉含量合格的稻谷粮食，按每千克市场价提升 0.6 元，共新增社会效益 3.90 亿元。

二、技术要点

（一）针对育种中缺乏镉低积累水稻种质这一瓶颈问题，首创水稻不育系籽粒镉积累鉴定方法，率先在国际上发掘重要镉低积累水稻资源珞红 3A 和珞红 4A，实现了适合中重度镉污染田种植的镉低积累核心种质从 0 到 1 的突破

针对生产上应用的应急性低镉品种在中重度镉污染田种植镉低积累特性不稳定的难题，扩大低镉资源筛选范围，聚焦水稻不育系进行镉积累表型鉴定。系统研究了水稻籽粒镉积累机制，发现水稻籽粒镉积累只受自身植株镉吸收、转运相关基因调控，而与自身花粉或外来

花粉基因型无关。基于此，建立了不育系籽粒镉积累表型鉴定方法，即对于三系不育系及未恢复育性的两系不育系通过利用花期相遇的任意可育材料异交授粉，受精结实后即可鉴定不育系镉吸收特性。广泛收集了国内外杂交水稻亲本资源275份种植于中重度镉污染田，利用该鉴定方法率先挖掘出稳定低镉不育系珞红3A和珞红4A，在全镉含量为0.80mg/kg土壤种植，籽粒镉含量分别为0.027mg/kg和0.017mg/kg（图1），在全镉含量为5.00mg/kg土壤种植，籽粒镉含量别为0.043mg/kg和0.037mg/kg。该研究首次为全国镉低积累水稻品种选育提供了稳定的镉低积累种质资源。

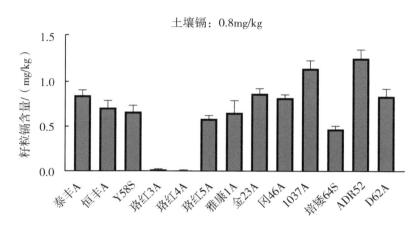

图1　挖掘到镉低积累水稻种质珞红3A和珞红4A

为了解析珞红3A、珞红4A镉低积累的遗传基础，利用第二代和第三代高通量测序技术，对珞红4A基因组进行了重测序。发现珞红4A的第7号染色体上8 899 129~9 307 609区域缺失了长度为408 481bp的片段Org，在缺失处插入了一段长度为2 980bp的转座子序列Tons（图2）。利用桑格测序对珞红3A的第7号染色体8 899 129~9 307 609区域及其上下游进行扩增，发现同样存在Org片段缺失和Tons插入。对Org片段序列进一步分析发现，该区域包含了OsNRAMP1、OsNRAMP5等镉吸收、转运的关键基因。共分离试验结果证明Org片段缺失和水稻籽粒镉低积累性状存在紧密关联（图3A）。

（二）建立了水稻镉积累精准分型技术体系，针对水稻生产上对镉低积累品种的迫切需求，选育出全球第一个通过国家审定的镉低积累水稻品种"西子3号"，填补了国内外空白

针对Org片段缺失及Tons片段插入，开发了共显性的Taqman分子标记组合（Seq1-Seq6），建立了水稻镉积累精准分型技术体系；Seq1-Seq3用于检测Tons插入片段，Seq1结合于Tons的5-旁翼序列，Seq3结合于Tons片段上，以扩增Tons插入位点的融合片段，带有FAM荧光基团的Seq2则作为高特异探针结合Seq1和Seq3的扩增产物，用于报告Tons信号；Seq4-Seq6用于检测Org插入片段，其中，Seq4结合于Org的5-旁翼序列，Seq6结合于Org片段上，以扩增Org插入位点的融合片段，带有HEX荧光基团的Seq5则作为高特异探针特异结合Seq4和Seq6的扩增产物，用于报告Org信号（图2和图3B）。该体系能在水稻苗期快速、精准区分低镉、非低镉及杂合的单株，准确率达到100%，极大地提高了低镉品种选育效率。

利用珞红4A与IR28、黄华占进行杂交、回交，在分离世代借助稻米镉积累精准分型技术体系，并对抗病虫、结实率、抗寒性、米质等综合性状进行筛选，选育出具有镉低积累特

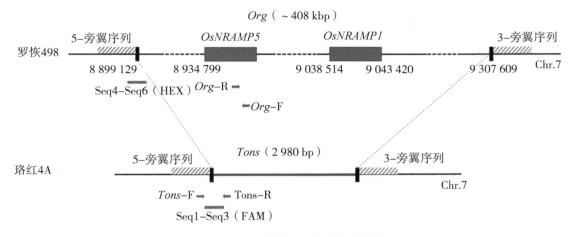

图2 珞红4A的第7号染色体结构模式

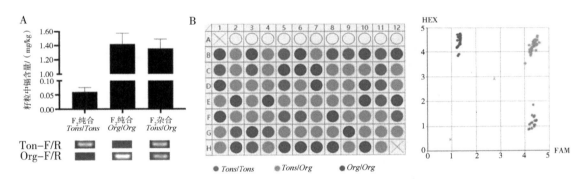

图3 共分离试验及稻米镉积累精准分型技术体系

性的晚籼早熟常规稻"西子3号"，率先通过了国家品种审定（国审稻20234001），在国家区试中的糙米镉含量为0.000~0.098mg/kg，大幅低于国家限量标准0.20mg/kg（表2）。国家区试审定意见为：该品种符合国家稻品种审定标准，通过审定；适宜在湖南、江西、浙江、湖北和安徽长江以南的双季稻区的耕地安全利用区（镉含量小于或等于1.5mg/kg）、稻瘟病轻发区作晚稻种植。

"西子3号"全生育期114d，比对照五优308早熟1.0d。株高93.2cm，穗长21.4cm，每亩有效穗22.2万穗，每亩总粒数140.1粒，结实率82.6%，千粒重22.7g。抗性：稻瘟病综合指数两年分别为4.9、5.4，穗颈瘟损失率最高级5级，中感稻瘟病。米质主要指标：糙米率80.0%，整精米率66.6%，粒长6.7mm，长宽比3.5，垩白度2.4%，透明度1级，碱消值6.6级，胶稠度61mm，直链淀粉含量17.1%，达到农业行业《食用稻品种品质》（NY/T 593—2021）标准二级（图4）。2021年参加长江中下游晚籼早熟组特殊类型品种区域试验，平均亩产577.76kg，2022年续试，平均亩产552.49kg，两年区域试验平均亩产565.03kg。

表2 国家区试不同区试点"西子3号"及对照稻谷镉含量对比

种植点	上饶	岳阳	杭州	黄山	大冶	九江	鄂州	黄石	长沙
土壤镉含量／（mg/kg）	0.35	1.05	1.71	0.30	0.66	0.35	0.55	0.32	0.63
"西子3号"／（mg/kg）	0.01	0.03	0.04	0.02	0.02	0.06	0.08	0.05	0.098
五优308／（mg/kg）	0.47	1.62	1.20	0.51	0.49	0.69	0.40	0.24	0.516

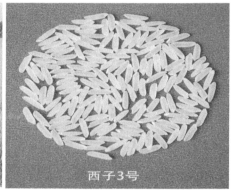

图4 湘潭县射铺镇霞湾村示范基地"西子3号"及米样

"西子3号"入选了"2022年湖南十大科技新闻""湖南省首届农作物十大优异种质资源";该技术的2项发明专利和"西子3号"以初始转让费1000万元，另加销售提成的方式许可给中种农业科技（广州）有限公司。

（三）创立水稻镉低积累精准设计快速育种技术体系，选育出"西子系列"镉低积累水稻新品系，为我国稻米镉超标问题提供了开创性解决方案

创立了镉低积累位点（*Org*片段缺失）、抗稻瘟病基因（*Pi*1、*Pi*9、*Pita*）、抗白叶枯病基因（*Xa*21、*Xa*23）、抗稻飞虱基因（*Bph*14、*Bph*15）、香味位点（*OsBADH*2突变）等分子标记前景和全基因组背景选择育种技术体系；利用该技术体系，以珞红4A转育的多基因聚合镉低积累中间材料作为供体，以主推常规稻或亲本作为受体，采用杂交、回交育种策略，快速选育出了适合在中重度镉污染稻区种植的"西子4号""西子9号""西子17号"等高产优质镉低积累常规品种10个，"西3S"等低镉两系不育系2个，"西恢3号""西恢5号"等镉低积累恢复系7个，测配出"西两优4号"等镉低积累苗头组合2个。该技术体系的应用大大加速了镉低积累水稻品种创制速度。技术成果与国内外同类技术比较见表3。

表3 国内外同类技术比较

技术指标	国内外同类技术	该技术创新成果
通过国家审定的低镉品种	国内外没有	研发出全球第一个通过国家品种审定的低镉品种"西子3号"

（续表）

技术指标	国内外同类技术	该技术创新成果
适合在中重度镉污染田种植的稳定低镉水稻资源	国内外没有	在国际上首次发现重要低镉水稻资源珞红 3A 和珞红 4A
未恢复育性的不育系籽粒镉积累鉴定	未见同类技术报道	首创了利用异交授粉鉴定水稻不育系籽粒镉积累表型的方法
稻米镉积累精准分型	未见同类技术报道	创立了基于 *Org* 片段的稻米镉积累精准分型技术体系，快速、精准区分低镉、非低镉及杂合单株，准确率达 100%

三、技术研发单位

湖南杂交水稻研究中心

四、技术集成示范单位

1. 湖南省农业科学院
2. 农业农村部农业生态与资源保护总站

五、示范工作计划

"西子 3 号"是我国第一个通过国家品种审定的镉低积累水稻品种，2024 年计划推广 100 万亩，并在湖南省安排 5 个百亩示范片。

"土壤—作物系统综合管理" 绿色增产增效技术

一、技术概述

（一）基本情况

我国农业面临粮食安全与资源环境安全等多重挑战，创新绿色增产增效理论与技术，实现作物高产、资源高效、环境安全多目标协同，是农业绿色发展面临的重大国家需求和科学挑战。2008 年以来，技术研发项目组在前期减肥增效理论与技术创新及推广应用的基础上，进一步提出突破高产高效，实现大面积绿色增产增效的新思路。在国家公益性行业专项、国家重点基础研发计划等项目持续支持下，找到了破解作物高产高效与环境保护难以协同的突破口，通过植物营养、土壤学与作物栽培等多学科交叉融合，创新了绿色增产增效技术原理，相关成果发表在 *Nature*、*Science*（6 篇），*PNAS*（4 篇）等；突破了 3 项关键技术，创建了以土壤—作物系统综合管理为核心的绿色增产增效技术体系，集成了 6 项区域技术模式，创建了科技小院区域应用新模式。促进土肥行业进步与肥料产业升级，支撑测土配方施肥、化肥零增长等国家行动，推动我国农业生产绿色转型。

（二）示范情况

近 5 年，主要作物绿色增产增效技术在我国粮食作物主产区开展示范应用，年均应用0.29 亿亩，增产粮食 91 万 t，节肥 11 万 t，增收节支 26 亿元。

（三）提质增效情况

区域应用示范结果表明，绿色增产增效技术比传统方式平均增产 11%、增效 33%、减排 26%，节本增收 89 元/亩。

二、技术要点

突破根层调控、地上地下匹配、绿色减排 3 项关键技术，创新以土壤—作物系统综合管理为核心的绿色增产增效技术体系，集成 6 项区域技术模式。

（一）突破了 3 项关键技术

1. 创新了根层调控技术，突破根层养分互作增效的技术瓶颈（图 1）

（1）根层养分总量控制。创建根层养分实时监控技术，建立了最大化根系生物学潜力的临界指标，根层无机氮需控制在 10～15mg/kg、有效磷 10～20mg/kg（玉米）和 12～28mg/kg（小麦）；华北小麦—玉米体系氮、磷肥年用量控制在 338kg/hm^2、117kg/hm^2，可实现 18t/hm^2 的目标产量，增效 30%～50%、减排 50% 以上。

（2）根层局部定向调控。针对东北早春低温和西北干旱等条件，建立启动肥调控技术，将磷肥施入种子行侧下方 7～10cm，提高玉米幼苗根际磷浓度，促进幼苗早发、增强抗逆。针对我国北方土壤磷累积多，以氮磷肥形态优选（如硫铵—磷铵）与机械定位施肥（侧深施）为技术手段，在作物苗期根系局部定向施肥，促进侧根增生、增强根际养分活化能力、强化生物互作效应，提高氮磷及微量元素利用效率，实现增产 8.5% ~ 17%、节肥增效 30% ~ 38.4%。

（3）根际互作增效调控。通过激发碳调控根际碳磷比，协同解磷细菌与菌根真菌的互作效应，土壤养分活化能力增强 30%；通过优化作物搭配和间作共生期，增强种间根际互补互惠，增产 20%，氮磷增效 20% ~ 30%。

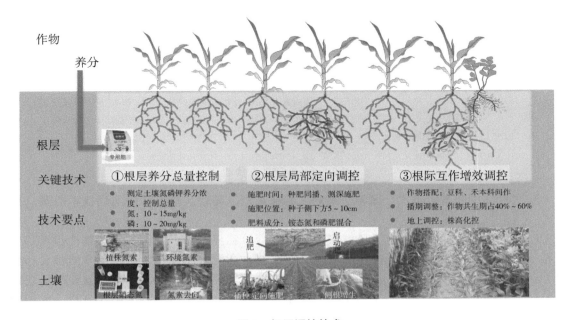

图 1　根层调控技术

2. 建立了确保高产的地上地下匹配技术，破解了根层养分动态供应与高产群体养分需求时空匹配的技术难点（图 2）

（1）高产群体设计与构建。基于模型模拟和实证研究，建立与光温匹配的适宜品种、密度、播期等高产群体调控技术；量化高产群体株型、叶型等冠层结构特征，花前/花后干物质与养分积累等功能特征，建立群体结构和功能定向调控技术指标。

（2）支撑高产高效群体的根层土肥水调控。在秸秆还田条件下，优化氮肥管理调控碳氮比，调氮保碳；进一步优化碳源组合，增加土壤碳积累率，扩源增碳；再通过深耕扩库、提质扩容等，改土蓄碳，构建肥沃根层，降低土壤负反馈，提升地下生态系统的稳定性，支撑持续增产增效。确定了最大化高产群体冠层结构与光合功能的关键生育期作物临界养分浓度和根层养分供应目标值，建立根层供应与作物需求动态匹配的养分管理技术；增加作物产量促进光合碳归还，优化碳氮、碳磷比激发土壤生物活力，促进作物生长，建立作物高产与土壤培肥的互馈技术。

集成创新了确保高产的地上地下匹配技术，我国三大粮食作物主产区 153 个点年实证研究，增产 30%、增效 40%、减排 50%。相关结果发表在 *Nature*（2014）等，入选年度"中国科学十大进展"。

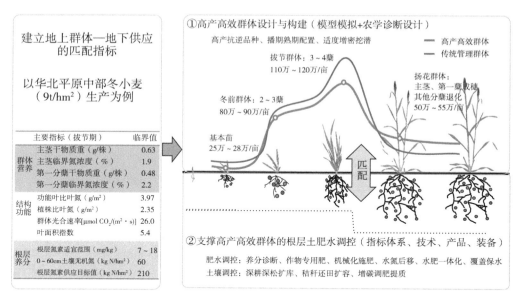

建立地上群体—地下供应的匹配指标

以华北平原中部冬小麦（9t/hm²）生产为例

主要指标（拔节期）		临界值
群体营养	主茎干物质重（g/株）	0.63
	主茎临界氮浓度（%）	1.9
	第一分蘖干物质重（g/株）	0.48
	第一分蘖临界氮浓度（%）	2.2
结构功能	功能叶比叶氮（g/m²）	3.97
	植株比叶氮（g/m²）	2.35
	群体光合速率[μmol CO₂/(m²·s)]	26.0
	叶面积指数	5.4
根层养分	根层氮素适宜范围（mg/kg）	7～18
	0～60cm土壤无机氮（kg N/亩）	60
	根层氮素供应目标值（kg N/hm²）	210

① 高产高效群体设计与构建（模型模拟+农学诊断设计）

高产抗逆品种、播期熟期配置、适度增密挖潜

—— 高产高效群体　—— 传统管理群体

基本苗 25万～28万/亩

冬前群体：2～3蘖 80万～90万/亩

拔节群体：3～4蘖 110万～120万/亩

扬花群体：主茎、第一蘖成穗 其他分蘖退化 50万～55万/亩

匹配

② 支撑高产高效群体的根层土肥水调控（指标体系、技术、产品、装备）

肥水调控：养分诊断、作物专用肥、机械化施肥、水氮后移、水肥一体化、覆盖保水

土壤调控：深耕深松扩库、秸秆还田扩容、增碳调肥提质

图 2　地上地下匹配技术

3. 创新了绿色减排技术，破解了集约化农业高产、高效、减排难协同的技术瓶颈（图3）

（1）总量控制减排。建立了环境安全的土壤养分临界指标，确定了随作物产量增加籽粒养分浓度下降的定量关系，构建区域施肥定额技术和配方肥技术，研发了全国粮食作物33个区域大配方，发布实施《小麦、玉米、水稻三大粮食作物区域大配方与施肥建议（2013）》，通过实时监测技术定量土壤、环境、籽粒养分，进而控制肥料养分投入使氮素盈余保持在 40～80kgN/ hm²，该技术可解决71%的养分过量问题，增效30%～50%、减排40%～60%。

（2）养分迁移转化阻控。创新了养分形态配伍、速效+缓控效的区域增效减排作物专用肥技术，研发了基于脲酶抑制剂、硝化抑制剂、控释肥在内作物新型专用肥技术，通过肥料产品升级调控土壤养分迁移转化与释放及固持等过程，精准阻控氮素损失；同时通过改进施肥机械，建立农机农艺配套施肥技术，实现水稻侧深施肥、玉米种肥同播和追肥深施、小麦基肥深施。以上阻控技术可降低氨挥发、硝酸盐淋洗和氧化亚氮等活性氮损失30%～40%。

（3）增产促吸减排。针对以往"高产不高效""高效不高产"的错位，通过栽培与土肥相结合，研发了基于地上部调控的增产减盈技术和基于土壤生产力提升的沃土降损技术，前者通过密植增产促进养分吸收、减少养分盈余和损失，后者基于秸秆还田和深耕措施、进行培土扩容降损，实现了作物产量和养分吸收量再提升、土壤缓冲能力增加、氮素盈余合理的有机协同，从而实现绿色增产促吸减排、降低损失10%～20%。综上绿色减排技术，较农民常规增产20%～30%，增效30%～40%，减排40%～50%。相关成果发表在 *Nature*（2013，2014）、*PNAS*（2011）等。

（二）创新以土壤—作物系统综合管理为核心的绿色增产增效技术体系，建立6项区域集成技术模式

通过根层调控技术最大化根系对养分吸收和活化利用潜能，挖掘土壤和环境养分潜力；

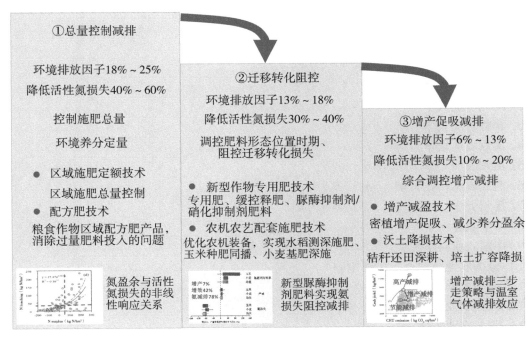

图 3　绿色减排技术

通过地上地下匹配技术，利用模型优化配置与区域光温资源匹配的品种、密度、播期，设计高产群体，调控根层养分供应支撑高产群体，促进地上地下互馈、增强碳氮共济和生态系统稳定性，既满足群体高产需求又不至于过量造成环境污染；通过区域配方肥养分总量控制、绿色专用肥产品等，实现关键技术的物化与产品升级，与机械施肥、耕层扩容、秸秆还田、有机配施、水肥耦合等配套措施相结合，集成以"土壤—作物系统综合管理"为核心的绿色增产增效技术体系，建立全程综合解决方案。相关结果发表在 *Nature*（2013，2014），*PNAS*（2011）等。

基于粮食主产区土壤、气候和作物特点，技术研发项目长期驻扎生产一线，解析绿色增产增效的关键限制因子，结合 3 项关键技术，建立了东北春玉米启动肥促根抗逆、东北单季稻精准调氮壮蘖保穗、西北旱作覆盖保水增密、华北小麦/玉米轮作周年统筹根层调控、长江流域水旱轮作减肥控失有机替代、南方双季稻控氮足穗周年统筹等 6 项绿色增产增效技术模式（表1）。相关结果发表在 *Nature*（2018）等，入选 2018 年度中国高等学校十大科技进展。

三、技术研发单位

1. 河北农业大学
2. 吉林农业大学
3. 南京农业大学
4. 山东农业大学
5. 西北农林科技大学
6. 扬州大学
7. 华中农业大学

8. 中国农业科学院

9. 全国农业技术推广服务中心

四、技术集成示范单位

1. 中国农业大学

2. 河北农业大学

3. 吉林农业大学

4. 南京农业大学

5. 山东农业大学

6. 西北农林科技大学

7. 扬州大学

8. 华中农业大学

9. 中国农业科学院

10. 全国农业技术推广服务中心

11. 西南大学

12. 河南农业大学

13. 东北农业大学

14. 吉林省农业科学院

15. 石河子大学

16. 河北省农业科学院

17. 重庆市农业技术推广总站

18. 江苏省农业技术推广总站

19. 湖北省农业技术推广总站

20. 吉林省土壤肥料总站

21. 河北省农业技术推广总站

22. 新疆生产建设兵团第九师农业技术推广站

23. 甘肃省农业技术推广总站

24. 安徽省土壤肥料总站

25. 湖北省耕地质量与肥料工作总站

26. 黑龙江省农业技术推广站

表1 我国粮食作物主产区绿色增产增效技术模式及效果

技术模式	区域限制因子	核心技术	技术模式及要点	技术效果
东北春玉米启动肥促根抗逆	苗期逆境多、根系生长弱、种植密度低、耕层质量差、资源效率低、管理不系统	养分配伍、定位施肥、机械实现、适度增密、光温匹配、总量控制、养分平衡、秸秆还田、深耕扩容、塔肥地力、蓄水保墒、增产增效、农机农艺	(1) 启动肥促根抗逆：在种子侧面5cm，下方8cm施用硫酸铵和过磷酸钙为原料的生产的专用启动肥（4:12:0）15kg/亩；(2) 适度增密：基于群体与光温因子匹配的适度密植；(3) 平衡施肥：配方专用肥（13:19:17，14:16:15）32~37kg/亩，七叶期追施尿素16~18kg/亩；(4) 平播平种差：秋后整地，深松20~35cm，春季平地播管，深松扩容，苗期结合中耕起垄，增施有机肥，实现扩容增墒；(5) 采用免耕播种施肥机实现种肥同播，高地隙追肥机和自走式高架打药机提高追肥效率，联合收割机实现玉米收获和秸秆还田	区域应用效果：增产22%，减氮6.3%，增效27%，减排22%
东北单季稻精准调氮壮蘖保穗	苗期温度低、秧苗质量低、氮肥用量多、肥料运移差、表施损失大、水管理粗放	早发壮蘖、前氮后移、养分平衡、增温灌溉、侧深施肥、总量控制、干湿交替、水管理粗放	(1) 分蘖肥氮锌协同：含有铵态氮、酰胺态氮和锌（20:5:0.5Zn）的返青分蘖肥，用量15~30kg/hm²；返青促蘖肥，提高水稻抗低温能力，促进早发壮蘖；(2) 机插秧同时侧深施用氮肥60%，全部磷肥和50%的钾肥，氮量诊断施用穗肥，其中穗肥比例30%~40%，105~135kg/hm²，减氮磷平衡施用钾肥；(3) 采用晒水池、干湿交替灌溉促根，渠道增温肥等精准增加水温、干湿交替灌溉	区域应用效果：增产20%，减氮16%，增效39%，减排20%
西北旱作覆盖保水增密	水资源短缺、群体质量差、苗期生长弱、水肥效率低、肥料用量高	覆膜垄沟、集雨保水、以水定产、适度增密、专用肥料、供需匹配、有机配施、耕地保育	(1) 全膜覆盖宽垄双垄沟种植，集雨保水；(2) 因地制宜创造良好墒情，小麦每亩基本苗20万~30万株/亩，即7~9kg/亩；玉米保苗5万~6.5万苗/亩；(3) 合理施肥：玉米配方肥（15:20:10）30~35kg/亩，大喇叭口期追施尿素19~22kg/亩，或者采用含有30%控释尿素的玉米专用复合肥一次施用；小麦配方肥（28:12:5）48~57kg/亩，作为基肥一次施入；(4) 施有机肥660kg/亩或生物碳330kg/亩	区域应用效果：增产21%，减氮19%，增效25%，减排27%

（续表）

技术模式	区域限制因子	核心技术	技术模式及要点	技术效果
华北小麦/玉米轮作周年统筹、根层调控	周年光温不匹配、群体结构差、肥料用量多、肥料运筹差、土壤碳氮失调	积温匹配、周年运筹、深松扩行、减肥节水、调根促长、机械施肥、秸秆还田、固碳沃土	(1) 选择紧凑、抗逆性强的良种；小麦播期在10月10~15日，玉米在6月5~15日；(2) 合理施肥：玉米配方肥 (18:12:15) 30~35kg/亩，大喇叭口期施施尿素19~22kg/亩，或30%~40%释放期为50~60d的缓控释氮肥，推荐用量51~58kg/亩；基肥一次施入；小麦配方肥 (15:20:12) 36~42kg/亩，起身到拔节期结合灌水追施尿素20~23kg/亩；(3) 深松扩行，调根促长：每2~3年深松1次，深度>30cm，玉米秸秆机械切段粉碎还田，增施有机肥；(4) 农机农艺结合，配方肥机械深施，小麦宽幅播种、免耕精量播种，玉米种肥同播；玉米种肥机械分层施肥	区域应用效果：增产18%，减氮19%，增效25%，减排29
长江流域稻麦轮作减肥、有机替代、周年统筹	资源不匹配、水旱茬口紧、群体质量差、氮肥用量大、前期比例高、磷肥周年统筹差、钾肥用量低、水管理粗放	专用肥料、总量控制、前氮后移、有机配施、适度替代、延衰增产、干湿交替	(1) 平衡施肥：水稻配方肥 (12:10:7) 65~7kg/亩，分蘖肥、穗粒肥分别追施尿素18~20.9kg/亩，小麦配方肥 (12:10:8) 62~74kg/亩；(2) 水稻施入及早晚家肥1500kg/亩，收获后及早秸秆粉碎，长度≤10cm，耕翻入土，小麦农家肥300kg/亩；(3) 灌溉：水稻湿润和适度干燥灌溉；(4) 密度：机插秧，1.4万~1.9万穴/亩，机械穴直播，粳稻1.7万穴/亩，播量3~3.5kg/亩；籼稻密度控制1.4万穴/亩，播量1.5~2.5kg/亩	区域应用效果：增产20%，减氮8.8%，增效26%，减排21%
南方双季稻控氮增密、周年统筹	高低温胁迫、群体质量差、氮肥施用大、基肥比例高、耕地地力差	光温匹配、周年运筹、耕地保育、培肥地力、深翻扩容、精量播种、深施减排	(1) 品种：选用抗逆性强的生育期较长的品种；(2) 播期与秧龄：早稻：3月18~4月5日，秧龄25~35d，晚稻6月13~20日，杂交早稻秧龄25~30d；(3) 播种：早稻、常规早稻用种量1.5~2kg/亩，(4) 施肥：早稻2.3~2.5kg/亩、晚稻用种量1.5~48kg/亩，分蘖肥、穗粒肥早稻配方肥 (18:12:16) 41~48kg/亩，晚稻配方肥 (18:12:16) 41~4kg/亩，分蘖肥、穗粒肥分别追施尿素8~9、5~6kg/亩；(5) 农机农艺结合精量播种，配方肥机械侧深施	区域应用效果：增产23%，减氮42%，增效21%，减排19%

五、示范工作计划

2024 年技术集成示范活动主要采用以下多种途径进行技术示范推广：

（1）通过科技小院为核心的"政产学研用"一体化技术示范推广模式，搭建政产学研用多方协作的科技创新服务平台，带动农民、合作社开展示范推广。

（2）结合全国以及各个省市县农业技术推广部门的优势，组织全国省市县开展大面积示范推广。

（3）与企业合作，通过作物专用肥物化技术扩大推广面积。与云天化集团有限公司、中盐安徽红四方股份有限公司、新洋丰农业科技股份有限公司、安徽司尔特肥业股份有限公司、四川龙蟒集团有限责任公司、四川美丰（集团）有限责任公司、云南顺丰洱海环保科技股份有限公司等多家肥料企业合作，研发、生产专用肥，引导复合肥料产业依据作物需求生产肥料，开展农化服务，进行示范推广。

旱地绿色智慧集雨补灌技术

一、技术概述

（一）基本情况

我国旱地农业主要分布在涉及16个省（区、市）的干旱、半干旱和半湿润易旱区，国土面积约占全国56%、耕地约占52%，该区光热资源充足，生物多样性丰富，土地类型多样，具有生产高品质农产品的自然资源禀赋，是我国粮油产品的优势产区。但干旱缺水、供水保证率不足等问题严重制约了该区农业产能的提升，为此旱地高标准农田建设势在必行。可靠、稳定的水源是旱地高标准农田建设中首要解决的问题，降雨作为旱地的主要的水源，研发雨水资源高效利用技术，并根据作物需水规律进行节水补充灌溉，是促进我国旱地农业高质量发展、保障国家粮食安全的关键。

针对旱地水资源短缺，供水保障不足等问题，历时15年，集成沟道坝拦水、光伏发电提水、水窖高位蓄水和高效灌溉补水等技术，采用物联网、大数据、模型模拟和智能决策等智慧控制节水手段，根据作物需耗水规律进行实时补灌，研发出旱地绿色智慧集雨补灌技术，实现了降水资源就地拦蓄和错季利用，充分挖掘了雨水资源潜力，增加了旱地农田粮食产能。

该技术在陕西、甘肃和内蒙古等20余地开展试验示范，申请国际发明专利3项、国家发明专利18项、授权13项，授权实用新型专利9项、软件著作权9项；出版学术专著3部，发表学术论文100余篇；制定国家标准1项、行业标准4项、地方标准4项，获省部级科研奖励6项。技术实施后，农田产能较传统旱作提升24.0%～159.8%，取得了良好的社会、经济和生态效益。

（二）示范情况

技术研发过程中，为助推成果落地应用，依托1个国家技术标准创新基地（旱区农业）节水创新团队、基于2个省级技术产业体系、借助3个国家级技术研发平台、协同4级农业技术推广服务部门、发挥"政企学研用"5个类型单位优势力量。历时十五载，提出了"技术模式集成→试点示范展示→政府+企业技术推广与农户培训→效果反馈与技术动态调整"的技术推广体系，制定国家、行业和地方标准9项，该技术被列入《陕西省"十四五"农业节水行动方案》《榆林市发展高效旱作节水农业五年行动方案》和《延安苹果"十四五"主推技术》，为今后大面积推广应用奠定了良好的基础。近3年，在陕西、内蒙古、甘肃等省（区）旱地进行大面积推广应用，建立千亩示范园8个，累计示范应用56.85万亩，效益显著。

（三）提质增效情况

旱地绿色智慧集雨补灌技术的应用推广可有效提高降水利用率、作物产量和水分利用效率，降低高标准农田建设成本。根据陕西、甘肃和内蒙古等省（区）多年定位试验示范数据，旱地绿色智慧集雨补灌技术亩均投资约2 400元，在使用寿命相当的情况下较普通滴灌投资降低约40%。该技术使用后谷子增产159.8%，亩均增收1 026元；玉米增产63.6%，亩均增收560元；马铃薯增产144.0%，亩均增收1 181元；苹果增产17.3%，亩均增收3 400元。

在旱情较为严重的年份该技术的效果发挥更为明显，不仅解决了旱区电力缺乏地区旱作农田"卡脖旱""救命水"等农田产能提升的瓶颈性问题，同时采用清洁能源提水加压，也有效减少化石能源消化，降低了碳排放。该技术操作简单、仅需简单培训即可投入使用，运维成本低，对于减轻农业从业者劳动强度，提高工作效率也有积极的作用。

二、核心技术及其配套技术的主要内容

（一）技术组成

旱地绿色智慧集雨补灌技术主要由沟道坝拦水、光伏发电提水、水窖高位蓄水、高效灌溉补水、智能控制节水5部分组成。分别利用沟道坝、截潜流等方式拦蓄雨洪资源，采用太阳能光伏发电提水，使用防蒸发土工膜蓄水池和装配式蓄水池等进行高位蓄水，采用膜下滴灌、微孔陶瓷根灌、涌泉根灌等进行补灌，通过数据实时采集、大数据分析、智能控制决策、物联网等信息和人工智能技术，建立智慧集雨补灌决策控制系统，自主决策制定补灌计划，多途径协同实现雨水资源高效利用（图1）。

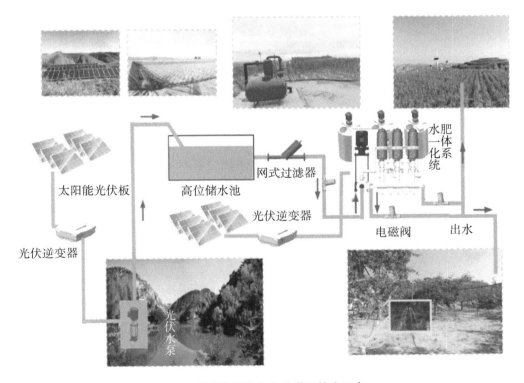

图1　雨水资源化与智能灌溉技术示意

（二）核心技术

1. 光伏发电提水

基于旱区光热资源丰富特点，研制出光伏水泵专用逆变器，集成光伏板、控制系统、光

伏水泵、提水管网等形成光伏发电提水模块。光伏水泵逆变器将光伏板产生的直流电转化为交流电，根据提水量，配置若干光伏板，组成光伏阵列，驱动光伏水泵工作，逆变器内微处理器持续监测光伏电能水平，调节光伏水泵频率，实现无输配电地区零电费提水。

2. 水窖高位蓄水

针对集雨补灌工程蓄水设施建设普遍缺乏砂石料且成本高昂的问题，研发出敞口式防蒸发土工膜蓄水池（图2）、PE装配式可扩容蓄水池等轻简化蓄水设施，建造成本约为混凝土蓄水池的40%左右。蓄水设施一般坐落在农田原状土基础上，基础为中、强湿陷性黄土时，采取浸水预沉等措施处理。PE装配式可扩容蓄水池采用成品PE储水罐组合而成，埋设于冻土层以下，与迷宫式一体化集雨沉砂池结合使用，实现了一体成型，高效沉砂。

图2 敞口式防蒸发土工膜蓄水池

3. 高效灌溉补水

根据作物种类的不同，研发集成膜下滴灌和地下灌溉两种技术。一是膜下滴灌。采用滴灌等成熟技术，配套铺管覆膜播种一体机等农机装备，实现农机农艺相结合。灌水次数、灌水定额和灌溉定额根据当地大田作物的需水规律试验资料确定，重点关注"卡脖水"和"救命水"。例如谷子，在干旱年补灌2~3次，播种期灌水定额为3~5m³/亩（5月上旬）；孕穗水10m³/亩（7月中旬）；水量富足时可补灌灌浆水（8月）10m³/亩。二是地下灌溉。采用微孔陶瓷灌水器（图3）、涌泉根灌灌水器、果树专用大流量灌水器等新型灌水装置。

图3 微孔陶瓷根灌高效补水

将灌溉管网中支管、毛管、灌水器均埋置于地下，管道埋深根据冻土层确定。灌水装置埋深根据果树根系分布确定，例如矮化密植苹果园，适宜埋深为20cm；乔化苹果园，适宜埋深为35cm。灌水次数、灌水定额和灌溉定额根据当地果树的需水规律试验资料进行确定，在无试验资料时，对于苹果可按照萌芽期1次、果实膨大期1~3次，每次0.05m³/株进行补灌。

4. 智能控制节水

针对传统集雨补灌技术智能化程度不高的问题，耦合多源数据实时采集、LoRa无线传输、云平台大数据分析、智能控制决策等信息和人工智能技术，研发出集雨补灌智能控制决策平台，结合智能水肥一体机、低功耗测控一体阀等配套装备，构建了智慧集雨补灌决策控制系统，实现了气象要素、土壤墒情、蓄水池水位、水质、作物耗水等信息实时监测，根据作物的需水规律自主决策制定补灌计划，协同提升降水利用率和水分利用效率（图4）。

图4　旱作农田集雨补灌智慧管控系统和土壤墒情实时采集设备

（三）配套技术

1. 沟道坝拦水

采用沟道坝、截潜流等方式，最大程度拦蓄雨洪资源。沟道坝可利用沟道中现有的淤地坝、滚水坝和塘坝等设施。截潜流一般由截水墙、集水洞、集水井组成，截水墙应视当地材料和引水量大小及施工技术经济条件而定，多用黏土夯实而成，也可用浆砌块石或混凝土修建。截潜流的集水量可按照河床有无地表径流进行计算。

2. 适水改土增效

通过复合种植、合理密植、多元覆盖、根域深层入渗、土壤结构调优、健康耕层构建与增碳培肥等适水改土技术，地上—地表—地下并重，协同实现雨水高效利用和土壤质量提升。

三、技术研发单位

1. 西北农林科技大学
2. 陕西崇仁水利工程有限公司

四、技术集成示范单位

1. 全国——全国农业技术推广服务中心

2. 陕西省——榆林市农业技术服务中心、榆林市果业发展中心、宝塔区果业局、靖边县农业技术推广服务中心、靖边智能无人系统和通航产业科创中心、榆林市榆阳区农业技术服务中心、定边县农业综合开发中心、米脂县果业服务中心、榆林市农垦服务中心、合肥金泰克新能源科技有限公司、陕西飞沃农林科技有限公司、榆林市淮宁河现代农业有限公司、陕西恒建实业有限公司、西安中伸泰建设工程有限公司、陕西烽火云谷物联网技术有限公司

3. 甘肃省——甘肃省耕地质量建设保护总站、甘肃农业大学、定西市安定区农业技术推广服务中心、甘肃庆东工程设计有限公司

4. 内蒙古自治区——鄂尔多斯市农牧技术推广中心

五、示范工作计划

对 2024 年的任务进行分解，具体如下：

（1）2024 年 3—4 月：进行光伏提水子系统技术优化。

（2）2024 年 5—6 月：对接国家省（区、市）5 级农技推广部门，进行技术推广模式凝练。

（3）2024 年 7—8 月：深入地方开展技术宣讲和培训工作。

（4）2024 年 9—10 月：在内蒙古、甘肃等地进行示范推广。

（5）2024 年 11—12 月：增加示范点并进行逐步大面积推广应用。

秸秆"破壁—菌酶"联合处理饲料化利用技术

一、技术概述

（一）基本情况

在党的二十大报告中习近平总书记指出："树立大食物观，构建多元化食物供给体系，要向森林要食物、向草原要食物、向江河湖海要食物，向植物动物微生物要热量要蛋白，全方位多途径拓展食物种类，保障食物供给。"树立大食物观是应对国内粮食紧平衡态势的重要部署。2022年粮食饲用消费（含饲料粮及粮食加工副产物）占消费总量的48%，其中，玉米饲用消费近70%。在国内资源、生态条件约束趋紧的背景下，我国粮食高位增产的难度越来越大。随着经济发展和居民饮食结构转变，未来动物产品消费量将进一步提高，饲料粮需求将进一步增加。为此，统筹资源禀赋和市场需求，不断调整养殖产业布局，优化生产结构，延伸产业链条，加强后端深加工，开发生产多样化非粮食物，对减轻粮食供给压力、缓解供求紧平衡态势具有重要的现实意义。

秸秆是农业生产的另一半产品，我国每年秸秆资源达8亿t以上，2022年全国秸秆综合利用率为88.1%。其中，肥料化、饲料化、燃料化分别占比57.6%、20.7%、8.3%。加强秸秆饲料化利用更适用于当前粮食安全形势以及推动养殖业，能填补养殖业饲料原料的缺口，符合"开源增料、提质增效"的发展道路。但秸秆因粗蛋白含量低、粗纤维含量高、适口性较差和消化率低限制其饲料化利用。在此背景下，秸秆"破壁—菌酶"联合处理饲料化利用技术得以研发和推广。

该技术主要围绕秸秆收获季节短，纤维结构紧密不易被降解，消化率低等问题，研究秸秆的物理和微生物及其组合处理技术，破解秸秆木质纤维致密结构，集成秸秆破壁技术、木质纤维素降解技术、菌酶协同技术、配合全混合日粮调制技术、牛羊低成本养殖技术等，研制了秸秆专用发酵菌制剂，研发秸秆纤维饲料、秸秆膨化饲料、秸秆膨化发酵饲料、不同牲畜不同生长阶段秸秆型全混合发酵饲料及牛羊低蛋白全混合日粮等产品。通过该技术的应用提高了秸秆纤维物质的降解，改善适口性、提高秸秆饲料转化效率，加大秸秆饲料化利用总量，解决饲料资源短缺限制畜牧业可持续发展的瓶颈。同时秸秆资源就地得到加工利用，延长农业生产链条，衔接种养结合，秸秆饲料化过腹转化实现间接还田，形成"秸—畜—肥"循环利用模式，具有较好的技术创新性和市场前景。

（二）示范情况

1. 对秸秆收获、加工机械设备进行优化改进，扩大示范带动作用

一是针对秸秆收获含土量多、除尘效果差、膨化设备效率低、破壁不彻底等问题，与秸秆收获和加工机械企业调研和交流，对玉米茎穗兼收机、除尘粉碎机械及膨化设备等优化改进，提升其生产效率，优化加工工艺，并在辽宁阜新、内蒙古兴安盟（市）、通辽、巴彦淖尔，新疆等地进行示范推广；二是针对粗饲料加工企业自建微生物发酵制剂制作车间投资大、无专业技术人员等问题，对菌制剂扩培罐和菌制剂混合加工装备进行改造，研发全自动厌氧搅拌发酵罐，在内蒙古辽宁阜新、内蒙古呼和浩特、新疆等地进行了示范。授权专利1项（一种厌氧搅拌发酵罐）。

2. 研制秸秆专用发酵菌制剂

针对秸秆木质纤维结构紧密不易被降解，且北方地区冬季寒冷发酵难等问题，研制秸秆专用发酵菌制剂和适合北方地区低温发酵菌制剂，在吉林、辽宁、内蒙古和新疆等地进行了示范推广，累计推广150t，可生产秸秆生物发酵饲料15万t。授权发明专利2项（一种低温降解半纤维素的微生物菌株、−10℃不结冰的菌酶协同发酵黄贮秸秆饲料的制备方法）。

3. 集成秸秆饲料化加工与利用技术，促进养殖业降本增效

该技术集成秸秆纤维降解技术、菌酶联合发酵技术、牛羊低成本养殖技术等，研发秸秆纤维饲料、不同牲畜不同阶段秸秆型全混合发酵饲料及低蛋白日粮等系列产品，广泛应用于玉米、水稻、马铃薯、棉花等作物秸秆生产，在其他农副产品、木本植物等领域均可应用。目前该技术具有非常成熟的示范推广基础，在全国吉林辽源、公主岭、九台、辽宁阜新、内蒙古兴安盟（市）、巴彦淖尔市、通辽市，新疆喀什麦盖提县等地广泛使用，秸秆"破壁—菌酶"联合处理饲料累计示范达10万t，技术覆盖肉羊13万只，肉牛8万头。2021年获全国农牧渔业丰收奖二等奖1项，2022年获内蒙古自治区科学技术进步奖二等奖1项；秸秆膨化发酵加工利用关键技术入选农业农村部秸秆综合利用减排固碳技术模式。

（三）提质增效情况

1. 破解秸秆木质纤维结构，有效提高纤维物质降解率

针对秸秆中粗纤维含量高，纤维素、半纤维素和木质素紧密结合形成屏障，不易被微生物和酶分解，限制其消化吸收等问题，一方面，通过蒸汽或挤压破壁，使秸秆纤维细胞壁断裂，破坏秸秆表面蜡质膜和纤维素的结晶结构，增大表面积，玉米秸秆破壁处理后，经电镜扫描表面有明显孔洞，纤维变得蓬松、柔软，纤维素、半纤维素与木质素之间相互缠绕结构有一定破坏，经检测中性洗涤纤维（NDF）含量降低22.26%，可溶性糖含量提高7.31%；另一方面，通过膨化，有效的杀灭霉菌和有害菌，提高了牲畜饲喂过程中安全性。

2. 秸秆"破壁—菌酶"联合处理，提高中产代谢产物丰富度，有效提高其营养价值，降低抗营养成分

秸秆破壁处理后，变得蓬松、柔软，在此基础上利用菌和酶协同发酵处理，大大提高秸秆表面与菌和酶作用面积，进一步利用大分子物质降解。秸秆"破壁—菌酶"联合处理后，其NDF含量降低率为5%~6%，木质素含量降低率为70%，显著提高发酵中间产物丰度。相比普通玉米秸秆，破壁处理干物质消化率提高16.17%；"破壁—菌酶"联合处理干物质消化率提高22.36%。棉秆"破壁—菌酶"联合处理粗蛋白提高4%~6%，游离棉酚含量降低77%。

3. 秸秆"破壁—菌酶"联合处理，改善其饲料适口性，促生长，增加经济效益

秸秆"破壁—菌酶"联合处理，对秸秆进行熟化，增加香味，能刺激动物食欲，提高适口性。使纤维素、蛋白质等有机物的长链结构变为短链结构，中间代谢产物增加，变得更易消化，从而促生长，提高饲料转化率。玉米秸秆经处理后在育肥羊日粮中添加30%时，干物质采食量提高13%；育肥羊日增重提高17.82%，胴体重提高2.89%，直接经济效益提高 14.22%。棉秆通过该技术处理后肉牛采食量提高 20%~40%，消化率提高 10%~20%；育肥牛日增重提高 5% 以上。

4. 秸秆"破壁—菌酶"联合处理，改善牲畜胃肠道健康发育，提高肉品质

玉米秸秆"破壁—菌酶"联合处理后饲喂育肥肉羊，明显改善瘤胃内壁颜色和肠道发育，提高瘤胃微生物丰富度和优势物种以及瘤胃发酵能力，瘤胃氨态氮和菌体蛋白含量分别为 11.05% 和 2.82%；肉品质失水率降低 11.05%，蒸煮损失降低 2.82%，肌肉粗脂肪含量降低 1.13%，改善肉品质。

5. 初步形成了全链条标准化体系，推动秸秆资源转化增值

为充分保证该技术的提质增效作用，从前端的秸秆收获方式示范、装备与工艺优化、技术创新、产品研制以及生产应用等多个环节开展了标准化工作。初步形成了全链条标准化体系，为秸秆加工和养殖端利用企业（合作社）等经营主体提供技术支撑，据不完全统计，近 5 年来，通过秸秆饲料化加工产品销售，累计销售额超过 12 000 万元，新增利润约 2 500 万元。通过秸秆饲料饲喂牛羊等草食家畜，降低饲养成本 4 100 万元。

二、技术要点

据《中国农业展望报告（2023—2032）》预测，2027 年我国粮食总产量将达到 7.28 亿 t，能够满足最低营养目标下的粮食需求，但距离满足中等和最高水平营养目标的粮食需求总量还有 13.7% 和 24.5% 的缺口，未来我国粮食供需紧平衡态势仍较为严峻。秸秆生物转化，用于畜牧业饲料是农业生产增值的重要途径。每千克玉米秸秆含代谢能 5.72MJ，按照 2022 年玉米秸秆可收集量，折合 1 716 亿 MJ 的代谢能，可提供相当于 1.32 亿 t 玉米提供的维持净能，按照当前全国玉米平均产量（每亩 419kg）计算，相当于新增 3.14 亿亩耕地的玉米产量。为此推进秸秆的饲料化利用，不仅能补充粗饲料资源不足，将秸秆资源转化牲畜所需的能量，实现"秸秆变肉"和秸秆过腹还田深化"藏粮于地"战略。

秸秆"破壁—菌酶"联合处理饲料化利用技术主要涉及三个方面，包括秸秆破壁处理、菌酶协同发酵处理和牛羊饲喂技术。

（一）秸秆破壁处理
秸秆破壁处理包括蒸汽膨化和螺旋挤压膨化（图 1、图 2）。原料前处理：将秸秆除尘

图 1　利用秸秆挤压膨化设备　　　图 2　玉米秸秆蒸汽膨化破壁熟化处理前后对比
　　　破壁熟化处理棉秆

除渣，铡短（1~3cm）、粉碎或揉丝，秸秆水分含量不高于30%。蒸汽膨化控制条件：温度220~250℃，压力2.5~4MPa，保持时间2~5min；螺旋挤压膨化条件：膨化腔温度120~140℃，压力1MPa左右，保持时间2~4s。膨化结束后机械卸压，将破壁处理的秸秆贮存或进行裹包；贮存时应在无异味的室内存放，不得与有毒有害物质或水分较高的物质混存。

（二）菌酶协同发酵处理

秸秆破壁处理后，补水、添加酶制剂和菌制剂（提前进行活化处理），水分调节至50%~60%，经搅拌均匀后用裹包或袋贮，裹包拉伸膜符合相关标准要求，包裹4层；袋贮装入特制的青贮专用袋内压实，或利用真空包装机，使其排出空气达到厌氧状态。

酶制剂和菌制剂添加量按说明书进行，秸秆发酵最常用菌剂为植物乳杆菌、芽孢杆菌等；酶制剂选用纤维素酶、木质素降解酶等（图3、图4）。

图3　破壁熟化发酵玉米秸秆全混合日粮（母羊）　　图4　破壁熟化发酵棉秆

（三）牛羊饲喂技术

根据秸秆"破壁—菌酶"联合处理后实测营养成分含量，结合牛羊不同生长时期营养需要量，与精饲料、矿物质，以及其他牧草等配制全混合日粮配方（图5、图6）。秸秆含

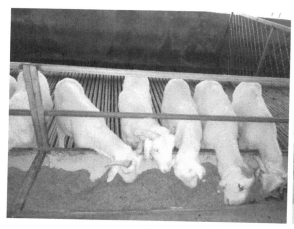

图5　玉米秸秆破壁熟化发酵后饲喂育肥羊　　图6　棉秆破壁熟化发酵处理后饲喂育肥牛

量开始喂量要由少到多，逐渐增加。破壁熟化及菌酶协同发酵处理的秸秆饲喂量：母羊 600~1 000 g/d；育肥羊日粮中占比 30%~40%。母牛日粮中占比 30%~50%，育肥牛 20%~30%。

三、技术研发单位

1. 内蒙古自治区农牧业科学院
联系地址：内蒙古自治区呼和浩特市玉泉区昭君 22 号
邮政编码：010031
联 系 人：薛树媛
联系电话：13947189385
电子邮箱：shuyuanxue@163.com

2. 农业农村部农业生态与资源保护总站
联系地址：北京市朝阳区麦子店街 24 号楼
邮政编码：100025
联 系 人：徐志宇　孙仁华
联系电话：010-59196382
电子邮箱：stzzstnyc@163.com

3. 中国科学院东北地理与农业生态研究所
联系地址：吉林省长春市高新北区盛北大街 4888 号
邮政编码：130102
联 系 人：钟荣珍
联系电话：13620790036
电子邮箱：zhongrongzhen@iga.ac.cn

四、技术集成示范单位

1. 内蒙古自治区农牧业生态与资源保护中心
2. 巴彦淖尔市农牧科学研究所
3. 内蒙古荷芯农牧科技有限公司
4. 乌拉特前旗高能牧草有限公司
5. 辽宁祥和科技发展有限公司
6. 内蒙古杜美牧业生物科技有限公司
7. 内蒙古瑞蒙牧业有限责任公司
8. 巴林右旗锡蒙泰农牧业发展有限责任公司
9. 乌兰浩特市嘉鹤牧业有限公司
10. 突泉县兴隆山农业机械化种植专业合作社
11. 鄂尔多斯市新泉生物科技有限公司
12. 内蒙古原上草业有限公司
13. 新疆新禾农牧业有限责任公司

五、示范工作计划

一是 2024 年持续优化秸秆发酵菌制剂，对标准化操作流程进行梳理，形成一系列地方标准。主要在北方农区、农牧交错区，包括黑龙江、吉林、辽宁、内蒙古、山东、山西、河北、河南、宁夏、甘肃、新疆等地进行集成示范。示范作物包括玉米秸秆、小麦秸秆、稻秸、马铃薯秸秆、棉花秸秆等农作物，以及农副产品、碱草、木本植物等。通过技术集成示范总量 20 000t，技术覆盖肉羊 5 万只，肉牛 2 万头。

二是加大技术宣传力度，组织培训，培训人次 200 人以上，提高技术普及率。

功能性氨基酸提高猪饲料蛋白质利用关键技术

一、技术概述

（一）基本情况

我国是世界养猪大国，生猪出栏量居世界首位，生猪产业规模高达1万亿元。尽管我国养猪业整体发展态势良好，在保障城镇居民肉品供应和肉品安全等方面取得了长足进步，但目前依然面临诸多问题与挑战。优质蛋白质饲料资源紧缺严重依赖进口，氮利用效率低造成环境污染严重、仔猪肠道健康问题突出、母猪繁殖性能低下等已成为我国养猪业高质量发展的瓶颈问题。纵观国内外研究进展，氨基酸在猪营养上的研究早期多集中在理想氨基酸模式、限制性氨基酸需要量及其在猪蛋白质合成的作用。长期以来，氨基酸调节猪生理生化的新功能未引起重视，尤其是忽略了一些传统意义上"非必需氨基酸"的营养和生理功能，这些新功能的发现对于改善猪饲料蛋白质的高效利用至关重要，有利于实现饲料转化效率和经济效益的最大化，减少氮排放给生态环境造成的污染。该团队自2011年以来在国家自然科学基金青年项目、面上项目和杰出青年科学基金、科技部国家重点基础研究发展计划、江苏省"双创计划"项目以及郑州市"智汇郑州1125聚才计划"领军团队等项目的支持下，顺应国家对新时期畜牧业发展的要求，针对上述产业重大难题，凝练出产业问题背后的科学问题，充分发挥团队在氨基酸营养领域的研究优势和系统积累，以挖掘氨基酸在仔猪肠道发育、母猪繁殖和蛋白质沉积中的新功能为切入点，紧紧围绕提高我国养猪效率的总体目标，开展了功能性氨基酸在仔猪肠道健康、饲料蛋白质利用效率和母猪繁殖性能中的重要作用及机制解析，最终形成提高仔猪肠道健康、改善母猪繁殖性能、提高饲料蛋白质利用效率的氨基酸营养调控的关键技术。这一关键技术的主要创新点在于：①揭示了功能性氨基酸改善肠道健康的机制，创立了断奶仔猪健康的营养调控新技术；②明确了功能性氨基酸改善母猪繁殖性能的作用靶点，创建了提高种猪繁殖性能的营养调控技术；③探究了低蛋白日粮模式下生长猪氮利用效率的营养调控，提出了氨基酸促进猪蛋白质沉积的理论和实践模式。该团队取得的创新性成果和技术为促进我国养猪业高质量发展提供了创新性理论和技术支撑，具有极其重要的意义和应用前景。2022年，中国农学会组织了成果评价小组对成果进行了鉴定，专家们一致认为该成果总体达到了国际先进水平，其中谷氨酰胺、甘氨酸改善仔猪肠道健康研究达到了国际领先水平。成果已在多个规模化养殖企业实现了推广应用，取得了显著的经济效率和社会效益。

（二）示范情况

2019—2022年，四川铁骑力士实业有限公司与中国农业大学武振龙教授团队针对氨基酸营养调控技术在养猪生产中的应用技术开展产业，先后累计示范生猪61.54万头。

2019—2022年，北京挑战科技发展有限公司与中国农业大学武振龙教授团队针对谷氨酸、甘氨酸、谷氨酰胺在养猪生产中的应用技术，精氨酸和脯氨酸对母猪繁殖性能的调控技术以及谷氨酸改善生猪氮沉积和生长性能的技术开展了合作与推广。先后累计示范生猪48.7万头。

2018—2022年，杭州思我特农业科技有限公司与中国农业大学武振龙教授团队开展技术合作，重点针对甘氨酸、谷氨酰胺在养猪生产中的应用技术，精氨酸和脯氨酸对母猪繁殖性能的调控技术以及谷氨酸改善生猪氮沉积和生长性能的技术进行了中试和示范推广应用。成果累计示范生猪4.1万头。

2019—2022年，北京精准动物营养研究中心与中国农业大学武振龙教授团队开展技术合作，对功能性氨基酸在猪生产中的应用技术进行了中试和示范推广应用。成果累计示范生猪4.7万头。

2017—2022年，江西省元昌工业有限公司与中国农业大学武振龙教授团队针对甘氨酸、谷氨酰胺在养猪生产中的应用技术，精氨酸和脯氨酸对母猪繁殖性能的调控技术以及谷氨酸改善生猪氮沉积和生长性能的技术进行了中试和示范推广应用。成果累计示范生猪约8 000万头。

2019年3月起，中国农业大学武振龙教授团队与邛崃驰阳农牧科技有限公司、北京汉德沃特生物技术有限公司、北京农科兴牧动物营养研究中心、北京泽龙兄弟贸易有限公司分别开展功能性氨基酸在畜禽生产中的产业化应用联合攻关，在氨基酸提高生长育肥猪饲料利用效率和猪繁殖性能方面开展实质性合作，先后分别累计示范生猪12万头、2万头、5万头和3万头。

（三）提质增效情况

该团队创新性地研发了生猪养殖的营养调控方案，通过项目合作企业单位建立的商业模式广泛带动市场及行业应用，取得了良好的经济效益和社会效益。项目成果对企业当地的养猪业提质增效产生了良好示范带动作。2016—2022年，该团队与河南银发牧业、江苏天成集团、四川铁骑力士实业有限公司、北京挑战科技发展有限公司、杭州思我特农业科技有限公司、北京精准动物营养研究中心、北京汉德沃特生物技术有限公司、北京农科兴牧动物营养研究中心、邛崃驰阳农牧科技有限公司、江西省元昌有限公司等养猪业主要区域对团队研究成果进行了推广和应用，饲料转化效率提高4%～8%，饲料蛋白质利用效率提高了5%～10%以上，母猪的受胎率、窝产仔数和弱仔猪存活率均提高。2020—2022年推动生猪养殖累计新增销售额23.092亿元，新增利润1.596亿元，产生社会效益26.9亿元。该团队研究成果对提高我国养猪业的效率和饲料蛋白质高效利用发挥了重要的作用，取得了良好的经济效益和社会效益。

二、技术要点

该团队针对仔猪生长性能和母猪繁殖性能亟待提高的产业现状，凝练出产业问题背后的科学问题，以挖掘氨基酸在仔猪生长和母猪繁殖中的营养和生理学功能为切入点，研究氨基酸在仔猪生长性能和母猪繁殖性能中的重要作用及机制（图1）。最终形成以功能性氨基酸改善断奶仔猪肠道健康的营养调控技术；功能性氨基酸提高繁殖性能的营养调控技术；功能性氨基酸提高低蛋白质日粮氮利用效率营养调控技术为核心的氨基酸改善生猪健康养殖的关键技术，达到提高饲料蛋白质利用效率，促进我国养猪业的健康和可持续发展的目的。

具体核心技术包括：

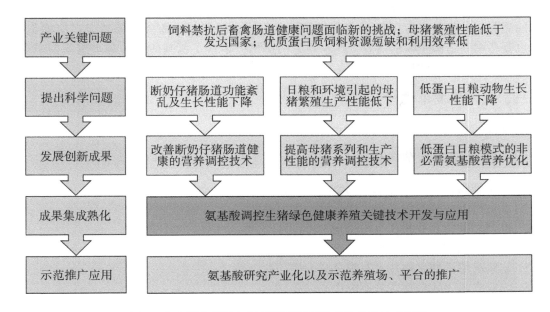

图 1　非必需氨基酸与饲料利用效率技术的关键技术路径

（1）研究了氨基酸在猪肠道的转运和代谢利用机制，创建了检测肠道、血浆、组织液中氨基酸检测方法，揭示了功能性氨基酸改善肠道健康和氮利用效率的机制，建立了猪肠屏障功能的氨基酸营养调控新技术（图 2）。

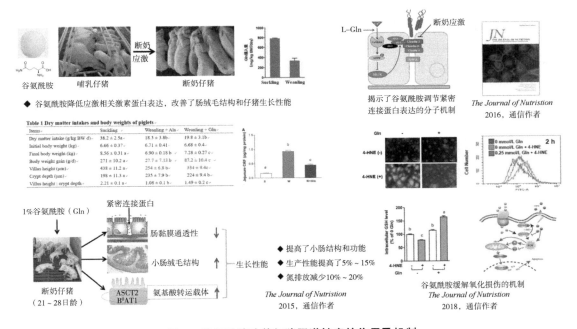

图 2　谷氨酰胺改善仔猪肠道健康的作用及机制

（2）研究了脯氨酸对胎盘发育和营养物质转运的影响明确了功能性氨基酸提高胚胎存活率，提高繁殖性能的作用靶点，建立了提高母猪繁殖性能的氨基酸营养调控技术。

（3）提出了氨基酸平衡新理论，即猪氨酸营养需要除必需氨基酸外也要考虑非必需氨基酸的需要，尤其是在应用低蛋白质日粮的条件下；猪氨基酸需要量要考虑宿主细胞的需要，也要考虑肠道微生物的需要。这一理论的提出，丰富了氨基酸营养和理想蛋白质理论，对养猪生产具有重要的指导意义。

三、技术研发单位

中国农业大学

四、技术集成示范单位

1. 四川铁骑力士实业有限公司
2. 北京挑战科技发展有限公司
3. 杭州思我特农业科技有限公司
4. 北京精准动物营养研究中心有限公司
5. 北京汉德沃特生物技术有限公司
6. 北京农科兴牧动物营养研究中心
7. 北京泽龙兄弟贸易有限公司
8. 邛崃驰阳农牧科技有限公司
9. 江西省元昌工业有限公司

五、示范工作计划

（1）2024 年 1—6 月：计划在 10 余家技术集成示范单位猪场进行技术试验，对比使用非必需氨基酸饲料配方新技术应用前后猪的生长性能、饲料转化效率等指标变化。

（2）2024 年 7—12 月：进一步充分评估技术应用的实际效果。同时，收集养殖企业的反馈意见，不断优化技术方案。

深远海重力式+桁架式网箱接力养殖技术

一、技术概述

（一）基本情况

近海环境污染、空间挤压和人类日益频繁的经济活动等因素带来的养殖水域水质下降，养殖生物病害频发和浅海生态环境的破坏，直接威胁着海水养殖业的可持续发展。随着水产养殖绿色发展理念的深入贯彻，深远海养殖受到全球普遍关注。20 世纪 80 年代中期，部分渔业发达国家开始关注并积极探索在远离岸线或开放海域开展设施养殖。30 多年来，挪威、美国、俄罗斯和日本等国家在深远海养殖设施装备和技术研发方面不断取得进展新的装备设施和技术模式不断涌现，引领着深远海设施养殖逐渐由科研走向实践，并朝着产业化方向发展。我国深远海设施养殖，以近 20 年来的离岸网箱发展为基础，在装备设施和技术模式创新驱动下，成功开发出了符合我国海域环境特征的"大型桁架式+若干重力式网箱"养殖模式。近年来，福建、广东、山东等地区一批高端深远海养殖装备的创新研发与养殖生产实践，极大地推进我国深远海养殖业的发展进程。

深远海养殖是我国转变养殖发展方式的重要方向，可以实现集约高效、立体生态的健康养殖，对于发展中高端海水养殖，降低远洋捕捞压力，恢复近海生态环境，实现近岸海域污染防治等具有重要意义。此外，随着我国国民经济的进一步发展，人们对生活环境质量必然有更高的要求，实施深远海养殖战略，也将有利于促进我国沿海生态旅游业的发展。

（二）示范情况

该技术在山东、福建、广东、海南等省均有应用推广，其中，福建全省投建了深远海养殖装备"福鲍""振渔""定海湾"等 18 台（套），养殖水体近 50 万 m³。

（三）提质增效情况

一是经济效益大幅提升。深远海深水网箱养殖的产品与普通网箱相比，从外观上看，与天然水域野生的产品相接近，售价相当于普通网箱的 3 倍。二是生态效益大幅提升。深远海养殖可以缓解近岸水域生态环境压力，拓展海水养殖业发展空间，提供优质绿色水产品。深水网箱养殖利用大水体环境，全程投喂浮性膨化饲料可减少鱼类摄食浪费，降低养殖对海域环境的压力，具有良好的水体交换条件，为包括养殖鱼类在内的海域生物健康生长提供了良好的栖息环境。三是社会效益大幅提升。深远海养殖带动了钢铁、船载设备、养殖设施等产业及生态旅游业的发展，促进就业稳定。在相关海域实施深远海养殖项目具有维护国家海洋权益的深远意义。随着深远海养殖装备建造能力不断提升，各沿海省积极鼓励探索发展深远海养殖，使其成为渔业新旧动能转换、转型升级的战略方向。

二、技术要点

（一）养殖装备建设标准化

深远海养殖的设施设备主要包括深远海桁架式网箱，并配套若干重力式深水网箱。深远海桁架式网箱有半潜式、座底式、全潜式，主要由养殖平台、网衣系统和锚泊系统构成，配备压载系统、智能化投喂系统、监控监测系统、风光互补能源系统等。重力式深水网箱养殖设施由养殖网箱及浮架系统、网衣系统和锚泊系统构成。设备抗台风能力至少可抵御12级台风。

（二）养殖位置湾外化

深远海养殖选择低潮位水深20m以上、离岸3 000m以上的开放或半开放海域，潮流畅通，流向平直稳定，以往复流的海区较为适宜。海区及上游应无工业"三废"或医疗、农业、城镇排污口等污染源，水质要符合《无公害食品 海水养殖用水水质》（NY 5052）标准要求。

（三）接力养殖分级化

陆海接力分级养殖方式，即陆地工厂繁育+海上分级养殖（近海网箱鱼种培育+重力式深水大网箱养殖半成品鱼+深远海桁架式网箱养殖成鱼或浅海筏式养殖半成品鲍+深远海桁架式网箱养殖）。陆地工厂繁育和近海网箱鱼种培育参照相关行业标准和技术规范。

深水重力式网箱半成品养殖选择大规格的苗种进行放养，如大黄鱼重量100～150g（18～22cm），军曹鱼30cm以上，卵形鲳鲹8cm以上的苗种放养，利于生产安排和养殖操作，同时也加快了效益转换。推荐人工配合饲料，人工投喂，采取"慢、快、慢"及"八成饱"原则。根据鱼体的活动情况、鱼体数量、大小、水温、季节等因素确定投饲量。规格达体重500g以上时开始转移至重力式网箱养殖，转移时鱼类捕捞工具一般采用自动吸鱼分级泵，用活水运输船将鱼带水充氧运至深远海桁架式网箱，通过导鱼槽将鱼带水导入转笼网内。

深远海桁架式网箱养殖根据养殖生物的活动情况、数量、大小、水温、季节等确定投饲量，晚上可采用灯光引诱周边小杂鱼到网箱中，作为养殖鱼类的天然饵料。配套绿色节能系统，该系统分别集成养殖过程网衣清洗、自动投喂、成鱼起捕、死鱼收集等机械化与自动化作业装备，以及平台供电与生活保障、油污水和生活污水处理、卫生和养殖废弃物收集等环保设施及水环境监测、安全预警与信息化管理系统。根据市场需求适时销售。一种海水养殖浮动式网箱已申报发明专利（ZL 202111082641.2）（图1和图2）。

图1 "定海湾" 2号

（四）管理智能科学化

（1）利用5G网络，集成设施结构安全监测、环境因子（水温、pH值、含氧量等）、鱼类生长及行为等信息为一体的智能管理平台，构建精准养殖模式，大幅提升养殖存活率和管

图 2 "福鲍" 1 号

理效率，降低养殖成本和管理成本（图 3 至图 5）。

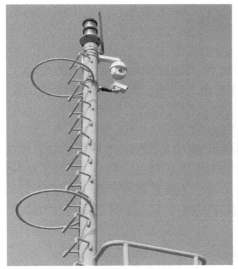 

图 3 监控系统 　　　　图 4 5G 网络基站

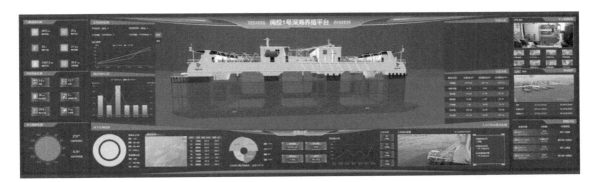

图 5 智能管理平台

（2）根据网衣网眼堵塞情况及时清洗网衣，通过压载系统进行升降，进而对网衣进行清洗晾晒及高压水枪或洗网机器人清理附着物。一种基于海产品人工养殖的网箱起升装置（ZL 202122229224.8）已授权实用新型专利；一种自动晒网结构及网笼（ZL 202111018722.6）已授权发明专利。

（五）质量控制精细化

1. 苗种投放

购买苗种要选择规模相对较大，信誉好的繁育场，投放苗种规格大且整齐、健壮、活力好、无损伤、无病害。实行苗种产地检疫制度，控制苗种质量。选择小潮期间，天气晴好的上午进行投放为宜。

2. 饲料自动精准投喂

平台配备船载式投饵系统，通过触摸屏界面实现设备的启停、投料速度调控、运行状态监控及网箱饵料投喂数据的记录。该系统采用气力输送饵料，作业方式灵活，投喂效率高。

3. 码上溯源

建立质量安全可追溯系统，实行"一品一码"全程追溯管理，实现"信息可查询、来源可追溯、去向可跟踪、责任可追究"。

（六）渔旅融合产业化

基于宽阔的甲板空间和稳定的主体结构，平台上搭载海景客房、海上餐厅、智能会议室、智慧渔业体验中心、休闲垂钓区、海洋文创天地等，实现海上养殖和生态旅游紧密融合，推动"渔旅结合"高质量发展。

（七）绿色低碳可持续化

采用全套可再生能源转化供电系统，以太阳能、波浪能双清洁能源或风能为主要动力，提供海上基础网络运营不间断电源，解决传统海上渔船发电功率小、污染大的问题。配备污水处理设备，净化后的污水由排污船运上岸处理。实现养殖平台绿色低碳可持续发展。一种用于养殖平台的风光互补发电装置（ZL 202222974874.X）已授权实用新型专利（图6、图7）。

图6 风力发电

图7 太阳能发电

三、技术研发单位

1. 连江县闽投深海养殖装备租赁有限责任公司

联系地址：福建省福州市连江县凤城镇丹凤东路12-1号

邮政编码：350599

联 系 人：李公烽

联系电话：15985851985

电子邮箱：513008613@qq.com

2. 福建中新永丰实业有限公司

联系地址：福建省福州市连江县苔菉镇后湾村

邮政编码：350517

联 系 人：吴永寿

联系电话：13705978768

电子邮箱：wulinglu@evervest.com.cn

3. 福建乾动海上粮仓科技有限公司

联系地址：福建省福州市鼓楼区铜盘路软件大道 89 号福州软件园 A 区 30 号

邮政编码：350003

联 系 人：杨亚霓

联系电话：13799344707

电子邮箱：339741240@qq.com

四、技术集成示范单位

1. 福建省水产技术推广总站

联系地址：福建省福州市鼓楼区西洪路 555 号

邮政编码：350002

联 系 人：胡荣炊

联系电话：0591-83703051

电子邮箱：jistgk@163.com

2. 福州市海洋与渔业技术中心

联系地址：福建省福州市仓山区双湖二路 1 号

邮政编码：350007

联 系 人：魏海燕

联系电话：0591-88251260

电子邮箱：fzsjz@163.com

3. 连江县水产技术推广站

联系地址：福建省福州市连江县凤城镇丹凤东路 12 号

邮政编码：350500

联 系 人：徐建峰

联系电话：0591-26224816

电子邮箱：lianshuiji@163.com

五、示范工作计划

一是强化科技创新研发。开展自主选育适宜福建省深远海养殖良种的研究，配套研发高质高效的配合饲料、高强度网衣、机械化自动化设施装备等。

二是做好平台确认登记。建立健全福建省沿海各地深远海养殖平台的确认登记名册。

三是加大保险支持力度。探索将深海装备养殖保险纳入政策性保险范围，推动开展养殖装备保险、养殖渔工保险和游客人身意外保险等业务试点。

四是加强品牌建设。创立深远海产品品牌，开展国家级深远海水产健康养殖和生态养殖示范区创建工作。

五是促进产业融合发展。改造提升一批规模化绿色冷库和智能化冷链，支持陆海接力的深远海养殖相关配套设施和基地建设，构建深远海养殖水产品预冷、低温仓储、运输、配送等全冷链物流体系。

附　录

农业农村部办公厅文件

农办科〔2024〕4号

农业农村部办公厅关于推介发布 2024 年农业主导品种主推技术的通知

各省、自治区、直辖市及计划单列市农业农村（农牧）厅（局、委），新疆生产建设兵团农业农村局，北大荒农垦集团有限公司，广东省农垦总局，各有关单位：

为贯彻落实中央经济工作会议和中央农村工作会议精神，发挥科技对粮油等主要作物大面积单产提升的支撑作用，加快高产优质品种和先进适用技术推广应用，满足粮食和重要农产品生产需要，农业农村部组织遴选出 2024 年农业重大引领性技术 10 项、主导品种 150 个、主推技术 150 项，现予推介发布。

各地农业农村部门要抓好主要作物主导品种主推技术推广应用，充分利用基层农业技术推广体系、国家现代农业产业技术体系以及农业科技社会化服务组织等，开展主导品种主推技术示范展示和指导培训，引导带动广大农户和新型农业经营主体应用先进适用技术，促进农业科技成果尽快进村入户到田，不断提高技术入户到位率，为提升粮油等主要作物生产能力提供有力科技支撑。

附件：1. 2024 年农业重大引领性技术
　　　2. 2024 年农业主导品种
　　　3. 2024 年农业主推技术

农业农村部办公厅
2024 年 4 月 28 日

附件 1

2024 年农业重大引领性技术

1. 大豆苗期病虫害种衣剂拌种防控技术
2. 玉米（大豆）电驱智能高速精量播种技术
3. 小麦条锈病分区域综合防治技术
4. ARC 功能微生物菌剂诱导花生高效结瘤固氮提质增产一体化技术
5. 染色体片段缺失型镉低积累水稻智能设计育种技术
6. "土壤—作物系统综合管理"绿色增产增效技术
7. 旱地绿色智慧集雨补灌技术
8. 秸秆"破壁—菌酶"联合处理饲料化利用技术
9. 功能性氨基酸提高猪饲料蛋白质利用关键技术
10. 深远海重力式+桁架式网箱接力养殖技术

附件 2

2024 年农业主导品种

大豆（14 个）

黑河 43、黑农 84、黑农 531、华夏 10 号、冀豆 17、金豆 99、蒙豆 1137、南农 47、齐黄 34、绥农 52、铁豆 67 号、油 6019、郓豆 1 号、中黄 901。

玉米（18 个）

川单 99、登海 605、东单 1331、联达 F085、鲁单 510、农科糯 336、秋乐 368、瑞普 909、申科甜 811、沃玉 3 号、翔玉 998、优迪 871、优迪 919、豫单 9953、中农大 678、中玉 303、MC121、MY73。

小麦（17 个）

百农 4199、长 6990、淮麦 33、济麦 22、济麦 44、鲁原 502、马兰 1 号、伟隆 169、西农 511、扬麦 25、烟农 1212、郑麦 379、郑麦 1860、中麦 36、中麦 578、众信麦 998、新冬 52 号。

油料（15 个）

油菜"郊油 777"、油菜"沣油 737"、油菜"华油杂 50"、油菜"华油杂 62"、油菜"宁 R101"、油菜"秦优 1618"、油菜"庆油 3 号"、油菜"青杂 12 号"、油菜"中油杂 19"、油菜"中油杂 501"、花生"花育 33 号"、花生"山花 9 号"、花生"豫花 37 号"、芝麻"豫芝 ND837"、芝麻"豫芝 NS610"。

水稻（14 个）

川优 6203、金粳 818、晶两优华占、龙粳 31、南粳 5718、南粳 9108、宁香粳 9 号、荃优 822、泰优 390、玮两优 8612、宜香优 2115、甬优 1540、臻两优 8612、中科发 5 号。

杂粮（7 个）

谷子"晋谷 21 号"、谷子"张杂谷 13 号"、青稞"昆仑 15 号"、燕麦"坝莜 14 号"、

高粱"红缨子"、高粱"晋糯3号"、绿豆"中绿5号"。

棉花（6个）

华杂棉 H318、鲁棉研 37 号、塔河 2 号、新陆早 84 号、源棉 8 号、中棉 113。

蔬菜（17个）

马铃薯"京张薯 3 号"、马铃薯"陇薯 7 号"、马铃薯"青薯 9 号"、马铃薯"云薯 304"、结球甘蓝"中甘 56"、大白菜"京研快菜 2 号"、大白菜"早熟 5 号"、西兰花"台绿 5 号"、西葫芦"京葫 42"、黄瓜"中农 62 号"、辣椒"湘辣 731"、辣椒"艳椒 425"、香菇"申香 16 号"、香菇"申香 215"、茄子"农大 604"、冬瓜"铁柱 2 号"、甘薯"济薯 26"。

水果园艺（17个）

茶树"中茶 108"、茶树"中茶 302"、西瓜"京嘉 301"、葡萄"黄金蜜"、葡萄"蜜光"、桑树"粤椹大 10"、苹果"鲁丽"、苹果"秦脆"、荔枝"仙进奉"、甘蔗"桂柳 05136"、柑橘"中柑所 5 号"、梨"翠玉"、香蕉"宝岛蕉"、香蕉"桂蕉 9 号"、橡胶树"热研 879"、李"仕板晚柰"、紫花苜蓿"中苜 4 号"。

畜牧（14个）

川乡黑猪、金华猪、华西牛、夏南牛、湖羊、辽宁绒山羊、皖临白山羊、大午金凤蛋鸡、京粉 6 号蛋鸡配套系、岭南黄鸡 I 号配套系、白羽肉鸡配套系"沃德 188""圣泽 901""广明 2 号"、强英鸭、绍兴鸭、桑蚕"秋华×平 30"。

水产（11个）

长丰鲢、大口黑鲈"优鲈 3 号"、福瑞鲤 2 号、黄金鲫、津新鲤 2 号、团头鲂"华海 1 号"、异育银鲫"中科 3 号"、凡纳滨对虾"海兴农 2 号"、罗氏沼虾"南太湖 3 号"、青虾"太湖 2 号"、中华绒螯蟹"光合 1 号"。

附件 3

2024 年农业主推技术

粮油类

大豆

1. 黄淮海夏大豆免耕覆秸机械化生产技术
2. 大豆玉米带状复合种植技术
3. 大豆宽台大垄匀密高产栽培技术
4. 大豆密植精准调控高产栽培技术
5. "一包四喷"大豆主要病虫草害全程绿色防控技术

玉米

6. 玉米密植精准调控高产技术
7. 玉米条带耕作密植增产增效技术
8. 夏玉米精准滴灌水肥一体化栽培技术
9. 东北半干旱区玉米水肥一体化技术
10. 秋粮一喷多促增产稳产技术
11. 夏玉米全生育期逆境防御高产栽培技术

小麦

12. 冬小麦播前播后双镇压精量匀播栽培技术
13. 旱地小麦因水施肥探墒沟播抗旱栽培技术
14. 小麦匀播节水减氮高产高效技术
15. 冬小麦贮墒晚播节水高效栽培技术
16. 小麦—玉米周年"双晚双减"丰产增效技术
17. 黄淮海小麦玉米周年"吨半粮"高产稳产技术
18. 稻茬小麦免耕带旋播种高产高效栽培技术
19. 小麦赤霉病"两控两保"全程绿色防控技术
20. 小麦茎基腐病"种翻拌喷"四法结合防控技术
21. 小麦条锈病"一抗一拌一喷"跨区域全周期绿色防控技术
22. 冬小麦—夏玉米周年光温高效与减灾丰产技术

油料

23. 油菜适时适宜方式机械化高效低损收获技术

24. 冬闲田油菜毯状苗高效联合移栽技术
25. 花生单粒精播节本增效高产栽培技术
26. 酸化土壤花生"补钙降酸杀菌"施肥技术
27. 花生主要土传病害"一选二拌三垄四防五干燥"全程绿色防控技术
28. 花生病虫害"耕种管护"融合配套绿色防控技术

水稻

29. 水稻叠盘出苗育秧技术
30. 机插粳稻盘育毯状中苗壮秧培育技术
31. 水稻"三控"施肥技术
32. 再生稻头茬壮秆促蘖丰产高效栽培技术
33. 双季超级稻强源活库优米栽培技术
34. 双季优质稻"两优一增"丰产高效生产技术
35. 水稻病虫害全程绿色防控技术
36. 基于品种布局和赤眼蜂释放的水稻重大病虫害绿色防控技术
37. 信息素干扰交配控虫与植物免疫蛋白诱抗病害及逆境的水稻绿色防控集成技术
38. 长江中下游水稻病虫害防控精准减量用药技术
39. 长江中下游稻田化学农药减施增效技术
40. 南方双季稻丰产的固碳调肥提升地力关键技术
41. 水稻—油菜轮作秸秆还田技术

棉花

42. 盐碱地棉花轻简抗逆高效栽培技术
43. "干播湿出"棉田配套栽培管理技术
44. 机采棉集中成铃调控核心关键技术
45. 新疆棉花全生育期主要病害绿色防控技术

其他粮食作物

46. 燕麦"双千"密植高产高效种植技术
47. 马铃薯全生物降解地膜覆盖绿色增效技术
48. 西北旱区马铃薯轻简高效节肥增效技术
49. 鲜食型"双季甘薯"高效栽培技术
50. 丘陵山地甘薯生产绿色机械化栽培技术

蔬菜类

51. 设施主要果类蔬菜高畦宽行宜机化种植技术
52. 南方稻—菜（薹）轮作高效栽培技术
53. 蔬菜高效节能设施及绿色轻简生产技术
54. 露地蔬菜"五化"降本增效技术

55. 弥粉法施药防治设施蔬菜病害技术

56. 冬瓜减量施肥及"三护"栽培关键技术

57. 果木枝条替代传统木屑制作香菇和黑木耳菌棒关键技术

58. 香菇集中制棒、分散出菇技术

59. 毛木耳出耳全程轻简化精准调控技术

水果园艺类

60. 抗香蕉枯萎病品种关键栽培技术

61. 抗病品种配套调土增菌的香蕉枯萎病防控技术

62. 特色小型西瓜"两蔓一绳高密度"栽培技术

63. 设施西瓜甜瓜集约化节肥减药增效生产技术

64. 设施西瓜甜瓜"三改三提"优质高效生产技术

65. 荔枝高接换种提质增效技术

66. 葡萄三膜覆盖设施促早栽培技术

67. 果园"三定一稳两调两保"节肥提质增效技术

68. 果茶园绿肥周年套作高效利用技术

69. 生态低碳茶生产集成技术

70. 茶园更新改造提质增效关键技术

71. 茶园生态优质高效建设及加工提质集成技术

72. 蝴蝶兰促花序顶芽分化花朵增多技术

73. 基于"拟境栽培"中药材生态种植技术

畜牧类

74. 基因组选择提升瘦肉型猪育种效率关键技术

75. 高效、精准猪育种新技术——"中芯一号"育种芯片

76. 母猪节料增效精准饲养技术

77. 母猪深部输精批次化生产技术

78. 规模化奶牛场核心群选育及扩群技术

79. 犊牛早期粗饲料综合利用与配套技术

80. 奶牛高湿玉米制作及利用技术

81. 奶牛健康管理生牛乳中体细胞数控制技术

82. 肉羊多元化非粮饲料利用和玉米豆粕减量替代技术

83. 绒肉兼用型绒山羊选育扩繁及精准化营养调控技术

84. 南方农区肉羊全舍饲集约化生产技术

85. 北方地区舍饲肉羊高效繁育技术

86. 蛋鸭无水面生态饲养集成技术

87. 肉鸭精准饲料配方技术

88. 密闭式畜禽舍排出空气除臭控氨技术

兽医类

89. 猪场生物安全体系建设与疫病防控技术
90. 非洲猪瘟无疫小区生物安全防控关键技术
91. 牛结核病细胞免疫防控与净化技术
92. 围产期奶牛代谢健康监测及群体保健技术
93. 动物疫病检测用国家标准样品和标准物质研制技术
94. 禽白血病快速鉴别检测与净化关键技术
95. 家蚕微粒子病全程防控技术

水产类

96. 稻渔生态种养提质增效关键技术
97. 鱼菜共生生态种养循环技术
98. 罗非鱼低蛋白低豆粕多元型饲料配制技术
99. 鲟鱼"池塘+网箱"高效健康养殖技术
100. 水产绿色高效池塘圈养技术
101. 大水面鱼类协同增殖技术
102. 低能耗循环水养殖关键技术
103. 淡水池塘绿色养殖尾水治理技术
104. "以渔降盐治碱"盐碱地渔业综合利用技术
105. 深远海网箱安全高效养殖技术

资源环境类

106. 东北黑土区耕地增碳培肥技术
107. 瘠薄黑土地心土改良培肥地力提升技术
108. 东北黑土区有机物料深混还田构建肥沃耕层技术
109. 红壤旱地耕层"增厚增肥+控蚀控酸"合理构建技术
110. 华南三熟区酸化耕地土壤改良与培肥技术
111. 东北半干旱风沙区生物耕作防蚀增碳培肥技术
112. 木霉菌联合秸秆还田土壤高效培肥技术
113. 农业有机固废酶解高效腐熟关键技术
114. 盐碱地水田"三良一体化"丰产改良技术
115. 盐碱耕地耕层控水培肥适种综合治理技术
116. 旱作农田拦提蓄补"四位一体"集雨补灌技术
117. 设施蔬菜残体原位还田+高温闷棚土壤处理技术
118. "控—减—用"设施菜地面源污染防控技术
119. 南方镉铅污染农田生物炭基改良技术
120. 寒旱区农村改厕及粪污资源化利用技术

贮运加工类

121. 玉米和杂粮健康食品加工与品质提升关键技术
122. 玉米花生烘储真菌毒素防控与分级利用关键技术
123. 柑橘采后清洁高效商品化处理技术
124. 果品商品化高效处理与贮藏物流精准管控技术
125. 生猪智能化屠宰和猪肉保鲜减损关键技术
126. 大宗淡水鱼提质保鲜与鱼糜制品高质化加工技术

农业机械装备类

127. 玉米膜侧播种艺机一体化技术
128. 玉米局部定向调控机械化施肥技术
129. 玉米机械籽粒收获高效生产技术
130. 小麦无人机追施肥减量增效技术
131. 冬小麦机械化镇压抗逆防灾技术
132. 小麦高性能复式精量匀播技术
133. 江淮稻—油周年机械化绿色丰产增效技术
134. 水稻钵苗机插优质高产技术
135. 整盘气吸式水稻精量对穴育秧播种技术
136. 设施瓜类蔬菜轻简宜机化生产集成技术
137. 辣椒机械化移栽和采收关键技术
138. 苹果生产宜机化建园与机械化配套关键技术
139. 山地果园自走式电动单轨智能运送装备与应用技术
140. 果园农药精准喷施技术与装备
141. 茶园全程电动化生产管理技术
142. 黑土地保护性耕作机械化技术
143. 草本化杂交桑机械收获与多批次连续化养蚕技术

智慧农业类

144. 长江流域稻麦"侧深机施+无人机诊断"全程精准施肥技术
145. 温室精准水肥一体化技术
146. 肉鸡数智化环控立体高效养殖技术
147. 规模蛋鸡场数字化智能养殖技术
148. 蛋鸡叠层养殖数字化巡检与绿色低碳环控技术
149. 生猪生理生长信息智能感知技术
150. 农业 AI 大模型人机融合问答机器人服务技术

农业农村部办公厅　　　　　　　　　　2024 年 5 月 8 日印发